国家自然科学基金委员会
建设部科学技术司　联合资助

中国古代建筑史

第二卷

三国、两晋、南北朝、隋唐、五代建筑

（第二版）

傅熹年　主编

中国建筑工业出版社

图书在版编目（CIP）数据

中国古代建筑史. 第2卷，三国、两晋、南北朝、隋唐、五代建筑/傅熹年主编 . —2版 . —北京：中国建筑工业出版社，2009.10（2024.1重印）
 ISBN 978-7-112-09071-6

Ⅰ.①中… Ⅱ.①傅… Ⅲ.①建筑史-中国-古代 Ⅳ.TU-092.2

中国版本图书馆CIP数据核字（2009）第198164号

责任编辑：王莉慧
整体设计：冯彝诤
版式设计：王莉慧
责任校对：王雪竹

国家自然科学基金委员会　　联合资助
建 设 部 科 学 技 术 司

中国古代建筑史

第二卷
三国、两晋、南北朝、隋唐、五代建筑
（第二版）
傅熹年　主编
*
中国建筑工业出版社出版、发行（北京西郊百万庄）
各地新华书店、建筑书店经销
北京红光制版公司制版
天津翔远印刷有限公司印刷
*
开本：880×1230毫米　1/16　印张：47¾　字数：1450千字
2009年12月第二版　　2024年1月第五次印刷
定价：152.00元
ISBN 978-7-112-09071-6
（14480）

版权所有　翻印必究
如有印装质量问题，可寄本社退换
（邮政编码100037）

《中国古代建筑史》（五卷集）

第二版出版说明

用现代科学方法进行我国传统建筑的研究，肇自梁思成、刘敦桢两位先生。在其引领下，一代学人对我国建筑古代建筑遗存进行了实地测绘和调研，写出了大量的调查研究报告，为中国古代建筑史研究奠定了重要的基础。在两位开拓者的引领和影响下，近百年来我国建筑史领域的几代学人在中国建筑史研究这一项浩大的学术工程中，不畏艰辛，辛勤耕耘，取得了丰硕的研究成果。20世纪60年代由梁思成与刘敦桢两位先生亲自负责，并由刘敦桢先生担任主编的《中国古代建筑史》就是一个重要的研究成果。这部系统而全面的中国古代建筑史学术著作，曾八易其稿，久经磨难，直到"文革"结束的1980年代，才得以出版。

本套《中国古代建筑史》（五卷）正是在继承前人研究基础上，按中国古代建筑发展过程而编写的全面、系统描述中国古代建筑历史的巨著，按照历史年代顺序编写，分为五卷。各卷作者或在梁思成先生或在刘敦桢先生麾下工作和学习过，且均为当今我国建筑史界有所建树的著名学者。从强大的编写阵容，即可窥见本套书的学术地位。而这套书又系各位学者多年潜心研究的成果，是一套全面、系统研究中国古代建筑史的资料性书籍，为建筑史研究人员、建筑学专业师生和相关专业人士学习、研究中国古代建筑史提供了详尽、重要的参考资料。

本套书具有如下特点：

（1）书中大量体现了最新的建筑考古研究成果。搜集了丰富的建筑考古资料，并对这些遗迹进行了细致的描述与分析，体现了深厚的学术见解。

（2）广泛深入地发掘了古代文献，为读者提供了具有深厚学术价值的史料。

（3）丛书探索了建筑的内在规律，体现了深湛的建筑史学观点，并增加了以往研究所不太注意的建筑类型，深入描述了建筑技术的发展。

（4）对建筑复原进行了深入探索，使一些重要的古代建筑物跃然纸上，让读者对古代建筑有了更为直观的了解，丰富了读者对古代建筑的认知。

（5）图片丰富，全套书近5000幅的图片使原本枯燥的建筑史学论述变得生动，大大地拓宽了读者对中国古代建筑的认识视野。

本套书初版于2001~2003年间，这套字数达560余万字的宏篇大著面世后即博得专业读者的好评，并传播到我国的台湾、香港地区以及韩国、日本、美国等国家，受到海内外学者的关注，成为海内外学者研究中国古代建筑的重要资料。之后，我社组织有关专家对本套图书又进行了认真审读，更正了书中不妥之处，替换了一些插图，并对全套书重新排版，在装帧和版面设计上更具美感，力求为读者提供一套内容与形式同样优秀的精品图书。

中国建筑工业出版社
2009年10月

《中国古代建筑史》（五卷集）

第一版出版说明

中国古代建筑历史的研究，肇自梁思成、刘敦桢两位先生。从20世纪30年代初开始，他们对散布于中国大地上的许多建筑遗迹、遗物进行了测量绘图，调查研究，发表了不少著作与论文；又于60年代前期，编著成《中国古代建筑史》书稿（刘敦桢主编），后因故搁置，至1980年才由中国建筑工业出版社出版。本次编著出版的五卷集《中国古代建筑史》，系继承前述而作。全书按照中国古代建筑发展过程分为五卷。

第一卷，中国古代建筑的初创、形成与第一次发展高潮，包括原始社会、夏、商、周、秦、汉建筑，东南大学刘叙杰主编。

第二卷，传统建筑继续发展，佛教建筑传入，以及中国古建筑历史第二次发展高潮，包括三国、两晋、南北朝、隋唐、五代建筑，中国建筑技术研究院建筑历史研究所傅熹年主编。

第三卷，中国古代建筑进一步规范化、模数化与成熟时期，包括宋、辽、金、西夏建筑，清华大学郭黛姮主编。

第四卷，中国古代建筑历史第三次发展高潮，元、明时期建筑，东南大学潘谷西主编。

第五卷，中国古代建筑历史第三次发展高潮之持续与向近代建筑过渡，清代建筑，中国建筑技术研究院建筑历史研究所孙大章主编。

晚清，是中国古代建筑历史发展的终结时期，接下来的就是近、现代建筑发展的历史了。但古代建筑历史的终结，并不是古典建筑的终结，在广阔的中华大地上，遗存有众多的古代建筑实物与古代建筑遗迹。在它们身上凝聚着古代人们的创造与智慧，是我们取之不尽的宝藏。对此，研究与继承都仍很不足。对古代建筑的研究，对中国古建筑历史的研究，是当今我们面临的一项重大课题。

本书的编著，曾得到国家自然科学基金委员会与建设部科技司的资助。

中国建筑工业出版社
二〇〇一年十月

前　言

　　本卷是五卷本《中国古代建筑史》的第二卷，时间自204年曹操攻占邺城起，至960年北宋代后周，五代结束止，共756年，包括三国、两晋（含十六国）、南北朝、隋、唐、五代（含十国）六大段。其间只西晋时有23年（281年至304年）、隋唐时有317年（589年至906年）为全国统一时期，共340年，其余416年是分裂时期。在这756年中，既有三国、十六国、南北朝和五代十国四个中国历史上大的分裂战乱时期，也有重新统一后举国欣欣向荣、国势强盛、取得巨大发展的隋唐时期。

　　在中国古代建筑数千年发展历程中，汉代是中国封建社会中建筑发展的第一个高峰，隋唐是第二个高峰，三国两晋南北朝则是介于这两个高峰间的过渡期。汉以来的传统文化经汉末黄巾起义和三国争战，到西晋时已遭到极大的削弱。西晋统一后享国短暂，未及有所作为，即亡于内乱外患，其残余势力在江南建立东晋。在随后十六国时期的135年（304年至439年）战乱中，中国遭到极大的破坏，尤以中原及北方为甚。此期间，很多原在北方边裔地区的少数民族南下，在中原、华北、辽东、西北、四川等地相继建立了十几个政权。这些政权，为求争取汉族上层分子的支持与合作和减少汉族民众的反抗，在所建政权的形式和宫室、都城、礼仪等典章制度方面都不同程度的比附、效法汉族传统，以表明自己的正统地位；失去中原、偏安一隅的东晋，也很注意保存汉、魏、两晋传统，不使失坠，以表明自己是中原正朔所在。这样，终十六国之世，汉魏传统在南北方都衰而未绝。

　　但是汉、魏、晋三朝相继"禅让"所引起的震动却动摇了两汉以来传统价值观对人们思想的束缚，儒学和传统礼法的影响大为削弱，老庄玄学得到发展，过去认为神圣不可动摇的东西，在这时看来已不再是不可改变的了，蔑礼放浪成为一时风尚。随之而来的十六国动乱，把中国、特别是中原和北方变成人间地狱。上至失败的帝王、失势的官僚贵族，下至灾难深重的百姓，都不堪忍受，开始探究苦难的原因和解脱的道路。在这样的条件下，佛教得到巨大的发展。佛教是外来宗教，佛在汉代被视为"胡神"，信者寥寥，此时却得到从帝王到百姓的普遍尊信，这就削弱甚至打破儒家传统中严夷夏之防的观念。尽管当时南北统治者出于对政权和自身安危荣辱的担心，都诚心奉佛，但北方各少数族统治者崇佛尤甚，却未必没有利用尊崇外来宗教佛教来减弱汉族民众反抗"胡人"统治的意图。由于汉、魏、晋易代的震动，动摇、松弛了儒家传统思想的束缚，佛教兴盛减弱了民众对外域文化抵制的心理，从积极方面说，就为在建筑领域摆脱传统束缚、吸收外域影响、酝酿和发展出新的建筑创造了条件。到南北朝时，当南北分别统一于一个政权、经济得到一定程度的恢复和发展后，这些条件开始发生作用。南北两朝在都城、宫室、坛庙、佛寺建设上都取得较明显进步。在建设中，汉代的余波遗风日渐衰歇，在城市规划、大建筑群组布局、建筑风格、建筑标准化模数化方面都萌发新的因素；在建筑装饰上，大量外来图案、纹饰、色调随佛教输入，也对建筑风格面貌的变化起重要作用。但南北朝时，这些新的因素尚未成熟定型，南北建筑经验交流也有一定障碍，故处于新旧并存时期。

　　589年隋统一中国，迅速发展为强大王朝，虽中经隋末短期战乱，继起的唐又乘着统一的大趋势，建成繁荣兴盛的新王朝。隋唐的大规模建设，就彻底摆脱了汉代余风的影响，在日趋繁荣的经济文化和南北建筑交流融合的基础上，发展出面目一新的隋唐建筑。隋唐时建立了更为完善的工程管理机构，制定了更为详密的按官阶和社会地位分级的营缮制度，为便于快速而协调地进行建设，在规划设计上发展和完善了南北朝时已出现的用基本模数和扩大模数控制的方法，在这基础上以空前的速度建设了中国历史上规模空前、井然有序的都城、宫殿、坛庙、官署、寺观，有规划、按一定模式、分等级在全国拓建和新建了大量地方城市，在建筑和城市规划方面都取得辉煌的成就，形成中国封建社会中建筑发展的第二个高峰，并对以后中国建筑的发展产生巨大的影响。

假若把已掌握的汉代和唐代建筑特点加以比较，可以看到：在都城规划方面，汉代宫城占据最主要地位，其他建筑只能插空档布置，虽然可以体现出皇权至上、凌驾一切的威势，却未免失之于凌乱；而隋唐都城则宫城、皇城居中轴线北端，里坊排列规整，街道纵横平直如棋局，表现出发展得更为成熟的、井井有条的封建秩序。在建筑群的布局上，由汉代以高台为核心的聚集式布局转变为唐代的在平面上展开、形成院落、增加空间层次的布局。在单体建筑上，由汉代以直柱、直檐口、直坡屋面等由直线构成的端严雄强的建筑风格转变为唐代的柱列有侧脚生起，使用梭柱，檐口为曲线，屋角上翘，屋面呈下凹曲面的主要由曲线、曲面组成的遒劲而豪放的风格。在建筑结构、构造上由以雄浑厚重的土木混合结构为主转变为以玲珑轻举的木构架为主。这些差异表明，汉、唐建筑从外观到结构都存在着巨大的差异。

如果再把唐代建筑和以后的宋元明清建筑相比，则可看到，上举唐代建筑的一些主要特点在后代虽有些变化，但大体上还保存着，远没有汉唐之间的变化那样明显。这表明汉唐之间是中国封建社会中建筑有巨大发展变化的时期，汉式的衰落，唐式的萌芽，各民族建筑文化的交融，外域文化的传入并产生影响，这种种变化因素都聚集在两晋南北朝时期，而变化的结果则产生了灿烂的隋唐建筑。隋唐建筑发展到成熟、定型后，其影响一直延续到封建社会后期。研究建筑历史，既要研究成熟、定型后的特征，更要探索发展演变的过程。就本卷而言，隋唐是成熟定型期而两晋南北朝是演变过渡期，正是需要重点探讨的部分。

研究建筑，首重实物，从实物中归纳总结出的手法、规律是最有价值的。但魏晋南北朝隋唐时期的实物遗存至今者稀如星凤。举例来说：此期城市久已毁灭无存或历经重建，面目全非，只能利用考古勘探、发掘所得平面图。但目前只有曹魏、北齐的邺城，汉魏洛阳，十六国时的统万，隋唐的长安、洛阳、扬州和渤海上京寥寥数城有可据以进行研究的勘探或实测图纸，其余大量地方城市全无资料；在建筑实物方面，南北朝以前只有四川几座三国至西晋的石阙，一座北魏砖塔，两座北齐小石塔；北朝建筑还可从石窟壁画、雕刻中看到其形象和大致构造，而南朝建筑物迄今竟连一个完整的建筑图像也没有看到；作为一代建筑发展高峰的唐代，除砖石塔稍多外，木构建筑只保存下四座，且其中两座屡经后代重修，严重改变面貌，已不具典型性。在古建筑中最具特色的群组布局方面，除对唐大明宫和渤海上京宫殿二遗址的发掘勘探较详细有测量图外，迄今没有更多的较完整精确的宫殿、官署、寺庙的总平面图可供具体研究其布局特点。总的说来，这段时期遗存的实物极为贫乏，研究起来颇有无米为炊之苦。

为弥补实物缺乏之憾，在研究工作中，不得不大量使用各种参考材料，并进行复原研究。

第一方面是利用考古发掘材料。除城市遗址外，近年考古工作者对汉唐宫殿及其他重要建筑遗址进行了较多的发掘勘探工作，从中可以了解到很多信息。例如三国的建筑形象，目前只看到几座孙吴陶屋，并不具代表性。但通过对西汉未央宫和辟雍、九庙等遗址的发掘，可以大致了解汉代土木混合结构的特点，如与汉画像石上所表现的建筑形象相结合，去印证《景福殿赋》中所描写的内容，就可对曹魏宫殿的面貌及构造有个大体的估计，并可下延到西晋十六国时期。又如西安发掘了大量唐代宫殿、寺庙遗址，综合起来，可以知道唐代建筑面阔变化的规律，与现存木建筑佛光寺、南禅寺的测量数据和材分相印证，也可大体推知唐代木建筑的概貌和设计规律。

第二方面是形象资料。现存明器、画像石、壁画、石窟雕刻等，虽不如实物细致、准确，却基本上能表现出建筑的主要特点和风格，有的还表现出细部做法。关于房屋构架自汉至唐的发展演变过程，基本上就是利用这方面材料排比、归纳出来的。很多建筑类型，如邸宅、园林、寺观在壁画中也多有表现，可用为参考材料。

第三方面是文献资料。古代有关建筑史料颇多，但随作者对建筑的理解程度和文风的写实与否，其价值亦不尽相同，很多要经过与相近的实物、遗址、图象相印证，证明基本属实才可以使用。三国城市部分即基本依据《三都赋》，魏晋南北朝地方城市则主要依据《水经注》。南北朝、隋唐园林实物不存，图像亦少，只能主要依据当时文人如谢灵运、庾信、杜甫、白居易等人诗文中的描写，除具体形象外，还可补充图像所无法表达的意境问题。佛教入中国后，佛寺的演变是建筑史中重要研究课题，而完整的唐以前寺院实物不存，遗址迄今只发掘了少数殿址，尚不能反映总的布局，也只能依靠《洛阳伽蓝记》、《法苑珠林》、《高僧传》等书和碑记，结合中土和西域石窟加以探讨，钩稽综合，才能了解其大致发展脉络。关于建筑中的等级制度和工官制度则更是只能依靠文献记载。把零星的文献史料排比起来，往往能说明一些建筑问题。但有些文献引文过长，有些引文需加以综合推演始能说明问题，为免正文枝蔓，只能移入注中。故本卷注释除注明所据材料出处外，还有部分引文和考证文字。这虽难免有繁琐之病，但为了对读者负责，只好这样做。

第四方面是外域材料。两晋南北朝时期，天竺、西域文化随佛教和商业活动大量传入，表现在建筑装饰上尤为明显，隋唐时期建筑装饰也有很多西域因素，在外域材料中探寻其渊源，了解其中国化的过程，对今天也有借鉴作用。南北朝隋唐时，中国对朝鲜、日本的建筑有巨大影响。日本现存相当于中国隋唐时期的飞鸟时代、奈良时代遗构尚有二十余座，为中国残存的四座唐代建筑的六倍。其中时代最晚的也早于857年所建佛光寺大殿。尽管这些建筑中含有日本先民的发展和创造，但其基本设计方法和构造仍保持隋唐特点，可以视为经过一定折射的中国隋唐建筑的影子。从这些建筑中归纳出的模数制设计规律可以和中国唐、辽建筑中应用模数的情况互证，填补了我国隋及唐前期建筑实物不存的缺憾，使我们可以有根据地把以材分为模数的设计方法的出现时间提早到南北朝后期。

第五方面是复原研究。此期历史上重要建筑全部毁灭，现存唐代建筑中体量最大的佛光寺大殿只是五台山中一座普通的中型殿宇，远不能和唐东西两京壮丽的宫殿和著名的寺观相比，实不能很好地反映唐代建筑所达到的水平、成就和面貌。这方面的缺憾只能用复原研究的成果来补充。在使用复原材料时分为两级：凡有遗址为依据并有文献可参证的称复原图，无遗址只据文献记载推测的称示意图。前者如曹魏、高齐邺城，隋唐长安、扬州，北魏洛阳，隋唐洛阳，唐长安明德门及大明宫诸建筑。复原图虽以遗址为依据，但仍属设想，受作者水平及对资料掌握程度之限制，见仁见智，不可能完全准确，只求其尽可能接近原貌，用为说明该时代建筑风貌、特点的辅助资料。示意图主要表现那些在历史上极为重要，无法回避，而遗址迄今不明者，据文献记载探讨其大致轮廓。例如隋及初唐的几个明堂设计方案和武则天所建明堂是当时最重要的建筑活动和最巨大的建筑物，是反映当时设计、施工最高水平的事例，目前仅能把资料记载加以归纳综合，排比异同，探寻其发展演变脉络，作出示意图，以勾绘其大致面貌，为今后进一步探讨之资。其余如东晋南朝建康城及宫殿，曹魏、北魏洛阳宫殿，唐长安太极宫及洛阳宫等都承前启后，关乎一代制度，而遗址没有资料，只能据文献记载，结合目前对该时代规划、建筑特点的了解，对其原状加以探讨，因无遗址，其近真程度比复原图要差，故称示意图，用为说明该时代建筑发展概况的参考资料。

以上五个方面的材料综合起来，互为补充，互相发明，与少数实物相印证。就可在一定程度上弥补了实物较少的缺憾，对这段时期内建筑发展脉络、风格及构造特点有一个概括的了解，尽可能勾画出一个有一定依据的轮廓。

对那些有遗址或实物存在并有详细实测资料的少数例证，则尽可能深入探讨其规划设计手法，总结其特点、规律，如唐长安、洛阳实测图证明其规划时以宫城、皇城之长宽为模数；据佛光寺、南禅寺二大殿及西安已发掘诸佛殿、宫殿遗址推知建筑面阔之差以一尺、半尺为主和建筑断面、立面设计以柱高为扩大模数等特点，并对唐宋建筑用材及模数变化进行探讨。这方面的探索证明，至迟在隋唐时，在规划和建筑设计上已有一个以使用长度模数和面积模数为基础的完整的设计体系，可以把规划、建筑和结构设计结合起来，有利于快速设计和以口诀和丈杆代替图纸施工，具有很高的水平。这套设计体系与按封建等级制度订立的建筑等级制度结合起来，就创造出弘伟壮丽、统一谐调的一代灿烂辉煌的城市和各类型建筑。

本卷的研究、撰写工作始于1988年秋，到现在已有六年。在实际工作中，收集新发现的材料，查阅大量文献，综合排比，进行必要的复原研究工作占用了颇多时间，撰写的时间就较为紧迫了。回顾起来，有的地方感到意犹未尽，有的地方感到尚需推敲，有些章节似乎联系呼应不够，但限于时间和材料，目前只能到此而止，抛砖引玉，就正于读者，粗疏不当之处，敬希批评指正。

本卷主要工作人员为傅熹年、钟晓青、张铁宁三人。傅熹年为主编，主要负责撰写及复原研究工作；钟晓青负责撰写第二章、第三章中佛教建筑和建筑装饰部分，共四节，并绘制了部分图纸，选择有关图片；张铁宁负责大部分图纸的绘制，还参加了渤海国上京宫殿的复原研究工作。此外，又请精研西南地区少数民族建筑的屠舜耕同志撰写了第三章第九节地方少数民族建筑中的吐蕃建筑和南诏建筑。经过大家通力合作，使得这项艰巨工作得以最终完成。

本卷研究、撰写过程中，在调查研究和收集资料诸方面得到有关方面大力支持，也使用了大量已发表的考古发掘报告、建筑史研究论文和所附图纸，除在注释和图目中标明外，一并附此致谢。

中国建筑工业出版社编审乔匀先生，以古稀高龄，不辞辛劳，对此稿进行了细心的审读和编辑，并通过核对引文改正了一些稿中疏失错误之处。责任编辑于志公先生进行了精心的编辑。对于乔匀先生和于志公先生认真负责的精神，我们特别表示敬意和谢忱。

傅熹年
1994年9月

目 录

第一章 三国建筑 ... 1

第一节 城市 ... 1
一、曹魏邺城 ... 2
二、曹魏许昌 ... 8
三、魏晋洛阳 ... 8
四、蜀汉成都 ... 16
五、孙吴建业　京及武昌附 ... 19

第二节 宫殿 ... 25
一、曹魏宫殿 ... 25
二、孙吴宫殿 ... 34
三、蜀汉宫殿 ... 35

第三节 宗庙、陵墓 ... 36
一、宗庙 ... 36
二、陵墓 ... 38

第四节 建筑技术 ... 40
一、木结构技术 ... 40
二、砖石结构技术 ... 42

第五节 建筑实例 ... 42

第二章 两晋南北朝建筑 ... 47

第一节 城市 ... 48
一、十六国时期各国的都城 ... 49
二、东晋南朝的都城建康 ... 68
三、北魏都城 ... 82
四、东魏北齐的都城邺城南城（北城附） ... 103
五、西魏北周的都城长安 ... 109
六、两晋南北朝地方城市 ... 112

第二节 宫殿 ... 118
一、东晋南朝建康宫殿 ... 119
二、北魏洛阳宫殿 ... 125
三、北齐邺城南城宫殿 ... 130

第三节 礼制建筑 ... 135
一、宗庙 ... 135
二、明堂 ... 137
三、郊坛 ... 138

第四节 陵墓 ... 140

一、西晋陵墓		140
二、四川晋代墓阙		140
三、十六国陵墓		142
四、东晋陵墓		142
五、南朝陵墓		143
六、两晋南朝的一般墓葬		148
七、北魏陵墓		148
八、西魏北周陵墓		150
九、北齐陵墓		150
十、北朝一般墓葬		152
十一、义慈惠石柱		153

第五节　住宅　156
　　一、邸宅　156
　　二、庄园别业　161

第六节　园林　163
　　一、皇家苑囿　164
　　二、私家园林　168

第七节　佛教建筑　175
　　一、佛寺　176
　　二、石窟寺　216

第八节　桥梁　251
　　一、木桥　251
　　二、石桥　252
　　三、浮桥　253

第九节　建筑艺术　255

第十节　建筑装饰　267
　　一、重点装饰部位与做法　268
　　二、造型与纹饰　281

第十一节　建筑技术　294
　　一、建筑结构　294
　　二、工官　326

第三章　隋唐五代建筑　330

第一节　城市　332
　　一、都城　332
　　二、隋唐时期的地方城市　370
　　三、唐代的边城　376
　　四、唐代的城防设施　378

第二节　宫殿　382
　　一、隋大兴宫——唐太极宫　383

二、隋东都宫——唐洛阳宫 ··· 388
　　三、唐长安大明宫 ··· 399
　　四、唐长安兴庆宫 ··· 417
　　五、隋唐的离宫 ··· 423
第三节　礼制建筑 ·· 431
　　一、宗庙 ·· 431
　　二、明堂 ·· 432
　　三、郊坛、社稷 ··· 439
　　四、士庶家庙 ·· 440
第四节　陵墓 ·· 443
　　一、隋代陵墓 ·· 444
　　二、唐代陵墓 ·· 445
　　三、隋唐墓葬中的风水地理问题 ·· 456
　　四、五代陵墓 ·· 460
第五节　住宅 ·· 462
　　一、王公贵官邸宅 ··· 463
　　二、一般住宅 ·· 470
　　三、外地州县和乡村住宅 ··· 472
　　四、住宅的结构和构造 ··· 472
第六节　园林 ·· 475
　　一、皇家苑囿 ·· 476
　　二、官署园林 ·· 483
　　三、私家园林 ·· 484
第七节　宗教建筑 ·· 495
　　一、佛教建筑 ·· 495
　　二、道教建筑 ·· 566
　　三、其他宗教建筑 ··· 569
第八节　重大土木工程 ·· 571
　　一、大运河 ·· 571
　　二、桥梁 ·· 574
第九节　地方少数民族建筑 ··· 580
　　一、渤海国上京龙泉府 ··· 580
　　二、南诏时期的城邑及佛塔 ··· 586
　　三、吐蕃王国时期的建筑 ··· 592
第十节　建筑艺术 ·· 599
　　一、单体建筑 ·· 600
　　二、群体组合 ·· 606
　　三、院落布置 ·· 612
　　四、城市面貌 ·· 617

第十一节 建筑装饰 ... 621
一、木构件表面装饰 ... 622
二、地面与墙面 ... 626
三、台基与勾栏 ... 629
四、门窗 ... 632
五、天花与藻井 ... 636
六、脊饰与瓦件 ... 637
七、装饰纹样 ... 640

第十二节 建筑技术 ... 650
一、木结构 ... 651
二、土木混合结构 ... 675
三、砖石结构 ... 679
四、基础工程 ... 686

第十三节 工程管理机构和工官、工匠 ... 687
一、建筑工程的管理及实施机构 ... 687
二、工官 ... 689
三、匠师 ... 694
四、建筑的等级制度 ... 695

第十四节 隋唐建筑对外的影响 ... 699
一、城市 ... 700
二、宫殿 ... 703
三、寺庙 ... 705
四、建筑实物 ... 707

附录 三国、两晋、南北朝、隋唐、五代建筑大事记 ... 714

插图目录 ... 735

第一章 三 国 建 筑

东汉末，于灵帝中平元年（184年）爆发了黄巾起义。在镇压黄巾起义的过程中，各地的大小豪强势力大增，互相争斗，使中国陷入军阀割据和混战的分裂动荡时期。初平元年（190年），军阀董卓烧毁洛阳，迁汉献帝于长安，随即引发了军阀大混战。经过十余年争战兼并后，曹操控制了汉献帝，力量日渐壮大。204年，曹操消灭了北方最大割据者袁绍的力量；208年，又南下取得荆州，成为中原地区具有合法名义的统治者。208年冬，孙权、刘备联合击败曹军，阻止了曹操势力南下，使孙权巩固了对江南地区的占有。211年，刘备率军入川，214年取得益州，成为西南地区的统治者。至此，在中国形成三股最大的政治、军事力量。220年，曹操之子曹丕代汉称帝，建立魏国后，刘备遂于221年称帝，建立蜀国，至222年孙权也称王并建立吴国，正式形成魏、蜀、吴三国鼎立的局面。历史上称自220年曹丕建立魏国到280年西晋灭吴的61年为三国时期。

三国时期，各国在争战的同时，国内经济较之军阀混战时都有不同程度的恢复，在此基础上，各国都建设了自己的都城、宫殿和若干城市，为以后的全国统一准备了条件。但这三股政治力量的建设活动在其形成过程中就已开始：曹操在统一北方的过程中已于196年建许昌，204年得邺城后又逐渐把它改建成王都；208年孙权自吴迁京时即筑京城，211年建设建业，以后发展为吴国都城。这些建设都在220年三国正式形成之前，并对三国时期和以后产生重要影响。因此，作为建筑史，不得不把三国的时代起止略加变通，上推到汉献帝建安九年（204年）曹操取得邺城起，下限不变，即自204年至280年，共77年。

第一节 城市

汉末、三国时期战争频繁，两汉四百年来建设成的都城和各级郡国州县城市多毁于黄巾起义和随后的军阀混战中。东汉的首都洛阳毁于初平元年（190年）三月董卓迁都之役[1]。而长安城又随后毁于兴平二年（195年）三月李傕、郭汜之乱[2]，两汉都城四百年经营之功遂扫地以尽。史载建安元年（196年）七月汉献帝重返洛阳后的情况是"宫室烧尽，百官披荆棘依墙壁间"[3]。曹植描写洛阳废墟的诗中有"洛阳何寂寞，宫室尽烧焚。垣墙皆顿擗，荆棘上参天"之句[4]，可知当时破坏的严重程度。在此期间的军阀混战中，动辄屠城，对一般城市的破坏也是极大的。

但在三国建立过程中和随后的相峙中，各国也恢复或新建了首都和一些城市，如曹魏建了许昌、邺和洛阳三都，孙吴建了京、武昌、建业三都，蜀改建了成都等。各国还新筑了一些边境上的屯守城市。这些城市的恢复和建设使三国不同程度从汉末以来的大破坏中恢复过来，巩固了政权，恢复了经济，为魏晋统一全国奠定基础。

由于史料缺略，大量遗址尚未经调查，目前我们对三国都城只有初步的了解。深入的认识尚有待于我们进行更多的文献综合和调查研究工作。

注释

[1]《资治通鉴》卷59,〈汉纪〉51:(初平元年二月,董卓)"悉烧宫庙、官府、居家,二百里内、室屋荡尽,无复鸡犬。"中华书局标点本⑤P.1912

[2] 同书卷61,:"(兴平二年汉献)帝至(李)傕营,……(傕)遂放火烧宫殿、官府、民居悉尽。"中华书局标点本⑤P.1960

[3]《后汉书》卷9,〈帝纪〉9,献帝,建安元年秋七月条。 中华书局标点本②P.379

[4]《文选》卷20,〈诗·祖饯〉,曹植〈送应氏诗〉二首之一。 中华书局影印本①P.292

一、曹魏邺城

邺城在今河北省临漳县和河南省安阳县交界处,传说始建城于齐桓公时。公元前439年,魏文侯封于此,所以又称为魏。西汉高帝十二年(公元前195年)置魏郡,以邺为郡治,属冀州部,逐渐发展成北方重镇[1]。东汉时,明帝、章帝、安帝北巡,都曾到过邺[2]。《通典》记载东汉时冀州州治在赵郡的鄗,但史载灵帝中平六年(189年)韩馥为冀州牧,居邺。献帝初平二年(191年)袁绍为冀州牧时也治邺,可知东汉末邺兼为魏郡郡治和冀州州治。这些情况表明,东汉的邺属于郡国级城市,其城市规模、体制应和这等级相称。

汉献帝建安九年(204年)曹操攻克邺后,以邺为基地,逐步建设,形成其政权的中心地区。208年作玄武池练水军;210年建铜爵台,名为游观,实际是防守据点;213年曹操为魏公后,以冀州十郡为魏国,以邺为都城,"置百官僚属,如汉初诸侯王之制。"开始在邺按魏国国都的体制建庙、社,又建金虎台[3]。魏公的宫殿建筑虽史无明文,也应是在此期间就邺的州郡子城或府廨改建完成[4]。216年曹操为魏王,217年"设天子旌旗",开始了曹魏代汉的过程;219年,曹操留居洛阳并修缮洛阳宫殿,明显有代汉后以洛阳为都之意。220年曹操死,同年十月其子曹丕代汉为帝,建立魏朝,定都洛阳。以后,邺被列为五都之一,和许同为曹魏重要的陪都[5]。自204年曹操克邺到220年曹丕定都洛阳,曹魏在邺建设、经营了17年,把它由地方的州部首府改建为王国的都城。左思〈魏都赋〉中所描写的情况就是在这17年中、特别是在216年曹操称王以前的13年形成的。从曹操、曹丕相继修复洛阳看,曹魏并不想立国后在邺建都,故也不会全部按帝都的规格去改建它。

邺城遗址大部分埋在淤土中,南部有的沦入漳河,地面上除金虎、铜爵二台和石虎太武殿残基尚存,可大致确定方位外,别无遗址可寻。20世纪80年代初,对邺城遗址进行了考古发掘,初步找到北、东、南三面的城墙、城门和门内道路,可以对邺城的轮廓有个大致认识[6],如参证文献记载,可对邺城的概貌和规划特点有较多的了解(图1-1-1)。

现存有关曹魏邺城的文献最重要的是(晋)左思〈三都赋〉中的〈魏都赋〉,可以认为是当时人的纪实之作[7]。其次是(北魏)郦道元《水经注》中的有关记载,郦氏曾亲自考察过邺[8]。此外,(明)崔铣撰《嘉靖彰德府志》中的〈邺城宫室志〉直接采自(北宋)陈申之的《相台志》,也有重要参考价值[9]。

〈魏都赋〉说邺都建设之初时的情况有"爰自初臻,言占其良,谋龟谋筮,亦既允臧。修其郛郭,缮其城隍,经始之制,牢笼百王。画雍豫之居,写八都之宇,鉴茅茨于陶唐,察卑宫于夏禹"等句,说明曹操在定邺为魏国都城时曾修缮疏浚过城墙,城隍,并参考了汉代长安、洛阳的规划制度。从"郛郭"、"城隍"并举看,除城墙外,还可能有外郭。宫殿部分则强调其效法尧和禹的卑宫室的传统。

《水经注》记载曹魏邺城东西七里，南北五里，呈横长矩形，共有七个城门。城南面开三门，自东而西依次为广阳门、中阳门和凤阳门。东、西面各一门，东为建春门，西为金明门。北面二门，东为广德门，西为厩门[10]。史载在袁绍据邺时，邺城南面已是三门[11]，且〈魏都赋〉中提到城隍时用"修"、"缮"、"崇"、"浚"等语，可知是沿用东汉时旧有的，主要做了加高、浚深、修整等工作。魏都各城门上都建有高大的城楼，有的是二层的重楼。城门外建有跨濠的低平石桥[12]。

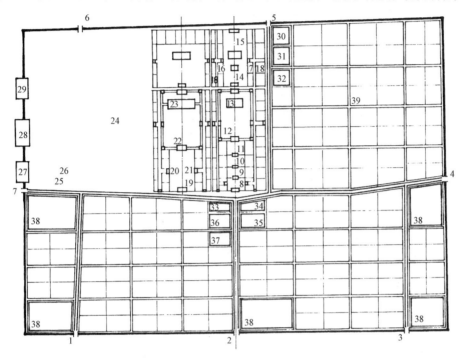

图 1-1-1 曹魏邺城平面复原图

1. 凤阳门	6. 厩门	11. 升贤门	16. 木兰坊	21. 长春门	26. 白藏库	31. 宫内大社	36. 御史大夫府
2. 中阳门	7. 金明门	12. 听政殿门	17. 楸梓坊	22. 端门	27. 金虎台	32. 郎中令府	37. 少府卿寺
3. 广阳门	8. 司马门	13. 听政殿	18. 次舍	23. 文昌殿	28. 铜爵台	33. 相国府	38. 军营
4. 建春门	9. 显阳门	14. 温室	19. 南止车门	24. 铜爵园	29. 冰井台	34. 奉常寺	39. 戚里
5. 广德门	10. 宣明门	15. 鸣鹤堂	20. 延秋门	25. 乘黄厩	30. 大理寺	35. 大农寺	

邺是否有外郭是值得探讨的事。《资治通鉴》载 384 年慕容垂攻邺，拔其"外郭"，符丕退守"中城"，也说邺有外郭。但唐宋以前人有时把城内的宫城、衙城、子城称城，而称大城为郭或罗郭，唐代文献有时就称长安大城为外郭，故"郭郭"也可能就是指大城而言。这问题只能有待通过考古发掘勘探来解决了。

邺的七座城门中，除厩门直通内苑外，余六门都有大道通入城内。在东面建春门和西面金明门之间有横亘全城的东西干道，另自北面的广德门和南面的广阳、中阳、凤阳三门都有南北向大道入城，和东西向干道垂直相交，形成丁字街。这五条大道形成邺的干道网[13]。

邺的总体布局是利用东西向穿城大道把全城分为南北两部分：北半部是宫殿、官署和贵族居住区，南半部是民居和商业区，使宫殿、官署、戚里明显地与一般居民区隔开。北半部中，宫殿和贵族居住的戚里又被自北城向南的广德门内大道隔开[14]。南半部的居住区和商业区建作封闭的里和市[15]，其间还布置了五座军营[16]。军营的位置史无明文，但南半部南城上有三门，东西城各一门，共有五门，极可能这五营设在五门附近，这样利于兼防内外敌人。史载魏国受封后在邺建有宗庙、社稷，虽位置史籍未载，但自两汉长安，洛阳以来已形成社稷在宗庙之右的传统[17]，估计在邺也会是这样。

从邺的总体布局看，宫城在北半城的西部，背倚西、北二面城墙，并不居全城之中，但在规划中，却通过使宫内主建筑群之一与干道相对的布置，形成纵贯全城的南北中轴线，使宫城和整个城市有机地联系起来。

宫城内按用途划分为左、中、右三区。中区是进行国事和典礼活动的礼仪性建筑群，以主殿文昌殿为中心，殿南设几重门，正门两侧设阙，南端在宫墙上建魏王宫的正门，称南止车门[18]。东区前半是魏王的行政办事机构，以主殿听政殿为中心；后半是内宫，是魏王的住所。听政殿正南方在宫城墙上开宫门，称司马门。听政殿至司马门间形成的南北轴线直指邺城南墙上的中门中阳门，和中阳门内大道相接，形成邺城的主要南北轴线[19]。西区是内苑，称铜爵园，西端因城为基建著名的铜爵三台，是兼有储藏，游观、防御多种功能的建筑[20]。北城西偏的厩门直接通向苑内。南城墙西侧的凤阳门内大道也直指内苑。这条大道在百余年后的石虎时期成为邺城最主要的南北大道，正对石虎的九华宫，但曹魏时苑墙对路处是否有门，史籍不载。这样，从邺城南面三座城门通入城内的南北大道中，有两条是北端直对宫城的，中阳门内大道更是遥望重重宫阙，表现出都城的特点。由于魏宫的办事机构和内宫都在宫城东部，司马门是日常出入宫城的主门，故在司马门外，中阳门内大道的北段把相国府、御史大夫府、奉常寺等魏国的主要官署相对地布置在大道的东西侧。另在宫城外东侧也建有大理寺等机构。在宫前东西大道通南北城门的丁字街街角处还建有高大的阙[13]。这一地段的干道上集中布置了宫门、衙署、观阙，是邺城街景最壮观的地方。在北半城东侧的戚里和南半城，由排列整齐的里和市形成方格网状次要街道，和五条干道相连。

邺城的干道颇宽，东西大道和中轴线上的中阳门内大道宽17米，其余三条南北干道宽13米。史载在干道中间阙有驰道[21]。据汉代长安、洛阳旧制，驰道是皇帝的专用道，其路面分三条，中间为驰道，左右是一般行人的通道，上下分行，与它相连城门也设三个门洞，中门通驰道，皇帝出行时才开启，行人从两侧的门洞左入右出[22]。邺城的驰道是魏王曹操专用的，史载曹操第四子曹植因"乘车行驰道中，开司马门出"而得罪，曹操为此还杀了有关的官员，可知禁令是极严厉的。邺城道路两侧植青槐为行道树，道侧有明渠，故在〈魏都赋〉中有"比沧浪而可濯，方步檐而有踰"的描写，说渠水清可濯足，行道树遮阴比走廊还好，虽是文人夸张之词，也可说明邺都确有较好的绿化。

邺城内建有完善的引水渠道。曹操在邺城西郊筑漳渠堰拦蓄漳水，开渠引入城中。渠水在铜爵台附近穿城进入内苑，横贯全宫后，向东流入戚里。在宫的中部，渠水又分枝南流，穿过南止车门附近宫墙，分流到东西门间大道的南北两侧，平行向东，再分出支渠流到各南北向大道和里坊间小街，形成全城的水渠网。水渠穿出东面城墙后，注入城壕中[23]。水渠穿城处建石涵洞，当时称"石窦"，过街处用石板架平桥，称"石梁"。这条水渠曹魏时称为"长明沟"。

从〈魏都赋〉的描写看，邺城的市里和汉代没有显著的变化，但对里的描写中没有提到当街开门的"甲第"。史载曹操以用法严峻称，是他约束显贵，不准破例，还是赋文为避免和〈蜀都赋〉重复而省略，还须进一步探讨。〈魏都赋〉说邺城市内"百隧轂击"，可知邺城的车不仅可以进入市内，连列肆间的通道——隧内也可以通车，这里的市是很大的[24]。

作为国都，邺城还设有供别国使臣居住的客馆。客馆之制，起源很古。周代制度，地位相等的宾客舍于客馆，地位尊于主人的宾客舍于主人家之庙[25]。汉代的郡、国在长安、洛阳自建邸或馆，以备朝贡之用。都城本身也建有亭或馆。西汉时长安建有蛮夷邸，东汉时洛阳建有鸿胪馆，都是接待外国或地方政权使臣之所[26]。三国时，各国都城都应设有客馆，左思〈三都赋〉中只描写魏都的客馆可能有在三国中隐寓尊魏之意。据赋文和张载的注，邺城在城南、城东都建有都亭，城东大道之北又建有建安馆，都是客馆[27]。建安馆最壮丽，它的布局大约是中轴线上为正门和主厅，四周建有若干院落，[28]大门是临街的楼，是邺城的重要建筑之一。赋中说它超过秦汉时的客馆。把客馆建得壮丽有向外国夸耀本国富强之意，故历来客馆都是都城中的重要公共建筑之一，邺城也是这样。

魏国的仓库区布置在邺城的西部。张载注〈魏都赋〉说："白藏库在西城下，有屋一百七十四间"，它应是主要的库区。赋文说库中储有财货、珍宝、布帛、粮食以及弓矢等武器。从已发掘的西汉武库等国家重要仓库遗址看，邺城的库也应是行列布置或围成院落，外有高厚围墙环绕的完整严密的仓库区[29]。张载注中又说"邺城西下有乘黄厩"，则是养马之处。此处注文不甚明确。可理解为在西城内，也可理解为西城外。如在城内，也应近城门，以便大量马匹放牧，邺城西墙迄今尚未查明，这里北有重要的防守据点三台，又集中了最大的仓库和军资器械与马匹，可能是个严密的设防区，城墙或不止一重。

《水经注》说，宫城西部苑内跨城墙而建的三台中，最北的冰井台除储冰和石炭（煤）外，还有粟窖，并储有盐，"以备不虞"。《三国志·魏志·王修传》说严才在邺叛乱，攻打魏宫掖门，曹操在铜爵台上看见王修到宫门赴难。可知有变乱时，曹操据守铜爵台。这三台名义上是游赏建筑，实际上是紧急情况下的最后防守据点。东汉、三国时，各地统治者多建这类据点。最著名的是公孙瓒在易筑大京，虽积谷三百万斛，终为袁绍所灭。邺都三台也是这种性质的建筑。三国间战争频繁，各国内部也不很稳定，都城中需要一个集中仓储军资可以兼防内外敌人的据点，所以把仓库、马厩等都布置在三台附近，形成防守的核心据点。〈魏都赋〉及注对这一部分的描写颇不具体，可能是在作赋及注时其防守功能仍在的缘故。三台高大，都是在苑中用架空阁道登上去的[30]，证以厩门和乘黄厩在名称上的巧合，颇疑在三台与苑之间有隔城，储军资器械，从北面的厩门通出城外。

综括上述，我们可以看到，曹魏时，邺城的城墙依东汉之旧，没有向外拓展。宫城在城内北半部偏西，背倚西、北二面城墙。近年考古发掘证实，在汉的长安、洛阳诸宫中，如长安的长乐宫，未央宫，洛阳的北宫，都有一面或两面靠近城墙，但各宫都有完整的宫墙、靠城墙、城门处形成重墙、重门，不直接借用城墙为宫墙，与邺城的情形不同[31]。近年在汉墓中发现有的壁画画有城图，如和林格尔汉墓壁画中的宁城图、武城图、繁阳城图、离石城图[32]，还有朝鲜顺川高句丽墓中的辽东城图[33]。这些城的大小、形状各异，却有一个共同点，即城内的小城或衙署都据城一角，和邺城的情况相同。据此，我们可以推知东汉时邺城内的魏郡郡治和冀州部治所就在城的西北部，其南面、东面是居住区。曹操定都于此后，在规划上并没有作大的改动，只是把旧州治改为宫城，把州治东的居住区改为戚里，就形成了宫城，戚里占北半城，居民区占南半城，其间以穿城的东西大道为界的格局。从整体上看，曹魏邺城是因袭汉代郡国一级城市的规模体制，而不是按帝都体制重新规划的。

但曹魏邺城的宫殿和街道也有近于帝都体制的地方。东汉洛阳以北宫德阳殿为主殿。北宫中，德阳殿居中，皇帝日常议事的崇德殿和朝堂在德阳殿东。宫畔最大的内苑是北宫西北的濯龙苑。相比之下，邺城宫城中主殿文昌殿东为议政的听政殿，其西为铜爵园的格局明显是效法东汉北宫的。东汉宫殿有司马门、止车门等名，邺城宫殿也用此名，且司马门只供魏王出入，这已是宫禁而不是一般王宫的规格。邺城的干道路面分三条，中间是只供魏王出行用的驰道，也是都城中皇帝御道的规格。史载217年曹操建天子旌旗，世子称太子等，礼遇升到皇帝的规格，对司马门、驰道的限制当是相应措施之一。

正因为邺城是曹魏政权利用东汉时州郡城改建的，限于面积和原有格局，无法改造为帝都。且地理位置偏北。也不利于南向与吴蜀相争，所以曹操在死前一两年就开始经营洛阳，而曹丕在代汉称帝建立国家后，立即舍邺城而定都洛阳。

但邺城新出现的一些规划特点，也对后世都城产生影响。其中最主要的是宫殿区与居民区严格分开，宫前建以宫门、主殿为对景的长街，在宫前长街两侧集中布置衙署等。这些特点，在当代就影响到曹魏洛阳和孙吴建业，又为以后各代都城所继承和发展，使得中国都城更为严整、壮观、轴线分明。

注释

[1]《水经注》卷10，浊漳水："本齐桓公所置也，故《管子》曰：'筑五鹿、中牟、邺以卫诸夏也。'后属晋。魏文侯七年始封此地，故曰魏也。汉高帝十二年置魏郡，治邺县。……后分魏郡置东、西部都尉，故曰三魏。"上海人民出版社版，《水经注校》P.349

[2]《资治通鉴》卷45，〈汉纪〉37，永平五年条。中华书局标点本④P.1443

[3]《三国志》卷1，《魏书》1，武帝纪，建安十三年、十五年、十七年、十八年诸条。①P.30、32、36、42

[4]《三国志》卷1，《魏书》1，武帝纪：建安十九年正月条，裴松之注引《献帝起居注》曰："……迎二贵人于魏公国。二月癸亥，又于魏公宗庙授二贵人印绶。甲子，诣魏公宫延秋门，迎贵人升车。"中华书局标点本①P.43据左思〈魏都赋〉张载注，延秋门是魏王宫端门外西侧的门，说明至迟在建安十九年魏宫已经建成。

[5]《水经注》卷10，浊漳水，"过邺县西"句注。上海人民出版社版，《水经注校》P.347

[6] 中国社会科学院考古研究所、河北省文物研究所邺城考古工作队：〈河北临漳邺北城遗址勘探发掘简报〉《考古》1990年7期。

[7] 左思〈三都赋〉撰成于西晋初，左思是生于魏而入晋的人，自称所作〈三都赋〉"其山川城邑则稽之地图"，可知赋中描写是真实可信的。〈魏都赋〉有同时人张载作的注，详记城池、宫室、官署、坊市、街道的情况，是现存了解曹魏邺城的最基本史料。中华书局缩印胡克家本《文选》卷4～6

[8]《水经注》卷10，浊漳水，其注详记邺城城市、宫室。郦道元亲历其地，所注也是可信的史料。上海人民出版社版《水经注校》P.349

[9]（明）崔铣［嘉靖］《彰德府志》卷8为〈邺城宫室志〉。崔氏称此段源于（北宋）陈申之《相台志》。北宋时六朝文献保存尚多，所载也可作为重要的参考史料。此志已印入上海古籍书店《选印天一阁明本地方志》中。在顾炎武《历代宅京记》卷12，邺下中也全文收录此志的第八卷。

[10]《水经注》卷10，浊漳水，注云："城有七门，……其城东西七里，南北五里。"上海人民出版社版，《水经注校》P.351

[11]《资治通鉴》卷64，〈汉纪〉56，献帝建安九年条："乃请（审）配……简别数千人，皆使持白幡，从三门并出降。"胡三省注云："邺城南面三门"。又载南面中门汉时名章门，即魏时的中阳门。中华书局标点本⑤P.2054

[12]〈魏都赋〉有"修其郛郭，缮其城隍。……崇墉濬洫，婴堞带涘。四门辅，隆厦重起"等句，可知在改建为魏都时曾加高城墙，浚深城壕，修整城上雉堞和城壕的护岸，并在四面城门上建高大的二重城楼。从城内干道设驰道（见注）看，城门应开有三个门洞。《水经注》卷9，洹水条，"过邺县南"句后郦氏注说建春门外有石桥，称"石梁不高大，治石工密。旧桥首夹建二石柱，螭矩趺勒甚佳"，可知邺城各门外建有跨城壕的梁式石桥。

[13]〈魏都赋〉"内则街冲辐辏，……"句后张载注云："邺城内诸街有赤阙、黑阙，正当东西南北城门，最是其通街也。"按：邺城南面三门都到东西横向大道而止，北面亦然，城内干道都是丁字相接，没有十字路口，只有东西大道是横亘全城的"通街"。故赤阙黑阙应在中阳门、广德门与东西大道相交的路口处。

[14]〈魏都赋〉"亦有戚里，真宫之东"句，张载注云：长寿、吉阳二里在宫东，中当石窦，……皆贵里也。"可知宫东二坊住贵戚。赋文所云"戚里"是以汉长安旧称作比喻，不是邺城贵族区的专名，所以张载注又说它是"贵

里"。

[15] 〈魏都赋〉描写邺城宫城以外部分时说："设官分职，营处署居，夹之以府寺，班之以里闾"。据此可知城内建有官署、兵营。"班"是划分的意思，指划分成若干居住的里坊。这样，在干道之间形成由里坊划分成的次要道路。据〈赋〉中"廓三市而开廛"句，邺城内有封闭的市。"三市"当是用《周礼》大市、朝市、夕市的典故，不一定实指邺城只有三个市。

[16] 〈魏都赋〉"其府寺则位副三事，……"句张载注云："城南有五营。"

[17] 王莽时，在长安南郊夹未央宫前殿与南面安平门间形成的南北轴线的左右侧分建宗庙和官社、官稷。《后汉书》〈志〉9，〈祭祀〉下云："建武二年立太社稷于雒阳，在宗庙之右。"可知两汉以来已形成了"左祖右社"的传统。

[18] 〈魏都赋〉"岩岩北阙，南端逌遵，……"句下张载注云："文昌殿前值端门，端门之前，南当南止车门。……文昌殿所以朝会宾客，享四方。"可知自南止车门至文昌殿为邺城宫城的主要轴线。

[19] 〈魏都赋〉"左则中朝有赩，听政作寝，……"句后张载注云：文昌殿东有听政殿，内朝所在也。"又云："听政门前升贤门，……升贤门前宣明门，宣明门前显阳门，显阳门前有司马门。"可知自司马门至听政殿又形成宫城东侧的一条轴线。

按：《彰德府志》卷8，〈邺城宫室志〉云："南面三门，正南永阳门。"注云："北直端门、文昌殿"。又云："东曰广阳门"，注云："在永阳门之东，北直司马门。"但据近年发掘证实，中阳门内大道不对文昌殿而对听政殿，广阳门内大道偏在城东，不对宫城，〈邺城宫室志〉的记载是不确的。

[20] 〈魏都赋〉"右则疏圃曲池，……"句后，张载注云："文昌殿西有铜爵园，……铜爵园西有三台。"

[21] 《资治通鉴》卷68，〈汉纪〉60，献帝建安二十三年，"久之，临淄侯植乘车行驰道中，开司马门出，操大怒，公车令坐死。"中华书局标点本⑤P. 2152

[22] 近年发掘证实，汉代长安、洛阳的主要城门都开三个门洞，可知其相应的干道也分三道，中道是皇帝专用的道路，汉武帝时曾下令特许皇太子可以横穿驰道，可知对驰道的禁令是很严格的。邺城既有驰道，城门相应也应是有三个门洞的。从注[21]引文所述魏宫司马门有禁看，魏宫各主门也应开三门，一般人从左右掖门出入，正门司马门，南止车门等只供魏王出入。

[23] 〈魏都赋〉"石杠飞梁，出控漳渠。疏通沟以滨路，罗青槐以荫涂。比沧浪而可濯，方步櫩而有踰。"张载注云："石窦桥在宫东，其水流入南北里。……魏武帝时堰漳水，在邺西十里，名曰漳渠堰，东入邺城，经宫中东出，南北两沟夹道，东行出城，所经石窦者也。"又，《水经注》卷10，〈浊漳水〉，注云："魏武又引漳流，自城西东入，径铜雀台下，伏流入城，东注，谓之长明沟也。渠水又南，径止车门下，……沟水南北夹道，枝流引灌，所在通溉，东出石窦，下注之隍水。故魏武登台赋曰：'引长明灌街里'，谓此渠也。"上海人民出版社版《水经注校》P. 349

[24] 〈魏都赋〉描写邺都的市是"廓三市而开廛，籍平逵而九达。班列肆以兼罗，设圜阓以襟带。……抗旗亭之峣薛，侈所规之博大。百隧毂击，连轸万贯。"可知市建在城内交通便利、四通八达之处，有市门和围墙，市内肆屋行列，中间建高耸的旗亭，在亭上可以俯看全市。肆列间的通道宽可以并车而行。

[25] 见《仪礼·聘礼》："卿馆于大夫，大夫馆于士，士馆于工商。"郑玄注曰："馆必于庙，不馆于敌者之庙为大尊也。自官师以上有庙有寝，工商则寝而已。"《仪礼郑注》卷8。四部丛刊初编本③卷8，35a

[26] 《汉书》卷9，〈元帝纪〉，建昭三年："秋，使护西域骑都尉甘延寿……攻郅支单于。冬，斩其首，传诣京师，县（悬）蛮夷邸门。"颜师古注曰："……蛮夷邸，若今鸿胪客馆。"中华书局标点本①P. 295

[27] 古代在城内及城外道路上隔一定距离设亭，是地方基层行政机构。在郊外路上的亭还设有住所，供行人停留居住。都城的亭不同于道路上的亭。史载洛阳二十四街、十二门都各设有亭，兼有行政管理和稽查作用。赋中说邺的城南，城东都有亭，就是沿袭汉制。接待别国使臣的正式处所称馆，即客馆之义，在城东都亭道北，因建于建安年间，故称建安馆。到唐宋时，把都城最重要的驿馆叫"都亭驿"，相当于国家的招待所，和汉代的都亭是不同的。

[28] 〈魏都赋〉"营客馆以周坊。"汉魏时称房屋一区为一坊，近于一所院落之意。汉洛阳北宫有九子坊，即指院落而言，和唐以后里坊的坊概念不同。这句赋文的意思是说在客馆的周边建有若干坊，指在主厅和主庭院的四周建有若干小院落供不同客人居住。

[29] 中国社会科学院考古研究所汉城工作队：〈汉长安城武库遗址发掘的初步收获〉，《考古》1978 年 4 期。
[30] 〈魏都赋〉："飞陛方辇而径西，三台列峙以峥嵘。"飞陛即阁道，方辇指可容并辇而行，形容阁道宽阔。
[31] 《中国大百科全书·考古学卷》，西汉长安、东汉洛阳条。
[32] 盖山林：《和林格尔汉墓壁画》附图。
[33] 俞伟超：〈跋朝鲜平安南道顺川郡龙凤里辽东城塚调查报告〉，《考古》1960 年 1 期。
　　按：辽东城即汉之襄平，为辽东郡治，即现在的辽阳。图虽绘于高句丽时期，城的规模却是汉代形成的。

二、曹魏许昌

许在今河南许昌市东三十余里[1]，在东汉时属颍川郡。建安元年（196 年）曹操迎汉献帝，定都于许，建宗庙、社稷，成为汉末的临时都城[2]。204 年曹操取得邺后，即以邺为基地，留汉献帝于许，由其亲信监守。220 年曹魏代汉，以洛阳为首都，封汉献帝为山阳公，居河内之山阳，改许名许昌。不久，曹魏定洛阳、邺、长安、许昌、谯为五都，许昌遂成为曹魏陪都之一，原有的宫室、武库都保存下来。魏文帝时，曾多次来过许昌。

魏明帝时，因修洛阳宫殿，于 232 年居住在许昌宫，同年九月建许昌宫主殿景福殿，是魏著名的壮丽宫殿之一[3]。许昌是魏国仅次于洛阳、邺的都城，由于它在洛阳东南，在对孙吴作战时有前进基地的作用，所以在曹魏时久盛不衰。但史籍中有关许昌的具体记载极少，遗址又未经调查，目前只能有极片断的了解。

《太平御览》引孟粤《北征记》的记载说，许昌城方圆二十里，建有三重城，四面有门[4]。三国时韦诞撰〈景福殿赋〉，中有"践高昌以北眺，临列隧之京市"之句[5]。高昌观在许昌宫北部，"隊"即"隧"，指市中列肆间的道路。由此推知许昌的布局是宫城在南，市在北，即属"面朝背市"的格局。这是沿用汉长安的旧制。至于城内的布置和宫城、宗庙、社稷、武库、官署的位置和相互关系以及居民区的情况尚有待进一步考证和对遗址的勘探。许昌原是监守汉献帝的政治军事据点，入魏后又是陪都，也是重要的军事政治城市，估计不会有很多居民。

注释

[1] [嘉靖]《许州志》卷 8,〈杂述志〉上海古籍书店影印天一阁藏本。
[2] 《资治通鉴》卷 62,〈汉纪〉54，建安元年八月条。中华书局标点本⑤P. 1985
[3] 《三国志》卷 3,〈魏书〉3,〈明帝纪〉，太和六年九月条。中华书局标点本①P. 99
[4] 《太平御览》卷 192,〈居处部〉20，城上。中华书局缩印本①P. 930
[5] 《全三国文》卷 32，韦诞〈景福殿赋〉中华书局缩印本②P. 1235

三、魏晋洛阳

220 年，曹丕代汉，建立魏朝后，舍原为魏王时的都城邺而定都于东汉洛阳。当时洛阳十分残破，决策定都洛阳主要是要从政治上表明魏是汉的当然继承者。其次，洛阳在中原，更利于进行南平吴蜀的活动。

洛阳的前身传说是西周初周公所建的成周。周平王东迁后，以成周西面的洛邑为都。公元前 520 年，王子朝与周敬王争王位，敬王避居成周。公元前 516 年，诸侯把成周向北拓展，作为周的都城[1]。公元前 249 年，秦灭东周后，加以拓建，改称洛阳，以其十万户为吕不韦的封地[2]。秦始皇时洛阳属三川郡，城内建有南北两宫，用架空的复道相连[3]。西汉在定都长安后，仍把洛阳的南北宫和武库保留下来[4]，虽史无明文，洛阳在西汉是关东最重要的城市，似具有陪都的性质。

公元25年，刘秀定都洛阳，住在南宫。公元60至65年，汉明帝重修了北宫，洛阳继续保持秦以来在中轴线上建南北两宫的格局。这时的洛阳南北九里，东西六里，四面开十二门，城内干道有二十四街[5]。190年，董卓挟汉献帝迁都长安，焚毁洛阳，洛阳在作为东汉都城165年后沦为废墟。据《后汉书》记载，建安元年，汉献帝返回洛阳后的情况是"宫室烧尽，百官披荆棘立墙壁间。"当时无力修复，曹操只能把汉献帝安置在许。

二十九年后，曹操在建安二十四年（219年）自长安东归，留住洛阳，开始修复洛阳宫殿，先在北宫的西北部建造建始殿[6]。220年春，曹操死。同年十月，曹丕灭汉，建立魏朝，定都洛阳。当时都城、宫殿残毁严重，重建自北宫开始[7]，同时建造官府、第宅。大约到文帝曹丕末年（226年），宫殿、宗庙、官府、库厩，第宅已大体建成，在宫北新建了苑囿华林园，宫中西部仿邺城三台之例建了陵云台，以储藏甲仗[8]。但这时宫前主殿尚未建，宫门外也未建宫门必有的标志——阙，城池也尚不完整[9]。

227年曹丕死，其子曹叡即位，是为魏明帝。他在位的13年中，在洛阳大修宫殿、苑囿、坛庙和城池、道路。这时在洛阳的建设大体可分为二期：第一期为太和元年至青龙二年（227～235年），以修宫殿为主；第二期为青龙三年至景初三年（235～239年），以建宗庙、社稷、修整街道为主。由于连年多项工程并举，施工急骤，造成经济困难，民怨沸腾，大臣们纷纷进谏。到魏明帝末年，洛阳已重新建成宫阙、庙社、官署壮丽，道路系统完善，城坚池深符合帝都体制的首都（图1-1-2）。

265年，西晋以"禅让"的和平方式代魏后，全部沿用魏原有的宫殿、官署，除魏太庙坍塌改在宣阳门内重建外[10]，无重大工程建设，规划上也没有改变。311年，刘曜、王弥军攻入洛阳，焚毁宫室、府署、民居，洛阳再次沦为废墟[11]。

洛阳作为魏、西晋二代首都，自220年重建起，到311年被毁止，存在了91年。

曹魏重建的洛阳，其城墙、城门只是在东汉基础上修复、加固，城门的位置、数量都没有变化。城门上大都建有二层的城楼，城门外有阙，跨城壕处建有石桥，城上相隔百步建一楼橹[12]。城北面西侧的大夏门因靠近宫苑，门楼高达三层，是魏明帝时所建著名的壮丽建筑[13]。魏明帝又在洛阳城西北角建了一个孤立于城外的小城堡，即历史上著名的金墉城。在金墉与洛阳城角之间又建"洛阳小城"，后又称"洛阳垒"，把金墉与洛阳连通。自洛阳西北角开小门穿过洛阳小城进入金墉。金墉西面城墙上楼观相连，城内东北角建高楼，防守非常严密[14]。这应是效法邺城在西侧建铜爵三台为防守据点的传统加以发展而形成的。在东汉时是没有的。

洛阳城内的布局，在曹魏重建后也有重大变化，它重建了北宫，废弃南宫，形成宫室在北，官署、居里在南的格局。又把城市主轴线由东汉时的平昌门西移到宣阳门一线，北对北宫的正门正殿。

秦汉时洛阳建有南北两宫，中间相隔一里，用道路和架空阁道连通[15]。公元25年，东汉定都洛阳，光武帝入居南宫。公元60年，明帝修北宫及诸官府。北宫建成后，以主殿德阳殿为朝会正殿，以其东侧的崇德殿和崇德殿南的朝堂为宫中议事殿，北宫遂成为两宫中的主宫，近年发掘得知，北宫的面积也大于南宫。曹魏定都后，先利用曹操修复的北宫西北部的建始殿和承明门。文帝在位七年中，陆续修复了北宫一部分殿宇[16]。曹魏修复北宫是确切的史实，但它是否也恢复了南宫，史料参差，互相矛盾，成为我们了解曹魏洛阳规划的关键问题。

史籍上关于魏晋时有南宫的记载颇多，较重要的有三条。一，《三国志·魏书·文帝纪》述黄初元年（220年）初营洛阳宫事，裴松之注云："诸书记是时帝（曹丕）居北宫，……至明帝时，始于汉南宫崇德殿处起太极、昭阳诸殿。"明确说魏太极殿在汉南宫故地。二，《水经注·谷水·阳渠水》有关洛阳宫部分，除重复裴松之注的说法外，还说曹魏宫中"北宫牓题咸是梁鹄笔。南宫既建，明帝令侍中京兆尹韦诞以古篆书之。"也说"南宫既建。"三，《资治通鉴·晋纪》九，记永嘉五年（311年）刘曜、王弥攻陷洛阳时云："丁酉，王弥、呼延晏克宣阳门，入南宫，升太极前殿。"也明确提到南宫。据上述三条，似曹魏洛阳仍有南宫，正殿太极殿就在南宫，南宫一直存在到西晋亡为止。

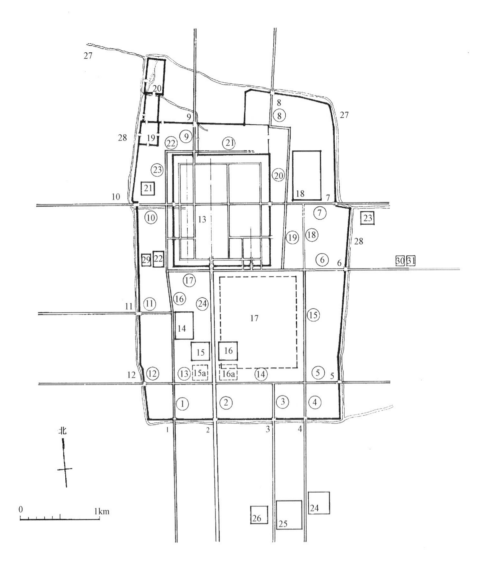

图 1-1-2 魏晋洛阳平面复原图

1. 津阳门	7. 建春门	13. 宫城（东汉北宫）	17. 东汉南宫址	22. 武库	27. 榖水
2. 宣阳门	8. 广莫门	14. 曹爽宅	18. 东宫	23. 马市	28. 阳渠水
3. 平昌门	9. 大夏门	15. 太社	19. 洛阳小城	24. 东汉辟雍址	29. 司马昭宅
4. 开阳门	10. 阊阖门	15a. 西晋新太社	20. 金墉城（西宫）	25. 东汉明堂址	30. 刘禅宅
5. 青明门	11. 西明门	16. 太庙	21. 金市	26. 东汉灵台址	31. 孙皓宅
6. 东阳门	12. 广阳门	16a. 西晋新太庙			

①～㉔城内干道二十四街

但史籍上也有表明南宫在魏晋时已不复存在的材料。一，曹植在〈毁鄴城故殿令〉中说："汉氏绝业，大魏龙兴，支人尺土，非复汉有。……故夷朱雀而树阊阖，平德阳而建泰极"[17]。德阳殿是东汉北宫正殿，朱雀阙是北宫正门外的阙，正在德阳殿之南。《后汉书·礼仪志》引蔡质《汉仪》曰："自到偃师，去宫四十三里，望朱雀五阙、德阳，其上郁律与天连"，即指此。泰极即太极，阊阖即阊阖门，是魏明帝所建魏宫的正殿、正门。曹植〈令〉中说它建在东汉北宫德阳殿和朱雀阙处，可知太极殿在北宫而不在南宫。曹植之文是当代人言当代事，应比二百年后裴松之、郦道元的说法更可信。二，《文选》二，张衡〈东京赋〉有"乃新崇德，遂作德阳"句，薛综注云："崇德在东，德阳在西，相去五十步。"可知崇德殿在北宫德阳殿东侧。魏建太极殿而侵及崇德殿也是可能的，裴松之注大约是据此而说太极殿建于崇德殿处的。薛综年龄略大于曹植，董卓焚洛阳前当已入仕，现存张衡〈二京赋〉中他的注当是他所撰〈二京解〉的节文，所说必有依据。三，《三国志》裴松之注说崇德殿在汉南宫，但详细分析《后汉书》及《资治通鉴》所载汉安帝延光四年宦官拥立顺帝发动政变的具体过程和行动路线，崇德殿确在北宫[18]。则曹魏太极殿也应在北宫。四，史书记载的曹魏时数次宫廷政变都在北宫，从未提及南宫，更不像东汉那样隔断南北宫交通，发动政变[19]。五，据《水经注·谷水·阳渠水》部分对北魏洛阳的描写，自北魏洛阳宫正门阊阖门南出，铜驼街北端西为司徒坊，坊南为永宁寺，寺对街稍偏南为"魏晋故庙"，北魏时已为民居。"故庙"对街是魏晋（故）太社[20]。据考古研究所发表的汉魏洛阳实测图，永宁寺对街稍南正是东汉南宫的西南部。史载，曹魏明帝景初元年（237年）定制建七庙于此，如果魏晋时仍有南宫，是不可能在这里建太庙的。据此五点，曹魏时应未重建南宫。

那么如何理解史籍中提到南宫之事呢？我认为是指北宫内的南北两部分。曹魏重建北宫之后，在宫城东西侧的云龙门和神虎门之间形成一条东西横穿宫城的大道，分全宫为南北两部分。这种格局为北魏洛阳宫城所沿用，并在《魏书》等史籍中称之为北宫、南宫，称其间的东西大道为永巷。《资治通鉴》卷149记520年元叉幽北魏胡太后之事云："（正光元年）秋七月，丙子，太后在嘉福殿，未御前殿。（元）叉奉帝御显阳殿，（刘）腾闭永巷门，太后不得出。""幽太后于北宫宣光殿"。《魏书·肃宗纪》记此事，也说"乃幽皇太后于北宫。"可知北魏时，在一宫之内，以永巷为界，其北称北宫，永巷之南虽史无明文，也可推知应称南宫了。这情况可能曹魏时已经如此，以东西大道南的太极殿，昭阳殿等明帝后期建成的部分称南宫。这样理解，前举魏晋史料中所载的南宫诸事就都可通了。

究竟曹魏时是否重建东汉南宫，目前尚是一需要继续探讨并进行发掘才能最后解决的问题。但前举五条，参考北魏时名称，结合三国时争战不休的形势和曹魏的经济实力，当时实无可能重建南宫。考虑到曹魏仿邺城三台在洛阳宫内建凌云台为宫内甲仗库，在城西北角建金墉城大修楼观为防守据点的做法，在重建洛阳时参考邺都特点，使宫室在北，官府市里在南，形成明确分区是极为可能的事。

前已述及，曹魏洛阳的建设主要在魏明帝时期，又可分前后两期，前期以建宫室为主，后期扩大到太庙、太社及街道，估计修缮城池城楼也在后期。从史籍记载综合分析，大约在明帝前期大兴北宫建设时，南宫废墟还保存在那里。从当时曹魏诸臣多次催促应按七庙之制新建宗庙而拖到景初元年（237年）方动工的情况看[21]，迁延的主要原因之一应是洛阳总的建设规划未定，因而宗庙的具体位置也无法确定。这和是否恢复南宫极有关系，如恢复南宫，则洛阳正门应沿东汉之旧，在平昌门；如不恢复南宫，则洛阳正门应随北宫正门正殿位置，改为宣阳门，城市的主轴线要西移。235年魏明帝始建正殿太极殿是一个标志，说明已决定放弃南宫，以北宫的阊阖门、太极殿为正门正殿，以阊阖门向南到宣阳门间的南北大道为主街，称铜驼街。此后，即于237年在铜驼街道东占用东汉南宫局部地区建了七庙制的太庙，道西与太庙相对又建了太社。建太庙实即正式废弃南宫。同年，确定洛阳城南的委粟山为皇帝祭天的南郊，把长安城中汉代所铸铜驼搬来洛阳，放在阊阖门南的十字街头，又新铸铜翁仲（铜人）陈列在北宫南面偏东的司马门外。可以看出，在同一年中这么多工程并举，实际上是在实施已确定了的规划内容。经过一系列建设，到魏明帝末年，洛阳已全面改观，形成宫殿在北，居里在南，自南门有南北大道直指宫城正门正殿，形成都城的很长的中轴线，中轴线两侧建宗庙、社稷和一系列官署的新格局。它完全不同于宫殿在城南的西汉长安和南北两宫充塞都城中部的东汉洛阳，从中可明显地看到曹魏邺城的影响。

曹魏洛阳的宫殿，除北宫外，附在城西北角之外的金墉城又称西宫。魏明帝大修北宫时，大臣们曾建议他在金墉城西宫暂住。[22] 254年，司马师废魏帝曹芳，以太后命，令他"出就西宫"[23]。则自曹魏后期起，直到西晋末，金墉变成囚禁废帝、废后、废太子的高级监狱，不再具有宫殿的性质。

在北宫和北城墙之间是苑囿区，始建于魏文帝黄初年间（220～226年）称芳林园，园内凿有天渊池（参见注［9］）。魏明帝景初元年（237年）又大规模建芳林园，采各地名石筑景阳山，是当时最豪侈的苑囿[24]。到魏少帝时，避曹芳名讳，先改名芬林园，后又改称华林园。以后华林园遂成为两晋南北朝都城中皇家苑囿的通名。华林园东西也有门，分别通东宫和西宫（金墉）。

北宫的东侧，广莫门内大道之东，建春门内大道之北，有太子的东宫，见于《晋书》[25]。曹魏一代中，只魏明帝是文帝死前匆促立为太子的，明帝无子，三少帝都以藩王入继，没有做过太子。所以洛阳的东宫是始建于魏明帝时，还是西晋时增建，还需要进一步考订。

洛阳的国家府库布置较分散，太仓在城内东北角，西武库在宫城西部。——太仓的墙址近已发现，在东宫的东北，但具体的布局尚在探查中[26]。另外，在东城建春门外大道之南还建有"常满仓"，利用城外的水道运粮入仓[27]。但它与太仓间的关系目前尚不明瞭。洛阳武库在北宫的西方，位于西明门内大道和津阳门内大道十字街口的西北角[28]。史载洛阳在西汉初就有武库（参见注［4］），魏明帝时曾毁旧武库重建[29]。武库是关系到政权安危的要地。魏邵陵公嘉平元年（249年）司马懿政变杀曹爽时，就先占武库，发甲仗武装士兵。在魏明帝重建六十余年后，武库于西晋惠帝元康四年（294年）失火烧毁。据记载，这次火灾烧毁二百万人的甲仗，还有很多国之重宝[30]，可知曹魏武库规模极大，似不亚于西汉长安武库。从毁"累代之宝"看，除藏武器外，洛阳武库还是国家的珍宝库。

曹魏洛阳官署的部署情况史无明文，从它的宫城南面司马门，阊阖门东西并列，司马门内对朝堂，与邺城宫城司马门内对听政殿的情况相似看，极可能是继承邺城传统，在宫前横街及司马门附近建主要的官署。《资治通鉴》记载，311年五月丙戌，刘曜的大将呼延晏第一次攻入洛阳时，自南城平昌门入，焚烧东阳门及府寺而去[31]。东阳门在宫前横街的东端，可知很多官署是布置在东阳门到宫前的东西横街上和宫城东南角一带。

曹魏洛阳的居住区仍划分为里坊。《太平御览》转引《晋宫阁名》中，列举了西晋洛阳45个里名[32]，估计是从曹魏时延续下来的，但是否只有45个里，还须进一步考订。史籍中未记载洛阳是否像邺城那样有"戚里"，但从片段史料看，津阳门内大道中段与西明门内大道相交的丁字街一带居住了一些曹魏重臣。西明门内大道路北，武库之西是司马昭宅，道南是荀彧宅。丁字街口路东，面对武库的是大将军曹爽宅。这些贵官府第规模巨大，有的府中驻有私兵，建有防御设施。《三国志》载曹爽宅门为楼，楼上伏弩手可以封锁府前街道，宅内有宽广的后园[33]。近年出土过一些带有门楼、望楼、角楼的三国时期明器住宅，可据以了解这些设防的贵宅的概貌。（图1-1-3）从曹爽、司马昭宅都大门临街的情况看和汉代一样，洛阳的大府第仍是高门临大道，出入不由里门的。

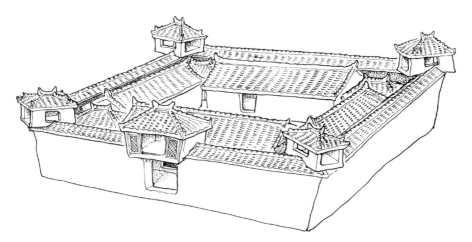

图 1-1-3　湖北鄂城吴国孙将军墓出土明器住宅

东汉洛阳城号称有十二门、二十四街。除十二门各有一大道通入城内，计十二街外，城内干道如以十字路口或丁字路口为界，也可分为十二段，合起来共有二十四街（图 1-1-2）。每街各有一亭，对城门大道之亭就在门畔，共二十四亭。亭是基层行政和治安机构，由亭来管辖街道，魏晋洛阳应是延续此制。

洛阳的干道路面分为三条，中间是皇帝出行专用的御道，御道两侧筑有高四尺的土隔墙，墙外又各有一条路。供常人行驶，分上下行线。路旁种榆、槐等行道树。御道通过的城门都开有三个门洞。中间门道为御道通过处，经常关闭，皇帝出行时才开启。两侧两个门洞左入右出，供一般人使用。洛阳御道似没有两汉及曹操在邺时那样严的禁令，西晋时，公卿尚书章服导从也可行中间御道[34]。前举的司马昭、曹爽住宅也都面向通城门有御道的大街开门，大约至少在十字路口即可跨越御道，不像西汉那样要绕行到城门处了。

经魏明帝大规模建设后，洛阳形成了两条最重要的街道。一条是自宫城正门阊阖门向南抵南城上的宣阳门的南北大道，另一条是自东城中部的东阳门向西横过宫城之前的东西大道，二者十字相交于宫城阊阖门前。在十字路口，陈设了自西汉长安迁来的铜驼，故南北大道称铜驼街[35]，东西大道称铜驼陌[36]。阊阖门外夹门建有巨大的阙，门内正对主殿太极殿。铜驼街自南向北，以宫阙为对景，中段东西相对建太庙、太社[37]，形成全城南北主轴线，是皇帝出都的正路，宣阳门遂称为国门。铜驼陌则横过宫前，道北侧除宫城正门阊阖门外，偏东有司马门，门内即朝堂，是宫中办公机构出入之门。司马门外原也曾拟建巨大的阙，因施工中崩塌，压死数百人，遂不再兴筑，只在门外建屏，即影壁之属[38]。阊阖门、司马门两侧还各建有掖门，供臣下日常出入。铜驼陌南侧是汉南宫故地，魏后期如何使用，史籍未详。但有些零星史料表明，和曹魏邺城近似，司马门前和迤东一带建有魏晋的重要官署。铜驼街和铜驼陌十字相交的路口，是魏晋洛阳反映帝都面貌的最壮丽的街道。

魏晋洛阳的市有三个，只有金市在城内，宫城的西侧，西城北侧阊阖门（不是宫城正门阊阖门）内大道之北。按当时的五行方位而言，西方属金、色白、故名金市。另在城东建春门外大道之南有马市，城南有南市[39]。《洛阳伽蓝记》说马市的旗亭是二层楼，建在高三丈的土台上，可知是很巨大的建筑物，楼上悬鼓，击鼓以罢市[40]。从所记市楼的规模可以推知这三市的规模都是很庞大的。

魏晋洛阳是在东汉洛阳废墟上重建的。东汉时的城墙、十二城门、二十四街等主要部分都保存下来。魏晋对洛阳最大的改动有三：一是废弃南宫，拓建北宫及其北的华林园等苑囿，又在北宫之东建东宫，使城市布局由东汉时南，北两宫充塞都城中部改为宫室、苑囿、太仓、武库集中在城的北半部。二是由于以北宫为皇宫，都城的主轴线由东汉时自南宫南门至洛阳南城上平昌门一线西移到北宫南门阊阖门至南城上偏西的宣阳门一线，这样，洛阳的宫前南北主街就由东汉时的不足700米延长到2公里左右，纵贯洛阳城的南半部，直指宫城正门阊阖门和门前的巨阙。在这条主街上按"左祖右社"的原则，夹街建太庙和太社等象征皇权和政权的主要建筑群，并点缀以铜驼等豪华典重的巨型铜雕塑。这条长街对形成洛阳都城气势和崭新的面貌极有作用。三是出于战争环境和内部斗争的需要，在洛阳西北角建突出城外的金墉城和洛阳小城，形成三个南北相连的小城堡。尽管洛阳和邺城在城市原有等级、轮廓，规模上都很不同，但从这三项改动处可以明显地看到洛阳在重建中吸取邺城经验之处。

魏晋洛阳是全国首都，不同于魏都邺城。魏都邺城因借东汉郡国级城市体制所开创的宫室在城北，宫前建南北大道的格局一旦被洛阳所吸收，就成为中国都城的新的布置特点，对后世产生长远的影响，先后为东晋建康、北魏洛阳所继承发展，并通过它们影响到北齐的邺南城和隋唐的长安、洛阳。直到元代的大都，才又把宫城重新置于都城南部。从这个意义上看，魏晋重建的洛阳是我国都城由两汉的长安、洛阳向隋唐长安演进过程中的一个很重要的转折点。

注释

[1]《元河南志》卷2，〈成周城阙宫殿古迹〉："又《志》云：成周之城，周之下都也。……至敬王避子朝之乱迁于是。及敬王徙都，晋侯合诸侯于狄泉，始大其城"。中华书局影印《宋元方志丛刊本》⑧P.8352

[2]《水经注》卷16，〈谷水〉，洛阳狄泉段。《水经注校》，上海古籍出版社版，P.535

[3]《汉书》卷1下，〈帝纪〉1下，高帝下："上居（洛阳）南宫，从复道上见诸将往往耳语。"中华书局标点本①P.61

[4]《后汉书》卷1上，〈帝纪〉1上，光武纪："（建武元年，25年）冬十月，癸丑，车驾入洛阳，幸南宫却非殿，遂定都焉。"中华书局标点本①P.25

按：据此知东汉定都时南宫尚存，殿宇可居。《汉书》卷40，〈列传〉10，周亚夫传载，景帝三年（前154年）吴楚反，周亚夫为太尉，东击吴楚，赵涉说亚夫曰：……从此右去，走蓝田，出武关，抵雒阳，间不过差一二日。直入武库，击鸣鼓。诸侯闻之，以为将军从天而下也。"中华书局标点本⑦P.2059

按：据此知西汉初雒阳有武库。

[5]《后汉书·志注补》卷27，百官四："……雒阳城十二门，"注云："蔡质《汉仪》曰：雒阳二十四街，街一亭；十二城门，门一亭。"中华书局标点本⑫P.3610

[6]《三国志》卷1，《魏书》1，武帝纪，建安二十五年魏王崩于洛阳段，裴松之注。中华书局标点本①P.53

[7]《三国志》卷2，《魏书》2，文帝纪："黄初元年，……十二月，初营洛阳宫"下，裴松之注。中华书局标点本①P.76

[8] 同书同卷："是岁（黄初二年）筑陵云台"。中华书局标点本①P.78

《全三国文》卷9，魏明帝："昔先帝时，甘露屡降于仁寿殿前，灵芝生芳林园中。"中华书局缩印本①P.1103

按：据此可知魏文帝定都之初即筑凌云台，建华林园。

[9]《资治通鉴》卷70，〈魏纪〉2，载明帝太和元年（227年）王朗上疏谏营宫室，云"今建始之前，足用列朝会，崇华之后，足用序内宫，华林，天渊足用展游宴。若且先成象魏，修城池，其余一切须丰年"。中华书局标点本⑤P.2232

按：此疏同意其续建阙及城，可知此时二者均尚未修成。

[10]《全晋文》卷6，武帝：太康十年（289年）〈改建宗庙诏〉："往者乃魏氏旧庙处立庙，既壅翳不显，又材木弱小，至今中间有跌挠之患。今当修立，不宜在故处。太仆寺南临甬道，地形显敞，更于此营之，主者依典礼施行。"中华书局缩印本②P.1496

[11]《资治通鉴》卷87,〈晋纪〉9:(怀帝永嘉五年五月)刘曜"发掘诸陵,焚宗庙官府皆尽。"中华书局标点本⑥P.2762

[12]《元河南志》卷2,〈晋城阙古迹〉:"陆机《洛阳记》曰:'洛阳十二门,门有阁,闭中,开左右出入。'……《晋书》……又曰:'洛阳十二门,皆有双阙,有桥跨阳渠水'。"中华书局《宋元方志丛刊》⑧P.8362

陆机《洛阳记》:"洛阳城,……城上百步有一楼橹,外有沟渠。中华书局标点本《陆机集》附录一。P.184

[13]杨衒之《洛阳伽蓝记》,〈原序〉:"洛阳城门楼皆两重,去地百尺,惟大夏门甍栋干云。"中华书局版《洛阳伽蓝记校释》P.14

[14]关于金墉城及洛阳小城,《水经注》、《洛阳伽蓝记》都有记载,但不甚明晰。近年已进行了发掘,参见社会科学院考古研究所:《新中国的考古发现和研究》,第五章,(一)魏晋南北朝都城遗址,(二)汉魏洛阳城的调查与发掘。文物出版社版,P.516~519

[15]《后汉书》卷1上,〈帝纪〉1上,〈光武纪〉,建武元年冬十月条引蔡质《汉官典职》曰:"南宫至北宫,中央作大屋复道三行,天子案行中道,从官夹左右,十步一卫。两宫相去七里。"中华书局标点本①P.25

按:据近年考古研究所测量,南北宫间距不足半公里,"七里"为"一里"之误。

[16]《三国志》卷2,〈魏书〉2,〈文帝纪〉载黄初七年文帝崩于嘉福殿,殡于崇华前殿,可知此时北宫西部诸殿已建成。中华书局标点本①P.86

[17]《文馆词林》卷695,曹植〈毁鄴城故殿令〉。上虞罗氏影印日本古写卷子本。

按:曹植死于太和六年(232年),魏明帝大建宫室在青龙之初,后于曹植之死一、二年。应是此时改建计划已确定,尚未施工,曹植已知此事,其文中遂有此言。

[18]《后汉书》卷78,〈宦者列传〉,孙程传:"(延光四年,125年)十月二十七日,北乡侯薨。……十一月二日,(孙)程遂与王康等十八人聚谋于西钟下,皆截单衣为誓。四日夜,程等共会崇德殿上,因入章台门。时江京……等俱坐省门下,程与王康等共就斩京……,俱会于西钟下,迎济阴王立之,是为顺帝。召尚书令、仆射以下从辇幸南宫云台,程等留守省门,遮扞内外。……"中华书局标点本⑨P.2515

按:据此可知孙程等先在北宫发动政变,经崇德殿入尚书内省杀值班官吏,拥立顺帝后,入南宫。然后以顺帝名义封闭南北宫各门,再入北宫从阎太后处夺得玺绶,再杀太后之弟阎显而夺得政权。从政变过程可知崇德殿在北宫,且与尚书内省相近。

[19]《三国志》卷4,〈魏书〉4,〈三少帝纪〉中纪废曹芳之事,裴松之注引《魏书》云:"景王(司马师)……共为奏永宁宫(明帝郭后)曰:皇帝即位……耽淫内宠,……日延小优郭怀……等于建始、芙蓉殿前裸袒游戏。……于凌云台曲中施帷,见九亲妇女。"中华书局标点本①P.129

同书同卷记司马昭杀曹髦事,裴松之注引《汉晋春秋》曰:"帝遂帅僮仆数百,鼓噪而出,文王弟屯骑校尉(司马)伷入,遇帝于东止车门,……中护军贾充又逆战帝于南阙下。"中华书局标点本①P.144

按:以上二事都发生在北宫。

[20]《水经注》卷16,〈谷水〉,洛阳阳渠条。《水经注校》,上海人民出版社版,P.543

[21]《三国志》卷25,〈魏书〉25,高堂隆传云:"(236年,高堂)隆上疏曰:凡帝王徙都立邑,皆先定天地社稷之位,敬恭以奉之。将营宫室,则宗庙为先,厩库为次,居室为后。今圜丘、方泽、南北郊、明堂、社稷神位未定,宗庙之制又未如礼,而崇饰居室,士民失业。"中华书局标点本③P.711

[22]《三国志》卷22,〈魏书〉22,陈群传云,太和六年(232年)明帝欲幸许昌,陈群上疏曰:"闻车驾欲幸摩陂,实到许昌,……或言欲于便处移殿舍,……臣以为若必当避移,缮治金墉城西宫及孟津别宫,皆可权时分止,……。"中华书局标点本③P.636

[23]《三国志》卷4,〈魏书〉4,〈三少帝纪〉,记司马师废曹芳事,裴松之注引《魏略》曰:"景王(司马师)将废帝,遣郭芝(太后从父)入白(郭)太后,……芝出,报景王,……又遣使者授齐王印绶,当出就西宫。帝受命,……始从太极殿南出,群臣送者数十人。"中华书局标点本①P.130

按:据上文,出就西宫要自太极殿南出,可知西宫在宫外,即金墉,不是太后所住的宫城内的西宫。

[24]《水经注》卷16,〈谷水〉,引孙盛《魏春秋》曰:"景初元年(237年)明帝愈崇宫殿,雕饰观阁,取白石英及紫石英及五色大理石于太行谷城之山,起景阳山于芳林园,……帝躬自掘土率,群臣三公以下莫不展力。"

商务印书馆国学基本丛书本卷三 P. 70（上海人民出版社版此段误，故改用国学基本丛书本。）

[25]《晋书》卷59，赵王伦传云，伦废贾后，矫诏自为相国，以东宫为相府，"起东宫三门，四角华橹，断宫东西道为外徼。"中华书局标点本⑤P. 1599

（晋）陆机《洛阳记》云："太子宫在大宫东，薄室门外，中有承华门。"中华书局标点本《陆机集》P. 183

[26] 中国社会科学院考古研究所：〈汉魏洛阳城初步勘察〉。《考古》1973年4期

[27] 杨衒之《洛阳伽蓝记》卷2，"明悬尼寺……在建春门外石桥南。"原注："寺东有中朝时常满仓。"中华书局版《洛阳伽蓝记校释》P. 71

《水经注》卷16，〈谷水〉："又北，径故太仓西。《洛阳地记》曰：'大城东有太仓，仓下运船常有千计，'即是处也。"《水经注校》，上海人民出版社版，P. 551

[28] 杨衒之《洛阳伽蓝记》卷1："建中寺，本是阉官司空刘腾故宅。……在西阳门内御道北所谓延年里。"原注曰："刘腾宅东有太仆寺，寺东有乘黄署，署东有武库。署即魏相国司马文王（昭）府。武库东至阊阖宫门是也。"

中华书局版《洛阳伽蓝记校释》P. 49

按：据末句知武库在宫城正西，这里的西阳门指北魏移向北侧的新西阳门。

[29]《三国志》卷22，《魏书》22，陈群传云："青龙中，营治宫室，百姓失农时。群上疏曰：……前欲坏武库，谓不可不坏也，后欲置之，谓不可不置也。"中华书局标点本③P. 637

[30]《资治通鉴》卷82，〈晋纪〉4："（惠帝元康四年，294年）冬十月，武库火，焚累代之宝及二百万人器械。"中华书局标点本⑥P. 2614

[31]《资治通鉴》卷87，〈晋纪〉9，永嘉五年（311年）五月条。中华书局标点本⑥P. 2762

[32]《太平御览》卷157，〈州郡部〉3，〈里〉，引《晋宫阁名》。中华书局缩印本①P. 765

[33]《三国志》卷9，《魏书》9，曹爽传，裴松之注引《世语》曰："初，宣王（司马懿）勒兵从阙下趋武库，当爽门，人逼车住。爽妻刘怖，出至厅事，谓帐下守督曰：……，督曰：'夫人勿忧！'乃上门楼，引弩注箭欲发。将孙谦在后牵止之，曰：'天下事未可知。'如此者三，宣王遂得过。"中华书局标点本①P. 287

[34]（晋）陆机：《洛阳记》。中华书局标点本《陆机集》附录一 P. 184

[35]《太平御览》卷195，〈居处部〉23，〈街〉："华氏（延儁）《洛阳记》曰：'两铜驼在宫之南街，东西相对，高九尺，汉时所谓铜驼街。"中华书局缩印本①P. 943

[36]（晋）陆机：《洛阳记》云："洛阳有铜驼街，汉铸铜驼二枚，在宫南四会道相对。俗语曰：金马门外集众贤，铜驼陌上集少年。"中华书局标点本《陆机集》附录一 P. 184

按："四会道相对"指十字路口，即铜驼街与宫前横街交叉处。道南北曰阡，东西曰陌，可知铜驼陌指宫前横街。

[37]《水经注》卷16，〈穀水〉："（阳渠支）渠水又枝分，夹路南径出太尉、司徒两坊间，谓之铜驼街。……水西有永宁寺，……其地是曹爽故宅。……渠左是魏晋故庙地，今悉民居，无复遗墉也。"《水经注校》，上海人民出版社版，P. 542

[38] 同上书，同卷："渠水自铜驼街东径司马门南，魏明帝始筑阙，崩，压杀数百人，遂不复筑，故无阙。门南屏中旧有置铜翁仲处。"《水经注校》，上海古籍出版社版，P. 543

[39]（晋）陆机《洛阳记》："洛阳凡三市：大市名曰金市，公观之西城中；马市在大城之东，洛阳县市在大城南。"

中华书局标点本《陆机集》附录一，P. 183

[40] 杨衒之《洛阳伽蓝记》卷2，龙华寺条原注。中华书局版《洛阳伽蓝记校释》P. 72

四、蜀汉成都

成都城始建于战国时的周赧王五年（公元前310年），是秦张仪、张若灭蜀国后所建。秦灭蜀后，设蜀郡，建郡城为行政中心，城内建了大量府廨和盐铁官署等经济管理机构。城内的居住区和商业区则为封闭的里和市的形式。稍后，靠郡城西城外又建一城，与郡城东西并列，在城内建成都县官舍，为成都县治所。当时人称郡城为"大城"，县城为"少城"。《华阳国志》说秦成都城"与咸阳同制"，可能就是指建有郡县廨署和城内为市里制而言的。它是按秦制兴建的郡县级

城市[1]。

史载秦成都大城周回十二里，城高七丈。秦李冰为蜀守时，在城南、城西的郫江、检江上建了七座桥，其中有三桥和少城西门及大城、少城的南门相对[2]。据今人任乃强考证，大城东西宽三里，南北长四里。他又引申古代"龟城"的传说，认为是在南北城上各开一门，东西城上各开二门，如龟的头尾四足，因而得名。他并考证出大城北门名咸阳门，南门名江桥门，西门南侧的名阳城门，北侧的名宣明门；少城的北门名朔平，南门名石牛门[3]。城内的具体规划布置，史籍未详，恐只能靠以后的勘探发掘来解决。

西汉时，随着蜀地的开拓和经济发展，成都成为西南地区的政治、经济、文化中心。汉武帝元鼎二年（公元前115年）在成都增建外郭，并新辟了十八个郭门[4]。城门上都建有城楼[5]。它的居住区也发展到超过一百个里坊的规模[6]。虽史无明文，也可推知这时成都的官署府库也会有相应的拓展。在战国、秦汉时，初建的新城其城内主要是容纳诸侯或主管官吏的宫室、邸宅、官署、仓库和军营等，基本上是行政、军事据点，居民区很小。大量依附的居民聚集在城外，发生战争时，才放居民入城协助防守。以后，随着城市经济的繁荣和人口的增加，发展到城外的居住区和商业区也需加以保卫时，就在外围加建一圈外城，把它们包容在内。这新建的外城叫"郭"。战国时临淄、新郑、邯郸等城有大小二城就属这种情况。直到唐代，有时还称长安的城墙为"外郭"。秦代先建大城，后建少城，除了使郡、县治所分开外，也是顺应人口和经济发展的结果[7]。汉武帝时增建成都外郭表明，这时成都又处在新的拓展过程中。汉代城市，小城往往踞大城一角，或在大城中呈回字形（边城），目前发现的汉代壁画上所画的几个城图都是这样。成都在汉代时是否也是这样，尚有待勘探发掘和进一步的考订工作。

东汉末，献帝建安十九年（214年）刘备占四川，三国鼎立的局面基本形成。建安二十四年（219年）刘备称汉中王，居成都。建安二十五年（220年）刘备在成都即帝位。成都遂成为蜀汉的都城，开始建宫室、宗庙、社稷、官署，使之符合都城的体制和实际需要[8]。史籍中有关蜀汉成都的记载极少，在地面遗迹不存又未经考古勘察的情况下，目前只能据（晋）左思〈蜀都赋〉的描写[9]，参证其他零星史料，了解其概貌。

蜀汉成都仍延续秦、西汉以来大城、少城东西并列，以大城为主的格局[10]。据〈蜀都赋〉中"金城石郭，兼匝中区"等描写，此时外郭和十八门依然如故。城门、郭门上都建有壮丽的城楼，有的城门还建有登上城墙的阁道，城楼两旁建有可以望山、瞰江的长廊[11]。

城门内都辟有正直的大道，组成全城干道网，道宽可容几辆马车并行。住宅建在里坊之内，里坊排列规整，相邻的里门互相对正，中间形成方格网状的次要街道，四通八达。里坊制居住区的特点是居民出入要经过里门，实行宵禁。但和汉长安一样，蜀汉成都的贵族显宦的第宅可以在坊墙上直接向街开门，高大的府门可容套四匹马的马车出入。临街的府第大门为主要由坊墙组成的单调的街景增加几分变化[12]。

蜀汉立国后，曾在成都建了宫室、宗庙、社稷和百官廨署，但具体情况史籍失载，〈蜀都赋〉也只有"营新宫于爽垲，拟承明而起庐"两句描写，仅能据以推知蜀汉在大城内高地上建了新宫，宫内还有大量官员办事机构[13]。关于蜀汉成都宫殿的情况，将在下文宫殿部分探讨。

和汉代长安、洛阳把主要的市设在城内不同，成都的主要商业区在少城。〈蜀都赋〉说："亚以少城，接乎其西。市廛所会，万商之渊。列隧百重，罗肆巨千。贿货山积，纤丽星繁"，可知少城有极繁荣的商业。少城之市也有市墙环绕，墙上开市门。售货的肆是前后相重的联排房屋[14]，说行间的通道多达百重可能有些夸张，但也说明确有很大的规模。汉代的市都是封闭型的，中心建市楼，在其上监察市内活动，楼上设旗鼓，指挥市门的启闭。市楼四周建多排房屋，为售货的肆，同类商品集中在一排（行），各排房间通道称隧。市的外围沿市墙内侧建贮货的库，称店或厘。这种市的图像曾见于东汉后期的画像砖上[15]。成都少城的市也属这种形式。但成都市内除店、肆外，还有很大的手工业作坊，有上百间专织蜀锦的机房[16]。这种在市内有大量作坊的情况，在〈两都赋〉、〈魏都赋〉、〈吴都赋〉中都没有提到，颇有可能是成都之市所特有的。史载西汉时成都北门外也有市，司马相如入长安前曾题字于此市门，但在蜀汉时是否还存在，史籍失载。

综合上述史料可知，由于撰〈蜀都赋〉的左思没有到过成都，故赋文描写不很具体，刘逵的注也不如注魏、吴二都详密，即使辅以其他零星史料，也难于像对邺、建康那样能推测并试拟出它的规划示意图。目前我们只能说蜀汉成都基本延续汉以来形成的大城少城东西并列围以外郭的格局，未加拓展，有些城楼甚至还是秦代始建城时的遗构[17]。从史籍对蜀汉亡国时魏钟会叛变事件的具体叙述中可以感到，蜀汉建都后，大城似主要为宫殿、宗庙、衙署、贵邸所占，近于汉代郡国治所的小城和南北朝以后的子城[18]，主要居住区在郭内。

蜀汉定都成都后，主要在大城内新建宫室、宗庙、衙署等立国所必不可少的建筑，并没有按当时帝都的体制在规划上作很大的改造，也有具体的政治原因。三国各据一方，但目标都是统一全国，蜀汉更是以"兴复汉室、还于旧都"为号召，所以从政治上说，它不能把成都当作正式首都来建设，贻人以"偏安"的口实。当然，三国中蜀汉经济实力最弱，战争频繁，限制了它的建设能力，也应是原因之一。

蜀汉在四川除建设成都外，较大的城市建设是建江州大城。江州即今重庆，在春秋晚期已是巴国都城。秦惠文王后元九年（前361年），秦灭巴国，在江州设巴郡治所。张仪在巴国故都基础上建江州城，地点大约在两江会合处较低而临江的地带，其遗迹尚有待探查。东汉时，江州郡治一度迁往嘉陵江北岸，称北府城，而原张仪城为南城。

蜀汉时，江州郡治仍在南城。建兴四年（226年），蜀都护李严在江州建大城，城周十六里，建有青龙门、白虎门等。据今人任乃强在《华阳国志校补图注》中考证，李严所筑江州大城大于秦的张仪城，青龙门在东北角，即现在的朝天门一带，白虎门即在现在的通远门一带。关于蜀汉江州大城的轮廓走向和城内的布局，尚有待进一步探查。

《三国志·蜀书》还记载诸葛亮在汉中附近还筑有汉、乐二城，应是屯驻性城市，其详已不可考。

注释

[1]（晋）常璩：《华阳国志》卷三，《蜀志》云："惠文王二十七年，（张）仪与（张）若城成都，周回十二里，高七丈。……成都县本治赤里街，（张）若徙置少城。内城广营府舍，置盐铁市官并长丞。修整里阓，市张列肆，与咸阳同制。"四部丛刊本，卷三，P. 4a.

[2] 同上书，同卷，蜀郡州治条云："州治大城，郡治少城（是蜀汉制度，与秦不同）。西南两江有七桥：直西门郫江上冲里桥；西南石牛门曰市桥；……城南曰江桥；长老传言，李冰造七桥，上应七星。"上述三桥都和大城、少城的城门相对。四部丛刊本，卷三，P. 8b

[3] 任乃强：《华阳国志校补图注》卷三，七，注⑦上海古籍出版社版，P. 144

[4]（晋）左思：〈蜀都赋〉："辟二九之通门"，张载注曰："汉武帝元鼎二年立成都郭十八门。""郭"字今本《文选》注无，据《后汉书·咸宫传》李贤注补。中华书局缩印本，上P. 78

[5]（晋）常璩：《华阳国志》卷三："元鼎二年，立成都十八郭［门］，于是郡县多城观矣。"郡县指成都大城、少城。四部丛刊本，卷三 P. 6b

[6]（汉）扬雄〈蜀都赋〉曰："其都门二九，四百余闾。"这里"都"作总计解。闾是里门，每里一般四面各开一门，

则四百馀间约合一百余里。可知西汉时成都有十八个城门，一百余里坊

[7] 任乃强：《华阳国志校补图注》卷三，五，注⑩上海古籍出版社版，P.131

[8] 《三国志》卷32，《蜀书》1，〈先主传第二〉。章武元年。中华书局标点本④P.890

[9] （唐）李善注左思〈三都赋〉云："（左思）欲作〈三都赋〉，乃诣著作郎张载，访岷邛之事。……〈三都赋〉成，刘逵为注吴蜀。"可知左思未曾到蜀，其素材取之于张载，注为同时人刘逵所作，是当时人记当时事，是目前能得到的最重要的史料。但左思对成都的了解毕竟得之传闻，故〈赋〉中对成都城市格局和宫室形制的描写远不如对邺和建业具体。

[10] 〈蜀都赋〉："亚以少城，接乎其西。"

[11] 〈蜀都赋〉："结阳城之延阁，飞观榭乎云中。开高轩以临山，列绮窗而瞰江。"说在阳城门有阁道通到城上，阳城门是大城、少城共用的隔墙上的门，此阁道可能是越城用的。

[12] 〈蜀都赋〉："辟二九之通门，画方轨之广涂"。刘逵注："汉武帝元鼎二年，立成都十八门。……画，言端直也"。"方轨"指数轨相并。据此可知有十八个城门，门内有端直的街道，街宽可容数车并行。赋文又说："外则轨躅八达，里闬对出，比屋连甍，千屋万室。亦有甲第，当衢向术。坛宇显敞，高门纳驷。""里闬"即里门，里门相对，表示里坊布置是方正规整的，里间形成四通八达的街道。"衢"、"术"都指街道，"坛"即堂，赋文说甲第可以在里间大道上直接辟门，出入不经里门。门高大得可以开进四匹马拉的马车，宅内有高大的堂。

[13] 承明庐是西汉未央宫中皇帝文学侍从之臣的办公处，这里以它比喻蜀宫中办事机构。

[14] 〈蜀都赋〉："亚以少城，接乎其西。市廛所会，万商之渊。列隧百重，罗肆巨千。""市"指封闭的市场，"廛"指市内贮货库房，"肆"是陈列售货之处，是横列成行的房子，若干行前后相重排列，其间的巷道称"隧"。"隧列百重"形容市规模之大。

[15] 刘志远：〈汉代市井考——说东汉市井画像砖〉《文物》1973年3期

[16] 〈蜀都赋〉："阛阓之裏，伎巧之家。百室离房，机杼相和。贝饰斐成，濯色江波"。"阛"为市墙，"阓"指市门，说明少城内的市是封闭式的。"离房"古人释为另外的房子，意思是说市内另有上百间房子做织蜀锦的机房。

[17] （唐）张彦远：《法书要录》卷10，〈右军书记〉，录王羲之尺牍之文，有"往在都，见诸葛颙，曾具问蜀中事，云成都城池门屋楼观，皆是秦时司马错所修，令人远想慨然"。人民美术出版社标点本P.321

[18] 《资治通鉴》卷78，〈魏纪〉10，元帝咸熙元年正月丁丑，记钟会平蜀后叛乱，禁闭魏护军、郡守、牙门、骑督以上官于益州（成都）廨舍，城门、宫门皆闭。巳卯，魏军在外攻城，破城入宫，杀姜维、钟会，并杀蜀汉王子和姜维、张翼等贵官家属。可知这时成都大城已近于后世的衙城，王族、贵官也住在其内，平蜀之魏军，当时亦屯驻在城外。

五、孙吴建业　京及武昌附

三国中的吴国是孙权在其父兄孙坚、孙策开创的基业上在江南地区建立的政权。建安五年（200年）孙策死，孙权继立。曹操以汉政权名义封孙权为讨虏将军，屯驻在吴，即今苏州。从这时起，到280年西晋灭吴，孙吴政权存在了81年，先后以吴、京（镇江）、武昌、建业为基地和都城。

孙权初立后，驻吴达八年之久。当时正是吴政权初立之时，孙权只有15岁，靠诸将拥戴，正在全力和谐内部，巩固政权，估计当时不可能动用民力进行较大的建设。

建安十三年（208年），曹操军南下，占领荆州，控扼了长江中游，威胁到孙权政权的生存，孙权遂自吴向西移驻到京，以便于指挥抗御曹军的战争。京在今镇江，孙权所建的小城就在今北固山处，前后因山，东西侧夯筑高墙，连南北二山，形成北面有绝壁临长江的封闭城堡，形势很险要。它的遗址尚存，后世称为"铁瓮城"，但城内布局尚有待考古工作来揭示。

建安十三年冬，孙权、刘备军共同击败曹军，曹操势力退回中原，基本上形成三国鼎立的局面。建安十五年（210年），孙权因京地域狭小，又向西迁到秣陵，改称建业，位于今南京市。孙

权迁建业之初，先在西南部临江高地上楚国金陵邑故地建小城，储存军资财物，即后来历史上著名的石头城。石头城初建时用夯土筑成，局部用栅[1]。它同时也是防守建业的重要军事据点。孙吴政权的宫室府廨建在石头城东北的平地上，其主体是孙权的府第，号称"将军府寺"[2]，大约和东汉末各地军府的体制近似，兼宫室官署于一区，以便统治，这时似还没有修城墙。

建安二十五年（220年）至黄初二年（221年），曹丕、刘备相继称帝，建立国家。蜀汉刘备为报复孙权夺其荆州，拟大举攻吴，孙权遂于221年把都城向西迁到长江中游南岸的鄂城，以便就近指挥抵御。同年改鄂城名武昌，开始兴筑城池。223年又筑武昌宫城[3]。自221年迁都武昌，到黄龙元年（229年）迁回建业，孙权在武昌建都共九年。武昌的都城宫殿概况史籍失载，只知在都城内建有宫城，宫的正殿也和曹魏洛阳宫一样，称太极殿。宫的正门称端门。黄武八年（229年），孙权在武昌称帝，同年改元为黄龙元年。

近年在湖北武昌东面鄂城县的东侧发现一古城遗址，考古学界认为即孙权武昌城址。城址为东西长的矩形，东西1100米，南北500米，建在北面临长江的高地上。城墙夯土筑成，基宽20米至30米不等。城北临长江，东面北段为湖泊，只城的西、南两面和东面南段有城壕，壕宽近50米。北城墙的东段似有向内折入之处，颇有可能是宫城。

从孙吴建都筑城的特点看，在京、建业都临江筑城，这个鄂城古城址又是北面临江，手法一致，地点又和史籍记载相合，所以应即是孙吴武昌城址，但其具体布局，尚有待进一步的考古工作来揭示[4]。

229年孙权称帝时，刘备已死，魏国势盛，出现了吴蜀联合抗御魏国的形势，孙权又把都城从以防蜀为主的武昌迁回利于防魏、北进的建业。

孙权初迁回建业时未建新宫，仍住在将军府寺，只在其外加建宫城，称太初宫[5]。大约在迁回不久，就在建业筑了兼用木栅、竹篱和少量夯土的城墙，正式围成都城。240年，孙权在城西开"运渎"，引南面秦淮河水入城北苑城的仓库，以便运粮。241年，又在城东开青溪，引秦淮河北行，为城东的城壕。大约同时，又在北城外开凿城壕，称为"潮沟"。潮沟北通北湖（即后世的玄武湖），并把东面的青溪与西面的运渎连为一体，使建业的北、东、西三面为城壕环绕，南面则以秦淮河为屏蔽。这样，建业的四面都有水环绕，有警时可以沿河的内岸树栅防守。

247年，孙权暂时移住太子宫，改建太初宫。此宫利用拆移来的武昌旧宫的木材建造，较前壮丽，但它是原地翻建，对建业的总体规划不会有太大的影响。

252年孙权死，他的子孙孙亮、孙晧等在建业始建太庙，又建新宫昭明宫。昭明宫在太初宫之东，虽在历史上以奢华著称，规模实在很小。新宫和太庙的建立，使建业更符合帝都的体制。由于新宫在东，对建业的城市布局也会有影响。自267年孙晧建新宫，到280年西晋灭吴，这13年中建业似没有重大的建设。吴亡后，建业改名秣陵。晋惠帝太安二年（303年），石冰据建业，晋军攻石冰，吴建业宫毁于此役。

自229年孙权自武昌迁回建业起，至280年西晋灭吴止，建业作为吴的国都，历时51年。从历史记载分析，这51年中，建设大体可分二个阶段，以孙权去世为界。孙权初迁回时住将军府寺，没有建新宫。232年，他拒绝丞相顾雍建郊、庙、社稷的建议，尽管这些建设在当时是做为国都所必不可少的。247年重修太初宫时，他又坚持拆移武昌宫旧材瓦使用。从上述记载看，孙权时主要是从军事、经济上巩固政权，并向南方开拓，对都城只取其满足政权使用需要即可，不肯进行大规模建设，以避免消耗国力。这和孙权一生善于忍辱待机、注重实际利益、不事夸张，在三国时最晚称帝的特点是一致的。252年孙权死后，他的子孙才开始在建业建宗庙和新宫，大约这时，建业才建设得基本符合帝都体制。

（晋）左思〈吴都赋〉和（唐）许嵩《建康实录》中对吴建业有较多的描写。〈吴都赋〉中描述的是后期建业盛时的面貌，赋中的注出于同时人刘逵之手，载有较多具体情况，是重要的史料。建业遗址在今南京市区，全部压在现代建筑之下，勘探、发掘都极困难。且东晋南朝沿用建业城，历代遗址叠压，破坏严重，既使发掘，区分也颇不易。目前我们只能根据历史记载，结合大的地形标志，如山、湖、河道等，了解其大致轮廓。由于对文献的掌握和解释上的差异，诸家说法不尽一致，有些在目前只能存疑。

吴建业城建在石头城之东，今玄武湖（后湖）之南，钟山西南较平坦之处，平面呈南北略长的矩形，城周长二十里十九步。目前只知城之南面有一门，向南通到秦淮河转弯的突出部，河上有桥，称南津大桥。此门俗称白门，晋以后名宣阳门。建业城其余各面的门数、门名均不详。史载东晋时南面三门，东面二门，西面一门，其中是否有沿用吴建业旧门，尚待研究[6]。

城内基本可划分为南北两部分，北半部是宫苑区，建有太初宫、昭明宫，宫的北面和东面是苑城。孙权时始建的太初宫偏在宫苑区的西侧，方五百丈，规模不大。太初宫南面开五座门，东、西、北三面各开一门，宫之北侧和东侧都属苑城。苑城面积很大，孙权常在苑中与诸将习射。苑中还有专供宫廷的仓，围以小城，号苑仓或仓城。孙皓所建昭明宫在太初宫之东，是占用苑城之地所建，方五百丈，和太初宫东西并列。从太初宫所在位置看，可能210年孙权第一次迁建业时，城区范围较小，只相当于州郡体制，229年自武昌迁回时，已是国之都城，故向东拓展了城区，因而形成宫偏在城西的情况。到孙皓建昭明宫时，才使主宫大体接近城的中部。

建业城内，在宫苑区以南有三四条南北向大道。从苑城向南的御街，穿城南下，长约七里。史载其城外一段长约五里，则城内一段只有二里。这就可以推知宫苑区占去城内三分之二的面积。在这长七里的街道北端有宫门和双阙，街两侧有街沟，夹路植青槐，和曹魏邺城、洛阳街道的情况相同。《景定建康志》引《吴纪》说："天纪二年（278年）修百府，自宫门至朱雀桥，夹路作府舍。又开大道，使男女异行。夹道皆筑高墙，瓦覆，或作竹藩"。可知街道两侧建有大量官署。〈吴都赋〉描写街道，有"列寺七里，侠栋阳路。屯营栉比，廨署棋布"之句，说街道两侧建筑密接，以致屋脊可以连接起来；路两侧军营排列得密如梳齿，官署则作棋盘格状布置。可知除官署外，还建有很多营房。据"廨署棋布"句，可知官署不止沿街一排，而且向东西纵深发展。这也证明至少在城内一段，有由南北干道和东西小街组成的棋盘格街道网。

城内宫苑区以南部分建有太子居住的东宫[7]和官署、军营。官府的具体布置不详，只知南门内御道西侧建有中堂，亦名听讼堂，是面宽七间的重要建筑，它一直保存了三百年，在南朝陈代方塌毁[8]。从中堂宽七间，可以推知吴的官署规模是很大的。

据〈吴都赋〉记载，建业的主要居住区集中在南门外至秦淮河岸的三角地段，而不在城内，以后又发展到秦淮河南岸，以大小长干里最著名。吴的权臣勋贵如顾荣、陆逊等人都住在这里。重臣张昭宅也在秦淮河南岸[9]。建业的主要居住区既不在城内，则它是否仍为传统的里闾制就成为值得研究的问题。虽〈吴都赋〉中对居住区的描写仍有"间阎阗噎"、"里巷巷饮"的句子，地名中也有长干里，对它是指当时仍为闾里制，还是沿用传统描写居第的常用词汇，学术界尚有不同的解释[10]，有待进一步探讨。作者倾向于认为城内官署既然是棋盘式布置，如有少量居住区，也极可能仍为里闾制，城外的主要居住区则可能是随地形作较自由的布置的。

对于建业的显贵住宅，〈吴都赋〉有"陈兵而归，兰锜内设"的描写。兰锜指兵器架，东吴贵族、将军都有私兵，住宅内驻军，储有武器，可知这些府第规模颇大，而且设防。近年出土的鄂城吴孙将军墓明器住宅，门楼为二层，四角设角楼，正是这种驻军设防的豪宅的形象[11]（图1-1-3）。

〈吴都赋〉对建业的商业区有"开市朝而并纳，横阛阓而流溢"的描写。《三国志·吴书·孙晧传》载孙晧以其幸臣陈声为司市中郎将，可知仍是集中的市。据〈赋〉中"轻舆按辔以经隧，楼船举帆而过肆"之句，其市兼通水陆两途，有河道通入，很可能位于秦淮河沿岸的水网区。建业的居住区在秦淮河两岸，以秦淮河为给养运输大动脉，市必须靠近居住区。史载孙权所设建业大市在建初寺前，而建初寺在长干里，可知大市设在秦淮河南岸朱雀桥之西。

根据文献，目前我们对孙吴建业只能有此粗略了解，但从中还可看到一些特点。

首先：建业是三国时惟一新建的都城，在选址上是很成功的。它位于山丘间的平地上，西面是临长江的山丘和高地，建有石头城为防御据点；北面有玄武湖和湖南的山丘阻隔，东为钟山，都有险可守；城南又有秦淮河与城东新开的青溪相通，有警时可以沿岸树栅防守，和西、北、东三面共同形成有山河为屏蔽的防线。城南的秦淮河西通长江，有水运的便利。秦淮河和新开凿的运渎、青溪除防御作用外，可把由长江而来的财货粮运入城内宫畔，对维持都城的生存极为重要。吴国前后建有三都[12]，其中京和武昌实际都是适应战争需要的临时驻地，因势据险，可攻可守，但不能容纳大量居民，近于军事行政指挥中心的城堡，难以长久为都城。只有建业，既有天险可守，又便于北向徐州，西出合肥，以经略中原，处于优势的战略位置；它本身除前述种种地利外，邻近又有较富庶的苏南广大农业区为供给基地，所以是立国建都的极好地方。史载刘备和吴之重臣张纮都力劝孙权在此建都，诸葛亮在周览了山川形势后说："钟山龙盘，石头虎踞，此乃帝王之宅也"[13]。可知在此建都是当时豪俊之士的共识。在此之前，中国的都城都建在黄河流域，吴之建业是第一座建在长江以南的都城（春秋战国时的列国都城性质不同，不在此列）它在选址及建都上的成就反映了当时的城市规划新水平。自吴定都建业后，历史上中国南北分裂时，南方政权大都建都于此，这一历史事实也表明孙吴建都于此是正确的。

其次，从建业城本身的布置，可以看到城中宫苑部分大约占全城面积三分之二左右[14]。在其余三分之一部分中，还有太子的南宫和官署、军营、仓库等，其间如果有居民区，也不可能很大。这样，整座建业城基本上是宫室、苑囿、官署、军营、仓库的专用区，可视为集中容纳吴国政权核心部分的城堡，略近于后世都城中的皇城。它的主要居民区，包括作为该政权核心支柱的重要贵族、功臣，其宅邸都建在城外的南部，这在三国都城中也是较特殊的。

从建业的规划分区看，宫殿苑囿在城北，主宫之前有向南的御街，直抵城之正南门，在御街两侧建衙署，这些方面和曹魏邺城颇为相似，打破了两汉都城宫室在城南的格局，应当是三国时在都城规划上的新发展，为南北朝以后中国都城新布局之滥觞，是很值得注意的。

* * *

孙吴政权除建设了上述三个都城外，在一些军事行政重镇也进行了城市建设，如232年城沙羡，240年下令"诸郡县治城郭，起楼，穿堑发渠，以备非常"，247年"陆逊城邾"，248年"朱然城江陵"等。此外，吴对中南地区今湖北、湖南、广东一带的开发，也必然伴有新城的建设。可惜由于史籍记载简略，遗迹未经调查，目前对吴在这方面的成就还难于作出恰当的评价。

注释

[1]《太平御览》〈居处部〉21，〈城〉下，引《丹阳记》曰"石头城吴时悉土坞，（东晋）义熙始加砖累。"

[2]《三国志·吴书·吴主传》，吴赤乌十年改作太初宫事，裴松之注引《江表传》孙权诏书曰："建业宫乃朕从京来所作将军府寺耳"。中华书局标点本⑤P.1146

[3]《三国志·吴书·吴主传》，建安二十五年四月，黄武二年正月。《建康实录》卷1，太祖上，黄武二年正月。 中华书局标点本⑤P.1121，1129

[4] 蒋缵初等：《六朝武昌城初探》，载《中国考古学会第五次年会论文集》 文物出版社版，1988年

[5]《建康实录》卷2，〈太祖下〉："（黄龙元年）冬十月，至自武昌，城建业太初宫居之。宫即长沙桓王故府也，因以不改。"可知是在太初宫外建了城。但太初宫据注[2]所引孙权诏书，自言是孙权自己的将军府，应从其说，宫并不是孙策故府。 中华书局排印本 上P.38

[6]《建康实录》卷二，太祖末，黄龙三年六月，记以是仪为侍中事云："（是仪）宅在西明门外，甚卑陋。"西明门是南朝建康西城北侧的城门，东通台城（宫）前东西横街，可知在孙吴时，建业西城上应有此门，但门名不详。 中华书局排印本上P.40

〈宫城记〉云："吴时，自宫门南出至朱雀门，凡七八里，府寺相属。……自大司马门出为御街；自端门出为驰道；自西掖门出为右御街。"《景定建康志》卷16。〈古御街〉，中华书局影印《宋元方志丛刊》本②P.1531

[7]《建康实录》卷二，〈太祖下〉："（赤乌）十年春，适南宫。"原注："按，舆地志：南宫，太子宫也。……吴时太子宫在南，故号南宫。"中华书局排印本上P.54

[8]《建康实录》卷十九，〈世祖文皇帝〉："（天嘉）六年（565年）七月，……甲申，仪贤堂前架自坏"原注："按：仪贤堂，吴时造，号为中堂，在宣阳门内路西，亦名听讼堂。" 中华书局排印本下P.767

[9]〈吴都赋〉："横塘查下，邑屋隆夸。长干延属，飞甍舛互。"原注："横塘在淮水南，近（陶）家渚，缘江筑长堤，谓之横塘。……建业南五里有山岗，其间平地吏民杂居。东长干中有大长干、小长干，皆相连。《吴都赋》又云："其居则高门鼎贵，魁岸豪杰。虞魏之昆，顾陆之裔，岐嶷继体，老成弈世。跃马叠迹，朱轮累辙。陈兵而归，兰锜内设。冠盖云荫，闾阎阗噎。" 中华书局缩印本《文选》P.88

《建康实录》卷二，下。引《丹阳记》云："大长干寺道西有张子布宅，在淮水南。"
中华书局标点本上P.44

[10] 郭湖生：〈台城考〉云："中国古代有不用里坊制的城市，建康城即是一例。"

[11]《考古》1978年3期：〈鄂城东吴孙将军墓〉。

[12]《三国志·吴书·吴主传》第二："（黄初）二年四月，刘备称帝于蜀。权自公安都鄂。"可知孙权曾居公安。何时孙权离建业居公安，史无明文。可能是建安二十四年吕蒙袭公安破关羽后，临时居之，未以为都，知蜀有报复之意，即不返建业，逐由公安都鄂城。 中华书局标点本⑤P.1121

[13]《建康实录》卷二，〈太祖下〉，"（黄龙元年）秋九月，帝迁都于建业。"句原注引《江表传》及《实录》。 中华书局标点本上P.38

[14]《建康实录》载建业城"周二十里十九步"，城为南北长之矩形，若为南北六里，东西四里，则南宽二里部分为全城面积之三分之一，宫苑占全城面积三分之二。 中华书局排印本上P.38

综括上述可知，目前我们对三国时期城市实际上只能了解其都城的大致情况，对于当时大量的地方州、郡、县级城市和新建的国境上驻防城市所知极少。在三国的都城中，魏的邺城和蜀的成都是自州郡级城市改建的；魏的洛阳是在东汉都城故基上重建的，只局部作了改变；只有魏的许昌、吴的京、武昌和建业是新建的。在这些都城中，布局有新的发展并对后世都城规划产生重大影响的是邺和建业。

前面已论述过，邺是在东汉末冀州部治所的基础上改建的，目的是建为魏王国的国都。它的规格稍高于汉代的郡、国级城市。宫城在西北，宫前排列官署，实际也是汉代州治或幕府在小城正门外排列诸曹形式的延续和发展。这在和林格尔汉墓壁画中诸城图和幕府图上可以清楚地看到。孙吴在210年初建建业时，孙权只是个将军，连王、公的名号都没有得到，所建的官署府第只能称"将军府"，所以建业最初也只能按州郡或郡国级城市的规格进行规划和建设。正因为邺城和建业是属于同一规格的城市，所以才会有宫室在西北（建业初建时只有将军府，后改建为太初宫，

也在城北偏西），官署、里、市在宫南的共同点。魏代汉以后立即迁都洛阳。洛阳改建时受经济能力的限制和邺城规划的影响，只建了北宫。西晋代魏后统一全国，改建后的洛阳重又成为全国首都，遂使宫殿在都城之北，官署、里、市在宫南，宫前有南北直街和东西横街形成都城轴线和丁字街等，成为中国新的都城规划特点。吴的建业经孙晧改建后，也形成宫室在北，宫前有南北街，官府、里、市在南的格局，与改建后的洛阳有近似之处。东晋南迁建都于此，又在中轴线上参照西晋洛阳宫殿建新宫，使这一新的规划得到进一步的肯定和完善。以后的北魏洛阳、北齐邺南城、隋唐长安、元大都、明清北京都不同程度上保持并发展了这一特点。

在三国以前，统一的中国都城只有周的丰镐、王城、成周，秦的咸阳和汉的长安与洛阳，但汉以前的都城或已不可考，或尚待勘探发掘，只有汉的长安、洛阳已基本了解其城市布局，有勘探平面图可供研究。从汉长安的勘探平面图中可以看到，城内大部分被宫殿所占。但这是经汉武帝增修宫室后形成的，并非汉初始建时的面貌。如以汉惠帝、文帝时初建长安城墙后的情况看，城内主要有长乐宫、未央宫两座宫，一踞城东南角，一踞城西南角，中间是武库、太上皇庙。两宫以北，除高祖时草创尚未建完的北宫外，桂宫、明光宫尚未建，大约有占全城 2/3 的面积布置官署和居住区、商业区的里、市，所谓八街九陌、九府、三庙、九市、一百六十闾里都在这一部分。全城清楚地呈宫殿在南，官府、市、里在北的格局。从这种布局可以看出，这时实际上是把都城看做宫城外的一圈军事城堡，宫放在最前方亦即最主要的位置，入城即是宫，其余的官署、市、里都是宫的附属物，都放在宫后面。如果把都城看做一个皇宫大院，则宫在前院，官署等都是放在后院中的内容。到汉武帝时，增建了北宫、桂宫，城中宫殿用地成倍地扩大，"后院"则愈挤愈小，但宫殿在南，官署、市、里在北的格局未变。

洛阳城在秦代就存在南北两宫，从汉高祖在洛阳居南宫的记载看，二宫中南宫是主宫。二宫在西汉时保存下来，大约毁于王莽时期。建武元年（25年）东汉定都洛阳时，汉光武帝居住南宫。南宫靠近洛阳南墙，仍保持西汉长安城宫殿在南的格局。永平三年（60年），汉明帝重建北宫，才又恢复秦代南北两宫并存纵贯于都城中部，官署里市在宫两侧的情况。

如果把西汉长安、东汉洛阳、魏晋洛阳三座都城的布局相比，就可看到一个由西汉时宫殿在南部到东汉时南北均有宫再到魏晋洛阳时宫殿在北的变化过程，而在第二步变化中还经过曹魏邺城作中介。经过这个变化，宫殿在都城中的位置颠倒过来，原来在宫后宫侧的官署也在宫前取得了较重要的位置。

都城布局上的这种变化其意义是多方面的，这首先是统一的中央集权国家的巩固和政权建设日益完备的反映。汉代的长安、洛阳的布局，实际上是继承了战国和秦的都城的特点，都城作为一个整体是皇帝专用的，宫殿占至高无上地位，并可在都中任意拓展，官署、里、市只能放在宫后或宫侧，没有它固定的、正式地位，这情形和明清北京皇城以内的情况近似。随着政权建设的日益完备，逐渐由以宫殿、宗庙代表政权（即王权）发展为把宫殿、庙社、官署、库储等作为一个整体，代表国家政权，故官署库储等维持政权生存所必需的机构，在都城规划中日益受重视，摆在宫前明显的位置。其次，从防卫角度看，宫殿集中于一区，与城墙之间前有大片官署里市阻隔，后有后苑屏蔽，有外患时利于防守，内乱时也可由后苑出北城遁去，可以兼防内外，比宫墙紧靠都城城墙为安全。从历史上看，都城内建多所宫殿在统治者内部斗争中弊多利少。两汉多次政变都是利用各宫间的阻隔得以成功，从曹魏邺城起，都城内只建一宫，对于稳定政权也有作用。第三，从城市布局上看，宫殿、官署、里市相对集中，不像汉代那样混杂在一起，连通各宫间的阁道在大街上纵横跨越，都城的分区明确合理，更易于管理。第四，从城市面貌上看，把官署、里、市布置在宫前，成为入宫的前奏，使入都以后，所见的建筑由小到大，豪华程度逐渐增加，衬托出宫殿的尊贵无比，对于创造帝都风貌、增加都城景观的纵深也是很成功的。正因为如此，这样新的布局在邺城、洛阳出现后，即成为以后都城的通制，延续千年。直到元明时，出于比附周礼"前朝后市"，宫室才又移到都城中偏南的位置。

第二节 宫殿

三国时期，各国都建有宫殿，虽规模不能和两汉相比，在因循旧制的同时，也都有些新的发展。吴蜀两国的目的是争夺中原，又限于国力，所建宫室都较小。魏建都于洛阳，以继承中原正朔自居，宫室最为壮丽。由于三国后统一全国的西晋是代魏而建立的，全部沿用了魏的都城宫室，以后的东晋南朝又继承西晋传统，故魏的宫殿制度对后代宫室建筑的发展有较大的影响。

一、曹魏宫殿

魏的宫殿主要有立国以前所建的邺城宫殿和立国以后建的洛阳和许昌宫殿。分述如下：

1. 邺城宫殿

204年曹操取得邺城后，即以邺城为基地，开始建设，当时曹操的官号是司空、冀州牧。213年五月，汉以冀州十郡封曹操为魏公，七月，曹操在邺建魏国的宗庙社稷。把原冀州府舍改建为魏公的宫殿大约就在此前后。216年，曹操晋封为魏王，设百官，邺宫即升为魏王宫殿。220年，曹操死，曹丕代汉称帝后建都洛阳，邺改为四个陪都之一，但史籍没有拓建的记载。西晋代魏后，邺仍为魏郡邺县，是北方重镇，宫室完整。307年，汲桑攻陷邺城，焚烧邺宫，自204年始建的邺宫，存在了103年之后，遭到彻底的破坏。

邺宫在城北半部，略偏西，背倚西城和北城，东面隔街和戚里相对。邺宫、戚里共同占了全城的一半，留出城南半部为里市。

据（晋）左思〈邺都赋〉和赋中（晋）张载的注文，我们可以了解邺城魏宫的概况。魏宫按使用情况可分为中、东、西三区。中区是魏王举行大朝会等正式礼仪活动的场所，以正殿文昌殿为中心，是魏宫的主体。东区又分前中后三部分，前部是宫内官署，中部是魏王听政议事的听政殿，后部是魏王居住的后宫。西区称铜雀园，是苑囿、仓库区。

中区中轴线上建正殿文昌殿和正门南止车门，南止车门的东西侧又有东西止车门。南止车门之北是端门，门外有阙。在南止车门和端门之间有小广场，东墙上有长春门，西墙上有延秋门，分别通入中区的两侧翼[1]。主殿文昌殿四周为廊庑围成的巨大殿庭，四面有门，南门即端门。殿庭中植槐树[2]，并设有锺簴。锺簴即带有支架的钟，近人多误释为文昌殿前有钟鼓楼，是不确的。（直到南北朝末期，正殿仍是庭中设钟簴，殿门内侧立建鼓，唐代才开始在殿庭前两侧建钟鼓楼。）《三国志》载建安十九年（214年）汉献帝特许曹操在宫殿设锺簴，即指此事[3]。这时曹操已是"位在诸侯王上"，还要有天子之命而后设，可知设锺簴是天子宫殿之制。（晋）卢谌〈登邺台赋〉记被汲桑烧毁后的邺宫，有"洪钟寝于两除"之句，除即阶，两除指殿前的东西两阶，可知这钟簴是设在殿庭中的[4]。文昌殿建在高台上，据（晋）陆云〈登台赋〉记载，殿有东序、西厢、阳房、阴堂等，大约是除中心广堂外，两侧及后部分隔成夹室和房。有架空阁道直通殿上，魏王可以由阁道直接来去，不必登陟阶陛[5]。据〈魏都赋〉中"丹梁虹申以并亘"、"绮井列疏以并蒂"的描写，殿内广堂部分用架空的月梁，顶上有天花板和藻井。殿顶的大致形象我们可以从河南孟县大虎亭东汉末壁画墓中了解到[6]。

东区听政殿的南北有若干门和殿，形成魏宫的东部轴线，这条轴线和邺城南面的中阳门及其内大道相直，成为邺城的南北中轴线[7]。东区的正门称司马门，左右有掖门。掖即扶掖挟持之义，掖门指夹正门而建的侧门。司马门只供魏王出入，其余人出入宫经掖门。在司马门至听政殿间还有四重门，依次为显阳门、宣明门、升贤门、听政殿门，中间隔成三进院落。各进院落的东西侧用小门隔开，内建宫内官署和服务供应机构。听政殿门之内即殿庭，四周廊庑环绕，庭中即听政殿[8]。听政殿以后的后宫部分在中轴线上依次建有温室、鸣鹤堂、文石室等，各有廊庑围成大小不同的庭院。在这些庭院的东西侧和中轴线上最北部，隔着东西、南北向的巷道按甲乙编号排列着若干小院落，最南的两个东称楸梓坊，西称木兰坊[9]。汉代大建筑群中的小院也称坊，和唐以后的里坊之坊不是一个概念。东汉后宫有九子坊，住妃嫔才人等，魏宫中也沿袭这种布置和名称[10]。

西区铜爵园是供游赏的园林，有鱼池、花圃，建有堂皇、长廊等游赏建筑。它的西面由南而北建有金虎台、铜爵台、冰井台三座巨大的台榭，下部是跨邺城西墙的高大陡立的夯土墩台，台上建高大的多层木构建筑。史载铜爵台居中，高十丈，有屋一百一间，金虎、冰井在两侧，稍低，只高八丈，分别有屋一百九间和一百四十五间。自铜爵园中有宽可并辇而行的架空阁道通向三台，三台间也可互通，是非常巨大壮观的建筑群组[11]。三台中冰井台有冰室，室中有深达十五丈的井，分别贮藏冰、石炭、粟、盐等。台的邻近还建有贮武器财物的白藏库和国家马厩乘黄厩[12]。这三台平时供游观，在有变乱时实际上是魏宫中可以长期据守的军事堡垒。《三国志》载严才作乱攻打魏宫掖门时，曹操在台上向下观望。可证在有变故时三台确实起到据守和瞭望的作用[13]。

曹魏邺宫兴建时，曹操是魏公和魏王，故邺宫总的规模、体制应属于汉代王的宫室的规格。当时曹操已完全掌握政权，代汉只是时机问题，从汉献帝多次特许它设锺簴、建天子旌旗等事也可想见当时情势。曹操在邺设司马门、驰道等实际已是按天子礼仪行事。所以邺宫在某些方面似也有仿天子宫禁之处[14]。综合《后汉书》上的记载，东汉洛阳北宫南面并列二门，正门朱雀门，北对主殿德阳殿，为礼仪部分。在德阳殿之东有崇德殿，是皇帝听政议事之处，殿南有朝堂、尚书省等宫内办事机构。在北宫朱雀门之东有南掖门，南对南宫玄武门，和南宫间有长一里的架空阁道相通。南掖门是连系南北两宫和日常出入北宫之门。和东汉北宫相比，邺宫中区南止车门至文昌殿一组即相当于北宫朱雀门至德阳殿一组；邺宫司马门至听政殿一组即相当于北宫南掖门及崇德殿一组，明显是仿东汉北宫规制，但限于地形和当时名分，邺宫不得不较北宫大大缩小而且在规格上也有所减损。

邺宫在西北角讬名游观而建三台作堡垒，并集中仓库于附近，是三国时战争频繁、政权内外都不巩固的反映，是这时新出现的建筑，并影响至曹魏洛阳宫。

2. 洛阳宫殿

东汉洛阳南北两宫在汉献帝初平元年（190年）被董卓彻底破坏。三十年后，在曹操晚年开始着手恢复。建安二十四年（219年）曹操居留洛阳，在北宫建造建始殿。从殿名看，曹魏政权代汉后定都洛阳在曹操在世时已确定了。黄初元年（220年）曹丕代汉称帝，定都洛阳，即以建始殿作为临时的朝会正殿，当时北宫南部尚未恢复，群臣由北面的承明门入宫[15]。以后陆续兴建了凌云台、嘉福殿、崇华殿，又在宫北建了芳林园和园中的仁寿殿。但终文帝曹丕之世，只恢复了北宫的西部，宫门外也没有建阙[16]。

黄初七年（226年）魏明帝曹叡即位。初期因忙于对吴、蜀作战，宫室建设较少。234年蜀丞相诸葛亮死，魏与吴蜀间战事趋于缓和，魏明帝遂决意大兴宫室。他先修了许昌宫，供修洛阳宫时居住。自青龙三年（235年）开始，全面兴建洛阳宫殿，用工徒三四万人，先后在北宫建了主殿太极殿、后宫正殿昭阳殿、寝殿崇华殿（后改名九龙殿）和观、阙、罘罳等。史载到景初间（237～239年）昭阳殿等基本建成，而太极殿以南部分尚未竣功[17]。总计全部工期在五年以上。

关于曹魏洛阳北宫的情况，史载不很完备。由于西晋直接袭用曹魏北宫，未加改变，故参证西晋的史料，对它的规划可有一个大致的了解。

建成后的曹魏洛阳北宫至少有三条南北轴线，建有太极、昭阳、建始、崇华（九龙）、嘉福、式乾、芙蓉、云气等殿。每一座殿实际都是以它为中心，前有殿门，周以廊庑，围成大小规模不同的宫院。各宫院按性质、等级和使用要求排列成数条轴线，用巷道分区，形成一个互相联系的整体。

北宫平面矩形，南面主要有二门，西为阊阖门，是全宫的正门，北对大朝会的正殿太极殿，形成全宫的南北主轴线[18]。东为司马门。阊阖门两侧建有左右掖门[19]。东、西、北三面门数不详，见于记载的，东面有东掖门、云龙门，西面有神虎门，北面有承明门。宫城各门上都建有高大的城楼，门外有阙，只有司马门外，因在筑阙时崩塌，压死数百人，就不再筑阙，而在门外建门屏，即照壁之类[20]。宫城除城楼外，还建有临商、陵云、宣曲、广望、阆风、万世、修龄、总章、听讼等九座观，都是下为高大的夯土台基，上建木构楼阁。九观都高约十六、七丈[21]。总章观在南城墙，顶上有阁十三间，称仪凤楼，上立铜凤，自太极殿上有阁道三百二十八间，上行通到总章观上，是九观中最壮丽的一座[22]。各观之间，在城墙顶上也建有阁道相通，各长数十百间不等[23]。史载魏废帝曹芳曾令人在宫墙外作"辽东妖妇"，登上广望观观看，行人为之掩目。又曾在宣曲观与臣下共帷饮酒（皇帝不能与外人共帷，共帷而饮是自贬身份的行为）[24]，成为被绌废的借口，可知各观建筑雄大，都可登临饮宴、观望宫外。整个宫城上城楼、观和阁道连续不断，颇为壮观。在城上建这样高楼观和阁道实际是美化了的防御设施，和三国时的争战形势有关。吴、蜀二国都把都城建得较小，充满宫室、衙署和屯军，居民区很小，基本是军事城堡。曹魏沿用东汉洛阳，都城广大，故只能在宫城本身加强设防。它在北宫东、南、西三面大建城楼及观，又在宫北与洛阳北城间建苑囿华林园，在洛阳城西北角建金墉城，使三面宫墙与北面城墙连为一体，形成宫城的完整防御工事。

曹魏洛阳北宫在阊阖门内的主轴线上主要建了分别以太极殿和式乾殿为中心的前后两组宫院。在阊阖门内第一重门为南止车门[25]，二门之间形成宫内广场，广场东西侧有东、西止车门，分别通入北宫东、西部。南止车门内就是朝区正殿太极殿一组宫院。太极殿四周由门和廊庑围绕成巨大的宫院，南向正门称端门[26]，门内殿庭中建太极殿。太极殿建在高大的二层高台上，下层台称陛，上层称阶。有马道通上殿陛。殿身面阔十二间，正面设左右两个升殿的踏步，即古代阼阶、宾阶之制。殿东西侧设有侧阶。殿内设有金铜柱四根，是魏宫最巨大豪华的殿宇[27]。太极殿的东西侧与它并列建有东堂和西堂。太极殿是魏帝举行大朝会等重要礼仪活动的主殿，平日极少使用。东堂是皇帝日常听政、召见方镇大臣、与臣下宴会、讲学之所[28]。西堂是皇帝日常起居之所。自曹魏设东西堂以后，迄于南北朝末年的北齐邺南城宫殿，太极殿与东西堂并列成为皇宫主殿的通式。

太极殿和东堂、西堂之间都有墙，墙上各辟一门，即东西阁门[29]，阁门之南为朝区，进入阁门后即为寝区。寝区的前部，在太极殿后中轴线上前后相至，为皇帝正殿式乾殿和皇后正殿昭阳殿，它们都是巨大的宫院，四周廊庑环绕，南面有殿门。殿门和阁门之间应有东西向横街，把朝区太极殿和寝区分开。式乾、昭阳二组都是三殿并列，昭阳殿的东面有含章殿，西面有徽音殿[28]，东西并列，如太极殿和东西堂之制。昭阳殿前殿庭中放有魏明帝时新铸的高达三四丈的铜龙、铜凤[30]。昭阳殿后在轴线上可能还有较小的宅院。在昭阳殿东西侧和中轴线北端建有若干大小相等排列整齐的较小院落，称为坊，居住后宫的妃嫔、才人等[31]。殿和坊之间有巷道隔开。

在阊阖门、太极殿、昭阳殿这条主轴线之西，还有若干宫殿，形成北宫西部另一条轴线，这就是魏文帝和明帝初期使用的建始殿、崇华殿等。建始殿在最南方，是初期的魏宫正殿，举行大朝会的处所。建始殿之北是崇华殿，后改名为九龙殿。(魏) 王肃谏魏明帝修宫殿疏中说"九龙可以安圣体，其内可以序六宫"，可知崇华殿是魏帝起居的殿宇，寝宫在崇华殿之北。《三国志》载魏文帝、明帝都死于嘉福殿，殡于崇华殿[32]，可知魏帝的寝殿是嘉福殿。在嘉福殿之后可能还有一两重宫院。在崇华、嘉福等殿的最北端和东西两侧，也有若干规格划一、排列整齐的小院落称为坊，供妃嫔等人居住。

这些建都初期建造的殿宇，在魏明帝大建北宫时曾加以改造。崇华殿曾两次被火焚烧，第二次重建时改名为九龙殿。又引榖水自宫城两侧入宫，流经九龙殿前，在殿前建了雕栏围护的水池，渠水先流入石雕的蟾蜍口中，转为暗渠，再由石雕的龙口吐出，注入池中，是宫中著名的华侈之景[33]。

在曹魏洛阳北宫东侧的前部是宫中的官署部分，包括朝堂、尚书省、中书省等。朝堂即尚书朝堂，和宫内办事机构尚书五曹相连，是宰相和公卿百官议政之所，自西汉未央宫起，朝堂都设在主殿的东侧，自为一区。东汉的北宫朝堂和尚书六曹临近皇帝太后听政见大臣的崇德殿。曹魏时皇帝听政改在太极殿东的东堂，故朝堂应在距东堂较近之处。《三国志》载魏明帝曾乘车至尚书门，被尚书令陈矫劝返[34]。可知朝堂和尚书五曹在东堂附近。朝堂之名不见于《三国志》，但晋武帝泰始八年就有在朝堂为去世的大臣举哀的记载[35]，其时晋代魏仅仅八年，宫室沿用魏朝之旧，可知魏宫建有朝堂。可能因魏明帝以后三帝幼小，政权归司马氏，朝堂形同虚设，故不载于史籍。这样，我们就无法考知魏宫这一部分的布局情况了。

魏宫中还建有一所特殊的建筑，即陵云台。这是一所高大的台榭建筑，《世说新语》说它是先秤了木构件的重量再建造，以求得重量的平衡，在当时被誉为建筑技术高超的代表作[36]。台在北宫西部，西面可下瞰宫西侧的金市，建于魏文帝黄初二年 (221 年)[37]，《三国志》记载曹髦讨司马昭时，曾以台内甲仗武装士兵[38]。在夏侯玄传中裴松之注引《世语》也说凌云台上储有武装三千人的甲仗[39]，可知陵云台实际上是宫中的武库，和邺城魏宫西侧的铜爵三台性质相同。这就可以解释为什么魏文帝曹丕建都洛阳的第二年，在宫殿等尚未修复的情况下先亟亟建陵云台了。

综括上述，我们可以了解到魏宫内至少存在着东西并列三条轴线，其中两条直对南墙的宫门阊阖门和司马门。从记载上看，魏宫还有其他一些殿宇，以及鞠室等娱乐场所，此外还应有掖庭作坊和宫中仓库等等，故也有可能形成其他次要轴线，但其具体情况目前尚无法推断，只能暂阙了。

一般宫殿，按其性质，至少可分朝、寝两部分，朝区是办公区，包括大朝会的正殿和宫内官署朝堂和尚书曹、中书省等。寝区是皇帝的私宅，就曹魏北宫而言，实际以阁门及其所在的墙为界，墙南中轴线上的太极殿及东西堂，西侧轴线上的建始殿和东侧的朝堂内省，都属朝区。墙以北即属寝区，包括中轴线上的式乾殿、昭阳殿，西侧轴线上的九龙殿、嘉福殿。这就是说，全宫从建筑群布局上看,朝区、寝区各殿分别形成几条东西并列的南北轴线,而从使用性质又以阁门为界,划分为南北两区。三国志中所说的魏明帝所建南宫,所指应即是以太极殿为中心的南区,即朝区。

曹魏洛阳北宫是在东汉洛阳北宫旧址上建的,主殿太极殿和正门阊阖门分别建在东汉北宫正殿德阳殿和正门朱雀门处,故宫内布局不能不受东汉遗址的约束,但从在宫北建芳林园和金墉,使宫城实际上背依北城墙和在宫西建高台储武器准备拒守看,在某种程度上也有魏邺城宫殿的影响。从曹魏洛阳北宫所创始的在朝区正殿左右建东西堂为皇帝处理政务和起居之所并相应也在皇帝、皇后正殿两侧各建殿的布局,一直沿用到南北朝末期,历时三百五十年,成为此期宫殿中朝、寝主殿的通式。但这种太极殿和东西堂并列的布置,在曹魏也只见于最后建的洛阳北宫,明帝以前建的邺都宫殿和明帝初期建的许昌宫都不如此。故它产生的原因是出于某种现实需要,还是基于当时某一儒家派别对经书的新解释,还有待进一步探索(图1-2-1)。

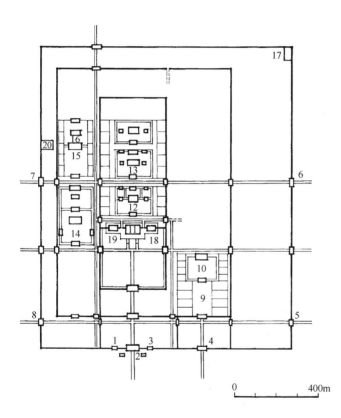

1. 掖门
2. 阊阖门
3. 掖门
4. 大司马门
5. 东掖门
6. 云龙门
7. 神虎门
8. 西掖门
9. 尚书省
10. 朝堂
11. 太极殿
12. 式乾殿
13. 昭阳殿
14. 建始殿
15. 九龙殿
16. 嘉福殿
17. 听讼观
18. 东堂
19. 西堂
20. 凌云台

图1-2-1 曹魏洛阳宫殿平面示意图

从史籍中探索,曹魏在洛阳除主宫北宫外,尚有其他小宫存在。

其一是皇太后所居的永宁宫,从史书所述分析,是在此宫之外[40]。

其二是金墉,又称西宫[41]。

其三是北宫内西部也称西宫,为皇太后所居[42]。

洛阳除皇宫之外,还有太子宫,称为东宫。东宫在北宫的东北方[43],前临建春门内东西大道[44],正门名正德门,门内为承华门[45],其余殿宇不详。《晋书》赵王伦传载,伦杀贾后掌握政权,自为相国,以东宫为相国府,"起东宫三门,四角华橹,断宫东西道为外徼[46]"。可知东宫也是具有相当规模的宫殿,而且设防。

东宫的始建年代不详。从历史情况看,魏文帝曹丕为太子时在邺都。文帝生时未立太子、死前仓卒立明帝，明帝无子，三少帝都以外藩入继帝位，所以极可能在魏时洛阳尚未建东宫。史书上记载洛阳东宫事始于晋。武帝时，诸臣作〈连理颂〉，咏东宫的连理槐[45]。所以极可能是在晋武帝时兴建的。

在西晋建东宫以后，习惯上遂改称北宫为西宫，这在史籍中屡见。所以西晋时的洛阳西宫和曹魏时的西宫所指是完全不同的[47]。这种称太子宫为东宫，相应称皇宫为西宫的通俗名称一直延续到十六国。前赵长安、后赵襄国、邺都、前秦、后秦长安都循此惯例，在都城建东宫、西宫，东宫居太子，西宫为皇宫。

3. 许昌宫殿

许昌宫始建于建安元年（196年）。是年曹操迎得汉献帝后，在许为他建了新都和宫殿。由于史籍简略，它的规制已不可考。曹魏代汉后，改称许昌，成为曹魏五都之一。它位于洛阳东南方，魏帝为了对吴作战而南下时，经常住在许昌宫。232年9月，为了准备大修洛阳宫时暂住于此，魏明帝下令先修许昌宫，大约一年左右完成。到234年开始修洛阳宫后，魏明帝大部分时间住许昌宫。魏明帝死后，诸魏帝都未成年，就没有再到许昌宫了。

在修许昌宫和以后魏明帝住许昌宫时，很多文士写了〈许昌宫赋〉和〈景福殿赋〉加以赞颂，目前只能通过赋中的描写了解其大致面貌。

许昌宫的正殿称景福殿，供大朝会使用。殿四周建有廊庑，围成巨大的宫院，庭中种植槐树、枫树和秀草。南门称端门，南向正对宫城南门[48]。东、西门名建明门、金光门[49]。端门之内在殿庭立锺簴，门屋内两侧放置金人。景福殿建在高大的土台上，台侧壁用石甃成，建有多层台基和栏杆，是巨大的台榭建筑[50]。殿身面阔七间[51]，按古制在两侧和后部分隔出东序、西序和北堂，分别称温房、凉室和阴堂[52]。殿中部广堂部分有纵深的大梁承着天花藻井[53]。据《水经注》记载，魏明帝建此殿，造价八百余万，是当时著名的豪奢的宫殿。在景福殿这组宫院之后即后宫，有清宴、永宁、安昌、临圃等殿[54]，各由廊庑殿门围成大小不同的宫院。在中轴线上诸宫院的后部和两侧，有百子坊，是规格统一、排列整齐的较小院落，供后宫妃嫔和皇子居住。

在景福殿之东[55]是魏帝听政的承光殿，景福殿之西为游乐用的鞠室和听乐曲的教坊[56]。宫城内的办事机构有三十二个坊署，是前后排错开排列的规整小院落，用干支编号[57]。

宫中还有湖河，可以泛舟游赏，同时利用河渠运输物资给养入宫，屯于河边库房[58]。宫内有巨大的仓，其核心部分是巨大的台榭，称永始台，用以贮粮，外有多重垣墙环绕[59]。

宫城除各城门建门楼外，城上也建有高大的观，有架空的阁道通到观上。其中高昌观在宫城北墙，可以向北俯瞰城市中心，既可观赏景物，又利于监视城中[60]。

许昌宫是在汉献帝旧宫基础上改建的，从它北面有市的情况看，宫应位于城南，和汉代长安、洛阳的初期规划一致，它原是为汉献帝建的，故都城布局依汉制。宫内建筑分朝和寝两部分，建有宫内衙署等，和汉魏各宫相同。值得注意是宫中有巨大的粮仓永始台，宫内官署有三十二坊之多，这可能是因为魏把许昌作为对吴作战的前进基地，而有意加强其行政机构和拒守能力采取的措施。

注释

［1］左思〈魏都赋〉张载注曰："文昌殿前值端门。端门之前，南当南止车门，又有东西止车门。端门之外，东有长春门，西有延秋门。文昌殿所以朝会宾客，享四方。"中华书局缩印本胡刻《文选》上P.99

［2］曹丕：〈槐赋〉序云："文昌殿中槐树，盛暑之时，余数游其下，美而赋之。"……赋文有"周长廊而开趾，夹通

门而骈罗，承文昌之邃宇，望迎风之曲阿。"中华书局缩印本《全三国文》4②P. 1074

[3] 左思〈魏都赋〉："长庭砥平，锺虡夹陈。"张载注曰："文昌殿前有锺簴。……建安二十一年七月，始设锺虡于文昌殿前。"中华书局缩印本胡刻《文选》上P. 99

[4] 卢谌：〈登邺台赋〉。中华书局缩印本《全晋文》34②P. 1656

[5] 陆云：〈登台赋〉同上书。卷100②P. 2032

[6] 《密县打虎亭汉代画像石墓和壁画墓》，《文物》1972年12期

[7] 《河北临漳邺北城遗址勘探发掘简报》附〈邺城遗址实测图〉。《考古》1990年7期

[8] 左思〈魏都赋〉，张载注曰："文昌殿东有听政殿，内朝所在也。……听政殿［前］听政门，听政门前升贤门，升贤门左崇礼门，崇礼门右顺德门，三门并南向。升贤门前宣明门，宣明门前显阳门，显阳门前有司马门。……升贤门内听政闼，向外东入有纳言、尚书台。宣明门内升贤门外东入有内凳门。显阳门内宣明门东入最南有谒者台阁，次中央符节台阁，最北御史台阁。三台并别西向。符节台东有丞相诸曹。"
中华书局缩印本胡刻《文选》上P. 99

[9] 左思〈魏都赋〉，张载注曰："听政殿后有鸣鹤堂、楸梓坊、木兰坊、文石室，后宫所止也。……鸣鹤堂之前，次听政殿之后，东西二坊之中央有温室。"中华书局缩印本《文选》上P. 100

[10] 王士点《禁扁》甲，坊条，注曰："内居区分曰坊。"栋亭十二种本《禁扁》，甲，P17a
《太平御览》157，〈州郡部〉3，坊："〈汉宫阁名〉曰：洛阳故北宫有九子坊。"中华书局缩印本①P. 766

[11] 左思〈魏都赋〉，张载注曰："文昌殿西有铜爵园，园中有鱼池堂皇。……铜爵园西有三台，中央有铜爵台，南则金虎台，北则冰井台。（铜爵台）有屋一百一间，金虎台有屋一百九间，冰井台有屋一百四十五间，上有冰室。三台与法殿皆阁道相通。"中华书局缩印胡刻《文选》上P. 100

[12] 同上文，张载注曰："白藏库在西城下，有屋一百七十四间。……邺城西下有乘黄厩。"
中华书局缩印胡刻《文选》上P. 101

[13] 《三国志》11，《魏书》11，王修传："其后严才反，与其徒属数十人攻掖门。修闻变，……便将官属步至宫门。太祖在铜爵台望见之，……。"中华书局标点本②P. 347

[14] 《资治通鉴》68，〈汉纪〉60，建安二十二年（217年）："久之，临菑侯（曹）植乘车行驰道中，开司马门出，（曹）操大怒，公车令坐死。"中华书局标点本⑤P. 2152 按：禁出入司马门及行驰道，都是天子规格的禁令。

[15] 曹植〈赠白马王彪一首〉，注云："陆机〈洛阳记〉曰：承明门，后宫出入之门。吾常怪'谒帝承明庐'，问张公（张华），云魏［文］（明）帝作建始殿，朝会由承明门之。"中华书局缩印本胡刻《文选》24，诗⊕P. 340

[16] 参阅〈魏晋洛阳〉部分注⑧、⑨

[17] 《资治通鉴》73，〈魏纪〉5：(明帝青龙三年，235年) 王肃上疏曰："今宫室未就，见作者三四万人。九龙（殿）可以安圣体，其内足以列六宫，惟泰（太）极以前，功夫尚大。……"中华书局标点本⑤P. 2312

[18] 《三国志》3，《魏书》3，明帝纪，裴松之注引《魏略》曰："是年（235年）起太极诸殿，筑总章观，高十余丈。……筑阊阖诸门阙外罘罳。"中华书局标点本①P. 105
《水经注》16，〈谷水〉："魏明帝上法太极，于洛阳南宫起太极殿于汉崇德殿之故处，改雉门为阊阖门。……"上海古籍出版社本《水经注校》P. 540

[19] 《资治通鉴》73，〈魏纪〉5，明帝景初元年（237年）："大发铜，铸铜人二，号曰翁仲，列坐于司马门外。"中华书局标点本⑤P. 2322
《三国志》26，《魏书》26，满宠传附满伟传，裴松之注引《世语》曰："高贵乡公之难，以椽守阊阖掖门。"不令司马昭之弟司马幹进入而令其远走东掖门。中华书局标点本③P. 725
按：据此，知阊阖门有掖门，且在其东另有东掖门，当在宫城东面南端。

[20] 参阅〈魏晋洛阳〉部分注㊳

[21] 《玉海》166，〈宫室〉，观："陆机《洛阳地记》：宫中有临商、陵云、宣曲、广望、阆风、万世、修龄、总章、听讼，凡九观，皆高十六七丈，云母窗，日曜之有光。"台湾华文书局影印元刊本 P. 3145

[22] 《玉海》166，〈宫室〉，观："《魏志》：明帝青龙三年三月大治洛阳宫，筑总章观，高十余丈，建翔凤于上。……
《洛阳宫殿簿》：总章观阁十三间。"影印元刊本 P. 3145

《太平御览》176，〈居处部〉4，楼：《晋宫阙名》"又曰，总章观，仪凤楼在观上。"中华书局缩印本①P. 858. 860

[23]《太平御览》184〈居处部〉12，阁："《洛阳宫殿簿》曰："高平观南行至清览观高阁六十四间。修龄观南行至临商观高阁五十五间。太极殿前南行仰阁三百二十八间南上总章观，阁十三间；东（按应是西）上陵云台，阁十一间。永宁宫连阁二百八十六间。……""《丹阳记》曰：汉魏殿观多以复道相通，故洛宫之阁七百余间。"中华书局缩印本①P. 895

[24]《三国志》4，〈魏志〉4，〈三少帝纪〉，齐王芳，裴松之注引《魏书》中华书局标点本①P. 129

[25]《三国志》4，〈魏志〉4，〈三少帝纪〉，高贵乡公："（254年10月）庚寅，（高贵乡）公入于洛阳，群臣迎接西掖门南，……至止车门下舆，……遂步至太极东堂，见于太后。"中华书局标点本①P. 131

[26]《宋书》14，〈志〉4，礼1，元会仪："魏司空王朗奏事曰："故事，正月朔贺。殿下设两百华镫，对于二阶之间。端门设庭燎火炬。"中华书局标点本②P. 342

[27]《太平御览》175，〈居处部〉3，殿："挚虞《决疑要注》曰：凡太极殿乃有陛，堂则有阶无陛也。"中华书局缩印本①P. 853

《太平御览》187，〈居处部〉15，柱："华延僬《洛阳记》曰：太极殿有四金铜柱。"中华书局缩印本①P. 908

《太平御览》175，〈居处部〉3，殿："晋宫阁名曰：太极殿十二间。……""戴延之《西征记》曰：太极殿上有金井阑、金搏山、鹿卢山、蛟龙山负于井上。又有金狮子。"中华书局缩印本①P. 854

[28]《太平御览》175，〈居处部〉3，殿："山谦之《丹阳记》曰：太极殿，周制路寝也。……洛宫之号始自魏。……东西堂亦魏制，于周小寝也。皇后正殿曰显阳，东曰含章，西曰徽音，又洛旧之旧也。含章名起后汉，显阳、徽音亦起魏，曰昭阳，晋避文帝讳，改为此。"中华书局缩印本①P. 854

《资治通鉴》77，〈魏纪〉9："甘露元年（256年）……二月，丙辰，帝宴群臣于太极东堂，与诸儒论夏少康、汉高祖优劣。"中华书局标点本⑥P. 2430

[29]《宋书》34，〈志〉24，五行5："魏齐王正始九年十一月，大风数十日，发屋折树。十二月，戊子晦，尤甚，动太极东阁。"中华书局标点本③P. 980

[30]《太平御览》175，〈居处部〉3，殿，引"《舆地记》又云：洛阳昭阳殿魏明（帝）所治，在太极殿之北。铸黄龙高四丈，凤凰二丈，置殿前。"中华书局缩印本①P. 856

[31]《三国志》3，〈魏书〉3，明帝纪：记青龙三年大治洛阳宫事，裴松之注引《魏略》曰："是年起太极诸殿，筑总章观，……又于列殿北立八坊，诸才人以次序处其中，贵夫人以上转南附焉。"中华书局标点本①P. 105

[32]《三国志》2，〈魏志〉2，文帝纪："黄初七年（226年）……夏五月，……丁巳，帝崩于嘉福殿。"裴松之注曰："《魏书》曰：殡于崇华前殿。"中华书局标点本①P. 86

《三国志》3，〈魏志〉3，明帝纪："（景初）三年（239年）春，正月，丁亥，……即日崩于嘉福殿。"裴松之注曰："《魏书》曰：殡于九龙前殿。"中华书局标点本①P. 114

[33]《资治通鉴》73，〈魏纪〉5：青龙三年（235年）"八月，……诏复立崇华殿（崇华殿是年七月焚毁），更名曰九龙。通引谷水过九龙殿前，为玉井绮栏，蟾蜍含受，神龙吐出。……"中华书局标点本⑤P. 2311

[34]《资治通鉴》72，〈魏纪〉4，明帝纪：明帝太和六年（232年）"帝尝卒至尚书门，陈矫跪问帝曰：……帝惭，回车而返。"中华书局标点本⑤P. 2282

[35]《晋书》33，〈列传〉3，石苞、郑冲、何曾传："泰始八年（272年）（石苞）薨，帝发哀于朝堂。""明年（泰始十年，274年）（郑冲）薨，帝于朝堂发哀"。"咸宁四年（278年）（何曾）薨，时年八十，帝于朝堂素服举哀。"中华书局标点本④P. 993、997、1003.

[36]《世说新语》卷下〈巧艺〉第二十一，中华书局排印徐震堮《世说新语校笺》本下P. 385

[37]《三国志》2，〈魏书〉2，文帝纪："是岁（黄初二年，221年）筑陵云台。"中华书局标点本①P. 78

[38]《三国志》4，〈魏书〉4，三少帝纪：甘露五年（260年）"五月巳丑，高贵乡公卒。"裴松之注引《魏氏春秋》曰："戊子夜，帝自将冗从仆射李昭、黄门从官焦伯等下陵云台铠仗授兵，欲因际会，自出讨文王（司马昭）。"中华书局标点本①P. 145

[39]《三国志》9，〈魏书〉9，夏侯玄传，载中书令李丰谋杀司马师事，裴松之注引《世语》曰："大将军（司马）闻（李）丰谋，舍人王羡请以命请丰。'丰若无备，情屈势迫，必来。若不来，羡一人足以制之。若知谋泄，以众

挟轮，长戟自卫，径入云龙门，挟天子登凌云台，台上有三千人仗，鸣鼓会众，如此，衾所不及也.'大将军乃遣衾以车迎之，丰见劫迫，随衾而至。"中华书局标点本①P. 300

[40]《资治通鉴》75，《魏纪》7：正始八年（247年）"大将军（曹）爽用何晏、邓飏、丁谧之谋，迁（郭）太后于永宁宫。"中华书局标点本⑥P. 2730

《三国志》9，《魏书》9，曹爽传：裴松之注此事引《魏略》曰："……奏使郭太后出居别宫，……皆（丁）谧之计。"中华书局标点本①P. 289

按：据"出居别宫"一语，知永宁宫在北宫之外。

[41]《三国志》22，《魏书》22，陈群传：明帝太和六年（232年）为了营建北宫，魏明帝拟出居许昌宫，陈群谏曰："……若必欲移避，缮治金墉城西宫及孟津别宫，皆可权时止。……"中华书局标点本③P. 636

同书卷4，《魏书》4，三少帝纪，记司马师废魏帝曹芳事，裴松之注引《魏略》说："……又遣使者授（魏帝）齐王印绶，当出就西宫。帝受命，……始从太极殿南出，……"中华书局标点本①P. 130

《资治通鉴》80，〈晋纪〉2：武帝泰始十年（274年），"是岁，邵陵厉公曹芳卒。初，芳之废迁金墉也，……范粲素服拜送，……。中华书局标点本⑥P. 2539

按：据此二条，可知金墉宫殿在曹魏时亦称西宫。

[42]《三国志》4，《魏书》4，载司马昭杀曹髦事，载皇太后令，其中提到太后的宫殿。令中说："昔援立东海王子髦，以为明帝嗣，……而情性暴戾，日月滋甚。……大将军以其尚幼，谓当改心为善，殷勤执据。而此儿忿戾，所行益甚，举弩遥射吾宫，祝当令中吾顶。箭亲堕吾前。吾语大将军，不可不废，前后数十。此儿具闻，自知罪重，便图为弑逆。……直欲因际会举兵入西宫杀吾，出取大将军，……"中华书局标点本①P. 143

按：据此令，皇太后住在西宫。但从曹髦的弩射向太后，箭堕太后前的情况看，这西宫似即在宫内。如在宫外，弩箭是不可能超越宫墙射那样远的。故颇有可能在曹魏后期，太后住在北宫西部，也称西宫。这西宫和金墉的西宫是两个不同的宫。

[43] 陆机《洛阳记》："太子宫在大宫东，薄室门外，中有承华门。"中华书局标点本《陆机集》附录一 P. 183

[44]《水经注》16，谷水，注云："今按：周威烈王葬洛阳城内东北隅，景王塚在洛阳太仓中，翟泉在两塚之间，侧广莫门道东，建春门路北，路即东宫街也。"《水经注校》，上海古籍出版社版，P. 535

按：据此东宫在建春门内大路之北。

[45] 挚虞〈连理颂〉云："东宫正德之内，承华之外，槐树一枝，连理而生。"中华书局缩印本《全晋文》77，②P. 1903

[46]《晋书》59，〈列传〉29，赵王伦传 中华书局标点本⑤P. 1599

[47]《太平御览》148，〈皇亲部〉14，太子3：（王隐《晋书》）"又曰：……上素知太子闇弱……，乃遣荀勖、和峤往观之。勖还，盛称太子德更进茂，不同西宫之时也。"中华书局缩印本①P. 722

按：皇子幼居大内，立太子后乃出居东宫，此云不同西宫时，即言其未为太子居大内时更聪慧，可证西宫即大内。

《资治通鉴》84，〈晋纪〉6：惠帝永宁元年（301年），赵王伦杀贾后，自为相国、以东宫为相国府，"相国伦与孙秀使牙门赵奉诈传宣帝（司马懿）神语云：伦宜早入西宫"。胡三省注曰："时伦以东宫为相国府，谓禁中为西宫。"中华书局标点本⑥P. 2651

同书，同卷：惠帝太安元年（302年），"齐王冏既得志，颇骄奢擅权，大起府第，坏公私庐舍以百数，制与西宫等，中外失望。"中华书局标点本⑥P. 2670

按：据此可知，在西晋建东宫后，称原北宫为西宫。

[48] 何晏〈景福殿赋〉："尔乃开南端之豁达，张筍簴之轮豳。华锺扢其高悬，悍兽仡以俪陈。……爰有遐狄，镣质轮囷，坐高门之侧堂，彰圣主之威神。芸若充庭，槐枫被宸。……"（唐）李善注曰："凡正门皆谓之端门。……言端门之内，为筍以悬华锺，又植悍兽为簴以负之。……言为金狄，坐于高门侧堂之中。……芸，香草也。若，杜若也。……"中华书局缩印胡刻文选上 P. 174

[49] 同上赋："开建阳则朱炎艳，启金光则清风臻。"李善注曰："建阳门在东，金光（门）在西。"
中华书局缩印胡刻文选上 P. 175

[50] 同上赋曰："丰层覆之耽耽，建高基之堂堂。"形容在高大台基上建有巨大的宫殿。赋又曰："墉垣砀基，其光昭

昭。周制白盛，今也惟缥。落带金釭，此焉二等。"原注云"：《说文》：砀，文石也。"缥为青白色，指在文石基墙上为青白色的墙面。落带即壁带，是夯土墙壁中的水平方向加固用的木构件。中华书局缩印胡刻文选④P. 173、175

卞兰〈许昌宫赋〉曰："修栏荫于阶砌。"

《全三国文》30. 中华书局缩印本②P. 1223

韦诞〈景福殿赋〉曰："轩槛曼延而悠长。"

《全三国文》32 中华书局缩印本②P. 1235

此二则言沿台基有连延不断的栏杆。

夏侯惠〈景福殿赋〉："飞阁连延，驰道四周，高楼承云，列观若浮。"《全三国文》21. 中华书局缩印本②P.1165

按：飞阁即阁道，驰道是皇帝专用的道，可知景福殿和洛阳太极殿相同，都建在高台上，皇帝从阁道直至台顶入殿，是台榭建筑。后二句指殿四周为高楼列观环绕，形成殿庭。

[51]《洛阳宫殿簿》曰："许昌宫景福殿七间"。《文选》11，〈景福殿赋〉标题下李善注引。

中华书局缩印本胡刻《文选》④P. 172

[52] 何晏〈景福殿赋〉："温房承其东序，凉室处其西偏。"又曰"阴堂承北，方轩九户。"

中华书局缩印本胡刻《文选》④P. 175、176

[53] 何晏〈景福殿赋〉曰："尔其结构，则修梁彩制，下褰上奇。桁梧复叠，势合形离。……南距阳荣，北极幽崖。"

中华书局缩印本胡刻《文选》④P. 174

按：阳荣指南檐，幽崖指北墙，言梁横跨全殿。桁指檩，梧指斜柱或叉手，指梁上所承托的构架。

韦诞〈景福殿赋〉曰："芙蓉侧植，藻井悬川。"

中华书局缩印本《全三国文》32，②P. 1235

[54] 何晏〈景福殿赋〉曰："右个清宴，西东其宇。连以永宁，安昌临圃。遂及百子，后宫攸处。"

[55] 何晏〈景福殿赋〉曰："于南则有承光前殿，赋政之宫……"与下文"其西则有左城右平，讲肆之场"对举，疑"南"为"东"之误。卞兰〈许昌宫赋〉曰："入南端以北眺，望景福之峯峩，"可知景福殿南为端门，其南即宫门双阙，其间不容再有殿宇，或疑应作"东"。承光为议政之殿，相当于邺都听政殿，殿在正殿文昌殿之东，故就邺都传统而言，承光殿也应在景福殿的东方。

[56] 何晏〈景福殿赋〉曰："其西则有左城右平，讲肆之场。二元对陈，殿翼相当。僻脱承便，盖象戎兵。"中华书局缩印本胡刻《文选》④P. 177

韦诞〈景福殿赋〉曰：'又有教坊讲肆，才士布列。新诗变声，曲调殊别。"中华书局缩印本《全三国文》32. ② P. 1235

[57] 何晏〈景福殿赋〉曰："屯坊列署，三十有二。星居宿陈，绮错鳞比。辛壬癸甲，为之名秩。房室齐均，堂庭如一。"中华书局缩印本胡刻《文选》④P. 178

[58] 何晏〈景福殿赋〉曰："虬龙灌注，沟洫交流。陆设殿馆，水方轻舟。……丰侔淮海，富赈山丘。丛集委积，焉可弹筹。……"中华书局缩印本胡刻《文选》④P. 177

[59] 何晏〈景福殿赋〉曰："镇以重台，寔曰永始。複阁重闱，猖狂是俟。京庾之储，无物不有。不虞之戒，于是焉取。"中华书局缩印本胡刻《文选》④P. 177

[60] 何晏〈景福殿赋〉曰："于是碣以高昌崇观，表以建城峻庐。岩崟岑立，崔巍恋居。飞阁干云，浮堦乘虚。遥目九野，远览长图。"中华书局缩印本胡刻《文选》④P. 177

韦诞〈景福殿赋〉曰："践高昌以北眺，临列队（隧）之京市。"中华书局缩印本《全三国文》32. ②P. 1235

二、孙吴宫殿

孙吴宫殿主要有武昌和建业两处。武昌宫建于黄武二年（223年），具体情况史籍失载，目前只能考知建业宫的大致情况。

汉建安十五年（210年），孙权把治所自京（今镇江）移到秣陵（今南京），改秣陵为建业，建将军府及官署府库。魏黄初二年（221年）孙权迁至武昌，222年孙权称吴王，改元黄武，以武昌为都城。吴黄龙元年（229）年，孙权称帝，自武昌迁都建业，即以原来的将军府舍为宫，在外加建宫城，称太初宫[1]。吴赤乌十年（247年）三月，孙权改建太初宫，十一年三月建成，历时一年零一个月。史称这次改建时使用了自武昌宫拆移来的木材和瓦件，又使诸将和州郡"义作"，即无偿调用诸将的部曲和州郡兵卒做工匠。

史载新建的太初宫周长五百丈，南面开有五个宫门，正中为公车门，东侧有昇贤门、东掖门，西侧有明扬门、右掖门。宫的东、西、北三面各开一门，东为苍龙门，西为白虎门，北为玄武门。各门都建有城楼[2]。史书上有白虎门北楼灾的记载[3]，可能各城门不止建一个楼。宫内正殿称神龙殿。宫中还有临海殿等[2]。

吴宝鼎二年（267年）六月，吴主孙晧起昭明宫于太初宫之东，同年冬十二月建成，历时仅六个月。史载昭明宫周长也是五百丈，与太初宫相同。宫正门外建朱色的双阙，有向南直抵秦淮河上南津大桁的驰道。宫中正殿名赤乌殿，寝室名清庙。通过城北面城壕——潮沟把后湖（即今玄武湖的前身）水引入宫中，穿绕于殿堂之间。在昭明宫旁还建了苑囿，苑中起土山，筑楼观[4]。《世说新语》载孙晧在朝堂大会时问诸葛靓"何所思"（靓字仲思），可知吴宫也有朝堂。

太初宫和昭明宫的具体布局在史籍中都不见记载，它的基址上历代兴建过很多建筑，目前压在现代建筑之下，几乎已经没有可能考知，但对其特点，史籍中还略有踪迹可寻。〈吴都赋〉中对太初宫的描写有"阊阖闾之所营，采夫差之遗法。抗神龙之华殿，施荣楯而捷猎"之句。（晋）刘逵注说："阖闾造吴城郭宫室，其子夫差嗣，增崇侈靡。孙权移都建业，皆学之。"这里明确提出，孙权所建太初宫的形制受到春秋以来吴国在吴（今苏州）宫室传统的影响。换句话说，即孙权旧宫具有江南地区特点，与中原地区宫室不同。至于孙晧所建昭明宫，从引河水入宫盘绕殿前和在苑中起土山等情况看，明显是受到曹魏洛阳九龙殿和华林园、景阳山的影响。孙晧是著名的奢豪暴君，他不满足于地区的旧传统，效仿中原新风是很自然的事。根据这些分析，如果我们说孙吴的宫殿初期保持较多地方传统，后期受中原曹魏影响，是不会有很大出入的。昭明宫在历史上以奢华著称，但它的实际规模很小，豪华程度也远不能和魏、晋洛阳宫相比。说他奢华，是晋人为攻吴而加的罪名，不是事实。

注释

[1]《建康实录》卷2，太祖下："（黄龙元年）冬十月，至自武昌，城建业太初宫居之。"中华书局排印本㊤P. 38

[2] 同上书，同卷："（赤乌十一年）三月，太初宫成。周回五百丈，正殿曰神龙。南面开五门；正中曰公车门，东曰昇贤门、左掖门；西曰明扬门，右掖门。正东曰苍龙门，正西曰白虎门，正北曰玄武门。起临海等殿。"中华书局排印本㊤P. 55

[3]《三国志·吴书·三嗣主传》"（永安）五年，春二月，白虎门北楼灾。"中华书局排印本 P. 1159

[4]《建康实录》卷4，后主，宝鼎二年夏六月条及十二月条中华书局排印本 P. 98、99

三、蜀汉宫殿

关于蜀汉成都宫殿，我们目前只能据（晋）左思〈蜀都赋〉和（晋）刘逵注中极简略的记载了解一个粗浅的概貌。蜀宫建在成都大城之内。成都在汉为益州，分大小二城，大城有州治。但从〈蜀都赋〉中"营新宫于爽垲，拟承明而起庐"的描述看，蜀汉不像曹魏在邺城那样改旧州治为宫，而是选择城内高爽之地新建了宫殿和蜀国官署。

关于蜀宫，〈蜀都赋〉中有"议殿爵堂，武义虎威。宣化之闼，崇礼之闱。华阙双邈，重门洞开。金铺交映，玉题相晖"之句，刘逵注说："议殿、爵堂，殿堂名也。武义、虎威，二门名也。宣化、崇礼，皆闱闼之名也。"据此，我们可以知道，蜀宫正门外有双阙，其内，在中轴线上有几重门，主要殿堂有议殿、爵堂等。闱、闼都指宫内巷道上的次要的门，可知后宫也是用巷道划分为若干区，和汉以来中原传统布局一致。在蜀宫中，也和汉、魏宫殿一样，建有朝堂。《三国志·锺会传》记载锺会在平蜀后发动叛乱时，借为魏太后在蜀朝堂发表为由，在会上扣押与会的魏官，禁闭在益州诸曹屋中[1]。诸曹即尚书诸曹，蜀也设尚书令，尚书也如汉魏之制，分为五曹或六曹，可知蜀的朝堂也和汉魏一样，其前也附有诸曹廨署，为宫中办事机构。目前对于蜀宫我们只了解到这些，至于宫内具体部局，朝堂位置等，尚无法考知。

注释

[1]《三国志》卷二十八，锺会传中华书局标点本 P. 792

第三节 宗庙、陵墓

一、宗庙

中国古代的帝王宗庙，周秦以前史料简略，经历代儒生粉饰后颇多抵牾，已不可详考。西汉、东汉的庙制也不相同，汉以来的儒生，有的引经据典，反对当代庙制，力求恢复周代的"旧制"，有的穿凿附会，曲引经说，为当代庙制作解释，以致众说纷纭，难求一致。在祭祀的世数上，大部分儒生主张天子应祀七世，只有西汉末古文经学大师刘歆主张在七世之外有大功称宗的可再加二世，实为九世。但只有王莽建了九世宗庙，其他各代基本上都祀七世。在宗庙制度上，儒生们也引经据典，各有主张。大多数主张每世各建一庙，认为这是商周以来的古制，但对七庙是共同建在一区，还是分散建造，又有不同意见。由于每世各建一庙，即令诸庙同在一区，祭祀时也重复烦扰，建筑也不可能很壮观，故尽管儒生们引经据典地反对，后世的宗庙规制仍是向着"同堂异室"，即各世共建一庙，每帝一小室，同堂祭祀的方向发展。

史载周、秦都建七庙，汉以来儒生遂引据以为天子七庙是周代制度。但具体庙数已不可考。西汉时各帝在首都长安分别建庙，不在一区，另外在郡国也立庙，总数有百余所。由于没有按"亲尽则毁"的制度只保存七庙，祭祀非常烦费不便。到西汉元帝时，为了简便可行，不得不在保存分散建立的各庙同时，在祭祀时把高帝以下各世诸帝并在高帝庙堂上按昭穆排列合祭。这就是宗庙中各帝同堂异室之制的滥觞。王莽称帝后，按刘歆的说法，在长安南郊分建九庙，各有围垣，共在一区中。它的遗址，20世纪50年代已经发现，是十一座方形台榭建筑。这是惟一按儒生主张建的庙，由于出之于王莽、反而使后世儒生更难于坚持分散立庙之制。东汉光武帝死后，在洛阳立光武庙。由于无法处理西汉各帝在祭祀中的地位，祭祀改在墓地举行，不以庙为主。明帝以后诸帝遂都不另建庙，而附木主于光武帝庙中之室，祭祀时同在一堂，正式形成了与儒生主张不合的同堂异室的庙制。

三国时，各国都立宗庙，其中关于魏宗庙的记载稍多，可以略知梗概。

建安十八年（213年），曹操受封为魏公，在邺都初建魏宗庙[1]。魏黄初元年（220年）定都洛阳后，宗庙仍在邺。黄初二年（221年）文帝在洛阳宫临时的正殿建始殿祀太祖曹操[2]，由于没有遵守《礼祀》中"君子将营宫室，宗庙为先"的说法，儒生们颇有议论。黄初四年（223年），曾年）高颐墓在墓前有石兽和石阙。建安十四年是赤壁之战后一年，故也可划为三国时期建筑。据东汉的陵墓制度，帝陵四面开门，门外各建三重的子母阙，二千石以上贵官墓园只正面开门，门外建二重的子母阙，一般官吏和平民受表彰特许者在正门外只能建单阙。帝陵前建有寝殿、一般墓前建石祠。高颐官至益州太守，墓外的阙为二重子母阙，是按东汉规制建造的。四川现存诸石阙中，有一部分可晚到西晋，可知蜀汉辖区不受魏晋薄葬的影响，仍沿东汉旧俗，其随葬珍宝不丰则是受当时经济条件的限制。

吴国孙权的陵在今南京紫金山，规制也已不可考。近年发现的吴国墓葬已有数百座之多，以安徽马鞍山吴赤乌十年（249年）大司马朱然墓和湖北鄂城（即吴都武昌）的孙将军墓较有代表性。孙将军墓前有横长的前室，经一短过道通入纵长的后室。前室左右还有小的耳室。墓室各部都用小砖砌筒壳，从平面到砌法都没有新的特点，表现了墓葬延续旧制的一面[8]。朱然《三国志》有传，是吴国中期重要将领。它的墓为一方形前室接纵长形后室。后室是通常的小砖砌筒壳，前室则为采用新砌法的穹隆[9]。和前此通用的从墓室四面墙顶环绕砌砖向中央收顶、在四角形成接磋线的砌法不同，这种新砌法从四角开始砌券，每道券不是垂直，而是自角向两面墙作45°倾斜，在每角各砌成一个1/4壳顶，逐渐向中央聚拢，形成穹顶，四角的交磋线在四面墙壁的中央，做人字形咬合。这种砌法由于砖层角高中低，作45°倾斜，故砌时不需用券胎或鹰架，四角无接磋线，比旧的砌法整体性强，目前考古界命名为"四隅券进式穹隆"，是三国时吴国辖区首创的砌法，并沿用至东晋南朝。（图1-3-1）在西汉时，已存在砌筒壳时令每道券倾斜，压在前一道之上，

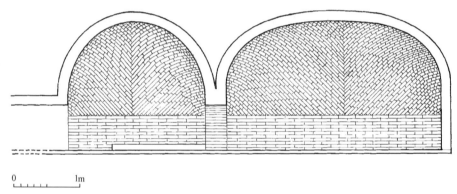

图1-3-1 吴国四隅券进式墓室构造示意图

不用券胎的砌法。吴国把这砌法用于墓室四角，遂发展出此式。朱然墓上还发现有瓦，可能在墓上原建有建筑物，因遭盗掘，具体情况已不可考。在墓顶建室，商周至战国都有其例，是有悠久历史的传统墓制，到汉代改为墓前建石室，似已中绝，朱然墓上建屋是特例，还是在江南地区仍有沿用汉以前旧制的，是个有待继续探索的问题。

在边远的少数民族地区，墓制多仍汉代旧规，近年在辽阳地区发现的汉魏至西晋间的石板装椁室墓，其形制和当地东汉墓没有什么区别[10]。

注释

[1]《三国志》14，《魏书》14，〈蒋济传〉："景初中，外勤征役，内务宫室，怨旷者多，而年谷饥俭。济上疏曰：'陛下方当恢崇前绪，光济遗业，诚未得高枕而治也。今虽有十二州，至于民数，不过汉时一大郡。'" 中华书局标点本②P.453

[2]《三国志》2，《魏书》2，〈文帝纪〉：黄初三年（222年）"冬十月甲子，表首阳山东为寿陵，作终制曰：'……自古及今，未有不亡之国，亦无不掘之墓也。丧乱以来，汉氏诸陵无不发掘，至乃烧取玉匣金缕，骸骨并尽，是焚

如之刑，岂不重痛哉。祸由乎厚葬封树。……'"中华书局标点本①P.82

[3]《三国志》1，《魏书》1，〈武帝纪〉：建安二十三年（218年）"六月，令曰：'古之葬者，必居瘠薄之地。其规西门豹祠西原上为寿陵，因高为基，不封不树。《周礼》冢人掌公墓之地，凡诸侯居左右以前，卿大夫居后，汉制亦谓之陪陵。其公卿大臣列将有功者，宜陪寿陵，其广为兆域，使足相容。'"中华书局标点本①P.51

[4]《晋书》20，〈志〉10，礼中："魏武葬高陵，有司依汉立陵上祭殿。至文帝黄初三年(222年)乃诏曰：'先帝躬履节俭，遗诏省约。子以述父为孝，臣以系事为忠。古不墓祭，皆设于庙。高陵上殿皆毁坏，车马还厩，衣服藏府，以从先帝俭德之志。'文帝自作终制，又曰'寿陵无立寝殿、造园邑。'自后园邑寝殿遂绝。" 中华书局标点本③P.634

[5]《三国志》2，《魏书》2，〈文帝纪〉：文帝"作终制曰：'…寿陵因山为体，无为封树，无立寝殿、造园邑、通神道。"中华书局标点本①P.81

[6]〈洛阳曹魏正始八年墓发掘报告〉，《考古》1989年4期，〈河南偃师杏园村的两座魏晋墓〉，《考古》1985年8期

[7]〈四川崇庆县五道渠蜀汉墓〉，《文物》1984年8期

[8]〈鄂城东吴孙将军墓〉，《考古》1978年3期

[9]〈安徽马鞍山东吴朱然墓发掘简报〉，《文物》1986年3期

[10]李文信：〈辽阳发现的三座壁画古墓〉，《文物参考资料》1955年5期。其中□令友令张君墓是魏墓。
王增新：〈辽宁辽阳县南雪梅村壁画墓及石墓〉，《考古》1960年1期

第四节 建筑技术

三国建立于东汉末战乱的大规模破坏之后，各国都有不同规模的建设，出现了一些新的都城、军事屯驻城和宫殿、官署、府库等。这种在大规模破坏之后的重建，一方面有可能使某些旧的传统规制和技术丧失，另一方面，一些新的技术和规制也较易突破旧的传统得到发展。为了恢复建设，三国的一些主要领导者都较重视技术。《三国志·魏书·武帝纪》说曹操"及造作宫室、缮治器械，无不为之法则，皆尽其意。"同书〈诸葛亮传〉也说诸葛亮"好治官府、次舍、桥梁、道路"，"工械技巧，物究其极"。在这种既有现实需要又有领导人提倡的情况下，在建筑技术上出现一些新的发展，是极有可能的。可惜史籍简略，实物不存，使我们只能据有限的材料在字里行间去推测，所知不多，有些还有待新的材料来验证充实。

一、木结构技术

两汉的大型宫殿基本是台榭，以夯土台为心，分若干层，逐层靠台壁建屋，台顶建主殿。下层沿台壁的房屋是附属用房，供卫士等居住。汉代名这种背面靠崖的单坡顶屋为"庑"（音岩），故居住其中的卫士称"庑郎"。这些房屋和台顶是隔绝的。从地面有专设的登台顶道路，由卫士防守。架空的阁道把宫中各主要殿（台榭）的顶部连接起来，皇帝入殿一般由阁道，不经地面，防卫很是严密。张衡〈东京赋〉说汉宫中"飞阁神行，莫我能形。"《太平御览》引《丹阳记》说："汉魏殿、观多以复道相通，故洛宫之阁七百余间"，所说都是这种情况。《丹阳记》把汉、魏并提，可知魏的宫殿基本仍沿汉制。详细分析〈魏都赋〉等的描写，也可证实这一点。〈魏都赋〉描写邺都文昌殿说此殿远望"对若崇山崛起以崔巍，"又说殿本身"橚材巨世，埒塈参差。""橚材"指殿的木构架，"埒塈"《玉篇》释为垒土，即夯土。这就是说，文昌殿是夯土台和木构架建成的高大台榭。魏许昌宫的主殿景福殿，据（魏）夏侯惠〈景福殿赋〉的描写，殿周围"飞阁连延，驰道四周。""飞阁"即"阁道"，证明景福殿也是有阁道通上的台榭。

这些台上的主殿本身的做法在赋中也有描写，（魏）何晏〈景福殿赋〉说，景福殿的墙壁是"墉垣砀基，其光昭昭。周制白盛，今也惟缥。落带金釭，此焉二等。""砀"指文石，"落带"即

夯土墙上的木制壁带，"金钉"是壁带、壁柱接头处用的铜鎏金构件。由赋文可知景福殿的墙壁用文石为基，墙面涂青白色，墙面有壁柱、壁带，接头处用金钉。这就是说，景福殿殿身仍像汉代那样，用以壁带、壁柱加固了的夯土墙作为殿身的承重墙。殿的梁柱部分，何晏〈景福殿赋〉说："尔其结构则修梁彩制，下寮上奇。桁梧复叠，势合形离。茷如宛虹，赫如奔螭。南距阳荣，北极幽崖。"桁即檩，梧即梧，指梁上的斜撑、叉手，阳荣、幽崖指殿的前后檐。这段的意思是说景福殿内有南北向通梁，通梁上有叉手、托脚、平梁，组成叠梁式屋架，上承檩椽。这种叠梁式屋架和叉手的形象在东汉画像砖和石室中都可看到，魏是沿用旧法而不是创新。据上面的分析，可知景福殿为一座有夯土承重外墙，内部用木构梁架建造的土木混合结构殿堂。从当时的木构技术水平看，并非不能建全木构架建筑，一些楼观的上层就是如此，但重大殿堂总要加土墙或土墩，主要为增加其稳定性。这情形经南北朝一直延续至初唐。

此期木构架中的斗栱似有一定的发展。〈魏都赋〉描写邺宫文昌殿的斗栱是"栾栌叠施"，形容斗栱重叠层数较多。何晏〈景福殿赋〉形容该殿的斗栱是"櫍栌各落以相承，栾栱夭蟜而交结"，又说其翼角头栱是"飞枊鸟踊。""櫍"和"枊"都是昂，"栌"是大斗，"栾"是两端拳曲的横栱，栱在唐以前与杙、榱、橑意相近，指悬臂挑出的插栱。目前我们所见的汉代斗栱都是最下挑出一挑梁式的插栱，后尾压在屋梁下，外端平叠若干层横栱或栾，上承挑檐，斗栱实际只挑出一跳。从赋文看，这时已出现了昂，"栾栱交结"表示这时出跳栱头与横栱已十字相交，这只有在已挑出两跳斗栱的情况下才有可能。据此，我们有理由推测，这时的斗栱后尾可能已和梁结合，外面用栱昂挑出不只一跳，它已经开始了从单纯的挑檐构件向与梁架组合为有机整体的变化过程。

从出土的吴国青瓷院落明器看，当时大第宅仍是木构架土墙建成的（图1-4-1）。

图1-4-1 湖北黄陂吴末晋初墓出土青瓷院落住宅

三国时期曹魏在洛阳北宫西侧建的陵云台是当时著名的高大建筑。据《世说新语》记载，台上的楼观在建造时先称量构件，使其重量互相平衡，然后架构。楼虽然高峻，常常随风摇摆，但不致倾倒。魏明帝另加大木扶持，使其不摇摆，由于失去重量平衡，楼反而倾倒。这个记载反映了当时建筑技术上的发展情况，它说明这时在建造一些巨大建筑时可能要经过一定的试验，也告诉我们这时已经重视在木构架结构设计时要使荷载平衡。

三国时，自汉中过秦岭入陕的褒斜道是蜀对魏作战的重要行军路线。褒斜道大约始建于汉以前，经历代开发维修，沿着褒水岸边，在很多险段建有架空的阁道和桥梁。蜀对魏作战时还建有储粮的邸阁（仓库），是古代著名的道路工程。据《水经注》记载，阁道都靠陡崖修建，先在崖壁凿横孔，把阁道的木梁插入固定，梁的外端用长短不等的木柱承托，木柱立在河流中的大石上。近年考查，这些崖上孔洞和水中石上的柱凹都有发现。蜀建兴六年，街亭之役失败后，蜀军后退时，赵云部烧毁了阁道百余里。以后修复时，因水涨流急，不能在水中立柱，这部分阁道遂改为悬挑式，当时号称"千梁无柱。"悬挑式阁道比外端立柱的阁道技术要求更高，施工更艰险。可以想象，在紧迫的战争环境里，在紧窄的工作面上，集中大量人力抢修这样大而危险的工程，是何等的复杂和困难，这项工程在技术上尚未发现有重大的发展，却可以施工条件艰险载入史册。

二、砖石结构技术

和汉代相同，三国时砖石结构主要用于地下墓室，但已开始有用于地面建筑的迹象。

这时期的砖砌墓室仍延续东汉旧做法，用小砖砌筒壳或穹隆，局部地区仍沿用汉代用楔形砖或榫卯砖砌筒壳。只有吴国辖区出现了四角用45°倾斜的券砌穹隆的新砌法，近年暂定名为"四隅券进砌法。"（详见陵墓建筑部分）

曹魏洛阳宫的陵云台据《太平御览》引《述征记》的记载，台身高八丈，有砖砌道路通到台上，这台应是木构台倾覆以后重建时，改为以砖砌为主。它的出现，表明这时已开始用砖砌地上构筑物。砖结构的发展和在地上的使用，为晋以后砖砌佛塔提供了技术基础。

石结构汉代多用来建地上的石室、石阙和地下的墓室，加工精度颇高。《三国志·曹爽传》记载，曹爽在宅中"作窟室，绮疏四周，数与（何）晏等会其中，饮酒作乐。"窟室即地下室，北魏时在曹爽宅址建永宁寺，曾发掘出这座窟室，据《水经注》记载，它"下入土可丈许，地壁悉累方石砌之，石作细密，都无所毁。"可知在这时已有用石材在宅内建地下室的。古代建筑技术落后，常以向阳或背阴的地下或半地下室在冬季为暖室或在夏季乘凉，利用厚夯土墩台或砖石墙隔热防寒，称为温房、凉室，在西安汉代台榭址中屡有发现，但都不很大。曹爽宅的窟室可在其中饮宴，应是较大的。用石砌造也比土窟有进步。

第五节 建筑实例

三国时代的建筑实物遗存至今的极少，魏、吴二国建筑遗迹迄今尚未发现，只有四川石阙中，有二座建于蜀汉时期，成为三国建筑的仅存硕果。这二阙即雅安市的高颐阙和绵阳市的平杨府君阙。高颐为汉益州太守，建安十四年（209年）死于任所，其时为赤壁之战后一年[1]。平杨府君阙据最新的考证，是蜀汉平阳亭侯、巴西太守李福的墓阙。李福死于蜀汉延熙一年或二年（238~239年)[2]。所以这二阙都可归入三国时期[3]（图1-5-1）。

高颐阙：在雅安县东七公里余，是一对东西相距13.6米的两出的石阙，用表面雕刻成形的块石层叠拼合而成。分台基、阙身、阙楼三大部分，严格的模仿木构阙的形式，柱、斗栱、枋、椽都极真实于木构件的尺寸和形式，是了解当时木构建筑不可再得的重要资料。

阙南向，二阙东西分立。东阙阙楼已失，只余台基和由四层巨大石块叠砌成的阙身。阙身北面刻"汉故益州太守武阴令上计史举孝廉诸部从事高君字贯方。"西阙保存完整，最下层为台基，雕作四周立矩形矮柱，柱上承横梁，梁外端承边枋的形式。阙为子母阙，子阙附在母阙的外侧。母阙由四层矩形石块叠成，雕出方形壁柱，作正面二间三柱、侧面一间二柱的形式。壁柱柱脚立台基上，柱顶稍降下少许有阑额。母阙阙身高约2.66米，宽1.63米。阙楼又可分楼身和屋顶两部

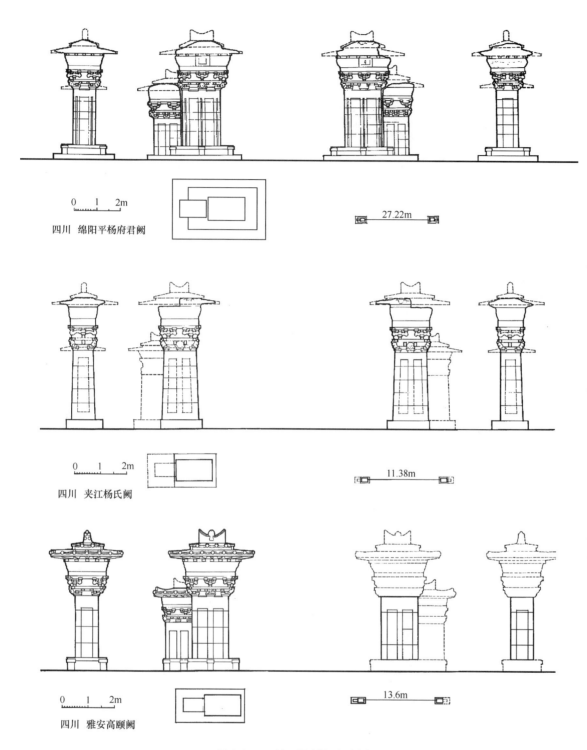

图 1-5-1 四川三国时期石阙实测图

分。楼身由五层石块叠成。自下而上，第一层雕柱顶上的栌斗，斗口内承纵横三重地面方的形式；第二层雕微挑出的斗栱，每柱上一朵，角上正侧面各一朵；斗栱最下为蜀柱，柱上放栌斗，栌斗上承横栱，都是一斗二升，中间垫一垫块；角柱上的栱拳曲向上，即栾；第三层是一较矮的垂直墙面，上雕几何图案，疑是窗下矮墙，但做成网格状；第四层较高，上部向外斜出，表面雕人兽图形，疑是加在窗外的防卫网格，供防守者在阙楼中向下观察或俯射之用；第五层是纵横交叉的枋子，上承檐椽。屋顶为四阿式（庑殿），分上下二层，主阙屋顶宽3.81米，挑出约0.73米。最下为至角呈辐射状的圆椽，上承连檐，屋面雕作筒板瓦的形式。屋脊两端翘起，侧面雕品字形三个瓦当，表示是叠瓦为脊的。子阙的构造和母阙同而尺度较小，它的屋檐之高只及主阙的阙身（图1-5-2）。

图 1-5-2 四川雅安高颐阙

平杨府君阙：在绵阳市北四公里，东向，也是一对二出子母阙，东西相距26.2米，全部用雕刻成型的石块拼合叠砌而成（图1-5-3）。阙的台基长2.66米，宽1.96米，高0.4米，形式与高颐阙全同。母阙阙身也是雕作正面二间三柱，侧面一间二柱，宽1.66米，深0.98米，高2.43米。子阙正侧面都一间二柱，宽1.18米，高1.74米。阙楼部分的楼身仍分五层，屋顶仍分两层，各层的形象和高颐阙全同，只图案小异，比例略肥而已。平杨府君阙的形制与高颐阙相同，表明它们确属同一时期（图1-5-4）。

图 1-5-3 四川绵阳平杨府君阙　　　　图 1-5-4 四川夹江二杨阙

平杨府君阙和高颐阙也有一些不同处：其一是子阙没有台基；其二是母阙阙身的壁柱都作双柱并列，角上两面各见二柱，实际是并立四柱。这第二点不仅与高颐阙不同，在现存中原及四川诸阙中也是仅见的。用双柱或四柱是古代就有的一种做法。《周礼·春官·大宗伯》"公植桓圭"句下，（汉）郑玄注云："双植谓之桓。桓，宫室之象，所以安其上也"[4]。《礼记·檀弓下》"三家视桓楹"句，郑玄注云："四植谓之桓"[5]。可知并立二柱或攒立四柱称桓，至迟春秋战国时已有此做法，平杨府君阙所示是其最早的真实形象。桓楹之制一直延续到唐代。近年发掘的北魏洛阳永宁寺塔，其塔最内圈四柱即为四柱攒立，共用16柱[6]。隋唐洛阳应天门东一遗址也有八柱，每柱为四柱攒立。太原金胜村唐墓中四壁壁画所绘也是双柱[7]。它是一种我们还不确切了解其起源和功能的结构做法，尚有待深入研究。

分析二阙之实测图，发现在处理母阙与子阙关系上，二阙有共同手法。

在高颐阙上，如在母阙和子阙阙身及其上的斗栱层（即至二层石上皮）间画对角线，则二线为平行线，可知母阙及子阙阙身包括斗栱在内，是相似形。在平杨府君阙上，子母阙阙身不是相似形，但如果把阙身以上第一层石计入，即从栌斗上地面枋为界，自阙身下角斜向上方地面枋上角画斜线，则二线也互相平行，说明这部分为相似形。

此外，如在高颐阙图上，自阙身下角斜向上方屋顶檐口画线，则母阙、子阙上的这条斜线也互相平行，说明这部分是相似形。平杨府君阙因原檐口已缺损不存，无法准确验证，但如以发表的复原图作图，二者也是平行线。

据此可知，在设计子母阙时，往往用把它们做成相似形的手法来取得外观上统一和谐的效果（图1-5-5）。

四川是个相对来说较封闭的地区，北有秦岭，东有三峡，蜀道、川江之险，在古代是交通上的巨大障碍。平时与中原和江南的交通就很不便，战乱时又常常闭关自守或割据，如三国时的蜀汉和十六国时的成汉，都割据数十年。所以四川的发展往往比中原滞后一段，保存的古制较多。这两座阙从风格构造上看，实在与东汉阙没有什么显著区别。三国时期，魏蜀吴鼎立，这种由封闭隔绝引起的发展上的不平衡正是三国时建筑的特点之一。

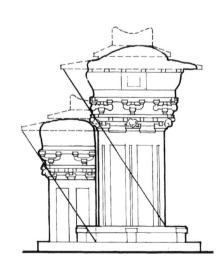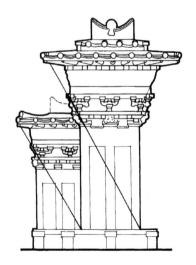

图1-5-5 四川平杨府君阙（左）、高颐阙（右）子母阙间比例关系图

注释

［1］刘敦桢：《刘敦桢文集》卷三，〈川康之汉阙〉，七，西康雅安县高颐墓阙、石兽及碑。
中国建筑工业出版社版，P. 434
陈明达：〈汉代的石阙〉，《文物》1961 年 12 期

［2］孙华、巩发明：〈平杨府君阙考〉《文物》1991 年 9 期

［3］除高颐、平杨府君二阙外，也有一种说法，认为梓潼贾公阙是蜀汉邓芝墓阙，夹江二杨阙是继高颐之后的益州太守之阙。如此说成立，则这二阙也可划入三国时期。详见陈明达：〈汉代的石阙〉。

［4］《周礼注疏》卷 18，〈春官·大宗伯〉。
中华书局缩印本《十三经注疏》上P. 762

［5］《礼记正义》卷 10，〈檀弓下〉

［6］〈北魏永宁寺塔发掘简报〉，《考古》1981 年 3 期
中华书局缩印本《十三经注疏》上P. 1310

［7］〈太原市南郊唐代壁画墓清理简报〉，《文物》1988 年 12 期

第二章 两晋南北朝建筑

公元265年，司马炎以禅让形式代魏，建立晋朝，是为晋武帝。太康元年（280年），晋灭吴，统一全国。晋立国后，分封诸王予以实权，又给高级士族特权，遂导致290年武帝死后高级士族分别拥戴诸王夺取政权进行混战的"八王之乱"，又进而在304年引发了北方诸少数民族在中原进行的争夺战。316年，晋朝灭亡，其残余势力在长江以南立国，建都建康，史称东晋，而称自265年至316年定都洛阳时为西晋。西晋经四帝，历51年而亡。

东晋偏安江左，经十一帝，历103年而亡。其间于347年灭割据四川的成汉，基本统一了中国南半部。

自304年匈奴族刘渊攻晋建立汉国起，在北方和西北、四川等地先后有匈奴族刘曜、赫连勃勃、沮渠蒙逊建立的前赵、夏、北凉，羯族人石勒、石虎建立的后赵，鲜卑人慕容皝、慕容垂、慕容德、秃发乌孤建立的前燕、后燕、南燕、南凉，氐族人苻坚、吕光建立的前秦、后凉，羌族人姚苌建立的后秦，巴氏人李雄建立的成汉和汉族人张寔、李暠、冯跋建立的前凉、西凉、北燕。至439年北魏灭北凉止，135年间先后出现了汉族和五个少数民族建立的十六个政权，史称五胡十六国时期

420年，刘裕代东晋，建立宋朝，是为宋武帝。宋经八帝历59年，于479年为萧道成所建的南齐所代。南齐经七帝，历23年，于502年为萧衍所建梁朝所代。梁经七帝，历55年，于557年为陈霸先所建的陈朝所代。589年，隋灭陈统一全国。自420年宋建国，至589年陈亡，历时169年，是为南朝。

中国北方，386年鲜卑族拓跋珪在今晋北、内蒙建国，398年定都平城，改国号为魏，是为北魏道武帝。439年北魏太武帝灭北凉，统一了中国北半部，和南朝南北对峙。493年，北魏孝文帝自平城迁都洛阳，实行汉化，南北统一在文化上的障碍逐渐减弱。534年，北魏在内乱后分裂为都长安的西魏和都邺的东魏，又分别于557年和550年为北周和北齐所代。577年北周灭北齐，重新统一中国北方。581年，北周又为隋所代。北魏、东魏、西魏、北齐、北周和灭陈以前的隋与南朝对峙，是为北朝。

自420年刘宋建国，至589年隋灭陈统一中国，169年间，中国基本上为南北两大政权对峙，史称南北朝时期。

本章所跨越的时代，如自265年西晋代魏起，到581年隋代北周止，共316年；如自280年晋灭吴统一中国，至589年隋灭陈再次统一中国止，共309年。其间如自316年西晋亡至589年隋灭陈计，中国分裂了273年。在分裂期的前半，即十六国时期的135年中（304年～439年），中国北方陷于剧烈的战乱中，各国互相征战屠灭，经济文化遭到极大的破坏，在物质文化方面、包括建筑，都不具有创新的环境和条件。十六国中大多数是少数民族在汉地建立的政权，为表示自己的

正统地位，以便统治广大汉族民众，所建都城、宫殿都在尽力比附魏晋。南方的东晋境内虽相对安定，但在与北方十六国对峙中，更要标榜其为中原正朝所在，以团结内部、吸引中原汉族民众，故在典章制度、包括都城、宫室制度方面也尽可能保持魏、西晋传统的延续性。在这样的政治、经济、文化形势下，南北两方的都城、宫室都难以摆脱魏、西晋传统，少有创新。

进入南北朝后，南北方各统一于一个政权，局势相对稳定，南北战争不如前期频繁，在建筑上才有较大的发展。南方经济在东晋时已逐渐恢复，并有发展，到南朝时，经济文化都有巨大的进步，远远超过北方。且在刘宋代晋后，已是另一王朝，无必要再受西晋旧制约束，故南朝四代，特别是梁代，与经济文化发展同步，都城、宫室建设和建筑技术都达到一个新的高峰。首都建康成为全国商贸中心，在经济带动下，形成长宽都在二十公里左右的巨大都城。北方的北魏，在493年由雁北的平城南迁洛阳，与南朝抗衡。北魏是鲜卑族建立的政权，在汉地立国，也在大力汉化，在周、汉、魏、晋的都城洛阳建都也是汉化内容之一。北魏在保持汉、魏、西晋洛阳基本框架的同时，改建宫室，拓建外郭，形成当时最规整的方格网状布局的都城。

南北朝时，南北都大建宫室和寺庙。佛教是外来宗教，两晋南北朝长期战乱，为民众造成深重苦难，以解脱苦难为号召的佛教得到普遍尊信，到社会相对安定、经济有所好转时，南北方建佛寺佛塔之风都不可遏止。虽发展到最后导致南北两方都发生动乱，但大建寺塔本身无疑又对此期的建筑技术与艺术的发展起积极作用。南朝的寺塔建设对木结构的发展贡献尤大，对古代大型建筑由土木混合结构向木框架结构发展起了关键性作用。

佛教这一外来宗教在中国的兴盛，打破了中国接受外域文化的障碍。虽然此时中国建筑体系已经定型，不可能发生大的改变，但在扬弃魏晋旧规、酝酿新风，并丰富装饰题材方面仍有重大助益。把印度式塔改造为中国楼阁式塔，则表现出中国吸收、改造外域文化的强大能力。

从整体上看，两晋南北朝在中国建筑发展上是一个重要的过渡期，灿烂的汉魏建筑及其在两晋的余波在此期逐渐衰歇，在南北朝政治、经济、文化新发展的条件下，在外域文化的影响、交融下，一代新的建筑在酝酿之中，待到中国重新统一日臻强盛之时，遂发展成更为灿烂辉煌的隋唐建筑。

第一节　城市

此期是中国历史上分裂动乱时期，北方魏晋以来的都城和地方城市大都遭到严重破坏，魏晋旧都洛阳、邺城一度沦为丘墟。但北方相继建立的各政权也各建都城和一些地方城市。为表示自己是正统王朝，各少数族政权的都城大都比附洛阳、邺城，即使条件全然不同，在宫名、城门名、街道名上也要改用洛阳旧名，而实际规划建设则多从军事上考虑。地方城市在战乱中随毁随建。出于防卫要求，建重城之风大盛。外城一般称罗城、郭城、罗郭，内城称小城、子城、中城、金城。为加强防守，城身多筑马面、有的用砖包砌，城门上建高大的城楼，在城防设施方面有重要的发展。

此期都城出现了南朝建康和北魏洛阳两个不同的类型。东晋南迁定都建康后，为保持正统王朝地位，开始把建康城内部分按洛阳模式改造，形成宫室在北，宫前有南北大道形成都城主轴，夹道建官署及"左祖右社"的布局。但自吴以来，建康的主要居住区和市在城外南方的秦淮河两岸，秦淮河西通长江，北通运渠、青溪，水运便宜，是建康经济命脉。自东晋起，为了防守，在建康四周建了一些小城和军垒。随着经济发展，建康南、东两面居住及商业区日益扩大，以各小城和军垒为中心，也发展成若干居住区，到梁代连为一片东西、南北各广四十里的广大区域。城内按都城体制作封闭性布置，城外顺应经济发展取自由而开放形式，是建康的最大特点。

以鲜卑族为主的北魏政权于493年自平城迁都洛阳，重建已毁的魏晋洛阳城和宫殿官署，局部调整街道，并在城外建坊市，形成东西二十里、南北十五里的外郭。北魏修复内城，不做重大改动是为了在政治上表明自己是正统王朝汉、晋的继承者，拓建外郭则是满足实际需要。它虽在面积和繁荣程度上不及南朝建康，却是南北朝时期所建的最大的规整的坊市制城市。

继起统一全国的隋是北魏文化的继承者，故隋唐长安采取北魏洛阳模式并加以发展，而建康模式则随着隋炀帝兴建东都而局部得到延续。

一、十六国时期各国的都城

东汉末至三国时期，中原和西、北各地战乱频繁，遭到巨大的破坏，户口锐减，经济萧条。为了补充人力、恢复生产，魏晋统治者对于西、北部一些少数族内附、内迁多采取听任和宽容态度，有大量少数族进入原西、北方汉族地区。其中一些上层豪酋接受了汉文化，做了汉官，对汉政权的虚实颇有了解。西晋惠帝时的八王之乱造成各族人民的流离失所，也充分暴露了西晋政权的腐朽没落。这时一些少数民族人民不堪重压，起而反抗，在有野心的豪酋带领下，形成强大的军事力量，在推翻西晋，迫使晋残余力量南渡建立东晋后，相继建立国家。

这十六国先后都建有都城，计刘渊汉国的平阳，前赵刘曜、前秦苻坚、后秦姚苌的长安，成汉李雄的成都，前凉张寔、后凉吕光、北凉沮渠蒙逊的姑臧，后赵石勒的襄国，后赵石虎的邺城，前燕慕容皝、北燕冯跋的龙城，后燕慕容岳的中山，南燕慕容德的广固，西秦乞伏国仁的苑川，西凉李暠的酒泉，南凉秃发乌孤的金城，夏赫连勃勃的统万。这些都城大部分是在原有都城（如邺、长安）、州郡城（如姑臧、成都、襄国等）的基础上改建拓建的，只有极少数是创建的（如统万）。目前只有长安、邺、统万经过考古发掘或勘察，可以得到勘测图，其余只能经过文献记载进行初步分析。现择其中资料稍多的概述如下：

1. 平阳（308～318年）

平阳是匈奴汉国刘渊的都城。西汉末至东汉初，匈奴呼邪韩单于率部内附，被安置在山西北部。三国时，匈奴人逐渐南移，使今山西中部也成为汉、匈奴杂居区。三国时，曹操分匈奴人为五部。刘渊是冒顿单于之后，为匈奴左部帅，西晋任之北部都尉，五部大都督，成为入塞匈奴人的首领。304年，刘渊乘八王之乱起兵反晋，以继承汉朝为号召，自称汉王，建立政权。308年刘渊定都于平阳，建宫室官署。310年刘渊死后，其子刘聪即位，大兴宫室。318年刘聪死，汉国发生内乱，平阳被石勒攻占后焚毁。平阳作为汉国都城先后共十一年。

平阳在今山西省临汾市西南，传为尧、舜故都，汉代封为侯国，西晋初为平阳郡治，在汉、晋时期平阳属郡一级城市。因三国时为匈奴左贤王驻地，所以刘渊在此建都[1]。刘渊是汉化很深的匈奴人，又以继汉朝为号召，故在建都后，其都城、宫室规划都有效法汉代都城洛阳之处。这虽史无明文，但综合各方面资料，可以得到一些线索。

平阳城的形状和城门数史迹失载，只记有西面的西明门[2]、西阳门和东面的建春门[3]三个门名。这三个门名都和东汉洛阳的门名和方位相同，所以我们有理由推测，在刘渊定都后，把平阳四面的门名改用东汉洛阳的门名，以比仿洛阳。洛阳有十二门，刘渊在平阳增辟数门，以符洛阳门数，也不是没有可能的。平阳除大城外，还有平阳小城[4]，又在城西立单于台[5]，都是军事据点，作为大城的羽翼。

平阳城内建有宫殿、官署，太庙、市等。史载刘渊建都时就建有南宫和北宫[6]，主殿名光极前殿，有东西室，位于南宫[2]，故在两宫中南宫应是主宫。前殿以后为后宫，连通前殿后宫之间的门有上秋阁[7]，后宫建有昭德殿、温明殿、建始殿等，共四十余殿[6]。宫城门数不详，史载有云龙门之名[8]。云龙门是魏晋洛阳北宫东门之名，可知其宫殿规制也有效法魏晋之处。除南北两宫外，还建有东宫，先后供太弟和太子居住，宫中有延明殿[9]。从宫分南、北看，城中宫室是顺城市南北轴线布置的。

除宫殿外，平阳城内还陆续建成了作为都城必不可少的太庙[10]、武库[11]和相国府、司隶府、御史台等官署[12]。相国府是刘聪之子刘粲在做相国时所建，制度模拟宫室[13]。城内仍沿用当时通行的市里式布置，分为若干里，主要的市为东市。

刘渊父子所建的汉国都城平阳是五朝十六国时期第一个少数民族政权的都城。综括上述，可知它是在魏晋郡级城市的基础上改建成的。因为刘汉是匈奴族人在汉族地区建立的政权，为了争取汉族群众，减少阻力，不得不标榜继承汉朝，以表示其反晋是合法的。其都城城门沿用汉洛阳旧名和城内仿汉洛阳南北两宫之制建南北宫都是为了这个目的。但从其宫内用云龙门、建始殿等曹魏洛阳宫中名称可知，由于洛阳汉宫久已不存，其宫殿在模拟汉宫的同时，也不能不参用魏晋宫殿的格局，这是由当时的具体条件决定的。至于在城外建小城、立单于台，则是由当时战乱的环境决定的。

注释

[1]《水经注校》卷六，汾水，平阳郡治段。上海人民出版社排印本 P.205、208

[2]《晋书·载记》1，〈刘元海〉："元海死，（刘）和嗣伪位。……（刘）聪攻西明门，克之。（刘）锐等奔入南宫，前锋随之，斩（刘）和于光极西室。"中华书局标点本⑨P.2653

[3]《晋书·载记》2，〈刘聪〉："（王）延骂（靳准）曰：'屠各逆奴，何不速杀我，以吾左目置西阳门，观相国（刘）曜之入也，右目置建春门，观大将军（石勒）之入也。'"时刘曜在西，石勒在东，可知城西面有西阳门，东面有建春门。"中华书局标点本⑨P.2679

[4]《晋书·载记》4，〈石勒〉："（石）勒攻（靳）準于平阳小城。"中华书局标点本⑨P.2728

[5]《晋书·载记》1，〈刘元海〉："元海寝疾，将为顾托之计，以……（刘）聪为大司马、大单于，并录尚书事，置单于台于平阳西。"中华书局标点本 P.2652

[6]《晋书·载记》2，〈刘聪〉，记陈元达谏刘聪修鸮仪殿事曰："（刘渊）重逆群臣之请，故建南北宫焉。今光极（殿）之前足以朝群后飨万国矣，昭德、温明以后足以容六宫列十二等矣。陛下龙兴以来，……内兴殿观四十余所。"中华书局排印本⑨P.2663

[7]《资治通鉴》89〈晋纪〉十一，愍帝建兴四年："二月，汉主聪出临上秋阁，命收陈休、卜崇及特进綦毋达……，并诛之。"中华书局标点本⑥P.2828

[8]《晋书·载记》2，〈刘聪〉："（卢）志等（谓刘乂）曰：'……殿下但当有意，二万精兵立便可得，鼓行向云龙门，宿卫之士孰不倒戈奉迎？……'"中华书局排印本 P.2667

[9]《资治通鉴》89，〈晋纪〉十一："汉大赦，改元建元。雨血于汉东宫延明殿。"中华书局排印本⑨P.2820

[10]《晋书·载记》2，〈刘聪〉："聪以其太庙新成，大赦境内，改元建元。"中华书局排印本⑨P.2666

[11]《晋书·载记》2，〈刘聪〉："聪武库陷入地一丈五尺。"中华书局排印本⑨P.2669

[12]《晋书·载记》2，〈刘聪〉："犬与豕交于相国府门，……又交司隶、御史门。"中华书局排印本⑨P.2673

[13]《晋书·载记》2，〈刘聪〉："（刘）粲字士光，……自为宰相，威福任情，……好兴造宫室，相国之府仿像紫宫，在位无几，作兼昼夜，饥困穷叛，死亡相继，粲弗之恤也。"中华书局排印本⑨P.2678

2. 襄国（312~352年）

襄国在秦代名信都，项羽改名为襄国，在汉属赵国[1]，西晋时为司州广平郡属县之一，故址在现在河北省邢台西南方。在五胡乱华时，襄国与邯郸都是河北南部比较大的城市。312年，石勒欲建立基地，占领襄国[2]。319年，石勒势力壮大，自称赵王，在襄国建宫室、宗庙、社稷[3]。330年，石勒称帝后，次年又建明堂、辟雍、灵台[4]，至此，经19年的经营，作为石勒赵国的都城，始基本建成。

331年石勒拟迁都邺，兴建邺宫[4]，未及建成，石勒即于333年死去。次年，石虎夺权自立，于335年自襄国迁都于邺。349年石虎死，冉闵夺权，自称魏帝。350年石虎之子石祇在襄国称帝反抗冉闵。经多次战争，冉闵于352年攻入襄国，焚毁宫室，迁其居民于邺，襄国遂毁[5]。襄国作为石赵都城，存在了约四十年，其都城规划史籍不详，目前只能知道一些片断情况。

襄国本是汉、晋时县城，规模不大。史载石勒初据襄国时，王浚遣军来攻，当时"城隍未修，乃于襄国筑隔城、重栅，设障以待之"[6]。可知汉晋时尚无小城，这时方在城中始建隔城。

319年，石勒自称赵王，开始对襄国按都城体制进行改建[3]。襄国的总体情况史籍失载，所知城门之名只有正阳门、永昌门[7]，其余不详。其中正阳门是南面正门[8]。320年石勒曾迁士族三百家于襄国崇仁里[9]；史籍中又有石勒末年"震雷"襄国建德殿、端门及襄国市西门的记载[10]，可知襄国城内仍是封闭的市里制布置。襄国城内除宫城外，还有小城，称永丰小城。石勒曾迁徙洛阳的铜马、翁仲二于襄国，列于永丰门，故永丰小城应具有宫殿性质[11]。328年，石勒俘获前赵主刘曜，舍于永丰小城，严兵守卫[12]。按洛阳城西北有洛阳小城和金墉，既是宫殿，也曾用来监禁废绌的帝、后，永丰小城性质与之相近，很可能是沿袭洛阳的旧制设置的。

史载319年，石勒营社稷宗庙和东西宫。东西宫的情况，史籍未详。但《资治通鉴》卷95记有336年石虎"作东西宫于邺"的记载，胡三省注云："东宫以居太子（石）邃，西宫（石）虎自居之"[13]。石虎是石勒从子，从石勒之子石弘夺得王位，实是继承石勒政权的，所作东西宫应是袭沿石勒襄国旧制的。如胡注有所据，则襄国也应是西宫为王宫，东宫为太子宫的。太子宫在石勒末年名崇训宫[14]。

石勒的宫殿正门为止车门[15]，门内为端门[10]，端门之内是仿照洛阳魏晋主殿太极殿建的建德殿[16]，应也是有东西堂的。后宫有徽文殿等[17]。石勒称赵王以统治汉族，同时还号称大单于，以这名义统帅所辖少数民族部落，所以在襄国还建有单于台，和刘渊父子在平阳建单于台的情形相同。单于台的规制不详，可能还具有某些游牧族单于龙庭的特点。石勒曾自洛阳宫迁徙日晷影来襄国，列于单于庭[18]，可知也是壮丽的宫殿官署。襄国宫室官署实际有汉、胡两套体制。

作为都城，襄国还建有宗庙、社稷、明堂、辟雍、灵台等。宗庙社稷自西晋已来，已按左祖右社之制列于宫殿之南，估计襄国有可能沿用其制。明堂、辟雍、灵台两汉首都都建在城南，但石勒晚年（331年）把它们建在城西[19]，就不知有什么新的依据了。在319年左右，石勒还在襄国四门立小学十余所[20]。

注释

[1]《后汉书》〈郡国志〉中华书局标点本⑫ P. 3437

[2]《资治通鉴》88,〈晋记〉10：怀帝永嘉六年（312年）秋七月，石勒"军势复振，遂长驱至邺。……张宾曰：'……三台险固，未易猝拔，……邯郸、襄国，形胜之地，请择而都之。'……遂进据襄国。"中华书局标点本 ⑥ P. 2782

[3]《晋书·载记》5，石勒下："太兴二年，（石）勒伪称赵王，……。始建社稷，立宗庙，营东西宫。"中华书局标

[4]《资治通鉴》94，〈晋纪〉16：成帝咸和六年（331年）"夏，赵主（石）勒如邺，将营新宫。廷尉上党续咸苦谏。……九月，赵主勒复营邺宫。"中华书局标点本⑦P.2979

[5]《资治通鉴》99，〈晋纪〉21：永和八年（352年）"（冉）闵击（刘）显，败之，追奔至襄国。显大将军曹伏驹开门纳闵，……焚襄国宫室，迁其民于邺。"中华书局标点本⑦P.3122

[6]《晋书·载记》4，石勒上：石勒初据襄国，王浚遣将来攻，"时（襄国）城隍未修，乃于襄国筑隔城、重栅，设障以待之。"中华书局标点本⑨P.2718

[7]《资治通鉴》93，〈晋纪〉15：成帝咸和元年（326年）"三月，后赵主（石）勒夜微行，检察诸营卫，赍金帛以赂门者求出。永昌门侯王假欲收捕之，从者至，乃止。"可知有永昌门。中华书局标点本⑦P.2940

[8]《晋书·载记》4，石勒上："刘曜进爵石勒为赵王，后又停授。石勒大怒，于是置太医、尚方、御府诸令，命参军晁赞成正阳门。"又，同书〈载记〉5，石勒下载："张宾卒，……"将葬，送于正阳门。"建正阳门为石勒称王的诸措施之一，可知是正门。中华书局标点本⑨P.2729

[9]《资治通鉴》91，〈晋纪〉13：元帝太兴三年，（320年）"（石）勒徙士族三百家置襄国崇仁里，置公族大夫以领之。"中华书局标点本⑦P.2883

[10]《晋书·载记》5，石勒下："暴风大雨，震雷建德殿、端门、襄国市西门，杀五人"。中华书局标点本⑨P.2749

[11]同上书同卷："（石）勒徙洛阳铜马、翁仲二于襄国，列之永丰门。"中华书局标点本⑨P.2738

[12]《资治通鉴》94，〈晋纪〉16：成帝咸和三年（328年）十二月，"……己亥，至襄国，舍（刘）曜于永丰小城，给其妓妾，严兵卫守。"中华书局标点本⑦P.2965

[13]《资治通鉴》95，〈晋记〉17：成帝咸康二年（336年）十二月条"赵王虎作太武殿于襄国，作东西宫于邺"句胡三省注。中华书局标点本⑦P.3007

[14]《资治通鉴》95，〈晋〉17：成帝咸和八年（333年）秋七月石勒卒，八月，石虎为丞相，"更命太子宫曰崇训宫，太后刘氏以下皆徙居之。"中华书局标点本⑦P.2987

[15]《资治通鉴》91，〈晋纪〉13：元帝太兴三年石勒"宫殿既成，初有门户之禁，有醉胡乘马，突入止车门。"中华书局标点本⑦P.2883

[16]《晋书·载记》5，石勒下云："（石）勒下令曰：'去年水出巨材，所在山积，将皇天欲孤缮修宫宇也！其拟洛阳之太极起建德殿'。"（约在320年）同卷又载："从事中郎刘奥，坐营建德殿井木斜缩，斩于殿中。"可知建德殿仿洛阳太极殿而建，殿内用藻井。中华书局标点本⑨P.2737、2738

[17]《晋书·载记》5，石勒下云："（石）勒境内大疫，死者十二三，乃罢徽文殿作。"中华书局标点本⑨P.2740 按〈载记〉记此事于祖约退寿春之后，《通鉴》系祖约退寿春事于322年十月，则罢徽文殿作事亦在322年。

[18]《晋书·载记》5，石勒下："（石）勒命徙洛阳晷影于襄国，列之单于庭。"中华书局标点本⑨P.2742

[19]《资治通鉴》94，〈晋记〉16：成帝咸和六年（331年）石勒"起明堂、辟雍、灵台于襄国城西。"中华书局标点本⑦P.2979

[20]《晋书·载记》4，石勒上："（石）勒增置宣文、宣教、崇儒、崇训十余小学于襄国四门，简将佐豪右子弟百余人以教之。"中华书局标点本⑨P.2729

3. 长安（319～418年）

西汉长安，经王莽末年战乱的严重破坏，已成废墟，东汉只能改在洛阳建都，迄东汉一代未能恢复。东汉末，董卓于190年焚洛阳宫室，迁都长安，临时以京兆府舍为宫，后稍稍修葺宫殿居住，可知破坏之严重[1]。195年，又经战乱，新修葺的都城宫室又破坏殆尽[2]。

大约一百年后，西晋文学家潘岳在元康二年（292年）为长安令，曾撰有〈西征赋〉，记自巩县到长安途中所见。〈赋〉中描写当时长安是"街里萧条，邑居散逸。营宇寺署，肆廛管库，蕞尔于城隅者，百不处一。所谓尚冠、修成、黄棘、宣明、建阳、昌阴、北焕、南平，皆夷漫涤荡，亡其处而有其名。尔乃阶长乐，登未央，汎太液，凌建章，萦骫婆而欹骪荡，榱桷诣而轶承光。徘徊桂宫，惆怅柏梁，鹜雉雊于台陂，狐兔窟于殿傍"。可知在西晋初仍十分荒凉残破。

312年，晋军驱逐占据长安的汉刘聪部将刘曜，拥晋秦王司马业入长安。313年晋怀帝死，司马业即位于长安，是为晋愍帝。这时长安士女八万口及财物都已被刘曜掠去，"城中户不盈百，蒿棘成林，公私有车四乘，"可以想见其荒凉的程度[3]。316年刘曜再占长安，西晋亡。

在十六国时期，长安先后为前赵、前秦、后秦都城，经近百年的恢复发展，到后秦时，又成为"宫殿壮丽、财宝盈积"，有六万户居民的北方雄都[4]。

319年，汉国亡，刘曜在长安建都称帝，史称前赵。329年，前赵亡于羯人石勒的后赵。349年后赵内乱，长安为氐族人苻健所据，352年建都称帝，史称前秦。383年前秦内乱，386年羌族人姚苌据长安称帝，史称后秦。417年，东晋灭后秦，以长安为雍州。418年，匈奴人赫连勃勃攻长安，晋雍州刺史朱龄石焚长安宫室东逃。至此，自319年刘曜建都以来，近百年的建设，又化为劫灰[5]。

前赵、前秦、后秦三国相继据长安建都，都沿用旧城，对城市街道，城池并无很大的改动，只是在城中新建宫室官署，恢复道路系统和居民区。综括史籍记载，这百余年间，长安的建设大致有下面一些。

长安至迟在西晋初，已在城内建有小城。史载313年，刘曜军袭击长安，夜入长安外城。即称"外城"，相应的应该已有内城[6]。316年，刘曜攻陷长安之前，先攻入长安外城，晋人退守长安小城，这时已明确说有"小城"了[7]。又，晋郭缘生《述征记》说，长安小城最东一门名落索门，门内有司马京兆碑[8]。据此推测，则可能在魏时，出于战争需要，长安已有小城。但这小城的位置在哪里，是否借用西汉旧宫城而成，目前还无法查清。汉代长乐、未央二宫宫墙比城墙更厚，故颇有可能"小城"是因旧宫而建的。

319年，刘曜在长安称帝。同年，建宫室，前殿为光世殿，后殿为紫光殿。又立宗庙、社稷、南北郊[9]。320年，立太学于长乐宫东，立小学于未央宫西[10]。又起丰明观，立西宫[11]。从立西宫一事，可以看到它在原有宫殿之西，与旧宫形成东西宫并列的布局。这是源于西晋洛阳宫的体制。洛阳在曹魏时只有北宫，西晋初在宫之东侧偏北建太子居住的东宫，其后遂称宫城为西宫[12]。前赵在长安于已有宫殿之西建西宫，正是效法西晋洛阳的布局。刘曜在320年曾大燕群臣于东堂[13]，可知他的正殿也是沿用魏晋洛阳宫太极殿和东西堂的规制的。前赵的东西宫和宗庙、社稷在长安城中的位置、史无明文，但据《晋书·载记》刘曜载记的记载，在320年，"有凤凰将五子翔于故未央殿五日"，故其宫殿当不在汉未央宫故址处。

352年，前秦在长安建都，宫室仍沿用前赵的东、西两宫，西宫为王宫，东宫为太子宫[14]。西宫的正门称端门[15]，门外有东西二阙并列[16]。端门左右有东掖门、西掖门[15]。宫城东门名云龙门[17]。宫内正殿名太极殿。太极殿东西侧有东堂、西堂[18]。西宫的各门、殿的名称、规制全仿洛阳西晋宫殿。354年，在长安北门之一平朔门外建来宾馆以接待西、北方各少数民族的首领，又在长安南面东门杜门之外建灵台[19]。358年又建明堂，修缮南北郊[20]。至此，作为都城所必备的礼仪建筑也基本齐备了。史载，西域诸王朝觐，苻坚在西堂接见，诸王见"宫宇壮丽，威仪严肃，"大为折服，请求年年入见[21]，可见当时建筑壮丽的情况。这时长安的市容也有所改善。382年，苻坚把石虎从洛阳迁到邺城的汉晋铜驼、马、飞廉、翁仲等又转运到长安，以增壮宫室和街道的观瞻[22]。当时的民谣说："长安大街，夹树杨槐，下走朱轮，上有栖鸾"[23]，其时街市很繁华富丽，有很好的绿化。

383年前秦内乱，386年，后秦在长安称帝定都。到394年姚兴为帝时，后秦国势达到盛期。这时的城仍沿用西汉之旧，史载北面有朝门、平朔门和横门[24]，南面有杜门[19]，分别为汉代的洛城门、厨城门、横门和覆盎门。其中有的门名为新改，有的则沿用旧门的俗名。

后秦的宫殿沿用前秦，仍是东西并列，以西宫为王宫[25]。史载姚兴死前姚弼叛乱之事时记载西宫有四门，在端门之内有马道，作乱时东宫兵入宫抵御，控扼马道，姚弼的叛军就不能入宫[26]。这和300年西晋八王之乱时赵王伦率军入宫，陈兵马道南，以废贾后的情况相同[27]，说明后秦的太极殿和东西堂建在高台上，要登上马道才能进入，仍是汉以来的台榭建筑之制。

416年，姚兴死，姚泓即位。417年东晋刘裕军攻克长安，后秦亡。刘裕为了庆功，大会文武于未央殿[28]。证以石虎曾于342年发民夫十六万人城未央宫[29]，苻坚曾于375年"置听讼观于未央南"[30]等记载，可能自342年至后秦盛时，未央宫曾有某种程度的修复。

钩稽史册，对十六国时期的长安只有这些了解，它在后秦时，经近百年经营，已建设成富庶、壮丽的都城。东晋灭后秦后，在赫连勃勃进攻时撤退。撤退时，先是大掠，然后又烧宫殿，这一掠一烧，不仅破坏了长安，也断绝了北方人民对东晋南朝的幻想。在研究这一时期的长安时，最感困难的是这些宫殿官署在城中的具体位置。从姚兴出游，出入朝门平朔门，颇有可能其宫殿在长安城内东北部原明光宫一带。但由于目前汉长安考古重点集中在汉代，对隋以前各朝继续使用时的遗迹尚未发现，这里作过多的推测就没有必要了。

注释

[1]《资治通鉴》59，〈汉纪〉51；献帝初平元年（190年）"二月……丁亥，车驾西迁。……三月，乙巳，车驾入长安，居京兆府舍，后乃稍葺宫室而居之。"中华书局标点本⑤P.1912

[2]《资治通鉴》61，〈汉纪〉53：兴平二年（195年）"（献）帝至（李）傕营，……（傕）遂放火烧宫殿、官府、民居悉尽。……"中华书局标点本⑤P.1960

[3]《资治通鉴》88，〈晋纪〉10：愍帝建兴元年（313年），夏四月条。中华书局标点本⑥P.2794

[4]《建康实录》11，〈宋高祖〉：义熙十三年（417年）八月条。中华书局标点本，⑪P.383

[5]《资治通鉴》118.〈晋纪〉40：安帝义熙十四年（418年）十一月条。中华书局标点本⑧P.3720～21

[6]《晋书·载记》2，刘聪：建兴元年十一月，刘曜部赵染袭长安，"夜入长安外城，（愍）帝奔射雁楼，（赵）染焚烧龙尾及诸军营，杀掠千余人。旦，退屯逍遥园。"中华书局标点本⑨P.2664

[7] 同书同卷："（建兴）四年，……八月，刘曜逼京师，……麹允与公卿守长安小城以自固。"中华书局标点本⑨P.2664

此小城在前秦时尚在。《资治通鉴》99，〈晋纪〉21：穆帝永和十年四月，记桓温伐秦事云："（桓）温转战而前，壬寅，进至灞上。秦太子（苻）苌等退屯城南，秦主（苻）坚与老弱六千固守长安小城。"中华书局标点本⑦P.3139

[8]《太平御览》183，〈居处部〉11，〈门〉下："《述征记》曰：青门外有魏车骑将军郭淮碑。小城最东一门名落索门，门里有司马京兆碑，郡民所立。"中华书局缩印本①P.890

[9]《晋书·载记》3，刘曜：319年，刘曜"徙都长安。起光世殿于前，紫光殿于后。……缮宗庙、社稷，南北郊。"中华书局标点本⑨P.2684

按：刘曜已于316年入据长安，其宫庙、社稷、南北郊已建立，故此云"缮"，实只新起宫殿耳。

[10] 同书，同卷："曜立太学于长乐宫东，小学于未央宫西。"按：据近年发掘，长乐宫东墙距长安城东城墙约270米，而未央宫西墙距长安西城墙仅50米左右，故在长乐宫东立太学，地虽逼仄，尚有可能，而在未央宫西立小学则实不可能，疑史载之方位有误。中华书局标点本⑨P.2688

[11] 同书，同卷："曜起丰明观，立西宫，建陵霄台于滈池。又将于霸陵西南营寿陵。侍中乔豫、和苞上疏谏曰：……。曜大悦，下书曰：……今敕悉停寿陵制度，一遵霸陵之法。……"中华书局标点本⑨P.2688

按：此事《资治通鉴》系于晋元帝太兴三年，即320年，云（刘）"曜下诏曰：……其悉罢宫室诸役，寿陵制度，一遵霸陵之法。"则以为并罢西宫之役，今不取。因351年苻坚长安时，即有东西二宫，可知两宫实已建成。

[12]《资治通鉴》84，〈晋纪〉6：惠帝永宁元年（301年）正月，"相国伦与孙秀使牙门赵奉诈传宣帝神语，云伦宜早

入西宫。"胡三省注曰："时伦以东宫为相国府，谓禁中为西宫。"中华书局标点本⑥P.2651

2. 同书，同卷：惠帝太安元年（302年），齐王冏"大起府第，坏公私庐舍以百数，制与西宫等，中外失望。"中华书局标点本⑥P.2670

按：据上二则可知西晋时称禁中为西宫，以与东宫相应。

[13]《晋书·载记》3，刘曜：游子远抚平叛变的氐羌部落，"（刘）曜大悦，燕群臣于东堂"。中华书局标点本⑨P.2687

按：通鉴系此事于320年，事在建西宫之前，可知刘曜始建之光世殿也是模仿有东西堂的魏晋太极殿规制的。

[14]《资治通鉴》98，〈晋纪〉20：晋穆帝永和七年（351年）正月，苻健即天王、大单于位，命"苻菁为卫大将军，平昌公，宿卫二宫"。胡三省注曰："二宫，坚所居及子苌所居也。"中华书局标点本⑦P.3112

[15]《资治通鉴》100，〈晋纪〉22：永和十一年（355年）六月，"秦主苻健寝疾，庚辰，（苻）菁勒兵入东宫，将杀太子生而自立。时（苻）生侍疾西宫，菁以为健已卒，攻东掖门。健闻变，登端门，陈兵自卫。"中华书局标点本⑦P.3146

[16]《晋书·载记》13，苻坚上："坚僭位五年，凤凰集于东阙。"中华书局标点本⑨P.2887

[17]《资治通鉴》100，〈晋纪〉22：穆帝升平元年（357年）六月，苻坚政变时，苻法"帅壮士数百人潜入云龙门。"中华书局标点本⑦P.3164

按：晋洛阳宫城东门名云龙门。长安宫殿仿晋宫，故其云龙门应是宫城东门。胡三省注以为宫正南门，误，今不取。

[18]同书，同卷：永和十二年（356年）正月，"壬戌，（苻）生宴群臣于太极殿"。中华书局标点本⑦P.3152

同书同卷：穆帝升平元年十一月，秦苟太后杀苻法，"（苻）坚与法诀于东堂。"中华书局标点本⑦P.3166

[19]《晋书·载记》12，苻健：永和十年（354年）"西虏乞没军邪遣子入侍，（苻）健于是置来宾馆于平朔门以怀远人，起灵台于杜门。"中华书局标点本⑨P.2871

[20]《晋书·载记》13，苻坚上："坚起明堂，缮南北郊。" 中华书局标点本⑨P.2886

[21]《晋书·载记》14，苻坚下："车师前部王弥窴、鄯善王休密駄朝于（苻）坚，坚赐以朝服，引见西堂。窴等观其宫宇壮丽，仪卫严肃，甚惧，因请年年贡献。……"中华书局标点本⑨P.2911

[22]《资治通鉴》104，〈晋纪〉26：孝武帝太元七年（382年），"秦王坚徙邺铜驼、铜马、飞廉、翁仲于长安。"中华书局标点本⑦P.3300

[23]《晋书·载记》13，苻坚上：中华书局标点本⑨P.2895

[24]《晋书·载记》18，姚兴下："（姚）兴从朝门游于文武苑，及昏而还，将自平朔门入。"中华书局标点本⑩P.2994

据水经注：朝门即汉洛门，为北面最东一门。《建康实录》11，〈宋高祖〉：义熙十三年（417年）八月丁未，晋"王镇恶舟帅泝河入渭，……大破姚平等于横门，（晋）王敬自平朔门入。"中华书局标点本⑪P.383。

此处横门与平朔门并举，可知二门。据《水经注》及《三辅黄图》，横门是汉长安北面最西之门，则平朔门疑为北面正中间一门，即厨城门。但（元）李好文《长安志图》卷上〈汉故长安城图〉上在北城洛城门之东注曰："苻健于此开一门，曰平朔"，不知何据，若然，则平朔门当在长安北墙最东部。

[25]《晋书·载记》17，姚兴上：402年，姚兴伐魏，"使……姚显及尚书令姚晃辅其太子泓，入直西宫。"中华书局标点本⑩P.2982

《资治通鉴》117，〈晋纪〉32；安帝义熙十二年（416年）"秦王（姚）兴如华阴，使太子泓监国，入居西宫。"胡三省注："太子居东宫。西宫，秦王所居也"。中华书局标点本⑧P.3684

[26]《晋书·载记》18，姚兴下：载416年2月，"（姚）兴疾转笃，……于是（姚）愔与其属率甲士攻端门，……右卫胡翼度率禁兵闭四门。愔等遣壮士登门，缘屋而入，及于马道。……太子右卫率姚和都率东宫兵入屯马道南。愔等既不得进。遂烧端门。（姚）兴力疾临前殿，赐（姚）弼死。"中华书局标点本⑩P.3003

[27]《资治通鉴》83，〈晋纪〉5：惠帝永康元年（300年），"赵王伦、孙秀将讨贾后，……期以（四月）癸巳丙夜为一等，以鼓声为应。……及期，矫诏开门，夜入，陈兵道南，遣（齐王）冏将百人排阁而入……迎帝幸东堂。"中华书局标点本⑥P.2640

按：据此可知当时先陈兵马道南以胁之，然后齐王冏率人登马道，上殿台，排太极殿与东西堂间之阁门以入宫。

[28]《宋书》2，〈本纪〉2，武帝中："（义熙十三年，417年）九月，公（刘裕）至长安。长安丰全，帑藏盈积。……

谒汉高帝陵，大会文武于未央殿。"中华书局标点本①P.42

[29]《晋书·载记》6，石虎上："以石苞代镇长安。发雍、洛、秦、并州十六万人城长安未央宫"。（通鉴系之于342年之末）中华书局标点本⑨P.2777

[30]《资治通鉴》103，〈晋纪〉25：孝武帝宁康二年（375年）"冬，十月，……秦王坚下诏曰：'新丧贤辅（三王死），百司或未称朕心，可置听讼观于未央南，朕五日一临，以求民隐。"中华书局标点本⑦P.3270

按：据近年考古发掘，未央宫南墙紧邻长安城南墙，其内无隙地，故此观只能建于未央宫内南部，而不可能在城与宫之间。

4. 姑臧（301～376～439年）

姑臧在今甘肃武威，汉代从匈奴手中夺得河西后，设燉煌、酒泉、张掖，武威四郡，号称"河西四郡。"姑臧旧城是匈奴所筑，汉代设郡后属武威，在西晋时为凉州武威郡郡治。晋惠帝永宁元年（301年），安定郡人张轨为护羌校尉、凉州刺史，治姑臧，姑臧升为州治。在随后发生的西晋八王之乱和五胡乱华初期，他能保境安民、拥戴晋室，成为中原汉族避难者的聚居地，逐渐壮大势力，建立威望，成为雄霸河西的地方政权。张氏政权以姑臧为政治中心，九世五代相继掌权，自称凉公、凉王，延续了76年，在376年为前秦所灭，史称前凉[1]。

匈奴所建的姑臧城是一座南北向狭长的城，南北长七里，东西长三里，号称卧龙城[1]。在第一代张轨和第三代张茂时，都曾增筑城墙和部分宫室台榭，到第四世张骏时，前凉的政治、经济、军事力量达到极盛期，遂于335年开始大规模改建城市和宫室，形成五城攒聚，又在五城的中城形成五宫攒聚的特殊布局[2]，成为我国古代都城和宫殿中的孤例。

376年前凉亡后，氐族人吕光占据姑臧，建立后凉政权，传三世而亡（387～404）[3]。以后河西鲜卑人秃发傉檀、胡人沮渠蒙逊也先后定都姑臧，建立南凉（406～412）[4]、北凉（412～439）政权。439年，北凉为北魏所灭[5]。在前凉亡后诸国陆续定都的63年中，各政权对都城、宫室都有修缮和小规模增建，如吕光曾新建太庙和内苑之堂[3]，沮渠蒙逊曾修缮宫殿、起城门诸观等[5]，使之更为完善雄壮，但姑臧五城攒聚的格局一直延续下来。

综合史籍中有关前凉、后凉、南凉、北凉的记载，对姑臧的城市和宫殿我们可以了解到下面一些特点。

305年张轨以功封侯后，曾经增筑加固过姑臧城。321年，第三世张茂也曾筑城，并在城内筑灵钧台。324年，第四世张骏即位，曾修缮南宫[1]。这些基本上是在战乱环境中为增强防守能力所做的加固和局部增修改建。

335年，张氏政权达到极盛期，张骏开始按地区霸主的规格拓建都城宫室。他在姑臧旧城四面各增筑外城[6]，《水经注》中称之为"四城箱"[7]。其南北二面的小城，称南城、北城；东城、西城又称"东苑"、"西苑"。东城内有果园，又名"演武场"，北城又称"玄武圃"。四城内都有宫殿，东苑，西苑还用来驻军[8]，四城共同拱卫旧城。增筑四城箱后，旧城又称"中城"或"禁城"，实际是宫城[9]。四城和中城之间有街道相通，五城共有二十二座城门[7]。目前只能从史籍描述中大致推知中城东面有洪范门、青角门，北面有广夏门[9]。东城正门为青阳门，南城正门为朱明门[10]，北城正门为凉风门[11]，其余各门已不可考。

中城之内，在张骏以前已建有南宫，则相对的也应有北宫。从中城为南北狭长形、城内有南北宫、北门合汉魏洛阳北面广莫门、大夏门二门名为广夏门等情况看，在张轨、至张茂三世，姑臧的改建很可能有受洛阳影响之处。但到335年张骏拓建时，则出现了很大的改变。它把宫拓为五所。主宫在正中，正门称端门[12]，正殿名谦光殿[6]，宫内还有闲豫堂、琨华堂、宣德堂、紫阁等建筑。另外，又以谦光殿为中心，在它的东、西、南、北四方各建殿，东名宜阳青殿，南名朱阳赤殿，西名刑政白殿，北名玄武黑殿，各依五行之说，为青、赤、白、黑四色。每殿傍都建有行政办事的官署，自成一套，张氏依四季轮转在各宫居处听政[6]。实际上这四殿都各为一完整的宫院，所以《水经注》中就直称它是"四时宫"[7]。从前此已有南北宫的情况看，颇有可能是在此基础上新建东、中、西三宫，而形成的。五宫既建成，中城就基本为宫殿所占，成为宫城了。除宫殿外，中城内还建有宗庙和明堂、辟雍[13]、武库[14]等作为都城必须有的建筑物。史载，第五世张重华时，太后住永训宫、永寿宫[15]，第九世张天阳时，所居名平章殿、安昌门[16]。但它们是旧宫改名还是新建，是在中城还是在四城中已无可考了。

到张氏亡后，东宫、南城、北城、东苑、西苑及上举诸门名还散见于后凉、南凉、北凉诸传中，可知仍保持着五城、五宫的格局。

综观姑臧城的都城宫殿，这种五城、五宫攒聚的布局，在中国古代是一孤例，极值得注意。它的规划意图我们从门及宫殿命名就可以大致推知。在姑臧宫殿中，四时宫的四座主殿分别以青、赤、白、黑命名，这四色正是五行中东、南、西、北四方的代表色，代表木、火、金、水。它的城门，中城东面为洪范门。按"洪范"之说见于《尚书》，意即大法，指演变规律。在《尚书》"洪范九畴"中，第一就是五行，指金、木、水、火、土[17]。由此可知建五宫、五城的思想，源于儒家的五行思想。张骏在所建四时宫中轮转听政是来自"月令"的说法。《吕氏春秋》中有〈十二纪〉，汉人删节收入《礼记》，为〈月令〉一篇。其中说，天子依四季顺序在青阳、明堂、总章、玄堂四座堂中居处听政布政。这四堂分别面向东、南、西、北四方。每方在堂的左右又有左、右个，即夹室，在每季的三个月中，依次在左个、堂、右个中居处，叫做顺时布政[18]。这就是张骏建四时宫的依据。

就城门名而言，东城有青阳门，南城有朱明门，《尔雅》说青阳为春，朱明为夏[19]《淮南子》又以朱明为南方[20]，《礼记·月令》以青阳为东方[21]，所以这增建的四城也是以五行、四季为依据的。

据此可知，张骏改建姑臧是以上述思想为依据的。但他之所以采用这种布置，却又和当时形势有关。

《晋书·张轨传》说他"家世孝廉，以儒学显"，出身于儒学世家。张轨霸河西时，中原战乱，他拥戴晋室，保境安民，是少有的相对安定的汉族政权，所以中原人物纷纷前来避难，其中有很多儒学名家，这样，河西一区遂成为汉、魏、西晋儒学得以延续和发展的重要地区。这一点，陈寅恪先生在《隋唐制度渊源略论稿》〈礼仪〉一章中有详细论述。四时月令和阴阳五行学说在春秋战国时原不属儒家思想，到西汉时，方被董仲舒吸收，形成阴阳五行化的儒学。东汉末名儒蔡邕撰有明堂问答，郑玄注《礼记》，于〈月令〉也有所阐述，顺时布政遂成为儒家标榜的"先王之道"的一部分。这些说法在汉代虽没有实行，但作为儒家学说，在魏、晋仍有很大影响，这是张氏得以施行的基础。

但从当时情势看，张骏此举也有其不得已的苦衷。在张骏改建姑臧的335年，中原沦陷、洛阳残毁、晋人南渡，在建康建立东晋已十七年。在激烈的战争环境中，张氏政权能存在、壮大，主要是因为他以拥晋的汉族政权为号召，得到当地和流亡来的汉族的全力支持。所以他在建都建宫上必须表现出汉族的正统，以维系人心。在这期间，五胡在中原所定都城有刘渊的平阳（308年）、刘曜的长安（319年）石勒的襄国（320年）和邺城（330年），331年，石勒又以洛阳为南都。这就是说，汉魏以来的传统都城，长安、洛阳和邺城都为匈奴及羯人所据。张氏这时如果再模仿长安、洛阳或邺的规制建都，已无法自别于匈奴及羯人，更不足以振奋人心。且张氏以拥晋为团结汉族的手段，模仿帝都也有僭越之嫌，会失去汉族的支持。在这种情况下，他必须舍弃长安、洛阳、邺城的模式，利用儒家的理想或学说，另标新格。五行说自汉以来已纳入儒学范围，而十二月令又被汉、魏名儒蔡邕、王肃推为周公所创，以周公的主张取代汉、魏旧制在理论上就易为尊儒者所接受，也无害于拥晋的口号，这实是张骏把都城、宫殿建成这种奇怪形式的原因。这绝不是腐儒的一时愚见，而是在当时有其不得已之处。

由于没有经过勘察、发掘，对五城的具体关系尚不明了。在汉魏时一些战事多的城市多有大小二城，有的甚至有三城。姑臧建五城，对防守是有作用的。史载 400 年，后凉吕纂出兵击段业，南凉秃发傉檀乘虚袭姑臧，由于吕纬固守北城，南凉军尽管已占南城和东苑，仍不能不退兵，可知五城相攒，互为犄角，在防守上仍是有利的。

注释

[1]《晋书》86，〈列传〉56，张轨传。中华书局标点本⑦P. 2221

[2]《资治通鉴》卷95，〈晋纪〉17，成帝咸康元年（335年）。中华书局标点本⑦P. 3004

[3]《晋书·载记》22，吕光、吕隆、吕纂。中华书局标点本⑩P. 3035

[4]《晋书·载记》26，秃发傉檀。中华书局标点本⑩P. 3147

[5]《晋书·载记》29，沮渠蒙逊。中华书局标点本⑩P. 3189

[6]《晋书》86，〈列传〉56，附张骏传云："又于姑臧城南筑城。起谦光殿，画以五色，饰以金玉，穷尽珍巧。殿之四面各起一殿，东曰宜阳青殿，以春三月居之，章服器物皆依方色；南曰朱阳赤殿，夏三月居之；西曰政刑白殿，秋三月居之；北曰玄武黑殿，冬三月居之。其傍皆有直省内官寺置，一同方色。"中华书局标点本⑦P. 2237

按：此段中华标点本"又于姑臧城南筑城"句做逗号，今改句号。因作句号则五宫都应在南城，而据《水经注》当在中城，今从《水经注》，故改为句号。

[7]《水经注校》卷四十，"都野泽在武威县东北"句，注引王隐《晋书》曰："凉州有龙形，故曰卧龙城。南北七里，东西三里，本匈奴所筑也。乃张氏之世居也。又增筑四城箱，各千步。东城殖果园，命曰讲武场；北城殖果园，命曰玄武圃，皆有宫殿。中城内作四时宫，随节游幸。并旧城为五，街衢相通，二十二门。大缮宫殿观阁，采绮妆饰，拟中夏也。"上海人民出版社排印本。P. 1275

[8]《晋书·载记》22，吕光。载太常郭麈叛吕光，"夜烧（吕）光洪范门，二苑之众皆附之。……麈遂据东苑以叛。"中华书局标点本⑩P. 3062

《资治通鉴》112，〈晋纪〉34，安帝隆安四年（401）条："秦军至姑臧，……（吕）隆婴城固守。巴西公（吕）佗帅东苑之众二万五千降于秦。"中华书局标点本⑧P. 3526

可知东苑、西苑皆驻军，还可容二万五千人之多。

[9]《晋书·载记》22，吕纂："纂于是夜率壮士数百，逾北城，攻广莫门，（吕）弘率东苑之众斫洪范门。左卫齐从守融明观，……曰'国有大故，主上新立，太原公行不由道，夜入禁城，将为乱耶？'广莫门为中城北门，对北城，洪范门为中城东门，对东苑，可知"禁城"指中城。中华书局标点本⑩P. 3065

[10]《资治通鉴》111，〈晋纪〉33，安帝隆安四年（400）："（六月）凉王（吕）纂……进围张掖，西掠建康。秃发傉檀闻之，将万骑袭姑臧，纂弟陇西公（吕）纬凭北城以自固。傉檀置酒朱明门上，鸣钟鼓，飨将士，曜兵于青阳门，掠八千户而去。"胡三省注："朱明门，姑臧城南门也，青阳门，东门也。"中华书局标点本⑧P. 3512

按：据注⑨，姑臧中城东门为洪范门，故此青阳门应为东城东门，相应朱明门亦为南城南门。

[11]《资治通鉴》114，〈晋纪〉36，安帝义熙2年（406）："秦王（姚）兴……以（秃发）傉檀为……凉州刺史，镇姑臧，徵王尚还长安。……尚出自清阳门，傉檀入自凉风门。"中华书局标点本⑧P. 3590

按：清阳门即青阳门，为东苑东门，王尚东归长安，故出东城东门。秃发傉檀入城时为避免冲突，应入自他门。凉风指北风，《尔雅·释天》，"北风谓之凉风"，则是北门。

[12]《晋书·载记》22，吕纂：吕光死，吕绍即位。吕纂攻吕绍，"（吕）绍遣虎贲中郎将吕开率其禁兵距战于端门。"中华书局标点本⑩P. 3065

[13]《资治通鉴》96,〈晋纪〉18,成帝咸康五年(339年):"张骏立辟雍、明堂以行礼。"中华书局标点本⑦P.3036

[14]《晋书·载记》22,吕纂:401年,吕超杀吕纂,吕纬将讨吕超,"(吕)他谓(吕)纬曰:超事已立,据武库,拥精兵,图之为难。……"可知中城内有武库。中华书局标点本⑩P.3068

[15]《晋书》86,〈列传〉56,张轨附张重华传:张重华"以永和二年(346年)自称……假凉王,赦其境内。尊其母严氏为太王太后,居永训宫;所生母马氏为王太后,居永寿宫"。中华书局标点本⑦P.2240

[16] 同书同卷,张轨传附张天锡传:378年,张天锡降于苻秦。"初,天锡所居安昌门及平章殿无故而崩,旬日而国亡。"

[17]《尚书正义》12,〈洪范第六〉……"箕子乃言曰:'……天乃锡禹洪范九畴,彝伦攸叙。初一曰五行,……。五行,一曰水,二曰火,三曰木,四曰金,五曰土。'……"孔安国传云:"洪,大;范,法也,言天地之大法。"《十三经注疏》中华书局缩印本上P.187~188

[18]《礼记正义》14,〈月令第六〉,陆德明音义云:"此是《吕氏春秋》〈十二纪〉之首,后人删合为此记。蔡伯喈、王肃云周公所作。"《十三经注疏》中华书局缩印本

[19]《尔雅注疏》6,〈释天〉第八:"春为青阳,夏为朱明,秋为白藏,冬为玄英。"可知青阳,朱明应分别为东、南二面门之名。《十三经注疏》中华书局缩印本下P.2607

[20]《淮南子》3,〈天文训〉:"南方火也,其帝炎帝,其佐朱明。"中华书局排印《诸子集成》本⑦P.37

[21]《礼记正义》15,〈月令〉:"仲春之月,……天子居青阳太庙。"郑玄注云:"青阳太庙,东堂,当太室。"可知青阳代表春季及东方。《十三经注疏》中华书局缩印本上P.1361

5. 邺城(331~384年)

220年,曹魏代汉,迁都洛阳,以邺为五都之一。265年,晋代曹魏,邺都降为魏郡邺县,但仍是首都洛阳东北的重镇。西晋初,著名文学家陆云为镇邺的晋成都王司马颖的属官,曾游邺宫,从所撰《登台赋》看,这时宫室城市都完好[1]。八王之乱时,成都王颖被杀。307年,汲桑以替司马颖复仇为名,起兵攻陷邺,焚毁宫室,杀死万人,大掠而去[2]。稍后,卢谌撰《登邺台赋》,记破坏情况,赋中有"显阳隤其颠隧,文昌鞠而为墟,铜爵陨于台侧,洪钟寝于两陔"之句,可知宫室已毁[3]。313年,为避晋愍帝司马邺名讳,邺县一度改称临漳县。

312年,羯人石勒占据襄国,建立后赵政权,不久攻占临漳。326年,石勒曾修邺宫,未成而止[4]。331年,石勒再修邺宫,准备迁都[5]。334年,宫室尚未完工时,石勒死。石虎杀石勒之子自立,于335年迁都,恢复邺的旧名[6]。336年,邺都的西宫、东宫和正殿太武殿建成[7]。以后又陆续兴建,到342年,已兴建台观四十余所[8],又把城墙全部用砖包砌,城上密布楼观[9],形成城池楼橹雄丽、宫室华侈的都城。

349年,石虎死,后赵内乱,邺都宫室毁于雷火和战乱,市里街道也遭严重破坏[10]。同年,鲜卑人慕容儁克邺,建立前燕政权,定都于邺,修复三台及宫殿。370年,前燕为前秦所灭。384年,前秦衰落内乱,慕容垂在中山(今邢台)建立后燕,不久占领邺。后燕以邺都广大难守,在凤阳门大道以东筑隔城[11]。这样,邺在屡遭战乱焚掠之余,又被分割,只保留城西三台一隅之地,难于保持旧观。以后高欢迁北魏帝于邺,遂不得不另在城南建新都。自331年石勒修邺宫起,至384年分割残毁止,后赵的邺都存在了53年。

综合史籍中的记载,结合1983~1984年社会科学院考古研究所勘探发掘后所绘之邺都平面图[12],可以大体推知后赵邺都的情况(图2-1-1)。

已探明的邺都遗址始建于汉魏,沿用至高齐,城、城门,道路基本延续曹魏时的旧规。城东西2400米,南北1700米,为横长矩形。城墙厚度自15米至18米不等。各城门的位置可以从已查明的城内大道的遗迹和走向推知。城共有七门。南面三门,正门中阳门居全城之中,中阳门内大道北指宫城,和宫中基址南北相对,应是当年的全城中轴线。西门凤阳门、东门广阳门左右对称,

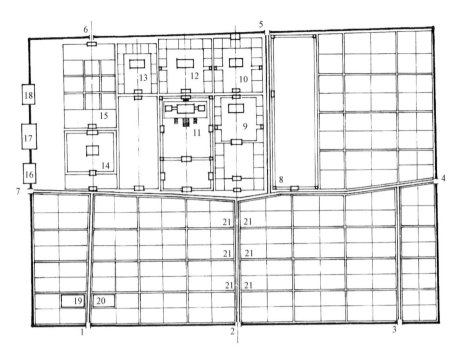

图 2-1-1 十六国后赵石虎邺城平面复原示意图

1. 凤阳门	4. 建春门	7. 金明门	10. 晖华殿	13. 琨华殿	16. 金凤台	19. 太社	
2. 中阳门	5. 广德门	8. 东宫	11. 太武殿	14. 显阳殿	17. 铜爵台	20. 太庙	
3. 广阳门	6. 厩门	9. 朝堂	12. 金华殿	15. 九华宫	18. 冰井台	21. 衙署	

分别距东西城墙约 250 米左右。东门建春门距南城墙约 800 米。西城的金明门和它相对应。北面二门，现已发现广德门，东距东城墙约 980 米。各门都有通向城内的大道，其中中阳门内大道为全城中轴线，最宽，路宽 17 米，其余各大道都宽 13 米。城内的宫殿区在西北部，西北二面倚城墙，东临广德门内大道，南临建春门、金明门间东西大道，其内有很多巨大的建筑基址[12]。目前尚未发掘到宫城墙。各城址都是土筑。但据《水经注》记载，后赵时的邺城，"其城东西七里，南北五里，表饰以砖，百步一楼"，"凤阳门三台洞开，高三十五丈，石氏作层观架其上，置铜凤，头高一丈六尺。东城上石氏立东明观，……北城上有齐斗楼，超出群榭，孤高特立。""当其全盛时，去邺六七十里，远望苕亭，巍若仙居"（参阅 [9]）。根据这些描写，邺都的城墙在后赵时都用砖包砌，除高大的城楼外，每面都建有巨大的观榭，城上楼橹密布，是一座防卫森严而坚固壮丽的都城。根据汉魏以来的传统，帝都的主要城门都开三个门道，中央为御道，门外建巨大的双阙，后赵邺都也应是这样。凤阳门外的双阙近年已发现踪迹。

331 年石勒"令少府任汪、都水使者张渐等监营邺宫，（石）勒亲授规模"（参阅 [5]），所以后赵邺都宫室实是由石勒规划、始建，完成于石虎时期的。因此石赵邺宫有受襄国宫殿规制影响之处，即仍沿袭西晋以来洛阳宫的特点，在皇宫之东另建东宫，以居太子，而称皇宫为西宫[13]。

从遗址实测图上看，在全城的南北中轴线的北部，有两座建筑基址，与中阳门及门内大道南北相直。这二座位于中轴线上的基址按情理推断，只能是宫殿址[14]。而这基址自其中线东距广德门内大道已不足 200 米，其间实容不下东宫，可知后赵的东宫在广德门内大道以东曹魏戚里处，史载后赵太子东宫官属众多，卫士达十余万人[15]，虽不能全居东宫，但可以想见东宫应有很大的规模。在宫城之东增建东宫是后赵对曹魏以来邺都的重要改变之一。

后赵的西宫就建在曹魏宫殿区内。史载它的正殿太武前殿就建在曹魏文昌殿故基上[7]。和遗址实测图对照，在宫城之内，于中轴线以西约 300 米处有一个巨大的横长基址，应即太武殿址。太武殿殿庭的南门名端门[16]，门前正对宫城正门阊阖门[16]，即曹魏宫殿南止车门的位置。阊阖门前临东西向大道，但南面不与城门相对。太武殿效法魏晋太极殿的体制、左右有东西堂。殿和内廷间有隔墙，墙上开有门，称东阁、西阁[17]。墙北与内廷之间按宫殿规制应有横街，即"永巷"。太武殿后为内廷主殿金华殿，石虎即死于此，可知有正寝的性质[18]。

在太武殿东西又各有成组的殿宇，形成次要轴线。西侧的主殿为琨华殿[19]。石虎死后，石闵掌权，杀石虎之子后赵主石遵于琨华殿。石鉴又遣人欲杀石闵于琨华殿，不克。可知琨华殿是西宫中重要殿宇。太武殿东侧诸殿南对邺城正门中阳门，即曹魏时听政殿、司马门及诸宫内办事机构所在，相当于魏晋洛阳宫的朝堂及司马门。后赵宫中也有朝堂，史载349年石虎病重，召其子石遵来邺，被刘后阻拦不得见，"勅朝堂受拜"而去，可以为证[20]。所以在宫城东侧在全城中轴线上应有司马门、朝堂、尚书内省及其他宫内办事机构。北面还有若干殿宇。史籍中载有晖华殿之名，349年夏与太武殿同毁于雷火(参阅[10])。它的名称与金华殿、琨华殿都嵌一华字，已知金华在太武殿北，琨华在太武殿西，故极有可能晖华是太武殿东一组宫殿中的主殿。在中轴线北端现有一基址跨城而建，当是台观之类大建筑，很可能即文献所载的"齐斗楼"[21]。这是后赵对曹魏宫中文昌殿、听政殿二条轴线上宫室的重建和改建情况。

336年东西宫建成后，石虎又在宫城西部曹魏时的铜爵园中，以南城西侧的凤阳门及门内大道为轴线，兴建九华宫，包纳西城墙上的铜爵、金凤（即金虎，避石虎名讳改）、冰井三台于内，形成新的宫殿区[22]。到石虎后期，更发展为邺城主轴线。这是石赵时对邺城的又一重要改动。九华宫的正殿名显阳殿，殿后有九组宫院，分前后三排，每排并列三组，作井字形排列，内居妃嫔，九华宫就因此得名[23]。九华宫最北有逍遥楼，可以南向俯览全宫，北面瞻眺城郊[24]，和西宫东侧的台观性质相似，都是居于宫殿轴线北端，兼有游观和防御作用的台榭建筑。铜爵三台在后赵时也加以修复，台身都用砖包砌，三台间用飞桥连通，每台顶各设正殿及附属楼观，中间的铜爵台上楼观高达五层，比曹魏时更加壮丽坚固[25]。史籍中提到邺都有中台、南台等，可能三台又可以其位置简称为南台、中台、北台。

自凤阳门向北，经九华宫门、显阳殿，北抵逍遥楼，形成邺都西部的又一条轴线。在建成九华宫后，又拓建凤阳门，门楼高达五六层，超过中阳门及广阳门[26]。作为都城，必须建有宗庙和社稷。魏晋以来宗庙社稷都位于宫前大道的两侧，按"左祖右社"布置。后赵的宗庙位置史无明文，但太社的位置却可考知是在凤阳门的西北方[27]。据此可以推知宗庙应对应地在凤阳门的东北方。庙社列于九华宫前的凤阳门内大道两侧，说明在石赵后期是以凤阳门及九华宫为邺都的主门、主宫了。城市主轴线西移，是后赵邺都的巨大变化。

后赵邺都的官署、市里的情况，史籍中极少记载。从它的宫中办事机构仍在中阳门、司马门间轴线上看，也极可能和曹魏时近似，布置在司马门前东西大道和中阳门内大道两侧。史载石虎之子石韬在太尉府建堂，梁长九丈，后又增至十丈[28]，可知重要官署也都是庞大豪侈的大建筑群组。邺都市的情况不详。《晋书·载记》说石虎之子石遵于349年即位，"斩张豺于平乐市"。可知邺都诸市中有平乐市。魏晋洛阳有平乐市，在西城，若平乐市之名有比附洛阳的意思，则该市可能在邺都西部，从刑人于平乐市看，应是邺都最主要的市。石赵邺都里坊的情况史无明文，估计是沿袭曹魏旧规。在遗址实测图上分析，若从太武殿一组轴线南门应对一街道考虑，则全城东西可容八坊，南北也可容八坊，每坊比汉长安的里坊大，而小于北魏洛阳。

史载石赵西宫明渠水出宫后还流入诸公主第[29]，可知在宫城之东，除东宫外，还有公主府第。看来在后赵时，曹魏邺都宫东戚里一区仍保持着贵族居住区的性质。

后赵邺都街道网保持曹魏之旧。发掘后得知，中轴线上中阳门内大道只宽17米，其余都宽13

米，比汉晋长安洛阳都窄得多。邺都自曹魏以来就有完整的街渠系统，除路旁排污渠外，还有自城西引漳水入城的明渠，即曹魏的长明渠，沿金明门至建春门间东西大街两侧东行，支渠纡回于宫城戚里和街南里坊之间，然后东流出城。《邺中记》说在西宫正殿太武殿前有沟水，又说在西宫寝殿金华殿和九华宫主殿显阳殿后都有引明渠水注入的浴室，渠水出宫后又流入诸公主第[29]。347年，后赵又建三个水门，以通漳水，门上用铁扉。可知曹魏以来引漳水入城的工程和街渠在后赵不仅保持下来，而且还有所发展。

石赵邺都的一个很大特点，就是防卫设施特别严密。除前文所引《水经注》中说的城墙甃砖、城门高大、楼橹密布外，在城上和宫中还大建台观角楼。其中铜爵三台、中台、逍遥楼、东明观、齐斗楼前已述及。此外，诸书所载还有御龙观、凌霄观、如意观、宣武观、鹳雀台、灵风台、披云楼等，据《资治通鉴》所载，有四十几所之多[31]。晚年又起"三观、四门"[30]。这些建筑表面是为了壮观和游眺，实际都是防守瞭望的堡垒。后赵除在曹魏旧宫营西宫外，又在靠近三台处原曹魏铜爵园中建九华宫，移邺都主轴线于城西，实际也是出于便于据守的考虑。九华宫东有西宫屏蔽，西北倚城墙和铜爵三台，宫中南有凌霄观，北有逍遥楼，中有灵风台，可谓堡垒林立，防卫措施严密。后赵亡于内乱，这些设施未能发挥作用。但三十余年后，后燕慕容垂攻前秦苻丕于邺，拔其外郭，因苻丕固守中城，未能攻克[32]。稍后，慕容垂得邺，因城广难守，在凤阳门大道之东筑隔城[11]，据守三台及九华宫，可见这些密集的防守设施对外敌还是起作用的。

通过上面的探索，可以知道，后赵基本保持了曹魏邺都的原有布局，重点建设表现在宫室和城防建设上。十六国是社会大混乱时期，各国统治者凭借武力，互相征伐，大肆掠夺，无节制的奴役人民，建造华美而庞大的宫室，后赵邺都是其中最突出的例子，以宫室穷奢极侈彰于史册。正是因为战乱和杀掠频繁，各国的宫室都城又都严密设防，在这方面后赵邺都也是最突出的例子，甚至出于设防的考虑，改变了城市的重心。

魏晋以前城都是土筑，邺城外包以砖，实是创举。《水经注》除记邺城甃砖外，还记有义熙十二年彭城小城西一城用砖垒砌之例[33]，但比邺城已晚七十年以上。大城用砖包砌，后赵邺城当是较早的例子。

由于史籍所载重在宫室城池，而略于官署市里，对后赵邺城目前只能有这样一个粗浅的轮廓。希望随着考古勘探发掘工作的进展，能进一步充实我们对它的认识。

综观十六国时期各国都城，可以看到有以下一些特点：

一、各少数族建立的都城多比附汉晋名都。如刘渊的平阳以洛阳城门的名字名其门，又仿东汉洛阳之制在城内建南北两宫；前赵、前秦、后秦的长安，后赵的襄国、邺，前燕的龙城都仿西晋洛阳之制建东西两宫；各都城的主殿基本都效法魏晋的太极殿与东、西堂并列的形式；都中普遍按"左祖右社"的礼制规定建宗庙、社稷，有的还要建太学、小学、明堂、辟雍等，完全按汉魏晋都城的体制建设。相反，倒是汉族建立的政权的都城往往有创新而不拘泥于古制，如前凉张骏拓建的姑臧。这是因为各少数族在汉地建国不得不在一定程度上认同于汉文化以表明自己是西晋政权的合法代替者并争取汉族人民的支持、冲淡民族隔阂的缘故。

二、十六国时期连续发生战争和动乱，故各国都城都顾不得帝都体制而实行严密设防。都城大多在大城内建小城，作为中层防线，如长安小城、襄国永丰小城、广固小城、邺都中城等，前凉姑臧在宫城之外四面各建一城，围宫城于中更是设防的极端的例子。此外，在大小城上密布马面、楼橹，观榭、阁道连线不断，使各城实际成为大小不同的堡城，更是加固城防的重要措施。

三、各少数族建立的国家，除统治汉民外，还拥有大量的本族和其他少数族人民，他们大都为部落的组织形式。各都城除建有汉式的宫殿官署以汉族原有政权形式统治汉民外，还要建单于台，以国君或太子为大单于，用少数族的传统形式统治部落民。单于台大多建在近郊，如刘渊单于台在平阳西，刘曜单于台在长安西北，石勒的襄国、石虎的邺都也都建有单于台。按汉族传统形式建都城，又在近郊另设单于台，成为十六国时期少数民族都城的另一特点。但单于台的具体情况目前还无法考知。

注释

[1]陆云：〈登台赋〉。载《全晋文》卷100，陆云。中华书局影印《全上古三国六朝文》②P.2032

[2]《资治通鉴》86，〈晋纪〉8：怀帝永嘉元年（307年）夏五月条，中华书局标点本⑥P.2728

[3]卢谌：〈登邺台赋〉。载〈全晋文〉卷34，卢谌。中华书局影印《全上古三国六朝文》②P.1656

按：卢谌尚晋武帝女，洛阳陷后归刘粲，粲败归刘琨，后为石虎所得，后从冉闵，350年被杀。此赋所载是汲桑破坏后石勒重修前的情况。显阳是门名，在听政殿前，文昌是主殿，铜爵是三台之主。以此三建筑概括说明文昌殿一组、听政殿一组及三台均遭破坏。

[4]《资治通鉴》93，〈晋纪〉15：成帝咸和元年（326年），"后赵王勒用程遐之谋，营邺宫。使世子弘镇邺"。中华书局标点本⑦P.2942

[5]《晋书·载记》5，石勒下："时大雨霖，中山西北大水，流漂巨木百余万根，集于堂阳。……于是令少府任汪、都水使者张渐等监营邺宫，勒亲授规模。"中华书局标点本⑨P.2748

按：《资治通鉴》系此事于咸和六年（331年）九月。

[6]《资治通鉴》95，〈晋纪〉17：成帝咸康元年（335年）"九月，赵王（石）虎迁都于邺，大赦"。中华书局标点本⑦P.3002

[7]同书同卷：成帝咸康二年（336年）"赵王虎作太武殿于襄国，作东西宫于邺，十二月，皆成。"中华书局标点本⑦P.3007

《晋书》106，〈载记〉6，石虎上："（石虎）于襄国起太武殿，于邺造东西宫，至是皆就。"中华标点本⑨P.2765

《太平御览》120，〈偏霸部〉4，后赵石虎："崔鸿《十六国春秋·后赵录》曰：'……二年，徙洛阳钟虡、九龙等于邺。是岁，大武殿、东西宫皆就。'"中华书局缩印本①P.580

按：据《通鉴》、《晋书》，太武殿在襄国。崔鸿《十六春秋》与东西宫并举，未言所在。但详检《晋书》〈载记〉，太武殿实在邺都。如337年，太子石邃有罪，"既而赦之，引见太武东堂。"（⑨P.2766）343年，"建元初，季龙飨群臣于太武前殿。"（⑨P.2774）349年，石虎死，石遵"贯甲曜兵，入自凤阳门，升于太武前殿……"（⑨P.2788）349年，五月甲午，"太武、晖华殿灾，诸门观阁荡然。"（⑨P.2789）以上诸条，都可证明太武殿在邺而不在襄国。又，太武殿仿魏晋太极殿，两侧建有东西堂，东堂已见前引，则必相应有西堂。《水经注》卷10〈浊漳水〉云："石氏于文昌故殿处造东西太武二殿"，中有夺误，据上诸条，应作"石氏于文昌故殿处造太武殿、东西二堂，"夺一"堂"字。

[8]《晋书·载记》6，石季龙上："季龙志在穷兵，……兼盛兴宫室，于邺起台观四十余所，营长安、洛阳两宫，作者四十余万人……"中华书局标点本⑨P.2772

按：《资治通鉴》系此事于342年。

[9]《水经注》10，〈浊漳水〉："城有七门，……其城东西七里，南北五里，饰表以砖，百步一楼。凡诸宫殿门台隅雉，皆加观榭。层甍反宇，飞檐拂云，图以丹青，色以轻素。当其全盛之时，去邺六七十里，远望苕亭，巍若仙居"。上海人民出版社本《水经注校》，P.351

[10]《资治通鉴》98，〈晋纪〉20：穆帝永和五年（349年）五月，"甲午，邺中暴风拔树，震电，雨雹大如盂升。太武、晖华殿灾，及诸门观阁，荡然无余。"中华书局标点本⑦P.3091

同书同卷：孙伏都攻冉闵，不克，屯于凤阳门。冉闵等"率众数千毁金明门而入，……攻斩伏都等，自凤阳至琨华，横尸相枕，流血成渠。"⑦P.3098

[11]《晋书·载记》23，慕容岳："(慕容岳)进师入邺，以邺城广难固，筑凤阳门大道之东为隔城。"中华书局标点本⑩P.3087

[12] 邺城考古工作队：〈河北临漳邺北城遗址勘探发掘简报〉《考古》1990年7期

[13]《资治通鉴》95，〈晋纪〉17：成帝咸康二年（336年）"赵王虎作太武殿于襄国，作东、西宫于邺。"胡三省注曰："东宫以居太子邃，西宫虎自居之。"中华书局标点本⑦P.3007

[14] 此处为全城中轴线北段，在曹魏时为听政殿司马门一线，后赵时，这里也只能建宫殿，不可能是东宫或其他建筑。

[15]《晋书·载记》7，石季龙下：石虎杀其太子石宣，"诛其四率以下三百人，宦者五十人。……东宫卫士十余万人皆谪戍凉州。"中华书局标点本⑨P.2785

[16] 陆翙《邺中记》云："石虎正会，殿庭中、端门外及阊阖门前设庭燎各二，合六处，皆丈六尺。"《丛书集成》本，P.5

[17]《晋书·载记》7，石季龙下：349年，"是日季龙小瘳，……季龙临于西，龙腾将军、中郎二百余人列拜于前。……"中华标点本⑨P.2787

同书同卷：石遵"于是贯甲曜兵，入自凤阳门，升于太武前殿，擗踊尽哀，退自东阁，斩张豺于平乐市，夷其三族。"中华书局标点本：⑨P.2788

[18]《太平御览》120，偏霸部4，后赵，石虎："崔鸿《十六国春秋·后赵录》曰：……太宁元年正月，虎僭即皇帝位于南郊，大赦改元。……四月，死于金华殿。"中华书局缩印本①P.580

[19] 陆翙《邺中记》云："石虎太武殿西有琨华殿，阁上辄开大窗，皆施以绛纱幌"。《丛书集成》本P.1

[20]《晋书·载记》7，石季龙下，中华书局标点本⑨P.2787

[21]《历代宅京记》卷12，邺下，〈城内〉条引《水经注》云"石虎于北城上起齐斗楼，超出群榭，孤高特上。"中华书局排印本P.179

[22]（明）崔铣：《[嘉靖]彰德府志》卷八，〈宫内〉，"九华宫"下注云："《邺都故事》曰：宫在铜雀台东北，石虎以建武元年（335年）秋建，以三三为位，谓之九华。"

同书同卷，〈城门〉，"西曰凤阳门"句，注云："在永（中）阳门西，北直九华宫。……石虎建九华宫，乃特崇饰此门。"

[23] 同上书，同卷，〈宫内〉，"显阳殿"下注云："在九华宫中，为正殿。《晋书·载记》曰：虎于邺起东西宫，又起灵风台九殿于显阳殿后。……盖显阳殿后有九殿，居宫嫔于其中，故总名其宫为九华宫也。"

[24] 同上书，同卷，〈宫内〉，"逍遥楼"下注云："《邺中记》：九华宫北有逍遥楼，南临宫宇，北望漳水，极目游嬉，逍遥之奇观也。"

按：此条今本陆翙《邺中记》无之。

又按顾炎武《历代宅京记》卷十二，邺下，即全录《彰德府志》卷八之文。

[25] 陆翙《邺中记》云："铜爵、金凤、冰井三台皆在邺都北城西北隅，因城为基址。……至后赵石虎，三台更加崇饰，甚于魏初。于铜爵上起五层楼阁，去地三百七十尺，周围殿屋一百二十房。……三台相面，各有正殿，上安御床。……又作铜爵楼颠，高一丈五尺，舒翼若飞。……三台皆砖甃，相去各六十步，上作阁道如浮桥，连以金屈戌，……施则三台相通，废则中央悬绝也。"《丛书集成》本P.2~3

[26] 同书："邺宫南面三门。西凤阳门，高二十五丈，上六层，反宇向阳，下开二门。又安大铜凤于其颠，举头一丈六尺。……朱柱白壁，未到邺城七八里遥望此门。"又云"凤阳门五层楼，去地三十丈，安金凤凰二头。……"《丛书集成》本P.1

《水经注》卷10，〈浊漳水〉："凤阳门三台洞开，高三十五丈，石氏作层观架其上，置铜凤，头高一丈六尺。"《水经注校》上海人民出版社本P.351

按：诸书所载高度、门洞数均不同，但它是高大的门楼则是无疑的。

[27]《晋书·载记》6，石季龙上："时白虹出自太社，经凤阳门，东南连天，十余刻乃灭。……于是闭凤阳门，唯元日乃开。"中华书局标点本⑨P.2775

按：据此则白虹是起自西北，越凤阳门连东南天际，呈西北向东南走向，可证太社位于凤阳门的西北。

[28]《晋书·载记》7，石季龙下：中华书局标点本⑨P.2783

[29] 陆翙《邺中记》："石虎金华殿后有（石）虎皇后浴室，三门，徘徊反宇，栌栱隐起，彤采刻镂，雕文粲丽，四月

八日九龙衔水浴太子之像。又太武殿前沟水注。浴时，沟中先安铜笼疏，其次用葛，其次用纱，相去六七步断水。又安玉盘受十斛，又铜龟饮秽水。出后，却入诸公主第。沟亦出建春门东。又显阳殿后皇后浴池上作石室，引外沟水注之室中。临池上有石床。"《丛书集成》本 P.2

[30]《晋书·载记》7，石季龙下："时沙门吴进言于季曰：胡运将衰，晋当复兴，宜若役晋人以压其气。季龙于是使尚书张群发近郡男女十六万，车十万乘，运土筑华林苑及长墙于邺北。……起三观、四门，三门通漳水"。中华书局标点本⑨P.2782

[31]《资治通鉴》97，〈晋纪〉19：成帝咸康八年（342年）"赵王虎作台观四十余所于邺。……"中华书局标点本⑦P.3051

[32] 同书，卷105，〈晋纪〉27：孝武帝太元九年（384年），正月"壬子，燕王（慕容）岳攻邺，拔其外郭，长乐公（苻）丕退守中城。"中华书局标点本⑦P.3325

[33]《水经注》卷23，获水。《水经注校》，上海人民出版社，P.761

6. 统万（413～427年）

赫连勃勃是匈奴右贤王之后，和刘渊同族，都是匈奴贵族。他在十六国动乱时期，凭借贵族家世和部落实力，割据今陕北及宁夏，内蒙古的一部分，在407年自称天王、大单于，建立夏国。建国之初，他的力量尚弱，部落又以游牧为主，所以不建都城，也不专守城市，迁徙无常。到413年，选择今陕西靖边县北水草丰美之地，建立都城宫殿。史载他征发夷夏十万人从役，以叱干阿利为将作大匠，历时六年，到419年宫殿才最后建成。赫连勃勃自称要"统一天下，君临万邦"，所以定都名为"统万"[1]。在《晋书·载记·赫连勃勃传》和《水经注》中对统万有较多的记载，说叱干阿利极残酷，用蒸土筑城，检验时用锥刺城身，深入一寸即杀死筑城人，在这种酷法下，城筑得极为高大坚固[1]。据《赫连勃勃传》和所附胡方回撰〈统万城铭〉的记载，城四面各一门，南名朝宋门，东名招魏门，西名服凉门，北为平朔门[1]。城内建有宫殿和宗庙社稷。宫殿正门延用魏晋以来阊阖门为名的传统，门外也建双阙。宫内外朝布政之所有"明堂"、"露寝"诸名，内宫寝殿名永安殿，还建有"崇台密室、通房连阁"等居室和"华林灵沼"、"驰道园苑"等苑囿。此外，因宫室地段狭小，又在宫之前后建"离宫"、"别殿"[2]。据〈铭〉文描写，统万城的城池宫殿是"崇台霄峙，秀阙云亭，千榭连隅，万阁接屏"，"温室嵯峨，层城参差"，"义高灵台，美隆未央"。《水经注》说这里汉代原有奢延县，赫连勃勃"改筑大城，名曰统万城，蒸土加工，雉堞虽久，崇墉若新"[3]。又说"镂铜为大鼓及飞廉、翁仲、铜驼、龙、虎，皆以黄金饰之，列于宫殿之前"[3]。425年赫连勃勃死，子赫连昌立。427年，北魏太武帝攻克统万，他所见的统万是城"高十仞，基厚三十步，上广十步。宫墙高五仞，其坚可以厉（励）刀斧。台榭壮大，皆雕镂图画，被以绮绣，穷极文采"，以致魏太武帝感慨地对左右说，这么一个小国，如此使用民力，能不亡国吗！[4]魏灭夏后，以统万附近为牧马基地，改名为夏州，隋、唐、北宋以来一直为州治。994年，（北宋太宗淳化五年）宋廷因统万已成为对西夏前线，且受沙漠侵蚀，毁城撤退，统万遂沦为沙漠中的废墟[5]。

统万城的遗址已经找到，在今陕西靖边县北无定河（即《水经注》中的奢延水）的北原上。现状为相并的两座纵长方形城，现称之为西城和东城[6]。二城的北墙连成直线，方向为西偏北24°。二城城身都有外突的马面。从西城地势高于东城和二城共用的隔墙上马面突向东城来看，西城是主，东城附属于西城（图2-1-2）。

西城周长2470米，东墙长692米，有马面10座；西墙长721米，有马面9座，南墙长500米，有马面8座，北墙长570米，有马面10座，全城面积只有0.35平方公里，相当于唐长安城中一个小坊之地，面积颇为狭小。城墙残基宽约16米，残高2～10米，城身的马面宽而且密，宽近19米，突出城外约16米，在南北二面城上的间距只比马面本身宽度稍大一些。城四角都建有角

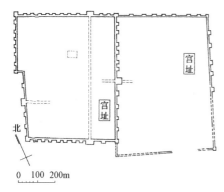

图 2-1-2　陕西靖边十六国夏统万城遗址平面图

墩，高出城身很多，现状以西南角最高，约为31.6米，墩顶有础石，上应建有巨大的角楼。城四面各开一门，东门在东墙正中，南北门都偏在东侧，且遥遥相对，可以形成通街，西墙中部内折，分为二段，门在南段正中，这应即是前文所说的四门。门址因未经发掘，构造不明[6]。史载城内有宫殿，庙社等，尚有待进一步查明。

东城附在西城之外，周长2566米。其东墙长737米，残存马面5座，中间有一门；西墙即西城东墙，南端增出约82米，总长774米；南墙长551米，大半为沙丘掩埋，马面及城门情况不明；北墙长504米，有马面7座，无门。全城总面积为0.4平方公里。此外，还有外郭城，包在东、西城外，掩盖在沙丘下，只存断续遗迹[6]。

关于统万城有东西城及外郭事，史无明文。北魏灭夏后至北宋止，都用此城为州治，历代沿用的情况为我们了解此城原貌增加了困难。但从遗址看，西城面积小而城垒高，近于堡垒。《资治通鉴》载：427年北魏攻占统万后，俘获夏国王公、后妃、宫人以万数，马三十万匹，牛羊数千万头[4]，显然是座聚积了大量人口财富的雄都，仅西城一地是绝难容纳的。近年诸调查记也说东西城筑城土质相同[7]，故统万有二城是颇有可能的。二城的面积之和约为0.75平方公里。

如果统万原有二城，则二城的关系是左右并列还是前后相重，对于研究其规划颇为重要。这二城并非正南北向，东城在东南，西城在西北，其北城墙连成直线，为西偏北24°[8]。如二城为左右并列，共同面向西南，则二城之间联系并不密切，而城内道路系统也无轴线或对应关系；如果视为二城前后相重都面向东南，则形成外城在前、内城在后的布置，西城东墙上的门及门内大道就形成内城的中轴线，直对宫城，而西城南北墙上二门间的大道就形成垂直中轴线的横贯全城大道，在布置上井然有序。赫连勃勃以"统一全国、君临万邦"为目标，使其都城宫殿正对东南方的中原地区也是有可能的。

城内的宫殿从《铭》文中多次提到"崇台"、"连阁"等词看，应是当时北方盛行的台榭建筑。崔鸿《十六国春秋·夏录》说赫连勃勃死于永安殿，又说赫连昌即位于永安台，二者当是同一建筑。这也可证诸主殿是台榭建筑[9]。

由于对统万城遗址目前只进行了踏察和初步勘测，我们只能做一些初步的推测，其真实面貌，尚有待于考古发掘工作来揭示。

就目前的了解，统万城作为筑城工程而言，颇有值得注意之处。史称统万城为蒸土筑成，近年经勘察，其城身用石灰，砂、黏土筑成，即习称的石灰三合土。以水泼生石灰要发生烟和水蒸气，这大约就是误认为是蒸土的原因[6]。我国古代开始时是用蜃灰粉刷，到汉代始见大面积在墙壁、地面上用泥灰抹面，个别砖墓室也有局部用纯石灰浆砌筑之例，这种较大量使用石灰，其来源当已是矿灰。但像统万城这样大量以石灰三合土筑城，还是创见，它的技术渊源、材料制作都值得探讨。在筑城方面，马面和角墩的做法也有创新之处。马面是自城身向外突出的墩台，作用是自墩台侧面用弓矢封锁二马面间的城墙，防止敌军缘附突袭登城。至迟在汉代，一些边防小城堡已在四角45°向外斜出马面，城门外建曲门[10]，它的出现当是强弩、连弩在城防中作用日益重要的反映。统万城的马面是最高大密集的例子。（宋）《武经总要》记载，马面上多建有掩体、即所谓楼橹。从统万城马面特大的情况，结合《统万城铭》中关于"千榭连隅，万阁接屏"的描写，可能城墙和马面上密布楼橹，和角楼相连。

现城角墩台上都有横排的水平木椽，深埋台身内。一种粗大而较稀，外端有立柱痕，是角楼四周回廊的立脚处，另一种细而较密，是加固墩台本身的。（宋）《营造法式》卷三"城"条说：筑城身、瓮城、马面时，"每高五尺，横用纴木一条，长一丈至一丈二尺，径五寸至七寸。"可知这就是纴木。用纴木加强角墩，墩上建高大的角楼、角楼外侧加一至数层回廊，形成层楼，用为掩蔽瞭望和临高下射的堡垒，这在当时无疑是强固而有效的防御设施。史载魏太武帝攻统万时，避免攻坚，采取了诱敌出战，击溃后随败军入城的办法攻克此城，这也间接说明这些防守设施是易守难攻的。

统万就其规模尺度而言，比当时中原地区一般州城都小，更比不上五胡中其他都城，如平阳、襄国、邺城、长安等。《水经注》说，统万是赫连氏在汉代旧奢延县城的基础上"改建大城"而成的，但就面积看，二城之和，也只相当于唐代长安城中一个大坊而已。这种情况恐和赫连氏政权性质和游牧习俗有关。

史载赫连勃勃政权的崛起主要靠其父旧属的部落和兼并来的朔方杂夷，都以游牧民为主，赫连氏以军法部勒他们，组成为骑兵为主的部队，抄掠游食。所以他在初期不肯建都。以后势力渐强，部落人畜日众，抄掠所得财富日多，才考虑建立都城。《太平御览》引《十六国春秋》说，赫连勃勃在北面契吴山上南望时说："美哉斯阜，临广泽而带清流，吾行地多矣，未有若斯之美者。"这说明他是因为这里是好的游牧基地才选中为建都之地的。北魏灭夏以后，以这里为牧马基地，也间接说明了这一点。赫连氏政权既属游牧性质，也不需很大的中央机构。他在牧区中心建一个不大的都城，实际上尚未脱匈奴游牧时在牧区中心建龙庭的概念，只是把龙庭按汉族的形式修成台榭城堡等永久性建筑，除用做宫室官署外，更重要的是用来储藏掠夺来的珍宝。这样小的城只能容纳极少族贵族贵官住在其中，大量属民仍需住在城外的帐幕中，环绕着都城。这座都城实可视为在大量属民部落帐幕环拥中的一个固定的单于庭。《魏书》说，始光二年（425年）北魏太武帝轻骑袭统万，至其城下，未能攻克，分军四出略居民，杀获数万，徙万余家而还。又载始光四年（427年），北魏太武帝攻克统万，获夏王公卿、将校及诸母、后妃、姊妹、宫人以万数，马三十余万匹，牛羊数千万头，府库珍宝、车骑器物，不可胜计[11]。从这记载中可以看到城中居皇族贵官，收藏珍宝，城外住居民的情况，而马三十万匹、牛羊数千万头还说明城外居住的是牧民。夏国掠得大量财富，不便像以前游牧时那样迁来迁去，只得修一个像统万这样的小而坚固的堡垒居住，而列属民帐幕于四周。从这情况看，统万城二城相重，面向东面的布置，也可能还受游牧民族"以穹庐为舍，东开向日"[12]旧俗的影响，和城外帐幕采取同一方向。

注释

[1]《晋书》卷130，〈载记〉30，赫连勃勃。中华书局标点本⑩P.3201～3214

[2] 胡方回（义周）〈统万城铭〉载《晋书》130，载记30，赫连勃勃。中华书局标点本⑩P.3210～3213

[3]《水经注》卷三,〈河水〉。上海古籍出版社排印王国维校本 P.94

[4]《资治通鉴》卷 120,宋纪 2,文帝元嘉四年六月条。中华书局标点本⑧P.3794~3795

[5]《续资治通鉴长编》卷 35. 淳化五年,夏四月乙酉诏。中华书局排印本④P.777

[6] 陕西省文管会:〈统万城城址勘测记〉,《考古》1981 年 3 期. P.225~232

[7] 陕北文物调查征集组:〈统万城遗址调查〉,文物参考资料 1957 年 10 期. P.52~55

[8] 自⑥引论文中图上量出。

[9]《太平御览》127.〈偏霸部〉11,夏。中华书局缩印本①P.616

[10] 侯仁之. 俞伟超〈乌兰布和沙漠的考古发现和地理环境的变迁〉所载汉鸡鹿塞故址平面图,《考古》1973 年 2 期,P.92~107

[11]《资治通鉴》卷 120,〈宋纪〉2,文帝元嘉四年。中华书局标点本⑧P.3794

[12]《后汉书》卷 90,〈乌桓鲜卑列传〉第八十。中华书局标点本⑩P.2979

二、东晋南朝的都城建康

建康城址在今江苏省南京市,它的前身是三国时吴的都城建业。西晋于武帝太康元年(280 年)灭吴,三年(282 年)分淮水(秦淮河)北为建业,淮水南为秣陵。晋怀帝永嘉元年(307 年)晋廷以琅琊王司马睿为都督扬州江南诸军事,驻建业,居于在吴太初宫故址上缮修的府舍中。建兴元年(313 年)避晋愍帝司马邺的名讳,改建业为建康。

建兴四年(316 年)晋愍帝被刘曜俘获,次年司马睿称晋王,改元建武,在建康建晋宗庙、社稷。建武二年(318 年)晋愍帝死讯至,司马睿即帝位,在中国南半部以建康为都城建立东晋王朝。百余年后,从 420 年刘裕代东晋建立宋朝起,经历宋、齐、梁、陈四朝,共 169 年,于 589 年为隋所灭。自 317 年东晋立国起,到 589 年隋灭陈统一全国止,建康作为中国南半部的东晋、宋、齐、梁、陈五朝的都城,历时 272 年,以繁华秀丽、人文兴盛著称于史册。隋灭陈后,下令荡平建康,这座自吴以来的六朝名都遂遭到彻底的破坏。

建康在作为五朝都城的 272 年中,大体上经历了三个发展阶段,第一阶段是形成期,大致与东晋一朝相始终,历时 103 年,基本形成都城规模。第二阶段是发展完善期,自 420 年刘宋建国起,到 549 年侯景毁建康,557 年梁亡止,历时 137 年。此期在东晋已有的基础上增添改建,成为比北魏洛阳更为壮丽繁华的都城。第三阶段为衰落期,自 557 年陈建国,到 589 年隋灭陈止,历时 32 年,此期建康再也没有能恢复盛时的面貌,城市也没有新的重要发展,直至被毁。

第一阶段。317 年刚在建康立国时,东晋政权力量微弱,靠若干大族支持始得建立。面对中原沦丧和刘汉、石赵的侵扰,正集中全力谐和内部,加强江南地方势力与中原南渡人士的团结,安定人心,稳定政权,当时实在没有力量建设都城,只能因陋就简,利用吴时旧有的城市和宫殿。东晋初宫殿在吴太初宫故址,偏在城西,周长 500 丈,合 3.3 里[1],宫中正殿虽沿用魏晋洛阳宫太极殿之名,实际仍是将军府舍的正厅,规模是很小的。初立国时曾议在宫前建阙以符合宫殿体制,名相王导可能是不愿因此举失去东晋元帝的人望,以玩笑的方式说南面的牛头山是"天阙",打消此议[2]。这时建康还没有土筑的城墙,用竹篱代墙,称"篱墙"[3]。据《建康实录》引《舆地志》的记载,城周长二十里十九步,远比长安、洛阳为小。晋初只建了南面正门宣阳门,其余五个门是晋成帝咸和五年(330 年)重修宫殿、城门时建造的。[4]

建康城外还有两道外围防线,外层仍是竹篱,史载有五十六座篱门[5],近于外郭,但无郭墙。其内层是临时性的栅,东临青溪,南临秦淮河[6],西临长江,北临北湖(玄武湖),有警时在其内岸树栅,栅外有江、湖、河阻隔,利于防守,称为"栅塘"。由于树栅后建康四面环水,形如岛屿，故北朝人引《尚书》中"岛夷卉服"之语，讥南朝政权为"岛夷"[7]。

317年东晋定都时，首先把建康南面正门依洛阳相应门名改称宣阳门，在门外向南大道的东西侧建宗庙和社稷[8]。又使这条路向南延伸，穿朱雀门，越过秦淮河上的朱雀航，南抵距宣阳门十三里处的南郊。328年，东晋发生内乱，叛将苏峻的军队焚毁宫殿官署。330年，在名相王导主持下，在吴时苑城建新宫，并修建城门，开辟御道[9]。按魏晋传统，宗庙、社稷应建在宫前方的东西侧。317年在宣阳门外建社稷宗庙时，皇宫还偏在西面，说明这时已对建康有一个建都规划，将来准备把宫城东移到正对宣阳门的位置。苏峻之乱破坏了旧宫，正好按照原规划位置建造新宫。

新宫在旧宫之东，略向北移，宫城周长8里，开有五门。南向有二门，主门居中，名大司马门，门内正对主殿太极殿。门南对建康城正门宣阳门。大司马门之东为南掖门，门内为以朝堂为主的宫内施政办公区，门南对建康南城的开阳门。宫城东西面各有一门，称东掖门、西掖门。北面偏东有平昌门，和南面的南掖门遥遥相对[10]。

新修的建康城门共六座。南面三门，正南为宣阳门，其西为陵阳门，其东为开阳门。东面二门，偏南的名清明门，偏北的名建春门。西面一门，名西明门，东对东城上的建春门，其间连成贯穿全城的东西大道、从宫城前横过[9]。

宫城、城门建成后，又在333年改建太仓于宫城内，在覆舟山南建北郊。[11]336年改作朱雀门，修复朱雀航浮桥。[12]337年建太学。339年用砖包砌宫城城墙，并建宫门门楼。[13]经331年至339年这九年的建设，建康形成宫城在中轴线北部，后接后苑，府库在宫东西侧，衙署建在全城主轴线——御街的两侧，和魏晋洛阳的布局颇为相似。在都城六门中，宣阳、开阳、清明、建春、西明五门都沿用魏晋洛阳门名，也明显的表示出是按照魏晋洛阳的模式来改建建康的。至此，建康作为五朝都城的格局已定，以后历宋、齐、梁、陈四朝，虽有不同程度的增益完善，但都城内大的分区和宫城、干道等大的格局基本延续下来。（图2-1-3）

《世说新语》记载桓温修姑孰城，"街衢平直"，有人说，当年王导初营建康时，"无所因承"，把街道布置得"纡曲"，不如姑孰[14]。据此可知建康诸街大多不是笔直的，不能一览而尽，从种种迹象看，主干道御街也是如此。但如何"纡曲"，只能有待探查发掘来查明，目前所绘城市复原图中绘成直街只表示相互关系，实际上是有纡回转折的。

东晋建康的居住区沿吴时之旧，多在宣阳门外秦淮河北的三角地和河南的越城和大小长干里一带。这里是秦淮河两岸，秦淮河西通长江，东通破冈埭，长江上游及三吴财货都由此输入建康，是最繁华区。此外，城东的青溪以东和城北的潮沟（吴时开的城濠）以北是东晋初贵族显宦的聚居区[15]。在城内，虽大部为宫殿、府库、官署、营房所占，仍有少量显贵居住区。晋成帝杜皇后之母住在南掖门外，称"杜姥宅"[16]，可知在宫前仍有一部分贵族居住。

此时除建康城外，在其四周还有若干大小不等的城堡或据点，最著名的是西南面临江的石头城。它有大小城和仓城，西临长江，是最重要的屯兵据点[17]。在南面的越城，西面的旧扬州府治西州、东南方新设的丹扬郡城也都和建康形成犄角之势，战时可互相呼应救援。其中越城、丹扬郡同时也是重要的居民点。

这次建设的四十年后，东晋政权内部趋于稳定，经济有所发展，在建康又进行了第二次大规模建设。378年，在原地翻建宫室，把朱雀门门楼改为重楼，[18]，385年，营太学于太庙之南[19]，391年，改建太庙[20]，392年在宫城东南旧左卫营之地新建东宫[21]，395年，会稽王司马道子在城外东南方建府，即后世"东府"之前身[22]。396年修华林园，建清暑殿，在宫城东北方建太后居住的永安宫[23]。在近二十年中，大的工程不断。这次建设主要是对原有城市和宫室的完善。朱雀

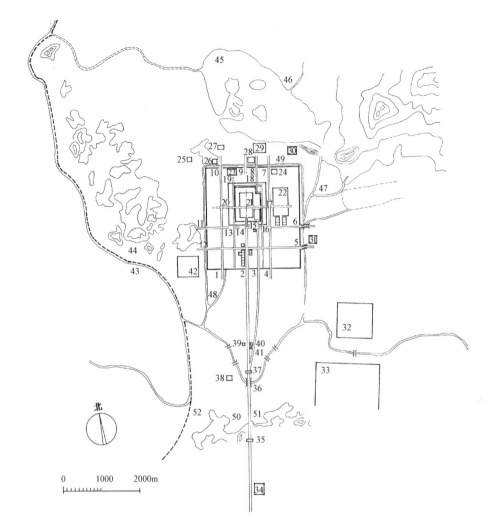

图 2-1-3　东晋、南朝建康城平面复原示意图

1. 陵阳门	9. 玄武门	17. 东掖门(晋)	23. 同泰寺	35. 国门	46. 上林苑
2. 宣阳门	10. 大夏门	万春门(宋)	24. 苑市	36. 朱爵(雀)	47. 青溪
3. 开阳门	11. 西明门	东华门(梁)	25. 纱市	航,大航	48. 运渎
(宋津阳门)	12. 阊阖门	18. 平昌门(晋)	26. 北市	37. 朱雀门	49. 潮沟
4. 新开阳门	(448年增)	广莫门(宋)	27. 归善寺	38. 盐市	50. 越城
(448年增)	13. 西掖门(宋、齐)	承明门(宋)	28. 宣武场	39. 太社	51. 长干里
5. 清明门	14. 大司马门	19. 大通门(梁增)	29. 乐游苑	40. 太庙	52. 新亭
6. 建春(建阳门)	15. 南掖门(晋)	20. 西掖门(晋)	30. 北郊	41. 国学	
7. 新广莫门	阊阖门(宋)	千秋门(宋)	31. 草市	42. 西州	
(448年增)	端门(陈)	西华门(梁)	32. 东府	43. 长江故道	
8. 平昌门(广莫门,	天门	21. 台城,宫城	33. 丹阳郡	44. 石头城	
448年改承明门)	16. 东掖门(宋、齐)	22. 东宫	34. 南郊	45. 玄武湖	

门是宣阳门以南临秦淮河的城门,前临朱雀浮航,为秦淮以北地区的主要入口,近于外郭正门的性质。把它改建为二重门,三个门道,就符合了都城城门的规格。翻建新宫在五个月内建了三千五百余间房屋[18]。恐主要是拆旧改新,使之符合魏晋以来宫殿体制。这次新建的主殿太极殿长二十七丈,宽十丈,高八丈[24]。太庙正殿十六间,脊高八丈四尺,都是新建的巨大建筑物[20],和洛阳宫殿的体制规模相近。随着宫城、城门的改建,城市和宫廷也有计划地进行绿化。宫城四周沿着城壕内侧种橘树,宫墙内侧种石榴,殿庭和各省等办公机构种槐树。在宫城大司马门以南到朱雀门的御街两侧都种垂杨和槐树[25]。

5世纪以后,东晋进入衰亡期,权臣刘裕掌握实权,414年,他把原会稽王司马道子宅建为小城，内建官署，成为他的权力中心，因在建康城东，称"东府"[22]。东府和建康西面归扬州治[22]所的小城"西州"和石头城遂成为建康的左右羽翼，有警时屯兵，拱卫建康。

第二阶段。420年刘裕建立宋朝，取代东晋。他出身下层，是个节俭皇帝，所住寝殿床头有矮土墙，起居办公的东堂、西堂的床不用局脚（曲线）而用直脚[26]，所以终其世建康城市、宫室没有大的建设。424年，宋文帝即位。他在位三十年，南朝政治较稳定，经济有较大发展。在这基础上，又对建康进行了一系列大的建设。434年，把东晋时的北郊外迁，在其地建皇家苑囿乐游苑[27]。438年，新建东宫[28]，立儒学于北郊。446年，堰玄武湖于乐游苑北[29]。448年，"新作阊阖、广莫等门，改先广莫门曰承明，开阳曰津阳"[30]。新作宣武场。在这些工程中，堰玄武湖及新作诸门对建康规划影响最大。玄武湖原称北湖，这时拓展了水面并改名，这不仅仅是供游赏，更重要的是改善了建康北面的防守条件。玄武湖东连钟山，成为东、北二方的天然屏蔽。其间交接处为北篱门，是重要防守据点。448年新增的三个城门，其中阊阖门在西城南部，和东面的清明门相对[31]，其间道路打通，形成建康第二条东西横贯全城的大道；北面把广莫门（晋初名平昌门）改称承明门后[32]，在其东面又新开一门，仍名广莫门；南面把原东部的开阳门改名为津阳门，又在其东新开一门，仍名开阳门。新的开阳门至新的广莫门之间有大道连通，又形成一条新的纵贯全城的南北大道[33]。通过新开三个城门，实际上是在建康增辟了东西、南北大道各一。使建康的御道布置和魏晋洛阳更为相似。宣武场位于城北新广莫门外[34]，其名称、地点都和洛阳相近。这些情况表明，刘宋改建建康仍是以魏晋洛阳为蓝本的。453年，宋孝武帝继文帝而立，开始大修宫殿苑囿。459年在玄武湖北筑上林苑[35]，461年在国学之南建明堂[36]，修驰道[37]。这期间又大修宫室。《宋书》说他即位后"制度奢广，……追陋前规，更造正光、玉烛、紫极诸殿，雕栾绮节，珠窗网户，……竭四海不足供其欲"[38]。南朝宫室转向奢华实从这时开始。驰道古代指御道、秦汉以来都是这样。《景定建康志》引《宫苑记》说是供调马之用[39]，恐不确，仍应是御道。《宋书》说驰道分南北二段，南自阊阖门至朱雀门，北自承明门至玄武湖。阊阖门即宫城南掖门，恐误，应为大司马门，才能与朱雀门相对。陈江总有咏双阙诗，云"象阙连驰道"。可知驰道在阙前，自此有大道南抵朱雀门，实即宫前御道。北驰道则是自宫城至玄武湖的大道。宋刘义庆有《登景阳楼诗》，咏建康中轴线上景象，说："象阙对驰道，飞廉瞩方塘。邸寺送晖曜，槐柳自成行。通川溢轻舻，长街盈方箱"，宛然是一轴壮丽的城市鸟瞰图画。

479年，萧道成代宋，建立齐朝。齐在建康最大的建筑活动是在480年把建康城由竹篱改为土筑的城墙[3]。500年，宫内起火，烧屋三千余间，以后重建得比前豪华[40]。齐后期主要在后宫大量建殿，著名的有仙华、神仙、玉寿诸殿，以侈靡彰于史册[41]，在城市建设方面未再有大的活动。

502年，萧衍代齐，建立梁朝。此时北方的北魏也趋于衰落，在较长时间内，南北没有大的战争，南朝在经济和文化上都有很大的发展。萧衍以儒生皇帝自诩，建国后即开始制礼作乐，订立制度，大兴儒学，力争在政治、文化上压倒北魏，巩固其为中国王朝的正统继承者的地位。改建建康，使之在适应新的经济发展的同时，更符合帝都体制，超过北魏洛阳，就具有这样的目的。至此，建康的发展进入极盛时期。

梁天监七年（508年）在宫城正门大司马门外建阙。阙是汉代以来宫城前必备的近于仪式性建筑。北方北魏的平城和洛阳于宫前、城门前都建有阙，但建康自东晋以来一直无阙，至此，遂不得不建阙，以完善帝都体制。但南方不宜建土阙，建康城市、宫殿都小于洛阳，也无地建巨大的土阙，遂采取以质取胜的途径，建了二座石阙，上加精美的雕刻，以精工压倒洛阳的巨大土阙，后来居上[42]。阙建成后，流誉海内外，成为建康的标志。这时宫前的御街也更为壮丽，路两侧有御沟，夹沟植槐树和柳树[43]，路两旁是整齐弘壮的官署。508年，又把御街南延，在朱雀桥南越城之东新建国门[44]，使建康的范围向南拓展，把秦淮河以南的越城、大小长干里等重要居住和商业区包纳在内。

天监十年（511年）起，又一次改建宫殿，先把宫城各门楼由二层改为三层[45]。513年，又把正殿太极殿由十二间增为十三间[24]，并把太庙台基增高九尺[46]。这些举动看似无谓，实际上却是有针对性的和北魏洛阳争胜。在《南齐书·魏虏传》中提到北魏前期的都城平城时，讽讥说"宫门稍覆以屋，犹不知为重楼"，因为这时建康宫门和朱雀门都已经是二层的城门楼了。但北魏南迁到洛阳以后，据《洛阳伽蓝记》的记载，"城门楼皆二重，去地百尺"。可知北魏在重建洛阳时，已经效法南朝建康，也把宫门、城门都建为二层城楼了。为此，梁武帝才把建康各宫门又增建成三层城楼，以超过北魏洛阳。建康宫的主殿太极殿原为十二间，这时又加以解释，说十二间是象征十二月，但还需加上闰月。以此为理由，于513年把太极殿增建成十三间。这也是出于想超过北魏洛阳的目的。在都城、宫室的规制上互相争胜，以求超过对方，是当时梁和北魏争正统的措施之一。

《景定建康志》引《宫苑记》说，建康共有十二座城门，并说都建于刘宋时[47]。但据《宋书》记载，在元嘉二十五年（448年）只增建了三座门[48]，当从《宋书》的说法。何时增到十二座门，尚待考订。在历史上，西汉的长安，东汉、魏、晋的洛阳都辟有十二座城门，《周礼·考工记》也说王城方九里，旁三门，开十二门遂成为都城传统。结合前述梁朝与北魏争胜的种种措施，这其余二门极可能也是此时增辟的。这二门都在北城墙上，东为玄武门，在广莫门之西，宫城之北；西为大夏门，在玄武门之西，南与南城西侧的陵阳门（后改广阳门）相对，其间有南北大道相通[49]。这样，建康城南北两面各有四门，东西两面各有二门，共有十二门，在门数上符合汉、晋帝都传统了。

在十二门建成后，建康城内的干道南北向六条，东西向三条。南北向大道，自西起第一条是自北城大夏门至南城陵阳（广阳）门间穿城大道；第二条是自宫城西掖门向南的大道，又称右御街；第三条是自宫城大司马门经宣阳门向朱雀门的大道，称为"御街"或"都街"，又称"南驰道"。是建康南北主轴线；第四条是自宫城南掖门至南城开阳门（津阳门）后转向朱雀门的大道；第五条是自宫城东掖门向南的大道，称"兰台（御史名）大道；"第六条是自北城新广莫门（延熹门）至南城新开阳门（清明门）门的穿城大道，夹在宫城和东宫之间[33]。东西向大道，自北起第一条是自东城建春门（建阳门）至西城西明门间穿城大道，横过宫城之前，是建康的东西主干道，道北为宫殿仓库区，道南为宫署及居民区；第二条为自东城清明门（东阳门）至西城阊阖门间穿城大道。此外，从东宫西门对宫城东门和宫城三重墙上东西门相对的情况看，很可能自东宫东门向东和自宫城西门向西仍有东西向大道，只是没有城门，和右御街、兰台大路的情况近似。在十二座城门中，明确记载宣阳、开阳、清明、建春、广莫、玄武、西明七座门下开三个门道[50]，有御路通过，表明南北向的御街、南掖门外南北街和东西向的两条大道是设有御道、路面分三道的主干道，即纵横两方向各有二条。此外，北城墙上的广莫门、玄武门一通乐游苑，一通玄武湖，故也开三门道，是皇帝游赏的专用道路。史载东晋初王导规划建康时，因地域小，怕直街一览而尽，故意使其纡曲[14]。梁时建康向南和东方大大拓展，又有诸小城拱卫，不需再顾忌这问题，故又按帝都体制建为十二门，调直街道，在城内形成方格干道网。

建康的东宫东晋时在宫城西南，刘宋元嘉十五年（438年）移到东宫的东面，齐末毁去，在梁天监五年（506年）重建[51]。东宫开南、东、西三门，南门外大道两侧建东宫官的廨署，仿照宫城前的情况[52]。东宫西门正对宫城东门，中间隔着新广莫门至新开阳门间的南北大道。宫内除殿宇外，还有仓库和驻军[53]。

建康官署沿吴时旧规，主要布置在御街两侧，有鸿胪寺、宗正寺、太仆寺、太府寺等，其间还有吴时旧官署"中堂"沿用下来[54]。在宫前东面大道南侧也有官署，领军府等最关键的军事机构就设在南掖门外[55]，和宫内的尚书省、朝堂遥遥相望。宫北夹城中设有左右营。在城外也有官署。史载去司徒府要经过太庙[56]，可知司徒府必在宣阳门之南的城外。

建康自吴以来主要居住区在秦淮两岸，并越来越向南拓展，东晋初王、谢等巨族都住在这里的乌衣巷[57]。城东的青溪以东和城北的潮沟东北自晋初以来开始是王侯显贵的居住区，河水回曲，景色秀美。直到陈末，贵臣江总等还住在青溪[58]。建康城内，在建春门至西明门大道以南也有居宅，一些贵邸甚至建在宫前，如前述东晋成帝杜皇后之母住在南掖门对面，号称"杜姥宅"。在城以南秦淮河以北部分虽主要建坛庙太学等，也有部分居宅。刘宋时王僧绰宅在太社之西，西南临秦淮河。此地历史上曾是吴名将丁奉、东晋周顗、苏峻的旧宅[59]，也是传统的显贵住宅区，但建康的主要住宅区和商业区在城外。

东晋在此建都以后，国家政权和天下贡赋都集中于此，建康在成为政治中心的同时，迅速发展为经济中心。晋南渡之初，大量北方人士避难逃到建康，以后随着政权的巩固和发展，人口日增。史载，在梁朝盛期，建康有二十八万户[60]。以五口之家计，已有140万人口，若加上公私奴隶、奴婢、十余万僧尼和大量驻军，人口恐近200万。这数字不仅超过前此的汉晋旧都，也超过以后的唐长安、洛阳，可称是人口空前众多的大城市。建康城周长只有二十里，主要为宫城、官署、府库所占，余地还要容纳少量显贵住宅，所以绝大部分居民只能在城外居住。在吴和东晋初，秦淮河以南的大小长干里是传统高级住宅区。以后随着秦淮河两岸商业的发展，日趋繁华、喧闹。而且自东晋以来，历次战乱大都是敌人自长江入秦淮河，再北攻建康城，秦淮河南岸多次沦为战场，化为废墟[61]，故显贵住宅逐渐转移到城东的青溪东岸和城东北的潮沟一带。宋明帝刘彧、南齐武帝萧赜、梁武帝萧衍在为帝之前都住在青溪[62]，说明这里显贵聚集的情况。

建康四周，自吴时起陆续出现若干小城，有县城、官府治所、屯兵据点等。其中除石头城外，还有西州、冶城、越城、丹杨郡城、南琅琊郡城、白下城等。建康城四周不设外郭，有战事时，栅秦淮河两岸，撤掉秦淮河上浮桥，坚守大城，同时屯兵诸外围之城为支援呼应之势。这些小城有的本身即是居民点，有的在外围逐渐发展出居民点。梁建国后，建康有较长时间无战乱，临江一些旧垒，如秦淮河入江处的查浦、新亭、新林诸垒，由于有临江水运之便，周围也陆续发展出居民和商业区。史载，在梁的全盛期，建康城四周和外围诸小城逐渐连成一片，发展成西起石头城，东至倪塘（城东南二十里），北过蒋山（紫金山），南至石子岗（雨花台），东西、南北各四十里的巨大区域[60]。

在建康的城外部分，大小长干里一带是丘陵地，青溪、潮沟一带是河曲地，周围诸小城地形也各个不同，且是随经济发展人口聚集而逐渐发展起来的，不可能像长安、洛阳等前代都城那样预先划分里坊、街道，其地形也不可能都建成严整方正的街坊。《资治通鉴》载齐东昏侯好出游，又不欲人见，"每出，先驱斥所过人家，唯置空宅。……巷陌悬陌为高鄣，置仗人防守，谓之'屏除'"。从这记载看，所经居宅多是临街而不是封闭在里坊内的。由于这些情况，加之在史籍中并未明言建康的居住区实行里坊制，也很少记载里名，而较多的提到"巷陌"一词，故近年有的学者对建康是否为传统的里坊制城市提出怀疑[63]。

从地形和史籍中的片断描述看，青溪一带的园林式居住区和商业极发达的大小长干一带，极有可能是顺地形的开放式布置，但建康的城内部分，从东晋以来的发展趋势看，是以洛阳为模式，逐渐向方格网形街道布置发展，以符合传统的帝都体制，故在城内部分采取里坊制也非绝无可能。《建康实录》载，梁昭明太子萧统每逢雨雪常令属官"周行闾巷，贫乏之家，皆有赈救"[64]。文中提到"闾巷"，"闾"即里坊之门。所以建康的居住区都采取什么形式，仍是一个尚需进一步探索的问题。

作为全国经济中心，建康的公私运输主要靠长江和秦淮河的水运，还有吴时已开凿的自秦淮河入城的运渎。从西南上游来的贡赋和财货沿长江东下，在石头城南的秦淮河口入河，在秦淮河两岸集散。贡赋则再沿运渎入城，自宫城西面入宫，输于太仓。江北的财赋在广陵（扬州）集中，渡江至京口，（镇江），经破岗埭从东南方进入秦淮河。东南面三吴财赋也在破岗埭集中，经方山进入秦淮河[65]。晋以来在石头城和方山设石头津、方山津，从东、西两方检查出入舟船并课税[66]。建康的绝大部分供应都经秦淮河输入，河两岸码头、邸阁（货栈）、市肆林立，船舶无数。史载在其盛时"贡使商旅，方舟万计"[67]，虽不无夸张，却可说明其数量之多。《资治通鉴》载梁武帝末年建康士民"粮无半年之储，常资四方委输"[68]。在当时条件下，百万人以上的大城市，能做到这样，可知运输供应系统是极为发达的。秦淮河横在建康城南，是经济大动脉，河上有二十四座浮桥，平时兼通行人船舶，有警时就断航（浮桥）并沿河两岸树栅防守，称为"栅塘"[69]。浮桥中最重要的有丹杨航、竹格航、朱雀航、骠骑航，号称"四航"。朱雀桥北通御街，骠骑航在东府前，是交通及防卫要地[70]。

建康在吴时就在秦淮河南岸朱雀航西南的长干里建大市[71]，东晋以后又陆续发展出很多大市和小市。《隋书·食货志》说建康"（秦）淮水北有大市百余，小市十余。大市备置官司"[72]。"大市百余"之说恐有误，《景定建康志》引《宫苑记》说，除大市外，宋武帝永初中在大夏门外立北市，三桥篱门外斗场村立东市，广莫门内立苑市。这些大市有官监守收税。大约和中原各都城的东市、西市等封闭性的市场相近。同书又云："又有小市、牛马市、谷市、蚬市、纱市等一十所，皆边（秦）淮列肆稗贩焉"[73]。可知小市是行业市场，多在秦淮河边和运渎两岸列肆零售，可能已是开放而非封闭的市了。除秦淮河两岸外，朱雀门西有盐市，城西北有纱市[73]。众多的分散布置的行业性小市是北方都城所没有的，反映出南朝商业远比北朝繁荣。

建康市还有一个特点，即有些市在寺前，如大市在建初寺前，北市在大夏门外归善寺前，纱市在城西北耆阇寺前。又有庄严寺小市，湘宫寺前草市等，也和寺邻近[73]。史载佛寺多拥厚资，兼营质库和高利贷。是因为佛寺兼营商业，以致市多近寺？还是仅出于标记地点的方便？是值得进一步探讨的问题。

建康的仓库分布颇广，而以石头城和宫城内为主。《隋书·食货志》记载建康"有龙首仓，即石头津仓也。台城内仓，南塘仓，常平仓，东西太仓，东宫仓。所贮不过五十余万（斛或石）"[74]。可知建康的仓颇多。但"所贮不过五十余万"之说恐不确，也可能是记述陈亡以前的窘状。《晋书·庾翼传》在论及豪强不法之事时说，"如往年偷石头仓米一百万斛，皆是豪将辈，而直打杀仓督监以塞责"[75]。因知在东晋时，仅石头仓一处的储粮量已超过《隋书》所载数字一倍以上。《南齐书·戴僧静传》说石头城有仓城[76]，可知是很大的粮仓。

《资治通鉴》载，刘宋苍梧王元徽二年（474年）桂阳王休范反，建康驻军"仓猝不暇授甲，开南北二武库，随将士意所取"[77]。可知和汉魏以来的都城一样，建康也设有储藏武器军械的国家武库。《资治通鉴》又载，453年，宋文帝的太子刘劭杀文帝自立后，诸军攻之，兵败，"穿西垣，入武库井中"。可知宫城内西部有武库，疑即是北武库，南武库地点未详。

建有大量佛寺，是建康一大特点。史载早在吴赤乌四年（241 年），在建业已建有建初寺[73]。东晋定都建康后，陆续兴建佛寺。这时，除大臣贵族出资建寺或舍宅为寺外，皇帝、皇后在宫中立精舍、佛堂的同时，也多在建康立寺。据《建康实录》的记载，晋康帝时，褚皇后立延兴寺，穆帝时建何皇后寺，简文帝即位后（371 年）建波提寺，哀帝时（364 年）移陶官于秦淮河北，舍其地建著名的瓦官寺[78]，这些都是帝后施功德所建的寺。这时的寺多数在城郊，对城市影响尚小。参考北魏平城、洛阳都限制在都城内建寺数量的情况看，可能在东晋也有一定限制。南朝以后，崇佛之风日盛，建寺日多。弘壮的佛寺固然可以为城市增加景观，但大量建寺，又成为城市的负担，其中舍宅为寺之举对城市最具破坏性。因为舍宅者多是贵族、重臣、富家，所舍之宅多是在城市最好地段的"甲第"，遂使佛寺居宅混杂，城市的分区无法控制。舍宅者随后再掠夺侵占城市居民住宅，另营新居、又造成新的紊乱。为此，宋文帝元嘉十二年（453 年）丹阳尹萧摩之上疏说："佛化被于中国已历四世，形象塔寺，所在千数。……而自顷以来，……各务造新，以相夸尚，甲第显宅，于兹殆尽，材竹铜綵，糜损无极"[79]。要求新建寺造像者应申请批准。虽然文帝同意，但并无实效。到 471 年，宋明帝本人就舍自己旧宅建湘宫寺，史称此寺在青溪居住区，备极壮丽，被大臣虞愿斥为用"百姓卖儿贴妇钱所为"，"罪高浮图"[80]。梁武帝是南朝最崇佛的皇帝，不顾民力，大力崇佛，结果百姓愁怨，众心解体，终致亡国。他在建康于 502 年建长干寺，519 年建大爱敬寺，527 年建同泰寺，又把自己的旧宅建为光宅寺，都是极壮丽的大寺。在他倡导下，梁境佛寺大增。郭祖深在上梁武帝疏中说："都下佛寺五百余所，穷极壮丽，僧尼十余万，资产丰沃。所在郡县，不可胜言"[81]。建康的五百余寺虽比北魏洛阳的一千余寺少了一半，但建康城面积也小于洛阳，十余万僧众坐食，占据城内和近郊最佳地段，既非民力所堪，也成为建康城市发展的巨大负担，是梁代政治紊乱的重要因素之一。梁武帝在建康所建诸寺中，对城市影响较大的是长干寺和同泰寺。长干寺在秦淮河以南的长干里，史载梁时"除市侧数百家以广寺域"[82]，可知它是位于大市之侧的最繁华地段。同泰寺建在宫城北墙与北城墙之间，与宫间隔着一条东西向大路，在宫城北墙上开一门名大（太）通门，北对同泰寺正门，以供梁武帝日夕往来。寺倚山而建，有大殿六所，浮图九层，宛如城市山林[83]。它实际是供梁武帝专用的佛寺，往往舍身居留寺中数日不还宫。为了加强防卫，又在寺侧建左右营，设置池堑，在宫城与建康北城之间形成一个设防的夹城。梁时建康的大量佛寺，和宫殿衙署一样，基本毁于梁末侯景之乱。

梁武帝的中后期是建康发展的极盛期，宫殿官署弘壮，道路宽广通畅，绿化整齐，和北魏洛阳南北辉映，在经济文化上又处于领先地位。梁武帝晚年政治腐败，内部矛盾重重，众心解体。残酷而无节制的剥削和滥兴佛寺又严重地破坏了经济，建康终于在 548 年被东魏叛将侯景攻陷，城市宫室遭到极严重的破坏，以致平定侯景之乱后，梁不得不改以江陵为都城。

第三阶段。557 年，陈霸先建立陈朝，又定都建康，到 589 年隋灭陈止，陈享国三十二年。这期间建康进入衰落期，陈主要是修复和新建宫室，没有进行大的城市建设。但随着陈境内经济的恢复和发展，建康青溪、潮沟一带的豪华住宅区又开始恢复和发展。为此，陈宣帝不得不在太建十一年（579 年）发表了一篇禁宅舍奢华诏书，说"至今贵里豪家，金铺玉舄；贫居陋巷，龊食牛衣。称物平施，何其辽远！……勒内外文武车马宅舍皆循俭约、勿尚奢华。……所由具为条格，标榜宣示。……"[84]，似乎还颁布了具体的禁约，可见宅第豪侈的严重性。但《建康实录》载陈末尚书孙玚、尚书令江总宅舍豪华。孙玚宅在青溪东大路北，西临青溪。宅中穿池筑山，极林泉之致。江总宅在青溪西，也很豪侈[85]。可知并不能认真禁止。梁武帝不顾民力建寺崇佛的教训，陈也未能接受。陈武帝即位之初即设无遮大斋和舍身，陈文帝在建康造大皇寺，佛寺也有所恢复。

589年，隋军灭陈，隋文帝下诏"建康城邑宫室并平荡耕垦，更于石头置蒋州"[86]，彻底破坏了建康。以后唐及南唐时的江宁、升州则是新建的城，比建康略向南移，不是故城故地了。

综观建康在东晋、南朝建都二百七十二年中的发展进程和盛期形成的面貌，建康可以说是中国传统都城体制和空前的经济发展需要相结合的产物。

建康和前此都城的很大不同处是人口空前集中，经济空前繁荣，虽偏处江南，却超过两汉全盛时期的长安、洛阳，较之以后的隋唐两京，也并不逊色，六朝建康的繁华一直是史书上艳称的事。这期间决定建康发展的，主要有二个因素，即政治的和经济的，建康较好地解决了这两方面的矛盾，发展成五朝名都。

从政治上讲，东晋、南朝虽偏安江左，却是中原王朝的继续，在政治文化上有优势；不利处除军事上处劣势外，中原传统名都也都为北方以各少数民族为主体建立的各政权所据。为求自存和发展，东晋南朝政权必须极力维护其为中国正统王朝的继承者的身份，在政治上抗衡北方，并争取北方汉族人士的向往和支持。这样，在都城建设上，它必须保持和发扬历代帝都的传统。这在当时历史条件下，主要是东汉、魏、晋洛阳的传统。从前文叙述可知，从东晋开始，在建康陆续采取的很多措施，如建新宫于御街之北形成都城轴线，在御街两侧建衙署和宗庙、社稷，修筑建康城土墙，增辟建康城门为十二座，增辟街道，在都城内形成方格形的干道网，在有御道通过的城门开三个门洞，宫城南面大司马门和南掖门并列、大司马门外建阙，宫内主殿太极殿与东、西堂并列等一系列建设，都是在效法魏、晋洛阳，力求在都城宫室制度上表明自己是正统。改建太庙、郊坛、修太学、明堂，建士林馆等措施则是和制礼作乐活动配合，发挥在传统文化上的优势，以反衬北方都城杂有夷狄之制。在南朝后期，当北魏参考建康模式重建洛阳以后，又主动改变了建康一些已有的都城宫室形制，利用文化上的优势另标新说，如改太极殿为十三间，延长御街至国门，宫城门楼增建为三层等，以区别于北魏洛阳。由于建康城面积小于洛阳，其都城宫室无法在体量上和洛阳争胜，遂更多地在精美上努力，如建镂雕精美的石阙，调直城内街道，加强宫城、御街和青溪，潮沟等显贵居住区的绿化等。这一系列措施都明显具有强调建康是正统帝都，超过北方都城，与北方政权争夺正统地位的目的。

但建康又是一个人口最多、经济在当时最为发达的都城。如果完全按照传统形式建成封闭性的由城郭环绕的封闭的城市，必然不利于经济的发展。建康解决这矛盾的办法很简单，又很有效；就是尽可能把表现帝都传统体制的种种措施集中在城内和城南因秦淮河南曲而形成的突出部位之内，对秦淮河以南和城外其他部分，则视实际需要，顺应地理条件，采取较开放的形式，随经济发展而发展，充分利用横过城南的秦淮河和自秦淮河北上的运渎在交通运输和开展商业上的有利条件。建康四周诸小城除石头城、东府、西州是重要军政据点外，陆续发展起来的冶城、越城、丹阳郡、南琅琊、以至新林、白下、查浦和沿河东南向的方山，都是兼有政治、经济、军事意义的城镇或集镇，它们有的是先随经济发展而发展起来的居民聚落，然后设立官府，屯驻军队，颇有些近似于近年在大城市周围的卫星城。以这些小城为中心，其间又随手工业、商业、运输的发展像墨渍那样扩展，逐渐相接，最后连成一片。建康东西、南北各广四十里的广大地域就是这样形成的，它主要是顺应经济发展而来，不是严格按预先制定的规划建造的。

中国古代都城四周被小城环拥近似近年卫星城的，在建康以前还有西汉长安。长安除在行政上分城市及附近为京兆、右扶风、左冯翊外，又通过建陵邑的办法，在长安外围陆续建若干靠近帝陵的小城。这些陵邑也是里坊制城市[87]。建成后，除徙关东郡国吏民富家以削弱地方兼并势力外[88]，还规定大臣陪陵，即令一代之臣迁居于其君的陵邑[89]，这样多少可以减轻"一朝天子一朝臣"的利益交替矛盾和利益摩擦。富豪和大臣迁入，使陵邑得以繁荣起来[90]，起着拱卫都城互相补充的作用。但以政治力量强制建立的总不如像建康这样顺应经济发展形成的能够持久不衰。

建康的大市、小市、行业市大部分设在城外，也是随经济发展而形成的，并和居住区连在一起。从建康很多市在秦淮河、运渎岸边"列肆稗贩"或设在寺庙前的情况看，应是开放的而不是传统的封闭式的。

概括起来说，在核心地区建设符合传统都城体制的较严整方正的都城，在其外围则顺应地形和水网交通的便利，对居民区和商业区做较自由的、开放的布置，以满足经济发展和人口增加的需求，是东晋南朝建康的主要特点。

建康不仅就人口众多、经济发达而言在中国历史上是空前的，就其范围东西、南北各四十里而言，也是空前的。当时的北魏洛阳，已远超过两汉长安、洛阳，但其外郭也只东西二十里，南北十五里；以后的唐长安，只东西十八里，南北十五里，都小于建康。史载唐长安最南面四排坊称为"围外"，终唐之世也未能建满房屋，北魏洛阳的外郭恐也是这样，这是因为它是先由行政划定的，但由于经济发展不到那个程度，所以不能完全实现。建康虽然没有划定外郭，可能也没有事先做好的方案，但由于经济发展的实际需要而形成了空前广大的城市范围。这种情况在中国古代都城中是非常特殊的。

建康毁于一千四百年前，遗址压在今南京市区之下，无法进行勘探发掘，故目前我们对宫城、街道、城墙的准确位置都所知甚少，只能主要通过文献记载进行探讨。通过史料综合，使我们看到建康是当时范围空前广大、人口空前众多、经济空前繁荣的一代名都。它的城市生活，特别是经济生活，远比当时中国北方开放和繁荣。隋平陈后，毁掉建康，中国都城重又回到封闭的城郭、封闭的里坊、封闭的市场那种传统的封建控制状态。直到晚唐的扬州、五代北宋的汴梁，南宋的临安，才又随着新的经济发展和商业繁荣重新出现和建康类似的城市。从这种意义上讲，建康可以说是在中国城市发展中具有某种先行性质的例证，值得进行深入的探索。

注释

[1]《建康实录》卷2："（赤乌十一年，248年）太初宫成，周回五百丈。中华书局标点本⑤P.55
同书，卷5："怀帝永嘉元年（307年）……秋七月，以琅玡王睿为安东将军，……镇建邺。……因吴旧都城修而居之，太初宫为府舍。中华书局标点本⑤P.122

[2]《建康实录》卷7："（中宗）欲立石阙于宫门，未定。后（王）导随驾出宣阳门，乃遥指牛头峰为天阙，中宗从之。"中华书局标点本⑤P.191

[3]《资治通鉴》卷135，〈齐纪〉1，高帝建元二年（480年）："自晋以来，建康宫之外城唯设竹篱，而有六门。会有发白虎樽者，言'白门三重关，竹篱穿不完'。上感其言，命改立都墙。"中华书局标点本⑨P.4238

[4]《建康实录》卷7，晋成帝咸和五年。中华书局标点本⑤P.179

[5]《太平御览》卷197，〈居处部〉25，藩篱："《南朝宫苑记》曰：建康篱门，旧南北两岸篱门五十六所，盖京邑之郊门也。"中华书局缩印四部丛刊本①P.950

[6]《建康实录》卷7，晋成帝咸和三年："二月庚戌，（苏）峻军至钟山，……峻因风放火，进烧青溪栅，下破官军。"按：苏峻军自东面攻建康，故临时栅青溪。秦淮河树栅称"栅塘"。中华书局标点本⑤P.170

[7]《尚书正义》卷6，〈禹贡〉第一中华书局缩印本十三经注疏P.148下

[8]《建康实录》卷5："（建兴五年，317年）改元建武元年，初备百官，立宗庙社稷。"原注云："案《图经》，晋初置宗庙，在古都城宣阳门外，郭璞卜迁之，左宗庙，右社稷。"中华书局标点本⑤P.127

[9]《建康实录》卷7，晋成帝咸和五年九月，六年十一月。中华书局标点本⑤P.179

[10] 同上书，同卷，晋成帝咸和六年十一月。中华书局标点本⑤P.181

[11] 同上书，同卷，晋成帝咸和八年。中华书局标点本⑭P. 183

[12] 同上书，同卷，晋成帝咸康二年十月。中华书局标点本⑭P. 189

[13] 同上书，同卷，晋成帝咸康五年："是时，始用砖垒宫城，而创构楼观。"中华书局标点本⑭P. 194

[14] 《世说新语》卷上，〈言语〉第二："宣武（桓温）移镇南州（姑孰），制街衢平直。人谓王东亭（王珣）曰：'丞相初营建康，无所因承，而制置纡曲，方此为劣。'东亭曰：'此丞相所以为巧。江左地促，不如中国，若使阡陌条畅，则一览而尽，故纡余委曲，若不可测。'"中华书局版《世说新语校笺》P. 87

[15] 《建康实录》卷2，赤乌四年十一月凿青溪条，原注云："陶季直《京都记》云：典午时，京师鼎族多在青溪左及潮沟北。"中华书局标点本⑭P. 50

[16] 《建康实录》卷7，晋成帝咸康七年，皇后杜氏崩条："（后）母裴氏，名穆，……穆渡江，立第于南掖门外。时以裴氏寿考，故呼为杜姥宅。"中华书局标点本⑭P. 197

[17] 《景定建康志》卷17，〈石头山〉："案《舆地志》：环七里一百步，缘大江，南抵秦淮口，去台城九里。自六朝以来皆守石头为之固。"中华书局缩印《宋元方志丛刊》本②P. 1559

[18] 《建康实录》卷9，晋孝武帝太元三年："三年，春正月，……启作新宫。……二月始工，内外日役六千人。……又起朱雀门重楼，门开三道，上重名朱雀观。……秋七月，新宫成。内外殿宇大小三千五百间。"中华书局标点本⑭P. 265

[19] 《建康实录》卷9，晋孝武帝："（太元）十年春，尚书令谢石以学校陵迟，上疏请兴复国学于太庙之南。"中华书局标点本⑭P. 277

[20] 《建康实录》卷9，晋孝武帝："（太元十六年）二月庚申，改筑太庙。秋九月，庙成。"
《晋书》卷19，〈志〉9，〈礼〉上："（太元）十六月始改作太庙，殿正室十四间，东西储各一间，合十六间，栋高八丈四尺。"中华书局标点本③P. 606

[21] 《建康实录》卷9，晋孝武帝："（太元十七年）八月、新作东宫，徙左卫营。"中华书局标点本⑭P. 290

[22] 《建康实录》卷10，晋安帝："（义熙十年）冬，城东府。"原注云："案《图经》，……青溪桥东，南临淮水，周三里九十步。今太宗旧第，后为会稽文孝王道子宅。……道子领扬州刺史，于此理事，时人呼为东府。至是筑城，以东府为名。"中华书局标点本⑭P. 343

[23] 《建康实录》卷9，晋孝武帝："（太元）二十一年春正月，起清暑殿于华林园。……夏四月，新作永安宫。"中华书局标点本⑭P. 292

[24] 《景定建康志》卷21，〈城阙志〉二，古宫殿："太极殿，建康宫内正殿也，晋初造，以十二间象十二月。至梁武帝改制十三间象闰焉。高八丈，长二十七丈，广十丈，内外并以锦石为砌。"中华书局缩印《宋元方志丛刊》本②P. 1638

[25] 《建康实录》卷9，晋孝武帝：太元七年七月条下原注曰："按《苑城记》，城外堑内并种橘树，其宫墙内则种石榴，其殿庭及三台、三省列种槐树，其宫南夹路出朱雀门悉垂杨与槐也。"中华书局标点本⑭P. 266

[26] 《宋书》卷3，〈本纪〉3，武帝下："宋台既建，有司奏东西堂施局脚牀，银涂钉，上不许，使用直脚牀，钉用铁。……孝武大明中，坏上所居阴室，……牀头有土鄣，壁上葛灯笼，麻绳拂。"中华书局标点本①P. 60

[27] 《建康实录》卷12，宋文帝：元嘉二十一年七月甘露降乐游苑条，原注曰："按《舆地志》，……其地旧是晋北郊，宋元嘉中移郊坛出外，以此地为北苑。……后改曰乐游苑。"中华书局标点本⑭P. 438

[28] 《建康实录》卷12，宋文帝："（元嘉十五年）秋七月，新作东宫，赐将作大匠布帛有差。"中华书局标点本⑮P. 431

[29] 《建康实录》卷12，宋文帝："（元嘉二十三年）是岁，堰玄武湖于乐游苑北，兴景阳山于华林园。役及居民，民有怨者。"中华书局标点本⑮P. 444

[30] 《建康实录》卷12，宋文帝。中华书局标点本⑮P. 446

[31] 《景定建康志》卷20，〈城阙志〉1，〈门阙·古都城门〉："按《宫苑记》，凡十有二门。……东面最南曰东阳门，直青溪桥巷。……西面……最南曰阊阖门，西（当作东）直对东阳门。"中华书局缩印《宋元方志丛刊》②P. 1630

按：据《建康实录》，建康东面最南曰清明门，即上文之东阳门。

[32] 据《建康实录》卷下，晋成帝，咸和五年九月作新宫云："按《舆地志》，都城……本吴旧址，晋江左所筑但有宣

阳门。至成帝作新宫，始修城，开陵阳等五门，与宣阳为六，今谓六门也。南面三门，……正东面建春门，……正西南（面）西明门，……正北面用宫城，无别门。"中华书局标点本⑤P.179

按：上文云建康初时北面无门，又云宫城北有平昌门。但宫城北墙和建康北城间有距离，平昌门并不在建康北城上。此处又说："改先广莫门曰承明，""新作阊阖、广莫等门，"与上文不符。可能在此之前，已在建康北城墙上增开了广莫门，史籍失载，只有此次改名时才提及。

[33]《景定建康志》卷20，〈城阙志〉1，〈门阙·古都城门〉："又按《宫苑记》，（建康）凡十有二门。南面……最东曰清明门，直北对延意门，当二宫中大路。……北面最东曰延意门，南直对清明门，当二宫中大路。……详考《宫苑记》，……唯清明门在南面最东，而《（建康）实录》乃在东面最南，今以《宫苑记》北对延意门证之，即《实录》误矣。"中华书局缩印本《宋元方志丛刊》②P.1630

按：建康诸门名历朝有所改动。《建康实录》之新开阳门及新广莫门即《宫苑记》中之清明门，延意门之异名。二门间有南北大道贯通，介于宫城和东宫之间。

[34]《宋书》卷14，〈志〉4，〈礼〉1："元嘉二十五年，闰二月，大蒐于宣武场。……设行宫殿便坐武帐于幕府山南岗。……校猎日，……百官非校猎之官着朱服集列广莫门外。"中华书局标点本②P.369

按：据此可知宣武场在广莫门外，幕府山南。

[35]《建康实录》卷13，宋孝武帝："（大明三年，459年）九月，壬辰，初筑上林苑于玄武湖北。"中华书局标点本⑤P.480

[36]《宋书》卷16，〈志〉6，〈礼〉3："宋孝武大明五年（461年）……有司奏：……晋侍中裴颁，……以为'尊祖配天，其义明着，庙宇之判，理据未分，直可为殿，以崇严祀。'……裴颁之奏，窃谓可安。国学之地，地实丙巳，爽垲平畅，足以营造。其墙宇规范，宜拟则太庙，唯十有二间，以应颁数。"中华书局标点本③P.433

按：晋国学在宣阳门外朱雀街御道东太庙之南，明堂又在国学之南，东临秦淮河，西临御道。

[37]《建康实录》卷13，宋孝武帝："（大明五年，461年）闰月，……丙申，初筑驰道，自阊阖抵大航，北自承天（《宋书》作承明）门抵玄武湖。"中华书局标点本⑤P.483

[38]《宋书》卷92，〈列传〉52，〈良吏传〉篇首。中华书局标点本⑧P.2262

[39]《景定建康志》卷16，〈道路〉，〈宋帝驰道〉："〈宫苑记〉，宋筑驰道，为调马之所。"中华书局缩印《宋元方志丛刊》本②P.1538

[40]《南齐书》卷19，〈志〉11，〈五行〉："永元二年（500年）八月，宫内火，烧西斋、璿仪殿及昭阳、显阳等殿，北至华林墙，西及秘阁，凡屋三千余间。"中华书局标点本②P.375

[41]《南齐书》卷7，〈本纪〉7，东昏侯："后宫遭火之后，更起仙华、神仙、玉寿诸殿，刻画雕绫，青莳金口带，麝香涂壁，锦幔珠帘，穷极绮丽。……"中华书局标点本①P.104

[42]《玉海》卷169，〈宫室〉，〈门阙〉上，〈梁石阙〉："《梁典》：镌石为阙，穷极壮丽，奇禽异羽，莫不毕备。"影印元刊本，卷169，P.36b

[43]《景定建康志》卷16，〈街巷〉，〈古御街〉："按《宫城记》，吴时，自宫门南出，至朱雀门七八里，府寺相属。晋成帝因吴苑城筑新宫，正中曰宣阳门，南对朱雀门，相去五里余，名为御道。夹道开御沟，植槐柳。"中华书局缩印《宋元方志丛刊》本②P.1531

[44]《景定建康志》卷20，〈门阙〉："〈古国门〉：梁天监七年作国门于越城南，在今高座寺东南涧桥北，越城东偏。"中华书局缩印《宋元方志丛刊》本②P.1634

[45]《建康实录》卷17，梁武帝："（天监十年）是岁初作宫城门三重及开二道。"中华书局标点本⑦P.676

[46]《梁书》卷2，〈本纪〉2，武帝中："（天监十二年）六月癸巳，新作太庙，增基九尺。"中华书局标点本①P.53

[47]《景定建康志》卷20，〈门阙〉，〈古都城门〉条。中华书局缩印《宋元方志丛刊》本②P.1630

[48]《宋书》卷5，〈本纪〉5，宋文帝，元嘉二十五年四月乙巳条。中华书局标点本①P.96

[49]《景定建康志》卷20，〈门阙〉，〈古都城门〉："又按《宫苑记》，凡十有二门。南面最西曰陵阳门，后改为广阳门。……北面……最西曰大夏门，南直对广阳门，北对归善寺门。"……中华书局缩印《宋元古方志丛刊》本②P.1630

[50]《景定建康志》卷20，〈门阙〉，〈古都城门〉："……宣阳门，门三道。……东面最南曰清明门，门三道。……（东面）正东曰建春门，……门三道。（西面）正西曰西明门，门三道。……南面……次东曰开阳门，后改津阳门，

门三道。……北面……次西曰广莫门，门三道。……次西曰玄武门，门三道。

[51]《建康实录》卷20，陈宣帝：太建九年十二月，皇太子居新宫条，原注云："按《舆地志》，其地本晋东海王第，后筑为永安宫，穆帝何皇后居之。宋文帝元嘉十五年始筑为东宫，齐末为火灾焚尽。梁天监五年更修筑于故齐地，盛加结构。"中华书局标点本下P.790

[52]《景定建康志》卷20，〈门阙〉，〈古东宫门〉："按《宫苑记》，南面正中曰承华门，直南出，路东有太傅府，次东左詹事府，又次东左率府。路西有少傅府，次西右詹事府，又次西右率府。东面正中曰安阳门，东直对东阳门，西对温德门。西面正中曰则天门，西直对台城东华门。东率更寺，西家令寺，次西太仆寺，更西有典客省。"中华书局缩印《宋元方志丛刊》本 P. 1632

[53]《隋书》卷24，〈志〉19，〈食货〉载建康诸仓中有东宫仓。

[54]《建康实录》卷19，陈文帝：天嘉六年（562年）七月仪贤堂坏条，原注云："按：仪贤堂吴时造，号为中堂，在宣阳门内路西，七间。……在鸿胪寺前，西南卫尉寺，南宗正寺、太仆寺、大弩署、脂泽库，更南即太史署、太府寺。东南角逼路宣阳门内过，东即客省、右尚方。"中华书局标点本下P.766

[55]《梁书》卷10，〈列传〉4，杨公则传："大军至新林，（杨）公则自越城移屯领军府垒北楼，与南掖门相对。"中华书局标点本①P. 196

[56]《建康实录》卷10，晋安帝：元兴三年（40年）七月穆皇后崩条原注云："……穆皇后，居永安宫。桓玄篡位，移居入司徒府。路经太庙，后停舆恸哭。"中华书局排印本上P. 324

[57]《景定建康志》卷16，〈街巷〉："乌衣巷，在秦淮南。晋南渡，王、谢诸名族居此。"中华书局缩印《宋元方志丛刊》本 P. 1532

[58]《建康实录》卷20，陈后主："（孙瑒）居处豪奢，宅在青溪大路北，西临青溪。溪西即江总宅。"中华书局标点本下P. 802

[59]《建康实录》卷14，〈列传〉，王僧绰传："太社西有空地一区，吴时丁奉宅。……晋有江左，初为周顗、苏峻宅，其后为袁悦宅，又为章武王司马秀宅，皆凶败，……世称凶地。王僧绰……请为第，始就修筑，未居而败。"中华书局标点本下P. 526

[60]《资治通鉴》卷162，〈梁纪〉18，武帝太清三年（549年）：五月纪梁武帝殂事，胡三省注云："《金陵记》曰：梁都之时，户二十八万。西石头城，东至倪塘，南至石子冈，北过蒋山，南北各四十里，侯景之乱，至于陈时，中外人物不迨宋齐之半。"中华书局标点本⑪ P. 5018

[61] 500年，萧衍攻建康杀东昏侯之战，可作为建康攻防战之例：《建康实录》卷17，梁武帝："（萧衍）使曹景宗……进屯江宁，……进与新亭城主江道林大战于路，生擒之，而次新林。……（东昏征虏将军）李居士收散军犹据新亭垒，请东昏烧（秦淮）南岸邑屋以开战场，自大航以西，新亭以北荡然矣。十月，石头（城）军主率水军二千归义。东昏又遣……王珍国等列阵于航南大路，大败，诸军相望大溃。追至宣阳门。东府、石头、白下等诸军并降。壬午，高祖（萧衍）镇石头（城），命众军围城。……"中华书局标点本下P. 668

按：据此可见有战事时，新林、新亭、诸垒和石头、东府、白下（原白石垒）诸处屯军据守的情况。

[62] 宋明帝以故宅建湘宫寺，在青溪桥北。南齐武帝肖赜于永明二年幸青溪旧宫。梁武帝即位后，即于钟山建大爱敬寺，在青溪畔造智度寺，以为父母冥福，可知其父家当亦在青溪。事见《建康实录》及《梁书·武帝纪》，文繁，不具录。

[63] 郭湖生：《台城考》1997年空间出版社《中华古都》P. 183

[64]《建康实录》卷18，〈太子诸王传略〉昭明太子。中华书局排印本下P. 722

[65]《景定建康志》卷16，〈堰埭〉，〈破岗埭〉："按《建康实录》，吴大帝赤乌八年，……发兵三万凿句容中道至云阳，以通吴会船舰，号破岗渎，……于是东郡船舰不复行京江矣。"原注云："以此知六朝都建康，吴会漕输皆自云阳西城水道径至都下。……云阳，今丹阳县。"中华书局影印《宋元方志丛刊》本② P. 1556

[66]《隋书》卷24，〈志〉19，〈食货〉："都（建康）西有石头津，东有方山津，……以检察禁物及亡叛者。其荻炭鱼薪之类过津者，并十分税一以入官。"中华书局标点本③P. 689

[67]《宋书》卷33，〈志〉23，〈五行〉四：（晋安帝元兴三年）二月庚辰夜，涛水入石头。是时贡使商旅，方舟万计，漂败流断，骸胔相望。"中华书局标点本③P. 956

按：《宋书·五行志》中多次记有"涛水入石头"，"毁大航"、"大航流败"等记载。大航即秦淮河上之朱雀航，可知"涛水入石头"即指江涛入秦淮河也。

[68]《资治通鉴》卷162,〈梁纪〉18,武帝太清三年条。中华书局标点本⑪ P.5018

[69]《景定建康志》卷19,〈河港〉:"栅塘:……《实录》注,吴时夹淮立栅,号栅塘。……梁天监九年新作缘淮塘,北岸起石头,迄东冶,南岸起后渚篱门,达于三桥,作两重栅,皆施行马。"中华书局影印《宋元方志丛刊》本 P.1603

[70]《景定建康志》卷16,〈桥梁〉:"二十四航:……案《舆地志》云,六朝自石头,东至运渎,总二十四渡,皆浮航往来。……四航:皆秦淮上,曰丹阳,曰竹格,曰朱雀,曰骠骑。"中华书局影印《宋元方志丛刊》本 P.1552

[71]《太平御览》卷827,〈资产部〉引《丹阳记》:"京师四市:建康大市,孙权所立;建康东市;同时立秣陵斗场市;隆安中发禾营人交易,因成市也。"中华书局缩印《四部丛刊》本 P.3688

[72]《隋书》卷24,〈志〉19,〈食货〉。中华书局标点本③P.689

[73]《景定建康志》卷16,〈镇市〉:"〈古市〉:按《宫苑记》:吴大帝立大市,在建初寺前,其寺亦名大市寺。宋武帝永初中立北市,在大夏门外归善寺前。宋立南市,在三桥篱门外斗场村内,亦名东市。又有小市、牛马市、谷市、蜆市、纱市等一十所,皆边淮列肆稗贩焉。内纱市在城西北耆阇寺前。又有苑市,在广莫门内路东。盐市在朱雀门西,今银行、花行、鸡行、镇淮桥、新桥、笪桥、清化市皆市也。"中华书局影印《宋元方志丛刊》本②P.1529

按:新桥在朱雀桥之西,跨秦淮河,笪桥跨运渎,(据《景定建康志》卷16,〈桥梁〉),则不仅在秦淮河中段两岸,在自秦淮河向北的运渎两岸也是商肆栉比了。

[74]《隋书》卷24,〈志〉19,〈食货〉。中华书局标点本③P.674

[75]《晋书》卷23,〈列传〉43,庾亮传附庾翼。中华书局标点本⑥P.1932

[76]《南齐书》卷30,〈列传〉11,戴僧静传。中华书局标点本②P.555

[77]《资治通鉴》卷133,〈宋纪〉15,苍梧王元徽二年(474年)中华书局标点本⑨P.4178

[78]《建康实录》中华书局本㊤P.209、P.228、P.245、P.233

[79]《宋书》卷97,〈列传〉57,夷蛮,引萧摩之奏疏。中华书局标点本⑧P.2386

[80]《南齐书》卷53,〈列传〉34,〈良政〉,虞愿传。中华书局标点本③P.916

[81]《南史》卷70,〈列传〉60,〈循吏〉,郭祖深传。中华书局标点本⑥P.1721

[82]《建康实录》卷17,梁武帝,天监元年立长干寺条。中华书局标点本②P.672

[83]《建康实录》卷17,梁武帝,大通元年创同泰寺条。中华书局标点本②P.681

[84]《陈书》卷5,〈本纪〉5,宣帝,太建十一年十二月己巳诏书。中华书局标点本①P.95

[85]《建康实录》卷20,陈后主:"(孙玚)居处奢豪,宅在青溪大路北,西临青溪。溪西即江总宅。玚家庭穿(池)筑(山),极林泉之致。歌童舞女,当世罕俦。"中华书局标点本②P.802

[86]《资治通鉴》卷177,〈隋纪〉1,开皇九年。中华书局标点本⑫ P.5516

[87]《汉书》卷46,石奋传云:"万石君(按:指石奋)徙居陵里。……庆(按:石奋之子石庆)及诸子入里门,趋至家"。"陵里"句下唐颜师古注云:"茂陵邑中之里"。中华书局标点本⑦P.2196

按:此为茂陵邑为里坊制之确证,其他陵邑可以推知。

[88]《汉书》卷70,陈汤传,记自汉元帝建渭陵起,不复徙民起陵邑。至成帝时,又欲建陵邑徙民之事云:"天下民不徙诸陵三十余岁矣,关东富人益众,多规良田,役使贫民。可徙初陵,以疆京师,衰弱诸侯,又使中家以下得均贫富。"中华书局标点本⑨P.3022

[89]《汉书》卷59,张汤传云:"张汤本居杜陵。(其子张)安世,武、昭、宣世辄随陵。凡三徙,复还杜陵。"

"随陵"句后服虔注曰:"随所事帝,徙处其陵也。"中华书局标点本⑨P.2657

《汉书》卷73,韦贤传云:"初,贤以昭帝时徙平陵,玄成别徙杜陵。病且死,因使者自白曰:不胜父子恩,愿乞骸骨,归葬父墓。上许焉。"中华书局标点本⑩P.3115

按:据此则知为臣者其居当入所奉君之陵邑。张安世事武帝、昭帝、宣帝,故先后徙武帝茂陵邑、昭帝平陵邑;宣帝陵在杜陵,故第三次随陵返回故里杜陵邑。从张汤、韦贤父子之事,可知当时随陵制度颇为严格。

[90] "汉之陵邑多富人,《汉书·酷吏传》载茂陵富人焦氏、贾氏以数千万囤积皇帝入葬时所用物以求重利。《西京杂记》载茂陵富人袁广汉藏镪巨万,家僮八九百人。可见诸富人、豪侠迁陵邑后,与长安贵官相勾结,积累财富益

多的情况。富人、豪侠聚集，则其地应较富庶繁荣。

三、北魏都城

5 世纪初至 6 世纪末，鲜卑族以拓跋部为核心，在中国北半部建立魏国，后分裂为东魏、西魏，又相继为北齐、北周所取代，和中国南部汉族建立的宋、齐、梁、陈南北对峙，史称此期为南北朝时期。

鲜卑是东汉末（2 世纪末）匈奴衰落以后在中国北部兴起的一个民族，东起辽东，西至西域。据有匈奴故地。鲜卑族又分为若干部，较强大的有慕容、宇文、段、拓跋、秃发、乞伏诸部。十六国时期，慕容部曾以辽东为基地，在中国北部建立燕国。秃发、乞伏二部也相继在甘肃一带建立南凉和西秦二国。拓跋部在鲜卑诸部中兴起较后，经多次兼并才形成强部，扫平十六国残余，统一中国北半部。

3 世纪时，拓跋部游牧于今内蒙古自治区中部，河套以东。随着部落的发展和接受汉族文化的影响，农业日渐发展，逐渐向定居过渡。285 年，拓跋力微为部落长，开始以汉定襄郡盛乐故城为游牧中的临时屯驻点[1]。339 年，什翼犍为部落长，又曾商议在漯源川建立定居点，后考虑到遇敌时难以迁避而止[2]。这说明当时的定居尚不稳定，其原因一是农业尚未超过畜牧业居主导地位，二是部落军事力量尚不够强大，难以据守。这个地点偏南，远离原有畜牧地域恐也是原因之一。

341 年，什翼犍在传统屯驻处汉盛乐故城之南八里筑盛乐新城，这是拓跋部自己兴建的第一个定居点[3]。386 年，什翼犍之孙拓跋珪继立，称代王，郊天，建元，正式建立国家。史称他"幸定襄之盛乐，息众课农。"说明这时真正开始以盛乐为都城，也重视发展农业了。

398 年，经长期征战进行兼并掠夺后，代的实力增长，南下占有黄河以北广大地域。随着经营中原和发展农业的需要，拓跋珪把都城南迁到平城，即今山西省大同市，并改国号为魏，称帝号，史称魏道武帝。平城是北魏定国号、称帝后建立的第一个都城，它是在西汉平城的基础上拓建的[4]。魏国是以鲜卑人为军队主力，进行战争，掠夺财富和人口，主要用掠得的人口为其从事农牧业和手工业生产的国家，故历次战争后，都大量向首都平城迁徙所灭之国的人民。此外，魏国皇帝、贵族、贵官都有通过战争俘获的奴婢，用他们从事生产。因此，随着魏的强大和对外战争胜利，平城人口日增，城市和宫殿都不得不一再拓建，到中后期，平城已形成旧城北部建西、东二宫，南面为居住区，又在旧城的南东西三面拓建郭城，北面建为内苑的巨大都城。

建都平城以后，经过近一百年的发展，魏国的政治、经济、军事形势都发生巨大变化。这时鲜卑的武力已渐衰落，立国主要靠汉族的支持，所以在政权形式和统治方法上需要减弱鲜卑的特色。493 年，北魏孝文帝决定进入中原，迁都洛阳，改易鲜卑旧俗，实行汉化，在汉族传统名都洛阳建立汉化了的北魏政权[5]。重建的洛阳是北魏建立的第二个都城，它在魏晋洛阳的基础上，吸收曹魏邺城、南朝建康以及十六国以来各名都的优点，规划严整，布置有序，又增建了外郭以拓展居住区，与建康同为此时期最宏大的都城，并对以后的北齐邺都南城和隋唐长安城有重大影响。

迁都洛阳后，北魏日趋衰落，政治紊乱，叛乱纷起。孝武帝永熙三年（534 年），孝武帝元修自洛阳西奔长安，投奔宇文泰，高欢在洛阳立元善见为帝，北魏分裂为东魏、西魏，政权实际落入高欢、宇文泰之手。同年 10 月，高欢拆毁洛阳宫殿城市，迁都于邺。538 年，高欢军烧毁洛阳官寺民居，北魏重建的洛阳存在了 45 年后，又被破坏为废墟。

北魏立国近二百年中，先后建了三个都城，其中平城、洛阳在中国古代都城发展史上都有较重要的作用。

1. 盛乐

盛乐在今内蒙古自治区和林格尔以北十公里处。史载，258年，北魏始祖力微"迁都定襄之盛乐。"309年，北魏穆帝猗卢"城盛乐以为北都"。337年，北魏烈皇帝翳槐"城新盛乐，在故城东南十里。"（一说341年昭成帝什翼犍筑盛乐城于故城南八里，"二者当是一事，先后续成而已）[6]。到398年北魏太祖拓跋珪迁都平城止，鲜卑拓跋部先以此为临时屯驻点，后为自建的定居点，并一度为都城，历时达一百四十年之久。但史籍中关于盛乐的情况全然失载，可能魏早期史料缺略，在北齐撰魏书时已不能详知了。

盛乐遗址近年曾经勘探过，探知这里有三道城：大城作不规则五边形，在北，是外郭。其东南有两个小城，一南一北，南城是汉魏旧城，东西残长670米，南北655米；北城是唐代所筑。南城内除汉代遗迹外，也有北魏遗址，但这些遗址多属于北魏迁洛阳前后的，早期的很少。这情况表明，在3世纪中后期，只是以汉盛乐故城为临时屯聚地，并没有大的建设。到北魏迁都平城称帝后，此地成为旧都，又距陵寝较近，才建筑了一些宫室宫署[7]。

至于城南十里（或说八里）的新盛乐，迄今尚未发现，《魏书》多夸诞粉饰之词，当时是否真筑了新盛乐，尚须考古勘察来验证。

北魏诸帝的陵墓在盛乐葬有什翼犍、道武帝、明元帝、道武帝、文成帝、献文帝六世及其后妃，但迄未发现陵墓遗址。有一种说法，以为呼和浩特的昭君塚即北魏帝陵之一，尚有待证实。

2. 平城

北魏平城故址在今山西省大同市。此地在西汉时为雁门郡平城县，即汉高祖刘邦追讨韩王信被匈奴围困之处。《魏书》说，309年，穆帝猗卢曾城盛乐为北都，修故平城为南都，又在平城南百里筑新平城[8]。这时拓跋部还在逐水草游牧时期，不可能建都，大约是曾以这三处为南北游牧中的临时屯驻地，《魏书》遂粉饰为建都。

386年，拓跋部首领拓跋珪称代王，居盛乐。398年自盛乐迁云中，定国号为魏，称皇帝，是为北魏道武帝。从这年起，到493年孝文帝拓跋宏迁都洛阳止，平城作为北魏都城，经历了六代皇帝，沿用近一百年。由于平城遗址还没有进行勘察发掘，也没有古地图传世，目前我们只能根据文献记载，对其规划的特点和渊源略加探讨，还不能绘出平面图来。

在这一百年间，平城的建设和发展，大体上可分为三个阶段。第一阶段为道武帝至明元帝时，当398年至423年，为形成期；第二阶段为太武帝至献文帝时，当424年至470年，为充实增拓期；第三阶段为孝文帝迁洛阳以前，当471年至493年，为按汉制改造期。

（1）从398年道武帝拓跋珪定都平城到明元帝拓跋嗣建平城外郭、拓展西宫，是平城作为北魏都城的形成期，把平城由汉的旧县城拓展为适合当时北魏政治、军事需要和经济、文化发展水平的都城。

《魏书》说，天兴元年（398年）"秋七月，迁都平城，始营宫室，建宗庙，立社稷。"综合《南齐书·魏虏传》和《水经注》的记载，道武帝在建都之初，先在旧平城的西部建皇宫，称为西宫，并在附近建武库和仓库，又在宫城之东建东宫。东、西宫各有宫城，各建门楼、角楼等防御设施，宫内各有仓库，自成一区，以利防守。旧城的北半部基本为宫殿府库所占。城南部分小于北部，用来驻军，也布置民居市里，主要供贵官、贵族居住。宗庙和社、稷建在西宫前的两侧。史载，在定都平城之前的半年，北魏军南下攻南燕，占领邺城。拓跋珪"至邺，巡登台榭，遍览宫城，将有定都之意"[9]，终因当时跋拓部尚不够强大，邺城又远离其传统游牧基地，不得不撤军。邺城是拓跋珪那时亲见的惟一中原旧都，极为欣羡，所以他定都平城后的改建措施必然会受到邺城的影响。前述平城北面为宫城，南面为居里的布置，正是邺城的特点。为了把平城由县城改为符合都城体制，在399年，又比附西汉长安和东汉、魏、晋洛阳，把城门增辟为十二个[10]。加辟城门后，城内干道网也应相应加密。400年，从城南开渠，引水入平城南部[11]。在前此的399年，曾在平城之北开渠引武川水入北面的苑，然后进入宫城[12]。这南北二渠引入城内，解决了宫城和城南部的供水问题。在339年，什翼犍讨论建都灅源时，因考虑遇敌难以迁避而止。这次定都平城，说明已强大到可以抵御外敌来犯。当时北魏的主要敌人是北面的柔然和西面的匈奴刘卫辰部。399年，在平城北建鹿苑，南到平城北墙[13]，北到长城，东到平城东的白登，西到西山，广轮数十里，虽为苑囿，恐也兼有屏蔽平城北方的作用。通过上述建设，大约在五年内，平城作为都城，具备了初步的轮廓。

但平城是在汉代县城基础上改建的，发展必然受到限制，需要有一个拓展规划。关于这方面，史书上有几条记载：一，《魏书》23，〈列传〉11，〈莫合传〉附莫题传说："后太祖（道武帝）欲广宫室，规度平城四方数十里，将模邺、雒、长安之制，运材木数百万根"。二，《魏书》2，〈太祖纪〉说：天赐三年（406年）"六月，发八部五百里内男丁筑灅南宫，门阙高十余丈；引沟穿池，广苑囿；规立外城，方二十里，分置市里，经涂洞达；三十日罢。"《资治通鉴》合书以上二事为一，都系于天赐三年（406年）六月。三，《魏书》105之3，〈天象志〉3说："明年（天赐三年）六月，发八部人自五百里内，缮修都城，魏于是始有邑居之制度。"这三条中，一、三两条所记是修平城，二条所记是修灅南宫，但二、三条所记征发民丁的地域时间全同，显然是一事而岐记。由于这时刚定都平城不久，不可能另建新都，且在明元帝时又有在泰常五年（420年）建灅南宫、七年（422年）始幸灅南宫的记载，故第二条所记应是修平城之误。这样，综合以上三条所载，可知在天赐三年（406年）魏道武帝在征发民工修平城宫殿、门阙、苑池之外，还做了拓建平城外城的规划[14]，即"方二十里，分置市里，经涂洞达。"从"分置市里，经涂洞达"二句，可知平城外城拟采用封闭的市里，形成方格网道路系统，有穿城的横街。所谓"模邺、雒、长安之制"大约主要指这些。但道武帝时期，在平城集中力量建宫苑，坛庙，西宫、东宫相继兴建，各宫内起造殿宇之事史不绝书[15]，拓建外城的计划没有能够施行。

409年，道武帝为其子拓跋绍所杀，长子拓跋嗣继立，是为明元帝。明元帝初期国内外形势都不利，较少兴造。末期，于泰常六年（421年）筑苑墙，七年（422年）"筑平城外郭，周回三十二里。"406年道武帝所拟的拓建外城的规划这时才得以实现，并由原规划"方二十里"扩大为"周回三十二里"[16]。422年，明元帝令长子拓跋焘监国，居东宫，自居西宫[17]。423年就扩建西宫，"起外垣墙，周回二十里"。这扩大了的西宫竟和道武帝原规划的外城面积相同，都是周二十里，可知北魏中期以后平城宫城是很大的。

平城外郭包在平城内城的东、南、西三外侧，以南郭为主。外郭建成后，内城又称中城。这时的平城，内城北部是宫城仓储区，南部是庙社、官署、驻屯军和少数贵族、贵官甲第[18]。外郭建封闭的市里，形成方格网街道。外郭和苑墙建成后，平城内城在苑和外郭环抱中，有了外围防线。当时对平城的威胁主要来自北方的柔然。为了防御柔然，又于泰常八年（423年）在平城以北筑长城"起自赤城，西至五原，延袤二千余里，备置戍卫。"太平真君七年（446年）又"发司、幽、定、冀四州十万人筑畿上塞围，起上谷，西至于河，广袤皆千里。"这样，平城的防卫体系也基本形成了[19]。

（2）423年，明元帝死，拓跋焘即位，是为太武帝，北魏进入国势最强盛时期。439年，他最后消灭十六国残余，统一中国北半部，形成南北朝对峙局面。太武帝在进行战争击灭北方各国时，先后掠得大量财富和人口。其中相当一部分人被强行迁徙到平城或其近畿。据《魏书》记载，太武帝在426年袭夏国，"徙万余家而还；"439年，平北凉，"徙凉州民三万余家于京师；"446年，征盖吴，"徙长安城工巧二千家于京师"；448年，"徙西河离石民五千余家于京师。"仅这几项不完全记载，徙民至平城已近四万家。还有更多的人被安置在漠南至平城间广大地域。北魏这样大量徙民是因为所辖鲜卑人主要用来从事战争和掠夺，不事农牧生产，需要虏掠大量汉族和其他少数族人为其进行农耕、手工业和畜牧生产的缘故。此外，皇帝、太子、诸王、文武官吏都通过战争掳掠或因功受奖得到大量奴婢，仅道武帝宠臣卢鲁元即累积赏得僮隶数百人[20]，其他可以推知。这些僮隶除部分用于服役外，都被迫从事生产。《魏书》载皇帝在北苑掘鱼池[21]，在北宫命宫人织薄[22]（簾席之属），制衣[23]，其他贵族官吏可想而知。由于有大量僮隶（即奴隶）存在并进行生产，所以都城、宫城及贵族贵官邸第都要占据很大面积。在明元帝时修外郭、广西宫和此期中大治宫室其原因在此。史籍中所存魏太武帝和文成帝、献文帝在位期间（424～470年间）平城修建的记载不多，主要是修宫室，如始光二年（425年）改故东宫为万寿宫[24]，延和元年（432年）建新东宫[25]，太平真君十一年大治宫室[26]，太安四年（458年）建太华殿等[27]。但在《南齐书》57，〈列传〉38〈魏虏传〉中，都有对太武帝时平城情况的较具体的描写，摘录于下：

"什翼珪（道武帝）始都平城，犹逐水草，无城郭。木末（明元帝）始土著居处。佛狸（太武帝）破凉州、黄龙，徙其居民，大筑城邑。截平城西为宫城，四角起楼、女墙，门不施屋，城又无堑。南门外立二土门，内立庙，开四门，各随方色，凡五庙，一世一间，瓦屋。其西立太社。佛狸所居云母等三殿又立重屋，居其上。……殿西铠仗库屋四十余间，殿北丝绵布绢库土屋一十余间。伪太子宫在城东，亦开四门，瓦屋，四角起楼。妃妾住皆土屋。婢使千余人，织绫锦贩卖，酤酒、养猪羊、牧牛马、种菜逐利。太官八十余窖，四千斛，半谷半米。又有悬食瓦屋数十间，置尚方作铁及木。其袍衣使宫内婢为之。伪太子别有仓库。"

"其郭城绕宫城南，悉筑为坊，坊开巷。坊大者容四五百家，小者六七十家。……城西南去白登山七里，于山边别立父、祖庙。城西有祠天坛。……自佛狸至万民（献文帝）世增雕饰。正殿西筑土台，谓之白楼。……台南又有伺星楼。正殿西又有祠屋，琉璃为瓦。宫门稍覆以屋，犹不知为重楼。"

在这段记载里，对于平城内城北部东西宫并列、夹以仓库、宫前建"左祖右社"、宫廷大量从事手工业、商业活动、居室在城南部和外郭等情况有很具体的描写。从语气中还可以感觉到，在南朝人眼里，它的宫室粗犷质朴，颇不合传统皇宫和都城体制。文中说平城的里坊"大者容四五百家，小者六七十家。"照此规模，仅前述近四万家的移民已需近百个坊方能容纳，故平城的坊数应是相当多的。

452年，魏太武帝被宦官杀死后，其子拓跋濬，孙拓跋弘相继为帝，是为魏文成帝和献文帝。在这二帝时期，较为突出的建设，除在西宫另建主殿太华殿外，平城出现了大量佛寺，并在城西武周塞开凿石窟寺。北魏建都平城之初，不甚崇敬佛教[28]。439年，太武帝平北凉，凉州是当时西北佛教中心，一些僧众随同迁徙的民众来到平城，包括一些高僧。随后魏即勒令五十岁以下僧人还俗，以限制僧人数量[29]。446年盖吴反于关中，太武帝亲征至长安，发现僧人私藏武器及众多不法行为，下令在全境灭佛，平城的少量佛寺被毁[30]。但由于北魏国内矛盾日趋尖锐，统治阶级间杀夺激烈，连续出现皇帝被杀事件。为了麻痹民众，安抚统治阶级和皇帝本人解脱苦闷，452年文成帝即位后，即宣布恢复佛教。平城已毁的五级大寺等得到恢复[31]。460年左右开始开凿武州塞石窟寺，即著名的云冈石窟[32]。465年魏献文帝即位后，更是大崇佛教，在平城相继建成永宁寺（467年）、三级佛图（467～471年）等名刹[33]。471年，献文帝又在北苑中建鹿野佛图[34]。到孝文帝即位之初的太和元年（477年），平城已有新的佛寺近百所、僧民二千人[35]。据《魏书》114《释老志》的记载，北魏493年迁都洛阳后，孝文帝在《都城制》中曾规定，洛阳城中只规划设一永宁寺，郭内只规划设一尼寺之地，其余寺都在城郭之外[36]。这虽很快被突破，但估计是延续平城的旧制。平城城内大约只有道武帝天兴元年（398年）始建的五级大寺和皇兴元年（467年）所建永宁寺等少数大寺，其余都在郭中或近郊。大量寺塔的出现改变了平城的市容和立体轮廓。

（3）471年至493年为孝文帝迁洛阳以前时期。471年，献文帝为太上皇，传位给五岁的儿子拓跋宏，是为孝文帝，献文帝仍掌权。476年献文帝死，孝文帝的祖母冯太后掌权，直到太和十四年她死去为止。在献文帝和冯太后执政时期，平城的建设主要是建宫殿、苑囿、佛寺并开发城北的方山。献文帝为太上皇后，住在北苑的崇光宫，史书说此宫"采椽不斫，土阶而已"，非常俭朴，应当是专门建造的。方山在平城北五十里，是一座上为平顶的高山，在平城可以遥望到。冯太后时期开始开发。太和三年（479年）六月，在方山脚下开灵泉池，建灵泉殿为苑囿，又在山上建文石室[37]。同年八月，在方山道武帝故垒处建思远灵图[38]。太和五年（481年），冯太后选定方山为自己的墓地，开始在山顶上预建陵园，太和八年（484年）建成，号永固陵[39]。这样，在方山就形成一条南北轴线，自山下灵泉殿向北，御路登山，依次有思远灵图和永固陵，陵后稍偏东北又有建而未用的孝文帝陵，称万年堂[40]。这条轴线和山下的灵泉殿、北宫、北苑相接，遥指平城，使方山成为平城北方的屏蔽。早在明元帝神瑞二年（415年）就在白登山立太祖道武帝庙，后称东庙，是北魏重要的宗庙[41]。方山开发后，平城的北面，北至方山，西至西山，东至白登山都划为皇家禁区。

此外，在太和十年（486年）把如浑水穿过平城城区的一段砌造石护岸，也是一项相当大的工程[42]，是整齐平城市容的重要措施。

太和十四年（490年）冯太后死，孝文帝亲政。这时，北魏已进入衰落期，不再有对外发动大规模掠夺战争的能力，对北方柔然与南方宋、齐的战争也基本停止。随着鲜卑武力的衰落，国内各种矛盾上升。这时平城已发展得人口密集，"里宅栉比"[43]。而"京师民庶，不田者多，游食之口，三分居二"[44]。鲜卑贵族和富商生活豪侈，"富室竞以第宅相尚"[45]，而织者、耕者不得衣食，已发展成集中了种种矛盾的巨大的消费城市。这时北魏政权所赖以维持的已不再是武力掠夺财富和较落后的游牧，而是广大汉地的农业、手工业生产。这就须要从以鲜卑武力为后盾的野蛮统治方法向汉族传统的统治方法转变。冯太后在世时，已推行一些改革措施，于太和八年（484年）对百官发放俸禄以制止贪污，推行"三长制"以加强户籍管理。太和九年（485年）又在境内实行均田以发展农业。孝文帝亲政后，决心进一步推行汉化，以掩盖少数鲜卑人统治汉人和其他民族的实质，争取汉地人士的支持。在太和十七年（493年）以前，曾想在平城实行汉化，但这时政权的安危已不系于代北而系于中原地区的稳定和发展，最终只能放弃平城，迁都洛阳，在中原立国。

在未决计南迁之前（490年至493年）孝文帝曾按中原名都的模式改造平城，力图泯去鲜卑本色和地方特点，建成符合汉族传统观点的帝都，在汉人心目中取得正统王朝的地位。

从前文所引《南齐书·魏房传》所载平城早期的情况可知，那时的城市、宫室主要是满足立国的实际需要，宫城内宫殿、仓库、作坊间杂在一起，殿宇多是土筑瓦屋，城门宫门都只一层，尚不知建城楼，建筑朴素粗犷，有强烈地方色彩和民族特点，很不合汉族宫殿和都城体制。其后，太武帝于450年大修宫室，文成帝于458年舍原正殿永安殿另建太华殿，但也是自创，和魏晋体制相差甚远，难以被受汉文化影响的人所认可。孝文帝在太和十六年（492年）改建正殿的诏书中说："我皇运统天，协纂乾历，锐意四方，未遑建制，宫室之度，颇为未允。太祖初基，虽粗有经式，自兹厥后，复多营改。至于三元庆飨，万国充庭，观光之使，具瞻有阙"[46]，就说明了这种情况。所以孝文帝才决计按魏晋以来宫殿体制加以改造。

太和十五年（491年）春，创建明堂于南郭外，并改建太庙[47]，迁移太社[48]。次年春，不顾大臣反对，拆毁原正殿太华殿，在其地建太极殿及东、西堂[49]。为了改建太庙和创建新的正殿太极殿，专命蒋少游去洛阳测量魏晋太庙和太极殿的基址[50]，可知这次改建全是以魏晋洛阳为蓝本进行的。宫中各门，也按洛阳规制增补齐备，并按魏晋和南朝宫殿通制在门上建重楼[51]。太和十七年（493年）三月，又开始改建后宫[52]。经这次改建，平城西宫已基本上近似魏晋洛阳宫殿，宫城前新建左祖右社后，传统都城的特色也有所加强，比较符合汉族传统的都城宫殿体制了。

就在太和十七年八月，孝文帝决计南迁洛阳，平城的改造工作就在宫室即将完成而城市改造尚未开始之际，永久地停止了。迁都洛阳后，以平城为恒州。523年起，六镇流民起义，北魏西、北各方大乱。孝昌二年（526年），朔州流民攻陷恒州，平城城市宫殿毁为丘墟。

综括上述，我们可以看到，北魏定都平城后，西汉旧城已改建为内城，又称中城，增城门为十二。内城北部为宫殿区，皇宫占中部和西部，称西宫，太子宫在东部，称东宫。各建宫城，各有库储，严密设防。西宫在458年建太华殿为新主殿后，轴线已向东移，492年又改建为太极殿和东西堂。太极殿前有端门，其前又有中阳门、乾光门。宫城正门外建有巨大的阙，形成宫城的主轴线。宫的东、西、北三面为云龙门、神虎门和中华门。内城的南半部布置衙署、庙社、贵臣甲第和驻军。在西宫正门外有御路，路东是太庙，路西是社稷，形成都城的主轴线。御道再南，路东有白楼，楼上置鼓，击鼓来控制平城城门和里门的启闭[53]。在内城的南部还有少量皇室贵戚兴建的寺庙[54]。

内城的南、东、西三面城外建有外郭，郭内筑有封闭的坊、市，形成方格网状街道，以南郭为主要居住区。

南郭及郭外，渠道纵横，塘池布列，是较低洼的地区。仿照汉洛阳的先例，把明堂建在南郊[55]。北魏祭天原按鲜卑旧俗在城西建祠天坛[56]，至太和十二年也仿洛阳制度，在南郊筑郊天的圜丘[57]。

平城内城之北为内苑，分北、东、西三苑，北到方山，东到白登，西到西山。苑中有离宫等游赏居住区，也有园圃、鱼池等生产区，西苑则主要是狩猎区。

从平城近百年中的变化，我们可以看到，在始定都时，只是模拟或比附邺都、洛阳、长安的大意，如宫在城北、都城开十二门等，事实上则是结合鲜卑习俗和地方特点，以解决定都的实际问题。到了后期，统一北方、和南朝对峙，在想和南朝争正统地位并需要依靠汉族人士支持而决计改制汉化时，才开始对都城、宫室加以改造。这时已不屑于模拟邺城而专门效法洛阳了。平城在内城东、南、西三面建外郭布置坊市的作法，又直接影响到北魏南迁后重建的洛阳和隋的大兴城。

在北魏迁洛阳之后，事过境迁，对于平城的评价就比较坦率了。袁翻在议明堂时就说："北京制置，未皆允帖，缮修草创，以意良多。"话虽由议明堂制度而发，实际是对平城不合中原帝都体制的批评。这也是孝文帝不得不决策南迁的原因之一[58]。

平城北魏遗迹，近年陆续有所发现、但不系统，尚不能连缀起来推知其全貌。在今大同火车站以北约1.7公里处，发现有东西向城墙，另在火车站以东约2.7公里处又发现南北向城墙，颇有可能是宫城或内城的北垣[7]。在大同城北的小北城内外至火车站附近曾发现大量北魏瓦，火车站东北方还发现成排的覆盆柱础，间距五米，柱径50厘米，是大型建筑[59]，可以推知这一带应是宫殿区。这种有覆盆柱础的宫室，和〈魏虏传〉中所载土屋殿宇大大不同，应是后期效法汉族制度改造宫室以后的遗址。

方山北魏遗址近年也已发现。方山是一平顶的高山，前为陡崖。自南向北，依次建有思远灵图、永固堂、永固陵、万年堂。思远灵图是一有回廊环绕的塔院，塔基方形，长40米，宽30米，原是很大的塔庙。塔院北200米陡坡前沿建有永固堂，又称文石室，是一长方形建筑基址，前有石碑龟趺，和《水经注》的描写相符。堂西又有基址。永固堂北600米为冯太后墓，封土为方底圆顶，东西124米、南北117米，残高22.87米。内部为砖砌墓室，分前室、甬道和墓室三部分。在冯太后永固陵北800米处微偏东又有土冢，方60米，残高约13米，即孝文帝预建的陵墓，后称万年堂。封土内也是砖砌墓室，形制与永固陵相同[60]。目前已发现的北魏平城遗址虽然不多，但从出土的复盆石础和方山诸遗址看，在北魏建都平城的后期，建筑华美，工程质量颇高，和《南齐书·魏虏传》中所载具有强烈鲜卑土俗和地方特点的情况很不同。说明经孝文帝改造后，平城已和中原都城宫殿没有很大差异了。它是十六国以后，南北朝前期中国北方最重要的也是最宏大的都城。

注释

[1]《魏书》1,〈序纪〉第一："始祖神元皇帝讳力微立。……三十九年，迁于定襄之盛乐。"中华书局标点本①P. 3

[2]《魏书》13,〈皇后列传〉第一，平文皇后王氏："昭成（什翼犍）初欲定都于灅源川，筑城郭，起宫室，议不决。后闻之，曰：'国自上世，迁徙为业，今事难之后，基业未固，若城郭而居，一旦寇来，难卒迁动。'乃止。"中华书局标点本②P. 323

[3]《魏书》1,〈序纪〉第一："（什翼犍）四年秋九月，筑盛乐城于故城南八里。"中华书局标点本①P. 12

[4]《魏书》2,〈太祖纪〉第二：天兴元年，"秋七月，迁都平城，始营宫室，建宗庙，立社稷。"中华书局标点本①P. 33

[5]《魏书》53,〈列传〉第四十一，李冲："高祖初谋南迁，恐众心恋旧，乃示为大举（攻南朝），因以胁定群情。外名南伐，其实迁也。旧人怀土，多所不愿，内惮南征，无敢言者，于是定都洛阳。"中华书局标点本④P. 1185

[6]《魏书》1,〈序纪〉第一。中华书局标点本①P. 3、P. 8、P. 11、P. 12

[7] 宿白：〈盛乐、平城一带的拓跋鲜卑——北魏遗迹〉。《文物》1977年11期

[8]《魏书》1,〈序纪〉第一，穆皇帝："六年（309年），城盛乐以为北都，修故平城以为南都。帝登平城西山，观望地势，乃更南百里，于灅水之阳黄瓜堆筑新平城，晋人谓之'小平城'。"中华书局标点本①P. 8

[9]《魏书》2,〈太祖纪〉第二。中华书局标点本①P. 31

[10]《魏书》2,〈太祖纪〉第二：天兴二年（399年）"八月，……增启京师十二门。"中华书局标点本①P. 35

[11]《魏书》2,〈太祖纪〉第二：天兴三年（400年）三月，"是月，穿城南渠，通于城内，作东西鱼池。"中华书局标点本①P. 36

[12]《魏书》2,〈太祖纪〉第二：天兴二年（399年）二月，"以所获高车众（七万余口）起鹿苑，南因台阴，北距长城，东包白登，属之西山，广轮数十里，凿渠引武川水，注之苑中，疏为三沟，分流宫城内外。"中华书局标点本①P. 35

[13] 据注[12]所列文中"南因台阴"一语。魏晋称宫为台，台阴即宫之北墙，因宫城在平城北半部，北倚平城北城墙，可知鹿苑是紧包在平城北墙之外的。

[14] 关于406年只是规划外城而未实际建设的推断是根据前引文献作出的。第一，〈莫题传〉中说"欲广宫室，规度平城四方数十里，将模邺、雒、长安之制。"从文中"欲广宫室"的"欲"字和"将模邺、雒……"的"将"字，

可知这时尚未实行。

在《太祖纪》中说406年，发民夫修漫南宫，"门阙高十余丈，引沟穿池，广苑囿；规立外城，方二十里，分置市里，经涂网达；三十日罢。"此事为修平城而非修漫南宫，正文中已辨之。文中有"规立外城"一句。这"规"字即"计画"的意思，是意图而不是已成事实。所以从文意看，它是规划而不是实施。

从平城现状看，当时已有县城，北魏定都后在城内又建东宫、西宫，各有宫城。故这次规划的只能是在原县城之外建外城，也就是外郭，它在422年才实际建起来。

因为最近关于平城外城、外郭有不同的说法，故在这里申明我对文献记载的理解。

[15]据《魏书》2，〈太祖纪〉的记载：398年起天文殿，399年起天华殿，400年起中天殿、云母堂、金华室，401年起紫极殿等，403年起西昭阳殿，404年筑西宫，407年筑北宫垣，频繁修建宫殿苑囿。

[16]《水经注》13，漯水中记有平城外郭的情况。文云："（如浑水）又经平城西郭内，……"又云："东郭外，太和中，阉人宕昌公钳耳庆时立祇洹舍于东皋。"又云："郭南结两石桥。栏水为梁。……"上海人民出版社版《水经注校》P. 425

由此可知平城的外郭可分东郭、西郭、南郭三部分。《魏书》27，列传15，穆寿传云：太武帝西征凉州，柔然乘虚攻平城，"（穆）寿不知所为，欲筑西郭门，请恭宗避居南山。"可知各面都有郭门。

按：此水《永乐大典》本作"漯水"，而上海人民出版社版《水经注校》作"湿水"。此处从《永乐大典》本。

[17]北魏定都平城，仿洛阳及十六国都城惯例，建东宫、西宫，东宫以居太子，西宫为皇宫。但魏初多迟立太子，故东宫实际上也多用于皇宫。道武帝死，明元帝嗣，史载他于永兴元年（409年）"始营西宫，御天文殿"，表示他即位，入居皇宫，但此后他似乎兼住二宫。《魏书》3，〈太宗纪〉第三载，永兴四年（412年）"八月庚戌，车驾还宫。壬子，幸西宫。……"永兴五年（413年）正月，"己卯，幸西宫。"泰常三年（418年）三月，"庚戌，幸西宫。"泰常七年（422年）"二月丙戌，车驾还宫，……大飨于西宫。"以上记载，或说"幸西宫"，或在说"还宫"之后，又书在西宫行事事，可见所住之宫不是西宫而是东宫。泰常七年，明元帝命皇太子焘临朝听政，退居西宫，东宫方正式用为太子宫，西宫专为皇宫。故又把西宫扩大到周回二十里的规模。

[18]《魏书》3，〈列传〉第二十二，卢鲁元传："卢鲁元，昌黎徒河人也。……从征赫连昌，世祖亲追击之，入其城门，鲁元随世祖出入。是日，微鲁元，几至危殆。……世祖贵异之。……欲其居近，易于往来，乃赐甲第于宫门南。"中华书局标点本③P. 801

按：据此可知在宫前，即内城南部为贵族邸第集中区。

[19]《魏书》3，〈太宗纪〉第三，秦常8年2月。同书卷4下，〈世祖纪〉第四下，太平真君7年6月。中华书局标点本①P. 63, P. 101

[20]《魏书》34，〈列传〉第二十二，卢鲁元传："每有平殄，辄以功赏赐僮隶，前后数百人，布帛以万计。"中华标点本③P. 801

[21]《魏书》3，〈太宗纪〉第三：永兴五年二月，"癸丑，穿鱼池于北苑。"中华书局标点本①P. 52

[22]《水经注》13，漯水："如浑水又南，经北宫下，旧宫人作薄所在。"《水经注校》，上海人民出版社版，P. 424

[23]见下段正文所引《南齐书》〈魏虏传〉。

[24]《魏书》4上，〈世纪〉第四上：始光二年（425年）"三月丙辰，尊保母窦氏曰保太后。……庚申，营故东宫为万寿宫；起永安、安乐二殿，临望观、九华堂。"

中华书局标点本①P. 70

按：这是拓跋珪为帝的第二年，并未立太子。他入居西宫并建主殿永安殿后，东宫闲置，从改名万寿宫和以保母为太后二事同月发生看，应是以东宫为保太后宫。

[25]《魏书》4上，〈世祖纪〉第四上："延和元年春正月丙午，尊保太后为皇太后，立皇后赫连氏，立皇子晃为皇太子。……是月（秋七月）筑东宫。"

"延和三年（434年），秋七月辛巳，东宫成。备置屯卫，三分西宫之一。"中华书局标点本①P. 80、81、84.

按：从这段史料看，立太子晃后，因原东宫已改为保太后的万寿宫，且此时又尊为皇太后，不可能让出其宫，只能另建新的东宫。这新东宫从平城布置看，应在原东宫之东，更为偏向内城东部。从新东宫屯卫占西宫三分之一看，其规模大约也近于西宫的三分之一。

[26]《魏书》4下,〈世祖纪〉第四下:太平真君十一年,二月,"是月,大治宫室,皇太子居于北宫。"中华书局标点本①P. 104

按:是年春,太武帝南征,与宋作战,皇太子留守平城,居东宫。(也可能留守时入居西宫)。《水经注》13,㶟水云:"如浑水又南至灵泉池,……如浑水又东,经北宫下,旧宫人作薄所在。如浑水又南,分为二水:一水西出南屈,入北苑中,……"上海人民出版社版《水经注校》P. 424. 据此可知北宫在北苑之北,灵泉宫之南。从皇太子迁居北宫看,这次大治宫室,西宫东宫都在进行。

[27]《魏书》5,〈高宗纪〉第五:太安四年(458年)"三月,……起太华殿。九月,……辛亥,太华殿成。"中华书局标点本①P. 116

《魏书》又载,和平六年(465年)文成帝崩于太华殿,皇兴五年(471年)孝文帝即位于太华前殿。可知太华殿是北魏西宫正殿。太和十六年(492年)拆毁后,在其地建太极殿,也证明它是正殿。但在道武帝时,西宫正殿是天安殿。道武帝即死于此殿。死前数月,雷击天安殿东序,道武帝命工官拆毁两序。太武帝即位后,天安殿即不再见于史册,而在始光二年(425年)于西宫建永安殿,落成时曾举行大飨庆祝。此后452年文成帝即位于永安前殿,可知是正殿。故永安殿很可能是在天安殿处改建的。在458年建太华殿时,重臣高允谏曰:"永安前殿足以朝会,……"也证明在未建太华殿前,永安殿是朝会正殿。但《魏书》〈高宗纪〉又记载476年,献文帝崩于永安殿,则在太华殿建成后,永安殿尚在,二殿并存了相当长的时间。从这些材料可以推知,在建太华殿时,实际上是在原有主殿永安殿之外,另辟一条主轴线,上建主殿,而这条轴线,又为以后孝文帝改造魏宫时所继承。前已述及,在北魏初道武帝时,曾建东西二宫。当时出于草创,又要因借平城原有布局,恐难以做到宫城居中,与城门形成轴线等都城特点。以后的改建,包括422年明元帝广西宫,425年太武帝改故东宫为万寿宫,432年太武帝新建东宫以及450年大治宫室等,都有设法使西宫向东拓展,近于城市中部以近于洛阳的模式的含意。458年建太华殿,另起新轴线,应是把宫城重心东移使宫殿主轴与城市主轴一致的主要措施之一。

[28]《魏书》114,〈释老志〉:"魏先建国于玄朔,风俗淳一,无为以自守,与西域殊绝,莫能往来,故浮图之教,求之得闻,或闻而未信也。"中华书局标点本⑧P. 3030

[29]同上书,〈释老志〉:"凉州自张轨后,世信佛教。敦煌地接西域,道俗交得其旧式,村坞相属,多有塔寺。太延中(439年),凉州平,徙其国人于京邑,沙门佛事皆俱东,象教弥增矣。寻以沙门众多,诏罢年五十已下者。"中华书局标点本⑧P. 3032

[30]同书,〈释老志〉中华书局标点本⑧P. 3033~3035

[31]同书,〈释老志〉:"高宗践极,下诏曰:'……今制诸州郡县,于众居之所,各听建佛图一区,任其财用,不制会限。……'天下承风,朝不及夕,往时所毁图寺,仍还修矣。"中华书局标点本⑨P. 3035~3036

[32]同书,〈释老志〉:"和平初(460年),师贤卒,昙曜代之,更名沙门统。……昙曜白帝,于京城西武州塞凿山石壁,开窟五所,镌建佛像各一,高者七十尺,次六十尺,雕饰奇伟,冠于一世。"中华书局标点本⑧P. 3037

[33]同书,〈释老志〉:"显祖即位,敦信尤深,……其岁高祖诞载(467),于时,起永宁寺,构七级佛图,高三百余尺,基架博敞,为天下第一。……皇兴中(467~471年)又构三级石佛图,榱栋楣楹,上下重结,大小皆石,高十丈。镇固巧密,为京华壮观。"中华书局标点本⑧P. 3037

[34]同书,〈释老志〉:"高祖践位,显祖移御北苑崇光宫,览习玄籍。建鹿野佛图于苑中之西山,去崇光右十里,岩房禅堂,禅僧居其中焉。"中华书局标点本⑧P. 3038

[35]同书,〈释老志〉:"自兴光(454年)至此(太和元年,477年),京城内寺新旧且百所,僧尼二千余人。"中华书局标点本⑨P. 3039

[36]同书,《释老志》:"神龟元年(518年)冬,……任城王澄奏曰:'仰惟高祖(孝文帝),定鼎嵩瀍,卜世悠远。虑括终始,制洽天人,造物开符,垂之万叶。故《都城制》云:'城内唯拟一永宁寺地,郭内唯拟尼寺一所,余悉城郭之外。欲令永遵此制,无敢逾矩。'"中华书局标点本⑧P. 3044

[37]《魏书》7上,〈高祖纪〉第七上:太和三年六月,"起文石室、灵泉殿于方山。"中华书局标点本①P. 174

《资治通鉴》136,〈齐纪〉2:永明四年(486年)夏四月,"癸酉,魏主如灵泉池。"胡三省注云:"魏于方山之南起灵泉宫,引如浑水为灵泉池,东西一百步,南北二百步。"中华书局标点本⑩P. 4272

[38]《魏书》114,〈释老志〉:"又于方山太祖营垒之处,建思远寺。"中华书局标点本⑧P. 3039

[39]《魏书》13,〈皇后列传〉第一:"太后与高祖游于方山,顾瞻川阜,有终焉之志,……高祖乃诏有司营建寿陵于方山,又起永固石室,将终为清庙焉。太和五年起作,八年而成。"中华书局标点本②P.328

[40]同书,同卷:"初,高祖孝于太后,乃于永固陵东北里余豫营寿宫,有终焉瞻望之志。及迁洛阳,乃自表瀍西以为山园之所,而方山虚宫至今犹存,号曰'万年堂'云。"中华书局标点本②P.330

[41]《魏书》3,〈太宗纪〉第三:神瑞二年(415年)二月,"甲辰,立太祖庙于白登之西。"中华书局标点本⑨P.55 泰常四年(419年)"夏四月庚辰,车驾有事于东庙,远藩助祭者数百国。"中华书局标点本①P.59

《魏书》30,〈列传〉第十八,刘尼传:"承平元年(452年),宗爱既杀南安王余于东庙,秘之。"中华书局标点本③P.721

《魏书》112上,〈灵徵志〉上:"高祖太和三年,五月戊午,震东庙东中门屋南鸱尾"。中华书局标点本⑧P.2910

《魏书》108之1,〈礼志〉1:太和十六年(492年)"十月己亥,诏曰:"……今授衣之旦,享祭明堂,玄冬之始,奉烝太庙。若复致斋白登,便为一月再驾,事成亵渎。……将欲废彼东山之祀,成此二享之敬……"中华书局标点本⑧P.2750

按:据上引可知白登庙专为祀太祖拓跋珪,始建于415年,到492年,平城新太庙建成后才废止。因白登山在平城东,故称"东庙"。

[42]《水经注》13,漯水:"其水(如浑水)自北苑南出,历京城内。河干两湄,太和十年(486年)累石结岸。夹塘之上,杂树交荫。"《水经注校》,上海人民出版社版,P.428

[43]《魏书》114,〈释老志〉:"太和十五年秋,诏曰:……昔京城之内,居舍尚希。今者里宅栉比,……"中华书局标点本⑧P.3055

[44]《魏书》60,〈列传〉48,韩麒麟传:"太和十一年,京都大饥。麒麟表陈时务曰:……今京师民庶,不田者多,游食之口,三分居二。……车服第宅,奢僭无限,……农夫餔糟糠,蚕妇乏短褐,故令耕者少,田有荒芜。……"中华书局标点本④P.1332

[45]同书,同卷,韩显宗传:"既定迁都,显宗上书:……其二曰:自古圣帝必以俭约为美,乱主必以奢侈贻患。……顷来北都富室,竞以第宅相尚,今因迁徙,宜申禁约。……"中华书局标点本④P.338

[46]《魏书》53,〈列传〉第四十一,李冲传。中华书局标点本④P.1181

[47]《魏书》7下,〈高祖纪〉第七下:太和十五年(491年)四月,"己卯,经始明堂,改营太庙。"……同年十月,"明堂、太庙成。十有一月丁卯,迁七庙神主于新庙。"太和"十有六年春正月,……己未,宗祀显祖献文皇帝于明堂,以配上帝。"中华书局标点本①P.168~169

[48]《魏书》7下,〈高祖纪〉第七下:太和十五年(491年)"十有二月壬辰,迁社于内城之西。"中华书局标点本①P.168

[49]《魏书》7下,〈高祖纪〉第七下:太和十六年"二月戊子,帝移御永乐宫。庚寅,坏太华殿,经始太极。"中华书局标点本①P.169

《水经注》13,漯水:"太和十六年(492年)破太华、安昌诸殿,造太极殿、东西堂及朝堂,夹建象魏。"《水经注校》,上海人民出版社版,P.425

[50]《魏书》91,〈列传〉第七十九,术艺,蒋少游传:"后于平城将营太庙、太极殿,遣少游乘传诣洛,量准魏晋基趾。"中华书局标点本⑥P.1971

[51]《魏书》7上,〈高祖纪〉第七上:太和九年"秋七月丙寅朔,新作诸门。"中华书局标点本①P.155

《水经注》13,漯水:"太和十六年(492年)……,造太极殿、东西堂及朝堂,夹建象魏。乾光、中阳、端门、东西两掖门、云龙、神虎、中华诸门,皆饰以观阁。"上海人民出版社版《水经注校》P.425

[52]《魏书》7下,〈高祖纪〉第七下:太和十七年"三月戊辰,改作后宫。帝幸永兴园,徙御宣文堂。"中华书局标点本①P.171

[53]《水经注》13,漯水:"其水(如浑水之一枝)夹御路南流,迳蓬台西。魏神瑞三年(416年)又毁建白楼。楼甚高竦,加观榭于其上,表里饰以石粉,高曜建素,赭白绮粉,故世谓之白楼也。后置大鼓其上,晨昏伐以千椎,为城、里诸门启闭之候,谓之戒晨鼓也。"《水经注校》,上海人民出版社版,P.426

[54]同书同卷,接注[53]引文:"(如浑水之一枝)又南,迳皇舅寺西,是太师昌黎冯晋国所造,有五层浮图。……

又南,迳永宁七级浮图西。"《水经注校》,上海人民出版社版,P. 426

[55]同书,同卷:"其水《如浑水之一枝》自北苑南出,历京城内,……郭南结两石桥,横水为梁。又南迳藉田及乐圃西、明堂东。"同书 P. 428

[56]同书,同卷:"(平城)西郭外有郊天坛。"《水经注校》,上海人民出版社版,P. 425

《南齐书》57,〈列传〉三十八,魏虏:"城西有祠天坛,立四十九木人,长丈许,……立坛上,常以四月四日杀牛马祭祀,盛陈卤簿,边坛奔驰,奏伎为乐。"中华书局标点本③P. 985

据此可知原祭天坛在西郭外,沿鲜卑旧俗祭祀。

[57]《魏书》7下,〈高祖纪〉第七下:太和十二年(488年)"闰(九)月甲子,帝观筑圜丘于南郊。……十有三年正月辛亥,车驾有事于圜丘,于是初备大驾。"中华书局标点本①P. 164

按:至此,已用历代皇帝祭天于南郊的礼仪,废弃鲜卑旧俗,据"初备大驾"一语,可知皇帝出行的仪仗也改用魏晋制度了。

[58]《魏书》69,〈列传〉57,〈袁翻传〉,中华书局标点本⑤P. 1536

[59](日)水野清一:〈大同近傍调查记·平城遗迹〉,《云冈石窟》第十六卷,(日)京都大学人文科学研究所 1956年版。

[60]大同市博物馆等:〈大同方山北魏永固陵〉,《文物》1978年7期

3. 洛阳

洛阳是东汉、魏、晋三朝旧都。公元 25 年,刘秀定都洛阳,建立东汉王朝。一百六十五年以后,于 190 年为董卓所毁。三十年后,曹丕代汉,以洛阳为都城建立魏朝,重建了洛阳。四十五年以后,司马炎于 265 年代魏,仍以洛阳为都,建立晋朝。又四十六年以后,匈奴刘聪军队于 311 年攻陷洛阳,焚毁宫室、官署、民居,西晋灭亡。洛阳在魏朝重建 91 年后,又被破坏为废墟。

一百八十二年之后,北魏孝文帝为适应北魏已经变化了的政治、经济形势,决计在中原立国,于太和十七年(493 年)自平城迁都洛阳。为克服王公大臣安土重迁的心理,是年秋,他声言南征,率大军及群臣南下,到洛阳后,利用群臣惧怕南征,以继续南征来胁迫他们同意迁都洛阳。同年十月,命穆亮、李冲、董爵负责规划和实施在魏晋洛阳废墟上重建洛阳工程。在重建洛阳的同时,先修复魏晋金墉城和华林园为临时宫殿。太和十九年(495 年)八月金墉宫建成,九月,六宫和文武官员正式迁都洛阳[1]。

当时洛阳是废弃了近二百年的废墟,从规划到建设,困难很多,重建的规模又空前巨大,所以进展颇慢。除在太和十九年、二十年(495、496 年)建成临时性的太庙、太社、圜丘、方泽以便行礼外[2],到世宗景明二年(501 年)才建成主殿太极殿并筑京城诸坊[3],次年(502 年)宫殿正式落成,魏帝自金墉迁入新宫[4]。如以 493 年始定都计算,前后历时十年,始得以建成。这时,孝文帝死去已三年了。

重建洛阳,其宫室官署的木构部分多用预制的办法。《魏书·高道悦传》说,太和十七年冬初定都洛阳时,孝文帝要从水路暂至邺城,令官员用营构洛阳的木材改造船,高道悦谏曰:"都作营构之材,部别科拟,素有定所,工治已讫,……用造舟舻,……损耗殊倍,终为弃物……"[5]。从"部别科拟,素有定所、工治已讫"三句看,当时是按不同建筑的等级、规格在预制房屋的木构件了。在北魏洛阳的宫室等大建筑中,夯土工程使用也很多。除大量殿基为夯土筑成已为近年勘探试掘所证实外,从文献上看,重要殿堂衙署的墙壁也多为土筑。《魏书·崔光传》说,太极殿西序生菌,崔光上表说:"……今极宇崇丽,墙筑工密,粪朽弗加,沾濡不及,而兹菌歘构,厥状扶疏,诚足异也"[6]。从"墙筑工密"句看,太极殿的墙壁是用土夯筑的。太极殿如此,其他殿宇可以推知。近年洛阳发掘的汉魏洛阳一号房址从位置看,应是宗正寺或太庙中建筑,它的进深达

11.8米，四壁用夯土筑成，墙中无木柱，是用夯土墙承重的土木混合法构房屋[7]。从这两例看，北魏洛阳的宫室官署中，应有相当一部分是土木混合结构的建筑物。

洛阳的重建基本完成后，北魏已进入衰落的末期，政治腐败，内乱四起。原规划中很多尚待完成的部分，如建成完整的衙署区，建太学、四门学、明堂等都无力再进行下去，已建成的衙署等也日渐破败[8]。到528年，尔朱荣杀太后及群臣诸王，北魏中央政权基本瓦解。534年，高欢迁魏都于邺城，次年，拆洛阳宫室官署，运其材瓦修邺都宫殿[9]。538年，高欢军烧洛阳内外官寺民居，毁金墉城[10]。这样，北魏洛阳在重建四十五年之后，又遭破坏。再四十一年后，北周灭北齐统一中国北半部。周宣帝又于大象元年（579年）下令修复洛阳。同年发山东兵修洛阳宫，常役四万人，一年后主殿太极殿已经建成。580年，周宣帝死，杨坚执政，下令停建。但《周书》称这次重建"虽未成毕，其规模壮丽，踰于汉魏远矣。"二十六年后，隋炀帝于大业元年（605年）兴建东都，因汉魏洛阳故城残毁过甚，在其西另选新址[11]，汉魏洛阳城就永远废毁了。

北魏重建洛阳是经过反复研讨，订有规划的。史载孝文帝建洛阳时曾发布《都城令》，从令中具体到规定城、郭中建寺数量看，应是个以皇帝的《令》的形式发布的颇为详密的规划[12]。《都城令》的全文不传，其总的规划要点虽无明文留下来，但钩稽史料，还可以从种种建议中了解到一些情况。其中有：一、魏晋宫殿侈大，宜加裁损；二、拓展路宽，调直道路；三、疏通渠道；四、集中布置官署；五、居住的里坊要按居民职业集中安排；六、住宅要按贵贱订出等级制度，防止过度奢华[13]；七、城内、郭内各立一寺，其余安排在郊外[12]。根据近年对汉魏洛阳遗址的发掘，参以其他史料，可知以上七条中，除限制住宅规模和建寺数量未能做到外，其他各条都在不同程度上实行了。

记载北魏洛阳最详细的史料有二，一是北魏郦道元《水经注》中有关段落，一是北魏杨衒之《洛阳伽蓝记》。二书都是当时人的记载，详密可信，且可互相补充。此外，在《魏书》、《北史》中也有些记载。利用这些文献史料和近年所得勘探发掘的平面图[14]，可以对北魏洛阳规划有较清楚的了解，并探讨上述诸点的实施情况。

重建的洛阳以原魏晋洛阳城为内城，在它的东、南、西、北四面拓建里坊，形成外郭。魏晋洛阳城是东西六里，南北九里[15]，而《洛阳伽蓝记》说北魏洛阳东西二十里，南北十五里[16]，所指是包括外郭的。近年考察遗迹，初步确定北魏洛阳外郭北、东、西三面的位置和走向，南面也发现洛河故道北岸的痕迹[17]，这就可以在洛阳城外基本上定出矩形外郭的轮廓，它的主要里坊在东、南、西三面，北面只有约二坊之宽。这种以原有都城为核心，外部主要在东、西、南三面的布局，在前此的都城中，只有北魏平城是这样。由此可知，北魏重建洛阳，拓展外郭，是吸收了平城的传统。建外郭后，称汉晋洛阳城圈之内为城内，郭墙之内为郭内。

北魏洛阳的城墙、城门基本保持魏晋洛阳的旧规。南面有四门，仍沿用曹魏以来西起第二门宣阳门为正门的传统；东面有三门，北面有二门，也维持魏晋时原状[18]。北魏洛阳在城门上的主要变动在西墙。西墙上原有三门，南端的西明门和北面的阊阖门都不变，仍和东城上的青阳门和建春门遥遥相对。中门西阳门在魏晋时偏向南面，不与东墙中门相对，北魏时把它北移到和东阳门相对的位置，形成横过宫城之前的东阳门至西阳门内大道[19]。这正是洛阳改建规划中"端广衢路"的内容。"端"即端正，指使道路直而不曲。此外，因为在宫城未建成之前北魏帝暂居金墉，为便于自金墉出城，又在西城北端靠金墉处新开一门，名承明门[20]。这样，洛阳就由汉晋以来的十二门增为十三门了。

北魏洛阳城墙仍是土筑，就汉、晋故城向外侧贴筑增补而成。城厚据勘测东城墙约14米，西城墙约 20 米，北城墙约 25～30 米，南城墙为洛河冲毁，已不可知[14]。城墙上有马面，间距多在 110 米至 120 米之间，也是在魏晋旧有马面外贴筑而成[21][22]。《水经注》说金墉城西面"五十步一睥睨屋台"[23]，五十步约合 105 米，"睥睨屋台"当即指马面而言，以其上建有睥睨屋而得名。十六国时已出现城墙包砖的做法，石虎邺城和刘宋彭城都曾包砖[24]。在《魏书·李崇传》中有建议修建明堂、辟雍和城池一表，表中说："城隍严固之重，阙砖石之工；墉堞显望之要，少楼榭之饰。加以风雨稍侵，渐致亏坠。……"可知北魏原拟用砖石甃城墙及壕隍，并在城上建敌楼、战棚等"楼榭"[8]，由于后期主要财力用于修龙门石窟和塔寺，无力再行兴建。

北魏洛阳城门据《洛阳伽蓝记》记载，都是一门有三道，门上建有二层的城门楼。只有北城西门大夏门的门楼是三层[18]。城门上建二层楼自三国以来日渐流行，当时南朝建康的主要城门、宫门也是层楼。北魏洛阳诸门中，建春门近来已经发掘，它就开在东城上，尚未发现突出的墩台，开有三个门道。南北两个门道宽约 6 米，门道两侧埋设石柱础，各立排叉柱八根，门洞夯土壁面上柱槽尚存。左右门道与中道之间隔以夯土厚墙。中间门道两壁已毁，宽度不明，从残存宽度看，中间门道可能稍宽一些[25]。城门的形制，参考现有北魏壁画、石刻，可知门洞上用梯形木构架，门墩上建二层的重楼。

西晋陆机《洛阳记》说西晋洛阳"十二门，门有阁，闭中，开左右出入"[26]。《洛阳伽蓝记》在列举十三门后也说，"一门有三道，所谓九轨"[18]。这种三个门道的城门，中央是御道，平日封闭，行人左入右出，走两侧的门，是都城有御路通过的城门的特有形式，自西汉至北宋，成为通制。《元河南志》引《晋书》说"洛阳十二门皆有双阙，有桥，桥跨阳渠水"[26]。近年初步勘察，已发现大夏门和西阳门、东阳门外有阙的遗址[14]，估计北魏时其他有御道通过的各门也应有阙。

从发掘所得平面图[14]上可以看到，北魏洛阳城内的街道基本保持魏晋洛阳之旧，由各城门内的大道组成干道网。最大的变动是由于西阳门向北移到和东阳门相对的位置，形成东西贯通的大道，使北魏洛阳出现了三条东西大道。三条中，南、中两条东西贯通，北面一条为宫城隔断。但在与路相对处，东西宫墙上都开有宫门，门内也有横贯全宫的永巷，与门外大道相连，仍形成东西贯通之势。在南北方向，自南墙四门有四条大道向北。东汉时西起第三门内大道正对南宫，是主轴线。曹魏时，修复北宫，改以西起第二门内大道为全城主轴，北对北宫正门阊阖门，北魏时仍沿用这条大道为主轴。在北城墙上的二门也各有大道入城。

在城内道路网中，设有御道的是干道。《水经注》说："自此南直宣阳门，经纬通达，皆列驰道，往来之禁，一同两汉"[27]。驰道即御道。检《洛阳伽蓝记》各卷中所提到的穿过诸城门内外有御道的街道名，在北魏洛阳十三个城门中，只有南面西起第三门平昌门和西面南起第四门承明门内外无御道。其余十一门都有御道通过，延伸到外郭。这样，在全城实际上出现了三条南北向御道，三条东西向御道，组成干道网。三条南北向御道中，两侧两条曲折北行，和北面二门内的御道相接；中间作为全城中轴的宣阳门至阊阖门间御道，直指宫城正门阊阖门、主殿太极殿，和宫城主轴相接而止，再向北为内苑华林园阻隔，不再北延。在洛阳的纵横各三条主干道中，只东西向有端直大道横贯全城，南北向没有纵贯全城的直道。在纵横各三条御道中，又各以中间一条为主干道，对于都城面貌的形成和功能分区起重要作用。

北魏洛阳宫城沿用魏晋故址，即东汉时北宫之地。从近年勘探所得东汉洛阳[28]和北魏洛阳平面图上可知，北魏宫城比东汉北宫略向南移，东西墙向内收进颇多，面积远小于北宫。北魏洛阳始建时曾有人提出"宫殿故基皆魏明帝所造，前世讥其奢。今兹营缮，宜加裁损"[13]。宫城缩小当是采纳这建议的结果。但勘探平面图上东西墙退入过多，与文献记载颇多不合之处，将在宫殿节中加以探讨。

宫城正门阊阖门南对南城上的宣阳门，其间御道即魏晋时的"铜驼街"，是全城的主轴线。在这条主轴线上，于御道两侧建重要衙署，左右各约占一坊之宽，形成衙署区。最南端临青阳门至西明门内大道按"左祖右社"传统建太庙、太社[29]。这条主轴线在宣阳门外又向南延伸，穿出外郭，渡过洛水浮桥，直抵表示皇权受命自天的祭天圜丘[30]。这样，在纵的方向上，北魏洛阳把表现皇权天授，皇权至上的一切重要建筑物都串联在这条轴线上，直指宫城。

从横的方向看，以东阳门至西阳门间大道为界，北魏洛阳实际被中分为两半，北半部中心是宫城，宫北为内苑华林园[31]，宫东为太仓[32]，宫东北是太子东宫（预留地）[33]，宫西是武库[34]，西北角是可供踞守的金墉城[35]。整个北半部基本上为宫城、苑囿、府库所占，地形又高于南部，明显是个聚集了大量军资粮草有坚城可守的区域。南半城中心是衙署庙社，统领禁军的左、右卫府是最重要军事机构，就布置在御街北端，北对宫城阊阖门。外围建为里坊，衬托并拱卫着宫城。洛阳城内的功能分区与便于事变时踞守有着明显的联系。

作为帝都，北魏洛阳必须建有一系列礼制建筑，并按礼制规定建在一定部位。太庙、太社沿西晋传统，建在宫前御道两侧，按"左祖右社"布置。和西晋不同的是，北魏时把它由御道中段南移到南端，面临东西大道处。在平城的前期，北魏太庙为一世一庙的体制，太和十五年（491年），孝文帝改建为七世共庙，同堂异室，故洛阳的太庙也是如此[36]。分祭天地的圜丘、方泽按礼制说法应分别建在都城南北的近郊。迁都洛阳之初，于太和十九年（495年）、二十年（496年）分建于都南委粟山和都西北黄河南岸的河阴。后来因离都城太远，于景明二年（501年）在都南伊水之北改筑圜丘[37]，方泽移近与否，史无明文。明堂按传统说法应建在"国之阳"，即南郊。在宣武帝末年，曾拟建明堂，因群臣陷入五室、九室的争论，无法决断而止。到孝明帝时，元叉专政，在南郭内东汉辟雍之西南按九室之制兴建。当时北魏政令紊乱，拨给的工役不过千数人，又不断抽调去修寺庙，故始终未能建成[38]。

在都城建学校是封建国家"崇儒尊道"的表示，在一定程度上也有近似于礼制建筑的性质。学校有贵族子弟的国子学和一般学子的太学。504年，宣武帝下令"依汉魏旧章，营缮国学"[39]，507年及512年又先后下令建国子学、太学和四门小学。经群臣讨论，确定国子学按传统说法，建在"国门之左"，即阊阖宫门前御道之东，太学仍沿用东汉太学故地，不建四门学[40]。《洛阳伽蓝记》说国子学在宫前御道东侧，司徒府之南。又说堂内有孔丘像，可证确已建成。太学建成与否，史无明文。

北魏洛阳在城内除布置宫城、庙社、官署、仓库外，其余安排里坊，但不设市。城内里坊数史无明文。晋代史料曾载有四十五个里名，是否只有此数，也不可考。从北魏重建后干道系统基本未变的情况看，里坊可能不会有大的改动。《洛阳伽蓝记》说每里坊方三百步，长宽都是一里。从近年勘查所得平面图上分析，城内南半部东西可容六里坊之宽，南北可容四里坊之长。若以勘探所得东西城墙间距2460米为六里，则每里合410米，即大约北魏1尺≈27.33厘米。

《洛阳伽蓝记》记载北魏洛阳外郭东西二十里，南北十五里。据此推算，城的东西侧，在外郭内可各安排七个里坊之宽，加上城内六个，正合二十个里坊之数。外郭的南北向应可容十五个里坊之长。据1993年发表的外郭遗址实测图，北、东、西三面均已探明，其外郭东西最宽处为10公里，平均约9.2公里，南北计至旧河道北岸，约5.8公里，总面积约为53.4平方公里。

在中国古代都城中，宫城位置的安排都要考虑兼防外患和内乱，除有坚城可防外患外，宫城必须有一面或二面靠大城，以便内乱时出逃。自战国都城至隋唐长安、洛阳，莫不如此。北宋以后，中央集权巩固,才开始敢把宫城全布置在城中。为此,这些都城在有宫城临靠一面的外侧多不设居里,或划为禁苑,以保留安全退路。北魏洛阳宫城通过北面的禁苑华林园连接北城,城外设洛阳小城和阅武场,是军事用地。出于这个目的,它的外郭主要设在东、南、西三面城外,城北虽在洛阳小城之西、广莫门之东有一排,北郭就在邙山上,但北面二门之间部分完全空出为军事禁区。

此外,为安置南朝叛臣、西北各少数民族的代表和中亚、海东诸国使臣,在洛阳洛河南岸夹着通往圜丘的御道两侧,东面建四夷馆,西面建四夷里[30]。中国古代有不令外国人入城居住的传统,自汉延续至明,清代始打破。这四夷馆、四夷里在郭南,北与南郭有洛河阻隔,是个独立的部分,不是外郭的延伸。

据《洛阳伽蓝记》记载,北魏亲王和重要大臣大多住在外郭,住在内城者较少。在外郭西端,东西两个里,南北十五个里,共有三十个里划为皇族居住区,统称寿丘里,民间称之为王子坊[41]。也有很多名王重臣住在郭中近城门和御道等交通方便之处。《洛阳伽蓝记》记载,清河王元怿宅在西明门外一里,广平王元怀宅在青阳门外二里,高阳王元雍宅在津阳门外三里,太傅崔光、太保李延寔等宅在东阳门外二里。北魏建都平城的后期,王公重臣邸宅侈大奢华已成风气,迁洛阳时曾企图订立制度,遏止一下。可能为避开限制,他们转在城外郭中建宅。郭中为新开辟区,比起城内遗址纵横诸多障碍要好,可以任意拓展。史载,清河王元怿、高杨王元雍的第宅都是可以比拟宫禁的巨邸。到北魏末年,遏止巨宅的措施完全失败,第宅之侈大又远远超过平城。

在汉晋时,洛阳有三市,一在城内西部,一在城东,一在城南。北魏时废止城内之市,在外郭的东、西、建二市。东市在青阳门外四里,只占一个里之地,称为"洛阳小市"[42];西市在西阳门外四里,占四个里之地,称"洛阳大市"[43]。二市的布置说明这时主要居民区在郭中,而且东郭不如西郭繁华。此外,在南郭之外,洛河南岸又在浮桥畔建四通市,主要是为四夷馆、四夷里服务的[44]。由于他们多带有本国货物,四通市遂成为洛阳的国际性市场。北魏洛阳虽仍有三个市,但位置和汉、魏、晋时完全不同了。

在始建北魏洛阳时,中书侍郎韩显宗提出里坊安排要使士农工商按不同职业集中居住的建议[13]。这种主张始见于《管子·大匡》,说"凡仕者近宫,不仕与耕者近门,工贾近市。"《管子·小匡》又说:"士农工商四民者,国之石民也,不可使杂处。杂处则其言哤,其事乱。"据《洛阳伽蓝记》所载,除外郭西端三十个里为皇族聚居区外,在洛阳大市的四周每面各划出二个里,分别居住工巧屠贩、音乐歌伎、酿酒、营葬等不同行业的工商货殖之人[45]。另在洛阳小市之北也有殖货里,居住屠沽之民[46]。据此,则"工贾近市"的原则在北魏洛阳是实行了的,它的居住区在一定程度上是按居民的职业,身份分区集中安排的。

外郭的道路已探得南城开阳门、平昌门外两条,是城内道路的直线延伸,又在西郭上探得三个缺口,正对内城西城上三个门[47]可知各城门外道路是直线延伸到外郭并通到郭门的。

北魏洛阳里坊的数目,史书上有三种记载:《洛阳伽蓝记》说有二百二十个里[48],《魏书·世宗纪》说有三百二十三坊[49],同书〈广阳王传附元嘉传〉说有三百二十坊[50]。若以一个里坊方一里计,外郭、内城总面积也只能容三百个里,何况还要除去宫殿、庙社、官署、寺庙等用地,故应以二百二十个里较切实际。其具体到分情况,尚有待探查。本书附图所绘这一部分是示意图(图 2-1-4)。

北魏洛阳,连外郭在内,总面积 50.4 平方公里,超过两汉都城,城市治安是一严重问题。史载迁都后,"五方杂沓,寇盗公行",不得已,参照平城的经验,加强里中管理人员,提高里正的任职级别,又"以羽林(即禁军)为游军"加强对坊巷的监察,治安才有所好转[51]。

图 2-1-4 北魏洛阳城平面复原图

1. 津阳门	15. 左卫府	29. 永宁寺	42. 洛阳小市	56. 归正里
2. 宣阳门	16. 司徒府	30. 御史台	43. 东汉灵台址	57. 阅武场
3. 平昌门	17. 国子学	31. 武库	44. 东汉辟雍址	58. 寿丘里
4. 开阳门	18. 宗正寺	32. 金墉城	45. 东汉太学址	59. 阳渠水
5. 青阳门	19. 景乐寺	33. 洛阳小城	46. 四通市	60. 谷水
6. 东阳门	20. 太庙	34. 华林园	47. 白象坊	61. 东石桥
7. 建春门	21. 护军府	35. 曹魏景阳山	48. 狮子坊	62. 七里桥
8. 广莫门	22. 右卫府	36. 听讼观	49. 金陵馆	63. 长分桥
9. 大夏门	23. 太尉府	37. 东宫预留地	50. 燕然馆	64. 伊水
10. 承明门	24. 将作曹	38. 司空府	51. 扶桑馆	65. 洛河
11. 阊阖门	25. 九级府	39. 太仓	52. 崦嵫馆	66. 东汉明堂址
12. 西阳门	26. 太社	40. 太仓署	53. 慕义里	67. 圆丘
13. 西明门	27. 胡统寺	导官署	54. 慕化里	
14. 宫城	28. 昭玄曹	41. 洛阳大市	55. 归德里	

洛阳的防卫问题，在内城靠禁军，禁军主要由鲜卑南迁之人组成，其统领机关左右卫府就设在宫城正门阊阖门南[52]。史载元乂为领军将军掌握禁军时，在千秋门外布置腹心防守[53]，可能禁军主要驻在宫前和宫西。宫西北角又有金墉城，是设防的城堡。北城大夏门外为阅武场[54]，也是军事用地，故宫城至少在南、西、北三方驻有重兵。洛阳是平原地区，除北有黄河外，基本无险可守。故洛阳除驻禁军外，又在洛阳四周设四中郎将府，拱卫洛阳，简称"四中"。东中在荥阳郡

（郑州），南中在鲁阳郡（鲁山），西中在恒农郡（三门峡市），北中在河内郡（沁阳）。"四中"所屯兵是洛阳的外围防线[55]。

迁都洛阳后，城市供水的明渠和供应补给的运河成为维持城市生命的重要问题。孝文帝南迁之初就有意发展漕运，曾说"我以平城无漕运之路，故京邑民贫。今迁都洛阳，欲通四方之运"[56]。所以在太和二十年（496年）修复引洛水济谷水的工程落成时，曾亲往参观，[57]可知他对此重视的程度。

汉、魏、晋洛阳沟渠运河的情况，史不详载，从零星材料可知，汉代曾在洛阳之东修漕渠，自洛口西至上东门（北魏之建春门），在门旁建仓，但苦于水量不足[58]。洛阳的地势是北倚邙山，南临洛水，北高南低，夹在北面的谷水和南面的洛水之间。自北面谷水可引水入城并东流入洛，但水量不足，因此需要在西面上游堰洛水以济谷水。东汉建武二十四年（48年）张纯完成了堰洛入谷工程，终于开通漕运[59]。建春门外阳渠石桥的石柱上有东汉阳嘉四年（135年）铭，说此渠"东通河济，南引江淮，方贡委输，所由而至"[60]。则在东汉时，这条运渠可以东行入洛水，由洛口入黄河，再转通江淮，是洛阳的重要水路供应线。《太平御览》引《述征记》说"旧于王城之东北开渠，引洛水，名曰阳渠，东流经洛阳，于城之东南然后北回，通运至建春门，以输常满仓"[61]。则西晋时仍保持这条运输线，称为阳渠。上述太和二十年引洛入谷之举，就是修复这项工程，以保持城内水渠和城东运河的水量，维持漕运。

洛水引入谷水后，除环城一周为城壕外，又分三路自城壕入城。第一路自西城阊阖城门入城，沿御道东流，抵宫城西门千秋门后，分为二枝。一枝利用曹魏时入九龙殿的旧渠入宫。另一枝顺宫城西墙南下，至城角东转，流过宫城正门阊阖宫门和其东的司马门，顺东阳门内御道东行出城，注入阳渠。第二路在西明门处入城，沿内御道东流，横过太社、太庙之前，出青阳门注入城壕。这段水渠又称南渠。此外，第一路流经宫城前的一枝，在阊阖宫门前分两股夹门前御道南下，在太庙、太社之间注入南渠。第三路在北城大夏门处入城，流经华林园，水量大部消耗，余水东南流注入南池。这样，在北魏洛阳除宫城、苑囿有渠水通入外，南半城在两条东西贯通的横街和全城主轴宫前南北御道上也都有水渠流过，形成涵盖面很大的干渠系统[62]。

洛阳城壕在东面分二路东流，在建春门处的称阳渠。在洛阳东南角处的仍称谷水。阳渠水、谷水都东流，在偃师县南入洛水、转入黄河。洛阳迁都二三十年后，发展到除宫廷官府外，民户十万九千户，寺庙一千三百六十七所[48]，供应问题日益严重。据《魏书·食货志》记载，到后期因陆运费用昂贵，只能设法开展黄河水运[63]。所以洛阳的阳渠对维持城市供应是很重要的。天下租赋自阳渠运至租场，再转运到城内诸仓库去。

北魏洛阳城还有一个特殊问题即佛寺，是城市发展的大害。北魏迁都之初，接受平城佛寺泛滥的教训，孝文帝在《都城制》中曾明确规定城内只建一永宁寺，郭内只建一尼寺，其余都建在郭外。宣武帝初年曾重申禁令，但只禁城内，已不再提及郭内。正始三年（506年）开始放松限制，遂不可遏止，在皇帝、太后、诸王、贵臣倡率下，仅十二年，到神龟元年（518年）时，城郭内寺数已超过五百所，"寺夺民居，三分且一"[64]。到迁都邺城前夕，寺数已达一千三百六十七所。

洛阳诸寺中，以永宁寺为最大，它是继承平城永宁寺而建的，属国家特建寺庙，但迟至熙平元年（516年）才由灵太后胡氏下令建造[65]。北魏各帝也都建有寺庙。孝文帝在南郭为冯太后追福建报德寺[66]，这应即《令》中所说的郭中尼寺。宣武帝佞佛，建有景明寺、永明寺和瑶光尼寺[67]。胡太后除建永宁寺外，又为其父母建秦太上公寺，秦太上君寺。此外，清河王元怿建景乐寺、融觉寺，彭城王元勰建明悬尼寺，广陵王元羽建龙华寺，北海王元详建追圣寺，百官集资建正始寺[68]。在皇帝、太后、诸王、百官带动下，各种大小寺院纷纷建成。

洛阳各寺，从性质上分，大体可分三类：一类是专门建立的寺庙，上文所述都属此类。第二类是舍宅为寺后由住宅改建的寺庙，如广平王元怀生前舍宅建平等寺、大觉寺，高阳王元雍，清河王元怿，东平王元略死后舍宅为高阳王寺、冲觉寺和追先寺。这类寺的出现，使以后的寺院布局更进一步接近于宫室第宅，且出现了园林。第三类是外国僧人所建寺，如菩提寺、法云寺。这类寺"佛殿僧房，皆为胡饰"[69]，具有西域和天竺特色。各寺都有僧坊，居住大量僧尼。

在北魏末年佞佛时，南朝梁武帝也大崇佛教，频修寺塔，唐诗中有"南朝四百八十寺"之句，但比起洛阳的一千三百余寺来，南朝是小巫见大巫了。洛阳大建佛寺，既影响城市建设，也侵扰居民生活。在孝明帝之初，李崇上表，说洛阳建都已二十年，明堂、国学未修、城池未加固，已修成的官署日渐颓坏，建议停止永宁寺和龙门石窟的开凿，以其人力财力完善城市建设[8]，就是明证。除立刹建寺外，舍宅为寺对洛阳的破坏最大。王侯贵官竞修第宅，极为豪华侈大，然后舍宅为寺，自己再去夺百姓住宅，以其地营新宅，大量城市用地通过这种方式，转为佛寺。很多贵邸，原是特许临街开门的，舍为寺后，寺即临街开门，其他寺效尤，也纷纷毁坊当街开门，严重影响城市治安[70]。尽管有识之士多方呼吁，但在北魏社会矛盾日趋尖锐的情况下，统治者只能乞灵于佛，故建寺之风不能遏止。就像寄生虫害死寄主后自己也得死亡一样，洛阳的千余佛寺最终也随着北魏政权的衰亡和洛阳的毁灭而毁灭了。

北魏洛阳除在皇帝倡导下大建佛寺外，又继承了平城在附近山区开凿灵岩寺石窟（云冈石窟）为国家和帝后祈福的传统，选定洛阳西南方伊水上的伊阙西侧的龙门山崖壁开石窟造佛像，就是著名的龙门石窟。大约在孝文帝迁都之初，王公大臣已在龙门共开一龛，各施功德，即古阳洞。宣武帝即位后，下令在龙门开凿二石窟，为其父母孝文帝和文昭后祈福，永平中，又为自己开一窟，这三窟即著名的宾阳三洞。龙门的山为坚硬的石灰石构成，远比云冈的砂石难凿，故自景明元年到正光四年（500～523年）的23年中，用了八十万二千三百六十六工，竟只完成了宾阳中洞，南北二洞到初唐才补凿完成。

在都城附近由国家开凿为国家和皇帝祈福的佛教石窟在我国大约始于北凉沮渠蒙逊的凉州，北魏在平城开云冈石窟显系受凉州影响，洛阳又延续了平城的传统。以后又为北齐、唐继承下来，北齐在都城邺城东北凿北响堂山石窟，在并州（太原）之西凿天龙山石窟；唐武后在龙门凿卢舍那大佛。在这段时期内，开佛教石窟也成为都城建设的必备内容之一。

综观上述种种，我们可以进一步推知北魏洛阳重建的原则和它所形成的新特点及对后世的影响。

北魏孝文帝迁都中原，是因为在经济上不得不主要依赖生产比较发达的中原地区，在政治上要争得中国王朝的继承者地位，以与南朝抗争，进而争取统一全国。孝文帝实行全面汉化并在周、汉、魏、晋四朝旧都洛阳的废墟上建都，其目的就是要表示自己远承周、汉的正统地位。这就决定了北魏在重建洛阳时，既要使之能满足做为国都的种种实际需要，在表面上，又不得不尽量多保持汉、魏晋的旧规，避免做轻率改动，以维持其为中原王朝继承者的形象。当时主持重建的是李冲，他出身河西汉族世家，熟悉传统文化和典章制度。在平城时已受命按洛阳规制修太极殿。在受命重建洛阳时，他曾对孝文帝说："陛下方修周公之制，定鼎成周，……"可见他对孝文帝南迁的原因和定都洛阳的目的是心领神会的。协助李冲工作诸人中，最重要的是蒋少游。他原属南朝士族，被俘至平城后，因熟悉宫室衣冠制度，曾受命测量洛阳西晋太庙基址以修平城新太庙。为了重建洛阳，他又曾受命赴南朝观察建康的都城规划和宫殿制度。在这两人的配合下，重建的洛阳既保持了传统的城市规划特点和风貌，又吸收了当代平城、建康的经验。

汇集史籍中的零星史料和事例，可以看出，当时重建的原则主要是，对洛阳城内要尽量保持魏晋以来的格局，凡不得不改动的，要符合礼经或别有所据；对南朝建康新出现的足以体现帝都气概的内容要加以吸收；同时，仿平城之制，在城外建外郭，以解决实际需要。这样，就在继承与发展相结合的基础上创造出一个在城郭轮廓和整齐程度上都超越前此都城的新的洛阳。

北魏洛阳的城墙、城门、干道、宫城和建筑分区基本延续魏晋之旧，城内的主要改动是调直干道，集中官署，移市到城外郭中三点。

洛阳的街道网形成于东汉建有南北两宫时，虽号称二十四街，实际颇不整齐。北魏把西墙上的中门北移，又通过设御道把道路分级，形成纵横各三条御道为主干道的格局。这固然改动了旧貌，但却正符合《周礼·考工记》王城"旁三门"、"九经九纬"的说法。魏文帝迁都洛阳，标榜的是"修周公之制"，把街道从汉制改得更符合周制，是理由充分、无可非议的。

使宫城苑囿靠都城北墙，把官署置于宫前干道两侧，形成都城主轴线的布局始于三国时曹魏邺城和孙吴建业。魏晋洛阳沿袭了这种做法并把太庙、太社也设在这里，更加强了这条主轴。东晋、南朝建康继承孙吴和魏、西晋传统，并把太庙、太社布置在南端近国门之处。北魏重建洛阳时，在宫前御道左右各一坊宽之地建官署，基本上每坊以十字街分为四区，分建官署，又比南朝建康更进一步集中整齐。与北魏洛阳同时的南朝建康把宫门前御道（即城市主轴）南伸，穿过正门朱雀门，渡过秦淮河上浮桥朱雀航。北魏洛阳也效法它，把阊阖宫门前御道穿出正门宣阳门和外郭南门，渡过洛水浮桥，又更进一步通到祭天的圜丘。这样，在北魏洛阳的规划中，就有意识地把代表封建国家的一系列最重要建筑物——表示皇权天授的圜丘，表示家族皇权和土地所有权的太庙、太社，表示行政权的官署都串联在一条纵深近十里的都城主轴线上，引导到最高统治者的象征——皇宫。北魏洛阳在继承传统的基础又有所发展，在有意识地利用都城规划突出皇权至上思想方面超越前代，后来居上。

东汉至魏、晋时的洛阳设有三市，两市在郭内，城内只一市，在宫城西侧。北魏时，主要民居区布置在外郭中，所以在外郭设东西二市。这虽然不合《考工记》"面朝后市"之制，但有汉、魏、西晋三朝的前例，也还是有根据的。

北魏洛阳最突出的新发展是在城外建了一个巨大而规整的外郭。从零星史料可以推知，西汉长安、东汉洛阳在其中后期都曾向城外拓展。长安东面宣平门外有东郭门，洛阳城东北角在城外有上商里，可知城外建有外郭和里坊。南朝建康的主要居住区向城外秦淮河南岸和青溪以东发展，也近似于郭，但没有建郭墙，北魏平城是由西汉县城改造而成，城中地狭，只能向城外发展，建外郭。北魏迁都洛阳后，仍然有城内地狭问题，所以沿袭平城的办法建外郭以安排里坊和市。外郭是平地新创建的，利用城中纵横各三条御道向郭中延伸，作为主干道，然后安排长宽都为一里的里坊，形成外郭方正的轮廓和方格网街道系统。在外郭的规模和轮廓方正上，洛阳比平城、建康和前此的都城又前进了一步。

通过对北魏洛阳的分析，我们看到，它可以说是古代在改建旧城时，成功地保持传统格局，并能与新区很好地结合取得新发展的重要例证，在很多方面值得深入研究，取得借鉴。

北魏洛阳对中国都城的发展，特别是唐长安（隋大兴）有很大影响。把北魏洛阳和唐长安的平面图进行比较，可以看到，唐长安宫城在北、衙署在宫前、郭中建规整的里坊、东西市和三横三纵的干道网都来源于北魏洛阳，所不同的只是北魏洛阳要保持汉晋旧城格局，城内部分不能整齐划一，而唐长安是平地新建，把官署庙社更进一步集中于宫前形成皇城而已。可以说，隋唐长安就是在北魏洛阳规划的基础上，把内城部分更加集中和整齐化（建为皇城）而形成的。

注释

[1]《魏书》卷7下,〈高祖纪〉下:太和十九年九月。中华书局标点本①P.178

[2] 同上书,同卷:太和十九年十一月,二十年五月。中华书局标点本①P.178.179

[3] 同上书,卷8,〈世宗纪〉:景明二年正月丁巳,九月丁酉。中华书局标点本①P.193.194

[4] 同上书,同卷:景明三年十一月。中华书局标点本①P.195

[5] 同上书,卷62,〈列传〉50,高道悦传。中华书局标点本④P.1400

[6] 同上书,卷67,〈列传〉55,崔光传。中华书局标点本④P.1490

[7]〈汉魏洛阳城一号房址和出土的瓦文〉,《考古》1973年4期。

[8]《魏书》卷66,〈列传〉54,李崇:"(李)崇上表曰:……窃惟皇迁中县,垂二十祀,而明堂礼乐之本,乃郁荆棘之林;膠序德义之基,空盈牧竖之迹。城隍严固之重,阙砖石之工;墉堞显望之要,少楼榭之饰。加以风雨稍侵,渐致亏坠。又府寺初营,颇亦壮美,然一造至今,更不修缮,厅宇凋朽,墙垣颓坏,皆非所谓追隆堂构、仪型万国者也。……以臣愚量,宜罢尚方雕靡之作,颇省永宁土木之功,并减瑶光材瓦之力,兼分石窟镌琢之劳,及诸事役非急者,三时农隙,修此数条。"中华书局标点本④P.1471

[9]《资治通鉴》卷157,〈梁纪〉13,武帝大同元年(535年)二月:"东魏使尚书右仆射高隆之发十万夫撤洛阳宫殿,运其材入邺。"中华书局标点本⑪P.4864

[10] 同上书,卷158,〈梁纪〉14,武帝大同四年(538年)七月:"东魏侯景、高敖曹等围魏独孤信于金墉,太师(高)欢率大军继之。(侯)景悉烧洛阳内外官寺民居,存者什一二。……(八月)(高)欢毁金墉而还。"中华书局标点本⑪P.4893

[11]《隋书》卷3,〈帝纪〉3,炀帝上:(仁寿四年十一月癸丑)"诏曰:……成周(指汉魏洛阳故地)墟堵,弗堪葺宇,今可于伊洛营建东京。……"中华书局标点本①P.61

[12]《魏书》卷114,〈释老志〉:"神龟元年冬,……任城王(元)澄奏曰:仰惟高祖,定鼎嵩涯,卜世悠远,虑始终,制洽天人,造物开符,垂之万叶。故〈都城制〉云:城内唯拟一永宁寺地,郭内唯拟尼寺一所,余悉郭之外。欲令永遵此制,无敢逾矩。……"中华书局标点本⑧P.3044

[13]《资治通鉴》卷139,〈齐纪〉5,明帝建武元年(494年)"中书侍郎韩显宗上书陈四事,……其二以为洛阳宫殿故基皆魏明帝所造,前世讥其奢。今兹营缮,宜加裁损。又,顷来北都富室竞以第舍相尚,宜因迁徙,为之制度。及端广衢路,通利沟渠。……显宗又言:……今闻洛邑居民之制,专以官位相从,不分族类。夫官位无常,朝荣夕悴,则衣冠皂隶不日同处矣。……今因迁徙之初,皆是空地,分别工伎,在于一言,有何可疑而阙盛美?……帝览奏,甚善之。"中华书局标点本⑩P.4348

[14] 中国社会科学院考古研究所洛阳工作队:〈汉魏洛阳城初步勘查〉,《考古》1973年4期。

[15]《后汉书》〈志〉19,〈郡国一〉雒阳:注引〈帝王世纪〉曰:'城东西六里十一步,南北九里一百步。'中华书局标点本⑫P.3390

[16]《洛阳伽蓝记》卷5。中华书局版周祖谟《校释》本 P.227

[17] 中国社会科学院考古研究所洛阳汉城工作队:〈北魏洛阳外郭城和水道的勘查〉,《考古》1993年7期。

[18]《水经注》卷16,〈谷水〉。上海人民出版社本《水经注校》P.531《洛阳伽蓝记》〈序〉。中华书局版周祖谟《校释》本 P.9

[19]《水经注》卷16,〈谷水〉:"……南出,逯西阳门,旧汉氏之西明门也,亦曰雍门矣。旧门在南,太和中,以故门邪出,故徙是门东对东阳门。"《水经注校》,上海人民出版社,P.543

[20]《洛阳伽蓝记》〈序〉。中华书局版周祖谟《校释》本 P.13

[21] 中国社会科学院考古研究所洛阳工作队:〈汉魏洛阳城初步勘查〉,《考古》1973年4期 P.202

[22] 中国社会科学院考古研究所汉魏故城工作队:〈洛阳汉魏故城北垣一号马面的发掘〉。《考古》1986年8期。

[23]《水经注》卷16,〈谷水〉。《水经注校》,上海人民出版社,P.532

[24] 同上书,卷23,〈获水〉。《水经注校》,上海人民出版社,P.761

[25] 中国社会科学院考古研究所洛阳汉魏故城工作队:〈汉魏洛阳城北魏建春门遗址的发掘〉。《考古》1988年9期。

[26]《元河南志》卷2,〈晋城阙宫殿古迹〉引。中华书局影印《宋元方志丛刊》本⑧P.8362

[27]《水经注》卷16,〈谷水〉。《水经注校》,上海古籍出版社,P.544

[28]《中国大百科全书·考古学》卷,〈汉魏洛阳城遗址〉条附图。中国大百科全书出版社,1986年,P.181

[29]《水经注》卷16,〈谷水〉:"谷水又南迳西明门,……门左,枝渠东派入城,迳太社前,又东迳太庙南,又东于青阳门右下注阳渠。"《水经注校》,上海人民出版社,P.546

按:据此可知太庙、太社临西明门内大道。

[30]《洛阳伽蓝记》卷3:"宣阳门外四里至洛水,上作浮桥,所谓永桥也。……永桥以南,圜丘以北,伊洛之间,夹御道,东有四夷馆,……道西有四夷里。"中华书局版周祖谟《校释》本P.128~130

按:据此知宣阳门外御道南至圜丘。

[31]《水经注》卷16,〈谷水〉:"(谷水)又东,历大夏门下,……门内东侧,际城有魏文帝所起景阳山,……渠水又东,枝分南入华林园。"《水经注校》,上海人民出版社,P.532

[32]同书,同卷:"渠水自铜驼街东迳司马门南,……渠水历司空府前,迳太仓南,东出阳门石桥,下注阳渠。"《水经注校》,上海人民出版社,P.544

按:据此可知北魏太仓在宫东,东阳门内御道北侧。

[33]《洛阳伽蓝记》卷1:"建春门内……御道北有空地,拟作东宫,晋中朝时太仓处也。"中华书局版周祖谟《校释》本P.66

[34]同上书,同卷,建中寺条:"建中寺……本是阉官司空刘腾宅,……在西阳门内御道北所谓延年里。"子注云:"刘腾宅东有太仆寺,寺东有乘黄署,署东有武库。署即魏相国司马文王府,库东至阊阖宫门是也。"中华书局版周祖谟《校释》本P.49

[35]《水经注》卷16,〈谷水〉。《水经注校》,上海人民出版社,P.531

按:此本有缺文,据《国子基本丛书》本补入26字。

[36]同上书,同卷:"渠水又西,历庙、社之间,南注南渠。庙、社各以物色辨方。《周礼》:庙及路寝皆如明堂而有燕寝焉,惟祧庙则无。后代通为一庙,列正室于下,无复燕寝之制。"

《水经注校》,上海人民出版社,P.543

[37]《资治通鉴》卷144,〈齐纪〉10,和帝中兴元年(501年):"(十一月),魏改筑圜丘于伊水之阳。"中华书局标点本⑩P.4503

[38]同上书,卷149,〈梁纪〉5,武帝天监十八年(519):"魏自永平以来营明堂、辟雍,役者多不过千人,有司复借以修寺及供他役,十余年竟不能成。"中华书局标点本⑩P.4647

《魏书》卷108之2,〈礼志〉2:"初,世宗永平、延昌中,欲建明堂,而议者或云五室,或云九室。频属年饥,遂寝。至是复议之,诏从五室。及元叉执政,又改营九室。值世乱不成,宗配之礼,迄无所设。"中华书局标点本⑧.2767

[39]《魏书》卷8,〈世宗纪〉第八,正始元年十一月戊午诏。中华书局标点本①P.198

[40]《魏书》卷55,〈列传〉43,刘芳传。中华书局标点本④P.1221

[41]《洛阳伽蓝记》卷4:"自延酤以西,张方沟以东,南临洛水,北达芒山,其间东西二里,南北十五里,并名为寿丘里,皇宗所居也。民间号为王子坊。"中华书局版周祖谟《校释》本P.163

[42]同上书,卷2:"出青阳门外三里,御道北有孝义里。……孝义里东即是洛阳小市。"中华书局版周祖谟《校释》本P.104

[43]同上书,卷4:"出西阳门外四里,御道南有洛阳大市,周回八里。"中华书局版周祖谟《校释》本P.156

[44]同上书,卷3:"别立市于洛水南,号曰四通市,民间谓为永桥市。"中华书局版周祖谟《校释本》P.134

[45]同上书,卷4:"(洛阳大)市东有通商、达货二里。里内之人尽皆工巧屠贩为生,资财巨万。……市南有调音、乐律二里。里内之人,丝竹讴歌,天下妙伎出焉。……市西有延酤、治觞二里。里内之人多酝酒为业。……市北有慈孝、奉终二里,里内之人以卖棺椁为业,赁辆车为事。"中华书局版周祖谟《校释》本P.157

[46]同上书,卷2:"孝义里东,市北殖货里。里有太常民刘胡兄弟四人,以屠为业。"P.111

[47]段鹏琦等〈洛阳汉魏故城勘察工作的收获〉。《中国考古学会第五次年会论文集》,文物出版社,1988

[48]《洛阳伽蓝记》卷5:"京师东西二十里,南北十五里,户十万九千余。庙社宫室府曹以外,方三百步为一里,里

开四门，……合二百二十里，寺有一千三百六十七所。"中华书局版周祖谟《校释》本 P.227

[49]《魏书》卷8，〈世宗纪〉第8："（景明二年）九月丁酉，发畿内夫五万人筑京师三百二十三坊，四旬而罢。"中华书局标点本①P.194

[50]《魏书》卷18，〈太武五王列传〉第六，附元嘉传曰："（元）嘉表请于京四面筑坊三百二十，各周一千二百步。"中华书局标点本②P.428

[51]《资治通鉴》卷147，〈梁纪〉3，武帝天监十年（511年），河南尹甄琛表。中华书局标点本⑩P.4600

[52]《洛阳伽蓝记》卷1："阊阖门前御道东有左卫府，……御道西有右卫府，……"。中华书局版周祖谟《校释》本 P.18

[53]《魏书》卷16，〈道武七王列传〉第四，附元叉传。中华书局标点本②P.405

[54]《洛阳伽蓝记》序："自广莫门以西，至于大夏门，宫观相连，被诸城上也。"中华书局版周祖谟《校释》本 P.15

同书，卷5，〈城北〉："禅虚寺在大夏门外御道西，寺前有阅武场。……中朝时宣武场在大夏门东北。"中华书局版周祖谟《校释》本 P.179

[55]《魏书》卷19中，〈景穆十二王传〉，任城王澄："时四中郎将兵数寡弱，不足以襟带京师。（元）澄奏宜以东中带荥阳郡，南中带鲁阳郡，西中带恒农郡，北中带河内郡。……灵太后初将从之，后议者不同，乃止。"中华书局标点本②P.475

按：此奏欲以四中郎将兼驻地郡守，可据以推知四中郎将之驻地。

[56]《资治通鉴》卷140，〈齐纪〉6，明帝建武二年（495年）四月条。中华书局标点本⑩P.4384

[57]《魏书》卷7下，〈高祖纪〉下："（太和二十年九月）丁亥，将通洛水入谷，帝亲临观。"中华书局标点本①P.180

[58]《水经注》卷16，〈谷水〉："汉司空渔阳王梁之为河南也，将引谷水以溉京都，渠成而水不流，故以坐免。"《水经注校》，上海人民出版社，P.538

[59]《后汉书》卷33，〈列传〉25，张纯传："明年（建武二十四年），上穿阳渠，引洛水为漕，百姓得其利。"中华书局标点本⑤P.1195

[60]《水经注》卷16，〈谷水〉。《水经注校》，上海人民出版社，P.537

[61]《太平御览》卷190，〈居处部〉18，仓。中华书局缩印四部丛刊续编本①

[62]《水经注》卷16，〈谷水〉，阳渠南水。《水经注校》，上海人民出版社，P.539～546

[63]《魏书》卷110，〈食货志〉，"三门都将薛钦上言"条。中华书局标点本⑧P.2858

[64]《魏书》卷114，〈释老志〉："神龟元年冬，司空公、尚书令、任城王（元）澄奏曰：……自迁都以来，年逾二纪，寺夺民居，三分且一。"中华书局标点本⑧P.3045

[65]《洛阳伽蓝记》卷1，〈城内〉，永宁寺条。中华书局版周祖谟《校释》本 P.17

[66] 同上书，卷3，报德寺条。中华书局版周祖谟《校释》本 P.121

[67] 同上书卷1，卷3，卷4。中华书局版周祖谟《校释》本 P.54、113、173

[68] 同上书，卷2。中华书局版周祖谟《校释》本 P.72～88

[69] 同上书，卷4，法云寺条。中华书局版周祖谟《校释》本 P.154

[70]《魏书》卷114，〈释老志〉："神龟元年冬，司空公、尚书令、任城王（元）澄奏曰：……如臣愚意，都城之中，虽有标榜，营造粗功，事可改立者，请依先制，在于郭外任择所便；其地若买得券证分明者，听其转之；若官地盗作，即令还官；若灵像既成，不可移撤，请依今敕，如旧不禁，悉令坊内行止，不听毁坊开门，以妨里内通巷。若被旨者，不在断限。郭内准此商量。"中华书局标点本⑧P.3046

四、东魏北齐的都城邺城南城（北城附）

北魏永熙三年（534年），北魏分裂为东魏、西魏。权臣军阀高欢拥立孝静帝，改元天平，自洛阳迁都于邺，建立东魏政权，自为丞相。

迁都之初，因宫室毁坏，城市残破，魏帝只能暂住在相州廨舍中。又把邺城原有居民西迁到百里之外，以其宅舍供自洛阳新迁来的人居住[1]。迁都时，拆毁洛阳宫殿，编其材木为筏，水运到邺城，准备兴建新都[2]。天平二年（535年）在邺城之南选定基址创建新都，命仆射高隆之、司空胄曹参军辛术共同主持新都的规划和建设[3]。据《魏书》的记载，当时建新都的原则是"上则宪章前代，下则模写洛京"，即综合北魏洛阳和前此历代都城的优点。由于邺的旧城"基址毁灭"、"图记参差"，所以辛术建议，先请著名儒生李业兴"披图按记，考定是非，参古杂今，折中为制，召画工并所须调度，具造新图"，在"申奏取定"后才进行施工[4]。据此，则邺城新城的真正规划设计者是李业兴。他是先考察史籍和古图，再根据古代传统，结合当代需要，进行规划，然后绘成规划图，经皇帝批准后加以实施。这大约是历史上关于绘制规划设计图然后进行建设的最早记载。

史载，新都的兴建是先建宫室宗庙，然后筑城。天平二年（535年）八月，发七万六千人建新宫[3]，537年先建成太庙[5]，随后又建成宫城正门阊阖门[6]。到兴和元年（539年）九月，又"发畿内十万人城邺，四十日罢"[7]。十月，新宫建成，兴和二年（540年）正月，魏帝入居新宫[8]，新都城基本建成。它在曹魏邺城之南，史称"南城"而称曹魏、石赵邺城为"北城"。南城及新宫的建设历时五年（图2-1-5）。

550年，东魏禅于北齐。北齐仍以邺为首都，而以高欢的发祥地晋阳为北都，常年往来于邺与晋阳之间，并在二地大兴宫室园林。577年春，北周军克邺，北齐亡。同年先后拆毁邺的东山、南园、三台和邺都、晋阳宫殿，以邺为相州。580年，周相州总管尉迟迥反对杨坚执政，起兵讨之，兵败，杨坚毁邺城及邑居，徙相州于安阳，邺南、北城从此沦为废墟。

邺南城东西六里，南北八里六十步[9]，呈南北长的矩形。它实际上只建了东、南、西三面的墙，北面借用邺北城的南墙。南城南面开三门，东西面各开四门，计十一门，如加上北面邺北城南墙上的三门，实际共十四门。南面正门居中，名朱明门，其东名启夏门，其西名厚载门。东面自南而北，依次为仁寿门、中阳门、上春门、昭德门。西面自南而北，依次为止秋门、西华门、乾门、纳义门。北墙上中为永阳门，东名广阳门，西名凤阳门[10]。这些门中，东、西墙上的八门两两相对，形成四条东西向大道。自南城上的三座城门都有向北的大道，和东西向的横街相交，在全城形成方格形街道网。

宫城在南城北部中轴线上，北倚北面城墙，东西1.53里，南北3里[11]，平面呈南北长的矩形。南墙上正门朱明门向北的大道直

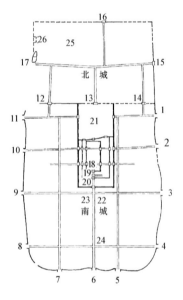

图2-1-5 东魏、北齐邺城南城平面复原图

1. 昭德门　10. 乾门　　19. 端门
2. 上春门　11. 纳义门　20. 止车门
3. 中阳门　12. 凤阳门　21. 华林园
4. 仁寿门　13. 永阳门　22. 大司马府
5. 启夏门　14. 广阳门　23. 御史台
6. 朱明门　15. 建春门　24. 太庙
7. 厚载门　16. 广德门　25. 铜爵园
8. 止秋门　17. 金明门　26. 三台
9. 西华门　18. 阊阖门

抵宫城正门阊阖门，为全城的主街，形成全城的南北向中轴线，北与宫城的中轴线相接，遥指北城南面正门永阳门。四条东西向大道中最北一条的昭德门至纳义门间大道横穿宫城，和宫内的永巷相接。

综合零星记载，在朱明门内大道的北端，宫城正门阊阖门外，路东为大司马府，路西为御史台，大道南端朱明门内路东为太庙[12]。主要行政机构"尚书省及卿寺百司，自令、仆而下至二十八曹，并在宫阙之南"[13]，可知也在这条大道的两侧。这些记载表明，邺南城沿魏、晋、北魏洛阳和南朝建康的传统，把官署集中布置在全城主干道朱明门至阊阖门间大道的两侧，而在其最南端依"左祖右社"传统建太庙和太社。

据记载，南城的居住区有四百余坊[14]。但前此的北魏洛阳，包括外郭在内，东西二十里，南北十五里，除去宫城、官署、庙社，也只有二百二十坊。邺南城面积只相当于洛阳城，绝不可能容纳四百坊，如非记载讹误，就是另有外郭。史志称，南城"有东市，在东郭，西市，在西郭"[15]。又说"王城东五里（有石桥），南北长一百尺，东西阔二丈九尺，高一丈九尺。元象二年（539年）仆射高隆之造。当时以桥北为东市，即古万金渠也"[15]。可知东市的确是在城外。史既称在东郭，可证邺南城确有外郭。外郭的范围史无明文，尚待进一步考证和勘探，但建外郭本身，也说明它是继承了平城和北魏洛阳的传统。邺南城的坊名在史籍中没有记载，一些在南城内的贵邸也只记其在某街之某侧。在史籍中还透露出一些贵族第宅在城外的信息[16]。

东魏政权掌握在丞相高欢父子手中。南城建成后，东魏帝迁入新宫，北城实际上是高氏的权力中心。高欢的丞相府就设在曹魏石虎原宫殿区内[17]，又设京畿大都督府以统率驻邺的军队，监视东魏。这和西魏分江陵为东、西二城，驻军西城以监视东城的梁王萧詧的情况很相似。武库也设在北城[18]。

北齐代东魏后，北城相府改称北宫。北齐天保七年至九年（556~558年），文宣帝发丁匠三十万人修北宫和三台。"改铜爵曰金凤，金虎曰圣应，冰井曰崇光"[19]，称三台宫。史称"三台构木，高二十七丈，两栋相距二百余尺"[20]，"千门洞启，万柱周架，上迫云汉，下临雷雨，巧极金铜，丽殚珠璧"[21]，是极壮丽的建筑。河清二年（563年），武成帝下令以三台宫为大兴圣寺，在北城只保留北宫，作为太后、太上皇及皇子的宫殿[22]。

除南宫、北宫外，尚有若干别宫。《北齐书》后妃诸传说，高澄妻称文襄皇后，在高洋为帝时住静德宫。文宣帝高洋死后，其后李氏降居昭信宫，孝昭帝高演死后，其后降居顺成宫[23]。但这些宫是南北宫中的别院还是在宫外，史无明文，尚待考证。

邺城也建有大量豪华第宅，分布于南、北城。高欢长子高澄曾在南宫西侧建巨宅，比拟宫殿，被高欢切责而止[24]。北齐宠臣和士开、韩长鸾、唐邕、元文遥等都在南城临大道建宅。名将斛律光宅在北城。有些人在南城新宅建成后，仍占据北城暂借之宅不还，在南北城都有宅。高欢旧臣司马子如就有南、北宅，其南宅后供东魏孝静帝禅位后居住，可知规模之大[25]。

这时大的邸宅都分前后两部分。清河王高岳在城南建宅，"听事后开巷。（高）归彦奏帝（文宣帝高洋）曰：'清河造宅，僭拟帝宫，制为永巷，但唯无阙耳。'显祖（高洋）闻而恶之"[26]。'听事'就是第宅的正厅，是对外延接宾客之处，其后才是内宅。在听事和内宅之间有一条横巷隔开，以划分内外宅，这和当时区分后宫的永巷相近，所以高归彦以此诬告高岳，但我们可以据此知道当时大第宅的体制。

这些贵族显宦第宅大都有一定的规格。史载，北齐的三师（太师、太傅、太保）、二大（大司马、大将军）、三公（太尉、司徒、司空）的府第开三门，当中的门涂黄色，谓之"黄阁"，是其特殊标志，门内还设门屏[27]。《隋书·礼仪志》记载，北齐时的家庙制度分四等，依次为：王至从三品以上官，正三品至从五品官，正六品至从七品官，正八品以下至庶人，并说"诸庙悉依其宅堂之制"[28]，可知当时第宅的等级至少有四等，但详细的规制，史无明文，尚待进一步考证。

北齐时多在第宅内建后园，有的规模很大。《北齐书·河南王传》说："初，文襄（高澄）于邺东起山池游观，时俗眩之。（河南王）孝瑜遂于第作水堂、龙舟，植幡梢于舟上，数集诸弟宴射为乐。武成（高湛）幸其第，见而悦之，故盛兴后园之玩。于是贵贱慕效，处处营造"[29]。可知这时园林的风尚是好作水堂龙舟。带游乐性质，不以欣赏景物为主。

东魏在535年迁都之初，洛阳迁来百官都在北城借宅居住，而在兴建南城时，又各给地建新宅。很多官员遂把北城借宅建为寺庙。北魏洛阳舍宅为寺的恶习又重现于邺城。538年，遂不得不下诏禁止[30]。但北齐自中期以后，诸帝、后佞佛，除563年舍三台为大兴善寺外，同年又以城南双堂闾位之苑建大总持寺，后主高纬又为胡后建大慈寺，后又改为穆后的大宝林寺。在皇帝的倡导下，邺城的佛寺大兴，史载有四千寺，僧尼八万，又成为城市的大害[31]，至北齐亡后，方随着邺城的废毁而消灭。

邺城南临漳水，在兴建南城以后，即于东魏兴和三年（541年）"发夫五万筑漳滨堰，三十五日罢"[32]。《北齐书·高隆之传》记此事，说是"起长堤以防汛溢之患"，可知是城南的防洪堤坝。高隆之又"凿渠引漳水周流城郭，造治水碾磑"[33]，可知在南城也有水渠入城。

邺城南城近年曾经进行探查，对其轮廓已基本清楚，东西宽2800米，南北长3460米，呈纵长矩形。特别值得注意的是它的城墙不做直线而呈水波形，城门处作八字形，突出双阙，城角也是圆而不方，和传统都城形式大大不同[34]。详检史籍，这种圆角的城，在北魏时已有，《水经注》卷3，〈河水〉条载，芒水"西南流，历谷，经魏帝行宫东，世谓阿计头殿。宫城在白道岭北阜上，其城圆角而不方"[35]。但城墙作水波形出入之状，则前此尚未见记载。从城防角度考虑，屈曲出入的城身，其突出部有利于互相呼应，左右夹击攻城者，其功能近于马面。圆的城角可防止攻者从正侧两面用矢石封锁城顶，增加城上守军闪避的余地。这些都是边城的守御措施，施之于新建的都城，说明当时战争环境的严峻。这种曲城的制度，唐代王方翼筑碎叶城时还曾使用过[36]，圆的城角在宋时不仅采用，而且在其上建敌楼，定名为"团楼"，成为城防设施中的一种定式[37]。

邺城南城是南北朝时期惟一一座按照规划平地新建的都城，可视为反映这一时代规划水平和理想都城的代表作。

首先，它的规划和实施过程，包括总结前代传统，着重吸收洛阳经验，结合现实需要，进行全面规划，绘制成图，在申奏批准之后才据图实施，这一过程本身，就标志着这时的城市规划已达到了一个新的水平，有了固定的较为科学的程序，减少了随意性。

前已引述，规划南城的原则是"宪章前代"，"模写洛京"，从目前了解的南城情况看，确实如此。它把城市建为东西6里，南北8.4里；宫城在大城北部中间；宫前御街直抵南城正门；御街南端按左祖、右社原则建太庙、太社为前导，其后建各种官署直抵宫前；大城外东西郭中设东市、西市；大城外建外郭等，都和北魏洛阳城和外郭的情况一致。但洛阳自曹魏起废弃南宫，重建北宫，受北宫旧址和原有城门、干道的限制，以宫和御街铜驼街形成的洛阳南北轴线偏向西侧而不居城市之中，到北魏重建时也只能因而不改，在新建邺南城时，因没有旧址约束，宫城和御街终于可以居中设置了。这可能是古代都城中第一座宫城和御街在城市几何中线上的都城。邺南城把尚书外省设在宫外也很值得注意。自魏晋以来，尚书、中书、门下三省都在宫中，以后，中书门下二省权力日重成为决策机构，尚书省逐渐成为执行机构，故在邺南城中，已在宫外建庞大的外省。这就大大扩大了宫前衙署区的范围。至隋代遂在此基础上，把尚书省全部迁出宫外，在宫前建皇城，集中全部衙署于内。就此而言，邺南城宫前衙署的扩大，是隋代发展出皇城的前奏。

从上述情况我们可以看到，邺城南城实际上是在北魏洛阳的基础上使之更加整齐和条理化。由于东晋十六国至南北朝期间中国处于分裂状态，每一个政权都要力图表示自己是正统王朝的继承者，所以其都城都要在不同程度上以魏晋洛阳为模式，不能逾越，这是这一时期的历史局限性，邺南城虽是平地新建，也不能脱其窠臼。只有在隋代，真正统一的形势形成以后，方能摆脱洛阳模式，自我作古，另创新格。但在邺南城中已出现若干新的因素，为以后隋代大兴城的规划提供了重要借鉴。

注释

[1]《魏书》卷12，孝静纪第12："（天平元年十月）丙子，车驾北迁于邺。……十有一月，……庚寅，车驾至邺，居北城相州之廨。……徙邺旧人西径百里，以居新迁之人。"中华书局标点本①P.298

[2]《魏书》卷79，〈列传〉67，张熠传："天平初，迁邺草创，右仆射高隆之、吏部尚书元世儁奏曰：'南京宫殿，毁撤送邺，连筏竟河，首尾大至。自非贤明一人，专委受纳，则恐材木耗损，有阙经构。（张）熠清贞素著，有称一时，臣等辄举为大将。'诏从之。"中华书局标点本⑤P.1766

[3]《资治通鉴》卷157，〈梁纪〉13，武帝大同元年（535年）："（八月）甲午，东魏发民七万六千人作新宫于邺，使仆射高隆之与司空胄曹参军辛术共营之。筑邺南城周二十五里。"中华书局标点本⑪P.4867

[4]《魏书》卷84，〈列传〉72，李业兴传："迁邺之始，起部郎中辛术奏曰：'今皇居徙御，百度创始，营构一兴，必宜中制。上则宪章代京，下则模写洛京。今邺都虽旧，基址毁灭，又图记参差，事宜审定。臣虽曰职司，学不稽古。通直散骑常侍李业兴硕学通儒，博闻多识，千门万户，所宜访询。今求就之披图案记，考定是非，参古杂今，折中为制，召画工并所须调度，具造新图，申奏取定。庶经始之日，执事无疑。'诏从之。"中华书局标点本⑤P.1862

[5]《魏书》卷12，孝静纪第12："（天平四年，537年）夏四月辛未，迁七帝神主入新庙。"中华书局标点本①P.301

[6]《魏书》卷12，孝静纪第12："（天平四年，537年）六月，……壬午，阊阖门灾。"中华书局标点本①P.301
按：《资治通鉴》卷157，〈梁纪〉13，系此事于武帝大同元年十一月，恐有误，因是年八月始发民夫营新宫，三月之中不容建而后毁也。当以魏书所载为是。

[7]《资治通鉴》卷158，〈梁纪〉14，武帝大同五年（东魏兴和元年，539年）"九月，甲子，东魏发畿内十万人城邺，四十日罢。"中华书局标点本⑪P.4877

[8]《魏书》卷12，孝静纪第12："（元象二年）冬十有一月，癸亥，以新宫成，大赦天下，改元（兴和）。……（兴和二年正月）丁丑，徙御新宫，大赦。"中华书局标点本①P.303、304

[9]《历代宅京记》卷12，邺下，引《邺中记》云："城东西六里，南北八里六十步。高欢以北城窄隘，故令仆射高隆之更筑此城。掘得神龟，大逾方丈，其堵堞之状，咸以龟象焉。"中华书局标点本 P.182
按：《历代宅京记》卷十二全部引自明崔铣《彰德府志》卷八。据崔氏自序云据宋陈申之《相台志》及元续志辑成，可知这部分文字出于宋《相台志》，所引《邺中记》、《邺都故事》诸书当属可信史料。

[10]《历代宅京记》卷12，邺下，〈城门〉："邺都南城十一门，南面三门：东曰启夏门，中曰朱明门，西曰厚载门。东面四门：南曰仁寿门，次曰中阳门，次北曰上春门，北曰昭德门。西面四门：南曰止秋门，次曰西华门，次北曰乾门，北口纳义门。"中华书局标点本 P.182

[11]《历代宅京记》卷12，邺下，〈宫室〉，引《邺中记》云："宫东西四百六十步，南北连后园至北城合九百步。"中华书局标点本 P.182

[12]《历代宅京记》卷12，邺下，〈城内城外杂录〉："东魏太庙，在朱明门内南街之东。大司马府，在端门（按：为阊阖门之误）外街东，御史台在（端）[阊阖]门外街西，台门北向，取阴杀之义也。"中华书局标点本 P.184

[13]《历代宅京记》卷12，邺下，〈城内城外杂录〉引《邺中记》。中华书局标点本 P.185

[14]《历代宅京记》卷12，邺下，〈城内城外杂录〉："南城自兴和迁都之后，四民辐凑，里闾阗溢，盖有四百余坊。然皆莫见其名，不获其分布所在。"中华书局标点本 P.184

[15]《历代宅京记》卷12，邺下，〈城内城外杂录〉，东市、西市、石桥。中华书局标点本 P. 184、186

[16]《北齐书》卷11，〈列传〉3，河南王孝瑜传："尔朱御女名摩女，本事太后，孝瑜先与之通，后因太子婚夜孝瑜窃与之言，武成（帝）大怒，顿饮其酒三十七盃。……使娄子彦载以出，酖之于车。至西华门，烦热躁闷，投水而绝。"中华书局标点本①P. 144

按：西华门为南城西面南起第二门。孝瑜被酖后出宫应是返家，出西华门时死于濠中，则知其府在西华门外。孝瑜是高洋之子，参与武成帝夺位政变，是有权势之王，可知高齐名王也多效北魏之例，住在城外的郭中。

[17]《历代宅京记》卷12，邺下，〈城内城外杂录〉：《邺都故事》云，（高）欢为魏丞相，所居在北城文昌殿之东南，后文襄及彭城王并遇害于此。周师平邺，尉迟迥自杀此宅楼上。"中华书局标点本 P. 185

按：文昌殿东南当曹魏邺宫听政门，听政殿及丞相诸曹旧地，在北宫之内。

[18]《北齐书》卷12，〈列传〉4，武成十二王，琅邪王俨传："武平二年（571年）出俨居北宫，五日一朝，不复得每日见太后。四月，诏除太保，余官悉解，犹带中丞，督京畿。以北城有武库，欲移俨于外，然后夺其兵权。"中华书局标点本①P. 161

[19]《北齐书》卷4，帝纪4，文宣："先是，发丁匠三十余万营三台于邺下，因其旧基而高博之。大起宫室及游豫园。至是（天保九年，558年），三台成，改铜爵曰金凤，金虎曰圣应，冰井曰崇光。"中华书局标点本①P. 65

[20]《资治通鉴》卷166，〈梁纪〉22，敬帝太平元年（556年）齐发工匠修三台条。中华书局标点本⑪P. 5147

[21]《全北齐文》卷4，魏收〈为武成皇帝以三台宫为大兴圣寺诏〉。引自《广弘明集》卷二十八上。
中华书局缩印本《全上古三代秦汉三国六朝文》④P. 3846

[22]《北齐书》卷9，〈列传〉1："太宁二年（562年）……四月辛丑，（高欢娄后）崩于北宫。"
同书同卷："武成皇后胡氏，……武成崩，尊为皇太后。……帝（后主）自晋阳奉太后还邺，……帝诈云邺中有急，……驰入南城，令邓长颙幽太后北宫。"中华书局标点本①P. 125、126

又，河南王俨亦居北宫，见注［18］。

[23]《北齐书》卷9，〈列传〉1，文襄元后、文宣李后、孝昭元后传。中华书局标点本①P. 125、126

[24]《北史》卷6，〈齐本纪第六〉，文襄皇帝纪："（澄）情欲奢淫，动乖制度。尝于宫西造宅，墙院高广，厅事宏壮，亚太极殿。神武入朝，责之，乃止。"中华书局标点本①P. 236

[25]《历代宅京记》卷12，邺下，〈城内城外杂录〉。中华书局标点本 P. 185

[26]《北齐书》卷13，〈列传〉5，清河王岳。中华书局标点本①P. 176

[27]《隋书》卷27，〈志〉22，百官中："三师、二大、三公府三门，当中开黄阁，设内屏。"中华书局标点本③P. 751

[28]《隋书》卷7，〈礼仪志〉2。中华书局标点本①P. 135

[29]《北齐书》卷11，〈列传〉3，文襄六王，河南康舒王孝瑜传。中华书局标点本①P. 144

[30]《魏书》卷114，〈释老志〉："元象元年（538年）秋，诏曰：'梵境幽玄，义归清旷，伽蓝净土，理绝嚣尘。前朝城内，先有禁断。（按：指北魏洛阳时事）自本来迁邺，率由旧章。而百辟士民，届都之始，城外新城，并皆给宅。旧城中暂时普借，更拟后须，非为永久。如闻诸人多以二处得地，或舍旧城所借之宅，擅立为寺。知非己有，假此一名，终恐因习滋甚，有亏恒式。宜付有司，精加隐括。且城中旧寺及宅，并有定帐，其新立之徒，悉从毁废。'"中华书局标点本⑧P. 3047

[31]据《续高僧传》卷10，〈靖嵩传〉载，北齐邺都有寺四千所，僧尼八万人。

[32]《资治通鉴》卷158，〈梁纪〉14，武帝大同七年（541年）："（兴和三年十月）乙巳，东魏发夫五万筑漳滨堰，三十五日罢。"中华书局标点本⑪P. 4908

[33]《北齐书》卷19，〈列传〉10，高隆之传。中华书局标点本①P. 235

[34]徐光冀《邺城迹の近年の调查成果と北朝大型壁画墓の发见》（日）《考古学研究》第38卷第4号。

[35]《水经注》卷3，〈河水〉。《水经注校》，上海人民出版社，P. 85

[36]《旧唐书》卷185上，〈良吏〉上，王方翼："会吏部侍郎裴行俭西讨遮匐，奏方翼为副，兼检校安西都护。又筑碎叶镇城，立四面十二门，皆屈曲作隐伏出没之状，五旬而毕。"中华书局标点本⑮P. 4802

[37]《武经总要》前集卷12，〈守城〉："凡城上皆有女墙，每十步及马面上皆设敌棚、敌团。"原注："敌团，城角也。"附图作圆角之城，注曰："团楼，此城角团所设。"可知圆城角上加敌楼战棚者，称为团楼。"

上海古籍出版社，《四库兵家类丛书》①P. 396 上、399 上

五、西魏北周的都城长安

418 年，夏国赫连勃勃击败东晋军，夺得长安，以长安为南都[1]。430 年，北魏攻夏，占领长安。433 年，北魏发万人筑小城于长安城内[2]。百年之后，534 年，魏孝武帝西奔宇文泰，在长安立国，是为西魏。史载这时以雍州廨舍为宫[3]，同年冬死，殡于草堂佛寺[4]。可知长安宫室经 418 年战乱被晋军焚毁后，迄未恢复。西魏文帝即位后，陆续有所兴建。556 年末西魏帝禅位于周，自皇宫出居大司马府[5]。次年初，周闵帝即位，曾举行祀圜丘、方丘、太社、太庙诸礼，去魏帝逊位只一个月[6]，可知在西魏时，上述坛庙已陆续建成，但具体位置、规制已不可考。

北周建国后，周帝年幼，前十五年为宇文护执政时期。他曾在长安大兴土木，修建宫室、坛庙、苑囿等[7]。572 年，北周武帝杀宇文护后亲政，他以复古、节俭为号召，拆毁宇文护时所建宫殿之华美绮丽者，"改为土阶数尺，不施栌栱"[8]。同时还下令拆毁并州、邺城中原北齐宫殿之壮丽过甚者[9]。578 年，周武帝死，宣帝即位，又大兴土木[10]。580 年，周宣帝死，政权落入后父杨坚之手。581 年杨坚为帝，建立隋朝，是为隋文帝。582 年，隋文帝因长安"凋残日久，屡为战场，"宫室狭小，"事近权宜"[11]，且建都八百载，水皆咸卤，不甚宜人[12]，舍弃长安，在其东南龙首原处建新都大兴城。此后长安遂沦为废墟。

综合史籍所载，对西魏、北周时长安可以有一个粗略的了解，但具体位置，多不可考。

汉长安原有十二门，但此期是否都在使用颇值得怀疑。近年发掘汉长安诸城门，有的三个门道中只使用一个或两个，只有宣平门，其三个门道都在使用，可知在战争时期，已无法顾及都城城门开三门道中为御路的体制了[13]。史籍中记载的长安城门，这时东西有宣仁门、青门，北面有横门，西面有阳武门[14]。宣仁门即汉之宣平门，青门即汉之霸城门，"阳武门"当是"扬武门"，与东面宣仁门门各对应，故应即汉之雍门。从记载的有活动的城门和只宣平门用三个门道的情况看，当时似偏重城的中部和北部。城内居住区仍为市里制[15]。

长安在西晋初即有小城，但在 433 年，北魏又发秦雍兵万人筑小城于长安城内。南北朝时的小城一般是衙城，为官署及屯兵所在，故很可能这次所筑是衙城，西魏北周时即以之为宫。538 年，宇文泰挟西魏主东征，与东魏高欢军作战，以前所俘的东魏军在长安叛乱，占据小城，西魏守臣奉魏太子出屯渭北[16]，从这一迹象看，很可能宫殿在小城中。

北周的宫殿仍是东西并列，东宫为太子宫，西宫为皇宫[17]。皇宫有五门，正南门名应门，东门名崇阳门，西门名肃章门，北门名玄武门[18]。另一门名称位置不明。东宫门数不详，依宫室之制，至少应每面一门，其西门与皇宫东门崇阳门相通。579 年，周宣帝传位于太子，自称"天元"，实即太上皇，改称皇宫为"天台"。即位的太子即周静帝，仍住东宫，改名为正阳宫[19]。

北周政权标榜依周制立国，以在文化上与梁及北齐相抗，除官制、文书依《周礼》六官及《周书》外，宫室名称也局部用周代之名。其正殿称露寝，正殿前之门称露门，宫城正门称应门[20]。在露寝之右有"右寝"[21]，则左边相对称的还应有左寝。这就可以推知，和北周形式上推行周代之制一样，宫内主殿也不过是把魏晋以来太极殿和东西堂改名为露寝及左右寝而已。其他改名诸门殿都可类推。但这时宫中殿宇远远多于周代，除少数改用露寝、应门外，其余还得命名，史载有乾安、延寿、麟趾、紫极、文昌、明德、正武、大德、会义、崇信、含仁、天德、文安等殿名[22]。其中正武殿、大德殿使用频繁：前者多在其中听讼、大醮、大射、举哀，后者多在其中议政，是外朝的主要议政殿宇[23]。延寿、天德殿为明帝、宣帝死处，含仁殿为太后所居，应是内

廷的主殿。在外朝、内廷之间有东西向横街隔开，即"永巷"[24]。

除东宫、西宫外，还有天兴宫。从周帝可以当日往来的记载看，应在城内或近郊[25]。

其余庙社、官署、库厩的布置均无可考。在《旧唐书》姚崇传中有一段记载，说开元五年（717年）长安太庙屋坏，姚崇说："太庙殿本是苻坚时所造，隋文帝创立新都，移宇文朝故殿造此庙，国家又因隋氏旧制。岁月滋深，朽蠹而毁"[26]。这条史料说明唐初太庙沿用隋建，隋时则是把汉长安城中苻坚所建后为北周沿用的太庙大殿移建到新都大兴（即唐之长安）的。这就证明，北周太庙是把前秦、后秦的太庙加以修缮后使用的。

长安自西汉高帝七年（公元前200年）建都，至581年隋文帝迁都大兴后予以废弃止，存在了781年。其间西汉、王莽、西晋愍帝、前赵、前秦、后秦、西魏、北周都建都于此。但实际上，从26年赤眉焚毁长安后，不仅宫殿化为废墟，城池、街道、市里也残损已甚。以后建都各代，都是地方政权，只是局部修缮，勉强维持，即使在较富强的前秦、后秦的盛期，也远没有能恢复西汉时的盛况。从前引苻坚太庙事可以看到，前秦以后各代主要是承袭苻坚时的旧规，修缮使用。

到隋文帝建立隋朝后，统一全国的形势已经明朗，要求有一代表统一后国家新面貌和气概的新都。这个要求，汉以来的长安城已不能满足。因为长安的规划布置是为满足近八百年前西汉的首都需要，适合封建前期政治、经济、军事诸方面情况。自此以后，随着封建社会的发展，陆续又出现了曹魏邺城、魏晋洛阳、高齐邺南城、北魏洛阳和东晋南朝建康等一系列规划日趋完善，秩序井然的新都城，到隋代，就有条件在综合上述诸都城优点的基础上，创建能满足封建社会中期统一王朝的新都，而长安八百年来久已定型的规划布局已无法按这新的模式加以改造，勉强为之，只能事倍功半。再者，长安城建都年久，水质污染严重，建筑屡建屡毁、多经焚烧，土质和地基也存在诸多不利因素，所以隋文帝决定另建新都。

中国至迟在秦代已出现灭一国后毁其都城宫室的恶劣传统，项羽火秦宫及咸阳是最著名的例子，以后历代莫不如此，所以中国历史上的古都少有在改朝换代后完整保留下来的。隋文帝新建大兴城时，把长安可用的建筑和材料都拆移来建新都，长安遂成为废墟。《长安志》中记载说："后周宫室在长安故城中，隋文帝开皇三年迁都以后，并灌为陂，即涨陂是也。"这和589年隋灭陈后把"建康城邑宫室并平荡耕垦"的手段是完全相同的，即《礼记·檀弓》中所说的"洿其宫而潴焉"[27]。根据这段记载，北周宫室被游灌后称"涨陂"，这是考订北周宫室位置的重要史料。又《资治通鉴》记617年李渊起兵西入长安之事，说李渊先至长乐宫，有众二十万。攻克长安后，自东宫迎隋代王侑入大兴殿立为皇帝，李渊还舍于长乐宫[28]。可知这时汉长安故城中长乐宫尚有宫殿存在。这长乐宫当也是北周旧宫、因位于汉长乐宫故址，周亡后，遂以汉代的名称之。

注释

[1]《资治通鉴》118，〈晋纪〉40：晋恭帝元熙元年（419年）"群臣请（赫连勃勃）都长安，……乃于长安置南台……。"中华书局标点本⑧P.3725

[2] 同书，卷122，〈宋纪〉4：元嘉十年（433年）六月，"辛巳，魏人发秦、雍兵一万，筑小城于长安城内。"中华书局标点本⑧P.3849

[3] 同书，卷156，〈梁纪〉12：武帝中大通六年（534年）"（宇文）泰备仪卫迎帝，谒见于东阳驿，……遂入长安，以雍州廨舍为宫。"中华书局标点本⑪P.4852

[4] 同书，同卷：武帝中大通六年（534年）闰十二月，"癸巳，帝饮酒遇酖而殂。……殡孝武帝于草堂佛寺。"中华书局标点本⑪P.4858

[5] 同书，卷166，〈梁纪〉22：敬帝太平元年（556年）十二月，"庚子，以魏恭帝诏禅位于周，……恭帝出居大司

马府。"中华书局标点本⑪P. 5156

[6] 同书，卷167，〈陈纪〉：武帝永定元年，(557年)正月，"周王祀圜丘，……癸卯，祀方丘。甲辰，祭太社。乙巳，享太庙。……辛亥，祀南郊。……"中华书局标点本⑪P. 5158

[7] 《周书》4，〈帝纪〉4，明帝：二年十二月(558年)，"癸亥，太庙成。"中华书局标点本①P. 56

同书，卷5，〈帝纪〉5，武帝上："(武成二年，560年)冬十二月，改作露门、应门。"中华书局标点本①P. 63

同书，同卷："(保定三年563年)八月丁未，改作露寝。"中华书局标点本①P. 69

同书，卷6，〈帝纪〉6，武帝下：(建德六年，577年，五月)"诏曰：……往者，冢臣专任，制度有违，正殿别寝，事穷壮丽。"中华书局标点本①P. 102

[8] 《周书》6，〈帝纪〉6，武帝下："(武)帝沉毅，有智谋。……凡布怀立行，皆欲逾越古人。身衣布袍，寝布被，无金宝之饰。诸宫殿华绮者，皆撤毁之，改为土阶数尺，不施栌栱。其雕文刻镂，锦绣纂组，一皆禁断。"中华书局标点本①P. 107

[9] 同书，同卷：(建德六年，577年，五月)"戊戌，诏曰：京师宫殿已从撤毁。并、邺二所，华侈过度，……诸堂殿壮丽，并宜除荡。"中华书局标点本①P. 103

[10] 《周书》7，〈帝纪〉7，宣帝："嗣位之初，方逞其欲。……所居宫殿，帷帐皆饰以金玉珠宝，……及营洛阳宫，虽未成毕，其规模壮丽，逾于汉魏远矣。……每召侍臣论议，唯欲兴造、变革，未尝言及治政。……"中华书局标点本①P. 124

[11] 《隋书》1，〈帝纪〉1，高祖上：开皇二年六月丙申营建新都诏书。中华书局标点本①P. 17

[12] 《资治通鉴》175，〈陈纪〉9：宣帝太建十四年(582年，隋开皇二年)"通直散骑庾季才奏：'臣仰观乾象，俯察图记，必有迁都之事。且汉营此城将八百岁，水皆咸卤，不甚宜人。愿陛下协天人之心，为迁徙之计。'"中华书局标点本⑫P. 5457

[13] 中国社会科学院考古研究所：《新中国的考古发现和研究》第四章〈秦汉时代〉，二，（一），〈汉长安城的发掘〉。1984年文物出版社版P. 395

[14] 王仲荦《北周地理志》卷一，〈关中·雍州·京兆郡·长安、万年〉P. 15. 中华书局1980年版。书中辑录正史及他书所载各门名，均注出处，此不赘。

[15] 同书，同卷，载有万年里、永贵里、北胡坊等坊名，亦各注出处，此不赘。中华书局1980版P. 15

[16] 《资治通鉴》158，〈梁纪〉14；武帝大同四年(538年)八月间事。中华书局标点本⑪P. 4897

[17] 同书，卷174，〈陈纪〉8：宣帝太建十二年(580年)"五月，……丁未，(杨)坚将之东宫，……因召公卿，……出崇阳门，至东宫。"胡三省注："正阳宫，本东宫也。……"又云："崇阳门，周宫城之东门。"中华书局标点本⑫P. 5411

[18] 《周书》5，〈帝纪〉5，武帝上："(武成二年，560年)冬十二月，改作露门、应门。"中华书局标点本①P. 63

《资治通鉴》171，〈陈纪〉5：宣帝太建六年七月，"乙酉，(卫王直)帅其党袭肃章门"中华书局标点本⑫P. 5336

《隋书》38，〈列传〉3，皇甫绩："卫刺王(直)作乱，(宫)城门已闭，百僚多有遁者。绩闻难赴之，于玄武门遇皇太子。……"中华书局标点本④P. 1140

[19] 《资治通鉴》173，〈陈纪〉7：宣帝太建十一年(579年)二月，"辛巳，周宣帝传位于太子阐，大赦，改元大象，自称天元皇帝，所居称天台。……皇帝称正阳宫。"中华书局标点本⑫P. 5395

[20] 《周书》3，〈帝纪〉3，孝闵帝："元年(557年)春正月辛丑，即天王位，柴燎告天，朝百官于路门。"中华书局标点本①P. 46. 参见⑦

[21] 同书，同卷："(元年)秋七月壬寅，帝听讼于右寝，多所哀宥。"中华书局标点本①P. 49

[22] 王仲荦：《北周地理志》卷一，〈关中·雍州·京兆郡·长安、万年〉P. 8～12，录有北周宫殿诸名，各注出处，此不赘。中华书局1980版

[23] 同上。

[24] 《隋书》78，〈列传〉43，艺术·来和："开皇末，和上表自陈曰：'大象二年五月，至尊从永巷东门入，臣在永巷门东，北面立。陛下问臣曰："我无灾障不（否）？……'。"中华书局标点本⑥P. 1774

此为北周时宫中之永巷。

《北齐书》13，〈列传〉5，清河王岳："岳于城南起宅，听事后开巷。(高)归彦奏帝曰：清河造宅，僭拟帝宫，制为永巷，但唯无阙耳。"

综合二条，可知永巷为外朝内廷间东西向巷道，故杨坚得自东门而入。

[25]《资治通鉴》174，〈陈纪〉8：宣帝太建十二年（580年）五月，"甲午夜，天元备法驾幸天兴宫，乙未，不豫而还。……是日，帝殂。"中华书局标点本⑫P.5410

[26]《旧唐书》96，〈列传〉46，姚崇。中华书局标点本⑨. P.3025

[27]《礼记正义》卷十，〈檀弓〉下："臣弑君，凡在官者杀无赦。子弑父，凡在宫者杀无赦。杀其人，坏其室，洿其宫而潴焉。"〈正义〉曰："此经云'洿其宫而潴焉，'谓掘洿其宫，使水之聚积焉。"

[28]《资治通鉴》卷184，〈隋纪〉8，恭帝义宁元年。中华书局标点本⑫P.5761

六、两晋南北朝地方城市

1. 考古勘察中发现的两晋南北朝地方城市

近几十年来，配合基本建设的进行，做了大量考古工作，陆续发现了一些古城遗址。其中属两晋南北朝时期的不足十座。在江南有南京、镇江、扬州古城，内蒙有北魏边镇诸城故址，陕西有赫连夏国统万城，青海有吐谷浑伏俟城。除南京、统万已在都城部分探讨外，其余诸城简述如后。

东晋晋陵罗城：在今江苏省镇江市北固山东南的花山湾，北固山为孙权早期驻地，历史上称为京，六朝称京口，这里因山筑成小城，号"铁瓮城"。东晋初至安帝义熙九年（317~413年）京口为晋陵郡治所。1984年在此发现古城址[1]，城砖上有"晋陵罗城孟胜"、"花山"、"罗城砖"、"南郭门"、"东郭门"等字，可知是东晋晋陵郡治的罗城。城址只发现北、东、南三面，东城完整，长650米，南北城接东城后各自向西延伸，残长约300米，城身夯土筑成，残高约2米，土城外侧包砖。现存土城已不完整，和北固三国铁瓮城的关系也未察清，只从砖上文字知道罗城又称郭，有东郭门、南郭门而已。京口在建康东北长江南岸，是保卫建康的北门，长江防线上重镇，所以东晋在此建罗城。可惜全城的布置尚未查明，目前只了解到当时一些筑城甓砖的情况而已。

扬州蜀岗东晋古城：在今江苏省扬州市北蜀岗上，平面为一东北角外凸的平行四边形。城身夯土筑成。考古发掘证实，城的夯土层可分三期，第一期为春秋时代，第二期为汉代，第三期为六朝时期。史载此地春秋时吴王夫差始建邗城，西汉时吴王濞建广陵城，东晋末桓温镇扬州时曾于369年"发州人筑广陵城。"以考古发掘和史籍互证，可知此古城始筑于春秋，汉及六朝沿用。在古城北墙发现六朝包砌的城砖，有"北门"、"北门壁"等字，其特点和镇江古城的情况近似[2]。扬州是东晋南朝江北第一重镇，历来由重臣镇守，驻有重兵。东晋初沿用春秋、汉以来旧城，穆帝永和十年（354年），谢安出镇广陵之步丘，新筑垒曰新城，与旧城为犄角之势。废帝太和四年（369年），桓温镇广陵，又加固城池。甓砖当即在这时。到刘宋时，孝武帝大明二年（458年）竟陵王刘诞又筑广陵城、加筑外城，形成外城、内城的重城，其具体位置尚有待查明。

以上二城目前只发现其片断，城内布局、城门、道路系统都未查明，仅知都有内城、罗城，城墙开始包砌城砖而已，这和北方诸城的情况基本上是一致的。若证以《水经注》所载徐州大小城在刘裕时都包砖的情况，可知南朝在都城和重要城市的城墙包砖已是较普遍的做法了。

北魏怀朔镇城：在今内蒙古自治区包头市固阳县，现称"城圐圙古城"[3]。城平面呈五边形，北墙长1213米，偏东处开北门。东墙920米，中间开东门，西墙1000米，无门，南墙呈中间突出的折线，长约1390米，中间开南门。城为夯土筑成，四角有角墩，除东墙外，南、西、北三边城外侧都筑有马面，城门两侧有城门墩。城墙为土筑、宽约4至5米。自三个城门向内都有大道、宽约15米，南、北门内大道和东门内大道丁字相交。在城内地形最高的西北角筑有子城，北西二面借用大城，东南二面增筑，城宽5米，东墙长360米，南墙长220米。子城内建筑遗物分布较密，其东南角出土有泥塑佛像，可知是佛寺。子城的城门和道路尚未查明。从规模看，外城的周长为4523米，约合1655丈，即11里。子城的周长为1160米，约合424丈，即2.8里。

北魏武川镇城：在今内蒙古自治区武川县西，现称土城梁古城[4]，分别建有南北二城。南城很小，东西宽约130米，南北长约90米，北墙呈内凹的弧形，只在南面中间开一城门。城墙土筑，宽约7米，现残高3米。南城内中间偏北有一组建筑基址，东西35米，南北30米，是城内的主建筑群。南城之北隔50米左右有北城址，只余南、东二面残余城墙，从遗物分布看，东西约360米，南北约430米。北城内未发现大的建筑基址。南城周长仅440米，合161丈，即1.07里。北城周长1580米，合578丈，即3.9里。从遗址迹象看，南城是驻守衙署所在地，北城是屯兵处。

北魏抚冥镇城：在今内蒙古自治区四王子旗，今称土城子古城[5]。城为南北长的矩形，东西宽约800米，南北长约1130米，夯土筑成。城内有一东西向隔墙，分全城为南北二城。北城小，城内未发现建筑遗址。南城约占全城面积的三分之二，只南墙正中开一城门，城内正对南门有一南北长250米，东西宽60米的建筑遗址，当是官署。官署址南有大土丘，似是土阙遗址。城中道路系统尚未查明。此城外城周长3860米，合1412丈，即9.4里。

北魏白道城址：在今内蒙古自治区呼和浩特市西北，现称坝口子村古城[6]。城为夯土筑成，东西宽360米，因北墙压在村落中，南北长度尚未查明。在南墙以北170米至190米处，有一东西向隔墙，分全城为南北二城。南城小，北城大。在南城中，于距西墙150米处又有一南北向隔墙，又分南城为二小城。在北城的南部又发现子城的遗迹。这子城当是主要官署所在地。

石子湾北魏古城：在今内蒙古自治区准格尔旗纳林川北岸高地上，是一夯土筑的矩形小城[7]。城东西230米，南北180米，只南面开一门，门外有瓮城。城墙宽仅2～3米，残高1.5米。城内正中偏北有一东西84米，南北44米的建筑群基址，是城中官署所在地。基址中部发现建筑础石，间距东西4米，南北8米，南北三排。从使用覆盆柱础的情况看，应是主体建筑。另在城内东部和西北角也发现较大的建筑址。北城周长840米，合300丈，即2里，只相当于亭的规模。

上举北魏五城中，除石子湾古城外，四城都是平城北面防御柔然的重要屯兵据点。史载约在太武帝时，在平城北自西而东设怀朔、武川、抚冥、柔玄、怀荒、御夷六镇，号北边六镇[8]，后又在河套设沃野镇，宁夏灵武设薄骨律镇。镇与州不同，不设行政官而由都镇将、镇将等军官统率驻防、兼管民事，近于军事营寨城。镇将骄奢，不遵民法，残暴奴役军士，又压迫百姓，夺占良田，引起叛乱，成为北魏灭亡的导火线。从已发现的三镇的平面看，镇将等军官的官署邸宅在小城。军队屯驻大城，城外有农业区。小城除衙署外，还有佛寺。就城的规模而言，三城也大小不一。怀朔镇在最西、比较孤立、城也较大、周长11里，城身建马面，小城据制高点，主要防守方向西面不开城门，其防御性质极为明显。其次是抚冥镇城，周长9.5里。武川镇城最小，只有4里。《水经注》说武川镇城"景明（500～503年）中筑，以御北狄"但设镇则仍是在太武帝时。武川在北魏旧都盛乐通往西北方的孔道上，在它与盛乐之间还建有白道城，为武川的支援军镇，形成纵深防线，故武川可比一些孤立的军镇小一些。这三个军镇城，除怀朔镇的城门街道清楚外，另二城尚有待进一步发掘揭示。石子湾古城在平城西南，黄河以西，城周只有二里，近于亭的规模。从城内官署占地之大看，也不是一般城市，而近于军事屯戍点，甚至只是大的驿所。

吐谷浑伏俟城：在今青海省共和县，青海湖的西岸。城分三重，最外为外郭，有河砾石墙基。城为东西长的矩形、东西长1400米，因北墙不存、南北宽不详。郭内有一南北隔墙，分为东西二部，西部基本为方形。其内中部有一边长 200 米的方形土城，只开东门。土城内西部依西墙又有一小城，为边长 70 米的正方形，当是宫城，居于自东门向西的中轴上，有大道通东门[9]。吐谷浑在此建都大约自五世纪末起，至隋大业五年（609 年）破吐谷浑设西海郡止。《魏书》卷 101 吐谷浑传说"（吐谷浑）居伏俟城，在青海西十五里，虽有城郭而不居"即指此城。从此城东向看，大约是保持了住帐篷"以穹庐为舍，东开向日"的习俗[10]。从城很小而郭城很大的情况看，此城是受游牧民族建牙的影响。中央宫城、内城是一个定居了的牙，而四周广大的郭内则供部族立账幕、栅牛马之用。它是一座使汉族城市与游牧习俗相结合而出现的特殊城市。

由于近年勘察发现的古城太少，代表性亦不够充分，我们还不得不借助于古文献中对此期地方城市的记述，以充实我们对它们的认识。

注释

[1] 刘建国：《晋陵罗城初探》，《考古》1986 年 5 期。

罗宗真：《江苏六朝城市的考古探索》3. 镇江六朝城市遗址。《中国考古学会第五次年会论文集》，文物出版社版，1988

[2] 纪仲庆：〈扬州古城址变迁初探〉，《文物》1979 年 9 期。

罗宗真：《江苏六朝城市的考古探索》2. 扬州六朝城市遗址。《中国考古学会第五次年会论文集》，文物出版社，1988

[3] 内蒙古文物工作队、包头市文物管理所：〈内蒙古白灵淖城圐圙北魏古城遗址调查与试掘〉，《考古》1980 年 2 期。

[4] 张郁：《内蒙古大青山后东汉北魏古城遗址调查记》五，乌兰不浪乡土城梁村古城，《考古通讯》1958 年 3 期。

[5] 张郁：《内蒙古大青山后东汉北魏古城遗址调查记》四，乌兰花古城子古城，《考古通讯》1958 年 3 期。

[6] 北京大学历史系考古教研室：《三国——宋元考古》上，〈肆，北方地区，一，鲜卑遗迹，北魏边镇遗址〉。北京大学历史系考古教研室. 1974 年 2 月印本 P.109

[7] 崔璇：《石子湾北魏古城的方位、文化遗存及其他》，《文物》1980 年 8 期。

[8] 《魏书》卷 106 上，〈地形志〉上，"朔州，本汉五原郡，延和二年（433 年）置为镇，后改为怀朔。"可知怀朔设镇于太武帝延和时。又《魏书》卷 44，〈列传〉32，罗结传附其子罗斤传云："子斤，……后从世祖讨赫建昌，……蠕蠕侵境，驰驿征还，除柔玄都大将。可知柔玄在太武帝时已设镇。怀镇设镇中见《魏书》卷 15，〈昭成子孙列传〉第三，陈留王虔传附其弟之子建传云："位镇北将军，怀荒镇大将"。其时亦在太祖帝时，据此可知六镇至迟在太武帝时已设。

六镇之名次，《元和郡县图志》称："后魏北边六镇，沃野从西第一镇也，怀朔从西第二镇，武川从西第三镇，武川以东为抚冥镇，抚冥以东为柔玄镇，柔玄以东为怀荒镇。"而《通典》、《通鉴》胡三省注均无沃野镇而增最东御夷一镇。此处从《通鉴》胡注之说。

[9] 黄盛璋、方永：〈吐谷浑故都——伏俟城发现记〉，《考古》1962 年 8 期。

[10] 《后汉书》卷 90，〈乌桓鲜卑列传〉第八十 "俗善骑射、弋猎禽兽为事。随水草放牧，居无常处。以穹庐为舍，东开向日。"中华书局标点本⑩P.2979

2. 文献中的两晋南北朝地方城市

中国的地方城市，经两汉四百年发展，汉末时已有十三州部，辖一百零五郡国，一千一百八十县、邑、侯国，形成分布全国的三级城市网。西晋统一全国后，改为十九州部，辖一百五十五郡国，共有州一百五十六，县一千一百零九。至南北朝末年城市数量有较大增长。梁代有二十三州、三百五十郡、一千零二十二县；北齐有九十七州、一百六十郡、三百六十五县；北周有二百十一州，五百八十郡，一千一百二十四县[1]。历朝正史对城市只记沿革四至，具体布置不载。在现存南北朝史料中，只有《水经注》对一些城市有稍形象的记载，虽详略不一，至少还可从中看到一些共同特点，与目前已勘查的少量古城互证，对了解此期城市颇有助益。由于所载诸城多是历史形成的面貌，已无条件严格区分时代，地域特点也多失载，只能了解一下北魏末年诸城的面貌和共同特点。

南北朝时城市按行政区划分三级，州部近于后代的省，辖若干郡，其治所是一级地方城市，一方重镇。郡或州近于专区，辖若干县，郡治是第二级地方城市。县是第三级地方城市，除县治外，郊区又辖若干亭，亭近于现代的区，多建有大小不等的城堡，据《水经注》记载，很多县就是由亭发展来的。

（1）州部级城市

江陵：在今湖北江陵市。战国时为楚之郢都，南北朝时为荆州部治所，是东晋南朝时长江中游的重镇。在东晋时已有"大城"和"金城"。金城即内城，史载四面有门，可知是居于城中，不依附外城的[2]。梁代又称大城为"外城""罗郭"，称金城为"子城"。罗郭周回六十里[3]。后梁时，又分割为东西二城，"东城"为后梁主都城，"西城"西魏、北周派兵监守[4]。

南郑：在今陕西汉中市。三国以来重镇，西晋时为梁州部治所。"大城周四十三里，城内有小城。"东晋时"断小城东面三分之一以为梁州汉中郡南郑县治"[5]，小城遂分为东西二城。

彭城：在今江苏徐州。项羽故都，西晋时为徐州部治所。外有大城，"大城之内有金城、东北小城，……小城之西又一城，"大城内共有三小城。刘裕时用砖石包砌[6]。徐州居南北要冲，历代为兵家必争之地，故城池重叠，防守设施特别严密。

寿春：东晋时又称寿阳，在今安徽寿县。战国后期楚之郢都，西晋初曾为扬州部治所。有"外城"，又称"外郭"[7]。外城南有芍陂门，西有象门，北有沙门。外城之内有"金城"，刘裕伐后秦时又筑一小城，称"相国城"[8]。

襄阳：在今湖北襄樊市。三国、西晋时荆州部治所。建有"大城"，又称"外郭"。大城内有"中城"[9]。

项城：在今河南沈丘县。西晋初为荆河州部治所。"都内西南小城，项县故城也，旧颍州治"[10]。

（2）郡级城市

郢州：在今武汉市武昌附近。三国吴之武昌郡，南朝刘宋之郢州。外有"罗城"，内有"金城"[11]。

滑台：在今河南滑县。汉、北魏时为东郡。城"有三重，中、小城谓之滑台城"[12]。

新野：在今河南新野市。西晋为新野郡，"更立中隔，西即郡治，东则民居"[13]，城中用隔城分作二城。

南阳：今河南南阳市。汉为宛县，南朝宋、齐时为南阳郡。外有大城，"大城西南隅即古宛城也。""今南阳郡治大城，其东城内有殿基。……大城西北隅有基，……盖更始所起也"[14]。据此，知大城内西南角为宛城，又有东城，更始之宫殿在大城西北隅，当另有宫城，故大城内有三城。

陈城：在今河南沈丘县附近。汉晋之淮南郡，北魏之陈郡。"城南郭里又有一城，名曰淮阳城"[15]。据此，知城外有外郭，即外城，外城南部又有一旧城。

历：在今山东济南。晋为济南郡，南朝刘宋时为侨冀州治所。城外有郭，有"东郭"、"西郭"[16]。

武阳新城：在今山东莘县西南，曹操时东郡。城内有"中城"[17]。

昌邑县：在今山东济宁南。西汉之王国，后为高平郡。外有大城，"大城东北为金城"[18]。

新息县：在今河南息县附近。北魏时东豫州治所。大城内有"金城"[19]。

下邳：今江苏邳县西南。北魏时为徐州所属下邳郡。"城有三重，其大城……南门谓之白门。……中城吕布所守也。小城晋中兴北中郎将荀羡、郗鉴所治也"[20]。据此，知外二重汉末已有，第三重为东晋所筑。

西平城：在今青海西宁市。魏晋时为西平郡治所。"东城即故亭也。……凭倚故亭，增筑南、西、北三城，以为郡治"[21]。据此，知即以故亭为内城，增南西北三面城墙形成外城，内城在外城东部。这是亭发展为城的例子。

（3）县级城市

虎牢县：在河南巩县东。秦为关，汉设县。"城西北隅有小城，周三里，北面列观临河"[22]。

临颍县：在今河南许昌市东南。"城临水，阙南面"[23]。据此知临颍水一面无城墙，只另三面筑城墙，是特殊地形形成的特例。

聊城：在今山东聊城西北。"城内有金城，周匝有水，南门有驰道"[24]。

摄城：在今山东聊城西北。"城东西三里，南北二里，东西（应为南或北之误）隅有金城"[25]。

莒县：在今山东莒县。"其城三重，并悉崇峻，惟南开一门。内城方十二里，郭周四十许里"[26]。

枹罕：在今甘肃临夏。有"大城"，又称"外城。"史称347年后赵攻城时，太守欲弃外城，可知必有内城[27]。

临羌新县：在今青海西宁市西。"城有东西门，西北隅有子城"[28]。

巫县故城：在今四川巫山县。孙吴时之建平郡。"城缘山为墉，周十二里一百一十步。东、西、北三面皆傍深谷，南临大江"[29]。这是利用地形建城之例。

宜城：在今湖北宜城县东南。楚国之鄢郢。"大城"之内有"金城"[30]。

（4）亭：有些亭已具城的规模，有的发展为县。

长宁亭：在今青海西宁市北。"城有东西门，东北隅有金城"[31]。是名为亭而有大城金城之例，实际为城。

骑亭：在今湖北襄樊之南。"沔水之左，有骑城，周回二里余，高一丈六尺，即骑亭也"[32]。

以上引自《水经注》所载的二十几个城市，虽其平面布置已不可考，但从记述中却可看到当时城市的一个共同点，即绝大多数城市都建有内外两重城，个别还有三重的。

外城又称"郭城"、"罗城"、"大城"。内城又称"中城"、"小城"、"子城"、"金城"，以称金城的最普遍。从上引史料看，大多数城内都有"金城"，这是很值得注意的。

"金城"之称，最早见于《管子》，该书卷18〈度地〉篇云："内为之城，城外为之郭。郭外为之土阆，地高则沟之，下则堤之，命之曰金城。树以荆棘上相穑著者，所以为固也"。注云："阆谓隍。""穑，钩也，谓荆棘刺条相勾连也"[33]。从文义看，金城似指郭外的城隍。又，在汉贾谊〈过秦论〉中说"始皇之心，自以为关中之固，金城千里。"李善注曰："金城，言坚也。《史记》：张良曰，关中所谓金城千里，天府之国也"[34]。从《水经注》记载看，在南北朝时，金城已专指大城内的小城。胡三省注《资治通鉴》，于"金城"下也说："自晋以来，率谓中城为金城"。

内城在外城中的位置大体有三种：一种是居于城中，四面不靠大城，呈回字形，如上举的江陵、下邳、莒县。内城诸异名中，"中城"似即专指这类城。另一种是内城踞大城的一角，有两面靠大城，如南阳、昌邑、项城、南阳、虎牢、摄城、临羌新县、长宁亭等。第三种是在城中加隔城，形成大小城并列，如南郑小城，后梁时江陵、新野。从数量看，以内城踞大城一角的布局最为普遍。有些城出于特殊需要或历史上的续增，在大城之内不止一个内城，如彭城、寿春、南阳；也有在大城内建二重小城，形成大城、中城、小城三重相套的，如滑台、下邳、莒县。

从《水经注》中所载各城形成沿革看，早在汉代，一些地方城市已在大城内建小城，或在小城外增建外郭形成重城了。在和林格尔汉墓壁画中画有若干有子城的汉代城市图。汉末以后，从三国至南北朝末期，其间只自280年西晋统一全国至301年八王之乱开始的21年无战事，其余时间战乱不断，大量城市旋毁旋建，出于防守的需要，都不得不建二重城，以内城为最后据点，此期大量城市为重城，且把内城称为金城，隐喻防守坚固的"金城汤池"，这是重要原因。

从上述记载中的一些数字，也可看到当时一些城市的规模。

州部级城市中，只南郑记有里数，其大城周回四十三里，如为方城，则每面可宽十里，是很大的城市。

郡级城市中没有记里数的。县级城市大小颇为悬殊。最大的是山东莒县，外郭周回四十余里，内城方十二里。其外郭之大和南郑相近，远远大于一般县城。但莒县是有三重城的，其内城周长十二里，即每面三里，和一般县城近似，故莒城的外郭应是在原有外城之外增建的，属特殊情况，该城仍应以内城方十二里计。此外，四川巫县故城周回十二里十一步，也约合每面三里，山东摄城大城东西三里，南北二里，周回合十里。大约城周十二里左右应是县级城市的规模。县城内的金城只虎牢记有里数，为周回三里。亭只有骑亭记载里数，为周回二里余。

各城内布置多为史书所略。《北齐书·慕容俨传》说他555年守郢州时，梁军进攻，"焚烧坊郭"[35]，证以北魏平城洛阳均为坊市制布置，可知当时南北各城大都仍是在城内建封闭的里坊和市。

注释

[1]《通典》卷171，〈州郡〉1，序目，后汉、晋部分。中华书局缩印《十通》本，P.907~908

[2]《宋书》卷45，〈列传〉5，王镇恶传，412年至江陵袭刘毅事。中华书局标点本⑤P.1367

[3]《周书》卷15，〈列传〉7，于谨传，554年于谨攻江陵事中华书局标点本①P.247

[4]《资治通鉴》卷165，〈梁纪〉21，元帝承圣三年（554年）："魏立梁王詧为梁主。……詧居江陵东城，魏置防主，将兵居西城，名曰助防，……内实防之。"中华书局标点本⑪P.5123

[5]《水经注》卷27，〈汉水〉《水经注校》，上海人民出版社，P.882

[6]《水经注》卷23，〈获水〉《水经注校》，上海人民出版社，P.761

[7]《资治通鉴》卷171，〈陈纪〉5，宣帝太建五年（573年）："齐巴陵王王琳……保寿阳外郭，……吴明彻……乘夜攻之，城溃。齐兵退据相国城及金城。"中华书局标点本⑫P.5325

[8]《水经注》卷32，〈肥水〉："溴水又北，迳相国城东，刘武帝伐长安所筑也。"《水经注校》，上海人民出版社，P.1021

[9]《资治通鉴》卷104，〈晋纪〉26，孝武帝太元三年（378年）：秦王（苻）坚遣（苻）丕……寇襄阳，……"石越帅骑五千浮渡汉水，（朱）序……固守中城，（石）越克其外郭。"中华书局标点本⑦P.3285

[10]《水经注》卷22，〈颍水〉：《水经注校》，上海人民出版社，P.695

[11]《资治通鉴》卷164，〈梁纪〉20，简文帝大宝二年（551年）："（于僧辩）攻郢州，克其罗城，…宋子仙退据金城。"中华书局标点本⑪P.5068

[12]《水经注》卷5，〈河水〉：《水经注校》，上海人民出版社，P.157

[13]《水经注》卷31，〈淯水〉：《水经注校》，上海人民出版社，P.997

[14]同书，同卷《水经注校》，上海人民出版社，P.993

[15]《水经注》卷22，〈渠水〉《水经注校》，上海人民出版社，P.734

[16]《资治通鉴》卷132，〈宋纪〉14，明帝泰始四年（468年）："慕容白曜围历城经年，二月，庚寅，拔其东郭。"中华书局标点本⑨P.4144

《水经注》卷8，〈济水〉："（大明）湖水引渎，东入西郭，东至历城西，而侧城北注陂。"《水经注校》，上海人民出版社，P. 278

[17]《水经注》卷5，〈河水〉《水经注校》，上海人民出版社，P. 178

[18]《水经注》卷8，〈济水〉《水经注校》，上海人民出版社，P. 288

[19]《资治通鉴》卷171，〈陈纪〉5，宣帝太建六年（574年）："（太建六年正月）甲申，广陵金城降。""左卫将军樊毅克广陵楚子城"。胡三省注曰："此广陵非江都之广陵。按魏太和中，蛮帅田益宗纳土于魏，魏为立东豫州，治广陵。……则此广陵乃新息之广陵也。"中华书局标点本⑫P. 5326、5332

[20]《水经注》卷25，〈泗水〉。《水经注校》，上海人民出版社，P. 823

[21]《水经注》卷2，〈河水〉。《水经注校》，上海人民出版社，P. 61

[22]《水经注》卷5，〈河水〉。《水经注校》，上海人民出版社，P. 151

[23]《水经注》卷22，〈颍水〉。《水经注校》，上海人民出版社，P. 696

[24]《水经注》卷5，〈漯水〉。《水经注校》，上海人民出版社，P. 182

[25] 同书，同卷《水经注校》，上海人民出版社，P. 183

[26]《水经注》卷26，〈沭水〉。《水经注校》，上海人民出版社，P. 836

[27]《资治通鉴》卷97，〈晋纪〉19，穆帝永和三年（347年）："赵凉州刺史麻秋攻枹罕。晋昌太守郎坦以城大难守，欲弃外城。"中华书局标点本⑦P. 3076

[28]《水经注》卷2，〈河水〉。《水经注校》，上海人民出版社，P. 60

[29]《水经注》卷34，〈江水〉。《水经注校》，上海人民出版社，P. 1065

[30]《水经注》卷28，〈沔水〉。《水经注校》，上海人民出版社，P. 908

[31]《水经注》卷2，〈河水〉。《水经注校》，上海人民出版社，P. 61

[32]《水经注》卷28，〈沔水〉。《水经注校》，上海人民出版社，P. 906

[33]《管子》卷18，〈度地〉第五十七。中华书局版诸子集成本①P. 303

[34]《文选》卷51，〈过秦论〉。中华书局缩印胡克家刊本下P. 709 上

[35]《北齐书》卷20，〈列传〉12，慕容俨传：中华书局标点本①P. 281

第二节　宫殿

东汉末的战乱摧毁了两汉的都城和宫殿。204年曹操占邺城为基地后，开始建造邺宫。当时曹操只受封为魏公，魏王，故其宫是王、公宫室的规格而非帝宫体制。220年曹魏代汉，定都洛阳。在重建洛阳北宫时，邺宫的规格作为传统，吸收到洛阳宫中，故洛阳宫与东汉时有颇大的不同。西晋代魏并进而统一中国后，仍沿用洛阳魏宫，魏晋洛阳宫遂成为统一王朝宫殿的模式。西晋灭亡后，南迁的东晋和相继在中原建国的各少数民族政权，为表示自己的正统地位，其都城、宫室都以魏晋洛阳城及宫为比附、模拟的对象。其中东晋、南朝建康宫始建于330年，在进入南北朝时期又历经宋、齐、梁、陈四朝建设，在魏晋宫室旧规基础上又有一定的发展，是此期艺术、技术水平最高也最壮丽的宫殿。北方各少数民族政权所建宫殿以北魏洛阳宫水平最高。北魏早期定都平城，宫室质朴，且具北方地区特点。493年迁都洛阳后，在魏晋洛阳宫旧址上重建宫殿时，还借鉴参考了南朝建康宫殿，建成兼有魏晋和南朝建康宫之长的此期北方最壮丽的宫殿。

综合起来看，此期宫殿主要有以下几点与两汉时不同。

首先，在汉代，都城中都不止一宫，西汉长安有长乐、未央、北、桂、明光等宫，东汉洛阳有南宫、北宫，自魏晋洛阳起，都中只有一宫，使宫成为都城中惟一的重心。

其次，宫中防卫加严，由外而内有宫、省、禁三重宫墙；第二重墙内为主要中央官署尚书省、中书省、门下省及秘阁等；第三重墙内才是皇帝居住听政之地，称禁。

第三，在禁中又分前后两部分，前部为朝区，是皇帝举行典礼和起居听政之地，以正殿太极殿和在其两侧并列的东堂、西堂为主。正殿太极殿与东西堂一字形并列之制起源于曹魏洛阳宫，沿用到北朝末年，至隋建大兴宫时始改变，使用了三百五十年之久。禁中的后部为寝区，是皇帝的居宅，主体部分是帝寝、后寝两部分，中隔横街，性质略近于一般邸宅中的前厅和后堂，也都是主殿居中左右各一殿并列的布置。太极殿及帝寝、后寝的主殿都在全宫中轴线上，南对宫前南北向御街，形成都城的主轴线。

第四，在第二重宫墙内诸官署中，最主要的行政机构尚书省置于东侧，省北为议政用的朝堂，在宫城南墙上专辟一门，北对尚书省及朝堂，形成宫中东侧的次要轴线，与太极殿处的主轴线东西并列。主殿东侧设朝堂、尚书省始于东汉末，但不南对宫门，曹操建邺城宫殿，在主殿东侧建听政殿和诸官署，南对宫墙上的司马门，形成次要轴线。曹魏代汉后建洛阳宫遂沿用这种布置，在正殿太极殿东南侧建朝堂及尚书省，南对南城墙上的司马门，这种布置遂成为此期宫殿特色，东晋南朝建康和北魏洛阳宫殿均如此，至隋唐时尚书省的职权转归中书省，尚书和朝堂都迁出宫城之外，才改变了这种布置。

第五，就建筑构造而言，魏晋洛阳宫、东晋建康宫的主殿仍属土木混合结构的台榭建筑，随着建筑技术的发展，到南北朝后期木构建筑增多，但直到初唐，土木混合结构在宫殿中仍未绝迹。此期是宫殿由混合结构向木构架过渡时期。

西晋洛阳宫沿用曹魏之旧，其详参见第一章三国建筑。这里只介绍此期创建者。

一、东晋南朝建康宫殿

太兴元年（318年），司马睿在建康定都称帝，建立东晋时，以在原三国吴国太初宫旧址上重建的府舍为宫。吴太初宫周回五百丈，规模很小，且偏在城西部，不居中轴线上，在西晋初陈冰之乱时被毁，后重建为将军府舍，十分简陋。作为东晋宫后，其尚书省的门还是草屋顶[1]。晋成帝咸和三年（328年），叛将苏峻军攻克建康，焚毁宫殿。330年，在名相王导主持下，于吴时苑城旧地兴建新宫，331年建成，称建康宫，又称台或台城。339年用砖包砌宫城，并兴建城楼[2]。台城周长八里，南面开二门，东、西、北三面各一门，共开五门[3]。台城位于建康的中轴线上，正门大司马门南对建康城南面正门宣阳门，其间的干道称御街，御街穿过宣阳门南行，延伸到秦淮河北岸朱雀航北端的朱雀门，形成建康的中轴线。台城的位置和范围自此即确定，以后各朝只是增开了宫城城门和在内部进行改建增建，未再向外拓展。

晋孝武帝太元三年（378年），因宫室已有朽败处，在名相谢安主持下，以毛安之为大匠，重修宫殿。重建时，日役六千人，历时五个月，共重建宫室三千五百间[4]。至此，建康宫内的布局也基本确定，以后南朝四代的修建主要在后宫部分。

建康宫经历了五朝，屡经改建增建，名称也多次改动，甚至宫门名也有互易的，颇为紊乱。这里先简介378年重建后的情况，以知其布局和渊源所自，然后再看晋以后的改动，以了解其发展趋势（图2-2-1）。

建康宫城在东晋时开有五座宫门：南面二门，正门居中，称大司马门，下开三个门道，上建二层的城楼。大司马门之东为南掖门（宋名阊阖门，陈名端门），东面一门，名东掖门（宋名万春门，梁名东华门），西面一门，名西掖门（宋名千秋门，梁名西华门），北面一门，名平昌门（宋名广莫门，又改承明门）。五门中，东掖、西掖二门东西相通，南掖、平昌二门南北遥对[5]。城四角建有角楼[6]，城外有城壕，壕内沿宫墙植橘树[7]。

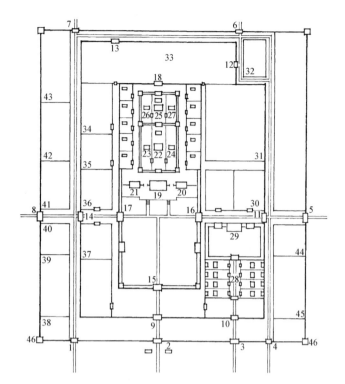

图 2-2-1 东晋、南朝建康宫城平面复原示意图

1. 西掖门(宋、齐) 13. 北上阁 27. 含章殿
2. 大司马门 14. 西止车门 28. 尚书省
3. 南掖门(晋) 15. 端门(晋) 29. 朝堂
　 阊阖门(宋) 　 南中华门(宋) 30. 散骑省
　 端门(陈) 　 太阳门(梁) 31. 太后宫
4. 东掖门(宋、齐) 16. 云龙门(晋、齐) 32. 客省
5. 东掖门(晋) 　 东中华门(宋) 33. 华林园
　 万春门(宋) 　 万春门(梁) 34. 永福省
　 东华门(梁) 17. 神虎门(晋、齐) 35. 秘阁
6. 平昌门(晋) 　 西中华门(宋) 36. 门下省(?)
　 广莫门(宋) 　 千秋门(梁) 37. 中书省
　 承明门(宋) 18. 凤妆门 38. 卫尉
7. 大通门(梁) 19. 太极殿 39. 中书下省
8. 西掖门(晋) 20. 太极东堂 40. 右卫
　 千秋门(宋) 21. 太极西堂 41. 门下下省
　 西华门(梁) 22. 式乾殿 42. 武库
9. 南止车门(晋) 　 (中斋) 43. 太仓
　 应 门(梁) 23. 西斋 44. 左卫
10. 应 门 24. 东斋 45. 尚书下省
11. 东止车门 25. 显阳殿 46. 角楼
12. 华林东阁 26. 徽音殿

　　宫城之内还建有两重墙，共为三重[8]。第三重之内才是宫殿区，分前后两部分：前为正殿太极殿部分，是国家举行大朝会等大典的处所，为最重要的殿宇；后为后宫部分，是帝后的住所。第三重墙南门称端门(宋名南中华门，梁名太阳门)，东门称云龙门(宋名东中华门，齐复名云龙门，梁名万春门)，西门称神虎门(宋名西中华门，齐复名神虎门，梁名千秋门)。南、东、西三门都通到太极殿庭。北门名凤妆门，通入后苑华林园。

　　第三重墙之外，第二重墙之内，东、西两面为宫内办事机构，称东、西省，是国家政权的核心机构，包括朝堂、尚书省、中书省、门下(侍中)省和秘阁；北面是内苑华林园。第二重墙上南面开二门，正门为止车门(梁名应门)，北对端门、太极殿；止车门之东为应门，北对东省尚书省和朝堂。东、西面各开一门，东为万春门(宋名云龙门)，西对云龙门；西为千秋门(宋名神虎门)，东对神虎门。北面华林园北墙有北上阁门[9]。

　　在宫城之内，第二重墙之外主要布置驻军、仓库、宫中服役供应机构和三省官员在宫内的宿舍区——下省或下舍。

　　建康宫的三重墙即三重设防。进入宫城之内，实际只到了外围部分，第二重墙以内才是三省区，是政权的核心机构，事涉机密，皇帝有时还要到朝堂，所以设防甚严。入第三重墙才进入宫殿区，前为朝，后为寝，是最禁秘之地。朝寝之间原不设防，到 453 年发生太子劭自阁门入宫杀宋文帝之事，才在殿门和东西上阁门屯兵。此后，建康宫内，宫、省、禁就是层层设防了。

　　建康宫内外三重墙上诸门中，南面自外而内的大司马门、止车门、端门在一条南北轴线上，北对太极殿，南通宣阳门，形成全城和全宫的南北中轴线。东侧的东掖门、万春门、云龙门和西侧的西掖门、千秋门、神虎门东西相对，形成穿过正殿太极殿殿庭的全宫东西轴线。

　　太极殿在殿廷北端，建在高台上，有马道通上[10]。殿面阔十二间，长二十七丈，广十丈，高八丈，是当时最宏大的殿宇，供大朝会和一些重大礼仪使用。太极殿的东西分别建有东堂、西堂，各宽七间，供日常听政和起居之用。太极殿和东堂、西堂在一条东西轴线上并列，其间有墙，墙上各开一门，名东上阁、西上阁，是进入后宫的通道[11]。太极殿庭四周有廊庑环绕，南面殿门端门之外立鼓，殿廷西庑有锺室。

自太极殿侧的东西阁门进入寝区。寝区又分前后两部分，前部为帝寝，后部为后寝。帝寝区外有门，门内殿庭东西并列三殿，正中为式乾殿（宋名延昌殿，又称中斋），东为正福殿（齐名东斋），西为璹仪殿（齐称西斋），故帝寝区的门称"斋阁"[12]。后寝在帝寝之后，也是东西并列三殿，主殿在中，名显阳殿，东为含章殿（宋称合殿），西为徽音殿，规制和帝寝相同[13]。史载徽音殿面阔五间[14]，则显阳殿至少应是七间面阔。依此类推，其前帝寝正殿应是七间或九间。在帝寝、后寝的东西侧，应还有若干别殿。

后宫以后为内苑，称华林园、原为较自然的景观，晋简文帝的名句"会心处不必在远，翳然林水，便自有濠濮间想也"，就是为此园之景而发的。宋以后它逐渐发展为豪华的苑囿，趣味大不同于以前了。华林园的正门称凤妆门，前通后宫。它的东面有东阁和客省，朝臣奉诏入园时，由东阁进入[15]。北面有北上阁。

在第二重墙内，第三重墙的东西外侧布置最重要的国家机构，即最高行政机构尚书省，代表皇帝撰诏令发布的中书省和皇帝的秘书处门下省（又称侍中省），合称三省。又有皇家图书和档案馆秘阁。尚书省和朝堂在太极殿之东。尚书省在前，分若干曹，各成院落，分列在朝堂前两侧。朝堂是尚书议政之所，前有广庭，有大事时皇帝也来此，国家有大故或动乱时，由重臣守朝堂发号施令，是政权的神经中枢，极为重要。朝堂南对宫城南墙东偏的南掖门，和建康城南面的津阳门，形成又一条南北轴线[16]，可见它的重要性。

中书省，门下省的具体位置史书不载，从迹象看，在太极殿之西。中书省也有可能在太极殿的西庑南部[17]。秘书省和秘阁在后宫的西侧，它的北面是未成年皇子居住的永福省[18]。

在宫城之内，第二重墙之外都是附属机构。在东南角，尚书省的东侧隔南北大道有尚书下省。这时的制度，三省官员非假日都要住在宫内，并可携眷，尚书下省就是尚书省官员的宿舍。自尚书下省有阁道跨过南北大道[19]，通到朝堂。汉以来，宫殿为了防卫，多从阁道往来，直登殿陛，然后入殿，在陛下及阁道入口设防。晋时仍沿用此制，因入朝堂是进入省中，所以由阁道往来。在西南部为侍中下省[20]，西北部，在西掖门之北为武库和太仓[21]。

此外，史载在宫中还有卫尉、车府、左卫、右卫、暴室、太官等，这些机构不会在省禁区，也应设在宫内外围部分。

从上述建康宫的概况可以看到，它基本上是延续西晋洛阳宫的布局，但又有所发展。

首先，它以宫城南面大司马门和南掖门并列，其内分别为太极殿和朝堂的布置，和西晋洛阳宫南面阊阖门，大司马门并列，门内对太极殿、朝堂的情况全同，只是门的名称改易而已。就宫内殿宇布置而言，前部太极殿和东西堂并列，后宫显阳殿和含章殿、徽音殿三殿并列也和魏晋洛阳宫的布置相同[13]。此外，后宫之后有华林苑，宫之西部设武库等，也和魏晋洛阳宫相同。故从大的布局和宫殿体制上看，建康宫无疑是效法魏晋洛阳宫殿的。

但建康宫也有和洛阳宫不同之处。洛阳宫的前殿后宫之间被万春、千秋二门之间的东西横街分为南北二部，故有南宫、北宫之称。建康宫则把前殿、后宫建为一体，自前部入后宫必须经过太极殿旁的东阁、西阁[22]，这是明显不同之处。此外，建康宫在宫内又建二重内墙，把宫和禁严格区分开，自外而内，为宫、为省、为禁，层层设防，也和魏晋洛阳宫不同。这应是为了加强省、禁的防卫而采取的新措施，遂使宫殿的布局由分为外朝内廷南北两大部分变为自外向内重重封闭的宫墙。就此而言，建康宫对魏晋洛阳宫的传统实是有因有革。

进入南朝时期，宋、齐、梁三代对建康宫都有不同程度的改建增建。

《宋书·良吏传》说"晋世诸帝，多处内房，朝宴所临，东西二堂而已。孝武末年，清暑方构（指晋孝武帝太元二十一年在华林园建清暑殿）。高祖（宋武帝刘裕）受命，无所改作，所居唯称西殿，不制嘉名。太祖（宋文帝刘义隆）因之，亦有合殿之称。及世祖（宋孝武帝刘骏）承统，制度奢广，……追陋前规，更造正光、玉烛、紫极诸殿，雕栾绮节，珠窗网户"[23]。可知到孝武帝时，后宫建筑才向奢华方向发展。宋代改后寝显阳殿为昭阳殿，另建显阳殿为太后宫。太后宫内有佛屋[24]。

这时，建康宫城南面在东西侧又各开一城门，名东、西掖门（晋时东、西掖门在宋时已改称万春、千秋门），具体时间史籍失载，应在宋或齐时[25]。

齐代在建康后宫有两次大的变动，一次是齐武帝萧赜建风华、寿昌、耀灵三殿，史称其"香柏文桎、花梁绣柱，"是很奢丽的殿宇[26]。第二次是永元二年（500年）后宫火灾，烧帝寝西斋和后寝、太后宫，西到秘阁，北到华林园墙，共毁殿屋三千余间。只余帝寝中斋、东斋等少数建筑[18]。重建时建仙华、神仙、玉寿等殿，"刻画装饰，穷极绮丽"[27]。晋宋后宫建筑，至此已大半改建过了。

梁武帝享国四十七年，早期主要是按帝居体制完善宫室，与北魏争胜。507年在大司马门外建阙，511年把宫城诸门楼增建为三层，513年把太极殿由12间增为13间，都出于这个目的[28]。521年，"璇琰殿火，烧后宫屋三千间"[29]。梁后期宫殿名多与宋齐以来不同，当是修复后改名所致。梁后期在宫内建了一些楼阁[30]。把殿增建为楼阁是没有困难的，但宫内殿宇密集，大的布局已定，不太可能有根本性的改动。

548年，建康遭侯景之乱，城市、宫室遭到极大的破坏。552年平侯景之役中，太极殿被毁。557年陈朝建立，于588年修复太极殿[31]，宫内殿宇也次第修复。到后主陈叔宝时，又在后宫大建殿阁。584年，在"光照殿前起临春、结绮、望仙三阁，阁高数丈，并数十间，其窗牖壁带、悬楣栏槛之类，并以沉檀香木为之，又饰以金玉，间以珠翠。……并复道交相往来"[32]。这三阁是南朝最著名的豪华建筑，据《景定建康志》引《宫苑记》云，三阁在华林园天泉池东光昭殿前[33]。

589年隋军平陈，建康宫和建康城同时被夷为平地。

宋、齐、梁、陈四代主要是改建后宫部分，对宫殿布局没有大的改动。

东晋南朝建康宫基本是按魏晋洛阳宫模式兴建的，不同处是：一、宫墙明确分内外三重，层层设防，二、宫东西墙上只多开一门，自太极殿庭穿过，宫之后部无横穿的大道，不像魏晋那样分为南北二宫。三、魏晋时，太极殿后为皇后寝殿昭阳殿，其后为横街，横街北为北宫。东晋南朝在太极殿与显（昭）阳殿间增入中斋（式乾殿？）、东斋、西斋一组，为皇帝寝殿，形成二组殿前后相重，每组又都是三殿（堂、斋）并列的格局。四、魏晋洛阳御苑华林园在宫城外北侧，建康宫则设在宫城的最北部，五、魏晋时，宫内三省官员可在宫内值宿，但无专用宿舍，东晋南朝在宫城内、第二道宫墙之外设三省的下省，亦称下舍，供三省官员携眷居住。这样，在非常时期皇帝可以集中主要官吏于宫城之内拒守，这应是当时情势所需。北朝和以后的隋唐都不是这样。

注释

[1]《南史》卷48，〈列传〉38，陆澄："（尚书令王）俭尝问澄曰：'崇礼门有鼓而未尝鸣，其义安在？'答曰：'江左草创，崇礼阁皆是茅茨，故设鼓，有火则扣以集众，相传至今。'"中华书局标点本④P.1188

[2]《建康实录》卷7，晋成帝："是时，始用砖垒宫城而创构楼观。"中华书局标点本上P.194

按：此则系于咸和五年之末，可知是此年之事。

[3]《建康实录》卷7，晋成帝，咸和七年十一月"新宫成"条："是月，新宫城，署曰建康宫，亦名显阳宫。开五门，

南面二门，东、西、北各一门。"中华书局标点本⑪P.181

[4]《建康实录》卷9，孝武帝，太元三年正月条。中华书局标点本⑪P.265

[5]《建康实录》卷7，晋咸帝，咸和七年新宫成条自注引《修宫苑记》中华书局标点本⑪P.181

[6]《资治通鉴》卷161，〈梁纪〉17，武帝太清二年（548年）："（十二月）壬寅，侯景以火车焚台城东南楼。"同书，卷162，〈梁纪〉18，武帝太清三年（549年）："（三月）丁卯，……（董）勋、（熊）昙朗于城西北楼引（侯）景众登城。"中华书局标点本⑪P.4996、P.5009

按：据此可知台城四角均有角楼。

[7]《建康实录》卷9，晋孝武帝："（太元三年）秋七月，新宫成"条下原注云："案《苑城记》：城外笇内并种橘树，其宫墙内则种石榴。其殿庭及三台、三省悉列种槐树。其宫南夹路出朱雀门悉垂杨与槐也。"中华书局标点本⑪P.266

[8]《景定建康志》卷20，〈古建康宫门〉："又案《宫苑记》，建康宫城内有二重宫墙。南面开二门：西曰衞门，……东曰应门，……南直对端门，即晋南掖门也。东面正中曰云龙门，北面正中凤妆门，近西曰鸾掖门，西面正中曰神虎门。凡六门。第三重宫墙……南面正门曰太阳，晋本名端门，宋改名南中华门。东面正中曰万春门，西面正中曰千秋门，凡三门。"中华书局影印《宋元方志丛刊》本②P.1631

[9]《晋书》卷83，〈列传〉53，王雅传："（孝武）帝起清暑殿于后宫，开北上阁，出华林园，与美人张氏同游止。"中华书局标点本⑦P.2179

[10]《酉阳杂俎·前集》卷1，〈礼异〉："梁正旦，使北使乘车至阙下，入端门，……次曰应门，……次曰太阳门，……门右有朝堂。……北使入门，击钟磬，至马道北悬钟内道西北立。……马道南近道东有茹昆仑客，……。"中华书局标点本P.7

[11]《景定建康志》卷21，〈古宫殿〉："太极殿：建康宫内正殿也，晋初造，以十二间象十二月。至梁武帝改制十三间，象闰焉，高八丈，长二十七丈，广十丈，内外并以锦石为砌。次东有太极东堂七间，次西有太极西堂七间，亦以锦石为砌。更有东西二上阁，在堂殿之间。方庭阔六十亩。"中华书局影印《宋元方志丛刊》本②P.1638

[12] 据《建康实录》，晋康帝死于式乾殿，穆帝死于显阳殿。显阳殿为后寝（见下注），原名"昭阳"，晋避文帝讳改"显阳"。式乾与昭阳殿名相应，故应即是帝寝主殿。又据《南齐书》56，〈列传〉37，茹法亮传："延昌殿为世祖阴室，……二少帝并居西殿。高宗即位，住东斋。"又，同书卷19，〈志〉11，五行："永元二年八月，宫内火，烧西斋璿仪殿及昭阳、显阳等殿。……三年二月，乾和殿西厢火。……是时，西斋既火，帝徙居东斋，高宗所住殿也。"中华书局标点本②P.375

按：据上引可证，帝寝为三殿东西并列。

[13]《玉海》卷161，〈堂〉，〈魏东西堂〉条引山谦之《丹阳记》云："太极殿，周制路寝也，秦汉曰前殿，今称太极曰前殿。洛宫之号起自魏，东西堂亦魏制，于周小寝也。皇后正殿曰显阳，东曰含章，西曰徽音，又洛宫之旧也。含章名起后汉，显阳、徽音亦起魏。"台湾兴文书局影印元刊本P.3053

[14]《宋书》卷41，〈列传〉1，文帝袁皇后："沈美人者，太祖所幸也。尝以非罪见责，应赐死。从后昔年所住徽音殿前度。此殿有五间，自后崩后常闭，……。"中华书局标点本④P.1285

[15]《宋书》卷69，〈列传〉29，范晔传："（元嘉二十二年十一月）……其夜，先呼（范）晔及朝臣集华林东阁，止于客省。"中华书局标点本⑥P.1825

[16]《景定建康志》卷20，〈古建康宫门〉条，引《宫苑记》云："又案《宫苑记》：'晋成帝修新宫，南面开四门，……次东曰南掖门，宋改闾阖门，陈改端门。南直对津阳门，北对应门。'"中华书局影印《宋元方志丛刊》②P.1631

[17]《资治通鉴》卷138，〈齐纪〉4，武帝永明11年（493年）："大行出太极殿，（肖）子良居中书省，帝（郁林王）使虎贲中郎将潘敞领二百人仗屯太极殿西阶以防之。"胡三省注云："中书省盖在太极殿西，故使屯西阶，以防子良。"中华书局标点本⑨P.4334

《宋书》卷43，〈列传〉3，傅亮传云："永初元年（420年）迁太子詹事，中书令如故。……入直中书省，专典诏命。以亮任总国权，听于省见客。神虎门外，每旦车常数百两（辆）。"中华书局标点本⑤P.1337

按：据此知中书省在太极殿西，神虎门内。但这里就出现了南朝诸门频繁易名带来的困扰。诸史载，宫内第三重墙西门在晋名神虎门，宋名西中华门，齐又名神虎门，而宫内第二重墙西门在晋称千秋门，宋称神虎门。故一般《宋书》所称神虎门应指第二重宫墙西门，若然，则中书省应在二重墙内三重墙外，太极殿区之西。但上引《宋书》傅亮之事发生在刘宋代晋的第一年，很可能沿用晋名而未改，这样，则所指应是在第三重墙内，即太极殿的西庑上。不过如果史书所记是后人书事追用宋代改后之名，则又是指在第二重墙内了。因此，目前只能说中书省在太极殿西而已。

[18]《南齐书》19，〈志〉11，五行："永元二年八月，宫内火，烧西斋璿仪殿及昭阳、显阳等殿，北至华林墙，西及秘阁，凡屋三千余间"。中华书局标点本②P.375

按：此次所烧全在后宫，而云西及秘阁，可证秘阁在后宫之西，第二重宫墙之内。

《资治通鉴》卷141，〈齐纪〉7，明帝永泰元年（498年）："王敬则起兵，以奉（萧）子恪为名，……始安王遥光劝上尽诛高武子孙，于是悉召诸王侯入宫。晋安王宝义、江陵公宝览等处中书省，高、武诸孙处西省。"胡三省注："据〈萧子恪传〉，西省，永福省也。"中华书局标点本⑩P.4426

[19]《陈书》卷26，〈列传〉20，徐孝克传："祯明元年（578年）入为都官尚书。自晋以来，尚书官僚皆携家属居省。省在台城内下舍门，中有阁道，东西跨路，通于朝堂。其第一即都官之省，西抵阁道。……"中华书局标点本②P.338

[20]《宋书》61，〈列传〉21，武三王，刘义恭传："（元嘉三十年，453年）世祖入讨，劭疑义恭有异志，使入住尚书下省，分诸子并住神虎门外侍中下省。……（义恭南奔），劭大怒，遣始兴王濬就西省杀义恭十二子。"中华书局标点本⑥P.1645

按：宋以第二重宫墙西门名神虎门，此云神虎门外，故侍中（门下）下省在宫城内西侧，第二重宫墙之外。以其在西，故又称西省。

[21]《资治通鉴》卷127，〈宋纪〉9，文帝元嘉三十年（453年）：（五月丙子），诸军克台城，……劭穿西垣，入武库井中。"中华书局标点本⑨P.4003

按：史载，刘劭弑文帝既位后，"亟称疾还永福省。"可知住宫中第二重墙内北部，秘阁之后。所穿之垣当即第二重墙西垣，则知武库在宫城内西北部第二重宫墙之西。

《景定建康志》卷23，〈诸仓〉："古苑仓：…咸和中修苑城，惟仓不毁，故名太仓，在西华门内道左，宫城之西北。"中华书局影印《宋元方志丛刊》②P.1693

[22]《宋书》卷99，〈列传〉59，二凶传："（元嘉三十年二月二十二日）劭以朱衣加戎服上，……卫从如常入朝之仪，守门开，从万春门入。……张超之等数十人驰入云龙、东中华门及斋阁，拔刀径上合殿。……"中华书局标点本⑧P.2426

《南齐书》卷4，〈本纪〉4，郁林王："（隆昌元年七月，494年）二十二日，（高宗）使萧谌、坦之等于省诛曹道刚……等，自尚书入云龙门，……帝在寿昌殿，闻外有变，使闭内殿诸房阁，……须臾，萧谌领兵先入宫，截寿昌阁。……"中华书局标点本①P.74

《南齐书》卷7，〈本纪〉7，东昏侯："（永元三年，501年，十二月丙寅）王珍国……等率兵入（太极）殿，分军又从西上阁入后宫断之。……"中华书局标点本①P.105

按：据以上三次政变情况，外军必须入太极殿庭，经东、西上阁门，入斋阁，始得进入后宫。

[23]《宋书》卷92，〈列传〉52，良吏传篇首。中华书局标点本⑧P.2262

[24]《资治通鉴》卷103，〈晋纪〉25，简文帝咸安三年（371年）"（十一月）丁未，（桓温）诣建康，讽褚太后，请废帝，……太后方在佛屋烧香。"中华书局标点本⑦P.3249

《南齐书》卷3，〈本纪〉3，武帝："（永明十一年七月戊寅）大渐，诏曰：……显阳殿玉像诸佛及供养，具如别牒，可尽心礼拜供养之。"中华书局标点本①P.61

按：显阳殿宋以来为太后宫，内供玉佛，可知设有佛堂。

[25]《景定建康志》卷20，〈古建康宫门〉，引《宫苑记》。中华书局影印本《宋元方志丛刊》②P.1631

[26]《南齐书》卷20，〈列传〉1，皇后："世祖嗣位，运藉休平，寿昌前兴，凤华晚构，香柏文桯，花梁绣柱。"中华书局标点本②P.391

[27]《资治通鉴》卷143，〈齐纪〉9，东昏侯永元二年，（500年）："有赵鬼者，能读〈西京赋〉，言于帝曰：'柏梁既

灾，建章是营'。帝乃大起芳乐、玉寿诸殿，以麝香涂壁，刻画装饰，穷极绮丽。役者自夜达晓，犹不副速。"中华书局标点本⑩P.4470

[28]　参见本章南朝建康部分。

[29]　《梁书》卷3，〈本纪〉3，武帝下："（普通二年，521年）五月癸卯，琬琰殿火，延烧后宫屋三千间。"中华书局标点本①P.65

[30]　《太平御览》卷175，〈居处〉3，殿："（建康宫殿簿）又云：梁于台城中立曾城观。观历四代修理。更起重阁七间，上名重云殿，下名光严殿。"中华书局缩印四部丛刊本①P.855

[31]　《陈书》卷2，〈本纪〉2，高祖下："（永定二年秋七月，558年）诏中书令沈众兼起部尚书，少府卿蔡儔兼将作大匠，起太极殿。……冬十月，……甲寅，太极殿成。"中华书局标点本①P.38

[32]　《陈书》卷7，〈列传〉1，后主张贵妃传。中华书局标点本①P.131

[33]　《景定建康志》卷21，〈古宫殿〉，临春、结绮、望仙三阁。中华书局影印《宋元方志丛刊》②P.1646

二、北魏洛阳宫殿

北魏太和十七年（493年）孝文帝自平城迁都洛阳，同年开始修复洛阳城市，重建宫殿，由司空穆亮、尚书李冲、将作大匠董爵主持其事。但宫殿部分实际由蒋少游、王遇（钳耳庆时）和董尔等负责。当时先修复金墉城和宫城北面的华林园，供皇帝临时居住[1]。宫殿重建的工作量很大，先后进行了十年，到世宗景明二年（502年）正殿太极殿方落成。这时孝文帝和蒋少游都已去世了。三十二年之后，魏内乱分裂。高欢于543年迁魏都于邺，建立东魏，拆毁洛阳宫室，运其材瓦至邺，兴建邺城南城宫殿，洛阳北魏宫室废为丘墟。

北魏洛阳宫殿在《水经注》、《洛阳伽蓝记》及《魏书》、《北史》中都有片断记载，综合起来，还可以大致了解其主要部分的概貌（图2-2-2）。

北魏洛阳宫在魏晋宫城的范围内重建，按《水经注》的记载分析，其宫城及主要城门依魏晋之旧[2]。宫城南面二门，东西各三门，北面门数不详。南面正门名阊阖门，门外建巨大的阙[3]。阊阖门东为司马门。东面自南而北为东掖门、云龙门、万岁门[4]。西面自南而北为西掖门、神虎门、千秋门[2]。

阊阖门北对南止车门、端门、太极殿和其后的显阳殿、宣光殿，形成全宫的主要南北轴线，这条轴线再自阊阖门向南延伸，经铜驼街，直指洛阳南面正门宣阳门，和全城的南北主轴线相接。这条轴线上的重要建筑如宣阳门、阊阖门、止车门、端门、太极殿、显（昭）阳殿都沿用魏晋的旧名。

阊阖门东侧的大司马门据《水经注》记载也沿用魏晋旧址，门内对尚书省门及朝堂，形成宫城东偏的次要南北轴线[5]。尚书省还有省东门、省西门。省内左右分列各曹，自为小院落。朝堂是议政之处，皇帝有时也来此，是外朝部分仅次于太极殿及东西堂的重要建筑。

宫城东西墙上各门都两两相对，其间有道路连通，横贯全宫。最南，在东、西掖门间有横街从南止车门及尚书省门前横过，故《水经注》称之为"通门掖门"；次北为云龙门至神虎门间横街，穿过太极殿的殿庭，自尚书朝堂北侧横过；次北为万岁门到千秋门内横街，在显阳殿之北和宣光殿之南横过。这第三条横街又称永巷[6]，把全宫分为南北两部分。北部又称北宫[7]。

宫中前部为大朝会使用的正殿太极殿，它的南、东、西三面有廊庑环绕，北面有墙与寝殿隔开，形成全宫最大的殿庭。南面正门称端门。《洛阳伽蓝记》说永宁寺的南门高三层，"形制似今端门"，可知端门是三层的楼阁。东门名朱华门，西门名乾明门，如按前举永宁寺的规制类比，应是二层的楼阁[8]。端门南对阊阖门，其间还有南止车门，是宫内第二重墙上的正门。朱华、乾明二门向东西分别直通宫墙东西侧的云龙、神虎二门。

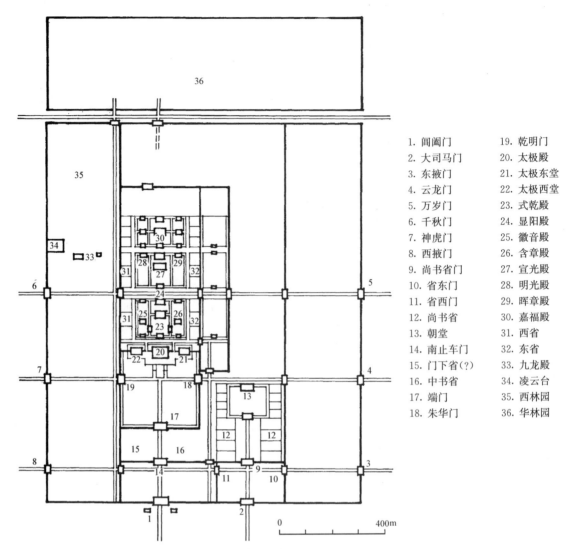

图 2-2-2 北魏洛阳宫城平面复原示意图

主殿太极殿高踞在高大的台基上，有马道通上殿陛[5]。殿面阔十二间[9]，是宫中最巨大的建筑。太极殿的东西侧为东堂、西堂，和太极殿东西并列，东堂为魏帝处理日常政务之处，西堂供日常起居之用。史载南朝建康宫的太极东西堂面阔各七间[10]，北魏洛阳宫是仿魏晋洛阳宫并参考南朝建康宫建成的，故也应是七间。太极殿与东西堂之间的墙上开有阁门，称东阁、西阁。史载太极殿西尚有西栢堂[11]。古人重以文栢建屋，当是很重要的建筑，其位置俟考。

进入东西阁门内就是皇帝的私宅寝区，主殿为式乾、显阳、宣光、嘉福四殿[12]，前后相重，与太极殿共同形成全宫的中轴线。显阳殿东有含章殿，西有徽音殿，也采取三殿并列的形式[13]，有步廊或庑围成殿庭。在三殿的东西外侧还有附属建筑，排列成纵列院落群，办公和服务用的称省[14]，居住的称坊。详考诸殿的用途，显阳殿虽在曹魏时称皇后正殿，但在北魏时，用途似有改变，据《魏书》所载，517年，孝明帝宴宗室于显阳殿，申家人之礼，528年，孝明帝被毒杀于显阳殿，531年，节闵帝引见元罗及皇宗于显阳殿，又于该殿简试通直散骑常侍。从上述用途看，显阳殿实非寝殿，而是寝区的主殿之一，相当于私宅中的厅事。真正的后宫在北宫。由于520年出现了幽灵太后于北宫的情况，孝明帝才暂住在显阳殿和式乾殿。

显阳殿之后即永巷，东西通万岁、千秋二门。永巷之北即北宫，为供后妃居住的独立一区。故元叉和刘腾可以封闭永巷，幽禁灵太后胡氏于北宫宣光殿。宣光殿是北宫的主殿，其东有晖章殿，西有明光殿，也是三殿并列[15]，由步廊和庑围成殿庭。殿庭东西侧也有若干小院落称坊。宣光殿一组之后为嘉福殿[16]。

在北宫的西侧，千秋门内横街之北为西林园，是宫内苑囿。这里是魏宫凌云台和九龙殿故地，西侧靠宫墙为凌云台。《洛阳伽蓝记》说台上有井，则已由木构改为土筑的了。台上有北魏孝文帝所建凉风观。在宫城西墙有暗渠，引谷水入宫，在曹魏九龙殿前汇为大池，称灵芝九龙池[17]。池中建有木构的钓台，用阁道连通。

北魏政权的中枢机构尚书省、中书省、门下省都设在宫内。尚书省、朝堂在大司马门内，已如前述。中书省和门下省的位置不详，很可能在南止车门至端门内大道的东西侧，也位于二重宫墙之内。北魏三省官员也需在内值宿，但即在省中[18]，宫内不另设三省下舍，官员不能携眷住在官内下省，和南朝制度不同。

宫城内还应有手工作坊掖庭和大量服役供应机构和仓库、武库等，史无明文，其具体位置已不可考。

北魏孝文帝迁都洛阳并实行汉化都是为了泯灭其为少数民族统治者的形象，树立中国正统王朝的继承者的地位，取得中原地区汉族的支持。所以和都城一样，其宫室的主要部分也不得不尽可能地保持魏晋旧貌、旧名，并适当吸收东晋南朝的新发展。从上面的叙述中可以看到下述一些特点：第一，宫城南面并列开二门，西为阊阖门、太极殿，东为大司马门、朝堂，形成主次二条南北轴线。第二，在主轴线上，前为朝区正殿太极殿，后为寝区主殿式乾、显阳、宣光、嘉福四殿，前后相重，各为一个三殿横列的群组。第三，在显阳殿后为永巷，分全宫为南北二部，并使寝区可从东西向通到宫外。这三个特点都和魏晋洛阳宫的传统一致，其中第三点明显与南朝建康宫不同，（南朝建康宫的寝区没有永巷，也不能直通宫外）说明它主要是沿用魏晋洛阳旧制。

史载，蒋少游"又为太极（殿）立模范，与董尔、王遇等参建之"，[19]可知太极殿的主要设计人是蒋少游。蒋少游是孝文帝改建平城宫室、重建洛阳宫室的最重要设计人之一。太和十六年（492年）孝文帝拆平城宫太华殿改建为太极殿时，蒋少游就奉命测量魏晋洛阳太极殿的基址，以便仿建，后又奉命至南朝，考察建康宫室制度，是北魏最熟悉魏晋至南朝以来宫室制度及其演变的人。他亲自测量魏晋洛阳太极殿址，又亲见南朝建康的太极殿，所以才能为太极殿"立模范"。太极殿建成于502年，十一年以后，梁武帝把建康宫太极殿由十二间增建为十三间。这正表明蒋氏仿建之逼真，使得梁武帝不得不改建此殿，以自别于北魏宫室，并超过它。

北魏洛阳宫城各城门及宫内各重要的门如端门、朱华门、乾明门等都建为二层楼阁，端门且建为三层，这与北魏平城宫室全然不同。《三国志》载曹魏洛阳宫城楼观雄丽，城上列观和阁道连绵不断，故北魏洛阳宫各门都建高大门屋当也是魏晋旧制。《魏书·王遇传》说"太极殿及东西两堂、内外诸门制度，皆（王）遇监作[20]。按王遇即钳耳庆时，和蒋少游同为北魏宫室建设的重要主持人，在平城时即主持方山诸建筑和文明太后陵园，立祇洹舍，都是重要建筑。在洛阳又监造宫内及城墙上诸门。由于北魏洛阳宫中诸门壮丽，梁武帝才于511年下令把建康宫城诸门改建为三层城楼，以超过北魏洛阳。综括上述，可以看到，北魏重建洛阳宫是力求保持魏晋旧规，以树立正统王朝继承者的地位，而在单体建筑上，力求壮丽，以抗衡或超过南朝。

近年在勘探魏晋及北魏洛阳时，曾探出北魏洛阳宫的轮廓，并发表了平面图[21]。据图，它东西宽660米，南北长1392米，是南北向狭长的矩形。城墙上南面东面只有一门，西面二门，北城墙未探得，门数不详。在城内南部，正对南门有一最大的基址，应即是太极殿址。殿后东西墙上二门相对，中有路土，当即永巷。永巷之北与南门、太极殿址在同一南北轴线上有一较大的殿址，当即北宫的宣光殿。但是除上述几点可以和史籍相对照外，发掘的平面图和史籍所载颇多牴牾，其中最明显的是西宫墙的位置。据《洛阳伽蓝记》记载，在西墙北侧的千秋门内为西林园，内有台殿及池沼多处，是魏凌云台及九龙殿故址[16]。但从勘探平面图上量得，自太极殿所在南北轴线西至勘探得的西宫墙中心只有165米，这宽度只堪做太极殿殿庭的西墙，其北侧在宣光殿址之西实难容下西游园一区。据此，颇疑目前探得的宫城西墙仍是宫内的隔墙，或北周重建时所筑之墙，西宫墙应在其西。其二即南城墙上阊阖门东的大司马门问题。《魏书·郭祚传》说，宣武帝时，采纳他的建议，下诏云："御在太极（殿），驺唱至止车门，御在朝堂，至司马门"[5]。可知与阊阖门并列有司马门，门内对朝堂是确凿无疑之事，但此门在勘探图上全无痕迹。故发掘图上的东墙也可能仍是宫内的隔墙。鉴于以上情况，目前我们尚无法把勘探图和史籍完全结合起来，只能先进行文献探讨，并据文献拟出一张示意图。

注释

[1]《水经注》卷16："晋宫阁名曰金墉，……皇居创徙，宫极未就，止跸于此。"《水经注校》，上海人民出版社，P.531

《魏书》卷19中，〈列传〉中，任城王传："车驾（教本）还洛，引见侍臣于清徽堂。……因之流化渠，……次之洗烦池，……次之观德殿，……次之凝闲堂。高祖（孝文帝）曰……此盖取夫子闲居之义，……故此堂后作茅茨堂。"中华书局标点本②P.467

按：《水经注》、《洛阳伽蓝记》皆言茅茨堂在华林园，可知在宫城未成之前，魏帝亦暂居华林园。

[2]《水经注》卷16，谷水条，历数阳渠水入西城阊阖门后经千秋门、神虎门、(西)掖门、东转经阊阖宫门、司马门诸宫门的情况，均杂魏晋及北魏事而书，可证北魏诸宫门均在魏晋旧址上。《水经注校》，上海人民出版社，P.539

[3]《水经注》卷16："今阊阖门外，夹建巨阙，……"。《水经注校》，上海人民出版社，P.541

[4] 千秋门东面所对之门史籍不载，或称之为东华门。唯《魏书》卷108之4，〈礼志〉4载："（延昌）四年春正月丁巳夜，世宗崩于式乾殿。……崔光奉迎肃宗于东宫，入自万岁门，至显阳殿。"可知此门名万岁门。中华书局标点本⑧P.2806

[5]《魏书》卷64，〈列传〉52，郭祚传："故事，令、仆、中丞驺唱而入宫门，至于马道。及祚为仆射，以为非尽敬之道，言于世宗，帝纳之。下诏：'御在太极（殿），驺唱至止车门；御在朝堂，至司马门'。驺唱不入宫，自此始也。"中华书局标点本④P.1423

按：此是关于北魏宫室极重要史料，证明太极殿南有止车门，南通阊阖门，殿前有马道；朝堂在司马门内。《水经注》又载司马门在阊阖门之东，则北魏宫室西为阊阖门至太极殿一组，东为司马门至朝堂一组，二者并列的格局，可据此而定。

[6]《魏书》卷16，〈列传〉4，元叉传："灵太后时在嘉福（殿），未御前殿，（刘）腾诈取主食中黄门胡玄度……诬（元）怿，……肃宗闻而信之，乃御显阳殿。（刘）腾闭永巷门，灵太后不得出。"中华书局标点本②P.404

《资治通鉴》卷149，〈梁纪〉5，武帝普通二年（521年）："（二月）甲午，魏主朝太后于西林园。……日暮，太后欲携帝宿宣光殿，侯刚曰：'至尊已朝讫，嫔御在南，何必留宿。'……太后自起援帝臂，下堂而去。……帝既升宣光殿，……贾粲给太后曰：侍官怀恐不安，陛下宜亲安慰。太后信之，适下殿，粲即扶帝出东序，前御显阳殿，闭太后于宣光殿。"中华书局标点本⑩P.4664

按：据此二则，知宣光殿在北，显阳殿在南，中隔永巷，永巷即东西向横街，分隔宫城为南北二部者也。

又，《北齐书》卷13，〈列传〉5，清河王（高）岳传云："岳于城南起宅，厅事后开巷。（高）归彦奏帝曰：'清河造宅，僭拟帝宫，制为永巷，但唯无阙耳'，显祖闻而恶之。"

按：据此条也可证宫中永巷为东西向横街。

[7]《魏书》卷9，〈肃宗纪〉第9："（正光元年，520年）秋七月，丙子，侍中元叉……奉帝幸前殿，矫皇太后诏曰：

'……朕当率前志，敬逊别宫，远惟复子明辟之义，……'乃幽皇太后于北宫。

按：前引《魏书》、《通鉴》皆言幽太后于宣光殿，此又云于北宫，可知宣光殿所在永巷的北部分为北宫。

[8]《洛阳伽蓝记》卷1，永宁寺条："南门楼三重，通三阁道，去地二十丈，形制似今端门。"……东西两门亦如之，所可异者，唯楼二重。"中华书局版周祖谟《洛阳伽蓝记校释》P.22

[9]《太平御览》卷175，〈居处部〉3，殿："《晋宫阁名》曰：太极殿十三间"按：北魏在晋太极殿址上重建，故仍为十二间。中华书局影印四部丛刊本①P.855

[10]《景定建康志》卷21，〈古宫殿〉："太极殿，建康宫内正殿也。晋初造，以十二间象十二月。……次东有太极东堂七间，次西有太极西堂七间，……更有东西二上阁，在堂殿之间"中华书局缩印《宋元方志丛刊》本，②P.1638

[11]《魏书》卷21上，〈列传〉第四上，高阳王雍传："肃宗初，诏雍入居太极西柏堂，谘决大政。"中华书局标点本②P.554

[12]《魏书》卷8，〈世宗纪〉第8："（永平二年，509年）十有一月，……己丑，帝于式乾殿为诸僧、朝臣讲《维摩诘经》。"中华书局标点本①P.207

同书同卷："（延昌）四年春正月，甲寅，帝不豫，丁巳，崩于式乾殿，时年三十三。"中华书局标点本①P.215

同书，卷108之4，〈礼志〉4："（延昌）四年春正月丁巳夜，世宗崩于式乾殿，……崔光奉迎肃宗于东宫，入自万岁门，至显阳殿，哭踊久之，乃复。"中华书局标点本⑧P.2806

按：参考魏晋洛阳宫和东晋南朝建康宫中式乾殿的位置，它应是寝区最前面的一座殿宇，在显阳殿之南。

[13]《魏书》卷16，〈列传〉4，元叉传："(刘腾诬奏元怿)肃宗闻而信之，乃御显阳殿。腾闭永巷门，灵太后不得出。（元）怿入，遇叉于含章殿后，欲入徽章东阁，……又命宗士……等三十人执怿……，将入含章东省，使数十人防守。……又遂与……高阳王雍等辅政。……后肃宗徙御徽音殿，又亦入居怿右。"中华书局标点本②P.404

按：此次政变，元叉等幽太后于北宫，奉孝明帝居永巷南之显阳殿，隔绝南北二宫，故知显阳、含章、徽音均在永巷以南，太极殿之北。《太平御览》卷175，〈殿〉引山谦之《丹阳记》曰："皇后正殿曰显阳，东曰含章，西曰徽音，又洛宫之旧也。"可知魏晋时显阳东有含章，西有徽音，为三殿并列。北魏重建洛阳宫也应如此。从上引文中禁元怿于含章东省，元叉入居徽音殿右看，这二殿确是在显阳殿之东西，成三殿并列之势。

[14] 见[13]引文，禁元怿于含章东省。

[15] 按：据注[13]引《魏书》元叉传云："元怿入，遇（元）叉于含章殿后，欲入徽（晖）章东阁。"含章殿在显阳殿东侧，怿自此欲入晖章东阁，可知晖章殿在含章殿之后。因刘腾已闭永巷门，禁太后于北宫，故元叉阻止元怿进入。据此可知晖章殿在北宫，宣光殿之东，位置与含章殿在显阳殿东近似。

明光殿也是北宫寝殿。魏孝庄帝娶尔朱荣女为后，以其女产太子为名，诱尔朱荣入宫，杀之于明光殿。

[16]《洛阳伽蓝记》卷一："千秋门内道北有西游园，……钓台南有宣光殿，北有嘉福殿，西有九龙殿，殿前九龙吐水成一海。"中华书局排印周祖谟《洛阳伽蓝记校释》P.54

按：此段所记宣光、嘉福二殿在西游园中有误，但宣光殿在南，嘉福殿在北的相互关系是正确的。注[6]引《魏书》元叉传云，政变时灵太后在嘉福，未御前殿（宣光殿）也说明嘉福殿在宣光殿之北。

[17]《洛阳伽蓝记》卷一："千秋门内道北有西游园，园中有陵云台，即魏文帝所筑者，台上有八角井，高祖（孝文帝）于井北造凉风观，登之远望，目极洛川。台下有碧海曲池。"中华中局排印周祖谟《洛阳伽蓝记校释》P.54

《水经注》卷16，〈谷水〉："渠水又东，历故金市南，直千秋门，右宫门也。又枝流入石逗，伏流注灵芝九龙池。"《水经注校》，上海人民出版社，P.539

[18]《魏书》卷75，〈列传〉63，尔朱世隆传："此年正月晦日，令、仆并不上省，西门不开，忽有河内太守出怙家奴告省门亭长云：'今旦为令王借牛车一乘，终日于洛滨游观。至晚，王还省，将车出东掖门，始觉车上无褥，请为记识'。"中华书局标点本⑤P.1670

按：尔朱世隆时为尚书令，封王，故省指尚书省，从"至晚，王还省"句可知系值宿于省中，但非下省。

[19]《魏书》卷91，〈列传〉79，〈术艺〉蒋少游传：中华书局排印本⑥P.1971

[20]《魏书》卷94，〈列传〉82，〈阉官〉，王遇传中华书局排印本⑥P.2024

[21] 中国科学院考古研究所洛阳工作队：〈汉魏洛阳城初步勘查〉，图二，宫城平面图。《考古》1973年4期，P.203

三、北齐邺城南城宫殿

北魏永熙三年（534年），孝武帝西奔长安，高欢立孝静帝，并迁都于邺，建立东魏政权。当时邺城及宫室都已残毁，孝静帝临时居住在邺城的相州廨舍。535年，高欢发七万六千人在邺城之南创建新城、新宫。兴和元年（539年）十一月，新宫落成，次年春，魏帝移入新宫。新城在旧邺城之南，即以邺城南墙为其北墙，史称邺城南城。550年高齐代东魏后，成为北齐的都城宫殿。

南城的新宫在全城南北中轴线上的北部，东西宽460步，南北长900步[1]，以每步5尺计，合230丈×450丈，即1.53里×3里。呈南北长的矩形。综合史籍记载，宫城于555年用砖包砌南面正门，仍名阊阖门，门外建巨阙[2]。其左右有门与否，史籍失载。宫城东西侧各有二门，都东西相对，有横向大道连通，门名俟考。宫城北墙即邺北城之南墙，中部有北城的中门永阳门[3]。

宫城之内，又有二重墙，包括宫墙在内，实为三重。第二重墙南面有南止车门，南对宫墙上的阊阖门[4]。东西侧至少各有二门，分别和宫墙上的二门相对，偏南的称东、西止车门[5]，偏北的门名待考。第二重墙的北部是内苑后园，东南部是尚书省[6]。此外，中书省、门下省也应在第二重墙与第三重墙之间，地点待考[7]。第三重墙内方是宫殿的核心部分。前部是以太极殿为主体的朝区，北部是以昭阳殿为主体的寝区。

太极殿是全宫主殿，由门庑围成巨大的殿庭。南面正门名端门，南对南止车门及阊阖门，北对太极殿，共同形成全宫的南北中轴线。殿庭东侧有云龙门，西侧有神虎门[8]，二者东西相对，其间有横街穿过殿庭。云龙门东对东止车门和宫墙东面偏南之门，神虎门西对西止车门和宫墙西面偏南之门，形成横穿全宫的第一条横街。太极殿在殿庭北面正中，它的东西有东堂、西堂，三者呈一字形并列[9]。太极殿和东堂、西堂间有墙，墙上各开一门，称东上阁门、西上阁门[10]。入东、西上阁门后，即进入寝区。在太极殿北约三十步有朱华门，门内即昭阳殿[11]。和太极殿东西有东西堂相似，昭阳殿东西有含光殿和凉风殿，也是东西并列，但三殿间有迴廊分隔，形成三所殿庭，是寝区中的帝寝。在昭阳殿前方两侧的东西廊上开有东阁、西阁，互相连通[12]。在东、西二殿的外侧还有办事和供应用小院，称省或坊。

昭阳殿之后是一东西向的横街，称"永巷"，永巷东有万岁门，西有千秋门，都开在第三重墙上[10]。横街出门后向东西延伸，穿过第二重墙和宫墙东西墙上偏北一门出宫，形成横穿全宫的第二条横街。永巷之北是后妃居住的寝宫，中轴线上正门名五楼门，门内即寝宫正殿，其名待考。正殿的东西为左、右院，院内分别建显阳殿和宣光殿，和正殿也呈三殿并列之势，但为迴廊所分隔[13]。在这三殿之后还有建始、嘉福、仁寿、瑶华诸殿，都是北齐代东魏以后增建的。在后宫的左、右、后部分还建有若干嫔嫱院[14]。

北齐武成帝河清年间（562～564年），又在后宫东侧新辟一区，内建偃武殿（台）、修文殿台和圣寿堂，堂北有门，称玳瑁楼。[15]它在第二重墙内，打破了第三重墙内始为主要宫殿区的布局。

在后主高纬时（565～576年），又在妃嫔院中建镜殿、宝殿、玳瑁殿三殿。

邺南城宫殿是南北朝时期惟一平地新建，不受原有建筑或基址束缚的宫殿，从它的布局看，是综合了魏晋以来洛阳宫和南朝建康宫的优点而成的。

它的平面为南北长的矩形近于洛阳，宫城分内外三重又源于建康。自阊门为界，以南面的太极殿为日朝，以寝区中的帝寝正殿昭阳殿为常朝，以永巷北为后妃寝宫，则是它的新发展（图2-2-3）。

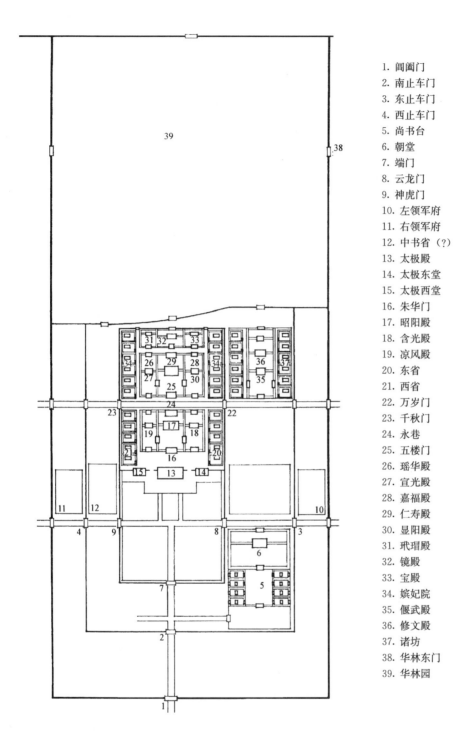

1. 阊阖门
2. 南止车门
3. 东止车门
4. 西止车门
5. 尚书台
6. 朝堂
7. 端门
8. 云龙门
9. 神虎门
10. 左领军府
11. 右领军府
12. 中书省（?）
13. 太极殿
14. 太极东堂
15. 太极西堂
16. 朱华门
17. 昭阳殿
18. 含光殿
19. 凉风殿
20. 东省
21. 西省
22. 万岁门
23. 千秋门
24. 永巷
25. 五楼门
26. 瑶华殿
27. 宣光殿
28. 嘉福殿
29. 仁寿殿
30. 显阳殿
31. 玳瑁殿
32. 镜殿
33. 宝殿
34. 嫔妃院
35. 偃武殿
36. 修文殿
37. 诸坊
38. 华林东门
39. 华林园

图 2-2-3 东魏、北齐邺城南城宫城平面复原示意图

皇宫是国家政权的中心，在家族皇权制度下，又是皇帝的家宅，故按功能而言兼有施政和居住两部分。前者古代称"朝"，主要是举行典礼和听政的殿宇，辅以中枢官署；后者古代称"寝"，是皇帝及其家庭的住所。朝区代表国，即政权，寝区代表家，即家族皇权。二区之间有严格界限。自曹魏建洛阳宫以来，朝区主殿采取太极殿和东西堂三殿并列的形式，附以朝堂尚书省、中书省、门下省等中枢政权机构。太极殿是全宫主殿，以举行重要典礼为主，日常听政在东西堂，西堂也供皇帝日常起居之用。这三殿是皇帝进行公务活动的场所。在太极殿与东西堂之间有东西向横墙，

墙上各开一门，称东上阁、西上阁，阁即墙上之门。阁门之内为昭阳殿。史称它为皇后正殿[16]，又称内殿[17]，可知属于皇帝的家宅区，即寝区。所以阁门实即魏晋时朝区和寝区的分界线。这种布局一直沿用至东晋、南朝。东晋起在显（昭）阳殿前又增皇帝寝宫一组，称中斋和东斋、西斋，其前加斋阁[18]，但朝、寝的界限仍在东西上阁。从北魏重建洛阳宫起，情况逐渐变化。北魏沿魏晋旧制重建太极殿及东西堂，名义上功能不改，但有些原在东西堂的活动改在显（昭）阳殿举行，《魏书》载熙平二年（517年）孝明帝宴宗室于显阳殿，普泰元年（531年）节闵帝试通直散骑常侍于显阳殿[19]。前者还可说是宗族活动，而后者则纯属公务活动。这情况说明魏帝在东西堂的活动减少，很多公务改在显阳殿处理，而显阳殿也不再是皇后宫的主殿，而变为寝区的主殿。和一般第宅前为对外的厅堂，后为内宅一样，在皇宫内的寝区又出现昭阳、含章、徽音三殿并列的允许外臣进入的帝寝区和以宣光殿为主的后寝区，以永巷为分界线[20]。这种情况，在邺南城宫中更进一步发展。《邺中记》说：“（昭阳）殿东西各有长廊，廊上置楼，并安长囱，垂珠帘，通于内阁。每至朝集大会，皇帝临轩，则宫人尽登楼奏乐。百官列位，诏命仰听弦管，颁赉侍从，群臣皆称万岁”[21]。《北齐书》文宣帝纪又载天保六年（555年），高洋"临昭阳殿听狱决讼。"可知这时已在昭阳殿举行朝会和其他重要公务活动。从这时起，太极殿和昭阳殿前后相重，都是进行公务活动的殿宇，东西堂的作用进一步减弱。到了隋文帝建大兴宫时，改变太极殿和东西堂的布局，以大兴殿（唐改太极殿）和中华殿（唐改两仪殿）前后相重，为日朝、常朝之殿，就是从邺南城宫中的太极殿、昭阳殿演变来的。

魏晋宫殿还有另一特点就是在太极殿区的东南设尚书省和朝堂，为行政中枢机构，自尚书省门向南在宫城南墙上开有司马门，宫城呈主轴稍偏西、南墙上阊阖门、司马门并列的布局。到了隋代建大兴宫时，宫内只保留中书、门下二省，尚书省移到宫城之外，取消司马门，使宫城正门、主殿居于几何中轴线上。在有关邺南城宫殿的记载中，宫中和宫外都有尚书省，但没有提到司马门，它的正门阊阖门、正殿太极殿也是在全宫中轴线上的。据此推测，这时尚书省当以宫外的外省为主，在宫内的内省地位已减弱，也不开司马门，隋宫在这方面的变革也是从邺南城宫殿继承来的。

综合上述二点，可知邺南城宫殿实际上是处在由魏晋传统向隋唐新格局变化的转折点上，在中国古代宫殿发展上处于承前启后的地位。

邺南城宫城内建筑颇为豪华。《邺中记》说正门阊阖门下开三门，门楼称清都观，楼上可坐千人，应是非常巨大的建筑[22]。《邺都故事》说主殿太极殿建在高九尺的珉石台基上，周迴用一百二十柱，门窗以金银为饰，椽端装金兽头[23]。按所记柱数推算，它应是一座面阔十三间、进深八间、中心部分长七间、深二间为内槽的巨大殿宇。同书又说殿瓦用胡桃油，光耀夺目，则殿顶所用应是黑色的青掍瓦。太极殿后的昭阳殿也建在高九尺的珉石基上，周迴用七十二柱，梁栱间雕奇禽异兽，椽首叩以金兽，装饰华丽[24]。据所记柱数推算，它大约是一座宽十间深六间的大殿，中部长六间深二间为内槽（图2-2-4）。它的迴廊为二层的楼廊，是仅次于太极殿的重要建筑。《北齐书》记孝昭帝政变入宫见废帝及高欢娄太后和高洋李后时，庭中廊下有卫士二千余人，可知其规模之大。宫中的内殿以室内装饰豪华著称，《邺中记》、《邺都故事》都说北齐后期所建修文殿、偃武殿、圣寿堂用玉珂八百具、大小镜二万枚装饰，其中有曲镜，用以抱柱[15]，可知殿中是全部镶嵌铜镜的。这些豪华的装饰开隋炀帝时诸豪华殿宇之先河。

东魏、北齐宫殿的具体形象不存，但与之同时而风格稍质朴些的西魏、北周宫殿，其形象还可在甘肃天水麦积山石窟第127窟西魏壁画和27窟北周壁画中看到（图2-2-5，2-2-6）。

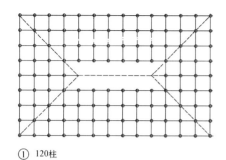
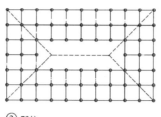
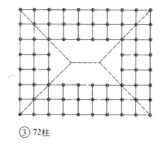

① 120柱 ② 72柱 ③ 72柱

图 2-2-4　东魏、北齐邺城南城宫殿殿宇柱网布置复原示意图
　　①太极殿　　周迴120柱　　8×13间
　　②显阳殿　　周迴72柱　　6×10间　　或
　　③显阳殿　　周迴72柱　　9×7间

图 2-2-5　甘肃天水麦积山石窟第 127 窟西魏壁画中的宫殿

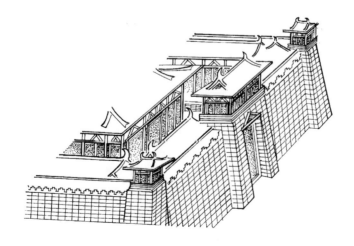

图 2-2-6　甘肃天水麦积山石窟第 27 窟北周壁画中的宫殿

注释

[1]《历代宅京记》卷12,邺下,〈宫室〉:"《邺中记》云;宫东西四百六十步,南北连后园至北城合九百步。东西南北表里合二十一阙,高一百尺。砖文隐起鸟兽花草之状,并大齐天保六年字,又有千秋万岁字"。中华书局标点本 P.182

[2]《历代宅京记》卷12,邺下,〈宫室〉引《邺中记》云:"其门峥嵘耸峙,……清都观在阊阖门上,其观两相屈曲,为阁(阁?)数十间,连阙而上。观下有三门。……天子讲武,观兵及大赦登观临轩,其上坐容千人,下亦数百"。中华书局标点本 P.183

按:从"为阁数十间,连阙而上"句分析,阙与门楼已相连,初步形成后代凹字形的门阙形式。

[3]《历代宅京记》卷12,邺下,〈城门〉:"南城之北,即连北城,其城门以北城之南门为之"。中华书局标点本 P.182

[4]《历代宅京记》卷12,邺下,〈宫室〉:"《邺中记》云:止车门内,次至端门"。中华书局标点本 P.182

[5]《北齐书》卷24,〈列传〉16,陈元康传:"是日,(武定七年八月辛卯)值魏帝初建东宫,事罢,显祖出东止车门,别有所之,未还而难作。固成因进食,置刀于盘下而杀世宗(高澄)。"中华书局标点本②P.345

按:据此,知邺南城宫有东、西止车门。

[6]《北齐书》卷41,〈列传〉33,鲜于世荣传:"武平七年(576年)后主幸晋阳,令世荣以本官判尚书右仆射事,……寻有敕,令与吏部尚书袁聿修在尚书省检视举人。为乘马至云龙门外省北门,为宪司举奏免官。"中华书局标点本②P.539

按:据此条知尚书省北门在云龙门外。云龙门自魏晋、南北朝以来均为宫东侧偏南之门,或在宫城上,或在第三重墙上,此处应在第三重墙上。因其外为第二重墙上的东止车门,在止车内乘马,故受罚。因此推知尚书省应在第二重墙内,第三重墙外,云龙门外东西大道之南,即第二重墙内的东南部。

[7]《北齐书》卷6,〈帝纪〉6,孝昭帝(高演):"(乾明元年)三月甲戌,帝初上省,……执尚书令杨愔……等于坐。帝戎服与平原王段韶……入自云龙门,于中书省前遇散骑常侍郑子默,又执之,同斩于御府之内。……"中华书局标点本①P.81

按:据此,则中书省在云龙门内,具体位置待考。

[8]《历代宅京记》卷12,邺下,宫室:"《邺中记》云:端门之内,太极殿前,东西有街,东出云龙门,西出神虎门,朝官至此门则整肃衣冠而入。"中华书局标点本 P.183

[9]《历代宅京记》卷12,邺下,宫室:"太极东堂,在殿之东;太极西堂,在殿之西。"中华书局标点本 P.183

[10]《隋书》卷8,〈礼仪〉3:"河清中(562~565年)定令,每岁十二月半后讲武,至晦逐除。二军兵马,右入千秋门,左入万岁门,并至永巷。南下,至昭阳殿北,二军交。一军从西上阁,一军从东上阁,并从端门南出阊阖门前桥南,戏射并讫,送至城南郭外罢。"中华书局标点本①P.165

[11]《历代宅京记》卷12,邺下,宫室:"《邺中记》云:太极殿后三十步至朱华门,门内即昭阳殿。"中华书局标点本 P.183

[12]《历代宅京记》卷12,邺下,宫室:"《邺中记》曰:昭阳殿东有长廊,通东阁,阁内有含光殿;西有长廊,通西阁,阁内有凉风殿。内外通廊,往还流水,珍木香草,布护阶庭。"中华书局标点本 P.183

[13]《历代宅京记》卷12,邺下,宫室:"《邺中记》曰:昭阳殿后有永巷,巷北有五楼门。门内则帝后宫,有左右院。左院有殿名显阳,右院有殿名宣光。"中华书局标点本 P.184

[14]《北齐书》卷4,文宣纪:"(天保二年,551年)冬十月戊申,起宣光,建始、嘉福、仁寿诸殿。"中华书局标点本①P.55

《北齐书》卷8,后主纪:"(天统四年,568年)夏四月辛末,邺宫昭阳殿灾,及宣光、瑶华等殿"。中华书局标点本①P.101

《北史》卷8,〈齐本纪〉下,后主:"承武成之奢丽,以为帝王当然。乃更增益宫苑,造偃武修文台,其嫔嫱诸院中起镜殿、宝殿、瑇瑁殿,丹青雕刻,妙极当时。"中华书局标点本①P.301

[15]《历代宅京记》卷12,邺下,宫室:"《邺中故事》云:齐武成帝高湛河清中,以后宫嫔妃稍多,椒房既少,遂拓破东宫,更造修文、偃武二殿及圣寿堂,装饰用玉珂八百,大小镜万枚,又以曲镜抱柱,门窗并用七宝装饰。""《邺中记》曰:圣寿堂北置门,门上有玳瑁楼,纯用金银装饰,悬五色珠帘,白玉钩带"。中华书局标点本 P.184

[16]《太平御览》卷175,〈居处〉3,殿:"(《舆地志》)又云:洛阳有显(昭,晋避司马昭讳改显)阳殿,皇后正殿也。""(《舆地志》)又云:洛阳昭阳殿,魏明(帝)所治,在太极之北。铸黄龙高四丈,凤凰二丈,置殿前"。中华书局缩印四部丛刊三编本①P. 855

[17]《三国志》卷3,〈魏志〉,明帝纪:"裴松之注引《魏略》曰:……又铸黄龙、凤凰各一,龙高四丈,凤高三丈余,置内殿前"。中华书局标点本①P. 110

按:据此可知昭阳殿为内殿。

[18]参见本章东晋南朝建康宫殿部分。

[19]《魏书》卷11,废出三帝纪。中华书局标点本①P. 275、276

[20]参见本章,北魏洛阳宫殿部分。

[21]《历代宅京记》卷12,邺下,宫室。中华书局标点本 P. 183

[22]《历代宅京记》卷12,邺下,宫室,阊阖门条引《邺中记》。中华书局标点本 P. 183

[23]《历代宅京记》卷12,邺下,宫室,太极殿条引《邺都故事》。中华书局标点本 P. 183

[24]《历代宅京记》卷12,邺下,宫室,昭阳殿条,引《邺都故事》。中华书局标点本 P. 183

第三节 礼制建筑

一、宗庙

西晋立国之初,沿用曹魏旧庙。武帝太康八年(287年)旧庙毁,建新庙于宣阳门内大道之东,十年建成。新庙为一庙七室,由陈勰为匠,铸十二根铜柱,涂以黄金,镂以百物,缀以明珠,十分壮丽。

东晋自317年晋元帝在建康称晋王起,就开始立宗庙社稷。东晋初建康新建的太庙在宣阳门外路东,秦淮河河曲以北的突出部处,东临秦淮河,西与太社隔宣阳门至朱雀门间大道相对,是由郭璞筮卜后确定的地址[1]。晋人重筮卜,在危亡之际尤多禁忌。可能当时初建国家,立足未稳,不敢在城内拆毁大量民居建庙,致失人心,托言筮卜,建在城外。太庙仍循西晋同堂异室旧制,建一庙七室,每室又分前后,神主藏在后室西墙上的石室中[2]。

东晋诸帝有些是兄终弟及的,虽在庙中共属一世,皇帝木主却不能共在一室,七室之庙实在容不下十余帝的木主,又不足祧迁的世数,只得增建太庙。晋孝武帝太元十六年(391年)把太庙改建为十六间。中间十四间前半为祭祀时公用的堂,后半隔为室,藏诸帝木主。东西端各一间为东储、西储,储藏祧庙后的木主。新建的太庙大殿东西三十九丈一尺,南北十丈一尺,是一座长宽比近于4:1的狭长建筑。它的脊高八丈四尺,四阿屋顶[3],用鸱尾[4]。殿内地面铺石,殿庭铺砖,颇为壮丽。此次重建时还拓展了围墙,东西宽四十丈,南北深九十丈。史载重建时,孝武帝认为庙址"东迫淮水,西逼路,……欲依洛阳,改入宣阳门内。……王珣奏以为龟筮弗违,帝从之,于旧地不改"[5]。从殿基宽三十九丈而围墙宽四十丈看,地域的确是很逼窄的。

太庙大殿的结构做法史无明文,仅《宋书·五行志》中有"义熙末年,(409年)六月丙寅,震太庙,破东鸱尾,彻壁柱"的记载[4]。壁柱是嵌在厚墙外壁以加固墙身用的,战国、秦汉、三国以来以夯土墩台和墙承屋架、屋面之重时,都要用壁柱加固。大殿有壁柱,可知四周有厚墙,仍是汉魏以来用壁柱加固墙体作承重墙的传统结构方法。

刘宋代晋后,历齐、梁、陈四朝,都沿用东晋故庙,庙祀七世。梁武帝曾在天监十二年(513年)新作太庙,〈梁书〉说它把殿基增高至九尺[6],应是在原地拆后重建的。隋灭陈后,太庙与建康城市宫室同时被毁。

北魏统治者原属鲜卑拓跋部，游牧于大兴安岭地区。史载其先世"凿石为祖宗之庙于乌洛侯国西北"[7]。这石室已于1980年发现，位于今内蒙古自治区呼伦贝尔盟鄂伦春自治旗阿里河镇西北，是一天然岩洞，今名嘎仙洞。洞在高大的峭壁上，洞口距地25米，洞内面积约2000平米。洞口刻有北魏太平真君四年（443年）太武帝遣官致祭时的祝文[8]。

鲜卑拓跋部进入雁北地区后，逐渐汉化。天兴元年（398年）太祖拓跋珪定都平城，"始营宫室，建宗庙，立社稷"。二年（399年）十月，"太庙成，迁神元（力微）、平文（郁律）、昭成（什翼犍）、献明（寔）四世皇帝神主于太庙"。又在宫中另立神元、思帝、平父、昭成、献明五世皇帝庙[9]。据《南齐书·魏虏传》记载，北魏平城宫中太庙的情况是"于南门外立二土门，内立庙，开四门，各随方色。凡五庙，一世一间，瓦屋"。可知此太庙四面都开门，内建一殿，殿内五庙同堂异室，各占一间，用瓦屋顶，比较质朴[10]。

412年，北魏又在平城以东的白登山为道武帝拓跋珪立庙，俗称东庙[11]。《魏书》载太和三年五月雷震东庙东中门屋南鸱尾[12]。既有东中门，则也应有南、北、西中门，可知东庙也是四面开门。又既有东中门，则还应有东外门、东内门，可知东庙有三重围墙。据此，东庙是有三重围墙、四面开门的巨大建筑群。

北魏孝文帝大力推行汉化政策，在都平城的末期就曾在太和十五年（491年）改建太庙，建前，命蒋少游赴洛阳量魏晋故庙基址，然后依式建造[13]。至此，北魏太庙才脱去鲜卑旧俗和北方的地方色彩，符合汉族传统帝王体制了。

孝文帝于太和十七年（493年）迁都洛阳后，在洛阳又新建了太庙。太庙仍在西晋太庙故处，南临青阳门至西明门间大道处[14]。它的规制史无明文，从北魏在平城时按洛阳魏晋太庙规制改建太庙的情况看，洛阳太庙仍应是效法魏晋的。《晋书·武帝纪》载，晋武帝泰康十年新建的太庙用铜柱十二根，则其面阔应是十一间或十三间，是很巨大的建筑。

北齐在邺城沿用东魏的太庙，位于南城南面正门朱明门内南街之东。邺南城是参照北魏洛阳旧规加以整齐化、条理化而成的，很多重要宫室的木构架是从洛阳拆迁来的，所以其太庙应基本是沿袭北魏洛阳旧规。北齐时太庙只祀六室[15]。

两晋南北朝时期太庙的具体规制，史不详载，仅据零星材料，很难对它有较具体的、形象的了解。但还有一些旁证材料可供参考。

《魏书·礼仪志》载东魏武定五年（547年）高欢死，东魏群臣议论其庙制，确定其庙设四室，每室二间，两头各加一颊室，共长十间，用歇山屋顶，施鸱尾。庙有二重围墙。内重墙的内侧建迴廊，内重墙的南面开三个门，其余三面和外重墙的四面各开一门。内重南面中门两侧各有挟屋，以贮存礼器和祭服。庙东门之外，路南有斋坊，路北有典祠廨和厨宰，其东为庙长廨和车辂库，都各为院落[16]图(2-3-1)。

东魏政权掌握在高欢父子手中，高欢死时虽未称帝，但已封王。当时议论的诸臣曾说："案礼图，诸侯止开南门。……献武（高欢）礼数既隆，备物殊等，准据，今庙宜开四门，内院南面开三门……"。从文义可知，高欢庙四面开门及南面开三门等都不是臣子庙制而属于帝王的礼数。

综括上述，如果我们把高欢庙中所透露出的帝王规制和魏晋南北朝面阔十六间的太庙的规模和北魏平城东庙三重围墙四面开门的情况结合起来考虑，魏晋南北朝洛阳、建康的太庙应是外有三重围墙，四面设门，每门面阔五间，以中央三间开三门；内重墙内为迴廊，庭中建面阔十六间的大殿，东门外有廨署库厨，是非常宏伟的建筑群。

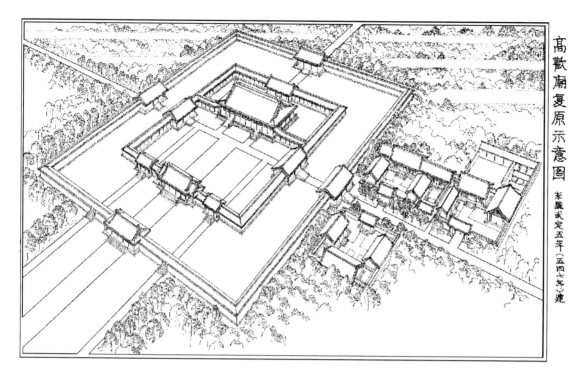

图 2-3-1 东魏末高欢庙复原示意图

二、明堂

明堂传说是古代帝王布政祀上帝之所，然诸说纷纭，往往互相矛盾，很可能是原始社会大房子在人们传说和记忆中的模糊片段。尽管它的功能随着社会进步和宫室、官署设置的日益完备而久已湮灭，但自西汉起，由于儒生、方士的粉饰和鼓吹，又成为一些好大喜功的皇帝为求追步古圣帝王施政和交通天人而亟亟于兴造的重要礼制建筑。

汉武帝时，有人提议仿建黄帝时明堂，遂在封泰山时建一圆形草顶建筑。此后，儒生把它阴阳五行化，施以种种粉饰夸诞之词，并形成不同学派间的长期争议。今文经学家主张明堂九室，古文经学家主张明堂五室，聚讼千载，莫衷一是。西汉平帝元始四年，（4年）王莽执政时建明堂辟雍于长安城南。20世纪50年代已找到它的遗址，并进行了发掘。它是一座方形夯土筑的台榭建筑，建在圆形夯土基上，有五室[17]。东汉定都洛阳后，光武帝于建武三年（27年）又在城南建明堂，史载其上圆下方，有九室[18]。

三国战乱分裂，各国都未建明堂。西晋统一全国后，也拟建明堂，因儒生聚讼，决定只建为一般殿宇的形式，以避开五室、九室之争[19]。东晋南渡后，出于表示自己仍是正统的需要，仍循西晋旧制建明堂为一殿。刘宋代东晋之后，宋孝武帝于大明五年（461年）按明堂应建于国之阳、丙巳之地的传统说法，在建康宣阳门外大道之东、国学以南兴建明堂。史载刘宋明堂模拟当时太庙的规制，但面阔出十六间减为十二间，以应十二月令之数，全不理会五室、九室、三十六户、七十二牖等旧的说法[20]。

到梁代，梁武帝于天监十二年（513年）把宫城内正殿太极殿由面阔十二间改为十三间。拆下的旧太极殿材移来建新的明堂，并把殿基抬高到九尺。故梁新建的明堂仍是十二间，前有两阶，又在大殿之后建小殿五间，为五佐室[21]。陈代梁后，沿用梁太庙明堂。隋灭陈后，明堂与建康城同毁。隋臣宇文恺曾考察其基址，看到大殿的柱子深埋入地下一丈余，柱下以樟木为跗[22]。这应是在江南临水软土地区建巨大建筑所采取的特殊措施。

北魏在都平城的末期，孝文帝曾于太和十五年（491年）四月创建明堂，十月即建成，工期仅六个月。隋宇文恺说此明堂为九室，"三三相重，不依古制，室间通巷，违舛处多。其室皆用墼（乾打的土坯）累，极成褊陋"[22]。据此描写，可知它是一座按九宫格式排列九室的很不成功的建筑。北魏迁洛阳后，孝明帝时曾拟建明堂，又陷入朝臣儒生的"五室"、"九室"的争论。后虽经权臣元叉确定建九室明堂，因人力物力大半用于建佛寺，以后国家又发生内乱，始终未能建成[23]。

北齐、北周享国短，都没有建明堂。

综观魏、晋南北朝三百六十余年历史，由于祀五帝于明堂时要以本朝已故诸帝配飨，是表明本朝受命于天、天人交通的重要手段，各朝都要举行此典。但这期间国家分裂动荡，一些朝代享国甚短，大都无力或来不及兴建。少数有意兴建的，也为儒生聚讼所阻，不能实现。故此期都是以一般横长的殿宇代为明堂。

三、郊坛

郊祀天地，是皇帝祭祀的大典之一。西汉以前多沿袭战国和秦代旧制，祀制不统一，屡有变动，地点也不在首都长安。西汉成帝时，接受匡衡建议，改在长安建南北郊，东汉建立后，光武帝定都洛阳，在城南七里建郊兆，中建祭天的圆坛。以后又建祭地的北郊。此后，在都城之郊祀天地才成为定制。但祭祀之礼诸儒异说，或以为除圜丘、方泽外，还要立南北郊，或主张在四郊祀五帝，祀礼重复烦费，多不能认真实行[24]。

三国时，曹魏明帝于景初元年（237年）在洛阳南委粟山建冬至祀天的圜丘，又建祀地的方丘，同时又建天郊、地郊，是依据郑玄的说法而重复设置的。西晋代魏后，晋武帝从其外祖父王肃的说法，把南北郊与圜丘、方丘合一，省去了重复的祭坛和祀礼。东晋南渡之后，晋元帝太兴二年（319年）在建康城南十五里三国时吴国南郊故地参照汉及西晋旧制建南郊。晋成帝咸和八年（333年）又在建康北覆舟山之南建北郊，制度如南郊。梁、陈二代，又都曾重筑过南郊的坛。

北方在十六国时期因诸国代兴，享国很短，其郊坛情况史籍多不载。北魏定都平城以后，道武帝拓跋珪最初曾于天兴二年（399年）按汉族礼制祀上帝于南郊，随后又于天赐二年（405年）改按其本族习俗在西郊设坛祭天，此后遂为定制。八十年后，孝文帝开始汉化时，才又于太和十二年（488年）在平城南郊建祭天圜丘，恢复汉族祀仪。493年南迁洛阳后，先于太和十九年（495年）在洛阳南委粟山建祭天的圜丘，又于太和二十年（496年）在河阴建祭地的方泽，按汉仪祭祀。北齐、北周也按北魏制度建圜丘祭天[25]。

祭天圜丘的丘，其原义应是天然的高地，但汉以来却都是人工筑的土台。史载东汉光武帝在洛阳所建圆坛为二层，有八道台阶，外有二重墙，四面各开门。魏晋郊坛的具体做法虽史籍失载，应是汉制的继续。南北朝时，南北郊坛之制不尽相同。史载南朝梁武帝即位时，曾在南郊筑坛，坛径180尺，高27尺，外有二重壝墙，四面各开一门。陈宣帝时改建南郊，坛的上层径120尺，下层径180尺，高27尺。可知南朝的南郊都是二层圆坛，外有二重圆壝墙，尚沿汉代旧制。但北朝的圜丘稍有不同。北魏道武帝所建平城南郊和明元帝于泰常三年（418年）在平城四郊所建五精帝兆，都是外有三环壝墙。北齐邺南城的圜丘在城南，坛为三层，下层八角形，径270尺，上层径46尺，每层高15尺，共高45尺。上二层四面有陛（台阶），下层八陛。坛外有三重壝墙，内重距坛50步，三重墙间各距25步。壝墙上开八门，与下层坛的八陛相通。北周的圜丘也高三层，每层高12尺，共高36尺。上层径60尺，下二层各深20尺，即径为100尺及140尺。内壝径150

步，外壝径300步。北齐、北周继承北魏，北魏坛制虽史无明文，可以推知也应是三层圆坛。比南朝加高一层[25]。

综括上文，可知南郊圜（或圆）丘是土筑圆台，高二至三层不等。坛外的壝墙从南齐有关"郊坛圆兆"和北周"圜壝径三百步"的记载，可证也是环形围墙，整个平面呈同心圆状，是非常特殊的平面布局。郊坛内只有土坛和围墙，不起房屋。史载南齐永明间在建康南郊壇员（圆）兆外内起瓦屋，为大臣谏止，并提出祭天的郊坛应按"至敬无文，以素为贵"的原则建设，以表"谦恭肃敬之旨"[26]。这成为以后中国建礼仪建筑的主要原则。

注释

[1]《建康实录》卷5，晋上，中宗皇帝，建兴五年。中华书局标点本上P.127

[2]《全晋文》卷88，贺循：〈答尚书符问〉中华书局缩印本②P.1971

[3]《宋书》卷16，〈礼志〉3。中华书局标点本②P.447

[4]《宋书》卷33，〈志〉23，五行四："（义熙）五年六月丙寅，雷震太庙，破东鸱尾，彻壁柱"。中华书局标点本③P.968

[5]《建康实录》卷6，孝武帝，太元十六年改筑太庙条原注。中华书局标点本上P.288

[6]《梁书》卷2，〈本纪〉2，武帝中："（天监十二年，513年）六月癸巳，新作太庙，增基九尺。"中华书局标点本①P.53

[7]《资治通鉴》卷124，〈宋纪〉6，文帝元嘉二十年（443年）："初，魏之居北荒也，凿石为庙，在乌洛侯西北，以祀祖先，高七十尺，深九十步。"中华书局标点本⑨P.3899

[8] 米文平：〈鲜卑石室的发现与初步研究〉，《文物》1981年2期。

[9]《魏书》卷108—1，〈礼志〉4之1："（天兴二年，399年）冬十月，平文、昭成、献明庙成。……置太社、太稷、帝社于宗庙之右，为方坛四陛。……又立神元（力微）思帝、（弗）、平文（郁律）、昭成（什翼犍）、献明（寔）五帝庙于宫中。"中华书局标点本⑧P.2735

据此可知北魏平城除正式宗庙外，又在宫内立五庙。

[10]《南齐书》卷57，〈列传〉38，魏房传。中华书局标点本③P.985

[11]《通典》卷47，〈礼〉7，天子宗庙："明元帝永兴四年（412年）立太祖道武帝庙于白登山。"中华书局缩印《十通》本 P.269中

[12]《魏书》卷112上，〈灵征志〉上："高祖太和三年，五月戊午，震东庙东中门屋南鸱尾"。中华书局标点本⑧P.2910

[13]《魏书》卷91，〈列传〉79，〈术艺〉，蒋少游传："后于平城将营太庙、太极殿，遣少游乘传诣洛，量准魏晋基趾。"中华书局标点本⑥P.1971

[14]《水经注》卷16，谷水："渠水又枝分，夹路南出，迳太尉司徒两坊之间，谓之铜驼街。……渠左是魏晋故庙地，今悉民居，无复遗塘也。渠水又西（当是"南"之误），历庙社之间，南注南渠。"《水经注校》，上海人民出版社，P.542

同书同卷："谷水又南，迳西明门，门故广阳门也。门左枝渠东派入城，迳太社前，又东迳太庙南，又东，于清阳门右下注阳渠。"《水经注校》，上海人民出版社，P.546

按：据此可知魏晋故庙在铜驼街中段，魏永宁寺之东，北魏庙社在街南端，前临东西大道。

[15] 顾炎武《历代宅京记》卷12，邺下，〈邺都南城〉，〈城内城外杂录〉条。中华书局标点本 P.184

[16]《魏书》卷108—2，〈礼志〉2："武定六年（548年）二月，将营齐献武王（高欢）庙，议定室数，形制。……崔昂……等议：'今宜四室二间，两头各一颊室，夏头徘徊，鸱尾。又案礼图，诸侯止开南门，而二王后袷祭仪法，执事列于庙东门之外。既有东门，明非一门。献武礼数既隆，备物殊等。准据，今庙宜开四门，内院南面开三门，余面及外院四面皆一门。其内院墙四面皆架为步廊。南出，夹门各置一屋，以置礼器及祭服。内外门墙并用赭垩。庙东门道南置斋坊；道北置二坊：西为典祠廨并厨宰，东为庙长廨并置车辂；其北为养牺牲之所。'诏从之。"中华书局标点本⑧P.2772

[17]唐金裕：〈西安西郊汉代建筑遗址发掘报告〉，《考古学报》1959年2期。

[18]《通典》卷44，〈礼〉4，明堂制度：明帝永平二年初祀五帝于明堂条。中华书局缩印《十通》本P.251下。

[19]《通典》卷44，〈礼〉4，明堂制度，原注云："晋侍中裴頠以为尊祖配天，其义明着，庙宇之制，理据未分。直可为殿，以崇严祀，其余杂碎，一皆除之。"中华书局缩印《十通》本P.252上。

[20]《宋书》卷16，〈志〉6，〈礼〉3："宋孝武大明五年（461年）四月庚子，诏曰：'……国学之南，地实丙巳，爽垲平畅，足以营建。其墙宇规范且拟则太庙，唯十有二间，以应晷数。"中华书局标点本②P.433

[21]《文献通考》卷73，〈郊社〉6："（天监）十二年（513年），毁宋太极殿，以其材构明堂十二间，皆准太庙。……大殿后为小殿五间，以为五佐室焉。"中华书局缩印《十通》本①P.671上

[22]《隋书》卷68，〈列传〉33，宇文恺传。中华书局标点本⑥P.1593

[23]《魏书》卷108—2，〈礼志〉2："初，世宗永平、延昌中欲建明堂，而议者或云五室，或云九室，频属年饥，遂寝。至是复议之，诏从五室。及元乂执政，遂改营九室。值世乱不成。宗配之礼，迄无所设。"中华书局标点本⑧P.2767

[24]《通典》卷42，〈礼〉2，郊天上，虞、夏至后汉。中华书局缩印《十通》本P.241~243

[25]《文献通考》卷70，〈郊社考〉3，郊。中华书局缩印《十通》本①P.631~633

[26]《全梁文》卷54，庾曼隆〈郊坛不起瓦屋启〉："伏见南郊坛员兆外内永明中起瓦屋，形制宏壮。……自秦汉以来，虽郊祀参差，而坛域中间并无更立宫室，其意何也？政是质诚尊天，不自崇树，……故至敬无文，以素为贵。窃谓郊事宜拟修偃，不侔高大，以明谦恭肃敬之旨。"中华书局缩印本④P.3270

第四节 陵墓

一、西晋陵墓

西晋陵在洛阳之东邙山南北，共有五陵。山南自东而西为司马昭崇阳陵，司马炎（晋武帝）峻阳陵、司马衷（惠帝）太阳陵，山北为司马懿高原陵和司马师峻平陵。五陵中，只有峻阳、太阳二陵是晋立国后所建，其余都是在魏时以臣礼下葬的，入晋后才改称为陵。

曹魏时提倡节葬，司马氏又以儒生自居，所以司马懿死前，"豫自首阳山为土藏，不坟不树，"正是节葬的表现。司马师、司马昭墓也依司马懿之制。晋立国后、司马炎、司马衷二陵因受先人墓制的限制，也力求俭约，不坟不树。[1]

近年已探查到司马昭崇阳陵和司马炎峻阳陵，都倚山面南而建，各为一大陵区。崇阳陵葬五墓，峻阳陵葬二十三墓。主墓都在东端，即帝陵，都是有长墓道的土洞墓。司马昭墓有长46米的墓道、单墓室，室长4.5米，宽3.7米，高2.5米。司马炎墓有长36米的墓道，墓室长5.5米，宽3米，高2米。和前此的秦汉帝王陵相比，可算做空前的俭约了。在司马昭墓区之外有夯土的陵墙，转角处加宽，应是建有角阙。[2]有角阙则前面应有门阙，但南墙遗迹不存，故阙已无法找到了。陵内布局史籍未详载，有无祠屋等已不可考。据《宋书·五行志》记载，晋惠帝永康元年（300年）"六月癸卯（雷）震崇阳陵标，西南五百步标破为七十片"[3]。标即陵前的神道柱，可知陵前建有神道，入口处立神道柱。但神道两侧是否如以后南朝那样也立石兽和碑，已不可考。

二、四川晋代墓阙

自汉以来，墓前建阙已成为传统，延续到西晋，但中原和江南地区已没有遗存下来的了，只在四川还有少量遗物，它既是仅存的晋阙，也是仅存的晋代建筑，而且极忠实地表现出它所模仿的木构阙的形象与构造。可惜整个墓制已不可考了。这三阙都在四川渠县，即赵家村贰无铭阙、

赵家村壹无铭阙和王家坪无铭阙，都是二重子母阙，惜只余东阙的母阙阙身和阙楼的楼身部分，其子阙和母阙屋顶以及西阙都已不存。

赵家村贰无铭阙：在渠县新兴乡赵家村内。阙身正面二间用三柱，但中柱不落地，侧面一间用二柱；柱下有地栿而柱头之间无阑额，阙身素平没有铭文和纹饰。阙楼的楼身部分由四层叠成。第一层雕柱上的栌斗和斗上承托的三层纵横交叠的地面枋；第二层是一低矮的垂直墙面，上有浅浮雕图案；第三层雕挑出的斗栱，最下为矩形蜀柱，长短不一，赵家村贰无铭阙雕作花蒂和束竹柱；栌斗上雕横栱，上承二斗，没有齐心斗；仅赵家村壹无铭阙的栱为两端拳曲的栾，中间露出梁头或蜀柱；斗栱都是每面见二朵，不用转角斗栱；第四层雕作下小上大、上部向外斜出的梯形，四面都雕人物故事。在这一层之上即应为屋顶，已失去，是一层还是二层檐已不可考（图2-4-1）。

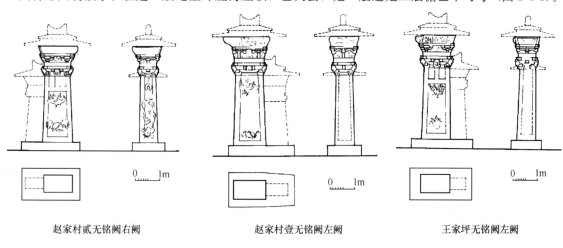

赵家村贰无铭阙右阙　　赵家村壹无铭阙左阙　　王家坪无铭阙左阙

图2-4-1　四川渠县晋代墓阙平、立面图

赵家村壹无铭阙：在渠县新兴乡赵家村东北二百米土岗上。母阙阙身每面一间二柱，柱头间无阑额，阙上无铭文，在正面于二柱间浮雕一展翅的朱雀；内侧面在柱间雕一玉璧，下有一龙啣住自壁中垂下的条带。其阙楼的楼身也分四层，形式和赵家村贰无铭阙相同，只是斗栱之下蜀柱较高而已。

王家坪无铭阙：在渠县广禄乡王家坪。母阙阙身正面二间用三柱，但中柱不落地，到自二角柱上段间架设的横枋而止；侧面一间二柱；柱下有地栿而柱头间无阑额。阙上无铭文，正面在横枋之下，二角柱之间上雕朱雀，下雕兽面啣环；侧面在柱间有高浮雕的苍龙。阙楼的楼身部分也分四层，和赵家村无铭阙几乎全同。

这三阙和三国时高颐阙、平杨府君阙不同处是阙身柱间未雕阑额；阙楼楼身的斗栱层高颐阙在垂直段之下，而这三阙在垂直段之上，表现出它们所模仿的木构原型在构造上的差异。但同在渠县的沈府君阙、冯焕阙、蒲家湾无铭阙等汉阙，其阙楼楼身部分的顺序和这三阙相同，可知在东汉已有这样做法。所以这三阙和高颐阙的差别不是时代先后所致，而属于地区做法上的不同。

这三阙刘敦桢先生在《川康之汉阙》一文中，陈明达先生在《汉代的石阙》一文中，都认为属于西晋以后的。他们主要是与同在渠县、形式基本相同的汉冯焕阙、沈府君阙的雕刻手法、人兽形象、衣纹服饰相比较而得出这结论的，如赵家村贰无铭阙之饕餮面已近于后世的兽面，斗栱下用花蒂；赵家村壹无铭阙阙身侧面的苍龙为比汉阙上龙高出的高浮雕；诸阙阙楼第一层角上浮雕兽也比汉代向外凸出较多，甚至造成这一部分左右不均衡，其装饰成分较汉代为重。此外，王家坪无铭阙上人物衣纹垂尖向下后，向外反翘，已开南北朝造像衣纹飘举之先河等。但这三阙的构造方法、斗栱形式却和汉阙没有明显不同。四川交通不便，曾经割据，建筑发展较缓，比中原多保存一些古法古风，也是很自然的。

三、十六国陵墓

十六国时诸国，旋起旋灭，很少有能延续二世以上的，大多没有来得及建墓即亡国。其墓制有记载可考的有刘曜父之墓。322年，汉主刘曜葬其父母于粟邑，各为一坟，坟丘周回二里，高百尺，每日役六万人，百日建成，共用工六百万，号称永垣陵。史载323年大雨，雷震刘曜父墓门屋，大风吹其寝堂于垣外五十余步。从这记载看，二陵各有陵垣，墓门建屋，墓前有寝堂，大约仍是延续晋代的陵墓制度。

刘曜还要为自己建寿陵，坟丘四周拟为四里，比其父母之陵增大一倍，未及兴建，刘曜即为石勒俘获，刘汉很快也就亡国了。

四、东晋陵墓

东晋十一帝，建有十陵（废帝无陵），都在建康。其中元帝（一世）、明帝（二世）、成帝（三世）、哀帝（六世）葬在鸡笼山，即今南京九华山；康帝（四世）、简文帝（七世）、孝武帝（八世）、安帝（九世）、恭帝（十世）葬在钟山之阳，都在今九华山至紫金山东西一线并列。诸陵建在略高于山前地面处，背倚山丘，尚遵西晋陵制，东西并列而不起坟。只有穆帝（五世）葬在幕府山之阳，起坟，"周四十步，高一丈六尺"，周四十步即每面长五丈，是很小的坟丘，和汉代巨陵是无法相比了[4]。

东晋诸陵中，穆帝的永平陵和恭帝的冲平陵近年已经发掘，可通过它知道东晋陵墓的概貌。

永平陵在南京幕府山南麓，其形制做法是在山麓先掘一长约20米、宽约8米、深约7米的墓穴，在其上铺数层地面砖，地面上留出一个集水井，通过砌在地面砖以下的排水沟排到墓外。墓穴内用三平一立的砌法砌墓室四壁，形成纵长矩形的墓室，顶部用砖砌成筒壳。墓室前壁通甬道，也是砖壁上砌筒壳，砌法同墓室。甬道中间壁上有凹槽，是安装木门用的，甬道前端用封门墙封闭。墓室砌完后，墓穴及墓室顶上全用土夯实[5]。史载晋穆帝陵起坟，高18尺，周200尺（40步），但坟丘已不存，陵前神道等也已埋灭，此陵下葬于升平五年（361年），1955年发掘。

晋恭帝冲平陵在南京富贵山南麓，依山而建，其形制做法是先在距墓前平地约9米处，于山上开凿墓穴和墓道，长约35米，底宽约7米。石穴底铺七层地面砖，其上再砌墓室和甬道。墓室平面矩形，长7.06米，宽5.18米，四面砌砖墙，后壁外凸呈弧线，顶上用楔形砖砌券顶。墓室前有长2.7米的筒拱顶甬道，装有二重门。甬道口用砖封砌，其外再建二重封门墙。为解决山体向墓内渗水，在墓室砖地上砌井口，下通在墓穴石底上凿出的排水沟，沟用砖衬砌，长在百米以上，通到墓前的湟地或水塘中。砖墓室、甬道砌成后，用夯土填筑，使与山体平，不露痕迹，不起坟丘。在墓前400米处地下埋有石碣，上镌"宋永初二年，太岁辛酉，十一月乙巳朔，七日辛亥，晋恭帝之玄宫"二十六字，可证在陵前至少有400米以上的神道[6]。有神道则应有墓表，但迄今尚未发现。《建康实录》记载，晋穆帝永和五年（349年）"冬十一月，甘露降崇平陵玄宫前殿"[7]。崇平陵是晋康帝陵，在钟山之阳，不起坟。玄宫即墓室，可知在墓室前地面上还建有前殿。东晋陵前迄今也没有发现石雕如麒麟、墓表之类。但唐人咏晋元帝庙诗中有"弓箭神灵定何处，年年春绿上麒麟"之句，可知东晋陵前也有麒麟等石雕。

综括上述二墓及文献，可知晋陵都依山而建，高出山前地面少许。墓室为矩形，用砖砌筒壳顶。墓室前有甬道，前期装一门，后期装二道门，甬道入口用封门墙封闭，墓上或起坟，或不起坟。墓前有前殿，神道之左右有麒麟等石雕夹道而设。有无门、阙、围墙俟考。

五、南朝陵墓

南朝四代中，宋、陈二代的帝陵主要在南京，齐、梁二代是同族，先后都葬在南京以东的曲阿，即今丹阳。目前已查清的帝陵，在南京有宋武帝刘裕的初宁陵，宋文帝刘义隆的长宁陵，陈武帝陈霸先的万安陵和陈文帝陈蒨的永宁陵；在丹阳的有齐高帝萧道成的泰安陵，齐武帝萧赜的景安陵，齐明帝萧鸾的兴安陵、梁武帝萧衍的修陵，梁简文帝萧纲的庄陵。另有原葬于此以后追尊为帝改建为陵的，如萧道成之父萧承之的永安陵，萧鸾之父萧道生的修安陵，梁武帝萧衍之父萧顺之的建陵，以及齐废帝东昏侯萧宝卷墓和和帝萧宝融恭安陵也在丹阳[8]。值得注意的是齐、梁二代帝陵集中在丹阳，形成一个陵区。齐梁时谒陵都由水路沿秦淮河东行，经方山，过破冈埭到丹阳，至陵口，进入陵区。在陵口夹河设置一对石兽，作为整个陵区入口的标志。

上述诸陵中，在南京的陈文帝永宁陵、陈宣帝显宁陵，在丹阳的萧道生修安陵、齐高帝泰安陵（或齐宣帝永安陵）、东昏侯萧宝卷墓和和帝萧宝融恭安陵都经过发掘。其中萧道生修安陵修建较早，陈宣帝显宁陵建得较迟，通过它们可见南朝陵墓的概况和早晚期的变化。

南齐景帝萧道生修安陵：在丹阳县东北水经山鹤仙坳南麓。南齐建武元年（494年）改建，1965年发掘[9]。萧道生是萧道成之兄，齐明帝萧鸾之父。墓室在山冈中部，其前为山间平地，在墓前510米处相对设置二石兽。石凿墓穴呈矩形，全长15米，宽6.2米，穴内用砖砌墓室及甬道。墓室为纵长矩形，四壁呈外突弧线，平面近于椭圆形，长9.4米，宽4.9米，顶部原为穹窿形，高4.35米，已坍塌。墓室地面铺九层砖，地面以上用模压花纹砖按三平一竖的砌法砌四壁，壁厚二砖。墓室前方为砖砌筒拱甬道，长2.9米，宽1.72米，高2.92米，地面铺七层砖。甬道中部嵌砌二道石门，下为地栿，左右为两颊（槏柱），上为半圆形门额，额上浮雕平梁、叉手，中间装有二扇两开的石门，现已残损不全。甬道外砌有二道封门墙。在墓室及甬道的地面砖当中，砌正方形断面的排水沟，直通到墓外水塘内，以排除墓内积水。排水沟全长达190米。在墓室、墓道与石凿墓穴间的空隙处砌横墙撑在砖壁与石穴之间，共有二十三条，以防止墓室四壁在穹顶及填土重压下外倾，导致墓室倒塌。在墓室及甬道上用土石填平后起坟。估计开凿墓穴的土石方量约为570立方米（图2-4-2）。

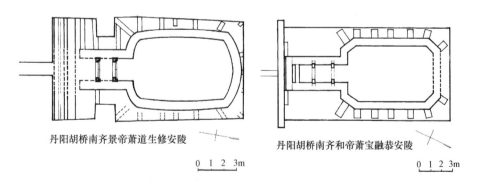

图2-4-2 江苏丹阳南齐帝陵墓室平面实测图

在墓的甬道及墓室内壁壁面用模压画像砖拼成大幅壁画，其余壁面则用模压莲花纹、线纹、缠枝莲花纹填砌，形成不同的图案饰带，很具装饰效果。壁画内容为：甬道两壁相对，都是前为狮子，后为武士；墓室壁画东西壁各分上、中、下三层，上层均为飞天，中层西为羽人戏虎和半幅竹林七贤，东为羽人戏龙和另半幅竹林七贤，下层均为出行仪仗。除画像砖壁画为整幅预制拼合外，各种图案砖由于花纹和位置（在顺面抑丁面）的不同，有三十三种规格，各在端面模印出砖名,如正方砖、厚方砖、薄方砖、中方砖、大宽鸭舌、大鸭舌、中鸭舌、小鸭舌、中斧砖、下斧砖、大马䂝砖等,反映了较复杂的模制花砖技术。

陈宣帝陈顼显宁陵:在南京西善桥油坊村,陈太建十四年(582年)下葬,1960年发掘[10]。墓在罐子山北麓,东南西三面都有小山相连,北对平地,中间有突起的萝卜山为屏蔽。建墓时先在山体中凿出长45米、宽9米的墓穴,前建甬道,后建墓室。墓室及甬道地面铺五层地面砖,其上砌墓室及甬道。墓室平面作椭圆形,长10米,宽6.7米,高6.7米。墓室四壁用三层平砖一层立砖的砌法砌成。墓室前接甬道。甬道总长约5.2米,宽1.75米,高3米。两壁砌法同墓室,上部砌筒拱顶。甬道内装二道门,门石制,下为地栿,左右立两颊,顶上为半圆形门额,额上浮雕出平梁和叉手,门颊之间装向外开的石门二扇,甬道外砌封门墙,墙横抵墓穴两壁。在甬道外侧部分,于封门墙内加砌挡土墙。墓室封闭后,在封门墙外用沙、泥、石灰三合土夯筑加固。在墓室甬道外侧,于墓穴中用黄胶泥分层夯实填充,墓室上部加一层有碎砖的夯土,以加强墓顶。整个墓上有高约10米、周长141米的封土,形成坟山。在墓内地面设有集水井,通到砖地面下的砖砌排水沟,排到墓外水塘。

墓室及甬道内壁壁面用模压花纹砖拼成壁画及图案。甬道最外端两壁上镶拼模压线纹狮子图。其余部分用莲花纹、青琐文(斜方格)、线纹、卷草等组成装饰带或装饰面,墓室壁面已破坏,装饰情况不明(图2-4-3)。

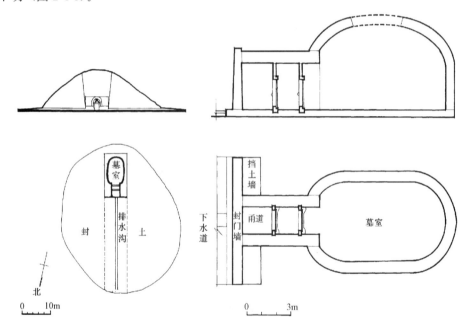

图2-4-3 江苏南京陈宣帝显宁陵实测图

上述二墓前者改葬于494年,后者葬于582年,相差88年,而形制基本相同,可知是南朝帝陵的通制。这些陵都依山而建,大部分面南,也有向北的,都依山势而定,必选在背后有山,左右有坡坨环抱,前有部分平地之处。方向也多因自然地形而偏向东南或西南,并不坚持正南北向。墓穴多开在山麓离地面10米左右之处。墓穴铺多层砖为地面是为了在内暗砌排水沟以排除墓内渗入的水。墓室都是纵长形,由矩形、后壁外凸逐渐变为四壁外凸,最后发展为椭圆形。一般南朝墓甬道只用封门墙或装一道门,诸陵则均装二重门,也应是帝陵的体制。诸陵有的夯筑得与山齐平而止,不起坟;起坟的,据记载高约在14尺至20尺之间,周长在175尺(35步)至300尺(60步)之间,尺度颇小。

陵墓前都有较长的墓道,从石柱上刻字推测,它的正式名称为神道。史书上有时又称之为"燧道[11]"。帝陵前神道长度未详，已知一些南朝王墓如南京梁萧秀、萧融墓、丹阳齐废帝墓等都长在1000米左右，估计帝陵还可能长些。神道的宽度如以齐萧承之永安陵前二石兽间距离计，可达23米[12]。在神道上自前而后依次立石兽、石柱、石碑，都是神道东西侧各一，两两相对。一般为三对，帝陵中只有丹阳梁萧顺之的建陵在石碑后又有方石础一对，共为四对，但础上原物已佚（图2-4-4）。

图 2-4-4　江苏丹阳梁萧绩墓神道

神道最前端为石兽，史书中或称为"麒麟"、"麟"，或称为辟邪，梁武帝之父萧顺之建陵石兽，史书或称"辟邪"（隋书），或称"麟"（旧唐书）[13]，可知名称可以互用。现存石兽以梁武帝萧衍修陵的最大，长3.32米，腰围2.4米，高2.7米。齐高祖之父萧承之永安陵石兽长2.95米，胸宽1.23米，也非常巨大，都是整石雕成，异常壮伟[12]。陵墓前对立石兽在东汉时已有，南朝陵墓是承其旧制。但南朝石兽有两种不同的形象：一种身躯肥壮，短颈长鬣，头向后仰，兽身纹饰简单，以形体劲健胜（图2-4-5）；另一种身躯足颈都略瘦于前者，长颈昂首，身上有较多双钩压地隐起阳线，其体型和纹饰更近于汉以来传统（图2-4-6）。相比之下，第一种明显是源于狮子的形象。从使用情况看，前者多用于王墓，而后者专用于帝陵。《南齐书·豫章王嶷传》说，宋文帝长宁陵"麒麟及阙形势甚巧，宋孝武于襄阳致之，后诸帝王陵皆模范而莫及也[14]"。所指当就是第二种石兽的形象。有的学者认为前一种应名辟邪，用于贵族墓，后者名麒麟，用于帝陵[15]。

图 2-4-5　江苏丹阳梁萧绩墓石辟邪　　　图 2-4-6　江苏南京陈文帝永宁陵石麒麟

石兽之后隔一定距离夹神道立石柱。石柱断面为方形圆角，不是正圆形，下粗上细，呈直线上收。柱下有础，柱顶有顶盖（图2-4-7）。柱础下为方形素平基座，座上雕近于覆盆形础身，外形雕作双螭盘绕形象，中间雕一圆形平台，中心有卯口，以承柱身（图2-4-8）。柱身又可分上、中、下三段：下段雕若干条垂直凹槽，两凹槽相并处就形成一线直棱，略近于希腊陶立克柱式之柱身，中段雕水平方向数环线脚，做缠龙及绳瓣纹，上托一突出柱外的矩形平版，版面阴文刻某某之神道字样；上段雕作突起的若干条垂直向圆棱。顶盖是一上雕覆莲的圆盘，覆盖在柱顶，盘上雕一小的石兽，多为神道石兽中的第一种形象，即俗称辟邪者[16]。

石柱上标明为某人墓之神道，即所谓墓表。它在南北朝时又称标或石柱。《宋书·五行志》五载，"孝武帝大明七年（463年）风吹初宁陵（宋武帝刘裕陵）隧口左标折"；《隋书·礼仪志》三说"梁天监六年（507年），申明葬制：凡墓，不得造石人、兽、碑，听作石柱，记名位而已"就是例子[17]。

石柱的形象源于汉代，和北京出土汉幽州书佐秦君墓表石柱可称是一脉相承[18]。石柱柱身下为凹槽、上为凸棱之例在山东安丘东汉墓中已出现，也属汉制。古人立柱，有时以一束竹竿以代木柱，称为束竹。突棱柱实即来自竹的形象，也是古制[19]。只有凹槽圆柱汉以前未见。汉代已同罗马有间接交通，自汉时传入此制并不是不可能的。它和束竹柱乍视颇有似处，而一反一正，一阴一阳。当时人已有正反相生思想，接受起来并无困难。古人立表是在地上栽柱，柱上用绳缚木板，板上书名。石柱中段的横板和绳纹就是由这种做法演化而来的（图2-4-9）。

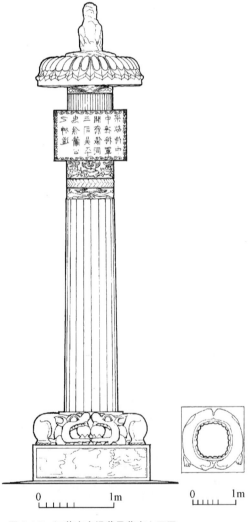

图 2-4-8　江苏南京梁萧秀墓表柱础

图 2-4-7　江苏南京梁萧景墓表立面图

图 2-4-9　江苏南京梁萧景墓表上部版上铭文

石柱之后隔一定距离在神道两侧立石碑。碑下为龟座（图2-4-10），碑身上部微微窄一些，顶部做成半圆形碑头。碑头侧棱雕做交龙（图2-4-11）。碑形秀美，龟趺和碑头雕刻简洁生动，有很高的艺术水平。

神道末端是否如东晋陵之例，于墓前建有前殿，尚有待做进一步的探查。

从文献考查，南朝陵墓似尚有门和阙。《旧唐书·礼仪志》五云："（梁）武帝即大位后，亦朝于建陵（其父萧顺之墓），……因谓侍臣曰：陵阴石虎与陵俱创二百（按应作五十）余年，恨小。可更造碑、石柱、麟，并二陵中道门为三闼"[13]。据此可知萧顺之墓原有门，改帝陵后墓门改为并列三门。有墓门则以情理推之还应有围墙。又《南齐书·豫章王嶷传》说："宋长宁陵（文帝刘义隆陵，建于453年）隧道出（嶷）第前路，……乃徙其表、阙、麒麟于东岗山。麒麟及阙形势甚巧，宋孝武（帝）于襄阳致之。后诸帝王陵皆模范而莫及也"[14]。文中表与阙并举，可知除墓表外尚有阙。

图2-4-10　江苏南京南朝墓碑龟座

图2-4-11　江苏南京南朝墓碑碑头

综括发掘所见和文献记载，南朝帝陵地上部分的规制是在其前有长1000米以上的神道，两侧依次相对设置石麒麟、石墓表、石碑各一对。神道尽处是并列开三个门的墓门，门外有阙，门内建有前殿。从有门阙的情况看，还应有陵墙，这样就清楚地表现出南朝帝陵和两晋陵墓的继承关系和新的发展了。

东晋南朝建筑久已荡然无存，连石刻、壁画的图像至今也没有发现。目前所能见的和建筑有关联的南朝遗物只有陵墓石刻。石刻中，麒麟、辟邪宏大雄伟，墓表雕琢秀美简洁，除继承中国汉以来传统外，又含有外来影响。辟邪的形象近于狮子，明显有西亚影响，墓表柱下段的凹槽则直接或间接源于希腊、罗马。尽管这些题材和形象东汉时已经传入。但融合吸收形成为中国气派的新艺术品和纪念建筑则在东晋、南朝。从陵前设置有这样优美的石刻，我们有理由推测，南朝的建筑水平应是很高的，足以和这些石刻相称的。

这些石刻体量巨大，《隋书·五行志》上云："梁大同十二年正月，送辟邪二于建陵。左双角者至陵所，右独角者将引，于车上振跃者三，车两辕俱折。因换车。未至陵二里，又跃者三，每一振则车侧人莫不耸奋，去地三四尺，车轮陷入土三寸"[15]。可知是用车运到现场安设的。

六、两晋南朝的一般墓葬

20世纪50年代以来,发现过大量的此期墓葬,大都是砖室墓。西晋墓在洛阳曾发现数十座,大都是在地下砌方形墓室,前有短甬道,接下葬时用的斜坡墓道。墓室或四面结顶,或用筒壳,基本承袭汉及三国传统[20]。东晋南渡以后,初期尚有使用在三国吴时流行的"四隅券进式"穹隆顶墓室,如南京象山七号墓,它可能是东晋元帝时死去的王廙之墓。以后砖砌纵长矩形筒壳顶墓室渐居主流。前举象山王氏诸墓中,除七号墓外,一号(王兴之夫妇)、三号(王丹虎)、五号(王闽之)、六号(夏金虎)和四号墓都是这种墓室[21]、[22]。南朝时仍沿用此制,除南京地区外,广东、福建、湖南等地所发现的也大体如此。只贵州发现过石砌墓室,当是地区特点[23]。这些墓的墓室在砌造技术上并无重大发展。此期诸墓的地上部分都无迹可寻,无法知其规制,只能从文献上进行考察。

东汉以来,多在墓前建石兽、石阙、墓表、石祠等。魏晋以来,以经济凋敝,屡次明令禁止,但都不能持久。《宋书·礼志》上说:"建安十年(205年)魏武以天下凋敝,下令不得厚葬,又禁立碑。……晋武帝咸宁四年(278年)又诏曰:'此石兽、碑、表,既私褒美,兴长虚伪,伤财害人,莫大于此,一禁断之[24]。……'"《太平御览》载〈晋令〉,云:"诸葬者皆不得立祠堂、石碑、石表、石兽。"可知在魏末晋初,官员、贵族墓设置石兽、碑、表已成风气,才会使得晋武帝明令禁止。同书又说:晋元帝太兴元年(318年)有人为江南名族顾荣营葬,请求立碑,特旨允许,以后立碑之禁又渐松弛[25]。遂出现了墓前立石兽、碑、表之风。南朝后期,梁武帝曾于天监六年(507年)又"申明葬制,凡墓不得造石人、兽、碑,听作石柱记名位而已[26]"。但从他的弟、侄在南京的墓都建有石兽、柱、碑的情况看,大约也是不能实行的。

从近年发现的这一时期的墓葬看,墓室规模和墓内殉葬品的精美豪侈,的确比战国秦汉减省许多,这是连年战乱经济破坏使然,但墓的地上部分却颇为侈大,仍延续东汉以来的传统[27]。帝陵的情况已见前文。南朝王陵也在神道两侧设石兽、柱、碑各二,典型的例子是南京甘家巷梁萧秀墓,他是梁武帝的异母弟,除墓室及石刻尺度小于帝陵,石兽用辟邪而不用麒麟外,和帝陵规制很近似[28]。梁武帝之父萧顺之死于南齐永明中,他是齐宗室疏属,墓制低于王。梁大同十年(544年)梁武帝把它改为建陵,说石虎小,要增加石柱、碑、麟等,改中道门为三闼[14]。可知萧顺之墓原设有石虎,颇小,墓前设有门,这大约就是低于王的一般贵族官员的墓制。

七、北魏陵墓

北魏初期都盛乐,以后迁都平城。它的陵墓区在盛乐西北,史称"金陵"。北魏南迁洛阳以前六世皇帝及后妃都葬在金陵,但金陵的遗址至今尚未发现,无法知其葬制和地面墓园布置。

在平城的北魏陵只有大同北面方山上的冯太后陵和孝文帝虚塚。太和五年(481年)冯太后(文成帝之后)亲自择定在方山为己建陵,八年(484年)成,号永固陵。太和十四年(490年)冯太后死,同年下葬。太和十五年(491年)孝文帝决定在永固陵北为自己豫先建陵。太和十八年(494年)南迁洛阳后,孝文帝又在洛阳定陵区,这陵遂未使用,号称"万年堂"。

永固陵为砖砌墓室,有前室和后室,中连甬道。前室方形,和甬道都是筒壳顶,后室也是方形,但四壁向外凸出呈弧线,壁上四面结顶,形成方锥形墓顶。后室东西、南北两向最宽处都近于7米,室内净高也在7米以上,是很大的墓室。整个墓室甬道用三平砖并列砌成,墙厚1.3米。墓的砌筑方式是先夯成土台,台面开墓穴,穴中建墓室、甬道,然后再填实空隙。甬道及前室共有五重封门墙封闭，墓道用石块填塞。墓上封土下方上圆，下部东西 124 米，南北 117 米，残高 22.87 米（图 2-4-12）。

万年堂在永固陵之北不足 1 公里处，封土也是下方上圆、下部边宽约 60 米，残高 13 米。墓室也分前后室，中连甬道、前室前接墓道；后室也是方形、四壁外凸，四面向内收结顶，都和永固陵近似，仅墓室及封土稍小[29]。

这二墓都用砖砌、主室方形、四壁呈外凸弧线、四壁内收合拢，形成攒尖顶，和同期北魏墓葬基本相同。大同发现的太和八年（484 年）司马金龙墓也是这样，而且前面还多了一个耳室[30]。

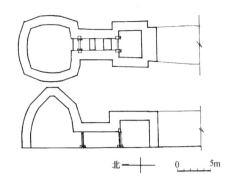

图 2-4-12　山西大同北魏永固陵墓室图

值得注意的是永固陵建在方山顶上，它的前面向南依次还建有永固堂、思远灵图，形成一个整体。永固堂在永固陵前 600 米，现仅存基址。据《水经注》描写，永固堂"四周隅雉列榭，阶栏槛及扉户梁壁椽瓦悉文石也。檐前四柱采洛阳之八风谷黑石为之，雕镂隐起，以金银间云矩，有若锦焉。堂之内外，四侧结两石趺，张青石屏风，以文石为缘，并隐起忠孝之容，题刻贞顺之名。庙前镌石为碑兽，碑石至佳。左右列柏，四周迷禽暗日。……南门表二石阙，阙下斩山累结御路，下望灵泉宫池，皎若圆镜矣[31]"。根据这段文字，可知永固堂是一座石造殿宇，殿内有屏风，四壁刻忠臣孝子诸图，实际和汉以来墓前石祠的性质相似。由于是陵墓体制，所以正门外建石阙，围墙四角有角阙（"四周隅雉列榭"）。文中还称永固堂为"庙"。

在《魏书·阉官传》王遇（钳耳庆时）传中说，他曾建"北都方山灵泉道俗居宇及文明太后陵庙[32]"。《资治通鉴》卷 135，〈齐纪〉1，高帝建元三年（481 年）四月条云：."夏，四月，己亥，魏主如方山。冯太后乐其山川，曰：'他日必葬我于是，不必祔山陵也。乃为太后做寿陵。又建永固石室于山上，欲以为庙[33]"，也都称永固堂（石室）为庙，可证它确是冯太后的庙。冯太后两度执政，实际与北魏皇帝无殊，她明知死后如归葬金陵文成帝墓园，不可能有自己的陵，在太庙中也不可能有自己的"室"，所以决计在方山建陵及庙，葬于此地。这颇不合当时的礼制，而是因冯太后在北魏政权中的特殊地位和孝文帝与冯太后的特殊关系（有人推测孝文帝是冯太后的私生子，伪托为献文帝之子）等特定条件下产生的特例。陵墓前建石祠，祠中刻古贤故事，祠前建阙，是汉以来通常的做法。方山冯太后陵就借用汉代的传统形式，而把石祠改为自己的庙。

北魏南迁洛阳后，以洛阳西北的邙山为陵墓区，在瀍河两岸形成一个巨大的墓葬群，葬有北魏孝文帝元宏、宣武帝元恪、孝明帝元诩三世皇帝。孝文帝是迁都洛阳以后的第一世魏帝，陵墓自己选定在瀍水以西的高地上，成为墓区的中心。宣武帝陵在它的右前方,也在瀍西。孝明帝陵在它的左面,远在瀍水之东,洛阳外郭的西北方。在孝文帝陵东南方,瀍水以东的高地上是孝文帝以前七世魏帝子孙的墓葬区,每世集中为一区,以始祖拓跋珪的子孙墓居中,其余各世按单、双数分列在左右侧;每一世内部又按一定秩序排列。在七世子孙墓区的外围又埋葬了"九姓帝族"和"勋旧八姓",即以前同属于一个大氏族的原同族人和同属于一个氏族联盟的兄弟氏族。此外,还有一些重要的降臣也葬在此区的外围[34]。这种整个部族都集中在一个葬区的习俗在战国以前中原地区也存在过,西汉以后随着封建社会的发展,逐渐为家族墓葬所代替(南朝诸帝陵、王陵就都属家族墓葬)。它在北魏洛阳重新出现(平城定都时盛乐金陵墓地是否如此尚有待发掘)是鲜卑原始习俗残余的表现。但以后约定成俗,它又成为唐初各帝陵自为一区安置大量陪葬墓的陪陵之风的滥觞。

北魏南迁后锐意汉化,故其陵墓制度,特别是地上陵园部分极可能有吸收两晋、南北朝之处。由于史籍缺略,尚有待于对遗址的勘探、发掘来解决。

八、西魏北周陵墓

永熙三年(534年)魏孝武帝元脩西奔,投宇文泰,建立西魏政权。次年孝武帝为宇文泰所杀,十余年后葬于云陵。继者为文帝元宝炬,在位十七年,551年死,葬于永陵。其后废帝元钦在位三年,为宇文泰所废,恭帝元廓在位三年禅位于周后被杀。西魏四世中实止文帝以帝礼葬,但陵园情况已不可考。

文帝元宝炬为与蠕蠕和亲,娶其女为后,废原皇后乙弗氏,使随其子武都王居秦州。大统六年(540年)乙弗氏被迫自杀,凿麦积崖为龛而葬。文帝死后合葬于永陵[36]。这麦积崖之龛就是今麦积山石窟第四十三窟。此窟在崖壁上雕出三间小殿,正面有四根八棱柱,承托阑额、檐檩、圆椽,最上雕庑殿顶。檐柱内为一窄的檐廊,正对明间处后壁凿一圆栱门,门内开一宽一间的小窟,平面近于圆形,穹顶。小窟后壁开一矮过洞,其内为一纵长方形墓室,墓室做矩形盝顶帐状,四角及顶部都雕出帐柱。从平面看,小窟即墓的前室,过洞即前室与墓室间的甬道,它实即把一个前后室墓雕作石窟形。南北朝时人佞佛,在龙门等石窟旁往往有藏骨的瘗窟,乙弗后墓因为是陵,所以雕得如一正规石窟。现在前室内正中有一宋塑坐佛,挡住通入墓室的通道,当是迁葬以后,为掩盖墓室而做的[36](图2-4-13、2-4-14)。

557年,北周代西魏,历五世,至581年为隋所代。五世中,孝文帝被废,静帝禅位于隋,都无陵,只有二至四世,即明帝毓、武帝邕、宣帝赟死后建陵。但明帝死时有遗诏称"因势为坟,不封不树[37]",武帝遗诏也说"墓而不坟,自古通典[38]",都主张不起坟,其遗迹也不可考。

九、北齐陵墓

东魏531年立国,550年亡于北齐,享国20年,只孝静帝一帝,禅位后被害,故东魏无陵。

北齐550年立国,581年亡于隋,享国31年,历六世。除废帝高殷和幼主高恒外,实际执政的只有文宣(高洋)、孝昭(高演)、武成(高湛)、后主(高纬)四帝。后主亡国后被杀,无陵,故只前三世有陵。高洋葬于559年,墓称武宁陵。高演葬于561年,墓称文靖陵。高湛葬于569年,墓称永平陵。又,在北齐建国前,高欢于547年死去,其墓后称义平陵[39]。高澄于549年死去,其墓后改称峻平陵[39]。合计共有五座陵,都葬在邺城西北,漳水之西。

1987年在河北磁县湾漳发掘出一北朝大墓,据地望及规模,极可能是高澄的峻平陵。墓的地下部分有墓道、甬道、墓室三部分。墓道是露天斜坡道,自地面通到地下8.86米(即三丈)深的甬道

图 2-4-13 甘肃天水麦积山石窟第 43 窟西魏乙弗后墓实测图

图 2-4-14 甘肃天水麦积山石窟第 43 窟西魏乙弗后墓外观

入口，全长 37 米。两壁用土坯垒砌，白灰罩面，上画四灵和仪仗队。斜坡地面上抹灰后在中间画十四朵仰莲，两侧画缠枝莲饰带，宛如地毯。甬道二壁为砖墙，上砌筒壳顶，长 6.7 米，分前后二段，后段略矮，装有石门。甬道入口券门顶上画朱雀，甬道二内壁画侍从，顶上画流云莲花。甬道之北为墓室，长、宽约 7.5 米左右，四壁砖墙微外凸，厚达五层砖宽。顶部四面向中心收拢，形成四角攒尖顶，高达 12.6 米。甬道及墓室地面都铺青石，墓室内西侧有须弥坐式石棺床。室内壁画已毁，只顶上尚可辨为天象图。墓上原有封土堆，已破坏殆尽。墓前只发现一石人，表明前有神道。整个墓园布置已无残迹可寻[40]。在 1978 年曾在此墓附近发掘出高湛之妻茹茹公主墓，葬于 550 年。其墓道、甬道、墓室的形式与此墓全同，但墓室方仅 5 米左右，尺度稍小[41]（图 2-4-15）。高澄死于东魏末年，以王礼下葬，所以此墓的地下部分和公主墓相同，而不属于帝陵体制。

资治通鉴记载，高欢死后，虚葬于邺城西北的义平陵，而把其棺椁封藏在鼓山石窟寺旁穴中[42]。现在北响堂山北洞中洞心柱顶上有横穴，相传就是高欢的墓穴，确否尚待考定。但这时以佛教石窟为墓穴的情况并不是孤例（图 2-4-16）。

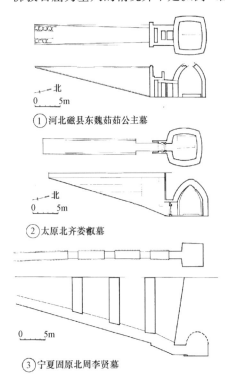

① 河北磁县东魏茹茹公主墓

② 太原北齐娄叡墓

③ 宁夏固原北周李贤墓

图 2-4-15 东魏、北齐、北周墓平、剖面图

图 2-4-16 河北邯郸北齐北响堂山石窟北洞内景

十、北朝一般墓葬

近年发现了大量的北魏、东魏、北齐、西魏、北周的墓葬，其地下部分绝大多数是砖砌方形单室墓，前面有很短的砖砌甬道，连接通到地面上的斜坡墓道（见图 2-4-15-②）。包括北齐的王墓也是这样，只是墓室规模较大而已[43]。此期也发现个别的二室墓，在前室之后还有后室，中间连后甬道，如大同的北魏司马金龙墓（太和八年，484 年）[30]和河北赞皇的李希宗墓（兴和二年，540 年）[44]，墓前的斜坡墓道是在土中挖出的，一些墓道特别长而深的墓，把墓道的后半段做成隧道，利用竖井开挖，使墓道后段交替出现过洞（即隧道）和天井（即开挖隧道的竖井）[46]。（见图 2-4-15-③）。一些大墓内都绘有壁画，一般在墓道、甬道两侧画车骑、仪仗、侍从，墓室内下部画侍女、伎乐和生活起居事物，顶上画日月或星图。

值得注意的是从这时开始，出现用壁画题材把墓室、甬道、墓道表现为地上建筑的趋势。较典型的如山西祁县的北齐天统元年（567年）韩裔墓，把甬道口用砖砌成门屋形、上有斗栱、叉手和用鸱尾的屋顶[46]。在宁夏固原发现的北周天和四年（569年）李贤墓，其墓道后段有三个过洞和三个天井。在第一过洞和甬道入口的前壁上都画有二层建筑，第二、三过洞的前壁上则画单层建筑，表示过洞和甬道各为一进房屋[45]。另在山东济南发现的北齐武平二年（571年）□道贵墓，其墓室后壁画九扇屏风和墓主及侍从在屏前活动的形象，表示墓室是墓主起居的堂[47]。这三墓分别在宁夏、山西、山东，相距辽远，时代却相去不到十年，都以墓室象征墓主生前的居室，是一种新出现的风气，为唐代以多重天井、过洞、甬道、墓室，象征不同等级的居第的葬制之先河。

北朝墓葬有的在墓室内用木或石做成房屋形的外椁，最著名的是洛阳出土今藏于美国波士顿美术馆的宁懋石室和山西寿阳发现的北齐河清元年（562年）库狄迴洛墓的木造屋形椁[48]。宁懋石椁做三间悬山顶小屋，正面柱间用叉手，山面用平梁叉手，表现出一般厅堂的特点。库狄迴洛木椁已朽败，但可辨认出是三间小屋。屋用八角柱，柱上用一斗三升加替木斗栱，补间用叉手；山面用斗栱和平梁、驼峰和角梁。据角梁可知小屋是歇山屋顶。这些建筑构件一部分还完整，是仅存的北朝木建筑构件，其具体特点，我们将在木结构技术部分加以探讨。

史载北魏世宗宠臣赵修葬其父时，在洛阳定制碑、铭、石兽、石柱，发民间牛车运回家乡，可知北魏贵官墓地也设碑、石兽、石柱、地下设墓志铭，而且不一定在墓地制作而是购自善雕造的地方。[49]南朝禁止在墓中设墓志铭，故历年出土极少，而地上的碑、石兽、石柱还有存者。北朝不禁墓志铭，所以历年出土达数千件，但地上的石柱、石兽极少存者。北朝效法南朝，在地上墓园设石兽、石柱、石碑也应是一种表现。

十一、义慈惠石柱

在河北省定兴县石柱村，约建成于北齐武平元年（570年）秋，是一座表彰义葬、义赈的纪念柱。

北魏孝昌元年（525年），北部边境六镇内迁的流民在河北诸州起事，杀戮破坏惨重，至528年才被尔朱荣平定。定兴县当时属范阳郡，正是战乱最残酷惨烈地区，尸骨山积。乱后县人王兴国等七人出资收拾残骸，集聚于一坟而葬之，称为"乡葬"，此举在当时则被誉为义举。以后参加义举之人日增，在墓左建义堂以赈饥民，又建僧坊招集僧徒以做功德，形成一由佛教信徒组织的慈善机构。东魏武定四年（546年），官路西移，为便于赈济，又把义堂、义坊（僧坊）迁到新官道畔。北齐天保六年（555年）修长城之役和天保八年（557年）河北蝗灾时，都尽力赈济流离的民工和灾民。由于这些义举，天保十年（559年）地方官具文上奏，申请褒奖。大宁二年（562年）经尚书省核准，许依式标柱，以资表彰。河清二年（563年）先临时立木柱，至天统三年（567年）才在官道旁的义堂建立石柱，以为永久纪念，就是这座石柱。

石柱高约6.6米，最下层为基石，长宽均2米左右，厚约30厘米[50]。基石上置覆莲柱础，长宽为1.23米×1.18米，高约54厘米，上镌十二瓣复莲。础上立八角石柱，高约4.54米，由两段接成，断面下大上小，四斜面窄于四正面。柱之正面上部高1.34米一段不抹棱，形成一与柱径同宽之平面，上刻石柱标题及原造义与现义主姓名和功德题名十四人，其旁又刻大宁二年尚书省准许立柱之时日。柱上半部其余各面都刻功德题名，下半部八面刻颂文（图2-4-17）。

石柱顶上加一长方形盖板，长126厘米，宽105厘米，厚28厘米。盖板上立一面阔三间，进

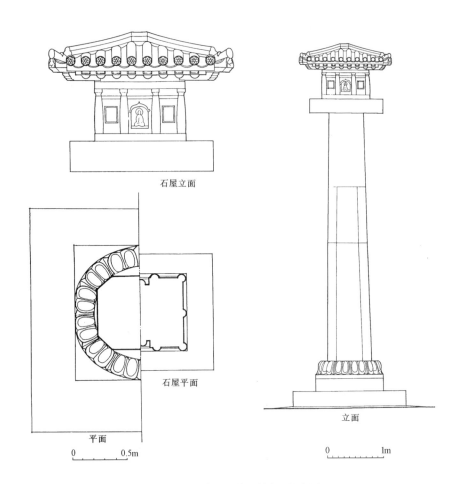

图 2-4-17　河北定兴北齐义慈惠石柱实测图

深二间单檐四阿顶的石屋，宽约 79 厘米，深约 69 厘米，即以盖板为台基。石屋屋身下为地栿，栿上雕圆形梭柱，高约 35 厘米，柱间雕高约 3 厘米之阑额，柱顶上雕出栌斗，承柱头枋，枋上雕挑出的檐椽和飞子。檐椽圆形，飞子方形，都平行排列，至角在角梁上挑出，不外撇作辐射状，四角 45°斜出老角梁及子角梁。老角梁头雕出多瓣的曲面。屋顶雕筒板瓦，垂脊作叠瓦形式，上复筒瓦一行。垂脊下端减低，加二枚上翘之瓦当为结束。屋顶正中原应有石雕的正脊和鸱尾，已佚，安置时所用孔洞尚存。石屋屋身正背两面当心间都雕火焰形券顶之龛，龛内各有一坐佛。二次间只雕凹入之窗口，未雕棂格（图 2-4-18、2-4-19）。

图 2-4-18　河北定兴北齐义慈惠石柱方亭

图 2-4-19　河北定兴北齐义慈惠石柱方亭翼角

从石柱下部所刻颂文中"御注依式，省判通许，复核事实，符赐标柱"等句，此柱正名似应作"标柱"。柱上段正面除镌刻颂名及功德主人名外，左侧边上又有"大齐大宁二年四月十七日省符下标"一行，则此部分即标。标之原型为缚在木柱顶端的木版，版面书写或镂刻所欲表明之文字。南朝陵墓神道两侧石柱上端雕出标，标之上下雕出绳纹，即用绳缚板之遗式。此柱只就柱宽为标，不向外突出，当是限于材料和赀力。从义堂与义坊（僧坊）同建的情况看，行义诸人有佛教信徒做功德的性质，所以柱之下部用莲花柱础，柱顶建小佛殿设佛像，多取佛教建筑之惯用形式，与陵墓之标下为双螭础，顶上置辟邪石兽的形式不同。

石柱上所雕小殿是极为珍贵的北齐建筑模型。所表现的梭柱、角梁头线脚，垂脊头瓦饰等形体准确，极有参考价值，而平直的屋檐及檐椽、飞子与老角梁、子角梁的关系，也是了解此期建筑风格和构造的重要史料。

注释

[1]《晋书》卷20，〈礼〉中："宣帝（司马懿）豫自于首阳山为土藏，不坟不树，作〈顾命终制〉，欲以时服，不设明器。景（司马师）、文（司马昭）皆谨遵成命，无所加焉。景帝（司马师）崩，丧事制度又依宣武故事。"中华书局标点本③P.633

[2] 中国社会科学院考古研究所洛阳汉魏故城工作队：〈西晋帝陵勘察记〉，《考古》1984年12期。

[3]《宋书》卷31，〈五行志〉4，雷震。中华书局标点本③P.966

[4]《建康实录》卷8，穆帝，葬永平陵条原注。中华书局标点本㊤P.228

[5] 华东文物工作队：〈南京幕府山六朝墓清理简报〉，《文物参考资料》1956年6期。

[6] 南京博物院：〈南京富贵山东晋墓发掘报告〉，《考古》1966年4期。

[7]《建康实录》卷8，穆帝，永和五年十一月条。中华书局标点本㊤P.217

[8] 罗宗真：〈六朝陵墓及其石刻〉

[9] 南京博物院：〈江苏丹阳胡桥南朝大墓及砖刻壁画〉，《文物》1974年2期。

[10] 罗宗真：〈南京西善桥油坊村南朝大墓的发掘〉，《考古》1963年6期。

[11]《宋书》卷34，〈五行志〉5，："孝武帝大明七年，风吹初宁陵（宋武帝刘裕陵）隧口左标折。"中华书局标点本③P.958

按：标即神道石柱，在神道入口，此称隧口，可知隧即神道。

[12] 朱偰：〈丹阳六朝陵墓的石刻〉，《文物参考资料》1956年3期。

[13]《隋书》卷22，〈五行志〉上：梁大同十二年正月，"送辟邪二于建陵"。中华书局标点本③P.643

《旧唐书》卷25，〈礼仪志〉5："（梁）武帝即大位后，亦朝于建陵。……因谓侍臣曰：……可更造碑、石柱、麟，……"。中华书局标点本③P.972

二书所说为一事，而一称辟邪，一称麟。

[14]《南齐书》卷22，〈列传〉3，豫章王嶷传。中华书局标点本②P.414

[15] 刘敦桢主编《中国古代建筑史》第四章，第六节，陵墓。中国建筑工业出版社1980年第一版。P.92

[16] 山东博物馆：〈山东安丘汉画像石墓发掘简报〉《文物》1964年4期。

[17]《隋书》卷8，〈礼仪志〉3 中华书局标点本①P.153

[10] 北京市文物工作队：〈北京西郊发现汉代石阙清理简报〉《文物》1964年11期。

[19]《水经注》卷23，〈阴沟水〉："涡水南有谯定王司马士会冢，冢前有碑，晋永嘉三年立。碑南二百许步有两石柱，高丈余，半下为束竹交文，作制极工。石膀云：晋故使持节散骑常侍都督扬州、江州诸军事安东大将军谯定王河内温司马公墓之神道。"上海人民出版社版《水经注校》P.744

[20] 河南省文化局文物工作队第二队：〈洛阳晋墓的发掘〉。《考古学报》1957年1期。

[21] 南京市文物保管委员会：〈南京象山东晋王丹虎墓和二、四号墓发掘简报〉。《文物》1965年10期。

[22] 南京市博物馆：〈南京象山5号、6号、7号墓清理简报〉。《文物》1972年11期。

[23] 中国社会科学院考古研究所：《新中国的考古发现和研究》第五章，二，〈魏晋南北朝墓葬的发掘〉，（六），（七）。文物出版社 1984 年版 P.532～536

[24] 《宋书》卷15，〈志〉5，礼2。中华书局标点本②P.407

[25] 同上书，P.407

[26] 《隋书》卷8，〈礼仪志〉3。中华书局标点本①P.153

[27] 《宋书》卷15，〈志〉5，礼2："汉以后，天下送死奢靡，多作石室、石兽、碑铭等物。"中华书局标点本②P.407

[28] 南京博物院、南京市文物保管委员会：〈南京栖霞山甘家巷六朝墓群〉，《考古》1976年5期。

[29] 大同市博物馆等：〈大同方山北魏永固陵〉，《文物》1978年7期。

[30] 山西省大同市博物馆等：〈山西大同石家寨北魏司马金龙墓〉，《文物》1972年3期。

[31] 《水经注》卷十三，漯水，上海人民出版社版《水经注校》P.424

[32] 《魏书》卷94，〈列传〉82，阉官，王遇。中华书局标点本⑥P.2024

[33] 《资治通鉴》卷135，〈齐纪〉1，高帝建元三年（481年）。中华书局标点本⑨P.4244

[34] 宿白：〈北魏洛阳城和北邙陵墓〉，《文物》1978年7期。

[35] 《北史》卷13，〈列传〉1，后妃上，文帝乙弗后传。中华书局标点本②P.507

[36] 傅熹年：〈麦积山石窟中所反映出的北朝建筑〉，《文物资料丛刊》4.P.158

[37] 《北史》卷9，〈周本纪〉上。中华书局标点本②P.332

[38] 《北史》卷10，〈周本纪〉下。中华书局标点本②P.372

[39] 《北齐书》卷1—7，〈帝纪〉1—7。中华书局标点本①P.24、P.37、P.67、P.84、P.95

[40] 中国社会科学院考古研究所、河北省文物研究所邺城考古工作队：〈河北磁县湾漳北朝墓〉，《考古》1970年7期。

[41] 磁县文化馆：〈河北磁县东魏茹茹公主墓发掘简报〉，《文物》1984年4期。

[42] 《资治通鉴》卷160，〈梁纪〉16，武帝太清元年（547年）："（八月）甲申，虚葬齐献武王于漳水之西。潜凿成安鼓山石窟佛寺之旁为穴，纳其柩而塞之，杀其群匠。及齐之亡也，一匠之子知之，发石取金而逃。"中华书局标点本［11］P.4957

[43] 磁县文化馆：〈河北磁县北齐高润墓〉，《考古》1979年3期。

[44] 石家庄地区革委会文化局文物发掘组：〈河北赞皇东魏李希宗墓〉，〈考古〉1977年6期。

[45] 宁夏回族自治区博物馆等：〈宁夏固原北周李贤夫妇墓发掘简报〉，《文物》1985年11期。

[46] 陶正刚：〈山西祁县白圭北齐韩裔墓〉，《文物》1975年4期。

[47] 济南市博物馆：〈济南市马家庄北齐墓〉，《文物》1985年10期。

[48] 王克林：〈北齐库狄迴洛墓〉，《考古学报》1979年3期。

[49] 《魏书》卷93，〈列传〉81，〈恩倖〉，赵修传："修之葬父也，……于京师为制碑、铭、石兽、石柱，皆发民牛车，传致本县。……"中华书局标点本⑥P.1998

[50] 此部所述大概尺寸均自刘敦桢《定兴县北齐石柱》一文所载和自文中实测图上量得。所引石柱颂中文字亦见该文后之附录。见《刘敦桢文集》二，中国建筑工业出版社版

第五节　住宅

一、邸宅

此期间战乱频繁，城市和乡村都是屡毁屡兴，所以就城乡住宅的规模和豪华程度而言，总体上比不上东汉盛时，特别在西晋十六国大混乱时期更是如此。到南北朝时，安定的时期相对长些，南北经济都有不同程度的发展，豪华的大第宅和乡村别业又史不绝书。时时颁布一些限制居室规制的法令就说明了这一点。

按儒家传统说法，周代的居室制度很简单，主体建筑分为前后两部分，前部敞开，供主人起居和延接宾客之用，称"堂"；后半封闭起来，开门窗，供主人寝卧，称"室"。大的建筑，后半可分为三部分，中间仍称"室"，两旁的称"房"。南朝刘宋崔凯撰有〈丧服节〉，说："礼，人君宫室之制为殷屋，殷屋，四夏屋也。卿大夫为夏屋，隔半以北为正室，中半以南为堂。正室，斋室也[1]"。尽管南朝时儒者讲礼仍持此说，但实际上自汉以来，在贵族官僚的巨邸广宅中久已不能实行了。汉以来大邸宅已一般分为前后二区。前区是对外的，主建筑称厅，是主人延接宾客和起居之处；后区是私宅，主建筑称堂，供主人及其眷属居住。前后区各有大量辅助房屋，形成不同的院落，汇合为巨宅。魏晋南北朝时延续此制。由于分裂战乱，地方豪强和在都城的权臣多拥有部曲和私兵。地方大豪强住宅外多建设防的坞壁，近于小城堡，堡外为部曲、附庸的茅舍，事急时，放部曲入坞壁协助防守。在都中居住的权臣武将，其邸宅也多设望楼，贮武器，驻私兵、家将[2]。曹魏、西晋的洛阳以及南朝建康都有这种情况，这在两汉都城中是绝不可能的。到南北朝时，由于抑门阀，用素族寒门，这情形在都城和大州郡有所收敛，但终不能绝迹。《南史》载刘宋竟陵王刘诞造第立舍，穷极工巧，园池之美冠于一时，多聚材力之士实之，第内精甲利器，莫非上品，就是一例[3]。

这时的第宅又有一些发展。大府第前区的主建筑称"厅事"，供主人起居及延宾之用。另在厅事之后多建精致的供主人休息之处，称为"斋"。前引崔凯〈丧服节〉说"卿大夫为夏室，隔半以北为正室，……正室，斋室也"。所以这时的"斋"实际是把古制"前堂后室"的"室"从"堂"中分离出来，独立建屋。《南齐书·豫章王嶷传》载萧嶷在第中建"小眠斋"即是其例[4]。南朝建康宫殿的内廷部分，皇帝的住处东西并列三殿，俗称"中斋"、"东斋"、"西斋"[5]，第宅中的斋与此性质相同。贵族显宦邸宅往往也不止有一个斋。南齐竟陵王萧子良第中有东斋，可知至少相应的会有西斋[6]。梁萧伟第为齐青溪宫改建，第中有重斋[7]。第宅后区的主建筑仍称后堂，有的在后堂附近建楼和库房。

史书上记载了很多此期南北方的大第宅。东晋太元二十年（395年），会稽王司马道子建东第，筑山穿池，用功钜万[8]。义熙十年（414年），刘裕就其地筑小城，周回三里九十步，作为扬州刺史治所，称东府。第宅可建为小城，可知其规模之大[9]。南齐时，豫章王肖嶷府第宏大，前区有斋库，后区后房可容婢妾千人[10]。后堂后有楼，又有后园，园中起土山，号桐山[11]。梁时临川王萧宏倚势聚敛，府中有"库屋垂百间，在内堂之后"，满贮财物[12]。在北方的北魏洛阳，清河王元怿的第宅最为侈大，"西北有楼，……俯临朝市，目极京师。楼下有儒林馆、延宾堂，形制并如（魏宫）清暑殿。土山钓台，冠于当世[13]"。高阳王元雍宅"匹于帝宫，白壁丹楹，窈窕连亘；飞檐反宇，缭辘周通。僮仆六千，妓女五百[14]"。北魏阉官刘腾宅"屋宇奢侈，梁栋踰制，一里之间，廊庑充溢。堂比宣光殿，门匹乾明门（均魏宫门、殿）博敞弘丽，诸王莫及。……朱门黄阁，所谓仙居也[15]"。广平王元怀宅"堂宇宏美，林木萧森，平台复道，独显当世[16]。"

但这时一般民众和中下级官吏的住宅还相当简陋。西晋名士山涛死时家中只有屋十间[17]，潘岳撰〈狭室赋〉，极言自己住宅之破败[18]。《晋书·吴隐之传》说他家为"数亩小宅，篱垣仄陋，内外茅屋六间，不容妻子。……以竹篷为屏风，坐无毡席[19]"。宋武帝刘裕出身寒门，为帝后生活简朴。其孙孝武帝刘骏在大明年间（约457~464年之间）拆毁刘裕所居的"阴室"（藏已故帝王衣冠器用之所）在其地建玉烛殿，见其床头有土筑屏风，土壁上挂葛灯笼。孝武帝说："田舍公得此，已为过矣[20]"。可知当时农村中一般人还住不上这样的土房子。《北齐书》载高欢少年穷困时住在"焦团"中[21]。"焦团"又称"蜗牛庐"，后世多称草庐为蜗牛庐，可能是草庐一类最简陋的住处。这些应是乱世中住宅的一般情况。

魏晋南北朝时对住宅的形制还有一定限制。刘宋孝武帝以后，宫室居第奢侈成风。刘宋时曾订诸王车服制度二十四条[22]。宋末萧道成辅政时，上表禁止民间华伪杂物，共十七条[23]。南齐时禁诸王邸起楼观临瞰宫掖[24]。陈宣帝太建十一年（579年）下诏禁奢华，说"勒内外文武车马宅舍皆循俭约，勿尚奢华。违我严规，抑有刑宪。所由具为条格，标榜宣示，令喻朕心焉[25]"。从屡次下禁令看，第宅奢华之风在当时是颇为严重的。

综合一些零星史料可知，这时的大第宅，其前后区各以厅事、后堂为中心，形成主庭院。其四周布列由次要和辅助房屋组成的院落。有的在宅旁或宅后建园林。一般的房屋朱柱白壁[26]。自汉代起，三公（太尉、司徒、司空）第宅的正门，并列开三门，中门涂黄色，称为黄阁。门内设屏，到北齐和陈的末年仍然如此[27]。鸱尾大约形成于两晋时期，是宫殿中专用饰物，到刘宋时，也特许在三公府第的黄阁和厅事上使用[28]。南齐时还限制诸王府不得建楼，齐武帝曾特别下令拆毁豫章王嶷府中的后楼[24]。第宅中厅事后堂的规模，虽史无明文，但《晋书·周处传》言周莚于始孰立宅，建五间屋[29]，可知允许建五间的厅、堂，但如从建康宫中徽音殿也只有五间来看[30]，恐也不能超过五间。厅堂的屋顶形式，据前引崔凯的说法，"卿大夫为夏屋"，则应是悬山屋顶。在大府第中，前后区之间应有限隔，但不允许形成明显的横亘东西的横街——永巷。《北史》载清河王高岳宅第在厅事之后开巷，高归彦诬告他"僭拟帝宫，制为永巷"，以此受到皇帝猜忌[31]，就是例子。

这时南北的宫室贵邸多喜用柏木建殿、堂、斋、屋，用为寝室。《南齐书》载南齐武帝建凤华、耀灵、寿昌三殿为寝宫，其中凤华殿又称"柏殿"、"柏寝"，史称其"香柏文楹，花梁绣柱，雕金镂宝，颇用房帷，"以豪华精丽着称于史册[32]。南齐文惠太子大肆拓建东宫，宫中有"柏屋"[33]。南齐豫章王萧嶷有两所第宅，在北第建"小眠斋"，其屋"要是桂柏之华，一时新净[33]。《南齐书》载荆州府署内有"柏斋"，为刺史住所[34]。《南史·茹法亮传》载其广开宅宇，杉斋光丽，与延昌殿相埒。延昌殿，武帝中斋也。据此可知，自南朝以来，宫室府第盛行用柏木建寝室。又，据《魏书》记载，北魏宣武帝死，诏高阳王元雍入居洛阳宫内西柏堂临时决事[35]。《洛阳伽蓝记》也记载，河间王元琛以第宅侈大称，在第中建文柏堂，形如徽音殿[36]。北魏南迁洛阳后，一意汉化，多效法南朝，故建柏殿、柏斋的风气也传到北魏洛阳。

南朝的大第宅和宫室墙壁除土壁外，也多用木板壁。《南史》载南齐郁林王萧昭业居丧时，截太妃屋壁为阁，通其妃所居[37]。壁可截而为阁（门），当是木板壁。《南史》又载梁简文帝被废，幽禁于宫中永福省，在居室壁及板鄣上书诗文数百篇，板鄣也应是木制的[38]。前述的柏斋、柏寝，也应是木板壁房屋。这时住宅的门窗，从少量北朝石刻图像看，应是板门、直棂窗，开敞的堂挂帷幔竹帘（图2-5-1～2-5-3）。但《宋书》载宋太祖沈美人无罪被赐死，行至袁皇后所居徽音殿前。大言"先后有灵当知之"，"殿诸窗户应声豁然开"。则除户外，南朝宫殿也有可开之窗，和直棂窗不同。北朝住宅台基多用石包砌，有砖铺散水。登堂的台阶左右各一，保持古代两阶之制。室内地面有满铺木板四边做成床边框形的，也有铺席后安设单人床的。贵者室内可设帐（图2-5-4）。南朝时尚遵古制，主人在堂内西侧面东设帐及床，帐禁止设在室中间南向，因为那是皇帝在宫殿中设帐的位置[39]。床在当时是坐具。《宋书·张邵传》附张敷传说，秋当、周纠往访张敷，"敷先设二床，去壁三尺。二客就席，敷呼左右曰：移我远客[40]"。可知床是可临时放置并移动的。床上铺席，富者上加毡。《梁书·萧藻传》说他"独处一室，床有膝痕，宗室衣冠莫不楷则[41]"。从床有膝痕看，应是在床上跪坐。因独处一室床有膝痕而为人楷则，说明独处一室时本可取垂足坐或踞坐等较舒适姿态，只有堂上对客等正式场合才须跪坐。《南史·萧坦之传》说齐废帝郁林王在华林园华光殿跂床垂脚诘问坦之[42]。皇帝垂足坐床见大臣尚且见讥于史册，可知这时的起坐方式仍是跪坐，床上设隐几等倚扶家具。这时的卧具也是床，比坐的床大。（晋）顾恺之《女史箴图》中画一卧具，下部为床，四面有壸门。床四周有床屏，矮小而可以曲折开合。最上为一平顶帐，四角有帐柱。这床、屏、帐三者结合起来，已开后世架子床之先河（图2-5-5）。

图2-5-1　北魏石刻中的住宅

图2-5-2　甘肃天水麦积山石窟第140窟北魏壁画中的住宅

图2-5-3　甘肃天水麦积山石窟第4窟北周壁画中的住宅

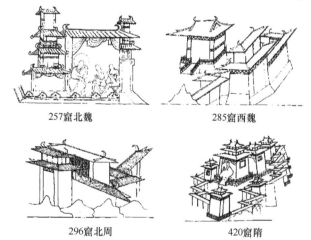

图2-5-4　甘肃敦煌莫高窟北朝壁画中的住宅

图2-5-5　东晋顾恺之女史箴图中的床

北方寒冷，住宅冬季需采暖。在西安西汉台榭遗址中已发现于夯土墩台中挖出的居室内砌炉灶，在夯土壁内装陶管为烟道的采暖做法，近于后代的火墙[43]。到南北朝时，又出现了地炕。《水经注》卷14，〈鲍丘水〉条载，在土垠县（今北京密云县东）西南有观鸡寺，"寺内有大堂，甚高广，可容千僧。下悉结石为之，上加涂塈，基内疏通，枝经脉散。基侧室外，四出爨火，炎势内流，一堂尽温[44]"。从描写看，应是在室外烧火的地炕的初形，地面加涂垩（抹灰）是防止烟尘外泄。当时人多席地而眠，故作地炕而不是火炕。到唐代，也曾在黑龙江宁安县渤海国上京第五宫殿地中发现火炕遗迹。这说明，用地炕、火炕采暖，很早就在北方形成传统。《南史·梁南平元襄王伟传》说萧伟府第"寒暑得宜，冬有笼炉，夏设饮扇"，可知南朝贵邸冬季采暖用笼炉[45]。

注释

[1]《太平御览》卷181，居处部九，屋，引崔凯〈丧服节〉。中华书局缩印四部丛刊本①P.881

[2] 参见本书三国建筑章。

[3]《南史》卷14，竟陵王诞传。中华书局标点本②P.397

[4]《南齐书》卷22，豫章文献王嶷传。中华书局标点本②P.410

[5] 参见本章南朝建康宫殿部分。

[6]《南齐书》卷19，五行志。中华书局标点本②P.379

[7]《南史》卷52，〈梁宗室下·南平元襄王肖伟传〉，附其子肖恭传。中华书局标点本④P.1293

[8]《建康实录》卷10，晋安帝。中华书局标点本①P.317

[9] 同上书，同卷。中华书局标点本①P.343

[10]《南史》卷42，〈齐高帝诸子上，豫章文献王嶷传〉。中华书局标点本④P.1063

[11]《南史》卷43，〈齐高帝诸子下，武陵昭王晔传〉。中华书局标点本④P.1082

[12]《南史》卷51，〈梁宗室上，临川靖惠王宏传〉。中华书局标点本④P.1277

[13]《洛阳伽蓝记》卷4，冲觉寺条。中华书局排印周祖谟校释本P.143

[14] 同前书，卷3，高阳王寺条。中华书局排印周祖谟校释本P.137

[15] 同前书，卷1，建中寺条。中华书局排印周祖谟校释本P.49

[16] 同前书，卷2，平等寺条。中华书局排印周祖谟校释本P.95

[17]《晋书》卷43，〈山涛传〉："涛旧屋十间，子孙不相容。帝为之立室。"中华书局标点本④P.1228

[18]《全晋文》卷91，潘岳〈狭室赋〉。中华书局影印《全上古三代秦汉三国六朝文》②P.1987

[19]《晋书》卷90，〈吴隐之传〉。中华书局标点本⑧P.2342

[20]《南史》卷1，宋本纪上，武帝纪。中华书局标点本①P.28

[21]《北齐书》卷1，帝纪1、神武本纪："（高欢）从（尔朱）荣徙据并州。抵扬州邑人庞苍鹰，止焦团中。"同书卷19，蔡儁传："（庞）苍鹰交游豪侠，厚遇宾旅，居于（并）州城。高祖客其舍，初居处于蜗牛庐中。"中华书局标点本①P.3 P.246

[22]《全宋文》卷58：〈奏裁诸王车服制度〉。中华书局影印《全上古秦汉三国六朝文》③P.2751

[23]《南齐书》卷1，高帝纪上。中华书局标点本①P.15

[24]《南齐书》卷22，豫章王嶷传："诸王邸不得起楼临瞰宫掖。上（齐武帝）后登景阳（楼），望见（嶷第中后）楼悲感，乃敕毁之。"中华书局标点本②P.418

[25]《陈书》宣帝本纪，太建十一年条。中华书局标点本①P.95

[26]《洛阳伽蓝记》卷3，高阳王寺条："居止第宅，匹于帝宫，白壁丹楹，窈窕连亘。……"中华书局排印周祖谟校释本P.137

[27]《宋书》卷15，礼志2，三公黄阁条云："三公黄阁，前史无其义。…夫朱门洞启，当阳之正色也。三公之与天子，礼秩相亚，故黄其阁，以示谦不敢斥天子，盖是汉来制也。"中华书局标点本②P.412

《南史》卷23，王诞传附王莹传："（莹）既为公，须开黄阁。宅前促，欲买南邻朱侃半宅。"中华书局标点本②P.622

按：据此，则为三公后，於宅前加建一门，黄其阁。

《隋书》卷27，百官志中："三师、二大（大司马、大将军）、三公府三门，当中开黄阁，设内屏。中华书局标点本③P.751

[28]《宋书》卷84，邓琬传："（安陆王）子绥拜（伪）司徒日，雷电晦冥，震其黄阁柱，鸱尾堕地。"中华书局标点本⑦P.2134

[29]《晋书》卷58，周处传："初，（周）玘於始孰立屋五间，而六梁一时跃出堕地。"中华书局标点本⑤P.1578

[30]《宋书》卷41，文帝袁皇后传："沈美人，……尝以非罪见责，应赐死。从（文帝袁）后昔年所住徽音殿产度。此殿有五间，自后崩后常闭。美人至殿前，流涕大言曰：'今日无罪就死，先后若有灵，当知之。'殿诸窗户应声豁然开。"中华书局标点本④P.1285

[31]《北齐书》卷13，清河王高岳传。中华书局标点本①P.176

[32]《南齐书》卷20，皇后列传："世祖嗣位，运藉休平，寿昌前兴，凤华晚构，香柏文㮰，花梁绣柱，雕金镂宝，颇用房帷。"……中华书局标点本②P.394

《南史》卷5，齐本纪下，废帝东昏侯："（永元）三年（501年），……火又烧璿仪、曜灵等十余殿及柏寝，北至华林，西至秘阁，三千余间皆尽。"中华书局标点本①P.153

[33]《南史》卷42，齐高帝诸子上，豫章文献王萧嶷传，上武帝启中所载。中华书局标点本④P.1062

[34]《南齐书》卷38，萧赤斧传附萧颖胄传："建武中，（494~497年）荆州大风雨，龙入柏斋中，柱壁上有爪足处。……"中华书局标点本②P.671

[35]《魏书》卷9，肃宗纪："（延昌四年正月）庚申，诏太保、高阳王雍入居西柏堂决庶政。"中华书局标点本①P.221

[36]《洛阳伽蓝记》卷四："于是帝族王侯，外戚公主，……争修园宅，互相夸竞。崇门丰室，洞户连房，飞馆生风，重楼起雾，高台芳榭，家家而筑；花林曲池，园园而有，……而河间王琛最为豪首。常与高阳（王）争衡，造文柏堂，形如徽音殿。……"中华书局排印周祖谟校释本P.163

[37]《南史》卷5，齐本纪，郁林王纪："（文惠太子）葬毕，立为皇太孙。问讯太妃，截壁为阁，於太妃房内往何氏间，……"。中华书局标点本①P.136

[38]《南史》卷3，太宗简文帝纪："帝自幽絷之后，贼乃撤内外侍卫，……无复纸，乃书壁及板鄣为文。……"中华书局标点本①P.234

[39]《全宋文》卷58，〈奏裁诸王车服制度〉："听事不得南向坐，施帐并幨。"中华书局影印本《全上古三代秦汉三国六朝文》③P.2751

[40]《宋书》卷46，张邵传附张敷传。中华书局标点本⑤P.1396

[41]《梁书》卷23，萧藻传。中华书局标点本②P.362

[42]《南史》卷41，齐宗室传，萧坦之传。中华书局标点本④P.1053

[43]刘致平：〈西安西北郊古代建筑遗址勘查初记〉。《文物参考资料》1957年3期。

[44]《水经注》卷14，鲍丘水条。上海人民出版社版《水经注校》P.467

[45]《南史》卷52，梁宗室下，南平元襄王伟传："齐世青溪宫改为芳林苑。天监初，赐伟为第。又加穿筑，果木珍奇，穷极雕靡，有侔造化。立游客省，寒暑得宜，冬有笼炉，夏设饮扇，…梁蕃邸之盛无过焉。"中华书局标点本④P.1291

二、庄园别业

魏晋以来，士族摆脱汉以来的礼法约束，醉心玄学，崇尚清淡，追求适性、自然，欣赏自然之美成为一时风尚。当时政治紊乱，荣辱无常，做官缺乏安全感。辞官回家，可凭借士族特权兼并大量土地，很舒适地生活，于是辞官隐居成为既得好名又有实惠之事，很多人在乡间山水佳处建立别墅，别业、精舍。早在汉末三国时，仲长统就曾说："欲使居有良田广宅，在高山流水之畔，沟池自环，竹木周布，场圃在前，果园在后[1]"。曹操早年仕途失意，也曾在"谯东五十里筑精舍，欲秋夏读书，冬春射猎[2]"。可知汉末此风已萌，到魏晋南北朝遂大为盛行。永嘉之乱以后，南方相对较安定，随着对土地的兼并，南渡的中原士族和江南土著士族仍继续这种风气，直到梁末侯景之乱，南方遭到空前大破坏后，才逐渐衰落。北方由于战乱多，没有南方那样巨大的著名庄园。

西晋时最著名的庄园是石崇的金谷园。石崇是晋初重臣石苞之子，因在荆州做官时劫夺远使客商财物致富。他在河阳金谷（汉魏洛阳的西北方）建别馆，自称"晚节更乐放逸，笃好林薮，遂肥遁於河阳别业。其制宅也，却阻长堤，前临清渠，百木几于万株，流水周於舍下。有观阁池沼，多养鱼鸟。……出则以游目弋钓为事，入则有琴书之娱[3]"。他又撰〈金谷诗叙〉，说其别庐在"金谷涧中，或高或下，有清泉茂林，众果竹柏药草之属，莫不毕备。又有水碓、鱼池、土窟，其为娱目欢心之物备矣[4]"。从这些描写看，庄园建在山谷中，随自然地势高下起伏，布置居宅和楼阁台观等建筑，清渠周流，林木茂密，外围有果园、药圃、鱼池、水碓、田园等生产部分，是兼供居住游赏的自给自足的大庄园。这类庄园在两晋时颇多，但豪华侈大不如金谷园而已。

南朝时大庄园也很多。最大一例是刘宋时孔灵符在浙江萧山的庄园。《南史》本传说他"'家本丰富，产业甚广。又于永兴（萧山县境）立墅，周回三十三里，水陆地二百六十五顷，含带二山，又有果园九处[5]"。这样广大的庄园当然是兼并土地的结果。史载他"为有司所纠，……答对不实，坐免（官）。"应是兼并过度所致。

南朝最著名的大庄园是刘宋时谢灵运的始宁别业。谢灵运是晋名臣谢玄之孙，属最高级士族，居官不得志，回旧宅拓展庄园而居。庄园在始宁，即今浙江上虞至嵊县之间，是浙东山水最优美处。他的祖、父都葬于此。建有故宅及墅，"左江右湖，往渚远汀，面山背阜，东阻西倾[6]"，自然环境秀美。旧居在南，谢灵运又建新居在其北，二居之间有山阻隔，以水路连通。南山有二田三苑，北山有二园。谢灵运是著名诗人，曾撰〈山居赋〉并自己作注，描写其庄园，一时传诵，遂成为南朝最著名的庄园。据描写，其南居的形势是："正北狭路，践湖为池。南山相对，皆有崖岩。东北枕壑，下则清川如镜。"其居"去潭可二十丈许，茸基构宇，在岩林之中，水卫石阶，开窗对山。仰眺层峰，俯鉴浚壑。去岩半岭，复有一楼。回望周眺，既得远趣。还顾西馆，望对窗户。……北倚近峰，南眺远岭。四山周回，溪涧交过。水石林竹之美，岩岫岷曲之好，备尽之矣。刊蘖开筑，此焉居处，细趣密玩，非可具记[6]"。从赋文看，房屋建在风景优美处，互相呼应，互为对景（"望对窗户"句），又各自面对自然美景，已初步出现以建筑为点景和建筑布置对景的手法。在二宅之间有大量田地园圃。"北山二园"，"南山夹渠二田，周岭三苑"。园中"百果各列，乍近乍远"，"杏坛栎园，桔林粟圃，桃李多品，梨枣殊所[6]"。其田耕之区则是"阡陌纵横"，"导渠引流"，"候时占节，递艺递熟[6]"。另外还有竹林、山林、菜园、药圃，供应日常生活所需和服食、养生、疗疾之用。庄园范围内还建有佛堂等，〈赋〉云："面南岭建经台，倚北阜筑讲堂，傍危峰立禅室，临浚流列僧房。"他又有〈石壁立招提精舍诗〉，记建佛堂僧房之事。《南史》本传说谢灵运"生业甚厚，奴僮既众，义故门生数百，凿山浚湖，功役无已。……尝自始宁南山伐木开径，直至临海，从者数百。……在会稽亦多从众，惊动县邑[7]"。可知这是一个拥有巨大人力，建在优美的自然山水之间的自给自足的大庄园。

梁代著名文人刘孝标的东阳金华山庄也因他自撰有〈东阳金华山栖志〉而著名于后世。据〈志〉文的叙述，山居建在半山，左、右、后方有山环绕，前临平野，极具形胜。居宅在山泉和林木簇拥中，景物清幽。宅东建有小佛寺，寺东崖巘侧又建道观。寺观前有大片竹林，林外则是大量良田，有很好的灌溉系统。另有养鸡鸭鱼鳖之处。〈志〉中自言"养生之资，生生所用，无不阜实藩籬，充牣崖巘。……日出而作，日入而息，晚食当肉，无事为贵，不求于世，不忤于物，莫辨荣辱，匪知毁誉[8]"。可知也是一个自给自足的庄园。

此期的大小庄园别墅实物久已不存，原址也不可考，目前我们只能从一些文字描写中了解其大致情况，它是生产性庄园，拥有大量僮奴和门生故旧等依附者耕作服役，但它又建在风景佳处，把居宅楼馆对景而建，并已知在形胜之处建楼馆以造景，也具有园林的性质。

注释

[1]《全宋文》卷31，谢灵运二，〈山居赋〉注所引。中华书局影印本《全上古三代秦汉三国六朝文》③P.2604下

[2]《三国志》卷1，〈魏书〉1，武帝纪，建安十五年作铜雀台条，裴松之注引《魏武故事》所载十二月己亥令。中华书局标点本①P.32

[3]《文选》卷45，石崇〈思归引序〉中华书局影印胡克家本《文选》㊦P.642上

[4]《世说新语》卷中，〈品藻〉第九，刘孝标注引石崇〈金谷诗叙〉。中华书局标点本《世说新语校笺》㊤P.291

[5]《南史》卷27，孔靖传附孔灵符传。中华书局标点本③P.726

[6]《全宋文》卷31，谢灵运二，〈山居赋〉。中华书局影印本《全上古三代秦汉三国六朝文》③P.2604～2608

[7]《南史》卷19，谢灵运传。中华书局标点本②P.540

[8]《全梁文》卷57，刘峻〈东阳金华山栖志〉。中华书局影印本《全上古三代秦汉三国六朝文》④P.3289

第六节　园林

随着城市的发展，居住在城市中的人与自然界的接触愈来愈少，对自然的依恋情感会逐渐加深。同时，城市生活紧张繁忙，节奏快，易使人感到单调、疲乏，也需要短暂改换环境，接触自然界，以恢复精力，调整情绪。这样，除了去郊野外，有条件和经济能力的人，就在城市之中，自己住宅之内创造供游息的模仿自然环境的地方，即园林。初期的宅园多与蔬圃、果园、养殖结合，有不忘农圃根本的意思。以后游赏休息的成分日益加大，模山范水，建造馆阁，遂形成正规的私家园林。

帝王在建都后，一般都在都城附近圈占广大地域为苑囿，除园圃、林木、养殖等专供宫廷所需的生产活动外，也有供游乐，狩猎等用途的部分。为此，苑中也需建一些供帝王行止休息的建筑。这就具有园林的性质。此外，为了朝夕游赏，帝王也在宫内建内苑，其性质与宅园相同，而规模远过之，且有一定皇家体制。

两汉时，皇家苑囿和私人宅园已发展得很兴盛了。两汉皇家苑囿规模巨大，包有山丘湖河、森林原野，种植养殖了各种动植物，能容纳皇帝率领大臣、贵族、侍从、卫士等上千人骑马乘车游览、狩猎，并举行宴会、观舞乐百戏等游乐活动，有很浓的游乐园性质。私家宅园则未脱蔬圃果园的性质。至于玩味园林景观，远想山川丘壑之美，抒发襟抱，汉人还没有产生这种情趣。这从汉赋中对苑囿中狩猎享乐活动的夸张描写和对动植物品数繁多的铺陈叙述中可以看到。

自魏晋以后，园林发生了巨大变化。汉末以来，战争持续了七八十年才统一于西晋，这期间，经济遭到极大的破坏，即使是魏晋的皇家苑囿也大大缩小，远不能和两汉相比，更不用说私家园林了。且这时人的观念也发生了极大的变化。东汉末统治阶级的腐化和社会动乱，动摇了人们对正统观念的信仰，盛行放浪和谈玄。魏晋时期，政权二度易姓，统治阶级间争夺激烈，即使是居高位的人也有荣枯无常的不安定感。在消极思想影响下，很多人不求仕进，或清谈饮酒以消愁闷，或隐遁山林，全身远祸，以自然美景自娱。曹魏时人仲长统有一段文字，颇能说明这种情况，《后汉书》本传说："（统）常以为凡游帝王者，欲以立身扬名耳。而名不常存，人生易灭，优游偃仰，可以自娱。欲卜居清旷，以乐其志，论之曰：'使居有良田广宅，背山临流，沟池环匝，竹木周布。场圃筑前，果园树后。……躇蹰畦苑，游戏平林。濯清水，追凉风，钓游鲤，弋高鸿。讽于舞雩之下，咏归高堂之上。安神闺房，思老氏之玄虚；呼吸精和，求至人之仿佛。……逍遥一世之上，睥睨天地之间。不受当时之责，永保性命之期。如是，则可以陵霄汉，出宇宙之外矣，岂羡夫人帝王之门哉！'"这段文字很典型地表达了隐者避居林下、优游山水之间的理想，其中还杂有

求仙之意，对当时和后世都有很大的影响。比他稍晚的魏晋之际，阮籍、嵇康、山涛、王戎、向秀、刘伶、阮咸，"同居山阳，结自得之游，时人号之为'竹林七贤'"。他们放浪于自然山水之间的逸事，也极为世人所欣慕。东晋南渡后，大量中原世族南渡，面对比中原更为优美的自然美景和险恶而狭窄的仕途，有更多的人醉心于欣赏丘壑林泉之美。东晋永和九年（353年），王羲之等数十人在会稽山阴兰亭禊饮赋诗，由王羲之撰序，即著名的〈兰亭集序〉。〈序〉中在赞美山水之美的同时，也隐寓宇宙永恒，人生身世无常之感。说明这时已不单纯是欣赏山水之美，而是寄情于景，"游目骋怀"，从山水景物中，启发诗思，悟得哲理。东晋末陶渊明面临晋宋政权易代之时，不得不退隐丘园。他写了很多田园诗，其中"少无适俗韵，性本爱丘山"等名句，一时传诵。刘宋时，谢灵运在政治上失意，回乡经营巨大的园林化庄园，撰有〈山居赋〉，描写其庄园风物之美。谢灵运是东晋谢玄之孙，属高级士族，有很高的时誉，所撰山水诗及〈山居赋〉对景物体会入微，借景抒情，情景交融，开创诗的新境，极受时人推崇。在这些人的影响下，寄情山水成为一时风尚，不仅是不得志而退隐者，即使是在位的显宦贵族，也以此为风雅之事。在野的多营造巨大的园林化庄园别墅，为官的则在城内宅旁建园，同时也在乡间置庄园建别墅，为将来致仕家居之退步。这些园林，由于魏晋以来思潮与习俗的转变，已逐渐由两汉那种侈大豪华、乘车马游观射猎为主的游乐性大园，转为追求表现自然景物之美，通过静观自得，欣赏玩味，联想自然山水真境，以寄托襟怀，陶冶性灵的适当规模的宅园。这样，魏晋南北朝时期，特别是东晋南朝以后，园林在规模、意趣、境界上都发生了重大的变化，向前发展了一大步。中国园林以体现"诗情画意"、含蕴哲理著称。限于绘画发展水平，此时园林尚不能体现画意，但"诗情"、"哲理"至迟到南朝时已是影响造园的重大因素了。自此起，中国造园已不仅是简单的美景娱人，而是蕴有"诗情"、"哲理"，具有多层次的高度的文化内涵。对园林的赏玩理解，也随人的文化素养而见仁见智，这个特点一直延续到明清时期。

下面分别就皇家苑囿和私家园林两方面进行探讨。

一、皇家苑囿

西晋在洛阳沿曹魏之旧，仍以宫北的华林园为内苑。华林园为魏文帝、明帝二代所建，主景为景阳山、天渊池。园内建有五座殿和六所馆[1]，立有承露盘。又有方壶、蓬莱山等。园内还建有百果园，每种果自为一林，林中各建一堂皇（四面无壁之堂古称"堂皇"），有桃间堂皇、李间堂皇等名。从内容看，仍保持汉以来苑囿的游观、求仙、园圃诸功能。

十六国时，各国都城大多也建有苑囿，如石虎在邺建华林苑、桑梓苑，张轨在凉州建东苑、西苑等[2]。史籍记载较详细的是后燕慕容熙在龙城所建龙腾苑。《晋书·载记》说龙腾苑"广袤十余里，役徒二万人。起景云山于苑内，基广五百尺，峰高十七丈。又起逍遥宫、甘露殿，连房数百、观阁相交。凿天河渠，引水入宫。又为其昭仪苻氏凿曲光海，清凉池"[3]。从描述看，应是效法晋宫华林园而兴造的。综观史籍所载，十六国时苑囿仍是在传统的求仙、游观、园圃、狩猎诸要求下，用人工堆山凿池，广植园圃而成，并无新的发展。

东晋南渡之初，立足未稳，颇为困窘。宫室较简朴，宫内官署之门甚至用茅草屋顶，故实无余力大修苑囿。晋成帝建新宫时，主要参考洛阳晋宫规制，但规模缩小。在晋宫北半部也留有内苑之地，仍沿魏晋旧制、名华林园。东晋前期，园中初具形势、有林木、水渠、池沼等，但还没有很多景点建置。所以晋简文帝入园后说："会心处不必在远，翳然林水，便自有濠濮间想也。觉鸟兽禽鱼，自来亲人"[4]。这句话重要之处是说明这时人对园林的欣赏，已通过直观产生联想，但同时也说明当时园中景物不多，以林水为主。晋孝武帝太元二十一年（396年）在园中西部建清暑殿，供游宴起居[5]，是晋宫中较奢华的殿堂。

华林园的主要建设在刘宋以后。综合《建康实录》、《建康宫殿簿》、《南史》诸书的记载，华林园在宫城北部第二重墙之内，南门通入后宫，名凤妆门，北门称北上阁，东门名东阁。刘宋文帝元嘉年间在东阁内建延贤堂，为皇帝非正式接见臣下之所，东阁外有客省、都亭等[6]。东晋的清暑殿也仍在使用。宋江夏王刘义恭、武陵王刘骏（后为孝武帝）、尚书令何尚之等都撰有〈华林清暑殿赋〉咏其事[7]。宋文帝元嘉二十二年（445年），按照将作大匠张永的规划设计，开始大修华林园，筑景阳山、武壮山，凿天渊池，建华光殿、凤光殿、兴光殿、景阳楼、通天观、一柱台、醴泉堂、芳香琴堂、射埻、层城观等大量建筑物，主景为景阳山、天渊池，主殿为华光殿[8]。以后，在宋孝武帝大明年间又建日观台、灵曜前后殿，改芳香琴堂为连理堂。齐代没有留下在园中进行建设的记载。到梁代，梁武帝把华光殿拆去施给草堂寺，在其地新建七间的阁，下层名兴光殿，上层名重云殿，在其地讲经，华林园主殿遂改为二层的楼阁。又造朝日楼、明月楼。太清三年（549年）侯景之乱时，华林园被毁。陈时稍加恢复。永定间（557～559年），在园中建听讼殿听讼。天嘉三年（562年）又在园中建临政殿。陈后主时，在园中大规模建设，在至德二年（584年）于光昭殿前建临春、结绮、望仙三阁，有复道相通。阁下"积石为山，引水为池，植以奇树，杂以花药，"供后主及其宠妃居住，是南朝最繁华的建筑。但这时华林园已成为宫的一部分，不能再算是内苑了[9]。

华林园除供游赏外，还设有射埻，可供宴射之用。《南史》载，宋少帝营阳王时，曾在"华林园为列肆，亲自沽卖"[10]。又载齐东昏侯也在华林园中"立店肆，模大市，日游市中，杂所货物，与宫人阉竖共为裨贩"[11]。从宋、齐时都有此情况看，很可能园中原有类似性质的建筑，供后妃游赏，《南史》只是因皇帝亲自参加贩卖而讽讥之而已。《南史》又载，萧衍围建康时，东昏侯曾在园内正殿华光殿前立军垒，诈为战阵负伤，以为厌胜，可知主殿前应有相当大的广庭或广场[12]。

南朝苑囿，除华林园外，还有乐游苑、上林苑、王游苑等，都在建康城外的玄武湖畔或长江之滨。

乐游苑在建康城北，玄武湖南岸。这里原是东晋北郊，刘宋元嘉初年，移郊坛于外，以其地为北苑，在覆舟山南建楼观。后改为乐游苑。元嘉十一年（434年）三月丙申，宋文帝与群臣禊饮于乐游苑，可知此时苑已基本形成并定名，其时间还在堰玄武湖和大修华林园之前。刘宋孝武帝大明中在苑中建主殿正阳殿和林光殿。林光殿内有流杯渠，专供禊饮之用。梁末侯景之乱此苑被毁。陈天嘉二年（561年）曾加修复，在山上建亭。陈亡后废毁[13]。乐游苑是南朝皇帝与大臣举行上巳禊饮、重九登高、射礼、接见外国使臣之地，与作为宫内苑的华林园不同，是正式的苑囿。自建康北面的承明门有驰道直抵苑门。即南北二驰道中的北驰道。苑正门在南面，又有西门。苑内正阳，林光等殿在覆舟山南开阔地带，另在覆舟山上建亭观，以北瞰玄武湖，东望钟山。刘宋时颜延年在〈曲水诗序〉中描写乐游苑风景说，"左关岩隒，右梁潮源。（指潮沟之源）略亭皋，跨芝廛。苑太液，怀层山。松石峻垝，葱翠阴烟。……于是离宫设卫，别殿周徽。旍门洞立，延帷接枑。閱水环阶，引池分席"[14]。范晔诗描写苑中"原薄信平蔚，台涧备层深。……遵渚攀蒙密，随山上岖嵚。睇目有极览，游情无近寻"[15]。可知园内山秀林茂，自然风景优美，为了符合苑囿体制，盛饰殿阁，设有专供禊饮的流觞殿和登山瞰湖看山的景点。宋孝武帝时，在覆舟山北建藏冰井。影响所及，北魏在洛阳华林园内，也于天渊池建藏冰室。

《南史》载，齐东昏侯永元二年（500年）曾在乐游苑举行大会，"如三元，都下放女人观"[16]。可知有时也会放平民游赏，略具公众游赏地的性质。

刘宋孝武帝大明三年（459年），又在玄武湖北建上林苑。这样，玄武湖东南有乐游苑，北有上林苑，实际上在建康以北形成一个包覆舟山、玄武湖于内的一个巨大的苑囿。但上林苑的具体情况因史籍缺略，已不可考[17]。

梁武帝末期，曾于太清元年（547年）在建康西南方新亭至新林浦一带沿江地段建王游苑，也是规模巨大的苑囿。因始落成即逢侯景之乱被毁，历史上不甚著名[18]。

这些苑囿都毁于太清三年（549年）侯景之乱。

南朝除皇帝建苑囿外，太子、诸王也大建园林。

南齐文惠太子长懋性喜奢丽，在东宫建玄圃园，园中"起土山、池阁、楼观、塔宇，……多聚异石，妙极山水。虑上（齐武帝）宫中望见，乃旁列修竹，外施高障。造游墙数百间，施诸机巧，宜须障蔽，须臾立成，若应毁撤，应手迁徙"[19]。

早在东晋孝武帝时，会稽王司马道子执政，在建康城外东侧建东第，"筑山穿池，列树竹木，功用钜万"[20]。这就是后来东府的前身。南齐时，豫章王萧嶷也在邸中起土山，列种桐竹，号为桐山[21]。

综观东晋南朝的苑囿，较前代有因有革。从华林园及其内的景阳山、天渊池等名称，就可知它是有意仿魏晋洛阳的华林园，以保持帝都内苑的体制。园中的活动，如听讼，延见臣下，听儒臣进讲，行射礼等，也都是魏晋以来多次在华林园进行的传统活动。但乐游苑则有所不同，两汉苑囿中的游观、骑射、围猎、园圃等功能已减弱消失，改为三月三日禊饮和九月九日登高及宴射等活动。从汉末起，每年三月上巳日在水边宴饮以被除不祥已成为民俗。曹魏时，魏明帝在华林园天渊池南建流杯石渠，说明这习俗此时已传入宫廷[22]，东晋南朝时更成为每年必举之事，在华林园正殿华光殿、清暑殿前都有流觞用的曲水[23]，乐游苑林光殿中也有石渠。重九登高也是一年中游赏的大事，齐梁以来诗文，记九日侍宴的很多[24]。（唐）段成式《酉阳杂俎》记梁武帝在乐游苑林光殿上的流杯渠行酒，宴北魏使臣李同轨，可知宴会也是园中常举行的活动[25]。陈张正见〈御幸乐游苑侍宴诗〉中有"画熊飘折羽，金埒响胶絃"之句[26]，则苑中还设有射侯，供射箭之用，传统的宴射尽管已不是重点活动，却仍然继续保持着。

就造园特点而言，南朝苑囿有二型：一种在城中或近郊，全为人工造景，如宫城中的华林园、太子东宫的玄圃和齐豫章王萧嶷的桐山。这些园中都筑山穿池，建楼观相望，移栽名树异卉，景物出自人为，而密集的建筑也成为景点。但这类人工园的造景仍是极力追慕自然景物。第二种是利用自然风景区，就优美的自然环境，适加开拓，重点点缀少量建筑，构成景观，以衬托自然风景之美为主。如乐游苑、上林苑等。

在造园思想上，旧的传统仍在起一定作用，如宋文帝拓玄武湖时，曾拟在湖中建方丈、蓬莱、瀛洲三神山，为大臣切谏而止[27]，说明求仙思想仍在。南北朝时也崇佛。宋谢庄有〈八月诗华林曜灵殿八关斋诗〉，可知苑囿中也有佛堂一类建筑。但魏晋以来士大夫不受礼法拘束，崇尚自然，喜在山水佳处立别墅建园宅的风气对苑囿有很大影响。即令全由人工堆山凿池而成的内苑华林园和齐文惠太子的玄圃也表现出这一倾向。刘宋时江夏王义恭撰《华林清暑殿赋》说，园中"列乔梧以蔽日，树长杨以结阴，……业芳芝以争馥，合百草以竞馨，"赞扬园中有优美的绿化[28]。何尚之在同名赋中说"却倚危石，前临溶谷。终始萧森，激清引浊。涌泉灌于阶戺，远风生于槛曲"[29]，赞扬园中清暑殿与人工景物密切结合，宛如真境，创造出后有危石，前临邃谷，萧森渺远的环境气氛。这说明当时追求的不仅是造景，而且还要能引起游者对自然真境的联想。

《南齐书》东昏侯纪说，永元三年（501年）东昏侯在"阅武堂起芳乐苑，山石皆涂以五彩，跨池水立紫阁诸楼观"[30]。这是以东昏侯的恶政而载入史册的，由此可以反推知南朝苑囿大约还是较秀雅的。跨池水建殿阁在北朝苑囿中屡见，在此也见讥于世，可知苑囿中建筑除陈后主末年外，恐也不太追求新巧奇异和豪华宏大的。

北朝的北魏在平城、洛阳都建有苑囿，而高齐邺南城的苑囿更是以豪华著于史册。

北魏道武帝天兴二年（399年），在平城城北建鹿苑，南起平城，北抵长城，东到白登山，西到西山，轮廓数十里。苑内开水渠、鸿雁池等，又建了鹿苑台[31]。以后，又把苑区内划分为北苑、西苑。413～418年间在北苑建鱼池、蓬台，在西苑筑宫[32]。421年，扩大苑区，把东面的白登山也包入苑内[33]。479年以后，在更北方的方山建文石室、灵泉殿、灵泉池等[34]，实际上把平城以北广大地域都划为禁苑，据《南齐书》记载，北魏前期曾使宫人织绫锦、种菜、养鸡、鹅、鱼、羊、马等贩卖，实际是从事生产的奴隶[35]，所以这广大的苑区应是以生产、园圃为主，只有少量游赏娱乐建筑，苑中还有虎圈等，性质近于汉代的苑，而和当时南朝苑囿颇为不同。

493年北魏迁都洛阳。受魏晋洛阳原有规划的限制，在宫北重建了华林园[36]，又在宫西部原曹魏九龙殿一区有水渠、水池处，建西林园[37]。

综合《水经注》和《洛阳伽蓝记》的记载[38]，华林园大约比曹魏时稍南移，舍曹魏时傍北城墙而筑的景阳山于园外，在原曹魏天渊池之西南新筑土山，仍名景阳山[36]，以山池为主景，恢复旧台馆、添建新建筑。天渊池原为曹魏黄初五年（224年）开凿，池中有黄初六年建的九华台，北魏时在台上新建清景殿和钓台。北魏宣武帝时，又在池中新建蓬莱山，山上建仙人馆。池中各建筑用架空的飞阁连通。池南有曹魏时始建的茅茨堂，堂前有碑，大约是园中主要建筑[39]。新的景阳山是茹皓监造的[40]，在天渊池西南方，东西翼以义和岭、姮娥峰，形成三山并列的格局。山上分别建景山殿[41]、温风室、露寒馆，也以飞阁相通。景阳山北有引入穀水的水道和方池，名玄武池；山南有百果园。果园按品种区别，各自成林，每种林中都建一堂，这是曹魏两晋时的旧布置[1]，在北魏时又加以恢复。

北魏洛阳宫城西部，千秋门内偏北有西林园、阳渠水自千秋门入宫后，在此汇集为池，称"碧海曲池"。池中建有灵芝钓台，池四面各有殿，西名九龙殿，北名嘉福殿，南名宣光殿，东面一殿其名失载。四殿和池中的灵芝钓台都有阁道架空相通。碧海曲池之西有宣慈观和凌云台。凌云台始建于曹魏时，原为木构，至西晋时已改筑为砖石台[37]。西林园内有大片林木。《资治通鉴》载尔朱荣等常在西林园中与皇帝宴射，并请皇后（尔朱荣之女）出观[42]，可知园中还应设有射鹄等场地和设备。在534年迁都邺城后，诸园被毁。

东魏迁都邺城后，兴建邺南城。南城也建有华林园，其位置史籍无明文，从所载诸事看，仍应在城内宫之北面，园东门临街，和洛阳的情况近似[43]。北齐武成帝时，又改建增饰，称玄洲苑。后又在城西建仙都苑，苑中筑五座土山以象五岳，山间有河湖，象四渎入四海，中间汇成大池，称"大海"。在"中岳嵩山"的南北各翼以小山，二山之东西侧各建山楼，用云廊（阁道之类）相连。大海之北有飞鸾殿，面阔十六间，五架，最为豪华；大海之南有御宿堂，附有若干小殿堂，与飞鸾殿南北相望。大海中有水殿，周回十二间，四架，平坐广二丈九尺，下面用二支殿脚船承托，浮于水中。四海中，西海岸有望秋、临春二殿，隔水相望；北海中有密作堂，也是用殿脚船承托的水殿，高三层，堂内设伎乐偶人和佛像、僧人，以水轮驱动机械，使偶人奏乐、僧人行香，极为巧妙，为前所未有，是黄门侍郎崔士顺所制[44]。

此外，在东魏末年高澄执政时，曾在邺城以东建山池，称"东山"多次在此游宴。其子高孝瑜遂在府中建水堂、龙舟,植幡旗于舟上,宴射为乐[45]。这水堂、龙舟应是效法自东山的。

北齐时,又在邺北城以外,铜雀台西,建游豫园,周回十二里,内包葛屦山,山上建台。园中有池,"周以列馆,中起三山,构台,以象沧海"[46]。据史书记载,还有南园,位置及特点不详[47]。

北齐邺城诸园,在北周灭齐后,于建德六年(577年)被毁。

综观北朝苑囿,北魏都平城时面积最大,但较粗放,以生产为主,造园水平不高,园中设施为帝王宴游射猎而做,和秦汉时的苑囿近似,尚没有南朝倾慕自然、欣赏山水之美的情趣,在造园艺术的发展上落后于南朝。迁都洛阳以后,为表明继承王朝正统,不得不尽量少改动魏晋旧貌。所以重建的华林园仍不能摆脱魏晋时景阳山、天渊池的格局。从在池中增筑蓬莱山,山上建仙人馆的情况看,汉武帝以来一池三神山的布局传统仍在起作用,苑囿布置仍受求仙思想影响。但北魏推行汉化,倾慕南朝文化。宣武帝时,曾令茹皓修华林园,茹皓是随其父入北的南朝降人,受南朝文化熏陶。史称所修"颇有野致,世宗心悦之,以时临幸"从"野致"一语看,大约南朝园林追求自然之风也多少传入北魏洛阳园苑中[40]。北魏迁都邺城后,邺南城实际是高欢父子主持新建的。北齐代东魏后,又大力增建华林园。邺南城的华林园只保持了旧名,园内布置已从魏晋以来以景阳山、天渊池一山一池为主的布局改为象征五岳、四海及大海的五山五池,这实际上是从求仙思想转变为"帝王奄有四海"的大一统思想。尽管园中一些景点还有求仙、崇佛的内容,但总的主题思想已经改变了。这是造苑囿主题的一个很大的改变。以后隋炀帝建东都西苑,凿池为五湖四海,就是继承这一传统。在具体景点的设计上,自洛阳以来,都是追求豪华和精巧,到北齐玄洲苑达到极点。在池中建台本是汉以来的传统,汉未央宫、建章宫都有渐台,就是这类建筑。这在北魏洛阳和北齐邺南城苑囿中都有发展,并以阁道连通,凌空往来,模仿传说中的仙居。此外在池中浮船上建水殿也是北朝所特有的。从前引高孝瑜水堂宴射之事看,建水堂、龙舟不仅苑囿中有,一般贵族显宦府第中也有,实是一种娱乐设施。北齐玄洲苑中多建水殿,应是受其影响产生的。

如果比较南朝和北朝的苑囿,可以看到,南朝苑囿尽管受体制的约束,建筑要保持一定规模和豪华程度,但受当时倾慕自然的思潮和私家园墅的影响,其景物布置是以追求自然为主,使人有"濠濮间想"。它的游赏重在静观自得,引起联想。所谓"何必丝与竹,山水有清音"[48]。北朝苑囿相对来说较重人工,喜建巨大壮丽的建筑,它所追求的主要是模拟仙居而不是自然景物。北魏南迁洛阳后已基本汉化,但末年北方少数族力量南下,终于为北齐所代。北齐汉化没有北魏深,受北方和西域各族影响较大,好举行种种宴射和"胡戏"、"胡舞"、"胡乐",故其游赏苑囿也有更强的娱乐性内容,如水殿宴射等,而不是寄情山水丘壑,南北风气的不同,造成苑囿风格和造园思想上也有差异。

二、私家园林

私家园林,两汉即已屡见记载,《西京杂记》载袁广汉在北邙山下筑园,东西四里,南北五里,构石为山,屋皆徘徊连属。《后汉书》载梁冀广开园囿,筑山十里九坂,以象二崤。但这些都是追步帝王园囿的大型园林,梁冀园是要和夫人孙寿"共乘辇车张羽盖游观"的,可知其规模之大。

但自魏晋以来,连续战乱严重地破坏了经济,皇家和贵族、士族都无力建汉代那种侈大豪华的游乐性园,这时的风气也转为清谈玄学哲理,崇尚自然,造园的风尚逐渐转为再现自然风景,通过静观赏玩，引发人的遐思和对诗情哲理的联想，以陶冶性灵，排遣寄兴。这时的私家园林有二类，一类是建在乡村山水佳处的园林化庄园，另一类是宅旁园。以地域论，南方盛于北方。在文风上，南方重华彩而北方尚质实，故南方园林在含蕴诗思哲理上优于北方，有更高的文化内涵。

园林化的庄园已在住宅部分加以论述，这里只探讨城市中的私家宅园和近郊的别墅。

东晋南朝建园之风愈来愈盛，造园水平也愈来愈高。《晋书》载王导有西园，"园中果木成林，又有鸟兽麋鹿"[49]。谢安在"土山营墅，楼馆林竹甚盛"[50]。这大约还是受旧传统影响较深的大型园林或近郊别墅。《晋书》又载纪瞻"厚自奉养，立宅于乌衣巷，馆宇崇丽，园池竹木有足赏玩焉"[51]。则明确是指城市居住区内的宅旁园了。南朝以后造园风气进一步变化，《宋书》说戴颙出居吴下，士人共为筑室，聚石引水，植林开涧，少时繁密，有若自然"[52]。从"有若自然"句看，当时造园风气趋向于模仿和再现自然景物之美于园中。《南史》中记载贵官以园池之美闻于世者颇多。如宋徐湛之"产业甚厚，室宇园地，贵游莫及"[53]。宋阮佃夫"宅舍园池，诸王邸第莫比。……於宅内开渎，东出十许里，塘岸整洁，汎轻舟，奏女乐"[54]。南齐茹法亮"宅后为鱼池钓台，土山楼馆，长廊将一里，竹林花药之美，公家苑囿所不及"[55]。吕文度"广开宅宇，盛起土山，奇禽怪树，皆聚其中"[56]。吕文显也"造大宅，聚山开池"[57]。梁时武帝宠臣朱异及诸子"自潮沟列宅至青溪，其中有台池玩好，每暇日与宾客游焉"[58]。陈宠臣孙瑒居处奢豪，宅在青溪大路北，西临青溪，溪西即江总宅。瑒"家庭穿筑，极林泉之致"[59]。这些都是贵戚显宦的豪华宅园，园中都要筑山穿池，楼台轩馆精丽，但从"极林泉之致"的形容看，在崇尚自然的大风气下，也还是趋向于表现自然之美的。这时期造园上的主要成就，还体现在一些较小而清雅的园林上。如齐孔珪"居宅盛营山水，"园中"列植桐柳，多构山泉，殆穷真趣，""凭几独酌，傍无杂事"[60]。梁徐勉自言"中年聊于东田开营小园，……非在播艺，以要利入，欲穿池种树，少寄情赏。……但不能不为培嵝之山，聚石移果，杂以花卉，以娱休沐，用讬性灵"[61]。"从这些记载中也可以看出，这类较小的园林更为追求自然野逸之景，以引起人对自然真景的遐想，并通过对自然的崇慕，寄托和抒发襟抱。梁简文帝诗有"登山想剑阁，逗浦忆辰阳"之句[62]，就表达了通过园林景观引发遐想的意思。

这时期的园林久已无存，连较具体的描写也不多，几乎没有条件探索具体布置，只能综合各种记载和诗文中的片段材料，探讨这时对园林的欣赏趣味和造园的旨趣、倾向。

魏晋以来，由清谈、隐逸而兴起的欣赏自然之美的风气日盛。南朝建康等大城市日益发展繁荣，也使得通过接近自然来排遣寄意的要求日渐迫切。所以贵为皇帝的东晋简文帝说出了"有濠濮间想"的名句。到南朝时，皇帝陵墓中的壁上，除少量升仙题材外，竟然都有竹林七贤倚坐林泉之间傲啸自得的图像[63]，这时对自然景物的倾慕之情，于此可以想见。

这时所建园林，虽是皇家苑囿，格于宫廷体制，不得不富丽侈大，但具体造景上，仍有追求自然的一面。私园大都倾向于在园中模仿和再现自然之景，通过静观自得，儵然远想，使自己精神有所寄托，襟怀得以抒发。齐竟陵王肖子良有《游后园诗》，说"讬性本禽鸟，栖情闲物外"[64]。梁徐勉《戒子崧书》说自己建园是"以娱休沐，用讬性灵，""少寄情赏"[61]，明确表达了在宅中建园寄情抒怀的旨趣。这种园林，限于面积和财力，大多只能采取割丘壑之一角的处理手法。梁沈约有〈休沐寄怀诗〉云"虽云万重岭，所玩终一丘，阶墀幸自足，安事远遨游"[65]。可知这时已有采用割"一丘"於"阶墀"之前，以引起人对"万重岭"之联想的造园意图。

根据诗文的描写，南朝后期，造园已达到颇高水平。陈江总的宅园在建康城东青溪西岸，利用青溪的自然环境，建成优美的园林。他有两首咏山庭诗，〈春夜山庭诗〉云："春夜芳时晚，幽庭野气深。山疑刻削意，树接纵横阴。……"〈夏日还山庭诗〉云："独于幽栖地，山庭暗女萝。

洞溃长低篠，池开半卷荷"[66]。可知园中有山有池，洞竹池荷，树影纵横，追求表现"幽栖"的"野气"，在创造局部的野逸环境上，可能还是很成功的。

这时人对园林的欣赏或是独坐静观，或是与良朋清谈赋诗。高级士族和文人并不很欣赏以前那种伎乐满前，丝竹盈耳的游乐热闹场面。齐孔珪的园中多蛙，鸣声不绝。有人鸣鼓吹去拜访他，其人埋怨蛙声干扰鼓吹乐声，孔珪说"我听鼓吹，殊不及此（指蛙声）"[60]。孔珪鄙鼓吹而赏蛙鸣，实即鄙人工而尚天然。此例说明这时的雅人赏园林是赏其自然景物和天籁，不愿让鼓吹俗乐败坏其天趣。影响所及，连贵为太子的萧统也是如此。他在东宫玄圃后池游玩，不理会同游者奏女乐的建议，而以咏左思"何必丝与竹，山水有清音"的名句加以谢绝[67]。

这时的造园技巧、手法也有很大发展。从当时人诵园林诗中所说"山庭"、"古槎"、"危石"、"竹洞"等看，已能通过筑山、穿池、移竹、栽木造成局部近于真景的景观。这时园林大都有山有池，故又以"山池"为代称。梁简文帝有〈山池诗〉，同时名诗人庾肩吾、王台卿、徐陵都有和章，可以为证。"山池"之名一直沿用至唐代。宅园限于地域，面积不可能太大，相对来说，园中建筑密度就增大了，这样，建筑在园林中的重要性也在增大，品类也在增多。梁沈约〈休沐寄怀诗〉有"凭轩塞木末，垂堂对水周。……艾叶弥南浦，荷花绕北楼。送日隐层阁，引月入轻帱"等句[65]。王台卿〈山池诗〉有"长桥时跨水，曲阁乍临波"句[68]。陈徐陵〈山斋诗〉有"架岭承金阙，飞桥对石梁。竹密山斋冷，荷开水殿香"句[69]。庾肩吾〈春夜〉诗有"春牖对芳洲，珠帘新上钩。……天鸡下北阁，织女入西楼"句[70]。综合诸诗，可知这时园林中轩、堂、楼、阁、桥梁、曲阁以至窗牖帘幌等都和景物有机地联系起来，成为园中景观的一部分。徐陵诗中还有"楼台非一势，临玩自多奇"之句[71]，说明不同地势的园林建筑采取不同形式，为园林大大增色。

陈时江总撰有〈永阳王斋后山亭铭〉[72]，描述其园亭之美，其中有二句为"锦墙列绩，绣地成文"。可能这时园林的墙上已有装饰，地面上已有近似后代地纹之类做法了。

北魏在建都洛阳后的四十年中，虽国势日衰，社会危机隐伏，但统治阶级奢侈成风，已无法遏止。这时造园之风日盛一日，也达到较高的水平。《洛阳伽蓝记》说，北魏的"帝族王侯，外戚公主，擅山海之富，居川林之饶，争修园宅，互相夸竞。……高台芳榭，家家而筑，花林曲池，园园而有"[73]。诸王的邸宅园林大都建在洛阳外郭中，可以占较大的地域。高阳王元雍在北魏后期历任要职，"贵极人臣，富兼山海"，"其竹林鱼池侔於禁苑，芳草如积，珍木连阴"[74]。清河王元怿园中有"土山钓台，冠于当世。斜峰入牖，曲沼环堂"[75]。河间王元琛宅园"沟渎塞产（曲折），石磴嶕峣，朱荷出池，绿萍浮水，飞梁跨阁，高树出云"[76]。这些都是北魏洛阳的名园。贵官中，以司农卿张伦的宅园最著名。《洛阳伽蓝记》说其"园林山池之美，诸王莫及。园中主景为景阳山，"有若自然。其中重岩复岭，嵚崟相属，深豀洞壑，逦迤连接。高林巨树，足使日月蔽亏，悬葛垂萝，能令风烟出入。崎岖石路，似壅而通，峥嵘涧道，盘纡复直。是以山情野兴之士，游以忘归"[77]。据上面引文可知诸园也是有山有池，大体和南朝诸园相近。文中说张伦园中假山"有若自然"，又说元怿园"斜峰入牖，曲沼环堂"，可知北魏时造园也以模拟自然和使建筑物与景物密切结合互相衬托为贵。北齐时魏收有〈后园宴乐诗〉，诗中有"积崖疑造化，导水通神功"[78]之句，恰好说明了北齐园林中筑山穿池也有崇尚自然的倾向。（图2-6-1、2-6-2）

北齐皇室大建园苑，风气所及，贵族显官必然也会多建宅园，但史籍失载，只知当时盛行在后园建水堂、龙舟。龙舟上植幡稍，宴射为乐[45]。北齐一反北魏汉化而有胡化倾向，这类宴射龙舟等可能是受胡化影响在造园中出现的新风。

总的说来，园林在两晋南北朝时期，日益与诗情、哲理相结合，变成有高度文化内涵的一种

图 2-6-1　北魏石刻中的园林

图 2-6-2　北朝孝子石棺雕刻中的园林

特殊的人为环境，并不是凭单纯的人力、物力所能争胜的。这时期南北分裂日久，文化发展也不同，北方重质实而南方重文采，即以南北之人所作咏自然景物而言，南方诗文观察细密，刻画入微，寓情于景，明显超过北方，所以尽管南北二方的园林久已不存，具体描写也不多，但从对自然景物的体会而言，南方优于北方，其园林的发展应比北方领先一步。

注释

[1]《元河南志》卷2,〈晋城阙宫殿古迹〉:"华林园：内有崇光、华光、疏圃、华延、九华五殿，繁昌、建康、显昌、延祚、寿安、千禄六馆。园内更有百果园，果别作一林，林各有一堂，如桃间堂、杏间堂之类。……园内有方壶、蓬莱山、曲池。"中华书局影印《宋元方志丛刊》本⑧P. 8364

[2] 参见十六国都城章

[3]《晋书》卷124,〈载记〉24，慕容熙。中华书局标点本⑩P. 3105

[4]《世说新语》卷上,〈言语〉第二。中华书局标点本《世说新语校笺》上册 P. 67

[5]《建康实录》卷9，孝武帝。中华书局标点本上P. 292

[6]《宋书》卷69，范晔传:"（元嘉二十二年十一月）其夜，先呼（范）晔及朝臣集华林东阁，止于客省。……于时，上在延贤堂。"中华书局标点本⑥P. 1825

[7] 载《全宋文》卷5、11、28。中华书局影印《全上古三代秦汉三国六朝文》③P. 2465, P. 2497, P. 2587

[8]《建康实录》卷12，宋文帝，元嘉二十三年置华林园条自注云："吴时旧宫苑也。晋孝武更筑立宫室。宋元嘉二十二年重修广之。又筑景阳、武壮诸山，凿池名天渊，造景阳楼以（及）通天观。至孝武大明中，……改为景云楼。又造琴堂，……又造灵曜前后殿，又造芳香堂、日观台。……又造光华殿、设射㙉。又立凤光殿、醴泉堂、花萼池。又造一柱台、层城观、兴光殿。梁武又造重阁，上名重云，下名兴光（光严）殿，及朝日、明月之楼。自吴、晋、宋、齐、梁、陈六代，互有构造，尽古今之妙。陈永初中，更造听讼殿。天嘉三年，又作临政殿。其山川制置多是宋将作大匠张永所作。……陈亡悉废矣。"中华书局标点本⑦P.444

[9]《陈书》卷7，列传1，张贵妃传："至德二年（584年），乃于光照殿前起临春、结绮、望仙三阁。阁高数丈，并数十间，其窗牖、壁带、悬楣、栏槛之类，并以沈檀香木为之，又饰以金玉，间以珠翠。外施珠帘，内有宝床、宝帐，其服玩之属，瑰奇珍丽，近古所未有。……其下积石为山，引水为池，植以奇树，杂以花药。后主自居临春阁，张贵妃居结绮阁，龚、孔二贵嫔居望仙阁，并复道交相往来。"中华书局标点本①P.131

[10]《南史》卷1，宋本纪上，少帝营阳王纪："时帝於华林园为列肆，亲自酤卖。又开渎聚土，以象破冈埭，与左右引船喝呼，以为欢乐。夕游天泉（渊，避唐讳改）池，即龙舟而寝。……"中华书局标点本①P.31

[11]《南史》卷5，齐本纪下，东昏侯纪。中华书局标点本①P.155

[12]同上书，同卷："与御刀左右及六宫於华光殿立军垒，……亲自临阵，诈被创势，以板捌将去，以此厌胜。"中华书局标点本①P.157

[13]《建康实录》卷12，宋文帝纪，元嘉二十一年甘露降乐游苑条，自注云："按《舆地志》：……晋时为药圃。……其地旧是晋北郊，宋元嘉中移郊坛出外，以其地为北苑。遂更兴造楼观於覆舟山，乃筑堤壅水，号曰后湖，其山北 涵湖水。后改曰乐游苑。山上大设亭观，山北有冰井，孝武藏冰之所。至大明中，又盛造正阳殿。梁侯景之乱悉焚毁。至陈天嘉二年，更加修葺，於山上立甘露亭，陈亡并废。"中华书局标点本⑦P.438

[14]《文选》卷46 中华书局影印胡克家本《文选》⑦P.646

[15]范晔：〈乐游应诏诗〉。载《文选》卷20 中华书局影印胡克家本《文选》⑤P.287

[16]《南史》卷5，齐本纪下，东昏侯纪："（永元二年）六月庚寅，车驾於乐游苑内会，如三元，都下放女人观。"中华书局标点本①P.149

[17]《景定建康志》卷22，〈园苑〉："（建康）《实录》：宋大明三年，初筑上林苑於玄武湖北。《宫苑记》云：孝武立，名西苑，梁改名上林。今其地有古池，俗呼为饮马塘，亦曰饮马池。其西又有望宫台。"中华书局影印《宋元方志丛刊》③P.1683

[18]《南史》卷7，梁本纪中，武帝："（太清元年）九月癸印，王游苑成，舆驾幸苑。"中华书局标点本①P.219
《建康实录》卷17，梁武帝：大同九年（543年）置江潭苑条，自注云："案《地志》：武帝自新亭凿渠，通新林浦。又为池并大道，立殿宇。亦名王游苑。未成而侯景乱。"中华书局标点本⑦P.688

[19]《南史》卷44，〈列传〉34，齐文惠太子传。中华书局标点本④P.1100

[20]《建康实录》卷10，安帝纪，大享元年条。中华书局标点本⑤P.317

[21]《南史》卷43，列传三十三，武陵昭王晔传。中华书局标点本④P.1082

[22]《宋书》卷15，〈礼志〉2，"魏明帝天渊池南设流杯石沟，燕群臣。"中华书局标点本②P.386

[23]谢朓：〈侍宴华光殿曲水，奉勑为皇太子作诗〉中华书局标点本《先秦汉魏晋南北朝诗》④P.1421
宋孝武帝刘骏：〈华林清暑殿赋〉云："粤乃炎精待戒，青祇将毕，濯禊在辰，光风明密。婉祥麟于石沼，仪瑞羽于林术。浮觞无羁，展乐有时。"中华书局影印本《全上古三代秦汉三国六朝文》③P.2465
按：据二诗文，二殿都有供浮觞的曲水石沼。

[24]丘迟：〈九日侍宴乐游苑诗〉④P.1602
沈约：〈九日侍宴乐游苑诗〉④P.1630
刘苞：〈九日侍宴乐游苑正阳堂诗〉④P.1671
均见中华书局标点本《先秦汉魏晋南北朝诗》中册，页数见前。

[25]段成式《酉阳杂俎》前集卷1："魏使李同轨、陆操聘梁，入乐游苑西门内青油幕下。梁主备三仗，乘舆从南门入。……梁主入林光殿。未几，引台使入。梁主坐皂帐，南面。……其中庭设钟，悬及百戏，殿上流杯池中行酒具。"中华书局标点本 P.7

[26]张正见〈御幸乐游苑侍宴诗〉中华书局标点本《先秦汉魏晋南北朝诗》下P.2485

[27]《宋书》卷66，列传26，何尚之传："（元嘉）二十二年（445年），……是岁造玄武湖。上欲于湖中立方丈、蓬莱、瀛洲三神山，尚之固谏乃止。"中华书局标点本⑥P.1734

[28]刘义恭〈华林清暑殿赋〉中华书局影印本《全上古三代秦汉三国六朝文》③P.2497

[29]何尚之〈华林清暑殿赋〉中华书局影印本《全上古三代秦汉三国六朝文》③P.2587

[30]《南齐书》卷7，本纪7，东昏侯纪。中华书局标点本①P.101

[31]《魏书》卷2，太祖纪2："（天兴二年）以所获高车众起鹿苑，南因台阴，北距长城，东包白登，属之西山，广轮数十里。凿渠，引武川水注之苑中，疏为三沟，分流宫城内外。又穿鸿雁池。"中华书局标点本①P.33

同书同卷：（天兴四年）五月，起……鹿苑台。中华书局标点本①P.38

[32]《魏书》卷3，太宗纪第三："（永兴）五月，……二月，……癸丑，穿鱼池于北苑。"

"（泰常三年）冬十月，筑宫於西苑。"中华书局标点本①P.52，59

[33]同书，同卷："（泰常六年）发京师六千人筑苑。起自旧苑，东包白登，周回三十余里。"中华书局标点本①P.61

[34]《魏书》卷7上，高祖纪第7上："（太和三年）六月，……起文石室、灵泉殿于方山。""（太和）五年，……夏四月，己亥，行幸方山。建永固石室於山上。……"中华书局标点本①P.147，150

[35]《南齐书》卷57，列传38，魏虏传。中华书局标点本③P.985

[36]《水经注》卷16，穀水："（穀水）又东，历大夏门下。……门内东侧，际城有魏文帝所起景阳山，余基尚存。……渠水又东，枝分南入华林园，历疏圃南，……历景阳山北。……"

上海人民出版社版《水经注校》P.532

按：据此知北魏华林园在魏晋华林园故址上、唯北墙南移，舍曹魏景阳山於外，园内新起土山，仍名景阳山。

[37]《洛阳伽蓝记》卷1，瑶光寺条："千秋门内道北有西游园。"中华书局标点本《洛阳伽蓝记校释》P.54

[38]《水经注》作者郦道元死于孝昌三年（527），其时北魏尚都洛阳，故所记洛阳水道虽详，而宫室部分恐不能亦不敢详记。《洛阳伽蓝记》写于东魏武定五年（547年）作者杨衒之亲返洛阳之后，其时洛阳已毁，故所记宫殿苑囿位置及布局应较《水经注》更可信。二书所记华林园有不同处。如《水经注》说景阳山北有方湖，湖中起御坐石，御坐前建蓬莱山。《洛阳伽蓝记》则称华林园中有大池，即汉天渊池。池中有九华台，世宗（北魏宣武帝）在海内作蓬莱山。而称景阳山北之池为玄武池。同一御坐石及蓬莱山，水经注说在方湖（即玄武池）而《洛阳伽蓝记》说在天渊池，显然抵牾。此处从《洛阳伽蓝记》之说。

[39]《洛阳伽蓝记》卷1，翟泉条注。中华书局标点本《洛阳伽蓝记校释》P.67

[40]《魏书》卷93，列传81，茹皓传："迁骠骑将军，领华林诸作。皓性微工巧，多所兴立。为山於天渊池西，采掘北邙及南山佳石。徙竹汝颍，罗莳其间，经构楼馆，列于上下，树草栽木，颇有野致。世宗心悦之，以时临幸。"中华书局标点本⑥P.2001

[41]《洛阳伽蓝记》卷1，翟泉条："海（即天渊池）西南有景山殿，山东有羲和岭，岭上有温风室；山西有嫦娥峰，峰上有露寒馆，并飞阁相通，凌山跨谷"中华书局标点本《洛阳伽蓝记校释》P.67

按：此处于"景山殿"三字前有脱文。详释文义，参证《水经注》中所记方位，应作"海西南有景阳山，山上有景山殿"，脱"景阳山，山上有"六字。

[42]《资治通鉴》卷152，梁纪8，武帝大通二年（528年）条："（尔朱）荣举止轻脱，喜驰射。……于西林园宴射，恒请皇后出观，并召王公、妃主共在一堂。每见天子射中，辄自起舞叫，……"中华书局标点本⑩P.4748

按：西林园《洛阳伽蓝记》误作"西游园"，应改正。《魏书》73，奚康生传，亦载"正先二年三月，肃宗朝灵太后于西林园，"可知当作"西林园"为是。

[43]按：邺南城华林园位置史无明文，但它是新建，决不是石虎时的华林园。《北史》卷52，齐琅玡王高俨传云，高俨为御史中丞，"从北宫出，将上中丞，……帝与胡后在华林园东门外，张幕隔青纱步障观之。"北宫在邺北城，御史台在南城宫前南北干道之西，出北宫后，应自广阳门入南城，经宫城东侧南行。齐武成帝及胡后在华林东门观看，可证华林园仍和洛阳一样，在宫城之北，其东门临南城宫城东面大道。

又《北齐书》卷6，孝昭纪，记高演政变废废帝高殷之事，言令领军将军高归彦引宫中原有侍卫向华林园，以自己统率的京畿军守宫殿门阁。《北齐书》卷13，赵郡王高叡传，言叡入宫见太后，"出至永巷，遇兵被执，送华林园，于雀离佛院令刘桃枝拉而杀之。"从二事看，华林园应在宫殿附近。

根据上述史料，华林园应即在邺南城宫城之北，和魏、晋、北魏时华林园与宫城的关系相同。

[44]《历代宅京记》卷12，邺下，邺南城条，华林园、玄洲苑部分。中华书局标点本 P. 186

[45]《北齐书》卷11，列传事，河南王孝瑜传："文襄（高欢长子高澄）于邺东起山池游观，时俗眩之。孝瑜（澄之子）遂于第作水堂、龙舟，植幡稍于舟上，集诸弟宴射为乐。武成幸其第，见而悦之，故盛兴后园之玩。于是贵贱慕效，处处营造。"中华书局标点①P. 144

同书卷4，文宣帝纪云："尝于东山游宴，以关陇未平，投杯震怒，……"卷30，崔昂传云："显祖（高洋）幸东山，百官预宴，升射堂。"

按：据此可知高澄在邺东所起山池名"东山"。

[46]《历代宅京记》卷12，邺下："游豫园：周回十二里，内包葛屦山，作台于上。"

同书，卷11，邺上："《隋书·食货志》曰：……又于游豫园穿池，周以列馆，中起三山，构台，以象沧海。"中华书局标点本 P. 186P. 171

[47]《周书》卷6，武帝纪下："(建德六年，577年，正月) 辛丑，诏曰：伪齐叛涣，窃有漳滨，……以暴乱之心，极奢侈之事，有一于此，未或弗亡。……其东山、南园、及三台可并毁撤。……"中华书局标点本①P. 101

[48]《南史》卷53，梁昭明太子统传："性爱山水，于玄圃穿筑，更立亭馆，与朝士名素者游其中。尝泛舟后池，番禺侯轨盛称此中宜奏女乐。太子不答，咏左思招隐诗云：'何必丝与竹，山水有清音。'轨惭而止。"中华书局标点本⑤P. 1310

[49]《晋书》卷94，〈列传〉64，隐逸列传，郭文传。中华书局标点本⑧P. 2440

[50]《晋书》卷97，〈列传〉49，谢安传。中华书局标点本⑦P. 2075

[51]《晋书》卷68，〈列传〉38，纪瞻传。中华书局标点本⑥P. 1824

[52]《宋书》卷92，〈列传〉53，隐逸列传、戴颙传。中华书局标点本⑧P. 2277

[53]《南史》卷15，〈列传〉5，徐湛之传。中华书局标点本②P. 436

[54]《南史》卷77，〈列传〉67，恩倖传，阮佃夫。中华书局标点本⑥P. 1221

[55]《南史》卷77，〈列传〉67，恩倖传，茹法亮。中华书局标点本⑥P. 1229

[56]《南史》卷77，〈列传〉67，恩倖传，茹法亮传附吕文度。中华书局标点本⑥P. 1928

[57]《南史》卷77，〈列传〉67，恩倖传，吕文显。中华书局标点本⑤P. 1932

[58]《南史》卷62，〈列传〉52，朱异传。中华书局标点本⑤P. 1518

[59]《南史》卷67，〈列传〉57，孙玚传。中华书局标点本⑤P. 1638

[60]《南史》卷49，〈列传〉39，孔珪传。中华书局标点本④P. 1215

[61]《梁书》卷25，〈列传〉19，徐勉传。〈戒子崧书〉中华书局标点本②P. 384

[62]《先秦汉魏晋南北朝诗》，〈梁诗〉卷22，梁简文帝萧纲〈玄圃纳凉诗〉。中华书局标点本下P. 1957

[63] 参见本章陵墓部分

[64]《先秦汉魏晋南北朝诗》，〈齐诗〉卷1，竟陵王萧子良：〈游后园〉诗。中华书局标点本中P. 1382

[65]《先秦汉魏晋南北朝诗》，〈梁诗〉卷6，沈约：〈休沐寄怀诗〉。中华书局标点本中P. 1640

[66]《先秦汉魏晋南北朝诗》，〈陈诗〉卷8，江总：〈春夜山庭诗〉〈夏日还山庭诗〉中华书局标点本下P. 2590

[67]《南史》卷53，〈列传〉43，梁武帝诸子，昭明太子统传。中华书局标点本⑤P. 1310

[68]《先秦汉魏晋南北朝诗》，〈梁诗〉卷27，王台卿：〈山池应命诗〉。中华书局标点本下P. 2089

[69]《先秦汉魏晋南北朝诗》，〈陈诗〉卷5，徐陵：〈奉和简文帝山斋诗〉。中华书局标点本下P. 2534

[70]《先秦汉魏晋南北朝诗》，〈梁诗〉卷23，庾肩吾：〈奉和春夜应令诗〉。中华书局标点本下P. 1992

[71]《先秦汉魏晋南北朝诗》，〈陈诗〉卷5，徐陵：〈奉和山池诗〉。中华书局标点本 P. 2531

[72]《全上古三代秦汉三国六朝文》，〈全隋文〉卷11，汇总：〈永阳王斋后山亭铭〉。

按：此永阳王为陈文帝之子伯智，非梁永阳王肖敷。肖敷死于齐时，梁时追赠为王，不及见江总也。

中华书局缩印本④P. 4073

[73]《洛阳伽蓝记》卷4，寿丘里条。中华书局标点本《洛阳伽蓝记校释》P. 163

[74]《洛阳伽蓝记》卷3，高阳王寺条。中华书局标点本《洛阳伽蓝记校释》P. 137
[75]《洛阳伽蓝记》卷4，冲觉寺条。中华书局标点本《洛阳伽蓝记校释》P. 143
[76]《洛阳伽蓝记》卷4，河间寺条。中华书局标点本《洛阳伽蓝记校释》P. 163，167
[77]《洛阳伽蓝记》卷2，昭德里条。中华书局标点本《洛阳伽蓝记校释》P. 90
[78]《先秦汉魏晋南北朝诗》，〈北齐诗〉卷1，魏收〈后园宴乐诗〉。中华书局标点本下P. 2269

第七节　佛教建筑

汉地佛教建筑肇始于东汉，自三国至南北朝，是其开始发展并趋于昌盛的时期。这与随着历史条件的转变、佛教逐步为中国社会所接受的过程是一致的。

东汉时，思想领域是儒家经学与谶纬之学的天下，初为人知的佛教作为一种外来宗教，颇难发展。从汉代末年起，中国社会长期处于分裂、战乱的动荡局面之中。汉族政权内部的争权倾轧、北方少数族在汉地建立政权，使汉王朝四百年统治中所形成的相对稳定的统治构架与思想体系，以及夷夏之别的心理堤防，受到严重的冲击与破坏。社会的剧烈动荡使统治阶级中的一些人因荣枯无常、精神困惑，退而寻求身心解脱；新兴的地方政权首领们竞相谋求巩固政权的手段；广大民众则陷于苦难深重、渴求摆脱的境地。这一局面，为佛教在中国的广泛传播创造了条件。佛教僧人通过谶言异术和思想同化的方式，进入中国上层社会，逐渐得到各国统治者的信任和汉族士大夫阶层的认同，获取稳固的社会地位，佛教开始得以广泛流布。

东汉时，虽有少量为外来僧人建造的寺舍，但这时出现最多的是将佛与黄帝、老子同祀，或在墓室石刻与器物装饰中，将佛像与神话传说人物及祯祥物混杂在一起的现象。三国、西晋时，官方立寺的数量渐多，但对佛教发展仍加限制。从东晋十六国时起，在国家政权对佛教的支持倡导下，佛经大量译出，僧尼人数增多，在官方政策允许并给予经济资助的条件下，佛寺以官方立寺、民间立寺、僧人立寺等多种方式建立起来，规模逐渐扩大，功能逐步完善。到南北朝时期，出于祈福目的的佛教建筑活动成为人们的主要社会活动之一。大量的财富和人力随同世俗宗教热情投入到建塔、立寺、开窟、造像之中。这时佛寺的建立，已不再单纯为了满足佛教发展的需求，而是成为帝王贵族媚佛祈福、争奇斗奢的特殊方式。都城中大型佛寺的建造，往往与皇室成员有关，地方佛寺与官府之间也有类似的关系。

佛寺的建立，与外来僧人的活动地域、行为方式以及当地统治者对待佛教的态度直接相关；佛寺形态的变化，主要取决于佛寺建立的方式及佛寺功能的发展，而后者与佛教发展的各个阶段相对应，如译经讲经活动的开展、僧人生活仪规的确立与礼拜方式的改变等，都对佛寺布局和建筑形式的演变起到决定性的作用。由于外来的佛教僧人在传道时，常常对帝王士大夫百姓采取心理上趋附迎合的方式；另外，自东晋时起，愈来愈多的汉族高僧逐渐成为传道的主力，因此，佛寺的布局以及单体建筑的形式，除受到外来佛教艺术的影响之外，同时受到本土建筑式样、做法以及传统价值观念的制约。事实上，无论佛教传播到什么地方，佛寺建筑形式的本土化，都和佛经的转译一样是不可避免的。

就建筑总体而言，佛教建筑主要是指佛寺，其中包括石窟寺（由于石窟寺实例较多，故文中分佛寺和石窟寺两部分论述，此狭义佛寺指地面起建的佛寺）。除外还有一些标志性和纪念性建筑，如造像塔、墓塔、经幢等。另外，依附于宫室、宅邸或独立林野的佛教精舍，以及早期建立于里坊之中的僧坊等，作为佛教发展过程中出现的特定现象，也应归入佛教建筑的范畴。某些专用名词，如浮图（佛图、浮屠）、精舍等，文中只取其与佛教建筑相关的意义。

此期佛教建筑遗物极少，只保存下来北朝的一座砖塔和数座小石塔，大量的建筑形象和寺院布局资料保存在石窟寺中，故本节实例遂不得不较多地采自石窟寺。

一、佛寺

1. 佛寺的出现与流布

佛教初起于印度南方时，它的宣传对象主要是平民百姓，以与当时占据上层统治地位的婆罗门教相抗衡。当佛教传入西北印度后，经过孔雀王朝的阿育王（公元前273~232年在位）的大力扶持与弘扬，其地位发生根本性的变化，取代婆罗门教成为国教，它的主要宣传对象也不再是一般的平民百姓，而转向社会上层的统治集团[1]。佛教进入中国，正是以西北印度和中亚一带（古称西域）的僧人为主要媒介，他们同样以统治阶层为主要宣道目标。多数外来僧人进入中国后，都首先往赴当时的政治中心城市，如东汉魏晋的洛阳、东吴的武昌、建业（东晋建康）以及十六国时期石赵的邺城、苻秦的长安、北凉的姑臧等地。因此，一时一地的政治中心城市，往往是佛寺最先出现和开始发展的地方。随着各国的盛衰兴亡，佛教僧人有的趋附于新兴统治者，有的避地而居，聚徒讲学。于是，自东晋时起，在长江中下游的江陵、庐山、豫章、寿春、会稽等地，出现了一批以山林佛寺为主体的地方佛教中心。

佛寺的建立方式也同样是自上而下的。最初的佛寺多由皇帝敕建，国家供养，以后逐渐出现王公贵族与各级官吏建寺。东晋时，士大夫官僚舍宅为寺成为时尚。这种风气一直延续到南北朝后期。同时，僧人由于社会供养而逐渐积累财富，也开始具有建造佛寺的实力。到南北朝时，各级大小佛寺，已遍布都城与境内各地。

（1）东汉佛寺

汉明帝永平年间（67~75年），朝廷派往天竺求取佛法的使者携经像并西域僧人返回洛阳。明帝为此于洛阳西门外立寺，即南北朝史籍中所载的洛阳白马寺[2]。据《魏书·释老志》和《高僧传》的记述，立寺的目的与安置外来僧人有关，但近代学术界也有不同看法[3]。

东汉后期（147~188年），天竺、月支僧人聚会洛阳，与汉地学者共译佛经[4]。这些僧人都是一路斋行而来，时称"乞胡"，本人不具备立寺的能力，必须依赖汉地官方的认可并为之建立容止处所。洛阳曾出土佉卢文石井栏，说明当时洛阳一带确实有一些为延住外来僧人而立的佛寺[5]。见诸史料者，除白马寺外，还有菩提寺等[6]。

东汉时，也有汉人为佛立祠的做法。如桓帝（147~167年在位）于洛阳宫中立"黄老、浮图之祠"[7]，当是同时拜祀黄帝、老子和佛的地方，东南沿海和西面的巴蜀一带，本是汉代方士巫祝盛行的地区，这时也有民间佛教传播活动的迹象[8]。献帝初平年间（192年左右），丹阳人笮融在彭城、下邳一带建立浮图祠，借佛教的名义，聚众兴事[9]。这种立祠的做法与洛阳立寺作为外来僧人居住及礼佛之所在性质上有一定的区别，但形式上已具有一些佛教建筑的特点。

东汉末年，中原战乱，洛阳僧人散避四方。其中安息僧人安世高南下豫章（今江西南昌），以所受财物造立佛寺[10]，这恐怕是外来僧人立寺之首例。

（2）三国、西晋佛寺

魏文帝黄初元年（220年），自邺城南迁，回到毁于汉末战乱的都城洛阳。明帝青龙三年（235年），开始依东汉旧城遗址，大起宫观。据史料记载，当时洛阳城中有三座佛寺，其中的一座因与宫中距离太近而被迁建[11]。魏嘉平、甘露年间（250~260年），外国沙门频至洛阳译经[12]，说明当时洛城中已有良好的居处条件，佛寺应较魏明帝时有所发展。

吴大帝黄龙元年（229年），自武昌迁都建业。赤乌十年（247年），延引康居僧人康僧会入宫立坛求取舍利，后于坛所立寺，为江左佛寺之始，故号为建初寺[13]。至景帝永安元年（258年），建业佛寺已略成气候[14]。

西晋时的佛教中心，仍在都城洛阳。这时城内佛寺已有四十二所之多[15]。经汤用彤先生考定的，有以下十所：

白马寺（《祐录》八《正法华经后记》）

东牛寺（同上）

菩萨寺（洛城西，《祐录》七《道行经记》）

石塔寺（《洛阳伽蓝记》宝光寺条）

愍怀太子浮图（《水经·谷水注》）

满水寺（《名僧传抄》）

磐鸱山寺（去都百余里，《高僧传》十）

大市寺（《高僧传》十）

宫城西法始立寺（《比丘尼传·竺净检传》）

竹林寺（同上）[16]

西晋洛阳佛寺，是在曹魏时期的基础上发展，其中也包含有东汉时期的因素。

长安佛寺情形不详。据《高僧传》中记载，晋惠帝时，月支僧人竺法护于长安青门外立寺，有僧徒数千[17]；另有名僧帛法祖也在长安造立精舍，讲授佛经，听讲者也超过千人[18]。推测其建筑应已具一定规模。

西晋初年，曾禁止汉人出家，信徒们只能私下里供养外来僧人[19]，至西晋末年，法令弛废，汉地出家人数增多，同时僧人受民间供养，也资财渐丰[20]。因此，与汉魏时期的官方建寺相比，西晋佛寺在经济上已开始有依赖民间的成分，僧人立寺（精舍）讲学的做法也逐渐流行。

西晋宗室中，河间王司马顒与中山王司马缉均信奉佛教，因此河间、中山以及附近地区，早已不听禁制，民间崇佛风气十分兴盛，形成了颇为坚实的佛教社会基础。这种情形对于后来十六国时期后赵佛寺的兴盛以及北魏佛教建筑的发展，都有一定的影响。

(3) 东晋、十六国佛寺

西晋亡后，汉族政权自洛阳南迁建康（今南京），偏安一隅；北方少数族割据势力起而代之，统治中原。但这时洛阳废败，城中佛寺俱毁，遂失去佛教中心的地位。佛教僧人或留北地，或下江左，南北方逐渐形成各自的佛教中心：南方为东晋建康，北方则为后赵邺城及前秦长安。

西晋永嘉元年（307年），琅琊王司马睿渡江，317年称帝（即晋元帝），因吴都旧城修而居之。当时一切草创，时局艰难。故虽元帝、明帝（317～325年）皆奉佛，官贵中也不乏与僧人交往密切之士，如丞相王导、太尉庾亮等人，文献中也有此期皇家造寺、度僧的记载[21]，但度之当时情势，佛寺的建造必然是心有余而力不足的。

成帝、康帝之际（326～344年），王、庾谢世，东晋佛教一度转为消沉，佛教僧人与当朝名士相继隐迹山林，群集游处，相应而建造起一批山林佛寺。名僧名士同流，自西晋始。东晋时，更出现了一些幼年受儒家经典熏染，而后又接受并钻研佛教义理的僧人，其中有不少是高门子弟。不论从社会关系上还是思想生活方式上，他们都与士大夫阶层有着极为密切的联系。如名僧竺潜（法深）是西晋丞相王敦之弟，成帝末，隐迹剡山（今浙江绍兴）[22]，其弟子竺法友及名僧支遁（道林）、于法兰、释道宝（王导之弟）等，皆继之居剡，立寺行道[23]。这些山林佛寺多为修行讲学而立,是避世意识与出家行为相结合的产物,故往往规制简陋,采用山居民宅的形式[24]。

成、康之后,东晋佛教开始兴盛,舍宅为寺的风气随之而起。据《建康实录》记载,自康帝至简文帝(343～372年),共敕准置寺十二所,其中由王公士族舍宅所立者便有七所:

中书令何充立建福寺(344年)

隐士许询立祗洹、崇化二寺(347年)

镇西将军谢尚立庄严寺(348年)

彭城敬王立彭城寺

中书令王坦之立临秦、安乐二寺(366～370年)

当时甚至有相邻数座宅邸并舍为寺的情形[25]。舍宅为寺的做法,突破了以往官方立寺的窠臼,佛寺从此开始大量涌现于城市之中。

东晋佛寺的建立反映了佛教僧人思想行为方式的汉化,尤其体现出士大夫阶层消极遁世的精神取向;而北方十六国佛寺的建立,则是以佛教僧人依附皇权为突出特点。

十六国时的后赵、前秦、北凉、北魏、北燕、西秦、后秦诸国境内,佛教都很兴盛。自后赵(319～351年)时起,各国统治者都与外来佛教高僧之间建立起一种相互依凭、利用的关系,佛教与佛寺建筑因此而获得稳定的发展环境。

西域高僧佛图澄于西晋永嘉四年(310年)抵达洛阳。晋室南迁后,石勒兴立,是为后赵。佛图澄依靠法术,令其信服。后石勒往还河北,定都襄国,奉澄为大和尚,有事必咨,从而使"中州胡晋,皆略奉佛"。时中山、常山、高阳、河间诸郡,名僧辈出,如释道安等。前述西晋时此地佛教已有根基,这时得到更快的发展。石勒时,襄国立有官寺与中寺[26],石虎迁都于邺,亦立中寺与邺宫寺[27],均为国家供养的大寺[28]。同时,境内各州郡也大量起造佛寺,仅佛图澄所立者便有893所[29]。平民百姓中也有自行造寺出家者。但朝中士大夫对佛教持抵牾态度,反对皇帝奉佛,认为汉人不应出家。这种局面与东晋显然有所不同,说明后赵佛教的发展和佛寺的建立,较之东晋更多地具有官方色彩,这也是十六国佛寺的普遍特征。

佛图澄死后,常山释道安继之成为一代高僧。道安"家世英儒",出家后曾事佛图澄为师,后活动于太行恒山一带,创立塔寺,闻名于河北。冉闵之乱(350年),道安率徒众南下,经陆浑、新野至襄阳,进入东晋境内。途中分派同学弟子诣扬州、蜀地,广布教化,并在佛寺建设方面大创业绩。如弟子竺法汰受命前往扬州,进瓦官寺后,即着手进行寺院的扩建与完善(详后文)。道安到襄阳,初居白马寺,后因寺宇狭小,便依清河人张殷所舍宅邸,起建檀溪寺,寺内建有五层佛塔、僧房四百间[30]。长沙太守在江陵舍宅为寺,请道安派僧人总领其事。道安派弟子昙翼前往,缔构寺宇,便是著名的长沙寺[31]。后道安被前秦苻坚迫赴长安,弟子慧远也离开襄阳,先适荆州,继往庐山,在刺史恒伊的资助下建立东林寺,精心经营,广造房舍,并依山势开凿石窟,绘制壁画,成为当时的名刹[32]。

虽然文献中关于后赵佛寺的具体记述很少,但从道安师徒的建寺活动中,可以看出佛图澄在后赵期间,确实在佛寺发展上很有建树,使当时北地佛寺在规制、布局上远胜于南方。在道安立檀溪寺、昙翼造长沙寺、法汰扩建瓦官寺时,都有可能是参照了后赵的官寺制度,但檀溪、长沙二寺是舍宅而成,东林寺是山林寺院,在佛寺的建造背景与方式上,又是脱离了后赵的官寺格局而与前述东晋佛寺发展的特定情势相符合。

后赵亡覆之后,北方佛教中心西移至长安及凉州一带。前秦、后秦、北凉、西秦诸国统治者,争相迎请西来高僧，并广建佛寺、大开讲筵，前秦建元十五年（379年），东晋高僧释道安入秦，住长安五重寺，应是当时长安城中最大的官寺。后秦弘始三年（401年），龟兹高僧鸠摩罗什到长安，其影响之大，使北地佛教的发展进入了一个新的阶段。当时长安有大寺、中寺、五重寺及草堂寺等[33]，都是规模宏大的国家级寺院。

（4）南北朝佛寺

1）北朝佛寺

北魏佛寺的建立，始于道武帝拓跋珪（386~408在位）。

道武帝在平定燕赵的过程中，数次往返于中山、邺城之间，除重点考察城市规划及宫室建筑、为建国立都作准备外，同时也与这一地区的佛寺僧人有所接触[34]。这里曾是十六国时期的北方佛教中心，佛寺数量与规模相当可观，虽几经政权更替，但佛教发展的社会基础依然深厚，对北魏佛教的发展不无影响。如将道武帝奉为当今如来，因而成为北魏第一任僧人领袖（道人统）的法果，便来自赵郡，其言"我非拜天子，乃是礼佛耳"，明确表露出十六国及北朝佛教为帝王统治服务的性质与作用。道武帝天兴元年（398年），开始在都城平城修建僧人居所，由国家供养，并造立佛寺，寺内建有五层佛塔以及佛殿、讲堂、禅堂等[35]，这一套完整的寺院建设项目，很可能是继承后赵、北燕佛寺发展系统的产物。明元帝时（409~423年），"京邑四方，建立图像，仍令沙门敷导民俗"[36]，正式将佛教纳入政治统治的轨道，成为国家推行思想教化的工具。但这时对于百姓出家和造立佛寺仍加以限制。因此，北魏前期的佛教发展并非一帆风顺。特别是太武帝时期（424~451年），佛道之争激烈。太平真君七年（446年），借关中骚乱、长安佛寺私藏武器为由，下诏灭法，发动了北朝的第一次灭佛运动，境内佛寺，莫不毕毁[37]。

452年，文成帝即位，佛法复兴。下诏重建佛寺，鼓励百姓出家，并将建寺、度僧与各级地方政府的建制相对应[38]。并建立僧官制度，使佛寺、僧人形成一个相对独立的组织管理系统，这是自佛教入中国以来从未有过的局面。同时允许以罪犯及官奴充作寺户，"供诸寺扫洒，岁兼营田输粟"[39]，使寺院经济的独立发展从此具有合法地位。事实上，太武帝灭法时，已发现长安佛寺中营田种麦，并藏有大量财物[40]。复法后，不仅恢复了灭法前的经营方式，同时开始广泛合法地占有社会劳动力，使寺院经济得到迅速发展。

复法之后，北魏皇室佞佛之风愈盛。立塔建寺，殚尽土木之功。灭法时所毁塔寺，这时均令修复。平城佛寺有五级大寺、中兴（后改天安）寺、天宫寺等，文成帝和平元年（460年），开始了武周山石窟寺（即云冈石窟）的开凿。献文帝皇兴元年（467年）起永宁寺，造七级大塔，高三百余尺。又构三级石塔，高十丈。孝文帝即位（471年），为退位的献文帝建鹿野佛图于御苑中。承明元年（476年）诏起建明寺，太和元年（477年）于方山建思远寺，四年，又起报德寺。这些佛寺的建立实际上与太皇太后冯氏（文明太后）有很大关系[41]。太和末年，为供养西域高僧，又诏立少林寺于嵩山。这一时期，社会上造寺之风亦趋兴盛。太和元年时，平城已有佛寺百所，僧尼二千余人；境内佛寺6478所，僧尼77258人[42]。到太和末年，当远不止此数。

孝文帝太和十九年（495年）迁都洛阳。开始时对洛城内建寺尚有禁制：只允许城中建（永宁）寺一所，郭内建尼寺一所，其余佛寺都只能建在城郭之外[43]。宣武帝即位后（500~503年）于宣阳门外建景明寺，已"微有犯禁"。此后，城郭内佛寺数量剧增，达500余所，"寺夺民居，三分且一"[44]。造成这种局面的根本原因实在于皇室佞佛。《洛阳伽蓝记》中所记载的洛城大寺，约三分之一是帝后，诸王、贵戚所立，其中灵太后胡氏立永宁、秦太上公、秦太上君3寺，宣武帝立瑶光、景明、永明3寺，清河王元怿立景乐、冲觉、融觉3寺，皆临御道，地位显赫。特别是永宁、景乐二寺，在宫城阊阖门南中心御道（铜驼街）的两侧，相对峙（图2-7-1，表2-7-1）。北魏末年（520～534年），政局不稳，社会动乱，百姓为躲避调役，纷纷出家；世人为消灾祈福，竞相造寺，以至境内佛寺多达三万余所，这是前所未有的。

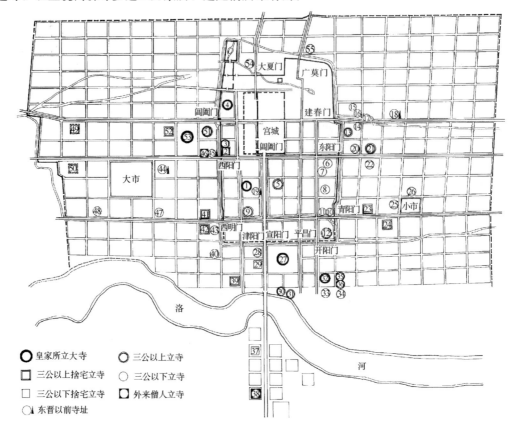

图2-7-1 北魏洛阳主要佛寺分布示意图

北魏洛阳佛寺兴立简况表　（据《洛阳伽蓝记》整理）　　　表2-7-1

序号	寺名	立寺年代	立寺人	立寺所在	寺内主要建筑
1	永宁寺	熙平元年（516）	灵太后胡氏	宫前阊阖门南一里御道西，寺东有太尉府，西对永康里南界昭玄曹，北临御史台	中有九层浮图一所，架木为之；浮图北有佛殿一所，形如太极殿；南门楼三重，通三阁道，去地二十丈，形制似端门
2	建中寺	普泰元年（531）	乐平王尔朱世隆	西阳门内御道北所谓延年里，本是司空刘腾宅，宅东有太仆寺	堂比宣光殿，门匹乾明门，一里之内，廊庑充溢
3	长秋寺		长秋令卿刘腾	西阳门内御道北一里，亦在延年里，即是晋中朝时金市处，寺北有濛汜池	三层浮图一所
4	瑶光寺		宣武帝元恪	阊阖城门御道北，东去千秋门二里，寺北有承明门，有金墉城	五层浮图一所；讲殿尼房，五百余间
5	景乐寺		清河王元怿	阊阖门南御道东，西望永宁寺正相当，寺西有司徒府，北连义井里	佛殿一所；堂庑周环，曲房连接
6	昭仪尼寺		阉宦等	东阳门内一里御道南	佛堂；寺内有池
7	愿会寺		中书侍郎王翊	昭仪寺池西南，寺南宜寿里	佛堂
8	光明寺		苞信县令段晖	宜寿里，晋侍中荀勖故宅	
9	胡统寺		太后从姑	永宁寺南一里许	宝塔五重

续表

序号	寺名	立寺年代	立寺人	立寺所在	寺内主要建筑
10	修梵寺			青阳门内御道北,寺北有永和里	并雕墙峻宇,比屋连甍
11	嵩明寺			修梵寺西	
12	景林寺			开阳门内御道东	讲殿叠起,房庑连属;寺西有园,中有禅房一所,内置祇洹精舍
13	明悬尼寺		彭城宣武王元勰	建春门外石桥南,寺东有中朝时常满仓,高祖令为租场	三层塔一所
14	龙华寺		宿卫羽林虎贲等	建春门外阳渠南,寺南租场	
15	璎珞寺			建春门外御道北,所谓建阳里,里内共有璎珞等十寺 *	
16	魏昌尼寺		阉宦瀛州刺史李次寿	建阳里东南角,东临建春门外一里余东石桥(南北行)	
17	景兴尼寺		阉宦等	石桥南道	
18	灵应寺	正光初(520)	京兆人杜子休	崇义里,里西绥民里,更西建阳里,门临御道。晋朝太康寺,本有三层砖浮图	掘得砖数万,还为三层浮图。有石铭云:"(晋太康六年)仪同三司襄阳侯王濬敬造"
19	砖浮图	晋义熙十二年(416)	军人所作	太尉府前	
20	庄严寺			东阳门外一里御道北,所谓东安里,北为租场	
21	秦太上君寺		灵太后胡氏	东阳门外二里御道北,所谓晖文里	五层浮图一所,高门向街,佛事庄严,等于永宁,诵室禅堂,周流重叠
22	正始寺	正始中(504～507)	百官等	东阳门外御道南,所谓敬义里。里内有典虞曹	檐宇清静,美于丛林,众僧房前,高林对牖
23	平等寺		广平王元怀	青阳门外二里御道北,所谓孝敬里	堂宇宏美,平台复道。寺门外有金像一躯,高二丈八尺。永熙元年(532)造五层塔一所。寺门外有石像
24	景宁寺		司徒公杨椿	青阳门外三里御道南,所谓景宁里	
25	宝明寺			青阳门外三里御道北孝义里,西北角苏秦冢旁,里东有洛阳小市	
26	归觉寺		太常民刘胡	孝义里东,市北殖货里	
27	景明寺	景明中(500～503)	宣武帝元恪	宣阳门外一里御道东	方五百步。山悬堂光观盛,一千余间。复殿重房,交疏对霤。青台紫阁,浮道相通。正光中(520～524)造七层浮图,去地百仞
28	大统寺			景明寺西,所谓利民里	
29	招福寺		三公令史高显略	景明寺南,人谓苏秦旧宅	

续表

序号	寺 名	立寺年代	立 寺 人	立 寺 所 在	寺 内 主 要 建 筑
30	秦太上公寺		灵太后立西寺，皇姨立东寺	景明寺南一里，并门临洛水，寺东有灵台，基址高五丈余	各有五层浮图一所
31	砖浮图		汝南王元悦	灵台基址之上	
32	报德寺		孝文帝元宏	开阳门外三里（御道东？）	
33	大觉寺 三宝寺 宁远寺			开阳门御道东，有汉国子学堂，高祖题为劝学里	里内三寺，周回有园
34	正觉寺		尚书令王肃	劝学里东延贤里	
35	龙华寺		广陵王元羽	报德寺东	
36	追圣寺		北海王元祥	报德寺东	龙华、追圣、报德三寺园林茂盛，京师诸寺莫与之争
37	归正寺	正光后（525以后）	萧衍子萧正德	归正里（永桥南御道西北起第一里）	
38	菩提寺		西域胡人	慕义里（永桥南御道西北起第四里）	
39	高阳王寺			津阳门外三里御道西，高阳王雍宅，宅北有中甘里	
40	崇虚寺			城西（南）	
41	冲觉寺		清河王元怿	西明门外一里御道北	西北有楼，出凌云台。楼下有儒林馆、延宾堂，形制并如清暑殿。孝昌元年（525），建五层浮图一所
42	宣忠寺		城阳王元徽	西明门外一里御道南	
43	王典御寺		阉官王桃汤	宣忠寺东	门有三层浮图一所，工逾昭仪
44	白马寺		汉明帝刘庄	西阳门外三里御道南	浮图，前有柰林葡萄；经堂
45	宝光寺			西阳门外御道北。即晋朝石塔寺处	有三层浮图一所，以石为基，形制甚古。园中掘出浴堂及井。园中有一海，名咸池
46	法云寺		乌苌国沙门昙摩罗	宝光寺西，隔墙并门	佛殿僧房，皆为胡饰
47	灵仙寺	景明中	比丘道恒	大市南皇女台上，汉大将军梁冀造台，时犹高五丈余	
48	开善寺		京兆人韦英妻	大市外阜财里	
49	河间寺	建义中（529）		寿丘里，河间王元琛宅	文柏堂，形如徽音殿；造迎风馆于后园，窗户之上，列钱青琐。飞梁跨阁，高树出云
50	追先寺	建义中		寿丘里，东平王元略宅	
51	融觉寺		清河王元怿	阊阖门外御道南	有五层浮图一所，与冲觉寺齐等。佛殿僧房，充溢一里

续表

序号	寺 名	立寺年代	立 寺 人	立 寺 所 在	寺 内 主 要 建 筑
52	大觉寺		广平王元怀	融觉寺西一里许元怀宅	怀所居之堂,上置七佛;林池飞阁,比之景明。永熙年中(532),平阳王元修即位,造砖浮图一所
53	永明寺		宣武帝元恪	大觉寺东	房庑连亘,一千余间
54	禅虚寺			大夏门外御道西,寺前有阅武场	
55	凝玄寺		阉官贾璨	广莫门外一里御道东,所谓永平里	地形高显,下临城阙,房庑精丽,竹柏成林

* 里内有璎珞、慈善、晖和、通觉、晖玄、宗圣、魏昌、熙平、崇真、因果十寺。

附:洛阳郭外之寺:

北邙山上有冯王寺、齐献武王寺。

京东石阙有元领军寺、刘长秋寺。

嵩高中有闲居寺、栖禅寺、嵩阳寺、道场寺,上有中顶寺,东有升道寺。

京南阙口有石窟寺、灵岩寺。

京西廛涧有白马寺、乐照寺。

北魏分裂后,高氏挟孝静帝迁都于邺,是为东魏,后禅位于高洋,建立北齐;宇文氏立文帝于长安,是为西魏,后禅位于宇文觉,建立北周。邺城自后赵以来,又一次成为北方佛教中心。这时多以宫室、官府、宅邸改建为佛寺。如兴和二年(540年),诏以邺城旧宫为天平寺。又诏以铜雀三台为大兴圣寺,以并州尚书省为大基圣寺[45]。邺城与洛阳之间,以及往陪都晋阳(今山西太原)一线,也是寺塔稠集地区。西魏、北周境内,佛寺也同样有所发展。但在建德三年(574年),周武帝发动了北朝的第二次灭佛运动。这次灭佛的范围,不止于北周境内,而是随着政治、军事势力的推进,连北齐境内的佛寺也一并扫荡了。由于佛寺数量众多,故大多只是毁破佛塔、经像、令僧人还俗,而将寺庙广赐王公充为第宅[46]。北朝时期的佛寺建造活动,至此告一段落。

2)南朝佛寺

东晋后期,佛教的主要社会支柱,仍是士族、官贵及商贾中的佞佛者。境内除都城建康之外,会稽、庐山、荆州等地,都已形成佛寺密集的地方性佛教中心。庐山僧团的领袖慧远,于东晋安帝时(402年)上《答桓太尉书》及《沙门不敬王者论》,与太尉桓玄提出的沙门应礼敬帝王的主张相抗衡。这与当时以法果为代表的北魏僧人趋附皇权的政治态度截然不同。南朝佛教继承东晋传统,风气亦然。加之十六国后期关内战乱,不少名僧避地江南,更使南朝佛学实力雄厚。佛寺的建造,以满足佛教活动和僧人行止的需要为主要目的,佛寺与行政机构之间没有对应关系;自东晋而终南朝,除宋孝武帝时(454~464年)曾沙汰僧人并令礼敬王者外,既未出现过诏令灭佛、毁破塔寺的局面,也没有诏听州郡各建佛寺的做法;朝中虽有排佛之议,也终因崇佛势力占据上风而不能实施[47]。因此,南朝佛寺的发展相对北朝来说,是自然行进性的,较少政治色彩,同时僧人自建与民间建寺占有较大的比例。

东晋时名僧名士同游共处,以道行学问获取社会地位。宋、齐时期,僧人同样受到社会上下的礼遇。其化施所得资财,逐渐丰厚。有好营福业者,便积极修建佛寺。南朝大寺中有不少是僧人所建。如释法意曾立53寺,其中有宋武帝永初三年(422年)所立的建康灵味寺[48]。宋文帝元嘉年间(424~452年)所立的建康竹林寺、上下定林寺、严林寺等,均由僧人起造[49]。另外一方面,帝王士大夫又多为僧人立寺。宋孝武帝大明四年(460年)改中兴寺禅房为天安寺、宋明帝太始初(465年)于建康建阳门外立兴皇寺、齐太祖造太昌寺等,都是出于僧人的缘故[50]。士大夫舍宅为寺的风气依旧。齐永明七年（489年），高士明僧绍舍山居为精舍，请释法度居之，便是后来的"三论宗"发源地摄山栖霞寺。

皇室造寺祈福之风，先盛于北魏，后渐于南朝。《建康实录》所记南朝建康佛寺中，以梁武帝时所置者最多，计四十余所，其中武帝为祈福而亲立者，便有七所[51]。

南朝佛寺在梁武帝时期（502～549年）急剧发展，北魏佛寺也恰于宣武帝即位（500年）之后开始大增，两者几乎同时，这与此期南北双方均处于相对安定的政治局面不无关系。《法苑珠林》中记录的南朝境内佛寺与僧尼数如下：

宋有寺1913所，僧尼36000人；

齐有寺2015所，僧尼32500人；

梁有寺2846所，僧尼82700人；

陈有寺1232所，僧尼32000人。

从中可见梁时是南朝佛寺发展的鼎盛时期。陈时寺数骤减，是因为梁末侯景叛乱焚毁寺院的缘故。

另外值得注意的是，南朝佛寺往往历代相继。东晋佛寺留存至南朝者，多发展成为著名大寺，如长干寺、道场寺、青园寺（后改名龙光寺）、瓦官寺等。又据《高僧传》记载，僧人释法安齐永泰元年（498年）卒于建康中寺[52]，梁天监十一年（512年）武帝遣中寺僧人诣栖霞寺受三论大义。按中寺为东晋十六国时通用的官寺名称，至齐梁时仍在沿用，其寺恐亦为东晋旧寺。

注释

[1] 参考季羡林：〈再论原始佛教的语言问题〉。《季羡林学术论著自选集》，北京师范学院出版社，1991年版。

[2] 郦道元：《水经注》卷16〈谷水〉："(谷水) 南出迳西阳门，旧汉氏之西明门也，亦曰雍门矣。……谷水之南迳白马寺东，是汉明帝梦见大人金色，项佩白光，以问群臣，或对曰：西方有神，名曰佛，形如陛下所梦，得无是乎？于是发使天竺，写致经像，始以榆樌盛经，白马负图，表之中夏，故以白马为寺名。"上海人民出版社版《水经注校》，P. 545

魏收：《魏书》卷114〈释老志〉："(汉明帝) 遣郎中蔡愔、博士弟子秦景等使于天竺，写浮屠遗范。愔乃与沙门摄摩腾、竺法兰东还洛阳。……愔之还也，以白马负经而至，汉因之立白马寺于洛城雍门西。摩腾、法兰咸卒于此寺"。中华书局标点本⑧P. 3025

杨衒之：《洛阳伽蓝记》卷4："白马寺，汉明帝所立也。佛教入中国之始。寺在西阳门外三里御道南。"中华书局版《洛阳伽蓝记校注》P. 150

慧皎：《高僧传》卷1〈摄摩腾传〉："(腾随汉使来到洛阳) 明帝甚加赏接，于城西门外立精舍以处之。……腾所住处，今洛阳城西雍门外白马寺也。"《大正大藏经》NO. 2059，P. 322

[3] 汤用彤先生否认有僧人来华之事，其根据是《牟子理惑论》与《四十二章经序》中都仅载"时于洛阳城西雍门外起佛寺（《经序》作"起立塔寺"）"，而未记西来僧人之事。见汤用彤：《汉魏两晋南北朝佛教史》第二章〈永平求法传说之考证〉。中华书局版。

[4] 《高僧传》卷1〈支楼伽谶传〉："(谶) 汉灵帝时游于洛阳，以光和中平之间（178～189年）传译梵文，出般若道行、般舟、首楞严等三经。……时有天竺沙门竺佛朔亦以汉灵之时，赍道行经，来适洛阳，……朔又以光和二年于洛阳出般舟三昧，谶为传言，河南洛阳孟福张莲笔受。时又有优婆塞安玄，安息国人，……亦以汉灵之末游贾洛阳，……与沙门严佛调共出法镜经。……又有沙门支曜、康巨、康孟祥等，并以汉献之间，有慧学之誉，驰于京洛。"《大正大藏经》NO. 2059，P. 324

[5] 林梅村：〈洛阳所出佉卢文井栏题记〉，《中国历史博物馆馆刊》1989年总第13～14期。

[6] 汤用彤：《汉魏两晋南北朝佛教史》上册，中华书局版，P. 58

[7] 《后汉书》卷30下〈襄楷传〉："[楷于延熹九年（166年）上疏桓帝］'闻宫中立黄老、浮屠之祠'"。中华书局标点本④P. 1082

[8] 参见《佛教初传南方之路文物图录》，文物出版社版。
    吴焯：《四川早期佛教遗物及其年代与传播途径的考察》，《文物》1992年第11期。

[9] 《三国志》卷49〈吴书·刘繇传〉："笮融者，丹阳人，初聚众数百，往依徐州牧陶谦。谦使督广陵、彭城运漕，遂放纵擅杀，坐断三郡委输以自入。乃大起浮屠祠，以铜为人，黄金涂身，衣以锦采。垂铜盘九重，下为重楼阁道，可容三千余人，悉课读佛经，令界内及旁郡人有好佛者听受道，复其他役以招致之，由此远近前后至者五千余人户。"中华书局标点本⑤P.1185
    《后汉书·陶谦传》中亦载此事，改称"浮图寺"。《魏书·释老志》中不载，盖以其目的不纯之故。

[10] 《高僧传》卷1〈安世高传〉。《大正大藏经》NO.2059，P.323下。

[11] 《法苑珠林》卷40〈舍利篇·感应缘〉："魏明帝洛城中本有三寺，其一在宫之西，每系舍利在幡刹之上，辄斥见宫内，帝患之，将毁除坏。……（后为舍利所感）乃于道东造周闾百间，名为官佛图精舍。"上海古籍出版社版，P.309。

[12] 《高僧传》卷1〈昙柯迦罗传〉："（迦罗）以魏嘉平中来至洛阳，……时有诸僧共请迦罗译出戒律。……时又有外国沙门康僧铠者，亦以嘉平之末，来至洛阳，译出郁伽长者等四部经。又有安息国沙门昙帝，亦善律学，以魏正元之中，来游洛阳，出昙无德羯磨。又有沙门帛延，……以魏甘露中，译出无量清静平等觉经等凡六部经"。《大正大藏经》NO.2059，P.324～325

[13] 《建康实录》卷2。中华书局版，P.54

[14] 同上，P.81。景帝永安元年，孙琳废少主迎帝，"遂乃肆意侮慢人神"、"毁坏浮图塔寺，斩道人"。是吴地佛寺、僧人已略成气候，故遭疑忌，招致毁杀。

[15] 《洛阳伽蓝记·序》："至晋永嘉（307～313年），唯有寺四十二所"。中华书局版《洛阳伽蓝记校释》，P.4
    《魏书·释老志》："晋世，洛中佛图有四十二所矣。"中华书局标点本⑧P.3029

[16] 汤用彤：《汉魏两晋南北朝佛教史》上册，中华书局版，P.119～120

[17] 《高僧传》卷1〈竺昙摩罗刹（法护）传〉："（晋武之世）自敦煌至长安，……后立寺于长安青门外，精勤行道，于是德化遐布，声盖四远，僧徒数千，咸所宗事。及晋惠西奔，关中扰乱，百姓流移，护与门徒避地东下，至渑池"。《大正大藏经》NO.2059，P.326

[18] 《高僧传》卷1〈帛远（法祖）传〉："乃于长安造筑精舍，以讲习为业，白黑宗禀，几且千人。晋惠之末，太宰河间王颙镇关中，虚心敬重。"《大正大藏经》NO.2059，P.327

[19] 《法苑珠林》卷28〈神异篇·感应缘〉："晋抵世常，中山人，家道殷富。太康中（280～298年），禁晋人作沙门。世常奉法精进，潜于宅中起立精舍，供养沙门。"上海古籍出版社版，P.210上

[20] 《高僧传》卷4〈竺法乘传〉："（法乘）依竺法护为沙弥。……护既道被关中，且资财殷富。时长安有甲族欲奉大法，试护道德，伪往告急，求钱二十万。护未答，乘年十三，侍在师侧，即语曰：和上意已相许矣。"《大正大藏经》NO.2059，P.347

[21] 《法苑珠林》卷100〈传记篇·兴福部〉："（元帝）造瓦官、龙宫二寺，度丹阳、建业千僧。……（明帝）造皇兴、道场二寺，集义学、名称百僧"。上海古籍出版社版，P.696上

[22] 《高僧传》卷4〈竺潜（法深）传〉。《大正大藏经》NO.2059，P.347

[23] 《高僧传》卷4〈竺法友传〉、〈支遁（道林）传〉、〈于法兰传〉、〈于法开传〉、〈竺法崇传〉、〈释道宝传〉，同上，P.348～350

[24] 《高僧传》卷11〈帛僧光传〉："（晋永和初游于江东，投剡之石城山，住山神石室。）乐禅来学者起茅茨于室侧，渐成寺舍，因名隐岳。"同上P.395。又卷13〈释僧翼传〉："以晋义熙十二年（417年）与同志昙学沙门俱游会稽，履访山水，至秦望西北，见五岫骈峰，有耆阇之状，乃结草成庵，称曰法华精舍。……时有释道敬者，本琅琊青族，晋右将军王羲之曾孙。避世出家，情爱丘壑，栖于若耶山，立悬溜精舍。"同上，P.410下

[25] 《高僧传》卷13〈释慧受传〉："晋兴宁中来游京师。蔬食苦行，常修福业。尝行过王坦之园，夜辄梦于园中立寺。……坦之即舍园为寺，以受本乡为名号曰安乐寺。东有丹阳尹王雅宅，西有东燕太守刘斗宅，南有豫章太守范宁宅，并舍以成寺。"同上，P.410中

[26] 《高僧传》卷9〈佛图澄传〉："（石勒都襄国时）澄与弟子自官寺至中寺。"同上，P.384中

[27]《高僧传》卷9〈佛图澄传〉："（石虎迁都于邺）澄时止邺城内中寺，……卒于邺宫寺"。同上，P. 384 下。又卷5〈释道安传〉："至邺入中寺遇佛图澄"。同上，P. 351 下

[28]《高僧传》卷9〈佛图澄传〉："（石）虎下书问中书曰，佛号世尊，国家所奉，里闾小人无爵秩者，为应得事佛与不？"同上，P. 385 中。可知官寺、中寺，均为国家所立。

[29] 同上，P. 387 上

[30]《高僧传》卷5〈释道安传〉："安以白马寺狭，乃更立寺名曰檀溪，即清河张殷宅也。大富长者并加赞助。建塔五层，起房四百"。同上，P. 352 中

[31]《高僧传》卷5〈释昙翼传〉："晋长沙太守滕含，于江陵舍宅为寺，告安求一僧为纲领。安谓翼曰，荆楚士庶始欲师宗，成其化者，非尔而谁。翼遂杖锡南征，缔构寺宇，即长沙寺是也。"同上，P. 355 下

[32]《高僧传》卷6〈释慧远传〉："桓乃为远复于（庐）山东更立房殿，即东林寺是也。远创造精舍，洞尽山美。……远闻，天竺有佛影，是佛昔化毒龙所留之影，在北天竺月支国那竭呵城南古仙人石室中。……每欣感交怀，志欲瞻睹。会有西域道士叙其光相，远乃背山临流，营筑龛室，妙算画工，淡彩图写"。同上，P. 358 中

[33]《高僧传》卷2〈弗若多罗传〉："弘始六年（404 年）十月十七日，集义学僧数百人于长安中寺，延请多罗诵出十诵梵本"。又同卷〈昙摩流支传〉："以弘始七年秋达自关中，……住长安大寺"。同上，P. 333

《高僧传》卷5〈释道安传〉："（道安）既至，住长安五重寺，僧众数千，大弘法化"。同上，P. 352

《魏书》卷114〈释老志〉："（道武帝时）鸠摩罗什为姚兴所敬，于长安草堂寺集义学八百人，重译经本。"中华书局标点本⑧P. 3031

[34]《魏书》卷114〈释老志〉："太祖平中山，经略燕赵，所迳郡国佛寺，见诸沙门、道士，皆致精敬，禁军旅无有所犯。"中华书局标点本⑧P. 3030

[35] 同上："天兴元年（398 年），下诏曰：'……其敕有司，于京城建饰容范，修整宫舍，令信向之徒，有所居止。'是岁，始作五级佛图、耆阇崛山及须弥山殿，加以缋饰。别构讲堂、禅堂及沙门座，莫不严具焉。"

[36] 同上，P. 3030

[37] 同上："（真君七年三月）土木宫塔，声教所及，莫不毕毁矣"。P. 3035

[38] 同上："高宗践极，下诏曰：'……今制诸州郡县，于众居之所，各听建佛图一区。（百姓）听其出家。率大州五十，小州四十人，其郡遥远台者十人。'" P. 3036

[39] 同上，P. 3037

[40] 同上："先是，长安沙门种麦寺内，……命有司案诛一寺，阅其财产，大得酿酒具及州郡牧守富人所寄藏物，盖以万计。" P. 3033～34

[41] 文明太后冯氏，为北燕主冯弘（文通）之孙女。父朗内徙，官至秦雍二州刺史，太后与其兄冯熙皆生于长安，信佛法，好立佛寺。事见《魏书》卷13〈皇后列传〉与卷83〈外戚传〉

[42]《魏书》卷114〈释老志〉。中华书局标点本⑧P. 3039

[43][44] 同上，神龟元年（518 年）任城王元澄奏文。P. 3044～3045

[45] 同上："兴和二年春，诏以邺城旧宫为天平寺。" P. 3037

《北齐书》卷8〈后主纪〉："（天统二年，566 年）三月乙巳，太上皇诏以三台施兴圣寺。……五年春正月辛亥，诏以金凤等三台未入寺者施大兴圣寺。……夏四月甲子，诏以并州尚书省为大基圣寺，晋祠为大崇皇寺。"中华书局标点本①P. 98、102

[46]《广弘明集》卷10〈周祖平齐召僧叙废立抗拒事〉："寺庙出四十千，并赐王公，充为第宅"。上海古籍出版社版，P. 159 下

[47] 宋文帝元嘉十二年（435 年），丹阳尹萧摹之上奏，认为当时佛寺建造过度，"甲地显宅，于兹殆尽，材竹铜绦，糜损无极"，应对之加以行政控制，"（凡）兴造塔寺精舍，皆诣所在二千石"。但侍中何尚之认为，弘扬佛教可以坐致太平。这种说法得到宋文帝的赞许，称赞说，"释门有卿，亦犹孔氏之有季路"。事见《弘明集》卷11，上海古籍出版社版，P. 70～71

[48]《高僧传》卷13〈释法意传〉。《大正大藏经》NO. 2059, P. 411

[49]《建康实录》卷11：竹林寺，"案〈寺记〉，元嘉元年（424 年），外国僧毗舍阇造"。中华书局标点本，P. 408

同书卷12：下定林寺，"僧监造，在蒋山陵里也"。P. 408。上定林寺，"案〈寺记〉，元嘉十六年（436年），禅师竺法秀造"。P. 432。严林寺，"元嘉二年（425年），僧招贤二法师造"。P. 411

[50]《高僧传》卷7〈释道温传〉：大明四年（460年），路昭皇太后造普贤像成，于中兴寺禅房设斋，见一神僧，自称慧明，来自天安寺。"诏仍改禅房为天安寺"。《大正大藏经》NO. 2059, P. 373

同卷〈释道猛传〉："至元嘉二十六年（449年），东游京师，……宋太宗为湘东王时，深相崇荐。及登祚，倍加礼接。赐钱三十万，以供资待。太始之初（465年），帝创寺于建阳门外，敕猛为纲领。帝曰：……可目寺为兴皇。由是成号。" P. 374。

同书卷8〈释僧宗传〉："魏主元宏遥挹风德，屡致书并请开讲。齐太祖不许外出，……造太昌寺以居之。" P. 379～380

[51] 梁武帝所立七寺如下：

即位后，为亡母造大智度寺于青溪侧，

天监二年（503年），立法王寺，

天监六年（507年），舍宅造光宅寺，

天监十年（511年），为德皇后造解脱寺，

天监十三年（514年），为贤志造劝善寺，

普通元年（520年），为亡父造大敬爱寺于钟山，

大通元年（527年），为自己造同泰寺于宫后。

见《建康实录》卷17，中华书局标点本。《续高僧传》卷1〈释宝唱传〉，《大正大藏经》NO. 2060, P. 426～427

[52]《高僧传》卷8〈释法安传〉："永明中（483～493年）还都止中寺，……永泰元年卒于中寺。"《大正大藏经》NO. 2059, P. 380

2. 佛寺形态的发展和演变

佛寺的形态在这里指以下两个方面：一是组成寺院的建筑成分。其发展表现为寺内建筑物类型的增加；二是寺院的总体布局。其演变主要体现在佛塔、佛殿等主要建筑物相互关系的改变。由于此期佛寺实物不存，遗址只个别经过发掘，因此主要以文献史料作为研究依据。

中国佛寺形态的演变，可以南北朝中期为界，分为前后两个阶段。前一阶段处于佛教进入中国后，逐渐为社会所接受的发展过程，佛寺形态主要反映为寺院功能的不断扩充与完善；后一阶段处于南北朝后期至隋唐，佛教进一步深入中国社会、形成中国佛教体系的过程，佛寺形态表现为以传统的建筑布局手法，比附外来的有关佛寺建造的种种说法，逐渐形成与城市、宫殿、宅邸等具有相同规划原则的中国寺院总体布局形式。

无论是佛寺形态还是单体建筑形式的演变，都是一个在固有文化的基础上对外来佛教文化不断吸收并加以改造的过程。由于固有文化上的差异，这种吸收和改造的程度、方式在不同的地区、民族中也有所不同。中国幅员广阔，虽然从总的趋势来看，佛寺形态是朝着汉化的方向发展，但各个地区的情形不尽相同。理想而统一的佛寺形态是不存在的。并且，任何一种佛寺布局或建筑形式的流行与消亡，都经历了相当长的时期，同时往往与其他的形式交错并存。

（1）立塔为寺

据佛经记载，释迦牟尼逝后火化，弟子收取舍利，为之建塔，令世人敬仰。又有八国王举兵前往争分舍利、各自立塔供养的记载[1]。故佛塔是佛教信徒最初始的礼拜对象之一。佛塔的建立，成为佛教进入某个地区的显著标志，使所到之处皆立佛塔，成为传道僧人的奋斗目标。

汉魏西晋时，不论是官方为外来僧人立寺，还是民间为佛立祠，都以佛塔为主体，时称"浮屠"、"浮图"或"佛图"。因而在很长一段时期内，汉地存在着"浮图"与"寺"在称呼上相混同的现象。这时佛塔的客观作用，主要是以新奇的外来建筑形象引起社会各阶层的注意，以达到弘

道的目的。佛塔的外围，或有一些附属建筑，如阁道、寺舍等（图2-7-2）。这时禁止汉人出家，立寺主要为满足外来僧人礼拜观佛、举行仪式及研习、译释佛经的需要，而多数外来僧人"常贵游化，不乐专守"[2]，居食无定处，故佛寺中一般只有少量僧人居守，佛寺占地也极为有限，以下是见诸文献记载的几处汉魏西晋佛寺：

1）东汉洛阳白马寺

汉末牟子《理惑论》记汉明帝遣使（58～75年）"于大月氏写佛经四十二章，藏在兰台石室第十四间。时于洛阳城西雍门外起佛寺，于其壁画千骑万乘，绕塔三匝"[3]。东魏魏收《魏书·释老志》记使者使于天竺，"与沙门摄摩腾、竺法兰东还洛阳。……以白马负经而至，汉因立白马寺于洛城雍门西。……盛饰佛图，画迹甚妙"[4]。梁慧皎《高僧传·摄摩腾传》记腾来华后，"明帝甚加赏接，于城西门外立精舍以处之。……腾所住处，今洛阳城西雍门外白马寺是也"[5]。综合上述记载，汉明帝时立寺，以佛塔为寺内主体建筑物，并有安置外来僧人的用意，寺内有僧人居处，但其相对于佛塔的位置，已无法查考。

2）汉末徐州笮融浮屠祠

晋陈寿《三国志·吴书·刘繇传》记汉献帝初平年间（190～193年），丹阳人笮融"大起浮图祠。……垂铜盘九重，下为重楼，阁道可容三千余人"[6]。南朝刘宋范晔《后汉书·陶谦传》记为："（笮融）大起浮屠寺。上累金盘，下为重楼，又堂阁周回，可容三千许人"[7]。依上述记载，笮融所建浮图祠，是以佛塔（上累金盘的重楼）为中心，四周环绕阁道。阁道亦称复道，为上下两层（下层架空、上层盖顶）的走廊，秦汉时多用于宫室之间的交通。

3）曹魏洛阳宫西佛图

《魏书·释老志》记载："魏明帝曾欲坏宫西佛图。外国沙门乃金盘盛水，置于殿前，以佛舍利投之于水，乃有五色光起，于是帝叹曰：'自非灵异，安得而乎？'遂徙于道东，为作周阁百间。佛图故处，凿为汜濛池，种芙蓉于中"[8]。魏明帝于227～240年在位，青龙三年（235年）以后始治洛阳宫。故佛图迁建，约比笮融浮图祠晚40余年。从记述中可知，两者布局形式相近，都是当中佛塔，周围阁道。佛教初入中国，以洛阳为中心，因此洛阳佛寺应得风气之先，相对接近西域传入的样式。推测佛图四面"作周阁百间"，或是依照外国沙门描述的佛寺平面，或是参照了洛城中汉代佛寺的遗存。同时，这种在主体四周环绕布置附属建筑的方式，在汉代礼制建筑布局中也很常见，易于为汉地官方所接受。宫西佛图的规模，若以阁道每间广一丈，各面25间计，约为60米见方（按1魏尺=0.241米）。

4）东吴建邺建初寺

《高僧传·康僧会传》："其先康居人，世居天竺，……以吴赤乌十年（247年）初达建邺，营立茅茨，设像行道。……（后立坛求得舍利，吴帝孙权）即为建塔。以始有佛寺，故号建初寺。因名其（所住）地为佛陀里"[9]。东吴境内由康僧会求得舍利，吴帝为之建塔而始有佛寺，很典型地说明了佛塔的建立是外来僧人最初的奋斗目标，也是佛教进入某一地区的标志。同时立塔即是建寺，在外来僧人尚需借助法术灵验才能取得帝王信任的时期，佛寺的功能与规模不可能有超越性的发展。寺内除佛塔之外，不会有其他主要建筑物。

5）西晋阿育王寺

据《魏书·释老志》记载，当时洛阳、彭城、姑臧、临淄等地，皆有阿育王寺[10]。阿育王是印度孔雀王朝的第三代国王，在位期间（BC.273～232年，相当于我国战国末年），曾大力扶持佛教。近年经印度学者调查考证，确实发现了阿育王埋葬舍利容器并建立佛塔的迹象[11]。安息僧人安法钦于西晋太康二年至光熙元年（281～306年）译出《阿育王经》5卷[12]，很可能从这时起，有关阿育王建塔的传说开始流行于汉地，并开始了阿育王塔的建造。《高僧传·释慧达传》记遇异僧令其"出家往丹阳、会稽、吴郡觅阿育王塔像，礼拜悔过，以忏先罪。……晋宁康中（373～375年）至京师"[13]。《法苑珠林》中亦记载此事[14]。由此可知，至迟东晋时，中国境内已多处出现阿育王塔寺，并有僧人及信向者游行礼拜。阿育王塔实物不存，《高僧传·佛图澄传》记载："（石）虎于临漳修治旧塔，少承露盘。澄曰，临淄城内有古阿育王塔，地中有承露盘及佛像，其上林木茂盛，可掘取之"[15]。据此则阿育王塔的尺度及形式应与一般佛塔大致相近。

立塔为寺是汉地佛寺初期发展阶段的特征。随着佛教影响的深入，佛寺功能进一步发展，这种单一以佛塔为主体的佛寺形态便有所改变了。

（2）堂塔并立

西晋末年，佛经不断译出，外来僧人以及汉地出家人数增多，在社会动荡、苦难深重的情势下，佛教信徒也大大增加。佛教摆脱了初入中国时的艰难开创局面，进入大发展时期，佛寺的功能与形态相应地出现了新的变化。东晋十六国时，出现了以佛塔、讲堂为主体，兼有其他附属建筑的佛寺形态（图2-7-3）。

随着说法论道和观习经典等活动的广泛开展，佛寺不再是单纯进行礼拜仪式的场所。为适应新的功能需要，寺内出现了除佛塔之外的另一类主体建筑物，即专供法师讲经、僧徒听讲之用的讲堂（后期亦称法堂）。由于讲堂是僧人的活动场所，一般不供奉佛像，因此它的出现并不影响佛塔的中心主体地位。讲堂通常设立在佛塔的后侧，按照中国传统的布局手法，两者形成一条纵向轴线。《法苑珠林》记载，北齐沙门僧范于邺城显义寺讲堂讲经，"至华严六地，忽有一雁飞下，从浮图东顺行入堂，并对高座，伏地听法，讲散徐出，还顺塔西，尔乃翔逝"[16]。知此寺至北朝后期仍保持着典型的塔堂布局形式。

东晋兴宁中（364年），晋哀帝诏建瓦官寺，寺内"止堂塔而已"。数年后（371年），道安弟子竺法汰居寺，在主体建筑物周围，又增建了大门及其他附属建筑物，使佛寺形态更为严整[17]。另外，由于来往听讲人数的增多，佛寺成为僧众聚散之地，因此需要修建大批僧房加以安置。前述释道安南下襄阳后立檀溪寺，"建塔五层，起房四百"，其中当以僧房为主。后道安入秦，住长安五重寺，僧众数千，大弘法化，院寺规模亦必宏阔。但据记载，寺内僧房仍供不敷求，以至于讲堂有时也兼具安置僧人的功用[18]。

佛寺中附属建筑物比例增大的另一个重要原因，是大乘佛教的兴起，使早期小乘教派所提倡的苦行实践方式发生改变。僧人不必

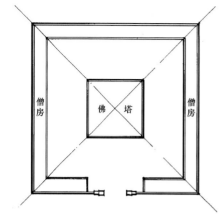

图 2-7-2 立塔为寺的佛寺平面模式图

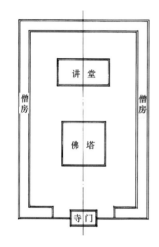

图 2-7-3 堂塔并立的佛寺平面模式图

逐日乞食，处野而居，可以有私产、有居处，甚至可以蓄室。尤其在龟兹高僧鸠摩罗什之后，佛寺中上层僧人的地位逐渐稳定，寺院经济开始发展。不唯僧房，其他日常用房，如仓廪厨库之类的数量也逐渐增多。寺内修建僧房，又有利于管理僧众的一面。东晋释道安时，已开始制定僧尼轨范，其中有常日六时行道饮食唱时法。自此，出家僧尼逐渐以寺院为单位相对定居，佛寺也开始从佛教的象征体演变而为一种社会组织和经济实体。

（3）建立精舍

从西晋末年起，除了佛寺中开始出现堂塔并立的布局变化，又出现一种以讲学修行为主要功能的学院式佛教建筑，以其与儒家讲学修行的活动方式相近，故当时亦习称为精舍[19]。正如立塔为寺体现了中国佛寺发展初期阶段的特点，这种精舍则属佛寺进一步发展时所产生的一种特殊形式。

两晋之际，讲经大盛，禅法渐行。佛教高僧以及一些崇信佛教的上层人士，纷纷营建房舍，供讲授佛典、行修禅法之用（见前文）。东晋十六国时，精舍的建立更为普遍，都城、山林之中，多有造筑[20]。曾于敦煌立精舍讲学的罽宾僧人昙摩密多，"顷之复适凉州，仍于公府旧事，更葺堂宇，学徒济济，禅业甚盛"[21]，是利用衙署改建而成的精舍。这种供讲学禅修之用的精舍，其形态或与当时的太学、府学等学舍相近。

除了学院式的精舍之外，这时又有佛教僧人模仿释迦牟尼修行之法建造的小型精舍。其形式、布局十分自由，从草庐、竹棚到石室、茅棚，通常依山傍谷，也有建于僧人墓所或立于宫室、宅邸中者[22]。这类精舍往往逐渐发展成为佛寺。如慧远至庐山，始住龙泉精舍，后称龙泉寺；其弟慧持到蜀，止龙渊精舍，亦称龙渊寺[23]。大约此期佛寺尚未有严格规制，但凡有僧人主持，并得到社会供养、官方认可，便可立寺。故精舍与佛寺之间，并无明确界限，至南朝初期依然[24]，这与东晋时期佛教发展的特点不无关系。精舍既为修行而立，形式通常偏于简陋，也不必起立佛塔。东晋王劭造枳园精舍，"虽房殿严整，而琼刹未树"[25]。供僧徒禅观礼拜的佛像，置于房殿之中。民间受这种风气的影响，也有造立精舍供佛的做法[26]。精舍在规格、性质上与官方建立的佛寺是有差别的，其中一部分由高僧主持者或逐渐发展成为著名的寺院，但就多数而言，精舍始终属于佛教基层组织的形式，略同于后世的"兰若"。

（4）舍宅为寺

宗教的传播与发展，有时也取决于它和当地传统思想文化相互沟通的程度。东晋时，佛教广泛流布，佛教建筑活动兴盛，除战乱频繁、人民苦难、渴求解脱的社会条件外，很大程度上也由于佛教所提倡的信仰方式与中国传统的观念、习俗迅速而紧密的结合。出于为天子、祖先、家族祈（追）福的目的，将宅第舍为佛寺，是东晋士夫阶层在特定条件下所采用的一种佛教信仰方式。

前述释道安入秦，制僧尼轨范，"天下寺舍，遂则而从之"。可知当时佛教僧人的生活方式，已逐渐从早期的"不贵专守"、"住无再宿"转为集体定居，故而有可能并且有必要实行统一的戒律。同时，安定而有经济保障的生活环境，也开始成为僧人的追求目标。有不少佛寺，实际上是僧人乞宅与信士舍宅相结合的产物。

舍宅为寺，是以利用宅内原有建筑物为前提。通常以正厅为佛殿或讲堂，其余房舍、厨库之类皆可沿用，所差只是佛塔。宅内立塔，位置和体量必受限定，因此并非都有立塔的可能。东晋穆帝时山阴许询舍二宅为寺，仅于其中一所造立四层佛塔[27]。这种基本保持宅邸总体布局的佛寺对中国佛寺形态发展所产生的影响是显而易见的。自东晋至南北朝，大部分城市佛寺，都因此而呈现为居住建筑的形态：主体建筑物沿中轴线前后排列，形成数重院落。两侧分列次要及附属建筑物。北魏末年（529~531年），尚书令尔朱世隆为从兄尔朱荣追福，以宦官刘腾宅立为建中寺。"一里之内，廊庑充溢。堂比宣光殿，门匹乾明门，……以前厅为佛殿，后堂为讲室"[28]，便是一个典型的例证。

除宅邸之外，又有依官府衙署改建为佛寺的情形。北魏太和四年（480年）孝文帝"诏以鹰师曹为报德寺"[29]，梁武帝大通元年（527年）于宫后为自己造立的同泰寺，则是由大理寺署改建而成[30]。

（5）佛殿的造立与形式

佛殿是安置大型佛像的地方，故佛殿的出现首先与佛像造铸有关。

佛教在印度南方流传时，佛的形象尚未出现，信徒们一般以塔、法轮、菩提树、佛足印等作为礼拜对象。据认为这一方面是出于对佛的尊重，同时也有不提倡偶像崇拜的意思。到公元1世纪西北印度贵霜王朝时期，由于希腊艺术的影响，出现了佛像艺术，世称"犍陀罗艺术"，流传至今的多为石质的佛菩萨像以及雕刻佛传故事场景的各种石构件。

佛教初入中国，正值佛像开始流行之际。西域僧人来华，有可能随身携带小型佛像或绘像。据史料记载，汉末时人已知浴佛，并出现铜铸鎏金的佛像（见[6]）。东晋十六国时期，汉地造像开始广泛流行。现存纪年明确的铜造像中年代最早的，是后赵建武四年（338年）坐像，像高约40厘米（现藏美国旧金山亚洲艺术博物馆）。《法苑珠林》记刘宋时人发现后赵佛像，高二尺一寸（约合50厘米），跌铭云："建武六年（340年），岁在庚子，官寺道人法新僧行所造"[31]。这类小型佛像，通常供奉于台案之上，尚不需宽大的空间。但如果佛像尺度高大，并且数量众多，则须具备与之相适配合的空间条件。东晋释道安立檀溪寺时（365~375年），凉州刺史送铜万斤，以铸丈六佛像（约高4米），之后前秦苻坚又遣使送来各式佛像，"每讲会法聚，辄罗列尊像，……使夫升阶履阃者，莫不肃焉尽敬矣"[32]。又东晋兴宁年间（363~365年），沙门竺道邻造无量寿像，高僧竺法旷为之"起立大殿"[33]。由此可知，当时汉地不仅开始铸造大型佛像，并有大批佛像来自西域、凉州一带。正是在这种情势下，佛寺中出现了专为安置佛像而建造的佛殿。

南北朝时，以国家财力大规模铸像并广立佛殿的活动频频不断，社会各阶层也都尽其所有投入其中。佛教经典的宣传是一个重要原因。后秦弘始八年（406年）之后，龟兹高僧鸠摩罗什于长安重译的《法华经》开始在社会上广泛流传。经中宣扬佛身常住不灭、变化无尽。人们只要为佛建寺造塔、造像绘画，作各种供养，便可望成佛。于是，供养众多佛菩萨像，成为社会上最流行的佛教信仰方式，佛殿的数量、规模也随之迅速增长。据文献记载，南朝初期已有专为供奉七佛而起立佛殿的做法[34]。北魏云冈石窟雕刻中有并列七佛、上覆庑殿顶的形象（图2-7-4），北周麦积山石窟第4窟，更是从整体上表现了一座面阔七间、每间设一佛帐的庑殿顶大殿（见图2-7-43）。另外，由于提倡供养诸佛以至千万亿佛，并观音、普贤等众多菩萨，故寺院中殿堂的数量不断增加。一寺之内，往往除正殿之外，又有前后数重殿堂及两侧配殿。皇家大寺中立殿尤多。梁武帝大通元年（527年）立同泰寺，内有大殿6所，小殿及堂10余所[35]，至中大通四年（532年），又造瑞像殿，以至"帝幸同泰，设会开讲，历诸殿礼，黄昏始到瑞像殿"[36]。

佛殿的建造与形式，又与佛像的帝王化有关。北魏僧人法果尊天子为当今如来，故文成帝复兴佛法之后，为祈福而造的佛像与帝王形象趋于一致。兴安元年（452年）"诏有司为石像，令如帝身"，兴光元年（454年）"敕有司于五级大寺内，为太祖已下五帝，铸释迦立像五，各长一丈六尺"[37]。云冈昙曜五窟中的五座大像，也是为五帝祈福所造，外貌都具有鲜卑民族的特征。孝文帝改制后，佛像的衣着装束也随着帝王服饰的汉化而改变，正是这种做法的一个证明。佛像既如帝

图 2-7-4　山西大同北魏云冈石窟第 13 窟壁面雕刻中的七佛

王，仿照帝宫的形式建造佛殿便是很自然的事。不仅佛殿的外观，甚至殿内陈设也与帝王宫中相同。建于北魏熙平元年（516年）的洛阳永宁寺大殿，便"形如太极殿（洛阳宫中正殿）"[38]。不仅皇家大寺，地方佛寺中的主要佛殿，也被允许采用宫殿的形式。依帝王形象造铸佛像，按宫殿规制营建佛殿以至整个佛寺，是南北朝时期，特别是北魏中后期造像立寺的一个突出特点。

佛殿的规模与殿内像设方式有直接的联系。由于南北朝时期佛殿实例不存。故只能根据文献记载和石窟内部空间形式作一些探讨。南北朝时期流行的佛像设置方式主要有三种：一是七佛，通常为七座佛像并列；二是三佛，早期形式如云冈昙曜五窟所见，为主佛居中，另二佛居侧相对；三是主佛两侧立有菩萨、弟子诸像的整铺造像。早期佛像多为单像，越到后来，胁侍越多。因此七佛、三佛的设置到后来便发展为七铺、三铺的列罝了。如北魏云冈第 5 窟所见七佛为 7 身并列的立佛，而北周麦积山第 4 窟所见已是 7 帐并列、帐各一铺的形式了。据史料记载，殿内置像又有当中主像、四周围绕天王诸像，或菩萨位于主像两侧呈并列状等方式[39]。建造佛殿时，首先按照像设方式确定平面形式。如果是七佛殿，则当作长方形平面。如置三佛或单铺佛像，平面可接近方形，前述梁武帝同泰寺中的瑞像殿，殿内"施七宝帐座，以安瑞像，又造金铜菩萨二躯"，是一佛二菩萨的设置，因此选择了"三间两厦"，即方形平面、歇山顶的形式[40]。北朝各地石窟中的三壁三龛式方形窟以及云冈第 9、10、12 窟，麦积山第 28、30、43、49 诸窟所示，大都属于此类。并多在外观上表现为面阔三间的佛殿，屋顶作庑殿或歇山，又有当中覆钵、四周木构披檐的样式（如南响堂山第 7 窟）。窟内正侧三壁雕三座佛帐龛，置三铺佛像；或正壁前置主像，窟顶雕为天盖形状，地面也雕有装饰纹样，表现了相应的殿内像设方式以及像顶张挂天盖、地面铺设毡毯或花砖的做法。已知云冈佛殿窟中，内顶多表现为平棊，应是北魏平城佛殿顶棚形式的反映。另据史料记载，南朝佛殿中，有彻上明造的做法[41]。北魏迁洛以后开凿的龙门诸窟中，顶部不雕平棊，改雕天盖，或即反映了当时佛殿形式较多接受南朝影响的现象。

（6）佛寺布局

南北朝时期，各地盛行建塔造像以申追福的做法。佛寺中塔、殿的数量与规模较之东晋十六国时期有了很大的发展，南北佛寺的布局也都随之有所变化。据文献中关于一些大型佛寺的描述来看，两地佛寺的布局风格略有不同。大致北朝建寺依循传统、追求正统的观念较强，故平面较为规整，以塔、殿居中者为多；南朝佛寺则保持东晋山林佛寺的特点，因地制宜、布局自由。这种差异，与两地自然环境的不同有关。南朝都城建康的地势，本就在山水之间，故即使是都下佛寺，也往往依山临水而建；北魏都城洛阳的情形则不同，城郭之内，御道纵横，坊里规整，佛寺多临街或依坊曲范围设置。另外，南朝大寺中有不少是在东晋旧寺基础上扩建而成，故总体布局又受到历史条件的限定。以下根据文献记载及考古发掘资料，分别对南北佛寺布局的特点作一概述：

1) 北魏佛寺的布局特点

北魏都平城期间，从文成帝复法到孝文帝迁都的30余年（约460～495年），是平城建寺的鼎盛期。见诸记载的平城佛寺，大多是国家或皇室成员所建。其中的五级大寺、永宁寺、方山思远佛图、北苑鹿野佛图、皇舅寺以及三级石佛图等，都是以佛塔为中心主体的佛寺，在佛寺命名上也仍带有魏晋时期立塔为寺观念的残余。

孝文帝迁都洛阳之后的30年（约495～525年）中，洛阳建寺亦达高峰。佛寺布局大致仍保持佛塔居中、并在体量上成为寺院主体的格局。特别是皇室所建的永宁寺、瑶光寺、秦太上公二寺以及嵩山闲居寺（后称嵩岳寺）等，均采用这种布局方式。

永宁寺在《洛阳伽蓝记》一书中居诸寺之首，是北魏洛阳最显要的一所佛寺。据书中描写，永宁寺在布局上有两个突出的特点。一是佛塔居中，且体量巨大，不仅是寺内主体建筑物，同时也是洛阳佛寺的显著标志，"去京师百里，已遥见之"；二是佛寺布局与宫殿类似，建筑形式亦相近。佛寺南门形同皇宫正门，佛殿形同前朝正殿，围墙做法及四门依方位等级区别设置，一如宫中[42]。1963年，中国社会科学院考古研究所对永宁寺遗址进行了初步勘查，探明寺院平面为长方形，南北约305米，东西约215米，周长1060米。东、西、北三面的墙基及门址均在。塔基位于寺院中部，正对南门，下层为约100米见方的夯土基座。塔基北面有一座较大的夯土残基，估计是佛殿遗址[43]（图2-7-5）。遗址平面与《洛阳伽蓝记》中的记载基本相符。

永宁寺这种寺门之内即立佛塔的布局方式，也见于一般佛寺。如洛阳城西王典御寺，"门（内）有三层浮图一所"[44]，是北魏时期比较常见的佛寺布局形式。

洛阳景明寺，建于宣武帝景明年间（500～503年），建寺初并未建塔，至正光中，"（胡）太后始造七层浮图一所，去地百仞"，体量仅次于永宁寺塔[45]。此寺有可能是在总体布局中预留了佛塔的位置，依永宁寺布局推之，可能也是位于寺门与佛殿之间。

北魏后期，由于舍宅为寺的做法逐渐盛行，洛阳城内佛寺大半

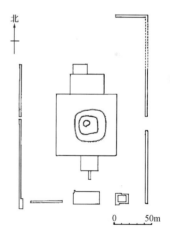

图2-7-5 河南洛阳北魏永宁寺遗址平面图

为舍宅所成，其中有不少在立寺之初并未建塔，后以追福的名义增建，如平等寺、冲觉寺等[46]。建义元年（528年）河阴之役后，北魏皇室成员死伤大半，城西寿丘里内的王侯第宅，多题为寺，"列刹相望，祗洹郁起，宝塔高凌"[47]。这些佛寺中的佛塔，无疑也都是后来起立的。一般说来，依宅邸建寺并居中设置体量巨大的佛塔是相当困难的，因此后立的佛塔，或体量减小，或位置不居中。同时也有一些佛寺，如前述尔朱世隆依刘腾宅所立的建中寺，就未见有关寺内建塔的记载。这使北魏佛寺布局到后期出现了新的变化，突破了以往以佛塔为中心主体的布局观念。

北魏洛阳佛寺的用地往往以坊曲为单位，故总体平面较为方整。洛阳里坊方三百步，约合今410米见方（见本章第一节）。前述永宁寺遗址平面为宽215、长305米，依宽度计，约占半坊之地。延年里的建中寺和城西阊阖门外御道南的融觉寺，都是充溢一里的大寺[48]。宣武帝所立的城南宣阳门外景明寺，"其寺东西南北方五百步"[49]，约合今680米见方。据北魏洛阳城平面，可知是占据了宣阳门与平昌门之间的一整块方地（见图2-7-1）。

2）南朝佛寺的布局特点

佛寺内除中院外，又设立众多"别院"，是南朝大型佛寺布局中的一个突出特点。按主体建筑（塔、殿）所在的院落，称作"中院"，也往往是佛寺最初建立的部分。其余的院落则称作"别院"，包括职能院、僧房院及陆续扩建的佛殿院、佛塔院等。梁武帝立建康大爱敬寺，内有别院36所，"皆设池台，周宇环绕"[50]，《法苑珠林》记荆州河东寺内，"别院大小，今有十所，般舟、方等二院，庄严最胜，夏别常有千人"[51]，所记虽为初唐时僧人坐夏盛况，但别院规模，应在南朝时便已具备。

寺内建筑物布局自由，是南朝佛寺的另一特点。承东晋遗绪，南朝立寺亦多选择山川形胜之处。佛寺的布局，由于受地形条件限制，沿中轴线布列建筑物及塔、殿居中设置等布局方式便不适用了，当然其中也不排除社会风气与审美价值观念的影响。浙右一带为山寺集中之地，往往"傍高峦而建刹"，"跨曲涧而为室"[52]。梁武大爱敬寺"创塔包岩壑之奇"，且中院之去大门，延衰七里[53]。知山寺建塔，不乏依崖构造之例，其余建筑物，也都就地而建，故佛寺形态，颇多跌宕错落。齐明帝时（495～498年），续建鄂州头陀寺，"层轩延衰，上出云霓，……飞阁逶迤，下临天地"[54]，是南朝山寺的典型风貌。

值得注意的是，南朝佛寺中，有不少由前代旧寺扩建而成。如东吴建初寺、东晋建康的彭城、瓦官、道场、中兴诸寺，以及荆州的上明、长沙、河东寺，经历代修建，增造堂殿与僧房别院，到南朝后期，均成为著名大寺。其总体布局的变化发展，实代表了南朝以至汉地佛寺形态的演变趋势。今后如能结合考古工作对之加以研究，将是很有意义的事。

（7）佛塔在佛寺布局中的地位

从南北朝中期开始，佛塔在佛寺布局中的中心主体地位逐渐有所改变。其原因除了前述佛殿的造立，以及舍宅为寺对佛塔建造产生一定限定性外，人们观念上的某些变化，也是导致佛寺布局中塔、殿相互关系及地位变化的一个重要原因。

作为早期佛寺主体的佛塔实际上即是一种外来的佛殿形式。如前所述，公元前后形成并流行于西北印度的犍陀罗艺术中，佛像已成为人们的礼拜对象，自那时向东传播的佛教信仰方式，也已不再是单纯的舍利等物象崇拜。于是佛塔在外观形式及内部空间上都开始与佛像发生关系[55]。东晋时译出的《观佛三昧经》中，多处提到"入塔观像"[56]，说明是将佛像置于塔内，供人禅观、礼拜。东晋葛洪（284～364年）《字苑》释塔云："塔，佛堂也"（玄应《一切经音义》卷六），即是从功能角度对佛塔所作的一种诠释，就此意义上讲，早期佛寺以佛塔为主体，也就是以佛殿为主体，传统形式佛殿的出现，最初只是对佛塔功能的一种扩充（塔内空间不能满足置像需要）或替代（寺内尚未立塔）。尽管佛塔在总体布局中的位置因此而有所改变，但其地位往往仍在佛殿之上，塔内置像的功能也并不因此而被取代[57]。如北魏洛阳永宁寺和南朝宋明帝湘宫寺，无论是布局中门、塔、殿三者前后重置，还是因受建筑技术限制而分立二塔[58]，事实上都未影响佛塔在总体布局中的首要地位。只是由于寺院规模扩大、寺内建筑物增多，已不再像早期那样，可以用"浮图"作为佛寺的代称。

然而自东晋时起，建造佛塔也和舍宅立寺一样，成为信向之徒兴造福业的方式[59]。南北朝时，造塔祈福的风气愈盛。北魏孝文帝即位后，与文明太后并称"二圣"，社会上由此出现为"二圣"祈福而造立双塔的做法。如宕昌公王遇于陕西本乡旧宅立晖福寺，"上为二圣造三级佛图各一区"[60]，使造塔的意义一如造像，仅限于本身"一区"，不再视之为立寺。南方则盛行由求获舍利而立塔，甚至因此于一寺之中建造数座佛塔，如建康长干寺内，前后共起舍利塔五座，其中梁武帝时便起造两座。似此随意建塔，反而使佛塔失去了中心主体的地位[61]。与此同时，殿内置像的做法与传统的礼拜帝王、圣贤的方式相吻合，已为人们所习用，传统的宫殿规划布局方式越来越自然地被用于佛寺建筑群，佛塔的位置逐渐由中心向旁侧转移。但就目前所知，尚未有确凿的例证表明北朝佛寺中已出现佛殿宏大居中、佛塔分置殿前两侧的情形[62]。事实上，佛塔在佛寺中失去其中心主体地位的变化过程是漫长的。隋唐以后，以佛殿为中心主体、佛塔分置两侧甚至别院的布局形式才逐渐定型。可是造成这一变化的因素，应该说早在南北朝时期即已出现了。

注释

[1]《法苑珠林》卷40〈舍利篇·分法部〉，引诸经中关于八王分舍利的描述，其中〈十诵律〉记载颇详。除八国王各分得一份舍利回国立塔之外，又以盛舍利瓶及焚舍利炭各起塔一座，共十座佛塔。〈大般涅槃经〉中记载亦同。上海古籍出版社版，P.308～309

[2]《高僧传》卷1〈昙柯迦罗传〉。《大正大藏经》NO.2059，P.324

[3]《弘明集》卷1。上海古籍出版社版，P.5

[4]《魏书》卷114〈释老志〉。中华书局标点本⑧P.3025

[5]《高僧传》卷1〈摄摩腾传〉。《大正大藏经》NO.2059，P.322

[6]《三国志》卷49。中华书局标点本⑤P.1185

[7]《后汉书》卷73。中华书局标点本⑧P.2368

[8]《魏书》卷114〈释老志〉。中华书局标点本⑧P.3024

[9]《高僧传》卷1〈康僧会传〉。《大正大藏经》NO.2059，P.325。另据《法苑珠林》，上海古籍出版社版，P.309

[10]《魏书》卷114。中华书局标点本⑧P.3028

[11]《大唐西域记校注》卷7〈吠舍厘国·佛舍利窣堵波及诸遗迹〉："其西北有窣堵波，无忧王之所建也"。注文："即传说阿育王发掘佛舍利以后分建的八万四千塔之一，此佛塔最近经印度学者A. S. Altekar的调查发现，并出土阿育王再埋葬的舍利容器。见日本平凡社出版的《世界考古学大系》八，页97，插图157、158。"中华书局版，P.590～591

[12] 吕澂《新编汉文大藏经目录》。齐鲁书社版，P.73。同页又列《阿育王传》七卷，僧伽婆罗梁天监十一年（512年）译出。

[13]《高僧传》卷13。《大正大藏经》NO.2059，P.409

[14]《法苑珠林》卷38〈敬塔篇·感应缘〉。上海古籍出版社版，P.295

[15]《高僧传》卷9。《大正大藏经》NO.2059，P.385

[16]《续高僧传》卷8〈释僧范传〉。《大正大藏经》NO.2060，P.483

[17]《建康实录》卷8〈哀帝记〉。中华书局标点本，P.233《高僧传》卷5〈竺法汰传〉。《大正大藏经》

NO. 2059, P. 354

[18]《高僧传》卷5〈释道安传〉："秦建元二十一年正月二十七日，忽有异僧，形甚庸陋，来寺寄宿。寺房既迮，处之讲堂。"《大正大藏经》NO. 2059, P. 353

[19] 早期文献中，精舍一词是指文人高士居住、修行兼或讲学之所，不唯佛教专用。《后汉书·李充传》记陈留人李充于东汉延平中（106年）征为博士。母丧行服，"服阕，立精舍讲授"。中华书局标点本⑨P. 2684

《后汉书·姜肱传》记其与弟夜遇盗贼，二人争死，后盗贼感悔，"乃就精庐，求见徵君"。唐李贤注："精庐，即精舍也"。中华书局标点本⑥P. 1749。《资治通鉴·晋纪》引此文，其下胡三省注："盖以专精讲习所业为义。今儒、释肄业之地，通曰精舍。"中华书局标点本，说明直至宋代，精舍一词仍为儒释共用。

精舍又有由释迦牟尼修行说法之所引申而来的含义。唐玄奘《大唐西域记》中将西域地区的佛塔庙称作精舍，其中又依体量分为大小精舍。《洛阳伽蓝记》中记景林寺西园"中有禅房一所，内置祇洹精舍，形制虽小，巧构难比。"《洛阳伽蓝记校释》卷1, P. 65。恐指一种内置佛像的小室。

[20] 东晋王珣（丞相王导之孙，小字法护，348～400年）曾于都城建康"建立精舍，广招学众"。《高僧传》卷1〈僧伽提婆传〉，《大正大藏经》NO. 2059, P. 329

前秦时京兆僧人竺僧朗，皇始元年（351年）隐居泰山，"于金舆谷昆仑山中，别立精舍。……朗创筑房室，制穷山美，内外屋宇，数十余区。闻风而造者百有余人。"同上卷5〈竺僧朗传〉, P. 354

[21]《高僧传》卷3〈昙摩密多传〉。同上 P. 342

[22] 东晋太元六年（381年），孝武帝"初奉佛法，立精舍于殿内，引诸沙门居之"。《建康实录》卷9。中华书局标点本，上册，P. 268 又太元五年（380年）僧人竺法义卒于都，葬新亭岗，弟子昙爽"于墓所立寺，因名新亭精舍"。《高僧传》卷4〈竺法义传〉。《大正大藏经》NO. 2059, P. 350

[23]《高僧传》卷6〈释慧远传〉："（慧远）见庐峰清净，足以息心，始住龙泉精舍"，后泉涌成溪，"因号精舍为龙泉寺"，同上 P. 358

同卷〈释慧持传〉："（慧持）遂乃到蜀，止龙渊精舍，大弘佛法"。后避难憩陴县中寺，"后境内清恬，还止龙渊寺"。同上 P. 361～362

[24] 东晋末（义熙十三年，417年），始兴公王恢迎高僧智严至建康，"乃为于东郊之际更起精舍，即枳园寺也"。同上卷3〈释智严传〉。P. 339

宋元嘉十年（433年），西域僧人僧迦罗多"卜居钟阜之阳，剪棘开榛，造立精舍，即宋熙寺是也"。又畺良耶舍元嘉初至京师，"初止钟山道林精舍"，亦即道林寺。同上〈畺良耶舍传〉。P. 344

[25] 沈约〈南齐仆射王奂枳园寺刹下石记〉。《广弘明集》卷16，上海古籍出版社版，P. 218

[26] 庐山东林寺慧远精舍中置无量寿像，般若台精舍内有阿弥陀像。《高僧传》卷6〈释慧远传〉。《大正大藏经》NO. 2059, P. 358

《法苑珠林》卷22〈入道篇·感应缘〉，记宋元嘉元年（424年），东官仓有民女二人屡失，还家后便"坐立精舍，旦夕礼颂"。上海古籍出版社版，P. 174

[27]《建康实录》卷8〈穆帝记〉。中华书局标点本，P. 216

[28]《洛阳伽蓝记》卷1。《洛阳伽蓝记校释》，中华书局版，P. 48～51

[29]《魏书》卷114。中华书局标点本⑧P. 3039

[30]《广弘明集》卷20〈法义篇·上大法颂表〉记梁武帝同泰寺之立，为"改大理之署，成伽蓝之所，化铁绳为金诏，变铁网为香城"。上海古籍出版社版，P. 248

[31]《法苑珠林》卷14〈敬佛篇·观佛部·感应缘〉。上海古籍出版社版，P. 113

[32]《高僧传》卷5〈释道安传〉。《大正大藏经》NO. 2059, P. 352

《法苑珠林》卷13〈敬法篇·观佛部·感应缘〉记西晋泰山金舆谷朗公寺，"诸国竞送金铜像并赠宝物，朗恭事尽礼，每陈祥瑞。今居一堂，门牖常开，鸟雀不近"。上海古籍出版社版，P. 109。据《高僧传》，僧朗与道安为同时代人，亦曾为前秦苻坚所请。

[33]《高僧传》卷5，〈竺法旷传〉。《大正大藏经》NO. 2059, P. 357

[34]《建康实录》卷12引《塔寺记》："驸马王景深为母范氏，宋元嘉二年（425年），以王坦之祠堂地与比丘尼业首为

精舍。十五年（438年），潘淑仪施西营地以足之，起殿。又有七佛殿二间，泥素（塑）精绝，后代希（稀）有及者"。中华书局标点本，下册，P. 411

[35]《建康实录》卷17引〈舆地志〉："（梁武帝同泰寺内）大殿六所，小殿及堂十余所。宫各像日月之形。禅窟禅房，山林之内。东西般若台各三层，筑山构陇，亘在西北，柏殿在其中，东南有璇玑殿，……"同上 P. 681

[36]《法苑珠林》卷13〈敬佛篇·观佛部·感应缘〉。上海古籍出版社版，P. 111

[37]《魏书》卷114。中华书局标点本，⑧P. 3036

[38]《洛阳伽蓝记》卷1。《洛阳伽蓝记校释》，中华书局版，P. 21。校释者案："太极殿为宫中正殿，宣武帝景明三年（502年）成。见魏书帝纪。"

[39]《续高僧传》卷20〈释法显传〉，记江陵四层寺中有梅梁殿，释道安所立。殿内"有弥勒像，并光趺高四十尺，八部围绕，弥天之所造也"。按弥勒信仰虽始自东晋，但造立大像恐要到南朝，故应为南朝像设方式。《大正大藏经》NO. 2060，P. 599

《法苑珠林》卷14〈敬佛篇·观佛部·感应缘〉记蒋州（即建康）兴皇寺"当阳丈六金铜大像并二菩萨，俱长丈六，……正当栋下"。上海古籍出版社版，P. 115

[40]《法苑珠林》卷13〈敬佛篇·观佛部·感应缘〉。上海古籍出版社版，P. 111

[41] 前注江陵四层寺梅梁殿中像高四丈，其上不可能再覆平棋，否则殿身尺度不对。建康兴皇寺殿内一佛二菩萨"正当栋下"，也说明殿内为彻上明造，故梁栋外露。

[42]《洛阳伽蓝记》卷1。《洛阳伽蓝记校释》，中华书局版，P. 17～24

[43] 中国社会科学院考古研究所洛阳工作队：〈汉魏洛阳城初步勘查〉。《考古》1973年第4期。

[44]《洛阳伽蓝记》卷4王典御寺条。《洛阳伽蓝记校释》，中华书局版，P. 149

[45]《魏书·释老志》记载："肃宗熙平中，于城内太社西，起永宁寺。……佛图九层，高四十余丈，……景明寺佛图，亦其亚也。"中华书局标点本⑧P. 3043

[46] 平等寺为武穆王元怀舍宅所立。永熙元年（532年），其子平阳王元修即位为孝武帝，"始造五层塔一所"，当为父祈福所作。《洛阳伽蓝记》卷2平等寺条。《洛阳伽蓝记校释》，中华书局版，P. 102

冲觉寺为清河王元怿舍宅所立。正光元年（520年）元怿被害，至孝昌元年（525年）胡太后返政，谥怿曰文献。并于冲觉寺中，"为文献追福，建五层浮图一所，工作与瑶光寺相似也。"同上卷4冲觉寺条，P. 145。瑶光寺浮图为宣武帝所立，"去地五十丈。仙掌凌虚，铎垂云表，作工之妙，埒美永宁。"同上卷1瑶光寺条，P. 55

[47] 同上卷4，P. 167

[48] 同上卷1建中寺条，记其"屋宇奢侈，梁栋逾制。一里之间，廊庑充溢。"P. 49。同上卷4融觉寺条，记为"佛殿僧房，充溢三里"。校释曰："三里，原作一里。案续高僧传卷二十三昙无最传称融觉寺'廊宇充溢，周于三里'，今据改。"P. 170～172。融觉寺的位置，在城西阊阖门外御道南。其南二里即为西阳门御道，融觉寺不可能跨御道而建。又阊阖门西二里即为（大市北）慈孝、奉终二里。在融觉寺西一里许，又有广平王元怀舍宅所立的大觉寺（见融觉寺下条）。据此推测，原作一里应当无误。

[49] 同上卷3景明寺条。P. 113

[50]《续高僧传》卷1〈释宝唱传〉："（梁武帝）于钟山北涧建大爱敬寺，……中院之去大门，延袤七里，廊庑相架，檐霤临属。旁置三十六院，皆设池台，周宇环绕。千有余僧，四事供给。"《大正大藏经》NO. 2060，P. 427

[51]《法苑珠林》卷39〈伽蓝篇·感应缘〉。上海古籍出版社版，P. 306～307

[52] 梁宣帝〈游七山寺赋〉。《广弘明集》卷29，上海古籍出版社版，P. 348

[53] 见[50]。

[54]《文选》卷59〈头陀寺碑文〉。中华书局版，下册，P. 814

[55] 新疆克孜尔石窟壁画中的佛塔形象（年代约4世纪初），表现出当时对佛像和佛舍利采取同样的安置于佛塔内的供奉方式，不论塔内安置的是佛像还是舍利容器，塔的外观形式都是相同的。见《中国石窟·克孜尔石窟》，文物出版社版。

甘肃出土的北凉石造像塔（年代在5世纪上半），塔身周圈雕刻佛龛，也反映了人们观念中将佛塔视为佛像载体的看法。见《中国美术全集·魏晋南北朝雕塑》图版31～33，人民美术出版社版。

[56] 其一言，佛灭度后，有一王子，不信佛法，"有一比丘，名定自在，语王子言，世有佛像，众宝严饰，极为可爱，可暂入塔，观佛形象。王子即随，共入塔中，见像相好"。《法苑珠林》卷13〈敬佛篇·观佛部〉，上海古籍出版社版，P.107

[57] 《法苑珠林》卷39〈伽蓝篇·感应缘〉："（荆州河东寺）殿前塔，宋谦王义季所造，塔内素（塑）像，忉利天工所造"。上海古籍出版社版，P.307

南朝陈初，僧人道谅"乞食听法，以为常业，每日持钵而还，跣足入塔，遍献佛像"。《续高僧传》卷11〈释吉藏传〉，《大正大藏经》NO.2060，P.513。说明直到南朝末期，佛塔内仍是礼佛的场所。

[58] 《南齐书》卷53〈虞愿传〉："（宋明帝）以故宅起湘宫寺，费极奢侈。以孝武庄严（寺）刹七层，帝欲起十层，不可立，分为两刹，各五层。"中华书局标点本③P.916

[59] 《高僧传》卷13〈释慧受传〉记东晋兴宁中（363~365年），释慧受于建康乞王坦之园为寺。后于长江中得一长木，"竖立为刹，架以一层，道俗竞集，咸叹神异，坦之即舍园为寺，以受本乡为名，号曰安乐寺。"《大正大藏经》NO.2059，P.410。同页〈释僧慧传〉记其于建康郊外立寺，先起草屋数间，后发现"昔时外国道人起塔之基，于是就共修之"。

宋大明五年（461年），释慧宗立鄂州头陀寺，"始立方丈茅茨，以庇经像"，后借官方资助，"崇基表刹，立禅颂之堂"。见 [54]。

东晋王劭立枳园精舍，"琼刹未树"，80年后，其玄孙王奂于齐永明六年（488年）"誓于旧寺，光树五层"，还其祖夙愿。见 [25]。

《历代名画记》卷5记东晋元帝时（318~322年），王廙为左卫将军，封武康侯。"时镇军谢尚于武昌昌乐寺造东塔，戴若思造西塔，并请廙画"。人民美术出版社版，P.110。此恐为一寺之中建立二塔年代最早的记载。

《高僧传》卷9〈佛图澄传〉记后赵石虎时（335~349年），"尚书张离、张良，家富事佛，各起大塔"。《大正大藏经》NO.2059，P.385

[60] 〈大代宕昌公晖福寺碑文〉。该碑现存西安陕西省石刻博物馆（碑林）

[61] 建康长干寺原有东吴舍利塔，后毁于孙綝之乱。西晋时，诸僧又于旧所立塔。东晋简文帝时（371~372年），曾使沙门程安于寺内造小塔，孝武帝太元九年（384年）上金相轮及承露盘，后僧人释慧达于（东吴）旧塔中出舍利，"即迁近北，对简文帝所造塔西，造一层塔。（太元）十六年，又使沙门僧尚加三层"。这时寺内已有三塔：东吴旧塔在南居中，简文帝与慧达作塔在其北，东西列置。梁大同三年（537年），又发慧达塔，出舍利。四年，梁武帝于长干寺竖二刹，刹下安放舍利石函。至此寺中共置五塔。见《梁书》卷54〈诸夷传〉，中华书局标点本③P.790~792

[62] 〈大唐中岳永泰寺碑颂〉记北魏孝明帝（515~528年在位）敕为其妹明练起寺，寺内立千佛二塔，但未说明佛塔与佛殿的相对位置。见《金石萃编》卷89，北京市中国书店版。此碑现存河南登封大塔沟永泰寺东北山坡下。

北魏大同云冈石窟第6窟室内明窗之下雕刻庑殿顶佛殿龛一座，两侧各雕五层佛塔一座；第3窟外上层平台正中为弥勒龛室，两侧各立有一座三层佛塔；第9、10窟立面作双三间殿，两侧各雕多层佛塔一座。另外，窟内佛龛两侧雕镌佛塔形象的做法甚多，但凭此尚不能断定平城佛寺中已出现佛塔分立于佛殿前的布局形式。

3. 佛塔的形式

佛塔（包括造像塔、僧人墓塔）在外观上通常以基座、塔身、塔顶三个基本部分组成。塔的形式变化，表现在各个部分的比例、样式及组合形式的改变。这种变化，更多地是由不同时期外来佛教艺术的影响和本土建筑形式的限定所致，而与塔的功能及结构方式没有直接关联。如塔的功能可以有安置佛像、供奉舍利或作为墓所等不同，但在外观造型上并没有相应的严格区别；在同一时期和地区，存在着采用不同结构方式建造同一风格式样佛塔的现象，而不同时期的佛塔中，却有虽采用同一材料做法，但佛塔形式不尽相同的情况。汉地佛塔形式的来源与发展，与内外两方面因素的作用密切相关。现存有关南北朝时期佛塔的形象资料与实物例证，除了石窟雕刻与壁画中的佛塔以及小型造像塔和墓塔外，还有两个十分重要而宝贵的例证：一是考古发掘所提供的北魏洛阳永宁寺九层佛塔的遗址概况；另一是现存惟一的北朝地面建筑实例——北魏嵩山闲居寺（后称嵩岳寺）十五层密檐砖塔。这两个例证对于研究探讨汉地佛塔的发展特点具有十分重要的意义。另外，新疆地区的古城遗址中至今仍保存了一些早期佛塔的残迹，为汉地佛塔与西域佛塔在形式演变上的相互影响，提供了有益的佐证。

（1）汉地佛塔形式之本源

东汉时，汉地已有佛塔（见前文）。魏晋文献中，习称"浮图"（浮屠、佛图），南北朝时期，则"塔"与"浮图"并通。随着佛教经典的转译，汉地又知佛塔有"窣堵坡（自Stupa译来）"、"支提（自Caitya译来）"等称呼以及关于佛图的各种释义。实际上，每一种释义都是反映了佛塔在特定发展阶段的形式与功用。佛塔名称的众多，正表明它在发展过程中不断出现新的形式与内涵。同时，随着佛教的传播和佛教中心的转移，各时期、各地区的典型佛塔样式，也出现形式上的变异。

据文献记载，汉地佛塔的出现与公元前后西域地区佛教的向东传播有密切关系。

《魏书·释老志》中关于佛塔的释义及形式的记述反映了作者魏收（东魏人，505～572年）对外来佛典中有关佛塔释义的理解和对汉地建塔活动的了解：首先，佛塔是为安放佛舍利而建造的宫宇，犹如汉地的宗庙，是人们得以入内礼拜的场所；其次，洛阳白马寺浮图建成之后，即成为汉地佛塔的范本；魏晋以来的佛塔，仍保持天竺式特点，层层重构，级数由一至九，只取单数（联系上下文，则洛阳白马寺浮图应属天竺式样)[1]。据东汉使者前往西域取经的史实和已知实物资料，其所强调的"天竺式"应即是西北印度贵霜王朝时期的佛塔形式，而不是印度南方的早期佛塔形式。

现知印度南方的早期佛塔，一种是埋藏佛骨（或高僧遗骨）的墓塔，塔基作圆形平面，上为覆钵状塔身，顶部中央立有神祠及伞盖，基座边缘、伞盖四周以及塔的外圈立有栏栅，入口处立有标志性塔门，整体比例扁阔。建于公元前3～公元1世纪的桑奇（Sanchi）大塔，是这类佛塔的典型实例；另一是立于礼拜窟（Caitya）中的小塔，其外观构成与大塔相仿，只是各部分比例有所改变，特别是基座加高，使整体比例成为瘦长，并逐渐出现了双层基座的做法[2]（图2-7-6）。

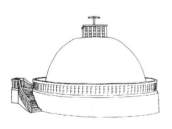
桑奇(Sanchi)3号塔
(公元前1世纪~公元后1世纪)

巴加(Bhaja)第12窟中的
佛塔(公元前2~1世纪)

卡尔利(Karli)礼拜窟
中的佛塔(公元1世纪)

贝德萨(Bedsa)礼拜窟
中的佛塔(公元1~2世纪)

图2-7-6 印度早期佛塔形式

公元1世纪以后，佛像艺术在西北印度的贵霜王朝境内开始流行。同时由于希腊、波斯以及中亚本土建筑形式的影响，这时的佛塔形式沿南方早期小塔的变化趋势进一步发展，并融入了大量新的建筑造型语汇。最显著的变化是出现了方形平面的基座，四面分间列有倚柱，柱头为希腊、波斯风格的样式，柱间设有佛龛。塔身部分也同样出现方形、多层、表面列柱设龛的做法。由于是从多层基座演变而来，故有人仍称之为"重层基坛"[3]。原来作为塔身主体的覆钵，比例相对缩小，逐渐退化，最终与伞盖部分合并，成为塔顶部分。中亚地区现存贵霜时期佛寺遗址中的佛塔，大都建于方形基坛之上[4]。呾叉尸罗（Taxila，今巴基斯坦拉瓦尔品第西北）出土的一座方形多层陶塔，体现了犍陀罗佛塔的典型风格[5]。文献记载西域乾陀罗城（今巴基斯坦白沙瓦西北）东南有塔庙，名雀离浮图。塔基方形，周三百余步，层基五级，高一百五十尺，其上建十三级木构塔身，上又有金盘十三重，合去地七百尺。建造年代约在公元2世纪中，世称西域第一大塔[6]。由此可知，方形重层佛塔是当时西域一带流行的佛塔形式之一。

同时，西域地区还流行在方形基座之上立有圆形平面塔身的做法。基座的正面辟有门洞，四面布列倚柱，表现为一座方形殿堂的形式。在今阿富汗东北部一带和我国古称西域的新疆地区古代佛寺遗址中，至今仍可见到这种形式的佛塔。塔身表面也作上下数层，并砌出倚柱或设置佛龛（图2-7-7、2-7-8）[7]。显然，这两种以方形基座、多重塔身为主要特征的西域佛塔形式与魏收所述的"天竺样式"之间有着明显的联系。

图2-7-7　新疆库车苏巴什佛寺遗址

图2-7-8　新疆若羌磨朗佛寺遗址

从文献记载、考古发掘以及石窟中所出现的佛塔形象中可以看到，汉地佛塔在结构做法与外观形式上虽有种种不同，但总的发展趋势是采用重（单）层方塔作为基本形式。这一方面是由于西域佛教艺术的影响，另外一方面，也与汉地固有的建筑结构体系以及传统习俗有很大关系。从战国时起，土木混合的台榭式建筑结构体系已在我国北方趋于成熟，同时也出现采用井干结构建造多层楼阁的做法。在这种情况下，接受西域佛塔中的方形重层样式是十分自然而相宜的。汉代盛行巫祝神仙迷信，依照"仙人好楼居"的说法，从都城到地方都有不少为求仙而建造的重楼式建筑[8]。由于当时正处于"浮屠与黄老同祀"的时代，因此，这种习俗也成为汉地出现方形木构重楼式佛塔的一个重要原因。

（2）汉地佛塔形式的演变

1）层数与体量的变化

自汉至南北朝，汉地佛塔层数增多、体量加大的变化趋势是很明显的。

前述《牟子理惑论》记东汉明帝时，于洛阳西门外起佛寺（即白马寺），"于其壁画千乘万骑，绕塔三匝"。按照当时（公元1世纪前后）的西域佛塔基本特征推测，应是一座下有三层基坛的佛塔，各层基坛的外壁均绘有壁画。前述《魏书·释老志》记载，白马寺浮图建成之后，成为汉地佛塔的范本，且由于佛教初入中国，受各方面限制，佛塔的建造不可能有大的发展，故三国西晋时期的佛塔形式，当去白马寺浮图不远。《洛阳伽蓝记》城西宝光寺条记寺在西阳门外御道北（白马寺在西阳门外三里御道南），寺内"有三层浮图一所，以石为基，形制甚古，画工雕刻"，隐士赵逸指证为西晋石塔寺，其曰"晋朝三（四）十二寺尽皆湮灭，唯此寺独存"[9]。这座三层石塔的形式，势必会受到白马寺浮图的影响。据文献记载，汉魏西晋时期，汉地尚未出现三层以上的佛塔，塔身体量也较后世佛塔为小[10]。

东晋十六国时，由于佛教的迅速流布，社会上投入佛教建筑活动的热情与财力也随之大增，佛塔的层数和体量开始有更大的发展。释道安南下襄阳造檀溪寺即"建塔五层"，推测后赵时可能已出现五层佛塔（345年前后）。此后，前秦长安、北魏平城相继出现了五层大塔[11]。这时不仅层数增加，佛塔体量也较前期更为宏大。另据史料记载，东晋时曾出现过四层佛塔，如荆州四层寺、永兴崇化寺（347年建），皆立塔四层，又南朝初期，长安有六重寺[12]，当为此期出现的一种过渡现象，其后便很少见到了。

南北朝时，开始出现七层佛塔。北魏平城永宁寺塔（467年）及刘宋建康庄严寺塔（454～465年），均为七层。平城永宁寺塔"高三百余尺，基架博敞，为天下第一"[13]，可知已达当时佛塔体量的极限。宋明帝造湘宫寺塔，欲超过庄严寺塔而立十层，结果未成，改立两座五层塔，也说明当时尚不具备建造更多层数、更大体量佛塔的条件。同时表明佛塔的体量与层数之间有既定的比例关系，层数越多体量也越大，推测设计中已形成一定的制度。

南北朝后期（6世纪上半），建造高塔成为皇室、贵戚、豪富之间争奇斗奢的一种方式，致使佛塔的层数与体量发展到了惊人的地步。北魏洛阳永宁寺建九层佛塔（516年），基方十四丈，塔高四十九丈（详见后文），远远超过了平城永宁寺七层塔的规模（三十余丈）。南朝梁武帝大通元年（527年），也建造了建康同泰寺九层浮图。汉地佛塔的规模至此达到了顶峰，其后虽史料中有十一、十五甚至十七层佛塔的记载，但规制缩减，是指密檐佛塔而言。

2）结构方式与建筑形式特点

由于各时期、各地区社会历史文化背景的差异，佛塔的结构方式与建筑形式也表现出不同的特点。

现知最早的中国佛塔形象资料，为四川东汉画像砖上的三层木构佛塔。在方直的基座之上，立有三层塔身，各层均表现为三间四柱的木构外观，各层塔檐及塔顶均作坡顶，还略微带有汉地凹曲屋面的特征。顶上中心立有刹竿，并有三重露盘与刹端宝珠（图2-7-9）。汉末笮融浮图祠，也是重楼式木构佛塔。前文提到，汉地木构佛塔的出现很可能与汉代迎仙楼观有关，因此，在汉代方士巫祝盛行的地区，民间立塔或多采用木构形式，但在洛阳等外来僧人集散的中心地区，官方立寺，往往与僧人有关，故在形式上与西域佛塔比较接近，并以砖石结构为主。

东晋立塔，文献中常见先立刹柱、后架立一层、又加至三层的记载[14]，说明是采用木构方式，依财力逐层架立。北方十六国的后赵境内，也出现外来僧人建造的木塔，如佛图澄所立的邺城白马寺塔[15]，表明这时汉地佛图的形式已逐渐向本土化的方向演变，木构佛图的形式也开始为外来僧人所接受。

图2-7-9 四川什邡东汉画像砖中的佛塔形象

到南北朝时，木构佛塔的建造在技术上已臻成熟，并向多层高广发展。北魏的砖石佛塔中，也出现了仿木构的做法。如平城三级石佛图，"榱栋楣楹，上下重结，大小皆石，高十丈"[16]，成为这时佛塔的一种时髦形式。云冈石窟二期诸窟中，普遍雕有坡顶瓦檐、柱楣交结的木构佛塔形象。说明佛塔的结构方式与外观形式的演变，与孝文帝时期推行汉化改制的政策有关。此期佛塔的形式，可参见云冈各窟中心塔柱及浮雕佛塔（图2-7-10）。从中可见，佛塔的平面多作方形，塔的层数为一至九层，其中以三、五层者居多。多层佛塔的塔身一般表现为木构外观。各层均以柱额斗栱架椽挑

图 2-7-10　山西大同北魏云冈石窟中的多层佛塔形象

檐，上作瓦垄坡顶，并见屋脊鸱尾的形象。只有佛塔的顶部，保留了覆钵、露盘、宝珠等外来造型，作为佛塔的特定标志。但这一部分在整体中所占比例相对较小，因此佛塔的外观形式较多地表现为汉代建筑风格。文献记载中的北魏洛阳永宁寺塔是这类佛塔的杰出例证。据遗址发掘，塔身结构采用方格柱网与中心土台相结合的结构方式，外观为"绣柱金铺"的木构楼阁样式。

南朝木塔实例不存，亦无形象资料可供查证。据文献记载并参考日本飞鸟时期佛塔实例推测，南朝木塔所采用的应是与北朝土木结合方式有所不同的纯木构方式，塔身外观当较北朝木塔更为轻盈纤秀。

除木构佛塔之外，砖石佛塔的建造在北魏时也有很大发展，并出现了密檐砖塔。河南登封嵩岳寺塔是其中仅存的一例。北朝后期石窟中，较多出现单层覆钵式小塔的形象，平面多作方形，塔身表现为砖石结构，上部叠涩出檐（或采用横木排列、交错叠置的方式挑出檐部），檐口四周上立山花蕉叶，当中为覆钵顶，中立刹竿（图2-7-11）。这种小塔和上述的密檐砖塔，均具有浓郁的外来建筑风格，反映出北朝社会上偏爱外来建筑及装饰艺术的风气。另外，北齐响堂山石窟的窟檐造型中，表现出一种单层方形塔殿的形式，殿身面阔三（五）间，外圈为木构瓦顶的檐廊，顶部外观形式与单层佛塔相似，覆钵硕大平缓。这种融合塔、殿特点的建筑形式，反映出北齐时期在传统形式的继承与外来样式的吸收两方面都有新的发展。

a.河北邯郸南响堂第1窟侧壁浮雕佛塔（北齐）

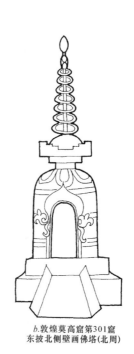
b.敦煌莫高窟第301窟东披北侧壁画佛塔（北周）

图2-7-11　北朝后期石窟中的单层佛塔形象

汉魏南北朝时期的佛塔，不论层数多少，体量多大，一般都不具备登临的条件。唯佛塔底层设置佛像供人礼拜，上层塔身没有实际功用。日本现存飞鸟时期以降的木构佛塔，也都是这种情形。但北魏神龟二年（519年），洛阳永宁寺九层木塔告成，佛像尚未置入，"灵太后幸永宁寺，躬登九层浮图"，说明此塔可供登临。侍中崔光曾上表谏止此事，认为佛塔底层置像，登临其上是对佛的不恭[17]。这种禁忌自北朝以后逐渐被打破，到隋唐时，登塔已是习以为常的事了。

（3）新疆地区的早期佛塔形式

古称西域的新疆地区是中西亚地区与汉地交通的必经之地。这一地区的早期佛塔形式，对汉地有直接的影响。

新疆佛塔的结构方式,以土坯垒砌或夯土为主,但佛塔的外观有多种形式。

一是覆钵顶塔。其中又分大小两种。大塔平面下方上圆,下部为方形高台,台内或中空为殿堂,台上立圆形平面塔身,上部收为覆钵状,塔顶正中立有刹竿相轮等。这类佛塔通常是位于佛寺中心的主体建筑物,如库车苏巴什古城佛寺遗址所示(见图2-7-7)。塔身上的槽孔遗迹表明,当初可能有上下分层或表面贴饰等做法。史料记载中所谓的"覆盆浮图",即应指这种类型的佛塔。单层方(圆)形覆钵顶小塔的形象在拜城克孜尔石窟壁画中多有所见。塔身通常为一间下有基座、上有檐口的方(圆)形小室,室内安置佛像或舍利容器。塔顶作覆钵形,中立刹竿相轮(图2-7-12),推测是龟兹地区流行的供养塔形式,年代约为4世纪。《法苑珠林·敬塔篇·感应缘》记西晋时会稽鄮县(今浙江宁波)出土小塔,"高一尺四寸,方七寸,五层露盘,似西域于阗所造"[18]。可知当时这种单层方形小塔,被认为是西域于阗佛塔的典型形式。单层小塔在北朝后期颇为流行,是否与西域龟兹、于阗等地的佛塔形式有关,尚待进一步考证。

二是聚合式塔。后世所谓的"金刚宝座塔",或即是由此发展而来。新疆吐鲁番交河故城遗址的北部有一庞大的塔群,中心是一座土坯砌筑的聚合式佛塔。在方形基座之上,矗立一大四小五座佛塔,大塔居中,小塔位于四角,塔身表面残留有数排槽孔(图2-7-13)。年代约在6世纪上半叶,相当于北朝晚期。敦煌莫高窟北周第428窟,也绘有一聚合式佛塔群,塔身作方形平面,三层,表面绘出木构柱楣、斗栱及壁带的形象,与交河故城中的佛塔相比,已具有较多汉地建筑形式的成分(图2-7-14)。

a. 第172窟后廊右壁　　b. 第7窟甬道尽端侧壁　　c. 第7窟甬道外侧壁

图2-7-12　新疆拜城克孜尔石窟壁画中的佛塔形象　　　图2-7-13　新疆吐鲁番交河故城遗址中的佛塔

三是方形重层塔。斯坦因《西域考古记》中记述新疆吐鲁番东部的SIRKIP大塔。塔身残存六层,估计原应有七至九层。方形平面,每层面阔七间,每间设一座佛龛,底层留有间柱与柱头斗栱痕迹。塔身各层均较下层退入,形成整体的收分。上下层之间有水平的残孔,估计为木构挑檐而设。此塔年代不明,外形与云冈第39窟中心塔柱颇为相似,佛龛上部龛楣的样式与北朝晚期流行的尖券相仿[19](图2-7-15)。反映出新疆地区的佛塔形式在接受西方影响的同时,也存在受到汉地佛塔形式影响之可能。

(4)造像塔与墓塔

1)造像塔

东晋十六国以降,除内置佛像、供人入塔观像礼拜的佛塔以外,建造规模较小、不具有内部空间的造像塔,也是信徒们所喜建的功德福业。这类造像塔或立于佛塔周围,或置于佛堂、精舍

图 2-7-14　甘肃敦煌莫高窟北周第 428 窟壁画佛塔

及窟室之中[20]。现存重要实例为北凉石塔和北魏的两座造像石塔。

甘肃出土的北凉石塔共 12 件，外观大都为圆柱形，高 30～60 厘米不等，直径为高度的 1/3～1/4。底部出榫，说明仅为塔身部分，原应置于基座之上。塔身分为数层：下层作八棱柱体，每面镌刻一幅人像，像上（侧）刻有与之方位相对应的八卦符号；中层刻经文或发愿文；上层做佛龛一周，通常为七佛与弥勒的配置，也有上下双层佛龛的做法。塔顶部分依圆锥体轮廓刻出相轮与宝顶，宝顶上有的刻有星象图[21]。北凉石塔的年代均在公元 5 世纪上半叶，塔身、佛像具有西域风格，同时又掺杂有汉地道教的八卦、星象符号，仍未彻底摆脱早期佛教与方士神仙迷信相互附会的特点（图 2-7-16）。

北魏时期的造像塔，呈现为多层方塔的形象。其中最著名的是造于天安元年（466 年）的平城曹天度造像塔。全塔分底座、塔身、塔刹三部，总高约 2.5 米。基座四面，刻有供养人像及发愿文。塔身九层，除底层各面正中作龛外，各层四面满雕千佛。各层塔檐均作坡顶，并刻出檐椽与瓦垄。底层四隅。各立有一座三层小塔，塔顶亦雕作坡顶，上置鸱尾。塔刹残高 49.5 厘米，呈现为完整的单层方塔形象，是一个特例。刹顶部分的造型，下为山花蕉叶，中有覆钵，上为九重相轮[22]（图 2-7-17）。曹天度塔的体量和造型，反映出北魏文成帝复兴佛法之后，平城佛塔的形式有了较大发展。据史料记载，当时平城最大的永宁寺塔只有七级，但在造像塔中已出现了九层塔身。不过与云冈第六窟中心柱上层四角的九层小塔相比，曹天度塔的形式仍带有较多的早期特点，如塔身满雕千佛，且未表现梁柱结构，唯塔檐采用汉地坡顶形式。这种情形到孝文帝太和年间便有

图 2-7-15 新疆吐鲁番 SIRKIP 大塔

图 2-7-16 甘肃酒泉出土北凉石造像塔

所改变了。北魏造像塔的另外一个典型实例是甘肃酒泉出土的曹天护塔，年代在太和二十年（496年）[23]。全塔残高 38 厘米，仅存底座、塔身和塔刹的下部方座，上部覆钵、相轮皆不存。塔身三层，面方 16 厘米，各层均表现为面阔三间四柱的木构佛殿形象，柱头上雕出斗栱与阑额。塔檐上雕坡顶瓦垄，下刻檐椽，外观形式与云冈石窟中的佛塔，特别是第三窟窟外平台上两侧的三层佛塔十分相近。与前述北凉石塔及曹天度塔相比，可以明显看出北朝佛塔形式逐步汉化的过程（图2-7-18）。曹天护塔的出土地点，似乎也反映出北魏中期以后，境内各地的佛教艺术，在很大程度上接受了平城模式的影响。即使是地近西域的河西走廊一带，也不例外。

2) 墓塔

自西晋末年起，汉地出现了僧人于冢所建造墓塔或烧身起塔的做法。前者本是印度最高等级的葬式；后者则为西域地区葬俗[24]，随着佛教东传，先在凉州、秦陇、蜀地流行[25]，后传入内地。东晋太元五年（380 年），僧人竺法义卒于建康，孝武帝"以钱十万买新亭岗为墓，起塔三级"[26]。北魏沙门惠始死后十年（445 年），迁葬平城南郊，"冢上立石精舍，图其形象，经毁法时，犹自全立"[27]，是北朝僧人墓塔上雕有僧人法像的较早例证。烧身起塔的做法出现相对较晚，北魏早期，尚不许行烧身（阇维）之法[28]，到北朝后期，这一做法已相当流行。

早期僧人墓塔的形式不可考，据记载，多为三层或单层砖石塔。烧身塔的实例，见于北朝后期安阳宝山（灵泉）寺道凭法师烧身塔。塔高 2 米余，单层石造。方形基座二重，高度占总高 1/3 强。方形塔身，立面比例亦近方。南向开拱门，上起尖拱券。塔身上叠涩出檐，塔顶当中覆钵，四周雕卷叶纹饰，中起相轮宝珠。塔身南壁檐下刻有"宝山寺大论师道凭法师烧身塔"并"大齐河清二年（563 年）三月十七日"铭文[29]。塔心室中空，但未见造像，据寺内隋唐时期浮雕烧身塔中多刻有僧人法像的情形推测，道凭烧身塔中本亦应置有道凭法像（图2-7-19）。以安阳僧人烧身塔与北齐石窟中的浮雕佛塔相比较，可见其在外观形式上的一致性（图2-7-20）。推测历代僧人墓塔（烧身塔）的形式也都与当时当地流行的佛塔相类似，只是规模体量较小和装饰简省而已。

图 2-7-17　山西大同出土北魏曹天度造像塔（右图为塔刹）

图 2-7-18　甘肃酒泉出土北魏曹天护造像塔

图 2-7-19　河南安阳灵泉寺北齐道凭法师烧身塔

图 2-7-20　河南安阳宝山寺初唐僧人烧身塔

(5) 北魏洛阳永宁寺塔

北魏孝明帝熙平元年（516年），洛阳永宁寺起造九层浮图。至神龟二年（519年）"装饰功毕"[30]，为当时中国境内第一大塔，时人谓之与西域雀离浮图"俱为庄妙"[31]。但这座佛塔只存在了18年，于永熙三年（534年，即北魏最后一年）二月起火尽焚。

永宁寺遗址在今洛阳市东15公里的汉魏故城遗址内，东距城中南北干道铜驼街250米，东北距宫城南门约1公里。1963年，中国社会科学院考古研究所洛阳工作队对遗址平面布局进行了探查，1979年开始发掘，首先发掘了位于遗址中心的佛塔基址。简报中记述基址情况如下：

塔基有上下两层夯土台。底层台基东西广101米，南北宽98米，高逾2.5米，是佛塔的地下基础部分；上层台基位于底层台基正中，四周包砌青石，长宽均为38.2米，高2.2米，是地面以上的基座部分。基座四面正中，各有一条斜坡慢道。

上层台基上有124个方形柱础遗迹，内有残留的木柱碳化痕迹及部分石础。柱础分内外五圈方格网式布列：最内一圈16个，4个一组，分布四角；第二圈12个，每面4柱；第三圈20个，每面6柱；第四圈28个，面各七间八柱；第五圈为檐柱，共48个柱位，面各九间十柱。第四圈木柱以内，有一座土坯垒砌的方形实体，长宽均约20米，残高3.6米，东西南三侧壁面的当中五间，各有佛龛遗迹，北侧壁面不见佛龛，却有一排20厘米见方的壁柱，推测为设梯之用。外圈檐柱之间，有残墙基，残高20～30厘米，内壁彩绘，外壁涂饰红色，并保存有门窗痕迹[32]。随同简报发表了遗址俯瞰照片，从中可见佛塔底层间广基本一致，外檐角部作双柱以及角缝内外添柱的位置，并可了解间广与阶宽的比例关系以及慢道的坡度等（图2-7-21）。

图2-7-21 河南洛阳北魏永宁寺塔遗址

北朝文献中有关洛阳永宁寺塔的记载，主要有以下三处：

魏收《魏书》卷114〈释老志〉："肃宗熙平中，于城内太社西，起永宁寺。灵太后亲率百僚，表基立刹。佛图九层，高四十余丈。其诸费用，不可胜计。"[33]

郦道元《水经注》卷13〈谷水〉："水西有永宁寺，熙平中始创也，作九层浮图。浮图下基方一十四丈，自金露槃（盘）下至地四十九丈。取法代都七级而又高广之。虽二京之盛，五都之富，利刹灵图，未有若斯之构"[34]。

杨衒之《洛阳伽蓝记》卷1："永宁寺，熙平元年灵太后胡氏所立也，在宫前阊阖门南一里御道西。……中有九层浮图一所，架木为之。举高九十丈。上有金刹，复高十丈，合去地一千尺。……刹上有金宝瓶，容二十五斛。宝瓶下有承露金盘一十一重，周匝皆垂金铎，复有铁锁（锁）四道，引刹向浮图四角。……浮图有九级，角角皆悬金铎，合上下有一百二十铎。浮图有四面，面有三户六窗。户皆朱漆，扉上各有五行金钉，合有五千四百枚，复有金环铺首……"[35]。

以考古发掘与文献记载相对照，得以相互印证的有以下几点：

一是塔基位置在宫城南门西南，铜驼街（御道）西侧250米，与《洛阳伽蓝记》所载基本相符；

二是塔基上层长宽均为38.2米，与《水经注》所记"方一十四丈"基本相符。北魏尺度合今制在25.5～29.5厘米/尺之间，则十四丈在今制35.7～41.3米之间。若按38.2米＝十四丈折算，建塔时所用的尺度为27.29厘米/营造尺。

三是塔基为方形平面，面各九间，土木造构，檐柱间有门窗痕迹，与《洛阳伽蓝记》中"架木为之"以及"浮图四面，面有三户六窗"的记载相吻合。

另外有些问题是考古发掘中难以解决的。如塔的层数、高度及外观造型等，只能在文献记载和已知形象资料对照分析的基础上加以推定。

塔身九层，未见异议，应属定论。但塔的高度，没有统一说法。其中郦道元所记"自金露柈以下至地四十九丈"，是相对可靠的数据[36]。按其又有"取法代都七级"，即依平城永宁寺七级佛塔制度建造的说法，可以参照现存北魏平城时期的佛塔形象加以检验：

云冈石窟石刻佛塔中，三、五层塔的塔身高度一般为底层面阔的3倍左右，而第7窟的浮雕七层塔和第6窟中心柱上层四角的九层塔，塔身高度为底层面阔的5倍左右。另外据估测，曹天度所造九层千佛小塔的塔身高度约为底层面阔的4倍余。由此推断，平城佛塔的塔高与底层面阔之比依佛塔层数不同而有所变化，但最多不超过5∶1。

据简报，塔基第四圈木柱内土台方20米，考虑到柱础尺寸及其间距离，则塔身当中七间面阔应在22米（合魏尺8.06丈）左右，按此计算，间广为8.06丈/7＝1.15丈。外圈檐柱面阔九间，则为1.15丈×9＝10.35丈，加上转角添柱的柱距，约为11.25丈，是49丈的1/4.35，与上述平城佛塔、尤其是曹天度造像塔的比例关系相符合。证实《水经注》中关于塔高及其"取法代都七级"的记载是可信的。

已知平城多层木构佛塔形象中，塔身自下而上层层收分，层高逐层递减，各层檐口外缘基本联成一条直线，且底层檐口距地高度大于上层檐口之间的距离。参照这些规律，可以推算永宁寺九级木塔的各层面阔、层高（表2-7-2）。其中底层层高7丈，为露盘距地高度49丈的1/7；底层柱高3.75丈，是底层面阔11.25丈的1/3，又是塔身总高（顶层屋脊上皮至阶面）45丈的1/12；第六层间广0.9丈，面阔9丈，层高4.5丈，是尺寸最规整的一层（表2-7-2）。此塔开间比例狭高，应是由于高层建筑为承受上部巨大荷载而采取了柱网加密的做法。这种情况在汉代石阙以及北朝至隋唐的石刻楼阁形象中都可见到。北朝石窟中佛殿窟的间广最大可至4.6米（麦积山第4窟），而按照上面的推算，作为北朝第一大塔的永宁寺塔，底层间广仅为1.15丈（合3米）。可知当时佛塔与佛殿的设计有着不同的规制。

石刻佛塔形象虽可作为推测永宁寺塔外观形式的参考，但两者由于实际功能不同，在外观上有较大的差别。其中特别是石雕塔身表面大都镌刻龛像，而永宁寺塔的塔身四面"有三户六窗"，佛龛则设于中心土台的侧壁，相当于在一座表面设龛的佛塔之外加了一圈木构外廊作为回转礼拜的通道。另外，石雕佛塔的塔身上下层之间仅有坡顶瓦檐，不见平座，而永宁寺塔各层四面既设门户，说明可由内出外，则塔身各层当有平座，并设勾栏围护。

北魏洛阳永宁寺塔复原尺度与比例关系　尺寸单位：丈　　　　表 2-7-2

层 位	间 广	面 阔	层 高	柱 高	铺 作 高	面阔/层高
一	1.15	11.25	7	3.75	1.675	1.61
二	1.1	10.8	5.1	2.1	1.375	2.12
三	1.05	10.35	4.95	1.95	1.375	2.09
四	1	9.9	4.8	1.825	1.375	2.06
五	0.95	9.45	4.65	1.7	1.375	2.03
六	0.9	9	4.5	1.6	1.3	2
七	0.85	8.55	4.35	1.5	1.3	1.97
八	0.8	8.1	4.2	1.45	1.1	1.93
九	0.75	7.65	5.45	1.4	1.1	

其他数据：

1. 塔身总高是各层层高之和，为 45 丈。
2. 露盘下至地 49 丈。是台基高度（0.8 丈）、塔身高度（45 丈）与露盘下至顶层脊上皮高度（3.2 丈）之和。
3. 刹高 6 丈。刹顶距地为 49+6=55 丈。
4. 复原设计中所用材高为 1.5 尺，栔高为 0.75 尺。
5. 台基面广 14 丈。阶宽为（14－11.25）/2=1.375 丈。
6. 慢道长 3.6 丈，坡度为 1∶4.5。

塔基遗址中心的方形土台，表明当时建塔仍未彻底摆脱秦汉以来台榭建筑依附高台架立木构、形成木构建筑外观的结构方式。但是土台上的柱础遗迹表明，这时已基本形成完整的木构承重体系，只是借助中心高台起到结构的稳定作用而已。另外值得注意的是，底层檐柱的转角部分，仍保持汉代建筑中双柱承重的做法，并且沿角缝内外各增置一柱，是在木结构技术尚欠发达时期为确保转角结构坚固而采取的必要措施。

塔基中心有一方 1.7 米的竖穴，穴内四壁整齐，皆系夯土，据简报推测是木塔的地宫。《洛阳伽蓝记》卷 1 永宁寺条记胡太后在立塔之初曾"亲率百僚，表基立刹"，又记"永熙三年（534 年）二月，浮图为火所烧……火经三月不灭，有火入地刹柱，周年犹有烟气"[37]，据此，中心竖穴应为立刹之所，塔身正中应有贯穿上下的刹柱。南朝文献中多有"刹下石记"或"刹下铭"，日本飞鸟时期佛塔基址中均有刹下石（其中最早一例为 6 世纪末的飞鸟寺塔），其上凿圆形或方形凹槽以安刹柱柱脚，凹槽的底部或侧面则开有放置舍利的小孔[38]。由于永宁寺塔基中心竖穴底部曾遭破坏，具体情况已无法探明。

洛阳永宁寺塔建于熙平元年（516 年），上距平城永宁寺塔的建造（467 年）已近半个世纪。且南迁之后，北魏的建筑艺术与装饰均更多接受南朝影响。故洛阳永宁寺塔在外观形式和细部处理上都会与平城早期佛塔有一定的差别。实际上，这种差别在大同云冈石窟早、晚期的石雕佛塔形式，以及云冈、龙门两地屋形龛形式的变化中已可看出（见图 2-7-10、2-7-17、

2-7-18)。

通过以上有关建筑尺度、比例、结构、外观诸方面的初步探讨，绘制了洛阳永宁寺九层木塔的复原图（图2-7-22、2-7-23、2-7-24）。其中尚有许多具体问题需进一步探讨并有待考古发掘报告的发表[39]。

（6）河南登封嵩岳寺塔

嵩岳寺即北魏嵩高闲居寺，隋代改今名。寺内佛塔，是现存唯一的南北朝时期建筑实例。

闲居寺始建于北魏宣武帝永平年间（508～511年），为皇室所建[40]。孝明帝正光元年（520年）正式榜题寺名，并大事扩建。佛塔的创建也应在此时。同年七月，朝中变乱，工程搁置。大约到正光四年（523年）才又重新开始[41]。近年在塔下地宫中发现刻有（大魏正光四年）铭记的佛像，也证实了此点[42]。

关于闲居寺沿革及寺塔的记载，最早见于唐李邕所撰《嵩岳寺碑》碑文，其云："嵩岳寺者，后魏孝明帝之离宫也。正光元年榜闲居寺，广大佛刹，殚极国财。济济僧徒，弥七百众；落落堂宇，逾一千间。……（隋）仁寿一载，改题嵩岳寺，……十五层塔者，后魏之所立也，发地四铺而耸，陵空八相而圆，方丈十二，户牖数百"[43]。

嵩岳寺塔现状为十五层密檐砖塔，塔身平面为正十二边形，各层各面都砌出一户二窗的形象，与碑文所述相符。塔下地宫与塔身用砖经热释光测定，年代距今1560（1580）±160年[44]，也证实此塔为北魏原构。嵩岳寺塔的塔身与基座均以砖砌，只有塔刹为石雕，其中仰莲以上部分为唐末宋初修缮时所加[45]。

砖塔底层东西南北四面辟门，塔内是直通到顶的塔心室，无心柱，塔心室底层下段也作正十二边形平面，到上段以上改为正八边形。塔身底层直径约10.6米，塔心室内径约5米，塔壁厚度约2.5米（图2-7-25）。

砖塔高约39.5米。在高约1米的台基之上，立有十五层密檐塔身。底身塔身高约9米，分上下两段。下段除四正面开设门道之外，其余八面塔壁素平，并略有收分，上周叠涩挑出，承托上段塔身[46]。上段塔身直径略大于下段，壁体无收分，平面转折处砌出八角形倚柱，柱下为覆盆础，柱头作火珠垂莲装饰。四正面门道与下段连通。门上起半圆券，外饰尖拱券面。其余八面均在倚柱之间砌出一座塔形小室。小室下基方直，中有两壸门，内雕狮兽；室壁中开券门，上亦设尖拱券饰；券门内有心室，原应置像，今不存。室顶有覆钵并山花蕉叶，据侧面转角处理，可知是意在表现一种方形建筑物的形式。嵩岳寺塔底层上段塔身的高度，恰为自底层下段叠涩上皮至塔刹覆莲

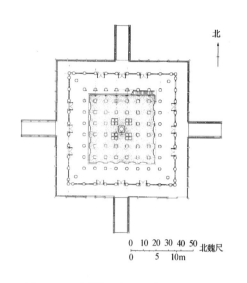

图2-7-22　北魏洛阳永宁寺塔底层平面复原图

图2-7-23　北魏洛阳永宁寺塔立面复原图

底部高度的 1/5，这或许与整体设计的方法有关。从外观造型上看，这一部分也是整个塔身中的重点装饰部分。

底层塔身之上为十四层密檐式塔身，逐层向内退入并减低高度。从第二层开始，塔身高度便仅为 0.5 米左右，转角处无倚柱，各面正中有一带尖拱券的小门，两侧各有一方形直棂小窗。至顶层由于面宽过狭，仅在四正面设门，其余八面设窗。各层塔身虽然低矮，但叠涩出檐的挑出长度皆与底层上段相同。因此，随着塔身的层层内收，各层出檐的外端连线便形成了一条优美的卷刹曲线。塔刹高约 4 米。自下而上为石雕的覆莲、束腰、仰莲及砖砌的七层相轮和宝珠。如前所述，砖砌部分是后世所加，原来的塔刹形式及高度已不可考（图 2-7-26）。

嵩岳寺塔的造型和结构方式全然不同于北朝时期流行的多层方塔。其十二边形平面、底层高大而上部各层低矮的密檐佛塔立面构图，以及塔心中空的筒状结构方式，均为已知北朝佛塔形象中所未见。但此塔规模宏壮，造型精美，设计手法娴熟，当非滥觞时期作品。东魏天平二年（535 年）的《中岳嵩阳寺碑》记北魏太和八年（484 年），高僧生禅师于嵩山始建佛寺，"乃构千善灵塔一十五层，始就七级，缘差中止。而七层之状，……自佛法光兴，未有斯壮也"[47]。以其十五层之构想，恰与嵩岳寺塔相同，而当时平城佛塔形象中，未见逾九级者，疑其亦为密檐塔。则此类佛塔，可能早在平城时期即已出现，但并不流行，迁都之后，嵩山以中岳之尊，得皇室重视，故嵩阳寺塔的形式，或开始引起人们的注意。据史料记载，北朝晚期已有层数多达十七层的佛塔[48]，应是与嵩岳寺塔同一类型的密檐砖塔。

《魏书·释老志》记"熙平元年（516 年），诏遣沙门惠生使西域，采诸经律。正光三年冬，还京师"[49]。《洛阳伽蓝记》记惠生、宋云一行至西域乾陀罗城，礼拜雀离浮图后，"惠生遂减割行资，妙简良匠，以铜摹写雀离浮图仪一躯"[50]。其西域之行沿途所记，必不止此，携经像塔样回国，并上呈皇室，正值嵩岳寺塔开始兴建之时，故嵩岳寺塔的造型也可能与此事影响有关。

嵩岳寺塔塔身细部装饰中所采用的一些造型，在北朝后期石窟中大量出现。如火珠垂莲的柱头形式及门窗上的尖拱券面，在北齐响堂山、天龙山、北周麦积山石窟中都很常见。这些明显带有外来特点的装饰造型，表明这一时期外来佛教艺术对汉地佛教建筑的形式及风格演变产生了不同以往的影响，但其具体来源尚待查证。

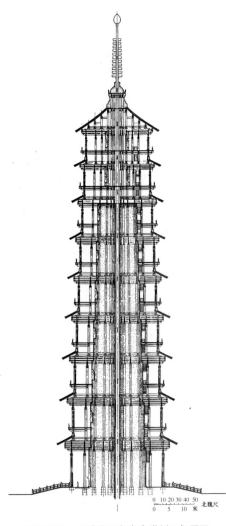

图 2-7-24 北魏洛阳永宁寺塔剖面复原图

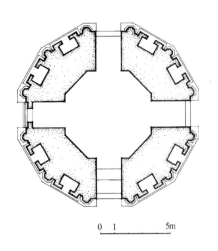

图 2-7-25 河南登封北魏嵩岳寺塔平面图

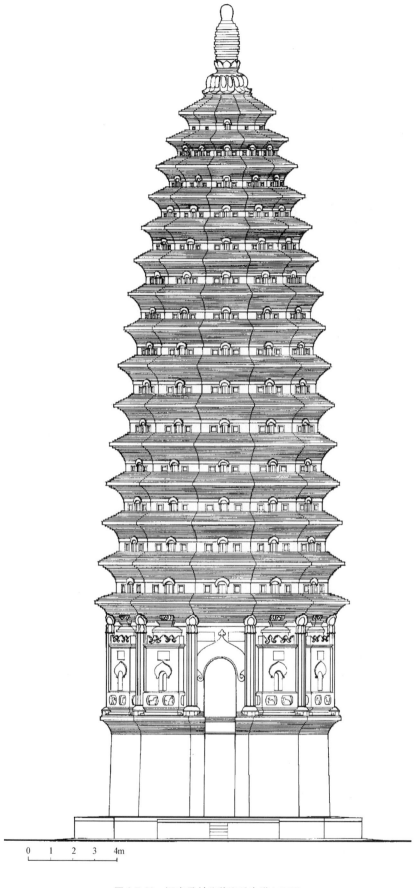

图 2-7-26　河南登封北魏嵩岳寺塔立面图

注释

[1] 《魏书》卷114〈释老志〉记："佛既谢世，香木焚尸，灵骨粉碎，……胡言谓之'舍利'，弟子收奉，置之宝瓶，竭香花，致敬慕，建宫宇，谓为'塔'。塔亦胡言，犹宗庙也，故世称塔庙。……自洛中构白马寺，盛饰佛图，画迹甚妙，为四方式。凡宫塔制度，犹依天竺旧状而重构之，从一级至三、五、七、九。世人相承，谓之'浮图'，或云'佛图'。"中华书局标点本⑧P.3029

[2] 参见 Mario Busssagli：《ORIENTAL ARCHITECTURE》．Plate 19，28，31，Harry N. Abrams, Inc. Publishers, New York．

[3] 《印度佛教史概说》。[日] 佐佐木教悟等著，杨曾文等译，复旦大学出版社版 P.102

[4] 参见《中国大百科全书·考古学》中的以下条目：
〈巴里黑城址〉P.28
〈丰杜基斯坦佛寺遗址〉P.125
〈绍托尔佛寺遗址〉P.469

[5] 同[2]，Plate．50。此塔上部残缺，唯留三重方形基坛状塔身，每层各面设三座佛龛，像龛造型均为典型的犍陀罗艺术风格。每层佛龛的上方都有成排的牛腿状构件承托塔檐。各层转角部及佛龛之间，似有方形小塔。此塔顶部，推测应有覆钵及露盘刹竿。

[6] 参见《洛阳伽蓝记》卷5〈宋云、惠生行记〉。中华书局版《洛阳伽蓝记校释》P.215～218

[7] 磨朗佛寺（约公元3~4世纪）中所见应即塔基遗存。

[8] 参见《史记》卷12〈孝武本纪〉。中华书局标点本②P.451～478

[9] 《洛阳伽蓝记》卷4。中华书局版《洛阳伽蓝记校释》P.152～153

[10] 《法苑珠林》卷38〈敬塔篇·感应缘〉记坊州（在长安北）檀台山古塔，"基甚宏壮，面方四十三尺（按1唐尺/0.294米计，合今尺12.6米），上有一层砖身，四面开户，石门高七尺余，广五尺余"，并记有出土古铭。据铭文推算，塔始建于东汉时。同篇又记郑州超化寺塔与怀州妙乐寺塔，均为五层佛塔，均面方十五步（75尺，合今尺22.05米）。上海古籍出版社版，P.297～298。相比之下，可知檀台山古塔的规模较后期五层佛塔为小，很可能也是三层塔。

[11] 释道安入秦，住长安五重寺，时约370年前后。《高僧传》卷6〈释道安传〉，《大正大藏经》NO.2059，P.352
北魏道武帝天兴元年（398年），"始作五级佛图"。《魏书》卷114，中华书局标点本⑧P.3030

[12] 《建康实录》卷8〈穆帝纪〉："许询舍永兴新居为崇化寺，并于寺造四层塔"。中华书局标点本 P.216
长安六重寺见《法苑珠林》卷16。上海古籍出版社版 P.131

[13] 《魏书》卷114〈释老志〉。中华书局标点本⑧P.3037

[14] 东晋兴宁中（363～365年），释慧受于建康乞王坦之园为寺，又于江中觅得一长木，"竖立为刹，架以一层"。《高僧传》卷13〈释慧受传〉。《大正大藏经》NO.2059，P.410。
东晋宁康中（373～375年），释慧达于建康长干寺简文帝旧塔之西更竖一刹，太元十六年（391年），"孝武更加为三层"，同上〈释慧达传〉，P.409

[15] 《高僧传》卷8〈释僧妙传〉："昔齐武平末，邺古城中白马寺，此是石赵时浮图澄所造。本为木塔，年增朽坏，敕遣修之"。《大正大藏经》NO.2060，P.486

[16] 《魏书》卷114〈释老志〉。中华书局标点本⑧P.3038

[17] 《魏书》卷67〈崔光传〉记崔光上表谏曰："〈内经〉，'宝塔高华，堪室千万，唯盛言香花礼拜，岂有登上之义'。……恭敬拜跽，悉在下级"。中华书局标点本④P.1495～1496

[18] 《法苑珠林》卷38。上海古籍出版社版 P.295

[19] 《斯坦因西域考古记》第七章〈吐鲁番遗迹的考察〉。中华书局1930年版 P.185

[20] 参见《中国大百科全书·考古学》卷以下条目：
〈哈达佛寺遗址〉P.153
〈绍托尔佛寺遗址〉P.469
这两座佛寺均位于今阿富汗贾拉拉巴德附近，年代为2~8世纪。

[21] 王毅：〈北凉石塔〉。《文物资料丛刊》第一辑，文物出版社版。

殷光明：〈敦煌市博物馆藏三件北凉石塔〉。《文物》1991年第11期

[22] 史树青：〈北魏曹天度造千佛石塔〉。《文物》1980年第1期

山西朔县崇福寺文物保管所韩有富：〈北魏曹天度造千佛石塔塔刹〉。《文物》1980年第7期

[23] 陈炳应：〈北魏曹天护造方石塔〉。《文物》1988年第3期

[24] 《法苑珠林》卷97〈送终篇·遣送部〉记《净饭王泥洹经》云：净饭王在舍夷国病终，烧身收骨，"藏置金刚函，即于其上起塔，悬缯幡盖，供养塔庙"。可知此法是印度最高等级的葬式。上海古籍出版社版P.674

《洛阳伽蓝记》卷5记宋云、惠生出使西域，至于阗国，其俗"死者以火焚烧，收骨葬之，上起浮图"。中华书局版《洛阳伽蓝记校释》P.188

[25] 《高僧传》卷1〈帛远传〉记西晋末高僧帛远（法祖）死后，陇上羌胡"共分祖尸，各起塔庙"，与佛传中八王争分舍利并起塔供养的做法相类似。《大正大藏经》NO.2059，P.327

同书卷5〈竺僧辅传〉记与道安同时的荆州上明寺僧人竺僧辅，死后"葬于寺中，僧为起塔"。P.355

同上卷11〈释法绪传〉记高昌僧人释法绪卒于蜀地，"村人即于尸上为起冢塔焉"。P.397

[26] 同上卷4〈竺法义传〉。P.350

[27] 《魏书》卷114〈释老志〉。中华书局标点本⑧P.3033

[28] 《高僧传》卷11〈释玄高传〉，记其于北魏太平真君五年（444年）卒于平城，"欲阇维之，国制不许"。《大正大藏经》NO.2059，P.398

[29] 河南省古代建筑保护研究所：《宝山灵泉寺》。河南人民出版社1991年版P.6

[30] 《洛阳伽蓝记》卷1永宁寺条记"永宁寺，熙平元年（516年）灵太后胡氏所立也"，"装饰毕功，明帝与太后共登之"。中华书局版《洛阳伽蓝记校释》P.17、27

《魏书》卷67〈崔光传〉记"（神龟）二年（519年）八月，灵太后幸永宁寺，躬登九层佛图"。中华书局标点本④P.1495

[31] 《水经注》卷16〈谷水〉。上海人民出版社版《水经注校》P.543

[32] 中国社会科学院考古研究所洛阳工作队：〈北魏永宁寺塔基发掘简报〉《考古》1981年第3期

[33] 《魏书》卷114〈释老志〉。中华书局标点本⑧P.3043

[34] 《水经注校》，上海人民出版社版P.542

[35] 《洛阳伽蓝记校释》，中华书局版P.17～20

[36] 魏收记洛阳永宁寺塔高"四十余丈"。数字不甚确切，其记平城永宁寺七层浮图的高度，也用"三十余丈"的同样方式。但记平城三级石浮图"高十丈"，又记洛阳伊阙石窟开山高广，均有确切数字，如三百一十尺、二百四十尺等。可知魏说之不确，在于作书时未获准确依据，而且没有把握的仅仅是尾数。

郦道元记"浮图下基方一十四丈，自金露柈下至地四十九丈"，给出一高一广两个确切而关键的数字，并说明是"取法代都七级而又高广之"。浮图下基尺寸是可以平面丈量的，而塔的高度则不易靠测量所得。郦说之确，很可能与当时工匠造塔的设计方法有关。与魏说相证，二者皆属可信。

杨衒之认为塔高九十丈，合刹高共一百丈，与魏、郦二说相去甚远。查《洛阳伽蓝记》中所记其他佛塔高度：景明寺七层浮图"去地百仞（合七十或八十丈）"，凡五层浮图，如瑶光寺、秦太上公二寺等，皆高五十丈。似乎都是以层高十丈为据，再以塔有几层倍之而得。依层高加倍已属误算（因各层高度不同），不论佛塔几级、面阔几间、基方几何，一律以层高十丈计，更为大谬。故就塔高而言，杨说不足信。

[37] 《洛阳伽蓝记校释》。中华书局版P.48～49

[38] 参见宫本长二郎：〈飞鸟时代の建筑と仏教伽蓝〉。《日本美术全集》第2卷〈飞鸟·奈良の建筑·彫刻〉，讲谈社版。

[39] 永宁寺考古发掘报告已出版，见中国社会科学院考古研究所著：《北魏洛阳永宁寺（1979—1994年考古发掘报告）》，中国大百科全书出版社1996年版。作者根据发掘报告，对复原图作了少许调整，另撰文发表，见钟晓青：〈北魏洛阳永宁寺塔复原探讨〉，《文物》1998年第5期

[40] 《魏书》卷90〈冯亮传〉："亮既雅爱山水，又兼巧思，……世宗给其工力，令与沙门统僧暹、河南尹甄琛等，周视嵩高形胜之处，遂造闲居佛寺。林泉既奇，营制又美，曲尽山居之妙"。中华书局标点本⑥P.1931。下文记冯亮于延昌二年（513年）冬卒于嵩高道场寺，则闲居寺的造立，应在永平年间（508～511年）。

同书卷 16〈元叉传〉："正光五年（524 年）秋，灵太后对肃宗谓群臣曰：'隔绝我母子，不听我往来儿间，复用我为？放我出家，我当永绝人间，修道于嵩高闲居寺。先帝圣鉴，鉴于未然，本营此寺者，正为我今日'。"②P. 405

据此可知，闲居寺为宣武帝所建，是北魏皇室游幸之地，故《嵩岳寺碑》中称之为孝明帝离宫。

[41]《魏书》卷 9〈肃宗本纪〉记神龟二年（519 年）"九月庚寅，皇太后幸嵩高山"。中华书局标点本①P. 229。时孝明帝年方 9 岁，正是胡太后专权时期。故正光元年（520 年）闲居寺的扩建，应与太后有关。

同卷又记正光元年秋七月，侍中元叉、中侍中刘腾"幽皇太后于北宫，杀太尉清河王怿，总勒禁旅，决事殿中"。同上 P. 230。至正光四年（523 年），刘腾死后，太后返政。事见〈肃宗纪〉、〈元叉传〉、〈宣武灵皇后胡氏传〉等。依此情势推测，闲居寺的扩建，应在正光四年以后方有可能顺利进行，故佛塔的实际创立年代，也应以正光四年为宜。

[42] 河南省古代建筑保护研究所：〈登封嵩岳寺塔地宫清理简报〉。《文物》1992 年第 1 期

[43]《全唐文》卷 263。上海古籍出版社版①P. 1181

[44] 同 [41]。

[45] 河南省古代建筑保护研究所：〈登封嵩岳寺塔天宫清理简报〉。《文物》1992 年第 1 期

[46] 从整体外观来看，这一部分与上部塔身的处理手法有所区别，但仍属于基座部分，但塔身外周目前未发现其他遗存，故视其为一层塔身下段。

[47]《全上古三代秦汉三国六朝文·全后魏文》卷 58。中华书局版④P. 3840

[48]《续高僧传》卷 26〈释宝安传〉："仁寿二年（602 年），奉敕置塔于营州梵幢寺，即黄龙城也。旧有十七级浮图，权在其内，安置舍利。"《大正大藏经》NO. 2060，P. 674

同书卷 20〈益州净惠寺释惠宽传〉记唐永徽四年（646 年）宽卒，寺内"十七级砖浮图，高数十丈，裂开数寸"，P. 601

[49]《魏书》卷 114〈释老志〉。中华书局标点本⑧P. 3042

又同书〈西域哒哒传〉亦记"熙平中，肃宗遣王伏子统宋云、沙门法力等使西域，访求佛法。时有沙门慧生者，依与俱行，正光中还。"同上⑥P. 2279

[50]《洛阳伽蓝记校释》。中华书局版 P. 220

二、石窟寺

石窟寺是佛寺的一种特殊形式。它的建造方式，通常是选择临河的山崖、台地或河谷等相对幽闭清净的自然形胜处，凿窟造像，成为僧人聚居修行之所在。

石窟寺的建筑构成大致有两种情况：一是寺内大多数用房，如佛殿、讲堂、僧房、库房等，均为依崖凿就的窟室；二是以石窟作为寺院的主要标志，窟前还建有殿堂、僧房等地面建筑物。由于石窟寺是以洞窟作为寺院建筑的主体或标志，因此在总体布局和建筑形态上，与地面佛寺有所不同。但另一方面，由于具有相同的使用功能和共同的发展背景，又使得石窟寺在窟室的内部空间与外观形式上趋同于当时佛寺内的各种建筑物。

石窟的建造方式，决定它不可能像地面建筑那样易于毁除或拆建。因此，在一些年代悠久的石窟寺中，往往留下多期开凿的痕迹。每期凿窟的规模、数量、窟室分布组合以及洞窟形式，都会有所变化。从中既可以看到石窟寺本身的发展特点，同时也反映出同一历史背景条件下佛寺发展的总体情况。

建造石窟寺的做法源于印度西南部地区，最早的石窟寺约开凿于公元前 3 世纪。在印度佛教石窟寺中，以礼拜窟（又称支提窟）与僧房窟（又称毗诃罗窟）为两种基本的窟室类型。礼拜窟通常为尽端半圆形的纵长平面，当中由拱券顶构成高大空间，侧壁和后壁设有较低矮的柱廊。窟内是礼佛的场所，以置于洞窟深处正中的佛塔为礼拜对象，沿柱廊回绕行礼。礼拜窟的立面外观与内部空间均反映为当时印度佛寺中木构殿堂的形式。僧房窟多作方形平面，当中是大厅，周围

设方形小室，反映为佛寺中僧人居住院落的布局形式。

中亚阿姆河流域与兴都库什山脉以南地区，一直是历史上东西交通的要路。公元前2世纪曾一度纳入希腊亚历山大帝国的版图，成为东西方文化的交汇之地。贵霜帝国时期（公元1～4世纪），由于统治者的扶持与倡导，这里成为新的佛教中心，同时形成了融汇希腊、罗马、波斯、中亚特点的新的佛教艺术风格，建造方形平面的多层佛塔，使用希腊、波斯柱式与装饰纹样，并出现理想化的佛陀形象。同时，以首都富楼沙（今巴基斯坦白沙瓦）为中心，沿喀布尔河北岸，建造了庞大的山岳寺院与石窟群。洞窟平面以方形为主，窟顶采用纵券、穹隆、平顶及叠涩（斗四或斗八）等形式，反映了当地建筑的空间形式与流行的构造做法，与印度早期石窟相比，已有很大的不同，特别是不再出现纵深平面的礼拜窟。公元3～5世纪，随着佛教沿丝绸之路的东传，葱岭以东地区开始出现建造石窟寺的做法。

1. 中国佛教石窟发展概况

据现存实例和文献记载，中国历史上最早造立石窟寺的地区是丝绸之路北道沿线及河西走廊一带，即龟兹、焉耆诸国和十六国中的西秦、后秦、北凉等地。当时开凿石窟是僧人禅修、同时也是统治者祈福的一种方式。十六国后期，北魏逐渐统一了北部中国，首都平城（今山西大同）开始成为北方佛教中心。西域及河西一带开凿石窟的做法，很快传入内地，被北魏皇室所接受，并成为社会各阶层极为热衷的一种福业。自文成帝即位到孝文帝迁都洛阳之后，平城、洛阳两地相继开凿了规模空前的皇家石窟群。同时，境内各地的凿窟活动，也在各级政府与权贵的主持参与下不断开展，以至于北魏的东西分裂，也并未使造窟的势头有所停顿。直到北周武帝灭佛、讨平北齐、扫荡塔寺，石窟的开凿方基本告一段落。

龟兹、焉耆、高昌等地的石窟，如现存库车、拜城（龟兹境内）的克孜尔、库木吐喇、森木赛姆石窟和吐鲁番（高昌境内）的吐峪沟、柏孜克里克石窟等，大都是以窟室为主体的石窟寺，且整个窟群由多组寺院组成。洞窟分为佛殿、讲堂、僧房等多种类型。其中年代最早的窟室大约开凿于公元3世纪末。

河西走廊地区的石窟，现存有敦煌莫高窟、武威天梯山石窟、张掖马蹄寺与金塔寺、永靖炳灵寺、天水麦积山石窟等。据史料记载，其中年代最早的洞窟始凿于公元4世纪。炳灵寺第169窟中的西秦建弘元年（420年）题铭，是迄今所知年代最早的石窟题铭。这些窟群中的洞窟类型与上述龟兹石窟相比，明显趋于单一化，以佛殿窟和塔庙窟为主。作为石窟寺，附近还应建有其他建筑物，但配置情况不详。

北方及中原地区的大同云冈石窟、洛阳龙门石窟、巩县石窟寺等，均开凿于北魏中后期（460～530年前后），洞窟类型也主要是佛殿窟及塔庙窟，同时出现越来越多的世俗供养人形象。造像祈福成为开凿石窟的主要目的。《水经注》中记武周山灵岩寺（即今云冈石窟）"凿石开山，因崖结构，……山堂水殿，烟寺相望"[1]，可知寺内除窟室外，还有大量地面建筑，这也是北朝石窟寺的普遍形态。

南朝统治者中很少有人热衷于石窟的开凿，因此境内石窟的数量与规模都远逊于北朝地区。现存实例的年代也大都在南朝后期。南京栖霞山石窟与江浙的两处摩崖大像，开凿于齐、梁，四川广元的皇泽寺与千佛崖石窟等，约开凿于梁、陈之际。就建筑意义上讲，南朝石窟寺中的造像龛多只是作为寺院的特定标志而已，并不像十六国与北朝石窟那样具有实际建筑功能，也缺乏内部空间的变化。

如前所述，开凿石窟寺的做法源于印度南部，然后经西域传入中国内地。作为吸收佛教文化的本体，每一地区的固有传统文化与宗教禁忌，以及国家政权所采取的教化方式，都必然会对外来事物加以限定与改造。自身文化水平越高，传统禁锢力越强，这种限定性就越大，外来事物形式的改变也越显著。因此，佛教石窟寺的形态，不仅在进入中国之前已经过了多次嬗变，就是在中国境内的发展过程，也充满了变化。一方面表现在洞窟类型的增减，另一方面表现在窟室形式的改变。

在影响石窟发展的诸多因素中，上层统治者的意志往往具有决定性的作用。自魏晋时起，从西域进入中国的佛教僧人与北方各少数民族新生政权的统治者之间，便建立起了一种互利的关系。这种关系在确保佛教生存地位的同时，也导致佛教向本土化、世俗化的方向发展。从历史上看，由于大多数统治者对佛教的崇信与扶持，使得佛教在几次遭到毁灭性的打击之后，都能够很快复兴，而每一次复兴，都进一步促进了佛教与中国社会、传统文化以及艺术形式的结合，上层僧人与统治阶层的关系也愈加密切。开窟造像成为帝后王公们祈福的主要方式之一，主持其事的僧人和臣僚则迎合他们的意志来确定石窟的形式。大同云冈石窟最初的开凿计划，便是依照为北魏五位皇帝各开一窟的原则制订的。云冈二期窟中出现具有中国传统特点的佛教建筑形象以及佛像衣饰改用汉族士大夫服饰样式，更与孝文帝时期推行汉化改制政策有直接的关系。在最高统治者倡导下出现的窟室模式，无疑又会对境内各地的石窟开凿产生影响。

另外一方面，石窟寺的发展，也和地面佛寺一样，以佛教的传播与自身发展为前提和主要背景。自东晋十六国以来，由于中国南北方政治、文化环境的不同，僧人素质的差异，使南北方佛教的传播方式出现不同的倾向。相对来说，北方僧人中较多流行集体聚居、坐窟行禅的做法，这也与北方统治者喜好开窟造像的功德方式相适应；南方僧人则偏重义理，虽重视禅行，但并不要求特殊的坐禅环境。这也许正是中国石窟寺集中于北方地区而南方甚少的原因之一。

据禅经，僧人习禅应"山栖穴处"，先入塔观像，然后入窟思念。如此循环往复，直至解脱。根据这种要求开凿的石窟寺，须有供观像之用的塔庙窟或佛殿窟，供禅定之用的禅窟或僧房窟。敦煌莫高窟现存洞窟中年代最早的第267～271窟，即为当中甬道、两侧各设两座禅窟的布局方式。甬道尽端设像，以供观像，4间小室则是坐禅之处（图2-7-27），后秦时，名僧玄高隐居麦积山，"山学百余人，崇其义训，禀其禅道"[2]。可知至迟在北朝初年（5世纪初），麦积山已是颇具规模的禅居胜地。又北魏献文帝退位后，居鹿野苑石窟，"岩房禅堂，禅僧居其中焉"[3]。因此，最初北朝石窟的开凿以及窟室的形式与布局，实是结合世俗社会造像祈福和僧人禅修两方面需求的产物。但石窟寺发展到后期，往往有利用僧房窟改造为造像窟的现象，以至在今天所见的窟群中，较少留下僧房窟的遗迹。

2. 石窟寺实例

我国现有石窟寺实例中，大多数窟室的形式表现出建筑物的内外空间特征，如平面方整、纵深不止一重、不同功能的窟室采用不同体量，窟室的内顶表现出建筑物室内特点如拱顶、叠涩顶、帐顶等；在窟室内外的相应部位，则以雕刻、绘画方式表现出柱额、斗栱、椽枋、平棊等构件形象与装修做法。特别是在北朝中后期的云冈、麦积山、响堂山、天龙山石窟中，已明确体现出以窟室的内部表现建筑物内部空间、同时将窟室外观处理成建筑物主要立面样式的设计原则。因此，各地石窟中窟室形式的不同，在一定程度上反映了各地佛寺建筑形式上的差异。对各种窟室形式进行分析，以弥补对当时佛寺建筑形式了解之不足，是建筑史研究中的一件有意义的工作。其中值得特别注意的是克孜尔、云冈、麦积山、响堂山等处佛殿窟中所表现的佛殿建筑形式，以及云冈、敦煌等处中心柱窟所表现的佛塔底层空间形式。

以下对现存主要石窟寺实例的情况分别作一概述，重点在于洞窟类型与窟室形式，以及其中所表现的建筑空间形式和做法。必须说明的是，石窟学目前是我国考古学界中的一门重要学科，近年来在众多学者的不懈努力之下，取得了多方面的突破性进展。囿于篇幅，本文对于建筑史以外的内容拟不作过多涉猎。另外，有些石窟实例在石窟造像艺术或佛教发展史上具有相当重要的意义，如宁夏须弥山石窟、甘肃永靖炳灵寺石窟和庆阳北石窟寺、辽宁义县万佛堂石窟等，但由于窟型与窟室形式在建筑空间的表现上不具典型意义，故从略。

（1）龟兹石窟寺

古代龟兹曾是西域东北部地区的佛教中心，境内僧尼人数几近全国人口的十分之一。都城延城（今新疆库车东郊的皮朗古城）内有佛塔庙千所，王宫中雕镂立佛形象，与寺无异[4]。现存龟兹佛教寺院遗迹，主要的便是都城周围的几座石窟寺。

1）克孜尔石窟

克孜尔石窟是龟兹石窟中规模最大的一处，位于库车西北67公里。已编号洞窟236座，分布在木札提河北岸的山崖上。石窟中未见有关纪年铭记，文献中亦缺乏记载。考古学家根据对石窟内部材料进行年代测定的结果，初步认为石窟的开凿是在公元3～7世纪，大致相当于西晋末年到初唐时期。其中又分为三个阶段[5]。

克孜尔石窟的洞窟类型，第一阶段以佛殿窟与僧房窟为主，第二阶段是石窟开凿的兴盛期，除佛殿窟外，还出现了讲堂窟。此期佛殿窟数量大增，其中不少是由僧房窟改造而成，同时有不少小窟被扩建成大窟。另外，窟群中出现了成组的洞窟，如第96～105窟一组，包含了5座佛殿窟（图2-7-28）。第三阶段的发展已呈衰减趋势，窟型中增加了一种小型禅窟，并出现了雕造摩崖立像的做法。克孜尔洞窟类型的变化体现出三方面的特点：一是与佛寺功能相对应的洞窟类型逐步完善，洞窟的有序组合也反映出寺院规制的不断完备；二是佛殿窟数量增多，且采用改造僧房窟的做法，显示出石窟开凿中兴福成分的增加；三是高大的佛殿窟与摩崖大像的造立，突出表明了龟兹地区以高大立佛像作为礼拜对象的佛教文化特点。

图2-7-27 甘肃敦煌莫高窟第267～271窟平面示意图

图2-7-28 新疆拜城克孜尔石窟第96～105窟平面示意图

克孜尔石窟的典型窟室形式有以下几种：

a. 佛殿窟

通常为纵向长方形平面，面阔与进深的比例约为1：2，分为前室与后部回形甬道两部分，或前室、两侧甬道与后室三部分。前室空间远比甬道、后室高大，特别是安置立佛像的窟中，前后室顶部高差甚至在一倍以上。前室后壁正中设置佛龛或立佛，两侧为甬道开口。在甬道及前后室之间，是一个实心方柱（图2-7-29）。据窟室内各部分的壁画内容可知，前室是观像礼拜的场所（多绘佛传、天宫伎乐、弥勒说法等），从两侧甬道向后是悼念场所（多绘舍利塔、佛涅槃像等）。前后阶段

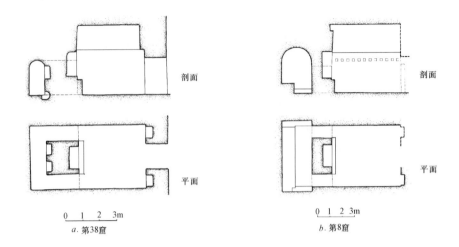

图 2-7-29 新疆拜城克孜尔石窟佛殿窟典型平面图

佛殿窟形式的演变，是先将后甬道拓宽为后室，继而抬高后室顶部，使之成为完整的空间。在经过拓展的后室中，沿壁面砌台安置佛涅槃像及立佛像，改变了以往单纯采用壁画的表现方式。

表 2-7-3 是根据已发表资料估测的几座典型佛殿窟的尺度。

b. 僧房窟

通常作方形平面。前壁正中开窗，门则开在侧壁的里端，门外有曲尺形门道通向窟外。窟内没有佛像、壁画，仅在入口处设灶台，对面砌矮炕，明显是生活用房的格局（图2-7-30）。早期窟群中僧房窟数量较多，后来出现将小型僧房窟改造成佛殿窟的做法，同时开始出现大型僧房窟，反映了佛寺规制上的一些变化。

c. 讲堂窟

平面作方形或矩形，前壁正中开门，有的又在门侧开窗，门外多有开敞的前廊。窟内有的正中砌坛，有的于后壁绘制壁画或开龛置像。

克孜尔佛殿窟的尺度 （单位：米） 表 2-7-3

窟 号		38	17	8	48	47
年 代		310±80年	465±65年	685±65年	255～428年	350±60年
总 体	面 阔	3.55	3.67	4.8～5.5	4.5～5.7	8～10.7
	进 深	6.55	6.67	9.5	?	16.6
前 室	面 阔	3.55	3.67	4.8	4.5	8
	进 深	3.8	3.73	5.5	?	7.9
	顶 高	3.87	3.4	5.4	8.44	16.3
甬 道	宽 度	0.84	0.83－1.2*	0.9	0.81	1.2
	进 深	2.75	2.94	1.6	0.59	0.8
	顶 高	1.9	1.9	2.1	2.2	?
中 柱	宽 度	1.87	2	3	2.88	5
	进 深	1.87	1.74	1.6	1.85	4.6
后 室	面 阔			5.5	5.7	9.3～10.7
	进 深			2.4	2.8～3.9	7.9
	顶 高			3.5	3.85	?

* 1.2米是后部甬道的宽度。

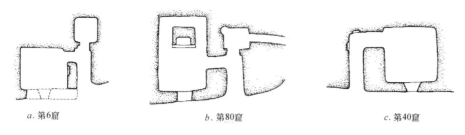

a. 第6窟　　　　　　　*b*. 第80窟　　　　　　　*c*. 第40窟

图 2-7-30　新疆拜城克孜尔石窟僧房窟典型平面示意图

2）库木吐喇石窟

库木吐喇石窟与克孜尔石窟同样都开凿在木札提河岸的崖壁上，但它位处下游，距都城较近，仅 20 余公里。共有洞窟112座，开凿年代略晚于克孜尔石窟，约为5～9世纪。从库木吐喇与克孜尔两处石窟寺的关系，可看出当时龟兹佛寺有逐渐向都城周围集中的趋势。库木吐喇石窟所在的渭干河口两岸，均有大型寺院遗址，据分析，这些寺院也是继克孜尔石窟之后发展起来的，5世纪初最为繁盛[6]，这时也正是库木吐喇石窟的开凿盛期。

库木吐喇石窟的洞窟类型与窟室形式都与克孜尔石窟相近。其中最具特色的，也是置有高大立佛像的佛殿窟。第46、63窟，前室高度皆近10米，后壁立像，两侧以甬道回绕，一如克孜尔第47窟的形式，只是甬道并不拓宽，也不出现后室。库木吐喇石窟中有大量的汉风壁画，但洞窟形式仍保持龟兹石窟的典型特征。

3）森木赛姆石窟

森木赛姆石窟位于库车东北30余公里，有54座洞窟，分布在河道周围的山坡上，窟门似乎都朝向河道中部的一片台地。台地上原有一批高台建筑。从遗址情况分析，当时这里是一处大规模的由石窟及地面建筑结合而成的佛寺群。石窟的年代约在5～8世纪。早期窟型以佛殿窟为主，形式与克孜尔、库木吐喇相近，年代较早的第11、43窟，前室均高逾10米，后壁正中原置立佛。后期窟群中出现了方形平面的中心柱式塔庙窟，柱身四面开龛，前后室作横券顶。又有讲堂窟、僧房窟等，大都作方形平面，窟顶采用拱券或斗四、斗八叠涩的形式。

综上所述，龟兹石窟寺多以各种类型的窟室所组成，其中长方形平面、前室高度在10米左右的佛殿窟是窟群中规模最大、规格最高、也最反映龟兹佛教文化特点的窟型。早期佛殿窟的年代，如克孜尔第38窟（310±80年）、47窟（350±60年）、库木吐喇第46窟（328年左右）等，都早于内地现存的石窟寺实例。

龟兹石窟中，除了壁画中可见单层佛塔（舍利塔）外，甚少见到其他形式的佛塔形象，洞窟中也只有很少比例的中心方柱式塔庙窟。据此推测，龟兹佛寺中的主体建筑有可能是内置立佛像的大型佛殿，而不是佛塔。这类佛殿在建筑形式上应具有佛殿窟所表现的下述特点：纵深长方形平面，以高大的前室作为空间主体，顶部采用（土坯或砖石）筒拱顶结构[7]。

在一些佛殿窟中，着重表现了殿内两侧天宫楼阁的做法。如克孜尔第38窟前室侧壁的上段，绘有通幅天宫伎乐图（图 2-7-31），图中颇为详尽地描绘了天宫部分的建筑做法，由上而下可分为三层：悬挑格条与牛腿、栏墙挑台和矮柱连券。格条之间为上绘团花的平棊板，顶端联以通长横枋，并向外伸出装饰化牛腿，横枋之上设立栏墙，挑台位置则与牛腿相对应。克孜尔第8窟前室侧壁上部原亦作天宫栏墙，高度70厘米左右，约为侧壁高度的1/4。据现状壁面上残留的孔槽位置推测，原来侧壁上有一排挑出约40厘米的格条，顶端以通长横枋相连，枋子两端伸入前后壁孔槽中（图 2-7-32）。这种做法，比第38窟的壁画形式更接近于实际建筑中的天宫楼阁。根据上述情形，可试作此类佛殿窟所表现的佛殿建筑局部做法（图 2-7-33）。

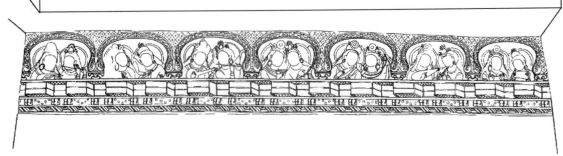

图 2-7-31 新疆拜城克孜尔石窟第 38 窟主室侧壁天宫伎乐图

图 2-7-32 新疆拜城克孜尔石窟第 8 窟主室侧壁天宫遗迹

图 2-7-33 按克孜尔第 38 窟推测的龟兹佛殿局部做法示意图

除了筒拱顶外，龟兹佛殿窟中还出现密肋平顶、穹隆顶、叠涩顶等窟顶形式、表现了佛殿建筑中可能采用的几种顶部构造方式。另外也有在屋顶结构下加吊平棊做法的反映。

（2）河西石窟寺

连接西域与中原地区的河西走廊，是汉地佛教石窟发展的第一个中心区域。石窟沿走廊呈带状分布，现存实例中具有代表性的是凉州石窟与敦煌莫高窟。

1）凉州石窟

公元 5 世纪初（401～421 年），自敦煌到武威，几乎整个河西走廊都在北凉沮渠蒙逊政权的管辖之下。以都城张掖、姑臧（今武威）为中心，开凿了历史上著名的凉州石窟[8]。但史称"凉州石窟"，到底是指某座窟群，还是指祁连山中的所有石窟，学术界尚未取得一致意见。也有看法认为，现存祁连山石窟的年代均不早于北魏。考虑石窟发展的延续性，现存各处石窟始凿于北凉时期是可能的，故统称之为凉州石窟。

凉州石窟的开窟地点比较分散，现存实例主要有 7 处：张掖金塔寺、千佛洞、观音洞、马蹄寺（合称薤谷石窟），酒泉文殊山，武威天梯山和玉门昌马下窖石窟。其中薤谷石窟分布于张掖市南 60 余公里的祁连山中，窟龛总数为 70 余座；文殊山石窟位于酒泉城南约 15 公里的祁连山下，原有百余座窟龛，但大都残损，仅两座完好；天梯山石窟位于武威县南 45 公里的山中，现存洞窟 13 座，早期洞窟大都毁于历代地震。昌马下窖石窟位于玉门东南 90 公里，共有窟龛 11 座，其中比较完整的，也只有两座。

以上各处开窟地点虽然很不集中，东西相距千里，但各窟群中现存洞窟的形式相对统一，几乎都是方形平面的中心方柱式窟。石窟的使用性质，虽同样是为"安设尊仪"，供人礼拜，但它们的形式与龟兹石窟中的佛殿窟相比，已有较大的不同。

表2-7-4是根据已发表资料列举的凉州石窟中10座中心方柱式窟的尺度。从中可以看出，这10座窟室的平面与中心柱的平面大都接近方形，中心柱的宽度略小于窟室面阔的1/2。窟内空间无前后室及甬道之分。除昌马下窖第2窟外，各窟窟顶均为同一高度的平顶，在地面与窟顶两个平行的水平面之间，居中设置独立方柱。方柱四面同高，各面分层雕凿或绘塑佛、胁侍、飞天诸像。柱身四面的像设形式大致相同，没有正侧之分（图2-7-34）。这种空间形式表明，方柱在窟内具有完整、独立的主体意义，是作为主要的礼拜与供奉对象而设立的。从柱身四面分层列置佛像的做法来看，这种方柱所写仿的，应是多层造像塔。而整个窟室空间则可能反映为佛塔或佛殿内供奉造像塔的形式。

凉州石窟中心柱窟的尺度 单位：米　　　　表 2-7-4

窟　名		面 阔	进 深	顶 高	中心柱（宽×深）
莲谷石窟	金塔寺东窟	9.7	7.65（残）	6.05	3.7×3.7
	金塔寺西窟	7.9	3.9	4.3	
	千佛洞第2窟	5.7	4.4	5	
	千佛洞第8窟	5.9	5.65	6	
	下观音洞第1窟	8.4	10	5	
文殊山千佛洞		3.94	3.8	3.6	1.8×1.8
文殊山万佛洞		5.48～6	5.74	3.7	2.26×2.25
昌马下窖第2窟		4.05	4.25	3.06	2.05×2
昌马下窖第4窟		4.79	6.36	3.82	1.93×2.1
天梯山第1窟		5.78	4.48（残）	5.15	2.27×2.27

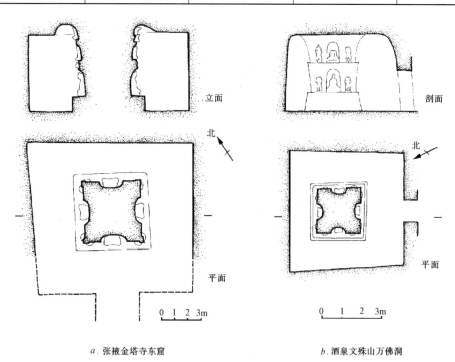

a. 张掖金塔寺东窟　　　　b. 酒泉文殊山万佛洞

图 2-7-34　凉州石窟典型实例

2）敦煌莫高窟

莫高窟位于敦煌县东南30公里的鸣沙山东麓。是中国石窟中洞窟数量最多、开凿历史也最悠久的石窟群。现存自北朝而迄元代的大小洞窟共492座，其中北朝开窟36座，前后分为四期[9]。

据史料记载，莫高窟始凿于东晋[10]。但最初的营造遗迹目前尚未得到确认。对于现存年代最早的洞窟，即北朝一期窟的开凿年代，学术界也存在两种看法：一种认为是在北凉时期；另一种认为是在北魏太和八年至十八年（484～494年）前后，并受到了平城云冈石窟的影响[11]。1965年，莫高窟曾出土一件上有太和十一年（487年）广阳王发愿文的绣品残件[12]，其中佛像的衣饰纹样与莫高窟北朝一、二期窟均有相似之处，也为后一种说法提供了实证。

莫高窟分南、北二区。北区距南区约一里之遥，是僧房窟与杂用窟所在；南区是莫高窟的主体部分。北朝洞窟位于南区中部，其中绝大多数是佛殿窟与塔庙窟，洞窟形式主要为中心方柱式与覆斗顶式两种。

中心方柱式窟最早出现在北朝二期窟中，年代大约为北魏中后期（500年前后），相对位置在北朝一期窟的南侧（图2-7-35）。从图中可以看出，窟群中年代最早、被定为北朝一期的3座窟室（第268、272、275窟），规模相对狭小，窟型也完全不同。而位于其南侧的7座北朝二期窟，规模宏大，窟型统一，洞窟尺度也基本一致。其中除第259窟外，均为中心方柱式窟。窟室为长方形平面，进深约为面阔的1.5倍。方柱位于窟室后部正中，柱身宽度约为窟室面阔的1/2。从窟室平面看，中心方柱的前沿正当窟室进深的1/2处。方柱的侧、后方为宽度相等的走道。从窟顶形式看，方柱四周绘有交圈的平棊天花，形成窟室后部的方形平顶部分，前部约占进深1/3的部分则是人字披顶（图2-7-36）。方柱分上下两截，下部是方形基座，上部为四面设像的柱身。其中正面辟一大龛，安置主佛像，其余三面设上下层龛。

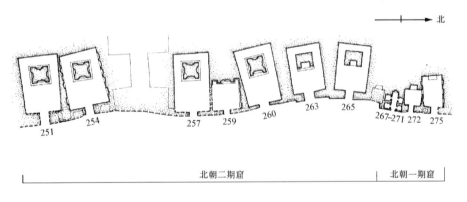

图2-7-35 甘肃敦煌莫高窟北朝一、二期窟平面示意图

莫高窟中心方柱式窟与凉州石窟的典型样式基本相同，其主要区别在于中心方柱前增加了人字披顶部分，窟室空间多了一个层次；另外方柱本身有主、次朝向之分，且并不表现为多层造像塔的形式。尽管这种中心方柱式窟与龟兹佛殿窟的形式不同，但在主佛龛前设有较大礼拜空间这一点上却有相似之处。

覆斗顶窟的形式在北朝后期窟中比较多见。开凿于西魏、北周的20座洞窟中，中心柱窟4座，取消中心柱但保留窟顶形式者2座，人字披顶窟4座，平顶窟1座，而覆斗顶窟有9座。似乎显示此期洞窟形式向覆斗顶窟转化的趋势。其中西魏第249、285窟，是具有代表性的两座窟室。第249窟为方形平面，面阔、进深均约4米。后壁正中开大龛。窟顶四披，当中为方形斗四天花，中绘莲花，四角以带状纹饰与窟室四隅相连，似有表现帐顶结构的意味。窟室四壁上部周圈仍沿用北魏的做法，绘出天宫伎乐的形象。第285窟是莫高窟中规模最大的覆斗顶窟。窟室面阔6.4米，进深 6.3 米，高 4.3 米。正壁开一大二小 3 座佛龛，侧壁各开 4 座并列的小室。窟顶中心斗四天花的四周，绘有华盖纹饰，包括双重垂幔以及四角的兽面衔佩并流苏等，是莫高窟中出现的首例华盖式天花。窟顶四披的下部周圈以坐窟行禅的僧人形象取代了以往惯用的天宫伎乐（图 2-7-37）。结合侧壁所开的小室，推测此窟的性质应是一座禅窟。窟室北壁说法图下供养人发愿文中有"大代大魏大统四年"（538 年）的题记，是莫高窟中极为罕见的北朝纪年题记。

敦煌虽然地处河西走廊的最西端，但在河西石窟中，莫高窟却是最早并最多出现汉地建筑形象的地方。北朝一期的第 275 窟中，即有仿木构的阙形佛龛样式，这种阙形龛在二期诸窟中亦多见。二期中心方柱式窟的前廊，也采用了木构建筑形式的人字披顶，并出现了出挑的木质斗栱构件。另外，窟室壁画中也有大量汉地木构坡顶的建筑形象（图 2-7-38）。说明主持和参与莫高窟开凿的工匠有可能来自汉地。特别值得注意的是，阙楼的建造自汉魏以降普遍流行于内地，但阙形龛的形式却为地近西域的莫高窟所独有，未见其他北朝石窟，是一个颇为奇特的现象。

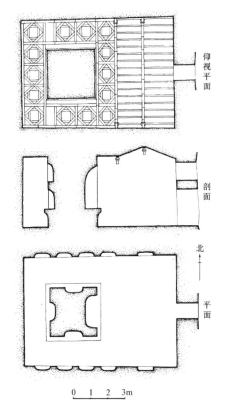

图 2-7-36　甘肃敦煌莫高窟北魏第 254 窟实测图　　图 2-7-37　甘肃敦煌莫高窟西魏第 285 窟实测图

（3）麦积山石窟

麦积山位于甘肃天水市东南约 45 公里。因山形如麦垛状，故有此名。石窟开凿在山崖南面，上下层叠，高数十米。现存窟龛近 200 座，大都开凿于十六国至隋代期间，是保留唐代以前洞窟数量最多的一处（图 2-7-39）。

据石刻铭记及史料记载，麦积山石窟始凿于西秦（385～420 年），在北魏太武帝灭佛（446 年）以前，已具一定规模[13]。自北魏太和末年到隋开皇年间（约 500～600 年），是麦积山凿窟的盛期。后经隋开皇二十年（600 年）与唐开元二十二年（734 年）两次大地震，窟群的中部崩塌，毁失了相当数量的早期洞窟[14]，整个窟群也从此分为东崖和西崖两部分。学术界对于窟群中现存早期洞窟的年代，也和莫高窟一样，存在两种看法：一种认为始凿于西秦时期，另一种认为是在

图 2-7-38 甘肃敦煌莫高窟北朝壁画中的汉地建筑形象

北魏复法以后，与云冈一二期窟的年代相当（约460～490年之间）。

麦积山现有洞窟的类型以佛龛与佛殿窟为主。洞窟形式变化，呈现为由低浅龛室向仿木构佛殿窟转化的趋势。

佛龛与佛殿窟在窟室空间上的区别，在于佛龛进深较浅，只能供人立于龛外观礼佛像，而佛殿窟具有内部空间，并且在窟室外观与窟内顶部表现出相应的建筑做法。麦积山现存早期洞窟，如西崖中下层的第70、71窟，两窟比邻，规制相同，均为高1.8米、宽1.8米、深0.8米的大龛。龛内正壁前塑佛像，结跏趺坐于方形束腰佛座之上，侧壁前塑菩萨立像。另外第74、78、90诸窟，均高4.5米、宽4.7米、深2.5米左右，洞窟规模虽然加大，但仍是敞口大龛的形式。窟内不开龛（或仅有小龛），佛像置于基坛之上。稍后的第80、100、128诸窟中，仍于正壁前设佛坛，但侧壁开大龛，小龛的数量也明显增多。至第155窟，终于出现三壁三龛、且正壁佛龛特别华丽的做法。

真正具有建筑空间意义的佛殿窟，形成于北魏晚期，如第183、87、121窟，均作方形平面，窟顶作方木交井，正侧三壁各开圆拱或尖拱形大龛；第1、28、30窟，则更进一步将洞窟立面表现为三开间佛殿的形式。其中第1窟立面处理成三间四柱的敞殿，但未表现屋顶做法；第28、30窟位置相近，规制相同，外观均为三间四柱庑殿顶带前廊的木构敞殿形象，后壁正对各间的位置凿有圆拱形龛楣的佛龛（图2-7-40）。

西魏至隋代的佛殿窟也有两种形式：一种是窟内表现帐内空间的覆斗顶或方锥顶窟。第141、127窟分别为方形和长方形平面，三壁开龛，窟顶表现为帐顶，细致地雕绘出各种构件的组合及其表面的装饰纹样。第27窟为方锥顶，表现四披帐顶，窟室四壁转角处还雕（塑）出帐柱、柱础和构件交结处所饰的镜子与镜绦的形象（图2-7-41）；另一种是外观仿木构殿堂形式的佛殿窟。在建筑空间及细部做法的表现上，较北魏时期的同类洞窟更为精细逼真。第43窟的外观表现为三间四柱庑殿顶的敞殿，柱头花叶形雕饰与屋脊鸱尾的形式具有华贵而纤柔的气质。当心间内雕有佛龛，龛后有低矮的门洞，通入一进深3.2米、宽2.5米、高1.73米的小室内，室顶作覆斗形。据考订，此窟是西魏大统五年（539年）为文帝乙弗后所建的墓窟（详本章第4节）。

第4窟开凿于北周保定年间（565年左右），是麦积山石窟中规模最大、形象最宏丽的一座佛殿窟。洞窟外观表现为七间八柱庑殿顶的大型佛殿。当心间广4.6米，面阔达30米余。檐柱高7.25米，柱中至后壁深3.5米。在通长的壁面上，依各间位置，凿有七座外观与内部均仿帷帐形式的佛龛，龛内置一佛二弟子六菩萨的整铺佛像（图2-7-42～2-7-44），表现了殿内并列设置七座佛帐的陈设方式。

麦积山现存洞窟中未见中心方柱式窟，与莫高窟北朝窟室及凉州石窟有所不同。而早期以大型佛龛作为主要窟型，中期以后逐渐向佛殿窟演变过渡的情况，与北魏云冈石窟的窟型演变呈现

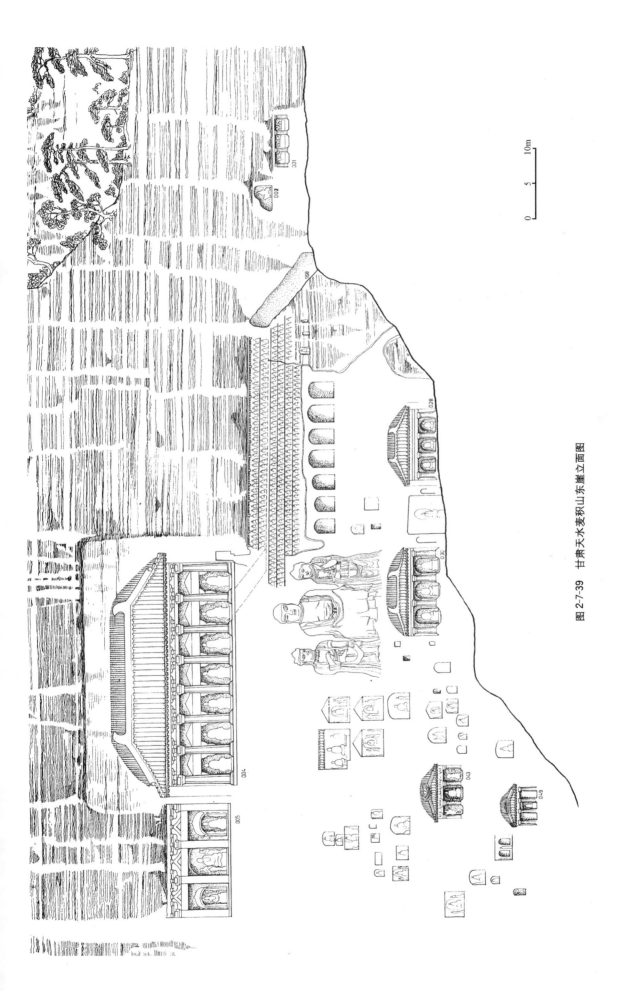

图 2-7-39 甘肃天水麦积山东崖立面图

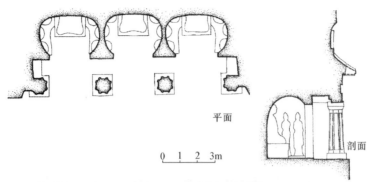

图 2-7-40 甘肃天水麦积山石窟北魏第 30 窟实测图

图 2-7-41 甘肃天水麦积山石窟西魏第 27 窟内景

为相同的趋势。但上述麦积山仿木构佛殿窟，多在檐内壁面上直接凿出佛龛，而不像云冈佛殿窟那样，具有完整的后室（主室）空间及窟门、明窗等设施。这种差异似乎反映出两地建筑物由于各自地理气候条件的限定而采用了不同的形式。平城地处雁北，而麦积山的位置已接近南朝边界，两地纬度之差约 5.6 度。因此，麦积山佛殿窟所表现的，应是处于气候相对温湿地区、以木构架为结构主体、空间相对开敞的建筑形式。其中第 4 窟应是表现了面阔七间、进深三间、前后檐柱、上架通梁的殿堂结构形式[15]（图 2-7-45）。

（4）云冈石窟

云冈石窟原名武州山石窟寺[16]，位于山西大同西北 16 公里的武周川（今名十里河）北岸。在河岸上层台地的南向陡壁上，大小洞窟栉比相连，东西长达 1 公里（图 2-7-46）。石窟始凿于北魏和平年间（460～464 年），太和十九年（495 年）迁都洛阳之后，石窟的开凿依然继续，以现知年代最晚的题记（正光五年，524 年）计，前后共经营了约 60 年，其中主要部分完成于前 30 年之中。

云冈石窟的开凿，以文成帝复兴佛法为特定背景[17]，是专为北魏皇室祈福而建的大型国家级工程。因此，洞窟规模之宏大，是其他北朝石窟所无法相比的。

云冈现有主要洞窟 53 座，前后分作三期：

一期洞窟为一组五窟（第 16～20 窟），由沙门统昙曜主持开凿，故世称"昙曜五窟"。窟室自和平年间开凿，至迁都前后（495 年）才最后完成。

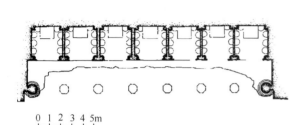

图 2-7-42 甘肃天水麦积山石窟北周第 4 窟平面图

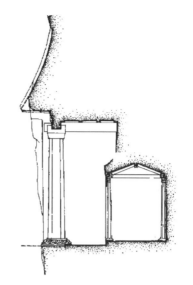

图 2-7-43 甘肃天水麦积山石窟北周第 4 窟剖面图

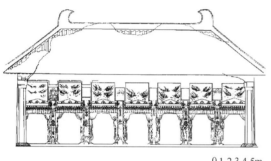

图 2-7-44 甘肃天水麦积山石窟北周第 4 窟现状立面图

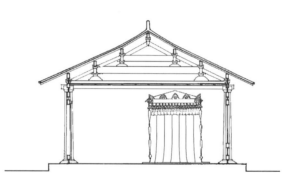

图 2-7-45 按麦积山第 4 窟推测的佛殿剖面示意图

图 2-7-46 山西大同北魏云冈石窟平面示意图

二期洞窟中最主要的是四组双窟（第 1、2 窟，第 5、6 窟，第 7、8 窟，第 9、10 窟）和一组三窟（第 11、12、13 窟），始凿并完成于孝文帝即位至迁都期间（471~495 年），中途辍工的第 3 窟也始凿于此期。

三期洞窟包括第 4、14、15 窟和编号在 20 以后的大部分洞窟，以及附凿于大窟内外的众多小龛，开凿于孝文帝迁都以后，大多为留守平城的官贵僧俗所经营。

云冈石窟的洞窟类型主要有三种：大佛窟、佛殿窟与塔庙窟。

1）大佛窟

是一期五窟和二期第 5、13 窟的窟型。窟内造像主要是三世佛[18]，采取当中、两侧分置三座佛像的形式（其中第 19 窟的两侧佛像置于主窟外两旁的耳洞中）。各窟中央主佛的高度在 14~17 米不等，因而窟内空间极为高大。这 7 座洞窟依空间处理方式，又可分为三组：

第 18、19、20 窟为一组。洞窟平面与空间形式、尺度依照佛像体量而定。洞窟进深不及宽度的 1/2，后壁、侧壁与顶部连成一片，形成佛像的背光。因此，尽管洞窟前壁开有门洞和明窗，但就窟内空间形式而言，实际上是大型佛龛。其中第 20 窟由于前壁坍塌，现状便完全呈现为一座三世佛龛的样子，与献文帝所建鹿野苑石窟中的佛龛形式极为类似[19]（图 2-7-47、2-7-48）。

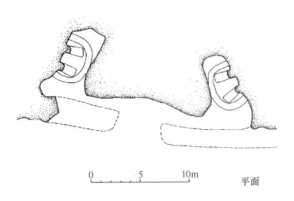

图 2-7-47　山西大同北魏云冈石窟第 20 窟

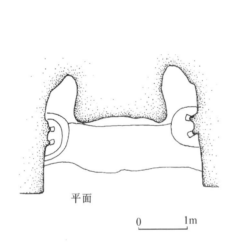

图 2-7-48　山西大同北魏鹿野苑石窟主佛龛

第 16、17 窟是一期窟中最后完成的洞窟，窟内空间较上述 3 窟已有所变化。主像与窟壁之间的距离加大，窟壁已有侧、后之分，并出现侧壁、甚至前壁开龛的做法，呈现出向佛殿窟过渡的趋势。

二期第 5、13 窟与一期诸窟相比，洞窟平面方整，窟顶雕有飞天、交龙，四周雕有天宫楼阁与垂幔纹，侧壁满雕佛龛，内部空间形式已接近于佛殿窟。

2）佛殿窟

二期第 7、8 窟、9、10 窟、12 窟以及三期部分洞窟，窟室平面规矩方整，窟顶表现为木构天花的形式，与一期窟相比，窟内空间形式及细部处理的建筑化趋向十分显著。其中又可按平面形式分为前廷后室、前廊后室与单室三种：

第 7、8 窟是二期最早开凿的一组双窟[20]。二窟并联，规制相同，均为前廷后室。前廷平面近方形，面阔 9 米，进深 8 米，无前壁，无窟顶；后室扁方形平面，面阔 9 米，进深 5.4 米，高 12.8 米。前壁正中开门洞与明窗，后壁设上下两座大龛，侧壁与前壁两侧各开上下四层佛龛。四壁佛龛之上，雕周圈天宫楼阁。窟顶作六格平棊天花，平棊之间以宽大的格条相隔。平棊中心以及格条相交处雕饰莲花。这是云冈石窟中最早出现的木构天花形象（图 2-7-49）。

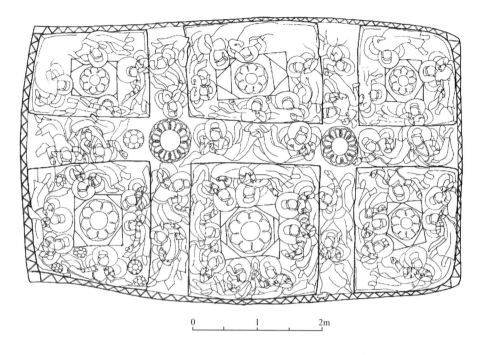

图 2-7-49　山西大同北魏云冈石窟第 7 窟主室内顶平面图

第 9、10、12 三窟为前廊后室。其中第 9、10 窟也是一组东西并列的双窟，开凿于太和八至十三年（484～489 年）。两窟之间以实壁相隔，各有前廊、后室。前廊长方形平面，三间二柱，面阔 11.4 米，进深 4 米、柱高约 8.4 米（图 2-7-50、2-7-51）。洞窟外观风化严重，同时由于后代加构窟檐时将两窟前廊上部凿成通长的平顶，故窟室立面很像是一座六开间的殿堂，但实际上，原状立面是两座三开间殿堂并列的形式。第 9、10 窟前廊侧壁上层作屋形龛，采用了与洞窟外观相仿的三间二柱佛殿样式，清楚地表现出柱、额、斗栱、庑殿顶及脊饰的形象（图 2-7-52）。前廊内顶作六格平棊天花，后壁正中开方形门洞与上部明窗，门洞外周壁面沿洞口两侧及上方横楣抹斜（图 2-7-53），表现了厚墙上开设门洞的做法。后室扁方形平面，阔 10 米余，深 6 米余，后壁正中置像，两侧向后凿有回形甬道。顶部于佛像上方雕天盖，其余部分雕平棊（图 2-7-54）。第 12 窟在总体上与 9、10 窟相近，惟洞窟外观作三间四柱佛殿的形式，同时，前廊侧壁上层的屋形龛也相应地采用了同一样式（图 2-7-55）。屋形龛与洞窟外观上的这种对应性，说明洞窟外观确是仿照木构殿堂而凿，同时反映出当时木构殿堂结构上的变化（见本章第 11 节）。

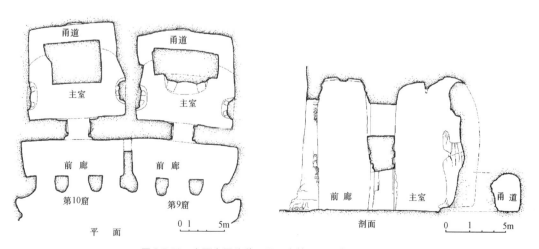

图 2-7-50　山西大同北魏云冈石窟第 9、10 窟平、剖面图

图 2-7-51　山西大同北魏云冈石窟第 9、10 窟现状外观

图 2-7-52　山西大同北魏云冈石窟第 10 窟前廊屋形龛

图 2-7-53　山西大同北魏云冈石窟第 9 窟窟门外观

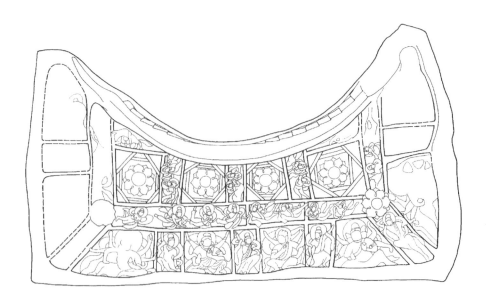
图 2-7-54　山西大同北魏云冈石窟第 9 窟主室内顶平面图

图 2-7-55 山西大同北魏云冈石窟第 12 窟外观与前廊屋形龛

三期窟中的第 24、30、34、38 诸窟，均为方形平面的单室窟。窟内空间方整，佛像多作三壁三龛列置，窟顶作平棊，但形式与二期佛殿窟有所不同。一是格条变得纤细，二是格内不见斗四做法。如第 24 窟的顶部为方整的九宫格平棊，正中格内雕莲花，其余格内雕飞天。飞天的形象也与格条一样变得纤瘦，呈典型的北魏后期的清秀形态。第 38 窟平棊中，出现格条十字相叠、并自圆环中套出的形象，表现了轻巧的竹木天棚的构造做法（图 2-7-56）。

据上所述，云冈石窟自二期开始出现以平面方整、平棊式窟顶为典型特征的佛殿窟，其中第 9、10、12 诸窟具有仿木构殿堂形式的外观，并通过前廊后室平面及窟门处理，表现出北方地区以夯土厚墙作围护结构的建筑特点。

3）塔庙窟

除了未完工的第 3 窟外，云冈主要有 5 座塔庙窟[21]，即第 1、2 窟、6 窟、11 窟与 39 窟。洞窟作方形或长方形平面，中心设立仿木构多层塔柱（第 1、2、39 窟）或四面开龛的方柱（第 6、11 窟）。

第 1、2 窟位于窟群的东端，从平面关系上看，似乎也是一组双窟，但从雕刻题材看，两窟的开凿是前后相继的。第 1 窟年代约与第 7、8 窟相近，第 2 窟则略晚于第 9、10 窟。两窟均为长方

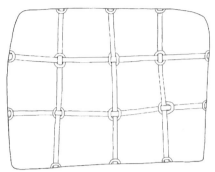

图 2-7-56 山西大同北魏云冈石窟第 38 窟内顶所表现的室内顶棚做法

图 2-7-57 山西大同北魏云冈石窟第 1 窟中心塔柱

图 2-7-58 山西大同北魏云冈石窟第 2 窟中心塔柱

形平面，平顶，窟内正中靠后立有方形多层塔柱。第 1 窟塔柱残损严重，大致可辨出上下二层。下层塔身的高度约为上层的两倍，檐部作木构瓦顶；上层顶部则作天盖状，又作须弥山形与窟顶相接（图 2-7-57）。窟内雕有层檐作帷盖状的塔幢形象（又见于第 7、8、9、10 诸窟），与中心塔柱的形式有所对应。第 2 窟中心塔柱作仿木构佛塔形式，塔身三层，高度与面阔向上逐层收减，底层塔身残损，二、三层塔身皆有外廊一周，以四根角柱承托阑额、斗栱，出檐为坡顶瓦檐形式。塔檐之上亦作方形天盖和须弥山（图 2-7-58）。窟内侧壁各开四座大龛，龛与龛之间均有浮雕五层佛塔，塔身表现为仿木构形式，各层均有斜坡瓦顶出檐，与中心塔柱相一致。联系第 9、10 窟屋形龛与窟室外观之间的一致性，这似乎是造窟者特意采用的一种呼应手法。

第 39 窟位于窟群西部的三期诸窟之中。窟室方形平面，前壁正中辟门洞，上部两侧开明窗，侧、后壁满雕千佛，窟顶雕平棊。窟内居中为方形仿木构塔柱。塔身五层，各层面阔五间，间各一龛。各层塔身的檐柱、栌斗、阑额、斗栱、檐椽、瓦顶等形象，皆精细逼真。塔身整体比例适当，应是写仿当时木构佛塔形式凿成（图 2-7-59）。

以上 3 窟为内设中心塔柱，联系北魏平城出土的曹天度造像塔，推测是反映了当时佛殿或佛塔中供养小型造像塔的做法。

第 6 窟与第 11 窟的年代约在太和后期，晚于第 9、10 双窟。窟室方形平面，正中立方柱，柱身四面开龛，窟顶沿方柱周围雕作平棊。其中第 6 窟阔 13.8 米，深 13.4 米，高 14.4 米。中心方柱宽 7.9 米，深 7.3 米，下有高 1.2 米的基座。柱身分上下两层：下层四面开龛，角部饰千佛柱，檐部雕出极短的椽头与瓦当形象；上层空透，四角以白象背负的四座九层方形仿木构小塔为立柱支撑天盖，当中设四尊背靠背的立佛（图 2-7-60、2-7-61、2-7-62）。与上述 3 窟内的中心塔柱相比，这座中心方柱很难被认为是一座佛塔。而方柱下层四面开龛、窟顶雕刻平棊的做法，与前述敦煌莫高窟北朝二期的中心柱窟以及下文中的巩县诸窟是相同的。这类中心方柱式窟的出现，与魏晋以来一直作为佛寺主体建筑的佛塔有着直接的联系。

北魏洛阳永宁寺塔遗址中部，有残高 3.6 米的土坯砌筑的方台，台壁留有按间开龛的遗迹。由此可知，这座佛塔的底层是一个围绕中心方柱所形成的礼拜空间。显然，这种空间形式也适用于面阔三间的小型佛塔。在小塔中，方柱的四面当各开一龛，正与上述中心方柱式窟内的情形相同。因此，这种窟室空间所表现的，应是佛塔的底层空间形式。窟顶环绕中心柱作一周平棊，也正是佛塔底层天花形式的写照。南北朝时期的佛塔大多不具登临功能，入塔观像及绕行礼拜只限于塔的底层（见前文汉地佛塔形式的演变）。故

图 2-7-59　山西大同北魏云冈石窟第 39 窟中心塔柱

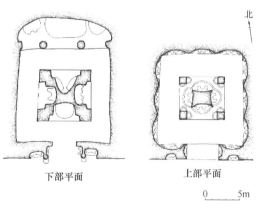

下部平面　　　　上部平面

图 2-7-60　山西大同北魏云冈石窟第 6 窟平面图

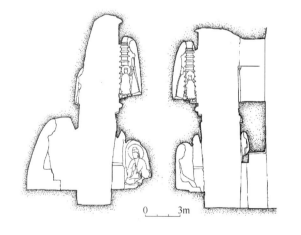

图 2-7-61　山西大同北魏云冈石窟第 6 窟剖面图

石窟中只需写仿这一部分的空间形式便可满足功能要求。中心方柱式窟作为北朝石窟中的一个重要窟型，与佛塔在北朝佛寺中居于重要地位的情势是一致的，同时也反映出北朝佛塔以中心方柱作为空间构成主体的特点。随着佛塔形式的演变，中心柱窟到北朝以后便逐渐消失了。隋开皇四年（584年）开凿的天龙山第8窟仍用此式，且窟内空间形式、特别是窟顶作周圈人字披顶的做法，与山东历城神通寺四门塔颇为相似（见图2-7-82，3-7-42），是中心方柱式窟表现塔内空间的一个例证。另外值得一提的是，云冈石窟中最终未能完成的第3窟，也反映出写仿大型佛塔底层空间形式的意图（图2-7-63）。

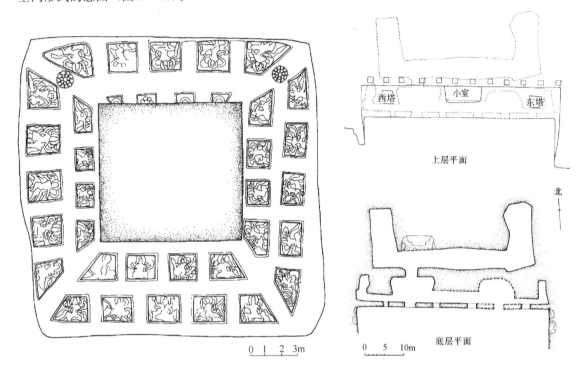

图2-7-62　山西大同北魏云冈石窟第6窟内顶平面图　　图2-7-63　山西大同北魏云冈石窟第3窟平面图

综上所述，云冈石窟的窟型与洞窟形式，从一期到二期有很大的改变：一期窟中未表现建筑形象；二期出现佛殿窟与塔庙窟，窟室空间表现出浓厚的建筑意味，壁面雕刻中也出现大量的佛殿、佛塔等建筑形象。因而有学者认为："渊源于西方的佛教石窟的东方化，云冈第二期是一个关键时期"[22]。之所以出现这样的转变，与政治背景的改换有很大关系。云冈二期窟的开凿是在孝文帝积极推行汉化政策的大背景下进行的，这也是北朝各地石窟的共同建造背景，因此在麦积山石窟与敦煌莫高窟北朝石窟中都有类似的情形出现。

（5）洛阳石窟

自孝文帝迁都到北魏末期，洛阳继平城之后成为北方佛教中心。现洛阳周围一带，保留有相当数量的北魏石窟实例，其中除著名的龙门石窟外，还有巩县石窟、渑池鸿庆寺石窟、偃师水泉石窟及新安西沃石窟等[23]。其中具有代表性的是龙门与巩县二处。北魏末期，洛阳一带兵火不断，石窟工程相接辍工，因此窟群中有不少洞窟直到初唐才得以最后完成。

1）龙门石窟

龙门石窟位于洛阳市南12公里，东北距汉魏洛阳故城20公里。其地有东、西二山夹伊水峙立，古称伊阙[24]。北魏石窟均开凿在西山东麓，共有主要洞窟23座，开凿于孝文帝太和末年至北魏亡覆期间（约493～534年）。前后40年，费工无数[25]。其中经营较早的，是6座进深在10米左右的大窟，即古阳洞、莲花洞、火烧洞与宾阳三洞，窟室的开凿都与皇室成员有关[26]。后期洞窟随经营者地位的降低，规模渐小，进深多在5米上下。

龙门北魏洞窟均为单室窟，平面多呈前方后圆形（图2-7-64），像设方式与云冈二期佛殿窟以及麦积山早期洞窟相近，都不采用正壁开龛的做法，而是主像置于正壁之前，并将正壁作背光处理。除了古阳洞等几座洞窟之外，大多数洞窟的窟顶都凿成天盖形式，笼罩在佛像上方，天盖中心为形象突出的浮雕莲花[27]。其中宾阳中洞的窟顶清楚地表现了背光式正壁与天盖式窟顶之间的关系（图2-7-65、2-7-66）。这种窟顶形式，反映了当时佛寺殿内设像使用大型天盖的做法。另外，宾阳中洞、南洞、皇甫公窟及地花洞等窟内地面，均雕有以莲花、龟纹为主的纹饰，其中宾阳中洞的地面雕饰最为精致（见图2-10-21）。

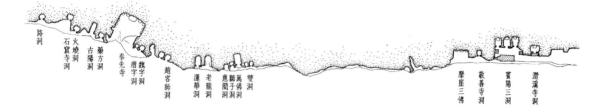

图 2-7-64　河南洛阳龙门石窟西山窟群平面示意图

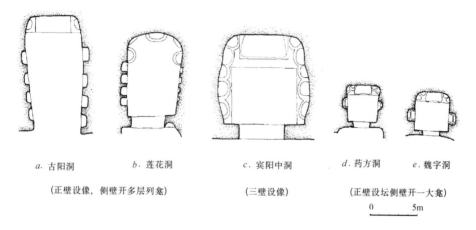

a. 古阳洞　　　　　*b*. 莲花洞　　　　　*c*. 宾阳中洞　　　　　*d*. 药方洞　　*e*. 魏字洞

（正壁设像，侧壁开多层列龛）　　　　　（三壁设像）　　　　　（正壁设坛侧壁开一大龛）

图 2-7-65　河南洛阳龙门石窟北魏窟室典型平面图

图 2-7-66　河南洛阳龙门石窟北魏宾阳中洞内顶展开图

龙门北魏石窟中表现建筑形象较少，壁面雕刻中也极少出现佛塔[28]，且未见中心柱窟，与云冈石窟有较大差别。当时正值洛阳一带佛塔林立的时期，故此点颇为费解。

2) 巩县石窟寺

巩县石窟寺位于洛伊水下游北岸的大力山南麓，西距汉魏洛阳故城40公里。其地原有北魏孝文帝所立希玄寺[29]。宣武帝景明年间（500～503年），开始在此营造石窟[30]。现存北魏洞窟5座，以雕刻形象与龙门魏窟相对照，大致可知是陆续完成于正光至孝昌年间（520～527年）。关于巩县石窟寺的主要经营者，学术界有皇室经营与地方权贵经营两种看法[31]。

石窟寺的总体布局由于地形条件的限制显得有些分散。第1、2窟位于窟群西端，第3、4、5窟则与之相隔约30米（图2-7-67）。

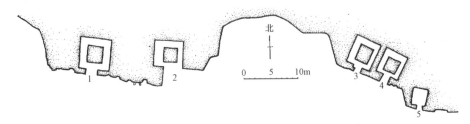

图2-7-67 河南巩县北魏石窟寺平面图

现存5座窟室中，第1～4窟均为中心方柱式塔庙窟。其中第3、4窟似为一组双窟[32]。鉴于龙门北魏窟中未见这种窟型，可见两地石窟经营采取了不同的设计模式。这4座塔庙窟（除未完工的第2窟外）在内部空间和壁面雕刻布局上表现出以下特点：

a. 窟室高、宽、深度相近。中心方柱基座的宽度，大致为窟宽的1/2，尺度规整（表2-7-5）。四壁、方柱四面与窟顶、地面均平直相交（图2-7-68）。

巩县石窟寺洞窟尺度　单位：米　　　表2-7-5

窟　号	窟室（高阔深）	中心方柱（高宽深）	方　柱　基　座
1	6×6.5×6.5	6×2.8×2.8	0.61×3.3×3.3
2	3.6×6×5	3.6×3×3	
3	4.25×5×5	4.25×2.22×2.38	0.56×2.78×2.92
4	4.5×4.54×4.83	4.5×1.7×1.81	0.56×2.2×2.3
5	3×3.2×3.2		

b. 窟顶雕作平棊，格内雕飞天、莲花及忍冬纹饰，环绕中心方柱布列，图案有明显的向心性及韵律感（图2-7-69），与云冈三期窟及龙门魏窟的典型窟顶形式相比，可以看出三者之间的联系和变化。

c. 中心方柱各面均作佛帐龛，是以往未见的做法。方柱基座与四壁下部雕刻神王、异兽等南北朝墓志碑刻中流行的题材。四壁上部满雕千佛，壁面正中设单龛（第3、4窟，与云冈第39窟相似），或置四座列龛（第1窟）。窟门两侧有水平分层构图的帝后礼佛图，做法与龙门宾阳中洞及火烧洞相同，但所占壁面比例显著增大。

第5窟是方形佛殿窟，窟顶平，中心雕圆莲，四周环绕六身飞天，地面正中浮雕莲花，是龙门魏窟中常见的做法。

巩县石窟寺的洞窟规模和数量虽远逊于云冈、龙门，但洞窟形式和壁面构图规整平稳、对称有序，雕刻手法洗练有力，在融汇云冈、龙门的基础上，又形成新的特点，反映出石窟艺术的发展已步入成熟阶段并带有一定的程式化倾向，对北齐石窟的形式有较大的影响。

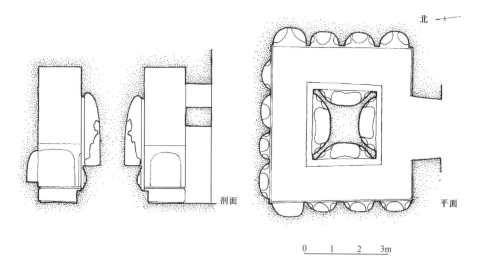

图 2-7-68　河南巩县北魏石窟寺第 1 窟平、剖面图

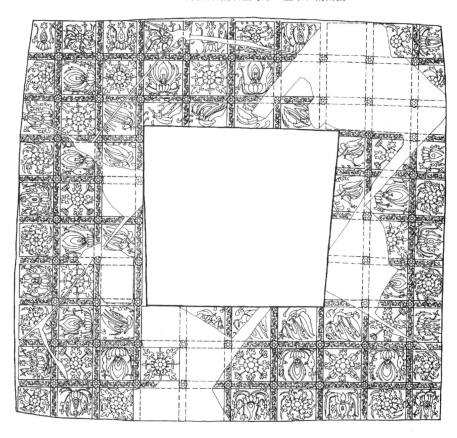

图 2-7-69　河南巩县北魏石窟寺第 1 窟内顶平面图

(6) 响堂山石窟（天龙山石窟附）

北魏永熙三年（534年），政权分裂，高欢推立孝静帝为傀儡，并迁都于邺，是为东魏。武定八年（550），孝静帝禅位于高欢次子高洋，建立北齐政权。至北周武帝灭齐（577年），前后共43年。其间邺城取代了洛阳的政治中心地位，同时又以晋阳（今太原）为陪都，车驾往来频繁。高氏父子皆崇信佛教，且中山至邺城一带早在十六国后赵时便曾是北方佛教中心，故北齐境内佛寺与石窟寺的建造十分兴盛。现存的邯郸响堂山石窟、太原天龙山石窟、安阳宝山石窟与小南海石窟等，均开凿于此期，其中响堂山石窟代表了北齐石窟的最高水平。

响堂山石窟位于邯郸市西南的鼓山。开窟地点主要有两处：一在鼓山南麓，近滏水，古称滏山石窟寺，现称南响堂石窟；另一在鼓山西麓，古称鼓山石窟寺，现称北响堂石窟。

1) 北响堂石窟

北响堂有主要洞窟 3 座，开凿在距地近百米的半山腰上。3 窟由北向南一字排开，窟间相距数十米。这种总体布局形式在中国石窟中独一无二，与石窟的性质有直接关系。窟中未见纪年铭记，据史料记载，东魏武定五年（547 年），大将军高澄（高欢长子）曾"虚葬齐献武王于漳水之西，潜凿成安鼓山石窟佛寺之旁为穴，纳其柩而塞之"[33]。又南洞外有《齐晋昌郡公唐邕刻经记》碑，记其于天统、武平年间（568~572 年）在此刻经四部[34]。依此，北响堂石窟的开凿，大致在武定、武平之间（545~570 年）。除上述关于齐献武王高欢纳柩于鼓山石窟寺的记载之外，《续高僧传·明芬传》中亦记："仁寿下敕，令置塔于慈州之石窟寺，寺即齐文宣（高洋）之所立也。大窟像背，文宣陵藏，中诸雕刻，骇动人鬼"[35]。高欢纳柩与高洋陵的位置，目前尚不能确定[36]，但可知北响堂石窟的开凿，确有借开凿石窟寺之名、行建造高齐王陵之实的一面。前述麦积山第 43 窟为西魏乙弗后墓窟（大统六年，540 年），也是北朝后期瘗窟之例。

北响堂 3 座主窟中，北洞与中洞是中心方柱式窟，南洞是带前廊的方形单室窟。这两种窟型与巩县石窟寺有明显的因袭关系，特别是中心柱表面作佛帐龛、窟室侧壁开列龛、龛下基座（坛）上雕神王异兽，与巩县第 1 窟相仿。此外，北响堂石窟又有以下特点：

a. 中心柱与窟室后壁之间，上部相连，下部作低矮甬道，故北洞中心柱仅三面作龛，中洞中心柱则为单座深龛的形式（图 2-7-70）。

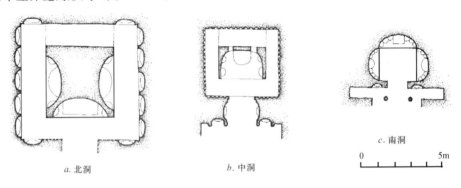

图 2-7-70 河北邯郸北齐北响堂山石窟窟室平面图

b. 窟室外观呈现为单层塔形建筑物形象。南洞窟檐上部见有瓦檐、覆钵、忍冬纹蕉叶及顶中三枝莲瓣宝珠（图 2-7-71、2-7-72）。北洞与中洞外观残损，但依稀可辨窟顶覆钵（中洞）与顶中宝珠（北洞）。

c. 窟内雕饰大量采用火珠束莲柱和忍冬联珠纹，风格瑰丽并有浓厚的异域色彩。同类装饰题材也见于麦积山西魏北周窟中，应属北朝后期流行的装饰风格。尤其是北洞侧壁的壁面雕饰，采用了超出正常尺度的夸张手法，获得满窟生辉的装饰效果（见图 2-4-16）。

由此可知，北响堂石窟虽有承袭前期石窟之处，但从整体布局到窟室形式，都采用了新的手法，在装饰风格上也有明显的变化，是中国石窟发展史上的一处重要实例。

2) 南响堂石窟

南响堂有洞窟 7 座。与北响堂的疏阔布局相反，这 7 座洞窟集中开凿在一处总长约 20 米的上下二层阶梯状崖壁上。下层是两座形式相同、位置并列的中心方柱式窟，上层是 5 座方形单室窟，其中外侧两窟带前廊（图 2-7-73）。

图 2-7-71 河北邯郸北齐北响堂山石窟南洞外观

图 2-7-72 河北邯郸北齐北响堂山石窟南洞窟顶外观与细部

据隋代《滏山石窟之碑》，南响堂石窟的开凿是在天统元年（565年，这时北响堂石窟已基本完工），为僧人慧义所开，受到当时的丞相高阿那肱的大力资助。石窟建成后不久，便值北周武帝东并，"扫荡塔寺，寻纵破毁"[37]。大约在明代，石窟的外观被加建的木构殿阁所覆盖。近年来，文物部门对南响堂石窟进行了清理与考查工作，拆除了窟外的木构建筑，使北齐时期的石窟原貌得到了尽可能的恢复[38]。

南响堂石窟的窟型及洞窟形式与北响堂大致相仿，但由于石窟性质与经营者身份的不同，窟室规模与装饰做法便有一定的差异。第1、2窟的形式与北响堂北洞相近，惟尺度缩小了一半，且窟内雕饰简省。但特别值得注意的是，这两座洞窟的外观表现为三开间木构殿堂的形式。外壁上方雕出柱子、栌斗以及双抄五铺作斗栱以及檐椽、瓦顶的形象，是中国石窟中惟一采用出跳斗栱形式的石雕窟檐实例，显示出经营者的刻意追求与开窟工匠的高超技艺（图2-7-74）。根据残留部分，可以作出窟檐外观的复原图（图2-7-75）：立面为四柱三间，柱头上置小栌斗，出双抄华栱，其上横置令栱，承托撩檐枋，枋上以檐椽、飞椽承挑筒瓦屋檐。同样的斗栱形式又见于河南安阳修定寺塔塔基出土的陶制斗栱残件与陶范，年代也在北齐。

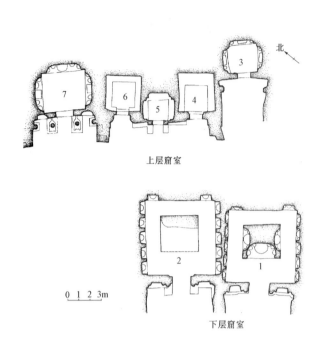

图 2-7-73　河北邯郸北齐南响堂山石窟平面图　　图 2-7-74　河北邯郸北齐南响堂山石窟第 1 窟窟檐残部

南响堂上层第 7 窟的形式则与北响堂南洞相仿。平面为前廊后室，前廊三间，后室方形中空，三壁三龛，平顶中雕莲花。洞窟外观也同样呈现为单层塔形建筑的形象，前廊檐柱作火珠束莲柱，柱头之上雕凿出阑额、横栱、檐椽、瓦顶等仿木构建筑做法，屋脊上浮雕云形蕉叶与覆钵顶，顶中立宝珠（图 2-7-76）。按隋碑中有"斩此石山，兴建图庙"的说法，则这类窟室的内外空间有可能是表现了当时所流行的一种塔形建筑，据窟顶外观推测，这是一种方形内室、外包檐廊的建筑形式。内室四壁作夯土（或土坯）墙，上为覆钵顶。檐廊用木构，上覆瓦顶（图 2-7-77），与南响堂第 1 窟中的浮雕单层佛塔（见图 2-7-11）相对照，很像是在其外又加建了一圈木构副阶的做法。这种形式的建筑物未见于任何形象资料或文献记载，因此只能作为一种推测。覆钵顶中惟置宝珠，

图 2-7-75　河北邯郸北齐南响堂山石窟第 1 窟窟檐复原示意图　　图 2-7-76　河北邯郸北齐南响堂山石窟第 7 窟窟檐

不立刹柱，窟内三壁三龛，均作佛帐龛，似表现室内三面设帐的陈设方式。另外，北响堂中洞、南响堂第7窟及未完工的第3窟窟檐中，都可见檐柱向内倾斜的现象（图2-7-78），结合它们所表现的这种建筑形式，可以认为也是一种实际做法的反映，即为了平衡覆钵式屋顶所产生的水平推力而采取的一种结构措施，与木构建筑中的"侧脚"具有相同的作用。

南响堂诸窟在造型艺术方面具有下述两个突出特点：

一是洞窟外观形式的建筑化与窟檐雕凿的立体化程度远远超过了龙门、巩县等处实例，且在云冈仿木构佛殿窟之上。这种情况也出现在北齐天龙山石窟和麦积山西魏北周石窟中，说明以石窟写仿现实建筑的能力，至北朝后期随着建筑物形式的发展而有了很大程度的提高，其中代表最高技术水平的作品便是南响堂第1、2窟的窟檐。

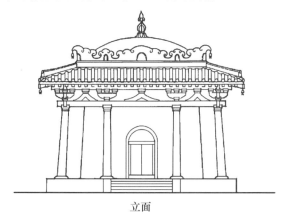 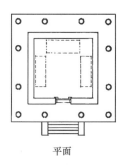

立面　　　　　　　　　平面

图 2-7-77　按响堂山石窟形式推测的建筑示意图

图 2-7-78　河北邯郸北齐响堂山石窟窟檐中的檐柱内倾现象

二是装饰风格的强烈和统一。与北响堂石窟一样，反复运用火珠、束莲柱、忍冬及联珠纹这四种装饰造型与纹样，却不乏细部处理上的变化。特别是在窟室门洞侧壁雕刻忍冬联珠纹装饰带的做法，实例中只见于响堂山石窟（图2-7-79）。不过敦煌莫高窟西魏第285窟四壁上部所绘的禅窟中，已见类似的洞口装饰纹样（图2-7-80），似乎说明这种做法在东西魏时即已存在。

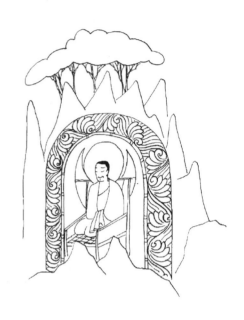

图2-7-79　河北邯郸北齐南响堂山石窟第2窟门洞雕饰

图2-7-80　甘肃敦煌莫高窟西魏第285窟壁画中的禅窟

3）天龙山石窟

天龙山石窟位于太原市西南约40公里，共有洞窟20余座，分布在东西两座山峰的南麓山腰一线。其中北朝洞窟5座，开凿于北魏末年至北齐期间，均为方形佛殿窟，规模也大致相同（表2-7-6）[39]。

天龙山北朝石窟简况　　单位：米　　　　　　　　　　　　表2-7-6

窟　号	内室尺寸（高·宽·深）	外观形式	窟顶形式
1	3.48×3.17×3.34	前廊仿木构窟檐	覆斗顶，无雕饰
2	2.68×2.54×2.54	方形门头	覆斗顶，当中莲花，四披飞天
3	2.60×2.47×2.36	方形门头	覆斗顶，当中莲花，四披飞天
10	2.95×3.14×3.47	前廊仿木构窟檐	覆斗顶，当中莲花
16	2.83×3.04×2.70	前廊仿木构窟檐	平顶，当中莲花，四周飞天

第2、3窟开凿年代相对稍早，窟外仅作自崖壁凹入的方形门头。北齐时开凿的第1、10、16窟，均有前廊仿木构窟檐。其特点一是只雕出檐口线以下部分，不表现屋顶形式；二是柱、额、斗栱形式简洁，较少装饰性处理，大致为八角柱、柱头栌斗承阑额、上置横栱的形象。其中第16窟窟檐保存完整，比例、制作也十分精良（图2-7-81）。前廊面阔3.64米，进深1.3米，高2.02米。檐柱二根，柱距2.44米。柱身八角形断面，柱径约0.35米，向上收分，下为覆莲柱础，上为栌斗承阑额，额上是横栱与人字栱相间的铺作层。柱头处设横栱，心间补间铺作是当中横栱、两侧人字栱的形式。对照库狄回洛墓木椁的补间铺作（见本章第四节），可证是当时木构建筑中习用

的做法。另外，第8窟凿于隋开皇四年（584年，当时尚未统一，仍应属北朝末年），是窟群中规模最大的洞窟，主室面阔4.82、进深4.32、高3.80米。据目前所知，这是中国石窟中惟一的一座带有前廊的中心柱窟（图2-7-82）。前廊作三间四柱仿木构形式，与第16窟反映的结构形式已有所不同，其中最明显的一点是阑额位置的改变（详见第11节）。

图2-7-81 山西太原天龙山石窟北齐第16窟外观　　图2-7-82 山西太原天龙山石窟隋代第8窟平、剖面图

中国石窟中窟室形式建筑化的发展，至北朝后期达到顶峰，其后便不再有新的作品出现。因此，东魏北齐的响堂山、天龙山石窟以及西魏北周的麦积山石窟，特别是其中带有仿木构窟檐的洞窟，在建筑史上占据重要地位。

3. 窟群总体规划与窟室设计、开凿方式

（1）窟群的总体规划

由于窟室只能沿崖壁作（单层或多层的）水平分布，不可能像地面建筑那样进行任意方向的平面组合，因此，石窟寺的布局方式与地面佛寺有所不同。但它们之间可以有共同的规划原则，如因地制宜、主次有序，并可以采用类似的规划手法，如轴线对称、功能分区等。

综观各处石窟群的形成，大致有三种不同的情况：一是窟群在较短时期内一次性完工，总体布局相对完整，规划意图比较明确，如南、北响堂山石窟；二是石窟的开凿经年累代，窟群中包含有数期规划的阶段性成果，如云冈、敦煌、麦积山等大窟群；三是早期窟室利用天然溶洞、崖罅开成，不具特定规划意图，后期窟室多数未经统一部署，只有少数重要洞窟经过成组规划，如炳灵寺石窟和龙门石窟等。

以下对云冈和敦煌莫高窟北朝窟室的总体规划作概略分析：

1）云冈石窟第一、二期规划特点

云冈石窟开凿在临河台地的陡坡上。两道天然冲沟，将长约1公里的坡面分为东、西、中三部分，坡顶高度在20米左右。就现状看，原来坡势最陡、地形条件最为优越的是西坡东段，即开凿一期五窟的地方；向东越过第一道冲沟，是坡顶起伏、坡势稍趋平缓的中坡，坡面作上下分层的台阶式处理：下部开凿二期洞窟的主体（第5～13窟），上部则是一排小型洞窟；东坡的地形条件较中坡更差，因此洞窟分散，主要为二期的第1～4窟两组，相距约70米；西坡西段，地平逐渐抬高，坡顶相对低矮，是三期洞窟（第21~45窟）所在。

从云冈各窟与地形的关系，可知第一、二期洞窟的开凿，经过了预先规划。一期五窟，自西向东依次布列在西坡东段长约80米的崖壁上，充分利用了这块最整齐的坡面。第16窟的位置已近冲沟，它的东边只余下一小块三角形壁面，后为第三期的第14、15窟所补占。五座窟室中，以西侧的第20、19窟面阔稍大，其东的第18、17、16三窟稍小，总体布局尚属均衡，规划意图与文献中"为太祖以下五帝各开一窟"的记载相符。二期洞窟大都开凿在中坡长约100米的崖壁上，布列方向自东向西，恰与一期五窟相反。在安排了三组双窟与一组三窟之后，西端尚余下一窟位置，现状为三期小窟所填充。二期洞窟规划的突出特点是窟室作双窟组合，意图明显迎合当时孝文帝与文明太后并称二圣的政治局面。

云冈第一、二期窟在总体外观的处理上有所不同。一期五窟的外壁，除第19窟处向内凹入之外，是一片平直的壁面，窟与窟之间没有分界标志（图2-7-83），说明在开凿这五座大窟之前，事先完成了整段坡面的平整工程，将具有一定斜度的陡坡削斩成一片竖立的崖壁；二期洞窟的情形则不同，相邻窟室的外壁，几乎都留有与内部隔墙位置相对应的崖垛（第11~13窟例外）。也即是说，在开凿二期洞窟之前，并未像一期工程那样，先平整全部崖面，而是依照各窟的面阔，分别自陡坡上直接凿入，于是洞窟之间便出现了崖垛，并将它们处理成佛塔或立碑的形式（图2-7-84）。相比之下，这种做法较一期工程更为进步，不仅减少了斩山的工程量，同时在总体立面上明确了各窟的位置，丰富了窟群的外观。位于东坡的二期第3窟也是一个利用地形的范例，由于坡势平缓，故将窟室外观处理成上下两层，上层平台正中设龛室，两侧各立一座三层小塔。下层则开有东、西两个窟门，外观上似仍保持了二期窟室作双窟并列的特点。

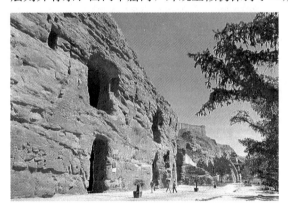 

图2-7-83　山西大同北魏云冈石窟一期洞窟外观　　　　图2-7-84　山西大同北魏云冈石窟二期洞窟外观

综上所述，云冈第一、二期洞窟的总体规划一方面反映了北魏皇家石窟工程顺应皇权的特点，另一方面则表现出石窟规划设计上的不断创新与进步。

2）敦煌莫高窟北朝窟室规划

莫高窟现存隋唐以前的洞窟40余座，分为北朝一至四期。其中除第461窟外，均位于窟群的南区中段。图2-7-85是在此分期前提下，据《莫高窟总立面图》[40]所绘的莫高窟北朝洞窟立面图。从中可见：第一、二期窟位于崖壁中层，沿水平方向由北向南延伸；三、四期窟也基本位于崖壁中部，但分为上下两层水平分布，且与一、二期窟不在同一水平层上。同时，一、二期窟与三、四期窟各自形成一组窟群，在它们之间，是一段长约30米的崖壁凹入部分。莫高窟现存年代最早的3座洞窟（第268、272、275窟），紧挨着凹入部分的南侧，而现状位于这一部分的，是近30座隋唐洞窟。由此推测，至迟在北朝末年，这里曾发生崖壁坍塌现象，并因此毁失过一批北朝洞窟。

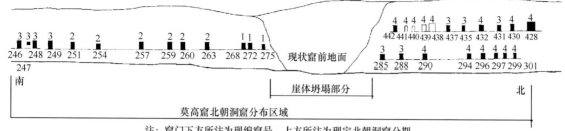

图 2-7-85　甘肃敦煌莫高窟北朝洞窟分布示意图

第 275 窟等 3 座一期窟室，是当时的幸存者。今第 275 窟东北角外壁的缺损以及内部后加横向隔墙的做法，均应与此有关。

据图中所示，可以看出莫高窟北朝洞窟的发展，是自一期窟所在之处开始，向南陆续开凿了二期洞窟与少量三期窟，然后折回头来，越过凹入部分，继续向北开凿了三、四期诸窟。从南、北两组窟群的地面高差情况，可知它们是处于两个不同的规划阶段，即开凿三、四期窟时，根据山体的高度，重新调整了窟层的位置，改变了一、二期窟的单层布列形式，将窟室分上下两层布置，这种形式一直向北延续为隋代洞窟所采用。至于崖壁凹入部分的原有洞窟数量与年代，目前尚无法确定[41]。

北朝一、二期窟室的形式、规模及组合方式明显有所不同。一期窟室规模狭小，形式各异；而二期诸窟以中心方柱式窟为主要窟型，规模基本一致，窟室作成组配置，在规划意图上，反映出与云冈二期窟的联系。洞窟体量增大，布局整齐，是此期的主要特点，也表明这时是莫高窟开凿历史上的第一个辉煌时期。这种带有较明显规划痕迹的洞窟群，往往与官方主持开凿有关。

由此可见，窟室的年代与分期，不仅反映在单体窟室形式或壁画雕刻的特点上，同时也表现在总体规划的不同阶段特点之中。但是也必须看到石窟规划与实际开凿之间的差距。在各大窟群中，前期工程延续至后期完成的情况是很常见的，另外又有利用前期窟室加以扩建改造或重新修饰情况，需要结合总体规划的大背景加以分析把握。

（2）窟室设计与开凿

窟群总体规划制订之后，进行窟室的单体设计与施工组织，是石窟开凿、特别是一些大型皇家工程所必不可少的前期工作。

开窟造像，是北朝统治者十分重视的一件大事。据《隋书·百官志》，北齐时在太府寺甄官署下设石窟丞，应是专门负责官方石窟工程施工管理的部门。"后齐制官，多循后魏"，因此这一部门的设立，有可能始自北魏。说明当时对石窟的设计施工及管理已有一定规制。

开凿石窟与建造地面建筑最根本的区别，在于窟室不论大小，都需在陡直的崖壁上开凿出来。当时所能利用的工具，无非是简单的锤錾之类。因此，开凿石窟所费的时日工力，往往数倍于相同规模的地面建筑。据南北朝史料记载，当时建造一所大型殿堂，工期一般不超过 10 个月；而一座窟室的凿成，因岩质疏硬不同，少则几年，多则十几年甚至几十年。云冈昙曜五窟自和平年间始凿，最后完成已是太和末年（约 460~493 年）；而龙门宾阳三洞的开凿，自景明元年至正光四年（500~523 年），"用工八十万二千三百六十六"[42]，仍只完成了窟体大部与北洞造像。

开窟之艰，不仅在于耗费时力，更在于石窟全由凿琢而成，不像土木砖石建筑，可以反复垒砌，任意拆搭，而是稍有缺陷，便难以补救。因此石窟的设计施工较之地面建筑需更为精心完善。虽然文献中缺乏有关记载，但据实例分析，尽管石窟在窟室形式上多有写仿地面建筑之处，然而两者在施工上是采用了截然不同的方式。显而易见,地面建筑是自下而上起造的,而石窟恰恰相反,通常自上而下开凿。因此,窟室形式与壁面构图,也必然采用与之相应的水平分层方式。云冈二期诸窟中,壁面佛龛大都作分层布列,上下层之间以通长的饰带相隔。这种壁面布局形式,是与水平分层施工相适应的。第 6 窟中心方柱上层正中作四向立佛,窟内四壁与之相同高度的位置上,也列置形式相同的立佛像龛,证明在设计上是出于统一考虑。又龙门古阳洞南北侧壁均分作上下三层,每层并列四座大龛(图 2-7-86)。据开龛纪年,可知是自上而下分层雕凿,并与窟内主像的高度有对应关系[43]。此洞虽是利用天然溶洞凿成,但其中也留下了明显的水平分层施工的痕迹。壁画塑像窟的开凿相对容易,但壁面构图,也表现出相同的特点。

窟室门洞的上方,往往开有明窗。云冈昙曜五窟的明窗位置,恰在主像头胸部的前方,由于窟室进深甚浅,在窟外透过它即可观瞻佛像。这时明窗的主要功能之一,是满足观像的要求;在进深较大的窟室中,明窗便名符其实地解决了照度问题。从施工角度看,明窗的另外一个主要作用在于开辟上层作业面。故开凿明窗,或成为开窟的首要步骤之一。北朝后期的一些窟室中出现了开凿多个明窗的做法,如云冈第 39 窟和南响堂第 1、2 窟,均于窟门上方两侧开窗,北响堂的北洞和中洞,都开有三座明窗,应是出于便利施工、改善窟内照度的目的。石窟开凿过程中,窟门必然被用作废渣的出口。因此,从施工程序上讲,窟门部分的雕刻,应是窟室中最后完成的部分。

云冈第 3 窟是一座未能最后完成的大型洞窟,至今在窟内地面上,还有当年施工所留下的网状沟槽(图 2-7-87),推测当时是采用先分割地面、凿出深槽,然后将方形石柱撬断的方式来逐层削去窟内地面。这种方式虽然原始,但在当时,应属最先进、最适合于石窟造像的一种石窟开凿方式。

图 2-7-86　河南洛阳龙门石窟北魏古阳洞侧壁列龛形式

图 2-7-87　山西大同北魏云冈石窟第 3 窟地面的网状凿沟

注释

[1]《水经注》卷 13〈漯水〉。上海人民出版社版《水经注校》P. 431

[2]《高僧传》卷 11〈释玄高传〉。《大正大藏经》NO. 2059，P. 347

[3]《魏书》卷 114〈释老志〉。中华书局标点本⑧P. 3038

[4]《出三藏记集》卷 11〈比丘尼戒本所出本末序〉。

[5] 宿白:〈克孜尔部分洞窟阶段划分与年代等问题的初步探索〉。《中国石窟·克孜尔石窟一》，文物出版社版。

[6] 阎文儒:〈新疆天山以南的石窟〉《文物》1962 年第 7、8 期。

[7] 筒拱结构是我国自西汉以降砖石建筑中常用的结构形式，在新疆地区早期遗址中，较多以土坯作为主要建筑材料。如柏孜克里克石窟现存年代最早的窟前建筑（第 18 窟）即留有土坯砌筑的筒拱顶遗迹；焉耆七格星明屋遗址中也有此类遗存。由此推测，龟兹佛寺中，筒拱顶很可能是佛殿建筑中较常用的结构形式。

[8]《法苑珠林》卷 13〈敬佛篇·观佛部·感应缘〉记载："凉州石窟塑瑞像者，昔沮渠蒙逊以晋安帝隆安元年（397 年），据有凉土三十余载。陇西五凉，斯最久盛，专宗福业。以国城寺塔终非久固，古来帝宫终逢煨尽，……乃顾眄山宇，可以终天。于州南百里，连崖绵亘，东西不测，就而斲窟，安设尊仪，或石或塑，千变万化"。上海古籍出版社版 P. 112

[9] 樊锦诗等:〈敦煌莫高窟北朝洞窟的分期〉。《中国石窟·敦煌莫高窟一》，文物出版社版。

[10]《沙州土镜》记为"（东晋）永和八年癸丑岁创建窟"，石窟遗书 P. 2671。按永和八年是 352 年，而"癸丑"应为 353 年，今依后者。

唐李怀让〈重修莫高窟佛龛碑〉记东晋升平十年（366 年），沙门乐尊在莫高窟造窟一龛，后有法良禅师"于尊师龛侧，更即营建。伽兰之起，滥觞于二僧"。

〈莫高窟记〉记"晋司空索靖题壁号仙岩寺。自兹已后，镌造不绝。"石窟遗书 P. 3720

[11] 宿白〈敦煌莫高窟现存早期洞窟的年代问题〉。香港中文大学《中国文化研究所学报》1989 年第 20 卷。

[12] 敦煌文物研究所:〈新发现的北魏刺绣〉。《文物》1972 年第 2 期。

[13] 窟中现存南宋绍兴二十七年（1157 年）铭文，"麦积山胜迹，始建于□秦，成丁元魏"。并《续高僧传·玄高传》记载："高乃杖策西秦，隐居麦积山，山学百余人，崇其义训，禀其禅道"。知石窟的开凿，在公元四、五世纪之交。

[14] 在崩塌部分的崖壁上，现残存北魏早期第 80 窟，同时底层有残留洞窟痕迹，与西崖早期窟如第 74、78 窟相邻。推测这里是麦积山石窟最早经营的一部分。

[15] 傅熹年:〈麦积山石窟中所反映出的北朝建筑〉。《文物资料丛刊》第 4 辑。文物出版社版。本节中麦积山各窟室图均参照此文插图绘制。

[16]《魏书》卷 1〈显祖纪〉，皇兴元年（467 年）秋八月"丁酉，行幸武州山石窟寺"。中华书局标点本①P. 128

[17] 北魏初期，始兴佛教。至太武帝统治后期，佛道相争，矛盾激化，下诏灭佛（466 年）。6 年后（452 年），文成帝即位，宣诏复兴佛法。《魏书·释老志》记文成帝复法后，做了三件事。一是"诏有司为石像，令如帝身"（452年）；二是"敕有司于五级大寺内，为太祖已下五帝，铸释迦立像五"（454 年）；三是"准沙门统昙曜之奏请，于京西武州塞，凿山石壁，开窟五所，镌建佛像各一"（460～464 年）。将这三件事联系起来，可知云冈石窟的开凿是复兴佛法的重要活动之一。昙曜开窟造像，与为五帝铸像一样，也是为北魏皇室所建的福业，目的是通过树立"天子即今世佛"的观念，在维护北魏政权统治的同时，确立佛教的稳固地位。参见宿白：〈云冈石窟分期试论〉，《考古学报》1978 年第 1 期。

[18] 三世佛即过去、当今、未来三佛。选择三世佛作为造像主要题材，是自复法后出现的流行做法。除了标榜皇帝为当今佛外，主要是出于宣传佛教的目的。见刘慧达：〈北魏石窟中的三佛〉，《考古学报》1958 年第 4 期。

[19] 李治国、刘建军：〈北魏平城鹿野苑石窟调查记〉。《中国石窟·云冈石窟一》，文物出版社版。

[20] 云冈石窟中双窟的出现，与当时奉孝文帝和文明太后冯氏为"二皇"的做法有关。详宿白：〈平城实力的集聚和"云冈模式"的形成与发展〉。同上。

[21] 另外还有两座规模较小的塔庙窟：位于台地上层的第 5∶28 和第 13 窟右侧崖壁上的第 13∶13 窟。

[22] 宿白：〈平城实力的集聚和"云冈模式"的形成与发展〉。《中国石窟·云冈石窟一》，文物出版社版。

[23] 宿白：〈洛阳地区北朝石窟的初步考察〉。《中国石窟·龙门石窟一》，文物出版社版。

[24]《水经注》卷 15〈伊水〉："伊水又北入伊阙，昔大禹疏以通水。两山相对，望之若阙，伊水历其间北流，故谓之伊阙矣"。下文又记："东岩西岭，并镌石开轩，高甍架峰"，应是石窟初开时的情景，窟前或建有木构建筑物。《水经注校》，上海人民出版社版 P. 515

[25] 由于龙门山石质坚硬，且山体坡度较缓，开窟造像除利用天然溶洞如古阳洞者外，均须先斩山为壁，再继续向内凿窟，故费工耗时。工程十分艰巨。据《魏书·释老志》记载，自宣武帝景明初（500 年）诏于龙门为高祖（孝文帝）于皇后营窟二所，至正始二年（505 年）"始出斩山二十三丈"。后因"斩山太高，费功难就，……下移就平，去地一百尺，南北一百四十尺。永平中（508～511 年），中尹刘腾奏为世宗复造石窟一，凡为三所。从景明元年至正光四年六月已前（500～523 年），用功八十万二千三百六十六"。中华书局标点本⑧P. 3043

[26] 龙门古阳洞杨大眼造像龛记中有"路逕石窟，览先皇（孝文帝）之明纵，睹盛圣之丽迹"之文。据《魏书·杨大眼传》，其时在景明元年（500 年）率军南伐归阙途中。所睹"丽迹"，应指孝文帝所营古阳洞造像；上注宣武帝景明元年诏营二窟，永平中又加一窟，据考即为宾阳三洞（见刘汝醴：〈关于龙门三窟〉，《文物》1959 年第 12 期）；又火烧洞的被毁与莲花洞的辍工，也都与上层动乱有关（见宿白：〈洛阳地区北朝石窟的初步考察〉）。

[27] 龙门魏窟窟顶中心雕饰莲花的洞窟计有：莲花洞、宾阳中洞、宾阳南洞、魏字洞、慈香洞、弥勒北（一、二）洞、皇甫公窟、药方洞、路洞、六狮洞、来思九洞、地花洞与天统洞。普泰洞窟顶未完工，但已凿出三层圆环与两侧飞天二身；火烧洞窟顶因遭雷击而崩毁；宾阳中洞、赵客师洞与唐字洞窟内大部均为唐代续凿；确知顶部无雕饰的魏窟仅为最早开凿的古阳洞和后期的汴州洞、弥勒洞、驺骧将军洞。

[28] 莲花洞外山壁上有一浮雕佛塔，塔身四层，底层塔顶的屋面和脊均作凹曲面（线），外观与云冈浮雕佛塔有所不同；普泰洞内南壁有一浮雕单层塔，与南响堂第 1 窟内的浮雕塔形式基本相同，疑为同期作品。

[29]〈后魏孝文帝故希玄寺之碑〉（唐龙朔二年，662 年）："昔魏孝文帝发迹金山，途遥玉塞，……电转伊瀍，云飞巩洛，爰止斯地，创建伽蓝"。《中国石窟·巩县石窟寺》附 石刻录 72，文物出版社版。

[30]〈重建净土寺碑〉："至于后魏宣武帝，限山之阳，土木之制非固，（下残）"，同上，石刻录 79。按碑文中有"大唐天授元年"之文，此碑当立于天授元年（690 年）以后。录中记为龙朔三年至乾封元年（663～666 年），误。

又〈重修大力山石刻十方净土禅寺记〉（明弘治七年，1494 年）："自后魏宣帝景明之间，凿石为窟"，同上，石刻录 194。可视为对上碑的补充。

[31] 陈明达：〈巩县石窟寺的雕凿年代及特点〉一文认为，巩县石窟寺的开凿与北魏帝后有直接关系："第 1 窟、第 2 窟是为宣武帝及灵太后胡氏所造的双窟，约开始于熙平二年（517 年）。以后因胡氏被幽隔永巷，第 2 窟即停工成为一个未完的窟，……第 3、4 窟是为孝明帝后所造的双窟，开始于熙平二年或稍后，完成于孝昌末年（528 年）。至于第 5 窟很可能原是为孝庄帝所造"。《中国石窟·巩县石窟寺》，文物出版社版。

宿白：〈洛阳地区北朝石刻的初步考察〉一文则认为巩县石窟寺可能是"密迩洛阳、西邻巩县的大姓豪门"荥阳郑氏家族所经营。《中国石窟·龙门石窟一》，文物出版社版。

联系云冈第9窟是宦官王遇为皇室所造，则这两种说法并不存在根本的矛盾。也就是说，这处石窟寺有可能是地方豪族为皇室祈福而开凿的。

[32] 见前注陈文。陈明达先生认为第1、2窟与第3、4窟是两组双窟。按双窟应指洞窟形式基本相同的相邻洞窟，第1、2窟虽平面相近，但窟室高度及外观处理有较大不同。第1窟高6米（第2窟仅3.6米），窟门两侧设力士像，立面作大龛，这些都是第2窟所不具备的。因此，这两座窟室在设计上可能是一对组窟，但不是双窟。

[33] 《资治通鉴》卷160〈梁纪十六武帝太清元年（547年）纪〉。中华书局标点本11P.4957

[34] 〈齐晋昌郡公唐邕刻经记〉碑文记其"于鼓山石窟之所，写维摩诘经一部，胜鬘经一部，孛经一部，弥勒成佛经一部。起天统四年（568年）三月一日，尽武平三年（572年）岁次壬辰五月二十八日"。

[35] 《续高僧传》卷26〈释明芬传〉。《大正大藏经》NO.2060，P.669

[36] 现存北魏至北齐的石棺，均由6块石板组成，长度在2.4米左右。如北魏司马金龙墓出土的棺床侧板，长2.41米，高0.51米；现藏美国弗利尔美术馆的北齐棺床侧板，长2.34米，高0.6米。如将石棺床置于窟内，其位置有可能在中心柱后的甬道内。北响堂中洞中心柱为敞口单面大龛。龛内主像的两侧下方，各有一圆拱形小洞，与后部甬道相通，洞口有坐兽侍立，应有其特殊含义。联系龟兹石窟佛殿窟后甬道（后室）中安设佛涅槃像台的做法，这种在大像背后设置陵寝的做法也是完全可能的。麦积山西魏第43窟也是类似的一例。另外一种说法认为，高欢纳柩的位置是在北洞中心柱的顶部（见任继愈主编《中国佛教史》第三册，P.723~724）。现状柱顶两侧列龛中确有一处为空洞，但其尺度是否可能置入石棺，还有待进一步确证。

[37] 此碑现在南响堂第2洞外壁龛内。碑文记载："有灵化寺比丘慧义，仰惟至德，俯念巅危，于齐国天统元年（565年）乙酉之岁，斩此石山，兴建图庙。时有国大丞相淮阴王高阿那肱，翼帝出京，憩驾于此，因观草创，遂发大心，广舍珍爱之财，开此□□之窟。……[惜]功成未几，武帝东并，扫荡塔寺，寻纵破毁"。

[38] 邯郸市峰峰矿区文管所、北京大学考古实习队：〈南响堂石窟新发现窟檐遗迹及龛像〉。河北省古建筑研究所孟繁兴：〈南响堂石窟清理记〉。《文物》1992年第5期。

[39] 山西省古建筑保护研究所李裕群：〈天龙山石窟调查报告〉。《文物》1991年第1期。

[40] 此图为《中国石窟·敦煌莫高窟一》附图。文物出版社版。

[41] 崖壁凹入部分现状上层窟室的地平与南侧的一、二期窟持平，与北侧的三、四期窟有明显高差。由此推测，这批毁失洞窟的年代有两种可能性：一是与一期窟相近或更早；二是与二期窟处于同一规划阶段。而确认为后者的关键，在于找到与二期诸窟相同的规划特点，即同样规模、成组配置的中心柱窟的遗迹，否则，便很可能是与一期窟年代相近的小型洞窟。

[42] 《魏书》卷114〈释老志〉。中华书局标点本⑧P.3043

[43] 温玉成：〈龙门古阳洞研究〉。《中原文物》1985年特刊。

第八节　桥梁

魏晋南北朝时期在造桥技术上有较大的发展，除传统的梁式木、石桥外，石拱桥、木悬臂桥、浮桥都有较大的进步。

一、木桥

有梁式桥及悬臂桥二大类。梁式桥因桥墩桥柱材料不同又分木柱、石柱、石墩等不同种类。木柱桥最著名的是渭河在长安北面的三桥[1]。石柱桥最著名的是西安灞桥[2]，都始建于秦汉时，在此期间仍在使用，应是经过多次维修或重建的。史籍中没有此期中新建巨大梁式桥的记载。

悬臂桥最著名的是陇西鲜卑族政权吐谷浑在今甘肃南部黄河上所建巨桥。据《水经注》卷2，〈河水〉引段国《沙州记》说："吐谷浑于河上作桥，谓之河厉，长一百五十步，两岸垒石作基陛，节节相次，大木纵横更镇压，两边俱来，相去三丈，并大材。以板横次之，施勾栏，甚严饰[3]。"据描写，这类桥是自两岸向河心层层挑出成排的木梁，每层用横木连为一体，后端用横木和巨石压住。二方悬臂梁端相距三丈而止，中间断开部分用木梁板连接。悬臂梁不相交，中间留出空隙应是为了在必要时可以中断交通。《水经注》同卷又引《秦州记》曰："枹罕有河夹岸，岸广四十丈。义熙中，乞佛于此河上作飞桥，桥高五十丈，三年乃就[4]。"乞佛即乞弗氏，为陇西鲜卑首领，十六国时在今甘肃中部、东部建立西秦。义熙间西秦王先后为乞佛乾归和乞弗炽磐。所建飞桥应即是这种悬臂桥。

这种桥在现在甘肃、四川等地仍可以看到，有的几乎和《水经注》所描写的全同，可视为古桥的活化石（图2-8-1）。这些地区河岸高出水面很多，水流湍急，无法立柱，采用这种悬臂桥是很合理的做法。

图 2-8-1　四川西部某悬臂桥

二、石桥

石拱桥：随着两汉砖拱券技术的发展，逐渐创造出石拱桥。目前所见最早的石拱桥形象是河南新野东汉画像石上的裸拱桥，没有两肩，即以券面为桥面[5]。《水经注》记载，洛阳建春门外石桥为东汉阳嘉四年（135年）所造，柱头石柱铭文称"使中谒者魏郡清渊马宪监作石桥梁柱，敦敕工匠，尽要妙之巧，攒立重石，累高周距"云云，从"攒立重石，累高周距"等语看，应是石拱桥[6]。可知至迟在东汉中期已经出现可以下通舟船上行车马的平桥面拱桥。这里要通漕运，所以需建石拱桥[7]。

西晋时，拱桥进一步推广，较著名的是洛阳东面榖水上的几座桥。《水经注》卷16，〈谷水〉云："其水又东，左合七里涧。……涧有石梁，即旅人桥也。……凡是数桥，皆垒石为之，亦高壮矣，制作甚佳，虽以时往损功，而不废行旅。朱超石与兄书云：'桥去洛阳宫六七里，悉用大石，下圆以通水，可受大舫过也'"[8]。从末一句可知，它是可以通过大船的圆拱桥。谷水东行入洛水，转入黄河，是洛阳的水运命脉。所以河上都建可以过船的拱桥。《晋书·武帝纪》载："（泰始十年，274年）冬十一月，立城东七里涧石桥[9]。建一石桥要记入史书帝纪，可知在当时是很巨大的工程。前引朱超石与兄书记载诸桥之一的铭文为"太康三年（282年）十一月初就工，日用七万五千人,至四月末止"[8]。工程历时六个月。朱超石是宋武帝刘裕部将,东晋义熙十二年(416年)随刘裕北伐姚秦,过洛阳时见此桥。从他描写的口气看,在江南石拱桥似很罕见。

梁式石桥:梁式石桥的出现当在拱桥之前,在此期间也有发展。《水经注》卷16,〈谷水〉又云:"北引(九龙)渠,东合(千金渠)旧渎。旧渎又东,晋惠帝造石梁于水上。按桥西门之南颊文称:'晋元康二年(292年)十一月二十日改治石巷水门,除竖枋,更为函枋,立作覆枋屋,前后辟级,续石障,使南北入岸,筑治漱处破石,以为杀矣。到三年三月十五日毕讫。'并纪列门广长深浅于左右巷:'东西长七尺,南北龙尾广十二丈,巷渎口高三丈',谓之皋门桥"[10]。据此,皋门桥是一座中间高起跨渠,两端坡道向下通南北岸的梁式石桥。桥面宽七尺,高出水面三丈,左右有连接通两岸的石堤("石障"),石堤表面呈一坡一平的递降踏步("前后辟级","南北龙尾广十二丈")。这桥同时用为水闸,292年把"竖枋"改为"函枋"(置闸板的不同方式),还在闸上建屋(覆枋屋),近于廊桥。这桥是始建于魏明帝太和五年(231年),经晋惠帝元康二年(292年)重修的。从这记载看,皋门桥是颇为复杂的巨大石桥。《水经注》中记载的洛阳魏晋石桥颇多,说明这期间石工和建桥技术都有发展。

三、浮桥

"造舟为梁"见于《诗经》[11],可知以缆系舟,横过两岸为浮桥的做法周代已经有了。此期间最著名的浮桥是西晋杜预建的富平津黄河浮桥和东晋南朝建康秦淮河上的朱雀航浮桥。

晋帝室司马氏原籍河内郡温县,其地在洛阳东北方,即今河南省北部黄河以北的沁阳、孟县、温县、修武、辉县一带。为开拓自洛阳至河内间的通畅道路,杜预建议在富平津(即孟津)处建黄河浮桥,泰始十年(274年)建成。这是继春秋时公子咸在蒲阪建浮桥之后黄河上建起的第二座浮桥[12]。可惜它的规模做法史无明文。

建康的朱雀(一作爵)航在城南朱雀门外,横跨秦淮河上,把建康城和城南的居住商业区连接起来。它在三国吴大帝孙权时原是木桥,称南津大桥[13],十余年后,在景帝孙休时已称之为大航,可能已改为浮桥[14]。东晋时继续使用。324年,东晋叛臣王敦进攻建康,丹阳尹温峤烧朱雀航以阻止叛军渡秦淮河[15]。晋成帝咸康二年(336年)又新立朱雀浮航,"长90步(45丈),广六丈,冬夏随水高下"[16]。秦淮河并不很广,吴时已建南津大桥,说明可以跨河建桥,终于建成浮桥,大约有两个原因。其一是因为秦淮河是建康水运要道,西通长江,东通吴会,主要供应都自秦淮运入,水上交通极为繁忙,如建桥,低平者有碍航运,高起容舟者难以牢固。其二,当时秦淮西距长江很近,江涛汹涌,经常涌入石头津,毁朱雀航[17],浮桥尚如此,木桥更难持久,为此,终南朝三百余年,朱雀桥一直是浮桥。晋孝武帝时,谢安在桥上建重楼,楼顶置铜雀,与桥名相应,更为壮丽[18]。秦淮河上除朱雀航外,以后随着经济发展和军事需要,又陆续建了骠骑航(在东府)、丹阳后航(在丹阳郡北)和竹格航(在朱雀航西)三座浮桥[19]。浮桥可开可闭,打开中间一段可使舟船顺利通过,因此它在缆索连接和断开处船的锚定上都应不同于一般浮桥,开闭管理上也应有一套制度,才能正常营运,可惜史籍缺略,已无从考索了。

以上所述是两晋南北朝时见于史籍的著名大桥,其落成大都载之史册,可知是国家兴建的巨大工程。这些桥本身结构既雄杰壮美,同时也有一定美化装饰。自汉以来,木桥、石桥桥头两端都立柱,这在和林格尔东汉墓壁画及东汉石刻上都有表现,以后遂发展为华表柱。《南齐书·五行志》载建元元年(479年)朱爵航华表柱生枝叶,可知建康朱雀航两端建有华表柱。《洛阳伽蓝记》载洛水浮桥"南北两岸有华表,举高二十丈,华表上作凤凰似欲冲天势"自谢安在朱雀航头建楼后，也形成传统。隋炀帝建东都时，也在洛水天津桥上建重楼。这些情况表明，当时对桥梁的美化也是非常重视的，把它视为壮城市观瞻的重要内容。

注释

[1]《大唐六典》卷7，水部："凡天下造舟之梁四，（注：河三，洛一。河则蒲津、大阳、盟津，一名河阳，洛则孝义也。）石柱之梁四（注：洛三，灞一。洛则天津、永济、中桥，灞则灞桥也。）木柱之梁三（注：皆渭、川也。便桥、中渭桥、东渭桥。此举京都之冲要也。）" 中华书局排印本 P.226

又据《长安志》卷11，〈万年县〉云："渭桥镇在县东四十里。（注：即东渭桥，李晟屯兵处）。同书卷13，〈咸阳〉云："《汉书》曰：武帝建元三年（前138年）春初作便门桥。颜师古曰：便门，长安城北面西头门，即平门也。……于此道作桥，跨渡渭水，以趋茂陵，其道平易，即今所谓便桥。……"同卷又云："中渭桥在县东南二十里，本名横桥。……汉末董卓入关遂燔之，魏武帝更造。旧图经曰：刘裕入关又毁之，后魏重造。" 中华书局缩印《宋元方志丛刊本》①P.132、145

按：据此，则三桥中至少中渭桥是北魏时重修的。

[2]《长安志》卷11，〈万年县〉："霸桥，隋开皇三年造，…"（毕沅注：汉有霸馆，王莽更曰长安馆；霸桥，王莽更曰长存桥。）

[3]《水经注校》卷2。 上海古籍出版社版 P.47

[4] 同上书，同卷。 上海古籍出版社版 P.55

[5] 河南新野县北安乐寨村东汉墓出土桥梁画像砖。 《考古》1965年1期

[6]《水经注》卷16，〈谷水〉 上海人民出版社版《水经注校》P.537

按：此桥因文中有"监作石桥梁柱"一语，遂有人以为是梁式桥。但从后文攒立重石之"攒"字及"累高周距"之"周距"二字，实是拱桥。梁式桥的出现早于拱桥，新出现的拱桥在形式上保存梁式桥的痕迹，是很自然的事。现在江南很多拱桥在拱两侧有立柱，柱头有表梁出头的悬挑石即是明证。

[7] 桥铭文强调"方贡委输所由而至"。说明此桥下要通舟船，故其为拱桥实无可疑。

[8]《水经注》卷16，〈谷水〉 上海人民出版社版《水经注校》P.552

[9]《晋书》卷3，〈武帝纪〉 中华书局标点本①P.64

[10]《水经注》卷16，〈谷水〉 上海人民出版社版《水经注校》P.530

[11]《毛诗正义》卷十六之二，〈大雅·大明〉："大邦有子，俔天之妹。文定厥祥，亲迎于渭。造舟为梁，不显其光。" 中华书局缩印本《十三经注疏》上P.507

[12]《春秋左传正义》卷41，昭公：〈经〉："秦伯之弟鍼出奔晋。"〈传〉："后子（秦桓公子，景公母弟鍼也）享晋侯，造舟于河。"杜预注云："造舟为梁，通秦晋之道。" 中华书局缩印《十三经注疏本》下P.2022

[13]《建康实录》卷2，太祖下："（赤乌八年245年），夏五月，震宫门及南津大桥。"同书卷下，成帝："（咸康二年）冬十月，……新立朱雀浮航。"原注："案地志，本吴南津大吴桥也。" 中华书局标点本上P.53、189

[14]《建康实录》卷3，〈景皇帝〉："（258年，孙）綝乃废少主，迎（景）帝。遂乃肆意，侮慢人神，烧大航及伍胥庙，毁坏浮图塔寺，斩道人。" 中华书局标点本上P.81

[15]《建康实录》卷6，〈肃宗明皇帝〉："（太宁二年，324年）秋七月壬申朔，（王敦部将王）含与钱凤等水陆五万至于（秦淮）南岸，游骑逼淮。温峤乃烧朱雀航，以挫其锋。" 中华书局标点本上P.156

[16]《建康实录》卷下，〈显宗成皇帝〉："（咸康二年，336年）冬十月，更作朱雀门，新立朱雀浮航。航在县城东南四里，对朱雀门，南度淮水，亦名朱雀桥。"原注："按《地志》，本吴南津大吴桥也。王敦作乱，温峤烧绝之，遂权以浮航往来。至是，始议用杜预河桥法作之。长九十步，宽六丈，冬夏随水高下也。" 中华书局标点本上P.189

[17]《建康实录》卷9，〈烈宗孝武皇帝〉："（太元十三年，388年）冬十二月，戊子，涛水入石头，毁大航，杀人。""（太元十七年，392年）夏六月，……甲寅，涛水入石头，毁大航"。 中华书局标点本上P.285、290

[18]《景定建康志》卷16，镇淮桥条，考证，引《晋起居注》曰："白舟为航，都水使者王逊立之。谢安于桥上起重楼，上置三铜雀，又以朱雀观名之。" 中华书局缩印《宋元方志丛刊本》②P.1540

[19]《建康实录》卷9,〈烈宗孝武皇帝〉:"(宁康元年,373年)三月,……癸丑,诏除丹阳、竹格等四航税。"原注云:"……复有骠骑航,在东府城门渡淮,会稽王道子立。并竹格航、丹阳郡城后航,总四航,(另一为朱雀航)在晋时并收税,至是年,诏皆除税不收,放民之往来也。" 中华书局排印本上P.256

第九节　建筑艺术

两晋南北朝处于中国古代汉和唐两个最强盛、其建筑也各具鲜明特色的朝代之间,具有承前启后的地位,是古代建筑的一个重要发展时期。从目前所掌握的材料看,其前期两晋十六国时,因为分裂动荡、战乱频仍,南北抗争,发展缓慢,无论在建筑技术上还是艺术风格上,都还未能摆脱东汉、三国以来的旧传统,建筑面貌改变不大。到南北朝时,南北已分别统一,战乱相对减少,出现较长的休养生息时间,南北在经济文化上都有较大的发展,尤以南朝为甚,因之建筑面貌也有较大的改变,开始孕育新风,为以后隋唐时建筑的大发展创造条件。在这一阶段中,印度、中亚、西域文化,包括建筑及装饰随着佛教传入,又随着佛教的中国化而为我国先民所改造、消化、吸收,也对建筑面貌和风格的变化起着重要作用。

下面就这一时期的建筑在面貌、风格上的变化加以探讨。由于两晋基本仍属汉魏建筑余波,遂不得不从汉代开始,并向上做简略的溯源。

汉唐之间,建筑外观上最显著的变化是由汉代的平坡屋面直檐口转变为凹屋面和四角上翘的曲线檐口,形成了最具特色的中国古建筑屋顶形式。自古以来,用出檐深远的大屋顶就已成为中国古建筑的传统,其原因则和古文化摇篮地区的地理条件和建筑所采用的材料的结构形式有关。

自新石器时代起,黄河流域就是中国古代重要文化孕育区之一,对中国古代文化,包括建筑的形成和发展有极重要的影响。以后的夏、商、周、秦、汉各朝,中心区又都在黄河中下游,它的文化,包括建筑遂成为中国古代的主流。这一地区基本属黄土高原东部和黄河中下游冲积平原。黄土有较强的可塑性,可以制成土坯、土墼为建筑材料,也可直接夯筑成坚实的墩台和承重墙壁。夯土与木构架相结合,或在夯土基上建木构架房屋,或在夯土承重墙或墩台上架木屋架,成为古代建屋的主要方法,故古代称建筑活动为"土木之功"。黄土有一很大弱点,即遇水后大大降低承载能力;其中自重湿陷性黄土尤为严重。为此,古人发明了用夯筑来消除黄土湿陷的方法。但在长期雨淋浸泡下,夯土也会坍塌,需加以遮盖保护。此外,木构房屋的构架也要防雨淋。这样,受所用材料限制,中国自古以来逐渐形成下有较高台基、上有出挑较多的屋檐以遮蔽台基和墙身的屋顶的做法,因而出现了建筑外观由台基、屋身、屋顶三段组成的特点。

受屋顶构架间距的限制。古代房屋不论全木构架还是土墙木屋顶的土木混合结构房屋,都以间为单位,若干间并联成一栋房屋,建筑的尺度以面阔的间数和进深的椽数(二椽约当一间之深)计。由于早期木构架房屋支撑系统不完备,木构架房屋也多有厚的围墙以加强构架的稳定;土墙承重房屋的正面也用柱子承楣,下开门窗。故木构架房屋和土墙承重房屋的正面在外形上往往无别。

汉以前建筑既无实物又无较准确的图像或模型,尚不能做具体探讨。但从青铜器模型及图像可知,这时建筑风格朴质厚重。在商周时,木构建筑上已用栌斗为垫托构件。据《论语》'山节藻棁'之句,可知构件上已加彩绘为装饰。春秋战国时已出现斗和栱的组合,屋顶上已有装饰瓦件。它们既是结构、构造之必需,也具有装饰作用。中国古代建筑对结构或构造构件适当进行艺术处理使之同时起装饰作用的特点已经形成,此后遂发展为传统手法。

图 2-9-1　汉代明器所表现的汉代建筑风貌

汉代建筑除近年在西安发掘出大量遗址外，出土的明器陶屋、石刻画像也较形象地反映了此期建筑的面貌。更有一批东汉石阙可视为木构建筑的精确模型。通过这些资料、结合文献，可以大体知道汉代建筑的面貌。这时一般房屋下有较高台基，夯土台基周边多护以木柱和木枋以防崩塌。屋身部分用夯土承重墙时内外用壁柱、壁带加固，同时起装饰作用。用木构架时，以方、圆或八角柱承楣，上承梁架。为保护台基、墙壁，有出檐很深的屋顶，遂不得不在柱上向外挑出承托屋檐的斗栱。汉代的出跳栱实是挑梁、外端重叠多层斗和栱，托在挑檐檩之下。斗栱经艺术处理，同时起装饰作用。屋顶有两坡的悬山，四坡的四阿（庑殿）和攒尖等形式，都是直檐口、平屋面，和唐以后的凹曲屋面、起翘屋角完全不同（图 2-9-1）。

汉代宫室宗庙等大型建筑都沿春秋战国以来台榭建筑旧制，以阶梯形夯土台为核心，逐层倚台壁四面建屋，层层高起，顶上建主体建筑，攒聚成巨大体量的建筑群。一般邸宅则为以单层建筑为主的院落式布置。尽管汉代建筑用了很多雕刻和彩画，并附加大量饰物，但从外观上看到的地栿、柱、楣、门窗、梁枋、屋檐都横平竖直，是三维方向直线的组合，只有夯土墙壁和墩台斜收向上，没有曲线，建筑风格端庄、严肃、雄劲、稳重。

三国至东晋前期建筑，从文献上考证，基本是东汉的延续，单体建筑没有明显的重大变化。此期建筑的形象留存极少，仅在四川保存有少数三国至东晋初的石阙，形制与东汉诸阙基本相同，仅装饰风格上小有变化，说明在三国至东晋初，至少在四川地区仍延续东汉后期的建筑特点。通过对三国时高颐阙、平杨府君阙的分析，发现其母阙、子阙的阙身为相似形，表明这时已掌握利用相似形取得建筑形体谐调的效果。近年发现的少量三国吴国及晋初的陶屋，其形式、做法、风格也和东汉后期很近似。

十六国时，中原战乱频繁，遭到极大的破坏。刘曜、石勒、石虎等残酷地强征民夫，大建宫室，史书中颇讥其侈大奢靡。但建筑发展要有经济和文化基础，这在当时全不具备，故这些宫室恐仍是在原有建筑发展水平上的暴发户式的侈大不经之作，未必能在建筑艺术和技术上有较大发展。

南北朝是十六国分裂动乱后中国南北方分别统一于一个政权的时期，社会渐趋稳定、经济、文化都有较大的发展，南北方交流增加，为以后的全国统一创造了条件。汉唐之间建筑的主要发展也在这段时间。

史载南朝自刘宋中后期大建宫室，向奢华方向发展，建筑风气为之一变。到梁代中期，江南成为全国经济、文化最发达地区，建筑也应有更高的发展。从《南齐书·魏虏传》中对北魏平城宫室的贬义描写，可知这时南朝建筑发展远远超过北魏。但南朝的建筑形象史料极度缺乏，甚至迄今尚未能找到一个南朝建筑的完整图像，为我们具体研究其面貌风格带来很大的困难。不过从现存南朝陵墓石刻的高度艺术水平可以推知建筑的艺术和工艺水平至少应与之相称。此期的北朝石窟中保留有大量建筑形象，虽受当时绘画水平的限制，还不够精细，却基本可窥其风格面貌。故目前只能就北朝建筑形象进行推测，然后就北朝建筑形象中有可能受南朝影响部分，结合日本受南朝影响的飞鸟式建筑对南朝建筑进行推测。

根据石刻、壁画、明器所示，自汉至唐，其间建筑构架上的变化大体可分五种，其具体情况将在下面建筑技术节中进行探讨。这五种构架的主要差异，表现在建筑外观上是阑额由架在柱顶之上演变为架在柱顶之间；前者是汉以来的传统，后者是隋唐新风的萌芽（参阅图2-11-22～2-11-26）。这时外观上仍分为台基、屋身、屋顶三段。其中台基屋身部分，受佛教及其他外来影响，出现了很多新的形式和做法。而屋顶由平坡顶直檐口变为凹曲屋面、屋角起翘则造成了中国古代建筑外观上的最大变化，对建筑风格的改变影响最大。

此期建筑的台基，把汉以来在夯土基外用立柱和横枋加固边缘的做法和随佛教艺术传入的须弥座形式结合起来，在汉式台基蜀柱之下又加一条下枋，与原有的枋、柱结合，就出现了有上枋、下枋中加隔间版柱的最简单的须弥座形式。台基周边的木栏杆则使用较秀美的钩片棂格。

屋身部分北方多用厚墙封闭，只露出嵌在厚墙内的门窗，风格浑厚健壮（参阅图2-11-22）；南方和中原则露出柱、楣（阑额）、地栿。门窗，风格秀美劲挺（参阅图2-5-1）。柱有方、圆、八角形、圆柱还有起凸棱的"束竹柱"（图2-9-2）和凹棱柱（参阅图2-4-7）。凹棱柱始见于汉代，极可能是经西域传入的希腊罗马式样经改造后形成的。柱身有上下同宽，上小下大二种。后者汉已有之，多为八角柱，显示柱之壮美；南北朝后期又出现作弧线上收的"梭柱"（参阅图2-4-17），显示

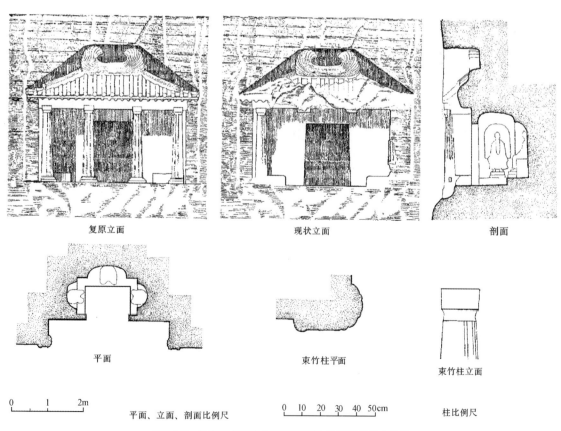

图2-9-2 甘肃天水麦积山石窟西魏第49窟窟檐及束竹柱

出秀美和举重若轻的风貌。它是否受罗马式柱子的影响是尚待探讨的问题。柱础除汉式覆斗础偶有用者外，多为覆莲础，也是随佛教传入的外来形式。屋身在柱间上、中、下部位装水平的地栿、腰串和门额、窗额，其间装门窗（参阅图2-5-1）。门窗就所见形式而言没有汉代多，只见版门、直棂窗二种。当是受表现手法限制，实际上应有更多的种类。柱顶上置栌斗，早期沿汉代做法栌斗上承楣（阑额），楣上置斗栱，以后额降至柱间，在柱顶两侧插入柱身，栌斗承栱或替木，托在檐枋（榑）之下。在南北朝后期，南北方都出现斗栱挑出两跳的做法，承托出挑深远的屋檐，并起装饰作用（参阅图2-11-27、2-11-31）。

据石刻、壁画上所表现诸建筑，屋身部分的开间比例多为方形或竖长形。方形的如麦积山石窟第28窟、30窟窟檐（图2-9-3），竖长形的如云冈39窟檐柱（图2-9-4）、龙门古阳洞三座屋形龛和麦积山第4窟（图2-9-5）、第43窟、第49窟和定兴北齐义慈惠石柱。也有明间方形稍间竖长形的，如云冈第十一、十二窟前室三间殿（参阅图2-11-13）；但很少有开间横长的。在现存日本飞鸟式建筑中，法隆寺金堂明间面阔12材高，柱高14材高，法隆寺五重塔一层明间面阔10材高，柱高12材高，也都是竖长的比例。可知当时建筑的开间比例多作竖长形。推其原因，可能仍是当时构架的纵向支撑系统较弱，尚不宜做大开间的缘故。由于此期无建筑实物和较准确的模型。目前尚不能具体探讨其比例问题。

房屋的屋檐一般用圆形断面的檐椽挑出，有些地方也用板椽，如甘肃天水麦积山石窟第四窟北周雕窟檐所示。重要建筑在檐椽之外又加飞椽，以增加出檐深度。飞椽断面为方形，后尾抹斜，

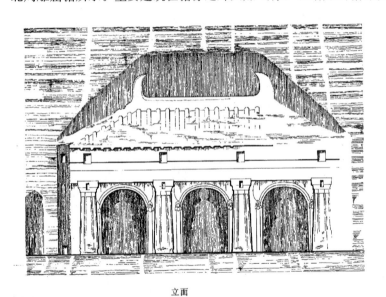
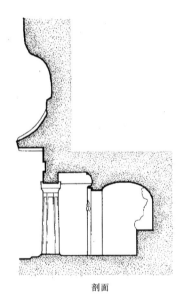
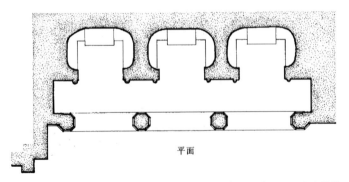

图 2-9-3　甘肃天水麦积山石窟北魏第28窟实测图

钉在望板之上，与下面的檐椽对位。考究的建筑都把檐椽、飞椽的外端做得细些，末端粗外端细的椽可使屋檐显得轻巧，是一种艺术处理手法（参阅图2-4-19）。

一般房屋屋面用板瓦，宫殿及府邸等重要建筑用筒板瓦，都是陶瓦。宫殿用瓦，瓦坯磨光并经渗碳处理，表面作黝黑色，称"青掍瓦"。瓦当已不用汉代的云纹和吉语文字纹，改用莲花纹，也有少量用兽面纹之例。莲花纹是随佛教传入的纹样，和汉代藻井中用的垂莲形象不同。屋脊仍沿用汉以来旧做法，以板瓦叠砌而成，顶面做圆背或加一行筒瓦。宫殿、佛殿和最尊贵的官员——三公的正厅在正脊两端用鸱尾为饰。鸱尾的使用传说始于汉武帝时，是模仿海中鱼虬之尾的形式。但迄今未见汉代实物及图像。《宋书》载东晋太元十六年（391年）"鹊巢太极（殿）东头鸱尾"，可知至迟晋代宫殿已用鸱尾。目前所见较早的形象在敦煌275窟北魏塑阙形龛上。其余建筑之正脊两端用兽面瓦。瓦之轮廓近于脊之断面，正面模压一兽面，安于脊之两端，脊上筒瓦瓦当即压在其上，实物已在洛阳北魏官署遗址中发现。除正脊外，兽面瓦也用于宫殿和一般建筑的垂脊下端和角脊上。角脊一般只做到角柱或挑檐枋交点而止。外端悬挑部分减低高度，只叠一二层瓦，上复筒瓦，并用瓦钉钉在角梁上，以防下滑。瓦钉之上斜置小瓦当遮盖，并用灰填实以防渗水。这样就在角脊的末端出现一行翘起的小瓦当，使角脊下端呈反翘之势，同时起了艺术处理和装饰作用（参阅图2-11-18）。

南北朝建筑屋顶除四阿（庑殿）、攒尖、悬山外，还有歇山，始见于龙门古阳洞507年元燮造像龛。但歇山的萌芽已见于四川牧马山汉墓出土的明器陶屋，其屋顶分上下二段，上段为悬山，下段为四坡顶，实际是在悬山顶房屋四周加披檐形成的。这种四周加披的屋顶又见于四川高颐、樊敏、冯焕诸汉阙，是在四阿顶上加披。上段是主体建筑屋顶，下段是四周接出的挑檐，故在上檐之下。《营造法式》小木作中有版引檐，即其遗制，不过变大木作瓦顶为小木作木版顶而已。两晋南北朝时，由于木构架发展，主体部分形成内槽，四周披檐形成外槽，结合成一体，屋顶遂连成整体。披檐用在四阿顶下的只是扩大了屋顶，用在悬山四周的遂出现新的屋顶形式歇山。歇山是明清时名称，唐宋称"厦两头"，南北朝时名称不详。歇山由上下二段变为完整的屋顶经历了相当长的时间。507年开凿的龙门古阳洞元燮造像龛已是完整的歇山屋顶，而约60年后所绘敦煌296窟上顶北周壁画中还画了大量的分二段的歇山顶，表明二种形式有较长的共存时期。

悬山、歇山屋顶山面用搏风板，钉在槫的外端。搏风板在脊槫相交处下用悬鱼以遮脊槫下半，并做装饰。另在屋顶两垂脊外侧顺两坡横铺筒板瓦，以遮这部分屋面，并起装饰作用。清式称排山勾滴，宋式称华废，唐以前名称不详（参阅图2-5-2）。

南北朝中后期，建筑外观上出现直接影响建筑面貌和风格的最大的变化在屋顶，出现了屋面为下凹曲面，屋角微微翘起，檐口呈反翘曲线的屋顶。

据目前所见材料，两汉、魏晋到南北朝前期，包括出土的明器、画像砖石，现存汉晋石阙直至北朝石窟壁画石刻，其房屋都是平坡屋顶，直檐口。直到5世纪后半，北魏建都平城时，所开凿的云冈石窟中雕刻的建筑形象仍然如此。493年北魏迁都洛阳，在稍后开凿的龙门古阳洞石窟中，所雕三座屋形龛已作下凹屋面，但还没有屋角起翘的明确表现。

20世纪上半在洛阳出土了一组北魏末石刻线画，其中一幅刻有两重子母阙，其屋顶明确刻作屋面下凹、屋角上翘状。是6世纪上半已出现屋角起翘之明证（图2-9-6）。

屋顶形式产生这样巨大的变化，当然首先出于建筑艺术上的需要，但它之所以能够流行既需要人在艺术观念上的变化，也要在构造上可行，可以因势利导做成，而不致引起过分的劳费。分别探讨如下。

图 2-9-4 山西大同北魏云冈石窟第 39 窟中心塔柱立面图

屋顶曲线：屋顶曲线的出现比屋角起翘稍早一些。大量的汉代石刻建筑图像所表现的建筑都是平坡屋顶。出土的明器大部分也是这样。其中个别的陶楼的屋面下凹，屋角上翘，但往往在同一器的其他层又出现屋面上拱、屋角下垂的相反形式，可知是陶器烧造时的变形，不能作为出现屋顶曲线，屋角起翘之证。

但是如就大量明器和现存一些汉阙来看，虽然屋面是平坡面，直檐口，但它们的正脊两端和垂脊下端却都加高，使呈端部上翘状。这样，自下仰望，平直的屋檐显得劲健，而上翘的脊头又有向上之势，使屋顶显得轻而上举，最典型的例子是四川芦山樊敏阙。由于正脊垂脊末端上翘形成曲线，虽屋顶为平坡，而由屋脊形成的屋顶轮廓却是曲线的。这方面最有代表性的例子是四川渠县的东汉冯焕阙（图 2-9-7）。四川诸石阙公认是严格准确反映汉代建筑真实面貌的，与一般有较多示意性的明器不同。在汉代出现直坡屋面使用曲线屋脊的现象表明，尽管木构架或土木混合结构房屋因防水要求不得不造出檐较大的屋顶，而且到汉代已经形成传统，但汉人仍在设法利用建筑艺术手段，以两端上翘的正脊和下部呈弧线上升的垂脊相配合，造成屋顶有向上运动的趋势，使巨大的屋顶在观感上有轻举上扬之势，减少了沉重、呆板、压抑之感。可以认为这种处理手法的出现，实际上是以后发展出凹曲屋面的滥觞。

从传统构架的特点看，自直坡屋面发展为凹曲屋面也是顺理成章并无滞碍的。东汉以来，建两坡屋顶至少有三种构架。一种是穿斗架体系，有广州出土大量东汉陶屋为证；另一种是柱梁式体系，可以四川成都出土住宅画像砖上厅堂所示为证（图 2-9-8）；此外，自古以来的纵架加斜梁体系也应残存于某些地区。三种中，前二种构架都存在建成曲面屋顶的可能性。穿斗架以柱承檩，柱间用穿枋连接，形成屋架。可以用增减柱高的办法使屋顶出现曲线。柱梁式以柱承梁，梁上重叠几层小梁，最上用叉手承脊檩。可以用增减各小梁下垫托构件高度的方法使屋顶出现曲线。土墙承重的混合结构房屋上部仍用重叠的梁架，与柱梁式房屋的屋架全同。在汉代最流行的两种木构架系统上，都可以很容易地建造呈下凹曲面的屋顶。这种形式的屋顶，近脊部陡峻，檐部平缓，对排水和多纳阳光都有利。屋面下凹的做法，宋以后称"举折"，宋以前称"庸峭"。（北宋）宋祁《笔记》云："今造屋有曲折者谓之庸峻，齐魏间以人有仪矩可喜者谓之庸峭，盖庸峻也。"（南宋）周密《齐东野语》〈庸峭〉条云："魏收有'逋峭难为'之语。……苏公（苏颂）曰：'向闻宋元宪云，事见《木经》，盖梁上小柱名，取其有折势之义耳。'"魏收是东魏北齐时人，已用"逋峭"一词，也证明屋面利用蜀柱高低变化做成下凹的举折做法大约出现在南北朝中后期。

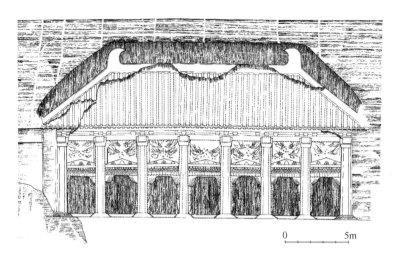

图 2-9-5 甘肃天水麦积山石窟北周第 4 窟立面复原图

图 2-9-6 河南洛阳出土北魏末石刻线画中屋角起翘的阙

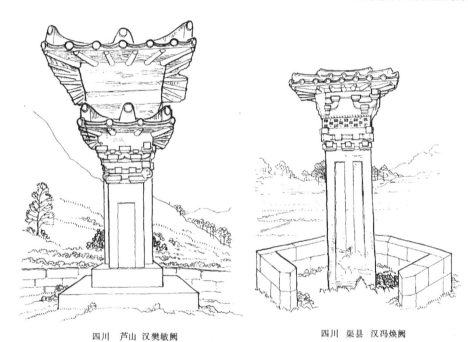

四川 芦山 汉樊敏阙　　　　　　四川 渠县 汉冯焕阙

图 2-9-7 四川芦山樊敏阙及渠县冯焕阙上的上翘屋脊

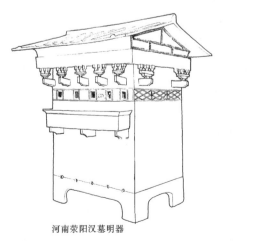

河南荥阳汉墓明器

四川成都画像砖

图 2-9-8 汉代柱梁式屋架及穿斗式屋架

综括上述，可以知道，至迟在东汉后期，对屋顶向曲面发展的艺术要求和技术可能性都已经出现了，但是冲破传统束缚加以实现，却需要漫长的时间。其间适逢十六国以后的大乱，更延长了时间，故如自汉末计，竟经历了三百年之久。

屋角起翘：前已述及，两汉、魏晋直至南北朝时，建筑基本是直檐口，只有极少例出现屋角起翘。直至南北朝末年，直檐口和屋角反翘的曲线檐口都在并存。

目前所见汉至南北朝直檐口的屋角做法有两种：一种是檐椽至转角处逐渐外撇，呈扇骨状辐射排列。实例如四川汉晋诸阙，包括樊敏、高颐、平杨府君、冯焕等阙。南北朝时，北朝石刻中所表现的房屋如山西大同云冈第6窟、第39窟塔柱，也是这样（图2-9-9）。这些石刻表现得颇为细致。圆椽端部微削细，角梁宛如一根稍粗的檐椽，下皮略低于檐椽，远没有宋以后角梁与角椽间那么悬殊的尺度差异。

第二种是全部檐椽，包括角椽在内都平行排列。角椽自角柱外起，末端插入角梁侧面，愈近角愈短。角梁伸出撩檐方以外部分的角椽悬臂挑出。这种在角上逐根减短的椽古代称梀，《说文解字》木部有梀字，云："梀，短椽也。"徐锴传云："今大屋重橑下四隅多为短椽，即此也。"这种平行角椽的做法见于山东平邑县三座汉阙屋顶。南北朝时见于北魏大同云冈第1窟塔柱（图2-9-10）。表现这种做法最清楚的是建于北齐天统五年（569年）的河北定兴义慈惠石柱上的小屋（参阅图2-4-18）。小屋平面方形，每面三间四柱，上为攒尖屋顶。其屋檐用檐椽、飞椽挑出，四角用大角梁、仔角梁。檐椽断面圆形，飞椽方形。大角梁、仔角梁断面均为矩形。檐椽、飞椽至角仍平行排列，缩短的角椽后尾逐根插入角梁侧面。大角梁搭在正侧向枋（檩，下同）的交点上，是45°方向，下皮砍出微凹，以卡入枋之交点，故其下皮比檐椽低下约半椽径。老角梁上为仔角梁。因老角梁之正侧投影都比檐椽长出一些，亦即低下一些，故卧在其上的仔角梁也低下一些，比卧在檐椽上的飞椽为低，使角飞椽在仔角梁侧面稍高处插入，构造上更牢固些。这小屋的屋面已呈曲面，但屋檐仍是直的，没有起翘。在云冈第一窟塔柱上，角梁仍只比椽子稍大，但在义慈惠石柱小屋上，角梁之高已在椽径二倍以上，宽度也增大，梁头还有线脚。较真实地表现了屋角做法和角梁的尺度。此屋建年晚于龙门石窟的开凿，是屋角起翘与不起翘并存时期不起翘屋角做法的例证。

图2-9-9 山西大同北魏云冈石窟第2窟中心塔柱所雕用辐射椽之例

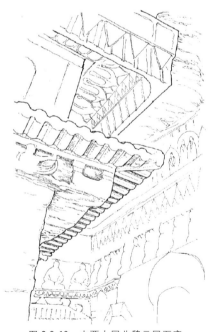

图2-9-10 山西大同北魏云冈石窟第1窟中心塔柱所雕用平行椽之例

从构造上分析，现存汉晋石阙，其角梁都只雕得比椽稍大。这对于辐射角椽的屋角来说，无大问题，因为角梁只承角脊之重。但对于平行角椽的翼角来说，就愈来愈显得不够。因为这时角梁承担着角椽——栋所承屋面重量的一半，若再增高角脊以求美观，则所负重量更大。这就需要增加角梁的断面。如果考虑角椽插入角梁时的构造要求和截面折减，断面更需加大。角梁加大后和椽径的差别愈来愈大，使角梁高出屋面苫背很多，给布瓦、挑脊造成不便。为此，就需抬高角椽插入角梁的位置，使角椽加望板、苫背后只稍低于角梁上皮。这样做的结果，这些角椽就依次抬高，与平椽相接形成屋角起翘的檐口线。因为屋角起翘是为了解决角梁与椽子高差而产生的，有其构造上的必要性，而翘起的屋角又正符合使屋顶显得轻扬的传统趋势，可谓一举两得，所以，出现后就得到发展，经与直屋檐并存一段时间后，到隋唐时成为普遍做法，并发展成中国古代建筑外观上的重要特征之一（图 2-9-11）。

较细致表现南北朝时北魏迁都洛阳后屋角起翘之实例、模型和图像至今还没有发现，目前只能参照唐代建筑和日本飞鸟式建筑来大体推知它的构造情况。

采用平行角椽的起翘屋顶国内无宋以前实例，只能参考日本飞鸟式建筑的做法。日本现存五座飞鸟式建筑虽实际建年都相当中国唐初，但学界公认它是按飞鸟式重建，反映了中国南北朝末期建筑的一些特点。其中四座，即奈良法隆寺中门、金堂、五重塔和法起寺三重塔屋顶都有转角，均用平行椽构成起翘的屋角，可据以了解早期平行椽屋角起翘的概况。

以日本奈良法起寺三重塔为例，其角梁高约为椽之三倍，宽为椽之二倍，角梁两侧各开卯口，以置角椽后尾。在撩檐方以内各角椽卯口呈直线排列，在撩檐方以外各角椽均为悬臂挑出，入角梁的卯口依次抬高，最外一椽的上皮与角梁外端承连檐的卯口的底皮平，总起翘高度约一椽，加连檐后，连成中部平直两端微翘起的劲挺而有弹性的檐口曲线。为增强起翘效果，并使起翘各椽下皮与角梁下皮等距，日本四座飞鸟式建筑的角梁外端底面都自内向外斜削，使自下仰望有上翘之势（图 2-9-12）。这四座建筑都只用檐椽，不用飞椽。但从义慈惠石柱上小屋可知，南北朝后期建筑已有用仔角梁和飞椽的。这四座飞鸟建筑所示基本应即是南北朝末期用平行椽做屋角起翘的大致做法，可以看到，这做法较简单、翘起高度适当，做成的檐口曲线劲挺流畅而有弹性，有很好的艺术效果（图 2-9-13）。

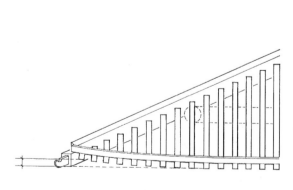
图 2-9-11 平行椽屋角起翘示意图

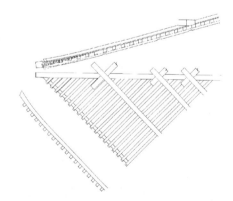
图 2-9-12 日本奈良法起寺三重塔翼角做法图

采用辐射角椽的做法在汉阙及北朝石刻中屡见，但表现起翘做法较详的南北朝至初唐实例迄未发现。日本飞鸟式建筑和反映中国盛唐以前的特点的奈良时代建筑都只用平行角椽，也没有用辐射角椽之例。在国内所见最早的实例是建于 782 年和 857 年的山西五台南禅寺和佛光寺两座唐代大殿。这二座殿都只用檐椽，不用飞椽（南禅寺的飞椽是近年复原上去的），具体做法仍有些差异。

南禅寺大殿屋角角椽虽是辐射状排列，但并不像宋至清代那样从一个中心向外辐射，其角椽之后

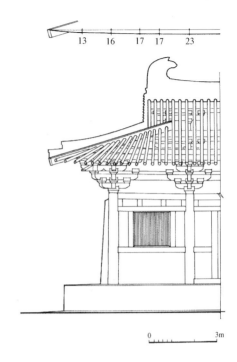

图 2-9-13　日本奈良法隆寺飞鸟式建筑屋角起翘情况　　图 2-9-14　山西五台南禅寺大殿屋角起翘实测图

尾仍插入角梁侧面。椽除最内二根平行外,其余逐渐向外撇,长度也逐渐缩短,似乎是在平行椽的基础上使近角诸椽外撇而形成的,近于是平行椽屋角和辐射状翼角两种做法的折中(图 2-9-14)。在 857 年所建的佛光寺大殿上,其角椽则是自梢间中线起,以角梁与下平槫交点的两侧为中心,分别按辐射状排列角椽,逐渐靠近角梁两侧,和(宋)《营造法式》所载翼角布椽的方法基本相同,承角梁的正侧面各栿也自中心起加"生头木",使靠角梁各椽抬高到只比角梁上皮略低的位置(图 2-9-15)。

图 2-9-15　山西五台佛光寺大殿翼角

从做法上说，辐射状角椽的屋角比平行椽屋角复杂，但因没有悬臂挑出的角椽，却比较牢固，从现存敦煌壁画及陕西诸唐太子、公主墓壁画所绘建筑均为平行椽和日本飞鸟、奈良建筑也都用平行椽看，很可能平行椽起翘屋角流行在前，而辐射椽屋角起翘流行在后；也可能最初如南禅寺那种折中形式，以后发展成佛光寺那种成熟形式。限于资料，目前对更具体的发展进程尚难做出更多的推测。

以上是屋角起翘、檐口出现曲线产生的原因和发展概况。从现有材料看，它大约出现在南北朝的前中期。而且从一些迹象看，它可能先出现在南朝，然后推广到北朝，下面可举二件事为证。

其一是在北魏都平城时，云冈石窟所雕建筑都是平坡顶，直屋檐，甚至南迁之后所雕39窟中心塔柱仍然如此（参阅图2-9-4）。可证北魏前期建筑屋顶都是这样。但在493年南迁洛阳之后，最早开凿的龙门石窟古阳洞内三座屋形龛都是曲面屋顶（参阅2-11-17、2-11-18）出现得很突然。北魏在都平城末年改建宫室和南迁洛阳修建宫室都大力模仿南朝，其详已见前文，故这种突然出现的新风恐非自创而是引进自南朝的。与屋顶雕作凹曲面同时，龙门诸佛像也开始出现与云冈不同的变化，出现汉装的"秀骨清像"的新风，这种变化美术史界也认为是受南朝雕塑风气的影响。这也可以作为龙门石窟中出现的屋顶形式变化源于南朝的旁证。

其二是受中国南北朝末期影响的日本飞鸟式建筑。现在五座飞鸟建筑都是凹曲屋面，其中四座屋顶有转角的都有屋角起翘。现在学术界已基本上一致认为飞鸟建筑是经与中国梁朝交往密切的百济传入日本的中国南北朝末期建筑式样，故也可以作为中国南朝建筑屋面凹曲、屋角起翘的旁证。

北魏孝文帝南迁洛阳并初营龙门古阳洞，时间在5世纪末至6世纪初，当齐末梁初，故可推知至迟在五世纪末的南齐时已产生屋面凹曲的做法。屋角起翘的出现还应稍晚，可能在梁武帝改建宫室与大建佛寺时，当五世纪前半。但从现存北朝石窟所雕所绘建筑多没有屋角起翘的情况看，它在北方并不普及，可能只用在少数特殊建筑上。目前所见隋代屋角起翘之例是葬于大业四年的李静训墓石椁（参阅图3-4-2），已在炀帝建洛阳之后，大约在炀帝建洛阳时大量吸收了江南建筑特点，此后才较多用于北方的宫室贵邸寺观。屋角起翘的做法，实际上是始于齐、梁而普遍流行于隋和初唐，从出现到普及，又经历了百余年的过程。

屋顶、屋檐是中国古建筑中最引人注目的部分，它由平面、直线变为凹面、曲线以后，必然引起整个外观和风格上的变化，故与之适应，建筑屋身部分的柱子出现了侧脚，各间阑额随柱子的升起而呈两端上翘曲线，建筑外观由横平竖直的直线和矩形组成变为由斜线、弧线等有细微变化的线和形体组成，风格由严整变为活泼，但这主要是在隋唐时完成的，将在下章进行探讨。

中国古代建筑在风格和结构、构造上都发展缓慢而曲折，是由当时的社会和历史条件决定的。

西汉建立、统一全国后，经过休养生息，逐渐恢复并发展了经济。与此同时，也逐步完善了国家制度，制订了一系列律令，并独尊儒术以确立思想统治。到武帝时西汉发展到高峰，形成强大的封建国家。订立各项制度的结果，使社会物质生活的很多方面，如宫室、车乘、服饰等也都制度化了。这对巩固国家统一，稳定各阶级、阶层人的相对地位，以保持社会的安定和有秩序是必需的。在建筑方面，西汉首都长安就是在城市和建筑制度控制下建成的城市规整、宫室壮丽、第宅等级分明，体现出在封建秩序之下的某种统一谐调的空前伟大的都城，表示出封建皇权的凌驾一切的地位。从〈西都赋〉、〈西京赋〉等汉赋看，汉时人是很以长安的城市和宫室自豪的。这正是在有制度、有规划下建设的结果。但是，这些制度一旦施行并显示出成果后，就逐渐形成固定的观念和习惯势力，到最后遂变成阻碍发展的因素。如在建筑方面就会形成宫殿必须采取什么形式才不失皇家体制，各级府第必需如何布置才符合身份，甚至形成某种布置、形式、材料、做法只限于某一等级之上的人才能使用等观念。其结果，任何人，甚至包括皇帝在内，都不能完全按自己的理想、爱好、财力和当时已出现的技术能力建造房屋，而要受自己的身份、地位、法令、制度、社会舆论的约束。这是社会对建筑发展的影响和约束，使它在一段时间内相对稳定下来。两汉盛时，其建筑无论从规模、艺术水平、材料技术来说，都达到空前高度，和当时生产力的发展水平和艺术水平基本同步，这样，它的稳定时期也就更长些。此外，就社会思潮讲，两汉崇儒，经学盛行，特别是今文经学的迂腐繁琐和谶纬的愚妄，给人的思想以很大束缚，逐渐使保守自封成为风气，视技术发展为机巧，害怕它破坏社会已有的平衡，这也对建筑的发展起束缚作用。因此，要改变已经确立的建筑传统是很不容易的。

汉末黄巾起义和随后的军阀混战，摧毁了东汉王朝二百年来的统治，动摇了两汉以来建立起的种种制度。220年曹魏代汉，出现了正式的政权更迭。当时盛行五行德运之说，曹魏自认为属"土德"，故改元黄初，以代汉之"火德"。基于此说。曹魏对汉制在继承的同时必须有所改革，以应"德运"之转移。曹魏重建洛阳时，废弃南宫，只建北宫；又把北宫主殿由汉时只德阳殿一殿而为太极殿与东西堂三殿并列。这都是在都城和宫室制度上改变汉制的重大措施，也是在建筑群组布局上的重大变革，当然也可视为在建筑群组艺术上的发展。但可能是限于国力和建筑技术力量受到战争长期摧残的缘故，当时宫室的单体殿宇竟未能出现新的发展，而仍基本延续汉代土木混合结构的台榭形式，这一点在三国宫室部分已加以阐述。

魏晋二朝的相继禅代，使当时一部分统治阶级中人也有荣辱无常、朝不保夕之忧，对传统价值观产生动摇而倾心于老庄和玄学，行为不遵礼法，崇尚虚无散诞，汉以来的传统思想的束缚大为减弱。其影响所及，在社会风气和文风上，都有很大的变化。这本是建筑上发展创新的时机。但西晋统一全国只十年即陷入内战，随后就亡于永嘉之乱，来不及进行较大的建设。317年东晋在江南建国，偏安一隅，一切因陋就简，又要与北方十六国相抗，初期无力建设。且东晋时国家南北分裂，虽江南处于弱势，但在政治上必需表明是中原政权的合法继承者，即所谓"正统"。这样它在各种制度上都必须继承魏、西晋的传统，不敢轻易改动，表现在宫室制度上也应是以继承而不是以创新为主。但它的士大夫住宅则在清谈、隐逸思想影响下向素雅方面发展，盛行用素柏木建的柏斋即是一例。十六国时，北方政权绝大多数是由少数民族建立的，为了维持其在汉族地域的统治，减少反抗和阻力，在文化上也需要认同汉族传统，所以他们的都城、宫室乃至官制等大都要模仿、比附中国汉、魏、西晋的传统，以表示其政权之合法性和正统性。由于南北政权出于政治需要，都要保持汉、魏、西晋传统，遂使旧的传统得到保存、延续的条件。东晋、十六国时建筑发展变化不大，这是一个重要原因。

到南北朝时，建筑发展出现转机。南朝刘宋取代东晋之后，基于世代迭兴之说，对西晋和魏的旧制继承的约束不再存在了。自东晋中期以后，南方经济已超过北方，加上原来在文化上的优势，正统王朝和中国正朔为南朝已经解决，这样南朝在发展和建立制度上就有了主动权和信心，可以在建筑上，特别是涉及体制的宫室、官署上有所改进创新了。史载南朝到宋孝武帝时大建宫室，"制度奢广，……追陋前规"，宫室向奢华发展。以后的齐、梁继之。北朝的北魏孝文帝在都平城的后期，仿魏晋洛阳宫改建宫室。南迁洛阳以后，建宫室时，又学南朝宫室，这表明南朝宫室经宋、齐发展，有了超过魏晋旧制的创新。到梁武帝时，为了与北魏争胜，大力改建、增建宫室，重点尤在改建那些已为北魏模仿的部分，说明梁自居正统，不遗余力地创立新的建筑规制。齐、梁时国内较长期安定，经济文化发展，有能力大量建设，所以建筑的较重要发展在这时才得以出现，一扫汉魏两晋陈规，为隋唐的大发展奠定基础。

第十节　建筑装饰

建筑装饰是对建筑物各个部位及构件外观的艺术性处理。建筑装饰在形式、风格和具体做法上通常趋同于雕刻、绘画、髹器、染织等工艺门类。自古以来，建筑装饰就和舆服、器物一样，成为封建礼制的一部分，起到定尊卑、明贵贱的作用。不同等级的建筑群，以及同一建筑群中不同等级的建筑物，在装饰做法上都会因遵照一定之规而有所差异，包括纹样、色彩、材料做法甚至物件数量等等。也正因为这样，历代才会有所谓的"僭越"现象出现以及政府有关禁令的颁布。由此可知，建筑装饰的形式与发展，与建筑艺术、装饰艺术、礼制观念这三个方面密切相关。

在木构建筑中，一些功能性构件的组合，往往同时具有一定的装饰效果，如檐椽、斗栱作有规则或有韵律的排列。这原本不属于建筑装饰的范畴，但正是由于这种客观的装饰效果，使之在木构建筑的发展过程中，愈来愈受到重视，不断加以强调，并纳入礼制的轨道，成为标示建筑物等级的重要装饰性构件。

造型、纹饰与敷色是建筑装饰的三种基本手法。在实际做法中，经常存在三者综合运用的情况。造型一般作用于部位和构件的外观形态，随着建筑物性质、等级的差别而有繁简及形式的变化；纹饰附着于部位的表面，其表现形式通常是抽象的线图，在具体使用时，则依装饰部位、材料、技法的不同而出现变异。在不同性质的建筑物中，纹饰的使用不仅有数量上，同时还会有题材上的限定。色彩的运用从属于礼制和时尚，一般情况下，等级低下的建筑物多显现材料的本色，不用或少用敷色的做法，等级较高的建筑物用色丰富。但是，"至敬无文"、"大圭不琢"，一些最重要的礼仪建筑为体现庄重肃穆，又往往采取较简单的形体和质朴的纹饰色彩。另外，为表示遵崇古训而造立"茅茨土阶"的建筑物，或为显示清雅而取原色柏木建堂，称作"柏堂（殿）"，都曾是皇宫中特殊的营造现象。色彩又有等级之别，如朱紫金银等色，通常只允许在宫殿、佛寺中大量使用。除此之外，文献中还有以梅杏为梁、香桂为柱、红粉泥壁等记载，意在取其天然纹质之美或气味殊芳，是颇为别致的装饰方法。

基本装饰手法在具体运用时，又因材质各异而采用不同的做法。石构件如基台、柱础、门砧等，通常采用雕凿（线刻、浮雕、透雕等）技法，间或也采用敷色的做法。陶构件如脊饰、瓦当、地砖等，采用模制、手制，并有表面涂釉、渗碳等方式。木构件在经过成型处理（卷刹、收分、抹角等）后，表面又有磨砻、髹漆、彩绘、雕镂、镶嵌等多种装饰做法。贴附或悬挂于木构件上的金属构件，如门钉、角页、金钉、铃铎等，大都采用铸造或锤锻成型、表面錾刻或鎏金的方式。

本节所及，主要是魏晋南北朝时期宫殿、佛寺、府邸的重点装饰部位与做法，以及其形式、风格的演变。

由于建筑物的主体结构及构造方式较之汉代并未出现根本性的改变，因此，魏晋南北朝时期的建筑装饰，仍大抵沿袭汉代的做法。据各朝赋文中的描写，建筑物的主要装饰部位及手法，直到南北朝后期，仍与汉代大同小异，只是在形式与风格上有所变化。这种情况固然由建筑装饰的双重艺术特性所决定，也与各种社会因素有关。汉末战乱，都城洛阳与长安的宫殿毁坏殆尽，故汉代最高等级的建筑装饰，后人已不复得见，全凭文字记载和观者忆述流传于世。又三国时，各国均以郡县级地方治所为基础建都立宫，且创业之君大都奉行"卑宫室"的儒家古训，因陋就简，不事铺张。至东晋偏安，更是国力衰微，建筑装饰的整体水平去汉已远。这种情形，不仅从历代赋文的描写，而且从文物的精美程度变化中亦可看出。但是，汉朝的礼制仪规，不仅为魏晋南北朝的汉族政权所继承，同时也为十六国北朝的少数民族政权所仿效。鼎盛辉煌的汉代文化艺术，一直为其后历代统治者所追之不及。因此，在魏晋南北朝时期建筑装饰的发展中，在不断接收外来艺术影响的过程中，汉代的礼制观念和各种艺术形式，始终作为一种潜在的传统约束力，起着限定性的作用。实际上，汉代艺术本身也已包含有不少外来的因素，但大多是融汇于中国工匠所创造的艺术形式和工艺做法之中，即使是一些独立的造型，如神兽、柱式等，从建筑整体上看，仍只是起到局部点缀的作用。尽管起汉至唐，西域的艺术对汉地有很大的影响，特别在织造、金银器制作等方面尤其突出，但就建筑装饰艺术而言，这一点始终没有改变。

一、重点装饰部位与做法

魏晋时期的宫室营造活动，以魏明帝青龙三年（235年）治洛阳宫最为盛大。而在这之前的太和六年（232年），明帝为东巡避暑，曾先治许昌宫，建景福、承光诸殿，"备皇居之制度"[1]。殿成，命人赋之，其中有何晏的《景福殿赋》传世。赋中对于建筑装饰部位及做法的描述，不仅可以视为洛阳宫殿建筑装饰之参照，同时也反映了曹魏时期宫殿建筑装饰的整体水平。据赋中描写，景福殿内外，凡人们进出观望所及之处，如屋顶、檐口、斗栱、楹柱、门窗、外墙、台基勾栏以及殿内的藻井、梁架、壁面等，皆满布装饰。由于缺少实例，无法确知具体形象，但结合其他赋文和史料记载，对照考古发掘中出土的建筑构件，可以大致了解魏晋时期宫殿建筑的重点装饰部位和做法。同时可以看到，直至南北朝后期，这些做法多半仍在流行。正如前面所说，魏晋南北朝时期的建筑装饰在部位和做法上，只是起到一种承汉启唐的联系过渡作用。

1. 檐口

檐口是屋顶与屋身构架的交接处，是建筑外观中最显著的部位之一。檐口的装饰分上下两层：上层是屋顶的边饰，即瓦当与滴水瓦；下层则是檐椽。汉魏赋文中，凡言宫殿必及檐椽，但却不提瓦饰[2]，是什么原因，尚不清楚。

檐椽在赋中多称作"榱"、"桷"，据赋文描述，檐椽的装饰做法主要在于椽身与椽头的处理。

椽身装饰有磨砻、雕镂、髹漆、彩绘等多种方式，故以"华榱"、"绣桷"[3]相称，椽身上往往又绘饰龙蛇，因此又有"龙桷"、"螭桷"等称呼[4]。据赋文，汉魏宫室的椽身多饰龙纹、藻绣，但实物不存。敦煌莫高窟北朝早期窟室的人字披部分，椽身彩绘为赭红底色，上饰黑色藻纹，间以束带纹与山形纹；椽间为白底色，上饰忍冬纹与供养天人等，应是北朝佛殿中的流行做法（图2-10-1)，其椽身彩绘形式当与汉魏时期有密切的关联。

北魏第431窟　　　　　北魏第428窟　　　　　北魏第263窟

图2-10-1　甘肃敦煌莫高窟北朝窟室人字披装饰纹样

椽头的处理似有两种：一种是以金铜或玉石，裁磨成玉璧的形状，贴饰在檐椽的端部。这是比较华贵的做法，即赋中所说的"璧珰"、"琬琰之文珰"。橡端亦称"题"，故有"玉题"、"璇题"[5]等称呼。另一种是不贴金玉的做法。如左思《魏都赋》中记邺宫文昌殿"榱题黮䵣"，依注，橡头为深黑色，疑为髹漆，应是比较简朴的做法。赋文中又记"朱桷森布而支离"，可知橡身饰朱，似无藻绣，是与橡头做法规格相一致的。橡头贴饰璧珰的做法，至南北朝后期依然存在，梁陈赋中皆可见"绣梲玉题"、"华橡璧珰"[6]等描述。北朝文献中似乎未见璧珰，但北魏云冈第6窟中心塔柱下层橡头有双鱼（太极）雕饰（图 2-10-2），北齐邺都太极、昭阳殿橡头饰以金兽头[7]，都应是与璧珰性质相同的装饰做法。

图 2-10-2　山西大同北魏云冈石窟第6窟中心柱下层橡头雕饰

作为屋顶边饰的瓦当，虽然在赋文中未见，但在考古发掘中多见，已证明为周代以降历代宫室建筑中所习用。瓦当的形式在秦汉以前有半圆与圆形两种，以后基本作圆形。据河北临漳邺北城遗址发掘，曹魏、后赵、东魏北齐三度兴建邺宫，所用瓦当在纹样、色质、尺寸上不断有所变化（图 2-10-3）。北魏平城时期，仍承袭汉魏隶体文字及厥云纹瓦当纹样，并出现人面纹半瓦当。在佛教建筑中，开始使用莲花纹瓦当（图 2-10-4、2-10-5）。迁洛以后，流行莲花纹与兽面纹瓦当，以及兽面饰面瓦（图 2-10-6）[8]。东晋南朝的瓦当形式也有类似的演变过程（图 2-10-7、2-10-8）。滴水瓦的已知最早实物见于陕西周原西周遗址[9]。汉魏实物未见发表，或许是由于瓦口处平直，与板瓦不易区分的缘故。至迟到北魏时，开始出现瓦口边缘下折、并捏成波浪形的滴水瓦[10]，且瓦唇厚度逐渐增加，唇面纹饰渐趋复杂，出现双重波纹及弦纹、忍冬纹等形式。

图 2-10-3　河北临漳邺北城遗址出土三国——北齐瓦当

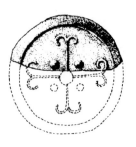

图 2-10-4　内蒙古石子湾北魏古城遗址出土瓦件

图 2-10-5　山西大同出土北魏平城时期瓦件

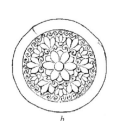

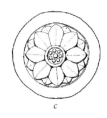

a. 带瓦钉的华头筒瓦　　b. 兽面饰面瓦
c. 莲花瓦当　　　　　　d. 兽面瓦当
1. 汉魏洛阳城一号房址出土

a. 忍冬瓦当一　　b. 忍冬瓦当二
c. 莲花化生瓦当　d. 兽面瓦当
2. 永宁寺西门遗址出土

图 2-10-6　河南洛阳出土北魏洛阳时期瓦件

图 2-10-7　江西九江六朝寻阳城址出土东晋瓦当（拓片）

图 2-10-8　江苏南京出土南朝莲花瓦当复原图

据文献记载，自十六国时起，屋顶瓦件便有饰以黑色面层的做法[11]。北魏石子湾古城（属平城期）和北魏洛阳城址出土的筒瓦表面多呈现黑色[12]，邺北城出土的东魏北齐瓦件，亦多素面黑瓦，表面光润，是瓦面经过打磨后又以油烟熏烧而成，即唐代以后所谓的"青掍瓦"。南朝也有类似做法，并至迟在南齐末年，已使用琉璃瓦[13]。

2. 墙壁

魏晋南北朝时期，北方木构建筑中仍沿用秦汉时期的夯土承重墙结构做法。在墙体的表面，嵌入隔间壁柱，柱身半露。柱间又以水平方向的壁带作为联系构件。据汉代文献记载，汉长安未央宫昭阳舍，壁带上以金釭、玉璧、明珠翠羽为饰[14]，《景福殿赋》中亦记"落带金釭"。"金釭"是壁带与壁柱上所用的铜质构件，一方面起连接固定木构件的作用，同时作为墙面上的重点装饰[15]。汉宫中又有于金釭上镶嵌成排玉饰，形如列钱的做法[16]。已知东晋墓室所用花纹砖中，钱纹也是常见的纹样（图 2-10-9）。曹魏时虽仍以金釭装饰壁带，但是否还有衔璧列钱，不得而知。北朝建筑中仍有壁带，但文献中不再提到金釭，时或言及列钱，也似乎已演变为一种彩绘纹样[17]。

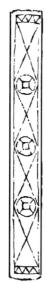  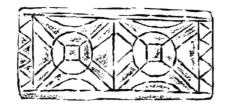 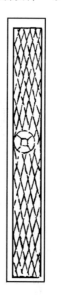

图 2-10-9　江苏南京中山门外东晋墓墓砖纹样

壁画是宫室中最常用的壁面装饰手法，一般用于内壁。魏晋南北朝时期的壁画题材，仍沿袭汉代，以云气、仙灵、圣贤为主，佛寺画壁亦然[18]。佛教题材的壁画，早期仅有维摩、文殊、菩萨诸相，至南朝梁武帝时渐趋兴盛。南朝墓室侧壁往往装饰"竹林七贤"等题材的画像砖，或使用大量的莲花纹砖（图 2-10-10）。福建闽侯南朝墓的墓砖纹样丰富，其中用于墓顶的砖面纹样与河南巩县石窟第 4 窟窟顶平棊格内的图案纹样在构图和形式上都很相似（图 2-10-11、2-10-12），恐非巧合。

图 2-10-10　南朝墓砖中的莲花纹样

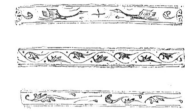

a. 墓壁用平砖、立砖　　　　　　　　　　　　b. 墓顶用刀形砖、楔形砖

图 2-10-11　福建闽侯南朝墓墓砖纹样

图 2-10-12　河南巩县石窟第 4 窟平棊格内纹样

〈景福殿赋〉中记墙面色彩为"周制白盛，今也惟缥"，可知曹魏时墙面涂色是上承周制，作青白色，实际上这也是汉代建筑中的常用做法[19]。南北朝时除了白色涂壁之外，佛寺中还出现红色涂壁，如洛阳永宁寺塔（516 年），内壁彩绘，外壁涂饰红色[20]；据文献记载，南朝建康同泰寺和鄴州晋安寺中，墙面也都有涂饰红色的做法[21]。又西晋国戚王恺，"用赤石脂泥壁"[22]。由于材料昂贵，这种做法历来被视作一种豪侈竞富的行为。

3. 木构架

构架的外观处理，是建筑装饰的重要部分，以柱、楣、梁、斗栱为主要对象，往往兼用造型、纹饰、色彩三种基本手法。班固〈西都赋〉有"屋不呈材，墙不露形"之句，说明汉代宫室中已然如此。

楹柱（前檐柱）是建筑物中最引人注目的构件之一。柱身断面通常作圆形、方形或八角形，其中柱身向上收分的八角形柱，在汉墓中已颇多见；北朝时更大量见于石窟窟檐和屋形龛中（见

图2-7-40、2-7-43、2-7-51、2-7-81）。北齐义慈惠石柱方亭中的圆柱，上下均作收分，即所谓的"梭柱"（见图2-4-18），反映了当时圆形木柱的一种卷杀方式。柱身表面通常采用磨砻、髹饰、涂绘、雕镂等装饰做法。北魏方山永固石室，太和三年（479年）为文明太后所建，"檐前四柱，采洛阳八风谷黑石为之，雕镂隐起，以金银间云矩，有若锦焉"[23]。是十分讲究的装饰做法。柱身饰色以"丹"为贵，是袭自周礼的传统观念[24]。南朝梁赋中多见"紫柱"之称，其色或稍深于丹朱。皇家建筑中又有用铜作为柱材的做法[25]。

柱下往往以石础承垫，赋中或称为"玉舄"。汉墓与汉赋中所见，一类为礅座形，如方、圆、覆盆、覆斗形等；另一类为兽形，如石羊、石熊、石虎等。魏晋南北朝时期的柱础，也不外乎这两种类型（见图2-4-8、2-4-13、2-4-17、2-7-42、2-7-44、2-10-13）。所不同的，一是出现了周圈雕饰莲瓣的覆莲柱础，二是兽形础中多用白象、狮子等形象，这显然与佛教的兴盛有关。

梁架中的楣额、梁桁、叉手、蜀柱等表面，也往往采用和柱身相同的装饰做法。〈景福殿赋〉以"虓如宛虹，赫如奔螭"形容梁上桁梧复叠的形势，也说明构件外观色彩之鲜丽。南北朝时亦然。殿内大梁雕琢粉饰，并有黑、红两种饰色方式[26]。佛殿中用银朱（即朱砂）涂梁，也作为一种福业[27]。楣额纹饰，见于北魏云冈石窟雕刻，已有长条形间色的做法，或为后世"七朱八白"之滥觞（见图2-11-13）。

图 2-10-13　山西大同北魏司马金龙墓出土帐柱石趺

斗栱是木构架中最富装饰性的构件。斗在古代文献中又有"栌"、"椠"、"节"、"枡"、"枓"诸称。斗的平面多作方形，上下分耳、平、欹三部。也有圆形平面的斗，称"圜斗"。新疆楼兰古城曾出土木质圜斗，直径18～24厘米，年代约在4世纪初[28]。以此推测，汉地圜斗的出现应该更早。斗底加垫皿板的做法，在四川汉代崖墓中即有所见，北朝实物见于北魏云冈、龙门石窟的屋形龛与塔柱，以及北齐义慈惠石柱等（图2-10-14）。南朝实物虽未得见，但从五代福州华林寺大殿仍然沿用此法，可知这也是南朝地区的流行做法。栱又称"栾"，汉赋中指"柱上曲木，两头受栌者"（见薛综〈西京赋〉注）。北朝石窟中的斗栱，一般为栱上两头、中间共受三斗，且出现重栱相叠（龙门古阳洞屋形龛），在北齐南响堂山石窟窟檐和安阳修定寺塔基出土模砖构件中，更有双抄出跳斗栱的形象（见图2-7-75、2-10-15）。栱身卷杀的形式有多种，其中比较特殊的是在北齐实物中多次出现的数瓣内颤卷杀形式（图2-10-14、另见图2-11-33）。斗栱表面纹饰的做法，主要有

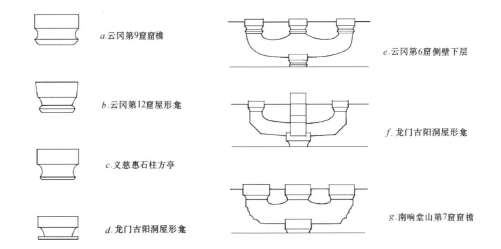

图 2-10-14 北朝皿斗及斗栱卷杀形式

图 2-10-15 河南安阳修定寺塔塔基出土斗栱模砖及陶范

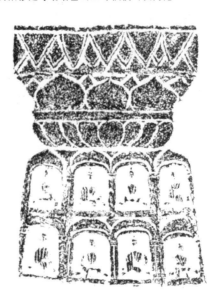

图 2-10-16 山西大同北魏云冈石窟二期洞窟中的栌斗装饰纹样

雕镂和彩绘，赋中的"雕栾镂楶"（《吴都赋》）、"山节"、"云楶"即是。北魏云冈石窟等9、10窟前檐栌斗上的雕刻纹样有三角纹、忍冬卷草纹、莲瓣纹等（图2-10-16）。北齐安阳修定寺塔塔基出土的模砖斗栱表面，满布云纹，雕镂精巧，也应是当时木构斗栱做法的反映。斗栱彩绘见于敦煌莫高窟北魏第251、254窟，为红底上绘忍冬卷草纹与藻纹，边棱转折处界以青绿色，是已知年代最早的斗栱彩画样式[29]（图2-10-17）。北朝末年石阙上的斗栱与补间人字栱，饰有莲瓣纹或忍冬纹（图2-10-18），这种形式一直到唐代仍在沿用。

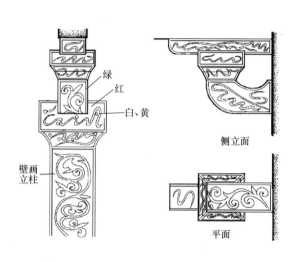

图2-10-17 甘肃敦煌莫高窟北魏第251窟木制斗栱及壁画立柱

图2-10-18 北朝末年石阙

4. 藻井与天花

魏晋时期的藻井，仍和汉代一样，是宫殿中特有的装饰做法，到南北朝时，这一做法开始用于佛殿。殿内装饰藻井的主要目的是为了突出殿内中心部分的重要地位。据汉赋中的描写，藻井的位置在建筑物明间（当心间）脊枋下的两道梁栿之间。做法是在梁间架设木枋，形成四方形覆井状，当中向下倒垂莲荷，井内并镂绘水纹、藻纹，遍施五彩[30]。藻井的基本形式自汉代至南北朝没有大的改变[31]，除了作为装饰外，也有祈避火灾的含意。

北朝石窟中所见的室内天花形式，主要为斗四、平棊或两者混用，也有不加顶棚、直接在椽板上施以彩绘的做法。

斗四天花，又称叠涩天井，是流行区域很广、年代很久的一种内顶形式[32]。我国新疆地区佛教石窟中常见这种窟顶，似表现为一种屋顶结构形式。在敦煌莫高窟北朝洞窟和北魏云冈石窟中，则大多表现为木构平棊方格中又做斗四（或斗八）的样式，中心往往雕饰（或绘饰）圆莲，四周饰飞天、火焰纹等（图2-10-19、另见图2-7-54），是不具结构功能的装饰性做法，近似于前述殿内藻井的形式。但其位置往往不在窟内中心，而是围绕中心方柱（敦煌莫高窟第251、254窟等）或位于前廊顶部（云冈第9、10、12窟），因此尽管做法、形式相近，斗四天花与藻井在规格上是不相同的。

平棊是以纵横木枋垂直搭交构成方格网状或条状的天花形式，是中国古代建筑中最基本、最常用的内顶做法。木枋（又称"支条"）表面彩绘，搭交处加饰金属构件，方格内盖封平板或做叠涩。云冈与巩县石窟的窟顶形式以平棊为主，表现出当时佛殿与佛塔的内顶形式（见图2-7-62、2-7-69）。

敦煌北魏窟室中的人字披顶以及敦煌、麦积山西魏、北周窟室中的覆斗顶形式，分别表现为厅室彻上明造和殿内佛帐帐顶的做法。而龙门宾阳三洞的窟顶雕刻，则反映了佛殿中于佛像上方张挂织物天盖的做法。

a. 北凉第268窟　　　　　　　　b. 北魏第435窟　　　　　　　　c. 西魏第285窟

图 2-10-19　甘肃敦煌莫高窟北朝窟室中的斗四天花形象

5. 阶墀与台基

墀，为室内地面。依古礼，惟天子以赤饰堂上[33]。秦咸阳宫一号遗址地面为红土色[34]，汉长安未央宫前殿作"丹墀"，后宫为"玄墀"[35]，皆其例。〈魏都赋〉中记邺城三台"周轩中天，丹墀临飙"，应属僭越古礼的做法。南北朝时期的宫室地面情况不详[36]，梁赋中屡见"金墀"一词[37]，具体做法待考。北朝石窟和墓室地面，多有雕刻纹饰。如云冈第9、10窟檐柱中心线以外的地面，发现雕有甬路纹饰，当中作龟纹，边缘饰联珠及莲瓣纹（图 2-10-20）；龙门北魏宾阳中洞的窟内地面，正中雕甬路，边饰联珠、莲瓣，与云冈同，甬路两侧各雕两朵大圆莲，圆莲之间刻水涡纹，似乎表现为莲池（图 2-10-21）；北魏皇甫公窟的地面也采用类似的构图；北齐南响堂山第5窟地面，中心雕刻圆莲，四角饰忍冬纹；东魏茹茹公主墓墓道地面的两侧，则绘有连续的忍冬花叶纹饰（图 2-10-22）。这些雕刻纹样有可能是表现当时建筑中的地面铺装形式，也可能是殿内铺设罽毯

图 2-10-20　山西大同北魏云冈石窟第 9、10 窟窟前地面雕刻纹样

图 2-10-21　河南洛阳龙门石窟北魏宾阳中洞地面雕刻纹样复原

图 2-10-22　河北临漳东魏茹茹公主墓墓道地面彩绘纹样

的表示。已知出土建筑构件中，很少有铺地砖，仅内蒙白灵淖古城出有一种三角形砖，厚5厘米，有可能用作铺地砖（图2-10-23）[38]。北齐石刻中，可以见到用花砖铺设阶前踏道的建筑物形象，这种做法在唐代遗址中很常见。联系汉赋中的描述以及考古发掘出土大量秦汉时期的空心砖、铺地砖[39]，推测南北朝时期用花砖铺设室外踏道、地面以防滑的做法也应该是很流行的。

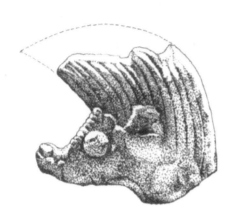

图 2-10-23　内蒙白灵淖北魏城址出土装饰构件

〈景福殿赋〉中，以"罗疏柱之汩越，肃坻鄂之锵锵"，形容殿基高大，并且侧壁上有隔间版柱的做法。殿基之上，沿外缘立槛（又称"棂槛"，即栏杆）。〈景福殿赋〉有"棂槛邳张，钩错矩成，楯类腾蛇，櫍似琼英"，即描述槛板镂饰句矩纹，槛上横阑（楯，即寻杖），横阑交接处立楔头（櫍，后发展为一种装饰构件）。宫中正殿前与明间相对的槛上，又置平板曰"轩"[40]，后世皇帝"临轩"即在此处。南北朝石窟雕刻壁画中的棂槛形式，也大致如此，槛上多饰直棂、卧棂或勾矩（图2-10-24），为木质棂槛的做法。邺城铜雀台遗址出土的石螭首（图2-10-25），很可能是东

图 2-10-24　山西大同北魏云冈石窟二期洞窟中的栏槛形象

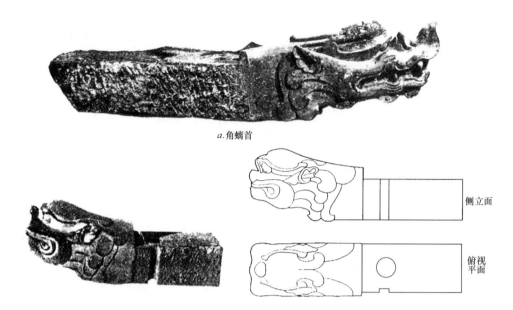

a. 角螭首

b. 平螭首

图 2-10-25　河北临漳邺城北城铜雀台遗址出土石螭首

魏时物；北魏洛阳永宁寺塔基亦出土兽形石雕，据简报，也是螭首类构件。说明当时已有石槛做法，但槛板与望柱均未见实物，依隋唐实物推测，其形式与木质栏槛大致相同。

南北朝时，须弥座的形式大量见于佛塔塔基及佛座中（见图 2-7-10、2-7-12，2-10-34），但是否用于殿基，尚无实证。

6. 门窗

门窗历来是建筑物中的重点装饰部位，特别是人们出入必经的门，尤为显示主人身份的标志。历代赋文与文献中关于门上装饰的记述，多为"青琐"、"金（银）铺"、"朱扉"之类[41]，是专用于宫殿、佛寺或王公府邸的做法。"青琐"为门侧镂刻琐纹，涂以群青[42]。《景福殿赋》有"青琐银铺，是为闱闼"，即宫中门户皆饰青琐。南北朝时期的宫殿佛寺，仍沿用这种做法[43]；"金（银）铺"是门扉上所饰的衔环兽面，亦称"铺首"，以铜制作，鎏以金银。铺首的规格大小依门的尺度而变化[44]（见图 2-10-28）。"朱扉"即刷饰朱红色的门扇，为北朝皇家建筑、贵邸的流行做法[45]。

北朝以夯土墙为围护结构的房屋，门窗往往"镶嵌"于厚墙之中，墙体与门上框楣，以斜面或叠涩的方式相交接（图 2-10-26，另见图 2-11-11）。木构件表面，多雕绘带状纹饰。门砧石上，

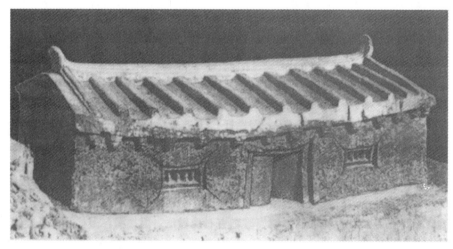

图 2-10-26　宁夏彭阳新集北魏墓出土房屋模型

饰有兽头或兽面[46]（图2-10-27）。汉代画像石中常见门扇之上雕刻朱雀形象，文献记载东晋时建康朱雀门上"有两铜雀"[47]，显然沿袭汉代规制。门饰朱雀的做法到南北朝时同样流行，只是从现有形象资料来看，朱雀的位置一种是在墓室门楣上（汉墓中也见这种做法），如洛阳北魏画像石棺前档为门形，门楣上左右刻朱雀，中为莲花宝珠[48]；另一种是将朱雀饰于明间阑额之上，如云冈第12窟前廊东壁屋形龛明间人字栱两侧，即雕有一对相向的朱雀（见图2-11-13）。朱雀亦称"凤鸟"，因此，这种形式沿用至唐代，又称"对凤"。南北朝时，门扇上的饰物除铺首外，还有门钉、角叶。《洛阳伽蓝记》永宁寺条记"寺内九层浮图，四面各有三户六窗，扉上各有五行金钉，合有五千四百枚。复有金环铺首"。是以每扇门上有金钉五行、行各五枚为计。在大同南郊北魏宫殿遗址中，出有鎏金门钉、角叶、各式铺首等饰件（图2-10-28）。

图2-10-27　河北临漳邺北城出土石门砧

窗的形象，见于宁夏固原北魏墓出土的房屋模型（见图2-10-26）。窗框四角向外做放射状凹纹（门框亦同），窗框内做四道棂条。敦煌莫高窟壁画中的窗口饰有红色边框及忍冬纹角饰（图2-10-29），南朝墓室中则于壁面上砌出上有烛台的直棂窗形象（图2-10-30），从中可以了解南北朝时期比较普遍的窗户样式。窗框的色彩一般与门相同，涂饰朱红色，窗棂或饰青绿一类的冷色[49]。另据赋文，有壁上开小窗并雕刻镂空花纹的做法，称"绮寮"，常用于廊、阁、台榭之上，与后世漏窗相类[50]。

7. 屋顶

魏晋南北朝时期的屋顶装饰主要有两类：一类是殿宇屋顶脊饰，往往受礼制限定并体现建筑物的等级；另一类是佛教建筑如佛塔顶部的装饰，通常起到特定的标志性作用。

屋脊上加设饰物的建筑物形象，早在春秋战国时期的铜器刻纹中便已出现。汉代画像砖石与汉赋描述中比较常见的是在门阙、殿堂的屋脊上饰立朱雀（凤鸟）[51]，以为吉祥、礼仪之象。另外，也有风向标的作用[52]。三国时仍有这种做法，如曹魏邺城三台中的铜雀台，即因顶饰铜雀而得名，〈魏都赋〉中以"云雀踶甍而矫首，壮翼摛镂于青霄"记之。至后赵石虎时，邺城凤阳门上仍以凤凰为脊饰[53]。南北朝时期有关脊饰凤鸟的形象资料与文献记载较少。北朝石窟屋形龛或窟檐上所见的脊中正立面鸟饰，应为佛经中的迦楼罗鸟（金翅鸟），而非朱

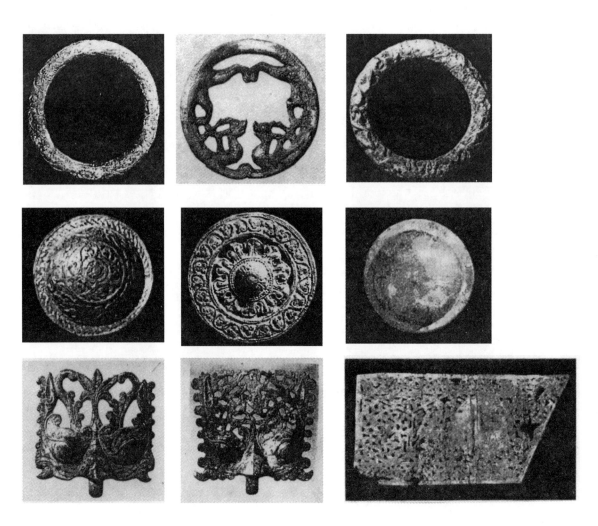

图 2-10-28　山西大同南郊北魏建筑遗址出土铜饰件

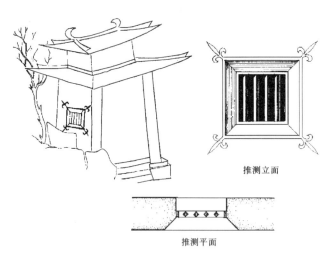

图 2-10-29　甘肃敦煌莫高窟第 303 窟隋代壁画中的窗口装饰

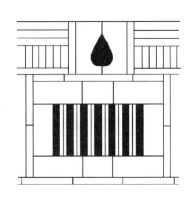

图 2-10-30　江苏南京西善桥南朝墓墓室侧壁的砖砌直棂窗及烛台

雀，但在垂脊上往往立有朱雀（见图 2-11-10、2-11-13）。位于正脊两端弯卷上翘的构件，称作"鸱尾"，通常用于宫殿、官署等规格较高的建筑物，但据史料及已知形象资料，这一做法在南北朝时期相当普遍，邸宅之中也可使用[54]。这时又出现将鸱尾与正脊相衔接的部分做成兽吻形状的做法，即唐人记述中所谓的"鸱吻"[55]。内蒙古白灵淖古城遗址采集鸱吻一件，年代大致为北魏后期。构件残高 30.8 厘米、宽 25.8 厘米、厚 12.9 厘米（见图 2-10-23），底部有方形榫孔，且兽吻仅有上颌，故应是脊端鸱吻的上半部，即平坐于屋脊之上的部分，下半部应与屋脊相连。鸱尾（吻）的大小应随正脊尺度亦即建筑尺度而变化，依上述构件尺寸判断，其所在的建筑物规模不大。

佛塔顶部的装饰构件，有山花蕉叶、宝瓶露盘、莲瓣火珠等，在石窟雕刻、壁画中多可见到。多层木构佛塔的顶部，通常以单层覆钵小塔作为特定标志。一般在斜坡瓦顶上先置须弥座，其上四周饰山花蕉叶、当中为覆钵及中心刹柱穿出，柱上层层露盘（即相轮），柱端饰宝珠，并以铁链与下部瓦顶的四角相联系，链上挂饰金铎[56]，也有更为复杂的形式（见图 2-7-17）。

二、造型与纹饰

魏晋南北朝建筑装饰中所采用的造型与纹饰，大体可分为不同来源的两部分：一部分承自汉代；另一部分是随着这一时期的佛教传播、商旅交通而由异域传入。

1. 传统形式的继承

现存南北朝建筑遗迹中，大部分是佛教建筑（石窟与佛塔），其上装饰往往以外来的佛教题材为主。但实际上，魏晋南北朝时期的建筑装饰，不仅在做法上与汉代相承续，同时也大量沿用汉代的造型与纹饰。其中又可大致分为三种情形：

（1）与传统题材有关的纹饰。如云纹（云气、卷云、云矩纹等）、四神（青龙、白虎、朱雀、玄武）、传说中的人神怪兽（伏羲、女娲、羽人、飞廉、方相氏等）之类，在现存魏晋南北朝陵墓、石窟中仍可大量见到[57]。

云纹是一种以连续的、变换方向的漩涡纹构成的纹样，是中国固有的图案做法，其源头可上溯到新石器时代的彩陶艺术。这种纹样在汉代非常流行，大量见于传世的石刻、织物、玉器及漆器纹饰之中。魏晋南北朝时期，云纹仍然作为主要纹样之一，用于建筑装饰。见于史料者，如上述北魏平城方山永固石室檐柱雕饰为"以金银间云矩"，是柱身雕刻云矩纹、以金银色间衬的做法；见于实物者，如十六国及北魏平城期的瓦当，仍以汉代常用的云纹或文字瓦当形式为主（见图 2-10-3、2-10-4），北朝石窟的窟门及龛柱上也有以卷云纹作装饰带的做法。北朝卷云纹的形式虽较汉代繁复，但基本的图案做法没有改变（图 2-10-31）。

（2）在汉代流传下来的造型纹饰中，添入外来的装饰题材，是南北朝装饰中常用的手法。如铺首的造型，从战国至南北朝并未见大的改变，但北魏铺首中出现了忍冬纹与异域人像等外来因素（图 2-10-32，另见图 2-10-28）；而在传统的四神、云气纹构图中，加入莲花、宝珠、忍冬纹等，也是南北朝装饰的一个突出特点（图 2-10-33）。

（3）中原与西域、中亚地区的接触，早在商周时代便已开始[58]，文化艺术的交流及相互影响也必然从此发生。因此自商周以降，各个时期的艺术发展都有继承自身传统与吸收外来样式这两个方面，同时在传统之中已然包含了前代所吸收的外来因素在内。在汉代艺术与建筑装饰中，已有不少外来的形式和做法，如采用异域人形作为构件造型，就曾是汉代建筑中颇为流行的装饰做法[59]。

一些外来的艺术造型，经汉魏两晋一直流传到南北朝，并被视为汉代的传统做法。如现存南朝大墓墓道两侧设立成对石雕翼兽、墓表（又称石柱）的做法及造型，便由汉代沿袭而来。柱身作周圈竖向刻棱的石柱形式，在北京东汉秦君墓和洛阳西晋韩寿墓的墓表上均可见到[60]；翼兽的形象，最早见于河北战国中山王墓出土器物。汉代实物中，则大量见于玉器和铜器，四川雅安东

图 2-10-31 汉代云纹与北魏云纹的比较

图 2-10-32 宁夏固原出土的北魏铜铺首

图 2-10-33　北魏侯刚墓志雕刻中的四神纹

汉高颐墓前，即有一对翼兽存世[61]。这两类造型一般被认为是从中西亚地区传入[62]，但传入的时间、过程不详。据史料记载，汉晋墓中皆有在阙下、庙前排列成对石兽、石柱的做法[63]。因此可以认为，这种做法与石刻造型是自汉晋传至南朝，并被统治阶层视作一种汉代礼制传统而加以继承光大。

2. 外来样式的吸收

南北朝时期，中外交通频繁，佛教活动兴盛，由于各国使节、商人及佛教僧人的媒介作用，大量异域装饰题材、造型与纹饰进入中土，并应用于建筑装饰。北魏时，西域乌苌国僧人昙摩罗在洛阳立法云寺，"佛殿僧房，皆为胡饰"[64]，便是一个极端的例子。在现存北朝石窟的雕刻壁画中，可以见到不少用于建筑装饰的外来样式，如卷涡式柱头、对兽形柱顶装饰、须弥座、莲座、束莲柱等造型，忍冬、莲瓣、卷草、联珠、花绳以及莲花、飞天、宝珠、火焰、迦楼罗鸟等纹饰，里面包含有罗马、波斯及印度诸种艺术成分，目前尚难辨认每一种样式的确切来源。其中比较常见、对南北朝及后代建筑装饰具有较多影响的，有须弥座、覆莲座、束莲柱等造型以及莲花、卷草、联珠等纹饰。一些原属佛教题材的装饰样式到南北朝后期逐渐应用广泛，是此期建筑装饰发展中的一个重要现象。

须弥座是随佛教传播进入中土的一种方形台座形式，其立面外观一般由上下枋、上下各一至二层叠涩及当中束腰相叠而成，特点是上下大致等宽、中部渐次收入，若与石窟雕刻壁画中的须弥山形象相比较，可以看出其间的联系（见图 2-11-11）。南北朝实物与形象资料所见，须弥座一般用作佛像的坐具和佛塔的基座，尚未见到用于佛殿或其他建筑物的例证。十六国时期的北凉石塔中已见须弥座，枋子与叠涩部分刻画水波纹，束腰部分有隔间版柱，壸门内划方格纹。北魏实物中则以延兴五年（475 年）造像的背面线刻像座年代较早。枋上刻水波纹，与北凉石塔相似。云冈第 9 窟前廊侧壁龛像及第 6 窟后壁大龛正中像下的须弥座，叠涩部分均做仰覆莲瓣，枋上雕刻水纹或卷草，已是十分华贵的样式（图2-10-34）。塔基须弥座见于敦煌莫高窟北魏第257窟壁画、云冈二期诸窟以及南朝造像碑刻等，虽然不及佛座刻画精细，但基本造型是相同的。另外，云冈第9、10窟窟檐的檐柱底部象背之上，也采用了须弥座造型，且四角的上下枋之间雕有蹲兽。据此推测，当时也可能有将须弥座用作柱础的做法。

a.北凉石塔　　　　　　　b.北魏延兴二年(472年)铜造像背面　　　　　　c.北魏云冈石窟第6窟

图 2-10-34　十六国与北魏时期的佛座

覆莲座也是佛座的一种，多用作立佛的底座。圆形平面，外形近于覆盆状，周圈雕饰莲瓣。据实物所见，莲瓣的形状大致有两种：一种表面素平；另一种表面夸张地表现出当中叶脉与两侧叶面的隆起，是覆莲座中最常见的样式。北魏平城时期，莲座相对低矮，莲瓣略呈菱形，端部尖瘦（图2-10-35）；北齐莲座的典型形式则是座身高厚、莲瓣饱满颀长，具有更强的韵律感和装饰性（见图2-10-44、2-10-46）。在北魏后期建筑实例中，已可见到覆莲柱础。如河南登封北魏嵩岳寺塔底层倚柱、甘肃天水麦积山北周第4窟檐柱、河北定兴北齐义慈惠石柱等（见图 2-4-17、2-7-44、2-11-40）。

图 2-10-35　山西大同北魏云冈石窟中的立佛莲座

北朝时期，不仅柱础采用覆莲座造型，同时又有柱身装饰莲瓣的做法。通常在柱端饰周圈垂莲，柱身中部饰以束莲，即上下仰覆莲瓣、当中束以联珠圈或弦纹的做法。龙门古阳洞的上层大龛（约北魏太和末年，498年前后）中，有两处龛柱雕饰束莲，形象表现为绑扎于柱身之上的金属饰片（图2-10-36），柱身雕刻纹样带有明显的异域装饰风格。北齐响堂山石窟的窟檐立柱及龛柱几乎都采用"火珠束莲柱"造型，是北齐时期流行的柱式（见图 2-7-76、2-7-78）。实际上北魏嵩岳寺塔的底层倚柱已饰有火珠垂莲，只是未用束莲而已。这种柱身装饰到隋唐以后逐渐演变为柱身彩画[65]。

莲花纹在南北朝建筑装饰中，主要用作花砖、瓦当以及平棊、藻井的中心纹样。北魏早期的莲花纹，莲瓣形式与莲座中的相似（见图2-10-5），北魏迁洛后的莲花纹，莲瓣表面多素平，形式与南朝墓砖中的莲花纹相近，可能是南迁前后受南朝影响所致，邺北城出土的狭长莲瓣瓦当，则是东魏北齐时的典型样式（见图2-10-3）。

卷草纹是一种带状植物纹样，因植物类别又有各种具体名称如忍冬纹、葡萄纹、花叶纹等，其中忍冬纹卷草在南北朝实物中最为常见。北朝石窟中有以忍冬纹卷草装饰门框、台座及壁面水平饰带的做法，推测当时建筑物的基座、台帮、门窗、楣额及壁带上，也都可能雕刻或彩绘这种纹饰。云冈二期诸窟与大同出土的平城遗物中所见，忍冬卷草纹构图规整，线条有力，茎叶粗细一致且当中作凹棱，有如沥粉的效果，雕刻手法非中夏所有（图2-10-37、2-10-38）。这是北魏平城时期的典型样式，南迁之后逐渐消失。南朝忍冬纹卷草的特点与北魏有所不同，或花叶翻复，缠卷于细软的枝茎之间；或茎叶细长，似水流云，显然同化于云气纹。常州戚家村南朝晚期墓墓砖花纹中的忍冬卷草纹，构图上与北魏石刻及石窟中的忍冬纹样基本相同（图2-10-39、2-10-40、2-10-41），但花叶形象饱满、柔美妩丽，与北齐石窟中的忍冬纹风格相近（图2-10-41）。在龙门北魏石窟中也可见到这种变化：早期的古阳洞中，忍冬纹风格尚与云冈相近；而晚期宾阳中洞、魏字洞、地花洞中的忍冬纹，风格已倾向柔丽（图2-10-42、2-10-43）。

联珠纹也是南北朝时期最常见的装饰纹样之一，北朝实例中，以单珠相连者多见，惟北齐时，开始广泛流行一种形式复杂的联珠纹，以本身带有联珠圈的椭圆形宝珠相并联（图2-10-44）。联珠

图2-10-36　河南洛阳龙门石窟北魏古阳洞中的束莲龛柱

图2-10-37　山西大同北魏云冈石窟二期窟中的横向装饰纹带

图 2-10-38　山西大同北魏云冈石窟第 9 窟中的竖向装饰纹带

图 2-10-39　江苏常州戚家村南朝墓墓砖中的忍冬纹

纹通常用作辅助纹样。或与忍冬卷草纹相配，饰于带状构件表面，如门框等；或与莲花纹相配，用于方、圆形构件表面，如瓦当、地砖等；在须弥座、束莲柱等构件的束腰部分，也往往加饰联珠纹。北齐南响堂石窟中，惟有地位居中的第 2、5 两窟门框饰带使用了联珠纹，而与第 2 窟并列且形式基本相同的第 1 窟中却不见用。这种细微的差别，说明当时或以联珠纹作为一种规格较高的装饰做法。另外，就目前所知，至迟在开凿云冈石窟时（460 年左右），联珠纹已开始用于佛像的衣饰与背光[66]，大同出土的两方石砚（约 480 年），外沿也均雕饰联珠纹[67]（图 2-10-45），是使

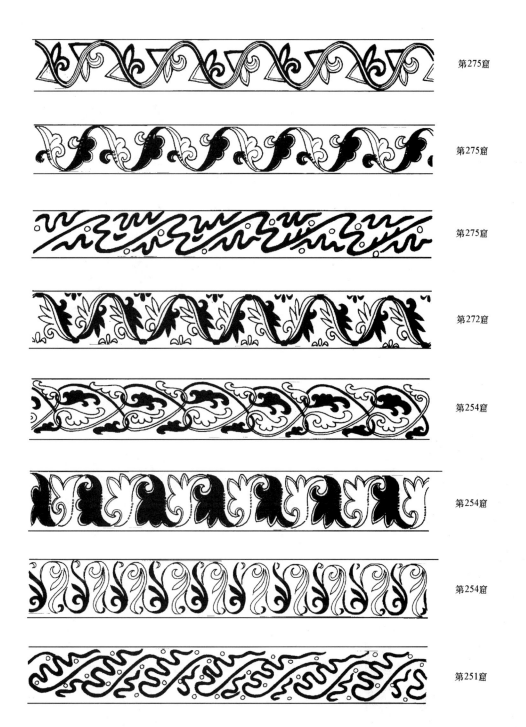

图 2-10-40 甘肃敦煌莫高窟北朝窟室中的忍冬纹与藻纹装饰纹带（一）

用这种纹样的较早实例。而它的流行年代，远比忍冬纹更为长久，直到隋唐时期，仍作为主要的装饰纹样之一。

综上所述，南北朝时期建筑装饰风格的演变有两个基本特点：

（1）传统的与外来的装饰艺术始终并存交融。其中又有多种情况：一是装饰题材的混用以及不同纹样的组合，如常见的将四神纹与莲花、忍冬纹组合在一起的做法；二是在雕刻外来纹样时使用传统的技法，如线刻、压地等，是北魏中期以后常见的做法；三是将外来纹样移植于传统的造型之中。除上述的瓦当、地砖、铺首、石砚诸例之外，现藏美国弗利尔美术馆的北齐石棺床也是一种典型的例子。棺床的整体造型仍是传统的床榻形式，但上面的雕刻纹样既可以采用传统纹

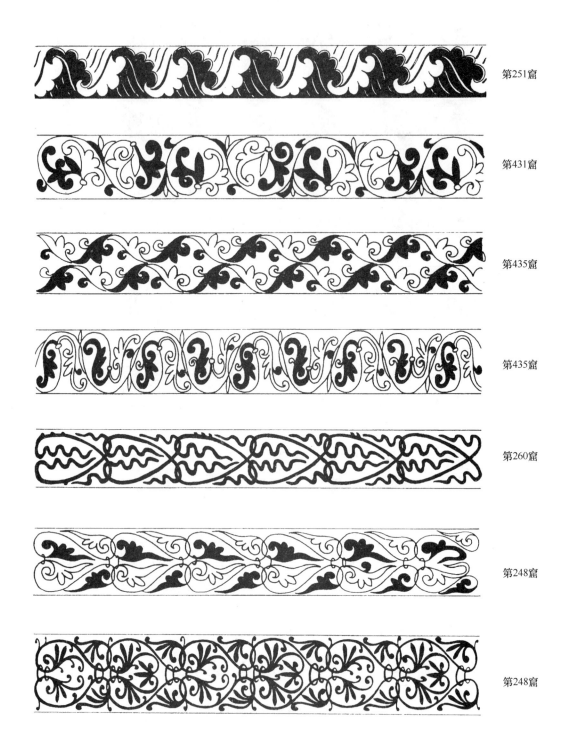

图 2-10-40　甘肃敦煌莫高窟北朝窟室中的忍冬纹与藻纹装饰纹带（二）

样，也可以全部采用外来样式（图 2-10-46）。

（2）南北两地的装饰艺术风格逐渐相近。特别是在北魏宣武帝即位后的 50 年中（亦即南朝梁武帝在位期间，约 500～550 年），南北双方进入一个和平共处并相互"倾慕"的时期，文化艺术交流频繁，装饰题材、造型及纹饰渐趋相同。如前述南朝墓室与北魏巩县石窟内顶装饰图案题材的一致（见图 2-10-11）、神王异兽等题材在北朝后期石窟及南朝陵墓中的大量流行等，都反映了当时南北方装饰艺术融汇一体、共同发展的总体趋势。

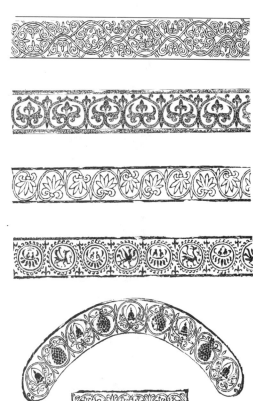

图 2-10-41　河北邯郸北齐北响堂石窟南洞窟门上的忍冬纹饰带　　图 2-10-42　河南洛阳龙门石窟北魏古阳洞中的装饰纹样

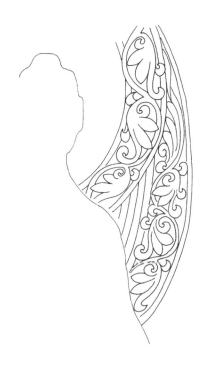

图 2-10-43　河南洛阳龙门石窟北魏地花洞中的忍冬纹　　图 2-10-44　河南安阳修定寺塔塔基出土的北齐模制饰面砖

图 2-10-45 山西大同北魏司马金龙墓出土石砚

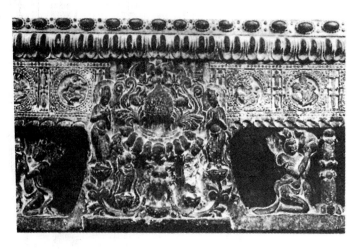

图 2-10-46 东魏、北齐石棺床雕刻纹样

注释

[1]〈景福殿赋〉："立景福之秘殿，备皇居之制度"。《文选》，中华书局版，上册 P.173 下。

[2]《史记·司马相如列传》记有"华榱璧珰"，司马彪注："以璧为瓦当"。中华书局标点本⑨P.3026。疑此说不确。

[3]〈上林赋〉："华榱璧珰"。韦昭注："裁金为璧，以当榱头也。"〈西京赋〉："饰华榱与璧珰。"薛综注："华榱，画其榱也。"〈景福殿赋〉："列髹彤之绣栭，垂琬琰之文珰"。李善注："言栭以髹漆饰之，而为藻绣，以琬琰之玉，而为文珰。"皆见《文选》，中华书局版，上册。

[4]〈鲁灵光殿赋〉："龙桷雕镂"。张载注："龙桷，画椽为龙。"李善注："楚辞曰。仰观刻桷画龙蛇。"见《文选》上册 P.170，中华书局版。知椽身绘龙蛇为饰。又梁元帝：〈郢州晋安寺碑〉："螭栱丹墙"。《全上古三代秦汉三国六朝文·全梁文》，中华书局版④P.3056。螭纹即龙纹也。

[5]〈蜀都赋〉："玉题相晖"。刘逵注："玉题，以玉为之。孟子曰，榱题数尺。扬雄曰，旋题玉英。"《文选》，中华书局版，上册 P.78。又梁简文帝：〈七励〉："回风烟于璇题"。《全上古三代秦汉三国六朝文·全梁文》，中华书局版④P.3014

[6]王僧孺〈中寺碑〉："绣桷玉题，分光争映"，《全上古三代秦汉三国六朝文·全梁文》，中华书局版④P.3251；又梁元帝：〈郢州晋安寺碑〉："绮井飞栋，华榱璧珰"。同上，P.3056

[7]顾炎武：《历代宅京记》邺下引《邺都故事》："（太极殿）椽端复装以金兽头"，"（昭阳殿）椽首叩以金兽"。中华书局版，P.183

[8]内蒙古语文历史研究所崔璿：〈石子湾北魏古城的方位、文化遗存及其他〉，《文物》1980年第8期。

[9]陕西周原考古队：〈陕西岐山凤雏村西周建筑基址发掘简报〉，《文物》1979年第10期。

[10]俞伟超：〈邺城调查记〉。《考古》1963年第1期。另见[8]。

[11]后赵后虎建武二年（336年）起太武殿，"皆漆瓦、金珰"。《晋书》卷106石季龙载记上。中华书局标点本⑨P.2965。漆，黑也。

[12]见[8]，并中国科学院考古研究所洛阳工作队：〈汉魏洛阳城一号房址和出土的瓦文〉，《考古》1973年第4期。

[13]《建康实录》卷15〈齐东昏侯纪〉："时世祖兴光楼上施青漆，世谓之'青楼'。帝曰：'武帝不巧，何不纯用琉璃。'"中华书局标点本，P.595。南齐东昏侯在位，相当于北魏宣武帝景明初（500年前后）。

[14]《汉书》卷97下，外戚传下，中华书局标点本⑫P.3989

[15]这类构件最早见于春秋时期的宫殿。见凤翔县文化馆、陕西省文管会：〈凤翔先秦宫殿试掘及其铜质建筑构件〉，《考古》1976年第2期。

[16]〈西都赋〉："金釭衔璧，是为列钱"，〈鲁灵光殿赋〉："齐玉珰与璧英"，指壁带上的玉饰与椽头玉珰水平相齐。皆见《文选》，中华书局版，上册。

[17]北魏洛阳永宁寺南门饰"列钱青琐"，河间王元琛府迎风馆"窗户之上，列钱青琐"，均指门窗框上的雕绘纹样。见《洛阳伽蓝记校释》，中华书局版，P.23、165

[18]〈景福殿赋〉："图象古昔，以当箴规"，〈吴都赋〉："图以云气，画以仙灵"。《文选》，中华书局版，上册 P.175、88

〈七励〉："图以珍怪，画以祯祥"，〈七召〉："图云雾之蔽兮，状神仙之来往"。《全上古三代秦汉三国六朝文·全梁文》，中华书局版④P.3014、3364

北魏洛阳永宁寺南门"图以云气，画彩仙灵"。《洛阳伽蓝记校释》，中华书局版，P.23

梁张僧繇于江陵天皇寺柏堂"画卢舍那佛像及仲尼十哲"。《历代名画记》卷7，《古画品录（外_十一种）》，上海古籍出版社版，P.334

[19]汉代宫殿外壁亦为青白色。〈鲁灵光殿赋〉："皓壁皜曜以月照"。《文选》，中华书局版，上册 P.169

[20]宁夏固原北魏墓房屋模型外壁涂白灰。宁夏固原博物馆：〈彭阳新集北魏墓〉，《文物》1988年第9期。

中国社会科学院考古研究所洛阳工作队：〈北魏永宁寺塔基发掘简报〉，《文物》1981年第3期。

[21]〈大法颂〉："红壁玄梁"。《全上古三代秦汉三国六朝文·全梁文》，中华书局版，④P.3022；〈郢州晋安寺碑〉："螭栱丹墙"。同上，P.3056

[22]《晋书》卷93，外戚传。中华书局标点本⑧P. 2412

[23]《水经注》卷13〈漯水〉。《水经注校》，上海古籍出版社，P. 423，原书"漯"误"湿"。

[24]《春秋谷梁传注疏》卷6："（二十三年）秋，丹桓宫楹。礼，天子（丹），诸侯黝垩，大夫苍，士黄。"《十三经注疏》，中华书局版，P. 2386

[25]《晋书》卷3〈武帝纪〉："（太始二年，266年）营太庙，致荆山之木，采华山之石；铸铜柱十二，涂以黄金，镂以百物，缀以明珠。"中华书局标点本①P. 54

[26] 梁建康同泰寺大殿为"玄梁"，见[21]。另见下条。

[27] 梁丹阳天保寺大堂"朱砂污洒，涂之极厚。唐初善禅师，镀大铜像须水银，就梁刮取，所用充足，余趾犹赤。是知昔人为福，竭于所贵，不以为辞。"《续高僧传》卷25，《大正大藏经》NO. 2060，P. 661

[28] 新疆楼兰考古队：〈楼兰古城址调查与试掘简报〉，《文物》1988年第7期。

[29] 敦煌文物研究所考古组：〈敦煌莫高窟北朝壁画中的建筑〉，《考古》1976年第2期。

[30]〈西京赋〉："蒂倒茄于藻井，披红葩之狎猎"。薛综注："藻井，当栋中，交方木为之，如井干也。"又曰："茄，藕茎也。以其茎倒殖于藻井，其华下向反披"。《文选》，中华书局版，上册P. 38

薛综，齐孟尝君之后，世居沛郡竹邑。东吴赤乌六年（243年），官至太子少傅卒。以其为汉末时人，其注应相对可信。《三国志》卷53〈吴书·薛综传〉，中华书局标点本⑤P. 1250~54

[31]〈魏都赋〉："绮井列疏以悬蒂，华莲重葩而倒披"。《文选》，中华书局版，上册P. 99

〈鹿苑赋〉（北魏高允）："列荷华于绮井"。《全上古三代秦汉三国六朝文·全后魏文》，中华书局版④P. 3651

[32] 叠涩天井的做法在中西亚地区宫殿遗址及石窟、墓室中均有发现，在我国各地汉墓、石窟中也十分多见。高句丽墓室中也采用这种形式。[日]樋口隆康：〈巴米羊石窟〉，刘永增节译。载《敦煌研究》创刊号，P. 227

[33] 许慎：《说文》："墀，涂地也。从土犀声。礼，天子赤墀。"段玉裁注："尔雅，地谓之黓。然则惟天子以赤饰堂上而已。"《说文解字段注》，成都古籍书店版，下册P. 726

[34] 秦都咸阳考古工作站：〈秦都咸阳第一号宫殿建筑遗址简报〉，《文物》1976年第11期。

[35]〈西京赋〉："（汉长安未央前殿）青琐丹墀"。《文选》，中华书局版，上册P. 39；〈西都赋〉："（未央后宫昭阳舍）玄墀釦砌，玉阶彤庭"。同上P. 26；另见《汉书》卷97〈外戚传下〉。中华书局标点本，12P. 3989

[36] 洛阳永宁寺塔基发掘简报中提到"墙基内外地面上，皆铺有一层白灰硬面"，但不能确定为地面色彩。见《文物》1981年第3期。

[37] 梁简文帝：〈七励〉："金墀玉律"。《全上古三代秦汉三国六朝文·全梁文》，中华书局版，P. 3014；萧统：〈殿赋〉："造金墀于前庑"。同上P. 3059

[38] 内蒙古文物工作队、包头市文物管理所：〈内蒙古白灵淖城圐圙北魏古城遗址调查与试掘〉，《考古》1984年第2期。

[39]〈西京赋〉："右平左墄"。薛综注："（天子殿）侧阶各中分左右。左有齿，右则滂沱平之，令辇车得上"。《文选》，中华书局版，上册P. 38；〈西都赋〉："于是左墄右平"，李善注："平者，以文砖相亚次也"。同上P. 25。是殿阶坡道以纹砖铺砌。

秦咸阳宫一号宫殿遗址中，有用空心纹砖砌筑的台阶以及用花纹砖铺设的踏道。见《中国古建筑》，中国建筑工业出版社，1983年，P. 35

[40]〈西京赋〉："三阶重轩"。薛综注："又以大板，广四五尺，加漆泽焉，重置中间栏（槛）上，名曰轩"。《文选》，中华书局版，上册P. 38

[41]〈西京赋〉："青琐丹墀"。〈吴都赋〉："青琐丹楹"。刘逵注："琐，户两边以青画为琐文"。〈蜀都赋〉："金铺交映"，刘逵注："金铺，门铺首以金为之"。《文选》，中华书局版，P. 39、88、78

冯翊王修〈（洛阳）平等寺碑〉："朱扉玉砌，青琐金铺"。《全上古三代秦汉三国六朝文·全北齐文》，中华书局版④P. 3881

[42]《汉书·元后传》："曲阳侯根骄奢僭上，赤墀青琐"。孟康注："以青画户边镂中，天子制也。"如淳曰："门楣格再重，如人衣领再重。里者青，名曰青琐，天子门制也。"师古曰："孟说是。青琐者，刻为连环文，而青涂之也。"《汉书》卷98，中华书局版，12P. 4025

今按，如淳所注为青琐所饰部位。在汉代用夯土墙作围护结构的建筑中，门与墙的厚度不同，故门框或采用多层叠涩的方式与壁面相接。这种方式在北魏建筑模型中也可见到。其曰"里者"，当指最贴近门扇的楣框，即镂绘青琐之处。

[43] 北魏洛阳永宁寺南门"列钱青琐，赫奕华丽"；又河间王府后园迎风馆"窗户之上，列钱青琐"。《洛阳伽蓝记校释》，中华书局版，P.23、165

梁简文帝：〈七励〉："青钱碧影，金堰玉律"。"青钱"当即"列钱青琐"。

《全上古三代秦汉三国六朝文·全梁文》，中华书局版④P.3014

[44] 山西大同南郊北魏平城宫殿遗址出土铜铺首，有长16.5厘米与13.3厘米两种规格，又有铜环，其中直径16.6厘米与13.1厘米两种可与上述铺首相配，另外还有10.2厘米的一种，当为规格更小的铺首上所用。依此推测，当时的铺首规格应与施用部位的大小有对应关系。大同市博物馆：〈山西大同南郊出土北魏鎏金铜器〉，《考古》1983年第11期。

[45] 北魏洛阳永宁寺浮图"面有三户六窗，户皆朱漆"。《洛阳伽蓝记校释》，中华书局版，P.20

宁夏固原北魏墓出土房屋模型，外壁涂白灰，门扇及门框涂朱红彩。宁夏固原博物馆：〈彭阳新集北魏墓〉，《文物》1988年第9期。

[46] 曹魏邺城遗址出土门砧石正面雕饰铺首形象。俞伟超：〈邺城调查记〉，《考古》1963年第1期。

北魏平城永固陵甬道石券门用虎头形门砧。大同市博物馆、山西省文物工作委员会：〈大同方山北魏永固陵〉，《文物》1978年第7期。

[47] 《建康实录》卷9〈孝武帝纪〉，中华书局版，P.265

[48] 洛阳博物馆：〈洛阳北魏画像石棺〉，《考古》1980年第3期。

[49] 见敦煌莫高窟第275窟壁画。《中国石窟·敦煌莫高窟·一》。文物出版社版，图版17。

[50] 〈魏都赋〉："暾日笼光于绮寮"，是指三台之上；〈蜀都赋〉："列绮窗而瞰江"，亦指阳城门阁道；又〈西京赋〉："交绮豁以疏寮"，李善注："交结绮文，豁然穿以为寮也。《说文》曰，绮，文缯也。《广雅》曰，豁，空也。然此刻镂为之。《苍颉篇》曰，寮，小窗也。古诗曰，交疏结绮窗。"《文选》，中华书局版，上册P.100、78、40

[51] 见东汉画像石中的函谷关图、四川成都汉画像砖中的阙门、东汉武梁祠、孝堂山画像石中的宫室。陈明达：《中国古代木结构建筑技术》，文物出版社版，插图12、21、23

〈西都赋〉："上觚棱而栖金爵"。李善注："三辅故事曰，建章宫阙上有铜凤皇。"〈鲁灵光殿赋〉："朱雀舒翼以峙衡"。《文选》，中华书局版，上册P.27、170。并见下条。

[52] 〈西京赋〉："凤骞翥于甍标，咸遡风而欲翔"。薛综注："谓作铁凤凰，令张两翼，举头敷尾，以函屋上，当栋中央，下有转枢，常向风，如将飞者焉。"《文选》，中华书局版，上册P.40

[53] 《历代宅京记》卷11〈邺上〉："《五行志》曰，石季龙时，邺城凤阳门上金凤凰二头飞入漳河。"中华书局版，P.167

[54] 《建康实录》卷20〈萧摩诃传〉："旧制三公黄阁、厅事置鸱尾，后特诏摩诃开黄阁，门施行马，厅事寝堂，并置鸱尾。"中华书局标点本，P.812。并见《陈书》、《南史》萧摩诃传。

[55] 《续高僧传》卷10〈释法总传〉记隋仁寿四年送舍利至辽州下生寺，"佛堂鸱吻放于黄光，飞移东南三百余步"。《大正大藏经》NO.2060，P.506。著者释道宣（596～667年）。是已知文献中最早用"鸱吻"一词的例子。

[56] 《洛阳伽蓝记》卷1永宁寺条："（塔）上有金刹，复高十丈。……刹上有金宝瓶，容二十五斛。宝瓶下有承露金盘一十一重，周匝皆饰金铎。复有铁锁四道，引刹向浮图四角，锁上亦有金铎。"《洛阳伽蓝记校释》，中华书局版，P.20

[57] 北魏太和年间（477～499年），由于统治者的倡导，社会上崇尚汉文化的风气十分浓厚。《水经注》的作者郦道元，曾随从孝文帝北巡，并将沿途所见的汉代墓葬及地面石刻、建筑等详尽记入书中，反映出对汉代文化艺术遗产极为注重的心态。北魏迁都洛阳以后，更是积极吸收南朝汉族文化。洛阳北魏画像石棺侧帮线刻仙人骑飞廉的形象，几乎是汉代石刻中同类形象的翻版。敦煌莫高窟第249、285等窟的壁画中，大量出现东王公、西王母、伏羲、女娲、羽人、飞廉、四神以及乌获、开明、雷公等种种属于汉地古代传说中的神怪形象。南朝画像砖石与北朝墓志石刻中也多有这类形象。可见汉代装饰题材在南北朝后期不仅没有被佛教题材所排斥，相反有复兴的趋势。

[58] 林梅村：〈开拓丝绸之路的先驱——吐火罗人〉，《文物》1989年第1期。

[59] 〈鲁灵光殿赋〉："胡人遥集于上楹，俨雅跽而相对"。汉明器与画像石中有建筑人层用人形柱（又称奴隶柱）的形象，当即此。《文选》，中华书局版，P.170

[60] 秦君墓墓表见《中国古代建筑史》，中国建筑工业出版社版，图38；韩寿墓墓表见洛阳博物馆黄明兰：〈西晋散骑常侍韩寿墓墓表跋〉一文插图，《文物》1982年第1期。

[61] 见《中国雕塑史图录·一》。上海人民美术出版社版，图190战国中山王墓出土双翼神兽、图235四川雅安高颐墓翼兽（东汉建安十四年，209年）、图298（中）西汉白玉辟邪、图341东汉铜镏金辟邪形器。

[62] 剖棱柱的形式，一般认为由域外传入。公元前500年之前，埃及、希腊、波斯等地均已有这种柱身形式，后又传至印度。究竟何时、何地、通过何种途径传入中国，尚不清楚。有翼神兽的造型，一般认为是以狮子为原型，也有人认为是中国古代传说中的"飞廉"，是与羽化升仙思想有关的一种神兽（见孙作云：〈敦煌画中的神怪画〉，《考古》1960年第6期）。但中国古代传说中的许多形象，如西王母等，皆与西域有关，"飞廉"的原型究为何物，没有一致说法。

[63] 《水经注》卷22〈洧水注〉："（汉弘农太守张伯雅墓）庚门表二石阙，夹对石兽于阙下。……又建石楼。石庙（楼）前，又翼列诸兽。"《水经注校》，上海人民出版社版，P.700；又卷23〈浊水注〉："浊水南，有谯定王司马士会冢，冢前有碑，晋永嘉三年（309年）立。碑南二百许步，有两石柱，高丈余，半下为束竹交文，作制乃工。"同上，P.744

[64] 《洛阳伽蓝记》卷4，法云寺条。《洛阳伽蓝记校释》，中华书局版，P.154

[65] 关于唐代柱身彩画，也有另外一种看法，认为是由先秦时期木构件上所用的金属饰件（金釭）演变而来。见杨鸿勋：〈凤翔出土春秋秦宫铜构——金釭〉，《考古》1976年第2期。

[66] 见云冈第20窟主佛衣饰。《中国美术全集·云冈石窟雕刻》，文物出版社版，图版171；景明二年（501年）造像背光、南梁造像背光等。《中国美术全集·魏晋南北朝雕塑》，人民美术出版社版，图版54、58、59、70。

[67] 一方为圆形石砚，司马金龙墓出土。见山西省大同市博物馆、山西省文物工作委员会：〈山西大同石家寨北魏司马金龙墓〉一文中〈俑、陶家畜及其他生活用具简表〉，墓葬年代为北魏太和八年（484年）。《文物》1972年第3期；另一方为方形石砚，1970年出土，现藏大同博物馆。《中国美术全集·魏晋南北朝雕塑》，人民美术出版社版，图版82。

第十一节　建筑技术

一、建筑结构

两晋南北朝三百年间（281～581年）是中国建筑发生较大变化的时期。在这以前，建筑基本属于古拙端严的汉代风格，建筑以多用劲直方正的直线为特点，构造上以土木混合结构为主；在此之后，是豪放流丽的唐代风格，建筑以多用遒劲挺拔的曲线见长，构造上以全木构架为主。这两种截然不同的建筑风格和构造方法间的演进、过渡就发生在这三百年里。如果说中国古代建筑在汉以后有汉、唐、明三个高潮的话，这一阶段就是汉风衰歇、唐风酝酿兴起的过程。在这里，我们主要应探讨它的演化渐进过程。它是由一系列渐进积累起来，逐渐形成迥然不同的新风的。新的建筑风格的逐渐形成，除了时代风气、审美趣味的变化外，结构方法的逐步改进也是重要因素之一。

1. 土木混合结构的衰落

近代对中国传统建筑结构一般有个说法，即它是以木构架为骨干，墙是只承自重的围护结构，可以做到"墙倒屋不塌"。实际上对这说法要加上一个条件，即对明清时期广大汉族地区的建筑来说，基本是对的，但不能包括一些少数民族地区；而在古代，即使在汉族地区也不全是这样。唐代以前，甚至一些大型宫殿也属于土木混合结构而非全木构架房屋。直到初唐，662年所建大明宫的含元殿，其殿身还使用了无柱的夯土墙。大约在盛唐以后至宋代，宫室、官署、大第宅才基本采用全木构架建房屋。用木构架代替土木混合结构建造宫室、官署、大第宅、寺院等是一个漫长的过程。

春秋战国时期，盛行以台榭建筑为宫室，其特点是夯筑高大的多层土台，每层在夯土台中挖出房间，中间留隔墙，墙上架檩，前檐敞开处立柱和纵向构架（简称纵架，以区别于使用梁的"横架"），檩和纵架上架椽，构成单坡屋顶，实际上是横墙承重的土木混合结构。台榭顶上都要建一主体建筑，目前已发现两个主体建筑的基址。其一是秦咸阳宫一号遗址，平面方形，中间有方1.4米的柱础，其上原有"都柱"，四周为夯土或土坯墙，墙身内外用壁柱加固，用为承重外墙（图2-11-1）。其二是西安王莽九庙中最大一座台榭，台顶主体建筑也是方形，中间有都柱，四周为用壁柱加固的夯土墙，内外壁柱不相对，也是承重外墙。这两座台榭顶上的主殿仍是土木混合结构。汉代宫殿主要是台榭建筑，皇帝居处的殿都在台顶，有陛通上台顶。陛有卫士防守，故称皇帝之左右为皇帝陛下。台榭四周的单坡辅助房屋与台顶殿不能直通，仍需经陛登台，以利警卫。另有架空的阁道，直通各台榭之顶，专供皇帝往来。所以史载两汉宫室都有大量阁道。（汉）张衡《东京赋》说汉宫中"飞阁神行，莫我能形。"薛综注说："言阁道相通，不在于地，故曰飞"[1]，可以为证。阁道又称"飞陛"，是木构的（图2-11-2）。

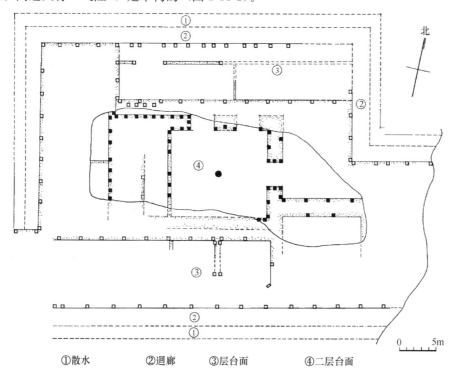

①散水　②迴廊　③层台面　④二层台面

图 2-11-1　陕西咸阳秦咸阳宫一号遗址台榭建筑平面图

三国西晋时期，从有限的记载推测，仍是以台榭为宫殿。《元河南志》引《洛阳宫殿簿》说："太极殿十二间，南行仰阁三白二十八间，南上总章观"[2]。可知太极殿也建在高台上，台顶通阁道。《资治通鉴》记赵王伦废贾后事，说"夜入（宫），陈兵道南，……排阁而入，迎帝幸东堂"[3]。文中"道南"之"道"即指通上太极殿的阁道，又称"马道"，也证明太极殿建在高台上。史籍对魏晋太极殿虽无具体描写，但据〈景福殿赋〉等文，比它早几年建的许昌景福殿，用有壁柱壁带加强的夯土墙承重，属土木混合结构的台榭，所以太极殿也应与之相同。北魏洛阳宫太极殿是在魏晋故址上重建的，殿前也有马道，说明是建在高台上的。而且史载在505年，北魏太极殿西序

图 2-11-2 汉画像石中的阁道图

壁上生菌，大臣崔光上表，说"极宇崇丽，墙筑工密，粪朽弗加，沾濡不及"[4]。从"墙筑工密"句看，它仍是四周用很厚的夯土承重墙的。

中国南方潮湿多雨、木材资源丰富，天暖不需用厚土墙防寒，故自汉以来即流行全木构框架房屋。广州出土大量西汉至东汉数十件陶屋，都为全框架结构建筑，且为穿逗架之雏形，即是其确证（图 2-11-3）。

但随着永嘉南迁，中原文化大量传到江南。魏晋宫室制度，作为王朝正统的标志，自然应为东晋朝廷所遵行。所以东晋的宫殿从布局到外形、结构方法都是效法西晋洛阳的。它的主殿太极殿也是建在高台上。它沿用到南朝初期。《宋书》载太子刘劭杀宋文帝之事，说丹阳尹尹弘入直，闻宫中有变，率城内兵至"阁道"下[5]。这阁道就是登上太极殿所在高台之木构通道，和洛阳太极殿前的"马道"相同。《晋书·安帝纪》和《宋书·五行志》记载了义熙五年（409年）和元嘉五年（428年），雷震太庙鸱尾，彻壁柱之事。既有壁柱，则是用壁柱壁带加固了的夯土承重墙。由这二例可知东晋至南朝初期主要殿宇仍沿袭魏晋旧制，建在夯筑的高台上，也是用夯土墙和木梁柱共同承重的混合结构房屋。但也有史料表明，汉以来已在南方形成的全木构架房屋，在江南地区仍然流行，技术上还有发展。《法苑珠林》载，苻坚伐东晋时（太元四年，379年），桓冲为荆州牧，邀翼法师建寺，其"大殿一十三间，惟两行柱，通梁长五十五尺，栾栌重叠，国中京冠"[6]。据这记载，它应是一座面阔十三间，进深五十五尺的巨大木构殿宇。《晋书》周处传载，"（周）莛于姑孰立屋五间，而六梁一时跃出堕地，衡（桁，即檩）独立柱头零节（栌斗）之上，甚危，虽以人功不能然也"[7]。这座房子面阔五间而有六梁，说明连山面也用梁柱，其为全木构框架结构房屋无疑。《晋书五行志》也记此事，系于东晋太宁元年（322年），属东晋初期。此外，南朝还修建了大量塔，这些塔都立有刹柱，明显是高层木构建筑。梁建康同泰寺塔高九层，可知到南朝后期，木构架建筑已发展到很高水平。

综合这些情况看，东晋太庙等重要建筑用土墙壁柱可能是故意沿用中原宫室的形制，以表明其为正统，当时南方大量的建筑仍是木构框架建筑。中原和北方多使用土木混合结构，南方多使用木构框架结构是那时的地方特点。

近年在云南昭通发现了东晋太元十□年下葬的霍承嗣墓，墓内壁画中有建筑形象，所表现的是一座土木混合结构建筑的剖面图，室内有暗层，用栾（曲栱）承托，几乎和汉代建筑没有区别。云南地处边远，在建筑上比中原和江南地区保存了更多的古风（图 2-11-4）。

2. 木结构的发展

自五世纪初起，南方进入南朝时期，北方的北魏也开始统一中国北半部，南北方的经济文化都有巨大的发展。南朝自宋孝武帝时（五世纪中叶）起大修宫室，趋于豪华绮丽，开始改变魏晋以来旧风。北魏在都平城的最后期，也开始效法中原魏晋遗规和南朝新风改建宫室，在建筑上也发生显著变化。6世纪初梁朝建立后，境内有较长期安定，经济繁荣，开始陆续改建都城、宫殿、庙社，形成南朝建筑发展的高峰。北魏迁都洛阳后，大力推行汉化，在都城宫室建设中吸收了中原及南朝之长，也形成高潮。这期间南北统治者都佞佛，帝王、贵族、显宦等疯狂地兴建佛寺，以豪华富丽相夸，很多佛寺的壮丽程度可以比拟宫殿。北魏洛阳永宁寺的大殿形如魏宫正殿太极殿，梁武帝在建康建同泰寺，有浮图九层，大殿六所，内有柏殿，当是梁武帝舍身时所居。梁及北魏的衰亡都和大兴佛寺造成国力衰竭有关，但竞出新意，争奇斗胜，大兴佛寺，客观上促进了南北朝后期建筑的发展。

遗憾的是东晋、十六国、南北朝时期的建筑，除个别砖石塔外，全部毁灭，仅北朝建筑还可以从遗存的同期石窟中看到一些在壁画和雕刻中表现的形象，南朝建筑连这样的形象材料也没有。侥幸的是，日本现存的飞鸟时代遗构据中日学者研究，认为是从朝鲜半岛间接传入的南朝末期建筑式样。以它为旁证，我们可以从中反推出少许南朝末期建筑的形象和特点。

由于材料来源迥然不同，我们只能分别探讨北朝和南朝的情况，再综论其发展。

（1）北朝建筑结构和构造

北朝建筑遗物除建于正光四年（523年）的登封嵩岳寺塔和安阳北齐石塔等个别砖石建筑外，木构及土木混合结构的建筑形象只能在云冈、敦煌、龙门、响堂山、天龙山、麦积山诸石窟中看到。

敦煌石窟早期壁画中建筑形象较少，所表现的大多是土木混合结构房屋的形象。第275窟可能是北凉所造，其南壁游四门故事中所画门阙墙身有上下三层壁带，明显是外墙承重上架木屋顶的混合结构（图2-11-5）。在北魏诸窟中，257窟西壁鹿王本生故事和248窟天宫伎乐中的房屋也都画有很厚的山墙，墙上有水平方向的壁带，表现的也是用山墙承重的土木混合结构（图2-11-6）。稍晚一些时间的，如285窟西魏壁画五百强盗故事，296窟北周壁画须阇提本生故事，304窟西壁隋代壁画天宫伎乐等，所画房屋也都是用厚山墙承重的（图2-11-7）。自北凉至隋代，壁画中极少表现全木构架房屋，大量建筑都是外墙、山墙承重，上架木构屋架的混合结构房屋。这现象至少可以说是反映了此期间西北地区的建筑特点。

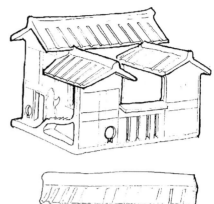

图2-11-3 广州出土东汉陶屋

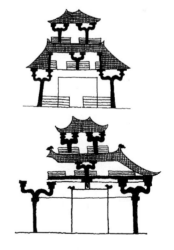

图2-11-4 云南昭通后海子东晋霍承嗣墓壁画中的建筑

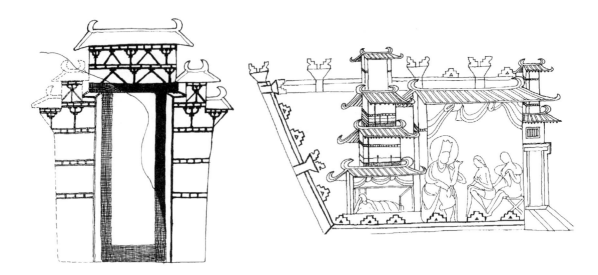

图 2-11-5 甘肃敦煌莫高窟第 275 窟北凉壁画太子游四门图中阙门上的壁带

图 2-11-6 甘肃敦煌莫高窟第 257 窟北魏壁画建筑上的壁带

云冈石窟所雕建筑则主要反映北魏都平城时当地建筑的面貌。根据对石窟的分期，我们还可以从不同时期石窟中建筑形式、构造的变化多少了解一些北魏都平城时期建筑上的发展。

云冈早期的昙曜五窟等完全没有表现建筑形象，有建筑形象的主要是在第二期孝文帝时代。

孝文帝时代诸石窟，据专家分析，大约可分五组，时代依次为7、8窟，9、10窟，11至13窟，1、2窟，5、6窟（其中11至13这三窟中，只12窟完成于迁都以前，11、13二窟完成于迁都之后）。

第7、8二窟表现建筑很简单，构造也不清楚，可置不论。第9、10窟是双窟，都有前后室，基本相同。各窟前为窟廊，面阔三间，中间用两根八角柱，上用栌斗，两端为墩垛，无柱，共同承一道长三间的横楣（阑额）。横楣以上严重风化，构造不明（图2-11-8、2-11-9）。在9窟前室东壁和10窟前室西壁的上部各浮雕出一个面阔三间的庑殿顶小殿，也是中间用两根八角柱，两端为墙垛，共同承托横楣，楣上相间放置斗栱和叉手，承托檐檩，共同组成纵向构架（简称"纵架"，以区别于沿进深方向由梁架组成的横架）。值得注意处是二柱上都有栌斗，斗上用替木，托在横楣下，但楣上的斗栱却偏离柱中线，不与柱对位（图2-11-10）。二窟窟廊和前室三间小殿虽形式、

图 2-11-7 甘肃敦煌莫高窟第 296 窟北周壁画建筑上的承重山墙

图 2-11-8 山西大同北魏云冈石窟第 9、10 窟窟廊

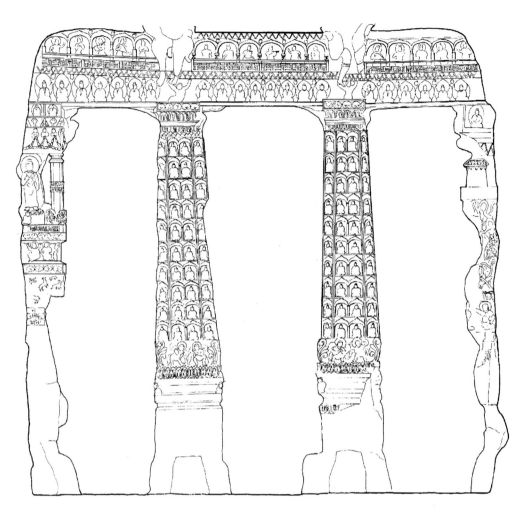

图 2-11-9 山西大同北魏云冈石窟第 9 窟前廊内立面图

图 2-11-10 山西大同北魏云冈石窟第 9 窟前廊东壁浮雕三间殿

比例不同，但都是三间二柱，两端用墩垛或山墙承重，构架方式全同。所表现的是一座左右由山墙承重，前檐施一纵架，下用二中柱支撑，上架屋顶构架的土木混合结构房屋。第9、10窟前室后壁通入后室的门，雕出木门框，门额两端伸出立颊外，如古代衡门的形式。但门框表面凹入，前壁沿其四周抹成斜面，所表现的是在厚墙中装木门的形象（图2-11-11）。据此，这二窟表现的是主室用厚墙承重，有木构前廊的土木混合结构房屋（图2-11-12）。此窟一般认为是在太和八至

图2-11-11　山西大同北魏云冈石窟第9窟前廊北壁入口

图2-11-12　山西大同北魏云冈石窟第9窟前廊北、东、西三壁立面展开图

十三年（484~489年）由王遇（即钳耳庆时）主持开凿的。王遇在平城时曾负责建方山文明冯太后陵园和灵泉宫，迁都洛阳后又建文昭太后墓园，太极殿东西堂和洛阳宫内外诸门。所以他监修的石窟中表现出的建筑特点应当和当时平城宫室的形式有一致之处。

第12窟形式和9、10窟很相似，也分前后室，前室为三间窟廊，左右壁上部也浮雕出三间殿，所不同的是它们都是三间用四柱，两端由原来的垛或山墙改用柱，而且纵架上的斗栱与柱子对位。所以第12窟所表现的房屋，至少其外廊部分是全木构的了。斗栱与柱子对位表明木构架由以纵架为主体向以横架为主体过渡，反映了这一时期建筑上发展的趋向（图2-11-13）。

图 2-11-13　山西大同北魏云冈石窟第12窟前廊东壁浮雕三间殿

第5、6窟中值得注意的是塔的形象。第5窟后室南壁上部东西侧各雕一五层塔，其中西面一塔一至四层面阔三间，五层面阔二间，和日本法隆寺飞鸟时代五重塔开间层数相同，二者互证，可以推测出它的构架特点（图2-11-14）。第6窟中心上部四角雕四个九层方塔，它的底层四角各附有一小塔（图2-11-15），和原藏朔县崇福寺的北魏天安元年（466年）石塔下层的情况相同，应是这时塔的特殊构造方法。在第6窟四壁有佛传故事浮雕，底层雕一圈回廊，柱上用栌斗承托阑额，上承一斗三升斗栱为柱头铺作，柱间用叉手，承檐枋及屋顶。这应是一般宫殿、佛寺中回廊的写照。在回廊以上浮雕佛传中，有较多的建筑形象，都是四壁用厚墙，正面有凹入的门窗框，墙上有用斗栱、叉手组成的纵架，上承屋顶，表现的仍是下用承重厚墙，上架木构屋架的土木混合结构房屋（图2-11-16）。

综观云冈第二期石窟中所表现出的建筑形式和构造，可以看到，平城地区早期建筑主要是土木混合结构，然后逐步向屋身混合结构、外檐木构架和全木构架方向演变。这和在敦煌及其他北朝石窟中所表现出的趋势是一致的。

这时房屋的木构架部分，在平行于屋身方向上，于横楣（阑额）与檐枋之间相间布置斗栱和叉手，组成类似平行弦桁架的纵向构架，安放在前后檐墙上，前檐有门窗时，则下用柱支撑，柱头上用栌斗。但柱及栌斗不与纵架上的斗栱对位。在进深方向，则用梁、叉手组成横向梁架。由于柱只是简单支撑在纵架之下，整个房屋的纵横双向的稳定只能靠厚墙来维持。即使是全木构架，其山柱、后檐柱也要包在土墙中，以保持柱列的稳定。

图 2-11-14 山西大同北魏云冈石窟第 5 窟主室南壁浮雕五重塔

图 2-11-15 山西大同北魏云冈石窟第 6 窟主室中心柱立面图

龙门石窟所雕建筑形象主要集中在刚迁都洛阳时开凿的古阳洞和北魏末东魏初开凿的路洞中，刚好可以看到北魏迁洛后四十年间建筑上的发展和变化。

古阳洞内凿有三个屋形龛。北壁有一龛，面阔三间，用四柱，承托由斗栱、阑额、叉手、檐枋组成的纵架，斗栱中间露出梁头，其构造近于宋式的"把头绞项"。它表现的是一座全木构房屋，斗栱虽和柱子对位，但中间隔着阑额，仍是柱列承托纵架，还没有形成柱头铺作，和云冈 12 窟所表现的基本相同，应是迁洛阳之初尚在延续着的平城旧式（图 2-11-17）。古阳洞南壁有两座屋形龛，其一只雕一屋顶，不完整，可置不论。另一龛也是三间四柱的小殿，构造上与前不同处是柱子直抵到檐枋（檩）之下；阑额由原来的一整根变为被柱子分割成每间一根，左右端分别插入柱身；在阑额与檐枋之间，每间面阔用一个叉手，作为补间铺作。这是在以前没有见过的新的构架形式（图 2-11-18）。

图 2-11-16 山西大同北魏云冈石窟第 6 窟主室东西壁下层浮雕回廊及太子游四门故事

图 2-11-17 河南洛阳龙门石窟北魏古阳洞浮雕屋形龛之一

路洞洞壁上浮雕有若干小建筑,分别为庑殿、歇山、悬山屋顶,下有台基,正侧面设踏步,台基和踏步边装勾栏,表现的是佛殿形象。但它的构架方式和前两种都不同,其阑额由柱上向下移到柱头之间,柱头之上直接放一斗三升斗栱,柱间在阑额上施叉手,分别形成柱头铺作和补间铺作,二者共同组成铺作层,承托屋檐、屋顶之重。它已和以后唐至清代一般用斗栱的木构架房屋基本相同(图2-11-19)。

图2-11-18 河南洛阳龙门石窟北魏古阳洞浮雕屋形龛之二　　图2-11-19 河南洛阳龙门石窟北魏路洞浮雕建筑

北魏迁都洛阳以后,在平城的云冈石窟还开凿了一些中小型石窟,即云冈第三期石窟,其中表现建筑最真实的是第39窟塔洞。它是一方形石窟,中心雕一方形五重塔。塔身每层都面阔五间,柱头上雕栌斗,上承横楣(阑额),楣上与柱头对位雕一斗三升斗栱,二朵斗栱之间,于开间的正中雕叉手,与斗栱共同承托檐枋,组成纵架,上承塔檐。上层柱直接下层的塔檐,没有平坐。这塔所表现的构架方法和云冈第12窟及龙门古阳洞北壁基本相同。这情况说明在北魏北方的平城一带,似延续旧的构架方法,始见于龙门路洞的阑额施于柱头之间的做法在云冈前中后三期中迄未出现。这塔的形象很值得重视,它是现存北魏石雕塔中体量最大、表现构造最清楚的一例。前此云冈石窟中所雕的塔往往上层间数比下层少,而此塔则上下层间数相同。史载北魏洛阳建有永宁寺塔,高九层,每面九间,上下层间数相同,这39窟塔柱为我们考虑永宁寺塔的形式构造,提供了重要线索(参阅图2-7-59)。它可以视为北魏塔的一个较真实的模型。

这样,我们从云冈石窟、龙门石窟所雕建筑形象中实际上看到了五种构架形式(图2-11-20)。

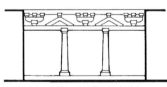
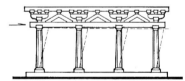

Ⅰ型:厚承重外墙,木屋架　　Ⅱ型:前檐木构纵架,两端搭墩垛或承重山墙上,梢间无柱,靠山墙保持构架的纵向稳定　　Ⅲ型:前檐木构纵架,柱上承阑额,檐枋、檩、斗栱、叉手组成的纵架,四柱同高直立,可平行倾侧纵向不稳定

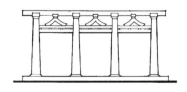
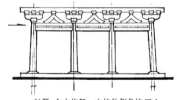

Ⅳ型:前檐木构纵架,柱上承枋,阑额由柱顶上降至柱间,额、枋间加叉手,组成纵架,靠阑额入柱榫及纵架保持稳定　　Ⅴ型:全木构架,中柱外侧各柱逐个加高(生起)、并向中心倾侧(侧脚),阑额抵在柱顶之间,柱子既不高,又不平行,可避免Ⅲ型可能发生的平行倾侧,保持构架的纵向稳定

图2-11-20 北朝五种构架形式

第一种建筑四壁都是厚墙，前檐墙内立门窗框，装门窗，墙顶为由斗栱、叉手组成的纵架，上承屋顶。它所表现的是屋身全为承重墙，无柱，墙上用纵架、横梁构成屋顶，是土木混合结构。其形象在云冈第6窟太子游四门故事中可以看到。洛阳北魏1号遗址就是全土墙承重的房屋。我们可暂称这类房屋为Ⅰ型（图2-11-21）。

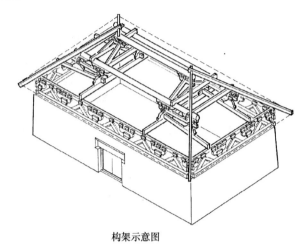

构架示意图

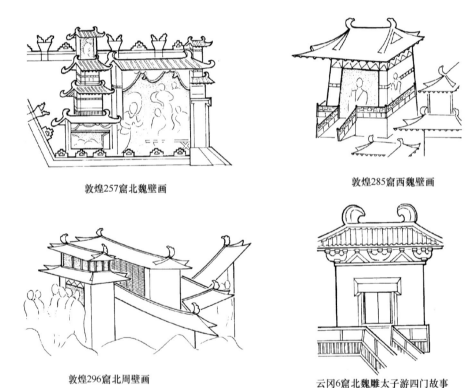

敦煌257窟北魏壁画　　　　　　　　敦煌285窟西魏壁画

敦煌296窟北周壁画　　　　　　　　云冈6窟北魏雕太子游四门故事

图2-11-21　北朝Ⅰ型建筑构架——四周墙承重，木屋架

第二种建筑山墙及后墙为厚墙，前檐在两山之间架设一由斗栱、叉手组成的通面阔长的纵架。纵架两端由山墙支承，中间部分用一或二根木柱承托，如云冈第9窟、10窟前室侧壁上层所示三间二柱的房屋。它所表现的是山墙、后墙为承重墙，前檐及屋顶为木构架的土木混合结构房屋。我们可暂称之为Ⅱ型（图2-11-22）。

第三种是外檐全用柱列承托纵架，如云冈第12窟前室侧壁上层和龙门古阳洞北壁所示三间四柱的房屋形象。它表现的房屋有两种可能，一种是四面都是这样的全木构建筑；一种是中心部分仍

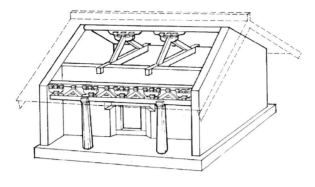

构架示意图

云冈10窟北魏屋形龛

云冈9窟北魏屋形龛

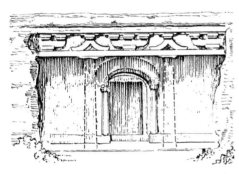

天龙山1窟北齐窟檐

天龙山16窟北齐窟檐

图 2-11-22　北朝Ⅱ型建筑构架——前檐木构架,山墙及后墙承重,木屋架

是厚墙承重的混合结构房屋,如Ⅰ型所示,而在四周加一圈全木构的外廊。我们可以暂称之为Ⅲ型(图 2-11-23)。

第四种是柱子上伸,直接承托檐枋(檩),把原为一整体的纵架分割成数段,阑额由柱子上栌斗口中向下移到低于柱顶处,成为柱列间的撑杆,如龙门古阳洞南壁所示。它表现的是全木构架房屋,我们可暂称之为Ⅳ型(图 2-11-24)。

第五种是把阑额架在柱顶之间,成为柱列之间的连系构件,柱上施柱头铺作(斗栱),柱间在阑额上施补间铺作(叉手、蜀柱),与柱头枋、栱共同构成纵架,上承屋顶构架,如龙门路洞所示,表现的也是全木构建筑,我们可暂称之为Ⅴ型(图 2-11-25)。

从时代顺序和构架特点看,Ⅰ、Ⅱ型最早,是土木混合结构。Ⅲ型可以是混合结构,也可能是木构架。Ⅳ、Ⅴ型是全木构架建筑。其中Ⅲ型见于云冈二期之末,即北魏迁都洛阳的前夕,Ⅳ型见于北魏迁洛阳之初,都在五世纪之末。Ⅴ型始见于北魏末东魏初,即 534 年左右。这正好反映了北魏中

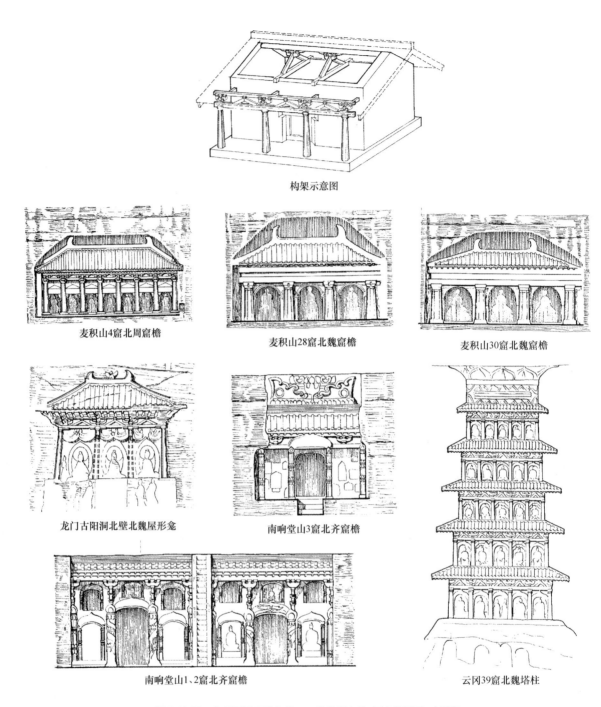

图 2-11-23　北朝Ⅲ型建筑构架——外檐廊木构，屋身墙承重，木屋架

后期木构架逐步摆脱夯土墙的扶持，发展为独立构架的过程。

如果我们进一步拓展考察范围，通观北朝各主要石窟，就可看到，Ⅱ型迟至北齐所凿太原天龙山石窟第1、第16窟中仍然存在；Ⅲ型在北齐所凿邯郸南响堂山石窟第7窟、北周所凿天水麦积山石窟第4窟、第28窟、第30窟中都还存在；Ⅳ型在北魏洛阳出土宁懋石室、沁阳东魏造像碑、隋开皇四年所凿太原天龙山第8窟和天水麦积山石窟第4窟北周壁画中都出现过；第Ⅴ型在天水麦积山隋代所开第5窟中出现，另在河南发现一陶屋也属此型。这情况表明，在北朝中后期，Ⅲ、Ⅳ、Ⅴ型构架方式还共存了较长时间，到北齐、北周末才统一于Ⅴ型。

从构架特点看，Ⅱ型两山和后檐的厚土墙除承纵架两端和后檐之重外，重要还有维持房屋构架稳定的作用。Ⅲ型外檐的纵架全由檐柱柱列承托，没有厚的土墙。由于柱子托在纵架下，是简支结

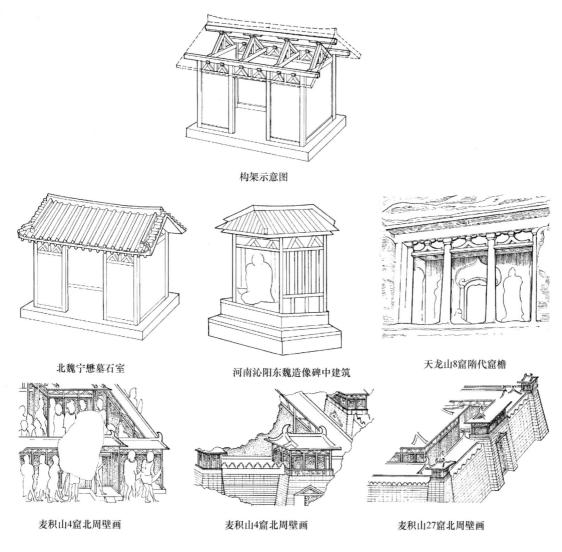

图 2-11-24　北朝Ⅳ型建筑构架——全木构架，柱头承枋，阑额与枋构成纵架

合，柱列各柱可以平行地同时向一侧倾倒或沿同一方向扭转，稳定性差，所以它更可能是主体为混合结构的房屋的外廊，依附主体，以保持稳定。Ⅳ型把阑额降到柱间，与檐柱、檐枋、斗栱在柱列的上部联为一体，近于排架，阑额入柱处的榫卯和阑额檐枋间的叉手保持了构架的纵向稳定。但柱、额、斗栱上下穿插，施工较为复杂。Ⅴ型阑额架在柱顶之间，围成方框的阑额把柱网连为一个稳定的整体。柱额以上是由柱头铺作、补间铺作、柱头枋、檐枋组成的纵架，上承屋架。这种做法，柱网、纵架、屋架层叠相加，既可保持构架稳定，又便于施工，在五种类型中最为先进，所以自北齐起到隋唐，逐渐占主导地位。唐以后，虽Ⅱ、Ⅲ、Ⅳ型尚偶然可见，但宫廷、官署、贵邸的建筑构架，基本上统一于Ⅴ型。

以上只是就石窟中所见建筑形象分析其构架体系的演变。但石窟中所雕所绘都很简单，远不能表现当时建筑的巨大规模、复杂程度和豪华的面貌。史载北魏平城太极殿是在测量洛阳魏晋太极殿址后兴建的，洛阳太极殿就建在魏晋殿故址上，都是面阔十二间，属当时最大的建筑，殿身筑有厚土墙，当是Ⅲ型或Ⅴ型，由于体量巨大，其构造应远比石窟所示为复杂。《彰德府志》记载北齐邺南城宫中外朝正殿太极殿周回一百二十柱，通过制图，可知为面阔十三间进深八间的大建筑。又载宫中内廷正殿昭阳殿周回七十二柱，约为面阔十间进深六间（或面阔九间进深七间）的大殿。二殿沿殿身四周分别有四圈和三圈柱网，是分内、外槽，外有副阶回廊的全木构建筑，其柱网布置已和唐代无殊。这表明自北魏末在北方出现Ⅴ型构架后，已正式用在北齐宫殿中了（参见图2-2-4）。

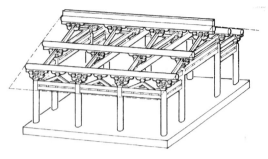
构架示意图

敦煌420窟隋代壁画

龙门路洞北魏末浮雕

河南省博物馆藏北朝或隋代陶屋

麦积山5窟隋代窟檐

图 2-11-25　北朝V型建筑构架——全木构架,柱上承铺作及梁,阑额在柱顶之间

史载北朝也建有大量多层建筑。《洛阳伽蓝记》载,洛阳永宁寺"南门楼三重,……去地二十丈,形制似今端门"。可知魏宫宫门多为楼阁。此外,北魏大建佛塔,其中多层木塔结构复杂,通过对史籍所载木塔的分析,也可对北朝木结构的发展有进一步的认识。

北朝木塔见于记载的颇多。北魏在平城建都之初,就于天兴元年(398年)建五级佛图。献文帝时(467年左右),又在平城起永宁寺,"构七级佛图,高三百余尺,基架博敞,为天下第一"[8]。此塔的建造正与南朝刘宋明帝造湘宫寺塔同时,刘宋这时只能建五层塔而北魏已在建七层塔,似北魏造高塔技术略胜南朝一筹。迁都洛阳以后,先后建永宁寺九层塔,景明寺七层塔,瑶光寺五层塔。灵太后胡氏又令外州各建五级佛图,建塔之举史不绝书。诸塔中以永宁寺塔最为著名,堪称史册记载中最高大壮伟之塔。近年此塔已经发掘,结合文献记载,可以知其大致情况。

永宁寺木塔为北魏孝明帝熙平元年(516年)灵太后胡氏下令修建。魏自建都平城时即建有永宁寺,为皇帝兴建。迁洛阳后,原规划城内只准建永宁寺一寺,也是皇帝特建的功德,所以在洛阳是最大的寺庙。据《水经注》记载，寺中"作九层浮图。浮图下基方一十四丈，自金露桀（盘）下至地四十九丈，取法代都七级而又高广之。虽二京之盛，五都之富，利刹灵图，未有若斯之构[9]。"《洛阳伽蓝记》说此塔"架木为之，举高九十丈，上有金刹，复高十丈，合去地千尺。……刹上有金宝瓶，容二十五斛，宝瓶下有承露金盘一十一重。复有铁鏁四道，引刹向浮图四角。……浮图有四面，面有三户六窗，户皆朱漆"[10]。

此塔的遗址已于1979年进行了发掘。据发掘简报，塔的基座为方形，分上下二层。下层东西101米，南北98米，厚2.5米以上，顶面和地面平，是塔基的地下部分。上层台在下层台的中心，正方形，边宽均38.2米，高2.2米，四周包砌青石，台基边缘有石刻螭首残片，原应装有石栏杆。此层台应是塔下的基座。基座上发现有124个方形柱础石，每面九间十列柱，做满堂布置。九间满堂柱原只需100个础，但此塔的最外圈四角和最内圈四柱都做四柱攒聚，多出24础石，故总数为124础石。最外圈檐柱处有残墙，厚1.1米，外壁红色，内壁有壁画，应是塔之外墙。塔身自外向内第二圈柱础之内为方形土坯砌体，每面阔20米，包第三圈以内诸柱于其中。土坯砌体内有铺纴木的遗迹。当是加强砌体整体性用的。砌体东、南、西三面外壁各做成五座弧形壁龛，当是设佛像之用，北面外壁无龛而有木柱，应是设登塔楼梯之用。塔内可绕塔心环行礼佛[11]。

据〈简报〉所载，塔下基座方38.2米。若以北魏尺长27.9厘米计，合136.9尺，加上已坍毁的石砌部分，应在140尺左右，正与《水经注》的记载相合。可知《水经注》的记载可信，则塔高也应在49丈左右。《洛阳伽蓝记》所说的1000尺是夸张之词。

从〈简报〉中我们仍可知道，尽管此塔用了满堂柱网，由于中心部分有巨大的实心土坯砌体，故仍属土木混合结构。这中心砌体是为了稳定塔身构架，起抗摇摆及扭转作用的。从砌体内用水平纴木的情况看，它有可能高达数层，只有最上几层才是全木构的。此塔的下部实际上是以用柱子和纴木加固了的土坯砌体的塔心，四周加建木构的外廊。这外围进深二间的木构外廊的梁枋地栿估计都要插入砌体内，与纴木和柱子相连，使土坯砌体和一圈木构外廊互相起扶持作用。

这种在全木构架建筑中，把某一部分用土坯（或夯土）填实的做法，是自土木混合结构向全木构发展演变的最后一个阶段。之所以这样做是由于这时木构架在整体性、稳定性上尚有缺陷，或人们对新发展出的木构架体系尚不放心的缘故。这种现象从目前掌握的情况看，只存在于北方。直到唐初，高宗建大明宫时，含元殿的殿身仍为夯土承重墙，麟德殿的两山仍在梢间、尽间的柱间用夯土夯筑出一条宽一间的山墙，说明这种土木混合结构的残余在宫殿等大建筑中一直延续到初唐。通过对永宁寺塔结构的分析，我们可以更具体的看到，北朝大型木构架建筑的特点是多与夯土墩台、土坯砌体结合使用，这是与南朝明显不同之处。这种差异既反映木构架发展上的不同，也反映了地方传统特点。北方建筑要防寒，而厚墙有很好的防寒作用，北方建筑很长时间保留夯土墙，这应是重要原因之一。

北朝的楼阁建筑在北朝壁画、石刻中都可见其形象，上下层相叠，中间还没有唐以后常用的平坐层，上层的栏杆直接压在下层屋顶上，和日本受南北朝末期影响的飞鸟式的法隆寺金堂、五重塔的上下层关系相似，估计其构造也是较接近的。《长安志》记载，在崇仁坊北门之东有宝刹寺，原注云："本邑里佛堂院，隋开皇中立为寺。佛殿后魏时造，四面立柱，当中构虚起二层阁，榱栋屈曲，为京城之奇妙"。据这段记载，此殿为二层楼阁。从"四面立柱，当中构虚"句分析，它的中间部分大约是上下贯通的，可能和984年辽代所建的蓟县独乐寺观音阁的内部空间形式近似，在时间上却早了450年左右，为此类结构之初型。这种做法在北魏至唐时恐尚不普遍，当时人感到新奇，故赞为"京城之奇妙。"

(2) 南朝建筑结构和构造情况的推测

南朝建筑迄今我们连最简单的图像也未能见到，只在南京地区南朝诸大墓的甬道内石门楣上看到平梁、叉手的形象，表现的是廊子的结构，和北朝石室、石窟中所见基本相同（图2-11-26）。

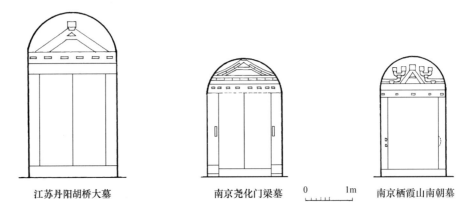

图 2-11-26　南朝陵墓墓门上雕刻斗栱

了解南朝建筑最重要的参考材料是日本现存的飞鸟时代建筑。据日本史书记载，538年（梁武帝大同四年，西魏孝静帝元象元年）佛教自百济传入日本。592年（隋文帝开皇十二年）日本用百济木工建飞鸟寺，后世遂称此时期建筑为飞鸟式建筑。法隆寺创建于607年（隋炀帝大业三年），670年毁，现在的法隆寺是在680年（唐高宗永隆元年）以后重建的。但日本学者公认它是按飞鸟时代建筑风格建造的。飞鸟式建筑是在日本最早出现的中国风格的建筑，和前于它的日本古坟时代建筑迥然不同，明显属于不同的体系，而发展又较成熟，其为外来文化无疑。在朝鲜半岛诸国中，百济和南朝关系较密。史载梁武帝大同七年（541年）百济王曾向梁求佛经、医工、画师。梁武帝太清三年（549年）百济使至建康，见侯景之乱严重破坏宫室街衢，痛哭于梁宫端门，可知两国交往之深。现在法隆寺所藏著名佛像"百济观音"也传说是南朝的式样。因此，自百济传入日本后形成的飞鸟式建筑无疑是间接地源于中国的南北朝，且以源于南朝的可能性为大。这样，在南朝建筑连图像、模型都不存在的今天，日本飞鸟式建筑就成为间接了解南朝梁、陈时期建筑的最重要的资料。

日本现存飞鸟时代建筑只有奈良法隆寺的金堂、五重塔、中门、回廊和奈良法起寺的三重塔，共计五座，都是建在石砌台基上的全木构建筑。它们的构架都属于前举的第Ⅴ型，即阑额位于柱顶之间为柱间连系构件，柱顶上直接承斗栱，为柱头铺作，二柱之间在阑额上又用斗子蜀柱为补间铺作，上承柱头方，形成纵架，向上承托屋顶之重。从构架特点看，这种木构架实际是由上、中、下三层叠加而成的。下层是柱网，在柱顶间架阑额，连接成矩形方框的阑额把柱网连成一个整体。金堂和五重塔的柱网为内外二环，开后世建筑分内槽外槽之先河。中层为柱网上的纵架，栱枋重叠，近于井干。内外圈柱上都施出跳栱，与纵架上栱枋交叉，形成柱头铺作。出跳栱上承梁，梁两端和内外圈纵架上的栱或枋交搭，把内外圈纵架拉结在一起，在内外柱网之上形成一个井干构造的水平层，我们可称之为铺作层，它对保持房屋的整体稳定性有很大的作用。在水平铺作层上是梁架，每横向柱缝上用一道，由梁架、榑椽构成不同形式的屋顶构架。为了加大出檐，金堂、五重塔的柱头铺作挑出二层，下层为栱，上层为下昂。

对这五座飞鸟建筑进行研究后，发现它们已经使用了模数制的设计方法。它们都以栱身之高为模数，这和宋式建筑以栱高和柱头方之高为"材高"的模数制相同，说明宋式"以材为祖"的模数制设计方法，至迟在这时已经出现，尽管它还没有宋代那么精密。这些建筑的面阔、进深、柱高、脊高等都以栱高（即材高）为模数。

法隆寺金堂高二层，下层面阔五间，进深四间，周以腰檐。上层面阔四间，进深三间，上覆单檐歇山屋顶。设计中以材的高度（即栱、枋之高）0.75高丽尺为模数。一层面阔五间，依次为8＋12＋12＋12＋8，共宽52材高；进深四间，依次为8＋12＋12＋8，即共深40材高。二层面阔四间，依次为7＋11.5＋11.5＋7材高，共宽37材高；进深三间为7＋11＋7，共深25材高（图2-11-27）。在断面上，一层柱高为14材高，自一层柱础上皮至上层屋脊顶部之高为一层柱高的四倍，即56材高。

五重塔平面方形，高五层，内有贯通上下的木刹柱。塔身一至四层面阔三间，第五层二间，也以材高0.75高丽尺为设计模数，一层面阔为7＋10＋7，共24材高。以上各层每间之宽减一材高，即二层为6＋9＋6，为21材高；三层5＋8＋5，为18材高；四层为4＋7＋4，为15材高，五层为6＋6，为12材高（图2-11-28）。塔之高度也以一层柱高为扩大模数，自一层柱础面至五层屋顶博脊，总高恰为一层柱高的七倍。它的柱、额、斗栱与金堂基本相同。五重塔下四层面阔三间，第五层面阔二间，和山西大同云冈北魏开凿的第5窟主室南壁东上方浮雕之五重塔全同（参见图2-11-14），可知此做法也源于中国。

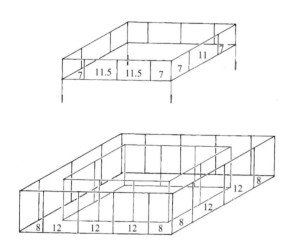

图2-11-27 日本奈良法隆寺金堂平面以材高为模数

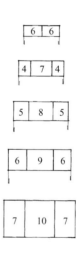

图2-11-28 日本奈良法隆寺五重塔各层面阔以材高为模数

法起寺三重塔平面方形，高三层，每层面阔三间。一层每间面阔8材高，二层每间面阔6材高，三层每间面阔4材高，三层总宽分别为24、18、12材高。其塔身净高自一层柱础面至三层博脊计，也恰为一层柱高的五倍（参阅第三章第十四节）。

在日本飞鸟式建筑法隆寺金堂、五重塔、法起寺三重塔的设计中，都以材高为面阔的模数，而在高度方面又以一层柱高为扩大模数。从这五座飞鸟时代日本建筑中，我们看到了一套比较成熟的"以材为祖"的模数制设计方法。飞鸟时代建筑间接来自南朝，故它所反映出的模数制设计方法的水平，应即是南朝的一般水平。可以推想，南朝的一些重要建筑，其规模和水平还要高于它们[12]。

史籍中所载有关南朝大建筑的结构情况不多，较重要的如：东晋太元二年（377年）新建的建康宫太极殿，面阔十二间，长二十七丈，广十丈、高八丈；太元十二年（387年）改建的太庙，东西十六间，栋高八丈四尺，都是当时最大的建筑。但它们继承魏晋旧制，用了壁柱、壁带加固的厚墙，仍属于土木混合结构。只有太元四年（379年）所建荆州河东寺大殿面阔十三间，通梁五十五尺，只用二行柱，柱上栾栌重叠，是全木构架建筑[6]，但其结构仍较难推测。不过南朝史料中有很多对木塔的记载，如结合日本飞鸟时代遗构，去分析南朝木塔，可以使我们对南朝木构建筑的发展有更进一步的认识。

南朝盛时，仅建康就有五百余寺，佛塔林立，虽实物不存，仍可从文献中了解其大致情况。

从构造看，木塔下有龙窟贮舍利。龙窟上安放刹下石，石上立刹柱，刹柱外围建木构塔身，刹柱穿出塔顶后，上装宝瓶和承露金盘，作为塔的特定标志。

从层数看，刘宋以前只能建五层以下的木塔。《建康实录》载东晋许询舍其在永兴的住宅为崇化寺，造四层塔[13]。《资治通鉴》载刘宋明帝于471年建湘宫寺，本拟建十层塔，不能，改为建二座五重塔[14]。可知这时受技术限制，虽以皇室之力，还无法建高十层的塔。齐梁以后，建筑技术有所发展。史载梁武帝于527年在同泰寺内建九层木塔。546年，塔被焚毁，又建十二层塔。虽在即将建成时，逢549年侯景之乱而止，但说明这时确已有建高十余层木塔的能力[15]。

《南史·扶南国传》记有梁武帝在大同三年（537年）发掘长干寺三层塔下的舍利并于538年重建新塔的经过，说初穿土四尺，得塔之"龙窟"和前人所施舍的金银杂宝。至九尺处发现更早期所建塔的石磉，磉下有石函，函内盛舍利。第二年（大同四年，538年）梁武帝拟建二新塔，先在寺内树立二刹，把舍利放入七宝小塔中，又用石函盛七宝小塔，分别放入二刹之下的龙窟。然后立刹、建塔[16]。从这记载可知，建塔时先在预定的塔心位置地下开一小室，名龙窟，以藏舍利及诸宝物。龙窟上立石磉，磉上立木刹柱，然后建塔身包刹柱于内，再于刹柱顶装金铜承露盘等刹上饰物。

刹柱下的石磉又称"刹下石"，（梁）沈约撰有〈湘州枳园寺刹下石记〉和〈光宅寺刹下铭〉，梁简文帝撰有〈大爱敬寺刹下铭〉，（陈）徐陵撰有〈四无畏寺刹下铭〉，都近于塔的奠基记的性质。〈枳园寺刹下石记〉中有"抗崇表于苍云，植重迥于玄壤"之句[17]，可知刹柱要立在地面的刹下石之上。建塔立刹是一大典，梁简文帝有〈谢御幸善觉寺看刹启〉，记梁武帝亲临看善觉寺塔立刹之事。立刹时皇帝来临观，可知其事之隆重。

建木塔工程中，刹柱是最重要的木料，它是直而长的贯通上下的巨材。由于巨材难得，往往有皇帝特赐之举。梁简文帝为王时曾建天中天寺，梁武帝特赐柏木刹柱，又赐铜万斤制刹上铜露盘。梁简文帝撰有〈谢敕赉柏刹柱并铜万斤启〉，启中有"九牧贡金，千寻挺树，永曜梵轮，方兴宝塔"之句[18]，形容刹柱之高和刹顶承露盘的光燿。

塔身为多层建筑，每层一檐。（梁）沈约〈光宅寺刹下铭〉说其塔"重檐累构，迥刹高骧"[19]，（陈）江总〈怀安寺刹下铭〉形容该塔"飞甍巇嶫，累栋嶙峋"[20]。梁简文寺〈大爱敬寺刹下铭〉则说此寺的七层塔是"悬梁浮柱，沓起飞楹，日轮下盖，承露上擎"[21]。诸文中的"重檐"、"累栋"、"悬梁"、"浮柱"、"飞楹"等语都表明这些塔是多层木构塔，"悬梁"、"浮柱"更表明其构架是一层层叠加上去的。现存日本飞鸟时代所建法隆寺的金堂和五重塔正是这样，它们的具体做法是，在下层建筑的屋顶构架上，于角梁和椽子上卧置柱脚方，四面的柱脚方在角梁上相交，围成方框，在柱脚方上立柱，建上层构架。每层自柱脚方起自成一个单元，所立之柱比下层退入，上下层柱之间不需对位，甚至间数也可以改变，按需要自由立柱。南朝塔的形象虽不存，却可参考北朝石窟中所见。大同云冈石窟第5窟主室南壁西侧雕有一高浮雕的方塔，塔高五层，层层退入，下四层每面三间，第五层每面二间，和日本法隆寺五重塔相同。参证日本飞鸟建筑和北魏凿云冈五重塔，可以推知南朝木塔也只能是这样做法。南朝最著名的塔是建康同泰寺九重塔，梁简文帝萧纲曾有诗诵之，诸人和章中有描写塔的细部之处。王训诗说："重栌出汉表，层栱冒云心。崑山雕润玉，丽水莹明金。悬盘同露掌，垂凤似飞禽。"王台卿诗说："朝光正晃朗，踊塔标千丈。仪凤异灵鸟，金盘代千掌。积栱承雕桷，高檐挂珠网。"庾信诗云："长影临双阙，高层出九城。栱积行云碍，幡摇度鸟惊。"从诸人诗中所说"重栌"、"层栱"、"积栱"、"雕桷"、"栱积"等语，可知同泰寺塔有向外挑出数层的很复杂的斗栱。证以近年发现的邯郸南响堂山北齐凿第1、2窟的窟檐挑出二层华栱，和日本五座飞鸟遗构中有四座都挑出一层栱一层昂之例，梁代所建同泰寺塔至少也应挑出二层栱昂，甚至更多，这时斗栱已很成熟。

梁简文帝〈大法颂〉描写同泰寺九重塔是"彤彤宝塔，既等法华之座，峨峨长表，更为乐意之国"[22]。他在〈大爱敬寺刹下铭〉中也说此寺的七层塔"金刹长表，迈于意乐世界。"（陈）江总撰〈怀安寺刹下铭〉则说"灼灼金茎，崔嵬银表"。据此可知刹柱在穿出塔顶后还有相当高度，才能称"长表"。刹上装承露金盘若干重，刹柱外也罩以铜套，新制铜饰件金光闪烁，故形容为"灼灼金茎"。铜制承露盘的层数不等，在云冈石窟所雕塔的刹上，有五层、七层、九层之例，《洛阳伽蓝记》记载北魏洛阳永宁寺塔刹上有金盘十一重，大约都取单数。铜盘据云冈所雕，都是覆置（日本飞鸟、奈良时代塔上金盘也是覆置），大约是避免淤水的缘故。

木塔的最初功能是扶持刹柱并壮观美，所以东晋南朝诸木塔并不供登上，在南朝人游赏诗文中，记登楼、登台者有之，却未见登塔之记载。《魏书·崔光传》载北魏灵太后胡氏于516年建成永宁寺塔后，于519年率魏孝明帝登塔，崔光切谏，除说登塔危险外，又引《内经》说："宝塔高华，堪（龛）室千万，惟盛言香花礼拜，岂有登上之义？独称三宝阶从上而下，人天交接，两得相见，超世奇绝，莫可而拟，恭敬跪拜，悉在下级"[23]。可知南北朝时尚无登塔之习俗，只在下层塔内礼拜。胡太后登塔之举在当时是创举，大约自此始，到唐代，塔才逐渐可以登临了。

（唐）释慧琳《一切经音义》卷2解释"窣堵波"一词时说："……唐云高显处，亦四方坟，即安如来碎身舍利处也。"同书卷72解释"支提"云："又名脂帝浮图，此云聚相，谓累石等高以为相，或言方坟，或言庙，皆随义释。"两处都提到方坟，大约初始时是方形的。唐以前一般佛塔都作方形，应即出于此义。

综合上述种种文献中所载，我们可以大体上了解到，南朝木塔塔身方形，中有贯通上下的木制刹柱，柱外围以木构的多层塔身，刹顶装宝瓶，露盘。这种形象和构造特点和日本现存飞鸟时代遗构法隆寺五重塔和法起寺三重塔基本相同，因此飞鸟二塔的构造又可反过来作我们了解南北朝佛塔的参考材料。参照日本飞鸟时代二塔之例，反推南朝诸木塔塔身构件，也应只是在中部逐层构成方框，围在刹柱之外，限制其摇摆，而不会与刹柱相连。五层以上的塔刹，因巨材难得，恐也只能是用多根连接成的。

日本飞鸟二塔在设计中已采用以材高为模数的设计方法。它们只是三层、五层的小塔，推想像梁同泰寺九层塔、十二层塔和北魏永宁寺这样巨大的塔，如果没有更为精密完善的模数制设计方法，在结构设计和外观设计上都是很难措手的。

这时的木塔主要以其下层设龛像，供信徒瞻拜绕行。前引崔光引《内经》有"堪（龛）室千万"一语，梁简文帝〈大爱敬寺刹下铭〉也说该寺的七层塔是"百旬（寻）既耸，千龛乃设"。（唐）慧琳《一切经音义》卷27，释"龛室"云："……案龛室者，如今之檀龛之类也。于大塔内面安其小龛，如室，故言龛室。"可知塔内受刹柱限制，只能靠壁设浅龛设佛像，供信徒绕塔礼拜。

通过对史籍中所载南朝建筑结合日本飞鸟遗构进行探索，我们可以看到，在南朝，全木构建筑似比北朝普遍，以梁建康同泰寺九重塔（527年建）和北魏洛阳永宁寺九重塔（516年建）相比，一个是全木构，一个是土木混合结构，可以看到南北方地域上的和建筑发展上的差异。

但从前述在龙门路洞所凿建筑中反映出的北朝V型构架看，它已和南朝木构架基本相同。此外，近年在河南采集到一件面阔、进深各三间的歇山顶陶屋，时代属北朝后期（图2-11-29）。陶屋表现的是全木构架房屋，外檐共用十柱，柱下有莲花础，柱脚间连以地栿，柱头间有阑额。各柱头上有栌斗，上承柱头方。又自栌斗口向外挑出三层华栱（或昂）。这陶屋的构架特点，外观风格都和日本飞鸟时代遗构特别是法隆寺玉虫厨子的屋顶颇为相似。此外，近年发现的河北邯郸南响堂山北齐天统年间（565～569年）开凿的第1、2窟窟檐上已雕出柱承栌斗，斗上挑出两跳华栱，栱上承枋（梁头或枋头）的柱头铺作形象（图2-11-30），结合前文所推测的北齐邺南城宫城太极殿、显阳殿的柱网已作沿周边三圈或四圈布置的情况，在北朝后期，用柱网、铺作层、梁架叠加的全木构架至少在北齐重要建筑如宫殿、佛寺中已在使用，和南朝相当接近。这表明随着北魏末年大建佛寺和东魏、北齐立国后的建设，南北方建筑交流日益紧密，建筑上共同点越来越多，为隋统一中国后南方建筑技术和艺术大量北传，形成隋唐时期建筑发展的高峰开辟了道路。

南北朝时的木构地面建筑久已泯灭无存，我们只能从石窟中所表现的形象，结合文献记载去探求。但这样做只能知其概貌和大体上的构架类别，对具体的工程做法上的一些特点仍无法了解。日本现存飞鸟时代风格的遗构还有数座，大体反映了中国南北朝末期的特点，但它毕竟是出于日本先民之手，又经重建，绝对年代都已在唐代，尽管它是世界上现存最古的木构建筑，属于世界珍贵文化遗产，但对于研究中国古代建筑，只能起参考作用。近年在山西省寿阳市发现北齐河清元年（562年）下葬的库狄回洛墓，墓室中有木构木椁，作房屋形，虽已朽败，却有一些木制柱、额、斗栱构件保存下来。它虽非真正的建筑物，却更清晰地表现了构架的特点，并给我们提供了极为珍贵的构件实物，可资研究探讨[24]。

墓为方形砖砌的单室墓，在墓室中间略偏西设有屋形木椁，内放棺。椁已塌毁，但椁底地栿尚完整，也有很多斗栱、柱、额、叉手、驼峰、残件保存下来，据坍后堆积位置，还可大致推知其原状。

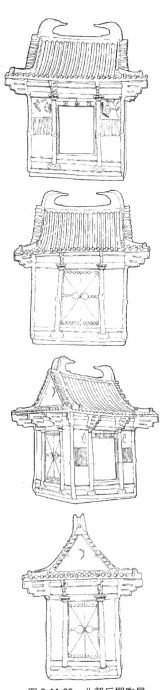

图2-11-29 北朝后期陶屋

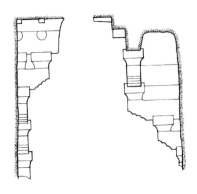

图2-11-30 河北邯郸北齐南响堂山石窟第2窟窟檐斗栱

椁下地栿为扣搭连接的方框，东西3.82米，南北3.04米，其顶面有插入木柱底榫的卯口，据此可知椁做成面阔、进深各三间、每间可见四柱的房屋形。柱子作八角形断面，角柱粗于心柱。柱顶施栌斗，角柱栌斗也大于心柱栌斗。栌斗口内施两端雕卷叶瓣的替木，上承通面阔、进深长的阑额。阑额上于柱头缝各用一朵一斗三升的斗栱，上施替木；二朵斗栱之间用人字形叉手；角柱上斗栱十字相交，外侧垂直割斫不出跳；无45°角栱；由阑额、斗栱、叉手、承托橑檐方，共同组成正侧面柱列上的纵架，上承屋顶梁架及屋面。它的构架体系属于前述之Ⅲ型，和天龙山石窟第16窟北齐窟檐所示相同（图2-11-31）。

以上是木椁外形所表现的建筑形式。作为木椁，其实际构造是南北两面，即屋之前后檐用厚木板为墙壁，这两面的柱、额、斗栱、叉手之厚都只有正常厚的一半，贴钉在板壁上，造成房屋的外貌，实际是"贴络"。只有东西两山的柱、额、斗栱、叉手、驼峰是完整的构件。椁的顶部形状已无痕迹，从出土有残角梁、梁上墨书"西南"二字看，应不是悬山顶。如果参考隋唐时的屋形石椁，如隋李静训墓、唐李寿墓都作歇山顶的情况，它大约也是歇山（厦两头）屋顶（图2-11-32）。

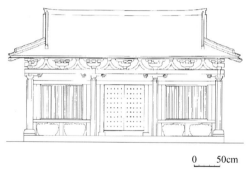 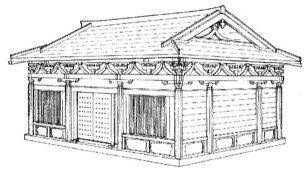

图2-11-31 山西寿阳北齐库狄回洛墓木椁复原立面图　　图2-11-32 山西寿阳北齐库狄回洛墓木椁复原透视图

贴络的构件可使我们知道其外形，真实构件可使知其断面，把它们合起来，就可以大体上知道它所反映的北齐真实建筑的情况。这些构件尺寸基本一致，斗欹部分和栱的卷瓣都内颛，手法统一，可据以探讨这时期是否已出现唐宋时"以材为祖"的模数制设计方法（图2-11-33）。

现存椁上的真栱断面高82.5毫米，宽52毫米，长252毫米。若以唐宋时材高15分（份）验算，则1分＝82.5/15＝5.5毫米。可以折算出栱宽＝52/5.5＝9.5分。栱长＝252/5.5＝46分。栱上的散斗总高51.5毫米，平、欹部分共高32.5毫米，合5.9分，亦即契高为5.9分。这样，当其材高为15分时，材宽9.5分，足枋高＝材高＋契高＝20.9分。和唐宋时材高15分材宽10分，契高6分相比，仅材宽少0.5分，契高少0.1分，考虑千余年木材受水浸后严重变形，可以认为基本相同。

椁上各建筑构件的尺寸、折合成的分数和用来比较的宋时各该构件之分值列表如下。

构　件	项　目	毫米（mm）	折合分数	宋式分数	构　件	项　目	毫米（mm）	折合分数	宋式分数
泥道栱	高	82.5	15	15	散斗	顶面长（正面）	83	15.1	14
	宽	52	9.5	10					
	长	252	46	62		顶面宽（侧面）	79.5	14.5	16
梁	高	32.5	5.9	6					
替木	高	49	8.9	12		高	51.5	9.4	10
	宽	40	7.3	10					
	长	374	68	104		耳	19	3.5	4

构 件	项 目	毫米（mm）	折合分数	宋式分数	构 件	项 目	毫米（mm）	折合分数	宋式分数
散斗	平	14.5	2.6	2	角柱栌斗	顶面长宽	133.5	24.3	36
	欹	18	3.3	4		高	81	14.7	20
	底面长（正面）	50.5	9.2	12		耳	29	5.3	8
	底面宽（侧面）	59	10.7	14		平	21.5	3.9	4
叉手	断面高	52.5	9.5	15		欹	30.5	5.5	8
	断面宽	34	6.2	5		底面高宽	85	15.5	28
	开脚宽度	466	84.8		栌斗内替木	高	43	7.8	
	垂直高度	153	27.8			宽	37	6.7	
柱	高度					长	501	91	
	径	111	20.2	21～30					
平柱栌斗	顶面长宽	93	16.9	32					
	高	62	11.3	20					
	耳	16	2.9	8					
	平	22	4	4					
	欹	24	4.4	8					
	底面长宽	66	12	28					

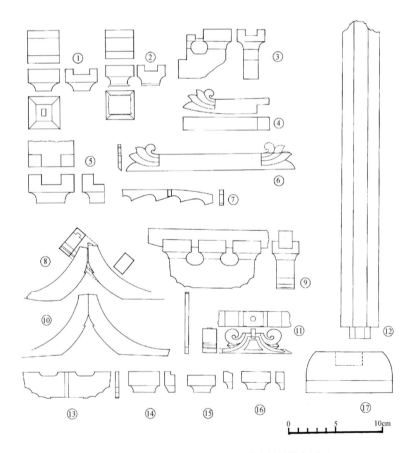

图 2-11-33 山西寿阳北齐库狄回洛墓木椁构件实测图
①栌斗 ②散斗 ③半栱 ④"雀替"状构件 ⑤角栌斗 ⑥贴耳"雀替"
⑦壸门牙子 ⑧叉手 ⑨令栱替木 ⑩贴耳叉手 ⑪驼峰 ⑫角柱
⑬贴耳泥道栱 ⑭贴耳栌斗 ⑮贴耳散斗 ⑯贴耳散斗 ⑰角柱础

从上表可以看出，这时材的高宽比及材高与梁高比，都已和唐宋时基本相同。其散斗的分值也大体和宋式相同，但栱和替木的长度都比宋式短很多，宋式泥道栱之高长比为1:4，而此栱为1:3，显得短粗拙壮；栌斗尺寸也远小于宋式，甚至角栌斗之分数尚小于宋式平柱栌斗。但从据构件及遗址堆积情况绘出的复原图看，立面及构件比例，都和太原天龙山北齐诸窟檐十分相似，故应即是北齐时的特点。

它的栱端卷杀也颇有特点：其做法大约是首先在矩形栱材两端的下角各量出1分，自上角引直线至此点，使栱端大面微前倾；再在栱端上方留出约9至9.5分为栱头，其下部分均分为四分；再把栱底自外端向内量出长为栱端下部二倍的一段，也均分为四段；自栱4、3、1三点分别向栱底3、2、1三点连线，所得即为栱头卷杀的折面，形成三瓣卷杀；再在每瓣上颛入2/3～1/2分即得（最上一瓣颛深，为2/3分，最下一瓣浅，为1/2分。）用此法画得的栱头卷杀，基本上与樽上的栱相合，大约即是这时卷杀的做法。

从这些构件看，这时的榫卯还较简单。柱已上下出榫，下榫入地栿，上榫入栌斗，栌斗底也开有卯口。当斗栱不出跳时，栌斗只开顺身口。角栌斗开十字口，容正侧面泥道栱，无隔口包耳。角上泥道栱正侧两面用扣搭榫结合，外端直斫不出跳，亦无角栱。角栌斗内正侧两向之雕卷叶替木亦用扣搭榫结合，外端直斫。驼峰顶面凿圆卯，内插圆柱状木梢，与其上之斗结合。叉手由两脚合成，上端相抵处无结合榫梢，只顶上有入斗底之榫，两脚下端亦无与梁背结合的榫。这些做法比起唐宋时要简单得多。但是叉手无结合榫亦无蹬入栿背之榫，实际不能起结构作用，可以推知建筑上之叉手必不会这样做，应是因其用在樽上，只是形式，故简化了榫卯。在泥道栱上，真栱栱底平直，无包斗卯口，但一贴络栱栱底却明显开有包斗卯口，显然这是实际做法的偶然表露，而真栱无卯口也是因其用于樽上而简化的结果。因此，这些构件上所表现出的做法是因其为模型而有所简化的，当时的建筑实物要更复杂、更完善些。

库狄回洛墓木樽所表现的构架形式属前文所述之Ⅲ型，在发展序列上看，比Ⅳ、Ⅴ型要早一些，但在它的构件中已表现出材的断面与材高栔高比都和唐宋基本相同，并以15分为材高，这样，我们至少可以据此说，"以材为祖"的模数制设计方法在这时已基本上形成，并出现了以材高1/15为分模数的萌芽。

前文已根据对日本现存飞鸟时代建筑的分析，得知它的平面、高度都以材的高度为模数的情况，把它和库狄回洛木樽中所反映出的分材高为15分的分模数的情况结合起来看，我们可以认为，唐宋建筑中"以材为祖"的模数制设计方法在南北朝时已经基本形成了，当然，它还不可能像唐宋时那样完整、严密。

注释

[1]《文选》卷3，〈赋〉，〈东京赋〉。中华书局影印清胡克家翻宋本《文选》上P.55

[2]《元河南志》卷2，〈晋城阙宫殿古迹〉，太极殿条。〈藕香零拾〉本卷2，P.23b

[3]《资治通鉴》卷83，〈晋纪〉5，惠帝永康元年（300年），夏四月癸巳条。中华书局标点本⑥P.2640

[4]《全上古三代秦汉三国六朝文》，《后魏文》卷23，崔光：〈答敕示太极西序菌表〉。中华书局影印本④P.3628

[5]《宋书》卷99，〈列传〉59，二凶传。中华书局标点本⑧P.2426

[6]《法苑珠林》卷52，〈伽蓝篇〉36，〈营造部〉。《四部丛刊》本 [17]，卷52，P.26b

[7]《晋书》卷58，〈列传〉28，周处传附周莚。中华书局标点本⑤P.1578

[8]《魏书》卷114，〈释老志〉。中华书局标点本⑧P.3037

[9]《水经注》卷16。《水经注校》，上海人民出版社，P.542

[10]《洛阳伽蓝记》卷1，永宁寺条。中华书局版周祖谟校释本 P. 19
[11]〈北魏永宁寺塔基发掘简报〉，《考古》1981年3期
[12] 傅熹年：〈日本飞鸟奈良时期建筑中所反映出的中国南北朝、隋唐建筑特点〉，《文物》1992年10期。
[13]《建康实录》卷8，〈孝宗穆皇帝〉，〈许询〉。中华书局标点本上P. 216
[14]《南齐书》卷53，〈列传〉34，虞愿。中华书局标点本③P. 916
[15]《建康实录》卷17，〈（梁）高祖武皇帝〉"帝创同泰寺"条原注。中华书局标点本下P. 681
[16]《南史》卷78，列传68，扶南国。中华书局标点本⑥P. 1955
[17]《全上古三代秦汉三国六朝文》，《全梁文》卷29，沈约5。中华书局影印本③P. 3123
[18]《全上古三代秦汉三国六朝文》，《全梁文》卷10，简文帝2。中华书局影印本③P. 3007
[19] 同上书，《全梁文》卷30，沈约6。中华书局影印本③P. 3127
[20] 同上书，《全隋文》卷11，江总2。中华书局影印本④P. 4073
[21] 同上书，《全梁文》卷13，简文帝6。中华书局影印本③P. 3026
[22] 同上书，《全梁文》卷13，简文帝6。中华书局影印本③P. 3022
[23]《魏书》卷67，〈列传〉55，崔光。中华书局标点本④P. 1495
[24] 王克林：〈北齐厍狄回洛墓〉，《考古学报》1979年3期。

3. 砖石结构的发展

东汉三国以来，砖石结构技术有所发展。石结构除建石阙、石祠（石室）等墓上永久性建筑外，主要用来建桥。梁式石桥、石拱桥在东汉、三国、两晋都有较大的发展。砖结构则出现了拱券、筒壳、双曲扁壳和叠涩等不同的砌筑形式，可砌造拱券门、十字或丁字相交筒拱、方形或矩形双曲扁壳、壳体或叠涩穹隆顶等。但当砖石拱券结构在东汉后期逐渐发展起来时，木构架和土木混合结构已有近千年的历史，达到相当高的水平，可以满足当时社会、经济条件下的种种需要，而且有就地取材、加工简易等优点。砖石结构房屋则除有烧制砖材、支模砌筑、平衡拱券推力等问题外，其发展初期建筑跨度也受到限制，故无法和木构及土木混合结构分庭抗礼，更无可能取代它。中国古代砖石拱券结构始终不能成为建筑中的主流还有另两个不容忽视的原因。其一是用木构或土木混合结构所建宫殿在形成近千年以后，已经和当时的礼法和制度密切结合，形成只有这样建造（包括形式和结构、装饰）才符合宫殿体制的传统观念，而这在封建社会中恰恰是最难于突破的。其二是中国古代很重视实在的现实，内心并不相信永恒。皇帝即位，臣下在山呼万岁的同时，立即着手为他建陵墓，陵墓号称万年吉地，却又承认陵谷变迁、沧海桑田这条不易之理。所以古人真正重视的是实际享受。秦汉以来，大的宫殿大都在三数年内建成，大的殿宇一年内即完工。地皇元年（20年）九月王莽建九庙，三年（22年）正月即落成，历时仅16个月，这速度在今天看都是惊人的，关键是用了土木混合结构和木构架。这就是说，当时宁肯要非永久性却可速成的建筑而不取费时多的永久性建筑，以利于现实的享受。基于这两种原因，自两汉下至明清，砖石结构只主要用来建城墙、城门、桥梁、佛塔、墓室等，极少用于生人居室。

由于砖石结构比木构耐久、防腐，且埋于地下，自然解决了平衡推力问题，故自西汉中期以来，即用来建墓室。经东汉、三国，至西晋时已有近四百年的历史，在人的观念中又把它和墓室联系起来，认为砖石结构有塚墓气，即使这时已可建较大跨的拱和互相连通的多跨拱壳建筑，也难于突破传统成见，用于地上建筑。只有佛塔、佛寺、因本非生人所居，又欲其久存，遂较多地采用砖石砌造。汉以来墓前的石室、石阙也延续下来。

（1）石结构技术

西晋时在洛阳建了旅人桥等几座拱式石桥和千金渠上梁式的皋门桥，在当时是重大的石工程，其详已见本章第八节。

东晋、十六国和南北朝时，因长期战乱，经济破坏，各国无力建造大型石工程。从历史记载看，北魏建都平城时，建了一些石室、石塔，南朝见于记载的只有梁武帝在建康宫正门前所建石阙。

《洛阳伽蓝记》载西阳门外御道北宝光寺中有三层浮图一所，以石为基，形制甚古。……隐士赵逸见而叹曰：'晋朝石塔寺，今为宝光寺。……晋朝三十二寺尽皆湮灭，唯此寺独存[1]。据"石塔寺"句，原当是石塔，但形制已不可考。

北魏在平城所建石建筑较著名的有献文帝皇兴中（467～470年）所建三级石佛图（即塔），孝文帝太和五年（481年）所建方山永固堂，太和中（477～493年南迁止）冯熙所建五重石塔和王遇（钳耳庆时）所建祇洹舍。

《魏书·释老志》记石佛图云："皇兴中，又构三级石佛图，榱栋楣楹，上下重结，大小皆石，高十丈。镇固巧密，为京华壮观"[2]。据"榱栋"句，它是石砌仿木构形式的塔。

《水经注》中记载冯熙在平城建寺，俗称皇舅寺，"有五层浮图，其神图像皆合青石为之，加以金银火齐，众䌽之上，炜炜有精光"[3]。据"合青石"句，当是用石块砌成的。

永固石室在方山北魏冯太后墓前，《通鉴》说"欲以为庙"[4]，则是墓前享堂。《水经注》说："堂之四周隅雉列榭，阶栏槛及扉户梁壁椽瓦悉文石也。檐前四柱采洛阳之八风谷黑石为之，雕镂隐起，以金银间云矩，有若锦焉。堂之内外，四侧结两石跌，张青石屏风，以文石为缘，并隐起忠孝之容，题刻贞顺之名"[5]。从"檐前四柱"和"梁壁椽瓦"句可知，它是一座面阔五间仿木构石屋。

祇洹舍在平城东郭外，《水经注》说其"椽瓦梁栋，台壁棂陛，尊容圣像及床坐轩帐，悉青石也。图制可观，所恨唯列壁合石，疏而不密。"[6]。据"椽瓦梁栋"句，它也是仿木构形成的石屋。从"列壁合石，疏而不密"的说法可知，它的墙壁似是用条石砌成的。

北魏南迁洛阳之后，史籍中就少有建石塔石室的记载了。

参照东汉朱鲔、郭巨石祠和北魏末宁懋石室的形制构造，北魏永固堂大约是以条石砌后墙、山墙，前檐并列四根檐柱，与两端山墙墙垛共同承横楣（阑额）及屋顶。其梁按构造需要和朱鲔石祠先例，可能是在竖立的三角形石板上浮雕出梁及叉手[7]。如进深大，则可能加一排中柱，承托梁板。屋顶用石板横铺，内外面雕出檩椽和瓦垄。三层、五层石塔可能中间为石砌塔心，四周用石梁、柱、楣、檐等叠砌出外檐，形式和云冈第2窟塔柱近似。由于实物不存，对北魏石室、石塔只能做此简略的推测。

史传中未见北齐、北周造较大型石建筑的记载。现存的河南安阳灵泉寺北齐双石塔[8]和河北定兴北齐建义慈惠石柱只能看作石雕而非石建筑。北朝墓葬大多土圹或砖室，只有山东济南市马家庄北齐墓用青石砌墓室四壁，墓门用石过梁，墓顶用块石叠涩挑出，形成穹隆顶，是很罕见的例子。但砌造技术不精，大约是就地取材，以石代砖，形制砌法都和砖墓近似[9]。

南朝最大的石建筑是梁天监七年（508年）在建康宫城正南门端门外夹街而建的神龙、仁虎二石阙。史称"镌石为阙，穷极壮丽，奇禽异羽，莫不毕备。"梁陆倕〈石阙铭〉说石阙"郁崼重轩，穹隆反宇。形耸飞栋，势超浮柱。色法上圆，制模下矩。"据这些描写，它是一座矩形有重檐的多重子母阙，"上圆"指天，"色法上圆"大约是阙为泛蓝色的青石建成。从诸多描写看，它制作精美，雕琢繁富，在当时是象征建康都城的重要建筑。但从构造上看，它实是加了浮雕的石砌体，和北齐双石塔、义慈惠石柱一样，严格说来不能算石结构建筑，与石室性质仍有所不同。

《建康实录》载建康瓦官寺梁天监元年（502年）立，"陈亡，寺内殿宇悉皆焚尽，今见有石塔三层，高一丈二尺，周围八尺，形状殊妙，非人工焉"[10]。从塔的尺度看，应是石雕小塔。

南朝最大的石工程是陵墓神道上的石墓表、象生、碑等，体量大、数量多、工程量最大，但它们实际是石雕。南朝墓室，虽帝陵也是砖拱和砖壳体结构，无用石之例。迄今尚未发现东晋、南朝的石造拱券遗迹。

(2) 砖结构技术

此期砖结构主要用来建地上的塔和地下的墓室。砖塔目前仅存北魏正光四年（523年）建河南登封嵩岳寺塔一座孤例，墓室则数量颇多。此外，还出现用砖包砌城门墩、城墙、高台等。

1) 砖砌墓室：砖砌墓室始于西汉中后期，至东汉而大盛，出现筒壳、穹隆两大类（图2-11-34）。筒壳又分[1]并列拱和纵联拱两种砌法；穹隆则分拱券式和叠涩式两种，拱券式中又分双曲扁壳和四面攒尖方锥（也有少量圆锥）两式，结构方法不同。叠涩穹隆用层层挑出的砖砌成，砖均平置，靠后部的重量平衡挑出部分，而每层砖四面周圈互相抵住也起一定作用。双曲扁壳是在方形平面上砌出的球面顶，四壁顶部都是砌成拱起的弧线，砖沿墙顶四周环砌，转角处错缝，咬成一体，抵紧后层层内收，四角转折处较平缓，不明显出棱，壳顶矢高较低。四面攒尖顶则四面起拱内收，四角内外都明显出棱角，砖逐层增加斜度，至顶相抵缩为小井，以数砖嵌入，如拱券之拱心石。方锥也有向上逐渐转为圆锥的。汉代少数墓在方墙四角上部逐层挑出，至顶形成近于抹角的部分，上接圆穹隆顶，此砌体略近于"帆拱"的作用，但它是叠涩而不是帆拱。

在做法上，汉代曾使用过各种异型砖如梯形砖、梯形榫卯砖、弧形砖来砌并列筒壳，以后发展为用普通条砖或夹杂一部分楔形砖砌纵联筒壳和券门。穹隆顶中的方锥，圆锥顶也多用条砖夹楔形砖，以拱起收顶。双曲扁壳和叠涩穹隆则只使用条砖。筒壳和券门除用单层砖外，也有用两层砖或在券上平铺一层为"伏"的，即随券用砖层数称之为几"券"几"伏"。唐以前拱壳砌造均使用泥浆，不用白灰，仍能保存至今，表明砌造水平之高。

汉代把筒壳、穹隆结合起来，建了很多大型多室砖墓室。魏晋南北朝基本沿袭了两汉砌墓室的技术，但自曹魏以后尚薄葬，两晋南北朝限于财力，也难于造很大的墓葬。故就墓室规模和砌造水平而言，并无很大的改进。

筒壳：西晋时，尚有个别墓用并列拱砌筒壳作墓道和墓室之例，如洛阳西晋墓52，跨度只有2.75米，约合晋尺11尺[11]。大多数墓均为纵联拱所砌筒壳，如290年广州沙河顶西晋墓和293年洛阳西晋裴祇寿墓的后室，跨度分别为1.74和1.76米，约合晋尺7尺，用单层条砖砌成[12]。西晋时也有用二层砖砌筒壳的，如有永宁二年（302年）纪年的南京板桥镇西晋墓后室，净跨度1.93米，约合8晋尺[13]。

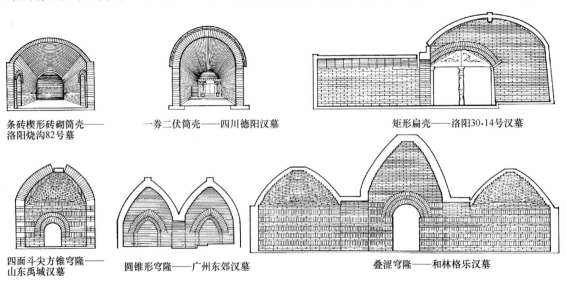

条砖楔形砖砌筒壳——洛阳烧沟82号墓　　一券二伏筒壳——四川德阳汉墓　　矩形扁壳——洛阳30.14号汉墓

四面斗尖方锥穹隆——山东禹城汉墓　　圆锥形穹隆——广州东郊汉墓　　叠涩穹隆——和林格乐汉墓

图2-11-34　汉代砖砌拱壳示意图

东晋南朝时也多用二层砖砌筒壳，如升平二年（358年）的南京象山王闽之墓和升平三年（359年）的南京象山夏金虎墓，它们的净跨仅1.25米，只合5晋尺[14]。也有在券上加"伏"的，如隆安三年（399年）的湖北枝江东晋墓，跨度2米，约合8尺。东晋南朝时还出现在墓室砌角柱、壁柱的。刘宋大明二年（458年）造福建政和松源墓在两侧壁各砌若干壁柱，柱上起拱，形成若干道肋拱，其上再砌筒壳[15]。但该墓跨度仅1.6米，合6.5尺，在结构上实无此必要。

东晋帝陵也用筒壳建造。南京幕府山1号墓为晋穆帝永平陵，建于361年，墓室长5.5米，净跨2.6米，约合10.5晋尺。四壁及顶均厚二层砖。墙壁为三平一立砌法，至顶用条砖及楔形砖起券。券砖长宽与条砖全同，但一为长边一厚一薄，俗称"刀形砖"，一为短边一厚一薄，俗称"斧形砖"。砌时，以刀形为顺砖，以斧形为丁砖，形成顺、丁交错的厚二砖的整体纵联券，比起重叠两层砖壳体受力能力要强[16]。南京富贵山大墓为晋恭帝冲平陵，421年造，墓室长6.3米，净跨4.4米，合18晋尺。墙厚为二砖之长，近70厘米，用三平一立砌法。和永平陵不同处是它的壳顶也用三平一立法砌成，为了起拱，立砖用顶宽17.5、底宽13.5、长32厘米的梯形券砖。壳为上下二层相叠，其外再加三层平砖为伏[17]。此二陵虽都是筒壳墓室，却用了不同的砌法，并为此特制了不同的发券用砖。4.4米大约是迄今所知南朝建筑筒壳最大的跨度（图2-11-35）。

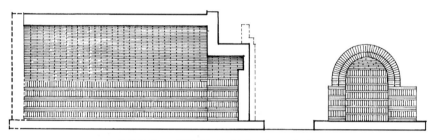

纵联筒壳——湖北枝江东晋隆安二年(339年)墓

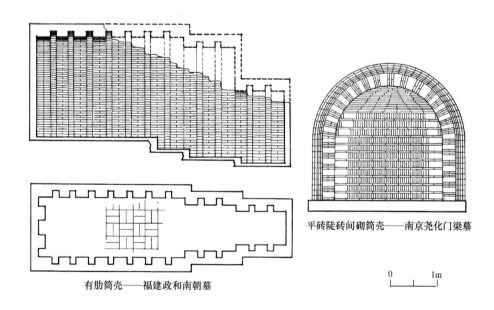

有肋筒壳——福建政和南朝墓

平砖陡砖间砌筒壳——南京尧化门梁墓

图2-11-35 东晋南朝筒壳墓室

北朝墓室大多为方形穹隆顶，筒壳主要用以建甬道及前室。北魏太和八年（484年）造大同司马金龙墓，以筒壳建甬道，宽1.5米，约合北魏5.5尺[18]、[19]。同年所建大同方山冯太后永固陵以筒壳建前室，净跨4米，合14北魏尺。是迄今所知北魏造最大跨的砖筒壳[20]（参阅图2-4-12）。

综合上述，南北方帝陵所用筒壳净跨也只 4 米余，大约即是当时所能造的最大跨度。砌墙用三平一立南北均同，但厚度增加主要是从防盗考虑。从受力及牢固程度看，显然永平陵的厚二砖整体砌法要比重叠二券一伏要好。

穹隆：主要有双曲扁壳、四隅券进、叠涩、四面攒尖四种。

双曲扁壳：始见于洛阳诸东汉墓，可以 30·14 号墓为代表，西晋时洛阳仍在沿用，如西晋元康九年（299 年）徐美人墓，墓室方形，为 4.5 米×4.8 米，合 18 尺×19.5 尺。墙壁用条砖三平一立砌法，至顶改为四面周圈平砌，起拱后由平转竖。它是东汉旧法的延续，东晋南北朝时即不再有这种砌法的墓[21]（图 2-11-36）。

四隅券进穹隆：汉代有斜砌并列拱的方法，每道券均斜砌，压在前一道券上，可以不用券胎即砌并列式筒壳。三国时，吴国地区把此法加以发展，在方形或矩形墓室墙顶四角各斜砌并列拱，随墙顶逐层加大券脚跨度，向上方斜升，至中间收顶，可以不用胎模而砌成球面穹隆顶。近年考古学界称之为"四隅券进式"穹隆顶。两晋时在江南地区仍在沿用此法。晋元康七年（297 年）宜兴周处墓前室方形，后室矩形，均用此法建穹隆顶。后室最大，面积 4.5 米×2.2 米，合 18 尺×9 尺[22]。宜兴西晋 4 号墓亦周氏家族墓，有永宁二年（302 年）纪年，后室最大，面积 5.5 米×3.58 米，合 22.5 尺×14.5 尺[23]（图 2-11-37）。可见东晋时仍在砌此类墓室。南京象山东晋七号墓为王廙墓，造于永昌元年（322 年），墓室面积为 5.3 米×3.2 米，合 21.5 尺×13 尺[24]。南京郭家山晋墓有永和三年（347 年）纪年，墓室面积 5.03 米×3.56 米，合 20.5 尺×14.5 尺[25]。诸墓中，以永宁二年周氏墓墓室最大，宽 3.58 米，大约即此类穹隆在当时所能达到的尺度。南北朝时即少见用此法砌墓之例了。

此法在西晋初年还曾向北传至山东。山东诸城西晋太康六年（285 年）墓后室亦用此法砌造。面积 3 米×2.3 米，合 12 尺×9.5 尺。此墓亦分前后室，与江南诸墓相同，可能是北迁的江南人之墓室，故仅此孤例[26]。

叠涩穹隆：在北方偶有砌造者，如洛阳北郊西晋墓，方约 3 米，单砖砌造（图 2-11-38）。在山东济南曾发现一北齐墓，为石砌叠涩顶方墓室，已见石结构部分。辽宁朝阳也发现二北魏墓，均条砖砌方形叠涩穹顶墓室，四壁用三平一立砌法，顶上用平砖逐层叠涩挑出，斗合成穹隆顶，面积 2.3×2.4 米，约合北魏 8.5 尺[27]。宁夏固原也发现北魏此制墓室，方 3.8 米，合 13.5 北魏尺见方。最大一例是山西寿阳北齐河清元年（562 年）库狄回洛墓，墓室方 5.44 米，合北魏时 19 尺[28]。

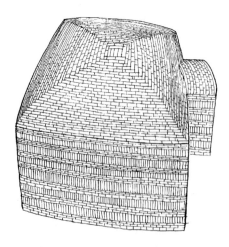

图 2-11-36 河南洛阳西晋元康九年（299 年）徐美人墓的双曲扁壳顶

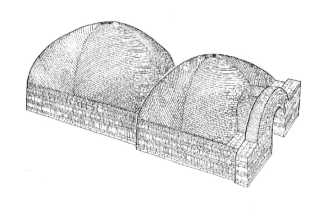

图 2-11-37 江苏宜兴西晋永宁二年（302 年）周处家族墓中用"四隅券进式"穹隆顶之例

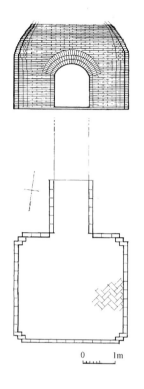
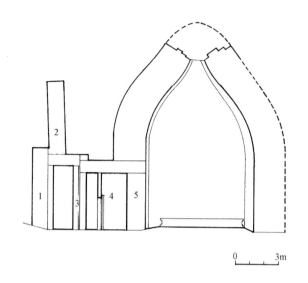

图 2-11-38　河南洛阳北郊西晋墓用叠涩顶之例　　　　图 2-11-39　河北磁县湾漳北朝墓用四面攒尖穹隆顶之例

四面攒尖穹隆：主要用在北朝墓室中。较早者为北魏太和八年（484年）所造大同方山冯太后永固陵后室。方6.5米×6.8米，高7.4米，合北魏尺23尺×26尺，高26尺，壁厚1.3米[20]。同年所建大同司马金龙墓后室面积6.2米×6.3米，合北魏22尺×22.5尺[18]。北齐时此类穹顶最大者有三。一为河北磁县湾漳大墓，即东魏高澄墓，造于东魏武定七年（549年），墓室面积7.65米×7.4米，合北魏27尺×26尺，高45尺。壁及穹顶都用五层砖砌成，厚达2.3米[29]。其次为同地东魏茹茹公主墓，造于东魏武定八年（550年），墓室面积5.23米×5.58米，合北魏18.5尺×20尺。壁及顶用三层砖砌，厚1米[30]。再次为太原北齐娄叡墓，造于北齐武平元年（570年），墓室面积方5.7米，合北齐20尺，壁及顶厚1.55米[31]。其中高澄墓近7.5米见方，是迄今所见此型墓室最大之例。诸大墓壁及顶部厚达1米至2.3米应是出于防盗掘的考虑，而非结构或构造需要（图2-11-39）。

椭圆形穹隆：仅用于南朝诸帝陵，平面椭圆形，上砌穹隆顶。已发现的以南京西善桥油坊村大墓最大，为陈宣帝显宁陵，葬于太建十四年（582年），当隋文帝开皇二年，是南朝最后一座陵墓。墓室椭圆形，长10米，宽6.7米，合40尺长，27.5尺宽。两端圆处各为半个穹隆。四壁用三平一立砌法，顶上用券砖平砌，形成整体的椭圆穹隆[32]（参阅图2-4-3）。早在东汉时，已出现砌筒壳与半个穹隆结合形成前方后圆平面的做法，砌此类大墓只是在另一端也加一个半穹顶，和东汉时基本相同，在砌法上并无重大创新。这类墓的墓顶全遭破坏，其具体砌法及特点目前尚不甚明了，估计有可能是用环形砌法，整体砌成。这些墓大都用两层砖砌成，厚70~80厘米不等，十分坚固，墓顶毁坏是经人为破坏而坍塌的，大约是隋平江南后所为。

综观两晋南北朝砖砌墓室，其拱壳形式、砌法基本未超出汉、三国的范围，一些帝王陵也不过是加大跨度和厚度而已。迄今所见筒壳跨度最大为4.4米，穹隆最大跨度为7.5米，故即使从尺度看，它也远逊于木构或土木混合结构房屋。

2）砖塔：《魏书·释老志》云："晋世，洛中佛图有四十二所"[33]，当时佛寺以塔为主，故以佛图为寺之代称。四十二寺诸塔中，已有砖塔。《洛阳伽蓝记》卷二崇义里杜子休宅条，云其地本西晋太康寺，为太康六年（285年）王濬平吴后所建，"本有三层浮图，用砖为之。"掘其基地，"果得砖数万"[34]。同书同卷又载洛阳"太尉府前砖浮图，形制甚古，"为"晋义熙十二年（416年）刘裕伐姚泓，军人所作"[35]。则东晋末也在洛阳建有砖塔。同书卷三载洛阳南郊有汉明堂、辟雍、灵台，北魏汝南王元悦"造砖浮图于灵台之上"[36]。考其时当在525年胡太后反政至528年尔朱荣河阴之变之间。同书卷四大觉寺条又载，"永熙年中（532至534年）平阳王即位（即孝武帝元修），造砖浮图一所，是土石之工，穷极精丽"[37]。但诸塔久已湮灭，形制也已不可考。

现存此期砖塔只有河南登封嵩岳寺塔。其形制部分已见本章佛教建筑节，这里只从砖结构角度略加探讨。

嵩岳寺塔为平面十二边形高39.5米的砖塔，内部上下贯通，加木楼板，故亦称"空腔型塔"，底层壁厚约2.5米。塔身外部一层塔身之下为基层，一层塔身之上用叠涩砌法挑出十五层塔檐，最上层收顶，上建塔刹。塔心室改为八边形，向内叠涩挑出，形成十层八角井口，以承各层木构楼板。全塔实际上是一个空筒，只顶上用叠涩砌法封顶。它的砌砖方法，从外部观察，基层墙面素平，用一顺一丁（指一层顺砖，一层丁砖）砌成，转角交搭处，两面都用顺砖；一层塔身因砌有壁柱及塔，只能随宜，因每层转角均用顺砖以利交搭咬碴，故用丁砖较少；一层塔檐挑出十四层涩砖，一顺一丁交替砌上，最上层砌三皮砖厚为檐口，檐口以上再砌反叠涩，层层退入；第二、三层塔檐各挑出十三层，最上层砌二皮砖为檐口，砌法同第一层（图2-11-40）。塔的内部挑出之八角井因要承木楼板、楼梯之重，故全部用丁砖砌成，分别挑出十层、八层、七层涩砖不等（图2-11-41）。一层塔身正门为正圆券，用二券二伏砌成，各面砌出之小塔塔门用一券一伏，都砌成"火焰形券"的外形，以模仿印度草庐入口的形式。

图2-11-40　河南登封北魏嵩岳寺塔下层细部　　图2-11-41　河南登封北魏嵩岳寺塔内部仰视

塔身砌砖，包括壁柱、小塔、叠涩屋檐等，均使用泥浆，不加白灰等胶结材。

从塔的形制看，塔身为上下贯通的空筒，在施工时可以在中心点立标杆或铅垂线，以它为基准，可以较容易控制内收外挑的尺寸，很好的达到设计要求，故嵩岳寺塔的外形轮廓优美，弧线流畅。从砖的砌法看，基层内外壁基本上为一顺一丁，压缝情况较好，整体性强，故虽用泥浆砌成，却能维持一千四百年而完好无损。

嵩岳寺塔虽是孤例，但通过它，我们可以了解到，在南北朝时，砌砖技术已较成熟，除用一顺一丁上下错缝砌大砌体外，对磨砖、砍砖砌各种装饰，如壁柱、壸门、山花蕉叶、火焰形券等技术也很娴熟，而对塔身逐层出檐、内收，把塔身曲线控制得十分准确，尤能说明此时造砖建筑技术之精湛。

注释

[1]《洛阳伽蓝记》卷4，宝光寺条。中华书局排印周祖谟校释本 P. 152
[2] 中华书局标点本⑧P. 3038
[3]《水经注》卷13，〈滱水〉。《水经注校》，上海人民出版社，P. 426
[4]《资治通鉴》卷135，〈齐纪〉1，高帝建元三年（481年）。中华书局标点本⑨P. 4244
[5]《水经注》卷13，〈滱水〉。《水经注校》，上海人民出版社，P. 424
[6] 同上书，同卷。P. 428
[7] 梁思成：《图像中国建筑史》图13，中国建筑工业出版社，P. 28
[8] 杨宝顺等：〈河南安阳宝山寺北齐双石塔〉，《文物》1984年9期。
[9] 济南市博物馆：〈济南市马家庄北齐墓〉，《文物》1985年10期。
[10]《建康实录》卷17，〈高祖武皇帝〉，天监元年条。中华书局标点本下P. 673
[11] 以1晋尺折合24.5厘米计
[12] 黄明兰：〈西晋裴祗和北魏元昉两墓拾零〉，《文物》1982年1期。
[13] 南京市文物保管委员会：〈南京板桥镇石闸湖晋墓清理简报〉，《文物》1965年6期。
[14] 南京市博物馆：〈南京象山5号、6号、7号墓清理简报〉，《文物》1972年11期。
[15] 福建省博物馆、政和县文化馆：〈福建政和、新口南朝墓〉，《文物》1986年5期。
[16] 华东文物工作队：〈南京幕府山六朝墓清理简报〉，〈文物参考资料〉1956年6期。
[17] 南京博物院：〈南京富贵山东晋墓发掘报告〉，《考古》1966年4期。
[18] 山西省大同市博物馆等：〈山西大同石家寨北魏司马金龙墓〉，《文物》1972年3期。
[19] 以1北魏尺折合28.24厘米计。
[20] 大同市博物馆等：〈大同方山北魏永固陵〉，《文物》1978年7期。
[21] 河南省文化局文物工作队第二队：〈洛阳晋墓的发掘〉，〈考古学报〉1957年1期。
[22] 罗宗真：〈江苏宜兴晋墓发掘报告〉，〈考古学报〉1957年4期。
[23] 南京博物院：〈江苏宜兴晋墓的第二次发掘〉，《考古》1977年2期。
[24] 南京市博物馆：〈南京象山5号、6号、7号墓清理简报〉，《文物》1972年12期。
[25] 南京市博物馆：〈南京北郊郭家山东晋墓葬发掘简报〉，《文物》1981年12期。
[26] 诸城县博物馆：〈山东省诸城县西晋墓清理简报〉，《考古》1985年12期。
[27] 朝阳地区博物馆：〈辽宁朝阳发现北燕、北魏墓〉，《考古》1985年10期。
[28] 王克林：〈北齐库狄迴洛墓〉，〈考古学报〉1979年3期。
[29] 中国社会科学院考古研究所·河北省文物研究所：〈河北磁县湾漳北朝墓〉，《考古》1990年7期。
[30] 磁县文化馆：〈河北磁县东魏茹茹公主墓发掘简报〉，《文物》1984年4期。
[31] 山西省考古研究所·太原市文物管理委员会：〈太原市北齐娄叡墓发掘简报〉，《文物》1983年10期。
[32] 罗宗真：〈南京西善桥油坊村南朝大墓的发掘〉，《考古》1963年6期。
[33] 中华书局标点本⑧P. 3029
[34] 中华书局排印周祖谟校释本 P. 80
[35] 同上书。P. 81
[36] 同上书。P. 120
[37] 同上书。P. 172

二、工官

南北朝时，国家有尚书起部和将作监两个工程管理系统。其详将在下章隋唐工程管理机构部分综合介绍。从南北朝时建筑事业之发达看，当有一批精通专业的工官和杰出匠师。但史籍所载大都是主持其事的贵官；且南北两朝多以军工从事营造，工匠也取军队编制，由军官统率[1]，故有一批军官以建筑劳绩载于史书；真正专职官吏见于记载的已寥若晨星，更不用说工匠了。这情况说明南北朝时工匠地位低下，而隋唐时有工匠名字流传下来，说明那时工匠地位比南北朝时多少有所提高。限于材料，目前只能就史载略加叙述，从中曲折地反映少许工程技术及管理水平而已。

东晋南朝见于史册的只有东晋的毛安之和陈的蔡俦，都以建宫室得名。

毛安之，晋孝武帝时将作大匠。太元三年（378年）谢安决计重修建康宫室，史载日役六千人，历时五月毕工。所建正殿太极殿长27丈，广10丈，高8丈，在当时是最大的建筑。史称改建宫时，其规模为"（谢）安与大匠毛安之决意修定，皆仰模玄象，体合辰极，并新制置省阁堂宇名署。……又起朱雀重楼，皆绣栭藻井，门开三道，上重名朱雀观，观下门上有铜雀，悬楣上刻木为龙虎左右相对"[2],[3]。据此，则毛安之为规划设计和工程主持人。但《晋书》孝武帝记载，咸安二年（372年），"妖贼卢悚晨入殿庭，游击将军毛安之等讨平之"。徐广《晋纪》记修宫殿事说日役"内外军六千人"。可知毛安之是军人，因役军士建宫室，故命其领之，并非专业工官。这样，大约决定新宫规划和建筑的应是谢安及其幕僚。古代宫室重体制、礼仪，并非随意建造，应是深通典章制度和礼仪的文官与工官参议，由首相谢安决定。但这些文官、工官却已不可考了，只留下率兵建宫的军官名字。

蔡俦是陈之少府卿，为主管宫廷器用制作与供应之官。梁太极殿毁于平侯景之乱时，陈武帝即位后，于永定二年（558年）命蔡俦为将作大匠，主持兴建，历时四月而成[4]。他应是工官，但具体业绩已无考。

北朝在营造上有成就、业绩者，史载稍多。北魏时有郭善明、李冲、蒋少游、王遇、郭安兴、茹皓。北齐有李邺兴、张熠、刘龙等人。

郭善明　《魏书》载，文成帝时"郭善明甚机巧，北京宫殿多其制作"[5]。又说："给事中郭善明，性多机巧，欲逞其能，劝高宗大起宫室"[6]。则郭氏为文官而关心建筑者。458年文成帝建平城宫太华殿为宫中主殿，当即是郭善明所主持建造的。从"多其制作"句分析，他应是主持宫室设计的官员。

李冲　陇西人，为西凉王李暠之曾孙，敦煌公李宝之少子，仕北魏为冯太后宠臣，官中书令、南部尚书。孝文帝时更见信任，492年兼将作大匠，主持改建平城宫室。493年北魏迁都洛阳，又命李冲及将作大匠董爵规划重建洛阳城市及宫殿。《魏书》本传称其"机敏有巧思，北京明堂、圜丘、太庙，及洛都初基，安处郊兆，新起堂寝，皆资于冲。……且理文簿，兼营匠制，几案盈积，剖剧在手，终不劳厌也"[7]。据"兼营匠制"、"剖剧在手"句，他除直接主持规划和建设外，本人在规划设计上是有专长的。"剖剧"指雕刻，泛指制作模型，应是通过模型探讨建筑之体量与形式。498年李冲死，得年49岁。据此推算，488年、491年建圜丘、明堂时，年仅39岁、42岁，规划洛阳都城宫室时年44岁。李冲在规划建筑上有专长并取得成绩，与其家世有关，而重用建筑家蒋少游则是最关键因素。

李冲为西凉王李暠曾孙，凉州在十六国时为重要文化中心，大量学者、文士聚居于此。439北魏取凉州，徙凉州民三万余家于平城，除佛教传播于北魏外，也成为北魏吸收汉族传统文化的一大来源[8]。李冲在北魏贵显，除本人干练及为冯太后宠臣外，他的汉族传统文化背景及修养是极重要的因素，故成为决计汉化的北魏孝文帝的最重要助手。北魏汉化是为了与南朝争正统地位，以求统一全国。而由汉族著名世家出身的李冲主持，以魏晋洛阳圜丘、太庙、太极殿为蓝本改建平城宫室、坛庙，乃至重建洛阳都城宫室，就使北魏在文化上取得和南朝抗衡的地位。

蒋少游　山东乐安人，士族出身。469年北魏平青、齐、北徐三州，徙三州民五万于平城、桑乾。蒋少游北迁为云中镇兵，在平城为人写书为生，后为中书省写书生，即唐代所谓"书手"之职。他以"性机巧，颇能刻画、有文思"为北魏汉族重臣高允、李冲所赏，加以推荐，为中书博士。太和七年（483年）平城宫中建皇信堂，蒋少游奉命画堂四周古圣忠臣烈士像[9]，说明他能做画。太和十五至十六年间（491～492年），北魏改建平城太庙，创建太极殿，命蒋氏至洛阳测量魏晋太极殿及太庙作为依据。又特命他随李彪出使江南，观察研究梁建康的都城宫室制度。493年，北魏迁都洛阳，由司空穆亮、尚书李冲、将作大匠董爵主持规划建设。作为李冲的亲信和具体研究过魏晋宫室遗址和南朝都城宫室的人，他在其中起重要作用。史称华林园及金墉门楼都是他建造的，"号为妍美"。《水经注》说金墉"南曰乾光门，夹建两观，观下列朱桁于堑，以为御路。东曰含春门，北有邃门，城上西面列观，五十步一睥睨屋台，置一钟以和漏鼓。西北连庑函荫，墉比广榭"[10]。所记即蒋少游所建。他还负责建太极殿，并为之制造了模型，与董尔、王遇共同建造，未及建成，于景明二年卒[11]。《魏书》本传说他"虽有文藻，而不得伸其才用，恒以剞劂绳尺，碎剧忽忽，徙倚园湖城殿之侧，识者为之慨叹。而乃坦尔为己任，不告疲耻。又兼为太常少卿、都水如故"[11]。在当时人的观念中，做清望官才是正途，有希望大用，而技术官是杂流，永无升至高官的可能。蒋少游出身士族，本人有"文藻"，又与重臣李冲、崔光是姻亲，有极好的为清望官的条件，不应"因工艺自达"，做这种琐碎繁剧的工官而丢掉大用的机会。这段评语虽是当时人的偏见，却是好意为他惋惜。但"恒以剞劂绳尺，碎剧忽忽，徙倚园湖城殿之侧"数句，生动地刻画出蒋少游作为规划建筑家坦然放弃仕途虚荣，不辞辛劳，反复研讨设计、制作模型，在现场观察地形和建成后的效果，执著追求，力求尽善尽美的感人形象。

蒋少游生于乐安，属山东青州，原属南朝，故少年所受为南朝正统汉族文化。他在北魏开始受知于高允、李冲，也是这个原因。入仕之后，由于他"性机巧、颇能画刻"，才向建筑发展。测量洛阳魏晋遗址，参观南朝都城宫室，给了他以同时无人能及的条件，集魏晋以来中原传统和南北两朝之长，创建洛阳新的都城宫殿，以满足北魏汉化和争正统地位的需要。北魏洛阳的都城宫室，开隋大兴城宫室之先河，在古代都城宫室发展上有重要地位，蒋少游在其间的作用和功绩不可忽视。

王遇　字庆时，羌族人，后改氏钳耳，故《水经注》中称他为钳耳庆时。有罪，受宫刑为阉人，以后逐渐贵显，官至将军、尚书，封宕昌公。他在孝文帝、宣武帝时多次主持大型工程。《魏书》本传说他"性巧，强于部分。北都方山灵泉道俗居宇及文明太后陵庙，洛京东郊马射坛殿，修广文昭太后墓园，太极殿及东西两堂、内外诸门制度，皆遇监作"[12]。按诸史册，平城方山下灵泉池开于太和三年（479年），方山上文明太后陵园建于太和五至八年（481～484年）。北魏建洛阳都城宫室在太和十七年（493年）以后。到洛阳宫太极殿建成时的景明二年（501年），王遇尚健在。史称他"世宗初，兼将作大匠。"太极殿是蒋少游与董尔、王遇参建的，未成而蒋少游先卒，王遇当是继蒋少游为将作大匠并完成太极殿工程的。他从事建筑活动自479年至六世纪初，约有二十五年之久。此外，据《水经注》及石刻所载，王遇在平城时还监修了云冈第9、10这对大窟，在平城东郭外建了石造的祇洹舍[13]，也都是巨大的工程。从王遇监修的工程看，在平城时期以石工为主，除云冈9、10窟和祇洹舍外，文明太后陵的永固堂也是石室；到洛阳后则以木构殿宇为主了。王遇本人并无深厚的文化背景，应是以阉人而得到冯太后及孝文帝的亲任，本人又有组织能力（"强于部分"），对工程技术有兴趣（"性巧"），遂长期受到委任。他应是"工官"的代表人物，和蒋少游的规划建筑家还是有差别的。

郭安兴　《魏书·术艺列传》说："世宗、肃宗时，豫州人柳俭、殿中将军关文备、郭安兴并机巧。洛中制永宁寺九层佛图，安兴为匠也"[14]。柳俭，关文备事迹已无可考，郭安兴为匠所造永宁寺九层塔却是北魏在洛阳所建最重要工程，其详已见本章佛教建筑部分。但郭安兴究竟是以"机巧"而为匠还是因其为将军主持施工为匠，颇难断定。《隋书·百官志》记北齐官制说："将作寺，掌诸营建。大匠一人，丞四人。亦有功曹、主簿、录事员。若有营作，则立将、副将、长史、司马、主簿、录事各一人。又领军主、副，幢主、副等"[15]。北齐官制多循北魏，可知北朝将作除行政班子外，有大工程时按军队编制，将、副将、长史、司马、领主、幢主等都是军官职称。郭安兴可能因性"机巧"，又是将军，才为匠建塔。这样复杂的工程，一位"机巧"的殿中将军是不可能设计的，还应是集中大量工匠智慧才可以完成。

茹皓　吴人，以南人入北朝，后受宣武帝亲任，兴建华林园。史称所造"颇有野致"[16]，很可能是把南朝造园风格引入北朝而得好评的。

李邺兴　东魏儒生，官散骑常侍。东魏自洛阳迁邺后，兴建新都，由李氏规划制作新图，详见本章邺南城部分[17]。

张熠　北魏末及东魏北齐时人。《魏书》本传说："永宁寺塔大兴，经营务广。灵太后曾幸作所，凡有顾问，熠敷陈指画，无所遗阙，太后善之。"据此，他应是永宁寺的规划主持人。同传又载："东魏迁都邺城，拆洛阳宫室官署材木运邺城，由张熠负责。"当时右仆射高隆之等推荐他说："'南京（洛阳）宫殿，毁撤送邺，连筏竟河，首尾大至。自非贤明一人，专委受纳，则恐材木耗损，有阙经构。（张）熠清贞素著，有称一时，臣等辄举为大将。'诏从之"[18]。则张熠为东魏初匠作大将，是邺南城建设的组织者，干练的工官。张熠卒于541年，年六十，则516年建永宁寺时年三十五岁。

刘龙　河间人，有巧思，仕北齐，"齐后主知之，令修三爵台，其称旨，因而历职通显。"齐亡入北周。隋初，又受隋文帝信任，582年营建新都大兴时，为高颎副手，官将作大匠[19]。按北齐修三台在文宣帝天保七年至九年（556～558年），后主即位于天统元年（565年），其时三台已为大兴圣寺，史无再修记录，则刘龙应是在556年至558年间修三台之主持人。史称营三台时发丁匠三十余万，是很大的工程。刘龙大约是因有组织大规模施工经验而为将作大匠主持大兴城营建。大兴城的规划主要出于宇文恺之手。

注释

[1]《隋书·百官志中》将作寺条。全文见后文郭安兴条。

又《全北齐文》卷9，阙名人撰〈铜雀台石龛门铭〉云"大齐天保八年、九年、造铜雀台石龛之门。百代之后，见此铭者，当复知之。将陈骥，军副程显承、娄晞，幢主孙悦，军主董侯，幢主杨昙。"中华书局影印《全上古三代秦汉三国六朝文》④P. 3877

按：所列将、军副、幢主、军主也是军人职称。可为上文旁证。

[2]《太平御览》卷172，〈居处部〉1，宫引《晋书》之文。中华书局影印本①P. 845

[3]《子史钩陈》引《世说新语·方正篇》引徐广《晋纪》云："太元三年二月，内外军六千人始营筑，至七月而成。

太极殿高八丈、长二十七丈，广十丈。尚书谢万监视，赐爵关内侯，大匠毛安之关中侯。"

[4]《陈书》卷2，〈本纪〉2，高祖下。中华书局标点本①P. 37
[5]《魏书》卷91，〈列传〉79，术艺。中华书局标点本⑥1971
[6]《魏书》卷48，〈列传〉36，高允。中华书局标点本③P. 1073
[7]《魏书》卷53，〈列传〉41，李冲。中华书局标点本④P. 1187
[8] 陈寅恪《隋唐制度渊源略论稿》，二〈礼仪〉中有关李冲与河西文化之关系段落。三联书店1954年版P. 39～40
[9]《水经注》卷13，〈漯水〉，皇信堂部分。上海古籍出版社版王国维校本P. 425
[10]《水经注》卷16，〈谷水〉，金墉城部分。商务印书馆《国学基本丛书》本三，〈谷水〉P. 69～70
[11]《魏书》卷91，〈列传〉79，术艺，蒋少游。中华书局标点本⑥P. 1970
[12]《魏书》卷94，〈列传〉82 阉官，王遇。中华书局标点本⑥P. 2023
[13]《水经注》卷13，〈祇水〉，祇洹舍部分。上海古籍出版社版王国维校本P. 428
[14]《魏书》卷91，〈列传〉79，术艺。中华书局标点本⑥P. 1972
[15]《隋书》卷27，〈志〉22，百官中。中华书局标点本③P. 758
[16]《魏书》卷93，〈列传〉81，恩倖、茹皓。中华书局标点本⑥P. 2001
[17]《魏书》卷84，〈列传〉72，儒林，李邺兴。中华书局标点本⑤P. 1862
[18]《魏书》卷79，〈列传〉67，张熠。中华书局标点本⑤P. 1766
[19]《隋书》卷68，〈列传〉33，刘龙。中华书局标点本⑥P. 1598

第三章　隋唐五代建筑

581年，杨坚以禅让方式代北周，建立隋朝，是为隋文帝。589年，隋平陈，中国在分裂了273年后重获统一。在文帝之世和炀帝前期，凭借全国统一的形势，发展经济、文化，建成强大的王朝。由于炀帝极度滥用民力，造成社会巨大灾难，隋王朝在农民大起义冲击下瓦解，享国37年。

618年，李渊以禅让方式代隋，建立唐朝，是为唐高祖。唐朝290年中，大体可分三期。初期自建国至玄宗开元之末（618～741）。此期唐惩于隋亡教训，大力发展生产，巩固统一，御侮安边，政治比较清明，全国统一后的巨大优越性充分发挥出来，成为经济超越前代，文化有辉煌成就的空前强盛王朝。唐在达到极盛期后，腐化日趋严重，少数族野心家乘机发动叛乱，大大削弱了国势，平叛后，其残余势力长期割据，对抗中央政权，唐进入中期，时间为742年～820年。821年以后，唐中央政权内出现宦官与士族朝官的对立，日渐衰弱，于906年亡于后梁，为唐之后期。

907年朱温建立后梁后，中国又陷入分裂局面。在中原出现923年后唐代后梁，936年后晋代后唐，946年后汉代后晋，951年后周代后汉的频繁改朝换代，史称五代。同时，在江南、华南、四川等地又出现吴、南唐、吴越、楚、闽、南汉、前蜀、后蜀、荆南九个地方政权，加上北方的北汉，共有十国。故统称此时期为"五代十国"。960年赵匡胤代后周，建立宋朝，五代正式结束。五代时期，北方遭到巨大破坏，而南方比较安定，经济仍有所发展。

隋在短短的37年中，凭借统一的意愿和统一后的有利形势，进行了巨大的建设。隋创建了大兴（唐改称长安）、东都（唐改称洛阳）两座有完整规划，规模空前的伟大都城。它在古代世界中也是最大的都城，表现出统一国家的宏大气势。隋造东都城市、宫室时吸收南朝建康城和宫殿的优点，为把南朝较先进的建筑技术引入北方，为促进南北方建筑交流起了积极作用。中国古代最卓越的城市规划家、建筑家宇文恺，正是在隋代大规模建设的环境下成长起来，并取得辉煌成就的。除对外侵略外，大兴土木是隋炀帝致亡的一个重要原因。但大兴土木客观上促进建筑技术发展也是事实。这种情况在历史上不只出现一次，秦末的情况也是这样。在这里，是否超越民力所能承受的极限是关键问题。继秦的西汉和继隋的唐也都进行了大量都城宫室建设，但都不敢过于急骤和频繁，说明秦、隋的教训毕竟起了一些作用。唐建国之初，在大兴土木上较谨慎，宫室沿用隋室之旧，新建离宫用草顶。隋时大兴城未建城楼，东都未筑外郭城墙，唐延至654年和692年才分别完成之，上距唐之立国已有36年和74年。唐自高宗武后起，到玄宗前期（650年～740年）经济繁荣超过隋代，文化科技成就辉煌，内地和边境都较稳定安宁，对外经济文化交流发展，声威远播，国势臻于鼎盛时期，对发扬传统文化、吸收外域文化上有坚强的自信。因此，唐在建设上做了一些与时代相称的大举动。

662年高宗建大明宫，这虽主要是为生活享用，但原有主宫太极宫地势不突出，在高敞之地建新宫，使城中某些地段可以远眺宫阙，也有壮都城观瞻、扬唐廷声威的意图。从唐人记述描写大明宫的诗、文、笔记看，确实起到这种作用。建明堂是封建王朝的盛典，魏晋以来，因儒家不同学派争论不决，都难于兴建。唐太宗、高宗时议建明堂，诸儒又起争议。名臣魏征主张"随时立法，因事制宜，自我而作，何必师古"。名儒颜师古更说："假使周公旧章，尤当择其可否；宣尼彝则，尚或补其阙漏，况乎郑氏臆说，淳于谀闻?!"主张"惟在陛下圣情创造，即为大唐明堂，足以传于万代"。表现出统一的新兴王朝的强烈时代自豪感和发展传统文化的自信心。武则天不顾群儒争议，不拘泥于古制，自我作古，创建明堂，虽有其政治目的，但也是基于这种时代自豪感。武氏明堂是唐代所建具有时代标志的重要建筑。玄宗时，虽无重大新建设，但两京建设的完善实在此时，其意义是很大的。

唐对外交往广泛，西境一度到帕米尔以西，商业活动远及阿富汗、波斯、大食和西北的昭武九姓胡地区。外来文化随交往及商业活动大量传入，包括宗教、音乐、舞蹈、绘画、器用、习俗等方面，建筑自难避免。当时，今新疆和昭武九姓胡地区及阿富汗，多为土坯拱券建筑，而波斯、大食和间接有联系的拂菻（东罗马）的宫殿都是壮丽的石建筑。但当时中国建筑经统一后南北交流，已发展到成熟阶段，并与国家礼制、民间习俗密切结合，形成完整的以木构架建筑为主体的体系，国内传统的夯土、砖石建筑退居次要地位已成定局，所以这些外来的土石建筑不可能再动摇这个体系，只能以个别新异事物如天枢、自雨亭等为帝王富豪的点缀，并在装饰纹样、雕刻手法、色彩诸方面丰富中国建筑。唐代立足本国，放手吸收外来影响也表现出一个强大、向上、有生命力的建筑体系的稳定和自信。

隋、唐进行了空前规模建设，表现出统一、强盛国家的伟大气魄。从洛阳遗址中我们看到规划时以四坊为一组进行，每坊方一里，极有规律；把史载隋唐州、县城市的周长折算，证明各种城也按坊数不同分级。这种按统一的制度、标准和相同的手法建造全国各级城市网，是对巩固统一、发展经济有重要作用的大事。大明宫、洛阳宫遗址表明在规划时以方一百步（50丈）的方格为控制网，主体建筑位于几何中心；现存唐遗构都以材分为模数，以柱高为立面、断面上的扩大模数；这些证明唐代大至都城、城市、里坊、宫殿，小至单体建筑，已有一套完整的采用模数的规划设计方法。隋建面积空前的大兴、东都两个都城，唐建面积为北京紫禁城4.8倍的大明宫，都只用一年多的时间，在规划设计上即得力于这种方法，充分显示出它的先进性和实用性。当然，施工的组织、管理也表现出很高的水平。

正是在全国统一、政治基本稳定、经济文化有巨大发展、国力臻于鼎盛的条件下，隋唐建筑取得辉煌成就，创造出面积84平方公里、干道宽150米、规整方正、规模空前的都城，千门万户、风格遒劲开朗、气势宏大的宫殿，庄重肃穆、洒然出尘、使信徒望而心折的寺观，雕工精美、纹饰多样、色彩绚丽、集中外之长的建筑装饰，形成自汉以来中国封建社会的第二个建筑发展高峰，并影响到东方的朝鲜半岛和日本。

唐末、五代的战乱，基本上摧毁了关中、中原和江淮地区。南方的南唐、吴越，西南的前、后蜀地区相对安定，遂成为以后江南不仅在经济上、而且也在文化上超过北方的转折点。由于关中、中原、江淮的唐文化主流已基本被毁，江南、四川等地遂成为五代时的经济发达区和高文化区，它对以后北宋的经济文化发展有重要作用。虽然江南现已无唐、五代建筑遗物，但从现存少量塔幢和建于北宋平定江南以前的个别木、石建筑看，唐中后期在江南、华南确已形成不同于关中、中原的地方风格建筑。把这些建筑和少数中原地区的北宋建筑遗物及《营造法式》所载相比较，相合或相近之处颇多。这表明唐代建筑文化的一支——江南地方风格的建筑，经五代的保存与发展，在北宋统一后，又北传注入北宋建筑文化，成为它的重要组成部分之一，而以关中为中心的唐代主体文化则在西北及已沦入辽辖区的河北、山西北部延续着。

第一节　城市

隋唐是中国古代城市建设大发展时期。汉代所建都城及各级地方城市在三国、十六国和南北朝战乱时都遭不同程度破坏，当时城市建设主要是各国都城和与战争有关的屯驻或防守城镇，且多屡建屡毁。隋为统一全国作准备，首先建了大兴（长安），统一后为加强南北联系又建了洛阳。这两城的规模不仅在中国历史上是空前的，面积84平方公里的长安，在人类进入资本主义社会以前也是世界上最大的，经唐代踵事增华，更为壮丽繁荣，反映出统一而强盛的中国的恢弘气度，是城市建设史上的伟观。

随着经济发展和统一的巩固，隋唐陆续修复和新建了大量城市。隋盛时全国有一百九十郡，一千二百五十五县。唐极盛时有三百二十八个郡府，一千五百七十三县。唐的县数与隋相近而郡府数大大增加，说明在全国繁荣的大中城市增多，是政权建设发展和经济发达的反映。

隋唐城市大都采用里坊式布置。外城称为郭。郭内建子城，为衙署集中之处，也包括仓储、军资和驻军。子城以外划分为若干方形或矩形居住区，外用坊墙封闭，称坊或里。又取一至数坊之地建封闭的市。在排列规整的坊市间形成方格网街道，成为隋唐城市的最大特点。里坊制城市夜间禁止居民外出，如现在的"宵禁"，实际近于军事管制城市。盛唐以后，经济发展，南方尤甚，号称天下财赋"扬一益二"的扬州、成都地区成为重要经济中心。经济发展，商业繁荣的城市先后出现夜市，逐步突破了夜禁的限制，为宋以后解散里坊实行开放的街巷布局之滥觞。

隋唐时，里坊是城市的基本单元，城之规模以坊数而定，有一坊、四坊、九坊、十六坊、二十五坊的级差，最大的长安有一百零八坊，洛阳有一百十三坊，是特例。

一、都城

隋代建了三个都城，即582年建大兴，605年建东都，605～610年间建江都。隋亡后，唐改大兴为长安，改东都为洛阳，后又恢复东都称号，与长安并称"京、都"或"两京"。唐视太原为发祥地，定并州（太原）为北都。但北都无重大宫室城池建设，只是陪都而已。以后又一度定凤翔、成都为西都、南都，以凑成"五都"之数，也并无重大建设。

隋建大兴时，距平定北齐只四年，中原尚不甚稳定，江南尚未统一，代北周也只一年，故把都城选在汉长安东南，谨守自己的传统基地，这在当时是正确的。但这时中原，江南的经济文化都超过关中。以关中为统一全国的基地则可，以关中为统一后的首都，则有种种缺点。早在北周灭北齐时，周宣帝即下令在洛阳建宫室，其目的是着眼于统一全国后的形势。但周宣帝死后，杨坚即下令停止建洛阳宫，篡位为帝后，次年即建大兴。它把大兴建得超过以往任何都城的规模，表现了他统一全国的决心，而把新都选在关中传统基地，则是担心自己政权立足未稳，不敢过度扩张。这是他谨慎之处。他立国八年才出兵平陈，也说明了他谨慎的性格。隋定都大兴是当时历史条件决定的。

隋文帝在位二十四年，全国统一，经济得到巨大的发展，同时也突出了关中经济落后于中原和江南的问题。开皇四年开渠自渭河至黄河以通漕运，即说明当时关中已供养不了大兴城的皇帝百官和庞大人口。隋炀帝即位后立即建东都，实是为了更便于控制经济发达的中原、江南、山东、河北地区，以巩固统一。炀帝早年平定江南，又曾镇守广陵，深知江南经济文化的发达，史书说他倾慕南朝，也可视为是了解江南和关中在经济、文化上的差距。他建江都宫也未必没有加强南北沟通之意。但由于好大喜功，追求豪侈，过度滥用民力，都办成坏事，成为他覆亡的原因之一。

唐政权的核心力量仍是北周以来在关中聚集起来的政治力量，即所谓"关陇集团"，唐以快速袭取大兴而得国，也说明他的根基在关中。故唐立国后即改大兴为长安，作为都城。为表示与隋不同，特地废东都为洛州，拆毁宫殿。但中原、江南经济超过关中是不可改变的事实，隋及唐初几次关中饥荒，皇帝都率百官、民众"就食洛阳"，因此，高宗时又以洛阳为东都，修复宫殿。皇帝百官在东都，每年就减少了大量漕运粮食物资到关中的任务。高宗晚年和武则天时期都长住东都，很少返回长安。政治中心东移，对中原及其周边的江淮、山东、河北地区的发展都有益，也有利于巩固统一。武则天称帝时，江南、河南、山东、河北各地起兵叛乱，都迅速平定，未始不与武则天坐镇洛阳有关。因此，对于唐帝一度居洛阳不能仅仅视为企慕奢华，而是也含有一定政治经济原因的。

安史乱后，洛阳破坏严重，宫室未能修复，已是徒有虚名，不再是都城了，以后唐只长安一都，政权机构日益庞大，粮食物资供应全靠漕运，成为经济上很大的负担。待到唐末黄巢起义后，江淮、两浙及河南全为争战之地，漕运断绝，唐政权也就灭亡了。由于关中早已是经济落后地区，故唐以后各朝就不再建都关中，而转移到经济发达交通便利的汴梁、南京等地了。

1. 隋大兴城——唐长安城

公元535年，北魏分裂为东魏、西魏，西魏建都于西汉故都长安。557年，北周代西魏，和代东魏的北齐东西对峙。577年，北周灭北齐，统一中国北方。581年，北周宣帝后之父杨坚取得政权，建立隋朝，是为隋文帝。隋文帝建国的第二年，决策放弃汉长安城，在其东南龙首原兴建新的都城，以重臣高颎主持其事，具体规划、设计、实施则由将作大匠刘龙和太子左庶子宇文恺负责。开皇二年（582年）六月动工，三年（583年）三月宫城基本建成，正式迁都[1]。因隋文帝在北周时被封为大兴公，故新都称大兴城，宫城称大兴宫，主殿称大兴殿[2]。自兴工至迁都，前后只有十个月。史载其太庙用苻坚时太庙旧材，修真坊南门即用北周太庙之门板。可知其宫室、宗庙、官署等主要用材是从汉长安旧宫殿、坛庙、官署拆迁来的[3]。坊内住宅则是把土地按不同规模划定宅基地后由居民认领自建的。

隋文帝建新都是因为汉长安都邑残破，不宜人居，宫室朽败，不合体制。他因立国只一年，怕因迁都引起非议，先由重臣李穆、亲信庾季才出面建议。庾季才提出的理由是"汉营此城，经今将八百岁，水皆咸卤，不甚宜人"[4]，从居住条件角度提出建议。李穆奏疏则说："帝王所居，随时兴废，……有一世而屡徙，无革命而不迁"，又说目前都城"自汉以来，为丧乱之地，爰从近代，累叶所都，未尝谋龟问筮，瞻星定鼎，何以副圣主之规，表大隋之德"[5]。开皇二年（582年）六月，隋文帝下诏建新都，诏书说："王公大臣，陈谋献策，咸云羲、农以降，至于姬、刘，有当代而屡迁，无革命而不徙。曹、马之后，时见因循，乃末代之宴安，非往圣之弘义。此城从汉，凋残日久，屡为战场，旧经丧乱。今之宫室，事近权宜，……不足建皇王之邑，合大众所聚，同心固请，词情深切。"他表示接受群臣建议，另建新都，说"龙首山川原秀丽，卉物滋阜，卜食相土，宜建都邑。定鼎之基永固，无穷之业在斯"。并下令"公私府宅，规模远近，营构资费，随事条奏"[1]表明他要亲自过问新都的规划和建设。

隋文帝建新都还有更深一层的意思。这时他已统一了中国北半部，并占了云、贵、川的大部，南朝的陈只局促于武昌以东长江下流一隅之地，而且政权日益腐朽。中国在经历近三百年分裂动乱之后，重新统一的形势已经形成。隋文帝实际上是要预建一个能适应全国重新统一后的实际需要和气势的新都。所以在建都诏书中，以群臣献策的方式，把自三国以来分裂后所建都城，包括洛阳、建康都说成是"末代之宴安"，表示要建一个能继承姬、刘（即周、汉）传统和统一后的国家相称的宏大都城。据《隋书·地理志》记载，新建成的大兴城除皇城宫城外，有一百零六坊，两市。

唐朝建立后，沿用隋的都城、宫殿，改大兴城为长安城，改宫内正殿大兴殿为太极殿[6]。唐高宗龙朔三年（663年）在北城外偏东建大明宫，迁入听政，因它在旧宫之东北，称为"东内"，而称旧宫为"西内"。东内正门丹凤门前应有南北街，遂把其南原翊善坊、来庭坊一分为二，其间容丹凤门街通过，城中遂增加了光宅、永昌二坊[7]。唐玄宗先天时，把长安最东北一坊划入禁苑，建为王子住宅，号"十六宅"[8]。开元二年（714年）把其旧居所在的兴庆坊全坊建为兴庆宫，又称"南内"[9]，这样又少了二坊。有唐一代，基本上完成并保持了隋大兴城规划原貌，没有做重大的改动。

唐玄宗天宝十五载（756年）六月，安禄山叛军入长安，占据达二年之久，中唐以后，长安又经历过若干次叛乱的破坏，都次第修复。唐末黄巢起义军于880年攻占长安，883年，黄巢军战败，"焚宫室遁去"。唐军攻入长安后，"暴掠无异于贼，长安室屋及民所存无几"[10]。以后又经多次军阀的争夺战，破坏日甚。天祐元年（904年）正月，朱温逼迁唐帝于洛阳，"毁长安宫室、百司及民间庐舍，取其材，浮渭沿河而下，长安自此遂丘墟矣"[11]。自583年建成，至904年被毁，长安经历隋唐二代，存在了321年。这期间，隋代属创建期，因规模巨大，外郭及坊并未全部建成；到唐高宗中期才基本按原规划建成，上距始建已近七十年；大约到玄宗天宝初，长安达到最繁盛时期，上距高宗时，又已有八十年，此后即进入停滞衰败期。

隋大兴——唐长安在史籍中有较详细的记载，近年又经大规模勘探发掘，已基本上明瞭其规划布局概貌和特点。

据（宋）宋敏求《长安志》记载，长安最外为大城，又称外郭。外郭内，中轴线的最北端，北倚北城墙建宫城，宫城之南，与宫城同宽，建有皇城。皇城又称子城[12]，城中集中布置官署庙社，皇城和宫城的东西墙相连，也可视为一城，中间被宫前横街分隔为两部分。

唐长安外郭的尺寸，史书上有不同的记载。《唐六典》、《长安志》、《吕大防长安城图题记》三书相同，为东西18里115步，南北15里175步[13]。《旧唐书》所载为东西18里150步，南北15里175步。《新唐书》记载为东西6665步，南北5575步，按1里=300步折算，为东西22里65步，南北18里175步。

唐长安外郭经社科院考古所实测，为东西9721米，南北8651.7米。按1丈=2.94米折算，则东西为3306.5丈，南北2943丈。为什么同一城在史书上有不同的尺寸记载呢，反复推算，应是分别用大、小尺计算引起的。唐小尺1尺=10寸，大尺1尺=12寸。以步计时，大尺1步=大尺5尺=60寸=小尺6尺，小尺1步=小尺5尺。分别以6小尺一步及5小尺一步折算长安外郭之东西宽，

则，1步=6小尺时，东西宽=5511步=18里111步

1步=5小尺时，东西宽=6613步=22里13步

以6小尺计的18里111步比《唐六典》等之书所记18里115步只差4步。以5小尺计的22里13步则比《新唐书》所记的22里65步少52步。这就证明《唐六典》所记的长安外郭尺寸是按大尺、即1步=小尺6尺计算的，而《新唐书》所记的尺寸是按小尺计、即1步=小尺5尺。据此可

知《唐六典》等三书与《新唐书》所载尺寸不同，是由于分别按大、小尺计算引起的。

唐长安皇城东西宽实测为2820.3米，《唐六典》记载为5里115步。以实测之2820.3米折合唐尺为959.3丈，以1步＝6小尺计，折合为1598.8步。按1里＝300步计，为5里98.8步。比《唐六典》所记之5里115步只少16步，可视为测量误差。这也证明《唐六典》所记是按大尺计的里数、步数。

但唐长安外郭南北之长实测为8652米，如按大尺折算，为16里105步，如按小尺折算，为19里186步，分别比《唐六典》所记15里175步，和《新唐书》所记18里175步多出一里左右，是否出于古代测量上的错误或由地形变化引起的测量误差？为什么东西向宽度古代测量相当准确，而南北向却相差如此之多？尚须进一步研究。

外郭四面各开三门[14]，东西、南北城上各门相对，有大道连通，形成三横三纵六条主要干道，称为"六街"[15]，其间布置矩形的里坊，里坊间道路也横平竖直，与六街结合形成全城的矩形街道网。通计东西向横街十二条（连南北顺城街为十四条），划分城内为由北至南十三横列，南北向直街九条（连东西顺城街为十一条），划分城内为由东至西十直排，纵横交叉，可分城内地域为一百三十网格。其中，中央四排的最北二列为宫城所占，其南二列为皇城所占，共占去十六个网格；城中部东西侧又各取二格之地建东市、西市，又占去四个网格，尚余一百一十个网格，各建坊墙、坊门，形成一百一十个坊，即《大唐六典》中所记的"凡一百一十坊"。到唐玄宗时，又取东面二坊建兴庆宫和十六宅，城内尚有一百零八坊，为居住区（图3-1-1）。

据《长安志》引《隋三礼图》的说法，城内街道、里坊这样布置的意图是，以在宫城、皇城东西侧的各三排布置南北十三坊象征一年十二个月和闰月，以在皇城之南东西并列四排坊象征一年中的四季，以在这四排中南北各划分为九坊象征《周礼》王城九逵之制[16]。

近年的勘探发掘查明，外郭城东西9721米，南北8651.7米，面积84.1平方公里。宫城东西2820.3米，南北1492.1米，面积4.21平方公里，恰为外郭所包面积的1/20。皇城东西2820.3米，南北1843.6米，合5.2平方公里。宫城皇城合起来相当于城中的子城，面积为9.4平方公里，合全城面积的1/8.95，近于1/9。

城墙用夯土筑成，现探知城基宽9米至11米不等[17]。史载外郭城高18尺，合5.3米，按两面城身以1∶4收坡，则城身底宽约为8米，顶宽与城高相同。外郭工程量巨大，始建后，在隋唐时至少有三次大规模增筑。据《册府元龟》和《资治通鉴》记载，第一次是在隋炀帝大业九年（613年）三月，"发丁男十万城大兴"[18]。从炀帝建洛阳时，外郭只是矮墙的情况看，开皇初可能也是这样，故须加以增筑。第二次在唐高宗永徽五年（654年）十一月十一日，"和雇雍州夫四万一千人修京罗城郭，三十日毕。九门各施观，明德观五门"。第三次在唐玄宗开元十八年（730年）四月一日。"筑西京外郭，九十日毕"[19]。从上述记载看，大约经炀帝大业九年增筑后，外郭城才初具防守功能。经高宗永徽五年修筑后，东、南、西三面九个主要城门上方建有门楼。可知城池建设是逐步完善的。外郭各城门都已探明位置，除南面正门明德门有五个门道外，都是三个门道[17]（图3-1-2）。城门开三个门道，左入右出，中为御道，是汉以来的传统都城城门形式，明德门开五个门道则是前所未有的[20]。城门先用土筑门墩，外皮包砖，内装木构梯形门道，墩顶建平坐，上建门楼（图3-1-3、3-1-4、3-1-5）[21]。城内在门墩左右，沿城墙的内侧，筑上城的马道，称"龙尾"[22]。长安外郭东城于开元二十年（732年）筑夹城，以便皇帝赴兴庆宫及曲江芙蓉苑[23]。夹城穿城门处在城楼左右侧建造架空阁道、通上城楼、穿城楼而过[24]。也可算是立体交叉之滥觞（图3-1-6）。诸门中，明德门已经发掘，其制度做法已基本了解。

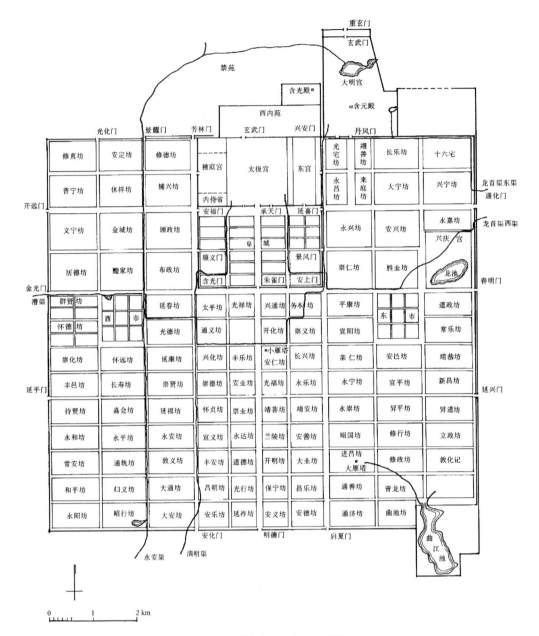

图 3-1-1 隋大兴——唐长安平面图

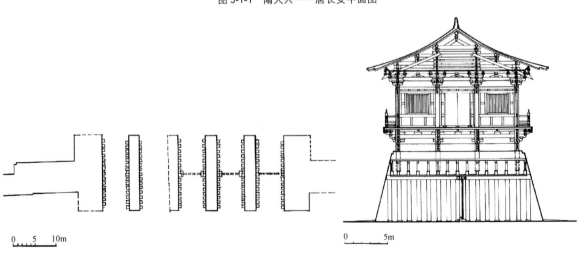

图 3-1-2 陕西西安唐长安明德门遗址实测图

图 3-1-3 陕西西安唐长安明德门剖面复原图

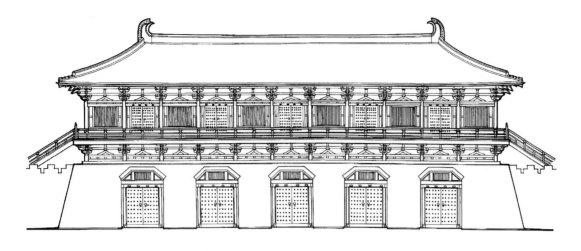

图 3-1-4 陕西西安唐长安明德门立面复原图

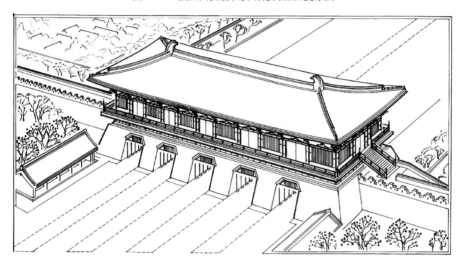

图 3-1-5 陕西西安唐长安明德门外观复原图

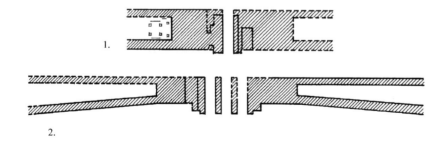

图 3-1-6 陕西西安唐长安春明门、延兴门平面图
1. 春明门及夹城内阁道　2. 延兴门

　　城内街道以直通东、西、南三面城门的三横、三纵共六条街为主干道，称"六街"，以所通之门名为街名。南北向三街中，以中轴线上的朱雀街为主，自南城正门明德门北抵宫城正门朱雀门，街宽155米；两侧的自南城启夏门、安化门至北城的兴安门、芳林门二街纵贯全城，长9721米，是两条最长的街，宽134米。这两街位于皇城、宫城东西侧，建成东内大明宫后，东侧的启夏门至兴安门大街又成为入宫的主要道路，故特别宽阔。东西向的三条街中，北面的通化门至开远门

间大道穿过宫城、皇城之间，在这一段街宽达 220 米，合唐尺 750 尺，即 150 步，实即宫前广场，是最重要地段。其南的春明门至金光门间大道是横亘全城的东西主干道，宽 120 米。再南的延兴门至延平门间大道因南城居人稀少，称为"围外"，多为耕垦地和私人祠庙，所以路宽只有 55 米，只相当于次要道路的宽度。其余的南北向道路宽度在 42 米至 68 米之间，东西向道路在 39 米至 75 米之间。四面的顺城街均宽 25 米左右[17]。各大小街道路面都是土筑，这样宽的道路，在御路及上下行道路之间是否有限隔，如西晋洛阳之制，史无明文。但唐岑参登大雁塔诗有"青槐夹驰道，宫馆何玲珑"之句，"驰道"即御路，可知沿御路两侧植槐树，排列整齐。这在唐代又有"槐衙"之称。御路外的道路仍分上下行线，左入右出。道路两侧都有排水明沟，宽 2.5 米，深约 2 米，两壁土筑，不用砖衬砌[17]。

城内的宫城部分已见另节。皇城在宫城之南，和宫城同宽。南面开三门：中门朱雀门北对宫城正门承天门，其间为承天门街，南对外郭正门明德门，居全城中轴线上；东面为安上门，西面为含光门，门内各有南北街，即以门名名街，门外向南接朱雀街东西侧的次要街道；其中安上门街宽 94 米，比南面相接的外郭街道要宽 27 米，可知皇城内街道比与之相接的外郭街道宽。皇城东西面各开二门：偏北二门东名延喜门，西名安福门，东西通外郭的通化门和开远门，其间即宽 220 米的宫前横街；偏南二门东名景风门，西名顺义门，其间也有街相通。皇城东、南、西三面也有顺城街[17]。皇城内被三条南北街和一条东西街划分为八区，每区再由二条东西向小街分为三段，其中全部建中央官署，没有民居。太庙和太社按"左祖右社"传统建在皇城的东南、西南角。最重要的政权机构门下省和中书省的外省和军事机关十六卫府，都布置在承天门外路南和承天门街的两侧。东北角一区正对东宫，布置东宫官署[25]。据《大唐六典》记载，皇城中，除太庙、太社外，共有六省、九寺、一台、三监、十四卫[26]。隋、唐皇城遗址全部压在今西安城内现代建筑之下，目前，尚无法探查（图 3-1-7）。

郭内各坊已基本探明范围，其面阔大小颇为悬殊[17]。从实测图看，这是由宫城、皇城大小决定的。皇城南面开三门，有三条街南延，所以在皇城正南的外郭部分因势划为四行坊，在朱雀街东西侧二排坊的东西宽只有 560 米左右。在宫城、皇城东西外侧部分各划分为三行坊，每行宽度在 1020～1125 米之间，这样，在坊宽上就出现了很大的差异。就南北向而言，皇城以南部分，均分为九坊，偶有小的误差是由地形或当时测量技术误差引起的。但在皇城东西侧，由于皇城内的景风门至顺义门间东西大街向外郭延伸，故这一部分只能划为南北设二坊，每坊南北深 830 米左右。与之相应，宫城东西侧也划为二坊，这样在坊的南北进深上也出现了巨大差异。其结果是，外郭中最小的坊光福坊面积 0.289 平方公里，而最大的坊兴庆坊面积 0.943 平方公里，相差三倍多。但从皇城南各坊南北深基本相等看，还是尽可能设法使各坊大小一致的。

各坊都建有夯土筑的坊墙，墙厚 2.5 至 3 米，墙外皮距街道两旁水沟的边缘 2 米余[17]。坊墙上开有坊门。长安坊门之制史未详载，据《大业杂记》记载，隋洛阳的坊门"普为重楼，饰以丹粉"。长安坊门应和洛阳相同。初唐以后，以街鼓代传呼以司坊门、城门的启闭，故在坊门上设鼓。坊的四角在街上，还建有角亭[27]，实际一坊相当于一个小城。在皇城以南的南北向四排坊只开东西门，据《长安志》记载，是出于迷信，"不欲开北街泄气以冲城阙（指皇城、宫城）"[16]。皇城宫城东西外侧各三排坊则四面开门。东西开门的坊，坊内东西街称"横街"。四面开门的坊，坊内街称"十字街"。十字街分坊内为四大区，每区再有小十字街，分坊内为十六小区，每小区按所在位置称东（西）门之南（北），南（北）门之东（西），十字街东（西）之南（北），东（西）南

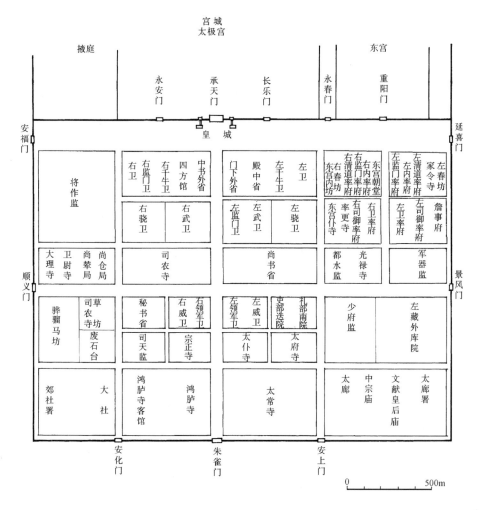

图 3-1-7 陕西西安唐长安皇城平面图

（北）隅。小区内还有小横巷，称"曲"，有"北曲"、"中曲"、"南曲"之名[28]。发掘得知，坊内大十字街宽度在 15 米左右，小十字街宽 5 至 6 米，都是土路面[29]（图 3-1-8）。

坊内布置住宅和寺庙，王公贵族的第宅最大的可占有一坊之地。隋文帝因都城南面空阔，居住不满，遂令诸子在郭南部建府第[30]。归义坊全坊建为蜀王秀宅。在归义坊正东相隔三坊有保宁坊，唐初全坊为晋王府，也应是沿用隋代王府。唐睿宗为相王时，以长乐坊东面一半为府[31]。其他巨宅可占其中的一个小区，或两个府共占一小区。一般居民则住在坊内的曲中。

各坊内除住宅外，建有大量寺观。最大的寺观可占半坊甚至一坊之地。如朱雀街东的靖善坊全坊建为大兴善寺，其西隔街的崇业坊东半建为玄都观，外郭西南角的永阳坊及其北和平坊的南半并列建大庄严寺、大总持寺二寺，这都是隋建都时宇文恺安排的[32]。唐时也建有大寺观，高宗为太子时，以进昌坊东半部建大慈恩寺，即位后，以占保宁坊一坊的旧晋王府建昊天观。睿宗即位后，以旧府建大安国寺，占长乐坊半坊之地。这些都是国家、皇室特建的大寺。其余占四分之一坊或十六分之一坊的寺观更多。《长安志》转引唐韦述《两京新记》说唐开元时，长安有僧寺六十四，尼寺二十七，道士观十，女观六，波斯寺二，胡天祠四，共 113 所[16]，超过每坊一所。此外还有低一级的经坊、村佛堂之属[33]，可知坊中有很大面积为寺观占用。隋大兴——唐长安面积广大，外郭南部各坊始终未能发展起来，《长安志》说："自兴善寺以南四坊，东西尽郭，虽时有居者，烟火不接，耕垦种植，阡陌相连"[34]。唐后期虽想通过在这地区建家庙使之发展[35]，也未能成功。

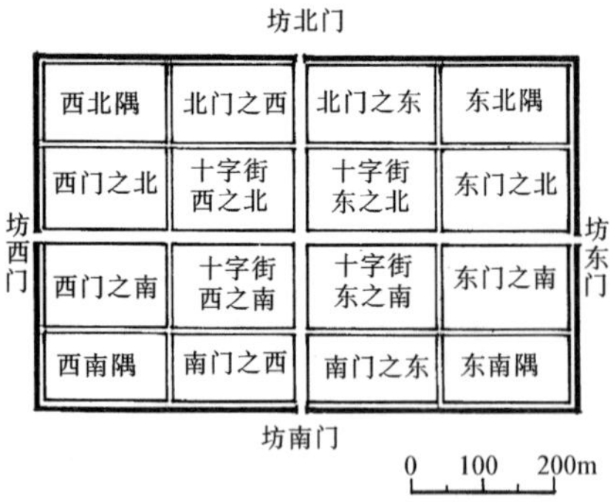

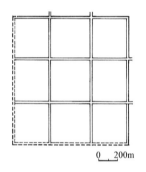

图 3-1-8 陕西西安唐长安坊内十字街示意图

图 3-1-9 陕西西安唐长安西市实测平面图

长安的坊是封闭的居住区，坊门按时启闭，城市实行宵禁，由金吾卫执行，坊内居民夜间不得外出，颇有一些军事管制的性质[36]。中唐以后，坊禁松弛，规定三品以上官及"坊内三绝"（大约指坊内无通路处）可以向街开门[37]。允许三品以上官临街开门是为了便于他们早朝，一般早朝时，坊门尚未开启。

长安外郭内设有东市（隋名都会市）、西市（隋名利人市）。两市各占两坊之地，北临城内东西主干道春明门至金光门间大街。市平面近方形，有市墙环绕，每面各开二门，在市内东西、南北向各两条街，形成井字格，分全市为九区[17]。中心区为管理机构东、西市局，平准局等。四周各区分行建店肆，《长安志》载东市有二百二十行，沿市墙设仓库。西市与东市同。东市东北角、西市西北角各有放生池，东市内还有寺庙。唐长安东半部户口少于西半部，大约因靠近东内大明宫，多居住公卿勋贵，故人口密度低，西半部户口多于东半部，西市比东市繁荣[38]。

长安西市、东市位置、尺度都已探明，东市东西宽924米，南北长1000米多一点，北临宽120米的春明门内大街，东、南、西三面街均宽122米。西市东西927米，南北1031米，四面街宽均在120米左右。西市的围墙厚4米许，高度不详，市门已毁，遗迹无存。市围墙内有宽14米的顺墙小街，即通四周的邸——仓库之路。市内纵横四街都宽16米，街两侧有排水沟。早期沟窄而深，用木板及木柱护坡，晚期改为两壁砌砖，沟壁陡直，深宽均为1.15米（唐尺四尺）（图3-1-9）。沿街房屋即店肆，从已发掘部分看，最长的三间，宽不到10米，小的一间，宽4米左右，进深只3米余，用夯土山墙为承重墙，都是较小的建筑[17]。史载唐代市内也有较豪华的建筑物如酒楼等，尚未发现遗迹。长安的市是封闭的，出入必须经市门。《唐会要·市》载："其市当以午时击鼓二百下而众大会；日入前、七刻击钲三百下散"[39]，则市的开放有定时。

这种市是集中大宗交易和分工很细的专业市场，设有市令，便于管理。但不能设想，像长安这样大都会，一切生活供应都要经过市。长安一坊面积约相当于明清时一小县城，边远的坊距两市有三至四公里远，所以它的供应当另有渠道。据史料记载，很多坊内有酒肆[40]、胡饼店[41]，还有旅邸等，日常生活所需粮食、菜蔬、柴炭的供应当能在坊内解决[42]。而且随着经济发展，有些坊内也有颇为发达的商业。《长安志》崇仁坊条原注云："北街当皇城之景风门，与尚书省选院最相近，又与东市相连接，选人京城无第宅者多停憩此，因是一街辐凑，遂倾两市，昼夜喧呼，灯火不绝，京中诸坊，莫与之比"[43]。《资治通鉴》记唐德宗时"宫市"事说："置白望数百人于两市及要闹坊曲，阅人所卖物，但称宫市，则敛手付与，……名为宫市，其实夺之"[44]。前一条所记说明崇仁坊为外地人聚居地，故商业发展到"遂倾两市"的程度。后一条说明除两市外，"要闹坊曲"也有繁荣的商业或集市。从"昼夜喧呼，灯火不绝"的情况看，在商业繁荣的一些坊中，夜市也已出现了。宫市的情况则说明近郊区农民到城内各坊贩卖自己生产的产品，供应居民日常所需的情况。事实上，居民生活供应始终可在坊内解决，至中唐以后商业活动也已突破两市。发展到里坊中去了，但对坊外街道的夜禁却仍未解除。

唐长安城内还有两个巨大的公共活动场所，近于后世的广场，其一是宫城正门承天门前横街，其二是兴庆宫西南角。隋以承天门为大朝，每年元旦、冬至在承天门举行大朝会时，文武百官及各地朝集使齐集门前，设仪仗队，诸卫军士陈于街，总人数不下二三万人[45]。所以承天门前的横街宽达220米，东西与宫城宽度相同，实际是一个横长的巨大广场。初唐仍沿隋制，到662年高宗建大明宫移居后，大朝会始改在宫内含元殿前举行。

唐玄宗时，于开元二年（714年）把兴庆坊旧居改建为兴庆宫。开元八年（720年），在宫西面建花萼相辉楼，与西面诸王府相对，又在南面建勤政务本楼。这二楼都可临观街道坊市，勤政务本楼又是宫的南门之一。玄宗说："新作南楼，本欲查甿俗，采风谣，以防壅塞"，可知建此勤政务本楼有观风之意[46]。以后每年玄宗生辰在勤政楼祝贺，其仪式载在《大唐开元礼》中[47]。是日文武百官，仪仗卫士都列队于楼南横街之南北，皇帝坐在楼上，献酒上寿后，百官入席，先后奏太常雅乐、立部伎、坐部伎、宫女数百人奏破阵乐、太平乐等，最后以舞马、舞象结束，场面极大[48]。此外，每年上元节，皇帝御勤政楼观灯，贵戚百官在楼前设看楼，除观灯外，并有歌舞、百戏等。又在勤政楼举行"大酺"，与百姓会饮，"百戏竞作，人物填咽"[49]。前文已述及，勤政楼前的春明门街宽120米，花萼楼西的南北街（朱雀门东第四街）宽只68米，显然不能满足需要，所以在开元二十四年（736年）"毁东市东北角、道政坊西北角，以广花萼楼前"[50]。这样，在兴庆宫西南角和东市东北角之间，就形成了一个新的广场，它既举行宫廷礼仪活动，也进行有百姓参加的娱乐活动。在此以前，高宗曾在含元殿前大酺，中宗曾在安福门外大酺，一在宫内，一在皇城门外，都非固定场所，到开元二十四年后，才有了固定场所，形成举行公共活动且允许市民参加的广场，这在前此的都城中是没有的。

长安和前此都城又一不同处是设有公共游赏的风景区，近于后代的公园，主要有曲江池和乐游园二处，在当时是很重要的公共游赏地，杜甫的名作〈哀江头〉和〈乐游园歌〉就是专咏这二处的。

曲江池在长安外郭的东南角。这里地势较高，传说宇文恺规划大兴城时"遂不为居人里巷，而凿为池以厌胜之"[51]。池南北向，南部凸出外郭之外，黄渠水自东南方注入池中，又西北流经曲池、青龙、通善等坊。隋代隔池南半部建离宫，名芙蓉苑，史称其地"青林重复，绿水弥漫，帝城胜景也"[52]。唐代沿用，又称"南苑"，玄宗开元二十四年"筑夹城至芙蓉苑"，并疏浚曲江池，大建宫殿。从杜甫"江头宫殿锁千门"之句可知开元时宫殿亭馆布置之繁密。苑北曲江池的北半部有隄隔开，是开放的公共游赏地，自池西至通善坊的杏园一带，水道萦回，花木繁茂，景物之美，也屡见于唐人诗篇[53]。池边建有亭子，中唐以后，唐帝多次命诸官宴会于曲江亭子。新科进士在慈恩塔"雁塔题名"后，也多循河曲在杏园至曲江一带游览。所谓"春风得意马蹄疾，一日看尽长安花"，即描写此情景。

在三月上巳时皇帝和王公贵族及都人女士来此的尤多，杜甫〈乐游园歌〉："青春波浪芙蓉园，白日雷霆夹城仗。闾阎晴开秩荡荡，曲江翠幕排银榜。拂水低徊舞袖翻，缘云清切歌声上"。所描写的就是开元时曲江游赏的盛况。安史之乱后，曲江池和芙蓉苑日渐衰败。唐文宗于太和九年

（835年）要恢复曲江胜景，下令浚曲江池，修芙蓉园，建北门紫云楼及彩霞亭，又准许各官署量力在曲江建亭馆[54]。但当时政治腐败，国势已衰，终未能恢复。唐末天祐初（904年）水源枯竭，曲江胜景遂随着唐长安的毁灭而毁灭。

乐游园在升平坊，以汉代乐游庙得名。其地是长安城中地势最高处，"四望宽敞，京城之内，俯视指掌"。武则天之女太平公主曾在原上建亭，以后发展为公众游赏之地，"每正月晦日、三月三日、九月九日，京城士女咸就此登赏祓禊"[55]。杜甫〈乐游园歌〉中有"乐游古园崒森爽，烟绵碧草萋萋长。公子华筵势最高，秦川对酒平如掌"之句，描写的就是乐游园上所见的景物。

曲江池和乐游园一处是临水，一处是登高，正可满足当时民众上巳和重九游赏的习俗。把公共游赏地布置在都城之内，是前此的都城所没有的，应是城市发展上的一个进步。

为了解决城市供水，隋迁都大兴城后，即于开皇三年建了龙首渠、清明渠、永安渠三条沟渠，引水进入城内、宫内[56]。龙首渠在城东，引浐水西流入城。渠分南北二支，北支入内苑，南支在通化门北入城，经永嘉坊、兴庆宫、胜业坊，进入皇城，横过少府监后，沿安上门街北流，入太极宫[57]。清明渠在城南，自大安坊处引沈水入城，经安乐、昌明、丰安、宣义、怀贞、崇德、兴化、通义、太平九坊入皇城，再经太社北，沿含光门街北流入宫，和东面的龙首渠在皇城内东西对应。永安渠在清明渠之西，引交水在大安坊西入城，沿大安坊西之次要南北街的东侧一直北行，穿出北城入芳林园及禁苑[58]。三渠入城处均已探明位置，龙首渠的穿城涵洞也已发掘。其涵洞为并列二个，用砖石合砌，上起二重筒券。每洞宽2.5米，洞身长5.5米，底面铺石板，洞口竖立方形断面生铁棍各五根为栅。涵洞入城后，合为一渠，宽约6米，两壁陡直，与渠底均用砖铺砌[24]。

隋唐时也在长安及其附近修建了几条渠。其中最重要的是开皇四年六月开凿的广通渠，"引渭水自大兴城东至潼关三百余里"[59]，东连黄河，以通漕运，由宇文恺主持其事。这条渠经黄河、汴河与以后开凿的通济渠（大运河南段）相连，把江淮和河南、河北的粮食物资运往关中，供应都城，可以说是维持长安生存的经济命脉。到唐玄宗天宝二年（743年），又引浐水至禁苑望春亭之东，开广运潭以聚江淮租船。潭在长安东九里，江淮财赋可水运直至长安。这对于改善长安供应是一大事，故落成之时，玄宗亲自往观[60]。但因为黄河一段有砥柱之险，陆路又运费昂贵，虽有这些运河，长安粮食供应紧张的情况并不能从根本上改善。天宝二年，京兆尹韩朝宗又引渭水自西向东，入金光门，在西市西街汇聚成潭，以贮材木[60]，称漕渠。代宗永泰二年（766年），京兆尹黎干又凿运水渠，自西市，经京兆府至荐福寺东街，北折绕国子监之东，沿皇城东侧之兴安门街北入禁苑，以解决长安柴炭供应。史载渠广八尺，深一丈。但因水量不足，不能发挥作用[61]。

由于有四条渠流行于城内，所以在穿越街道时必建桥梁。《唐会要·桥梁》载代宗大历五年下令，诸街桥京兆府修，坊市内桥，本街自修，可知桥梁数量不会很少。城中水道有的还有交叉，如清明渠，永安渠都和漕渠有交叉，黎干所凿运水渠和龙首渠也有交叉，因诸渠水位不同，必须做立体交叉，采用何种措施尚待查明，但据此可知唐长安引水工程是有较高水平的。

隋把大兴城建得这样巨大，除前述想表现大一统气势外，可能还从"民为邦本"考虑，想尽量多的直接控制人口，以掌握兵源，增强实力，进行统一的战争。到全国统一后，这种需要即不存在。且关中地区农业生产有限，商业和水陆运输也不很发达，不可能像南朝建康那样聚集大量人口。长安的粮食来源要靠河北，河南及江淮漕运接济，荒年还要由皇帝率饥民"就食"于洛阳，所以城市的南部始终未能发展起来[34]。这虽由于形势改变，但终不能不认为是规划上的失策。

大兴城的街道远比前此的都城宽阔，不全是出于夸张侈大，而是有一定的实际需要。例如全城的主街朱雀街宽155米。除去行道树和两侧道路外，御路宽恐不超过100米，它是皇帝南郊祭天的必由之路。史载祭天时，皇帝由百官陪同，加上全副仪仗队，护卫的卫队，至少有上万人的队伍，且大部为马队，从这个场面看，100米宽的御路就不是太宽了。王公贵族和百官出行，也动辄是数十人的马队，其全副仪仗也颇为庞大。《唐六典·户部》载一品防阁96人，二品72人，役使之人极多。而就《大唐开元礼》所载亲王和一品官的仪仗队统计，亲王卤簿约650人，一品官约500人。日僧圆仁记会昌元年见金吾大将军出行护卫有二百余人，内骑兵百余人。这样大的马队，也需要较宽的街道[62]。所以长安把大街设计得这样宽，是有一定需要的。

维持长安这样大城市的运转，需要一整套管理制度，由于文献缺略，我们只能知道其中的片段。

长安是实行宵禁的城市，宫城、皇城、外郭、坊、市各门都要夜晚关闭，早晨开启，门的钥匙都要朝出夕纳。这些门的启闭，全靠鼓声节制。在隋及初唐时，是以承天门击鼓为号，街上卫士传呼至远处城门。唐贞观十年（636年）接受马周的建议，六街设鼓，改以鼓声传递，称"冬冬鼓"。所谓"六街鼓动"就指这鼓声传递，而承天门的鼓声则为全城之司时，开后世城市鼓楼之先河。晚间鼓声绝后，除城门、宫门、殿门闭外，各坊门也都关闭，禁止居民外出[63]。唐制，白日各街由左右街使管辖，街上建有街铺，近于后世岗亭[64]，晚上则由金吾卫管辖，军士巡夜[65]。张籍《寒食内宴》诗说："共喜拜恩侵夜出，金吾不敢问行由"。可知除宫廷赐宴等特殊情况外，夜间是禁止在街上行走的。但在坊内，夜间仍可活动，有的坊内还可有夜市[43]。

从《唐会要》中一些片断记载看，唐代也陆续积累了一些管理制度。对于维修，原则上是坊外大街上由京兆府及左右街使负责，坊内，由坊内管理人员组织有关街曲出钞出力修缮[66]，又规定，街上不许建屋，不许掘坑取土，不许烧窑，不许种植农作物，城门及街上桥梁损坏，坊墙坍崩，街树缺死均应及时修缮，补种。坊内则除三品以上官及特殊情况者，不许在坊墙上开门。居民出入须经坊门。坊内街曲也禁止侵街造舍，违者勒令拆除等等[67]。同时，为了保持街坊完整，唐大历六年（771年）还规定"京城内坊市宅舍辄不得拆毁"。但这些规定往往是出于对违禁者的纠正，说明唐代中后期，随着国势的衰落，长安也逐渐紊乱破败起来。

从前面对大兴城——长安城的概况叙述中，我们可以看到，经隋唐两代努力，到初唐盛唐之间，长安确实已经建设成为能反映中国重新统一后，兴盛的国势和经济繁荣的伟大都城。即以城、郭面积论，这84平方公里的城市，不仅超过了以前的两汉长安、洛阳和北魏洛阳（汉长安35.8平方公里，汉洛阳9.58平方公里，北魏洛阳连外郭53.4平方公里）和以后的宋汴梁、元大都、明清北京（元大都49平方公里，明清北京60.6平方公里）[68]，也超过古代世界上其他名都（古罗马13.68平方公里，拜占庭11.99平方公里，巴格达30.44平方公里，都远小于唐长安）[69]。所以就城郭内含面积而言（南朝建康居民区范围大于长安，但无郭城，属另一种形式，不好比较）隋大兴——唐长安不仅是中国古代最大的都城，也是人类进入资本主义社会以前所建的最大都城。

尽管隋文帝在建都诏书中，称三国以后的都城为"末代之宴安"，但如果仔细分析大兴城的规划特点，把它和北魏洛阳、南朝建康、高齐邺南城相比，可以看到，大兴的规划并不能脱离历史环境，它是主要在北魏洛阳的影响之下，吸收了邺南城和建康的优点加以完善而形成的。它是一个全新的高度规整的都城，但也有从上述三都城脱胎而来的痕迹。

大兴城和前此都城的一个很大不同之处是在宫城之南建皇城，把所有中央官署集中在皇城之中，居民区设在外郭中，使官署民居不相混杂，宋人即以为是"隋文（帝）新意"[70]。但我们如果把北魏洛阳平面和大兴（长安）平面一比较，就可看到，大兴城把宫城，皇城布置在外郭中轴线上北部的情况和北魏洛阳城在外郭中的位置如出一辙，可以看做是在北魏洛阳布局的基础上，把居民区全部迁往城外的郭中，把原内城一分为二，北为宫城，南为衙署。唐代皇城俗称"子城"，正说明当时人也认为皇城是由原子城演化成的。从《洛阳伽蓝记》和有关南朝建康的史料看，北魏和南朝的官署已集中到宫前南北大道两侧，很多重臣名王为了能建宽敞的邸宅已经不在城内而在外郭中建宅。隋文帝建大兴实际上是因势利导，把在洛阳、建康已出现的发展趋势制度化而已。当然，这样布局，使宫城在皇城和禁苑之间，防卫上更为严密。把最壮丽的宫殿、官署集中在一起，也更能增加城市的壮观气象。

从城市街道网看，大兴以三纵三横的六街为主干道，实际上也源于北魏洛阳。在前面的北魏洛阳部分我们已经论证过，它的街道受汉魏洛阳格局限制，只能因袭旧规，但如以设有御路的街道计而不以城门数计，也是三纵三横，自城内直抵外郭。大兴是新建的，故只采其三纵三横布局，而无须再顾及其他。

在宫与市的关系上，大兴城宫室在北，市在宫南，在外郭中建东西二市的布局，也源于北魏洛阳。

从以上三点看，隋大兴城规划的形成，实主要受北魏洛阳影响。如果说大兴城是在新的情况下，把北魏洛阳的规划加以发展，使之整齐划一和条理化，把在北魏洛阳规划中已经萌发、因受旧城限制不能实现的一些设想加以实现，使中国都城规划提高到一个新的水平，应是合乎事实的。

但在大兴规划中，也有反映关中地区西魏、北周以来的传统之处。北周宇文氏政权标榜实行周礼，按周礼六官设官职，以周代的文体撰诏诰，一时成为风气。在这文化背景下，在大兴规划中也可找到《考工记》中王城制度的影子。前已述及，大兴规划源于北魏洛阳，但洛阳南面、西面各开四门，其后的北齐邺南城也是东西面各开四门，而大兴则只取其御路三纵三横，在四面各开三门（北面原状如把宫城玄武门计入也是三门，西侧的景耀、光化二门和东面大明宫诸门是后开的），这明显是比附了《考工记》王城制度中"旁三门"的说法。

隋大兴城的实际规划者是宇文恺，主要参加者为刘龙。宇文恺是北周世臣，入隋后，因熟悉历代宫室制度，有巧思，善于营造，文帝、炀帝都命其主持各种修建之事。《隋书》本传称其大业八年（612年）卒于官，年五十八，上推至规划大兴的开皇二年（582年），只有二十八岁。以这样的年龄，主持历史上最巨大的都城规划和建设，实不能不令人惊赞为天才。刘龙是北齐旧臣，曾为后主高纬修铜爵三台，入隋后为将作大匠[71]。他们的文化背景一是北周，一是北齐，二人合作，把分别由北周、北齐继承并加以发展的北魏文化和关中、中原的技术结合起来，按当时的具体要求进行规划，创造出了中国古代都城规划中的空前杰作。

旁搜史册中零星记载，除前文已述及的以里坊数比附四季、十二月加闰和王城九逵等象征手法外，在利用地形上也颇为注意。《长安志》记载："宇文恺置都，以朱雀街南北尽郭有六条高坡，象乾卦，故于九二置宫殿以当帝王之居，九三立百司，以应君子之数，九五贵位，不欲常人居之，故置此观（玄都观）及兴善寺以镇之"[72]。同书在记长安西南角永阳坊大庄严寺时又说："宇文恺以京城之西有定昆池，地势微下，乃奏于此寺建木浮图，崇三百三十尺"[73]。《雍录》中〈唐曲江〉条说："隋营京城，宇文恺以其地（指曲江）在京城东南隅，地高不便，故阙此地不为居人坊巷，而凿之为池以厌胜之"[74]。这些记载说明，在规划大兴城时，除把宫城、皇城建在高地上外，在中轴线朱雀街中段的高地处，又特别建大兴善寺和玄都观两所最大的寺观，夹街东西对峙，以壮街景。因为外郭的东南角高，西南角低，又采取高处凿池，低处建塔的处理，使之平衡。这些处理说明当时宇文恺在利用地形上颇费心机，也反映出这时的规划水平在总结前代经验基础上，又有所提高。

在已发表的唐长安城实测图和发掘队据以做出的复原图上分析，还发现了一些在布局和构图上的特点。

宫城和皇城同宽，东西墙在一直线上，可视为一座城，如地方城市之子城。这里即以"子城"称之，以省文字。子城东西宽为2820米，南北共深3336米。在"子城"东西侧，各有十二坊，按东西三坊南北四坊排列，各成一区，南与"子城"一起面临春明门至金光门间大道。这两部分的东西宽如以东西外侧坊之外皮计，东侧为3315米，西侧为3271米，分别比"子城"南北之深3336米少21米和65米，合总深的6‰和9‰，可视为当时的测量误差。这就是说"子城"东西侧各十二坊之东西宽与"子城"之南北深相等。在实测图上，皇城南墙比东西侧部分最南三坊南墙稍退入少许。但子城之深计算到城之北墙，而这二区之深计到北面三坊之北墙，至城北墙尚有顺城街之宽约20~25米。这一出一入相抵，也可以认为"子城"东西部分南北之深与"子城"同。这就是说，这两部分都是正方形。

在皇城以南部分，南北向排有九坊。其一至三坊之总深加上坊间二道横街，为500＋44＋544＋40＋540，共1668米。其四至六坊之总深为515＋55＋525＋55＋530＝1680米，其七至九坊之总深为520＋59＋530＋39＋590＝1738米。"子城"南北总深的一半为1668米，第一至三坊之总深恰与之相同，四至六坊之深只比它多12米，合7‰，也可视为当时的测量误差，即二者也相等。第七至九坊虽比它多70米，但第九坊南墙发掘中并未找到，只是估计数字，也可能还要向北一些，则误差减小，也可认为是相等了。

"子城"以南部分，若把启夏门大道与安化门大道之间部分，包括朱雀街视为一体，则这部分之宽为700＋67＋562＋155＋558＋63＋683，为2788米，比皇城之宽2820米少32米，合1％强，也可视为二者同宽。

根据上面的推算，可以看到，宇文恺在规划大兴城时，首先定"子城"之宽深。再以这宽深为模数，分全城为若干大的区块，在区块内布置里坊。在"子城"南部，以"子城"之宽为宽，以"子城"之深的一半为深，划定三个大的区块；在"子城"左右，以"子城"总深为宽和深，划定两个大的正方形区块；在它们以南，又以"子城"总深为宽，以它的一半为深，各划定三个区块。各区块间的距离即为设计的路宽。在大区块划定后，全城已形成大的方格网，再在区块内划里坊，形成小方格网。"子城"南三大区块，每块东西排四坊，南北排三坊，各排十二坊，中间留出全城南北向主干道朱雀街。"子城"东西二区块先按皇城、宫城的分界，划为南北两部，中留东西干道，与宫城前横街相接，南北两部各排东西三坊，南北二坊。在它们南面的各三大区块则东西向各排三坊，与北面区块相同，南北向每块各排三坊，又与中间的三大区块相同。这样就形成了全城的棋盘格形街道网和规整的里坊。

在"子城"之内，宫城与掖庭宫间的隔墙已测得，西距"子城"西墙702.5米，东面与东宫间隔墙尚未探得。宫城正门承天门距东西城位置发掘报告未记录，但已发表朱雀门东距皇城东南角1480米，则可推知距西城角为2820.3－1480＝1340.3米。承天门与朱雀门南北相直，故它距西墙也是1340.3米。因而推知承天门距掖庭宫东墙之距为1340.3－702.5，即637.8米。参考隋东都宫正门应天门居中的情况，太极宫承天门也应居中，这样，太极宫东西之宽应为637.8米×2，即1275.6米。照此绘出太极宫东墙，发现宫之长宽与整个皇城宫城之长宽为相似形。以数字验算，当二者为相似形时，宫城之宽应为（1492.1×2820.3）/3335.7，即1261.6米，比推算所得的1275.6米少14米，误差为11‰，可视为当时的测量误差。因此，使太极宫轮廓与皇城宫城总轮廓为相似形，也应是宇文恺在规划中采用的手法。太极宫面积为1.2756公里×1.4921公里，为1.9

平方公里。"子城"总面积为 2.8203×3.3357 公里，即 9.41 平方公里，则"子城"面积为太极宫的 4.95 倍。考虑各种误差，可认为设计时使它为太极宫的 5 倍（图 3-1-10）。

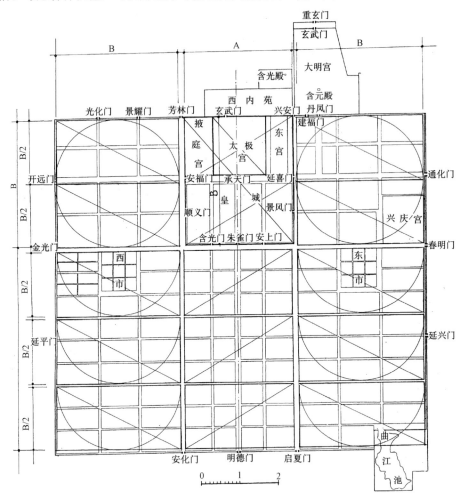

图 3-1-10 唐长安规划中以皇城、宫城的长宽为模数示意图

大兴城之面积为 9.721 公里×8.652 公里，即 84.103 平方公里，为"子城"总面积 9.41 平方公里的 8.94 倍，取其成数，可视为 9 倍（若增加曲江池突出部分面积，则为 9 倍强）。

《长安志》、《雍录》都说宇文恺规划大兴城时，以中轴线上由北而南六条坡陇象征《易》乾卦六爻的九一至九六。"九五贵位，不欲常人居之，故置此观（玄都观）及兴善寺以镇之"。可知这时已有九五象征帝王的说法。在确定外郭、"子城"和太极宫城的关系时，暗含有九、五两数字，也可能隐喻九五之尊的意思。这种隐喻手法与城市的实际无关，明显是在规划大格局下略加调整比附出来的。但古代建都时往往有认为定位和规划与国运修短、盛衰都有联系，必须体天地阴阳之道等思想，所以规划除实用之外，还要讲出一些这类"道理"。

在都城规划中使"子城"宫城为相似形，以"子城"长宽为模数划定大的区块，区块中再划分数坊的特点，在隋东都洛阳规划中也有表现（详本章东都洛阳城部分），说明这是隋代城市规划中的通用手法。大兴（长安）、洛阳都是宇文恺规划的，则这些手法应出之于宇文恺。

隋大兴——唐长安是中国古代营建的规模最巨大、规划最严整、分区最明确的伟大都城。反映了隋唐统一全国后强盛的国势、繁荣的经济和高度发展的文化。它和洛阳可以说是自古以来采用里坊制都城的最后两个例证，也是形态最完备的例证。在此以后的北宋首都汴梁，是在唐代汴州的基础上发展起来的，初期虽沿用唐代的里坊，到中期商业发达后，就废除了封闭的坊、市，变成开放性城市。在唐以前都城中的宫城都有一面或二面靠大城之墙，或通过苑囿靠近城墙，这是因为要兼防内外，外敌来时可据城防守，内乱（政变或民变）时皇帝可从靠城的一侧逃出都城。北宋汴梁以后，各都城内的宫城就全包在城中，不再一面临城了。这种变化说明在宋以后中央集权大大加强，虽宫廷政变不能完全避免，但在都城发生武装叛乱已基本上不再可能。对居民的控制，也通过增加在街上建军铺和加强地方基层管理机构的办法加以解决，无需再保持封闭的坊市并实行宵禁了。

唐长安是当时世界上最大的都城，声名远播，对中国边远地区的地方政权和外国，特别是东面的朝鲜、日本有重大影响。我们将在另节加以探讨。

注释

［1］《隋书》卷1.〈帝纪〉1，高祖上。开皇二年六月丙申条。及开皇三年三月丙辰条。中华书局标点本①P.17～19

［2］同上书，同卷："明帝即位，授右小宫伯，进封大兴郡公"。中华书局标点本①P.2

［3］隋建大兴宫及城拆迁长安故城建筑之事散见于各书。如《旧唐书·姚崇传》载，开元五年，太庙屋坏，姚崇云："太庙殿本是苻坚时所造，隋文帝创立新都，移宇文朝故殿造此庙。"《长安志》卷9，崇业坊玄都观条，注云："隋开皇二年，自长安故城徙通道观于此，改名玄都观，"可以为证。《两京新记》金城坊条说："初移都，割以为坊，百姓分地版筑"，可知坊内住宅是分地给百姓自建的。

［4］《隋书》卷78，〈艺术〉列传，庚季才。中华书局标点本⑥P.1766

［5］《隋书》卷37，〈列传〉3，李穆。开皇二年表。中华书局标点本④P.1117

［6］《唐会要》卷30，大内："武德元年五月二十一日，改隋大兴殿为太极殿"。丛书集成本⑥P.549

［7］《长安志》卷8，光宅坊条，原注："本翊善一坊之地，置大明宫后开丹凤门街，遂分为一坊"。同卷来庭坊条，原注云："本永昌一坊之地，与翊善坊同分。"中华书局影印《宋元方志丛刊》本①P.113

［8］《长安志》卷9，十六宅条，原注："《政要》：先天之后，皇子幼则居内，东封后，以年渐成长，乃至安国寺东附苑城同为大宅，分院居之，名为十五宅。……其后盛、寿、陈丰、恒、凉六王又就封入内。"中华书局缩印《宋元方志丛刊》本①P.120

［9］《唐会要》卷30，兴庆宫条："开元二年七月二十九日，以兴庆里旧邸为兴庆宫"。《丛书集成》本⑥P.558

［10］《资治通鉴》卷255，〈唐纪〉71，僖宗中和三年（883年）四月条。中华书局标点本⑱P.8294

［11］同上书，卷264，〈唐纪〉80，昭宗天祐元年（904年）正月条。中华书局标点本⑱P.8626

［12］《大唐六典》卷7，皇城条，原注："东西五里一百一十五步，南北三里一百四十步，今谓之子城。"中华书局缩印《宋本大唐六典》P.110

［13］《大唐六典》卷7，京城条。中华书局缩印《宋本大唐六典》P.110

［14］入唐后，长安北面门数增加，隋始建时，北面只有兴安门及芳林门，计入宫城北门玄武门，仍为三门。

［15］《册府元龟》卷14，〈帝王部〉，〈都邑二〉："代宗广德元年，九月，禁六街种植。"（指种植农作物）"（永泰）二年正月，京兆尹黎干大发夫役种城内六街树。"中华书局影印本①P.159

［16］《长安志》卷7，〈唐京城〉条，原注。中华书局缩印《宋元方志丛刊》本①P.109

［17］中国科学院考古研究所西安唐城发掘队：〈唐代长安城考古纪略〉，《考古》1963年11期。

［18］《册府元龟》卷13，〈帝王部〉，〈都邑一〉。中华书局影印本①P.153

［19］《唐会要》卷86，〈城郭〉。《丛书集成》本⑮P.1583～1584

［20］中国科学院考古研究所西安工作队：〈唐代长安城明德门遗址发掘简报〉，《考古》1974年1期。

［21］傅熹年：〈唐长安明德门原状的探讨〉，《考古》1977年6期。

［22］平坡相间的登城坡道称为龙尾，屡见于史籍，参阅唐长安大明宫节注㊵

［23］《唐会要》卷30，〈兴庆宫〉，《丛书集成》本⑥P.559

［24］陕西省文物管理委员会：〈唐长安城地基初步探测〉，《考古学报》1958年3期。

[25]《长安志》卷 7,〈唐皇城〉。中华书局影印《宋元方志丛刊》本①P. 107

[26]《大唐六典》卷 7,京城条。中华书局影印《宋本大唐六典》P. 111

[27]《唐会要》卷 86,〈街巷〉:"大中三年六月,右巡使奏,……韦让前任宫苑使日,故违敕文,于怀真坊西南角亭子西侵街造舍九间。"《丛书集成》本⑮P. 1577

[28] 宿白:〈隋唐长安城和洛阳城〉,《考古》1978 年 6 期。

[29] 中国社会科学院考古研究所西安唐城工作队:〈唐长安城安定坊发掘记〉,《考古》1989 年 4 期。

[30]《长安志》卷 10,归义坊条原注:"隋文帝以京城南面阔远,恐竟虚耗,乃使诸子并南郭立第"。中华书局影印《宋元方志丛刊》本①P. 128

按:今本《长安志》此注有夺文、衍文,据日本影印《两京新记》卷子本卷三,归义坊条改。

[31]《长安志》卷 7,保宁坊;卷 8,长乐坊条。中华书局影印《宋元方志丛刊》本①P. 111、118

[32] 同书,卷 7、9、10。中华书局影印《宋元方志丛刊》本①P. 107、120、125

[33]《资治通鉴》卷 207,〈唐纪〉23,则天后久视元年(700 年):七月,狄仁杰上疏谏武后使天下僧尼日出一钱以助其造大像,说"游僧皆托佛法,诖误生人。里陌动有经坊,阛阓亦立精舍,化诱所急,切于官徵。"中华书局标点本⑭P. 6550。《长安志》中也载有一些寺是由"村佛堂"发展起来的,如兴化坊之空观寺。

[34]《长安志》卷 7,开明坊条原注。中华书局影印《宋元方志丛刊》本①P. 110

[35]《唐会要》卷 19,〈百官家庙〉,大中五年十一月太常礼院奏。《丛书集成》本④P. 390

[36] 曹元忠辑本《两京新记》卷 1,〈外郭城〉条:"西都京城街衢有金吾晓暝传呼,以禁夜行,惟正月十五夜敕许金吾弛禁,前后各一日"。《南菁札记》本,卷 1,P. 8b

[37]《唐会要》卷 86,〈街巷〉,太和五年七月,左右巡使奏。《丛书集成》本⑮P. 1576

[38]《长安志》卷 8,东市,卷 10,西市。中华书局影印《宋元方志丛刊》①P. 118、128

[39]《唐会要》卷 86,〈市〉,景龙元年(707 年)敕。《丛书集成》本⑮P. 1581

[40]《朝野佥载》卷 1。"…及天后永昌中,罗织事起,有宿卫十余人于清化坊饮。"中华书局标点本 P. 13

《酉阳杂俎》续集卷 1:"有国子监明经昼梦倚于监门,有一人……访问明经姓氏,……其人遂邀入长兴里毕罗店常所过处。梦忽觉,见长兴店子入门曰:"郎君与客食毕罗,计二斤,何不计直而去也。"中华书局标点本 P. 203

[41]《太平广记》卷 452,〈任氏〉:"唐天宝九年夏六月,……郑子乘驴而南,入升平(坊)之北门,……东至乐游园,已昏黑矣。……晨兴将出,……及里门,门扃未发。门旁有胡人鬻饼之舍。……"中华书局标点本⑩P. 3692

[42]《酉阳杂俎》前集卷 15,〈诺皋记〉下:"京宣平坊,有官人夜归入曲,有卖油者张帽驱驴,驮桶不避。……里有估其油者月余,怪其油好而贱"。中华书局标点本 P. 146

按:此条可证明日常柴米油盐在坊中皆有供应,无须入市也。

[43]《长安志》卷 8,崇仁坊条下原注。中华书局影印《宋元方志丛刊》本①P. 114

[44]《资治通鉴》卷 235,〈唐纪〉51,德宗贞元十三年(797 年)十二月条中华书局标点本⑯P. 7578

[45]《通典》卷 107,〈礼〉67,〈开元礼纂类〉2,序例中,〈大驾卤簿〉。中华书局缩印《十通》本,P. 565

[46]《唐会要》卷 30,〈兴庆宫〉,《丛书集成》本。⑥P. 558

[47]《通典》卷 123,〈礼〉83,〈开元礼纂类〉18,〈皇帝千秋节受群臣朝贺,并会〉。中华书局缩印《十通》本,P. 645

[48]《新唐书》卷 22,〈志〉12,〈礼乐〉12,玄宗千秋节勤政楼宴舞条。中华书局标点本②P. 477

[49]《开天传信记》,"上御勤政楼大酺"条,上海古籍出版社标点《开元天宝遗事十种》本 P. 52

[50]《册府元龟》卷 14,〈帝王部〉都邑 2。中华书局影印本①P. 158

[51]《雍录》卷〈唐曲江〉条。中华书局影印《宋元方志丛刊》本①P. 458

[52]《资治通鉴》卷 194,〈唐纪〉10,太宗贞观七年(633 年)"十二月,甲寅,上幸芙蓉园"句下,胡三省注云:"〈景龙文馆记〉:芙蓉苑在京师罗城东南隅,本隋世之离宫也;青林重复,绿水弥漫,帝城胜景也"。中华书局标点本⑬P. 6103

[53] 白居易〈八月十五日夜溢亭望月〉:"昔年八月十五夜,曲江池畔杏园边。"中华书局标点本《白居易集》卷 17,②P. 366

按：据此可知杏园、曲江为一有联系之大风景区。

[54]《册府元龟》卷14,〈帝王部〉,都邑二：(太和)九年二月敕条。又九月一发左右神策军一千五百人修淘曲江条。中华书局影印本①P.161

[55]《长安志》卷8,升平坊,乐游庙下原注。中华书局影印《宋元方志丛刊》本①P.119

[56]《唐两京城坊考》卷四,〈龙首渠〉、〈永安渠〉、〈清明渠〉条。中华书局标点本 P.127～129

[57]《长安志》卷9,永嘉坊,龙首渠下原注。中华书局影印《宋元方志丛刊》本①P.120

[58]《长安志》卷10,大安坊,"西街永安渠"、"东街清明渠"下原注。中华书局影印《宋元方志丛刊》本①P.127

[59]《资治通鉴》卷176,〈陈纪〉10,长城公至德二年(584年,隋开皇四年)："隋主以渭水多沙,深浅不常,漕者苦之。六月,壬子,诏太子左庶子宇文恺帅水工凿渠,引渭水,自大兴城东至潼关三百余里,名曰广通渠。漕运通利,关内赖之。"中华书局标点本⑫P.5474

[60]《资治通鉴》卷215,〈唐纪〉31,玄宗天宝二年(743年)"江、淮南租庸调使韦坚引浐水抵苑东望春楼下为潭,以聚江淮运船。役夫匠通漕渠,……自江淮至京城,……二年而成。丙寅,上幸望春楼观新潭。坚以新船数百艘,扁榜郡名,各陈郡中珍货于船背。……上置宴,竟日而罢,观者山积。……名其潭曰广运。时京兆尹韩朝宗亦引渭水置潭于西街,以贮材木"。中华书局标点本⑮P.6857

[61]《唐两京城坊考》卷4,〈漕渠〉条。中华书局标点本 P.129

[62]《通典》卷107,《开元礼纂类》二,〈亲王卤簿〉、〈群官卤簿〉条。中华书局缩印《十通》本,P.567

(日)圆仁：《入唐求法巡礼行记》卷3,开成六年正月六日条云："又别敕除左金吾大将军。……出来时,廿对金甲引马,骑军将五六十来把棒遏道,步军一百来卫驾。"上海古籍出版社标点本 P.146

[63]《新唐书》卷49上,〈百官志〉四上,左右街使条："日暮,鼓八百声而门闭。乙夜,街使以骑卒循行嗬呼,武官暗探。五更二点,鼓自内发,诸街鼓承振,坊市门皆启。鼓三千挝,辨色而止。"中华书局标点本④P.1285

[64]《新唐书》卷49上,〈百官志〉四上,左右街使条："左右街使,掌分察六街徼巡。凡城门坊角有武候铺,卫士、彍骑分守。大城门百人,大铺三十人,小城门二十人,小铺五人"。中华书局标点本④P.1285

[65]《唐会要》卷71,〈十二卫〉："神龙三年八月二十六日敕：诸街铺并令左右金吾中郎将自巡,仍各加果毅二人助队。"《丛本集成》本⑫P.1283

[66]《唐会要》卷86,〈桥梁〉,大历五年五月敕。《丛书集成》本⑮P.1578

[67]《唐会要》卷86,〈街巷〉,开元十九年六月敕、广德元年九月敕、大历二年五月敕、贞元四年二月敕、太和五年七月左右巡使奏。《丛书集成》本⑮P.1575

[68] 汉长安、洛阳、元大都、明清北京面积按实测图折算,北魏洛阳参见本书北魏洛阳节。

[69] 古罗马、拜占庭、巴格达面积据李约瑟《中国科学技术史》28,〈土木工程〉,P.73,注b引何炳棣的统计数字,再把英里折合成公里。

[70]《长安志》卷7,〈唐皇城〉,原注："自两汉以后,至于晋、齐、梁、陈,并有人家在宫阙之间,隋文帝以为不便于民,于是皇城之内唯列府寺,不使杂人居止,公私有便,风俗齐肃,实隋文新意也。"中华书局影印《宋元方志丛刊》本①P.107

[71]《隋书》卷68,〈列传〉33,宇文恺传,附刘龙传。中华书局标点本⑥P.1594、1598

[72]《长安志》卷9,崇业坊,玄都观下原注。中华书局影印《宋元方志丛刊》本①P.123

[73]《长安志》卷10,永阳坊,大庄严寺下原注。中华书局影印《宋元方志丛刊》本①P.129

[74]《雍录》卷6,〈唐曲江〉。中华书局影印《宋元方志丛刊》本①P.458

2. 隋东都城——唐洛阳城

隋仁寿四年(604年)七月,文帝死,子杨广嗣位,即隋炀帝。同年八月,并州总管汉王杨谅反,命宰相杨素讨平之。十一月,炀帝下诏兴建东都。他提出的理由有三：一,由汉王杨谅叛变之事,感到中原地区无军政重镇,有急变时不能及时平定；二,河南、山西为北齐故地,需要防范；三,南朝故地区域广大,距关中太远；因此需在洛阳建都,以便镇抚控制[1]。且洛阳水陆交通便利,也便于收集和转运贡赋至关中。诏书说洛阳旧城已是废墟,不堪再建,命在其西"伊洛之间"建东京。大业元年（605年）三月，下诏命宰相杨素、杨达，将作大匠宇文恺营建东京[2]，每月役二百万人，以七十万人筑宫城[3]。大业二年（606年）正月建成，历时仅十个月。四月，炀帝列全副仪仗进入东京。又徙豫州郭下居民及天下富商大贾数万家以实东京。大业五年（609年）改称东京为东都[4]，隋末东都为王世充所据。唐武德四年（621年）破东都平王世充，拆毁应天门、乾元殿，以表示反对炀帝之宫室侈丽，又罢东都为洛州，宫改称洛阳宫[5]。唐高宗显庆二年（657年）又立洛州为东都，龙朔以后（661年后），逐渐修缮洛阳宫。此后高宗、武后交替来往东西两京，并在洛阳增建宿羽、高山、上阳等宫[6]。又移洛阳中桥，以利洛阳南北两部分的交通[7]。武则天称帝后（685年后）改称神都，即常驻于此，并拓建宫室官署，改善郭内洛水南北两部分的交通[8]。其中在宫内建明堂、天堂[9]，在端门外建"万国颂德天枢"[10]，修建洛水中桥[7]，都是巨大的工程。自685年武则天久驻东都起，到704年中宗即位止，洛阳作为唐之实际首都达19年之久，是洛阳历史上的极盛期[11]。唐玄宗之世，开元中也曾多次居留东都，其中开元十、十二、二十二年三次居留时间都在二年以上，故东都仍保持兴旺。天宝以后（742以后）玄宗即不再往东都。755年发生安史之乱，东都遭严重破坏。762年唐利用回纥军之助收复洛阳，回纥军大肆烧掠，"火累旬不灭"，"比屋荡尽，士民皆纸衣"[12]。《唐会要》载刘晏致元载书也说"东都残毁，百无一存。"代宗大历初（767～770年）张延赏逐渐修复，史称"都阙完雄，有诏褒奖"[13]。中唐以后，因唐帝不再来此，宫阙失修。敬宗宝历二年（826年）曾想去东都，宰相裴度说："今宫阙、营垒、百司廨舍率已荒陋"[14]，劝他暂缓前去。但直至唐末，洛阳仍保留东都称号，一些失势或半退休官员可以用"分司东都"的名义住在这里，安享晚年。洛阳又是江淮漕运输往长安途中的重镇，所以在中晚唐时，仍是很繁荣的大都市。唐末（904年）朱温迁唐都于洛阳，发丁匠数万修治东都宫室[15]。907年，朱温代唐，建立梁政权，以汴京为都。洛阳作为隋唐东都，历时302年而止。经唐末五代兵乱后，城郭"摧圮殆尽"，坊市也"鞠为荆棘"，宋以后"依约旧地列坊"[16]。隋唐洛阳在五代末宋初时破坏得极为严重，虽经宋初逐渐恢复，但已不是隋唐时的面貌了。

　　隋唐东都洛阳的概况在史籍中有较详细的记载，近年又经较大规模的勘探发掘，对其规划布局特点也大体查明，两方面材料互相对照，可以有较深入具体的认识。

　　东都在汉魏洛阳之西，北倚邙山，东有瀍水，西有涧水，南有伊水。洛水自西南向东北流，穿城而过，分全城为南北两部[17]，形成洛水北部西宽东窄，南部东宽西窄的情况。这样，遂不得不把占地较大的皇城、宫城建在洛水北岸西侧较宽处，其余地区布置坊市，这就形成洛阳皇城宫城在西北角，坊市在东部、南部的布局，和长安皇城宫城居中的布局不同。恰好在皇城宫城正南方二十余里处有伊阙[18]，遂指为对景[19]，作为这种轴线偏西布置的理由。

　　东都的平面布局是外郭的西北角建皇城宫城，前后相重。皇城前临洛水，有浮桥横过洛水，南接全城主街定鼎门街，形成全城主轴线，郭内街道为方格网状，分全城为一百零三坊，以四坊之地建三市[20]。

　　洛阳的外郭城已基本探明，东墙长7312米，南墙长7290米，西墙长6776米，北墙长6138米，城身全部为夯土筑成[21]。史载洛阳外郭在隋代仅为短垣，并未建为坚固的城墙。武则天长寿元年（692年）宰相李昭德主持修筑外郭和定鼎门、上东门等城门[22]。玄宗天宝二年（743年）又"筑神都罗城，号金城"[23]。大约隋代只是筑矮墙为界限，经唐代二次兴筑，才建成城墙完固，城楼雄伟的外郭城，上距始建的大业元年（605年）已有138年之久了（图3-1-11）。

　　隋唐洛阳外郭诸门中，南面的定鼎门、长夏门、东面的建春门、永通门遗址都已探明，

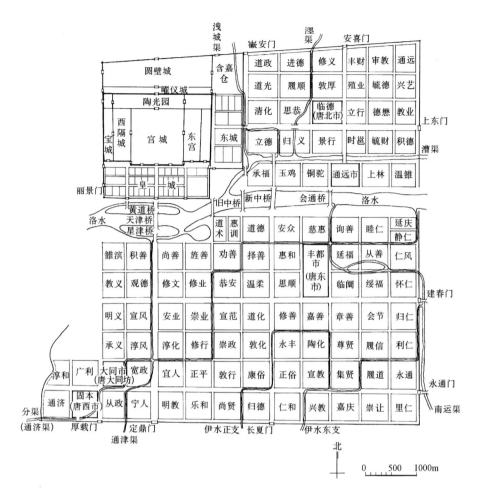

图 3-1-11 河南洛阳隋唐东都平面复原图

都是开有三个门道的土筑城门。其中正门定鼎门中间门道宽达 8 米，两侧各 7 米，门道间隔墙宽 3 米；长夏门三个门道均宽 7.5 米；建春门三个门道均宽 5 米；并不一律，而从正门门道最宽看，其城楼也应最高大雄伟[21]。各城门道内均砌砖，有排叉柱础和石门限，和长安各门形制相同。

城内的洛北区西侧为宫城和皇城，宫城在北，西、北二面倚城，建有圆壁城、曜仪城等重城以加强北面的防守。宫城的概况详宫殿节。皇城在宫城之南，与宫城同宽，前临洛水，受地域限制，没有长安皇城大，深只有七百多米[22]。皇城南面开三门，正中名端门，北对宫城正门应天门，其间有应天门街，形成宫城、皇城的中轴线。左右侧为左掖门、右掖门。东面一门名东太阳门（唐改宾耀门）。西面二门，北为西太阳门（唐改宣辉门），与东太阳门相对，其间为宫城前横街。皇城内分四块，布置衙署（参见后节图 3-2-5）。[24]、[25] 由于皇城南面扼於洛水，面积太小、容纳不下所需官署，于大业九年在宫城城东新建小城，称东城[25]，自皇城的东太阳门通入，城内布置官署。东城南、东各一门，南名承福门，东名宣仁门。东城之北为含嘉仓城，是洛阳城内最大的粮仓[25]（图 3-1-12）。

洛北区的东部，在东城和含嘉仓城城东为坊市区。以宣仁门至上东门间东西大街和北城上安喜门、徽安门内各一南北大街十字相交，形成干道网。其间布置东西六坊，南北五坊，共计三十坊[26]。最南一列六坊南临洛水，以自东起第三坊为市，名通远市[27]。这一列之北有建城时即开凿的漕渠，西面自皇城东南角引洛水东北流入渠，转而东行出城，至偃师与洛水再合流。通远市夹在洛水、漕渠之间，水运极为便利。

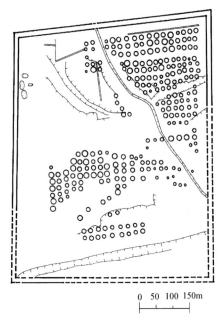

图 3-1-12 河南洛阳唐东都含嘉仓平面图

洛南部分全部为坊市区。西部在宫城南方布置四行坊东西并列，每行南北六坊，共有二十四坊，与宫墙、皇城同宽[28]。这和长安在宫城前布置四排坊以象征四季的意图应是相同的。自宫城、皇城正门南延的大街越过洛水后从中间穿过，直抵南城上的定鼎门，形成全城的主轴线，称天街、天津街或定鼎街，全长七里一百三十七步。在这四行坊之东，直至东城墙，共布置七行里坊。由于这一部分洛水北曲，每行可容南北七坊，共有四十九坊[29]。这样，洛南区就有了七十三坊，和洛北的三十坊相加，正合一百零三坊之数。在洛南七十三坊中，以三坊之地建市，东侧的丰都市占二坊，西侧的西市占一坊。坊市的布置在洛南也形成方格形街道网：东西向六条（连顺城街计为七条），南北向十二条（连顺城街计为十三条），诸街中，南北向的定鼎门街、长夏门街、厚载门街和东西向的建春门街和永通门街互相交叉，形成干道网。

《大唐六典》说洛阳"凡一百三坊，三市居其中焉"，可知包括三市所占四坊在内，南北二区共有一百零三坊，这大约是隋及初唐的情况。中晚唐后，洛河泛滥北移，一些坊不断分合易名，西南角处四坊也或设或并，到五代宋初时，形成了一百二十坊[30]，其具体变化已难于考订了。从隋及初唐时的情况看，基本是规整的方格网。洛北区稍不整齐，是因为洛北第一列五坊一市与洛南各坊相对，遂不能和北面四列坊一致而引起的。漕渠以北四列二十四坊仍是规整的方格网。

城内道路，据《元河南志》引唐韦述《两京新记》的记载，"定鼎门街广百步，上东、建春二横街七十五步，长夏、厚载、永通、徽安、安喜门及当左［右］掖门等街各广六十二步，余小街各广三十一步"[31]。据此，则洛阳的街宽至少分为四级，如按一步合1.47米折算，则皇城前的定鼎门街最宽，为147米，洛南、洛北二条通东门的主街为其次，宽110.3米，其余通城门各街再其次，宽91.1米，一般坊间街宽45.6米，最窄。现在已经探明，城内各街道都是土筑路面，残毁严重，只定鼎门街宽处有121米、永通门街宽59米两个数字可供参考，都比上述记载为窄，当是破坏所致。诸路遗址中，只在长夏门东第一街发现街西侧的水沟，证明街旁确有明沟[32]。韦述《两京新记》说"自端门至定鼎门七里一百三十七步。隋时种樱桃、石榴、榆柳，中为御道，通泉流渠"[33]，可知洛阳诸街都有很好的绿化和排水明沟。从"中为御道"句可知，洛阳凡通有三个门洞的城门各街都设御道。

洛阳的里坊，据韦述《两京新记》记载，"每坊东西南北各广三百步，开十字街，四出趋门"[30]。（唐）杜宝《大业杂记》说，"（洛水）大堤南有民坊，各周四里，开四门临大街。门普为重楼，饰以丹粉"[34]。可知洛南区各坊基本为方形，大小一律，四面开坊门，坊门为重楼[35]。坊内辟十字街，划分坊内为四大区，其内布置民居寺庙和贵族贵官府第。从《元河南志》的记载看，和长安相似，洛阳也有全坊为贵族府第所占的，如隋权臣杨素宅占洛北上东门内路南游艺坊（唐改积德坊）全坊之地，唐雍王李贤、魏王李泰和长宁公主之宅分别占修文、惠训、道德三坊全坊之地[36]。在洛南，宫城皇城以南的定鼎街两侧各二排坊，在洛北，东城东门宣仁门至上东门间东西大道两侧各坊都是贵族贵官最集中的居住区。在洛南区的东南角，即长夏门以东的南面三列十五坊因去朝、市都较远，居人较少而园林滋茂，是真正宁静优美的居住区[37]。中晚唐时名臣裴度，大诗人元稹、白居易的住宅都在这一区，以园池优美著称于史册。

近年的勘探得知，洛阳各坊区多遭洪水和人为破坏，坊墙残迹很少，综合零星材料，可知坊墙厚约在4米左右，里坊的尺寸东西向约在470～520米之间，南北向约在480～530米之间，坊内的十字街宽14米。这个尺度和记载的方一里大致接近，但不准确，也不一律[32]。史籍记载的尺寸大约是设计时的尺寸，或举其整数而言，具体划分时受地形影响和街宽的不一致，可能有所变动。

隋代洛阳有三市，洛北有通远市，洛南有丰都市和大同市。通远市在洛水北，漕渠南，夹在两水之间。《元河南志》载市"周六里，市南临洛水有临寰桥"[27]。又记北面漕渠上有通济桥（唐名东漕桥），"南抵通远市之西偏门。自此桥之东，皆天下之舟船所集，常万余艘，填满河路，商旅贸易，车马填塞，若西京之崇仁坊"[38]。通远市在隋代水陆交通方便，又在洛水之北靠近宫城皇城，是最繁华的市之一。《大业杂记》说有"二十门分路入市"[39]，恐有误，从周六里，北有西偏门的记载看，可能是每面各三门，共有十二门的布局。

丰都市在洛南区长夏门东第一街北段街东，占二坊之地，北与洛水南堤间隔有慈惠坊一坊之地。《大业杂记》说"丰都市周八里，通门十二，其内一百二十行，三千余肆，甍宇齐平，四望如一，榆柳交荫，通衢相注，市四壁有四百余店，重楼延阁，互相临映，招致商旅，珍奇山积"[39]。从上面记载看，它是洛阳最主要的市，面积比通远、大同二市大一倍。

大同市在厚载门街东自南起第二坊，占一坊之地。《元河南志》说："隋大业六年（610年）徙大同市于此，周凡四里，开四门，邸一百四十一区，资货六十六行"[40]。《太平御览》引《西京记》说："大业六年诸夷来朝，请入市交易，炀帝许之。于是修饰诸行，葺理邸店，皆使甍宇齐正，卑高如一，璆货充积，人物华盛。时诸行铺竞崇侈丽，至卖菜者亦以龙须席藉之。夷人进店饮噉，皆令不取直"[41]。可知这大同市当时是专门建来夸富于外国人的，这大约是中国历史上弄虚作假，夸富于外人的始作俑者。

从上述记载看，隋东都三市建筑整齐划一，街道四通八达，有很好的绿化，商品丰富，人物华盛，反映了隋代全盛时的富庶繁华。隋末天下大乱，洛阳三市均遭严重破坏。《隋书·炀帝纪》记载："（大业十三年四月）己丑，贼帅孟让夜入东部外郭，烧丰都市而去"[42]。《元河南志》说隋大同市"因乱废"[40]，就反映这种情况。唐立东都后，三市都有了很大变化。《元河南志》说丰都市"贞观九年促半坊"[43]，又说唐代移大同市于厚载门街西从南第一坊[44]，开元十三年废[45]。北市唐显庆中移于上春门街北西起第二坊，后废[46]。

隋唐东都商业发展，多有西域、中亚商人在此贸易，很多归附的西域、中亚和突厥贵族、武将，在高宗、武后常驻东都时，也多赐第洛阳居住，所以和长安一样，东都也建有他们所信奉宗教的寺庙。《元河南志》卷1记载，洛北立德坊、洛南会节坊都有胡祆祠，洛南修义坊有波斯胡寺。立德坊南临漕渠，东南有西漕桥，西南有新潭，西近东城宣仁门，是运输和贸易最繁忙地段。修善坊在丰都市西南，与市隔十字街角相对，"坊内多车坊酒肆"，也是商业繁荣之区。会节坊在丰都市之东，其间止隔一坊。从诸祠和市的关系看，主要是为中亚、西域商人设的。《朝野佥载》

说这几坊的"胡袄神庙，每岁商胡祈福，熟猪羊，琵琶鼓笛，酣歌醉舞，"可知这几坊是他们居住较集中的地区。

和长安相同，东都除三市外，其他一些坊也有商业、服务业活动。除上文所述修善坊"多车坊酒肆"外，漕渠东漕桥以东地段，"商旅贸易，东马填塞，若西京之崇仁坊"[38]。《朝野佥载》记载殖业坊西门有酒家，又载宿卫十余人饮于清化坊。这表明随着城市的发展和繁荣，在武则天定都后，商业活动已不是严格局限在市内了。

东都洛阳郭内渠道纵横，对城市面貌的形成和发展有很大的作用。入郭之水有洛水、漕渠、南运渠、通济渠、通津渠、泄城渠、伊水、瀍水等。

洛水自西苑进入外郭，微向东北倾斜，穿城而过，在经遇皇城前时分为南、中、北三道。北道称"黄道渠"，中道即洛水、南道称"重津渠"。在三道河渠上，于皇城端门正南依次建黄道桥、天津桥和星津桥。端门道大道经这三桥，跨过洛水后南行直指外郭正南门定鼎门，形成东都主轴，称天津街或定鼎街。黄道渠阔二十步，其上的黄道桥是固定的桥梁，石构抑木构不详。洛水上的天津桥是浮桥，长一百三十步，浮桥南北各有二重楼，应是模仿建康朱雀航的形式。重津渠阔四十步，其上也建浮桥[47]。唐开元二十年（732年），合天津、星津二桥为一，重建新桥。天宝元年（742年），又"广东都天津桥中桥石脚两眼，以便水势"[48]。从"广石脚两眼"句看，新建的石桥应是赵州安济桥式的敞肩石拱桥。洛水再东流，在皇城东南角处，东城之南，隋代建有翊津桥，南对定鼎门东第三街，唐代废毁[49]。翊津桥之东在洛水北岸建斗门，分洛水入漕渠。斗门之东北对北城徽安门处建有立德桥，俗名中桥。因此桥屡坏，到唐高宗上元间（674~676年）废去，另在南对长夏门街处建新中桥。武后永昌中（689年）改建为石桥，名永昌桥[50]，为唐代洛阳东部南北二区重要通道。洛水再东，在南对长夏门东第三街处有临寰桥，是沟通通远市和丰都市的桥梁[27]，唐代改建为浮桥。通计在洛水入外郭的一段上，隋代建有天津、翊津、立德、临寰四座桥梁，以沟通南北二部。隋建都时曾在洛水两岸筑堤控制流向[51]。

入唐以后，洛水多次泛滥，受灾最重的是北岸，所以把隋之通远市废掉，改于其北的安喜门街之西北起第三坊（隋名临德坊）建北市。洛水上各桥也屡遭洪水破坏，武后永昌间（689年）将作少匠刘仁景把新中桥建为石桥，桥墩迎水一侧做成尖脚，以分水势，使新中桥得以抗御洪水屹立[50]。

由于洛水流量不稳定，河中多石碛，不宜行舟船，在建东都的同时，即于大业二年（606年）命土工监丞任洪则在洛水之北开漕渠[52]。漕渠西起皇城东南角，在此建斗门，分洛水入漕渠。渠和洛水平行东流，其间隔着宽一坊之地，设有承福等五坊和通远市。漕渠在郭内的一段建有二桥，西面一座为西漕桥，南与洛水新中桥相对，东为东漕桥，隋名通远桥[53]，在安喜门街南端，通入通远市北面的西偏门。在东漕桥以东是漕渠最繁忙的段落。《元河南志》说"自此桥之东皆天下之舟船所集，常万余艘，填满河路。"漕渠出郭城后，东流六十里，至偃师之西又与洛水合。东面来的漕运船自此入漕渠，西行上溯入东都，是物资入东都的主要水道。到武周大足元年（701年）又在漕渠西端立德坊之南开新潭，"以通诸州租船，四面植柳，中有租场，"使运粮租船至此再经支渠进入含嘉仓[54]。

南运渠自外郭东南北流，在仁风坊处入郭内，西流至丰都市东侧，再北流入洛[55]。它的北段是丰都市通洛水的水道。

通济渠又名分渠，洛水在西苑中分出一支，在外郭西南角的通济坊入郭，东北流，横穿整个洛南区，到东北角的延庆坊处入洛水。此渠到唐天宝中湮绝[56]。

通津渠自南面宁人坊西入外郭，转东，沿定鼎街北行，入洛水重津渠[57]。

泄城渠自含嘉仓出后沿东城东墙南流，至宣仁门处分二支，一支绕立德坊北、东侧，南流入漕渠。另一支南下在立德坊西南角入漕渠，名泻口渠[58]。从走向看，泻口渠是自漕渠新潭通入含嘉仓的水道。

伊水在南面分二支入外郭。正支在归德坊入城，东支在兴教坊西入城，汇合后，于洛南区在南部各坊回流，在建春门处入南运渠[59]。洛阳洛南区东南部诸坊由于有伊水流过，所以水竹花木特盛，成为洛阳的园林化居住区，历史上脍炙人口的白居易履道里园池就在这一区。

瀍水在北面自修义坊入外郭，南流入漕渠[60]。

上述河流渠道在洛阳南北区形成相当密的水网，其中通济渠和通津渠在定鼎街上有交叉，和南运渠在长夏门东第三街处有交叉，由于各渠水位不同，应有立体交叉设施。《唐两京城坊考》通津渠条说，洛阳城南自分洛堰引洛水，又于龙门堰引伊水，"以大石为杠，互受二水"[59]。这大约是高架水渠之类的设施，城内二处大约也是相同的办法。

综观隋唐东都的规划，和隋大兴（唐长安）有相同处，也有不同处。

隋炀帝建东都虽以宰相杨素等领衔，但实际主持规划的是宇文恺。他是隋代最杰出的规划和建筑家，隋建大兴城时，他是主要规划和建设的负责人，所以洛阳的规划中有和大兴很一致之处。例如全城有外郭、皇城、宫城三重；宫城在北，宫城前建皇城，集中全部中央官署于其内；在宫城、皇城间共用一中轴线，并南延到外郭正门，形成全城的主轴线，假如这轴线在全城正中，则与大兴城就基本相同了；郭内居住区和商业区为封闭的坊和市，规整方正的市里形成郭内方格形道路网等。

但东都和大兴也有不同之处，最主要有两点，其一是洛水横贯都城，其二是宫城、皇城偏在西北，主街定鼎街（天津街）也偏在西侧。

皇城、宫城偏在西侧的原因已见前文，即洛北区只有西侧较宽，而且可以和南面的龙门对景，以龙门为"天阙。"《两京新记》说"初隋炀帝登北邙，观伊阙，顾曰：'此非龙门耶，自古何为不建都于此？'……其地北据山麓，南望天阙，水木滋发，川原形胜，自古都邑莫有比也"[18]。故这种偏轴线布置实是地理条件决定的。

关于"洛水贯都"则是大兴城所没有的，且不仅大兴没有，建大兴时作为借鉴的北魏洛阳和高齐邺南城也没有，它们的河都在城外南侧。《隋书·食货志》说："炀皇嗣守鸿基，国家殷富，雅爱宏玩，肆情方骋。初造东都，穷诸巨丽。帝昔居藩翰，亲平江左，兼以梁陈曲折，以就规摹。曾（层）雉逾芒（邙），浮桥跨洛，金门象阙，咸竦飞观……"[61]。这段文字说明，建东都时是吸收了南朝梁陈都城建康的经验。所举的"浮桥跨洛"指洛水天津浮航，和南朝建康朱雀航相似；"金门象阙，咸竦飞观"也和南朝建康城门、宫门都建二层以上城楼的情况相同。从前文南朝建康部分我们知道，南朝建康一个特点就是河渠纵横，水运发达，城南有秦淮河，河上建朱雀浮航，又沿秦淮河及运渎有市，可通水运，所以东都城内三市分别有漕渠、南运渠、通济渠通入，并以漕渠为水运大动脉，正是吸收了南朝建康的特点。所谓"兼以梁陈曲折，以就规摹"当即指此。

《隋书·宇文恺传》说，隋平陈之后，宇文恺曾至建康，观察并测量南朝明堂等宫室建筑[62]。由此可知，东都规划设计中吸收的一些南朝建康的特点，应出自宇文恺之手。

对近年做了大量考古发掘勘探工作始得到的《唐洛阳城实测图》和在此基础上由考古工作队做出的《唐洛阳东都坊里复原示意图》[32]进行分析，还发现两个重要特点。

其一是位于大城西北角的皇城、宫城前后相重，东西同宽，实际是大城中的"子城"。它的核心部分即近于方形的"大内"部分，为朝区、寝区所在地。据发掘报告提供数字折算，"大内"东西宽1060米，"子城"东西宽2110米，"子城"之宽正为"大内"之二倍。若在实测图上作图，自皇城南墙至曜仪城北墙之距也恰为"子城"南北之深的二倍。这表明"子城"的范围是自皇城南墙至曜仪城北墙，其北的圆璧城相当于隋大兴宫——唐太极宫北的西内苑，不属于宫城范围；也表明规划时以"大内"面积为基准，以其四倍为"子城"面积。

其二，是洛水以南各坊，如以四坊为一组，包括坊间街道在内，基本上与"大内"的面积相同。在〈复原图〉上以大内面积为基准做图，则可看到，自天津桥以南至定鼎门，可以排三组，共长六坊；再以定鼎街为界，街东可排四组，共长八坊，街西可排一组，长二坊（南端可排二组，长四坊）；排列非常整齐有规律。这现象说明在规划东都时，以"大内"的长宽为基准，把它扩大四倍，就形成"子城"；把它横平竖直排开，按规定宽度留出道路，就形成洛水以南居住区的大方格网；再把每一块分成四块，即为四坊；中间留出街道后，就形成洛南的全部街道方格网。简单地说，以四坊组成一个区块，即为大内之面积，再把"大内"之长宽各扩大一倍，即为子城之面积。在这里，"大内"面积是基本模数，坊之面积为分模数，"子城"之面积为扩大模数，其间都相差四倍（图3-1-13）。

在古代，这样巨大都城的规划要想皇帝同意，诸臣无异议，除解决实际问题外，还要有引经据典的理由并能包容堪舆上的说法。后者未发现线索暂置不论。前者，如从儒家经典引申，可以

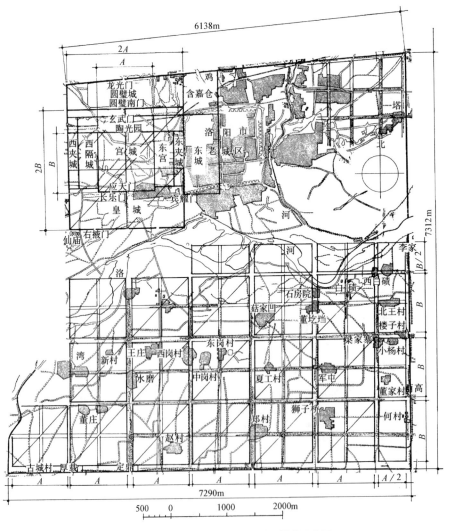

图3-1-13　隋唐东都规划中以宫城为模数示意图

解释为以"大内"部分象征一姓为君的家族皇权，以含宫城、皇城为一体的"子城"象征国家政权，以坊市象征民众。古代称建立一姓为君的国家为"化家为国"，规划中以"大内"扩大四倍为"子城"的手法，象征杨隋一姓"化家为国"。以坊为"大内"及"子城"的基本面积单位，象征"民为邦本"。

以上两点实是在城市规划中使用面积上基本模数和扩大模数问题，极值得注意，它无疑也是出于宇文恺之手。

但从隋唐三百年间东都的历史看，规划中使洛水贯都并非成功之举。首先，洛水不断泛滥，造成严重破坏。《唐会要》记载，永淳元年（682年）"洛水溢，坏天津桥，损居人千余家"。如意元年（692年）"洛水溢，损居人五千余家"。神龙元年（705年）"洛水暴涨，坏百姓庐舍二千余家，溺死者数百人"。开元八年（720年）"东都穀、洛、瀍三水溢，损居人九百六十一家，溺死八百一十五人"。开元十四年（726年）"瀍水暴涨，入洛，损诸舟租船数百艘"。仅以上记载，已损居人近万家[63]。洛河与漕渠间五坊一市破坏尤甚。水患成为东都最大的灾难。

其次，东都被洛河分为南北两部分，洛水出入城处成为最大的缺口，枯水期无险可守。隋末杨玄感、李密攻东都，都舍洛南而直攻洛北。隋末唐初唐与王世充的战争中，唐军占西苑，王世充放弃洛南和洛北坊市，只守宫城皇城，以皇城南面洛水北岸为主战场。安史之乱时，叛军也置洛南不顾，自东面攻入洛北区，西攻上阳宫西苑，孤立的皇城宫城也不能守。巨大的洛南区由于洛水阻隔，对保卫洛北区基本不起作用。

所以不论从城市生活还是防守角度看，盲目效法南朝建康，让一条不能控制的河流穿城而过，实是一个很大的失策。

炀帝决策建东都在仁寿四年（604年）十一月，下令命杨素、宇文恺建东都在大业元年（605年）三月，则做东都规划的时间不超过四个月，从城市和宫殿的巨大规模看，可谓神速。从大业元年三月始建，到二年四月炀帝入洛阳，包括建设和布置陈设在内，也只有十三个月。当时采用由大臣分工督促的办法，近于今日的"分片包干"，限期完成。其中皇城内的官署由裴矩负责修建，只用了九十天[64]。史称东都建成后，"赐监督者各有差"，可知此法有效。但督役严急，死亡相继，也是这个办法引起的。尽管始建东都时主要建了宫城、皇城和重要干道，外郭城只筑短垣，很多坊只筑成坊墙，远边之坊可能只定界标，但在十三个月中完成，速度仍是惊人的。史载北周宣帝在大象元年（579年）正月下令修建洛阳宫，以窦炽为营作大监，樊叔略为营构监，发山东诸州兵，常役四万人，次年五月周宣帝死后停工，历时十七个月。史称"虽未成毕，其规模壮丽，逾于汉魏远矣"[65]。隋炀帝建东都宫殿官署时，虽动员大量人力采木于江西，但也极有可能自周宣帝重建的洛阳宫拆移来建筑材木加以利用，和建大兴城时拆移长安故城宫殿林木的情况相似。

隋建东都役使了大量人力。《元河南志·隋城阙古迹》载，"筑宫城兵夫七十万人，……六十日成。其内诸殿及墙院又役十余万人。直东都土工监当（常）役八十余万人，其木工、瓦工、金工、石工又十余万人"。总计建外郭及宫城共用工人在二百万人以上[66]。另外在采运材料上也役使了大量人力[67]。史称"东京官吏督役严急，役丁死者十四五，所司以车载死丁，东至城皋，北至河阳，相望于道"[68]。炀帝是亡国之君，自然会成为众恶所归。但他即位之初兴建东都的主因确是要在中原建一个据点，使经济文化发达的江南和山东地区，以东都为中介，和关中的首都相沟通。这对消除三百年分裂的影响，巩固统一和发展经济，本应起有益的作用，和他开运河的初衷很相似，但由于他好大喜功，自恃富强，数事同时并举，不顾民力所能承受的程度，且变本加厉，继之以严刑峻法，使大量民工死亡，民众流离失所，都办成使民众痛恨的恶政，激发全国农民大起义,最终覆亡。

隋建东都后,在宫城旁建含嘉仓城,囤积了大量粮食。又在东都附近建洛口仓及回洛仓,都是极大的仓库。

史载,大业二年冬十月,"置洛口仓于巩东南原上,筑仓城,周回二十余里,穿三千窖,窖容八千石以还,置监官并镇兵千人。十二月,置回洛仓于洛阳北七里,仓城周回十里,穿三百窖。"从围绕洛阳这些巨大的仓,可以看到隋建东都在经济上的重要意义。

隋唐时,关中及长安人口密集,地方农业生产不足以供应,主要靠运输河南河北粮食接济。隋开皇十四年关中大旱,隋文帝亲帅户口就食于洛阳。唐高宗复立东都,他的晚年及武后时期长住东都,也有因东都富庶,接近经济发达的河北、淮南、江南地区有关。武后晚年连续去长安,有人上书反对,说"陛下今幸长安也,乃是背逸就劳,破益为损。何者?神都帑藏储粟,积年充实,淮海漕运,日夕流衍。地当六合之中,人悦四方之会。陛下居之,国无横费。长安府库及仓,庶事空缺,皆藉洛京转输,价直非率户征科,其物尽官库酬给,公私靡费,盖亦滋多。陛下居之,是国有横费,人疲重徭"[69]。从所说中可以看到河南经济地位超过关中的情况。玄宗时多次去东都也有减轻关中负担和倾慕东都地区富庶之意。《资治通鉴》载"初,上自东都还,李林甫知上厌巡幸,乃与牛仙客谋增近道粟赋及和籴以实关中,数年,蓄积稍丰。上从容谓高力士曰:朕不出长安近十年,天下无事……"[70]。这事也反证了前此玄宗去东都有缓解关中及长安供应紧张的作用。安史之乱后,河北各地尽失,唐朝廷主要靠江淮地区财赋支持,自运河经汴梁、转运至长安,洛阳正在这条运输线上,所以皇帝虽不再去,而仍设陪都,有分司官,元老重臣退休后也多安置在洛阳。洛阳仍是唐政权在中原的最主要政治经济据点,直至唐末。

注释

[1]《隋书》卷3,〈帝纪〉3;炀帝上。仁寿四年十一月癸丑诏书。中华书局标点本①P. 60

[2] 同上书,同卷。大业元年三月丁未诏书。中华书局标点本①P. 63

[3]《隋书》卷24,《食货志》。中华书局标点本③P. 686

[4]《隋书》卷3,〈帝纪〉3,炀帝上。中华书局标点本①P. 63、65、66、72

[5]《资治通鉴》卷189,〈唐纪〉5,高祖武德四年(621年):"秦王世民观隋宫殿,叹曰:逞侈心,穷人欲,无得亡乎。命撤端门楼,焚乾阳殿,毁则天门及阙,废诸道场。"中华书局标点本⑬P. 5918

[6]《唐会要》卷30,〈洛阳宫〉,显庆元年、上元二年条。丛书集成本⑥P. 552

[7]《唐会要》卷86,〈桥梁〉,显庆五年、上元二年条。丛书集成本⑮P. 1577

[8]《旧唐书》卷87〈李昭德传〉:"长寿中,神都(东都)改作文昌台(尚书省)及定鼎、上东诸门,又城外郭,皆(李)昭德创其制度,时人以为能。"中华书局标点本⑨P. 2854

[9]《旧唐书》卷22,〈礼仪志〉2;建明堂条。中华书局标点本③P. 862

[10]《资治通鉴》卷205、延载元年(694年)、天册万岁元年(695年),武三思帅四夷酋长请铸铜铁为天枢条。中华书局标点本⑭P. 6494、6502

[11]《唐六典》卷7,东都条原注:"明[显]庆元年复置为东都。龙朔中,诏司农少卿田仁汪随事修葺,后又命司农少卿韦机更加营造。永昌中,遂改为神都,渐加营构,宫室、百司、市里、郛郭,于是备矣。"中华书局排印本P. 220

[12]《资治通鉴》卷222,〈唐纪〉38,肃宗宝应元年(762年)十月,回纥入东京条。中华书局标点本⑮P. 7135

[13]《新唐书》卷127,张嘉贞传。中华书局标点本⑭P. 4444

[14]《资治通鉴》卷243,〈唐纪〉59,敬宗宝历二年(826年)"上自即位以来,欲幸东都,……裴度从容言于上曰:国家本设两都,以备巡幸,自多难以来,兹事遂废。今宫阙、营垒、百司廨舍率已荒弛,陛下傥欲行幸,宜命有司岁月间徐加完葺,然后可往。"中华书局标点本⑰P. 7848

[15]《资治通鉴》卷264,〈唐纪〉80,昭宗天祐元年(904年)"(天祐元年正月)全忠发河南、北诸镇丁匠数万,令张全义治东都宫室。"中华书局标点本⑱P.8626

[16]《元河南志》卷1,〈京城门坊街隅古迹〉。中华书局缩印《宋元方志丛刊》⑧P.8338～8339

[17]《唐六典》卷7,东都条原注:"都城,隋炀帝大业元年诏左仆射杨素、右庶子宇文恺移故都创造也。南直伊阙之口,此倚邙山之塞,东出瀍水之东,西出涧水之西,洛水贯都,有河汉之象焉。东去故都十八里。"中华书局排印本 P.219

[18]曹元忠辑本《两京新记》卷2,东京条。《南菁札记》本卷2P.1b

[19]《大业杂记》:"端门即宫南正门,……临大街,直南二十里正当龙门。"商务印本馆《元明善本丛刊》本《历代小史》卷之又五 P.1b

[20]《唐六典》卷7,东都条原注:"东面十五里二百一十步,南面十五里七十七步,西面连苑,距上阳宫七里,北面距徽安门七里。郛郭南广北狭,凡一百三坊,三市居其中焉。"中华书局排印本 P.220

[21]中国科学院考古研究所洛阳发掘队:〈隋唐东都城址的勘查和发掘〉,〈考古〉1961年3期。

[22]《资治通鉴》卷205,〈唐纪〉21,则天后长寿元年(692年):"初,隋炀帝作东都,无外城,仅有短垣而已,至是,凤阁侍郎李昭德始筑之。"中华书局标点本⑭P.6478

[23]《唐会要》卷86,〈城郭〉:"天宝二年正月二十八日,筑神都罗城,号曰金城。"《丛书集成》本⑮P.1584

[24]《大业杂记》商务印书馆《元明善本丛书》本《历代小史》卷之又五 P.3～4

[25]《元河南志》卷3,〈隋城阙古迹〉,隋皇城条。中华书局缩印《宋元方志丛刊》本⑧P.8375～8376

[26]《元河南志》卷1,〈京城门坊街隅古迹〉,洛水之北条。中华书局缩印《宋元方志丛刊》本⑨P.8347～8351

按:卷中称"洛水之北,东城之东,坊三十二,"是指宋代的情况,文中说道义坊、永福坊、时泰坊三坊为续添,故隋唐时为三十坊,以一坊之地为市。

[27]《元河南志》卷1,《京城门坊街隅古迹》,洛水北承福坊条原注云:"按韦述记,东城之南,承福门外有承福坊,次东玉鸡坊,次东铜驼坊,次东上林坊,次东温洛坊,旁通凡五坊,皆在洛北漕南,二水之间。"又,在时泰坊条原注云:"隋有通远桥,跨漕渠,桥南通远市,周六里,南临洛水,有临寰桥。"中华书局缩印《宋元方志丛刊》本⑧P.8348、8350

[28]《元河南志》卷1,《京城门坊街隅古迹》,定鼎街东第二街及定鼎门西第一、第二街部分。中华书局缩印《宋元方志丛刊》本⑧P.8339、8346

[29]同上书,同卷。⑧P.8340～8346

[30]同上书,同卷,"凡一百二十坊"。中华书局缩印《宋元方志丛刊》本⑧P.8339

[31]同上书,同卷"城内纵横各十街"句原注。中华书局缩印《宋元方志丛刊》本⑧P.8339

[32]中国社会科学院考古研究所洛阳工作队:〈隋唐东都城址的勘查和发掘续记〉,〈考古〉1978年6期。

[33]《元河南志》卷1,《京城门坊街隅京迹》,定鼎条原注。中华书局缩印《宋元方志丛刊》本⑧P.8339

[34]《大业杂记》商务印书馆《元明善本丛刊》本《历代小史》卷之又五 P.2a

[35]东都里坊门为楼除前引〈大业杂记〉外,又见于《资治通鉴》卷183,〈隋纪〉7,恭帝义宁元年(617年),三月,李密军烧天津桥条。胡三省注引《通鉴考异》云:"(三月)乙亥,(李)密部众入自上东门,于宣仁门东街立栅而住。丙寅,烧上东门及街南北里门楼,火接宣仁门。"中华书局标点本⑫P.5727

[36]《元河南志》卷1。中华书局缩印《宋元方志丛刊》本⑧P.8340、8341、8350

[37]《元河南志》卷1,仁和坊条原注:"韦述云:此坊北侧数坊去朝、市远,居止稀少,惟园林滋茂耳。"中华书局缩印《宋元方志丛刊》本⑧P.8341

[38]《元河南志》卷4,漕渠条。中华书局缩印《宋元方志丛刊》本⑧P.8386

[39]商务印书馆《元明善本丛刊》本《历代小史》卷之又五 P.66

[40]《元河南志》卷1,中华书局缩印《宋元方志丛刊》本⑧P.8347

[41]《太平御览》卷191,居处部19,〈市〉中华书局缩印《四部丛刊》续编本①P.925

[42]《隋书》卷4,〈炀帝纪〉下。中华书局标点本①P.92

[43]《元河南志》卷1,"次北唐之南市"句下原注。中华书局缩印《宋元方志丛刊》本⑧P.8343

[44] 同上书，同卷：通济坊条，原注："按韦述记，厚载门第一街，街西本固本坊，又改西市。"中华书局缩印《宋元方志丛刊》⑧P. 8347

[45] 《旧唐书》卷8，〈玄宗纪〉上：（开元十三年）"六月，乙亥，废都西市。"中华书局标点本①P. 188，《唐会要》卷86，〈市〉："天授三年四月十六日，神都置西市，寻废。至长安四年十一月二十二日，又置。至开元十三年六月二十三日又废，其口马移入北市。"《丛书集成》本⑮P. 1581

[46] 《元河南志》卷1，北市坊条，原注云："本临德坊，唐显庆中立为北市，后废市，因以名坊。"

[47] 《大业杂记》商务印书馆《元明善本丛书》本《历代小史》卷之又五，P. 1b

[48] 《唐会要》卷86，〈桥梁〉：开元二十年，天宝元年条。《丛书集成》本⑮P. 1577

[49] 《大业杂记》"左掖门东二里有承福门，即东城南门。南洛水有翊津桥，通翻经道场。"商务印书馆《元明善本丛书》本《历代小史》卷之又五，P. 2b

[50] 《唐会要》卷86，〈桥梁〉："上元二年，司农卿韦机始移中桥自立德坊西南置于安众坊之左，南当长夏门街，都人甚以为便，因废利涉桥，所省万计。然每年洛水泛溢，必漂损桥梁，倦于缮葺。内史李昭德始创意，令所司改用石脚，锐其前以分水势，自是无漂损之患。"《丛书集成》本⑮P. 1577

[51] 《元河南志》卷4，〈唐城阙古迹〉，洛水条，魏王池下原注："初建都，筑堤壅水北流。"中华书局缩印《宋元方志丛刊》本⑧P. 8385

[52] 《元河南志》卷3，〈隋城阙古迹〉，漕渠条原注云："大业二年土工监任洪则开，名通远渠，自宫城南承福门外分洛水东至偃师入洛。又沿洛水湍浅之处，名千步陂，渚两碛，东至洛口，通大船入通远市。"同书卷4〈唐城阙古迹〉，漕渠条云："当洛水中流立堰，令水北流入此渠，有余水然始东下。……亦隋炀帝以为水滩泄多石碛，不通舟航，乃开此渠，下六十余里，至偃师之西，复与洛合。"中华书局缩印《宋元方志丛刊》本⑧P. 8378、8386

[53] 《元河南志》卷4，漕渠条："又东流至景仁坊之东南，有漕渠。"中华书局缩印《宋元方志丛刊》本⑧P. 8386
按：此句有误，当作"又东流至景仁坊之南，有东漕桥。"其下原注云："大业初造、初曰通济桥，（应作通远桥），南抵通远市之北西偏门。自此桥之东皆天下之舟船所集，常万余艘，填满河路。"中华书局缩印《宋元方志丛刊》本⑧P. 8386

[54] 《元河南志》卷4，〈唐城阙古迹〉，漕渠新潭条云："长安中（按：据《唐会要》〈漕运〉条，作大足元年六月九日）司农卿宗晋卿开，以通诸州租船。四面植柳，中有租场，积石其下，于上布土。……后潭中水浅，租船不能至。"中华书局缩印《宋元方志丛刊》本⑧P. 8386

[55] 同上书，同卷，"仁风坊有南运渠"句下原注。中华书局缩印《宋元方志丛刊》本⑧P. 8386

[56] 同上书，同卷，"通济坊南有分渠"句下原注。中华书局缩印《宋元方志丛刊》本⑧P. 8386

[57][58][60] 同上书，同卷，〈唐城阙古迹〉，泄城渠、泻口渠、瀍水三条原注。中华书局缩印《宋元方志丛刊》本⑧P. 8386

[59] 徐松：《唐两京城坊考》卷5，通津渠条。中华书局标点本 P. 179

[61] 《隋书》卷24，〈食货志〉。中华书局标点本③P. 672

[62] 《隋书》卷68，宇文恺传，在〈明堂议表〉中说："梁武即位之后，移宋时太极殿以为明堂。……平陈之后，臣得目观，遂量步数，记其丈尺。"中华书局标点本⑥P. 1593

[63] 《唐会要》卷43、44，〈水灾〉上、下。《丛书集成本》⑧P. 778～783

[64] 《隋书》卷67，裴矩传："炀帝即位，营建东都，矩职修府省，九旬775就。"中华书局标点本⑥P. 1578

[65] 《资治通鉴》卷173，〈陈纪〉7，宣帝太建十一年（579年）"（二月）周下诏，以洛阳为东京，发山东诸州兵治洛阳宫，常役四万人。徙相州六府于洛阳。"中华书局标点本⑫P. 5394

[66] 《元河南志》卷3，〈隋城阙古迹〉，宫城条。中华书局缩印《宋元方志丛刊》本⑧P. 8373

[67] 《旧唐书》卷75，张玄素传。中华书局标点本 ⑧2640 引文参见隋东都宫部分。

[68] 《资治通鉴》卷180，〈隋纪〉4，炀帝大业元年。中华书局标点本⑫P. 5619

[69] 《唐会要》卷27，〈行幸〉长安四年杨齐哲谏书。丛书集成本⑤P. 518

[70] 《资治通鉴》卷215，〈唐纪〉31，天宝三载（744年）。中华书局标点本⑮P. 6862

3. 隋江都城——唐扬州城

在今江苏省扬州市，始建于春秋时吴国，称邗，时在吴王夫差十年（公元前 486 年）。战国至汉时称广陵，为西汉初吴王濞都城，也有筑城的记载。东晋废帝太和四年（369 年）和刘宋孝武帝大明二年（458 年）桓温和刘诞也曾先后筑城，成为南朝江北重镇。隋统一全国后，先后派秦王俊[1]、晋王广为扬州总管，镇广陵，镇抚南朝旧境。杨广镇广陵时，平定江南叛乱[2]，颇得时誉，为他以后夺嫡为太子打下基础。

隋仁寿四年（604 年）杨广即位，是为隋炀帝。炀帝改州为郡，扬州改称江都郡。大业元年（605 年）三月下诏开通济渠、汴河、邗沟[3]。同年八月，乘龙舟自水路至江都，次年三月返回[4]。《大业杂记》说炀帝命扬州长史王弘修江都宫及临江宫[5]，当即炀帝停留时所居。大业六年（610 年）三月又幸江都，七年二月返回[6]。大业十二年（616 年）各地起义军蜂起，中原糜烂，炀帝又于其年七月幸江都，流连不返，至 618 年三月被叛军杀死[7]。通计炀帝在位十三年中，居留在江都的时间有四十个月，超过三年。在史籍上虽没有隋立江都为隋都的记载，但从他居留时间之长和下令"江都太守秩与京尹同"的情况看[8]，实际是隋朝末年的都城。《通典》说："后（炀）帝徙都（江都）而丧国焉"[9]，说明唐人也认为江都是隋的都城之一。

唐代又改称扬州，设大都督府[9]，为控御江南的军事重镇和经济中心。自南朝末期起，南方的经济已超过北方。隋唐定都长安，关中的农业生产不足以供养，必须靠河南、河北、江淮、江南的财赋支持[10]。这实是隋炀帝修运河的原因之一，要利用运河，以漕运的方式接济长安。扬州正处在长江下游北岸大运河入口处。大量江南的财赋在这里集聚，然后通过运河转运到河南，关中。中晚唐时，河北藩镇割据，中原屡遭战乱破坏，唐政权财政全靠江南八道支持，扬州的地位更加重要，也发展得更加繁荣，有"扬州富庶甲天下，时人称'扬一益二'"的说法[11]。唐末军阀混战，扬州成为争夺的目标，遭到毁灭性的破坏。《旧唐书·秦彦传》说："江淮之间，广陵大镇，富甲天下。自（毕）师铎、秦彦之后，孙儒、（杨）行密继踵相攻，四五年间，连兵不息。庐舍焚荡，民户丧亡，广陵之雄富扫地尽矣"[12]。扬州的毁灭断绝了唐政权的最后财源，唐也就很快灭亡了。

但在现存古籍中没有系统的隋江都或唐扬州的记载，我们只能就零星史料加以综合，了解一个大致的轮廓。近年对扬州古城进行了大量的考古勘查和发掘，基本查清了城市轮廓和城门街道。把文献和考古资料相结合，可以对扬州规划的特点有个初步的认识。

隋江都宫及城的建设过程，在史书中没有明确记载。从《资治通鉴》记载大业元年八月至次年三月炀帝居留七月之久看[4]，当时应已初步建成江都宫。《隋书·张衡传》载，炀帝"敕（张）衡督役江都宫"，《通鉴》也载此事，系于大业六年炀帝再至江都宫时[13]，当在大业六年以前，大约炀帝在江都的建设至此已基本完成。

从史书所载大业十四年（618 年）江都兵变杀炀帝的过程中，我们可以大体上了解隋时江都宫城及城市的少许情况。

江都宫的宫城正门名江都门，门外有朝堂，如大兴宫广阳门及东都宫则天门之制[14]。宫的北门名玄武门[15]，玄武门北又有一重城，有门名芳林门[15]，宫中正殿名成象殿[16]，相当于东都宫之乾阳殿，《大业杂记》说大业"二年正月，帝御成象殿元会，设庭燎，于江都门朝诸侯。成象殿即江都正殿，殿南有成象门，门南即江都门"。成象门在唐末尚存，改为府署正门，称行台门或中书门，唐光启二年（885 年）始塌毁[17]。成象殿后有阁门，分左右阁[16]，门内即后殿，相当于东都之大业殿，其名失载。殿北即永巷[16]，永巷之北为后宫[16]。后宫有若干殿，均为寝殿，炀帝被缢杀于寝殿[16]，而《隋书·炀帝纪》说崩于温室[18]，可知温室是寝殿之一。后宫除寝殿外，两侧有若干院。《资治通鉴》载，炀帝于大业十二年至江都后，"荒淫日甚，宫中为百余房，各盛供张，实以美人，日令一房为主人。……退朝则幅巾短衣，策杖步游，遍历台馆，非夜不止，汲汲顾景，唯恐不足"[19]。这些房每房实即一所院落。据"遍历台馆"、"汲汲顾景"句，可知宫中建筑很多，景物壮丽。

在宫城之东还有东城，史载兵变时司马德戡在东城内集叛变的骁果数万人，声闻宫内[16]。可知有相当大的面积，为屯禁军之所。宫城的西侧有西苑。《隋书·裴蕴传》说："及司马德戡将为乱，……蕴共（张）绍惠谋，欲矫诏发郭下兵民，……收在外逆党宇文化及等，仍发羽林殿脚，遣范富娄等入自西苑，取梁公肖钜及燕王处分，扣门援帝"[20]。可知西苑与宫城相邻，有门相通。据（明）盛仪［嘉靖］《维扬志》记载，西苑又称西宫。综括上述，宫城、东城、西苑是一整体，构成隋江都的宫殿区。《大业杂记》载隋还建有临江宫，《隋书·地理志》称之为扬子宫，在临扬子江处，主殿为凝晖殿[5]。《隋书·炀帝纪》载大业七年"二月已未，上升钓台，临扬子津，大宴百僚。"隋时运河自北而南，穿城而过，临江宫及钓台当在运河入江之处。入唐后，随着江岸南移和扬州城的南拓，其址已不可考。此外据（明）盛仪《维扬志》记载，还有归雁宫、回流宫、九里宫、松林宫、枫林宫、大雷宫、小雷宫、春草宫、光汾宫等，注云"皆隋炀帝建，刘长卿、鲜于诜俱有诗"[21]，当是离宫之类，分布于江都附近。

江都宫城之南还建有外郭。上引《隋书·裴蕴传》有"欲矫诏发郭下兵民"句，《隋书·宇文化及传》说，"孟秉、（宇文）智及于（宫）城外得千余人，……共布兵分捉郭下街巷"[22]，都提到"郭下"，可知江都确实还建有外郭。《隋书·裴矩传》说："宇文化及之乱，矩晨起将朝，至坊门，遇逆党数人，控矩马诣孟景所"[23]，据此，则江都郭内的居民区仍采取封闭的里坊形式。但江都外郭的范围和里坊数史籍不载，已无可考。

隋江都也建有佛寺。日僧圆仁《入唐求法巡礼行记》记载，唐扬州开元寺有瑞像阁，李德裕官扬州时曾召见圆仁等于阁上。阁隋建，炀帝自书"瑞像飞阁"四字悬于楼前，可知此寺始建于隋，开元寺之名为唐代所改[24]。（宋）沈括《补笔谈》卷三，记扬州二十四桥，中有参佐桥，注云"今开元寺前"，可知此寺在参佐桥北面，约当外郭北面东西向大街之北，宫城的东南方（图3-1-14）。

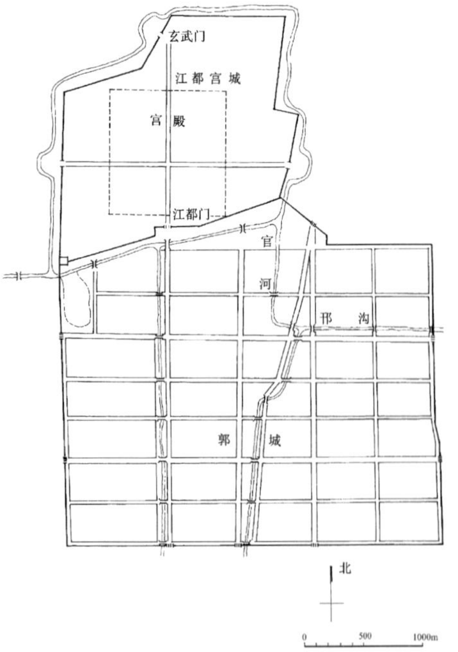

唐前期在全国设都督府，分大、中、下三等，大都督府只设五个，扬州是其中之一，可知它在政治、经济、军事上的重要性。中

图3-1-14 江苏扬州隋江都城平面复原图

唐前后，在扬州设盐铁转运使，汇集两浙、江南、江淮租税财赋，经运河输往长安，成为繁荣的经济中心。《旧唐书·陈少游传》说，建中四年（783年）包佶为盐铁使，在扬州有"赋税钱帛约八百万贯"，三千名守财卒守护之[25]。据《唐会要·转运盐铁总叙》记载，"大历之末（779年），通天下之财而计其所入总一千二百万"[26]，而四年后扬州就积有其三分之二，扬州财富集中的情况可想而知。从经济繁荣情况看，其城市建设在中唐以后应有巨大发展。但唐代史籍中关于扬州的情况记载更少，也只能就零星史料加以综合。

唐代以隋宫城为子城，又称衙城，为大都督府、节度使署、盐铁转运使署等官署所在。隋宫的成象门尚在，即用为府署大门[17]。隋的外郭在唐称罗城。隋代的运河穿罗城而过，自北向南入江。这段穿城的河道遂成为最繁华的地段[28]。中唐以后，长江北岸逐渐南移，江潮入河较少，河道逐渐淤塞，漕运较困难。784年曾加以疏浚，又筑塘陂蓄水，以补运河水量之不足[27]，但遇旱年仍滞缓漕运。到826年遂在罗城南另开新河，不入罗城而循南墙、东墙外北行，至禅智寺桥，连通旧运河，全长十九里[28]。此河开通后，漕船不再穿罗城，原城内运河（俗称官河）遂成为城内供应及商业专用水道。唐人艳称的扬州二十四桥有一大半在这条河上。《唐会要·市》载："（大历）十四年七月，令王公百官及天下长吏无得与人争利。先于扬州置邸、肆贸易者罢之。先是，诸道节度观察使以广陵当南北大衢，百货所集，多以军储货贩，列置邸肆，名托军用，实私其利息。至是乃绝"[29]。按：肆是商店，邸又称邸阁，是储货仓库，多沿河建造，前有码头，据此条可知扬州罗城内官河两岸是仓库和列肆区，和南朝建康秦淮河的情况类似，极为繁华。

唐扬州也有市。（唐）段成式《酉阳杂俎》说："陈司徒在扬州时，东市塔影忽然倒"[30]。（宋）沈括记扬州二十四桥，其中有小市桥，可知扬州至少有东市及小市两个市。直至唐末，尽管商业发展，街道拥挤，但仍有市。《资治通鉴》载，僖宗光启三年（887年）时，"扬州连岁饥，城中馁死者日数千人，坊市为之寥落"[31]。又说杨行密围城半年，宣城军队以人为食，"积骸流血，满于坊市"[32]。都提到"坊市"，可知这时坊市制并未彻底破坏，直到唐末，基本上扬州的居民区仍为坊，商业区仍为市。

但扬州由于商业发达，其城市管制肯定不会像长安那样严。长安规定居民住宅向坊内开门，非三品以上官及坊内三绝不得向街开门。隋唐时外州也实行此禁，《隋书·令狐熙传》云，熙为汴州刺史，下禁令，"民有向街开门者杜之"[33]。但《旧唐书·杜亚传》说："侨寄衣冠及工商等多侵衢造宅，行旅拥弊"，兴元初（784年）杜亚为扬州长史，乃"开拓疏启"之[34]。结合前引诸道节度观察使在扬州置邸肆贸易之事[29]看，扬州的商业和住宅确曾有严重突破坊市界限的情况，特别是对外地官商，只能靠皇帝下令来禁止，大约终唐之世，处于屡禁屡犯，不能禁绝的状况。

唐扬州罗城内沿河道处是最繁华区，也是城市独具风貌之处，河上桥梁众多，号称"二十四桥"，屡屡见于唐人诗歌。据（宋）沈括《补笔谈》记载："扬州在唐最为富盛，旧城南北十五里一百一十步，东西七里，周卅（卌？）里。可记者有二十四桥：最西浊河桥、茶园桥，次东大明桥（原注：今大明寺前），入水西门，有九曲桥（原注：今建隆寺前），次东，正当帅府衙南门有下马桥，又东作坊桥。桥东，河转向南，有洗马桥，南桥（原注：见在，今州城北门外）。又南阿师桥、周家桥（原注：今此处为城北门）、小市桥（原注：今存）、广济桥（原注：今存）、新桥、开明桥（原注：今存）、顾家桥、通泗桥（原注：今存）、太平桥（原注：今存）、利国桥。出南水门有万岁桥（原注：今存）、青园桥。自驿桥北，河流东出，有参佐桥（原注：今开元寺前），次东水门（原注：今有新桥，非古迹也），东出有山光桥（原注：见在，今山光寺前）。又，自衙门下马桥直南，有北三桥、中三桥、南三桥，号'九桥'，不通船，不在二十四桥之数，皆在今州城西门之外"[35]。

从这段记述看，这二十四桥分布在唐代子城前东西向河道及穿罗城的南北向官河上，其中有五座在东、南、西三水门之外的城外。从这些桥名上可以知道扬州很多地名，如作坊桥当在扬州官手工业作坊附近，驿桥、小市桥必邻近扬州驿及小市。从说九桥"不通船"句可以推知二十四桥应都是可以通船的高桥，以利漕船及其他船只通过。但桥的形制构造史籍未详载。

扬州唐代桥址，1978年在石塔寺右前侧曾发现一座，为多跨梁式木桥。遗址只存若干排木桩，当是桥柱的下部残段。从柱的范围看，桥跨在34米以上，河道宽在30米左右，桥之中跨最宽，为8米，当是供船只通过的主航道。此桥应即是横跨官河上的二十四桥之一。

唐扬州城的大小，史籍上有两个记载。一个是唐开成三年（838年）日本僧人圆仁初到扬州时所记，说"扬府南北十一里，东西七里，周四十里"[36]。一个是前引沈括的记载，说"旧城南北十五里一百十步，东西七里"[35]。二书所记宽度相同，而南北之长相差四里。但比圆仁早三四十年时，张祜已有"十里长街市井连"之句，说明罗城南北长已近十里，加上子城则是十四五里，所以圆仁所记南北十一里可能是只指罗城，没有包括子城。这样，二人所记就是一致的了。这南北十里的罗城显然是随着唐扬州经济的发展和江岸逐渐南移后在隋代郭城基础上拓展而成的。

唐扬州的城门史籍上只有零星记载。《旧唐书·王播传》记王播开新河之事，说自"城南闾门西七里港开河……"[37]，《资治通鉴》记唐光启三年（887年）毕师铎攻扬州之役，其中提到南门、参佐门、教场门、开化门。说吕用之在罗城开参佐门北走，可知是罗城北门之名。又说申及劝高骈自教场门出逃，后毕师铎兵败自开化门奔东塘[38]，他们都住在子城中，则知教场门、开化门是子城门名。《梦溪笔谈·补笔谈》记扬州有西水门、东水门、南水门[35]，则是城门之外又有河流入城的水门。但全部门数、门名、位置，史籍不载。

扬州罗城内街道以十里长街最著名，（唐）张祜诗"十里长街市井连，月明桥上看神仙，"可知这条街是和官河及桥连系着的。（唐）杜牧《扬州三首》之三云"街垂千步柳，霞映两重城"，可知街上行道树植柳，和长安植槐不同。"两重城"指子城和罗城，则在这条街上有同时可以看到子城、罗城之处。

唐扬州城内坊市居民众多，《新唐书·五行志》载唐太和"八年（834年）三月扬州火，皆燔民舍千区"。同年"十月，扬州市火，燔民舍数千区。"又载开成四年（839年）十二月，"扬州市火，燔民舍数千家"。从这记载看，坊与市应相距甚近，房屋拥塞，才会发生市火燔及民舍的情况。

扬州商业繁茂，很多商人居舍豪华。《新唐书·高骈传》载扬州"有大贾居第华壮"，为高骈牙将诸葛殷所夺，但居第豪侈的具体情况，史籍未详载。

近年的考古工作证实，扬州隋宫城——唐子城在蜀岗上，高出南面平地二三十米。城东西最宽处约1960米，南北最长处约2000米，呈不规则多边形。城墙为夯土筑成，分四层，最下层为汉代所夯，其上属六朝，再上属隋唐，隋唐城上有五代、宋修补层。城墙的层位关系证明隋宫城——唐子城是在汉、六朝广陵城的基础上建造的，因多次增筑，又需顺应岗上地形，故平面呈不规则形。隋唐时的城墙外表面用砖包砌，砖向外一面抹斜，与城身坡度相同，与隋东都宫墙所用砖相同。城脚有砖铺散水。城墙一般厚9米，城角处有角墩，厚达12米。城墙一般残高5～6米，西墙高出地面10米。城每面一门，南门、东门址已探出，北门、西门址仅存豁口。南城墙随蜀岗前沿作西南东北走向，中段局部内凹，转为正东西向，其间开南门。南门门墩上开有三个门道，中道宽7米，两侧二道各宽5米，中间各有厚2.5米的隔墩。门墩、门道深14米，表面用砖包砌，墩台外侧接厚9米的城墙。子城南北、东西各门间有大道相通，十字交叉，路宽10米左右。

罗城在子城南平地上，东西宽 3120 米（唐代 7.07 里），南北长 4200 米（唐代 9.52 里）基本为纵长矩形。如与子城合计，南北全长 6030 米（唐 13.67 里）。城墙土筑，宽 9 米，只分早晚二期，隋唐时建，无汉、六朝遗迹。城址全部埋在地下，经钻探始能查明。除城墙外，已探明 7 座城门：计西墙上 2 座，南墙上 3 座，东墙、北墙各一座。七门中，东墙、西墙北部各有一门，东西相对，其间连以长 3040 米的东西向大道。这二门都开有三个门道，中间门道宽 5 米，两侧门道宽 4 米，中间有二道宽 4 米的隔墩。门墩宽 34 米、深 22 米，外接宽 9 米的夯土城墙。其余五个城门的门墩上都只开一个门道，宽 5 米，深 22 米。其中西墙南部一门在门外有方形瓮城。

罗城内已探出三条南北向街道和二条东西向街道。其中四条是和城门相通的正东西或南北向街，以北侧一条东西街最宽，为 10 米，其余为 8 米或 5 米。只有一条是斜街，自北门斜向西南方，和城中官河平行相傍而行，南抵南墙中间之门，全长 9 里余，应即是"十里长街。"

在七座城门中，南墙上三门相距都是 660 米左右，合唐代 1.5 里。其东侧一门东距墙角尚有 1100 米左右，这部分即令没有城门，城内也应有一条中分的南北街。在西墙上已探出的两门之间相距 3070 米，约合唐代 7 里。从现存的两条东西大道均分其间为等距的三段看，在这两条大道东西端的东西城墙上还各应有两个城门。这样，可以推知唐代扬州罗城东、西两面各开四门，南面三门，北面一门，各门之间的四横三纵和另一条南北街分全城为二十五个矩形区域。在这街道网的基础上，如再以沈括所记二十四桥的位置相印证，还可以看到，在南北向河道上，自宋代州北门处的周家桥起，至南水门止，共有九座桥。这九桥都应在官河穿越城中东西街处，因此可以推知自周家桥向南，城内有九条横街，每条横街之间可安排一坊。按这距离向周家桥以北部分推算，还可安排四坊。这就可以大体上推知唐代罗城中南北可以安排 13 坊。前已推知东西宽可安排 5 坊，则全罗城内可分为 65 个矩形网格，以安排坊市[39]（图 3-1-15）。城市的主轴线是四条南北街中最西一条，而在第二、三两条南北街之间随官河而行的斜街穿过中间一排十三坊，是商业、运输最繁忙的地区，东市、小市应即在其间。

把考古勘探发掘材料与文献记载结合起来考察，我们可以确认，扬州子城和罗城北半部尚有隋代遗迹。从发掘得知，子城南门开有三个门道。三门道的城门，自西汉长安以来是都城和宫城城门的体制，中门为御道，二旁门左入右出，供臣民通过。所以从城门有三门道即可以判定它必是隋代遗迹，即隋江都宫的正门。相应的，子城北门应即隋宫城的玄武门。在罗城诸门中，东西城墙上北

图 3-1-15 江苏扬州唐扬州城平面复原图

侧相对的二门也开有三个门道，属帝都体制，也只能是沿用隋代江都郭城之旧。入唐以后，扬州为上州，虽能把衙城（子城）正门建为二个门道，但其余城门只能开一个门道，是绝不可能建三个门道的城门的。

由于东西墙上四门中，中间各二门都已毁去，不知它们是一门道还是三门道，无法据以推测隋江都外郭城的南界，但从最南一门开有一个门道的情况看，罗城南部肯定是唐代拓展的了。

隋江都兴建比东都洛阳稍晚一些，但把二城相比，就会发现一个极大的共同点，即宫城都在外郭的西北角，城市主轴线偏在西侧，城内也都河道纵横，二者可以算做属于同一模式。隋东都和大兴规划都出于宇文恺之手。江都规划者虽史籍不载，从二者相似之处看，估计也和他有关，至少是在东都规划影响下建造的。宇文恺所规划的大兴、东都平面都近于方形，所以隋江都郭城的轮廓极可能也是这样，而且隋时江岸距蜀岗尚近，也容不下长10里的城市，按北部已有的街道网格推测，隋江都外郭的南墙极可能在东西墙上北起第二门之南二坊地之处，和北部城门之北有二坊的布置相对应（参阅图3-1-14）。

隋把江都宫建在高出南面长江北岸冲积地上三十米的蜀岗上，西有西苑，东有驻军的东城，北面有重城，无论从据有形胜还是从便于守卫上看，考虑都是很周密的。自江都门俯览郭城，远望长江，也极为壮观，是规划选址上的很成功的例子。到唐代扬州发展成全国最繁荣的商业、手工业城市，出现了一定数量的临街商业和夜市，在一定程度上突破了自战国以来施行夜禁的封闭的市里体制的束缚，在经济发展的推动下，虽屡下禁令而不能遏止，成为宋以后开放性商业城市的先河。

注释

[1]《资治通鉴》卷177，〈隋纪〉1，文帝开皇九年（589年）："以秦王俊为扬州总管四十四州诸军事，镇广陵。"中华书局标点本⑫P.5518

[2]《资治通鉴》卷177，〈隋纪〉1，文帝开皇十年（590年）："以并州总管晋王广为扬州总管，镇江都。"中华书局标点本⑫P.5532《隋书》卷3，〈帝纪〉3，炀帝上："俄而江南高智慧等相聚作乱，徙上为扬州总管，镇江都。"中华书局标点本①P.66

[3]《资治通鉴》卷180，〈隋纪〉4，炀帝大业元年（605年）："辛亥，……发河南淮北诸郡民，前后百余万，开通济渠。自西苑引穀、洛水达于河；复自板诸引河历荥泽入汴；又自大梁之东引汴水入泗，达于淮，又发淮南民十余万开邗沟，自山阳至扬子入江。渠广四十步，渠旁皆筑御道，树以柳；自长安至江都，置离宫四十余所。"中华书局标点本⑫P.5618

[4]《资治通鉴》卷180，〈隋纪〉4，炀帝大业元年（605年）："八月，壬寅，上行幸江都，发显仁宫。……（大业二年）三月，庚午，上发江都，夏四月，庚戌，自伊阙陈法驾，备千乘万骑入东京。"中华书局标点本⑫P.5620

[5]《大业杂记》："又敕扬州总管府长史王弘大修江都宫。又于扬子造临江宫，内有凝晖殿及诸堂隍十余所。"商务印书馆影印《元明善本丛书》本《历代小史》卷之又五。

[6]《资治通鉴》卷181，〈隋纪〉5，炀帝大业六年（610年）："三月癸亥，帝幸江都宫。……七年，春正月，乙亥，帝自江都行幸涿郡。"中华书局标点本⑫P.5651

[7]《隋书》卷4，〈帝纪〉4，炀帝下："（大业）十二年，……秋七月，……甲子，幸江都宫。……（义宁）二年，……宇文化及……以骁果作乱，入犯宫闱，上崩于温室。"中华书局标点本①P.90

[8]《隋书》卷3，〈帝纪〉3，炀帝上："（大业六年六月）甲寅，制江都太守秩同京尹。"中华书局标点本①P.75

[9]《通典》卷181，〈州郡〉11，古扬州上，广陵郡条。中华书局缩印《十通》本P.961下

[10]《新唐书》卷53，〈志〉43，食货3："唐都长安，而关中号称沃野，然其土地狭，所出不足以给京师、备水旱，故常转漕东南之粟。……自高宗以后，岁益增多，而功利繁兴，民亦罹其弊矣。"中华书局标点本⑤P.1365

[11]《资治通鉴》卷259，〈唐纪〉75，昭宗景福元年（892年）条。中华书局标点本⑱P.8430

[12]《旧唐书》卷182,〈列传〉132,秦彦传。中华书局标点本⑭P.4715

[13]《隋书》卷56,〈列传〉21,张衡传。中华书局标点本⑤P.1392《资治通鉴》卷181,〈隋纪〉5,炀帝大业六年(610年)。中华书局标点本⑫P.5651

[14]《隋书》卷85,〈列传〉50,宇文化及传:"(兵变后),化及至城门,(司马)德戡迎谒,引入朝堂,号为丞相。令将帝出江都门以示群贼,因复入。"中华书局标点本⑥P.1890

[15]《隋书》卷59,〈列传〉24,燕王倓传:"宇文化及弑逆之际,倓觉变,……因与梁公肖钜,千牛宇文晶等穿芳林门侧水窦而入,至玄武门。"中华书局标点本⑤P.1438

[16]《资治通鉴》卷185,〈唐纪〉1,高祖武德元年(618年):"(三月,乙卯)是夕,元礼、裴虔通直閤下,专主殿内;唐奉义主闭城门,与虔通相知,诸门皆不下键。至三更,(司马)德戡于东城集兵,得数万人,举火以城外相应。……(宇文)智及与孟秉于城外集千余人,刼候卫虎贲冯普乐布兵分守衢巷。……丙辰,天未明,德戡授虔通兵,以代诸门卫士。虔通自将数百骑至成象殿。宿卫者传呼有贼,虔通乃还,闭诸门,独开东门,驱殿内宿卫者令出,皆投仗而走。……千牛独孤开远帅殿内兵数百人诣玄览门,叩閤请曰:兵仗尚全,犹堪破贼,……竟无应者。德戡等引兵自玄武门入,帝闻乱,易服逃于西阁。虔通与元礼进兵排左阁,……遂入永巷……因扶帝下阁。……虔通因勒兵守之。至旦,……(宇文)化及至城门,……斐虔通谓帝曰,百官悉在朝堂,陛下须亲出慰劳。……虔通执礜挟刀出宫门,……于是引帝还至寝殿,……缢杀之,……与赵王杲同殡于西院流珠堂。"中华书局标点本⑬P.5778

[17]《旧唐书》卷182,〈列传〉132,高骈传:"府第有隋炀帝所造门屋数间,俗号中书门,最为弘壮。光启元年(885年)无故自坏。"中华书局标点本⑭P.4710

按:《新唐书·五行志》1记此事,云"光启初,扬州府署门屋自坏,故隋之行台门也,制度甚弘丽云。"中华书局标点本③P.884

[18]《隋书》卷4,〈帝纪〉4,炀帝下。义宁二年三月。中华书局标点本①P.93

[19]《资治通鉴》卷185,〈唐纪〉1,高祖武德元年(618年)三月。中华书局标点本⑬P.5775

[20]《隋书》卷67,〈列传〉32,裴蕴传。中华书局标点本⑥P.1576

[21](明)盛仪:[嘉靖]《维扬志》卷7,〈遗迹〉。上海古籍书局影印天一阁藏明本方志本。

[22]《隋书》卷85,〈列传〉50,宇文化及传中华书局标点本⑥P.1890

[23]《隋书》卷67,〈列传〉32,裴矩传中华书局标点本⑥P.1583

[24](日)圆仁:《入唐求法巡礼行记》卷1,承和五年(唐文宗开成三年,838年)十一月七日条。上海古籍出版社标点本P.18

[25]《旧唐书》卷126,〈列传〉76,陈少游传。中华书局标点本⑪P.3565

[26]《唐会要》卷87,〈转运盐铁总叙〉。《丛书集成》本⑮P.1590

[27](唐)梁肃:《通爱敬陂水门记》云:"当开元以前,京江岸于扬子,海潮内于邗沟,过芙蓉湾,北至邵伯堰,……无溢滞之患。其后江派南徙,波不及远,河流侵恶,日淤月填,若岁不雨则鞠为泥涂,舟檝陆陈,……贞元初(785年)……自江都而西,循蜀岗之右,得其浸曰句城湖,又得其浸曰爱敬陂,……然后漕輓以兴,商旅以通。"《全唐文》卷519。上海古籍出版社影印本③P.2335

[28]《唐会要》卷87,〈漕运〉:"宝历二年正月,盐铁使王播奏,扬州城内旧漕河水浅,舟船涩滞,转输不及程期。今从閤门外古七里港开河,向东屈曲,取禅智寺桥东,通旧官河,计长一十九里。"《丛书集成》本⑮P.1599

[29]《唐会要》卷86,〈市〉《丛书集成》本⑮P.1582

[30]《酉阳杂俎》前集卷4,〈物革〉中华书局标点本P.51

[31]《资治通鉴》卷256,〈唐纪〉72,僖宗光启二年(887年)中华书局标点本⑱P.8346

[32]同上书,同卷中华书局标点本⑱P.8364

[33]《隋书》卷56,〈列传〉21,令狐熙传。中华书局标点本⑤P.1386

[34]《旧唐书》卷146,〈列传〉96,杜亚传。中华书局标点本⑫P.3963

[35](宋)沈括《补笔谈》卷3,〈杂志〉。中华书局排印胡道静新校正本P.326

[36](日)圆仁:《入唐求法巡礼行记》卷1,开成三年九月十三日条。上海古籍出版社标点本P.13

[37]《旧唐书》中华书局标点本⑬P.4277

[38]《资治通鉴》中华书局标点本⑱P. 8353、8363

[39] 蒋忠义等：〈扬州城考古工作简报〉。《考古》1990年1期。

4. 五代时的洛阳和开封

洛阳 洛阳经唐末黄巢、秦宗权、孙儒战乱，"仅存坏垣，""白骨蔽地，荆棘弥望，居民不满百户"[1]，唐光启三年（887年），张全义为河南尹，史称他招集流散，"数年之后，都城坊曲，渐复旧制"[1]。904年，朱全忠胁唐昭宗东行，毁长安城。又发河南北诸镇丁匠数万，令张全义治东都宫室。夏四月宫成[2]，闰四月，唐昭宗迁入。907年朱全忠称帝，建立后梁，以汴梁为东京，洛阳为西京。923年，后唐灭梁，又定都洛阳。936年，石晋灭后唐，定都汴梁，又以洛阳为西京。

洛阳在五代时主要是恢复已破坏的城市、宫室，并无新的发展，也始终无法恢复到盛唐时的面貌。但从残存的后唐时颁布的修建洛阳政令中，可以看到当时规划的实施和管理情况。

《册府元龟》卷14，〈帝王部·都邑二〉载有此时洛阳的史料。

张全义887年为河南尹时，洛阳已夷为平地。他在"南市一方之地筑垒自固，后更于市南又筑嘉善坊为南城"，"以立府衙廨署"。至后唐同光三年（925年）时下诏拆毁此二小城[3]。

为了鼓励人建房，恢复城市繁荣，在同光二年八月，下敕书说："京城应有空闲地任诸色人请射盖造。藩方侯伯、内外臣仍于京邑之中无安居之所，亦可请射，各自修营。其空闲有主之地，仍限半年本主须自修盖，如过限不见屋宇，亦许他人占射，贵在成功，不得虚占。"[4]同月又下诏云："诸道节度、观察、防御、团练、刺史等，并宜令雒京修宅一区，既表皇居之壮丽，复佳清雒之浩穰"[4]。据此二敕文，当时准许官员百姓申请地皮建屋，已申请到土地，如半年内不建屋，准许别人占用，欲恢复城市的迫切心情于此可见。

但这种任人占地建屋很快就出现流弊，或占而不建，或侵占道路，妨碍交通，到后唐长兴二年（931年）遂又不得不加以纠正。该年六月主管的左右军巡使建议："诸厢界内多有人户侵占官街及坊曲内田地盖造舍屋，……自后相次诸色人陈状，委河南府勘逐，如实是闲田及不侵占官街，然后指挥擘画交付。……京城应天街内有人户现盖造得屋宇外，此后更不得更有盖造。其诸坊巷两边常须通得牛车，如有小小街巷，亦须通得车马来往，此外并不得辄有侵占。应诸街坊通车牛外，即日或有越众迥然出头，牵盖舍屋棚阁等，并须画时毁拆，仍具撙截外，具留街道阔狭尺丈，一一分析申奏。此后或更敢侵占，不计多少，宜委地分官司量罪科断"[5]。此建议的目的是保持大小街巷的平直通畅。

在重建过程中，洛阳城区内垦为田地的大量土地也须逐步改建为房屋，故该建议又对已建房之坊和尚未恢复之旧坊的田地改造作了规定，除园林外，田地许本人建屋或他人收买建屋。该建议说：

"见定已有居人诸坊曲内，有空闲田地及种莳并菜园等，如是临街堪盖店处，田地每一间破明间七椽。其每间地价，宜委河南府估价收买。……"据此可知当时坊内已可临街盖店。建议中又说："其未曾有盖造处，宜令御史台、两街使，河南府依以前街坊地分擘画出大街及逐坊界分，各立坊门，兼挂名额。先定街巷阔狭尺丈后，其坊内空闲及见种田苗并充菜园等田地，亦据本主自要，量力修盖外，并许诸色人收买修盖舍屋地宅。如是临街堪盖店处，田地每一间破明间七椽，其间地价亦委河南府估价，准前收买。……诸色人置到田地，并限三个月内修筑盖造。……其他地只许修造宅院，并其间小小栽植竹木外，不得广作园圃及种植田苗"[5]。据此可知，那些已夷为平地、垦为农田的部分要重新划定大街和坊界，标出坊门位置，悬挂坊名牌额、确定坊内街巷的位置和宽度。这应当和建设一座新都时的措施基本相同,我们可以据此大体推知在隋代创建大兴和东京二城时划定街道和坊界的情况。

开封 开封在唐代称汴州,地处运河转运处,经济发达,为宣武军节度使驻地。五代之初,后梁定都于此,后梁开平元年(907年)改称东都[6],以汴州衙城为皇城、宫城,称原州城为罗城,以附会都城体制。开封罗城南面三门,东、西、北三面各二门,城内街道坊市依唐代之旧,并无重大改变。后晋、后周时,仍都开封。后周广顺二年(952年)曾动员五万民夫修补州城,疏浚城壕。后因都市过于拥塞,街道也被侵占,交通不便,遂在后周显德二年(955年)下诏修整拓展街道,并在州城外增筑罗城。

《资治通鉴》载:"大梁城中民侵街衢为舍,通大车者盖寡,上命悉直而广之,广者至三十步;又迁坟墓于标外"[7]。事在显德二年(955年)。

同年四月又下诏建新罗城,诏书说:"……东京华夷臻凑,水陆会通,时向隆平,日增繁盛,而都城因旧,制度未恢。诸卫军营,或多窄狭,百司公署,无处兴修。加以坊市之中,邸店有限,工商外至,亿兆无穷。……而又屋宇交连,街衢湫隘,入夏有暑湿之苦,居常多烟火之忧。将便公私,须广都邑。宜令所司,于京城四面别筑罗城,先立标帜,候将来冬末春初,农务闲时,即量差近甸人夫渐次修筑。……今后凡有营葬及兴置宅灶并草市并须去标帜七里外。其标帜内,候官中擘画定街巷、军营、仓场、诸司公廨、院务了,即任百姓兴造"[8]。

诏书中把为兴建新城,确定城墙位置、划定街巷和官署营库用房位置的过程说得很清楚,可知同时应已做好详细的规划图。

显德三年(956年)六月,又下诏整顿街两旁绿化,诏书说:"……近者,开广都邑,展引街坊,虽然暂劳,久成大利。……其京城内街道,阔五十步者,许两旁人户各于五步内取便种树、掘井、修盖凉棚;其三十步以下至二十五步者,各与三步;其次有差"[9]。街宽50步、30步、25步约为73、44及37米,除去10步、6步后为59、35、28米,还是很宽的,当是干道而非坊内道路。这时下诏在街旁种树,掘井当是为浇树而设。凉棚不知是什么,当时开封还实行坊市制,非贵官不得临街开门,估计应是为行人而建并改善街景用的,而非居民自用。

五代时洛阳只是恢复,从《元河南志》的记载看,只有洛河及漕渠下游两岸数坊因河道变动小有改变,其余都恢复唐之旧规。开封内城只改衙城为宫城,整顿市容及街道,也无大的变动。新城始建后数年即进入北宋时期,新城内建设主要是北宋时进行的。故此二城在都城建设上并无创新,只是二城恢复和拓展新城的种种规定和施行的措施、步骤,对我们了解隋唐新建城市时规划和实施的情况有一定参考作用而已。

注释

[1]《资治通鉴》卷277,〈唐纪〉73,僖宗光启三年:"初东都经黄巢之乱,遗民聚为三城以相保,继以秦宗权、孙儒残暴,仅存坏垣而已。全义初至,白骨蔽地,荆棘弥望,居民不满百户,全义麾下才百余人,相与保中州城,四野俱无耕者。全义乃……植旗张牓,招怀流散,劝之树艺,……数年之后,都城坊曲,渐复旧制,诸县户口,率皆复归,桑麻蔚然,野无旷土。"中华书局标点本⑱P. 8359

[2]《资治通鉴》卷264,〈唐纪〉80,昭宗天祐元年:"全忠发河南、北诸镇丁匠数万,令张全义治东都宫室。江、浙、湖、岭诸镇附全忠者,皆输财货以助之。……夏,四月,辛巳,朱全忠奏洛阳宫室已成,请车驾早发,表章继至。"中华书局标点本⑱P. 8626、8630

[3]《册府元龟》卷14,〈帝王部〉,〈都邑〉2:"(同光三年)九月中书奏:右补阙杨途先奏毁废京内南北城。臣简到同光二年八月二十七日河南尹张全义奏:'臣自僖宗朝叨蒙委寄,节制雒京,临莅之初,须置城垒,臣乃取南市

曹界分兼展一二坊地修筑两城以立府衙廨署。今区宇一平，理合毁废其城、壕。如一时平治，即计功不少，百姓忙时，难为差使。今欲且平女墙及拥门，余候农隙别取进止者。'奉敕：'……时既清朗，故宜除划。若时差夫役，又恐扰人。宜令河南府先擘画出旧日街巷，其城壕许人占射平填，便任盖造屋宇。其城基内旧有巷道处，便为巷道，不得因循，妄有侵占。'"中华书局影印本①P. 164

[4]《册府元龟》卷14，〈帝王部〉，〈都邑〉2：后唐同光二年八月敕。中华书局影印本①P. 162

[5]《五代会要》卷26，〈街巷〉，后唐长兴二年六月八日左右军巡使奏。《丛书集成》本④P. 315

[6]《资治通鉴》卷266，〈后梁纪〉1，太祖开平元年（907年）"（四月）戊辰，大赦，改元，国号大梁。……以汴州为开封府，命曰东都，以故东都为西都。"中华书局标点本⑱P. 8674

[7]《资治通鉴》卷292，〈后周纪〉3，世宗显德二年（955年）。中华书局标点本⑳P. 9532

[8]《册府元龟》卷14，〈帝王部〉，〈都邑〉2，显德二年四月诏。中华书局影印本①P. 167

[9] 同上书，同卷，同页。

二、隋唐时期的地方城市

隋唐是中国封建社会中期的鼎盛时代，随着国家统一、疆域开拓，政治、经济、军事、文化上都有巨大发展，城市建设也出现一个新的高峰。隋唐之际的全国战乱，使户口损减，经济凋敝，城市遭到破坏。但当时炀帝曾下令"民悉城居，田随近给"，以致"郡县驿、亭、村、坞皆筑城"[1]。这些战争中筑城垒自保的驿、亭、村、坞，有一部分又成为唐以后新建城市的基础或依托。据《隋书·地理志》记载，隋代极盛时，全国有一百九十郡，一千二百五十五县，人口近四千六百零二万[2]。隋末战乱后，城市及户口锐减，经初唐极力安辑恢复，到唐太宗贞观十三年（639年）时，虽经济实力及户口数远不及隋代，但全国已有三百五十八个州府和一千五百五十一县的建置[3]，城市数量上超过隋代。州县数的增多，除把郡分化为较小的府外，城居筑垒当是一个原因。以后，历高宗、武后至玄宗前期一百年的发展，至开元二十八年（740年）时，全国有三百二十八郡，一千五百七十三县，郡县总数无大变化，户口却增到四千八百一十四万[4]。户口增加说明经济实力增强，城市建设方有可能取得较大的发展。

据《唐六典·尚书户部》记载，开元时期，唐的城市除按军政重要性分级外，也按户口数定等级，说明经济实力在城市设置上的重要性日益增加。从政治、军事角度设置的城市，唐代除长安、洛阳、太原"三都"外，州府级有五大都督府、三大都护府、三上都护府、十五中都督府、二十下都督府。其中都护府是边镇。此外，还有四辅州、六雄州、十望州和五十边州，都是政治、军事重镇。但唐代同时又按户口数把州分为三级，县分为四级。州分上、中、下三级，分别指户数超过四万、超过二万和不足二万的州。县分上、中、中下、下四级，分别指户数超过六千、超过二千、超过一千和不足一千的县。户数实际上反映的是经济实力，是按经济实力对城市进行分级。但同时，又规定在两京附近的陕州、汝州、虢州、坊州等十一州虽户数不足四万，也为上州，则又兼顾了政治、军事需要[5]。

遗憾的是，迄今为止，我们除对隋唐都城大兴（长安）、洛阳（东都）、江都（扬州）进行过勘察发掘外，对大量隋唐城市遗址和沿用至今的唐以来旧城全然没有进行过勘察，更不用说发掘了，所以目前还没有条件对隋唐各级地方城市作具体的分析研究，只能就文献记载，略加归纳，求其梗概。

在《古今图书集成·经济汇编·考工典》卷18至24卷〈城池部·汇考〉2～8中[6]，引用了《畿辅通志》等十六种通志内所载城市资料，大都记有城市沿革和城的周长。把其中始建于隋唐时的州、郡、府城和县城，按建年及周长列为表格，就可以大致看到隋唐城市的等级规模（表3-1）。

从表3-1中可以看到，以城之周长计，隋唐的州府级城市大体上可分为周20里以上，周20里左右、周 12 里左右、周 9 里左右、周 9 里以下五级。周 20 里以上的第一级有扬州、杭州、幽州、益州、镇州、魏州、湖州等。其中扬、幽、益、镇四州为大都督府[7]，属地方军政重镇；魏州为雄州，湖州为上州，属最繁荣的地方城市。周 20 里左右的第二级有潞州、越州、洪州、汴州、台州等，其中潞州为大都督府，洪州、越州为中都督府，汴州为雄州，台州为上州。周 12 里左右的第三级有岐、凉、云、容、齐、明等六州，其中岐州为四辅之一，凉州为中都督府，云、容二州为下都督府，齐、明二州为上州。周 9 里左右的第四级有代、延、登、绛、郑、同、华、洺、泽、密、吉、平凉等州，其中代、延、登三州为中都督府[8]，同、华二州属四辅州，郑、绛为雄州，洺州为望州，泽、密、吉三州为上州（平凉《六典》不载，《新唐书·地理志》列为望州）。周 9 里以下的第五级州府有邢、隰、邠、商、处、桂、梧、儋、姚等州。其中桂州虽小，是一方军政重镇，为中都督府；邠州以位置重要为上州；其余多为下州或边州。据上述大体可知第一级州府城为大都督府和少数雄州、上州；第二级州府城为上都督府及上州、雄州；第三级州府城为中都督府和四辅与雄州、望州；第四级州府城为中、下都督府及中下州。

隋唐时的县城以周长计，也可大致分为周 9 里左右、周 5 至 6 里、周 3 至 4 里和 3 里以下四级。前二级主要是上县和望县，第三级以中县为主，第四级以下县为主。

由于资料不全，仅就常见材料排比，只能作大致的分级，各级间也会有交叉，不可能很准确，观其大略而已。

《唐六典·尚书户部》载："两京及州县之郭内分为坊"[5]，可知唐代城市内一般是按里坊布置的。唐代里坊的尺度差异颇大。以唐之长安洛阳为例，《长安志》记载，各坊东西之宽分别为 350 步、450 步和 650 步，其南北之长分别为 350 步、450 步和 550 步[9]。按此计算，其中最大的坊如永兴坊、崇仁坊等面积为 650 步×550 步，周长 2400 步，合 8 里；最小的坊如皇城之南朱雀街两侧各坊面积为 350 步×350 步，周长 1400 步，合 4 里 200 步，仅为最大之坊的 1/4 左右，相差悬殊。又据《两京新记》记载，唐洛阳洛河以南各坊"东西南北各广三百步"[10]，即周长四里，这虽和实际勘探小有出入，不尽一律，但举其成数而言，作为设计时的基本尺度，是可以的。详绎长安规划，其中一些坊面积超常之大是为了要使宫城、皇城两侧各坊的南北之长和宫城皇城进深相应，同时又要使长安南北向街道（不包括东西顺城街）为九条并列，以应"九衢"之数所致，并不典型，而长安朱雀街东西各二列坊和洛阳南部各坊周长各为四里或稍长，基本一致，应是隋唐时坊的基本尺度。

以这周长四里（即方一里）的坊的尺度推算，可知周长为 3～6 里的城，相当于一坊之地；周长为 8～9 里的城，其内可容四坊之地；周长 12 里左右的城，其内可容九坊之地；周长 18 至 20 里的城，其内可容十六至二十五坊之地；周长大于 20 里之城可以加大坊的尺度，坊数不变，也可增至三十六坊、四十九坊不等。以上是假定城为方形而言的，限于地形和实际需要，城不可能都为方形。当为矩形时，所容坊数还会少些。

自汉以来，各郡国城内多设子城，又称金城，子城内专设官署和官吏府邸，故唐代又称为衙城或牙城。《旧唐书·崔宁传》载永泰元年（765 年）崔旰叛乱，攻成都子城。同书〈李澄传〉载兴元元年（784 年）刘洽攻汴州，据子城。同书〈李光颜传〉载李氏入郾城罗城受降[11]，既称外城为罗城，则其内必有子城。《资治通鉴》中也有 893 年李匡威入镇州牙和 893 年徐绾攻杭州进逼牙城的记载[12]。这些史料说明了唐代州府级城市普遍有子城的情况。前引的《古今图书集成·经济汇编·考工典》中所载各城史料中，记有湖州子城周 2 里 67 步，容州子城周 2 里 260 步，都不足一坊之地，可能较大的州府城其子城会大些，可以占一至数坊之地。

隋唐城市规模表

		>20里		20里左右			12里左右			9里左右			6里左右			5里左右			4里左右			3里左右			3里以下		
		城名	建年	周长(里步)	城名	建年	周长(里步)	城名	建年	周长(里步)	城名	建年	周长(里步)	城名	建年	周长(里步)	城名	建年	周长(里步)	城名	建年	周长(里步)	城名	建年	周长(里步)	城名	建年	周长(里步)
隋代州郡级城市		杭州㊤	开皇590	36	潞州大督	开皇	19 58				代州中督	开皇六586	8 185	岚州㊦	大业十614	6										海宁	大业十三	1 2
		青州㊤	北齐	23	越州中督	开皇	20 72				洛州	大业末617	9 13															
											绛州雄	义宁617	9 12															
											歙州㊤	617	9 70															
											磁州㊤		8 26															
唐前期州府城		湖州㊤	武德四621	24	台州㊤	武德四621	18	嵊州中督		11 18	郑州雄	武德四621	9 30	隧州㊦	武德元618	7 13				梧州㊦		3 237	桂州中督	武德四621	3 18	庆远	天宝元742	1 150
		幽州大督	武德七624	27	靖州	武德五622	18	睿州下督	开元二十732	13	滁州雄	武德五619	9 18	顺义	天宝	6 110										姚安㊦	景云元710	2 90
								云州下督		13	泽州㊤	贞观	9 30															
											密州㊤		9															
唐后期安史乱后州府城		镇州大督	宝应	24	汴州雄	建中二781	20 190	齐州㊤		12	登州中督	垂拱三687	7 23	邠州望		5	高州㊦		4	儋州㊦		3 44			
		魏州雄		80	洪州上督	元和四809	21	歧州辅	唐末	12 35	华州辅	贞元十六800	6 40	商州望		5									
		扬州大督		40				明州㊤			忻州㊤		9 12	处州㊤	中和	5 84									
		益州大督	唐末	25							同州辅		9 30												
		嘉兴望	乾宁	22							平凉中督	贞元十九803	9												
											吉州㊤	天904	9												
											延州中督		9												
											宣州	南唐	10 93												

续表

分类		3里以下			3里左右			4里左右			5里左右			6里左右			9里左右			12里左右			20里左右			>20里		
		城名	建年	周长 里/步	城名	建年	周长 里/步	城名	建年	周长 里/步	城名	建年	周长 里/步	城名	建年	周长 里/步	城名	建年	周长 里/步	城名	建年	周长 里/步	城名	建年	周长 里/步	城名	建年	周长 里/步
隋县级城市	隋代县城	陵川(中)	大业元 605	2 / 23/2	曲沃(望)	开皇十 590	3 / 50	赞皇	开皇	4 / —	柏乡(中)	开皇二 582	5 / 3	兴平(畿)	大业九 613	7 / 90	荣河(次畿)	开皇二 582	9 / 8									
		沁水(中)	开皇三 583	2 / 100	盂县(畿)	开皇十六 596	3 / 30	韩城(中)	开皇	4 / 100	榆次(畿)	开皇二 582	5 / 13	陈留(紧)	大业十 614	7 / 30	北平(中)	仁寿元 601	9 / 30									
		海宁	大业十三 617	2 / —	岳阳(中)	大业二 606	3 / 10				稷山	开皇十一 591	5 / 13	乐平(畿)	开皇十六 596	6 / 140												
					容城(中)	大业末 617	3 / 15				元氏(中)	开皇六 586	5 / —	鄠县(畿)	大业十 614	6 / 74												
											溧水	589	5 / —	清源(畿)	开皇十六 596	6 / 13												
											于潜(紧)	开皇九 589	5 / —	静乐	大业初 605	6 / 41												
											潞城(中)	开皇	5 / —	临颍	大业四 608	5 / 246												
														济源(畿)	开皇十六 596	5 / 250												
	唐前期县城	金坛(紧)	长寿元 692	2 / 100	蒲县	武德元 618	3 / 140	武陟(望)	武德四 621	4 / 77	绛县(望)	武德元 618	5 / 13	都昌	武德元 618	6 / 200	宁海(望)	永昌元 689	10 / 80									
		壶关(中)	贞观	2 / —	清河(中)	武德三 620	3 / 62	庆都	武德四 621	4 / —	河阳(畿)	武德四 621	5 / 30	襄垣(中)	武德元 618	6 / —	灵丘(中)	开元	9 / —									
		石楼(中)	武德二 619	2 / 96	太平	初唐 618	3 / —	屯留	武德五 622	4 / 20	岐山(畿)	初唐 618	5 / 120	平利(中下)	初唐 618	6 / —	介休(望)		8 / —									
		博白(中)	武德五 622	1 / 140	永和	贞观十四 640	3 / 34	扶风	初唐 618	4 / —	赵城(中)	麟德元 664	5 / 124	宁晋(紧)	天宝元 742	6 / —	丰城(中)	永徽	9 / 20									

续表

	>20里			20里左右			12里左右			9里左右			6里左右			5里左右			4里左右			3里左右			3里以下		
	城名	建年	周长里步	城名	建年	周长里步	城名	建年	周长里步	城名	建年	周长里步	城名	建年	周长里步	城名	建年	周长里步	城名	建年	周长里步	城名	建年	周长里步	城名	建年	周长里步
唐前期县城																交城(畿)	天授二 691	5 90	白水(望)	初唐 618	4	繁畤	圣历二 699	3 9			
																			诸暨(望)	开元	4						
																			武宁	天宝四 745	4 240						
																			临潼(次赤)	天宝六 747	4						
																			临晋(次畿)	天宝二 743	3 203						
唐后期(安史乱后)县城										新乡(望)	建中三 782	9 124	奇氏(次畿)	兴元元 784	7 70	曲阳(中)	至德 756	5 13				新乐(中)		3	宝鸡(次畿)	至德 756	2
										奉天(次赤)	德宗 780↓	9				行唐(中)	至德 756↓	5 75				崇信	建中元 780	3 150			
										禹城(中)		9				泰和(中)	乾元 758↓	5				余干		3			
										南城(中)	乾符 874	10				无极(中)	元和十 815↓	5 140									
										江阴(望)	天祐	9 30				闻喜(望)	天祐	5 36									
																新澄	天祐	5 26									

隋唐县级城市

唐代子城大多在城中一角，如潞州衙城在西北角[6]，唐扬州以隋宫城为衙城，也在大城的北偏西部，但附在大城之外，不在城内。幽州在辽为南京，辽宫在城内西南部，传在唐子城基础上拓建，则幽州子城当在西南部。北宋汴梁内城、宫城沿用唐汴州大城子城，宋宫在城中，不靠大城，则知唐汴州子城也在城中，这些例子说明子城位置也因地制宜，不尽一律。但唐及唐以前中央及地方政权均不甚巩固，外患内乱均时有发生，其子城要能兼防内外，故建在一面或二面靠大城处较为普遍。

隋唐的州府县城既内设里坊，则其通城门的干道应是方格网式。近年勘探证明，隋唐长安、洛阳诸坊之内街道也是十字街式，分坊内为四区，每区内又建小十字街，分全坊为十六小区[13]。这样，那些占一坊之地的中小县城，其内街道布置应基本上属于大十字街内套小十字街的形式。大型州府城的干道也应是由里坊分割成的方格网，但大城市各坊的大小未必一律，加上有子城，也可能出现丁字街或横街。

白居易〈九日宴集，醉题郡楼，兼呈周殷二判官〉诗中咏有苏州的情况，诗中说："……半酣凭栏起四顾，七堰八门六十坊。远近高低寺间出，东西南北桥相望。水道脉分棹鳞次，里闾棋布城册方。人烟树色无隙罅，十里一片青茫茫。"可知苏州虽是江南水乡城市，仍采用里坊，街道如棋盘格。则其他城市可以推知。

城门视城之大小数目不等。自两汉以来，长安、洛阳都开十二门，加上《考工记》王城"旁三门"的记载，设十二门遂成为都城专用的制度，其他城市不得开十二门。史载地方城市中开门较多的如幽州城开八门[14]，它的干道网应近于井字格形。一般的城门则开四门或三门。子城多开南门或东西门，少有开北门的。至迟汉代以来，城门道的数目代表一定等级。都城和宫城的城门开三个门道，中央为御道，二旁门左出右入（图3-1-16）。一般城市的城门只开一个门道。到唐代，又出现了开五个门道和两个门道的做法。五个门道用于都城和宫城南面正门，如唐长安正门明德门、大明宫正门丹凤门、洛阳宫的正门应天门都是五个门道。两个门道大约出现于盛唐，限定用于州府城的子城正门处。唐时以州府城比附古代诸侯国，州府子城正门为一方政令所出，特别崇重，故建两个门道，称"双门"，又称"谯楼"。唐符载有〈新广双城门颂〉，记德宗贞元十四年（798年）钟陵建子城正门为双门之事，说其门"岩岩四扉，每五夜将旦，候吏云委，鸣鼓逢逢，钧然洞开"[15]。唐郑吉也撰有〈楚州修城南门记〉，记懿宗咸通元年（860年）修内城南门之事，说"南门者，法门也。南面而治，政令之所出也。……划为双门，出者由左，入者由右，……建大旆，鸣箛鼓，以司昏晓焉"[16]。综合二文所说。可知这双门为衙城正门，州郡官吏参见长官时要在此等候，门楼内设鼓以司时，重要政令要在此颁布，其性质略近于两京中的宫城正门，而在等级上则有天子与诸侯的差别。州府衙城正门建双门之制一直沿用至宋代，宋代州府大吏接圣旨也在双门，可能也是唐代旧制。目前所见唐代双门最早的形象在敦煌148窟[17]，属于中唐初，前引二文也属中唐和晚唐，故州郡建双门之制应起于盛唐之末或中唐之初。

又，韩愈《次潼关先寄张十二阁老使君》诗中有"荆山已去华山来，日照潼关四扇开"之句。"四扇"和前引符载文中的"岩岩四扉"同义，则潼关也应是设双门的。据此可推知重要的关隘也设双门（图3-1-17）。

唐代州、府、县都规定在城内设市，有官吏管理。《唐会要·市》载："景龙元年（707年）十一月敕：诸非州县之所不得置市。其市以午时击鼓二百下而众大会，日入前七刻击钲三百下散"[18]。可知设市是州县的特权，非州县内的市称草市，要设在离城一定距离之处。《唐六典·州县官吏》记载各州县官吏的定员，州及上、中、下县都设有市令一人[19]，可知各州县内仍设封闭

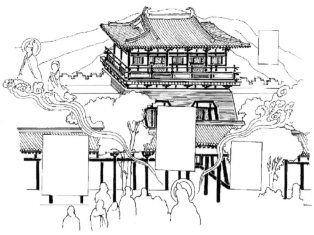

图 3-1-16　甘肃敦煌莫高窟唐代壁画中三个门道的城门　　图 3-1-17　甘肃敦煌莫高窟唐代壁画中二个门道的城门

的有官吏管理的市。州县之市也有市楼。《新唐书·五行志》载唐大顺二年（891年）"六月乙酉，幽州市楼灾，延及数百步"[20]。可知市及市楼都有相当大的规模。

综括上述，我们可以大致知道以下几点：

（一）隋唐时期曾新建改建了大量城市，以隋平陈以后和唐前期最盛。

（二）隋唐时的地方城市按其军政重要性和经济实力分若干级，其大小规模、建置都有一定级差，分别占一坊、四坊、九坊、十六坊、二十五坊之地。城内街道呈方形或矩形网格状。

（三）隋唐地方城市在初期仍规定采用封闭的市里形式，居民住在坊内，不得向街开门[21]。市在日中开启，日落关闭，有市令管辖。

（四）作为地方军政中心的都督府和州城，在城内另建子城，内置官署和驻军。

三、唐代的边城

唐代疆域拓展，在边境地区新建或改建很多城市，作为军政重镇。这是唐代城市中的一个重要类型。《唐六典》记载，在开元时期有五十州定为边州，其中包括列为大都护府的单于、安西、安北，列为上都护府的安南、安东、北庭。近年对其中的单于、胜州、西州、北庭进行了勘察，有不同程度的了解（图3-1-18）。

单于大都护府：在今内蒙古自治区呼和浩特南四十公里和林格尔县，俗称土城子。此地在北魏时为盛乐。隋炀帝大业四年（608年），启民可汗求内附，炀帝命于此地建城造屋安置之[22]。唐贞观四年（630年）平突厥，在其地置云中都护府，唐高宗麟德元年（664年）改为单于大都护府[23]。近年勘探[24]，发现城为不规则多边形，东南角外延部分有南北二内城。南城为汉魏旧城，北内城和北面大城为北朝晚期和隋唐城，当即是隋之大利城和唐之单于都护府。其北的大城东西1550米，南北2250米，周长约7200米，约合16里100步，城内因未经发掘，尚不能了解其规划情况，只知其子城在南侧。此城是为了面对北方之敌而设，子城在南是合情理的。城周16里100步，近于唐代第二级州府城，和其为大都护府的地位是相称的。

胜州，下都督府[25]：在今内蒙古自治区托克托县西南约十公里，俗称十二连城。城在黄河南岸的台地上，东、西两面为沙丘，西面为河滩低地。城址东西宽约1165米，南北深约1019米，周长约4387米，后代沿用时分隔为大小五城，勘察时编为1至5号。通过勘察并分析城墙的做法特

唐单于大都护府—内蒙古和林格尔土城子遗址

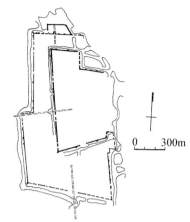
唐北庭上都护府新疆吉木萨尔破城子遗址

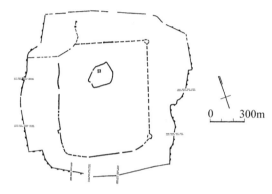
唐西州中都督府新疆吐鲁番高昌故城

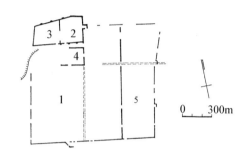
唐胜州下都督府内蒙古托克托十二连城址

图 3-1-18 唐代边城平面图

点[26]，已知城西北角的 2、3 号两个小城是明代增建的，只有 1 号城的北墙、西墙和 5 号城的北墙、东墙以及 4 号城的南墙和东墙残段做法相同，可能是始建时的。现在 1 号城和 5 号城的南墙，夯筑年代比东、西、北三面墙晚，是稍后重建的；1 号城和 5 号城间的隔墙做法与南墙相同，也是稍后重建的。这就可以大体上推知唐胜州有内外二城，大城平面近于方形，城内西北角的 4 号城址是子城的残迹。以后重建南墙并在距东墙 308 米处筑南北向隔墙，才形成 1 号、5 号二城东西并列的现状。东侧的 5 号城在东墙上开有二门，均为单门道，外加夯土筑的曲尺形瓮城；在其南墙的西端有一豁口，是否原有门址待考。西侧的 1 号城在南墙略偏东处开有一门，门洞中残存二土墩，东侧一墩与东墙的间隙太小，不容设门，可能是破坏所致，而西侧一墩左右间隙大，明显是两门洞间的隔墩，可知这是一座开有两个门洞的"双门"，相当于州府城的规制，应即胜州城之正门。此门外也有夯土筑的曲尺形瓮城。1 号城的西墙和 1 号、5 号城的北墙都破坏严重，城门的位置及数量均有待进一步考定。

从胜州的城门和街道残迹看，道路网有可能呈井字格状，分全城为 9 坊，将西北角 1 坊稍向东扩展作为子城。它的周长 4387 米，合唐代 1492 丈，近于 10 里，相当于唐代第四级州府城，和胜州作为下都督府的地位是一致的。

西州，中都督府：在今新疆维吾尔自治区吐鲁番县城西约 50 公里处，原为高昌国都，唐贞观 14 年（640 年）平高昌，以其地为西州，置都督府，人口近五万[27]。近年勘察[28]，知其城有内、外二重，均为夯土筑成。外城平面略近方形，各面均作外凸弧线，是因应地势所致。城周长约 12 里，城身基宽约 12 米，残高在 5～11.5 米之间，有外凸的马面。城西面二门，北、东二面也可能有二门，南面可能有三门，共约有九个城门。内城在外城之内，略偏南，平面近于纵长矩形，周长约7.5里，残存南、西二面城墙。城门尚未发现遗迹。内城中间偏北有小城堡，周长1.5里。内、外城中都有寺院及民居遗址。

由于西州在唐以后曾为高昌回鹘国都，遗址情况复杂，目前只能据城墙的夯筑方法初步认定外城、内城自唐代已有，内城之内的城堡可能是高昌国王宫的一部分，其余因未经发掘，对其规划特点尚无所了解。西州城周长12里，相当于唐代第三级州府城，与其中都督府的地位一致。

北庭，上都护府：在今新疆维吾尔自治区吉木萨尔县北，俗称破城子。唐贞观十四年（640年）破高昌，在此置庭州，武则天长安二年（702年）为北庭都护府，人口近一万。开元二十一年（733年），设北庭节度使，下辖瀚海、天山、伊吾三军。瀚海军即屯驻城内，有镇兵一万二千人，马四千余匹。为唐西部重镇。唐德宗贞元六年（790年）陷于土蕃[29]。

现城墙有内外二重，均夯土筑成，外有城壕。内城为子城，附在外城东墙之内，共用一段东墙。平面近于纵长梯形，周长3003米。经勘察[30]，内城晚于唐代，是高昌回鹘时期所建。外城近于纵长矩形，西墙北段内折。实测城周长4596米，南北墙为直线，东西墙为折线。外城四面各开一门，只北门较完整。北门外有夯筑的曲尺形瓮城。北墙厚10.5米，瓮城墙厚7~8米，北门洞宽6米。外城各面均有马面向外凸出，间距约60米左右，合20丈，现残存34个。另在西墙中部有一面积16×22米的敌台，是比马面加长加宽的墩台，外城四角都筑有角墩，其上原应建有角楼。西北角墩为25×23米的巨大墩台。城外有城壕，宽30~40米，深2~3米。另在北门之外筑有羊马墙，分西、北、东三面围在门外，北墙距城门约100米，门开在西墙上。羊马墙基宽3米，残高2米。

考古勘察从筑城特点上确认，外城建于唐代，即唐代庭州城。城内曾经高昌回鹘改建，且未经发掘，故目前尚无法了解其城市规划布局。作为州城，它在唐代应有子城，其位置也有待查明。

庭州外城周长4596米，合1563丈，即10里126步，相当于唐代第四级州府城的规模，比其上都护府的地位稍低，可能是地处边陲，人口不足万人，主要用为屯兵据点之故。

上举四座经勘探的唐代边城，一座大都护府（单于），属二级州府城规模，一座中都督府（西州，据《六典》），属三级州府城规模，一座上都护府（北庭），一座下都督府（胜州）都属四级州府城规模，说明唐代在边州建置上，也是有一定等级的。

四、唐代的城防设施

隋唐时期战事频繁，有隋统一全国的战争、隋末农民起义、唐初统一战争、唐初抵御外敌与拓展疆土的战争等，在相对平静了半个世纪以后，又发生了安史之乱和随后的军阀割据与反割据战争。频繁的战争，促使城市增强防御能力，以筑城为中心，出现了一些新的设施和技术上的新发展。

近年勘探发掘了一些都城和边城，和《通典》卷152〈兵〉5，〈守拒法〉[31]中所载防守技术和设施互相印证，可以对此有个大致的了解。

筑城：唐代的城全为夯土筑成，只在城门墩台、角楼等地包砌以砖。筑城时，先挖基槽，夯筑墙基，在基上再筑城墙。已发掘的唐长安大明宫之墙，其墙底部宽10.5米。墙下的基深入地面以下1.1米，左右比城底各宽出1.5米，总宽13.5米。城身下宽上窄，两面内收。在发掘唐洛阳宫城时，发现有包砌城身专用的砖，其表面斜度为1:3.2[32]，可知唐代宫墙城墙两面坡度均为高3.2收1，即16:5，它比宋《营造法式》中所载筑城的收坡4:1为陡。在《通典·守拒法》中也载有筑城法，说城的断面如"城高五丈，下阔二丈五尺，上阔一丈二尺五寸，高下阔狭，以此为准。"所记城之宽高比为1：2，每面收坡为10：1.25，断面由前面的横宽变为竖高。这可能是战争中临时筑城之制，故与都城和州府城有所不同。

据《通典·守拒法》记载，当时筑城定额为每人每工日二十方尺（上举高五丈之城，断面为937.5方尺，筑一尺之城需47工，筑一步（五尺）之城需235工）。从一些历史记载看，708年张仁愿在榆林至河套一线黄河北岸，筑东、中、西三受降城以扼突厥南侵，"六旬而三城俱就"[33]。开元五年（717年）宋庆礼筑营州城，"兴役三旬而毕"[34]。贞元七年（791年）刘昌"城平凉，……又西筑保定，……凡七城二堡，旬日就"[35]。贞元九年（793年）城盐州，"二旬而毕"[36]。这说明在军情紧急情况下筑城速度是很快的。

在唐代边城城身上大多建有马面。马面之制在前章统万城部分已有叙述，也见于北魏洛阳北城和怀朔镇城。北庭城址的马面面宽在6至15米之间，间距60米左右[30]。60米在弓、弩射程之内，可以有效地封锁其间的一段城身，防止敌军蚁附攻城。

在北庭城址还发现有比马面更大的附城墩台，其作用和马面相似，上建楼橹，可以做更大的防守据点或指挥处，宋代称为敌台，唐时名不详。

城门：唐代城门继承前代传统，下为中夹门道的夯土墩台，门道两壁直立，设密排的附壁木柱，以加固壁面，并承托门道上的木构架，称排叉柱。排叉柱列上架木枋，两壁木枋之间架设若干道梁架，形成梯形的城门道。门墩以上建平坐，平坐上建城楼。在敦煌唐代壁画中所表现的城楼大都如此，但也有城墩顶直接建门楼不设平坐的，唐懿德太子墓第一过洞前壁所绘城楼就是这样的（图3-1-19）。

在筑城墙、马面、敌台、城门墩时，为防被敌人挖掘引起崩塌，多隔一定高度铺一层垂直城表面的水平木椽，称"纴木"。纴木的使用，前此已见于赫连勃勃的统万城。唐大明宫在玄武门、重玄门墩台中也加纴木，上下层间距1.3米，椽径10至15厘米左右[37]。北庭城址上的纴木，上

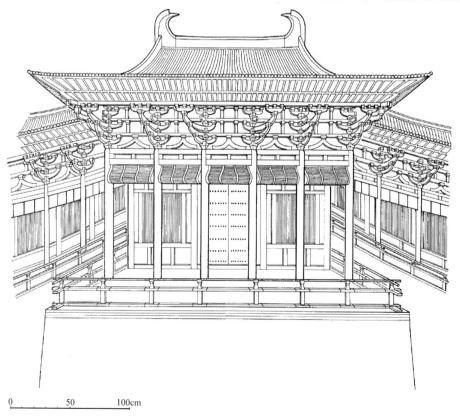

图3-1-19　陕西乾县唐懿德太子墓第一过洞前壁上方壁画城楼

下层间距为1.7米。有纴木为骨架，如有崩塌，也只限于上下二层纴木之间，不会发生整体破坏。

唐代城门一般在门道之内装一重木版门，已发掘的唐长安外郭正门明德门，虽下开五个门道，每门道也只装一重门。只有宫城的主要门，门道内装三重木版门，大明宫北面的玄武门、重玄门都是这样。但宫中的次要门如大明宫的银汉门则仍是一重门[38]。唐代边城为加强防守，多在城门道内加装悬门，即后代的闸门。《通典·守拒法》说："城门悬木板为重门"即指此。《旧唐书·郭子仪传》说唐肃宗至德二载（757年），安邑百姓伪降崔乾祐，诱他入城，兵入将半，下悬门击之[39]。则在安史之乱时，中原州县为加强防御，也在城门道中装悬门。装悬门之事表明唐代城门道构架以上是空的而不是用土夯实的。

瓮城：瓮城是后代的名字，为加强防守，在城门外建小城，方的称方城，半圆形的因其形似瓮，故称瓮城。唐代瓮城只在城门外建一曲尺形或凹形墙，一侧面为豁口或侧门，遮住城门正面，防止敌人正面冲击城门，也防止敌人望见己方开门出击。《资治通鉴》载唐中宗景龙二年（708年）张仁愿在河套至包头、榆林间黄河北岸建三受降城，"不置壅门及备守之具"，取进攻势态。胡三省注云："壅门，即古之悬门也。或曰，门外筑垣，以遮壅城门，今之瓮城是也[40]。按：胡氏后说是，唐代壅门即瓮城。目前在北庭、榆林都发现曲尺形瓮城的遗迹。从受降城的记载看，至迟在7世纪后半至8世纪初已在边城修瓮城了。

城门外一般建有城壕，或有水，或无水。《通典·守拒法》说城壕面阔二丈，深一丈，底阔一丈。北庭的城壕一般宽30至40米，约为十丈至十三丈，远比《通典》所载为宽。城门外的壕上建有桥。《通典·守拒法》载有"转关桥"，说"梁端著横检，按去其检，桥转关，人马不得过度，皆倾水中"。可知唐代防守用的壕桥已做成翻板的形式。唐代转关桥的遗迹迄今尚未发现。

唐代在边城城壕之内，沿壕内岸建矮墙，增加一道防线。《通典·守拒法》称："城外四面壕内，去城十步，更立小隔城，厚六尺，高五尺，仍立女墙"。原注："谓之羊马墙"。唐代羊马墙的实例也见于北庭遗址，在城的北门外，也是夯土筑成，基宽3米，残高2米，合唐代宽1丈，高7尺，比《通典》所载为大。羊马墙之制一直沿用至明代，今北京金山岭长城个别墩台之下还围有矮小的羊马墙。（宋）陈规《守城机要》中对宋代羊马城之制有较详细的描写，说："盖羊马城之名本防寇贼逼逐人民入城，权暂安泊羊马而已。……遇有缓急，即出兵在羊马墙里做伏兵。……（羊马墙）不可去城太远，太远则大城上抛砖不能过，太近则不可运转长枪。……攻者只能于所填壕上一路直进，守者可于羊马墙内两下夹击，又大城上砖石如雨下击，则是一面攻城，三面受敌"[41]。这里把羊马墙的防御功能说得很清楚。城外建羊马墙是唐代新出现的城防设施之一。

在《通典·守拒法》中还载有弩台之制，说："弩台高下与城等，去城百步，每台相去亦如之。下阔四丈，高五丈，上阔二丈。下建女墙，台内通暗道，安屈胜梯（绳梯），人上便卷收。中设氈幕，置弩手五人，备干粮水火"。它是独立于城外的射击点，以牵掣攻城之敌，和（宋）《武经总要》所载附城而建的弩台不同。唐代弩台实物尚未发现。

《通典》中所附〈守拒法〉和李筌《太白阴经》是唐代记载防守设施较详细的著作。〈守拒法〉中筑城、城壕及弩台即引自《太白阴经》，其余羊马墙、却敌、悬门、转关桥则始见于《通典》。《通典》成书于贞元十七年（801年），自云撰书历时三纪，则始撰应在永泰元年（765年）左右，所以羊马墙等极可能是在安史之乱时新出现的防守设施，故《通典·守拒法》中所反映的防守设施基本上可认为是安史之乱时的水平。综观《通典·兵》中所附〈守拒法〉和〈攻城战具〉，可知大约在中唐时，战争中没有使用火炮，故这时的城防设施主要是防止骑兵突击城门，防止敌方用衝车攻城门及兵士蚁附攻城的，较宋代《武经总要》所载，品类要少，构造也较简单。

注释

[1]《资治通鉴》卷182,〈隋纪〉6,炀帝大业十一年（615年）二月条中华书局标点本⑫P.5695

[2]《隋书》卷29,〈志〉24,〈地理〉上。中华书局标点本③P.808

[3]《旧唐书》卷38,〈志〉18,〈地理〉1。中华书局标点本⑤P.1384

[4]《新唐书》卷37,〈志〉27,〈地理〉1。中华书局标点本④P.960

[5]《唐六典》卷3,〈尚书户部〉,〈郎中〉条。中华书局标点本 P.72、73

[6]《古今图书集成》,〈经济汇编·考工典·城池部·汇考〉。中华书局影印本 782～783 册

[7]《唐六典》所载大都督府中无镇州,据《新唐书·地理志》补入。

[8]《唐六典》所载中都督府中无登州,据《新唐书·地理志》补入。

[9]《长安志》卷7,〈外郭城〉条原注。中华书局影印《宋元方志丛刊》本①P.109

[10]《两京新记》卷2,〈东京〉,〈外郭城〉条。《南菁札记》本卷2.P5b

[11]《旧唐书》卷117,〈列传〉67,崔宁。中华书局标点本⑩P.3399

同书,卷132,〈列传〉82,李澄。中华书局标点本⑪P.3656

同卷,卷161,〈列传〉111,李光颜。中华书局标点本⑬P.4220

[12]《资治通鉴》卷259,〈唐纪〉57,昭宗景福二年（893年）。中华书局标点本⑱P.1843、1845

[13] 宿白:〈隋唐城址类型初探（提纲）〉。《纪念北京大学考古专业三十周年论文集》文物出版社,1990

[14]《辽史》卷40,〈志〉10,地理志4:"南京析津府,……城方三十六里,……八门,……大内在西南隅。"中华书局标点本②P.494

[15]《全唐文》卷688,符载:〈新广双城门颂〉,上海古籍出版社影印本③P.3120

[16]《全唐文》卷763,郑吉:〈楚州修城南门记〉,上海古籍出版社影印本④P.3515

[17] 敦煌148窟建于唐大历6年（771年）。其西壁画涅槃变,北端中部画一城,正门画为双门。

[18]《唐会要》卷86,市。《丛书集成》本⑮P.1581

[19]《唐六典》卷30,上州、中州、下州。中华书局标点本 P.745

[20]《新唐书》卷34,〈志〉24,五行1。中华书局标点本③P.887

[21]《隋书》卷56,〈列传〉21,令狐熙:"及上（隋文帝）祠太山还,次汴州,恶其殷盛,多有奸侠,于是以（令狐）熙为汴州刺史。下车禁游食,抑工商,民有向街开门者杜之,船客停于郭外星居者勒为聚落,侨人逐令归本。"中华书局标点本⑤P.1386

按:据此条知在北齐时,一些经济发达州府,居民已开始突破坊的限制,向街开门,故隋文帝特命令狐熙整顿之。

[22]《隋书》卷3,〈帝纪〉3,炀帝上:"（大业四年,608年）乙卯,诏曰:突厥意利珍豆启民可汗率领部落,保附关塞,遵奉朝化,思改戎俗,……宜于万寿戍置城造屋,其帷帐床褥已上,随事量给,务从优厚,称朕意焉。"中华书局标点本①P.71

[23]《新唐书》卷37,〈志〉27,〈地理〉1,单于大都护府。中华书局标点本④P.976

[24] 内蒙古自治区文物工作队:〈和林格尔土城子试掘记要〉,《文物》1961年9期。

[25]《新唐书》卷37,〈志〉27,地理1,胜州榆林郡。中华书局标点本④P.975

[26] 李作智:〈隋唐胜州榆林城的发现〉,《文物》1976年2期。

[27]《新唐书》卷40,〈志〉30,〈地理〉4,西州交河郡。中华书局标点本④P.1046

[28] 阎文儒:〈吐鲁番的高昌故城〉,《文物》1962年7、8期。

[29]《旧唐书》卷40,〈志〉20,〈地理〉3,北庭都护府。中华书局标点本⑤P.1645

[30] 中国社会科学院考古研究所新疆工作队:〈新疆吉木萨尔北庭古城调查〉,《考古》1982年2期。

[31]《通典》卷152,〈兵〉5,〈附守拒法〉。中华书局缩印《十通》本 P.799

[32] 中国科学院考古研究所:〈隋唐东都城址的勘查和发掘〉,（三）宫城,《考古》1961年3期。

[33]《旧唐书》卷93,〈列传〉43,张仁愿。中华书局标点本⑨2982

[34]《旧唐书》卷185下,〈列传〉135下,〈良吏〉下,宋庆礼。中华书局标点本⑮P.4814

[35]《新唐书》卷170,〈列传〉95,刘昌。中华书局标点本⑯P.5174

[36]《旧唐书》卷196下,〈列传〉146下,吐蕃下。中华书局标点本⑯P.5258

[37] 中国科学院考古研究所：《唐长安大明宫》，二、城垣。6，重玄门。科学出版社 1959 年版 P.27
[38] 同上书。P.25，P.21。
[39]《旧唐书》卷 120，〈列传〉70，郭子仪。中华书局标点本⑪P.3451
[40]《资治通鉴》卷 209，〈唐纪〉25，中宗景龙二年（708 年）三月。中华书局标点本⑭P.6621
[41] 陈规《守城录》卷 2，〈守城机要〉。上海古籍出版社影印《四库兵家类丛书》②P.187

第二节 宫殿

中国古代宫殿自魏晋改变两汉旧制，形成新的格局后，沿用到南北朝末年，入隋后又发生变化。581 年隋文帝取代北周为帝时，南朝日益腐化，全国统一的形势已明朗化，故在 582 年营建新都大兴城和宫室官署时，已从全国统一的角度考虑。他在营新都诏书中说，近代都城宫室制度"曹马之后，时见因循，乃末代之宴安，非往圣之弘义"，决计不取魏晋以来制度而远法"往圣"，即更古的周、汉。隋以前的西魏、北周政权经济文化较落后，为了与北齐和南朝的梁、陈抗衡，标榜远法周制，形式上按《周礼》所载改变官职名称，文书按《尚书》中周代文体书写。在这样的历史背景下，隋新建的都城宫殿也都在一定程度上比附周制。在宫殿方面最明显的改变是废曹魏以来的外朝正殿太极殿与东堂、西堂并列之制，实行三朝前后相重的布局。

三朝之说主要见于《周礼》和《礼记》，《周礼·秋官·小司寇·朝士》条郑玄注云："周天子诸侯皆有三朝，外朝一，内朝二，内朝之在路门内者或谓之燕朝"。《礼记·文王世子》中也有类似说法。后世又按其位置称为外朝、中朝、内朝。隋建大兴宫（唐改名太极宫，又称西内）时，改变了魏晋南北朝以来宫城有内外三重墙的布局，以横街划分全宫为前后两部，前部为办公区，称"朝"，后部为皇帝家宅，称"寝"。以宫城正门广阳门（唐改承天门）为元旦、冬至大朝会的大朝，以代替魏晋太极殿的功能。又以相当于魏晋太极殿的朝区主殿大兴殿（唐改太极殿）为皇帝朔望听政的中朝，以相当于南北朝时式乾殿的寝区主殿中华殿（唐改两仪殿）为皇帝日常听政的内朝，以代替魏晋南北朝时太极东堂、太极西堂的功能。经此改动，在全宫布局上就由魏晋南北朝时太极殿与东西堂东西并列起三朝的作用（当时并未明确称此三者为三朝）改为广阳门、大兴殿、中华殿三者前后相重形成全宫中轴线的布局，既与古籍中所说三朝前后相重的关系一致，在建筑艺术上也加强了宫殿的纵深感，更好的起以宫殿衬托皇权的作用。从功能上看，朝区是办公区，代表国家政权。寝区是皇帝的住宅，主殿中华殿实相当于一般住宅的前厅，其后的寝殿甘露殿相当于住宅的后堂。正式的典礼和听政在朝区的大朝、中朝，日常听政在寝区的内朝，比起魏晋南北朝时全集中在太极殿和东堂、西堂，对皇帝也较方便。605 年隋建东都洛阳，其宫室虽有较多受南朝影响之处，但以横街分全宫为朝、寝两区，以正门则天门、朝区主殿乾阳殿、寝区主殿大业殿为外朝、中朝、内朝则是与大兴宫一致的。唐代隋后，沿用隋宫。663 年建成的新宫大明宫，仍取这种布置，以含元殿、宣政殿、紫宸殿为外朝、中朝、内朝，只是由于地形关系，把原应为城楼的外朝建成含元殿而已。至此，这种横截宫城为南北两区、南为朝区、北为寝区，三朝在全宫中轴线上南北相重，废除朝堂、尚书省、司马门所形成的次要轴线，遂成为隋唐宫殿的通式，并影响到五代、北宋。

唐亡后，长安被毁，后梁先修复洛阳宫殿。隋唐时，朝区主殿乾阳殿（唐改乾元殿）东有文思殿，西有武成殿，各有后殿，自成一宫院，与乾阳殿东西并列。武则天拆乾元殿建明堂，中朝正殿改为武成殿。后梁、后唐修复洛阳宫时，限于财力，只修乾元殿及武成殿两组，殿及后殿分别命名为太极殿，天兴殿和文明殿、垂拱殿，形成中轴线和偏西的次要轴线。此式以后影响北宋汴梁宫殿，遂出现汴宫中轴线上建大庆殿、紫宸殿，西侧次要轴线上建文德殿、垂拱殿，两条轴线东西并列的布局。

隋及初唐长安宫殿较质朴，虽已基本摆脱汉晋时台榭建筑遗风，但在662年所建大明宫含元殿中还使用了夯土墙，屋瓦也主要用黑色的青掍瓦，很少发现绿色琉璃。从敦煌壁画中反映的情况看，大约自盛唐起，宫殿向华丽方向发展。近年发掘得知，大明宫中唐中后期宫殿如清思殿、三清殿等的遗址都出现二三种颜色的琉璃瓦和有精美线刻的柱础等石雕，和壁画中所表现的变化是一致的。

一、隋大兴宫——唐太极宫

隋文帝建国的第二年（582年）即放弃汉长安城，在其东南建新都，定名为大兴城，宫名大兴宫。开皇三年（583年）建成宫室后即迁都[1]。

大兴宫在新都中轴线北部，北倚北城墙，南对皇城。它的东侧为东宫，西侧为掖庭、太仓和内侍省，共在一横长矩形的宫城之内。618年隋亡，唐朝建立，改大兴殿为太极殿[2]，大兴宫亦改称太极宫。自唐朝建立的618年起，到唐高宗于龙朔三年（663年）移居新建成的大明宫止，四十五年中，太极宫是唐朝的主宫。新建的大明宫在太极宫东北，故称东内，而称太极宫为西内。史籍中有关隋大兴宫的记载很少，而有关唐太极宫的较多，且唐代对它没有重大的改建，所以我们在探索隋大兴宫时不得不利用唐太极宫的史料和名称，而附可考知的隋代名称于括弧中。

太极宫（大兴宫，下略）遗址范围已于六十年代探明，东西1285米，南北1492米，呈纵长矩形。其东的东宫和隔城共宽832.8米，其西的掖庭宽702.5米，南北与宫同，三者总宽2820.3米，与皇城同宽[3]，总面积4.2平方公里。太极宫本身面积1.92平方公里，是面积为0.71平方公里的明清北京紫禁城的2.7倍。

太极宫北倚长安北墙，墙北有内苑，南北深一里，东西宽同宫城。内苑之北为禁苑，隋开皇二年建，称大兴苑。《长安志》说，苑"东西二十七里，南北二十里，东接灞水，西接长安故城，南连京城，北枕渭水，西即太仓。……（长安）故城东西十三里，南北十三里，亦隶苑中"。从这记载看，整个城北至渭河南岸广大地域都划为禁苑，其面积比长安城还要大。苑内有宫亭二十四所，四面开十门。以后经唐代二百年来增益，建筑大为增多，至武宗会昌时门增至九十四所，又曾修葺汉未央宫殿宇。唐在禁苑内驻军，是保卫长安及宫城的最精锐的军队。756年安禄山军陷长安，783年泾原兵变，唐玄宗、德宗都由禁军护卫，自禁苑中逃跑，可知隋唐在宫北设置禁苑，除驻军防卫宫城外，还有留下一个不经城内直接出逃的退路的作用（图3-2-1）。

宫城内自南而北由两道东西向横街和数道横墙大体上划分为前、中、后三部分[4]，分别为代表国家政权的朝区，代表家族皇权的寝区和苑囿区（图3-2-2）。

朝区南起宫城南城墙，北至第一道横街。南城上隋及唐前期开有三门[5]。正中为承天门（广阳门），在都城及宫城中轴线上，南对皇城正门朱雀门和都城正门明德门，是宫城正门。门上建有巨大的城楼，门东西有阙。阙外侧为朝堂[6]，前临宽220米以上的东西大道。它是举行元旦、冬至大朝会和朝贡、大赦等大典之处，称"大朝"或"外朝"，是宫中最重要建筑之一[7]。承天门的东西有长乐门、永安门，门内各有南北街通入宫中，是自南面入宫的次要道路。大约在唐中期，于承天门内增建嘉德门，为太极门前的隔门[8]。

承天门内，中轴线上为朝区正殿太极殿（大兴殿）建筑群，南面为正门太极门，东西有左右延明门，北面有朱明门。门间连以廊庑，围成矩形殿庭。庭中偏北为太极殿，它是皇帝朝望听政之殿，称"中朝"或"日朝"。唐贞观四年，仿洛阳乾阳殿之制，在殿庭东南、西南角增建了钟楼、鼓楼。太极殿左右有横墙，分殿庭为南北两部分，墙上有门，称东上阁门、西上阁门[9]。两仪殿常朝时，百官由东、西上阁门入内，称为"入阁"。太极殿建筑群之北即第一横街。

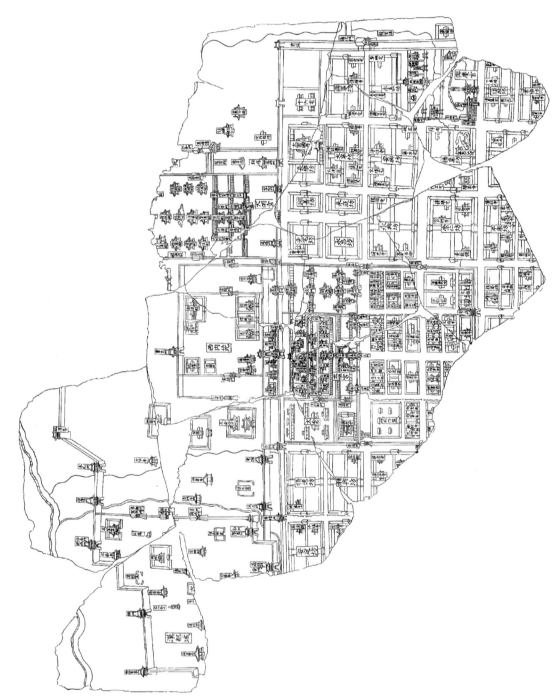

图 3-2-1 宋吕大防唐长安城图中的皇城宫城

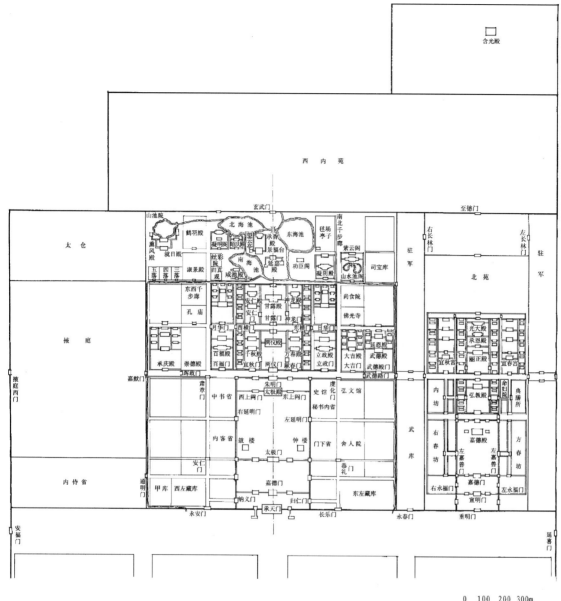

图 3-2-2 唐长安太极宫平面复原示意图

太极门的东西侧有恭礼门和安仁门，跨长乐、永安二门内南北街而建。二门向内侧与太极门有廊相连，向外侧有墙通到东西宫墙，形成宫内第一道横墙。墙外左右侧是仓库区。墙内，在太极殿建筑群的东西外侧是宫内官署区。在东外侧，恭礼门内南北街之西为门下省和史馆，街东为弘文馆、舍人院；在西外侧，安仁门内南北街之东为中书省和内客省[10]。恭礼、安仁二门内大街的北端为虔化门和肃章门，与太极殿后的朱明门共在一条东西线上。进入这三门即到宫内第一条横街，街北即为宫中的寝区。

寝区又分前后两排，各建有若干宫殿，各成庭院，主殿在中轴线上，两排之间也隔以横街，即南北朝时宫中的"永巷"[11]。巷南主要是皇帝活动区，即"帝寝"，大臣尚可进入，巷北是后妃居住区，即"后寝"（皇后，非前后之后），是绝对禁止外臣进入的。这两排宫院实际相当于一般邸宅的厅事和后堂，但规模远过之。前排正中为两仪殿建筑群，正门两仪门（中华门），正殿两仪殿（中华殿）。它是寝区的正殿，除朔望外，皇帝隔日在这里见群臣议政，称为"内朝"或"常朝"[12]。两仪殿之东为万春殿，前有献春门；两仪殿之西为千秋殿，前有宜秋门，这二殿是两仪殿的左右辅弼，共为一组。在万春殿之东有立政殿、大吉殿和武德殿，在千秋殿以西为百福殿和承庆殿[13]。

在前排诸殿之后，永巷以北，正中为寝殿甘露殿，其东为神龙殿，西为安仁殿，三者也是一组[14]，和前排的两仪、万春、千秋三殿相同。由于这部分是寝宫，要加强防卫，又在永巷中加了四道横门，在神龙、安仁殿之东西外侧有东横门，西横门，在永巷两端，立政殿、百福殿北的外侧有日华门、月华门[11]。这就把寝区前后二排封闭为一区，成为全宫的核心。

后苑中西部有一些池沼，称东、北、南海池[15]。围绕三池布置一些殿宇，西北角有山池院，都是具有园林性质的殿宇。东部建有凌烟阁、功臣阁、紫云阁、凝云阁等一系列楼阁，还有毬场[16]。从历史记载看，在内苑召见大臣多由北门玄武门进入。

东宫在太极宫之东，其东西都有隔墙，史载唐东宫有左右长林军，太子建成时有兵二千人，所以这夹城当是驻军之所。东宫布局和太极宫近似，也分朝区、寝区、后苑三部，而规模及建筑等级低于太极宫。

东宫正门为重明门，在中轴线上，门内有隔门名宣明门。其内即东宫朝区正殿嘉德殿建筑群，正门、正殿都以嘉德为名，相当于太极宫之太极殿一组。嘉德殿建筑群之东西有南北街，街之东西外侧为宫内官署左春坊、右春坊，与殿共同形成朝区。

嘉德殿及左右春坊之北为第一横街，街北即为内廷部分。它也分前后二列，中隔永巷。前列正中为主殿弘教殿，相当于太极宫之两仪殿。其东西为内廷官署及供应机构，弘教殿之北，隔永巷为后宫寝殿丽正殿，殿东有宜春宫，殿西有宜秋宫，也是三组并列，近于太极宫之甘露、神龙、安仁三殿。

寝区之北为北苑，建有亭子院、山池院、佛堂、射殿等。北苑之北有隔城，东西有左右长林门，通入驻军的隔城[17]。

西侧的掖庭，因史籍缺略，已不可考。其南端为内侍省[18]。

隋大兴宫——唐太极宫位于今西安市内西北部，全为现代建筑所覆盖，目前实无条件进行发掘，只能据文献记载，结合当时传统特点做上面的推测。但城之范围曾做局部勘探。除宫城四至已如前述外，还探知宫城基宽约18米，城身宽已不可考。《长安志》载宫城高35尺[19]。若按唐代城之比例，城高与顶宽同，城身斜度为1∶4，则城身之宽应为35尺+17.5尺，即52.5尺，合15.4米，比城基之宽少3米，和已发掘的大明宫宫城同。宫城诸门中只勘探到承天门和北城上一门。承天门址只余西半部，南北深19米，残存三个门道，自西向东，分别宽6.2米、8.5米、6.4米。北城在距西端约1080米处发现一门址，偏在内苑西侧。但从史籍所载种种发生于玄武门之事看，不太可能是玄武门，应是史籍失载的另一北门[3]。

综观隋代创建的大兴宫的布局，它是综合了北齐邺南宫、北魏洛阳宫和南朝建康宫的传统又结合自己的特殊需要而形成的。

北周577年灭北齐后，南朝的陈疆域日蹙，且日益腐化，全国统一的形势已成。杨坚代周建立隋后，即积极准备，以统一分裂三百年的中国为己任。为了巩固内部，造成声势，他立国的第二年即决意建一能体现大一统气概的新都和宫殿，以代替"凋残日久，屡为战场"的汉长安和"事近权宜"的北周宫殿[20]。

他所建大兴宫虽说要远法周、汉，但时代辽远，事势不同，实际上只能以当时的齐、魏、陈三国宫殿为参考。如果把大兴宫的寝区分和建康、洛阳、邺南三宫相比，可以明显看到一个共同点，即都分为前后两列，中隔永巷，前列为皇帝居处，后列为后妃的后宫，如贵官邸宅之前为厅事，后为后堂。而且这前后二列中，主体都是三殿并列为核心：在建康宫前为中斋和东斋、西斋，后为显阳殿居中，翼以含章、徽音二殿；在北魏洛阳宫，前为式乾、含章、徽音三殿，后为宣光、明光、晖章三殿；在邺南宫，前为昭阳、含光、凉风之殿，后为显阳等三殿[21]。大兴宫中前为两仪、万春、千秋三殿，后为甘露、神龙、安仁三殿的布局，正是直接延续了以上三宫的传统。在建康、洛阳、邺南三宫中，寝区之后都有后苑华林园，大兴宫后也有后苑，但因华林园之名起于曹魏，为分裂后出现的，不愿沿用其名，也不肯效法其用墙封闭的形式。

以上是大兴宫继承近世宫殿的一面。但大兴宫的前半部，即代表国家政权的部分，却和建康、洛阳、邺南三宫有很大的不同，主要是：一，放弃了魏晋以来在主殿太极殿东西建东堂、西堂，形成三殿并列的布局；二，把朝堂及尚书省迁出宫外，改变魏晋以来正门阊阖门与东侧司马门并列的布局。从当时情势看，这种改变是有原因的。

从当时的政治需要看，隋文帝要建一个能反映统一气魄的帝都和宫室，必须表现出有和三国以后分裂时期各政权有明显不同之处。他在建都诏书中说"曹、马（司马氏）之后，时见因循，乃末代之宴安，非往圣之弘义"，就是这个意思。当时宫室中，朝区在正殿太极殿东西建东西堂的布局，正是创始于曹魏洛阳的，所以须要加以改变。他把原在东西堂举行的日朝、常朝活动移到大兴殿和其后的中华殿，以广阳门、大兴殿、中华殿为外朝、中朝、内朝。这三朝序列前后相重，也是有具体原因的。其一是在北齐时，邺南宫虽仍有东西堂，但很多常朝活动已从东西堂移到太极殿后的昭阳殿进行。隋文帝以中华殿为常朝实际上是沿用北齐已形成的制度。但北齐是已亡之国，南朝是隋必欲消灭之国，从政治上讲，隋宫室绝不能露出有效法二国之处，必须加以掩饰。隋是西魏、北周的继承者，西魏自宇文泰执政时起，就在大统十四年（548年）"初行周礼，建六官"，改变官制。又令苏绰仿《周书》作大诰，模仿西周文体写文书。尽管这种改制只是形式上的比附依托，以求在北齐、南朝间独树一帜，协和内部，解决政权巩固问题。但既行之后，在关中地区遂成为一种维系人心的口号，当统一形势明朗时，远法周礼，以讨近世僭伪，就成为正大光明的题目。在宫室建设中，以周礼中的外朝、中朝、内朝取代曹魏以后的太极殿东西堂，就出于这个目的。

大兴宫把朝堂、尚书省迁出宫外是由于官制的变化，这时政府的决策权在中书省和门下省。隋制不详，唐代政事堂先在门下省，后改在中书省，且宰相议政时皇帝不再参加，尚书省只是执行机构[22]，朝堂已不议政。所以隋迁朝堂于广阳门外阙的外侧，建尚书省于皇城，宫中不再设尚书内省。这样，魏晋以来宫城南面阊阖门与司马门并列，正门、主殿不在中轴线上的状况也就不存在了。宫城中正门正殿位于全宫、全城几何中轴线上的布局遂正式形成。

注释

[1]《隋书》卷1，〈帝纪〉第一，高祖上，开皇二年六月。　中华书局标点本①P. 17

[2]《旧唐书》卷1，〈本纪〉1，高祖：武德元年五月"隋帝逊于旧邸。改大兴殿为太极殿"。　中华书局标点本①P. 6

[3] 中国科学院考古研究所西安唐城发掘队：〈唐代长安城考古纪略〉，《考古》1963年11期。

[4] 宋吕大防〈唐长安城图〉石刻，《考古学报》1958年3期。

[5]《唐六典》卷7，工部："宫城在皇城之北，南面三门：中曰承天，东曰长乐，西曰永安。"中华书局排印本 P. 217

《长安志》卷6："西内"，原注"南面有六门。"　中华书局影印《宋元方志丛刊》①P. 102 上

[6]《长安志》卷6：承天门句，原注云："隋开皇二年作，初名曰广阳门，……唐武德元年改曰顺天门，神龙元年改为承天门。外有朝堂，东有肺石，西有登闻鼓"。　中华书局影印《宋元方志丛刊》①P. 102 上

曹元忠辑本《两京新记》卷1："《西京记》曰：……皇城南面六门。正南承天门，门外两观、肺石、登闻鼓。"

《南菁札记》本，卷1，P. 1b

[7]《唐六典》卷7，工部："若元正、冬至大陈设燕会、赦过宥罪、除旧布新，受万国之朝贡、四夷之宾客，则御承天门以听政"。原注："盖古之外朝也"。 中华书局排印本 P. 217

[8]《长安志》卷6，西内章："太极门外，承天门之内曰嘉德门。" 中华书局影印《宋元方志丛刊》①P. 102
按：《大唐六典》中无此门，可知是开元以后增建的。

[9]《唐六典》卷7，工部："其北曰太极门，其内曰太极殿，朔望则坐而视朝焉。"原注："盖古之中朝也。隋曰大兴门、大兴殿，炀帝改曰虔福殿，贞观八年改曰太极门，武德元年改曰太极殿。有东上、西上两阁门，东西廊左延明、右延明二门。" 中华书局排印本 P. 217 《长安志》卷6，西内章："当承天门内北曰太极门。"原注曰："隋曰大兴门，后改曰乾福门，贞观八年改为太极门。殿东隅有鼓楼，西隅有钟楼，贞观四年置。" 中华书局影印《宋元方志丛刊》①P. 102

[10]《长安志》卷6，西内章："门下省在左延明门东南，中书省在右延明门西北，舍人院、弘文馆在门下省东，……史馆在门下省北。" 中华书局影印《宋元方志丛刊》①P. 102

[11]《长安志》卷6，西内章："甘露门内曰甘露殿，在两仪殿之北，殿门外有东西永巷、东出横门又东有日华门，西出横门又西有月华门。"…… 中华书局影印《宋元方志丛刊》①P. 102

[12]《唐六典》卷七，工部："（太极殿）次北曰朱明门，……又北曰两仪门，其内曰两仪殿，常日听朝而视事焉。"原注："盖古之内朝也。隋曰中华殿，贞观五年改为两仪殿。承天门之东曰长乐门，北入恭礼门，又北入虔化门，则宫内也。承天门之西曰广运门，永安门，……北入安仁门，又北入肃章门，则宫内也。" 中华书局排印本 P. 217

[13]《唐六典》卷七，工部："两仪殿之东曰万春殿，西曰千秋殿。两仪[门]之左曰献春门，右曰宜秋门。宜秋之右曰百福门，其内曰百福殿。百福之西曰承庆门，内曰承庆殿。献春之左曰立政门，其内曰立政殿。立政之东曰大吉门，其内曰大吉殿。" 中华书局排印本 P. 217

[14]《唐六典》卷七，工部："两仪[殿]之北曰甘露门，其内曰甘露殿。左曰神龙门，其内曰神龙殿。右曰安仁门，其内曰安仁殿。" 中华书局排印本 P. 218

[15]《资治通鉴》卷191，唐纪7，武德九年："上方泛舟海池"句，胡注云："阁本《太极宫图》：太极宫中凡有三海池，东海池在玄武门内之东，近凝云阁；北海池在玄武门内之西；又南有南海池，近咸池殿。" 中华书局标点本⑬P. 6011

[16]《长安志》卷6，西内章："延嘉殿在甘露殿近北。殿南有金水河，往北流入苑；殿西有咸池殿。延嘉北有承香殿，殿东即玄武门，北入苑，殿西有昭庆殿，殿西有凝香阁，阁西有鹤羽殿。延嘉西北有景福台，台西有望云亭。延嘉东有紫云阁，阁西有南北千步廊舍，南至尚食院西，北尽宫城。阁南有山水池，次南即尚食内院。紫云阁之西有凝阴殿，殿南有凌烟阁。……又有功臣阁在凌烟之西，东有司宝库。凝阴殿之北有毬场亭子。" 中华书局影印《宋元方志丛刊》①P. 103

[17]《长安志》卷6，东宫章。 中华书局影印《宋元方志丛刊》①P. 103

[18]《长安志》卷6，西内章。"永安门西有掖庭，南隅有内侍省。" 中华书局影印《宋元方志丛刊》①P. 103

[19]《长安志》卷6，宫城章："宫城东西四里，南北二里二百七十步，周一十三里一百八十步，崇三丈五尺。" 中华书局影印《宋元方志丛刊》①P. 102

[20]《隋书》卷1，〈帝纪〉1，高祖上，开皇二年建新都诏书云："此城从汉彫残日久，屡为战场，旧经丧乱。今之宫室，事近权宜，又非谋筮从龟，瞻星揆日，不足建皇王之邑，合大众所聚。……龙首山川原秀丽，卉物滋阜，卜食相土，宜建都邑。定鼎之基永固，无穷之业在斯。" 中华书局标点本①P. 17

[21] 参阅本书南朝建康宫及北魏洛阳宫北齐邺南宫部分。

[22]《唐六典》卷1，〈尚书省〉："尚书令为端揆之官，魏晋以来，其任尤重。皇朝武德中，太宗初为秦王，尝亲其职，自是阙而不复置。其国政枢密皆委中书，八座之官但受其成事而已。"
同书卷8，〈门下省〉："侍中之职，……所谓佐天子而统大政者也。凡军国之务，与中书令参而总之，坐而论之，举而行之，此其大较也。" 中华书局排印本 P. 6、241

二、隋东都宫——唐洛阳宫

隋炀帝即位后，即于大业元年（605年）三月下令在汉魏洛阳城之西建东京城，二年正月建成[1]。五年（609年）改称"东都"。受洛水横贯全城的限制，宫城不在全城南北中线上，而偏在城的西北角地势较宽之处，方向微偏向东南。宫的中轴线北指邙山，南面遥对伊阙[2]，在宫城定位上充分利用了最有利的地理形势。

宫城之南有皇城，城内布置官署，如大兴（长安）之制。扼于地形，它南北向没有大兴皇城深，但东西仍与宫城同宽。根据近年的考古发掘报告，宫城东西宽2100米，南北深1270米，其南墙中部长1030米一段再南凸57米，总面积为2.73平方公里。折合隋唐尺为东西四里二二八步，南北二里二六二步，比《唐六典》所载城"东西四里一百八十步，南北二里八十五步，周回十三里二百四十一步"[3]稍大。

宫城之北有一道与宫城北墙同宽的东西向隔墙，南距宫城北墙125米，隔出一道夹城，称曜仪城。曜仪城之北，与洛阳城西北角处的北城、西城和东面含嘉仓的西墙间又形成一东西长2100米，西深460米，东深590米的梯形城，称圆璧城[4]。隋大业九年（613年）因皇城狭小，又在宫城东侧建东城，城内也布置官署[5]。东城之北是洛阳最大的仓库含嘉仓，相当于大兴（长安）的太仓。东城和含嘉仓前后相重、附在宫城和圆璧城的东侧，自成一区。

宫城内部又为东西、南北向隔墙分隔为数部分。在宫城西墙以东，距西墙180米，有一道南北隔墙，分别抵宫城南北墙，隔出的宽180米的夹城称宝城。在宫城北墙以南，距北墙275米有一东西向隔墙，抵宫城东西墙，隔出的宽275米部分称陶光园。另在宫城南墙南突部分的两角，各有南北向墙，东侧的与陶光园南墙相交后，抵曜仪城南墙，其东为东宫，西侧的抵陶光园南墙而止，其西为西隔城。这样，在宫城中心就出现一个东西宽约1030米、南北深约1057米的方形部分，是宫城的主体，我们可称之为"大内"。在宫城的东部，距东墙190米又有一南北向墙，南抵宫城南墙，北抵陶光园南墙，墙东宽190米的夹城为左藏库。[6],[7],[8]（图3-2-3）。

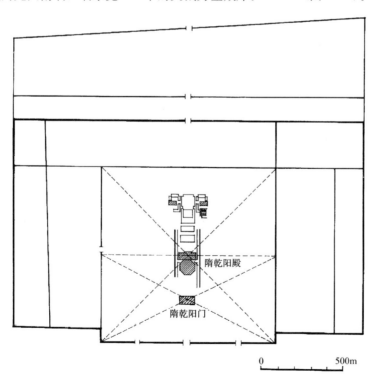

图3-2-3　河南洛阳唐洛阳宫实测平面图

从发掘中所知的上述情况与（唐）杜宝《大业杂记》[9]和永乐大典本《元河南志》中〈隋城阙古迹〉、〈唐城阙古迹〉所载基本相符。结合二书记载，还可补充若干细节。东都宫城南面隋代建有七门，正门则天门（唐改应天门）在全宫中轴线上，左右建突出门外的阙，相距八十三米；则天门东有兴教门（唐改明德），西有光政门（唐改长乐）；光政门址已探得，东距则天门约 300 米，合唐代 100 丈，亦即二百步，与记载相去二百步相合；兴教门以东，宫城北折后再东行，有东宫正门，隋时名失载，唐名重光门；重光门之东为泰和门，是东夹城左右藏库之南门；在南城墙北曲的两小段长 57 米的南北向墙上，分别有向东、向西二门，向东名永康门（唐改宣政），向西的名隆庄门。宫城东墙无门。西墙只一门，为宝城门；另在北端圆璧城西墙上有一门，名方诸门。宫城北墙上正中有一门，名玄武门。玄武门北为曜仪城，北墙有曜仪门，南对玄武门。曜仪城之北为圆璧城，开有圆璧门；北面即外郭北墙，西墙上即前述之方诸门。东城及含嘉仓城附在宫城之东。宽约 620 米。含嘉仓西墙长 725 米，东墙长 765 米，微近梯形。东城南北长约 1420 米[10]。

宫城中部的主体部分平面近方形。南墙上即则天、兴教、光政三门，北墙上即玄武门，东墙上有通东宫的重润门，西墙上有闱阖重门，门外为西隔城，西通闱阖门及西面夹城的宝城门。

分析东都宫大的布局，可以看到是继承了大兴宫的传统，只有很小的改变。宫的前方为皇城，与大兴全同；宫之后部，在大兴宫为西内苑和禁苑，在东都因限于北面的邙山，把禁苑移到宫西，北面增筑两道城墙，形成圆璧城，从防卫之后部看，意图是相同的。宫城部分的总平面作横长形，内分主宫、东宫和西隔城三大区，也和大兴宫相同，只是具体布局上，大兴宫西为掖庭宫和太仓，东都宫利用九洲池的地理条件把西隔城改建为苑囿，以居诸王子，把太仓移到宫城东北角外侧而已。

宫城的主体部分在中轴线上，平面近于方形，相当于大兴城之大兴宫（唐之太极宫）。南面开有三门，正门则天门即相当于大兴宫之广阳门（唐改承天门），门上建二层高的门楼，上层名紫微观。门左右连阙，阙高一百二十尺，是东都最宏伟高大的城楼，相当于古代宫廷制度中的所谓"外朝"或"大朝"，是每年元旦、冬至皇帝举行大朝会受贺的地方。则天门左右的兴教门、光政门和东宫正门重光门、东隔城正门太和门也都建有二层门楼。在应天、兴教、光政三门之北四十步，分别建有永泰门、会昌门、景运门，南北相对。这三门间连以轩廊和隔墙[11]，东西端和北折以后的南墙相接。自宫墙南墙以北，至宫中第一横街之南是宫中象征国家政权的部分——朝区，由宫殿和宫内官署组成。朝区正殿名乾阳殿，四周围以四门、回廊，形成宫内最大的院落。它的南门名乾阳门，向南隔永泰门与则天门相对。东西门名东华门、西华门。乾阳殿在殿庭中间偏北，面阔十三间，高一百七十尺，基高九尺，柱大二十四围，是当时著名的巨大建筑物，为宫中的最主要殿宇，相当于大兴宫中的大兴殿（唐改称太极殿），是皇帝朔望听政之处，即所谓古之"中朝"或"日朝"。殿左右有横墙，隔殿庭为南北二部，墙上各开一门，称东上阁、西上阁，是自乾阳殿庭进入寝区的通路[12]。

在殿庭东廊的东华门外路北有文成殿，西廊的西华门外路北有武安殿，是外朝次要殿宇，供隋帝常日接见群臣之处[13]。武则天建明堂后，改以武安殿为中朝。

自会昌、景运二门向北，各有南北街，向北直抵宫中第一道横街，北端分别建有章善门和显福门。街南段两侧是宫中官署，东面会昌门内为门下内省、内殿内省等，西面景运门内为内史（中书）内省、秘书内省等[14]。街北段靠乾阳殿一侧即文成殿和武安殿二组宫院。

宫中第一条横街以北到陶光园南墙之间，是代表家族皇权的部分——寝区，即皇帝的家宅。此区又被宫中第二条横街划分成南北二区，南区相当于一般第宅的前部，主要是皇帝活动的地区，大臣奉诏尚可进入。主殿大业殿在中轴线上，相当于第宅中的厅事，皇帝隔日在此见大臣，为"常朝"正殿[15]。大业殿东西并列一系列殿宇，都各为一所宫院。其中西侧的观文殿是宫中藏书之所，以橱柜用机械开启、建筑装饰豪华著称于史册[16]。第二条横街之北是皇帝的寝宫所在和后妃居住区，主殿徽猷殿即相当一般第宅的后堂，建在中轴线上，它的东西也并列若干殿宇，各为一所宫院。其东有流杯殿一组，殿上有漆流杯渠，殿前有山池，两翼回廊前伸，各建有轩亭，是园林建筑[17]。徽猷殿西有大池，池北有安福殿，是隋炀帝的寝殿[18]。殿西还有八院、十六堂[19]，位置俟考。

宫中第一条横街宽三十步，其东端为通东宫的重润门，西端是闾阖重门[20]，第二条横街即宫中永巷，西端为归义门，西通九洲池，东端为观礼门[21]。以第一条横街为界，街南为朝区，街北为寝区，四周都有宫墙和围墙、回廊封闭，形成前后相重的两区，为宫之主体部分，其东、北、西三面分别为东宫、陶光园和西隔城所包围屏蔽，在防卫上是考虑得很周密的。

在西隔城北部，归义门之西有九洲池，池中有岛，岛上及湖边都建有亭榭[22]，是游赏区。城中偏南部有仪鸾殿、射殿及果园。西隔墙上有闾阖门，东与闾阖重门相对，门西即西夹城——宝城[23]。

隋炀帝建东都宫在当时是很巨大的工程，《元河南志·隋城阙古迹》记载，用兵夫七十万筑宫城，六十日成，其内诸殿及墙院又役十余万人。《旧唐书·张玄素传》说："隋室造殿，楹栋弘壮，大木非随近所有，多从豫章（江西）采来，二千人曳一柱，……终日不过进三二十里，已用数十万功，则余费又过于此"[24]（图3-2-4）。

隋亡后，唐于武德四年（621年）破东都，禽王世充后，为了表示反对隋炀帝的奢侈，拆毁端门、则天门楼及阙，焚乾阳殿[25]，但其余部分都保存下来。

唐太宗贞观六年（632年）改东都宫名洛阳宫，加以修缮。贞观十一年（637年）、十五年（641年）十八年（644年）、十九年（645年）太宗都曾至洛阳宫，可知基本保存完好。高宗显庆二年（657年）改洛阳宫为东都。麟德二年（665年）后又先后修复正殿、正门，改称乾元殿，则天门[26]。高宗死后，武则天称帝，光宅元年（684年），改东都为神都，改宫名为太初宫。垂拱四年（688年）二月毁乾元殿，在其地建明堂，同年十二月建成，称"万象神宫。"又在明堂北隋大业殿一区建天堂。695年正月，天堂、明堂焚，立即重建，696年三月重建成[27]。玄宗开元二十七年（739年）拆去明堂上层，又改称乾元殿[28]。安史之乱时，东都宫室遭到严重破坏，迄于唐亡，未能恢复盛时旧观[29]。

五代时，改乾元殿为太极殿，有后殿，形成工字殿，又改隋武安殿为文明殿，作为日朝正殿，在其后又建垂拱殿。这样在主殿太极殿之西又出现一个次要轴线，和主殿都是前后二殿相重。这格局和隋唐时已相去甚远，但对后周、宋汴京宫殿布局有直接影响。

综合《大唐六典》、《元河南志·唐城阙古迹》和新旧《唐书》、《资治通鉴》的记载，可知在唐前期洛阳宫的朝、寝各区基本保持隋代的格局，但大都改易了名称[30]。其中最大的变化是拆毁隋日朝乾阳殿和常朝大业殿，改建为明堂和天堂，把宫中最主要建筑改为高层楼阁[31]。与之相应，把隋永泰门拆去[32]，扩大了乾元殿建筑群前的广场，使宏伟的明堂、天堂更为显露。在内廷部分，又把前部大业殿以西隋玄靖殿一区改建为仙居殿，作为武则天的寝殿[33]。武则天称帝，不做太后，故不肯把寝宫设在永巷之北的后妃区，而要设在街南，因主殿贞观殿（隋大业殿）改建为天堂，其后诸殿均为天堂所遮，故建在西侧。唐代还在宫城的南、西、北三面增开了一些城门[34]。

唐代自高宗时起就在西隔城中建了大量建筑，在北部建有映日台，为宫中高台建筑。台的南北各建三堂，供皇子公主居住[35]。南部建有洛城殿，即五殿，是宫中大型建筑之一[36]。又有德昌殿，其北是隋代已有的仪鸾殿和射堋。

根据近年勘探得知的隋东都宫——唐洛阳宫的轮廓范围和城墙城门，结合史籍所载隋及唐代宫中建筑布置情况和因革变化，我们可以绘制出隋和唐代宫殿的示意图（图3-2-4、3-2-5）。把隋代宫城图和隋大兴宫图相比较，就可以看到它主要是在大兴宫布局影响之下形成的。

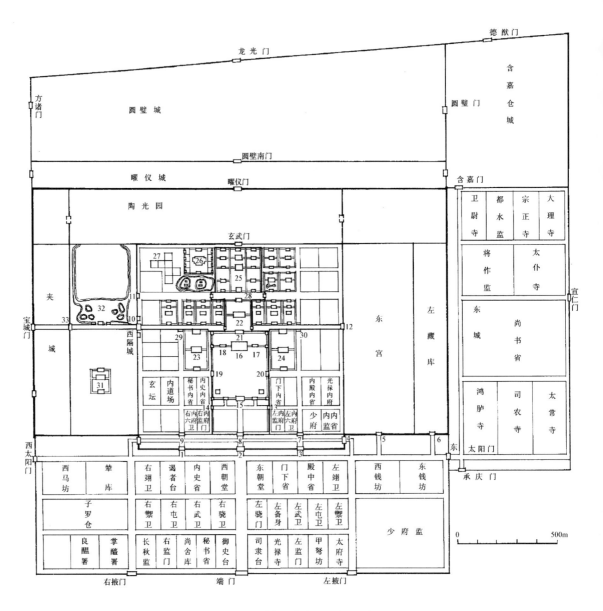

图3-2-4 隋东都宫城平面复原示意图

1. 光政门	8. 永泰门	15. 乾阳门	22. 大业殿	29. 显福门
2. 则天门	9. 景运门	16. 乾阳殿	23. 武安殿	30. 章善门
3. 兴教门	10. 闾阖重门	17. 东上阁门	24. 文成殿	31. 仪鸾殿
4. 永康门	11. 归义门	18. 西上阁门	25. 徽猷殿	32. 九洲池
5. 重光门	12. 重润门	19. 西华门	26. 安福殿	33. 闾阖门
6. 泰和门	13. 左延福门	20. 东华门	27. 八院	
7. 会昌门	14. 右延福门	21. 大业门	28. 永巷	

宫城中部近于正方形部分为"大内"，相当于大兴宫，其布局也很相似。宫内由两条东西向横街和一条横墙划分为朝区（乾阳殿以前，相当于大兴宫之大兴殿以前）、寝区前部（大业殿以前，相当于大兴宫之中华殿）、寝区后部（徽猷殿以前，相当于太极宫之甘露殿，隋时名失载）和后苑

（陶光园，相当于太极宫之诸海池部分，隋时名失载）四大部分。在中轴线上，以正门则天门为大朝（外朝），以朝、寝两区的正殿乾阳殿、大业殿为日朝、常朝，三朝前后相重，也与大兴宫相同。寝区的殿宇，虽记载简略，但从勘探图中可以看到，在中轴线最后，相当于徽猷殿处，左右对称各有一较大的殿址（图3-2-3），可知寝区主殿和大兴宫一样，也采取三殿并列的形式。

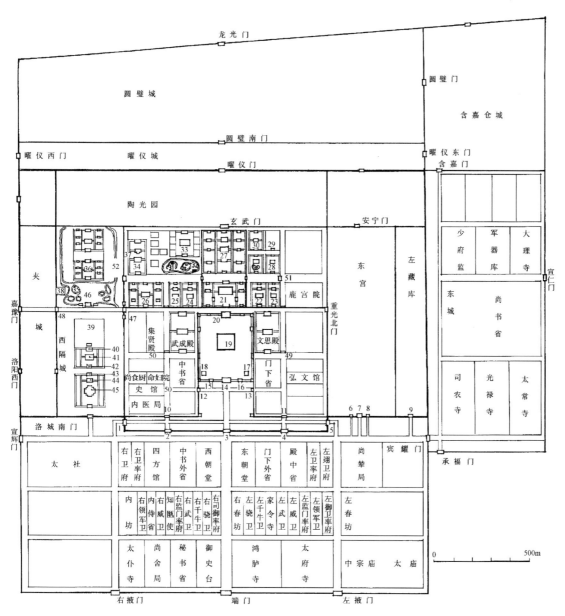

图 3-2-5 唐洛阳宫城平面复原示意图

1. 隆庆门
2. 光政门
3. 应天门
4. 兴教门
5. 宣政门
6. 延义门
7. 重光门
8. 宝善门
9. 太和门
10. 广运门
11. 会昌门
12. 右延福门
13. 左延福门
14. 乾元门
15. 千秋门
16. 万春门
17. 钟楼
18. 鼓楼
19. 明堂（乾元殿）
20. 烛龙门
21. 天堂（贞观殿）
22. 大仪殿
23. 庄敬殿
24. 观文殿
25. 亿岁殿
26. 集仙殿
27. 徽猷殿
28. 飞香院
29. 袭芳院
30. 宏徽殿
31. 飞骑阁
32. 登春阁
33. 安福殿
34. 仁智院
35. 瑶光殿
36. 望景台
37. 千步阁
38. 映日台
39. 射埻
40. 仪鸾殿
41. 德昌殿
42. 延庆门
43. 韶晖门
44. 饮羽殿
45. 洛城殿（五殿）
46. 九洲池
47. 闾阖重门
48. 闾阖门
49. 章善门
50. 明福门
51. 观礼门
52. 归义门

但东都宫布局和建筑也有和大兴宫不同之处。其一是在朝区正殿乾阳殿殿庭的东西外侧又建文成、武安二殿，三殿虽各为庭院，却又具有三殿并列之势。且这二殿又用来供常日接见大臣之用，这就在某种程度上又显现出魏晋以来太极殿和东西堂并列的影子。其二，在有关大兴宫的记载中都没有提到城门、殿门为重楼。而《大业杂记》记载中说，宫城南面的应天门、兴教门、重光门、泰和门和宫内中轴线上的永泰门、乾阳门是重楼，（光政门虽未提及，从与兴教门对称看，也应是重楼。）这些与大兴宫不同，却和南朝建康宫及北魏洛阳宫的形制很相似。

大兴宫和东都紫微宫出现不同之处是有原因的。《隋书·食货志》说："（炀帝）初造东都，穷诸巨丽。帝昔居藩翰，新平江左，兼以梁陈曲折，以就规摹。曾（层）雉逾芒，浮桥跨洛，金门象阙，咸竦飞观"[37]，可知这些不同处正是有意模仿南朝宫殿的结果。隋炀帝为晋王时，以平陈立大功，甚得时誉，最后得以夺嫡为帝。他除了了解江南经济发达、倾慕江南文化外，也可能有江南是他"帝业所基"的想法，所以为帝后立即在洛阳建都为联系关中与江南的中介，然后在江都建都城宫殿。末年中原糜烂时，也居留江都不返，直至覆亡。这些情况表现出除经济因素外，他对江南也有偏执的兴趣。在建东都宫时一反其父建大兴宫的原则，恢复某些江南宫殿特点，正是这种思想的反映。

隋炀帝在建东都诏书中明确说其目的是要在中原建一个基地，以控扼江南和原北齐旧境。限于人力财力，当时大城只建了表示限隔的矮墙，全无防守作用。为效法建康，使洛水穿城，分全城为南北二区，但有事时，却只能临洛水设防，放弃南城，在这种情况下，必须加强宫城本身的防守能力。所以宫城南、东、西三面有二重墙，北面扼于邙山，没有余地像大兴宫那样建禁苑，只能修二个隔城，以资守御。从历史上所载隋末唐初战事看，李密攻东都时，可以直入外郭，栅于东城东门宣仁门外；王世充拒唐军时，令人分守南城（皇城）、宝城、东城、含嘉城、曜仪城，又在皇城南临洛水为阵，可知这时外郭不起防卫作用，已经放弃，全恃宫城拒守。这样，宫城外隔城多，城内隔墙纵横的作用就很清楚了。

自1959年以来，对隋唐洛阳宫城进行了多次勘察和重点发掘，目前已基本察明城的轮廓、主要城门位置和中轴线上殿宇基址。这些遗址大部属唐代，有时夹杂有五代及宋时的[39]，隋代的已多不可考。

宫城的范围已见前文。已探得的宫城墙址大都宽15~16米，夯土筑成，夯层8~10厘米。城身包砖。顺砖、丁砖的外侧都抹斜，坡度为高3.2收1[7]，这坡度应即城身之坡度。史载宫墙高4.8丈，合14.12米。两面内收各为14.1/3.2＝4.4米。设城底宽16米，则顶宽应为7.2米左右[38]。

宫城南面则天门（唐应天门）、光政门（唐长乐门）、兴教门（唐明德门），北面的玄武门均已探得。则天门址破坏严重，门楼范围已不可考。门两侧相距83米有向南突出的城墙，南端加宽，当即是两阙的遗址。兴教门、光政门在则天门东西300米处，门道已被破坏。玄武门南与则天门相对，在全宫中轴线上，门道宽约6米，深16米[6]。

宫内的宫殿址已探出中轴线上的七座，分早晚期，晚期是五代至宋初的基址，早期属隋唐时期。在发掘平面图上分析，发现如在宫城四角画对角线，则其交点上有一全宫最大的殿宇基址，东西102.5米，南北47米。此殿应即是隋时的主殿乾阳殿。在此殿之南，在它与南城正门之间的中分点上又有一建筑基址，应即是乾阳门址。此外，在中轴线后部晚期殿址的东西侧还残存二座早期殿址，可知当时后宫是三殿并列的。在乾阳殿址之南又有一八角形基址，东西宽54.7米，南北残存45.7米，中心有一直径9.8米、深4米的圆坑，坑底用四块长2.4米、宽2.3米、厚1.5

米的青石拚成的巨大柱础，上刻两重圆圈，外径 4.17 米，内径 3.87 米。发掘报告推测是明堂中心柱柱础。54.7 米约合 186 唐尺，此八角形基应即是明堂中心高二三层部分的基址[39]。但明堂址北面与乾阳殿址叠压，二者不能并存，可知史籍所说拆乾元殿就其地建明堂是笼统而言[40]，实际上明堂是向南移了约 67 米。从总图上看，乾阳殿（唐乾元殿）北面逼近原大业门，而明堂是四面开门的建筑，把它自乾阳殿向南移是合乎情理的。

宫内九洲池的位置也已经探明，在西隔城北部，北距陶光园墙 250 米，东西长 205 米，南北宽 130 米。已探出六座小岛，其中三座上建有亭榭，是宫内的园林区（图 3-2-6）。

隋在建东都宫的同时，又在宫西建西苑[41]，面积甚至大于洛阳城。隋末唐初，西苑内建筑有一部分毁于唐平王世充之战。但贞观十一年（637 年）太宗曾在西苑积翠池宴群臣，可知有一部分还可使用。唐高宗时，改名为东都苑[42]。史载，经高宗时韦机改建，唐西苑的布局比隋时有较大的改变。其详将在园林部分加以探讨。

唐高宗上元间（674～675 年），在洛阳宫西南建上阳宫，调露元年（679 年）建成[43]。宫在东都苑之东，西距穀水，南临洛水，东临皇城右掖门之南，为便于和东都宫联系，主要建筑和正门都向东。宫东面二门，以南侧的提象门为正门。门内即主殿观风殿建筑群，前有殿门观风门，殿南北侧有浴日楼和七宝阁两座楼阁。观风殿之北，并列有化成院等建筑，殿西（即后部）有本枝院、丽春殿等宫院和若干亭榭。上阳宫南临洛水，沿洛水建有长一里的长廊，并开有仙洛门和通仙门二座门。以后又在上阳宫之西建西上阳宫，两宫之间有穀水阻隔，在河上驾虹桥以通往来[44]。唐高宗和武则天的晚年都住上阳宫。

上阳宫和西上阳宫的遗址尚未发掘，我们只能据《大唐六典》和《元河南志》的记载有个大致的了解。上阳宫的正殿观风殿两侧以楼阁为配殿，这在唐宫中是首创的，前此的宫殿都是周以回廊建东西门的形式。从敦煌唐代壁画上看，初唐以后的观无量寿经变（先称西方净土变）中多于正殿两侧画二层楼阁为配殿，与史籍所载上阳宫的情况相同。但究竟是上阳宫的布置影响壁画中的天宫，还是壁画中的天宫影响上阳宫，仍是一个需要探讨的问题。上阳宫另一值得注意之处是沿洛水建长廊。这无疑是增加了宫殿的壮美，《新唐书·韦弘机传》云，刘仁轨对狄仁杰说："古天子陂池台榭皆深宫复禁，不欲百姓见之，恐伤其心。而今列岸谽廊亘王城外，岂爱君哉"[45]。可知这也是宫殿中的创举，因不合传统观念，而受到批评。

总括而言，洛阳在隋唐时虽称东都，但毕竟和首都长安有别，故其宫室规制也不像长安那么严格，容许有某些变通。隋炀帝时参

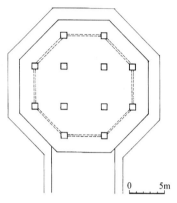

图 3-2-6　河南洛阳唐洛阳宫九洲池附近八角亭平面图

考南朝体制的情况，已见前文，到唐代也仍然如此。高宗时所修上阳宫采取东向和沿河建廊，以楼阁为配殿是一例。武则天时拆毁正殿改建明堂又在其北建天堂供佛更是极端的例子。唐玄宗时，虽最终不得不拆毁明堂上层和在天堂处建的佛光寺，所恢复的新殿仍是座方殿，和传统正殿形式不合。这些变化虽因不合传统体制而往往见讥于史册，但今天从建筑发展角度看，正是因为它不是正式都城和宫殿，才有可能在建筑上进行某些突破常规的尝试，而为以后的建筑新发展开拓道路。

隋炀帝大业二年建东都时，命杨素、杨达、宇文恺主持。宇文恺是隋代最重要的工官，文帝开皇初建大兴时即领营新都副监。营东都时也任营东都副监。他是建东都和紫微宫的实际主持人。隋书本传说他"揣帝心在宏侈，于是东京制度穷极壮丽。"在隋灭陈时，他也曾去建康考查南朝都城、宫室、庙社，所以他主持建造的东都宫殿吸收了较多南朝宫室的特点。

分析已发表的洛阳宫实测图和复原图[8]，发现几个特点。其一，如把南起皇城南墙，北至曜仪城北墙（亦即圆璧城南墙），东、西至皇城、宫城东、西墙为界，它所形成的方形，恰为宫城主体部分面积的四倍。其二，宫城的主体部分东西宽1030米，合唐尺350丈，南北深1057米，近360丈。在分析唐长安大明宫遗址时，发现它在规划布置时利用了方50丈的网格。（详本节大明宫部分），洛阳宫宽350丈，恰可分为七格，每格50丈，和大明宫北墙同宽。南北深360丈，可能有古代测量不精的影响，也可能出于其他考虑，使深度略大于宽度，但基本上也可划为七个网格。这表明唐大明宫中使用的50丈方格网是沿用隋代的手法。其三，在洛阳宫主体部分的四角画对角线，则隋乾阳殿址正位于交点上，亦即位于宫主体部分的几何中心。若在主体的南半部再画对角线，则乾阳门址又位于交点上。这种主殿位于全宫几何中心的布局，目前所知最早之例是汉末央宫。洛阳宫这种布局是继承了汉以来的传统。洛阳宫的规划者是宇文恺，以上三个特点应是宇文恺在规划洛阳宫时使用的手法。

唐高宗时主持东都宫殿建设的是田仁汪和韦机。田仁汪主要工作是修复隋末唐初毁去的建筑，韦机则新建了宿羽、高山等宫和上阳宫，在修上阳宫时有所创新。田仁汪、韦机都以司农少卿身分任修建之事，不算工官。司农少卿主管东都苑囿园池，掌握大量物资、钱财和人力，是以修东都苑的名义建宫室和离宫的。

注释

[1] 《隋书》卷3，〈帝纪〉第三，炀帝上，仁寿四年十一月诏书，大业元年三月丁未诏书。中华书局标点本①P.61～65
[2] 《唐六典》卷7，东都城原注云："南直伊阙之口，北倚邙山之塞，东出瀍水之左，西出涧水之西。"中华书局排印本 P.220
[3] 《唐六典》卷7，东都皇宫条原注。中华书局排印本 P.220
[4] 《元河南志》卷4，〈唐城阙古迹〉，中华书局缩印本《宋元方志丛刊》⑧P.8378
[5] 《元河南志》卷3，〈隋城阙古迹〉，东城条："东城，大业九年筑。"中华书局缩印本《宋元方志丛刊》⑧P.8376
[6] 中国科学院考古研究所洛阳发掘队：〈隋唐东都城址的勘查和发掘〉，《考古》1961年3期。
[7] 中国社会科学院考古研究所洛阳工作队：〈隋唐东都城址的勘查和发掘续记〉，《考古》1978年6期。
[8] 中国社会科学院考古研究所洛阳唐城队：〈洛阳隋唐东都城1982～1986年考古工作纪要〉，《考古》1989年3期。
[9] 《大业杂记》不分卷，商务印书馆影印《元明善本丛书》中《历代小史》本，在卷之又五。

  按：据晁公武《郡斋读书志》记载，〈大业杂记〉十卷，"唐杜宝撰，起隋仁寿四年炀帝嗣位，止越王侗皇泰三年王世充降唐事。"陈振孙《直斋书录解题》说"序言贞观修史，未尽实录，故为此书，以弥缝阙漏。"据此，则《大业杂记》为十卷本，编年繁事，和此本不同。但此本中所记洛阳之事极详，且多记尺寸，往往与实测数据相符，如说应天门与两侧之兴教门、光范门相距二百步、即一千尺，合294米，而实测结果是相距300米，基本吻合。书中又记永泰门在则天门内四十步，合二百尺，即58.8米，而实测图上南城中部向南突出57米，也基本相合，可知永泰门在南城未突出部分的位置上。书中又记阊阖门至宝城门二百二十步，即一千一百尺，合323米，而自南城南突部分西端向北延线，与宫城西墙之距为340米，也基本符合。书中所记宫城南、东、西面各二重，北面三重也较他书明确，而与发掘实况一致。据此种种，可知它必有所本，极可能是《大业杂记》的一个专录洛阳之事的节本，故本节多取其说。

[10] 此数据据注[7]、[8]论文上所记数字画在实测图上后量得。

[11]《大业杂记》云："则天门两重观，观上曰紫微观，左右连阙，高(一百)二十尺。门内四十步有永泰门。门东二百步至会昌门。永泰西二百步至景运门。并步廊连匝，坐宿卫兵。"商务印书馆影印《元明善本丛书》本《历代小史》卷之又五

[12]《大业杂记》："永泰门内(一百)四十步有乾阳门，并重楼。乾阳门东西亦轩廊周匝。门内一百二十步有乾阳殿。殿基高九尺，从地至鸱尾高一百七十尺，又十三间，二十九架。三陛轩，文楯镂槛，栾栌百重，椽栱千构，云楣绣柱，华榱碧珰，穷轩甍之壮丽。其柱大二十四围，绮井垂莲，仰之者眩曜。……四面周以轩廊，坐宿卫兵。……庭东南、西南各有重楼，一悬钟，一悬鼓。……乾阳殿东有东上阁，阁东二十步，又南行六十步有东华门。……乾阳殿西有西上阁，入内宫。阁西二十步，又南行六十步有西华门。"商务印书馆影印《元明善本丛书》《历代小史》卷之又五。

[13] 同前书："大业、文成、武安三殿，御坐见朝臣则宿卫随入。"商务印书馆影印《元明善本丛书》《历代小史》卷之又五

[14] 同前书："会昌门内道左有内殿内省、少府、内监、内尚、光禄内厨。道右门下内省，左六卫内府，左监门内府。……景运门入道左有内史内省、秘书内省、学士馆，右监门内府，右六卫内府，鹰坊、内甲库。道右命妇朝堂、惠日、法云二道场，通真、玉清二玄坛，接西马坊。"商务印书馆影印《元明善本丛书》《历代小史》卷之又五。

[15] 同前书："(乾阳殿)北三十步有大业门，门内四十步有大业殿，规模小于乾阳殿，而雕绮过之。"商务印书馆影印《元明善本丛书》《历代小史》卷之又五。

[16]《太平广记》卷226，引《大业拾遗记》云："隋炀帝令造观文殿，前两厢为书堂，各十二间。堂前通为阁道承殿。每间十二宝厨，前设方五香重案，……帝幸书堂，或观书。其十二间内，南北通为闪电窗，零笼相望，雕刻之工，穷极之妙。金铺玉题，绮井华榱，辉映溢目。每三间开一方户，户垂锦幔，上有二飞仙。当户地口设机，擎驾将至，则有宫人擎香炉在辇前行，去户一丈，脚践机发，仙人乃下阁，捧幔而升，阁扇即开，书厨亦启，若自然，皆一机之力。……诸房入户，式样如一。"中华书局标点本⑤P.1737

[17] 曹元忠辑本《两京新记》卷2，东京："流杯殿东西廊，殿南头两边皆有亭子，以间山池。此殿上作漆渠九曲，从陶光园引水入渠。炀帝尝于此为曲水之饮，在东都。"《南菁杂记》本卷2，P.2b

[18]《元河南志·唐城阙古迹》："安福殿，在临波阁北池之北，此院雕饰最□，炀帝寝御焉。"中华书局缩印《宋元方志丛刊本》⑧P.8380

[19]《元河南志·隋城阙古迹》："□房八院，……文绮、花光等十六堂。"中华书局缩印《宋元方志丛刊本》⑧P.8375

[20]《大业杂记》："入章善门，横街东百二十步有重门，东有东宫。…入明福门，北行三十步有玄靖门，……出玄靖门，横街东行四十步有修文殿，西行百步有阊阖重门，门南北并有仰观台，高百尺，门西即入宝城。"商务印书馆影印《元明善本丛书》《历代小史》本卷之又五

[21]《元河南志·唐城阙古迹》："九洲池在仁智殿之南，归义门之西。"中华书局缩印《宋元方志丛刊本》⑧P.8380

按：九洲池遗址近年已发掘，其大体位置已清楚。归义门在其东，正当宫中第二条横街南端，南与阊阖重门平行，近年考古发掘已证实在这条南北线上有一道内隔墙。在《唐六典》所载东都紫微宫内门名中有观礼、归义、收成、光庆等门名，其中观礼、归义二门名辞意相应成对，可知观礼门应是第二条横街东端之门。

[22]《元河南志·隋城阙古迹》："九洲池，其地屈曲，象东海之九洲，居地十顷，水深又余，中有瑶光殿。琉璃亭在九洲池南。一柱观在琉璃亭南。"中华书局缩印《宋元方志丛刊》⑧P.8375

[23]《大业杂记》及《元河南志·隋城阙古迹》所载颇有牴牾，但所记数字，又有与探得的遗址相合处，如：《大业杂记》云："入明福门，北行三十步有玄靖门，出玄靖门，横街……西行百步，有阊阖重门，门南北并有仰观台，高百尺，门西即入宝城。城内有仪鸾殿。……对阊阖门直西二百二十步有宝城门。出(门)址[北]傍城三里有方诸门，门即圆璧城。"商务印书馆影印《元明善本丛书》《历代小史》卷之又五。

按：明福门在光政门（唐长乐门）北，长乐门已探得，故明福门所在南北大道可推知。玄靖门应在其北偏西，自

玄靖门向西一百步约合 147 米，正在南城南突部分西端北折一线、可知这里有宫内墙，墙上有阊阖重门。文中又说"对阊阖门直西二百二十步有宝城门。220 步合 323 米，而南城北折后西行一段长 340 米，与之基本相同，可知这宝城门在宫城西墙上。但《元河南志》说："（阊阖）门南北有仰观台，高百步[尺]，门西一百三十步即宝城门。"130 步合 191 米，而实测图上宫城西墙距隔城西墙约 210 米，数字也极相近，说明所指的阊阖门和宝城门分别在宫西墙和隔城西墙上，这两段文字所说建筑位置不同，但所记距离却基本相合，估计二书在文字上必有讹误。综合起来，西部应是有阊阖重门，阊阖门和宝城门三重城门三道墙。据勘察发掘，九洲池在西隔城内北半部。

[24]《旧唐书》卷 75，〈列传〉25，张玄素传。中华书局标点本⑧P. 2640

[25]《资治通鉴》卷 189，〈唐纪〉5，高祖武德四年（621 年）中华书局标点本⑬P. 5918

[26]《玉海》卷 157，〈宫室〉，宫三，唐洛阳宫。影印元刊本 P. 2971～2972

[27]《旧唐书》卷 6，〈本纪〉6，则天皇后。中华书局标点本①P. 117、118、124、125.

[28] 同上书，卷 9，〈本纪〉9，玄宗下，开元二十七年十月。中华书局标点本①P. 212

[29]《资治通鉴》卷 243，〈唐纪〉59，敬宗宝历二年："裴度从容言于上曰：'国家本设两都，以备巡幸，自多难以来，兹事遂废。今宫阙、营垒、百司廨舍仰率已荒陁，陛下傥欲行幸，宜命有司岁月间徐加完葺，然后可往。'"中华书局标点本⑰P. 7849

[30] 诸殿、门、院、名均改，文繁不录，可参阅图 3-2-4 隋东都宫图及图 3-2-5 唐洛阳宫图。

[31]《唐会要》卷 30，洛阳宫："垂拱四年二月十日，拆乾元殿，于其地造明堂。"丛书集成本⑥P. 552《资治通鉴》卷 204，〈唐纪〉20，则天后垂拱四年："十二月……辛亥，明堂成，高二百九十四尺，方三百尺，凡三层。……又于明堂北起天堂五级以贮大像，至三级则俯视明堂矣。"中华书局标点本⑭P. 6454

《元河南志·宋城阙古迹》："（太极殿）后有殿阁，其地即隋之大业，唐之天堂。"中华书局缩印《宋元方志丛刊》本⑧P. 8387

[32]《元河南志》，〈隋城阙古迹〉中有永泰门，〈唐城阙古迹〉无之，〈大唐六典〉东都宫部分亦无之，可知唐时永泰门已不存。中华书局影印《宋元方志丛刊》⑧P. 8373

[33]《唐六典》卷 7："明福（门）之东曰武成门，其内曰武成殿。明福（门）之西曰崇贤门，其内曰集贤殿。……集贤之北曰仙居殿。其东曰亿岁殿，又东曰同明殿。"中华书局排印本 P. 221

《元河南志·唐城阙古迹》："集仙殿在武成殿西北，武太后造，前有迎仙门。"中华书局缩印《宋元方志丛刊》⑧P. 8380

《旧唐书》卷 91，〈列传〉41，桓彦范传："神龙元年正月，彦范……率左右羽林兵及千骑五百余人讨（张）易之、昌宗于宫中，……兵至玄武门，彦范等奉太子斩关而入，……时则天在迎仙宫之集仙殿。斩易之、昌宗于廊下。……"中华书局标点本⑨P. 2928

按：此处诸说不同。以方位言，仙居殿在集贤殿北，而集贤殿在武成殿之西，隔明福门大道并列，故仙居殿即在武成殿之西北。与《元河南志》所载集仙殿在同一位置，而《唐六典》中并无集仙殿之名，所以仙居殿、集仙殿实即同一殿而前后异名。

[34] 唐代在宫城南墙凸出部西端南折部分开一门，名隆庆门，与东面的宣政门相对，宣政门隋代已有，名永康门。唐代在宝城南墙偏西开洛城南门。又在宝城西墙新开洛城西门。其北隋之宝门改名嘉豫门。

唐代在宫城北墙上玄武门之东开安宁门，为东宫之北的隔城的北门，唐书载唐中宗反政时，自东宫至玄武门与桓彦范等合，同至集仙殿，故东宫当有门可直达玄武门，不经宫中，应即是此门。均见《元河南志·唐城阙古迹》中华书局缩印《宋元方志丛刊》本⑧P. 8378、8379

[35]《元河南志·唐城阙古迹》："映日台在九洲池之西，东有隔城。南有三堂，北有三堂，旧皆皇子公主所居。"中华书局缩印《宋元方志丛刊》⑧P. 8381

[36]《元河南志·唐城阙古迹》："五殿在隔城之西，映日台之南，下有五殿，上合为一，亦荫殿也。壁厚五丈，高九十尺。东西房廊皆五十间。西院有厨，东院有教场门库，大帝常御此殿。殿南即洛城南门。"中华书局缩印《宋元方志丛刊》⑧P. 8381

《唐六典》卷 7 云："其西北出曰洛城西门，其内曰德昌殿，北曰仪鸾殿。德昌南出曰延庆门，又南曰韶晖门。西

南曰洛城南门，其内曰洛城殿，又北曰饮羽殿。"中华书局排印本 P. 221

按：上引河南志之文出自韦述《两京记》与《唐六典》大体同时，所记宝城南半部情况大体相同，其中"五殿"及"洛城殿"均在洛城南门内，可知实是一殿。

洛阳宫中有两处称"荫殿"，除"五殿"外，阊阖门下也有荫殿，见《元河南志·唐城阙古迹》P. 8381，书中云："（门）南北皆有观象台，女使仰观之所。下有荫殿，东西二百五十尺，南北二百尺，壁前后三丈。"五殿下荫殿壁为五丈，阊阖门下荫殿壁厚三丈，可知荫殿都是被厚墙包围着的封闭性建筑。这大约是古代一种在夏季纳凉的特殊建筑，因四周用厚墙封闭，光线及辐射热均可隔绝。

[37]《隋书》卷24，〈食货〉。中华书局标点本③ P. 672
[38]《元河南志》卷3，〈隋城阙古迹〉，宫城条原注云："（宫）城周匝两重，延袤三十余里，高三十七尺。"同书卷4，〈唐城阙古迹〉云："周十三里二百四十一步，高四丈八尺。"中华书局缩印《宋元方志丛刊》⑧ P. 8373、8378

按：城高同书不同卷的记载不同，〈隋城阙古迹〉所记当是皇城之误。而《唐书·地理志》也说皇城高三十七尺，宫城高四十八尺，当以《唐书》所载为是。

[39] 中国社会科学院考古研究所洛阳唐城队：〈唐东都武则天明堂遗址发掘简报〉。《考古》1988年3期
[40]《元河南志·唐城阙古迹》。中华书局影印《宋元方志丛刊》⑧ P. 8379
[41]《大业杂记》，"元年夏五月筑西苑"条。商务印书馆影印《元明善本丛书》《历代小史》卷之又五。
[42]《元河南志·唐城阙古迹》。中华书局影印《宋元方志丛刊》⑧ P. 8384
[43]《资治通鉴》卷202，〈唐纪〉18，高宗调露元年（679年）："司农卿韦弘机作宿羽、高山、上阳等宫，制度壮丽。上阳宫临洛水为长廊亘一里。宫成，上徙御之。"中华书局标点本⑭ P. 6388
[44]《唐六典》卷7，工部，上阳宫条：原注："两宫夹谷水，虹桥以通往来。"中华书局标点本《唐六典》P. 221. 但宋之问〈早秋上阳宫侍宴序〉中有"四达分九重之路，积树梢云；双茎当铁锁之桥，流珠耿汉。"则其桥在武则天时为铁索桥，到玄宗时方改为虹桥。上海古籍出版社影印本《全唐文》② P. 1075
[45]《新唐书》卷100，〈列传〉25，韦弘机传。中华书局标点本⑬ P. 3945

三、唐长安大明宫

唐朝建立后，长安、洛阳两京都是沿用隋代旧宫。到高宗时才在长安建大明宫，在洛阳建上阳宫，这时上距唐之建国已有四五十年了。

高宗龙朔二年（662年），因为太极宫地势低下，潮湿拥挤，选择长安城北偏东的高地建新宫。这里在太宗贞观八年（634年）曾为太上皇李渊建永安宫，次年改称大明宫。龙朔三年（663年）建成自太极宫迁入后，一度称蓬莱宫[1]。武后长安元年（701年）又改回，仍名大明宫。自663年起至唐末，除高宗晚年及武后时期长住洛阳、唐中宗居太极宫，共约三十年外，大明宫是唐帝长住的主宫。

大明宫附在长安城北墙东部城外，即以北城墙东段为宫之南墙。它的范围近年已经探明，以宫中正殿宣政殿为界，其南为矩形，其北为南宽北窄的梯形。南墙长1370米，北墙长1135米，西墙为直线，长2256米，东墙为折线，南段长1050米，南北向，北段长1260米，斜向东南，总面积为3.42平方公里。是明清北京紫禁城的4.8倍。它的南部东侧附有东内苑，东西304米，南北1050米，面积0.319平方公里[2]。

宫城各面的城门，在《大唐六典》、《两京新记》、《长安志》中都有记载，近年考古工作中也已基本探明其位置。南墙上开有五门，正门居中，名丹凤门，其东有望仙门和延政门，其西有建福门和兴安门。其中延政门通东内苑，兴安门通入大明宫西之夹城，实际只中间三门直接入宫。宫东面一门，为左银台门；西面二门，南为右银台门，北为九仙门；北面三门，中为玄武门，其东、西为银汉门和青霄门[3]。宫城诸门中，除望仙、延政二门压在新建筑下，未能探得，其余都已找到，除丹凤门已探知为三个门道外，其余各门只一个门道，门上建有城楼[4]。

宫城的西墙、北墙保存较好，均夯土筑成，先在地面以下挖深 1.1 米、宽 13.5 米的基槽，槽内筑城基，达到地平后，内外侧各收入约 1.5 米后起筑城墙，墙底宽约 10.5 米，至城角处内外各加宽 2 米余，形成方 15 米的角墩，其上应建有角楼。城墙之残高最高处尚有 5 米左右，但大部分已被破坏，只余埋在土中的城基，可据以探明城墙的位置。宫城各墙除城门两侧和城角墩台在内外表面包砌砖外，都是夯土墙身[2]。在宫城之内，还有三道东西向横墙，把宫中朝、寝各部区分开[5]，墙厚 5.9 米，内外侧均包砖[6]。

宫城东、西、北三面都有夹城，东、西夹城距宫城均 55 米左右，北夹城最宽，为 160 米。夹城墙比宫墙窄很多，底宽 4 米左右，上部残宽多在 3.5 米左右，墙身也比宫城陡直[7]。北夹城城门为重玄门，也是入禁苑之门，南对玄武门。西夹城为自兴安门入右银台门及九仙门的通道，其西有含光殿毬场。东夹城有门名左银台门。在夹城内都驻有禁军，左、右神策军署都在东、西夹城附近（图 3-2-7）。

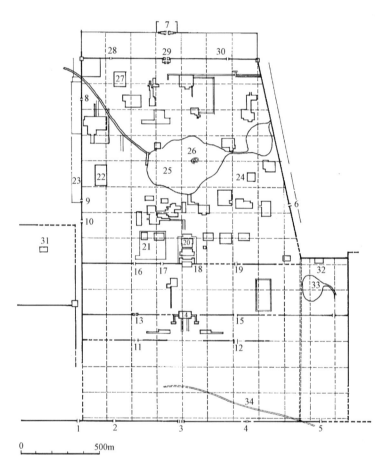

图 3-2-7 陕西西安唐长安大明宫平面实测图

1. 兴安门	8. 九仙门	15. 含耀门	22. 麟德殿	29. 玄武门
2. 建福门	9. 翰林门	16. 光顺门	23. 翰林院	30. 银汉门
3. 丹凤门	10. 右银台门	17. 延英门	24. 清思殿	31. 含光殿
4. 望仙门	11. 光范门	18. 宣政殿	25. 太液池	32. 龙首殿
5. 延政门	12. 昭训门	19. 崇明门	26. 蓬莱山	33. 龙首池
6. 左银台门	13. 昭庆门	20. 紫宸殿	27. 三清殿	34. 龙首渠
7. 重玄门	14. 含元殿	21. 延英殿	28. 青霄门	

注：虚线为方 50 丈网格。

宫内布局和太极宫近似，仍分朝区、寝区、后苑三部分，用东西向横墙、横街分隔。自南向北，有三条道路入宫。正中一条上建有外朝、内廷的正门正殿，两侧二道穿过横墙上各门为南北长街。

宫内的地形是南端为平地，中部为一东西走向的高地，南面陡坡，北面缓坡，坡北为太液池，池之东、北面为平地，宫的朝、寝等主要部分就建在高地上[8]。

自宫南墙向北490米为第一道宫内横墙，正建在陡坡之下，前为平地。墙中间断开，左、右各有一门，名昭训门、光范门，即从两侧通入宫内的宫门。第二道宫内横墙在第一道之北145米，正在高地顶上前沿处，左、右也各开一门，名含耀门、昭庆门，和第一道上二门相对，其间形成长街。街两边有长墙封闭。第二道宫内横墙正中断开，建前殿含元殿。含元殿建在高出南面平地十米的高地上，前壁陡直壁立，宛如城墙，其上又加建高3米的殿基。基上建面阔十一间进深四间的殿身，四周加一圈深一间的回廊，形成外观面阔十三间的重檐大殿。东西67.33米，南北29.2米，面积近两千平米。殿两侧有东西行廊，外延接第二道横墙后向南折，通到两个突出在外的阁上，东名翔鸾阁，西名栖凤阁。两阁都下有砖砌高台。含元殿高踞13米的高台上，用漫长的坡道通上台顶，再用踏步通上殿。坡道为平坡相间，共七折，称龙尾道。道共三条，中间为御道，宽25.5米，左右为群臣上殿通道，宽仅4.5米[9]。两阁之前建有东西朝堂，均为宽15间深二间的长庑[10]。此外还有肺石、登闻鼓等供人申诉的设施，和太极宫承天门前的情况相同。含元殿是举行元正、冬至大朝会的场所，功用也和承天门相同。

含元殿以北，地形略升高，至300米处为最高点，在其处建第三道横墙。墙东、西部在和南面一、二重墙上的门相对处又开有崇明、光顺二门。墙中部建全宫正殿宣政殿，它在含元殿之北微向东偏移少许。宣政殿是一组封闭的宫院，其南有宣政门，门外有门屏（照壁）[11]，门左右有夹门，大臣分文东武西自夹门进入殿庭，正门仅供皇帝出入。殿前东、西建有日华门和月华门，诸门间用廊庑连通，形成矩形殿庭。第三道横墙直抵宣政殿两山，夹殿东、西各开一门，名东上阁、西上阁，是自宣政殿庭进入寝区的通道。另在宣政门外廊的两端有南北向横廊，其上各开一横门，东名齐德门，西名兴礼门，是进入宣政殿外东西侧宫内官署区的通道，宣政殿是皇帝朔望听政的正殿，功用和太极宫中的太极殿相同[12]，为中朝，亦称"正衙"[13]。此殿未经发掘，其遗址和含元殿大小相近，应是同一规模的大殿。殿前因需百官立班，殿庭地域颇大[14]。

和太极宫在太极殿东西外侧设宫内官署一样，宣政殿东侧有门下省、弘文馆、史馆、少阳院，西侧有中书省、殿中省、命妇院、亲王待制院等[15],[16]，其中中书省、门下省是主体，为宰相办公之处，四面开门，入朝、退朝由齐德、兴礼二门出入[17]，官员入署由含耀、昭庆二门进入。

这样，在第二道与第三道横墙之间宽300米的一区，包括正殿宣政殿和两省官署，实即宫内代表国家政权的朝区，与太极宫中自承天门至朱明门间部分的性质全同。

第三道横墙以北至太液池南岸一段的中部是寝区，为皇帝的家宅，即宫中代表家族皇权的部分。在墙内有一条东西向横街，街北侧正中，宣政殿之后为寝区正殿紫宸殿。殿前有紫宸门，门外有门屏[18]。殿前东西侧有东、西门，与殿门间连以廊庑，围成矩形殿庭。唐制，朔、望二日皇帝对群臣于宣政殿，称"中朝"。此外，逢单日在紫宸殿见群臣，称"常朝"。紫宸殿相当于太极宫中的两仪殿[19]，即"内朝"。紫宸殿之西有延英殿建筑群，在矩形殿庭中东西并列二殿，东名延英殿，西名含象殿（后改思政殿）[20]。延英殿是在日朝、常朝以外临时有事召见大臣之处，即史书中所谓"开延英。"为使大臣能从中书省进入延英殿，特在宣政殿西廊之西第三道横墙上开一门，北对延英殿门[21]。紫宸殿之东有浴堂殿、温室殿，目前已发现三个并列的巨大建筑基址，靠西面二座应即是浴堂、温室二殿。史载唐德宗自称住在浴堂殿，以后诸帝也曾在殿中、殿门、殿北廊召见大臣，可知是日常起居活动的重要殿宇，大约以有浴室设备而称浴堂[22]。紫宸殿及其东的浴堂、温室诸殿和其西的延英、含象二殿共为一列，前临宫中第一条横街，为寝区的前部，即帝寝，相当于太极宫中的两仪殿、万春殿、千秋殿和百福、立政等殿。

在紫宸殿一排之北为后妃居住的寝殿区，即后寝。主殿蓬莱殿居中，在紫宸殿之北[23]。蓬莱殿之北有含凉殿，史载武后生唐睿宗于含凉殿，可知是寝殿[24],[25]。蓬莱殿之东为绫绮殿[26]，殿后为珠镜殿。绫绮殿之东为宣徽殿。蓬莱殿之西为承欢殿，殿后为还周殿。绫绮、承欢二组前后各二殿，列于蓬莱含凉二殿东西，为其左右翼。还周殿之西有金銮殿，金銮殿西南有长安殿，长安殿之北有仙居殿[27]。史称唐德宗死时，仓促召宰相至金銮殿议立顺宗[28]，可知德宗死于此殿，据此，则蓬莱殿及其东西并列诸殿都是寝殿，为寝区的后部。从文献记载和已探明的遗址位置看，在寝区前后部两排宫院之间，应有宫中第二条横街，相当于太极宫中的永巷。史载在思政殿（即含象殿）北有宣化门，西通右银台门，当即永巷西端之门[29]。按惯例，巷东端也应有门，史籍失载。这样，在大明宫的寝区，南起紫宸门、延英门、浴堂门一线，北至太液池南岸，东至宣徽殿、温室殿一线，西至宣化门一线，形成一个更大的封闭区，又称"禁庭"[30]。寝区之北为太液池，沿池之东、西、北三面又建有若干殿，各成院落。太液池西为高岗的余脉，在右银台门之南为内侍省，门北为右藏库[31]，库北为麟德殿，麟德殿北为大福殿。麟德殿是宴会和非正式接见的便殿，为前、中、后三殿组成，中殿上层为楼，左右翼以楼和亭，俗称三殿，是大明宫重要殿宇之一[32]。大福殿据《两京新记》的记载，也是"重楼连阁绵亘，殿西有走马楼，南北长百余步，楼（上）[下]即九仙门"[33]。其遗址大于麟德殿，当是更为壮丽的建筑群。在太液池东，左银台门的西北，有太和殿和清思殿二所宫院。清思殿在西，又称清思院，敬宗时（825年）曾修新殿，装铜镜，以殿庭为毬场，是皇帝游玩之所[34]。太和殿疑即中和殿，唐宪宗被宦官杀死于中和殿[35]，也是游乐之所。太液池北岸自东至西有大角观、玄元皇帝庙、拾翠殿、三清殿等。唐以李耳为始祖，崇尚道教，故宫中有道教建筑。太液池中有岛，岛上建有亭[24]。元和十二年（817年）在西侧绕池建长廊四百间[36]（图3-2-8）。

综观大明宫的各主要建筑，与太极宫相比，含元殿相当于承天门，为"外朝"，宣政殿相当于太极殿，为"中朝"，紫宸殿相当于两仪殿，为"内朝"，蓬莱殿相当于甘露殿，为主要寝殿，都在中轴线上，在朝区、寝区、后苑的区分上也都极相近，可知是按太极宫的模式建造的。但它们也有不同处，其一是相当于承天门处没有建城门而建了含元殿，其二是在含元殿前还有一重宫城南墙和广场。

这是因为大明宫建在城外，和太极宫相比，它不是正式宫殿。《大唐开元礼》中所定宫廷礼仪都以西内太极宫为例即是其证[37]。作为别宫，它的前面还应有宫外官署区，如太极宫前之皇城。含元殿前至宫城南墙间的部分实即象征皇城，由于官署无须重设，所以只在朝堂以南建了金吾左右仗院[38]。含元殿左右的宫内第一道横墙才是大明宫的实际南墙，相当于太极宫的南墙。

大明宫的外朝不做城门形式而建为含元殿则是由地势决定的。宫殿主体建在高冈上，高出前面平地10米余。宫内第一道横墙即建在高地前沿。在应建城门处已有高出平地10米的陡壁，无须再建门墩，也无法通过城门入宫，只能把城楼改称为殿。含元殿殿身通面阔十一间而进深只有四间，比例狭长，实际仍是门楼的规格。升殿的道路也采用登上城楼的坡道形式。当坡道很长时，做成平坡相间，逐步升高，如起伏的龙尾下垂，称为"龙尾"。龙尾是这种坡道的通用名词。其名始见于《水经注》中记西晋元康二年（292年）所建之皋门桥[39]。唐乾宁元年（894年），王建攻

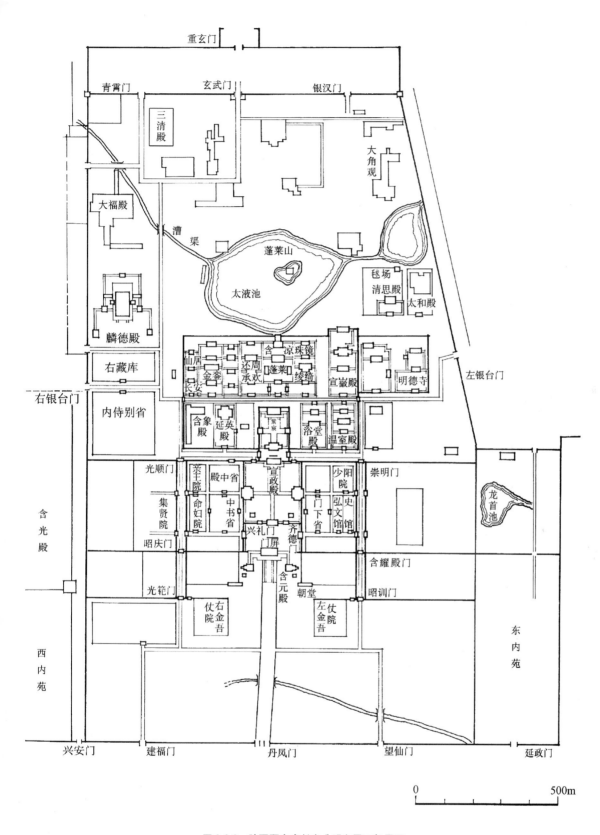

图 3-2-8 陕西西安唐长安大明宫平面复原图

彭州，还"筑龙尾道，属于女墙"[40]。可证自西晋至唐末，龙尾一直是通用名词。由宫殿体制看，含元殿处原应建一门楼，门前左右有阙楼，阙前有朝堂，只是由于地形的原因，把门楼改建为高踞台上的含元殿，其前的两阙改称阁，而朝堂仍建于阙南左右两侧（图 3-2-9），与太极宫承天门外的情况相同。

图 3-2-9 陕西西安唐长安大明宫含元殿遗址图

大明宫是唐代长安三宫中利用地形最成功的例子。在宫中可以俯览长安城，《两京新记》说它"北据高岗，南望爽垲，终南如指掌，坊市俯而可窥"[41]。在含元殿址处南望，正与慈恩寺大雁塔相对。慈恩寺是高宗做太子时为纪念其母长孙后而建，永徽三年建塔。大明宫丹凤门微向东偏，不与原翊善坊南北街相对，可能就是为了与慈恩寺塔对景所致。康骈《剧谈录》云："含元殿国初建造，凿龙首岗以为基址，彤墀钿砌，高五十余尺，左右立栖凤、翔鸾二阁，龙尾道出于阙前，倚栏下瞰，前山如在指掌。殿去五门二里，每元朔朝会，禁军与御仗宿于殿庭，金甲葆戈，杂以绮绣，罗列文武，缨珮序立，蕃夷酋长仰观玉座，若在霄汉"[42]。可知在广场仰望含元、宣政诸殿，也极壮观。

隋唐长安、洛阳诸宫中，只有大明宫保存条件较好，其范围和主要门址、殿基多已探得。其中含元殿、翔鸾栖凤二阁、朝堂、麟德殿、三清殿、玄武门、重玄门、银汉门、含耀门、翰林院都经过发掘，从中可以了解到唐代宫殿建筑的一些特点。

含元殿建在高冈南沿，前壁利用原有土崖并辅以夯土，形成陡立10米以上的高台。台之左右侧又向前突出两个墩台，总平面呈凹字形。台中心又夯筑二层台基，下层为陡，上层为阶。阶上建殿身面阔十一间、进深四间、四周加一间进深的副阶、外观十三间的重檐大殿。连下部墩台计，含元殿有三层台阶，都用石块包砌，装青石雕花栏杆。殿前的龙尾道平段地面铺素面砖，坡段地面铺莲花砖[9]。

殿身柱网布置近于宋式的双槽，分三跨，前后跨各深一间（外槽），中跨深二间（内槽）。中间九间每间间广18尺，两梢间及副阶间广16.5尺。外槽进深也是16.5尺，内槽深33.5尺。此殿结构上特殊之处是殿身后檐及两山处无柱础痕，只有厚1.1～1.3米的夯土墙。这样巨大而高耸的重檐大殿，其大部分上檐重量如何由厚仅1.3米高度超过五米的素夯土墙来承受，仍是一个尚待深入探讨的工程技术问题[43]。

殿前突出的两个墩台即翔鸾、栖凤二阁址，墩顶已毁，其上建筑遗迹不存，但从墩台前后壁逐层向内收进的情况看，它应是一母阙附有二子阙的三重子母阙形式，其形象可以参考唐懿德太子墓壁画《阙楼图》而知[44]（图3-2-10～3-2-14）。

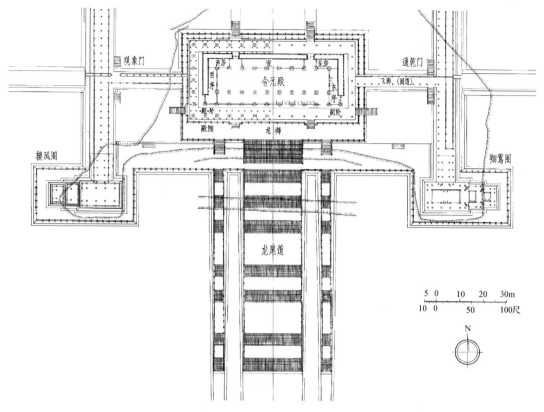

图 3-2-10　陕西西安唐长安大明宫含元殿平面复原图

图 3-2-11　陕西西安唐长安大明宫含元殿剖面复原图

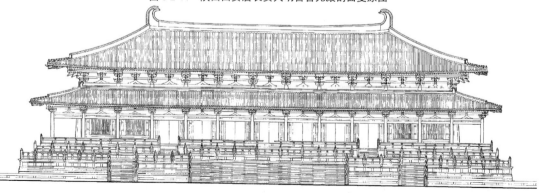

图 3-2-12　陕西西安唐长安大明宫含元殿立面复原图

图 3-2-13 陕西西安唐长安大明宫含元殿全景复原图

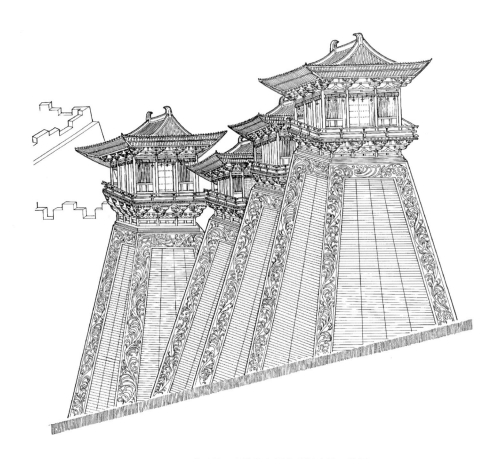

图 3-2-14 陕西乾县唐懿德太子墓壁画中的三重阙

朝堂在翔鸾、栖凤二阁南 30 余米处，其遗址分早晚二期。早期台基东西长 73 米，南北深 12.5 米，歇山顶建筑，有三个向南的踏步。从踏步位置推测，朝堂通长应为 15 间，进深二间，每间间广 16 尺。自朝堂的东西外侧有厚 2 米的长墙，直抵昭训、光范二门内南北街的西墙。这早期的朝堂应与承天门外的朝堂相同。到后期，朝堂改建为面阔十五间，进深三间。向北直抵第二道隔墙，向东西直抵昭训、光范门内墙处都建有进深二间的复廊[10]。这样，含元殿下就有了东西廊[45]（图 3-2-15）。

麟德殿在太液池西高地上，由前中后三殿组成，共建在一个二层台基上。台基四周有石栏杆，曾发现极精美的石雕螭首。前殿进深四间，中殿进深五间，中间隔以走道，面阔都是十一间。中

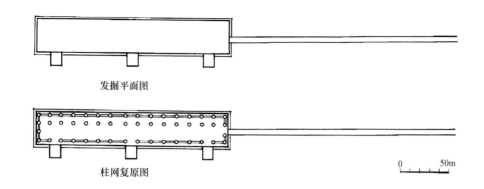

图 3-2-15 陕西西安唐长安大明宫朝堂平面实测图

殿为二层楼阁，下层有隔墙分为三间，中间为密封的荫殿。后殿面阔九间，进深五间。在中殿、后殿的东西侧各有亭和楼，都建在用砖包砌的夯土墩上，成为殿的左右翼[46]。麟德殿前殿总面阔约58.2米，平均每间间广18尺。前、中、后三殿柱网布置不同，前殿近于宋式金厢斗底槽，内槽深二间，外槽深一间，均为17尺。中殿、后殿为满堂柱。中殿每间深16.5尺，后殿每间深18尺，中殿、后殿之间空出4.4米，合15尺，比前殿中殿间宽5米的通道稍窄，为中后殿间的结合部。殿东西侧的亭、楼、墩顶已毁，按尺寸推算应是宽三间的亭和宽七间的楼。东楼名郁仪楼，自南面有斜坡道通上楼最东一间，西楼名结邻楼，自北有坡道通向楼最西一间。后殿之北有深约35米的大月台。前殿、中殿之间走道的两端有斜廊通向东西外侧，长度未查明[47]（图3-2-16～3-2-21）。

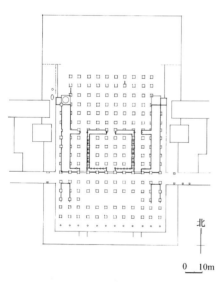

图 3-2-16 陕西西安唐长安大明宫麟德殿遗址平面图

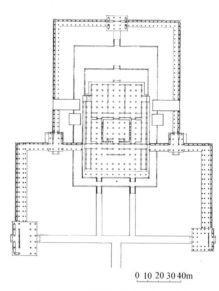

图 3-2-17 陕西西安唐长安大明宫麟德殿一层平面复原图

麟德殿前后三殿相重，故俗称三殿。与之相似，洛阳宫高宗时曾建有"五殿"史称其"下有五殿，上合为一，亦荫殿也。"和麟德殿下有三殿，上合为一是相同的。中殿上层四面封闭，无光线射入，所谓"荫殿"，当即指此，颇疑是当时夏季防暑的特殊用途建筑（图3-2-22）。

史载麟德殿是皇帝非正式宴会之所，还在此举行三教讲论[48]，接见使臣[49]，殿前可以打马球。一次宴藩镇，庭中廊下可坐三千人[50]，故其前应有很大的广场。《唐会要》记载，德宗贞元十四年（798年）在殿前建会庆亭，宪宗元和十三年创修麟德殿之右廊[51]。据此，极可能麟德殿前是开敞的，东西有廊环抱，廊端建亭，和习见的唐代园林建筑布局近似，而不是封闭性的。

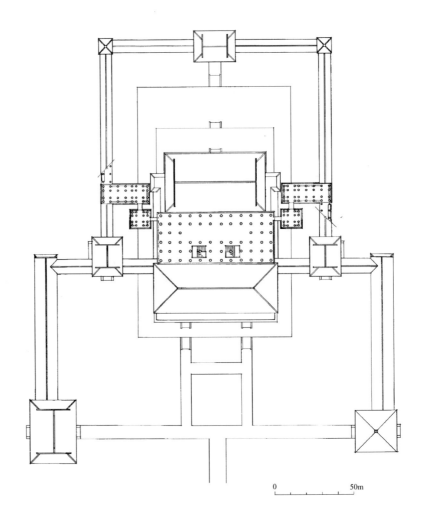

图 3-2-18 陕西西安唐长安大明宫麟德殿二层平面复原图

麟德殿西夹城中有翰林院，东西55米，南北900余米。门在院南端宫城西墙上，设有二重门，故史称"重门"。院内早期建筑多向东。开元二十六年所建学士院南厅和翰林院北厅址都已发现[10]。按遗址推算，北厅面阔五间，进深三间，南厅面阔五间，进深四间，间广进深都是15尺[52]（图3-2-23）。

在太液池东岸的清思殿址也经发掘，殿址东西33米，南北28.8米，合112尺×98尺[10]。据尺寸推算，应是一座重檐方殿。殿身面阔五间，进深四间，每间间广16尺，副阶进深12尺。此殿是敬宗宝历元年（825年）新建的，殿内镶铜镜，是大明宫在唐中后期所建的著名豪华建筑（图3-2-24）。

三清殿是高台建筑，台东西47米，南北73米，高14米，外包砖壁，有明显收坡，若按1∶4坡度计，顶上应有40米×66米的面积，可以建面阔七间，间广17或18尺的殿阁二座。遗址出土了黄、绿、蓝等色琉璃瓦，和三彩琉璃瓦，这在其他殿址是很少见的，也属唐中后期的豪华建筑[10]（图3-2-25）。

宫内第二道横墙东侧的含耀门也已发掘。城墩东西26.4米，南北12.5米，合90尺×42.5尺，全部包砖。城墩上开两个门洞，各宽5米余，合17尺[6]。此门应属敦煌壁画上所见那种直立门墩的门，墩顶装栏杆，上建面阔五间进深二间的门楼。从墩台面积推算，间宽、进深应在16尺左右。门外两侧自横墙上向南有厚4.5米的土墙，东西相距39.9米，合135尺，向南延伸，把含耀门至昭训门之间的南北街两旁用墙封闭（图3-2-26）。

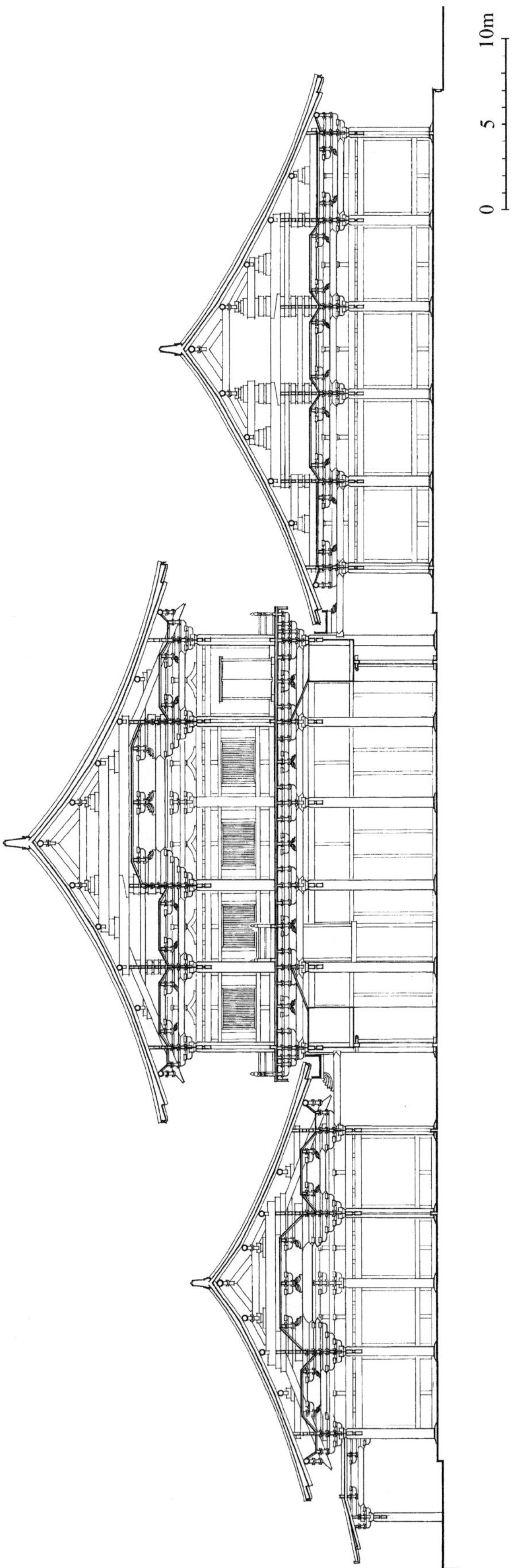

图 3-2-19 陕西西安唐长安大明宫麟德殿剖面复原图

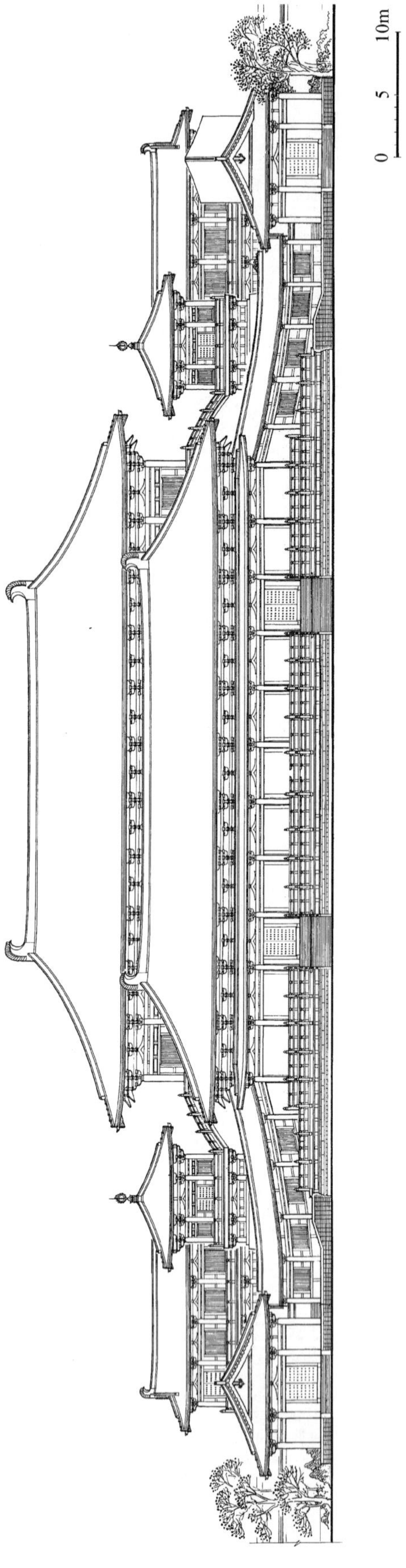

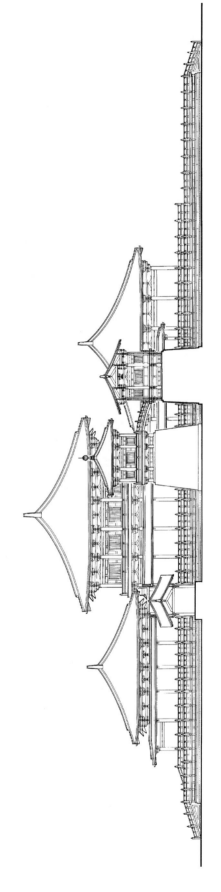

图 3-2-20 陕西西安唐长安大明宫麟德殿正立面复原图

图 3-2-21 陕西西安唐长安大明宫麟德殿侧立面复原图

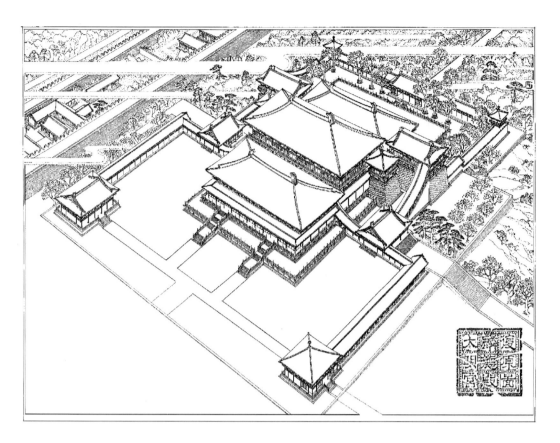

图 3-2-22 陕西西安唐长安大明宫麟德殿全景复原图

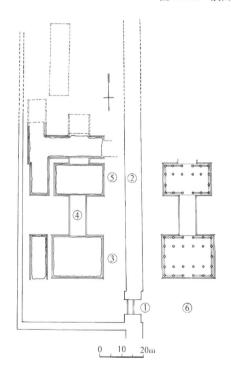

图 3-2-23 陕西西安唐长安大明宫翰林院平面实测图
①翰林门；②大明宫西城墙；③南厅；
④砖甬道；⑤北厅；⑥附平面柱网复原图

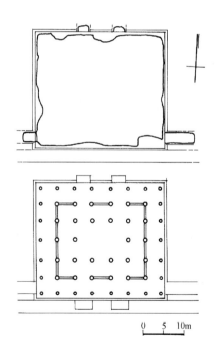

图 3-2-24 陕西西安唐长安大明宫清思殿平面实测图（上）及柱网复原图（下）

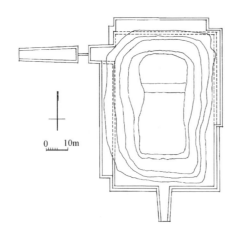
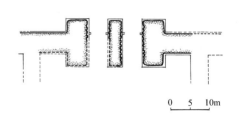

图 3-2-25　陕西西安唐长安大明宫三清殿平面实测图　　图 3-2-26　陕西西安唐长安大明宫含耀门遗址平面图

玄武门是大明宫北面正门，在北墙中部微偏西，其外有宽 156 米的夹城，在与玄武门相对处有重玄门。两门下部都是包砖的夯土墩，向上斜收，中间开一个门道。玄武门门墩东西宽 34.2 米，重玄门门墩东西 33.6 米，进深都是 16.4 米，尺寸基本相同，折合为 115 尺×56 尺。门道均 5.2 米余，合 18 尺。门道内两侧各有 11 根排叉柱，推测其上架有梯形梁架，封顶后，在墩台上建平坐，平坐上建门楼。据墩台面积推测，其上可建面阔五间进深二间的门楼[4]、[53]（图 3-2-27～3-2-30）。

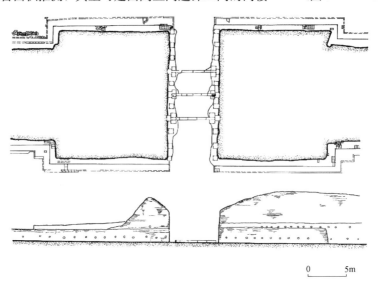

图 3-2-27　陕西西安唐长安大明宫重玄门遗址平、剖面图

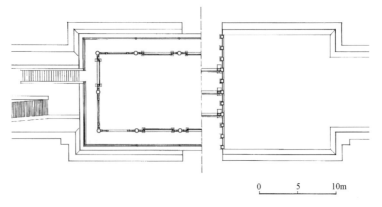

图 3-2-28　陕西西安唐长安大明宫重玄门平面复原图

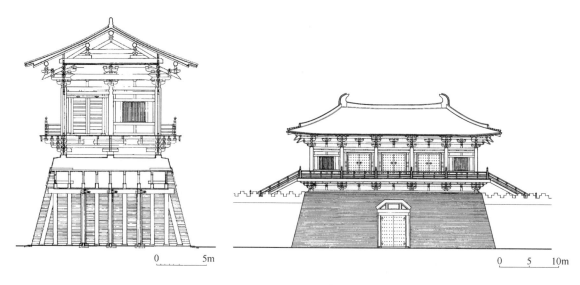

图 3-2-29　陕西西安唐长安大明宫重玄门剖面复原图

图 3-2-30　陕西西安唐长安大明宫重玄门立面复原图

在玄武门内侧，门墩之外，从城墙处向南有南北向土墙，东西相距 57.5 米，长各 27 米，南端内折，围成矩形小院，正中北对玄武门处有一面阔三间进深二间的门址，柱础坑尚存。折成唐尺，其梢间面阔、进深都是 14.5 尺，明间面阔和玄武门门道同，为 18 尺。它是玄武门内的重门[4]（图 3-2-31）。

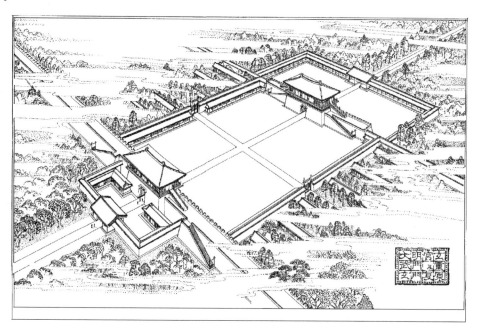

图 3-2-31　陕西西安唐长安大明宫玄武门、重玄门及内重门全景复原图

综观已探出的大明宫总图和大部分发掘过的宫殿，可以看到一些特点。

1. 从大明宫与长安城的关系看，它附在城外，平面近于南北长的五边形，南宽北窄。大明宫北墙之宽为 1135 米（据发掘报告，下同，此数字包括城厚及二角墩之宽），从长安城总图上可以看到，大明宫北墙东端，和城内皇城之东第二街的西侧，即翊善、来庭、永兴、崇仁诸坊的东墙在一条南北中轴线上。可知原规划时有和这一排坊取齐之意。建设时，出于实际需要，才把南部展宽的。现大明宫北墙之长就是这样确定的。

2. 从大明宫总平面图上看，宫内有三道东西向横墙，对了解宫的总图颇有关系。第一、二道横墙之间相距约 145 米，而第二、三道墙之间，相距 300 米，约为前者的二倍。因为第一道横墙在高地之南近平地处，而第二道横墙在高地的前沿，受地形高差影响，当时划定水平距离不可能太准，可以认为实即其二倍。以唐尺折合，第一、二道横墙间距约 50 丈，第二、三道横墙间距为 100 丈。

若在实测总平面图上以方 50 丈之距画网格，则可以看到，自第二道横墙向北，直至宫北墙，基本可画为十格，北墙之宽又基本上可容东西七格。此外，若自第一横墙向南，可以画三个网格，但距南宫墙尚余 40 余米，不是整的格数。这是因为第二道横墙在高地前沿，位置已由地形确定，而大明宫南墙借用长安城北城墙，位置也早已确定，所以这一部分不可能符合 50 丈的网格。从图上我们可以看到，在规划大明宫时，是以位于含元殿东西侧的第二道横墙（即实际的宫南墙）为基准线，向北排十格为宫北墙，在宫北墙东西向排七格，恰可和南面之坊相应。这样，宫的这一部分南北为十四格长，东西为七格宽，基本由两个方形连成，而宫中的寝区正殿紫宸殿恰好位于全宫的南北中分线上。寝区正殿是皇帝"家"中的"正堂"，表示家族皇权。在总图上把它置于全宫之中，正是"家天下"思想的体现。方 50 丈即方 100 步，以方 100 步的网格为基准，是大明宫总平面图上的一个特点。

3. 在总图上还可看到，宫内主殿中，宣政、紫宸二殿基本在一南北轴线上，但其前的含元殿、丹凤门都依次向西偏移。这大约是由地形决定的。自含元殿起，其北诸殿都建在高地上，主殿含元、宣政、紫宸三殿又建在地形最高之处，而含元殿又必须和南面的慈恩寺中唐高宗为纪念其母长孙后而建的大雁塔遥遥相对。为顺应地形并满足南对大雁塔的要求，这三殿只好不建在一条正南北轴线上。正门丹凤门的位置既要和含元殿相应，又要考虑城内的坊。为建大明宫，已把原来的翊善、来庭二坊各分为二坊，中间辟街，以对丹凤门。从发掘结果看，目前丹凤门位置已不居原二坊之中而向东偏，若再向东移以和含元殿南北对中，则东侧的翊善、来庭二坊就太窄了。以上种种条件，使得大明宫的布局不能形成正南北向的中轴线。

4. 殿的间广基本是取 0.5 尺为最小单位，一般以 1 尺为单位，如最大的殿含元殿、麟德殿间广为 18 尺，含元殿副阶 16.5 尺，清思殿殿身及朝堂间广 16 尺，翰林院南北厅间广 15 尺，玄武门内重门梢间 14.5 尺。清思殿副阶 12 尺，含元殿东西廊面宽 10 尺。这就是说，它的间广以 0.5 尺为模数。知道了面阔的模数，推算其材分就比较容易了。

5. 早期的殿宇，如含元殿、麟德殿，殿内都有很厚的墙，含元殿且用为承重墙，说明南北朝以来，北方土木混合结构的传统仍有影响。但在这二殿中，含元殿比麟德殿早建一二年。麟德殿虽有厚达 5 米的墙，却不再是承重墙，说明全框架结构日益居于主导地位。

6. 大明宫使用了二百二十年，早晚期建筑风格外观都有变化。含元殿、麟德殿等早期殿宇只发现极少的绿琉璃瓦，而中晚期的三清殿出土大量三色及三彩琉璃，墩台表面用"磨砖对缝"砖墙，清思殿出土铜镜及镏金饰件，可知唐后期宫室向豪华绮丽方向发展。

7. 宫殿的做法是先向地面以下挖基槽，大殿多为满堂夯筑，厚 3 米左右、出地面后为殿基。殿基用石或砖包砌，四周铺散水，殿上地面铺石或砖，柱础多用覆盆或覆莲形，有的上加线刻。柱础上立柱、架梁，构成房屋的木框架。墙壁多为夯土筑成，内外墙面抹灰，粉刷赭红或白色，室内多为白色，贴地面加紫红色线。木构梁柱多刷赭红或朱红色，白色夹壁墙及栱眼壁。屋顶瓦以黑色有乌光的青掍瓦为主，檐口及脊上用少量绿色琉璃，鸱尾也多为青掍黑色。

注释

[1]《唐会要》卷 30,〈大明宫〉条。《丛书集成》本⑥P.553

[2] 马得志：《唐长安大明宫》二、城垣，（一）宫城：城址保存状况。科学出版社，P.4~7

[3]《唐六典》卷7，大明宫条。中华书局排印本 P.218

《长安志》卷6，大明宫条。中华书局影印《宋元方志丛刊》①P.104

[4] 马得志：《唐长安大明宫》二、城垣，（三）城门。科学出版社，P.15～29

[5] 马得志：《唐长安大明宫》二、城垣，（一）宫城：宫墙及宫门。科学出版社，P.10

[6] 中国社会科学院考古研究所西安唐城工作队：〈陕西唐大明宫含耀门遗址发掘记〉，《考古》1988年11期。

[7] 马得志：《唐长安大明宫》二、城垣，（二）夹城。科学出版社，P.13

[8] 同上书：图一，大明宫地形位置图。科学出版社，P.2

[9] 马得志：〈1959～1960年唐大明宫发掘简报〉，《考古》1961年7期。

[10] 马得志：〈唐长安城发掘新收获〉，《考古》1987年4期。

[11]《两京新记》（曹元忠辑本）卷1："大明宫含元殿东、西通乾、观象门。殿北宣政门，门外设外屏。东、西廊曰华、月华门。"《南菁札记》本，卷1，P.3b

[12]《唐会要》卷30，大明宫条："永隆二年正月十日，王公以下以太子初立，献食，敕于宣政殿会百官及命妇。太常博士袁利贞上疏曰：'伏以恩旨，于宣政殿上兼设命妇坐位，奏九部伎及散乐，并从宣政门入。臣以为前殿正寝，非命妇宴会之处，……若于三殿别所，自可备极私恩。'上从之，改向麟德殿。"《丛书集成》本⑥P.544

[13]《玉海》卷159，〈殿〉，唐宣政殿："《两京记》：大明宫含元殿后又宣政殿，即正衙殿也。朔望、大册拜即御之。"台湾华文书局影元本 P.3019上

[14] 参阅《通典》卷123，引《开元礼纂类》卷18〈皇帝至正受群臣朝贺〉和卷125引《开元礼纂类》卷20〈朔日受朝〉条。中华书局缩印九通本 P.643、657

二条记载均以西内太极宫为例，但在东内举行时也可类推。朔日受朝时要在横街之北两阶之间设宫悬，在横街之南和宫悬之东西按文东武西设文武官一品至六品以下官位，诸卫列仗屯于殿门及殿庭。人数逾千人，所以殿庭应是十分巨大的。

[15]《长安志》卷6，〈东内大明宫章〉："（宣政）殿前东廊曰日华门，东有门下省，省东宏文馆，次东史馆，馆东南北街，南直含耀门。……殿前西廊曰月华门，西有中书省，省北曰殿中内省，西有命妇院，北有亲王待制院。省西南北街，南出昭庆门。"中华书局影印《宋元方志丛刊》本①P.105

[16]《册府元龟》卷14，〈帝王部〉，都邑2："（元和十五年）十月，发右神策军兵各千人于门下省东少阳院前筑墙"。中华书局影印本①P.160下

按：据此可证少阳院在门下省东。又据《资治通鉴》卷233，记李泌说德宗勿猜疑太子时说："太子自贞元以来常居少阳院"。可知少阳院中唐以后为太子所居。

[17]《南部新书》庚集："李德裕自西川入相，视事之日，令御史台榜兴礼门：'朝官有事见宰相者，皆须牒台。其他退朝从龙尾道出，不得横入兴礼门'。于是禁省始静"。中华书局标点本 P.79

按：据此知中书门下两省官退朝自齐德、兴礼二门归省。他官至省须投牒申请。

[18]《两京新记》（曹元忠辑本）："紫宸殿前紫宸门，门外设外屏。东崇明门，南出含耀、昭训门，西光顺门，南出昭庆门，光范门。"《南菁札记》本，卷1，P.4a

[19]《唐六典》卷7，太极宫条云："又北曰两仪门，其内曰两仪殿，常日听朝而视事焉。"原注："盖古之内朝也。"大明宫条云："宣政北曰紫宸门，其内曰紫宸殿。"原注："即内朝正殿也。"中华书局排印本 P.217、P.218

[20]《唐六卷》卷7，大明宫条云："次西曰延英门，其内之左曰延英殿，右曰含象殿"。中华书局排印本 P.218

《长安志》卷6，〈东内大明宫章〉："后有延英门，内有延英殿。……殿相对思政殿、待制院。"中华书局影印《宋元方志丛刊》①P.105

[21]《册府元龟》卷14，〈帝王部〉，都邑2："（元和十五年）二月，诏于西上阁门西廊右畔［开］便门以通宰臣自阁中赴延英路。"中华书局影印本①P.160

[22]《旧唐书》卷135，裴延龄传云："上（德宗）谓延龄曰：'朕所居浴堂院，殿一栿以年多之故，似有损蠹，……'"。中华书局标点本⑪P.3721

[23]《两京新记》（曹元忠辑本）卷1："大明宫紫宸殿北曰蓬莱殿，其西曰还周殿。还周西（北）［南］曰金銮殿。长安殿在金銮殿西南。蓬莱殿西龙首山支陇起平地上，有殿名金銮。"原注："在蓬莱正西微南。"《南菁札记》本 P.4b

[24]《长安志》卷6,〈东内大明宫〉章:"蓬莱殿后有含凉殿,殿后有太液池,池内有太液亭子。"中华书局影印《宋元方志丛刊》①P.105

[25]《唐会要》卷1,〈帝号上〉:"睿宗……皇帝讳旦,龙朔二年六月一日生于蓬莱宫含凉殿。"《丛书集成》本①P.5

[26]《长安志》卷6,〈东内大明宫〉章:"清晖阁、绫绮殿。"原注"在蓬莱殿之西。"中华书局影印《宋元方志丛刊》①P.105

按:宋程大昌《雍录》卷4〈浴堂殿〉条云:"绫绮者,《长安志》曰,在蓬莱殿东也"。《资治通鉴》卷237,元和二年(807年)记"李绛对于浴堂"事引《雍录》文亦作"在蓬莱殿东也",可知今本《长安志》误"东"为"西",应改正。

[27]《长安志》卷6:"(绫绮)殿北珠镜殿。还周殿在蓬莱西,承欢殿在还周南,金銮殿在还周西(北)[南],长安殿在金銮西南。又有金銮御院、宣化门……长安殿北有仙居殿。"中华书局影印《宋元方志丛刊》①P.105

[28]《资治通鉴》卷236,永贞元年(805年):"(正月)癸巳,德宗崩。苍猝召翰林学士郑絪、卫次公等至金銮殿草遗诏。"中华书局标点本⑯P.7607

[29]《资治通鉴》卷262,昭宗光化三年(900年):"(十一月),庚寅,……上在乞巧楼(胡注:'按刘季述传:乞巧楼在思玄门内,近思政殿')季述、仲先伏甲士千人于门外(胡注'即宣化门外),与宣武进奏官程岩等十余人入请对。季述、仲先甫登殿,将士大呼,突入宣化门,至思政殿前,逢宫人辄杀之。"中华书局标点本⑱P.8538

[30]《资治通鉴》卷243,穆宗长庆四年(824年):"卜者苏玄明与染坊供人张韶善,……谋结染工无赖者百余人,丙申,匿兵于柴草,车载以入银台门,伺夜作乱。未达所诣,有疑其重载而诘之者,韶急,即杀诘者,与其徒易服挥兵,大呼趣禁庭。"中华书局标点本⑰P.7836

按:据此可知入银台门为入宫,但尚未入禁,可知宫中禁庭另有一界限。

[31]唐李庚《西都赋》:"宦者别省,延缘石藏。"《四部丛刊》本《唐文粹》卷2.①P.1b

《长安志》卷6:〈东内大明宫〉章:"西面右银台门、内侍省、右藏库。"中华书局影印《宋元方志丛刊》①P.105

[32]《两京新记》(曹元忠辑本)卷1:"金銮西南曰长安殿,长安北曰仙居殿,仙居西北曰麟德殿。此殿三面,故以三殿名。东南、西南有阁,东西有楼,内宴多于此。"《青菁札记》本P.4b

[33]《南菁札记》本P.5a

[34]《册府元龟》卷14,〈帝王部〉,都邑二:"敬宗宝历元年(825年)七月乙亥,度支准宣进镜铜三千余斤,黄金银薄总十万番,充修清思院新殿及阳德殿图障。"中华书局影印本①P.160下

[35]《唐会要》卷1,〈帝号上〉:"宪宗……皇帝讳纯,……(元和)十五年正月二十七日崩于大明宫之中和殿。"《丛书集成》本①P.10

同书,卷2,〈帝号下〉:"文宗……皇帝讳昂,……开成五年正月四日崩于大明宫之太和殿。"《丛书集成》本①P.13

[36]《唐会要》卷30,〈诸宫〉:"(元和)十二年,……其年闰五月,新造蓬莱池周廊四百间。"《丛书集成》本⑥P.562

[37]参阅《通典》卷106～140,礼66～100,引《开元礼纂类》。中华书局影印《十通》本P.561、732

[38]《长安志》卷6,〈东内大明宫章〉:"(翔鸾、栖凤)阁下即朝堂、肺石、登闻鼓。又有金吾左右仗院。"中华书局影印《宋元方志丛刊》①P.105

《南部新书》已集:"大历十四年(779年)六月,敕御史中丞董晋,……充三司使。仍取右金吾将军厅一所充使院,并西朝堂置幕屋,收词讼。"中华书局标点本P.63

按:据此知金吾左右仗舍在朝堂前。

[39]《水经注》卷16,〈谷水〉。《水经注校》,上海古籍书店排印,P.530

[40]《资治通鉴》卷259,昭宗乾宁元年(894年)五月,王建攻彭州条,胡注云:"自城外筑墱道,陂陀而上,属于城上短垣。其道前高后庳,后墋于地,若龙之垂尾然,故谓之龙尾道。"中华书局标点本⑱P.8455

[41]《两京新记》(曹元忠辑本)卷1。《南菁札记》本P.3b

[42]《历代宅京记》卷6,〈关中四〉,引文。中华书局标点本P.112

[43]傅熹年:〈唐长安大明宫含元殿原状的探讨〉,《文物》1973年7期。

按:关于含元殿的情况目前尚有不同看法。因含元殿处原建有射殿观德殿,故现遗址究竟属含元殿还是观德殿,

尚有疑问。此外，《旧唐书·五行志》载，文宗太和"九年（835年）四月二十六日夜大风，含元殿四鸱尾皆落。"同书〈文宗纪下〉所记同。值得注意处是"四鸱尾皆落"五字，既说"皆"，可见是只有四鸱尾。但一个屋顶只用二个鸱尾，而含元殿狭长，又不能做成盝顶。所以，如果"四鸱尾"之记载无误，则含元殿只能是殿两侧各有一挟屋。在敦煌莫高窟，其第172窟壁画上确有有挟屋的城楼形象，因含元殿是由城楼改型，故作这种形式也并非绝无可能。《旧唐书·德宗纪》有贞元十九年（803年）修含元殿的记载。我撰〈含元殿原状的探讨〉时曾根据工期不超过十个月认为是修缮，看来不妥。因含元殿、麟德殿及隋建太极殿都不超过一年，故这次是重修，改为左右有挟屋，上用四鸱尾是完全可能的。因此，含元殿现遗址属于何时，殿在唐前后期有无形式上的改变，都是尚须研究的问题。目前的复原图是按有关前期的史料试拟的。

补按：1995～1996曾再次发掘含元殿址，1997年发表简报。所述含元殿情况与1959～1960年简报颇有歧异。此卷结稿於1994年，不及用此材料。余别撰文探讨1997年简报中现象，此处仍用旧稿，不追改。

[44]《唐李贤李重润墓壁画》图，文物出版社版。
[45]《唐会要》卷6，〈公主·杂录〉："至（贞元）二十一年（805年）四月七日，敕礼部：礼仪使奏，旧制例正衙命使，使出含元殿西廊侧门外，登辂车，从光范门入，诣光顺门进册。"《丛书集成》本，①P.71

按：据此，含元殿下有西廊及侧门，则对应处必有东廊，亦即殿下有东西廊。
[46] 马得志：《唐长安大明宫》三，宫殿遗址，（二）麟德殿遗址。科学出版社，P.33～40
[47] 刘致平、傅熹年：〈麟德殿复原的初步研究〉，《考古》1963年7期。
[48]《资治通鉴》卷235，德宗贞元十二年（796年）："（四月）庚辰，上生日。故事，命沙门、道士讲论于麟德殿，至是，始命以儒士参之。"中华书局标点本⑯P.7571
[49]《资治通鉴》卷207，则天后长安二年（702年）："（九月），癸未，（则天后）宴论弥萨于麟德殿。"中华书局标点本⑭P.6560
[50]《玉海》卷160，〈殿下〉，麟德殿条："（大历）三年五月戊午，宴剑南、陈、郑神策将士三千五百人。台湾华文书局影元本 P.302下
[51]《丛书集成》本《唐会要》⑥P.562、563
[52] 马得志：〈唐长安城发掘新收获〉记载，翰林院北厅遗址台基为23.3米×15米，合79.3尺×51尺。南厅遗址台基为23.8米×20.3米，合81尺×69尺。若面洞进深均为15尺，正可建面阔五间进深三间及四间二厅。《考古》1987年4期。
[53] 傅熹年：〈唐长安大明宫玄武门及重玄门复原研究〉，《考古学报》1977年2期。

四、唐长安兴庆宫

兴庆宫在唐长安东部，春明门内东西大道之北，东临长安外郭东墙。此地原为隆庆坊，唐玄宗为藩王时，与诸兄弟住此坊，称五王宅。玄宗即位后，改称兴庆坊，迁诸王于胜业、安兴等坊，于开元二年（714年）改兴庆坊为离宫，称兴庆宫，开始进行改建[1]。史载这时较大的建设是开元八年（720年）在宫的西南部建了面南的勤政务本楼和面西的花萼相辉楼[2]。在原坊西北角处的大同殿一组，当也建于此时。

开元十四年（726年）又拓展宫的范围，把北墙北移约400米，占了永嘉坊的南半部，并展宽宫西的街道，使胜业坊的东墙西移约500米。史称这次拓展是"又取永嘉、胜业坊之半以置朝"[3]。又在外郭东墙之外筑夹城，使皇帝可由大明宫越过通化门楼直接进入此宫[3]。开元十六午初正式建成，玄宗于是年正月移仗听政，成为正式宫殿[4]。因兴庆宫在西内太极宫和东内大明宫之南，故又称南内。至此，唐在长安有了三所宫殿，合称"三内"。

兴庆宫建成后，陆续仍有兴建。开元二十四年，（736年）拓展花萼楼；同年十二月，毁东市东北角及道政坊西北角以广花萼（勤政？）楼前；又自春明门向南增筑夹城，南抵曲江芙蓉苑，使自大明、兴庆二宫可由夹城直抵芙蓉苑[5]；天宝十载（751年），建交泰殿[6]；天宝十二载（753年）

又发京师、三辅一万三千人筑兴庆宫宫墙[7]，兴庆宫到天宝末年臻于极盛。

安史乱后，长安宫殿受损。史载玄宗为太上皇时曾住兴庆宫长庆殿，可知宫中大同殿、南薰殿等主建筑群必有损毁。中晚唐时，宫中只有一些老后妃居住。在元和三年（808年）、元和十四年（819年）、太和三年（829年）、大中五年（851年）都曾进行过修缮[8]。唐末战乱时，兴庆宫与唐长安城同时被彻底破坏。

兴庆宫的遗址近年已经探明，并对西南角做了局部发掘。宫平面为纵长矩形，占隆庆坊全部及永嘉坊南半部，南北长1250米，东西宽1075米，面积1.344平方公里。宫之东西墙厚6米，南北墙厚5米，高度不详[9]，这当即是天宝十二载时增筑的结果。著名的龙池在宫的南半部，东西宽915米，南北宽214米，东西距宫墙各约80米，南距南墙216米[9]。宫的西南角已发掘出一些建筑基址，层位重叠，说明在中晚唐时曾进行过反复改建[10]，故遗址的特点、规模和《唐六典》、《唐会要》、《长安志》的记载多不合，已不是盛唐时面貌（图3-2-32）。其余部分尚未发掘。目前我们仍只能据史籍记载，推测在开元、天宝时宫内布局的大致情况。

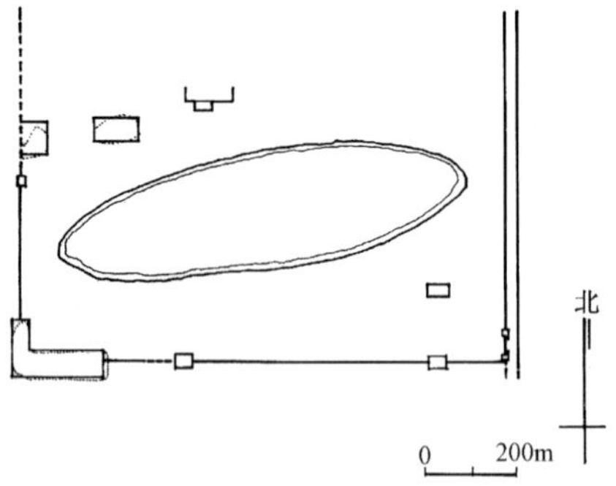

史载兴庆宫共有六门。西面二门，北为兴庆门，南为金明门；南面二门，西为通阳门，东为明义门；北面一门，为跃龙门；东面一门，为初阳门[11]、[12]。

宫以西面北门兴庆门为正门，门内的兴庆殿为正衙殿，即全宫主殿。殿北有交泰殿、龙池殿，构成一组巨大的宫院[12]。前引文说开元十四年"取永嘉、胜业二坊之半以置朝"[3]，所置之"朝"应即兴庆殿一组。可能在兴庆门外还设有朝堂。

在西面南门金明门内路北有大同门，门内有大同殿。也应是一组由殿门、后殿、廊庑、别院组成的巨大宫院[11]。大同殿之西有翰林院，玄宗在兴庆宫时，翰林院官员随驾在此[12]。

宫南墙西侧的通阳门内有光明门，门内为龙堂[11]，北临龙池。南墙东侧的明义门内有长庆殿，也是一组巨大的宫院[11]。安史乱后，玄宗居此。史称玄宗曾在长庆楼俯临大道，并在楼下置酒食赐过往居民，为李辅国所忌，强迫迁往西内太极宫[13]。所称长庆楼应即是长庆殿南明义门之门楼，以在长庆殿之南得名。

宫北面只一跃龙门，门内为瀛洲门、南薰殿一组巨大宫院[14]。因跃龙门在北，入跃龙门后，有东西横门，东名芳苑门，西名丽苑门。入二门后，有向南至龙池的巷道，出巷道后，内转向北，即瀛洲门，北行入南薰殿。杜甫〈丹青引〉有"开元之中常引见，承恩数上南薰殿"，即是此殿，也是宫中重要殿宇。瀛洲门之东有仙云门，门内有新射殿。再东为金花落，是卫士的住所。

宫中的园林区应在龙池周围。最著名的沉香亭在龙池北岸东端，

图3-2-32　陕西西安唐长安兴庆宫发掘平面图

以亭北所植牡丹著名于史册。由于唐帝由东夹城从初阳门入宫[3]，故沉香亭等重要园林景点偏在东侧，入宫即可见到。

兴庆宫还有三座史册上屡见记载的重要建筑，即勤政务本楼、花萼相辉楼和五龙坛。

《唐会要》说："后于西、南置楼，西面题曰花萼相辉之楼，南面题曰勤政务本之楼"。又说"新作南楼，……亦古辟四门达四聪之意"，专指勤政务本楼[15]。可知二楼分建，一面南，一面西。自《长安志》误记二楼相连，吕大防长安城图又绘为拐角楼，后人遂沿其误。近年发掘遗址，虽尚未探得花萼楼址，但已可证明在宫之西南角并无相连的拐角楼，它们应是独立的二楼。

勤政楼实际上是一座宴享用的建筑，史载每年玄宗生日在此受贺，正月十五日夜观乐舞、大酺等都在此举行。有时还饯送大臣，安禄山反后，即曾先后在此饯送高仙芝及哥舒翰出征[16]。在《唐开元礼》中载有玄宗生日受贺仪式[17]，说百官先立班于楼前横街之南，皇帝御楼后，百官上寿酒，由侍中及殿中监登楼敬酒，然后于楼前横街南北露天入席。则知楼下有门可通宫外群官席。《旧唐书》又载玄宗除在楼上宴大臣外，还曾特为安禄山在御座东设席观乐舞，则楼上必有很大的面积。《开元礼》记载楼下除百官班位外，还要设仪卫；上元观乐时要设贵官戚里看楼，有舞马、舞犀、象及百戏；大酺时还许百姓观百戏，可知楼下实是一个巨大的广场。史称开元二十四年（736年）毁东市东北角、道政坊西北角以广花萼（勤政）楼前[5]，当即是出于此目的。目前勘探得的勤政楼前的春明门内大道并未加宽，东市、道政坊北部也未内缩，应是中唐以后不再使用勤政楼后恢复了原状的结果。

花萼楼面西。玄宗建兴庆宫后，令其兄弟中宁王、薛王住胜业坊，申王、歧王住兴安坊，都在宫西，为申兄弟情谊，特建此楼，并取《诗·棠棣》之义，命名为花萼相辉楼[18]。玄宗时时召诸王在此楼欢宴，也曾在此楼受百官贺诞辰，并在楼下（前）宴百官。从开元二十四年有广花萼楼的记载看，此楼曾经拓建，也应是一座巨大的楼阁。

五龙坛是兴庆宫特有的建筑，因龙池而建。龙池最初为低地积水，后引龙首渠水注入，遂成为较大的水池。玄宗本是靠政变得国的，得帝位不以其正，需要制造一些符命祥瑞，遂神化龙池，说有"黄龙出其中"，"有天子气"等，作为他应居帝位的依据[11]。五龙坛之建应是出于同一目的。《通典》卷116收有《开元礼纂类》12，内有〈兴庆宫祭五龙坛〉仪式[19]，从文中可知坛外有二重墙墙，四面各开一门，坛在中央，但在宫中具体位置，史无明文。

以上是史籍所载宫中建筑概况。其相互关系，在具体位置尚未探得之前，我们只能做大致的推测。兴庆宫是由隆庆坊改建的，且在开元十四年以前的十二年中，只在原坊区内建设，到开元十四年后才扩大到北面的永嘉坊，故原来坊的范围、坊门、坊内大小十字街等，对宫中早期建筑布局定有很大的影响。

结合原坊内格局，可以推知，兴庆宫南部的建于开元八年的勤政楼和通阳门、龙堂及明义门长庆殿两组都应是早期所建。通阳门应在原坊南门位置，明义门应在原坊东南部小十字街的南端。史载通阳门内有明光门和龙堂。明光门又称明光楼[8]，则应是楼阁式门，明光楼和通阳门楼前后相重，起了突出中轴线的作用。自通阳门至龙池南岸宽约190米，在这距离内不能兼容明光门、龙堂和五龙坛三组建筑群，故五龙坛很可能在龙堂之东，北临龙池。在兴庆宫西部的二门中，偏南的金明门应即是原坊西门，因为龙池北岸侵占到原坊内东西街之北，故所建宫殿微向北退入，为大同殿、南薰殿二组。大同殿位于原坊的西北角。《唐会要》载，"太和三年（829年）十月，敕修大同殿十三间及勤政楼、明光楼"[8]，《长安志》载"（大同）殿前左右有钟楼、鼓楼"[12]。在已知唐代宫殿中，只有大明宫含元殿、宣政殿为面阔十三间、前有钟鼓楼，属宫殿中最高规格的正殿，所以大同殿应是初建兴庆宫时的正殿，金明门则是那时的正门。南薰殿一组在大同殿之东，位于全宫中轴线上，南面隔龙池与通阳门、明光门、龙堂遥遥相对。南薰殿一组之北应是由原坊北门改建成的宫北门。南薰殿南面正门名瀛洲门、前临龙池。它是宫中皇帝起居的主要殿宇。杜甫〈丹青引〉说画家曹霸"开元之中常引见，承恩数上南薰殿，"即是此殿。这是开元十四年拓建以前的情况。现存宋刻兴庆宫图上，在大同殿后有一东西横贯全宫的水渠，应即是原隆庆坊北墙外街渠的遗迹，表明了初期的宫北墙位置（图 3-2-33）。

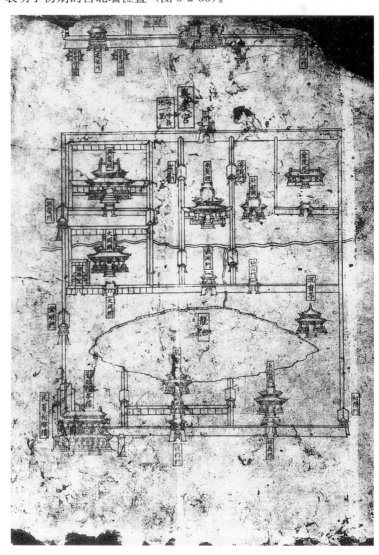

图 3-2-33 宋代石刻兴庆宫图

到开元十四年（726 年），又拓建兴庆宫，"取永嘉、胜业坊之半以置朝"。推其原因，大约是为了使兴庆宫更符合宫殿体制。综观隋唐宫殿，其宫门前均需有直街，隋之大兴宫（唐太极宫）、东都宫（唐洛阳宫）都是这样。唐高宗时创建的大明宫，其正门丹凤门南对翊善坊，为了使正门丹凤门前对有一条直街，特把翊善、光宅二坊中分为二，其间辟出一条丹凤门街。从以上三例，特别是大明宫一例可知，宫门前对一条直街是作为宫殿体制所必须有的。兴庆坊占一坊之地，原来的四面坊门都开在相邻各坊之间的街上，面对相邻各坊之坊门，无法形成直街，也无法直对已有之街开门，只相当于占一坊之地的王府的规格。为了使其符合宫殿体制，遂不得不向宫北拓展，把北面永嘉坊之南半部包入宫内。经此拓展后，在原兴庆、永嘉二坊间东西道的西端辟正门兴庆门，使之西对皇城东面景风门大街，又在门内路北原永嘉坊的西南部建兴庆殿一组为主殿。这样，主殿保持南向，正门虽不向南，却面对直街，也可以算是勉强符合宫殿体制了。新建的兴庆殿在大同殿一组之北，依大同殿之例，作为宫中新的正衙殿，它也应是面阔十三间，殿前有钟楼鼓楼。兴庆殿一组之东，南薰殿一组之北还建有跃龙殿一组。此殿《唐六典》及《长安志》均不载，但《旧唐书·玄宗纪下》载天宝十三载（754年）三月丙午，玄宗"御跃龙殿门，张乐宴群臣，赐右相绢一千五百疋，彩罗三百疋，彩绫五百疋；左相绢三百疋，彩罗、绫各五十疋；余三品八十疋，四品、五品六十疋，六品、七品四十疋，极欢而罢"。[20]这是很大的宴会，殿门外必有巨大的广场。且有门必有殿，它应是一组向北的宫院，殿门北对北面正中的北宫门跃龙门。它大约建在《唐六典》成书的开元二十七年（739年）之后，故《唐六典》不及载。因跃龙殿一组之南还有瀛洲门、南薰殿一组，建造在先，除可由金明门经大同殿或初阳门经沉香亭自南面进入外，还需可通北门，遂在跃龙门与跃龙殿门间广场的东西建东西横门，东名芳苑门，西名丽苑门，门外设南北向巷道各一，由巷道至龙池北岸，再北转经瀛洲门至南薰殿（图3-2-34）。

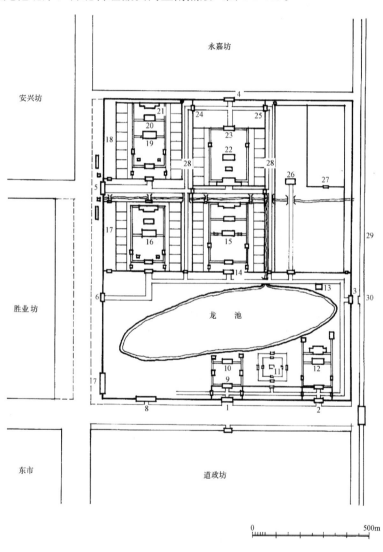

图 3-2-34　唐长安兴庆宫平面复原示意图

1. 通阳门	7. 花萼相辉楼	13. 沉香亭	19. 兴庆殿	25. 芳苑门
2. 明义门	8. 勤政务本楼	14. 瀛洲门	20. 交泰殿	26. 新射殿
3. 初阳门	9. 明光楼	15. 南薰殿	21. 龙池殿	27. 金花落
4. 跃龙门	10. 龙堂	16. 大同殿	22. 跃龙殿	28. 巷道
5. 兴庆门	11. 五龙坛	17. 翰林院	23. 跃龙殿门	29. 夹城
6. 金明门	12. 长庆殿	18. 廨署	24. 丽苑门	30. 夹城门

兴庆宫由坊改建而成，故初期可能沿用坊墙，加以增筑，到天宝十二载才新筑宫墙[7]。现探得的宫墙应即新筑之墙。此墙东西面厚6米，南北面厚5米，比原2.5～3米的坊墙为厚，而比厚10米的大明宫墙薄了一半[21]。表明它只是由皇帝故宅改建成的别宫，实际上并不能和太极、大明二宫相比。由于墙薄，其宫门颇有可能不是下有门墩的城门，而是骑墙而建、内外都有门廊的楼阁形式。近年在兴庆宫遗址西南角，西距西城墙125米之处发现一面阔五间，进深三间的门址，跨城墙内外出廊[10]，当即是兴庆宫诸门的通式。发掘报告推测此遗址即勤政务本楼址。从门左右有如朝堂和阙形的房屋遗址看，也似可能，但从面阔五间、进深三间的规模看，楼上举行史料中所载诸典礼似嫌稍小。它是勤政务本楼还是另一史籍失载之旁门，尚待进一步探讨[22]（图3-2-35）。

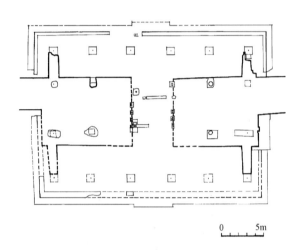

图3-2-35　陕西西安唐长安兴庆宫西南角门址实测图

综观兴庆宫的布局，远不如太极宫、大明宫严整有序，通过前面分析，可知是由于受龙池的限制和先后两次建设造成的。它自南面正门通阳门向北，经明光门，龙堂，跨越龙池后北对瀛洲门、南薰殿、跃龙殿、至跃龙门，形成一条南北向中轴线，另在西侧又形成大同殿、兴庆殿一组次要轴线。把正衙殿建在次要轴线上，虽是因宫殿体制和具体地形所限，也表明它实际上只是"离宫"[3]，虽号称"南内"，实不能和"西内"、"东内"比肩。它是唐玄宗为自己制造祥瑞而建的，故自玄宗死后，唐以后诸帝基本上不再来此。（唐）杜牧诗〈过勤政楼〉，有"千秋佳节名空在，承露丝囊世已无，唯有紫苔偏称意，年年因雨上金铺"之句，形容此宫之荒凉寂寞。中唐以后，只有一些老年太后、太妃、偶然居此，大约还经过一些修缮和改建，故她们所居之殿名多与《唐六典》所载不同，由于史料缺佚，已不可详考。

注释

［1］《唐会要》卷30，〈兴庆宫〉："开元二年七月二十九日，以兴庆里旧邸为兴庆宫。初，上在藩邸，与宋王等同居于兴庆里，时人号曰五王子宅。……至是为宫焉。"《丛书集成》本⑥P.558

　　按：《长安志》卷9，兴庆坊条，原注"本名隆庆，明皇即位改。"中华书局影印《宋元方志丛刊》本①P.120

［2］《玉海》卷164，〈宫室〉、〈楼〉、〈唐勤政楼、花萼楼〉条原注引韦述〈东京记〉云："开元八年造二楼。"台湾华文书局影印元刊本 P.3112

［3］《唐六典》卷七，尚书工部，原注："开元初以为离宫，至十四年，又取永嘉、胜业坊之半以置朝，自大明宫东夹罗城复道，经通化门磴道潜通焉。"中华书局标点本 P.219

　　按：宋绍兴本、明正德本《唐六典》均作"以置朝"，惟中华标点本自言据《长安志》增为"以置朝堂"，增一"堂"字。按："朝堂"指百官待朝之地，而"朝"指外朝，二者含义不同，是标点本误解《长安志》之义，今不取，仍从原文，作"以置朝"。

[4]《唐会要》卷30，〈兴庆宫〉："至（开元）十六年正月三日，始移仗于兴庆宫听政。"《丛书集成》本⑥P.558

[5]《唐会要》卷30，〈兴庆宫〉："（开元）二十四年六月，广花萼楼，筑夹城至芙蓉苑。十二月三日，毁东市东北角、道政坊西北角，以广花萼楼前。"《丛书集成》本⑥P.559

[6]《唐会要》卷30，〈兴庆宫〉："天宝十载四月二十一日，兴庆宫造交泰殿成。"《丛书集成》本⑥P.559

[7]《册府元龟》卷14，〈都邑〉二："（天宝）十二载十月，城兴庆宫，役京师及三辅人凡一万三千人，并以时估酬钱。"中华书局影印本①P.159

[8]《唐会要》卷30，〈兴庆宫〉："元和十四年三月，诏左右军各以官健两千人修勤政楼。太和三年十月，敕修南内大同殿十三间及勤政楼、明光楼。"《丛书集成》本⑥P.559

[9] 陕西省文物管理委员会：〈唐长安地基初步探测〉。三，兴庆宫，《考古学报》1958年3期。

[10] 马得志：〈唐长安兴庆宫发掘记〉，《考古》1959年10期。

[11]《唐六典》卷7，尚书工部，兴庆宫。中华书局标点本P.219

[12]《长安志》卷9，兴庆坊条。中华书局缩印《宋元方志丛刊》本①P.120

[13]《资治通鉴》卷221，〈唐纪〉37，肃宗上元元年（760年）："上皇爱兴庆宫，自蜀归，即居之。……上皇多御长庆楼，父老过者往往瞻拜，呼万岁，……又尝召将军郭英义等上楼赐宴。……"中华书局标点本⑮P.7093

[14] 尚有跃龙殿，见后文。

[15]《唐会要》卷30，〈兴庆宫〉。《丛书集成》本⑥P.558

[16]《玉海》卷164，〈唐勤政楼、花萼楼〉条，引《唐书》高仙芝传及哥舒翰传。台湾华文书局影印元刊本P.3112

[17]《通典》卷123，〈礼〉83，〈开元礼纂类〉18，〈皇帝千秋节受群臣朝贺〉。中华书局影印《十通》本P.645

[18]《玉海》卷164，〈唐勤政楼、花萼楼〉条引《唐书》让皇帝传。台湾华文书局影印元刊本P.3111

[19] 中华书局影印《十通》本P.610

[20]《旧唐书》卷9，〈本纪〉9，玄宗下："（天宝十三载）三月，……丙午条。"中华书局标点本①P.228

[21]《资治通鉴》卷221，〈唐纪〉37，肃宗上元元年（760年），记李辅国劝唐肃宗把唐玄宗从兴庆宫迁到太极宫时说："且兴庆宫与闾间相参，垣墉浅露，非至尊所宜居。大内深严，奉迎居之，与彼何殊？"中华书局标点本⑮P.7094据此，则兴庆宫宫墙确实比太极、大明二宫宫墙为薄。

[22] 在《唐六典》正文及注中均不载勤政楼，而云"通阳之西即花萼楼"，未提及其间尚有勤政楼。开元二十五年玄宗戒诸王诏书亦只提及"新作南楼"及"大哥让朱邸以成花萼相耀之美"的花萼楼。又说"南楼""时有作乐宴慰"，与在勤政楼的活动相符。颇疑通阳门，南楼、勤政楼为同一建筑之异名。但此仅是从文献推测，姑存此一说，以待发掘工作检验。

五、隋唐的离宫

隋唐二代，除建长安、洛阳两京宫殿外，还在长安、洛阳附近建了大量的离宫。在二京之间和去离宫的路上也建了大量的行宫。

隋代最著名的离宫有文帝所建仁寿宫和炀帝所建汾阳宫、临朔宫和毗陵苑，都以奢丽著称。

唐建国后，高祖于武德八年在终南山建太和宫。太宗贞观五年修隋之仁寿宫，改称九成宫。贞观二十一年重修太和宫，改名为翠微宫。同年七月，在坊州宜君县建玉华宫。这些宫都在长安附近。当时惩于亡隋的教训，标榜简朴，不敢建得太奢华。

唐太宗时，为巡幸洛阳，贞观十一年建明德宫[1]，又于贞观十四年在汝州建襄城宫[2]。高宗后期长居洛阳，永淳元年（682年）在嵩山建奉天宫[3]。武后时，又于圣历三年（700年）在嵩山建三阳宫[4]，在万寿山建兴泰宫[5]。这些行宫都在洛阳附近，向豪华方向发展。

唐玄宗时在临潼骊山建华清宫，为沐浴温泉之所，规模巨大，宫室奢华，是唐代离宫中最著名的一个，安史乱后，地方割据，唐国力日衰，皇帝就不再有条件居住离宫了。

限于资料，目前只能对其中一部分略作探讨。

1. 隋仁寿宫——唐九成宫——唐万年宫

仁寿宫在今陕西麟游县。隋文帝开皇十三年（593年）二月，下令在岐州之北修仁寿宫，使重臣杨素监修，命宇文恺为检校将作大匠，是实际上的设计和施工负责人[6]。史载文帝于开皇十五年（595年）二月幸仁寿宫，则其建设时间在二年之内。史称仁寿宫"夷山堙谷，营构观宇、崇台累榭，宛转相属。役使严急，丁夫多死，……死者以万数"[7]。仁寿宫是隋之主要离宫，建成后，文帝每年二月至九月间常住于此。开皇二十年（600年）元正即在此度过。仁寿四年（604年）七月，文帝死于此。炀帝即位后即不再至仁寿宫。唐建国后，于贞观五年（631年）重修仁寿宫，改名九成宫，唐高宗即位后，又于永徽二年（651年）改九成宫名万年宫。它是太宗、高宗时长安附近最主要的避暑离宫。高宗以后，唐帝即不再至，到晚唐时已颓坏。

仁寿宫——九成宫四周建有宫城，《新唐书·地理志》说它"周垣千八百步，并置禁苑及府库官寺等"[8]，可知是正规的宫城。城周六里，相当唐代一个望县的规模，并附有廨署。综括零星史籍记载，它的正门名永光门，门外有双阙；北门名玄武门，正殿名丹霄殿[9]。宫的规制，史不详载，据魏征撰《九成宫醴泉铭》的描写，其宫"冠山抗殿，绝壑为池，跨水架楹，分岩竦阙。高阁周建，长廊四起，栋宇胶葛，台榭参差"[9]。应是利用地形而建的壮丽宫殿。《铭》中又说太宗重修时，"斫雕为朴，损之又损，去其泰甚，葺其颓坏。杂丹墀以沙砾，间粉壁以涂泥；玉砌接于土阶，茅茨续于琼室。仰观壮丽，可作鉴于既往，俯察卑俭，足垂训于后昆"[9]。可知改建时去掉一些过于奢侈之处，使其显得朴素一些。乾封三年（668年）唐高宗命阎立德造新殿[10]。咸亨四年（673年）在九成宫为太子建了新宫[11]。高宗最后一次至九成宫在仪凤三年（678年），以后即不再至。自593年始建，至仪凤三年，此宫断续使用了85年。

2. 隋汾阳宫

在今山西省忻县西之静乐，隋时属楼烦郡静乐县。《隋书·地理志》楼烦郡静乐县条注曰："旧曰岢岚。开皇十八年改为汾源，大业四年改焉。有长城，有汾阳宫，有关宫。有管涔山、天池、汾水"[12]即是其地。隋炀帝于大业四年（608年）四月"诏于汾州之北汾水之源营汾阳宫。"当时正是隋代最强盛之时，炀帝于是年三月至五原，出塞巡长城。突厥启民可汗也于同时求内附，炀帝下令在万寿戍（今和林格尔）处造城居之。为了表示其国力强大，声威远播北疆，所以在此建宫。《隋书·张衡传》说："明年（大业四年），帝幸汾阳宫。……时帝欲大汾阳宫，令衡与纪弘整具图奏之。衡承间进谏曰：比年劳役繁多，百姓疲敝，伏愿留神，稍加折损。帝意甚不平"[13]。汾阳宫的具体情况不可知，从仁寿宫的情况看，也应是有宫城官署的小城。炀帝想建得大一些，张衡谏阻，炀帝才感到不满。值得注意的是为建此宫，令张衡等"具图奏之"，可证此时建宫前已有规划设计图，经皇帝批准后照图兴造。

《通鉴》记载，隋恭帝义宁元年（617年），"三月丁卯，（刘）武周袭破楼烦郡，进取汾阳宫，获隋宫人，以赂突厥始毕可汗"[14]，大约汾阳宫即毁于此时。

3. 隋临朔宫

隋炀帝为征高丽，在涿郡蓟县建临朔宫，命阎毗主持修建，事见《隋书·阎毗传》。大业七年（611年）炀帝亲征高丽，四月至临朔宫，自称"观风燕裔，问罪辽滨"，在此居留至八年三月。其间，七年十二月，西突厥处罗可汗来此朝见，炀帝接以殊礼[15]。炀帝是极好建奢丽宫室之人。肯在此地居留经年，虽是为了督促侵高丽军马物资的集中，此宫当也是很壮丽的宫殿。《资治通鉴》说："初帝谋伐高丽，器械资储皆积于涿郡。涿郡人物殷阜，屯兵数万。又临朔宫多珍宝，诸贼竞来侵掠。留守员……不能拒，唯虎贲将云阳罗艺独出战，……威名日重。（艺杀留守官），自称总管"[16]。临朔宫当即毁于隋末大起义和唐初的统一战争中。

4. 隋毗陵苑

《通鉴》载大业十二年（616年）"诏毗陵郡通守路道德集十郡兵数万人，于郡东南起宫苑，周围十二里，内为十六离宫，大抵仿东都西苑之制，而奇丽过之。又欲筑宫于会稽，会乱，不果成"[17]。

5. 唐太和宫——翠微宫

唐高祖武德八年（625年），在终南山建太和宫以避暑。四月始建，六月高祖即往居住，建造时间不足二月，规模不会很大。贞观十年（636年）废。贞观二十一年（647年）四月，太宗又命重修此宫以避暑，"遣将作大匠阎立德于顺阳王（即太宗之子魏王李泰）第取材瓦以建之。包山为苑，自栽木至于设幄，九日而毕功。因改为翠微宫，正门北开，谓之云霞门，视朝殿名翠微殿，寝名含风殿。并为皇太子构别宫，正门西开，名金华门，殿名喜安殿"[18]。据此，此宫面向北，东宫仍在离宫之东，故门向西开。因是修缮旧离宫，故九日即完成。但这里地窄而险，所以同年七月，太宗又以"翠微宫险隘，不能容百官"，下令"更营玉华宫于宜君县之凤凰谷"。但翠微宫距长安最近，当日可往返，故贞观二十三年（649年）四月，太宗病重，不能赴远处离宫时，仍至翠微宫避暑，同年五月即死于此。此后即无唐帝再至的记载。翠微宫遗址尚未发现，《元和郡县图志》说："太和宫，在（长安）县南五十五里终南山太和谷，……今废为寺"[19]。

6. 唐玉华宫

玉华宫建于贞观二十一年（647年）七月。《唐会要》载，"贞观二十一年七月十三日，创造玉华宫于坊州宜君县之凤凰谷。正门曰南风门，殿名玉华殿。皇太子所居（在）南风门东，正门曰嘉礼门，殿名晖和殿。正殿覆瓦，馀皆葺之以茅，意在清凉，务从俭约。至永徽二年九月三日，废玉华宫以为佛寺"[20]。《册府元龟》卷14，〈都邑〉记此事略同，并云"疏泉抗殿，包山通苑。……其官曹寺署并皆创立。微事营造，庶物亦抚市取供，而折番和雇之费以巨亿计矣"[21]。据上述记载，玉华宫有主宫、东宫、苑囿、百官寺署等，规模很大，虽然只正殿复瓦，其余用茅草顶，所费也以巨亿计了。

玉华宫遗址已经发现，在今陕西省铜川市北40公里的开阔山谷中，玉华河自西向东流经宫前。宫遗址分中、东、西、北四区。中、东、西三区在南、东西并列，前临玉华河，东西1800米，南北200~300米，其中中区是离宫，东区为东宫，西区离中区较近，可能是百官廨署。北区在西区之北山谷中，石壁上开有佛窟[22]。《元和郡县图志》说："当时以为（玉华）清凉，胜于九成宫。永徽二年，有诏废宫为寺，便以玉华为名，寺内有肃成殿。永徽中奉敕令玄奘法师于此院译经，每言此寺即阎浮之兜率天也"[23]。近年在石窟中发现有玄奘名的石刻佛座，可知北区即玄奘译经的肃成殿所在。在勘察中还发现北宋治平三年（1066年）刊石的《□□□山纪碑》，说："……野火（谷）之西曰凤凰谷，则唐置宫之故地也。盖其初有九殿五门，而可记其名与处者六。其正殿为玉华，其上为排云，又其上为庆云。其正门为南风。南风之东为太子之居，其殿曰耀和，门曰嘉礼。知其名而失其处者一，曰金飚门也。今其尺垣支瓦无有存者。……其西曰珊瑚谷、盖当有别殿在焉。珊瑚之北曰兰芝谷，昔太宗诏沙门玄奘者译经于此，其始曰肃成殿，后废而为寺云"[22]。这碑文证实了北区即兰芝谷和肃成殿，也记录了离宫、东宫有九殿五门，主宫正门南风门内有玉华、排云、庆云三殿的情况。这中、东、西三区所在山谷应即是凤凰谷，是主要宫殿官署所在。北区兰芝谷则应属于"包山通苑"的苑区了。玉华宫是太宗时新建离宫中规模最大的一个。

综观九成宫、玉华宫等太宗时建的离宫，九成宫是"杂丹墀以沙砾，间粉壁以涂泥"，玉华宫也是"正殿瓦覆，馀皆茸之以茅"，建宫诏书中也力言要"务从俭约"，"故遵意于朴厚，本无情于壮丽"，还有些懔于隋代以奢丽致亡的教训之意。同时这些"玉砌接于土阶，茅茨续于琼室"的简朴风格离宫也成为此时宫室建筑中的新风。到高宗以后，离宫就向壮丽奢华方向发展了。至玄宗时，所修华清宫遂成为有唐一代最著名的奢华离宫。史籍上有关华清宫的记载较多，其汤池近年又经发掘，使我们可以对其规制有较多的了解。

7. 唐华清宫

在唐长安东，今陕西省临潼县城南，骊山北麓，为唐帝专为洗沐温泉而设的行宫。

骊山温泉由于靠近秦咸阳、汉长安，秦汉以来已有洗沐温汤以"荡邪蠲疫"的记载。北周宇文护、隋文帝杨坚都在这里建房舍、开泉源。唐建国后、太宗、高宗多次来此洗沐、狩猎。唐贞观十八年（644年），太宗命姜行本、阎立德在此营建宫室和御汤，命名为汤泉宫[24]。

唐玄宗即位后，自先天二年（713年）起几乎连年来此，开始时与讲武（阅兵）结合，以后即专为洗沐[25]。开元十一年（723年）又加拓建，改名温泉宫[26]。天宝六载（747年）又改称华清宫，大加拓建，在宫外建罗城，修建了百官廨舍和邸宅[27]、[28]。周、隋、初唐以来，洗沐温汤都是在初冬十月，停留十余日即返京。改建为华清宫后，往往自十月居留至次年春。天宝八载（749年）在宫之东北建观风楼，供元旦受朝贺之用[29]，发展为冬季专用的离宫。（宋）钱易《南部新书》说："玄皇于骊山置华清宫，每年十月，舆驾自京而出，至春乃还。百官羽卫并诸方朝集、商贾繁会，里闾阗咽焉"[30]。可知这时在华清宫周围形成一个繁华的城市。安史之乱后，玄宗为太上皇，曾于乾元元年（758年）十月在华清宫居住二十四日[31]，可知宫室没有很大损坏。代宗大历二年（767年），大宦官鱼朝恩以为章敬太后祈福之名修章敬寺，拆毁华清宫观风楼及百司廨舍，以其材木修寺。华清宫的外围部分遂被毁[32]。53年后，元和十五年（820年）穆宗初即位时曾至华清宫为一日之游[33]，可知这时宫室尚在。从当时元稹撰《两省供奉官谏驾幸温泉状》中有"骊宫圮毁，永绝修营。官曹尽复于田莱，殿宇半堙于岩谷"之句看，虽不无夸张，但损毁失修确极严重。唐咸通时，郑嵎撰《津阳门诗》，其注中详记华清宫内建筑情况，被全文采入《长安志》中[34]这时诸汤中，只有太子、少阳二汤，可知在晚唐时宫室已多坍毁，但规模位置尚一一可考。唐末战乱中，华清宫被全毁。五代后晋天福四年（939年）废为灵泉观。

记载唐华清宫最详细的史料是《长安志》卷十五骊山县温汤条，和《长安志图》卷上〈唐骊山宫图中〉所绘平面图[35]。综合起来，可知宫城南倚骊山，四面各开一门，城四角有角楼。正门津阳门向北，其东、南、西三面之门为开阳门、昭阳门和望京门。从实际地形看，自骊山北麓至今华清池前大道，深不过230米左右，其间还有温泉呈东西向排列，故华清宫应是东西向横长的矩形平面。宫内建筑分三条南北轴线布置。中轴线上为正殿一组，前为殿门，四面建廊庑，东西廊上有日华门、月华门。殿庭中建前后二殿。东侧轴线上为寝宫区，最北为瑶光楼，楼南即寝殿飞霜殿一组，有殿门、主殿、回廊，左右可能附有若干院。西侧轴线为祠庙区，北为七圣殿，内供老子，自高祖至睿宗五代皇帝及睿宗二皇后着礼服的像侍立在周围。七圣殿南为功德院，内设羽帐、瑶坛，当是道观。玄宗晚年崇尚道教，尊老子为始祖，故在其祖宗影堂中供老子，集家庙道观于一体。宫的南部为温汤区。汤池源在飞霜殿正南骊山脚下，其北，自东向西在飞霜殿区之南有皇帝的御汤和贵妃的海棠汤；在正殿区之南为太子汤、少阳汤（按唐太子居大明宫少阳院，颇疑二者是一事）、尚食汤、宜春汤；在功德院之南为长汤，诸汤池自东向西，错杂排列，各建有殿宇。

在宫城之外，于天宝六载建了罗城。罗城北面正面有门，南对宫城正门津阳门。在北面罗城、宫城之间有横街，设有弘文馆、集贤院等[36]，大约百司廨署也在其间。史称华清宫有夹城[32]，可能即罗城东西墙之内与宫墙间的部分。宫城外东北角部分建有观风楼，供元旦大朝会之用，自观风楼可经夹城进入宫城。在罗城之东西外侧还有大量附属建筑（图3-2-36）。

宫城南门昭阳门之南即骊山北麓，有登山御道通到山上。山上建有以祀老子为主的朝元阁、老君殿、集灵台等一系列楼观殿阁和风景点[37]，实际是宫后的苑囿区。从现存朝元阁出土老君像及坐之精美，可以联想到其殿宇之壮丽豪华（图3-2-37）。

有关华清宫的史料不多，且零星而间有抵牾之处，遗址未经全面发掘，只能知道这个大致情况。

华清宫唐代汤池近年陆续被发现。据发掘报告[38]，有"星辰汤"、"莲花汤"（御汤）、"海棠汤"（贵妃汤）、"太子汤"、"尚食汤"五座。各汤池池底用青石板铺成，下衬白灰浆砌的二层砖，最下为夯土的防渗水土层。池壁也用青石块砌成，外衬白灰浆砌的条砖二层，最外夯筑防渗水土层。各汤池上都建有殿宇。

遗址T_2据发掘报告推测即"九龙殿"及御汤"莲花汤"。汤池作四瓣的海棠瓣形，分两层，上层深0.8米，下层略退入少许，作八边形，深0.7米，两层共深1.5米。东、西、北三面中间各有踏步下至池底。温泉进口在池正南方地下1.8米处，和池底石板上的双圆形进水口相通。排水道在池西北角。水道都用砖及石块砌成。殿内地面铺石板，并残存九个柱础，据柱础位置，可推知此建筑宽18.75米，深14.75米，为宽五间深四间的歇山顶建筑，柱网为双槽，外槽进深以唐尺计为10尺，内槽深二间，各为15尺。面阔五间中，二梢间深同外槽为10尺，明间宽16尺，二次间宽13.5尺。所用材如按次间面阔250分计，应为5.1寸×8.1寸材，相当于宋代三等材。此殿面积达276平方米，在诸汤殿中规模最大，应即是九龙殿御汤（图3-2-38）。

遗址T_4发掘报告推测为杨妃浴池，池作八瓣花形，分上下两层。上层东西3.6米，南北2.9米，深0.72米；下层长3.1米，宽2.1米，深0.55米，共深1.27米。池东西侧各有踏步下至池底，都作"纳陛"式。进水口在池南正中地下深1.47米处，为陶水管。出水口也是陶水管。殿内地面铺青石板，边高中低，以便地面水流入池中。殿未发现柱础，只四面有砖墙残部，墙厚约92厘米，以外墙皮计，东西11.7米，南北9.65米，净面积为94.1平方米，以唐尺计，合40尺×33尺。它可能是一外墙承重的土木混合结构，中间架二道六架椽通梁，上为歇山屋顶的小殿。其余各汤，只"星辰汤"侧建有小殿，只有10个柱础，为面阔三间进深二间的建筑。

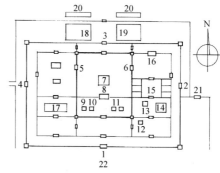

图3-2-36 陕西临潼唐代华清宫平面示意图

1. 昭阳门
2. 开阳门
3. 津阳门
4. 望京门
5. 日华门
6. 月华门
7. 前殿
8. 后殿
9. 宜春汤
10. 尚食汤
11. 少阳汤（太子汤）
12. 星辰汤
13. 贵妃汤
14. 御汤
15. 飞霜殿
16. 瑶光楼
17. 长汤十六
18. 弘文馆
19. 修文馆
20. 朝堂
21. 观风楼
22. 骊山

图3-2-37 陕西临潼唐代朝元阁老君像及须弥座

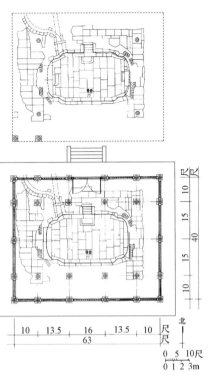

图 3-2-38 陕西临潼唐代华清宫 T2 遗址（莲花汤）实测及平面复原图

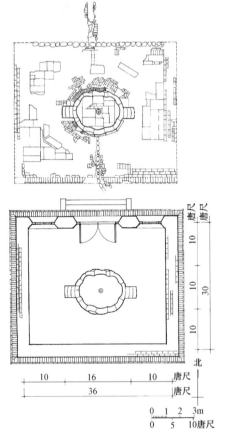

图 3-2-39 陕西临潼唐代华清宫 T4 遗址（贵妃汤）实测及平面复原图

其进深二间均深 2.45 米，面阔方面东面二间面阔与进深同，也是 2.45 米，西侧一间面阔 2.85 米，颇不规律、颇有可能是多次重复建设的结果。"星辰汤"上建筑只残存三个柱础，为内柱，东西排列，间距 3.25 米，合唐代 11 尺，可知此建筑之面阔为 11 尺。但它的边柱不存，只余外墙残段，其构造形式已不可考（图 3-2-39）。

以上诸汤池均经多年使用，池壁、池底石面磨损严重，并经过多次修理补缀，已不能反映它盛时的面貌。据史籍记载，它当时是非常精工的。据（宋）宋敏求《长安志》卷 15，〈临潼〉，温汤条引（唐）郑处诲《明皇杂录》云："《明皇杂录》曰：玄宗幸华清宫，新广汤池，制作宏丽。安禄山于范阳以白玉石为鱼龙凫雁，仍为石梁及石莲花以献。雕镂巧妙，殆非人工。上大悦，命陈于汤中，仍以石梁横亘汤上，而莲花才出于水际。……其莲花今犹存。又尝于宫中置长汤屋数十间，环回甃以文石，……又于汤中垒瑟瑟及丁香为山，以状瀛洲方丈。"[39] 这些白玉石（即汉白玉石）做的装饰陈设，现已无存。《全唐诗》收郑嵎〈津阳门诗〉云："宫内除供奉两汤池，而内外更有汤十六所。长汤每赐诸嫔御，其修广与诸汤不侔，甃以文瑶宝石，中央有玉莲花捧汤泉，喷以成池"[40]。《长安志》亦引此文，后又云："次西曰太子汤，又次西少阳汤，又次西尚食汤，又次西宜春汤，又次西长汤十六所，今唯太子、少阳二汤存焉"[39]。从这些记载中可以知道诸汤殿豪侈的情况。诗注中所说"供奉两汤"即御汤及贵妃汤。值得注意处是还提到内外更有汤十六所，说明宫外仍有汤池。唐玄宗《温泉言志诗》序说："惟此温泉，是称愈疾，岂予独受其福，思与兆人共之"[41]。可知还有汤供臣下使用。天宝十四载（755 年），唐玄宗诏安禄山云："朕新为卿作一汤，十月于华清宫待卿"[42]。也说明许多重臣有专用汤池。但这些汤的位置尚有待进一步探查。

从上述隋唐各著名的离宫的概况可知，隋唐的离宫实际上都各为一个小宫城，外有宫墙环绕，宫前有官署，宫侧有东宫，宫后有苑，附近还得有随行百官的住所，此外，还须有宿卫兵将的营地，规模相当大，相当于一个小朝廷。久视元年（700 年）武则天于四月至闰七月长住三阳宫，〈唐会要〉载，大臣张说曾上书说："三阳宫去洛城一百六十里，……过夏涉秋，水潦方积，道坏山险，不通转运，……扈从兵马，日费资给，连雨弥旬，即难周济。……告成褊小，万方辐辏，填城溢郭，并锸无所。排斥居人，蓬宿草次，……孤茕老病，流转衢巷。……"可以看到这临时小朝廷供应之繁费，随从百官甚至强占民居，使居民露宿流转街头的情况。这实是唐政权严重扰民的恶政之一，故每"幸"离宫，总会有大臣谏阻。这些离宫皇帝不来之时，要有官看守，宫内有内监宫女，还要经常修缮，耗费巨大。故安史乱后，唐国力日衰时，这些离宫大都相继废毁了。

皇帝去这些离宫时，路上还要建行宫。隋开皇十八年十二月，"自京师至仁寿宫，置行宫十有二所"[43]。即此一例，可以推知其他各宫的情况。从元稹的《连昌宫词》可以看到中晚唐时仅存的一些行宫的破败状况。

皇帝巡幸外地，要建大量离宫行宫，虽名为"观风问俗，忧勤兆庶、安集遐荒"，实际是为了游乐享受，给途经各地和离宫所在地区造成极大的经济负担。隋及唐前期盛行此事，隋之亡国实自炀帝巡幸始，唐初革去隋代大部分弊政，而巡幸之事仍然在进行，初期可能有立国之初，应加以镇抚之意。后遂以游赏为主。至安史之乱后，国势大衰，才停止举行。中唐后，除皇帝被逼逃跑外，实已不能离京一步。从表面上看，离宫之盛衰，反映了国势之盛衰；但离宫之盛本身已包蕴了国势必衰的种子。

注释

[1]《资治通鉴》卷195，〈唐纪〉11，太宗贞观十一年（637年）："六月，……丁巳，上幸明德宫。……秋，七月，……壬寅，废明德宫及飞山宫之玄圃院，给（洛阳）遭水者。"胡三省注："显庆二年，改明德宫监为东都苑南面监"。中华书局标点本⑬P.6130

[2]《资治通鉴》卷195，〈唐纪〉11，太宗贞观十四年（640年）："上将幸洛阳，命将作大匠阎立德行清署之地。秋，八月，庚午，作襄城宫于汝州西山。"

同书，卷196，〈唐纪〉13，太宗贞观十五年（641年）："三月，戊辰，幸襄城宫。地既烦热，复多毒蛇。庚午，罢襄城宫，分赐百姓，免阎立德官。"中华书局标点本⑬P.6154，P.6165

[3]《旧唐书》卷5，高宗下："（永淳元年，682年）秋七月，己亥，造奉天宫于嵩山之阳，仍置嵩阳县。"中华书局标点本①P.110

同书，卷192，〈列传〉142，隐逸，潘师正传："初置奉天宫，帝命所司于逍遥谷口特开一门，号曰仙游门。又于苑北面置寻真门，皆为（潘）师正立名焉。"中华书局标点本⑯P.5126

《唐会要》卷30，〈奉天宫〉条云："弘道元年十二月，遗诏废之。文明元年二月，改为嵩阳观。"《丛书集成》本⑥P.557

[4]《资治通鉴》卷206，〈唐纪〉22，则天后久视元年（700年）："春，一月，……作三阳宫于告成之石淙。……夏，四月，戊申，太后幸三阳宫避暑。"胡三省注云："三阳宫去告成一百六十里。"中华书局标点本⑭P.6545

[5]《资治通鉴》卷207，〈唐纪〉23，则天后长安四年（704年）："春，正月，……丁未，毁三阳宫，以其材作兴泰宫于万安山。二宫皆武三思建议为之，请太后每岁临幸，功费甚广，百姓苦之。……夏四月，……太后幸兴泰宫。"中华书局标点本⑭P.6569

按：三阳宫在告成南，当洛阳东南方。兴泰宫在寿安县之万安山，当洛阳西南，较三阳宫距洛阳为近，则天晚年不堪远出，故移避暑宫于较近处也。

[6]《资治通鉴》卷178，〈隋纪〉2，文帝开皇十三年（593年）："二月，丙午，诏营仁寿宫于岐州之北，使杨素监之。素奏前莱州刺史宇文恺检校将作大匠，记室封德彝为土木监。"中华书局标点本⑫P.5539

[7]《隋书》卷24，〈志〉19，食货："（开皇）十三年，帝命杨素出，于岐州北造仁寿宫。素遂夷山堙谷，营构观宇，崇台累榭，宛转相属。役使严急，丁夫多死。疲敝颠仆者，推填坑坎，覆以土石，因而筑为平地，死者以万数。宫成，帝行幸焉。时方暑月，而死人相次于道，素乃一切焚除。帝颇知其事，甚不悦。及入新宫游观，乃喜，又谓素为忠。"中华书局标点本③P.682

[8]《新唐书》卷37，〈志〉27，地理1，凤翔府，扶风郡，麟游县条。中华书局标点本④P.966

[9]《唐会要》卷30，〈九成宫〉："（永徽）五年三月，幸万年宫。……乃亲制万年宫铭并序七百余字，群臣请刊石，建于永光门"。《丛书集成》本⑥P.556

《旧唐书》卷83，〈列传〉33，薛仁贵："永徽五年（654年），高宗幸万年宫。甲夜，山水猥至，冲突玄武门，宿卫者散走。仁贵……遂登门桄叫呼，以惊宫内。高宗遽出乘高，俄而水入寝殿。"中华书局标点本⑧P.2780

[9]《资治通鉴》卷194,〈唐纪〉10,太宗贞观六年(632年)"三月,戊辰,上幸九成宫。……秋,七月,……辛未,宴三品以上于丹霄殿。……闰月,乙卯,上宴近臣于丹霄殿"。中华书局标点本⑬P.6095 魏征:〈九成宫醴泉铭〉:"引为一渠,……南注丹霄之右,东□度于双阙。"《历代碑帖法书选》本。

[10]《唐会要》卷30,〈九成宫〉:"(乾封)三年四月,将作大匠阎立德造新殿成,移御之。"《丛书集成》本⑥P.556

[11]《旧唐书》卷5,〈本纪〉5,高宗下:"(咸亨四年673年)秋七月庚午,九成宫太子新宫成,上召五品以上诸亲宴太子宫,极欢而罢。"中华书局标点本①P.98

[12]《隋书》卷30,〈志〉25,地里中,楼烦郡条。中华书局标点本③P.853

[13]《隋书》卷56,〈列传〉21,张衡。中华书局标点本⑤P.1392

[14]《资治通鉴》卷183,〈隋纪〉7,恭帝义宁元年(617年)。中华书局标点本⑫P.5723

[15]《隋书》卷3,〈帝纪〉3,炀帝上。中华书局标点本①P.76

[16]《资治通鉴》卷183,〈隋纪〉7,炀帝大业十二年(616年)。中华书局标点本⑫P.5716

[17]《资治通鉴》卷183,〈隋纪〉7,炀帝大业十二年(616年)。中华书局标点本⑫P.5702

[18]《唐会要》卷30,太和宫。《丛书集成》本⑥P.550

[19]《元和郡县图志》卷1,关内道1。中华书局标点本㊤P.5

[20]《唐会要》卷30,玉华宫。《丛书集成》本⑥P.555

[21]《册府元龟》卷14,帝王部,都邑2。中华书局影印本①P.155

[22]卢建国:〈陕西铜川唐玉华宫遗址调查〉,《考古》1978年6期。

[23]《元和郡县图志》卷3,关内道3。中华书局标点本㊤P.73

[24]《长安志》卷15:"《十道志》曰:今案,泉有三所,其一处即皇堂石井。周武帝天和四年大冢宰宇文护所造。隋文帝开皇三年又修屋宇、列树松柏千株余。贞观十八年诏左屯卫大将军姜行本、将作少匠阎立德营建宫殿,御赐名汤泉宫(原作"温",据雍录改作"汤"),太宗因幸制碑。咸亨二年名温泉宫。"中华书局影印《宋元方志丛刊》本①P.159

[25]据《旧唐书》卷8,〈本纪〉8。玄宗上记载,先天二年(713年)、开元二年、三年、四年(714~716年),开元九年(721年)均至骊山温汤。中华书局标点本①P.171~181

[26]《唐会要》卷30,〈华清宫〉:"开元十一年(723年)置温泉宫于骊山。至天宝六载(747年)十月三日,改温泉宫为华清宫。至天宝九载(750年)九月,幸温泉宫,改骊山为会昌山。至十载,又改为昭应山。"《丛书集成》本⑥P.559

[27]《唐会要》卷30,〈华清宫〉:"(天宝)六载十二月,发冯翊、华阴等郡丁夫,筑会昌罗城于温汤,置百司。"《丛书集成》本⑥P.559

[28]《长安志》卷15:"天宝六载改为华清宫。骊山上下益治汤井为池,台殿环列山谷,明皇岁幸焉。又筑会昌城。即于汤所置百司及公卿邸第焉。"中华书局影印《宋元方志丛刊》本①P.159

《旧唐书》卷111,列传61,房琯:"时玄宗企慕古道,数游幸近甸,乃分新丰县置会昌县于骊山下,寻改会昌为昭应县,又改温泉宫为华清宫。于宫所立百司廨舍,以(房)琯雅有巧思,令充使缮理。"中华书局标点本①P.3320

[29]《唐会要》卷30,〈华清宫〉:"(天宝)八载,四月,新作观风楼。"《丛书集成》本⑥P.559《旧唐书》卷9,〈本纪〉9,玄宗下:"(天宝八载)夏四月,……幸华清宫观风楼。……(天宝九载)春正月庚寅朔,与岁同始,受朝于华清宫。……(天宝十二载)春正月丁酉朔,上御华清宫之观风楼,受朝贺。"中华书局标点本①P.223~227

[30]《南部新书》卷辛(8),中华书局标点本 P.85

[31]《资治通鉴》卷220,乾元元年(758年):"(十月)甲寅,上皇幸华清宫;十一月,丁丑,还京师。"中华书局标点本⑮P.7063

[32]《新唐书》卷207,〈列传〉132,宦者上、鱼朝恩:"朝恩有赐墅,……表为佛祠,为章敬太后荐福,即后谥以名祠,许之。于是用度侈浩,公坏曲江诸馆、华清宫楼榭、百司行署、将相故第,收其材佐兴作,费无虑万亿。"中华书局标点本⑲P.5865

《长安志》卷15,"观风楼"句下原注云:"楼在宫外东北隅,属夹城而达于内。前临驰道,周视山川。大历中鱼朝恩毁拆以修章敬寺。"中华书局影印《宋元方志丛刊》本①P.160

按:"临"字毕氏本作驱,据《雍录》改。

[33]《旧唐书》卷16,〈本纪〉16,穆宗:"(元和十五年十一月)已未,上由复道出城幸华清宫,……千余人从,至晚

还宫。"中华书局标点本②P. 483

[34]《雍录》卷4,〈温泉说〉:"凡左方所录宫殿方向,〈长安志〉率取〈津阳（门）诗〉注为据。〈津阳诗〉者,郑愚之所作也。"中华书局影印《宋元方志丛刊》本①P. 432

按:《全唐诗》中收有〈津阳门诗〉全文,著者作郑嵎,当以嵎为是。载第九函第三册。上海古籍出版社影印本下P. 1446

[35]《长安志图》卷上,〈唐骊山宫图中〉。中华书局影印《宋元方志丛刊》本①P. 210～211

[36]《唐会要》卷64,〈集贤院〉:"华清宫院在宫北横街之西。"《丛书集成》本⑪P. 1118

[37]《长安志》卷15,〈温汤〉:长生殿、集灵台、朝元阁、老君殿、钟楼、明珠殿、羯鼓楼诸条注文。中华书局影印《宋元方志丛刊》本①P. 160

[38] 唐华清宫考古队:〈唐华清宫汤池遗址第一期发掘简报〉,《文物》1990年5期。

唐华清宫考古队:〈唐华清宫汤池遗址第二期发掘简报〉,《文物》1991年9期。

[39] 中华书局影印《宋元方志丛刊》本①P. 159

[40]《全唐诗》。上海古籍出版社影印本下P. 1446

[41]《全唐诗》。上海古籍出版社影印本上P. 26

[42]《资治通鉴》卷217,〈唐纪〉31,玄宗天宝十四载（755年）。中华书局标点本⑮P. 6933

[43]《隋书》卷2,〈帝纪〉2,高祖下。中华书局标点本①P. 44

第三节 礼制建筑

一、宗庙

隋文帝杨坚建大兴城（唐长安）时,按〈考工记·王城制度〉中"左祖右社"之制,把太庙和社稷分别布置在皇城南部的东西侧。《隋书》说:"社、稷并列于含光门内之右"[1]。含光门为皇城南面三门中西侧之门。虽史无明文,与之对应,太庙应在皇城南面东侧的安上门之左。据《隋书》记载,北周时,"思复古之道,乃右宗庙而左社稷"[2],和周、汉以来传统不合,隋文帝时把它改回来,并为以后各代尊行,成为定制。

但隋文帝在大兴所建太庙是从长安故城中移来的。始建于582年,至唐开元五年（717年）塌毁,历时135年。塌毁后,姚崇说:"太庙殿本是苻坚时所造,隋文帝创立新都,移宇文朝故殿造此庙,国家又因隋代旧制"[3]。姚崇的话道出了隋太庙大殿的渊源。《隋书》记载,始建的隋太庙沿用魏晋以来"同殿异室"之制,立四室,祀其父以上四世[4]。隋代庙制史无明文,但从前章所引北齐制度推测,大殿应为八或九间,内设四室;外有三重围墙,每面墙上建殿门,每门中央三间装门,门屋面阔五间,有关廨舍建在东门之外。

唐建国后,沿用隋的太庙。最初也只设四室,祀四世祖先[5]。贞观九年（635年）高祖李渊死后祔庙,改太庙为六室[6]。武则天在垂拱元年（685年）称帝后,691年在洛阳建武氏太庙,改从王肃说,祀七室[7]。神龙元年（709年）中宗复位,次年改长安太庙为七室[8]。以后,由于唐诸帝中两次出现兄终弟及（中宗、睿宗为兄弟,敬宗、文宗、武宗为同辈）,七室容纳不下,遂沿用东晋太庙同代异室之制,不按世而按每帝一室。唐开元十年（722年）改太庙为九室,以兼容中宗、睿宗兄弟[9]。安史之乱时,长安唐太庙被毁,唐还都后重建。会昌六年（846年）又改太庙为十一室,祀九代,以兼容敬宗、文宗、武宗[10]。据唐光启三年（887年）的记载,唐末的长安太庙面阔二十三间,进深十一架,内设十一室,是十分巨大的建筑[11]。

唐代开元十年增为九室后的太庙,其形制史无明文。但唐代奉李耳为远祖,玄宗天宝元年（742年）尊为大圣祖,号玄元皇帝,在长安太宁坊建庙,后又称太清宫。史称太清宫正殿"十二间，四柱，前后各两阶，东西各侧阶一。……御斋院在宫之东，公卿斋院在宫之西"[12]。太清宫从其性质和有御斋院的情况看，具有太庙的性质。所以唐太庙大约应是面阔十一间[13]，进深四间（双槽或斗底槽，故进深方向四柱），上覆单檐庑殿屋顶，用鸱尾。殿的前后檐各两阶，东西各一侧阶，其情况和含元殿颇为相似。太庙殿建在高大的台基上，称"太阶"[14]。殿内前部通敞，为祭祀之所，后部（后槽）隔成小室，内置神主。室有户，即单扇门，室内西墙上镶砌石室，以贮帝后木主，称为"石㡷"，[15]，所祀帝后依世次自西向东排列[16]，室满祧迁的木主移到西夹室（又称西序），夹室内西壁、北壁都镶砌石室，祧迁之木主依次先贮在西壁，自南而北，共三间，满后再贮在北壁的石室，自西而东[17]。

太庙殿前的庙庭宽广，自殿门至殿基之距超过72步。殿四面建有门，门屋面阔五间，下开三门，外重墙的四角建有一母阙二子阙的三重角阙[18]。在太庙东门之外建有斋坊[19]。

总括上述，唐代玄宗以后太庙有三重围墙，四面开门，每门面阔五间，下设三门，内重墙内侧建回廊。殿为单檐庑殿顶建筑，建在二层台基上（下为陛，上为阶），殿的前后方设东西两阶，东西方各设一侧阶。太庙东门之东建有斋坊。它的形制大体仍延续北魏、北齐以来的旧规，而规模、体量远远过之。

由于唐后期太庙祀九世，设十一室，太庙形成狭长形建筑，影响所及，北宋、南宋、金的太庙也都是长达二十间以上的狭长殿宇[20]。

二、明堂

隋唐以前明堂的发展演变概况已见南北朝章礼制建筑部分，由于明堂被说成是皇帝祀上帝及五帝的殿堂，且祭祀时要以本朝列祖列宗配飨，是表示该王朝的皇权受命于天，进行天人交通的重要场所，每一王朝建立之初，大都视建明堂为国之大事。隋、唐是统一全国的强盛的王朝，自然对建明堂表现出更大的兴趣。

在隋统一全国以前的开皇三年，儒臣牛弘就建议依古制修立明堂，并提出五室的方案。隋文帝认为当时为建国之初，诸事草创，没有同意建造。开皇九年（589年）隋灭陈，统一全国。二、三年后江南局部叛乱也相继平定，遂于开皇十三年（593年）下诏议建明堂，又命牛弘"条上故事，议其得失"，牛弘又重新提出五室方案[21]。宇文恺又在此基础上制作了五室方案的明堂木样，"丈尺规矩，皆有凭准"[22]。隋文帝赞赏这个方案，下令在大兴城安业里择地，准备兴建，后因儒臣间爆发"五室"、"九室"不同方案之争，又下令停止。隋炀帝时，宇文恺又撰《明堂议》，探讨明堂渊源，解释自己的方案，并制作了百分之一缩尺的木样——木模型。隋炀帝也赞同其方案，但因正在发动侵略高丽的战争，没有兴建[23]。

唐朝建立后，太宗在贞观五年（631年）、十七年（643年）两次命儒臣讨论明堂制度，也因争议不决，且正在进行侵高丽战争，未能兴建[24]。高宗继位后，因想以高祖、太宗配飨，又拟建明堂。永徽三年（652年）先提出九室的方案，后又同时并提五室、九室两个方案，命诸臣讨论，因不能决定而暂停[25]。乾封二年（667年），高宗又拟建明堂，并改元总章，以示决心。总章二年（669年）提出新的方案，避开五室、九室问题，杂用古代各派说法和所规定的尺寸，又比附大量阴阳五行的说法和数字以附会所定明堂规制中的尺寸，再次令群臣讨论。但因儒臣仍然各执己见，聚讼不休，以致"群议未决，终高宗之世，未能创立"[26]。

弘道元年（683年）高宗死，武则天临朝称制，改国号为周。因为要通过祭明堂时以武氏祖先配飨来表示以周代唐的合法性，遂不再理睬那些儒臣，和"北门学士"（武氏御用文人）共同确定方案，也不取传说中的"国之阳，三里之外"等有关地点的说法，拆毁东都皇宫正殿乾元殿（隋乾阳殿），在其地建明堂。在武则天高压和杀戮的威胁下，儒臣们也都噤口不敢再争。明堂于垂拱三年（687年）春二月兴工，役数万人，四年（688年）正月落成。史载明堂方三百尺，三层，高二百九十四尺。七年之后，在证圣元年（695年）正月明堂被烧毁。同年武则天下令重建，于万岁通天元年（696年）三月建成[27]。这是隋唐时期唯一建成的明堂，也是当时所建最大的建筑物之一。武则天死后，政权复归李唐，儒臣们又出来批评武氏明堂的位置和制度都不合礼经。唐玄宗开元二十五年（737年）下令拆去顶上第三层，仍改回为乾元殿[28]。自696年重建成，至737年拆改，武氏新明堂存在了41年。以后唐代进入衰落期，再没有人提起建明堂的事了。

综观隋唐以来诸儒臣所争议不休的明堂制度，实是不同学派之间的标榜立异，不论五室或九室之说，如推寻到最后，都是捕风捉影，并无根据。早在贞观十七年时，初唐大儒颜师古就说："明堂之制，爰自古昔，求之简牍，全文莫睹，……众说舛驳，互执所见，……斐然成章，不知裁断，……苟立同异，竞为巧说，并自出胸怀，曾无师祖（师承、祖述）"。并建议"惟在陛下圣情创造，即为大唐明堂，足以传于万代。……若恣儒者互说一端，久无断决，徒稽盛礼"[24]。名臣魏征也提出"其高下广袤之规，几筵丈尺之制，则并随时立法，因事制宜。自我而作，何必师古"[24]。可知在当时的通儒看来，明堂诸异说之间的争议是无法取得一致的。到武则天时，出于迫切的政治需要，遂采取断然措施，才得以建成。

因此，我们这里探讨明堂，实无必要去探究各派学说孰是孰非，有无依据，而是把它看为一种现象。通过研究各学派所提出的不同方案，通过研究隋唐时最杰出建筑家宇文恺、阎立德所提的具体设计方案和改进意见，通过探究唐代所建最巨大建筑——武氏明堂的情况，可以对隋唐时代建筑的规划设计和施工水平有较具体的认识。现据史籍记载，对隋牛弘宇文恺方案、唐永徽方案、唐总章方案及武氏明堂略作探讨。

1. 隋牛弘、宇文恺方案

《隋书·牛弘传》说他所提方案主张："五室九阶，上圆下方，四阿重屋，四旁两门，……堂方一百四十四尺，屋圆楣径二百一十六尺，太室方六丈，通天屋径九丈。八闼，二十八柱，堂高三尺，四向五色"[21]。《隋书·宇文恺传》说宇文恺造1/100比尺的明堂木样，"下为方堂，堂有五室，上为圆观，观有四门"[23]。这两人的主张相近，都主张五室，宇文恺是建筑家，又制作了模型，是个实在的建筑方案。

综观隋代这个五室方案，下层为一方144尺的方殿，上层是一直径90尺的圆亭。但牛弘说明堂为四阿重屋，可知上层圆观的屋顶仍是方形，否则无法做成四阿顶。从牛弘所说八闼，二十八柱，可知下层方殿方七间，每面开二门，共有八门。在面宽144尺中，中间太室宽60尺，应为面阔20尺的三间，其余84尺分为四间，每面各二间，共为七间，故四周有二十八柱。这样我们就可以绘出下层方殿的平面图（图3-3-1）。中间太室方三间，总宽60尺；四面正中为明堂、玄堂、青阳、总章四室，面阔各三间，宽60尺，进深各二间，深42尺；四角方42尺处割为方21尺的四间，用为夹和巷道。上层圆屋直径90尺。牛弘明堂议说："太庙明堂方六丈，通天屋径九丈，阴阳九六之变"[21]，可知取此二数是要表示阳（九）在上，阴（六）在下之义。在平面图上看。方60尺的太室，其对角线之长为84.9尺，只比90尺少5.1尺。因此，这方案中，上屋径90尺恐是举整数而言，实际上径为84.9尺。这时太室的四个角柱如果上延或在其上叠加柱则可作为上层圆屋之柱，上层其余各柱也可以立在四周明堂等四室明间的梁上，这样，上下层构架可以紧密的连为一体。

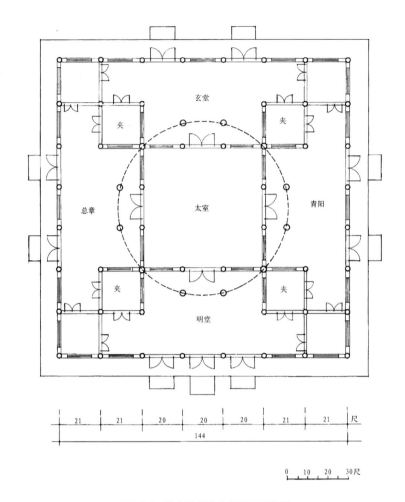

图 3-3-1　隋牛弘明堂方案平面示意图

牛弘方案中所定堂方一百四十四尺，屋圆楣径二百一十六尺，直接源于《大戴礼记·盛德》[29]和蔡邕《明堂月令论》[30]，而戴、蔡又源于《周易·系辞》文云："乾之策二百一十有六，坤之策百四十有四，凡三百有六十，当期之日"[31]。可知此二数都是九和六的倍数，又分别为九和六的二十四倍，用以代表乾坤和阴阳，又以此二数之和三百六十象征周年三百六十日。再进一步分析蔡邕《明堂月令论》所提出的平面上两组数字：屋圆楣径216尺，基本上是堂方144尺的对角线之长，亦即144尺之方形，其外接圆直径近于216尺；通天屋径90尺，基本上是"太庙明堂"（即太室）方60尺的对角线之长，其图形也是60尺之正方形及其外接圆。明堂院之围墙为正方形，其外有罼水，也是方形及其外接圆图案。这里以圆代表阳、乾、天，以方代表阴、坤、地，所谓外圆内方，上圆下方都是用这个方形外接圆的图案为代表或象征。在蔡邕明堂说所定数据中，216尺和90尺并非144尺和60尺方形的对角线真长，则是要同时使这些数为9和6的倍数，再以这具体数字象征乾坤和阴阳的缘故。自蔡邕之说发表后，历代议明堂者，尽管在五室、九室上争论，但因为这144、216二个数字源出《易·系辞》，都在不同程度上加以比附，而这方形外接圆的图案，则更为诸家所认同，几乎反映在其后的所有设计方案中。牛弘，宇文恺方案就是一个例子。它可以认为是古代琮的一个反图形，其意义仍是天人交通。

2. 唐永徽明堂方案

据唐宫廷提出的"内样"和有司（工部尚书阎立德）[32]的修改意见，主张九室，"其安置九室之制，增损明堂故事，三三相重，太室在中央，方六丈。其四隅之室谓之左右房，各方二丈四尺。当太室四面青阳、明堂、总章、玄堂等室，各长六丈以应太室，阔二丈四尺以应左右房。室间并通巷，各广一丈八尺。其九室并巷在堂上，总方一百四十四尺，法坤之策。……以前梁为楣，其径二百一十六尺，法乾之策。圆柱旁出九室四隅，各七尺，法天以七纪。……室别四闼，八窗。……其户依古外设而不闭。内样外有柱三十六，每柱十梁，内有七间。柱根以上至梁高三丈，梁以上至屋峻起，计高八十一尺。上圆下方，飞檐应规，……其屋盖形制……改为四阿，并依礼加重檐，准太庙安鸱尾。……其四向各随方色。请施四垣及门。……其方垣四门去堂步数，请准太室南门去庙基远近为制，仍立四门、八观，依太庙，门别各安三门，施玄阈，四角造三重魏阙。"又定明堂下台基"准周制高九尺，其方……约准二百四十八尺"，"象黄琮，为八角，四面安十二阶"[25]。

据此，也可画出平面图来（图3-3-2）。其台基为八角形，高九尺，方248尺，四正面每面三阶。明堂上圆下方，下层方144尺，内辟九室。太室居中，方60尺，分为三间，每间面阔20尺。太室四面建明堂、总章、玄堂、青阳，各宽60尺，深24尺。四角的四房各方24尺。九室做九宫格状，"三三相重"。各室间有宽18尺的巷相通。从文中"外有柱三十六"句看，下层9间，即四正室宽三间，60尺，四房各宽2间，24尺，二巷道各占一间宽18尺，总九间，宽144尺。周回有36柱。但文中又说"内有七间"，则这七间应指正室三间，左右房各二间，据此则巷道似应在这七间之外，成为堂外一圈回廊[33]。它的上层为圆形平面，直径失载，从太室方60尺与牛弘方案相同推测，上层直径也应是90尺，上下层的关系和牛弘方案相同。其上层屋顶形式从"准太庙安鸱尾"句推测，应是方形重檐四阿顶。明堂总高定为111尺（30尺+81尺）。

明堂四周庭院之宽只说按太庙尺寸，但又说原定殿门去殿七十二步恐窄小，可知庭院总宽在720尺（2×72步）+144尺（堂宽）之和的864尺以上，是很大的庭院。院四面正中建门，每门屋内安三门，则应是面阔五间。门为黑色，四角建有三重子母阙为角阙。

永徽明堂方案的基本数据如方144尺，圆楣径216尺，高81尺等仍依蔡邕《明堂月令论》。但

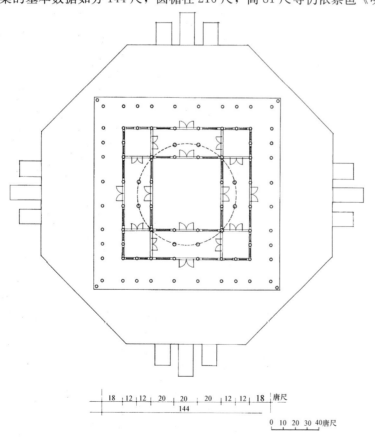

图3-3-2 唐永徽明堂方案平面示意图

面阔九间，比隋牛弘方案增加了二间，台基改为八角形。

3. 唐总章明堂方案

这是史书上记载最详细的一个明堂设计方案（图3-3-3）。大约是为了避开五室、九室的争论，此方案不提属于几室，只记柱网及部件尺寸位置。方案说："明堂院每面三百六十步，当中置堂。……院每面三门，同为一宇，徘徊五间。……院四隅各置重楼，其四墉各依本方色。"但院外有没有圜水，方案中没有说。明堂本身"基八面，……高一丈二尺，径二百八十尺，每面三阶，周十二阶，每阶为二十五级。……基之上为一堂，其宇上圆。……堂每面九间，各广一丈九尺。……周回十二门，……二十四窗。……堂心八柱，各长五十五尺，……堂心之外，置四柱为四辅。……八柱四辅之外，第一重二十柱，……第二重二十八柱，……第三重三十二柱，……外面周回三十六柱。……八柱之外，修短总有三等，……都合一百二十柱。……其上槛周回二百四柱，……重楣二百一十六条，……下栭七十二枚，……上栭八十四枚，……小梁六十枚，……南北大梁二根，……阳马三十六道，……堂檐径二百八十八尺，……堂上栋去基上面九十尺，……檐去地五十五尺，……上以清阳玉叶覆之"[26]。对所用其他大小构件数量也有详细记载。

根据上述记载中的柱子数目、位置，我们也可以画出其平面图来。此明堂下为径280尺的八角形台基，四正面每面三阶。明堂下层方形，每面九间，每间19尺，方171尺。中间部分太室方五间，中心三间以明间八柱为主柱，四角柱为辅柱。其外四正面为青阳、明堂、总章、玄堂四室，面宽和太室相同，都是五间，进深各二间。四角为四夹室或房。第三重三十二柱不能闭合成一圈，应是分割出半间为前廊。从平面柱网布置看，它实际上是一个五室方案（图3-3-4）。

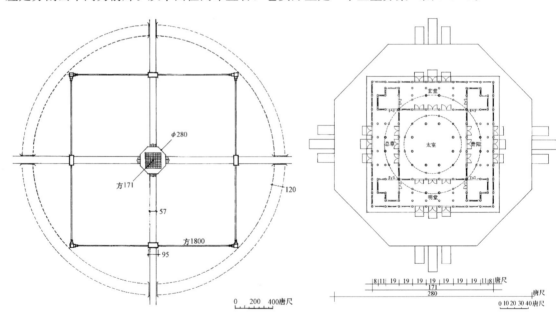

图3-3-3 唐总章明堂方案总平面示意图　　图3-3-4 唐总章明堂方案平面示意图

总章明堂方案下层方九间，面阔、进深均为171尺，总高90尺，都突破了蔡邕所记的方144尺，高81尺的制度。上层屋顶为圆形，则与蔡邕所记"圆盖方戴"之说相合，而与牛弘及永徽方案不同。它的中心三间，以八柱为主柱，估计是形成八角空井，用为上层圆屋的内槽柱网。圆屋的外槽柱列位置，依明堂传统的外接圆图案，应在方五间的太室的外接圆上。此方案尺度比牛弘、永徽二方案加大，主室由面阔三间拓为五间。《旧唐书》载永徽三年讨论五室、九室的方案时，阎立德说："九室似阁，五室似明。……上（高宗）以五室为便"[25]。总章方案应即是按这个意见重新设计的。

在隋牛弘、唐永徽二明堂方案中，都沿用蔡邕《明堂月令论》中"屋圆楣径二百一十六尺"的规定。唐总章明堂方案，其下层堂方增到171尺，相应的其"堂檐径"也增至288尺，比八角形台基的直径280尺还大8尺。这两个圆楣径之数都大于堂方，如是指上层圆屋前楣之径，则其外形将是一个巨大的圆顶下面罩住一个小方房子，不仅不符方堂圆盖外形，在结构上也极不合理。或许古人对此别有解释，或另有象征性表现手法？对此目前只能存疑。但从前人种种对明堂的描写看，方堂圆盖的外形是可以肯定的，下面所述的武氏明堂也证明了这一点。

4. 武则天所建明堂

武则天把明堂建在洛阳宫城正殿乾元殿稍南处，四周即利用乾元殿庭周庑上的四门。据《唐会要·明堂制度》说："垂拱三年（687年）毁乾元殿，就其地创造明堂，四年（688年）正月五日毕功。凡高二百九十四尺，东西南北各广三百尺。凡有三层，下层象四时，各随方色，中层法十二辰，圆盖，盖上盘九龙捧之。上层法二十四气。亦圆盖。亭中有巨木十围，上下通贯，栭栌橑楶，借以为本，亘之以铁索。盖为鸑鷟，黄金饰之，势若飞翥。刻木为瓦，夹纻漆之。明堂之下，施铁渠，以为辟雍之象，号万象神宫"[34]。

这记载只有面宽尺寸，高度，外形和大致结构，而未提间数。面阔300尺，若按总章方案9间计，每间宽33.33尺，显然太大，在结构构造上不合理。明堂建在唐乾元殿稍南，基址有搭接处，唐乾元殿又是在隋乾阳殿址上重建的。据《大业杂记》记载，隋乾阳殿面阔十三间[35]，以宽300尺计，则每间面阔为23尺。因此，明堂下层也应是面阔十三间，每间宽23尺。参照在唐代永徽、总章二个明堂方案中所表现出的特点，可以绘出其平面复原图（图3-3-5）。图中下层为正方形，太室居中，方五间，四个正面是面阔五间进深三间的青阳、明堂、总章、玄堂四室，各有左右夹一间，四角是方三间的四房。在太室与四室之间有宽一间的方框形巷道连通。太室正中有巨柱贯通

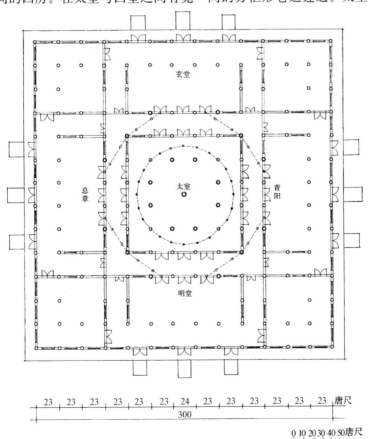

图 3-3-5　唐洛阳宫武则天明堂平面复原示意图

上下，其四周有太室中央三间四面明间柱八根，构成八角形柱网，用梁和中柱相连，共同构成第二、三层的核心构架。第二层建筑为十二边形，第三层建筑为二十四边形，二层檐及三层屋顶均为圆形。按明堂平面为方形加外接圆的基本图案，第二层的柱网应在方五间的太室的外接圆位置上[36]，每面宽约45尺左右，可分为一整间二半间，这样，可有十二根柱子直接立在一层柱上。第三层柱网应在太室中央三间形成的方框的外接圆位置上，也可有四根柱子直接立在一层柱上。上下层柱相重，利用插柱做法，可以保持上下层构架间的紧密连系和荷重的直接承传。从"楯、栌、櫅、栒、借以为本"句，可知从各层柱网上都有连系构件和中柱相连。根据这种推测，可以进一步绘出其立面示意图（图3-3-6）。一层的屋顶用瓦，二、三层的屋顶用加漆的木瓦。这大约是当时尚未出现后代竹节瓦的做法，无法用普通瓦覆盖圆屋顶。总章明堂方案中，上层圆屋顶用"清阳玉叶"而不用瓦，大约也是这个原故。明堂顶上始建时立一铁凤。696年毁后重建，顶上改为火珠。武氏明堂台基方形，其"下施铁渠，以为辟雍之象"，在平面外围又形成方形外接圆的图案。

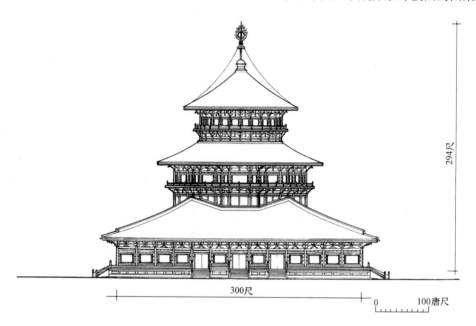

图3-3-6　唐洛阳宫武则天明堂立面复原示意图

根据前面的分析，武氏明堂在尺度，间数，层数上都超过隋及初唐诸方案，这正是后人议论其"有乖典制"之处[37]。但在平面上外圆内方，外观上上圆下方，仍保持着汉以来形成的方形外接圆图案。因此，可以认为它基本上是继承了永徽，总章二方案加以发展而来，并不是凭空出现的。

从体量看，武氏明堂是唐代所建造的最伟大的建筑[38]。它的前身唐乾元殿——隋乾阳殿长300尺，长于隋、唐在大兴——长安宫殿中所建的殿宇，在隋代已是空前的大建筑，被唐太宗斥为"逞侈心，穷人欲"，下令焚毁。武则天明堂面宽与它相同，又增加了上面二层，高达294尺，合86.4米，比现存最高的木构建筑应县佛宫寺木塔还要高出近20米，其体量之大，是空前的。这样巨大的高层建筑，在设计和施工上是极为复杂困难的[39]。尽管限于史料，目前尚无法探索更具体的问题，仅从在十一个月内建成一事，就可看出唐代在国力极盛时期的设计和施工能力及水平。

武氏明堂工程也出现过问题。(唐) 刘餗《隋唐嘉话》说："今明堂始微于西南倾，工人以木于中膺之。武后不欲人见，因加为九龙盘纠之状。其圆盖上本施一金凤，至是改凤为珠，群龙捧之"[40]。大约是过于高大，在结构和材料强度上出现问题所致。

武后死后，明堂改称乾元殿。玄宗开元二十五年（737年）下令拆去顶层，抽去柱心木，又把二层由十二边形改为八角形楼，屋顶改为覆瓦的八角攒尖顶，估计也是建筑出现问题不得不改造修理的结果（图 3-3-7）。

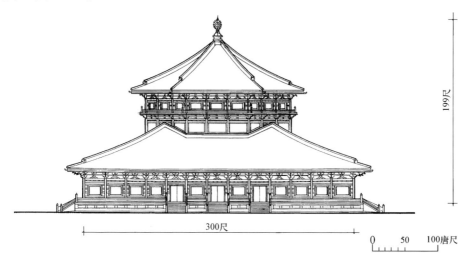

图 3-3-7　唐洛阳宫由武则天明堂改建成的乾元殿立面复原示意图

武后明堂建成后，又在其北建天堂，以贮大像。关于天堂，史书有不同记载，《通鉴》说："又于明堂北起天堂五级，以贮大像，至三级则俯视明堂矣。"《旧唐书·薛怀义传》说："又于明堂北起天堂，广袤亚于明堂"。《通鉴》说天堂大于明堂，《旧唐书》说它小于明堂，二说不同。又《唐会要·明堂制度》记证圣元年（695 年）天堂火延烧明堂等，说："证圣元年正月，……十六日夜，明堂后佛堂灾，延烧明堂，至明并尽。"可知天堂实为佛堂。明堂高三百尺，已近于木构建筑高度极限，说天堂第三级已俯视明堂，则五级通高当在四百至五百尺之间，这在技术上几乎是不可能的，在群体布局上也极不合理。因此应从《旧唐书·薛怀义传》的说法，天堂的广袤都小于明堂。《元河南志》卷四，〈宋城阙古迹〉记正殿太极殿即之乾元殿，殿后有殿阁，"其地即隋之大业，唐之天堂"，可知天堂在隋大业殿即唐贞观殿故处，是拆毁贞观殿改建而成的。《元河南志》卷四〈唐城阙古迹〉，含元殿条云"证圣元年火，明堂、天堂同焚，又敕更造明堂，俾前制，……不复造天堂，其所为佛光寺。……（开元）二十八年，佛光寺火，延烧廊舍"[41]。至此，在天堂址改建的佛光寺也不存在了。

三、郊坛、社稷

自南北朝以来，都在都城以南大路东侧建圆丘，在都城之北建方丘，分别祀天、地。郊祀天地成为国之大典。隋建国后，圆丘、方丘的位置沿前代旧规，但在坛制和祀典上，因隋文帝"欲新制度"，有些改动[42]。

隋都圆丘建在大兴城南面正门太阳门南道东二里之处。和南朝梁、陈坛高二层，北朝、齐、周坛高三层不同[43]，隋所建圆丘高四层。《隋书》载圆丘底层广二十丈，以上三层逐层广减五丈，至顶层只广五丈。每层均高八尺一寸，四层通高三丈二尺四寸。圆丘外建有圆形壝墙，四面开门。《隋书》中记载有"内壝"，则尚应有外壝，即至少有二重壝墙[44]。又据《旧唐书·礼仪志》和《新唐书·礼乐志》所载，唐代圆丘的直径、层数、层高与《隋书·礼仪志》所记全同，可知唐建国后沿用隋旧坛，不改其制度。但《大唐开元礼·皇帝冬至祀圆丘》条又载圆丘每层有十二阶，周以内、中、三重壝墙，与近年发掘实况相合，这究属隋已如此，还是唐开元时又有所发展，尚待进一步考定。

隋之方丘在宫城之北十四里[45]，考其位置，恐已近渭滨。梁、陈、北齐时，方丘都是一层的方坛，底大顶小，四侧壁内收，只有北周是二层的八角坛，其壝墙也作八角形[46]。隋代的方丘沿北周旧制筑为二层，但平面又随梁、陈、北齐作方形，八陛。唐建国后因隋制不改[45]。

综观隋代对圆丘、方丘的改动，大都比前代层数增加，或规模加大，以示隆重，似有意表现出统一的国家和分裂的南北朝有所不同。

除祭天地外，祭祀土地之神的太社和祭五谷之神的太稷也是重要的国家祭坛。自《周礼·考工记·王城制度》中"左祖右社"之说传布，汉以来大都把社、稷设在宗庙之右方。东汉时，在洛阳立太社稷，在宗庙之右，都是方坛。曹魏时立太社、太稷、帝社、凡三坛。东晋、宋、齐、梁都沿曹魏以来三坛之制。北朝的北魏、北齐也建三坛，但北周只建社、稷二坛，且一反周制，改为右祖左社[47]。隋建国后，按左祖右社之制，在皇城南面西偏的含光门内西侧建社稷，二坛并列，社东稷西，均北向[48]。唐代沿用隋社稷不改[49]。

社因是祭土地之神，故其上所布之土也按五行方色，四周为青、红、白、黑，中央为黄，又在正中心埋一方柱形顶面做方锥状的石块，称为"社主"。唐中宗神龙时定制，天子太社方五丈，社主长五尺，方二尺，坛四面及四陛按五行方色饰之，其上又通覆以黄土，以象征王者覆被四方[50]，据此，则坛上通为黄土，黄土之下覆盖着四方色之土。

四、士庶家庙

隋建国以来，文帝在长安立太庙。炀帝即位后，又欲改四庙为七庙，未能创立而亡。帝王庙制不定，恐臣下庙制更无从而定，所以史籍中不载隋代臣庶庙制。《隋书·礼仪志》2载北齐臣庶庙制，说"王及五等开国、执事官、散官从三品已上皆祀五世。五等散品及执事官、散官正三品已下从五品已上祭三世。……执事官正六品已下、从七品以上祭二世。……正八品已下达于庶人祭于寝。……诸庙悉依其宅堂之制，其间数各依庙多少为限"[51]。据此，则北齐时臣下家庙面阔为五间、三间、二间三等，庶人不得立庙，祭于其寝。隋参用周、齐旧制，估计其士庶家庙制度与此相近。

唐建国初，庙制不详，《唐会要·百官家庙》条载，王珪贵至侍中，仍不建私庙，祭于寝，贞观六年（632年）为法司所劾[52]，可知官位通显之人，必须立庙。玄宗开元十二年（724年）定制，一品许祭四庙，三品许祭三庙，五品许祭二庙，嫡士许祭一庙，庶人祭于寝[52]。又在开元二十年（732年）制订的《大唐开元礼》中规定"凡文武二品以上祠四庙，三品以上祠三庙，五品以上不须兼祭。四庙以外，有始封祖，通祀五庙，……六品以下达于庶人祭祖祢于正寝"[53]。可知唐代家庙制度比北齐时有所变化。但这制度在开元间似未在长安执行。《唐会要·百官家庙》条又载一天宝十载（751年）正月十日敕文，说"今三品以上乃许立庙，永言广敬，载感于怀，其京官正员四品清望官及四品、五品清官并许立私庙"[52]。可知在此以前只三品以上官许立庙，即使据此敕文，以后也只有五品以上官可以立庙，和开元十二年（724年）制士可立一庙有很大的差异。

唐代在长安的官员，许立庙的，大多在长安南部各坊建立。在唐宣宗大中五年太常礼院议私庙奏文中说："国朝二百余年，在私家侧近者不过三数家，……其余悉在近南远坊"[54]，说的就是这种情况。《长安志》所载长安南部诸坊，也多有显贵的家庙。

唐大中五年太常礼院重定臣庶立庙制度，允许百官在长安立私庙，但规定在城最南端四排坊地区建造，且要避开朱雀街两侧，即避开皇帝南郊郊天时走过的道路。立庙的世数仍按《开元礼》的规定。具体建筑的规制是"三品以上不得过九架，并厦两头。其三室庙制，合造五间，其中三间隔为三室，两头各厦一间虚之，前后亦虚之。每室中，西壁三分之一近南，去地四尺，开一牖室，以石为之，可容二神主。庙垣合开南门、东门，并有门屋。余并准开元礼及曲台礼为定制"[54]。在《新唐书·礼乐志》3中也记有私家庙制，说："三品以上九架，厦两旁。三庙者五间，中为三室，左右厦一间，前后虚之。无重栱、藻井，室皆为石室一，于西墉三之一近南，距地四尺，容二主。庙垣周之，为南门、东门门屋。三室而上间以庙，增建神厨于庙东之少南，斋院于东门之外少北，制勿逾于庙"[55]。

根据以上规定，可知最大的私庙进深不得超过八椽（九架），祀五世者庙七间，祀三世者庙五间。"厦两头"即用歇山屋顶。庙之室在中间，前后及两夹"虚之"，指室四周有一圈通廊环绕，祭时即自室内出神主置于室前。藏木主之室逐间分隔开，每室西壁偏南距地四尺之高处有石砌的壁龛，供平日藏木主之用。"无重栱、藻井"，即庙屋不得用出跳栱，不许用殿堂型构架而只用厅堂型构架。庙有围墙，开东门、南门。三室以上（即三品以上官）之庙东门外建有神厨及斋院。

在大中五年太常礼院议私庙奏文中表示反对在百官居处旁立庙，说"今若……令居处建立庙宇，即须种植松柏及白杨树，近北诸坊窃恐非便"[54]。可知家庙中要种植松柏和白杨，而这些树是不宜种在居民密集的坊中，更不容临近宫阙的。

唐代家庙实物无存，有关具体记载亦极少，只能从礼制中钩稽出少许材料，略知其梗概而已。

注释

[1]《隋书》卷7，〈志〉第2，〈礼仪〉2。中华书局标点本①P.143

[2]《隋书》卷7，〈志〉第2，〈礼仪〉2。中华书局标点本①P.135

[3]《旧唐书》卷96，〈列传〉49，姚崇。中华书局标点本⑨P.3025

[4]《隋书》卷7，〈志〉第2，〈礼仪〉2："是时帝崇建社、庙，改周（北周）制，左宗庙而右社稷。宗庙未言始祖，又无受命之祧，自高祖以下，置四亲庙，同殿异室而已"。中华书局标点本①P.136

[5]《旧唐书》卷25，〈志〉第5，〈礼仪〉5："武德元年五月，……始享四室。"中华书局标点本③P.941

[6] 同上书，同卷："贞观九年，高祖崩，将行迁祔之礼，……于是增修太庙，……并旧四室为六室。"中华书局标点本③P.943

[7] 同上书，同卷："天授二年（691年），则天既革命称帝，于东都改制太庙为七庙室，奉武氏七代神主，祔于太庙。"中华书局标点本③P.945

[8] 同上书，同卷："（神龙）二年（706年）驾还京师，太庙自是亦崇享七室。"中华书局标点本③P.949

[9] 同上书，同卷："至（开元）十年正月，下制曰：……其祧室宜列为正室，使亲而不尽，远而不祧。……又兄弟继及，古有明文，今中宗神主犹居别处（开元四年睿宗死，迁其兄中宗主，在太庙西别造中宗庙），……移就正殿，用章大典。仍创立九室，宜令所司择日启告移迁。"中华书局标点本③P.953

[10] 同上书，同卷："会昌六年（846年）五月，礼仪使奏：'……伏以敬宗、文宗、武宗兄弟相及，已历三朝。……今备讨古今，参校经史，上请复代宗神主于太庙，以存高曾之亲；下以敬宗、文宗、武宗同为一代，于太庙东间添置两室，定为九代十一室之制，以全臣子恩敬之义。…'从之。"中华书局标点本③P.961

[11] 同上书，同卷："（光启三年二月）修奉太庙使宰相郑延昌奏：太庙大殿十一室，二十三间，十一架，……"中华书局标点本③P.963

[12]《长安志》卷8：太宁坊太清宫条原注。中华书局影印《宋元方志丛刊》本①P.117

[13] 唐代太庙室数先后为四、六、七、九、十一室不等，中宗以后即增为九室。且隋、唐设四、六室时只立亲庙，虚始祖不设，故其间数仍应是单数，与太清宫正殿十二间不同。

[14]《通典》卷114，〈礼〉74，《开元礼纂类》九，〈吉〉六，〈皇帝时享于太庙·馈食〉条云："太官令引馔入自正门（殿庭南门），俎初入门，雍和之乐作以无射之均，馔至太阶，乐止。"可知殿下另有台基，称"太阶"。中华书局缩印《十通》本 P.598

[15] 同上书，同卷，〈皇帝时享于太庙·晨祼〉条云："未明二刻，赞引引太庙令、太祝、宫闱令诣东陛，升堂，诣献

祖室，入，开埳室。太祝、宫闱令奉出神主，置于座。"此埳室石制，在西壁，东向。中华书局缩印《十通》本 P.598

又，万斯同《庙制图考》云"神主各藏西墙石埳中，谓之祐。……汉仪，祐去地六尺一寸，当祠，则设坐石埳下。"《四明丛书》本 P.29a

[16]《旧唐书》卷25，〈志〉第5，〈礼仪〉5："贞观二十三年（649年），太宗崩，将行崇祔之礼，礼部尚书许敬宗言：……今时庙制，与古不同，共基别室，西方为首。"中华书局标点本③P.944

[17] 同书，同卷："（元和十五年四月）礼部奏：准贞观故事，迁庙之主藏于夹室西壁南北三间。第一间代祖室，第二间高宗室，第三间中宗室。伏以（宪宗）山陵日近，睿宗皇帝迁祧有期，夹室西壁三室外，无置室处。准《江都集礼》：'古者迁庙之主，藏于太室北壁之中。'今请于夹室北壁以西为上置睿宗皇帝神主石室。制从之。"中华书局标点本③P.958

[18]《旧唐书》卷22，〈志〉第2，〈礼仪〉2："永徽三年六月内出明堂九室样，有司奏言云：……殿门去殿七十二步，准今行事陈设，犹恐窄小，其方垣四门去堂步数请准太庙南门去庙基远近为制，仍立四门、八观。依太庙，门别各安三门，施玄阐。四角造三重魏阙。"中华书局标点本③P.855

[19]《通典》卷114，〈礼〉74，〈开元礼纂类〉9，〈吉〉六，〈皇帝时享于太庙陈设〉条："前享三日，尚舍直长施大次于庙东门之外道北，南向。……守宫设文武侍臣次于大次之后。……设诸享官次于斋坊之内。……"中华书局缩印《十通》本 P.597

[20]（元）白珽《湛渊静语》引邹沖之等撰《使燕日录》，言汴梁宋、金太庙殿二十五间，十二室。《知不足斋丛书》本。

[21]《隋书》卷49，〈列传〉14，牛弘：〈修立明堂议〉。中华书局标点本⑤P.1300

[22]《隋书》卷6，〈志〉1，礼仪1，礼堂。中华书局标点本①P.122

[23]《隋书》卷68，〈列传〉33，宇文恺：〈明堂议表〉。中华书局标点本⑥P.1588～1593

[24]《旧唐书》卷22，〈礼仪〉2：孔颖达、魏征，颜师古议明堂章奏。中华书局标点本③P.849～853

[25] 同书，同卷。永徽三年六月，"内出九室样，……有司奏言"条。中华书局标点本③P.854～855

[26] 同书，同卷："明年（总章二年）三月，又具规制广狭，下诏曰……"条。中华书局标点本③P.856～862

[27] 同书，同卷："则天临朝，儒者屡上言请创明堂"条。中华书局标点本③P.862～867

[28] 同书，同卷："（开元）二十五年，……诏将作大匠康晉素往东都毁之"条。中华书局标点本③P.876

[29]《通典》卷44，〈礼〉4，〈大享明堂〉附〈明堂制度〉，周明堂条下原注，"《大戴礼·盛德篇》云……"。中华书局缩印《十通》本 P.251

[30]《蔡中郎集》卷十，《四部丛刊》本。

[31]《周易正义》卷7，〈周易系辞上第七〉。中华书局影印《十三经注疏》本㊤P.80下

[32]《唐会要》卷11，〈明堂制度〉及《旧唐书》卷22，〈礼仪〉2，所载永徽三年内出九室样条，其中兼有"有司奏言"，即负责官员的审查意见。在《册府元龟》卷585〈掌礼部〉，〈奏议〉中亦载此条，其中"有司言"明言是工部尚书阎立德的意见。

[33] 此永徽明堂方案之平面有两种可能。其一是太室居中，四室、四房在四周，它们与太室之间有井字形巷道隔开。其二是太室居中，四室四房在四周，作三三相重，巷道在外，近于回廊。因文中提到"外有柱三十六，……内有七间"，故其二的可能性更大些。

[34] 同书，同卷。《丛书集成本》③P.277

[35]《大业杂记》："乾阳殿殿基高九尺，从地至鸱尾高一百七十一尺，又十三间，二十九架，……其柱大二十四围。"商条印书馆影印《元明善本丛书》《历代小史》本卷之又五。

[36] 明堂各间面阔相等，方五间的太室，其外接圆直径为$\sqrt{50}$，比外圈方七间的柱网稍大，如上层的柱网作多边形而不作圆形，则可有较多的上层柱立在下层柱之上。

[37]《旧唐书》卷22，〈志〉2，〈礼仪〉2："（开元）五年正月，幸东都，将行大享之礼。太常少卿王仁忠……议，以武氏所造明堂有乖典制，奏议曰：……"中华书局标点本③P.873～876

[38]《通典》卷44，明堂制度条，说武则天时，"初为明堂，于堂后又为天堂五级，至三级则俯视明堂矣。未就，并为

天火所焚。"但《旧唐书·薛怀义传》说"又于明堂北起天堂，广袤亚于明堂。"二说不同，通鉴取《通典》之说。但从洛阳宫地位看，明堂居于宫中最大殿庭中，其后似无地再建比它更大的建筑，且未建成即毁，故武氏明堂实为唐代建成之最巨大建筑。

[39]《旧唐书》卷183，〈列传〉133，外戚，薛怀义传："垂拱四年，拆乾元殿，于其地造明堂，怀义充使督作。凡役数万人，曳一大木千人，置号头，头一喇，千人齐和。明堂大屋凡三层，计高三百尺。"中华书局标点本⑭P.4742

[40]（唐）刘餗：《隋唐嘉话》卷下，"武后为天堂以安大像"条。中华书局标点本P.38

[41] 中华书局影印《宋元方志丛刊》本⑧P.8379

[42]《隋书》卷6，〈志〉第1，〈礼仪〉1："高祖受命，欲新制度。乃命国子祭酒辛彦之议定祀典。为圆丘于国之南，太阳门外道东二里。其丘四成，各高八尺一寸，下成广二十丈，再成广十五丈，又三成广十丈，四成广五丈。每岁冬至之日，祀昊天上帝于其上，以太祖武元皇帝配。……外官在内墙之内，众星在内墙之外。"中华书局标点本①P.116

[43]《通典》卷42，〈礼〉2，〈吉〉1，郊天上。中华书局缩印《十通》本P.244～245

[44]《通典》卷109，〈礼〉69，《开元礼纂类》4，〈吉〉1，〈皇帝冬至祀圆丘〉："前祀三日，尚舍直长施大次于外墙东门之内道北，……设馔幔于内墙东门、西门之外，……介公、酅公位于中墙西门之内道南。……又设五星、十二辰河汉及内官五十五座于第二等十有二陛之间，各依方面。"中华书局缩印《十通》本P.573～574

[45]《隋书》卷6，〈志〉第1，〈礼仪〉1："为方丘于宫城之北十四里。其丘再成，成高五尺，下成方十丈，上成方五丈。夏至之日，祭皇地祇于其上，以太祖配。……神州九州神座于第二等八陛之间。"中华书局标点本①P.116

[46]《通典》卷45，〈礼〉5，〈吉〉4，方丘：梁、陈、后魏、北齐、后周方丘。中华书局缩印《十通》本P.260

[47]《通典》卷45，〈礼〉5，〈吉〉4，社稷，周至周社稷。中华书局缩印《十通》本P.260～262

[48]《隋书》卷7，〈礼仪〉2："开皇初，社稷并列于含光门内之右，仲春、仲秋吉戊，各以一太牢祭焉。"中华书局标点本①P.143

[49]《长安志》卷7，〈唐皇城〉："承天门街之西，第七横街之北：……（含光门）街西第一太社。"原注云："南门额隋平陈所得，即东晋王右军所题，隋代重以粉墨模之。"中华书局缩印《宋元方志丛刊》本①P

[50]《通典》卷45，〈礼〉5，〈吉〉4，社稷，大唐社稷条。中华书局缩印《十通》本P.262

[51]《隋书》卷7，〈礼仪〉2。中华书局标点本①P.135

[52]《唐会要》卷19，〈百官家庙〉。丛书集成本④P.387

[53]《通典》卷108，〈礼〉68，〈开元礼纂类〉3，杂制。中华书局影印《十通》本P.571

[54]《唐会要》卷19，〈百官家庙〉（大中五年）太常礼院奏文。丛书集成本④P.391

[55]《新唐书》卷13，〈礼乐志〉3。中华书局标点本②P.345

按：此段门屋句似有误，然《文献通考》引文全同，可知旧文即如此，姑仍之。

第四节 陵墓

传统的儒家思想重在孝亲和"慎终追远"，建陵造墓遂成为实行"孝"的重要方面。在传统思想和社会舆论压力下，人们往往要竭力营葬，所以厚葬之弊屡禁而不能止。三国至南北朝，虽长期分裂战乱，帝王和贵族官吏仍建了大量陵墓。虽比之两汉可谓寒俭，但在当时的经济条件下，已是尽其所能了。隋唐时期全国统一，国势强盛，经济较前有巨大发展，故其陵墓之豪华侈大远远超过南北朝时。

隋唐初期，帝陵沿北朝旧制，隋文帝太陵、唐高祖献陵仍是平地深葬，夯筑陵山。自唐太宗起，实行因山为陵，遂成为唐代主流。有唐一代十八陵中，因山者十四座，而以乾陵在选址和利用地形上取得最高成就。臣庶墓多采取平地深葬，上加封土，砖砌墓室，前有长羡道的形式，这是在北朝末期墓制基础上发展起来的。唐代这类墓的最大特点是通过壁画，以地下墓室表现墓主生前地上宫室的规制，使我们可以通过这些地下宫殿了解在地面上早已无存的唐代宫殿巨邸的情况。

一、隋代陵墓

隋代二世即亡，只文帝建有陵墓。大臣中终于隋者也都是自周、齐入隋的，其墓葬自应受周、齐的强烈影响。《隋书》说开皇之初文帝命牛弘定典礼，牛弘"徵学者，撰《仪礼》百卷，悉用东齐仪注以为准"[1]。齐承北魏，实际即遵循北魏旧制。《隋书·礼仪志》3说："在京师葬者，去城七里外。三品已上立碑，螭首龟趺，趺上高不得过九尺。七品已上立碣，高四尺，圭首方趺。若隐沦道素，孝义著闻者，虽无爵，奏，听立碣"[2]。此文只规定地上立碑碣的制度，陵域大小，坟之高低，地下墓室全未提及。至于帝陵规制，史籍不载。

隋文帝陵在陕西武功县，称太陵。隋仁寿二年（602年）八月文帝独孤后死，始定太陵位置。仁寿四年（604年）七月，文帝死，十月，合葬于太陵，同坟异穴[3]。太陵未经勘查发掘，从记载及地域看，应是平地起陵。太陵是杨素奉命择地兴建的，葬独孤后后，文帝下诏褒奖，说："献皇后……茔兆安厝，委（杨）素经营。然葬事依礼，唯卜泉石，至如吉凶，不由于此。素义存奉上，情深体国，欲使幽明俱泰，宝祚无穷，以为阴阳之书，圣人所作，祸福之理，特需审慎，乃遍历川原，亲自占择，纤介不善，即更寻求，志图元吉，孜孜不已，心力备尽，人灵协赞，遂得神皋福壤，营建山陵"[4]。从这段文字可知，定帝陵时，已不仅按帝陵规制所需选地，还要根据阴阳之书选能使死人生人都得福祚，使皇位传之无穷的福壤，即阴阳之说，已在陵墓择地中起一定作用。具体为太陵择地的是肖吉，《隋书·艺术传》中说："及献皇后崩，上令（肖）吉卜择葬所。吉历筮山原，至一处，云'卜年二千，卜世二百'，具图而奏之"[5]。说明建陵时要绘出地形图，上报皇帝批准。北齐帝陵，近年已在邺城附近发现，多为有斜坡墓道和砖砌甬道的方形砖砌墓室墓。隋沿用北齐礼制，其帝陵也可能基本是这样，或许规模会大一些。

隋代贵族官员墓已发现者以李和、姬威、李静训三墓最重要。

李和墓在陕西省三原县，下葬于隋开皇二年（582年），其墓为土坑单室，墓室方形、高宽都在4米左右。墓室前短甬道有石门，门外即斜坡墓道，长37.55米，上有五个天井。全墓南北长44.15米，恰为15丈。墓上封土已非原来规模。墓室内西侧置石棺，棺上雕刻有萨珊风格[6]（图3-4-1）。

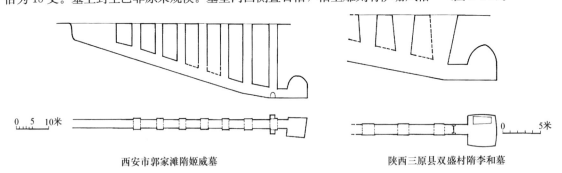

西安市郭家滩隋姬威墓　　　　　陕西三原县双盛村隋李和墓

图3-4-1　隋隧道天井式墓平、剖面图

李静训墓在西安市，葬于大业四年（608年），其地在隋时为大兴城内休祥坊之万善道场。李静训是隋文帝长女周宣帝皇后的外孙女。其墓也是土坑方形单室，墓室内西侧放置石棺椁。石棺雕作殿宇形。墓道情况不详[7]（图3-4-2）。

姬威墓在西安市郭家滩，葬于大业六年（610年），其人为文帝的亲信宿卫军官。其墓也是方形单室土坑，墓室前有短甬道，接长46.75米的斜坡墓道，上有七个天井。全墓长近53米，约合18丈[8]。

这三墓都是方形单室土坑墓，前有短甬道，再接通向地面的斜坡道。斜坡道分二段，上段露

图 3-4-2 陕西西安出土隋李静训墓石椁

天,下半为隧道深入地下。为施工方便,隧道上开若干竖井,现称"天井"。在墓前建斜坡墓道、凿天井通向墓室之例滥觞于东汉,形成于北魏、北齐,528 年葬的洛阳北魏元邵墓和 570 年葬的太原北齐娄叡墓都是例子[9]。李和葬于隋建国的第二年,其墓无疑是沿用周、齐旧制。李静训、姬威墓与之相似,说明隋代即在周、齐旧制上发展。姬威墓在三墓中最晚,和前二墓的差别是李和、李静训墓的甬道在墓室南壁正中通入,姬威墓的墓道则微向东偏,和以后的唐墓相同,可知甬道向东偏的做法始于隋末而盛于唐。这和葬制有关。唐制,墓室中棺床偏在西侧,北首,棺东侧面南设帐[10],为求甬道与帐相对并不衝棺床,故甬道微向东偏。从姬威墓看,隋时已是这样布置了。从这三墓看,隋代葬制沿续前代,但由于经济繁荣,贵者的墓规模加大加繁。

二、唐代陵墓

唐初,帝陵及臣庶墓沿用隋制。贞观九年(635 年)高祖李渊死,葬于陕西省三原县,在平地起陵,与隋太陵相似,即是其证。贞观十年(636 年),太宗长孙后死,建昭陵。太宗说"古者因山为坟,此诚便事。我看九嵕山孤峰回绕,因而傍凿,可置山陵处,朕实有终焉之理(志,唐时避高宗李治嫌名改)。"又说:"佐命功臣,义深舟楫,……汉氏将相陪陵,……笃终之义,恩义深厚。自今以后,功臣密戚及德业佐时者,如有死亡,宜赐茔地一所"[11]。自此确定了因山为陵和功臣密戚陪陵的制度。在此前后,也曾下诏命高祖时谋臣武将陪葬献陵[12]。因山为陵和准许陪葬,对唐代陵墓制度有很大影响。关中唐十八陵中,除高祖献陵和唐末的敬、武、僖三宗的庄、端、靖陵共四陵为平地起陵外,其余十四陵都是因山为陵,使陵制为之一变。实行陪陵之制就会形成巨大的墓葬区,其间必须有等级限制,要颁布臣庶葬制。

唐代陵制史无明文,综合零星史料,证以遗迹,还可知其大致情况。

1. 唐代帝陵

不论是因山为陵还是平地起陵,唐的陵域内都有陵墓及寝宫两大部分[13]。陵即坟墓,又称"黄堂",有隧道通至墓室,称"玄宫",是埋尸骨之处。陵外有二重墙,内重墙包在陵丘或山峰四周,一般围成方形,每面开一门,依东西南北方位称青龙、白虎、朱雀、玄武门。四门外各建土阙,并设石狮各一对,另在玄武门外加设石马[14]。正门朱雀门内建有献殿,是祭殿[15],殿后即陵丘。朱雀门外向南为神道,长达数里,以最南方的土阙为前导,向北夹神道相对设石柱、翼马、石马、碑、石人、蕃酋君长像等[14]。寝宫一般在陵墓的西南方,一般相距五里,个别有十里或更远的[16]。它是一组宫殿，按生人宫室之制建有朝和寝，各有回廊环绕[17]，其间隔以永巷[18]，宫门称神门，门外列戟[19]。寝宫内设神座，有宫人内侍，按"事死如事生"之制，每日要展衣衾、备盥洗、三时上食，并依朔望和节日上祭。宫内陈设并保存所葬帝后的衣冠用具服玩。寝宫规模近三百八十间[20]。

《开元礼》中载有〈皇帝拜陵〉仪式，说皇帝先至山陵，自陵垣东面青龙门入内，在东南方向陵跪拜行礼，礼毕，返回，再至寝宫行礼。先在前殿神座前叩拜，再入内，省视服玩，拂拭床帐，然后进馔祭拜[21]。从皇帝拜陵仪可知陵墓和寝宫的不同性质、不同位置。

唐陵除围绕陵丘的内重墙外，还有一重外墙[22]，有的文献称之为"壖垣"[23]，墙上也辟门。史料记载唐陵还有司马门，或以为是朱雀、玄武等门的异名，但也可能是外重墙上的门。此二例说明献陵、桥陵都有二重墙，（元）李好文《长安志》图中的昭陵图、乾陵图上都绘有二重墙[24]，故应是唐陵通制。此外，在陵区最外还有一圈界标，树立界标称"立封"，封内即封域[25]。一般唐陵，陵区周40里，最小的献陵只20里，而最大的昭陵、贞陵周长120里[26]。陵域中，在外重壖垣内植柏，称为柏城[27]。一般的陪陵墓只能在柏城之外的封域中，只有该帝的子女如太子、诸王、公主才可在柏城之内陪葬[28]。从文献记载和寝宫距陵里数看，大多数寝宫在柏城之内[29]。

唐陵地下部分可以从《通典》所载〈大唐元陵仪注〉中了解到片断。〈仪注〉所记是大历十四年（779年）唐代宗葬入元陵的情况。文中说："至时（指下葬的吉时），内官以下吉服奉迁梓宫入自羡道，奉接安于御榻褥上，北首。……太尉、礼仪使奉宝册、玉币并降自羡道。至玄宫，太尉奉宝绶入，跪奠于宝帐内神座之西，……并退出复位。……将作监、少府监入陈明器、白幡弩、素纹幡翣等，分树倚于墙，大幡置于户内。……并出羡道就位。……太尉及司空、山陵使、将作监、御史一人监锁闭玄宫，司空复土九锸"[30]。代宗元陵是因山为陵的，从文中可知其内部也有羡道、户、玄宫诸部分。墓室称"玄宫"，室内棺床称"御榻"。玄宫内在棺木之东设"宝帐"，帐内设"神座"，其上陈放宝绶、谥册、玉币，从这些描写可知，帝陵和已发掘的懿德、章怀二太子墓的内部情况很接近，只是规模更大更为豪华而已。

现存唐陵遗迹较完整且经初步勘察过的有太宗昭陵[31]、高宗乾陵[32]、睿宗桥陵[33]、肃宗建陵[34]，都是因山为陵的。献陵等四座平地筑陵的都不太完整。但高宗之子李弘和武则天之母杨氏都是按陵制建墓的，保存尚好，可供参考。

昭陵：太宗陵墓，在陕西省醴泉县九嵕山。唐太宗贞观十年（636年），在南面山腰开凿甬道、石室，作为陵墓，以葬长孙皇后。因山形陡峻，架栈道通上墓室。贞观二十三年（649年）太宗入葬后，即封闭墓室、甬道，拆除栈道，隔绝上下，并在墓道口建神游殿[35]。昭陵沿山峰四周建陵垣，围成方形，四面设门。南面在朱雀门内建有献殿，献殿西南建寝宫。陵北在司马门内立有诸蕃君长石像和太宗生平争战所骑六匹有功之马的浮雕[31]（图3-4-3）。

据《唐会要·陵议》记载："（昭陵）因九嵕山层峰，凿山南面深七十五丈为玄宫。缘山傍岩架梁为栈道，悬绝百仞，绕山二百三十步始达玄宫门，顶上亦起游殿。文德皇后即玄宫后，有五重石门"[35]。昭陵在五代时被盗掘，据《新五代史·温韬传》说："（陵内）宫室制度闳丽，不异人间。中为正寝，东西厢列石床，床上石函中为铁匣，悉藏前世图书"[36]。

昭陵的寝宫为山火焚毁，德宗贞元十四年（798年）在山下重建，距陵18里。其遗址已发现，东西237米，南北234米[37]，合唐代80丈见方。

昭陵是唐陵中陪葬墓最多的，《长安志》中记载有166座，实际调查已发现167座，除太宗子女亲属外，还有功臣。子女附葬亲茔是家族墓葬的传统。以功臣陪葬，唐太宗说是仿汉代旧制，实际上则更多地受洛阳北魏诸帝陵的影响[38]。《唐会要·陪陵名位》说："旧制，凡功臣密戚请陪陵葬者，听之。以文武分为左右而列。若父祖陪陵，子孙从葬者亦如之"[39]。但近年勘察，发现昭陵并不如此，一般人葬位也和官位高下无关，是按下葬先后自北而南排列的，只有魏征、李靖、李勣等重臣才是专门安排的[31]。《唐会要》所载应是高宗以后定的制度。

乾陵：高宗陵墓，在陕西省乾县北。弘道元年（683年）十二月高宗死，光宅元年（684年）八月葬入。神龙元年（705年）武则天死，二年（706年）五月开乾陵葬入。乾陵因梁山主峰为陵，在山腰开凿墓道、墓室。乾陵有二重陵垣，内重环在主峰四周，围成方框，东西宽1450米，合唐代493丈，南北长1538米，合523丈，西南角微内收。山地施工，测量不易准确，原设计应是方500丈，合1000步。陵的内重垣基宽2.5米，土筑，四角建有包砖的土阙，四面正中有门，都有墩台残迹存在。内陵垣四门之外各有一对包砖的土阙，都已残损，残存最大尺寸为宽21米，深16.5米，高8.5米（图3-4-4）。在门外阙内各有石狮一对（图3-4-5）。此外南门外加设二石人（图3-4-6），北门外加设六石马。北门设六马当是沿用昭陵遗制。在南面正门朱雀门内建有献殿，

图3-4-3　陕西礼泉唐昭陵献殿址出土鸱尾

图3-4-4　陕西乾县唐乾陵内陵垣南门土阙及陵山

图3-4-5　陕西乾县唐乾陵内陵垣南门外石狮

图3-4-6　陕西乾县唐乾陵内陵垣南门外石人

遗址尚存。在朱雀门南为神道及入陵道。梁山主峰除东西有二小的翼峰外，还有一条向南的支脉，其南端左右各有一小山阜。在这两个小山阜上建一对巨大的包砖土阙（图 3-4-7），阙外有残墙，即外重陵墙遗迹。二阙之间山脊上有门址，即乾陵外重壝垣的正门，垣内即柏城。自壝垣正门向北至内陵垣朱雀门，其间在支脉脊上辟路为神道，夹神道自南而北依次为石柱、翼马、朱雀各一对（图 3-4-8），石马五对，石人十对，碑一对。碑北即朱雀门前土阙，阙北东有石人二十九身，西有石人三十一身。夹道而立的石人兽现相距 25 米（可能已展宽），朱雀门前二阙之距为 42 米（图 3-4-9、3-4-10）。神道入口之南余脉已尽，降为平地，在其南 2850 米（约 970 丈）处又有一对土阙，是进入陵区封域的标志[32]，自此至神道入口门址处为陵道（图 3-4-11）。

图 3-4-7　陕西乾县唐乾陵入口处山顶双阙

图 3-4-8　陕西乾县唐乾陵神道飞马

图 3-4-9　陕西乾县唐乾陵神道（南向北）

图 3-4-10　陕西乾县唐乾陵神道（北向南）

乾陵寝宫的位置史籍不载，从地形图上观察，西南方邀驾宫附近有大面积台地，似经过人工处理，颇疑即在此一区。

乾陵的墓道已发现，在山石中凿出，正南北向，全长 65 米，合 22 丈，宽 3.87 米，尽端为隧道入口。墓道及隧道口全用条石封闭，条石间用腰铁连固，再用铁熔汁灌注。石条之上再用夯土封固，与山体齐平。从墓道现状看，此墓未经盗掘[32]。

史载乾陵陪葬墓有 16 座，目前调查为 17 座。其中高宗、武后之子章怀太子李贤、之孙懿德太子李重润、孙女永泰公主李仙蕙墓均已发掘。

昭陵、乾陵是唐代因山为陵诸陵墓中成功地利用地形的二例。依山为陵的目的是要以山的气势和永恒感来衬托死者的"功德盛大"和永恒不朽。昭陵所选的礼泉县九嵕山主峰高耸，前方左右有二座平缓的山峦夹峙，宛如双阙，其间隆起一小丘，山势由此上升直抵主峰下。主峰下高地前沿陡峭，临崖建朱雀门、双阙及献殿，西偏岭上建寝宫，气势宏伟，表现出很高的利用地形的水平（图3-4-12）。乾陵在选地方面比昭陵更成功。所选之主峰梁山比昭陵主峰九嵕山浑厚开阔，左右两侧有山冈为两翼，主峰之前有向南的支脉逐渐下降，南端分为两个小山阜。这一地区可见诸山都比主峰低，俯伏拱卫在他的四周，而又气脉相连，显得主峰独尊，可谓天然形胜之地，在陵园规划设计中，以主峰为陵，在南行支脉上建神道，在二小山阜上建阙，自南远望，标以巨阙的二山阜中夹主峰，最为伟观。进入神道后即在山脊上行进，左右逐渐低下，神道步步升高，导向前方的主峰，大大突出主峰的恢宏气势。在神道上行走有些类似在北京天坛丹陛桥上北望祈年殿的感觉，颇有高出云天之上的效果，但乾陵出之于天然地形，又非纯人工的天坛可比。中国古代建筑有很多巧妙利用地形的佳例，而乾陵可以说是在这方面达到毫发无遗憾的地步。

古代帝王、贵族宫室、陵墓依礼要建阙，对立的山阜遂成为最有利用价值的地形，至迟自西汉以来，即有此传统。最早一例是河北省满城的西汉中山王刘胜墓。墓穴开在半山，因山为陵，主峰左右有稍低的对立山阜，恰成为陵山前天然的双阙。东晋的建康也以其南的牛头山为"天阙"。隋炀帝营洛阳，在邙山南望，伊水中分龙门东西二山，宛如双阙，称为"伊阙"。洛阳城市主轴偏在西侧，恰可对伊阙。昭陵、乾陵则是这方面最成功之例。这传统一直延续下来，北京昌平明十三陵把陵道入口选在龙山和卧虎山之间，使两山夹道，形如双阙，是最晚一个佳例。

恭陵：唐高宗、武则天之长子李弘墓，在河南省偃师县缑氏镇。上元二年（675年）四月，李弘遭武则天之忌，被毒致死，高宗特命以皇帝礼仪下葬，号为恭陵。恭陵建在高地上，陵丘为夯土筑成的覆斗形，残余高22米，方150米。四周筑有陵垣，方440米，恰为唐代150丈，合300步，陵墙厚仅1米，四角有角阙，每面正中开一豁口，宽约60米，即20丈，不建门屋，陵墙至此外折，通到豁口外的双阙上。阙为土阙包砌砖石，相距30米，即10丈。四面阙前10米各有一对石狮。南阙之南为神道，夹道自南而北立石柱、翼马、石碑各一对，石人三对。自南端石柱至陵南墙约二百九十余米，合唐代100丈，200步。石象生间相距50米，合17丈[40]（图3-4-13）。

恭陵坟丘已残毁，原高度不明。在《淳化阁法帖》中刻有一通唐高宗书，中云："陵初料高一百一十尺，今闻高一百卅尺，不知此事虚实，今日使还，故遣相问。"可知恭陵设计高度为110尺，约合32米左右。它的内部有玄宫、便房等部分[41]。

综括上述，恭陵的规制是陵高11丈，陵垣只一重，方300步；陵前神道长200步。陵垣四面建阙，立石狮；神道立石柱、翼马、石人共五对，碑一通。这规模比起乾陵内陵垣方1000步是小了很多，面积只是它的1/25。但四面建阙，南门外设神道都属帝陵制度。

顺陵：武则天母杨氏墓，咸亨元年（670年）以王礼葬，墓在陕西省咸阳市东北。天授元年（690年）武则天赐杨氏为皇后，改称顺陵。现存陵墓坟丘及陵垣仍是始建时规模，坟丘方48.5米，高12.6米，当比原来缩小些。陵垣南北294米，东西282米，合唐代100丈×96丈，即方200步，只南面建双阙，余三面封闭，四角有角阙。石象生在阙北墓垣以内。这部分应属唐代王墓的规制。但在这部分之外，又有扩建为帝后陵的遗迹。在陵四面外侧各设一对石狮，是拟扩建的四门位置，另在南面远处又建一对土阙，阙北立石柱、石象生，形成神道[42]（图3-4-14），四对石狮中，东西二对相距866米，合295丈。按李弘恭陵石狮在陵垣前70米之例推算，拟扩建的陵垣方250丈，即500步左右。这尺寸只为乾陵的一半，面积为其1/4，但比李弘恭陵大了许多（图3-4-15）。

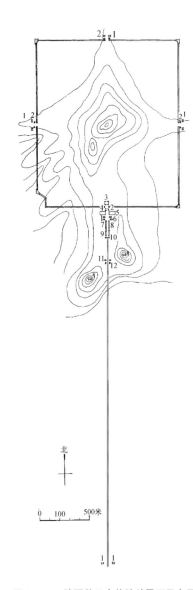

图3-4-12　陕西礼泉县唐昭陵远景

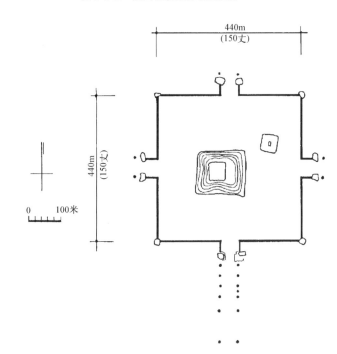

图3-4-11　陕西乾县唐乾陵总平面示意图
1. 阙　　　　7. 述圣记碑
2. 石狮一对　8. 石人十对
3. 献殿遗址　9. 石马五对
4. 石人一对　10. 朱雀一对
5. 蕃酋像　　11. 飞马一对
6. 无字碑　　12. 华表一对

图3-4-13　河南偃师唐恭陵平面图

2. 唐代臣庶墓

唐代臣庶墓制，在《唐六典》、《开元礼》、《唐会要》中都有记载。《唐六典》所载只有碑碣制度，和前文所引《隋书·礼仪志》3之文全同，可知是沿用隋制[43]。《开元礼》所载包括坟茔、碑碣、石兽等项[44]。到开元二十九年，又下令降低标准，其敕文载在《唐会要》中[45]，可以列表如3-4-1：

图 3-4-14　陕西咸阳唐武士彠妻杨氏顺陵前石獬豸

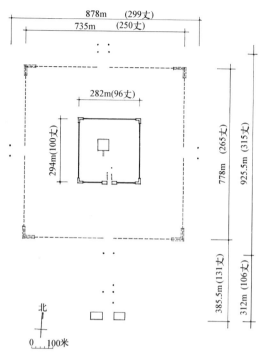

图 3-4-15　陕西咸阳唐武士彠妻杨氏顺陵总平面图

唐代臣庶坟茔碑碣石兽表　　　　　　　　　　　　　　　表 3-4-1

		一品	二品	三品	四品	五品	六品以下	庶人
茔方（步）	开元礼	90	80	70	60	50	20	
	开元二十九年敕	70	60	50	50	40	15	7
坟高（尺）	开元礼	18	16	14	12	10	8	
	开元二十九年敕	16	14	12	11	9	7	4
石兽（对）	开元礼	二品以上六事（对）			五品以上四事（对）			
碑碣	开元礼 唐会要	五品以上立碑，螭首龟趺，趺上高不过九尺					七品以上立碣、圭首方趺，趺上高四尺	

　　从表中可以看出，按《开元礼》规定，最大的一品官茔方 90 步、坟高 18 尺。开元二十九年减低标准后仍是茔方 70 步，坟高 16 尺，比平民（庶人）的茔园大 100 倍，坟高大 4 倍。关于墓内的制度，各书都不载，但是陪陵大臣的墓又另有规定，《唐会要》〈葬〉条载开元四年（716 年）宋璟议王守一葬事表，说："准令，一品合陪陵葬者，坟高三丈以上，四丈以下"[46]。据此可知，在唐代〈丧葬令〉中有陪陵葬的明确规定，其规格要比一般墓葬为高。

近年考古发掘中发现大量唐墓，对了解唐代臣庶葬制是重要补充。

太宗昭陵的一百六十七座陪葬墓中，已确定墓主的有五十七人。其中魏征和太宗小女新城公主墓依山为陵，前有双阙，李靖、李勣墓起冢象山以旌其军功，都是特例。其余墓在外形上可分二类。一类封土"作覆斗形，前后各有四个土阙"（可能中间为南北门阙，两端为四角阙），阙间连以围墙。在南阙以北，围墙以内立石柱、羊、虎、碑等，构成神道，通到坟丘前。这类墓所葬的长乐公主、城阳公主都是嫡出的公主，墓制和前举咸阳武氏顺陵的初制相同，可知是属于王的规格。再一类封土为圆锥形，无阙。包括房玄龄、尉迟恭等文武重臣和一些偏妃、庶出的王和公主墓都是这样，但在封土大小高低上都可有很大差别。这表明覆斗形有阙墓和圆锥形无阙墓明显属于两个等级，前者重于后者[47]。

此外，在乾陵陪葬墓中的章怀太子李贤、懿德太子李重润、永泰公主李仙蕙三墓的封土也是覆斗形的[48]。其中李重润墓封土方58米，高17.92米，合唐代20丈见方，6丈高。它的陵墙南北256.5米，东西214米，合唐代87丈×73丈，亦即170步×150步。陵墙四角有角阙，南面正中有双阙，阙南为神道，有石狮、石人、石柱等。史载墓为中宗即位后改葬，与永泰公主墓均"号其墓为陵"[49]。

这样，我们就可以大体上在外形和布置上把帝陵、王墓和一般臣庶墓区分出来了。

帝陵可以李弘恭陵为参考。其封土为覆斗形，外有方形围墙，四角有角阙，四面开门，门外有阙和石狮。陵垣南面朱雀门内有献殿，朱雀门外有神道，以双阙为前导，夹道立石柱、翼马、石马、石人、石碑等[40]。恭陵和真正的帝陵还有差异，故缺少外重围墙、寝宫等。

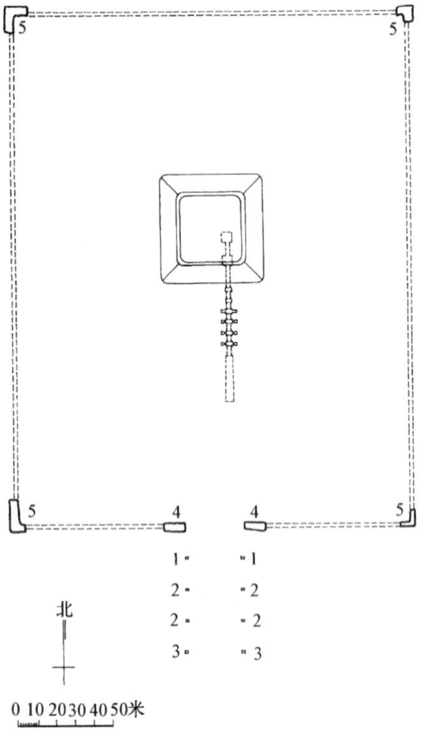

王墓的封土也是覆斗形，外有方形围墙，四角建角阙，一般只南面开门，门外建双阙（个别也开北门并建阙），神道设在南门之内，直抵封土前，和帝陵设在南门之外不同。夹道有石柱、石羊、石虎、石人、石碑，但没有石狮、翼马、石马、朱雀等，那些是帝陵独有的。封土之前也没有殿宇。武氏顺陵的原建置和昭陵的长乐公主、城阳公主墓等都属此类[42][47]。懿德太子李重润墓和永泰公主李仙蕙墓的封土作覆斗形，只南面开一门阙，属于王制，但封土前有殿宇，阙前有石狮，神道在南门之外，又属于帝制。主体属王制而局部属帝制，应即是"号墓为陵"之义（图3-4-16）。

臣庶墓的封土为圆锥形，封土前无殿宇，神道直抵其前，夹道有石柱、羊、虎、人和碑。这些墓地上部分多遭破坏，其茔城门、墙情况尚有待探查[47]，但石人兽设在墙内则是可以肯定的。

图3-4-16 陕西乾县唐永泰公主李仙蕙墓平面图
1. 石狮　　2. 石人　3. 华表
4. 夯土残阙　5. 夯土残角阙

近年在陕西西安及其附近发掘的大量唐墓，都是在封土下建方形墓室，前接隧道和露天斜坡羡道通到地面，和隋代墓制相同。只是由于经济发展，墓室加大，多用砖衬砌，墓道加长而已。这些墓一般有一个墓室，用砖衬砌的四壁多向外凸，上部逐层内收聚拢，形成攒尖顶，墓室前方接一水平短甬道、甬道上装木或石制墓门。甬道前即斜行升至地面的通道，下段为隧道，上段为露天开挖的羡道。隧道上有数个竖井，通到地面。竖井现称之为"天井"，它的出现原是为了可以从多处同时开挖隧道，成为墓制一部分后，又被赋予一定的象征意义。已发现的唐代王和公主墓，凡以礼下葬的，多有前后两个墓室，中间连以短甬道，现称"后甬道"，而把墓室前一段平隧道称"前甬道"。自前甬道起，墓室用砖衬砌，是墓的主体。前面的土羡道和土隧道、天井在下葬后即回填夯实。墓内多绘有壁画，一般规律是在羡道（露天斜坡墓道）两侧画青龙白虎和仪仗队、墓主出行图等。隧道入口处前壁在门洞上方画楼阁和阙，初唐的李寿墓、韦贵妃墓门楼画为二层（图3-4-17），懿德太子墓、韦泂墓门楼画为单层。表示是阴宅的入口。隧道被天井分割成若干段，

图 3-4-17　陕西礼泉县唐韦贵妃墓墓门上方壁画门楼

现称各段为"过洞"。每一过洞的两侧壁都画壁柱、阑额，顶上画天花板，表示这部分是建筑内部（图3-4-18）。天井的四壁也画柱子和阑额，但在东西侧壁上又画戟架和车乘等，表示天井部分是由前后进房屋和东西回廊围成的庭院，画有戟或车的，则表示它后面的一个过洞仍是一重门。砖砌的前甬道设有门，甬道两侧也画壁柱、阑额，顶上画天花板，表现的是门屋和入门后的廊子。前后墓室内部也都画壁柱、阑额和斗栱，斗栱比前面所绘加大加繁，表现的是前堂后寝（图3-4-19）。除太宗韦贵妃昭陵陪葬墓之前室顶部画为庑殿形式外，大多数墓室顶不画藻井天花而画天象图及金乌等，是汉以来墓室的传统，和表坩建筑无关。前后墓室间的后甬道上有门，两壁也画壁柱和阑额，但顶上不画天花而画云鹤，以云鹤来表示天空，显示这部分是由廊庑围成的庭院[9]（图3-4-20）。

在不同墓中，所画建筑内容还表示出不同的等级。如懿德太子李重润墓羡道上画三重子母阙，属帝宫体制，和"号墓为陵"的记载一致；淮安王李寿（神通）墓在墓道入口画二重子母阙（图3-4-21）。属王宫体制，和他王的身份一致。永泰公主李仙蕙墓在羡道两侧画单阙（图3-4-22）。她是郡主而以公主礼葬的，故等级又比王低一些，只用了单阙。[9]

图 3-4-18　陕西乾县唐永泰公主李仙蕙墓过洞上所绘平闇及峻脚椽

图 3-4-19　陕西乾县唐永泰公主李仙蕙墓后室石椁及壁画斗栱

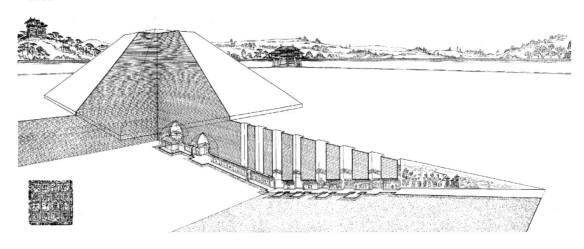
图 3-4-20　陕西乾县唐懿德太子墓剖视图

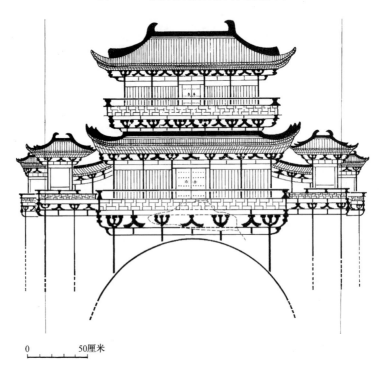
图 3-4-21　陕西三原唐李寿墓壁画二重子母阙及城楼

图 3-4-22　陕西乾县唐永泰公主李仙蕙墓壁画单阙

分析已发掘的诸唐墓平面和壁画布置，发现它的天井过洞数目，墓室多少都反映出当时地上宫室邸宅的规模，墓室和当时的宫室第宅的规制是有密切关系的。在已发现诸墓中，有前后墓室的，除了个别例外，都是王墓，一般贵官只建一个墓室[9]。

墓葬地下部分的长度，在唐代墓制中虽无明文，从已发掘诸例看，也应和墓主的地位有关。在长安附近诸唐墓中，以自墓羡道南端起至墓室北墙止计算，懿德太子墓长 35 丈，永泰公主墓长 30 丈，章怀太子墓长 24 丈，虢王李凤墓长 22.5 丈，都超过 20 丈。其余贵官如尉迟恭、张士贵、郑仁泰、阿史那忠等之葬，全长都在 20 丈之内，可能 20 丈是王和三品以上官墓长的一个界限。

上述这些长羡道、多天井的砖室墓主要是长安附近唐代贵族显宦的墓，时间自高宗至玄宗，约延续一百年，安史之乱以后，长安地区也很少再有这类墓了。至于低级官吏和庶民，不论在长安还是外地，大部用土室，只少数用砖室，墓室多是垂直下挖后向北开墓室，较少用斜坡长羡道。除墓室内仍用壁画画作室内形象外，没有其他仿建筑形象，故不再赘述。

又，据《旧唐书·李吉甫传》，元和"七年（812 年），京兆尹元义方奏：'永昌公主准礼令起祠堂，请其制度'。初，贞元中，义阳、义章二公主咸于墓所造祠堂一百二十间，费钞数万；及永昌之制，上令（元）义方减旧制之半。（李）吉甫奏曰：'……臣以祠堂之设，礼典无文，德宗皇帝恩出一时，事因习俗，当时人间不无窃议。……今者，依义阳公主起祠堂，臣恐不如量置墓户，以充守奉'"[50]。此条既说明德宗时起，曾在公主墓建祠堂，至宪宗元和七年止，实行了二十年左右。也可根据"礼典无文"、"事因习俗"二句推知，在墓地建祠堂可能源于民间，但其详情史无明文。

此外，唐代也有俗人建塔为墓的。《旧唐书·德宗诸子传》载，德宗第五子肃王详四岁死，德宗"下令起坟墓，诏如西域法，议层砖造塔"，为大臣谏止[51]。同书〈姜公辅传〉又说建中四年（783 年）德宗出逃时，长女唐安公主死于城固，德宗命造一砖塔为墓[52]。同书〈安金藏传〉说神龙初（705 年）安金藏葬母，"躬造石坟石塔"都是其例[53]。

三、隋唐墓葬中的风水地理问题

古代科技文化不发达，对自然和社会现象及其规律不了解，把事情的成败吉凶归之于天意，所以重大的事都要卜。营葬这样大事，自然在必卜之列。这传统一直从原始社会沿续下来，其间又有很大的发展变化。

（唐）吕才受唐太宗之命整理阴阳诸书。他在叙葬书中说，古代卜葬，是为了使"窀穸礼终，永作魂神之宅"，然而"朝市迁变，不得豫测于将来；泉石交侵，不可先知于地下。是以谋及龟筮，庶无后艰。斯乃备于慎终之礼，曾无吉凶之义"[54]。据此，则古人卜葬，只是为求葬地久安，并不为生者求福。到汉晋时代，已出现讲求葬地以求福避祸的习俗。《晋书·郭璞传》说："璞尝为人葬，（晋明）帝微服往观之，因问主人何以葬龙角，此法当族灭"[55]。可知这时已有一套讲择地、择穴趋吉避凶的葬法。卜葬由古代选地后卜其是否久安，发展为带着葬法所定的框框去选择吉地，为生者求福禄，出现了风水地理之说。南北朝时，葬法有更大的发展，《隋书·经籍志》记载，"梁有《冢书》、《黄帝葬山图》各四卷，《五音相墓书》五卷，《五音图墓书》九十一卷，《五姓图山龙》及《科墓葬不传》各一卷，《杂相墓书》四十五卷，亡"[56]。从书名可知其大略。隋唐时此说更盛，《隋书·经籍志》及《旧唐书·经籍志》、《新唐书·艺文志》中都载有很多此类书名。唐太宗因"阴阳书近代以来渐致讹伪，穿凿既甚，拘忌亦多"，命吕才等整理。吕才在叙《葬书》中批驳了一些说法：一是择年月而葬，二是择日而葬，三是择时而葬，四是富贵吉凶皆由安葬所致，五是葬地依五姓便利，六是因求后人富贵官爵而改葬。最后，他批评说："野俗无识，皆信葬书，巫者诈其吉凶，愚人因而徼幸。遂使擗踊之际，择葬地而希官品；荼毒之秋，选葬时以规财禄，……葬书败俗，一至于斯"[54]。据此，大体可知当时葬书的内容和弊病，即所谓穿凿拘忌之处。而"择葬地而希官品"就是风水地理家们的专职了。

据史书记载，隋唐两代帝王都讲求陵墓的风水地理。

《隋书·杨素传》说杨素为隋文帝夫妇择陵域吉地，隋文帝褒奖说："葬事依礼唯卜泉石，至如吉凶，不由于此。素……欲使幽明俱泰，宝祚无穷，以为阴阳之书，圣人所作，祸福之理，特须审慎。乃遍历川原，亲自占择，纤介不善，即更寻求，志图吉壤，孜孜不已，……遂得神皋福壤，营建山陵"[4]。从文义可知，按传统礼法，只求宜葬之地，但从阴阳之说，则要找能使生者死者均得福（幽明俱泰）的吉壤。这里为死者求福是虚，为生者求福是实。这件事说明隋代帝陵是很讲风水的。

《唐会要·陵议》记有 705 年武则天死后与高宗合葬乾陵之事，说："给事中严善思上表曰：臣谨按《天元房录葬法》云：'尊者先葬，卑者不合于后开入。'……臣伏则天大圣皇后欲开乾陵合葬，……今若开陵，其门必须镌凿。……又若别开门道，以入玄宫，即往者葬时，神位先定，今更改作，为害益深。…然以山川精气，上为星象，若葬得其所，则神安后昌，若葬失其宜，则神危后损。所以先哲垂范，具立《葬经》，欲使生人之道必安，死者之神永固"[57]。文中提到《天元房录葬法》和《葬经》，又说乾陵神位先定，可知乾陵择地及下葬时是讲求风水及葬法的。

《新唐书·姜薯传》附姜庆初传说，他为驸马，后任太常卿，奉命"修植建陵"，"误毁连冈，代宗怒，……赐死。建陵使史忠烈等皆诛"[58]。《大汉原陵秘葬经·相山岗》篇说："凡天子坟围，山连百里不断"，指其地脉相连。"误损连岗"即破坏了风水。为此事可以杀死驸马，幽禁公主，可知这时对陵墓风水的迷信程度。

《旧唐书·令狐楚传》说，他为山陵使修宪宗陵时，"亲吏韦正牧，奉天令于翚，翰林阴阳官等同隐官钱，不给工徒价钱，移为羡余十五万贯上献，怨诉盈路"[59]。据《唐六典》，营山陵是将作监外作的主要任务之一，但营山陵使左右还要有翰林阴阳官参与其事。

综合言之，既然在墓葬中讲求风水以为生者求福已经相沿成风，成为当时一种社会现象，就必然会有人以此为谋生之道，出现风水地理先生。以此谋生者日多，引起竞争，就会自立门户，各创异说，自我标榜，以求其术之售。这就是吕才所说的"莫不擅加妨害，遂使葬书一术乃有百二十家，各说吉凶，拘而多忌"[54]，只有拘而多忌，使丧家无所措手足，才不得不请教于风水先生、他才得以谋生，发财。这是事情的一个方面。

但另一方面，这些风水先生的主张又必须基本上符合常情，即不致大悖于传统的伦常礼法，不违反通常的美学观念，才能使丧家能够接受。前引《天元房录葬法》所说"尊者先葬，卑者不合于后开入"实即把传统礼法观念披上葬经的外衣，是阴阳风水求同于传统礼法。在选址上，尽管有种种曲折掩饰之说，所主张的大都是向阳高地，背倚山岗，山势左右连属，呈回还之势，前临平野等环境优美开朗之地。决不会去选穷山恶水、不见阳光、临崖面山、低地水洼等从常情看也不堪驻足之地[60]。只有这样，丧家才可以接受。在这一点上，风水先生又必须和通常的美恶观点一致，不能过于违俗立异。

南朝和唐代诸陵都被公认是利用地形成功之例。它们都是由将作监兴建的，主持其事的应是工官和匠师。这些陵墓或倚山而建，或因山为陵，都是以这一地区的主峰为屏蔽，前临开阔地，附近有河湖，左右山势连贯，有辅翼环抱之势。陵墓所在也都是高地，排水顺畅无山洪冲刷雨潦淤积之患。即令不谈风水地理，这类地形从规划和建筑角度看，也是较为理想的，可以利用地形很好地突出或衬托建筑物，使之收事半功倍之效。这些陵墓主要是由工官、工匠选址，但阴阳官也应参与其事，从风水地理角度加以认定。这样，他们就需要有一套理论和术语，对公认优良的地形加以解释和论定。这套东西应基本上和规划建筑上的选地标准相近或并行不悖，才能和工官、工匠互相协调，互相维持，共同完成其事。在这种情况下，有些工官也不得不讲一点风水，以便据"理"力争，保护自己的方案，避免为其欺诈挟持，处于被动地位。《明皇杂录》记载，开元末年曾主持改建洛阳宫明堂为乾元殿的将作大匠康暓素"多巧思，尤能知地"[61]。他是玄宗中后期最著名的工官，也以"知地"自夸，说明这时工官和阴阳官通过合作，互相间是有交流的。这样，在阴阳家的相地理论中，也必然包含有反映当时规划建筑上选地标准的内容，尽管是用他们故弄玄虚的专用术语和迷信的形式表达出来。

中国古代有不重视工程技术的传统。两千年封建社会中，建了无数大小城市和宏伟的建筑群，大都没有很详细的专业性记述，城市建设的法规和经验更没有以文字形式保存下来，建筑术书也只有宋、清二代的两部流传至今。但据近年研究，至迟在隋唐时，在城市规划、大建筑群布局和单体建筑设计上，都有一套相当完整严密的法式，但记述简略，或全无记载，靠工匠师徒口传、有待我们在少得可怜的文献中搜剔爬梳，再结合实例加以发掘整理。相反，这些阴阳五行、地理风水之书，却因其与社会上邀福的迷信陋俗相关，且为一部分人的衣食所资，不断加以神化，多立门户，火尽薪传，得以流传下来，其著述远比建筑术书为多。正确看待这些著作，剥开其隐晦曲折的迷信外表，探索其中所吸取的古代在规划选地、利用自然环境诸方面的有益经验，对于发掘古代在这方面的传统特点和成就，是有帮助的。但归根到底，这是建设或建筑选址并因地制宜进行规划设计的问题，是古代规划和建筑家的工作成就，把环境规划家的桂冠戴到风水先生头上，是很不适当的。

注释

[1]《隋书》卷8,〈志〉3,礼仪3。中华书局标点本①P.156

[2] 同书同卷中华书局标点本①P.157

[3]《隋书》卷2,〈帝纪〉2,高祖下。中华书局标点本①P.53

[4]《隋书》卷48,〈列传〉13,杨素。中华书局标点本⑤P.1287

[5]《隋书》卷78,〈列传〉43,艺术,肖吉。中华书局标点本⑥P.1776

[6] 陕西省文物管理委员会:〈陕西省三原县双盛村隋李和墓清理简报〉,《文物》1966年1期。

[7] 唐金裕:〈西安西郊隋李静训墓发掘简报〉,《考古》1959年9期。

[8] 陕西省文物管理委员会:〈西安郭家滩隋姬威墓清理简报〉,《文物》1959年8期。

[9] 傅熹年:〈唐代隧道形墓的形制构造和所反映的地上宫室〉,《文物与考古论集》P.322.文物出版社,1986

[10]《通典》卷139,〈礼〉99,〈开元礼纂类〉34,〈凶〉6;三品以上葬中:"入墓:施席于圹户内之西,……遂下柩于圹户内席上,北首,复以夷衾。""墓中祭器序:……持翣者入,……遂以下帐张于柩东,南面。"中华书局影印《十通》本 P.724

[11]《唐会要》卷20,〈陵仪〉,《丛书集成》本④P.395

[12]《通典》卷86,〈礼〉46,丧制之四:"贞观十一年十月诏曰:诸侯列葬,周文创陈其礼,大臣陪陵,魏武重申其志,……斯盖往圣垂范,前贤遗则,在曩昔之宿心,笃始终之大义也。皇运之初,时逢交丧,谋臣武将等,蒙先朝待遇者,自今以后,身薨之日,所司宜即以闻,并于献陵左侧赐□墓地,并给东园秘器。"中华书局影印《十通》本 P.470

[13]《唐会要》卷20,〈陵议〉,太宗昭陵下原注:"太宗山陵毕,宫人欲依故事留栈道惟旧。山陵使阎立德奏曰:玄宫栈道,本留拟有今日(指待太宗死后入葬),今既始终永毕,与前事不同。谨按故事,惟有寝宫安供养奉之法,而无陵上侍卫之仪。望除栈道,固同山岳。"《丛书集成》本④P.395

按:据此则知山陵与寝宫为二地。

[14] 杨宽:《中国古代陵寝制度史研究》附表五:〈唐陵原有石刻和现存石刻表〉。上海古籍出版社1985年版.P.248

[15] 按:近年调查,发现昭陵、乾陵朱雀门内均有殿址,昭陵还发现青掍瓦鸱尾,可证陵丘前确有殿宇,今人称之为"献殿"。但查两唐书,《通典》、《唐会要》诸书,都没有"献殿"之称,可知它在唐代不称献殿。据《旧唐书·五行志》记载,"(元和)八年(813年)三月丙子,大风,拔崇陵上宫衙殿西鸱尾,并上宫西神门六戟竿折,行墙四十间篱坏。"(中华书局标点本④P.1362)《新唐书》所记同。这里出现"上宫"之名。前已述及唐陵分陵及寝宫两部分,故这上宫应即指陵及内陵垣所包的部分。这样,"衙殿"就应是我们现在所称的献殿了。

[16] 寝宫在宋以后称为下宫,《长安志》及(元)骆天骧《类编长安志》都记有下宫距陵之里数。杨宽:〈中国古代陵寝制度研究〉附表四据以编成〈唐代陵寝规模表〉。上海古籍出版社1985年版 P.245

[17]《通典》卷116,〈礼〉76,〈开元礼纂类〉18,〈皇帝拜陵〉条云:"皇帝至寝宫南门,……皇帝入内门,取东廊进至寝殿东阶之东南……。"中华书局影印《十通》本 P.607

按:据此可知寝宫有南门,内门,寝殿,寝殿前有东西廊。

[18]《资治通鉴》卷239,〈唐纪〉,宪宗中之上:"(元和十年十一月)戊寅,盗焚献陵寝宫、永巷。"中华书局标点本⑯P.7719

[19]《唐会要》卷17,〈庙灾变〉:"元和十一年正月,宗正寺奏,建陵(肃宗陵)黄堂南面丹景门去年十一月被贼斫破门戟四十七竿。……大中五年十二月,景陵(宪宗陵)有贼,惊动斫损神门戟架等。"《丛书集成》本④P.356

[20]《唐会要》卷20,〈陵议〉:"(贞元十四年)遣右谏议大夫平章事崔损充修八陵使,及所司计料,献、昭、乾、定、泰五陵各造屋三百七十八间,桥陵一百四十间,元陵三十间,惟建陵不复创造,但修葺而已。"《丛书集成》本④P.400

按:所修八陵中,献、昭、乾、定、桥五陵建于安史之乱前,可能前四陵寝宫全毁,桥陵半毁,泰陵葬于安史乱后之初、恐无力建寝宫,故献、昭、乾、定、泰五陵各建三百七十八间。此间数当即是唐陵寝宫规制。

[21]《通典》卷116,〈礼〉76,〈开元礼纂类〉11,〈皇帝拜陵〉。中华书局影印《十通》本 P.607

[22]《唐会要》卷20,〈亲谒陵〉:"贞观十三年正月一日,太宗朝于献陵……七庙子孙及诸侯百僚、蕃夷君长皆陪列于司马门内。太宗至小次,降舆纳履,哭于阙门。"《丛书集成》本④P.400

按:据此,则献陵有司马门,阙门二重门墙。

[23]《唐会要》卷20,〈亲谒陵〉:"开元十七年十一月十日,上朝于桥陵,至壖垣西阙下马,悲泣,步至神午门。"《丛书集成》本④P.401

[24]《长安志图》卷中。中华书局影印《宋元方志丛刊》本①P.212～214
[25]《唐会要》卷21,〈诸陵杂录〉:"(开元)二十三年(735年)十二月三日敕:诸陵使至,先立封。封内有旧坟墓不可移改,自今以后,不得更有埋葬。"
[26] 诸唐陵封域里数均见《长安志》。杨宽:《中国古代陵寝制度研究》据以列为表格,检阅殊便,见该书附表四〈唐代陵寝规模表〉上海古籍出版社85年版P.245～247
[27]《唐会要》卷21,〈诸陵杂录〉:"贞元六年十一月十八日,敕:诸陵柏城四面合各三里内不得葬。如三里内一里外旧茔须合祔者,任移他处。"《丛书集成》本④P.419
[28]《通典》卷116,〈礼〉76,〈开元礼纂类〉11,〈皇帝拜陵〉:"若有太子,诸王、公主陪葬柏城内者,并于寝殿东廊下所司致祭。"中华书局影印《十通》本P.607
[29]《唐会要》卷20,〈陵议〉:"太常博士韦彤奏议曰:…陵旁置寝是秦汉之法。择其高爽,务取清严,去陵远近,本无定著。是以今之制置,里数不同,各于柏城,随其便地。"《丛书集成》本④P.399
[30]《通典》卷86,〈礼〉46,〈葬仪·大唐元陵仪注〉。中华书局影印《十通》本P.468
[31] 王仁波:〈唐昭陵〉,《中国大百科全书·考古学》86年大百科全书出版社版P.519
昭陵文物管理所:〈昭陵陪葬墓调查记〉,《文物》1977年10期。
[32] 陕西省文物管理委员会:〈唐乾陵勘察记〉,《文物》1960年4期。
[33] 陕西省文物管理委员会:〈唐桥陵调查简报〉,《文物》1966年1期。
[34] 陕西省文物管理委员会:〈唐建陵探测工作简报〉,《文物》1965年7期。
[35]《唐会要》卷20,〈陵议〉,昭陵条原注。《丛书集成》本④P.395
[36]《新五代史》卷40,〈杂传〉28,温韬。中华书局标点本②P.441
[37] 王仁波:〈唐代陵墓〉,建筑遗迹。《中国大百科全书·考古学》,大百科全书出版社,1986年,P.516
[38] 宿白:〈北魏洛阳城和北邙陵墓〉,《文物》1978年7期。
[39]《唐会要》卷21,〈陪陵名位〉。《丛书集成》本④P.412
[40] 中国社会科学院考古研究所河南第二工作队河南省偃师县文物管理委员会:〈唐恭陵实测纪要〉,《考古》1986年5期。
[41] 恭陵未经发掘,但《唐会要·诸陵杂录》中记有其内部情况,文云:"初修(恭)陵,……将成,而以玄宫狭小,不容送终之具,遽欲改拆之。…留役丁夫数千人,过期不遣。丁夫悉苦,夜中投砖瓦以击当作官,烧营而逃。遂遣司农卿韦机续成其功。机始于隧道左右开便房四所,以贮明器,……不改玄宫,及期而就。"《丛书集成》本④P.417
[42] 陕西省考古研究所:〈唐顺陵勘查记〉,《文物》1964年1期。
[43]《唐六典》卷4,〈尚书礼部〉。中华书局标点本P.120
[44]《通典》卷108,《开元礼纂类》3,〈序例〉下,〈百官墓葬田〉、〈碑碣石兽〉条。中华书局影印《十通》本P.570
[45]《唐会要》卷38,〈葬〉,(开元)"二十九年正月十五日敕"。《丛书集成》本⑦P.693
[46] 同书,同卷,〈葬〉。《丛书集成》本⑦P.692
[47] 昭陵文物管理所:〈昭陵陪葬墓调查记〉,《文物》1977年10期。
[48] 陕西省博物馆、乾县文教局:〈唐章怀太子墓发掘简报〉,《文物》1972年7期。
陕西省文物管理委员会:〈唐永泰公主墓发掘简报〉,《文物》1964年1期。
[49] 陕西省博物馆、乾县文教局:〈唐懿德太子墓发掘简报〉,《文物》1972年7期。
[50]《旧唐书》卷148,〈列传〉98,李吉甫。中华书局标点本⑫P.3994
[51]《旧唐书》卷150,〈列传〉100,德宗、顺宗诸子:肃王详。中华书局标点本⑫P.4044
[52]《旧唐书》卷138,〈列传〉88,姜公辅。中华书局标点本⑫P.3788
[53]《旧唐书》卷187上,〈列传〉137上,忠义上,安金藏。中华书局标点本⑮P.4885
[54]《旧唐书》卷79,〈列传〉29,吕才。中华书局标点本⑧P.2723
[55]《晋书》卷72,〈列传〉42,郭璞。中华书局标点本⑥P.1909
[56]《隋书》卷34,〈志〉29,经籍三,五行。中华书局标点本④P.1039
[57]《唐会要》卷20,〈陵议〉,"神龙元年十二月将合葬则天皇后于乾陵"条。《丛书集成》本④P.396
[58]《新唐书》卷91,〈列传〉16,姜謩,附姜庆初。中华书局标点本⑫P.3794

[59]《旧唐书》卷172,〈列传〉122,令狐楚。中华书局标点本⑭P. 4461
[60] 参阅《大汉原陵祕葬经》中〈相山岗篇〉载《永乐大典》卷 P. 8199 中华书局影印本
[61] 郑处诲《明皇杂录》补遗。中华书局标点本 P. 34

四、五代陵墓

五代十国时，战乱频繁，中原五朝递起，都享国不长，即使传代建陵，也很少有保存下来的。近年发现的南唐李昇、李璟二陵、前蜀王建永陵、后蜀孟知祥墓、闽王王审知墓都是南方十国的王陵。

南唐陵墓 南唐前主李昇的钦陵、中主李璟的顺陵都在南京牛首山南，均依唐制，因山为陵，顺陵在钦陵西约50米，均南向。顺陵西南有一东西80米、南北50米之平台，曾发现柱础，可能是献殿址。但陵前神道已无迹可寻。陵之做法是开挖沟槽，在内建砖石砌的墓室，再回填夯土封顶。做法近于南京南朝诸陵，而与唐代在山体凿洞窟式墓室不同[1]。

以钦陵为例 陵建于南唐保大元年（943年），分前、中、后三室，其间有券顶的短甬道相接。前、中室均用砖砌成，平面近于方形，边宽在4.5米左右，上覆砖砌穹顶，地面铺砖。二室四壁都用砖砌突出壁面少许的八角形壁柱、阑额，柱头及补间铺作均作一斗三升加替木，上承檐枋。二室的前、左、右三壁均用砖砌一券门。左右壁各一门，通入耳室。后室平面也近于方形、宽在6米左右，全用石造。东西壁砌出壁柱、阑额、斗栱，上承檐枋，枋上用长条石板逐层叠涩挑出，中间用平置石板封顶，形成盝顶式顶部。后室地面铺石板，前壁在素平壁面上开门洞，装石版门，后壁凹入一盝顶形龛，龛前地上砌石棺床。后室左右壁被壁柱分为三间，每间开一门，通入小的耳室，两侧共有六个耳室。前室前为墓门，两侧有壁柱，上承阑额、斗栱和小小的叠涩出檐。门洞为券洞式，门外用巨大的条石和块石封砌。陵丘直径约30米，为夯土筑成，颇为密实[2]（图3-4-23）。

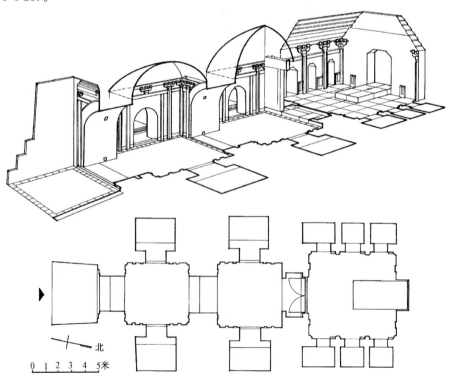

图 3-4-23 江苏南京南唐李昇钦陵平面及内景

从南唐二陵的形制看，与唐制有合有不合。其前、中二室四壁有柱、额、斗栱，和唐代二室墓很相近，只是唐用壁画画出，而南唐用砖石砌出而已。唐墓前多有羡道，左右有便房贮明器，南唐二陵墓道极短，故不得不把便房设在前、中、后室中，成为耳室。

前蜀王建永陵　　在成都老西门外抚琴台，建于前蜀光天元年（918年）。其陵建于地上，下为条石砌边的陵台，其内用块石、条石砌墓室，外为半球形夯土的坟丘。墓内分前、中、后三室，三室侧壁各用石砌突出的肋，上部向中心斗合，形成一道道的石拱券，以它为骨架，肋、券间再砌石块、铺石板，形成墓室。三室中，前、后室小而矮，各有三道突出的石券。主室较前、后室跨度大，有六道石券。三室均用石板铺地，前室最低，在通入中室的券门前有二层踏步，原装有木门。中室中央用石砌矩形须弥座为棺床。棺床束腰部分各版柱之间雕伎乐人，精细生动，既是石雕佳作，又是音乐史上重要史料。后室大小和前室相同，通中室的券门处原也装木门。后室的后半砌一石床，前壁雕出壶门，仿木床的形式。床上放置王建的石雕坐像[3]（图3-4-24）。

和王建墓形式做法很相似的还有成都东郊后蜀张虔钊墓。墓建于后蜀广政十一年（948年），比王建墓晚三十年。墓为砖砌的前中后三室，也是以若干道砖券为骨架所建，其平面和拱券凸出等做法都和王建墓相同，但规模较小[4]。

从二墓的相似程度看，这种做法可能是唐末五代的地方做法。

后蜀前主孟知祥墓　　在成都北郊磨盘山南麓。墓封土圆形，其下用石砌墓室。墓前有向下的羡道抵墓门，门内为筒拱构造的甬道，分为三段，中间装二道门。墓室为并列三座圆形穹顶砖室，中间为主室，直径6.7米，高8.16米；两侧为耳室，直径3.4米，地面均铺石板。主室内建石雕棺床，与南唐二陵及王建墓南北向者不同，此墓为东西向放置，作二层重叠的须弥座形式，各层雕刻均甚精。墓中出土玉册，有明德元年（934年）字样，知祥即死于是年，墓当即为此年所建[5]。此墓建造时间介于王建墓（918年）和张虔钊墓（948年）之间，又同在成都，而墓之形制、构造与二墓全然不同。孟知祥为河北邢州人，又是沙陀酋长李克用之婿，是一胡化汉人，此墓形制特殊是否和他的民族和家世背景有关，是颇值得考虑的问题（图3-4-25）。

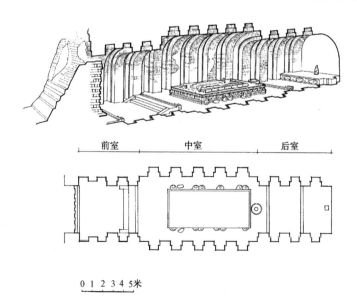

图3-4-24　四川成都前蜀王建永陵平面及内景

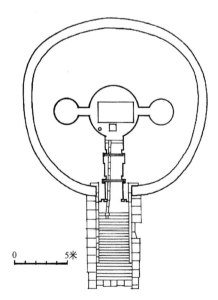

图3-4-25　四川成都后蜀孟知祥墓平面图

上举三墓都是五代时小国之君的墓，当时也称为陵。因唐代帝陵迄今尚未发掘，制度不详，故此三墓对推测唐代帝陵颇有参考作用。除孟知祥墓形制特殊外，南唐二陵和王建永陵有一共同特点，即均有前中后三室。其中南唐二陵三室均有柱、额、斗栱，顶上画天象图，和唐代诸王公主墓很近似。它增加一室，并把甬道移至中轴线而不似唐墓之偏在东侧，很可能即帝陵的特点之一。

注释

[1] 南京博物院：《南唐二陵发掘报告》，第一章，地理环境及发现和发掘的经过。 文物出版社，P.1~6
[2] 同上书，第二章，二陵的建筑。 文物出版社，P.7~30
[3] 《前蜀王建墓发掘报告》，文物出版社版。
[4] 成都市文物管理处：〈成都市东郊后蜀张虔钊墓〉，《文物》1982年3期。
[5] 成都市文物管理处：〈后蜀孟知祥墓与福庆长公主墓志铭〉，《文物》1982年3期。

第五节　住宅

隋唐是中国历史上继汉以后出现的第二个统一而强盛的王朝，经济繁荣，在城乡住宅建设上，比前代有较大的进展。

隋享国虽短，但凭借统一全国的气势和统一后壮大起来的经济力量，新建了新都大兴、东都，也建设了大量地方城市。为充实这些新建的都城和地方城市，城市住宅建筑必有迅猛的发展，而为了使城市住宅有秩序的发展，还应有一套规制。唐继隋后，前期有近140年的繁荣安定的强盛时期，两京和地方城市因之又有进一步的发展。都城和大中城市都街道宽阔、绿化普遍、沟渠贯通、里坊齐整、大小第宅鳞次栉比。隋唐二代是中国封建社会中期城市和住宅建设有较大发展的时期。

但隋唐的城市、住宅久已毁灭不存，我们只能借助于文献、壁画、明器和少量遗址进行探讨，而文献材料主要集中于长安（大兴）和洛阳（东都），其他地方城市较少，这在某种程度上说不能不算是缺憾。

隋建新都大兴和东都洛阳，都是历时一年即建成。其宫室、官署、城墙和一些官员的赐第（官邸）由将作监主持修建。里坊则划定地界后由居民自建。故可以推知当时必有一拨地标准和对住宅规模等第的限制，才能公私并举，同步建设而不致各行其是，无所约束。可惜这方面史料不传，已无从考证。据目前对长安、洛阳故城的发掘，结合文献记载，可知隋大兴（唐长安）东都（唐洛阳、神都）的居民区都采用里坊制，坊四周为坊墙，四面正中开门（大兴有一部分只东西开门）门内有十字街，分全坊为四区；每区内又有小十字街，分为四小区，全坊被大、小十字街分为十六个小区。每一小区再辟几条东西向的巷，巷之间偶有南北向小巷，称为曲。一般居民的住宅就建在巷或曲中。每巷并列若干宅。居民上街要通过坊门出入，并受夜禁限制[1]。

但唐代规定（隋代史料不传，很可能唐承隋制），王公等大贵族和三品以上官的第宅可以临大街在坊墙上开门。白居易〈伤宅〉诗："谁家起甲第，朱门大道旁，[2]"就指这类第宅。这类第宅占地广大。最大的可以独占一坊：《长安志》载隋文帝建大兴时，令其子蜀王秀占归义坊全坊，面积约54.5公顷[3]；又令汉王谅府占昌明坊全坊，面积约36.2公顷；隋炀帝修东都时，权臣杨素府占积德坊全坊，面积17.6公顷。次一等的可占半坊：炀帝之子齐王暕之府占东都宜人坊半坊，约11.5公顷；唐太平公主府占长安兴道坊半坊，约19公顷。再次的可占四分之一坊，如炀帝为晋王时，其府占大兴开化坊的1/4，约9.5公顷；杨素在大兴延康坊宅占1/4坊，约13.8公顷，唐长宁公主在崇仁坊宅，约21.4公顷；唐安乐公主在长安金城坊宅，约5.1公顷；唐太平公主在长安醴泉坊宅，约 3.5 公顷。这些是史籍所载长安洛阳最大的第宅的规模。以一坊为一府，实际上是一小城。明清紫禁城面积为 70.6 公顷，而前举之隋蜀王秀宅约 54.5 公顷，当明清紫禁城的 77%，可以知其巨大。王府占一坊实为专一城，这大约是继承东晋、南朝建康建东府、西州的传统。唐高宗武后以后，抑制诸王的权力，就不再有占一坊的府第了。

除这些特大府第外，政府还掌握一批府第，作为官员的"赐第"，即官邸。去职或死后收回。如长安开化坊炀帝故府入唐为肖瑀赐第，崇义坊有段秀实赐第，崇仁坊有褚无量赐第，永宁坊有王仁皎赐第，亲仁坊有安禄山赐第，永宁坊有李晟赐第等[4]，也都是些临街开门的大第宅。由于赐第终需收回，所以很多贵官在长安自建府第，这在《长安志》中有较详记载。[5]

长安洛阳是都城，还有大量中下级官员供职。因升谪调动无常，他们大多租房居住，故长安城有大量供出租的中小住宅。杜甫、元稹、白居易都先后在长安赁宅，从他们的诗篇中，可以知道大致情况。长安一般民居的住宅情况，史籍不载，但可从唐人笔记和传奇中了解到一些情况。

唐代地方城市和长安洛阳一样，民宅建在坊内，而把官署和主要军政官员住宅放在子城中。其布置方式和都城相似，规模却要小得多。但中唐以后，河北藩镇割据，其节署也近于宫室。晚唐时，其他地方军阀也竞修宫室，逾越制度，和唐前期又有所不同。唐代一般民居从出土明器看，仍是土墙承重，上架梁檩。江南甚至仍有些城市多用茅草顶者，和长安巨邸形成鲜明对照。综合史料，可以对隋唐贵族显宦邸宅，一般住宅和城乡贫民舍屋有一大致的了解。

一、王公贵官邸宅

隋唐王公贵官家口众多，妻妾子女外，僮仆动辄数十百人，有的还养有歌姬舞女。宅中厩马成群，主人出行随从往往有十余骑以上甚至数十骑（图 3-5-1）。有时外宅还养有办文墨的文士。史书载唐中兴功臣郭子仪之宅占亲仁坊的四分之一，面积近 13 公顷。家中有僮仆人等三千人，出入不相识，据此可知这些大府第拥有人口的规模。当时商业不发达，大宅人口众多，需要仓库来贮存庄园中收来的实物地租和以粮食支付的部分俸禄。一些贪污的权臣，库屋更是极大。天宝中抄宠臣王铁家，数日不能点查遍[6]。大历十二年，权臣元载得罪，经查抄，发现家中储存胡椒八百石，钟乳五百两，他物称是[7]。胡椒、钟乳在当时是珍罕之物，竟有如此之多，其他财货可想而知，可知府中必有很大的仓库。有些大宅邸内还设有鞠场，可以打马球，占地就更大了[8]。此外，车库马厩也是必备的。长安城建这么多里坊，里坊面积宛如小城，正是为了容纳这些巨宅贵邸。各级地方城市规模小于长安，其最大的第宅是衙城中的官邸和分封在该地的王府。一般住宅受官阶及与之相应的等级制度限制，在唐前期很少出现特大的豪华邸宅。

唐制规定[9]，王公及三品以上官可以建面阔三间进深五架的悬山屋顶大门。门外依官品设戟架，竖立棨戟。戟数自十至十六不等[10]。更大的官在府门外设阍人之室，如今之岗亭（图 3-5-2）。一家有数人为显官的，大门左右可另开门，门外各依其官品立戟。这种并列二门各自立戟的形象，可以在贞观四年李寿墓壁画中看到（图 3-5-3）。唐制还规定，五品以上官可在宅门之外另立乌头门，这实即在宅外加建一重围墙。这种第宅门外再加乌头门的形象屡见于敦煌唐代壁画中，而以 23 窟盛唐法华变壁画所绘最为典型（图 3-5-4）。从图中可看到，宅墙是抹灰的，而外墙是素夯土墙。这外围夯土墙遂成为贵邸标志之一。《唐语林》说，常侍李宽兄弟建第金陵，"土墙甲第，花竹犹不知其数[11]"，即指其宅有外围土墙而言。

大第宅一般要分外宅和内宅，外宅为男主人活动场所，内宅则以处女眷。史载，韦后失败后，

图 3-5-1 甘肃敦煌莫高窟第 156 窟唐代壁画出行图

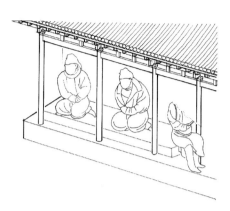
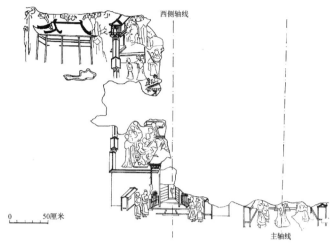

图 3-5-2　陕西乾县唐章怀太子李贤墓壁画阍人之室图

图 3-5-3　陕西三原唐李寿墓壁画中的列戟图

武延秀及安乐公主与来捉的官兵在"内宅"格战良久始被杀[12]，是王公府分内外宅之证。外宅最重要建筑为堂，是男主人延接宾客之所。唐制，王公及三品以上官可以建面阔五间进深九架歇山屋顶之堂。《通鉴》载，贞观十六年（642年）魏征卧病，因宅内无堂，唐太宗命辍小殿之材以构之，五日而成[13]。可知堂在宅中的隆重地位。一些巨宅不止一堂，有前堂、中堂之分。《长安志》引《谭宾录》说，唐玄宗在亲仁坊为安禄山建新第，"堂皇三重，皆像宫中小殿[14]"，白居易〈伤宅〉诗有"累累六七堂"之句[2]，可知有连建数堂的。《明皇杂录》说玄宗时名歌手李龟年在洛阳通远里大起第宅，"中堂制度甲于天下[15]"。《旧唐书》说虢国夫人杨氏兄妹数人"甲第洞开，僭拟宫掖。……每构一堂，费逾千万计[16]"，又说中唐名将马璘"经始中堂，费二十万贯[17]"。当时人都极力把宅中之堂建得雄壮豪华以相夸耀。堂之前还有中门，在宅门和堂之间。堂之后为寝，也称寝堂[18]，是内宅主体建筑，女主人延接宾客之处，规模和堂相当或稍低。堂寝之间也有门，以限隔内外，但其间一般不允许形成东西横街，以免有比拟宫中"永巷"之嫌。唐《营缮令》规定常参官可以建"轴心舍"。"轴心舍"不知其制，估计有两种可能。其一，清陈元龙《格致镜原》解释为工字厅。近年在渤海国宫殿中发现工字厅遗址，时当中唐，则在中原地区出现可能更早，故解释为工字厅亦可通。其二颇疑指大门设在中轴线上，与厅、堂南北相直。这实际是官署的规格，一般民宅门都开在东南侧，在敦煌壁画所绘住宅已是如此，故开在中轴线上需要一定的官阶才获允许。限于资料，目前只能做这两种推测，尚不能确指是哪一种。在堂寝的左右可以建"挟屋"（耳房），四周建回廊、曲室，围成院落。《谭宾录》说安禄山赐第"房廊窈窕，绮疏诘曲，[14]"描写的就是这种情况。堂和寝实际是前后两进大院落（图3-5-5）。

古代宫室、大官署、大寺院、大第宅大多采用廊院式布置，即在主建筑四周围以回廊，形成院落。东西侧廊之外侧各附建若干小院，南北成行。规模小些的就在廊上开门，通入各小院；更大的，则在东西廊之外留南北巷道，自巷道进入各小院。《长安志》说永宁坊王仁皎宅"神龙初（705年）宗正卿李晋居焉。缮造廊院，称为甲第[19]"。唐人传奇〈昆仑奴〉说唐代宗大历中某"勋臣一品"者，宅中有十院歌姬，红绡妓居第三院[20]。所说就是在大院落左右附以若干小院的布局。这种布置渊源甚古，汉晋时称之为坊，《晋宫阁名》说洛阳宫有显昌等十坊[21]是其例。段成式

《寺塔记》说招国坊崇济寺"东廊从南第二院有宣律师制袈裟堂[22]"，是佛寺建廊院之例。《长安志》记皇城内尚书省，说省内都堂东西各三行，安排六部各四司官厅[23]，是衙署建廊院之例。所以这种大院落左右附小庭院的布置是古代大型建筑布局的通式。据《崑崙奴》所描写，大第宅也是这样。

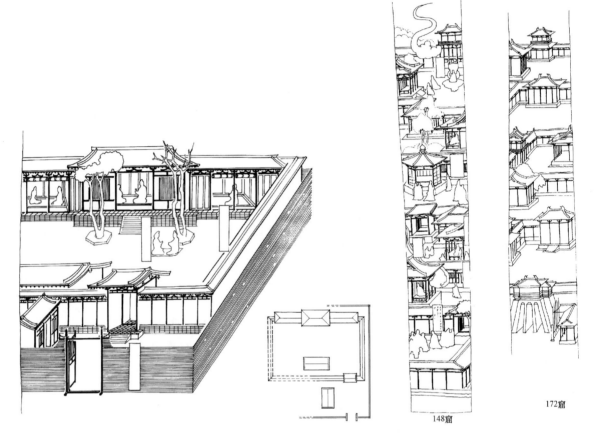

图 3-5-4 甘肃敦煌莫高窟第 23 窟盛唐法华经变壁画中所绘外有土墙的大邸宅

图 3-5-5 甘肃敦煌莫高窟唐代壁画中的第宅

更大的邸宅除中轴线上主建筑院落外，在左右侧还可另建院落，形成次要轴线，共同组成大的府邸。隋杨素宅占延康坊 1/4，唐代为魏王李泰府，李泰死后改建为西明寺。史载此寺有十院，屋四千余间[24]"。王府改佛寺应有一定改动，但原宫室侈大，且佛寺、宫殿制度相通，寺必将因袭王府之大部分布局，可以反推知杨素、李泰府也是由多院组成的。唐郭子仪宅占亲仁坊 1/4，《唐语林》说他"所居宅内，诸院往来乘车马。"[25]可知这些巨邸内都又划分为若干院。

隋唐大第宅大约是初期讲究规模宏大，以后逐渐重在华侈精美。隋文帝时尚节俭，虽新都大兴地广，第宅面积都很大，但少有奢丽第宅见诸史籍。其第三子秦王杨俊性奢侈，为并州总管时在并州"盛治宫室，穷极侈丽。……又为水殿，香涂粉壁，玉砌金堦，梁柱楣栋之间，周以明镜，间以宝珠，极荣饰之美[26]"，以此得罪免官。并州是北齐陪都、建水殿和殿内镶镜都是北齐宫廷贵族奢靡习俗，在北周和隋是引以为戒的，故杨俊得罪。隋炀帝恃富强而骄，新建的东都和江都宫室华侈远过大兴，但未及在群臣间形成风气即覆亡。唐立国后，惩于隋亡教训，拆毁东都最奢丽的宫室，以示爱惜民力、力戒奢靡的决心。唐太宗的离宫九成宫，翠微宫用茅顶，大臣魏征第宅无堂，虽是有意示范，也说明一时风气。从高宗武后时期起，经济发展，国力进入盛期，政治上腐化倾向也日趋严重。高宗在长安新建大明宫，又修复洛阳宫并新建上阳等宫，宫室日趋华侈。武后常住洛阳，又大修宫殿、明堂和诸离宫。上行下效，贵戚、宠臣间在洛阳兴起的大修第宅之风遂不可遏止。《朝野佥载》说，武则天姊子宗楚客在洛阳造新宅，"皆是文柏为梁，沉香和红粉以泥壁，开门则香气蓬勃。磨文石为阶砌及地。"圣历元年（690年），宗楚客以赃及"第舍过度"流放播州后，"太平公主就其宅看，叹曰：看他行坐处，我等虚生浪死"[27]。太平公主是武则天幼女，以居宅豪侈著名，竟然羡慕至此，可知其豪华程度。武则天男宠张易之也造大堂，"甚壮丽，计用数百万。红粉泥壁，文柏贴柱，琉璃沉香为饰[28]"。这在当时都是最豪华的例子。

武后对诸王公主控制很严，虽亲生子孙也屡加杀戮，故当时敢放纵奢靡的多是武氏诸外戚和宠臣。到中宗、睿宗时，又开始宠纵诸王公主，在长安兴起大建豪华邸宅之风。中宗之女长宁公主在洛阳长安都有府第，洛阳第占惠训、道术二坊之地，有园林亭阁及鞠场。宅北临洛水，筑堤以障之。宅内崇台蛰观相连属，无虑费二十万[29]。长安第在崇仁坊西南隅，占1/4坊，约21公顷。其宅"右属都城（西临皇城东之启夏门街），左颓（俯）大道（崇仁坊内十字街之南街），作三重楼以凭观，筑山浚池，帝及后数临幸，置酒赋诗。又并坊西隙地广鞠场"[28]。韦述《两京新记》说："盛加雕饰，朱楼绮阁，一时称绝。又有山池别院，山谷虢蔽，势若自然"[30]。公主事败后，出售长安第宅，仅瓦木钱值二千万贯。其山池改为道观。安乐公主是中宗幼女，先嫁武崇训，府第在休祥坊，史称其宅"拟于宫禁，巧妙过之。"后又嫁武延秀，"于金城坊造宅，穷极壮丽，帑藏为之空竭"[12]。这是史书所载中宗时最华侈的邸宅。

玄宗前期，武后以来腐朽之风稍受遏制，但到后期政治腐败，大建第宅之风又大盛。主要建者仍是贵戚宠臣，如李林甫、杨国忠兄妹和安禄山等。《旧唐书·后妃传》说，杨国忠"姊妹昆仲五家，甲第洞开，僭拟宫掖。……每构一堂，费逾千万计。见制度宏壮于己者，即撤而复造，土木之功，不舍昼夜。"虢国夫人宅在宣阳坊东北隅，唐郑嵎《津阳门诗注》说："虢国构一堂，价费万金"[31]。《明皇杂录》说其堂的瓦下"皆承以木瓦"[32]，制作精密。宠臣王铁宅在太平坊，《唐语林》说"宅内有自雨亭子，檐上飞流四注，当夏处之，凛若高秋，又有宝钿井栏，不知其价"[6]。从这些记载看，这时第宅向精美奢丽方向发展。自雨亭子为纳凉建筑。同书载玄宗建凉殿，四隅积水，成帘飞洒，也是这种建筑[33]。《旧唐书·西域传下·拂菻》载其国盛暑时"引水潜流，上遍于屋宇，……观者惟闻屋上泉鸣，俄见四簷飞溜，悬波如瀑，激气成凉"[34]。可知自雨亭子传自拂菻国，唐和西域、中亚交通频繁，服饰、器用、图案纹饰受自西域影响很多。自雨亭之事说明建筑上也受影响。由于唐代住宅实物不存，文献脱略散失，所知仅此而已。

安史之乱后，唐中央政权极大削弱，凭借回纥之力才勉强收复两京，但安史残余势力割据的河北始终未能收复。朝中功臣宿将恃功骄恣，朝廷无力控制，也成为突出问题。自中唐以来，权臣将帅大修华侈第宅之事，史不绝书，相比之下，皇帝修宫殿之事反而为其所掩。《通鉴》说："初天宝中，贵戚第舍虽极奢丽，而垣屋高下犹有制度，然李靖家庙已为杨氏马厩矣。及安史乱后，法度废弛，人臣将帅，竞治第舍，各穷其力而后止，时人谓之木妖"[35]。这表明，在安史之乱以前，朝廷还有控制力，虽宠臣骄奢，其第宅多少还受法度约束。安史乱后，朝廷力弱，权臣将帅建宅已不受法令限制。《杜阳杂编》说权相元载有南北二第，北第在大宁坊，南第在安仁坊。南第造有芸辉堂，"芸辉，香草名也，出于阗国，……舂之为屑以涂其壁，故（堂）号芸辉焉。而更构沉檀为梁栋，饰金银为户牖，内设悬黎屏风、紫绡帐。……芸辉（堂）之前有池，悉以文石砌其岸"[36]。大将马璘在长兴坊建宅，《旧唐书》说："璘之第经始中堂，费钱二十万贯（即二亿钱），他室降等无几。及璘卒于军，子弟护丧归京师，士庶（欲）观其中堂，故假称故吏，争往赴吊者数十人"[37]。元载、马璘外，还有宦官刘忠翼也以第宅华丽著称。对此，唐代宗只能隐忍。大历十四年（779年）代宗死，德宗即位，他少年气盛，当即下令拆毁违制最甚的元载、马璘、刘忠翼三宅[35]。《长安志》记此事，说"自是京师楼榭之逾制者皆毁之"[38]，大约只是就一时之事而言。《册府元龟》载唐文宗太和六年（832年）又下令重申营缮制度，革奢丽之弊，可知第宅逾制之事始终存在。对太和六年的敕书，《册府元龟》也说："事竟不行，议者惜之"[9]。

事实上，自高宗、武后以后，建豪华大第宅之风一波未止，一波又起，尽管有时大臣文士提出反对意见，偶然皇帝也想制止一下，都不能认真执行，当然也不会奏效，第宅奢华失控是过度剥削的表现之一，又和政治腐败共生，随着唐政权的衰微、腐败日甚一日，直至唐朝覆亡。诗人白居易在贞元、元和之际（9世纪初）撰有《秦中吟》十首，其中《伤宅》一首就是讽刺第宅过度的。诗云："谁家起甲第，朱门大道边。丰屋中栉比，高墙外回环。累累六七堂，栋宇相连延。一堂费百万，郁郁起青烟。洞房温且清，寒暑不能干。高堂虚且迥，坐卧见南山。绕廊紫藤架，夹砌红药栏。攀枝摘樱桃，带花移牡丹。主人此中坐，十载为大官。厨有臭败肉，库有贯朽钱。谁能将我语，问尔骨肉间。岂无穷贱者，忍不救饥寒？如何奉一身，直欲保千年？不见马家宅，今作奉诚园"[2]。诗中很形象地描述了大邸宅的面貌，并指出贫富不均的问题。实际上大第宅奢华，建设失控，是唐政权开始腐化，走向衰亡的重要征候。

具体地说，综合文献资料和诗文所载，这些巨邸正堂可建为五间歇山顶建筑，可用挑出一跳的斗栱。门窗虽在壁画中只见到版门和直棂窗，但唐石棺上已雕有在版门上部开直棂的形象，为宋代格子门之先河；琐纹窗在汉代已有，不可能在唐代只有直棂窗一种，证以对安禄山宅"绮疏诘屈"的描写，当时第宅中恐应有更为精致的门窗等装修。室内部分多以高级木料为梁柱装修，各记载多提到以文柏或文杏为梁柱，应是取其纹理之美；柏木还可取其有香气。以柏木建屋是南北朝以来的传统，南朝有柏斋，北朝有柏堂，都是最高贵的建筑，唐时仍在沿用其传统。但前引文说张易之宅堂以"文柏贴柱"，则属包镶一类做法。唐代流行贴薄木片或拼小木块为图案做器物的饰面，属高级手工艺品，遗物国内已无存，但尚可在日本正仓院遗宝中看到。张易之堂把这种工艺用在建筑上，在当时是极豪华的做法。

这时对室内抹灰已很重视，前引宗楚客、张易之宅和天宝中富商王元宝宅，都以红粉香泥泥壁，也属当时的豪华做法。室内地面一般铺方砖或花砖，宗楚客、王元宝宅则用磨光文石铺地，又以锦文石为柱础，这和唐大明宫麟德殿地面的做法相同，属最高等级的地面了。史称宗楚客罪状之一，为"第舍过度"，文石铺地应是一项。唐《营缮令》说王公以下住宅不得用藻井，但已发掘诸唐代亲王、公主墓的过洞和甬道顶上画有平闇，大约堂内是可以用平闇的。

这时豪华的堂室内部陈设以帷幕、帘、帐幄、床、几、屏风等为主。《唐语林》引《续世说》称，"（唐）明皇为安禄山起第于亲仁坊，敕令但穷极壮丽，不限财力。既成，具幄、帘、器皿充牣其中。布贴白檀床二，皆长一丈，阔六尺。银平脱屏风帐一，方一丈八尺"[39]。幄即帐，下用四个帐柱础，上插帐柱，顶部用金属帐镈连成攒尖或覆斗形帐顶，复以帐幕，顶上罩珠网络和璎珞垂饰。上至皇帝下及贵戚贵臣，殿堂之内都设幄帐，为起坐之处。唐玄宗为安禄山所造之帐内设银平脱屏风，是极豪华的工艺品。《唐六典》记载，唐帝朔望受朝时，在正殿（在大明宫时为宣政殿）所设的幄帐阔仅一丈四尺[40]，而为安禄山宅所造之帐却方一丈八尺，大于御帐，可说是破格优待了。只有帐顶而无帐身的称窃,如佛像上之"天盖",悬在坐具之上以承尘,并突出所坐人之威仪。床不仅是卧具,也是坐具。传阎立本画〈北齐校书图〉画数人同坐一大床上,可为参证。小床可以独坐,也可陈设物品。《唐语林》说:"(中书、门下)两省官上事日,宰相临焉。上事者设床、几,面南而坐,……宰相别施一床"[41]。又说:"丧乱以来,此风(指送葬设祭)大扇。祭盘帐幕高至九十尺,用床三四百张[42]。唐人传奇〈虬髯客〉说,虬髯客宴请李靖、红拂于中堂,家人自西堂异出二十床,各以锦绣帕复之,……乃文簿钥匙耳"[43]。所记是小床独坐及放物的情况。屏风多设在坐具之后,一般六扇,在唐墓和敦煌壁画中都可看到。白居易撰有〈素屏谣〉,说:"当今甲第与王宫,织成步障银屏风。缀珠陷钿帖云母,五金七宝相玲珑。贵豪待此方悦目,然肯寝卧乎其中"[44]。屏风也有和床连为一体的,1982年在甘肃天水唐墓中发现一石棺床,床四面雕壶门,床上左、右、后三面围以石板雕成的屏风,左右各三扇,背面五扇[45](图3-5-6)。屏床在敦煌壁画和佛坛中都可见其形象。有的画作深紫黑色,上缀小白花饰,表现的是紫檀螺钿做法,可知当时实物有极为豪华。唐代屏风的实物在日本正仓院中都还保存着,虽多属日本古时仿制品,但还可了解其具体形象和工艺特点。几多放在床前,放置生活器用,形制和汉晋以来无大变化(图3-5-7)。此外,帘幕是居室重要设施。檐下都挂帘,室内多悬帷幕,屡屡见于唐人诗歌和壁画中。白居易〈题周皓大夫新亭子二十二韵〉有"锦额帘高卷"之句[46],说明豪华第宅的竹帘上方还有锦额。他又在〈移家入新宅〉诗,有"清旦盥漱毕,开轩卷帘帏"之句,所咏是他在洛阳履道里住宅,属大中型宅邸,说明在唐代,竹帘帷幕属必备的设备。

1959年在西安中堡村唐墓中发现一组蓝或绿釉陶屋,有房子八座,亭子二座,山池一座,惜原位置已不明。房屋均悬山顶,面阔三间。其中正堂蓝釉屋顶,前檐用四柱,形成檐廊。前檐明间开门,两次间划出直棂窗形象;两山及后檐均为墙,无柱,另一座为大门,三间,只前檐明间有二柱,两山为山墙。脊缝之下明间为门。其余六座三间二柱,前檐敞开,无门窗装修,应是厢房及厨库等辅助建筑(图3-5-8)。这组建筑从大门三间,又有二座亭子看,应是五品以上官员的规格。从附有二座亭子和山池看,还可能更高一些。但正堂只三间,又作悬山顶,规格又稍低。当时制度,低级者不许冒用高级规格,而高级者可以使用低的规格,从亭子、山池和三间大门看,它应是当时较高级邸宅的模型。

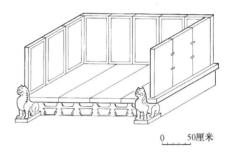

图3-5-6 甘肃天水唐墓出土唐代石榻及屏风

图3-5-7 甘肃敦煌莫高窟第45窟唐代壁画中的住宅

图 3-5-8　陕西西安中堡唐墓出土明器住宅

二、一般住宅

一般住宅系指六品以下官员和城市富民住宅。关于这部分住宅的情况，史料更为稀少，只能从诗文中了解情况。在唐《营缮令》中，六品七品以下官和庶人住宅基本相同，大门为一间两架，堂三间，庶人四架，六品以下官五架，只堂的进深比庶人加大一间而已。但这是指自建屋的规模，临时租屋，则不在此限。白居易一生中多次在长安居官，由低级官到中级官，先后在常乐坊、昭国坊租宅，后又在新昌坊买宅，都见之于诗篇。综合起来，可以看到一些情况。

唐贞元十九年（803年），白居易为校书郎，租常乐里宅居住。诗集中有〈常乐里闲居偶题十六韵〉一首，说："茅屋四五间，一马二仆夫，……窗前有竹玩，门外有酒沽"[49]。据《唐六典》，校书郎为正九品上，属最下级官员。故只能租有茅屋四五间的住宅居住，和平民之居无差别。他是诗人，对物质享受要求不高，当时尚未婚，只要有窗前竹影和美酒来助其诗兴就感到满足了。元和十年（815年）白居易再任京官，租昭国坊房屋居住。昭国坊在慈恩寺所在的进昌坊之北。《长安志》说自兴善寺（在靖善坊）以南四坊，"东西尽郭，虽时有居者，烟火不接，耕犁种植，阡陌相连"[50]。昭国坊正在这南四坊之内，是很荒凉的地方。故白居易诗说："归来昭国里，人卧马歇鞍。……柿树绿阴合，王家庭院宽。……瓶中鄠县酒，墙上终南山"[51]。又说："贫闲日高起，门巷昼寂寂。……槐花满田地，仅绝人行迹"[52]。据诗中描写，地方很荒僻，有宽大的庭院，墙矮到可以越过墙头看到远处的终南山。门外即槐花满地的田野。这时白居易为太子左赞善大夫，为正五品官。按等级可以住有五间七架之堂的住宅，但因东宫官是闲冷官，并无此经济能力。不久他就被贬去江州为司马了。长庆元年（821年）白居易回京，为中书舍人，仍是正五品官，以其外任积蓄，在新昌坊买宅。他有《新昌新居书事四十韵》，记住宅的情况，诗云："……新园聊划秽，旧屋且扶颠。簷漏移倾瓦、梁歆换蠹椽。平治迓台路，整顿近阶砖。巷狭开容驾，墙低垒过肩。门闾堪驻盖，堂室可铺筵，丹凤楼当后，青龙寺在前。……省吏嫌坊远，豪家笑地偏。……帘每当山卷，帷多待月褰。篱东花掩映，窗北竹婵娟"[53]。从诗语看，是在偏远之坊买一旧宅加以修缮的。但此宅有松竹之胜。他有〈竹窗〉诗，说："今春二月初，卜居在新昌。未暇作厩库，且先营一堂。开窗不糊纸，种竹不依行，意取北簷下，窗与竹相当。"又有〈庭松〉诗，说："堂下何所有，十松当我阶。乱立无行次，高下亦不齐。……接以青瓦屋，承之白沙台。……四时各有趣，万木非其俦。去年买此宅，多为人所咍。一家二十口，移转就松来。移来有何得，但得烦襟开"[54]。从这些描写看，这所住宅较大，原有的堂可以开筵，堂前有白沙月台，台上种有十松。他买宅后又另建一小堂，北窗种竹，为消夏纳凉之处。宅中还有小园，称南园。他有〈南园试小乐〉诗，说"小园斑驳花初发，新乐铮摐教欲成。红萼紫房皆手植，苍头碧玉尽家生"[55]。可知不仅有小园，还有一个由家里奴婢组成的小乐队。诗中所说的"一家二十口"，应包括这些人。从"未暇作厩库"句看，宅中还必须有马厩和仓库。综合起来看，宅中有二堂，另外还应有寝堂，供主人居住，加上厨、库、马厩和供童仆婢妾歌人居住之室，至少应有三十间左右，属于中型住宅。白居易喜质朴自然，故其宅不会很华丽，但官至五品，其宅已有一定规模了。白居易的好友元稹则较讲究第宅享受，在长安和居外官时，住宅都比白居易考究，常以此向白居易夸耀，白也偶有赞羡之诗。元和五年（810年），元稹贬官为江陵府士曹参军，借官宅居住，宅临江边、原很残破，经他向旧交求助，才由官府给以修缮。他有〈江边四十韵〉记此事，诗中说："栋梁存伐木，苫盖愧分茅。……花砖水面斗，鸳瓦玉声敲。方础荆山采，修椽郢匠铇。隐椎雷震蛰，破竹箭鸣骹。正寝初停午，贪眠欲转胞。困圆收薄禄，厨敞备嘉肴。……高门受车辙，华厩称蒲梢……"[56]。从诗句看，其宅主要建筑堂寝行廊等为瓦屋，堂内地面铺花砖，房屋木构架加以修铇，台基加以夯筑。次要建筑为茅草顶房屋，墙壁及篱编篾而成。修缮后，堂寝一新，前有高门华厩，后有宽敞的厨房和仓储。士曹参军是正七品上的官，按规定和庶民相差无几，有三间堂和一间的门，元稹的贬谪之官能有铺花砖的瓦屋为厅，应是他受到旧交的破格照顾了。和白居易谪江州时建的庐山草堂比是奢侈多了。

1964年，在山西长治唐王休泰墓中发现一组明器住宅，形成院落[57]。王休泰祖上为官，本身无职，是一富有地主，故其宅可作为一般无职庶人中型第宅的模型看待。宅最前为宅门，左右为山墙，上覆两坡顶，门设在正脊之下，前后出廊，正是营缮令中"一间两架"的门屋。门屋两侧有围墙，墙顶抹平，不覆瓦，表示为素夯土墙。门内一影壁，也是素平无瓦，构造与墙相同。第一进院内正房和东西厢房各三间，正房只明间开门，东西厢房各开二门。正房明显高于厢房。虽屋顶都是悬山顶，但正房两山有排山勾滴，其规格高于厢房。第二进院有三座房屋，都面向前，做品字形排列。正中一座在后、面阔三间，左右二座稍靠前，各一间，三房也是悬山屋顶，但尺度明显小于第一进院，前檐都敞开，无门窗。在三房屋之间，中轴线上置一陶灶。灶不可能露天，放在这里应是表示这三座房屋为厨库等建筑。在第二进院之后又有一座房屋，是马厩，其西端是马夫住所。马厩的左前方有碾盘。院内还陈列有马、骆驼、碓、车等，对墓主的食、住、行三方面都有所反映。通计此宅有三进院落，第一进为堂室，二进为厨库，三进为后院马厩。宅门一间二架，正堂三间，都和〈营缮令〉的规定相符。大门内设影壁又见于唐人小说中，也是当时常见的做法（图3-5-9）。

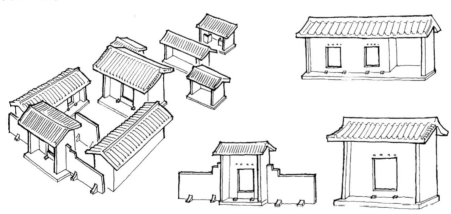

图3-5-9　山西长治唐王休泰墓出土明器住宅

《太平广记》引《乾𦢊子》记载了长安一所中小型住宅。文云："上都永平里（即坊）西南隅有一小宅，……有堂屋三间，甚庳，东西厢共五间。地约三亩。榆楮数百株。门有崇屏，高八尺，基厚一尺"[58]。永平坊是宫城西侧街之西自南起第四坊，也在居人稀少的城南四列坊之中，故小小一宅，竟占地三亩。此宅"堂屋三间，甚庳"，应是庶人宅的规格，但门内也有门屏，即影壁。可知尽管在北齐时还只有三公府中门黄阁后可设内屏,但在唐代,一般住宅都可以在门内设影壁即"内屏"了。

三、外地州县和乡村住宅

从近年发掘出的材料结合诗文,可知北方建筑大部分为夯土垣墙,上加木屋架,富者覆瓦,贫者葺茅草。而江南地区更多用茅草竹苇为屋。《旧唐书·宋璟传》说:"广州旧俗,皆以竹茅为屋,屡有火灾。(宋)璟教人烧瓦,改造店肆,自是无复延烧之患。人皆怀惠,立颂以纪其政"[59]。此事大约在睿宗之末(712年左右)。在江西也有此情况。《新唐书·循吏传·韦丹》云:"始,(洪州)民不知为瓦屋,草茨竹椽,久燥则戛而焚。(韦)丹召工教为陶,聚材于场,度其费为估,不取赢利。人能为屋者,受材瓦于官,免半赋,徐取其偿"[60]。这是宪宗后期(约815年左右)之事。元稹有〈茅舍〉诗,记其事迹,说"楚俗不理居,居人尽茅舍。茅苫竹梁栋,茅疏竹仍罅。……篱落不蔽肩,街衢不容驾。……遗烬一星燃,连延祸相嫁。……旧架已新焚,新茅又初驾。前日洪州牧,(原注:韦大夫丹)念此常嗟讶。牧民未及久,郡邑纷如化。峻邸俨相望,飞甍远相跨。旗亭红粉泥,佛庙青鸳宽。斯事才未终,斯人久云谢……"[61]。所记也是把住宅竹屋架茅草顶改为木屋架瓦顶;把竹籬墙改为抹灰墙之事。白居易贬官江州(九江)司马,于元和十二年(817年)在庐山建草堂,自撰〈草堂记〉,说草堂"面峰腋寺,……三间两柱,二室四牖。……洞北户,……敞南甍,……木斲而已不加丹,墙圬而已不加白。瓱阶用石,幂窗用纸,竹帘纻帏,率称是焉。堂中设木榻四,素屏二。……是居也,前有平地,轮广十丈,中有平台,半平地,台南有方池,倍平台"[62]。他又有〈草堂初成,偶题东壁〉诗,说"五架三间新草堂,石阶桂柱竹编墙,南簷纳日冬天暖,北户迎风夏月凉,洒砌飞泉才有点,拂窗斜竹不成行。来春更葺东厢屋,纸阁芦帘著孟光"[63]。综合诗文,可知草堂面阔三间,进深五架,只明间前簷用二柱。明间前檐敞开,后簷开一单扇门。两次间隔为室,前后檐都开窗。堂的木构部分不涂朱色,墙壁表面只抹泥而不刷白,窗间窗下墙为编竹抹泥墙,窗用纸糊。簷下的竹帘和室内所悬蕲布帷幕也和这简朴的房屋相称。诗人拟增建的东厢也只想用"纸阁芦帘"。从所描写的情况看,除堂深五架,比法定庶人之堂四架多了一架,属低级官员规模外,其余与江南普通民居无殊,为我们了解一般乡村住宅提供了资料。

四、住宅的结构和构造

在西安附近的唐代大墓中,墓室内部多画有柱子、阑额、斗栱。阑额多作"重楣",斗栱在柱上的多画一斗三升,补间为叉手(俗称人字栱),所表现的是全木构建筑[64](图3-5-10)。唐贞观四年李寿墓室所画第宅图也是全木构建筑。证以前引诸豪华宅堂用柏木、文杏为梁柱的记载,可知豪华第宅的主要建筑应是全木构的。诸墓室斗栱除大部画一斗三升外,唐虢王李凤墓墓室画为上下两重横栱,上加替木[65](图3-5-11),可以看作出一跳华栱,上承令栱、替木,这应是王公以下所能使用的斗栱的最高限度了。出二跳华栱当即是《营缮令》中的"重栱",属宫殿专用的了。《营缮令》中规定三品以上堂深九架,五品以上堂深七架、六品七品以上堂深五架,都是单数。前文已考订,每架指一椽之长,九、七、五架之屋为单数架。则其屋前后坡不等长,其中一坡多出一架。此情况如何解释,史无明文,极可能是前檐多一架,当为五、七间歇山顶时,出一抱厦;当为三间堂时,前檐出一架深之檐廊。但也可能后坡增一架,隔为室,那就是更古的制度了。

中型住宅的构架情况,可以西安中堡村唐墓出土明器为参考[48]。在出土八座房子中,只有正堂为面阔三间,前檐用四柱。这现象可以理解为全木构,也可以理解为屋身部分四周为承重墙,上承檩椽，只前檐立四柱，出一架深之檐廊。明器中其他七座房屋都是三间用二柱，明显是土木混合结构。这些房屋的两山墙和后檐墙为承重墙，山墙上承檩和从前檐明间二柱上伸过来的橑檐方。只在明间处左右各用一梁，梁后尾压在后檐墙上，前端由明间前檐二柱来支承。这种三间只用二柱余为承重墙的做法渊源甚古。现存汉朱鲔石祠、郭巨石祠都属这种做法，只是间数少了一间，为二间用一柱而已（图 3-5-12）。

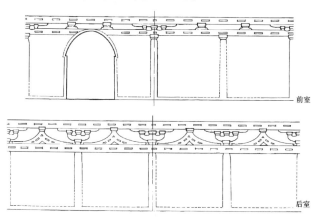

图 3-5-10 陕西乾县唐永泰公主李仙蕙墓墓室壁画柱额斗栱

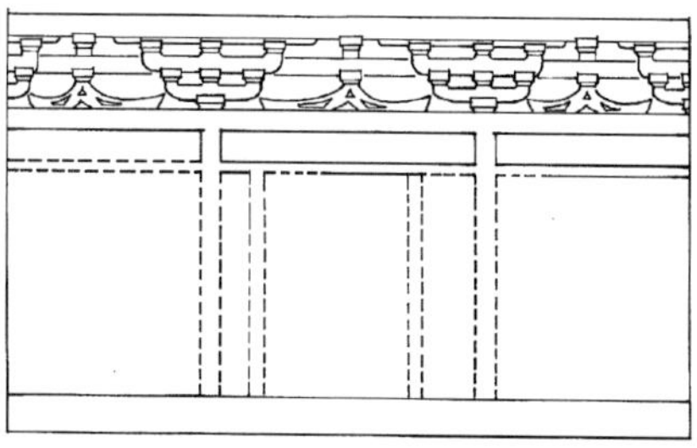

图 3-5-11 陕西西安唐虢王李凤墓墓室壁画柱额斗栱

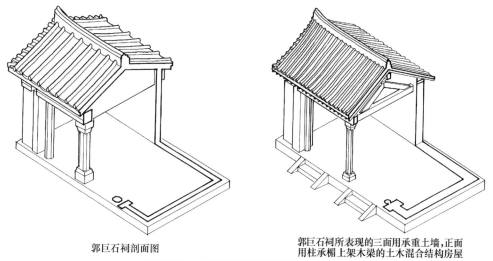

郭巨石祠剖面图

郭巨石祠所表现的三面用承重土墙，正面用柱承槅上架木梁的土木混合结构房屋

图 3-5-12 山东肥城汉郭巨石祠结构示意图

中型住宅已是以土木混合结构为主，少用全木构房屋，则小型住宅更应是这样了。前举山西长治唐大历六年（771 年）王休泰墓出土的八座明器陶屋，全都是两端山墙头略凸出，没有中柱，明确表现为夯土（或土坯）承重墙房屋，即是其证。白居易庐山草堂明确形容为"三间二柱"，也属土木混合结构房屋。

近年对唐长安的发掘，尚未能大面积揭开里坊遗址，但从已发掘了相当部分的西市遗址看，其房屋开间不大，多是用山墙承重的混合结构房屋。证以西安中堡村和山西长治二唐墓明器，我们可以人体推知，在长安洛阳和长江以北各地的中小型住宅仍是以土木混合结构为主的，只把最主要建筑建为全木构架房屋。

在广州、江西等地的竹屋架茅草屋面房屋因是轻屋面，倒可能是全框架房屋，墙壁用竹编成抹灰。从广州出土的东汉陶屋中，我们看到那时已在使用以柱承檩的穿斗架式房屋构架，墙壁用竹编抹泥，直至近代，这传统在江南两广仍然存在，可以推知它在唐时恐也未必会中断。只是图像、模型不存，史籍缺佚，尚不能知其具体发展情况和时代特点而已。

注释

[1] 宿白：〈隋唐长安城和洛阳城〉，《考古》1978 年 6 期。

[2] 《白居易集》卷 2，〈讽谕〉2，〈秦中吟〉十首之三，〈伤宅〉。中华书局排印本①P. 31

[3] 《长安志》卷 10，〈归义坊〉条。中华书局影印《宋元方志丛刊本》①P. 128

    按：各坊面积及占半坊、1/4 坊之面积均据《唐代长安考古纪略》中所载经勘察得知的诸坊尺寸折算而来，未扣除坊内街道面积，故为约略数字。下文诸宅面积同。

[4] 据《长安志》卷 7 至 10 各坊条所载。

[5] 《长安志》卷 8，亲仁坊，郭子仪宅条，原注引《谭宾录》之文。中华书局影印《宋元方志丛刊》本①P. 116

[6] 《唐语林》卷 5，武后已后王侯妃主京城第宅条。上海古籍出版社标点本 P. 182

[7] 《旧唐书》卷 118，〈列传〉68，元载。中华书局标点本⑩P. 3414
《资治通鉴》卷 225，〈唐纪〉41，代宗大历十二年（777 年）三月条。中华书局标点本⑮P. 7242

[8] 《新唐书》卷 83，〈列传〉8，〈诸帝公主〉，长宁公主传。中华书局标点本⑫P. 3651

[9] 《册府元龟》卷 61，〈帝王部〉，〈立制度〉二，太和六年六月敕引《营缮令》。中华书局影印本①P. 680

[10] 《唐会要》卷 32，〈舆服〉下，〈裘〉。《丛书集成》本⑥P. 585

[11] 《唐语林》卷 7，〈补遗〉，"池州李常侍宽"条。上海古籍出版社标点本 P. 255

[12] 《旧唐书》卷 183，〈列传〉133，〈外戚〉武延秀传。中华书局标点本⑭P. 4734

[13] 《资治通鉴》卷 196，〈唐纪〉12，太宗贞观 16 年（642 年）秋七月条。中华书局标点本⑬P. 6176

[14] 《长安志》卷 8，〈亲仁坊〉，安禄山宅条原注引《禄山故事》及《谭宾录》。中华书局影印《宋元方志丛刊》本①P. 115

[15] 《明皇杂录》卷下，"唐开元中乐工李龟年"条。上海古籍出版社标点本 P. 23

[16] 《旧唐书》卷 51，〈列传〉1，〈后妃〉上。中华书局标点本⑦P. 2179

[17] 《旧唐书》卷 152，〈列传〉102，马璘。中华书局标点本⑫P. 4067

[18] 《酉阳杂俎续集》卷 5，〈寺塔记〉上，"道政坊宝应寺"条："寺中弥勒殿，齐公寝堂也。"中华书局标点本 P. 251

[19] 《长安志》卷 8，〈永宁坊〉，王仁皎宅下原注。中华书局影印《宋元方志丛刊》本①P. 116

[20] 《太平广记》卷 194，〈豪侠〉2，崑崙奴。中华书局标点本④P. 1452

[21] 《古今图书集成·经济汇典·考工典》卷 73，〈坊表部杂录〉引。中华书局影印本㉘P. 6b

[22] 《酉阳杂俎续集》卷 6，〈寺塔记〉下。中华书局标点本 P. 260

[23] 《长安志》卷 7，〈唐皇城〉尚书省条原注。中华书局影印《宋元方志丛刊》本①P. 107

[24] 《大慈恩寺三藏法师传》卷 10，显庆三年七月徙居西明寺条。中华书局标点本 P. 214

[25] 《唐语林》卷 5，〈补遗〉，"中书令郭子仪"条。上海古籍出版社标点本 P. 182

[26] 《隋书》卷 45，〈列传〉10，〈文四子〉，秦孝王俊。中华书局标点本④P. 1240

[27] 《朝野佥载》卷 3，"宗楚客造一新宅成"条。中华书局标点本 P. 70

[28] 《朝野佥载》卷 6，"张易之初造一大堂"条。中华书局标点本 P. 146

[29] 《新唐书》卷 83，〈列传〉8，〈诸帝公主〉，长宁公主条。中华书局标点本⑫P. 3651

[30] 曹元忠辑本《两京新记》卷 1，〈崇仁坊〉条。《南菁札记》本卷 2，P. 11a

[31] 《长安志》卷 8，〈宣阳坊〉，奉慈寺条原注。中华书局影印《宋元方志丛刊》本①P. 115

[32] 《明皇杂录》卷下，"杨贵妃姊虢国夫人"条。上海古籍出版社标点本 P. 25

[33] 《唐语林》卷 4，"玄宗起凉殿"条。上海古籍出版社标点本 P. 120

[34] 《旧唐书》卷 198，〈列传〉148，〈西戎〉，拂菻国。中华书局标点本⑯P. 5314

[35] 《资治通鉴》卷 225，〈唐纪〉41，代宗大历十四年（779 年）七月壬申条。中华书局标点本⑮P. 7264

[36] 《杜阳杂编》卷上，"元载专政"条。中华书局标点本 P. 21

[37] 《旧唐书》卷 152，〈列传〉102，马璘。中华书局标点本⑫P. 4067

[38] 《长安志》卷 7，〈长兴坊〉，马璘宅下原注。中华书局影印《宋元方志丛刊》本①P. 112

[39] 《唐语林》卷 5，〈补遗〉，"武后以后王侯妃主京城第宅"条末，原注引《续世说》。上海古籍出版社标点本 P. 182

[40] 《唐六典》卷 11，〈殿中省〉，〈尚舍局〉条，"凡元正冬至大朝会"条下原注。中华书局标点本 P. 329

[41]《唐语林》卷8,〈补遗〉, "两省官上事日"条。上海古籍出版社标点本 P. 262
[42]《唐语林》卷8,〈补遗〉, "明皇朝海内殷赡"条。上海古籍出版社标点本 P. 272
[43]《太平广记》卷193,〈豪侠〉1,〈虬髯客〉。中华书局标点本④P. 1448
[44]《白居易集》卷39,〈素屏谣〉。中华书局标点本③P. 882
[45] 天水市博物馆:〈天水市发现隋唐屏风石棺床墓〉,《考古》1992年1期。
[46]《白居易集》卷15,〈律诗〉。中华书局标点本①P. 303
[47]《白居易集》卷8,〈闲适〉四。中华书局标点本①P. 163
[48] 陕西省文物管理委员会:〈西安西郊中堡唐墓清理简报〉,《考古》1960年3期。
[49]《白居易集》卷5,〈闲适〉一。中华书局标点本①P. 91
[50]《长安志》卷7,〈开明坊〉。中华书局影印《宋元方志丛刊》本①P. 110
[51]《白居易集》卷6,〈闲适〉二,〈朝归书寄元八〉。中华书局标点本①P. 124
[52]《白居易集》卷6,〈闲适〉二,〈昭国闲居〉。中华书局标点本①P. 125
[53]《白居易集》卷19,〈律诗〉,〈新昌新居书事四十韵〉中华书局标点本②P. 415
[54]《白居易集》卷11,〈感伤〉三,〈庭松〉、〈竹窗〉。中华书局标点本②P. 222
[55]《白居易集》卷26,〈律诗〉,〈南园试小乐〉、〈自题新昌居止,因招杨郎中小饮〉。中华书局标点本②P. 589
[56]《元稹集》卷13,〈律诗〉,〈江边四十韵〉中华书局标点本上P. 145
[57] 晋东南文物工作组:〈山西长治唐王休泰墓〉,《考古》1965年8期。
[58]《太平广记》卷344,〈鬼〉29,〈寇鄘〉。中华书局标点本⑦P. 2725
[59]《旧唐书》卷96,〈列传〉46,宋璟。中华书局标点本⑨P. 3032
[60]《新唐书》卷197,〈列传〉122,〈循吏〉,韦丹。中华书局标点本⑬P. 5629
[61]《元稹集》卷3,〈古诗〉,〈茅舍〉。中华书局标点本上P. 30
[62]《白居易集》卷43,〈记序〉,〈草堂记〉。中华书局标点本③P. 933

  按:记中"二室四牖"句,他本"牖"均作"墉"。"墉"即"墙",指土墙。牖为壁上窗,二室前后壁各一窗正为四牖。若墉则每室即有四墉矣,当以作"牖"为是。

[63]《白居易集》卷16,〈律诗〉,〈香炉峰下,新卜山居,草堂初成,偶题东壁五首〉。中华书局标点本②P. 342
[64] 参阅本章陵墓一节所引唐懿德太子、章怀太子、永泰公主诸墓部分。
[65] 富平县文化馆等:〈唐李凤墓发掘简报〉,《考古》1977年5期。

第六节　园林

  园林的发展要有两个最基本条件,一是经济,一是文化。经济不发展,没有可能建园;只有经济而文化不发展,建不出好的园林。中国历史上园林大发展的时期,如隋唐、两宋、明后期、清前期都具备这个条件。故隋唐时园林比前代有很大的发展。

  隋唐帝王建了巨大的苑囿,大兴苑(唐长安禁苑)和东都西苑规模巨大,面积超过大兴(长安)、洛阳,都是创建于隋而完善于唐的。隋唐两京各宫还附有内苑,另在宫内也建有园林,实际上有大小三套。由于皇帝游园要有数百人随从,在苑囿中宴大臣有时在千人以上,故其苑囿继承了汉以来皇家苑囿巨大、豪华、自然景观与人工造景相结合的特点,境界开阔,大山大水,楼阁对峙,模拟仙山琼阁,风格富丽,气氛热闹。

  隋唐贵族显宦也在都城大建园林。虽不能和皇家苑囿相比,那些占半坊、四分之一坊的巨邸的宅园也极为庞大。有些在近郊建庄,庄中造园,规模更大。前在住宅部分已述及,唐代贵族、贵官生活奢侈,家中仆婢动辄百人以上,中上级官家中都有歌僮舞姬,甚至一般饮食也要听歌观舞,宴客时更是不可或缺。故邸宅甚大。当时的园林,除自赏外,更多的是宴客或借给别人宴客,都要设歌舞。园林实际上成为交际场所和主人社会地位的象征。有条件者都要建园,甚至在他坊买园。这些园大都要有山有池,有宴饮的厅堂亭轩和供歌舞的广庭。小型的只有象征性的一勺之水,一丘之山,而贵族之园则可叠巨大的石山,凿池筑岛,建歌堂舞榭,步廊回环,钩栏屈曲,追求绮丽富贵之风。

唐代实行科举制度后,大量素族通过苦读,经考试入仕为官。这些人都是工于诗文的文士,生活经历和趣味趋向都与贵族和世家豪门有所不同。在诗文上创出新境的同时,以其诗情注入对园池的赏鉴中,为造园艺术丰富了文化内涵,使园林具有诗意,白居易的诗文和他在洛阳履道里的园林是典型的例子。这样,唐代园林除了池馆富丽、宴饮时急管繁弦百戏具陈的贵族显宦的山池院外,又出现了平淡天真、恬静幽雅、笛声琴韵与呜咽流泉相应和的士大夫园林,南朝时在山水诗影响下的以陶冶性灵为主的私园特点,在唐代士大夫私园中得到继承和发展,使造园艺术步入更高的境界。中国古代园林以含蕴"诗情画意"为重要特点。以"诗情"入园林滥觞于南朝中后期,成熟于中晚唐,这可以从中晚唐时咏园林诸诗得到证实。"画意"则要到宋元时写景的绘画臻于成熟并向写意发展时,才对园林艺术产生重大影响。

一、皇家苑囿

隋唐两代在都城建了大量皇家苑囿,面积最大的是东都洛阳的西苑和西京大兴——长安的禁苑,面积都大于洛阳和长安城数倍。苑中建有大量宫殿,也有供游猎的猎场和养殖、农垦用的大量生产用地,不全是游赏处所。甚至一些离宫,如隋仁寿宫——唐九成宫和唐华清宫,虽是专供避暑洗沐和游憩之用,也附有部分园囿。九成宫园囿要供应合炼药饵的药材,华清宫要利用温泉地暖而供应早熟的时新蔬果[1]。隋唐时的苑囿是兼游赏和农业、养殖业为一体的。

至于宫城内的内苑如长安之西内苑、东内苑,东都宫之陶光园等则主要是供皇帝游幸并屯驻禁军和设御用马厩等之用。此外,在各宫内部都还有园林部分,如西内之海池、东内之太液池和洛阳宫之九洲池,是供皇帝随时游赏的。

隋唐禁苑、内苑还有一特殊功能,即屯驻禁军,这对于政权的存亡及帝位之更迭都有极重要关系,附在本节之末略加陈述。

1. 禁苑

(1) 东都西苑

在隋东都之西,隋炀帝大业元年(605年)与东都同时创建。据《大业杂记》、《元河南志》记载,西苑周回二百二十九里一百三十八步,比周回七十里的东都洛阳城大十倍左右[2][3]。《隋书·食货志》说:"又于皁涧营显仁宫,苑囿连接,北至新安,南及飞山,西至渑池,周围数百里。……开渠,引穀、洛水,自苑西入,而东注于洛"[4]。综合《大业杂记》及《元河南志》的记载,隋西苑有十四门,东面二门,北为嘉豫门,南为望春门;南面三门,自东而西为清夏、兴安、昭仁门;北面四门,自西而东为朝阳、灵圃、御冬、膺福门。苑中偏东部主体建筑为十六院,院各锡以嘉名。每院是一组宫院,东、南、西三面各开一门,院内建豪华宫殿,开有池沼,庭中植名花奇树。每院由一名四品夫人主持,下辖二十名宫女,随时准备皇帝游幸。每院还附有一屯,与院同名,屯内养羊豕池鱼,莳园蔬瓜果。是生产供应单位,在十六院之间开有龙鳞渠,周绕十六院,从其门前流过,渠宽十丈(近三十米),上建飞桥。自院门过桥即是园林绿地、植竹及杨柳。建有逍遥亭。亭由四面[5]合成,是苑中最豪华壮丽的建筑之一。十六院南掘有人工湖,周十余里,水深丈余,称"海"或"北海"。海中筑蓬莱,方丈,瀛洲三山,各高出水面十余丈,三山上分别建通真观、习灵台，总仙宫等建筑。龙鳞渠绕十六院后，即注入海池中。海池之东有曲水池及曲水殿，供上巳祓禊之用。这是苑东部近宫处的主要宫殿。在苑西部、南部、北部纵深地带还建有大量宫苑。在南部南逼南山、北临洛水，建有显仁宫，是东都未建成时炀帝暂居之地。宫周十余里。内多山阜，有阆风亭、丽日亭、清暑殿、通仙飞桥等建筑。在北部有青城宫，是利用北齐所筑城建宫。此外还有冷泉宫、积翠宫、凌波宫、朝阳宫、栖云宫等，和大量殿亭，但其位置已不可考[3]。

隋西苑面积巨大，是游赏园，园内诸宫相当于皇帝的若干别墅。《大业杂记》说隋炀帝有时夜间率宫女骑马游苑，倦时即宿于十六院中[2]。这情形和汉代的上林苑近似。苑中除宫殿山林池沼外，大量土地经营农圃及养殖，设有专官管理，是皇帝私财来源之一。

唐武德三年平王世充之役，唐军驻洛阳之西，西苑内宫观景物当有损毁。武德九年设洛阳宫监，管理宫城及西苑。西苑隶属唐司农寺，是主要作为庄园加以管理的。

唐高宗时，把西苑分东西南北四面，分别设官管辖，负责种植及修葺房屋，陆续积蓄了大量资财。上元二年（675年）管理西苑的司农少卿韦机说已积有四十万贯钞，高宗即命韦机以此钞修复苑中建筑，并新建高山宫、宿羽宫[6]。以后陆续增建，形成唐之西苑，也称禁苑。武则天改称洛阳为神都后，又称神都苑。

《唐六典》说"禁苑在皇都之西，北拒北邙，西至孝水，南带洛水支渠，榖洛二水会于其间。"注云"东面十七里，南面三十九里，西面五十里，北面二十里，周回一百二十六里。中有合璧、冷泉、高山、龙鳞、翠微、宿羽、明德、望春、青城、黄女、凌波十有一宫，芳树、金谷二亭，凝碧之池"[7]。参考《元河南志》的记载，其中冷泉、翠微、青城、凌波、明德（即隋之显仁）五宫为隋代旧宫，龙鳞宫以隋十六院改造而成，只有五宫是唐代新建。五宫中，合璧宫在最西部，为田仁汪造，宿羽、高山二宫分别在苑之东北部和西北部，为韦机造，望春宫在苑东南近望春门，黄女宫在洛水回曲处。隋之海池改称为凝碧池，东西五里，南北三里[3]、[8]。

《唐六典》及《元河南志》都说，唐东都苑周回一百二十六里。《元河南志》并说，"隋旧苑方二百二十九里一百三十八步，太宗嫌其广，毁之以赐居人"[3]、[7]、[8]。据此，则唐东都苑小于隋苑很多。但《元河南志》又记载了唐东都苑四面的门名，说周回十七门。但诸门中，有十四门沿用隋代之旧，只新增了三座门，即东面的上阳门、新开门和北面的玄圃门[8]。从诸门多沿用隋之旧门看，唐东都苑仍保持隋苑的范围，并未缩小，与前说矛盾。史籍缺略，目前只能存疑，从宫内布置也多沿用或改造隋之旧宫看，唐东都苑全面维持隋代之旧的可能性较大。若如此，则史载隋东都苑周二百余里可能有夸大。

《唐六典·司农寺》卷记西京、东都苑官，设有总监及四面监。"苑总监掌宫苑内馆园池之事，……凡禽鱼果木皆总而司之。""四面监掌所管面苑内宫馆园池与其种植修葺之事。"注云："显庆二年（657年），改青城宫监曰东都苑北面监，明德宫监曰东都苑南面监，洛阳宫农圃监曰东都苑东面监，食货监曰东都苑西面监"[1]。从农圃监、食货监之名看，唐东都苑主要是从事农副业生产的。它实际上是附在宫城之外的皇帝的庄园，其内的宫殿实即皇帝的别墅。《唐会要》载，高宗显庆五年（660年）于东都苑内造八关凉宫，后改为合璧宫，可知合璧宫实即皇帝避暑的离宫，相当于臣下庄园中的别墅。从东都苑的性质来看，是以生产为主，在其中某些形胜之地建些离宫，所以很可能它的主要规划是按生产安排的，未必有很完整的园林式的总体规划。隋唐西苑未经发掘，在《元河南志》中附有示意图，也很不准确，因其为传世最古之图，附在这里，仅供参考（图3-6-1、3-6-2）。

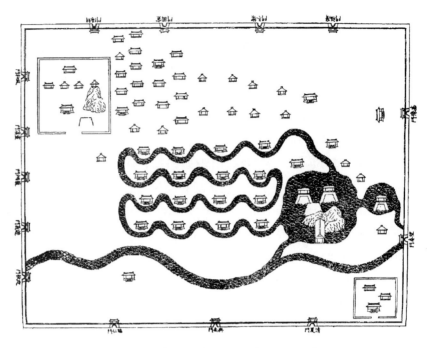

图 3-6-1 《元河南志》所附〈隋上林西苑图〉

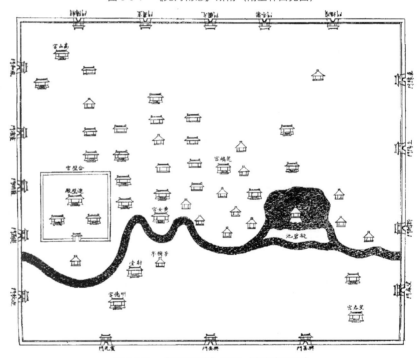

图 3-6-2 《元河南志》所附〈唐东都苑图〉

(2) 隋大兴苑——唐长安禁苑

在隋大兴城之北，与大兴城同建，唐代因之。苑东至浐水，北至渭河，西包汉长安故城，南抵大兴——长安的北墙，东西二十七里，南北二十三里，周回一百二十里，规模和唐东都苑相当。苑南面三门，即长安北城西部的芳林门、景耀门、光化门；西面二门，南为延秋门，北为玄武门；北面三门，自西向东依次为永泰门、启运门、饮马门；东面二门，南为光泰门，北为昭运门。史载苑内有宫亭二十四所，其名有记载的有五宫、十七亭。五宫为九曲宫、鱼藻宫、元沼宫、咸宜宫、未央宫。其中咸宜、未央二宫是在汉宫旧址上重建起来的，九曲、鱼藻、元（玄？）沼三宫则是唐代创建的[10]。十七亭中，有些可能不是孤立一亭而是以亭为主体的一组建筑，兼有古代行政单位"亭"的某些遗制，如望春亭即又称望春宫（图 3-6-3）。

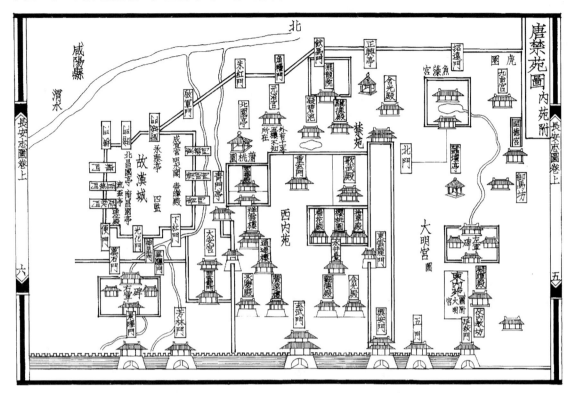

图 3-6-3 《长安志图》中的唐禁苑图

禁苑西部包汉长安故城于内，《长安志》说"咸宜宫、未央宫二所皆汉之旧宫也，……唐置都邑之后，因其旧址复增修之。……武宗会昌元年（841年）因游畋至未央宫，见其遗址，诏葺之，尚有殿舍二百四十九间，作正殿曰通光殿，东曰诏芳亭，西曰凝思亭，立端门"[10]。可知唐代曾在汉代旧宫内建殿宇为休憩之所。从所记未央宫正殿通光殿前东西各一亭的布局看，已是隋唐时苑囿内建筑的布局，不是正式宫殿的体制。

新建诸宫中，鱼藻宫在大明宫北禁苑池中山上，是唐帝观竞渡、水戏之所。九曲宫在左神策军之北，鱼藻宫之东北，宫中有殿舍山池。元沼宫的情况不详。望春宫始建于隋文帝时，原名望春亭，后改为宫，在禁苑东北高原上，东临浐水，宫内有升阳殿、放鸭亭等建筑。

长安禁苑地域广大，合唐代 621 平方里，为面积 286 唐平方里的长安城的 2.1 倍，其中只有二十四所宫、亭，布置很稀疏。和洛阳东都苑相同，禁苑实际上也是皇帝的庄园和猎场。《长安志》说，"苑中四面皆有监，南面长乐监，北面旧宅监，东监、西监，分掌宫中植种及修葺园苑等事，又置苑总监领之，皆隶司农司"，这表明苑中农林事颇为重要。苑中有两个大池，鱼藻池为龙舟竞渡之所，另一凝碧池有皇帝观鱼的记载，当是养鱼池。《长安志》中又载武宗于会昌元年因游畋事至未央宫。《唐会要》也有贞元十一年德宗畋于苑中的记载[11]，则苑中兼可围猎。二十四宫亭点缀其中是离宫和临时休憩之所。

《唐六典·司农寺》载："上林署令掌苑囿园池之事。……凡植果树蔬菜，以供朝会、祭祀；其尚食进御及诸司常料亦有差"[12]。可知隋唐西京、东都的禁苑实以园艺养殖为主，不是仅供皇帝游赏的园林，还保持一些古代苑囿的特点。

2. 内苑

隋唐时，紧附宫城之外都建有苑囿，称内苑。

(1) 隋大兴宫——唐太极宫内苑

在太极宫内，唐又称西内苑。史称其南北一里，东西与宫城齐[10]。近年已勘探出它的范围，从发掘勘探平面图上量出，南北约590米左右，比史载深度大一倍；东西约2270米左右，东面齐宫城东墙、西面只及掖庭宽的1/3即止[13]。是史载错误，还是后经拓建尚待考。

《长安志》载西内苑东西各一门，名曰营门，月营门。北面二门，为重玄门和鱼粮门，同书称重玄门为旧苑北门，鱼粮门为旧重玄门，当是唐代有所改动。苑南门即太极宫及东宫之北门，有安礼门、玄武门及至德门[10]。玄武门为宫北面正门，有阙，故史传中又称其为"北阙"[14]。

苑内建筑史传不详载，可能是自663年大明宫建成唐帝迁居后在这里活动不多的缘故。史传所见也多是唐初的材料。

《资治通鉴》记武德九年（626年）六月李世民发动玄武门之变杀太子建成之事，说世民伏兵玄武门，建成受诏自东宫北门经内苑欲入玄武门见唐高祖，至临湖殿觉变，欲归东宫，为世民等所杀。又说世民马逸入林下[15]。可知内苑玄武门以东有临湖殿，从殿名可推知还有湖，湖边林木颇多。《册府元龟》载贞观二十年（646年）七月，太宗"宴五品以上于飞霜殿，其殿在玄武门北，因地形高敞，层阁三成，轩槛相注。又引水为洁渌池，树白杨槐柳，与阴相接，以涤烦暑"[16]。同年十月，"阎立德大营北阙，制显道门观并成"[14]。据此，则太宗时在内苑颇有建设。其中飞霜殿高达三层，可以宴五品以上官，则建筑物及其前之广庭都应是很大的。内苑还常常举行大射之礼。《唐会要》〈大射〉条说："武德二年正月，赐群臣大射于玄武门"。"贞观三年赐重臣大射于无（至）德门。"贞观"十六年三月三日，赐百僚大射于观德殿。""永徽三年三月三日幸观德殿，赐群臣大射"[17]。《玉海》引《会要》时注云："太极宫曰西内，其玄武门之外有殿曰观德。"可知内苑还有射殿名观德殿。

《长安志》对西内苑所载无多，但（元）李好文《长安志》图中，西内苑附在〈禁苑图〉中，画有很多殿宇。在玄武门东有观德殿、含光殿、看花殿、拾翠殿等，玄武门西有广远楼、永庆殿、通过楼、祥云楼等。可知苑内尚有殿宇多所[18]（图3-6-3）。

(2) 唐大明宫东内苑

在大明宫东南的突出部，其遗址已探明，东西宽304米，南北约1000米，呈纵长矩形。南面正门即大明宫南面最东侧之延政门，北面偏东有一门，通入禁苑。东内苑被大明宫内第二道横墙，即含元殿东西之横墙分为南北二部。北部发现池塘遗址，当即是龙首池。其余遗址尚未发现。

东内苑是大明宫所属内苑，《长安志》说苑内有龙首殿等[10]。东内苑因靠近左神策军驻地，在中晚唐成为较重要地区，左军宦官在此进行种种建设，吸引皇帝来游，以增强对皇帝的控制。唐宪宗元和十三年（818年）二月"浚龙首池，起承晖殿，雕饰绮焕，徙植佛寺之花木以充焉"[19]。文宗太和九年（835年）又"填龙首池以为球场"[20]。武宗会昌元年（841年）在龙首池东"造灵符应圣院"[20]，以满足武宗好神仙之欲望。由于东内苑屡屡改建，建筑性质变异甚大，其规划已很难考查。

附：唐长安芙蓉苑

芙蓉苑在长安外部东南角的突出部，此地有起伏山丘和回环的河曲，是长安的游览胜地，隋建大兴城时，隔其南部建芙蓉园，北部即公共游赏地曲江池。入唐后仍为御苑。《通鉴》载唐太宗于贞观七年十二月曾游芙蓉苑。胡三省注引《景龙文馆记》说："芙蓉园在京师罗城东南隅，本隋世之离宫也。青林重复，绿水弥漫，帝城胜景也"[21]。唐玄宗时多次往游，为避免外人得知或谏官谏阻，特在长安外郭东墙外增修夹城，把原潜往兴庆宫时经行的夹城向南延伸至芙蓉苑，玄宗可以自大明宫或兴庆宫经夹城直赴芙蓉苑游玩而不为外人所知[22]。玄宗时是芙蓉苑的最盛时期，大约沿苑北墙面向曲江一面堤上宫殿楼阁连绵不断，杜甫《哀江头》诗中"江头宫殿锁千门，细柳新蒲为谁绿"，所诵就是安史之乱初期芙蓉苑虽已荒凉关闭但尚未被破坏的景色。安史乱后期，芙蓉苑及曲江都遭严重破坏。唐文宗时，读了杜甫哀江头诗，想要恢复芙蓉苑，并鼓励各政府机构在曲江建亭阁。但这时唐的国势日蹙，根本没有可能恢复开元时的盛况，唐文宗也只能借重建右银台门的机会，把已拆下的旧右银台门移建为芙蓉苑北门，号称紫云楼而已[23]。唐末，芙蓉苑与唐长安同毁。

史籍中有关芙蓉苑的记载极少，遗址迄今尚未发掘，对苑之布局目前一无所知，只能从形容景物和皇帝游幸的唐人诗文中略知其景观特色而已。

（唐）宋之问有《春日芙蓉苑侍宴应制》诗，云"芙蓉秦地沼，卢橘汉家园。谷转斜盘径，川回曲抱原。"……[24]（唐）李峤、李乂、苏颋三人都有《春日侍宴幸芙蓉苑应制》诗。李峤诗有"年光竹里遍，春色杏间遥。烟气笼青阁，流文荡画桥"等句；李乂诗有"水殿临丹籞，山楼绕翠微。……涧篠缘峰合，岩花逗浦飞"等句；苏颋诗有"绕花开水殿，架竹起山楼，荷芰轻薰幄，鱼龙出负舟"等句[24]。又有唐佚名人撰《驾幸芙蓉苑赋》，描写皇帝游幸，说："彩扇似月，从骑如龙，奏清筎于杨柳，下天盖于芙蓉。……北极仪凤之楼，南邻隐豹之崿。入红园而移步辇，俯绿池而卷行幕。……留连帐殿，弥望帷宫。水摇摇而岸花紫，烟微微而野树红。……千锺献尧之酒，五弦歌舜之风。日落前溪，云垂后殿，……徐飞睿藻，再融神盼。群公既奏柏梁文，万乘方回瑶池宴"[25]。

综合上引诸诗赋，可知芙蓉苑建在坡陀起伏。曲水萦回的优美自然风景地段上，其主要建筑大约面北，南倚丘陵，北临湖泊河曲，还可遥望城北原上的大明宫丹凤楼。苑中建有主殿和后殿，供宴享之用，皇帝临幸时，临时还要张设帐殿、御幄、步障等。苑中临水处建有水殿，河渠上架设画桥，利用丘陵地建山楼、青阁、竹楼等大量建筑物。从诗中提到"丹籞"、"红园"看，苑墙应是红色的。苑的北部用堤把曲江池分为二部，南部圈入苑内。从诗中"鱼龙出负舟"句，可知苑内池中可以行驶龙舟。从长安禁苑鱼藻池可赛龙舟的情况看，这里有可能也举行此类活动。皇帝在宴群臣时要饮酒、奏乐、赋诗，故主殿前应有相当面积的平地。苑内绿地临水处以柳为主，水边有芙蓉等花卉。丘陵及平地种杏和卢橘，此外，最有特色的是弥漫山丘涧谷和水边的丛竹。从杜甫诗"江头宫殿锁千门"看，它临曲江一面建有很多楼殿，加上苑内山丘上的楼阁起伏隐现，可以推知它是一所富丽、华贵的皇家苑囿。

芙蓉苑远在长安外郭东南角，与附在宫城外侧的内苑不同。但由于在芙蓉苑至大明宫间修建了夹城，皇帝可以不经街道，潜行自如，随时往游，和内苑性质相差不大，故附于内苑之末。

3. 宫内园林

（1）唐长安三内园林

唐宫除附有内苑外，在宫内还有随时供皇帝游玩的园林部分。

综合《长安志》和《唐两京城坊考》所载[26]、[27]，太极宫北部玄武门南一段是宫中园林区。在玄武门南之东有东海池，西有北海池、南海池，是湖泊区，各池附近都建有殿阁亭台，如凝阴阁、咸池殿、望云亭等。另在宫城西北角有山池院，建有薰风、就日等殿，在宫城东北角紫云阁南建有山水池阁，也都属园林建筑。《资治通鉴》记武德九年（626年）李世民伏兵玄武门杀太子建成事，说当时唐高祖正与侍臣泛舟海池[15]，也证明这一区是宫内园林区。但史不详载，目前尚无法考知其具体布置，只能在太极宫复原图中略作示意性表达。

东内大明宫中的园林部分以太液池为中心。太液池分东西二池[28]，以西池为主池，池中有岛，名蓬莱山，岛上有亭，名太液亭。在宫中布置太液池、蓬莱山是西汉建章宫以来形成的传统。史载唐帝曾在太液亭有很多活动，如听儒臣进讲，召见或宴饯大臣等。元稹说"网索西临太液池"句下自注"网索在太液池上，学士候对歇此"[29]，可知岛上除亭子外，还有侍臣直庐等附属建筑。唐元和十二年（817年）"造蓬莱池周廊四百间"[30]。若以一间长一丈即2.94米计，廊长约为1176米。从实测图上可知西池周边约1300米左右，加上沿池殿亭，则这四百间周廊基本可绕西池一周。太液池周围的园林布置虽已不可详考，但从已探明的建筑址可知，池南是龙首原后坡，原上宫殿重叠、中轴线上的含凉殿下临池边，和池中亭子遥遥相对；池西面为著名的麟德殿和比麟德殿更大的大福殿；池北为三清殿、含冰殿、紫兰殿等；东面为清思殿、太和殿等；太液池四周都为体量宏大高耸的殿宇所包围。这些壮美巍峨的殿阁，和环池一周的回廊及池中岛亭相呼应，互为对景，再衬以如茵碧草和繁茂花树，本身就已形成优美壮丽的景观，它是大尺度的园林，大手笔的布局，实不再需要琐细的布置。这正是大明宫内园林区和西内的不同处。

以龙池为主要园林部分的兴庆宫，其景色特点也应和大明宫太液池相近。

（2）隋唐东都宫内的园林

隋唐东都宫内最主要的园林区是九洲池。《玉海》引《东京记》说："东都城有九洲池，在仁智殿之南，归义门之西。其池（屈）曲，象东海之（九）洲"[31]。《元河南志》九洲池条同，并说"中有瑶光殿"[8]。池的遗址近年已发现，在宫城西北部，北距陶光园南墙250米，东西长205米，南北宽130米，作横长形。已探明湖中有六座小岛，其中三座上建有小亭榭，有二座轩均为面阔五间，进深一为三间，一为四间，间广阔分别为6尺及6.8尺，是很小的建筑[32][33]。大约是既要表现东海九洲的题材，又受到地域限制，只好作具体而微的布置。另在池周边也发现建筑址。综合史料和发掘实况，九洲池池中有岛，岛上建殿亭，池北有望景台，池南有琉璃亭，一柱观，池周边建轩廊殿宇，表现的是东海的仙山楼阁美景。

除西部的九洲池外，在隋炀帝的寝宫安福殿前也有大池，池中有二岛，东西并列，东岛建登春阁、澄华殿、西岛上建飞骑、凝华殿，池南又建有临波阁[8]，也是景色壮丽、建筑物密集的园林区，但直接布置在皇帝寝宫之前，还是仅见之例。

4. 禁苑驻军

隋唐时在宫北设置广大的禁苑、内苑还有一个重要作用，即屯驻禁军，唐代历史证明，这是与唐政权存亡关系甚大的问题。

唐在首都驻军有二类。一类是保卫都城之军，称十六卫，由政府统辖，一类是保卫宫城及皇帝之军，称六军，由皇帝最亲信者统辖，直接对皇帝负责，宰相也不得过问。十六卫屯驻在宫南，皇帝朝会或出行时布置在殿下广庭及行旅外围；六军在宫北，又称北衙六军，朝会、出行时在殿上或行旅内层警卫，故北衙六军是皇帝的禁军。能否掌握禁军是能否得帝位或为帝后能否稳定的关键。唐太宗、玄宗、代宗发动宫廷政变得帝位，最直接原因是得到玄武门北衙禁军的支持拥戴。唐在宫北设禁军还有预留外逃出路的作用，安史之乱时唐玄宗出逃，建中四年（783年）泾原兵变时德宗出逃，都是在禁军护卫下从禁苑西门出至远郊再西逃的。泾原兵变时，都城已乱，如没有这条退路，德宗就只能束手就擒。隋时，把宫城建在北面靠都城北墙，北面设广大的禁苑，屯驻禁军，唐代沿袭不改，是根据历史经验和当时形势，有意使南衙十六卫和北衙六军互为制约，并保留一条不必经由城内的撤退之路。

汉以来宫城多建高大台榭，如曹魏邺城三台、曹魏洛阳凌云台等，托名游观，实际是武库和防守据点，寓防守于游赏建筑。隋唐时不再建这些高大台榭，武库设在太极宫武德殿东与东宫间夹城中[34]，苑中台阁只供游赏，但整个内苑、禁苑同时又是屯兵据点。同样是寓防御于游观，但方式和汉魏大大不同了。

唐中后期，北衙六军逐渐为宦官掌握，因而唐帝之生杀、废立，也决于宦官之好恶。宦官为保持权力，尽量立年幼者为帝，诱使嬉戏而不亲政。大宦官仇士良退休时向其他宦官传授，要他们"殖财货，盛鹰马，日以球猎声色蛊其（指皇帝）心，极侈靡，使悦不知息，则必斥经术，阁外事"[35]，宦官才可以保权势。由于北衙六军分左右三军分驻左、右银台门外，所以在东内苑及禁苑中修建最多，唐后期穆宗浚禁苑鱼藻池，敬宗修清思殿球场，文宗时造含光殿及球场，又填东内苑龙首池为球场，实际上都是宦官引诱皇帝使不能亲政的措施。在大明宫东西分别设东内苑球场和含光殿球场，其中还可能有左右军争夺皇帝的因素在内。

二、官署园林

唐代官署也多有园林或绿化布置，可分二类，一类附在官署内，一类则择地另建。

唐白居易诗中，有很多处提到官署内园林化布置。其〈紫薇花〉诗为中书省夜值所作，有"独坐黄昏谁是伴，紫薇花对紫微郎"之句[36]。又有诗，题为〈西省北院新构小亭，种竹开窗，东通骑省……〉[37]，可知大明宫内中书省内有亭廊花木。杜甫为拾遗，值宿于大明宫门下省，其〈题省中院壁〉诗，有"掖垣竹埤梧十寻，洞门对霤常阴阴。落花游丝白日静，鸣鸠乳燕青春深"之句[38]。又有〈春宿左省〉诗，有"花隐掖垣暮，啾啾栖鸟过"之句[39]。可知大明宫内门下省花树繁茂，禽鸟鸣集，有很好的绿化环境。白居易又有〈惜牡丹花二首〉题"一首翰林院北厅花下作"[40]，可知大明宫西夹城内的翰林院中种有唐人最重视的观赏花牡丹花。

除长安官署外，地方官署也多附有园林，唐时苏州府署有西园。白居易为苏州刺史时有〈题西亭〉诗，描写西园景物，有句云："池鸟澹容与，桥柳高扶疏。……何人造兹亭，华敞绰有余。……直廊抵曲房，窈窱深且虚。修竹夹左右，清风来徐徐……"[41]。据此知苏州府署附有很大的园林。白居易又有和元稹〈新楼北园偶集……〉诗[42]，当时元稹为越州刺史，可知越州（绍兴）府署也附有北园。白居易晚年为河南尹，有〈府西池北新葺水斋……〉诗，诗云"缭绕府西面，潺湲池北头。凿开明月峡，决破白苹洲。清浅漪澜急，夤缘浦屿幽。直冲行径断，平入卧斋流。……夹岸铺长簟，当轩泊小舟……"[43]。又有〈重修府西水亭院诗〉，说："因下疏为沼，随高筑作台……园西有池位，留与后人开"[44]。唐河南府署在洛阳宣范坊，占半坊之地，据诗，则西部也有很大的园林。

上举苏州、越州都是大郡。白居易曾为江州司马、忠州刺史，他的〈春葺新居〉诗中有"江州司马日，忠州刺史时。栽松满后院，种柳荫前墀"之句[45]。在江州又有〈官舍内新凿小池〉诗。可知在中等州县，官署中也有园林绿化布置。

这些在官署内的园林绿化，主要是供官员休闲观赏的。另外还有一种由官署购地建的园林。据《长安志》记载，在长安修政坊有尚书省亭子和宗正寺亭子。永达坊有华阳池度支亭子，昌明坊有家令寺园。著名的曲江亭子也是官修，中晚唐时为皇帝赐群臣宴之地[46]。唐文宗时，因曲江荒凉，还敕令"诸司如有力及要创置亭馆者，给予闲地，任其营造"[47]。可知官修亭园是正常的、合法的。各官署择地另建园亭不是为了游赏，而是作为宴会之地。唐人重宴会，大宴会必有乐舞，甚至还有杂技等，需要很大的场地，故各大官署都择地自建。园亭除各官署自用外，别人也可借用，《长安志》记尚书省，宗正寺、度支亭子时都引《辇下岁时记》说"新进士牡丹宴或在于此。"上述这些官署单独建的园亭都在长安外郭最南面四排坊中，即所谓"围外远坊"、"烟火不接"、阡陌相连的空旷地带。唐政府鼓励在这一带建官园和百官家庙也含有不使其过分荒凉之意。

唐之官署园林有一定公园性质。可以出赁借用。新进士借地于此举行牡丹宴即其例。唐中宗女安乐公主事败后，其宅为司农寺园，史载"每日士女游观，车马填噎"，由于该园过分奢侈，有损皇家声誉，以致皇帝不得不下敕禁止：官人去者解职，一般人去者决杖[48]。这也说明官园可供平人游玩。

三、私家园林

唐代二百余年中，私家园林颇盛，主要集中于长安、洛阳两京，在史籍和唐人诗文中有大量记载。但其遗迹，迄今尚未发现，目前只能综合诗文所载，知其大略。大体上说，早期可以贵族豪门的大型山池院为代表，以规模宏大、景物富丽胜；后期则以文士出身的官吏所建园林为代表，以秀雅和含蕴诗意胜。

隋唐政权都是以关陇集团为核心建立的，它的前身西魏、北周政权为鲜卑族所建立。北周政权表面实行周礼，实际上却鲜卑化。隋文帝杨坚及唐高祖李渊之父李虎在北周时都改用鲜卑姓，其鲜卑化程度可以想见。北朝自北魏以来，直接、间接与中亚、西域交往频繁，在文化及风俗上也受有一定影响。故隋唐初期，其文化虽以汉族为主，但受北方少数民族及西域、中亚影响颇大。唐太宗接受天可汗称号不以为忤，它的太子承乾慕突厥习俗，唐中宗喜欢泼寒胡戏，宫廷盛行胡服，都是典型事例。朱熹说："唐源流出于夷狄"[49]，实即就这方面的影响极而言之的。

自南北朝以来，南北园林风气就不同。南朝重清游静观，陶冶性灵。梁太子萧统游园拒绝鼓吹，说"何必丝与竹，山水有清音"。南齐孔珪甚至说鼓吹不及园中蛙鸣。这里反映的是对园林欣赏的趣味在于崇尚自然。虽皇帝在乐游园宴会等仍很繁华隆重，以崇皇家体制，但总的社会风尚是以陶冶性灵为主。北朝游园要盛设鼓吹，妓乐满前，水殿宴射，视园林如现在的游乐园。唐初皇室贵族仍秉承北朝遗风，多以园林为宴会游乐场，故所建园林规模宏大，与所建巨宅相称[50]。此外，初唐、盛唐处于国势上升、发展阶段，国家统一，日渐富强，文士进身有阶，大都性格外向，志向高远，积极开拓进取，饮酒赋诗，好为豪言壮语，那种追求清寂退隐的思想，在这时不居主流。所以这时文士游赏园林也多是以舞乐侑觞，喜欢热闹气氛，传世有很多高级人士或官员赞咏这种风格园林的诗文。

中晚唐以后，国势日颓，仕途险恶，宦官掌权，党派倾轧，正士难以立足，更不用说建立功业。在这环境下，文士及文士出身的官吏多倦于进取，得官后遇挫折即思退隐。消极、退隐、独善其身的思想成为时尚。甚至除不满朝政的正直官吏言退隐外，那些奔竞之徒，也不得不言退隐。晚唐大诗人首推元、白，白居易见仕途险恶，早萌退心，买宅洛阳履道里，修缮园林，有大量诗篇咏其园之清幽闲适。很有些傲啸小园、静观时变的意思。当他的怨家王涯被杀，作诗云："当君白首同归日，是我青山独往时"，就透露出以山林游赏全身免祸之意。元稹是奔竞之士，但读其诗，也多有和白居易的恬退同调者，可知在这时园林风气由热闹改变为清寂是时代使然。

唐代的园林大都筑山凿池，山、池遂成为园林之标志，故初唐多称城内园林为"山池院"又因为园中多有亭，又称"山亭"，或"池亭"。中晚唐洛阳诸园多有池无山，故多称"园池"或"池亭"。

1. 唐前期的山池院

唐前期两京诸王公主及贵官建了很多宏大富丽的园林，有的在宅畔，有的则在城南部各坊或城外另建。《长安志》、《元河南志》载，高祖子徐王元礼山池在长安大业坊；太宗子魏王泰东都宅在道术坊，为池弥广数顷；高宗女太平公主山池院在兴道坊宅畔；中宗女长宁公主山池在崇仁坊宅畔；安乐公主山池在金城坊；玄宗时岐王山池在洛阳惠训坊；琼山县主山池院在长安延福坊；宁王宪山池院在胜业坊[51]。这些山池都以景物之美载于史册，其中太平公主、长宁公主、安乐公主的山池最为著名。

太平公主山池唐代诗人宋之问曾撰有《太平公主山池赋》，可据以知其大致情况，赋中描写说："其为状也，攒怪石而岑崟。……列海岸而争耸，分水亭而对出。其东则峰崖刻画，洞穴萦回。……图万重于积石，匿千岭于天台。荆门揭起兮壁峻，少室丛生兮剑开。尔其樵溪钓浦，茅堂菌阁，……烟岑水涯，缭绕逶迤；翠莲瑶草，的烁纷披。……阳崖夺锦，阴壑生风。奇树抱石，新花灌丛。……其西则翠屏崭岩，山路诘曲。高阁翔云，丹岩吐绿。……罗八方之奇兽，聚六合之珍禽。别有复道三袭，平台四注，跨渚交林，蒸云起雾。鸳鸯水兮凤凰楼，文虹桥兮彩鹢舟"[52]。据赋可知，园中山在东侧，山形陡峻，有峭壁峡谷，山间点缀有茅堂。山池以奇石护岸，池边有水亭，园中主体建筑在西侧，建有复道平台、翔云高阁、凤凰楼、虹桥，池中有画彩鹢的舟船。

长宁公主山池别院原为太宗之女东阳公主亭子，归长宁公主后，又"筑山浚池"，院内"山谷亏蔽，势若自然"。中宗及韦后数次来此饮宴赋诗，命上官昭容题于亭子柱上。韦后被杀后，山池别馆改为景龙观。"词人名士竞入游赏"[53]。后张九龄有《景龙观山亭集，送密县高赞府序》，说："景龙东山，初主第也。始其置金榜，筑凤台，穷土木之功，极冈峦之势，……何其壮哉！……其后，尝有好事，以为胜游，……徒观其匠幽奇，宅爽垲，十里九坂，岂惟梁氏之作；千岩万壑，宛是吴中之事。青林修筼而垂彩，绿萝蒙笼以结阴。清流若镜，下照金沙之底；杂花如锦，傍缘石菌之崖"[54]。据序，其园中大筑土山，有如山阴道上之千岩万壑，山下有金沙铺底的清池，青林绿萝，杂花如锦。和上文所引"山谷亏蔽，势若自然"之说相合，也是当时的名园。

琼山县主宅在延福坊西北隅，县主"富于财产。宅有山池院，溪磴自然，林木葱郁，京师称之"[56]。

岐王在洛阳惠训坊也有山池，至晚唐犹存，白居易《题岐王旧山池石壁》诗云："树深藤老竹回环，石壁重重锦翠斑。俗客看来犹解爱，忙人到此亦须闲。况当霁景凉风后，如在千岩万壑间"[57]。

除亲王公主外，贵臣也多建有园林。宋之问有《奉陪武驸马宴唐卿山亭序》，说该山亭"林园洞启，亭壑幽深。落霞归而叠嶂明，飞泉洒而回潭响。灵槎仙石，徘徊有造化之姿；苔阁茅轩，仿佛入神仙之境"[58]。可知园中有山有池，有亭子，和茅轩、苔阁等建筑物，植有灵槎，陈设奇石。从飞泉潭响句，推知还有人工的瀑布或流泉。

唐代长安一些贵族贵官，园林不在宅畔，如宁王宅在大宁坊而山池在胜业坊，王昕宅在安仁坊而园在昭行坊，郭子仪宅在永宁坊而园在大通坊，安禄山宅在亲仁坊而园在宣义坊，李晟宅在永崇坊而园在丰邑坊，马璘宅在长兴坊而园在延康坊[59]。这大约有三种原因：其一是近宫各坊地贵而城南四排"围外"之地地贱，且多水渠，故在城南建园；其二是买前人旧园；其三是赐园。安禄山宅，李晟宅与园相隔甚远都因为是赐第、赐园之故。但不论什么原因，很多园可以不在宅畔，说明它不是日夕游息之处，而是偶然一至的宴游用园。这些园平日深闭，故白居易有诗云："朱门深锁春池满，岸落蔷薇水浸莎。毕竟林塘谁是主，主人来少客来多"[60]。园内宴饮的情况，也可在诗文中看到。宋之问《太平公主山池赋》说：园中宴乐时"召七贤，集五侯，棹浦曲，席岩幽。鸣玉佩兮登降，列金觞兮献酬"[52]。在《宴唐卿山亭序》中说："芳醪既溢，妙曲新调。林园过卫尉之家，歌舞入平阳之馆"[58]。张说有《季春下旬诏宴薛王山池序》，说："戚里池台，就修竹而开宴；泉阙御府，味给天厨；仙倡侑乐，中贵督酒。……尔其列筵授几，分曹设幕。艇送江凫，船迎海鹤。鱼龙丸剑，曼延挥霍。鸾凤鸣，箫鼓作。……炮炙熏林塘，醽醁厌丘壑。抃急管于无算，醉湛思以取乐"[61]。又有《南省就宴尚书山亭寻花柳宴序》说："寻花柳者，上赐群臣之宴也。……尔其嘉宾云集，胜赏斯备。召丝竹于伶官，借池亭于贵里。雕俎在席，金羁驻门。远山片云，隔层城而助兴；繁莺芳树，绕高台而共乐"[62]。

综合上引诸文，可知唐前期在这些名园游赏都要盛设筵席，大陈伎乐，除歌舞外，可能还有丸剑和鱼龙曼衍等杂技，有时还要棹舟艇。参加宴会的要饮酒赋诗，并请人撰序。张说、张九龄诸序就是为此而作。除主人自己在园宴客外，他人还可借园宴客，甚至皇帝也命官员们借他人之园宴饮。园林宴饮成为一时风气。所以这类园林大都兼有宅旁园和游赏园性质。园在他处的则为纯游赏园，主人也只偶然一至。由于举行舞乐宴会，故园面积大，而且除山池外，要有较大的厅馆和广庭。这些园内的山除用凿池之土筑成外，从安乐公主定昆池庄"累石为山，以象华岳"句和诸诗中屡言石壁、石嶝看，叠石技术已有一定水平，其风格模仿自然。池中大多有岛，岛上有亭，岛间有桥，各岛分别植不同花木成林。这些几乎成为大型园林的布置模式。

2. 唐中后期的园池

唐代中后期，大贵族、大官僚仍建大的山池园林，并保持在园中宴乐的特点。白居易有《题周皓大夫新亭子二十二韵》，咏长安光福坊周皓宅园林，诗中说："东道常为主，南亭别待宾。……广砌罗红药，疏窗荫绿筠。锁开宾阁晓，梯上妓楼春。……辉赫车舆闹，珍奇鸟兽驯。……锦额帘高卷，银花盏慢巡。劝尝光禄酒，许看洛川神。（原注：周兼光禄卿，有家妓数十人。）……笛怨音含楚，筝娇语带秦。侍儿催画烛，醉客吐文茵。投辖多连夜，鸣珂便达晨"[63]。他又有《宴周皓大夫光福宅》说："何处风光最可怜，妓堂阶下砌台前，轩车拥路光照地，丝管入门声沸天"[64]。从二诗中可以看出园中有亭子、砌台和楼、堂等，悬挂锦额，植牡丹绿竹，养奇禽珍兽，宴会时，宾客众多，妓乐满前，丝竹沸天，欢饮达旦，一派富丽喧闹景象。和唐前期情况相同。它们仍近于游乐园，陶冶性灵的特点不很强。

唐代名相裴度晚年在洛阳集贤坊建宅造园，史称他"筑山穿池，竹木丛草，有风亭水榭，梯桥架阁，岛屿回环，极都城之胜概。又于午桥创别业，花木万株，中起凉台暑馆，名曰绿野堂。引甘水贯其中，酾引脉分，映带左右"[65]。它在城内的集贤里林亭及城外的午桥庄，白居易都有诗咏之，据诗可以知其大略。

在〈裴侍中晋公以集贤林亭即事诗二十六韵见赠，猥蒙征和〉诗中说："……何如集贤第，中有平津池。……因下张沼沚，依高筑阶基。嵩峰见数片，伊水分一枝。南溪修且直，长波碧逶迤。北馆壮复丽，倒影红参差。东岛号晨光，泉曜迎朝曦。西岭名夕阳，杳暧留落晖。前有水心亭，动荡架涟漪。后有开阖堂，寒温变天时。幽泉镜泓澄，怪石山欹危。（原注：已上八所，各具本名。）春葩雪漠漠（原注：谓杏花岛），夏果珠离离。（原注：谓樱桃岛。）主人命方舟，宛在水中坻"[66]。读诗可知此园以水景为主，引伊水入园为大池，池中有东岛、杏花岛、樱桃岛等。又有水心亭、开阖堂、北馆等建筑。山在西部，名夕阳岭。诗中也咏及游赏情形，说："亲宾次第至，酒乐前后施。解缆始登汎，山游仍水嬉。……管弦去缥缈，罗绮来霏微。棹风逐舞回，梁尘随歌飞。宴余日云暮，醉客未放归。高声索彩牋，大笑催金卮"[66]。则游宴时列歌童舞女，陈酒宴牋笔，游山汎舟之后，还要宴饮，听歌观舞并且赋诗。裴度是宰相，他的园林"池馆甚盛"[67]，其游宴仍是传统的富贵人家热闹场面。

和李德裕齐名的宰相牛僧孺喜欢奇石，他在洛阳归仁里的宅园和南郭庄园中都陈列奇石。白居易有《太湖石记》，说牛僧孺园中之石以大小分为四等，每等再分上中下，聚太湖石、罗浮石、天竺石诸品种，列而置之。其石奇形怪状，"撮要而言，则三山五岳，百洞千壑，覼缕簇缩，尽在其中，百仞一拳，千里一瞬，坐而得之"[68]。从记述看，牛氏是把奇石视为真山水的缩影，通过它们联想山川之美的。牛僧孺举进士出于白居易门下，晚年过从甚密。白氏在宅园造滩，牛氏效法，也在归仁里园造滩。白居易有诗云："伊流决一带，洛石砌千拳。与君三伏月，满耳作潺湲。深处碧鳞鳞，浅处声溅溅。碕岸束鸣咽，沙汀散沧涟。翻浪雪不尽，澄波空共鲜，……曾作天南客，漂泊六七年。今朝小滩上，能不思悠然。"[69]也是以小滩象征江湖真景，引起联想的手法。此外，当时人喜奇石还有以石拟人之意。白居易有《太湖石》诗，说"远望老嵯峨，近观怪嶔崟。才高八九尺，势若千万寻。……天姿信为异，时用非所任。磨刀不如砺，捣帛不如砧。何乃主人意，重之如万金。岂伊造物者，独能知我心"[92]。白氏又有咏牛僧孺宅之苏州太湖石诗，说："在世为尤物，如人负逸才。……出处虽无意，升沉亦有媒。拔从水府底，置向相庭限。"以石之孤峭嶔崟象征人之负超世逸才，以湖石或沉沦水底，或移置相府园中，比拟才人之有遇有不遇。经诗人之吟咏，陈设的奇石从单纯赏其姿态到联想名山大川，再进而联想到人之负才遇合。这例证说明在中晚唐时，诗与园林的关系已从描写实景发展到引发联想，再发展到以景喻人，抒发襟抱。诗情融入园林，赋予园林以多层次的含蕴和更深的文化内涵。

白居易在洛阳履道里（坊）的宅园是典型的文士出身官员、即士大夫所建园林。白居易在五十三岁时买履道里杨氏故宅为终老之地。其宅在里西门之北，伊水东支从里的西墙北流，遂引伊水入宅中，汇聚成池，形成以池为主的宅园。白氏有诗说"遂就无尘坊，仍求有水宅，东南深幽境，树老寒泉碧"[70]。因知宅之东南原有小园。白氏撰有《池上篇并序》，描写园林概貌，说其宅"地方十七亩，屋室三之一，水五之一，竹九之一，而岛、树、桥、道间之"[71]。综合《池上篇》及白氏其他诗文所述，园中以池和竹为主，池中有三岛，有桥相通。中岛上建有亭，另一岛植桃花，名桃岛。池水源自西来，名西溪。池中除荷花外，又有一区植蒲，名蒲浦。池东有小楼和粟廪，池北有小堂和书楼，池西有琴亭。园中无山，但有可升高乘凉的小台。沿池边种竹，又有绕池小径。它是以池为主、环池建小型堂亭楼台的水景园。

白居易最高官职为从三品的河南尹，其财力远不能和裴度、牛僧孺等宰相相比，故其园林较小而简朴，自称是"非庄非宅非兰若，竹树池亭十亩余"[72]，也不能举行大的宴乐，故其诗有"眼前尽日更无客，膝上此时唯有琴"之句[73]，是以闭户自赏为主的中型私园。限于财力，园中不能叠石筑山，大起楼馆。有诗说他新建草亭是"土阶全垒块，山木半留皮。……壁宜藜杖倚，门称荻帘垂"[74]。与豪家园林雕栏玉砌、丹粉涂饰、湘帘沉沉迥然不同。他只能以其诗思和多年登临览胜所领略到的自然景物之美为凭借，亲自经营，以隐约象征、引人联想的手法改造之。他又有《池上作》一首，咏其宅园，说："西溪风生竹森森，南潭萍开水沉沉。丛翠万竿湘岸色，空碧一泊松江心。浦派萦回误远近，桥岛向背迷窥临。澄潭方丈若万顷，倒影咫尺如千寻。泛然独游邈然坐，坐念行心思古今"[73]。诗中提到用竹林掩蔽水源，以萦回的小浦和溪流造成深远之感，以桥岛的错综布置使人不能一目了然。其中四句有"误远近"、"迷窥临"、"方丈若万顷"、"咫尺如千寻"等语，连用了"误"、"迷"、"若"、"如"四字，表明通过造园手法，构成小中见大，超越实际尺度的效果。最后两句"邈然坐"、"思古今"则明言静观园景后，结合自身经历引起的联想，即所谓"静观自得"。他又说其园"寂无城市喧，渺有江湖趣"[75]，也说明其园追求的不是山高水长，楼台对耸的富丽壮观，而是平淡自然的江湖趣。白氏还在园中人为制造泉韵和滩声，以反衬园中的幽静。在宅西水渠入园处置石造成泉声，其《引泉》诗说："静扫林下地，闲疏池畔泉。伊流狭似带，洛石大如拳。谁教明月下，为我声溅溅"[76]。他在宅西伊水中铺卵石造滩，有诗云："未如吾舍下，石与泉甚迩。凿凿复溅溅，昼夜流不已。洛石千万拳，衬波铺锦绮。海岷一两片，激濑含宫徵。……愿以潺湲声，洗君尘土耳"[77]。又有《滩声》

诗，说"碧玉斑斑沙历历，清流溅溅响泠泠。自从造得滩声后，玉管朱弦可要听"[78]？古人临流、观泉，可以俯仰今古，感慨万千，其事屡见史册，也可以算是一种传统。白氏把它引入造园中，深化了园林的意境，也增加了清幽自然的情趣。

白居易的履道里园池久已毁灭，其实际布局和造园水平已无从得知。但从大量咏园景之诗中，可以看出在贵族、贵官盛饰楼台的同时，一些文士出身的官员倾向于创造质朴自然、幽静野逸，更具自然情趣和诗意的以自赏为主的园林，并在造园意境和手法上又有所发展。

3. 庄园别墅园林

和南北朝时相同，唐代贵族显官也多建有庄园，庄园占有大片土地，进行农林养殖，同时把其中一部分园林化。庄园比宅园面积大，景物较开阔，有自然山水景观为依托，有大片的果园、竹林可资借用，建筑布局较宅园疏朗，风格也多较朴素，间以田园风光，成为园林的又一形式。这类庄园多称山庄、别业、别墅、山居。其中贵族豪门山庄比起士大夫所建更为豪华些。

唐前期最著名的山庄是安乐公主的定昆庄，庄在长安城西，"延袤数里……司农卿赵履温为缮治。累石肖华山，陘折横邪，回渊九折，以石潎水"[79]。《朝野佥载》说园中"累石为山，以象华岳，引水为涧，以象天津。飞阁步檐，斜桥磴道，衣以锦绣，画以丹青，饰以金银，莹以珠玉。又为九曲流杯池，作石莲花台，泉于台中流出，穷天下壮丽"[48]。唐中宗曾游此山庄，并命侍从诸臣赋诗。韦元旦诗有："穿池叠石写蓬壶"之句[55]，李适诗有："平阳金榜凤凰楼，沁水银河鹦鹉洲，彩仗遥寻丹壑里，仙舆暂幸绿亭幽。前池锦石莲花艳，后岭香炉桂蕊秋"等句[55]。宗楚客诗有"水边重阁含飞动，云里孤峰类削成"之句[55]。综合上引诗文，可知庄中有山有池，池中有洲，池边有重阁，山在池后，叠石陡峭，象华山三峰。庄园中建有大量楼馆。南朝以来盛行的流杯池仍为园中主要设施之一。泉从石莲花中吐出入池则已开玄宗时骊山温泉莲花汤之先河。它似乎与一般庄园不同，仍是以游宴为主的，近于宅园，只是建于郊外而已。史载安乐公主事败被杀后，其园"配入司农，每日士女游观，车马填喧。"

同时人，如太平公主在长安东郊、韦嗣立在骊山都建有山庄，也有名于时。

玄宗时最著名的别业是著名诗人王维的辋川别业。别业在蓝田，《旧唐书》本传说他"得宋之问蓝田别墅，在辋口，辋水周于舍下，别涨竹洲花坞。……尝聚其田园所为诗，号《辋川集》"[80]。诗中记录了别业中二十景，大部分以自然景观为主，如松岗（华子岗）、竹林（斤竹岭）、森林（鹿柴）、花林（木兰柴、辛夷坞）、生产性林（漆园、椒园）、柳岸（柳浪）、石滩（白石滩）、槐路（宫槐陌）等等。园中建筑颇为疏朗，除宅舍外，有"文杏馆"、"临湖亭"、"竹里馆"等。从王维的性格、文化素养和经济能力看，别业中建筑应是小而质朴的，传世石刻辋川图画成精美的楼观是绝不可信的。从王维《辋川闲居》诗中"倚杖柴门外"句和〈归辋川作〉中"惆怅掩柴扉"句二次提到"柴扉"，就可以大体了解辋川别业建筑的特点了。

辋川别业以先后为诗人宋之问、王维的庄园而得名，以王维的诗而脍炙人口，它所见重于世的是恬淡的田园风味和自然景观，和贵族豪门如前举安乐公主山庄形成鲜明对照。它的辋川诗有景有情，情景交融，而以平淡天真的诗语出之，表现了人与自然的和谐，和前举咏安乐公主山庄诗之富丽豪华人工多于天然者不同。园林发人诗思，诗情又反过来影响造园，发源于南朝，至王维又进入了一个新的境界。

晚唐时最著名的庄园有裴度的午桥庄和李德裕的平泉山居。

裴度除建集贤里园池外，又在洛阳城南，定鼎门之外，买前人庄园建成别业，号午桥庄。自洛阳城内通远坊移唐玄宗时名歌手李龟年故宅之堂为庄中主建筑，号绿野堂[81]。白居易有〈奉和裴令公《新成午桥庄绿野堂即事》，描写此庄说："旧径开桃李，新池凿凤凰，只添丞相阁，不改午桥庄。……青山为外屏，绿野是前堂。引水多随势，栽松不趁行。年华玩风景，春事看农桑"[82]。他又有诗，咏庄中花柳，自注云："映楼桃花，拂堤垂柳，是庄上最胜绝处"[83]。后裴度迁官太原，他又有诗相赠。诗中有"近竹开方丈，依林架桔槔。春池八九曲，画舫两三艘。迳滑苔粘履，潭深水没篙，绿丝萦岸柳，红粉映楼桃。"自注云："皆午桥庄中佳境"[84]。从三诗可知，此是前人旧庄，归裴氏后，凿池筑堤，建楼起堂，栽花种竹，成为具有园林特点的农庄，尤以堤上杨柳、楼畔桃花为胜景。但从"春事看农桑"、"栽松不趁行"等句看，它应以田园风光为主，比起裴度在城内集贤里"池馆甚盛"的宅园来，是萧疏恬淡多了。裴度宅园和午桥庄的不同，反映了城内和庄园中园林风格的差异。

与裴度同时，名相李德裕在洛阳龙门西建庄，因"平壤出泉"，故名平泉庄。有诗云："清泉绕舍下，修竹荫庭除，幽径松盖密，小池莲叶初，……少室映川陆，鸣皋对蓬庐"[85]。从他所作〈思平泉〉诗中可知庄中有书楼、瀑泉亭、流杯亭、钓台、西园、东谿、双碧潭、竹径、花药栏等建筑及景观[86]。恬淡的诗意和所述景物与午桥庄近似，也是具有山野情趣的庄园。李德裕平泉庄还有一特点是广植各种奇异花树和陈设奇石。他有《平泉山居草木记》[87]，记庄中树石，树有天台之金松、琪树，稽山之海棠、榧、桧，剡溪之红桂、厚朴，海峤之香柽、木兰……共四十余种，石有日观、震泽、巫岭、罗浮等地之奇石，又有似鹿石、海鱼骨、仙人迹、鹿迹、马迹等怪石，布于清渠之侧。在唐时已有人在园中陈设奇石异花，但只是少量点缀之物，像平泉山庄这样以自然景观和奇花异树为主景，近于植物苑的，在当时可谓独树一帜。

从唐人诗文中，还可以看到，这时造园似已有一定的理论和手法。

白居易在咏裴度集贤里林亭时曾有以下几句："竹森翠琅玕，水深洞琉璃。水竹以为质，质立而文随。文之者何人，公（指裴度）来亲指麾。疏凿出人意，结构得地宜。灵襟一搜索，胜概无遁遗"[66]。这里实际讲的是造园的立意和因地制宜构景。裴度功业盛大，为晚唐名相，故白居易极力推崇，说是裴度亲自规划，但我们并不必拘泥此言，应去探讨所言造园之理。所谓"水竹以为质"说的是此园景物资源为水、竹，"质立而文随"指确定了以水竹为主后即据以造景。"疏凿出人意，结构得地宜"，指疏泉凿池的具体措施出于人的设计，却能有因地制宜之妙。最后"灵襟"、"胜概"一联则是说由于规划设计者精心构思，充分发挥了地形的有利条件。这段诗为我们了解唐代规划设计园林的概况和水平提供了参考。

唐代士大夫造园，对于"小中见大"，以一勺之水引发万顷清波的联想的手法，也颇能掌握。白居易有很多咏小池之诗，都抒发联想，如"有意不在大，湛湛方丈余。荷侧泻清露，萍开见游鱼。每一临此坐，忆归青溪居"[88]。"茅覆环堵亭，泉添方丈沼。……但问有意无，勿论池大小"[89]。"野艇容三人，晚池流涴涴。悠然倚棹坐，水思如江海"[90]。"白藕新花照水开，红窗小舫信风回。谁教一片江南兴，逐我殷勤万里来"[91]。虽是方丈小池，却能引起他"青溪居"、"江海思"和"江南兴"的联想。他又有《太湖石》诗，说："远望老嵯峨，近观怪嶔崟，绝高八九尺，势若千万寻"[92]，则又从观赏太湖石联想到千岩万壑的山势。在这里，景物虽小，却能引人联想起亲身经历过的自然真景。反过来说，则造园者又必须对自然真景有所体验，把它浓缩在园景中，才能引发观者的联想。中国园林不单纯模拟真景，以"小中见大"引起人会意联想的特点，在唐人咏园林诗中已表现得很明显。

从唐诗中还可看到，当时人对造园已不满足于造静态的景物，而要把它和环境及时序结合起来。白居易诗中有《池畔二首》诗云："结构池西廊，疏理池东树。此意人不知，欲为待月处。""持刀间密竹，竹少风来多。此意人不会，欲令池有波"[93]。此诗说明当时已不仅要求园中有竹树池岛，而且要有月上花梢，水波粼粼之景。前引之诸人造流泉、小滩，也是要听流水潺潺。总之，当时人已了解到创造有生意，动态的园林。

在唐诗中，还有些对园林建筑的描写。如白居易《临池闲卧》诗云："小竹围亭匝，平池与砌连"；《答尉迟少监水阁重宴》云："水轩平写琉璃镜，草岸斜铺翡翠茵"；都是诵池水与水阁的。又有《柘枝词》，云"柳岸长廊合，花深小院开"；《早春忆游思黯南庄》云："美景难忘竹廊下，好风争奈柳桥头"；《偶题五绝》云："日滟水光摇素壁，风飘树影拂朱栏"；这些都是诵建筑与花树的关系的。由于诗人的启发，也使园林内建筑物和景物有机地结合起来，互相衬托，逐渐形成中国传统园林中建筑比重较大并与景物融为一体、密不可分的特点。

唐代园林没有保存下来的，我们只能求之于当时人的诗文。诗歌所咏，多是诗人领悟到的园林之美的精粹处，发为诗歌后，又反过来影响新的造园。唐代没有造园著作，唐代咏山池园亭的诗实是我们探讨唐代园林的最重要的史料，通过它们，可以对唐代造园理论、发展趋势、水平有一定的了解。

以上所述都是从诗文中了解到的唐代园林发展的情况。但以艺术文辞去描写艺术形象总有些失之空泛，也难免有粉饰夸张之处，能以诗文和实物相印证，才是较准确的。但唐代园林实物久已不存，所发现的遗址极少，且不完整，恐难以代表当时的造林水平。

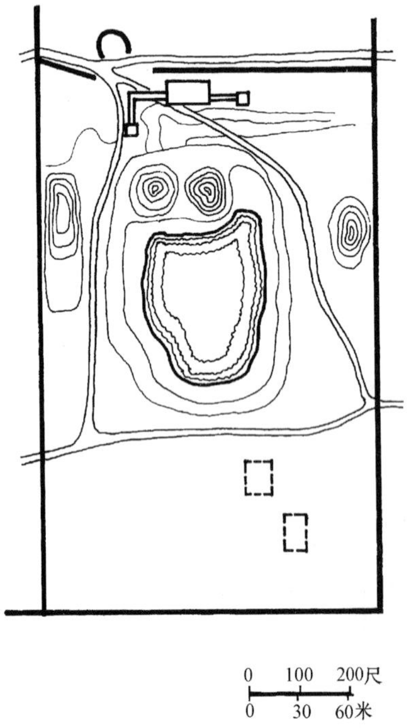

目前已发现的唐代园林遗址是洛阳隋唐宫中的九洲池，唐大明宫中的太液池和渤海国上京的禁苑的遗址。这三处都以池为中心，池中都有岛，基本上继承的是西汉建章宫以来以池象海、以岛象仙山的一池三山皇家园林传统。但九洲池史书明言仿东海九洲，洲即岛，当有九岛，目前已发现了六岛；太液池中只一岛名蓬莱山；渤海国内苑有二岛；则唐代并不局限于三岛之数。各岛上都建亭，九洲池岛和渤海国禁苑岛上都发现八角亭址。史载蓬莱山有太液亭子，遗址尚有待发掘，证以《元河南志》所载九洲池中岛上建亭殿和安福殿前池中二洲上建殿阁之例，可知在岛上建亭阁是当时的通制。

渤海国上京禁苑在池北发现一组建筑址。正中为面阔七间进深四间前有三间抱厦的敞厅，厅之东有五间行廊，厅西为十间向南折的曲尺形廊，尽端各接一三间方亭。和九洲池发现的独立亭子不同，它是迄今所见惟一的园林建筑群组，很值得注意[94]（图3-6-4）。据《长安志》记载，唐时在汉未央宫遗址建有殿宇，正殿名通光殿，殿东西有诏芳、凝思二亭[10]。《太平御览》引《两京新记》云，东都宫内"流杯殿东西廊南头两边皆有亭子，以间山池。"[95]此外，在敦煌唐代壁画中也见有正面绘一厅、东西出廊接轩

图 3-6-4　黑龙江宁安唐渤海国上京禁苑建筑遗址图

亭、周以花树的形象，如338窟初唐弥勒上生变中所绘[96]。这两条记载和壁画中的图像都和上述渤海上京禁苑建筑址相同，说明这种布局也可能属唐代宫苑园林建筑的通式（图3-6-5）。

白居易诗文中提到的小滩和铺锦石为底的池塘遗址在国内迄未发现，但在日本奈良平城京遗址中已发现类似遗迹。在平城京左京三条二坊贵邸遗址中，一条小河屈曲穿过，池底及护岸全部用卵石铺砌成，局部还有斜坡的滩。另在宫城内东南角"东院"也发现园池，池近于曲尺形，曲屈的池岸及池底也是满铺卵石，池中有岛，北部有桥[97]。这些遗迹属8世纪中期，早于白居易的时代，则在盛唐、中唐之交可能在唐已出现铺卵石的小池了（图3-6-6）。

唐代园林的遗迹和可供参考的国外例证目前只有这些。此外，在壁画和明器中也还可以找到

图3-6-5　甘肃敦煌莫高窟第338窟初唐壁画中的园林

图3-6-6　日本奈良平城京左京三条三坊贵邸园池遗址

一些间接资料。

在敦煌壁画唐代观无量寿经变中,都画有池塘、池边用花砖包砌为护岸,沿岸立木钩栏,平台地面铺莲花砖或卵石,池上架弧形木桥,桥两侧下为红白相间的雁齿板,上为朱红勾栏。在平台上左右各有坐立二部伎乐,中间有人舞蹈[98]。推想贵族、显宦山池院堂前临水平台和举行宴会时舞乐毕陈的情况大体也应是这样。贵邸山池的豪华程度也大体于此可以想见(图3-6-7)。

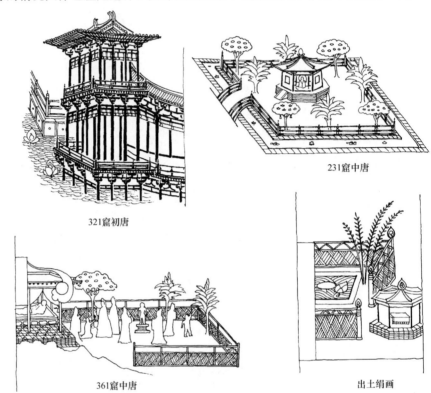

图 3-6-7 甘肃敦煌莫高窟唐壁画中的池塘

注释

[1]《唐六典》卷19,〈司农寺〉,〈京都苑四面监〉,〈九成宫总监〉及〈温泉汤〉条。 中华书局排印本 P.529~530

[2]〈大业杂记〉,"元年夏五月筑西苑"条。 商务印书馆影印《元明善本丛书》《历代小史》本,卷之又五。

[3]《元河南志》卷三。〈隋城阙古迹〉。 中华书局影印《宋元方志丛刊本》⑧P.8376

[4] 中华书局标点本③P.686

[5] 当指四面出抱厦,当中一大亭的建筑。

[6]《唐会要》卷30,〈洛阳宫〉,"上元二年高宗将还西京"条。 《丛书集成》本⑥P.552

[7]《唐六典》卷7,〈尚书工部〉,东都禁苑条。 中华书局标点本 P.222

[8]《元河南志》卷4,〈唐城阙古迹〉。 中华书局影印《宋元方志丛刊》本⑧P.8384

[9]《唐会要》卷30,〈诸宫〉,"显庆五年"条。 《丛书集成》本⑥P.560

[10]《长安志》卷6,唐上,〈禁苑〉条。 中华书局影印《宋元方志丛刊》本①P.103

[11]《唐会要》卷28,〈蒐狩〉,贞元十一年条。 《丛书集成》本⑤P.529

[12]《唐六典》卷19,〈司农寺〉:〈上林署〉条。 中华书局标点本 P.526

[13] 中国科学院考古研究所西安唐城发掘队:〈唐代长安城考古纪略〉,《考古》1963年11期。

[14]《册府元龟》卷14,〈都邑第二〉,"十月司空房玄龄及将作大匠阎立德大营北阙,制显道门、观并成。" 中华书局影印本①P.154

[15]《资治通鉴》卷191,〈唐纪〉7,高祖武德九年六月条。 中华书局标点本⑬P.6010

[16] 中华书局影印本《册府元龟》①P.154

[17]《唐会要》卷26,〈大射〉。 《丛书集成》本⑤P. 499
[18](元)李好文《长安志图》卷上,〈唐禁苑图,内苑附〉。 中华书局影印《宋元方志丛刊》本①P. 206
[19]《册府元龟》卷14,〈都邑第二〉,(元和)十三年二月条。 中华书局影印本①P. 160
[20]《册府元龟》卷14,〈都邑第二〉。 中华书局影印本①P. 161
[21]《资治通鉴》卷194,〈唐纪〉10,太宗贞观七年十二月条。 中华书局标点本⑬P. 6103
[22]《唐会要》卷30,〈兴庆宫〉,(开元)二十四年六月条。 《丛书集成》本⑥P. 559
[23]《唐会要》卷30,〈诸宫〉,太和九年七月条。 《丛书集成》本⑥P. 563
[24]《古今图书集成经济汇编·考工典》卷54,〈苑囿部〉艺文2。 中华书局影印本785册,P. 40~41
[25] 同上书,卷44。 中华书局影印本785册,P. 36b
[26]《长安志》卷6,唐上,西内章。 中华书局影印《宋元方志丛刊》本①P. 102
[27]《唐两京城坊考》卷1,〈西京〉,〈宫城〉条。 中华书局标点本P. 5~6
[28] 马得志等:《唐长安大明宫》四,太液池与龙首渠。 科学出版社版P. 48
[29]《元稹集》卷二十二,律诗,〈寄浙西李大夫四首〉之一。 中华书局标点本上P. 251
[30]《唐会要》卷30,〈诸宫〉:"其年(元和十二年)闰五月,新造蓬莱池周廊四百间。" 《丛书集成》本⑥P. 562
[31]《玉海》卷171,〈池沼〉,〈唐九洲池〉条。 台湾华文书局影印元刊本P. 3245
[32] 中国社会科学院考古研究所洛阳工作队:〈隋唐东都城址的勘查和发掘续记〉,《考古》1978年6期。
[33] 中国社会科学院考古研究所唐城队:〈洛阳隋唐东都城1982~1986年考古工作纪要〉,《考古》1989年3期。
[34]《册府元龟》卷14,〈都邑第二〉,"(德宗贞元四年)三月,自武德东门筑垣,约左藏库之北属宫城东垣,于是武库因而废焉。其器械隶于军器仗。" 中华书局影印本①P. 159
[35]《新唐书》卷207,〈列传〉132,〈宦者上〉,仇士良传。 中华书局标点本⑲P. 5874
[36]《白居易集》卷19。 中华书局标点本②P. 406
[37] 同上书,同卷。 中华书局标点本②P. 408
[38]《钱注杜诗》卷10。 上海古籍出版社标点本上P. 330
[39] 同上书,同卷,同页。
[40]《白居易集》卷14。 中华书局标点本①P. 279
[41] 同上书,卷21。 中华书局标点本②P. 455
[42] 同上书,卷22。 中华书局标点本②P. 482
[43] 同上书,卷28。 中华书局标点本②P. 645
[44] 同上书,卷28。 中华书局标点本②P. 647
[45] 同上书,卷8。 中华书局标点本①P. 165
[46]《玉海》卷175,〈亭〉,〈唐曲江亭〉。 台湾华文书局影印元刊本P. 3305
[47]《册府元龟》卷14,〈都邑〉第二。 中华书局影印本①P. 161
[48]《朝野佥载》卷3。 中华书局标点本P. 70
[49]《朱子语类》卷136。 中华书局标点本⑧P. 3245
[50] 参见前章住宅、园林部分。
[51]《长安志》卷7、8、9、10各该坊条。《元河南志》卷1。
[52]《全唐文》卷240,宋之问:〈太平公主山池赋〉。 上海古籍出版社影印本②P. 1072
[53] 曹元忠辑本《两京新记》卷1,崇仁坊条,引《太平御览》卷180文。《南菁札记》本卷1,P. 11a
[54]《全唐文》卷290,张九龄。 上海古籍出版社影印本②P. 1302
[55]《古今图书集成·经济汇编·考工典》卷121,〈园林部·艺文〉三,诗。 中华书局影印本790册P. 20b~21a
[56]《长安志》卷10,延福坊。 中华书局影印《宋元方志丛刊》本①P. 126
[57]《白居易集》卷28,律诗。 中华书局标点本②P. 643
[58]《全唐文》卷240,宋之问。 上海古籍出版社影印本②P. 1075
[59] 参见《长安志》各该坊条。

[60]《白居易集》卷15，律诗，〈题王侍御池亭〉。　中华书局标点本①P. 307
[61]《全唐文》卷225，张说：〈季春下旬诏宴薛王山池序〉。　上海古籍出版社影印本②P. 1002
[62] 同上书，同卷，张说：〈南省就窦尚书山亭寻花柳宴序〉。　上海古籍出版社影印本②P. 1003
[63]《白居易集》卷15，律诗。　中华书局标点本①P. 303
[64]《白居易集》卷14，律诗。　中华书局标点本①P. 278
[65]《旧唐书》卷170，〈列传〉120，裴度。　中华书局标点本⑭P. 4432
[66]《白居易集》卷29，律诗。　中华书局标点本②P. 666
[67]《白居易集》卷32，律诗，〈代林园戏赠〉题下自注云："裴侍中新修集贤宅成，池馆甚盛，数往游宴，醉归自戏尔。"　中华书局标点本②P. 721
[68]《白居易集·外集》卷下，〈太湖石记〉。　中华书局标点本④P. 1543
[69]《白居易集》卷36，半格诗，〈题牛相公归仁里宅新成小滩〉。　中华书局标点本③P. 813
[70]《白居易集》卷8，闲适四，〈洛下卜居〉。　中华书局标点本①P. 162
[71]《白居易集》卷69，碑、序、解、祭文、记，〈池上篇并序〉。　中华书局标点本④P. 1450
[72]《白居易集》卷31，律诗，〈池上闲吟二首〉。　中华书局标点本②P. 708
[73]《白居易集》卷30，格诗，〈池上作〉，自注："西溪、南潭皆池中胜处也。"　中华书局标点本②P. 683
[74]《白居易集》卷33，律诗，〈自题小草亭〉。　中华书局标点本②P. 736
[75]《白居易集》卷30，格诗，〈闲居自题〉。　中华书局标点本②P. 676
[76]《白居易集》卷22，格诗杂体，〈引泉〉。　中华书局标点本②P. 490
[77]《白居易集》卷36，半格诗，〈李、卢二中丞各创山居，俱夸胜绝，然去城稍远，来往颇劳。弊居新泉，实在宇下，偶题十五韵，聊戏二君〉。　中华书局标点本③P. 822
[78]《白居易集》卷36，律诗，〈滩声〉。　中华书局标点本③P. 833
[79]《新唐书》卷83，〈诸帝公主〉，安乐公主。　中华书局标点本⑫P. 3654
[80]《旧唐书》卷190下，〈列传〉140下，〈文苑〉下，王维。　中华书局标点本⑮P. 5051
[81]《明皇杂录》卷下，"唐开元中乐工李龟年……能歌，……特承顾遇。于东都大起第宅，僭侈之制，逾于公侯。宅在东都通远里，中堂制度甲于都下。"原注："今裴晋公移定鼎门外别墅，号绿野堂。"上海古籍出版社版，P. 23
[82]《白居易集》卷33，律诗，〈奉和裴令公《新成午桥庄绿野堂即事》〉。　中华书局标点本②P. 736
[83]《白居易集》卷33，律诗，〈令公南庄花柳正盛，欲偷一赏，先寄二篇〉后自注。　中华书局标点本②P. 755
[84]《白居易集》卷34，律诗，〈司徒令公分守东洛，移镇北都……辄奉五言四十韵寄献，以抒下情〉。　中华书局标点本②P. 764
[85]《李卫公别集》卷9，〈忆平泉山居赠沈吏部一首〉。《畿辅丛书》本该卷 P7b
[86]《李卫公别集》卷10，〈春暮思平泉杂咏二十首〉，〈思平泉树泉杂咏十首〉《畿辅丝书》本卷10，P4～9
[87]《李卫公别集》卷9，〈平泉山居草木记〉。　《畿辅丛书》本卷9. P. 2a
[88]《白居易集》卷7，闲适三，〈小池二首〉之二。　中华书局标点本①P. 139
[89]《白居易集》卷8，闲适四，〈过骆山人野居小池〉。　中华书局标点本①P. 149
[90]《白居易集》卷11，感伤一，〈同韩侍郎游郑家池吟诗小饮〉。　中华书局标点本①P. 223
[91]《白居易集》卷27，律诗，〈白莲池汎舟〉。　中华书局标点本②P. 612
[92]《白居易集》卷22，格诗杂体，〈太湖石〉。　中华书局标点本②P. 491
[93]《白居易集》卷8，闲适四，〈池畔二首〉。　中华书局标点本①P. 165
[94]（日）原田淑人等：《东京城》，三，遗迹，（三）宫城遗址，禁苑址。　P. 27～30，插图二六～二九
[95] 曹元忠辑本《西京新记》卷2，引太平御览卷175。《南菁札记》本卷2. P. 2b
[96]《中国石窟·敦煌莫高窟》三，图62，第338窟，西壁龛顶，弥勒上生经变，初唐。　文物出版社，1987
[97]《平城京》9，贵族の邸宅Ⅱ；27，东院。1978年4～11月东京平城京展览会图录。
[98]《中国石窟·敦煌莫高窟》三，图5，第341窟初唐弥勒经变；图103，第217窟北壁，初唐观无量寿经变。　文物出版社，1987

第七节　宗教建筑

一、佛教建筑

1. 佛寺的发展概况

（1）隋代佛寺

北朝末期，境内佛寺在周武帝的灭法活动中遭到严重破坏。经像、佛塔被大量焚毁，佛寺或赐为宅邸，或仅存残基，只有少数地方佛寺，如泰山朗公寺等，得以幸免。其后虽有周静帝大象复法，但国力衰微，仅挽回一、二。南朝佛寺在晋王杨广平陈和随后平叛的过程中亦遭破坏，同时由于政治中心的转移，南方上层僧人纷纷北上关中，不少地方名刹因此而渐趋衰颓。

隋文帝统一中国之后，开始了全国性的佛教复兴活动。修立佛寺成为通过行政命令方式、由国家各级政府机构督办的一项公务。

开皇元年（581年），普诏天下，任听出家，计口出钱，营造经像。三月，诏于五岳之下各立一寺，七月，诏于襄阳、隋郡、江陵、晋阳、相州各立一寺。

开皇三年（583年），下诏兴立废寺。

开皇十一年（591年），令天下之寺无分公私，混同施造。又令天下州县各立僧尼二寺。并其"龙潜所经四十五州，皆悉同时为大兴国寺"[1]，多由当地佛寺改名为之。

仁寿元年（601年），下敕率土之内，普建舍利塔。前后诸州共110所，分三批起建，统一部署，并依统一图样造立[2]。

隋代东西两京（大兴和洛阳），都是在汉魏旧城附近另辟新址营造。因此，旧都佛寺皆成遗迹，只有少数被移往新都。在全国各州县广立佛寺的情势下，都城大兴更是建寺的重点所在。据唐韦述《两京新记》，隋文帝立都之时，便出寺额一百枚，任取修造[3]。至大业初，大兴已有佛寺120所。唐长安佛寺中，约有一半以上创建于隋文帝时期。其中靖善坊大兴善寺，是文帝首立之寺，尽占一坊之地，名僧会聚其中。仁寿三年（603年）所立东禅定寺，占和平、永阳二坊之东半。又有兴宁坊清禅寺、丰乐坊胜光寺，皆文帝所立。炀帝即位前，于仁寿元年立青龙坊日严寺，为当时著名大寺。大兴佛寺中，又有不少是王公贵富舍宅所立。如兰陵公主舍宅立安业坊资善尼寺；齐国公高颎夫妇相继舍宅立义宁坊化度寺（隋名真寂寺）与积善尼寺；怀德坊慧日寺，则是富商张通舍宅所立[4]。另有一些佛寺，是利用原有村邑、私人佛堂扩建而成，如崇仁坊宝刹寺、布政坊济法寺、崇贤坊大觉寺等[5]。隋文帝在位的20余年之间，都城大兴已发展成为全国佛教中心。

炀帝即位之前，曾任扬州总管，镇江都。仁寿初年，又奉诏巡抚东南，对江南佛教的重振，起到很大作用。其江都旧邸中"立宝台经藏，五时妙典，大备于斯"[6]。又立江都慧日道场（其时郡县佛寺，改称道场，道观则改称玄坛[7]）。炀帝在扬州时，曾于天台高僧智𫖮处受菩萨戒，开皇十八年依其遗旨为建天台山国清寺[8]。炀帝在位十余年，城市建设的重点放在洛阳与江东，这时也是洛阳建寺的高峰期。而长安佛寺建于大业年间者寥寥无几，恐亦出于此因。隋末战乱，李世民入洛，焚隋宫殿门阙，"废诸道场。城中僧尼，留有名德者各三十人，余皆返初"[9]。可知城内佛寺众多。但由于记载湮灭，隋代洛阳佛寺的情况已不可考。

《法苑珠林》记隋代47年中"有寺3985所，度僧尼236200人"[10]，与南北朝时期相比，寺数与僧尼数明显悬殊，或是反映了当时佛寺规模整齐、僧人相对集中的情形。

（2）唐、五代佛寺

李唐代隋，事老子为祖先，佛道之争逐渐激化。高祖武德初，尚有立寺之举，如为沙门昙献立慈悲寺，为沙门景晖立胜业寺等。武德八年（625年），下诏叙三教先后，老先、孔次、释末，佛教的社会地位明显低落。九年，又下诏沙汰僧尼，"京师留寺三所，观二所，诸州各留一所，余皆罢之"[11]。至太宗贞观年间，仍以治世为务，轻出世之法[12]。故高祖、太宗两朝，佛寺的发展较为滞顿。太宗晚年，与高僧玄奘交往密切，对佛教的态度有所转变。贞观二十二年（648年），诏许京城及天下诸州寺宜各度5人。"计海内寺3716所，计度僧尼18500人。未此以前，天下寺庙遭隋季凋残，缁僧将绝，蒙兹一度，并成徒众"[13]。可知初唐佛寺为隋寺之延续。自西域取经归来的高僧玄奘，在促进唐代佛教及佛寺的发展中，起了相当重要的作用。

唐代佛寺兴盛，自高宗李治时始。李治为太子时便崇信佛教。贞观二十二年，为其母文德皇后造大慈恩寺，并请玄奘自弘福寺移居此寺。即位后，又于显庆元年（656年）为孝敬太子病愈立西明寺，"庄严之盛，虽梁之同泰，魏之永宁，所不能及也"[14]。寺成之后，又敕玄奘徙居西明。除了慈恩、西明两座著名大寺之外，高宗还于京城为公主、诸王立寺20余所。此时长安佛寺盛况空前（图3-7-1，表3-7-1），同时境内佛寺的兴立也蔚然成风。显庆二年（657年），孝敬太子于洛

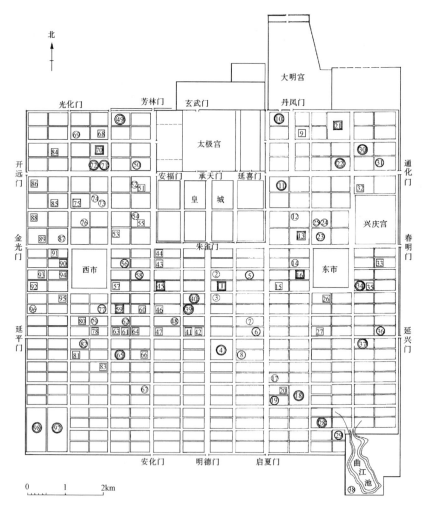

图 3-7-1　隋唐长安主要佛寺分布示意图

阳为高宗、武后立敬爱寺，制度与长安西明寺同。显庆末年，高宗与武后同幸并州，礼瞻童子寺及开化寺二寺大佛，并大舍资财。龙朔年间（661~662年），命长安会昌寺僧人会颐往五台山修理塔寺，并绘山寺诸图。地方佛寺中，又有僧伽和尚于龙朔初年在泗州北齐香积寺旧址上所立的普照王寺（后避武后讳，改为普光王寺），寺院规模宏大，为唐代名刹之一。

隋唐长安主要佛寺简表　　（据《两京新记》、《长安志》编制）　　表 3-7-1

序号	唐代寺名	立寺位置	始建年代	立寺缘起	备注
1	大荐福寺	开化坊半以南	唐文明元年（684年）	高宗崩后百日立寺祈福	半以东炀帝在藩旧宅
2	法寿尼寺	开化坊西门之北	隋开皇六年（586年）		
3	荐福寺浮图院	安仁坊西北隅	唐景龙中（707~709年）	宫人率钱所立	
4	大兴善寺	靖善坊一坊之地	隋开皇初（582年前后）	隋文帝移都，先置此寺	
5	招福寺	崇义坊横街之北	唐乾封二年（667年）	睿宗在藩舍宅立	本隋正觉寺
6	永寿寺	永乐坊横街之南	景龙三年（709年）	中宗为永寿公主立	
7	资敬尼寺	永乐坊横街之北	隋开皇三年（583年）	太保长孙览为父立	
8	崇敬尼寺	敬安坊西南隅	唐龙朔二年（662年）	高宗为长安安定公主立	本隋寺，大业中废
9	保寿寺	翊善坊	唐天宝九年（750年）	高力士舍宅立	
10	光宅寺	光宅坊横街之北	唐仪凤二年（677年）	敕建，武后置七宝台	
11	荷恩寺	永兴坊十字街西之北	唐景云元年（710年）	睿宗立	
12	宝刹寺	崇仁坊北门之东	隋开皇中（581~600年）	敕建	本邑里佛堂院
13	资圣寺	崇仁坊东南隅	唐龙朔三年（663年）	为文德皇后祈福	本太尉长孙无忌宅
14	菩提寺	平康坊南门之东	隋开皇三年（583年）	陇西公李敬道奏立	
15	净域寺	宣阳坊西南隅	隋开皇五年（595年）		本太穆皇后宅
16	奉慈寺	宣阳坊	唐元和中（806~820年）	武宗与太皇太后敕立	本开元中虢国夫人宅
17	崇济寺	昭国坊西南隅	隋开皇三年（583年）	鲁郡夫人立	本隋修慈寺
18	大慈恩寺	晋昌坊半以东	唐贞观二十二年（648年）	高宗在春宫为文德皇后立	本隋废无漏寺之地
19	楚国寺	晋昌坊西南隅	初唐	为楚王立	本隋废兴道寺之地
20	净住寺	晋昌坊十字街之西北	隋开皇七年（587年）	吏部尚书斐宏齐舍宅立	
21	大安国寺	长乐大半以东	唐景云元年（710年）	睿宗舍旧宅立	
22	兴唐寺	大宁坊东南隅	唐神龙元年（705年）	太平公主为武后立罔极寺	开元廿六年改寺名
23	胜业寺	胜业坊西南隅	唐武德初（620年前后）	高祖为沙门景晖立	
24	修慈尼寺	胜业坊十字街北之西	隋开皇七年（587年）	唐贞观廿年自昭国坊换居之	
25	甘露尼寺	修慈寺西	隋开皇五年（585年）		
26	玄法寺	安邑坊十字街之北	隋开皇六年（586年）	礼部尚书张颖舍宅立	
27	法云尼寺	宣平坊西南隅	隋开皇三年（583年）	郧国公韦孝宽立	本太保长孙览宅
28	日严寺	青龙坊西南隅	隋仁寿元年（601年）	隋炀帝为晋王时立	唐贞观元年废
29	建福寺	曲池坊东北隅	唐龙朔三年（663年）	高宗为新城公主立	本隋天宝寺
30	大中报圣寺	兴宁坊	唐宣宗时（847~859年）		
31	清禅寺	兴宁坊南门之东	隋开皇三年（583年）	隋文帝为沙门昙崇立	
32	无量寿寺	永嘉坊西南隅			本中书令许敬宗宅
33	宝应寺	道政坊	唐大历四年（769年）	门下侍郎王缙舍宅立	

续表

序号	唐代寺名	立寺位置	始建年代	立寺缘起	备注
34	赵景公寺	常乐坊西南隅	隋开皇三年（583年）	文献独孤皇后为父立	
35	云花寺	常乐坊南门之西	隋开皇六年（586年）	隋大司马窦毅舍宅立	
36	青龙寺	新昌坊南门之东	唐龙朔二年（662年）	城阳公主奏立	本隋灵感寺
37	龙华尼寺	升道坊西北隅		唐高宗立	
38	贞元普济寺	曲江之南	唐贞元十三年（797年）		以寺内弥勒阁赐名
39	法界尼寺	丰乐坊西南隅		隋文献独孤皇后立	
40	大开业寺	丰乐坊横街之北	唐仪凤二年（677年）	以静安宫置寺	本隋胜光寺之地
41	资善尼寺	安业坊西南隅		隋兰陵公主舍宅立	
42	济度尼寺	安业坊东南隅	唐永徽中（650~655年）	自崇德坊徙入	本隋太师李穆舍宅立
43	温国寺	太平坊西南隅	唐景龙元年（707年）	温王立	本隋实际寺
44	定水寺	太平坊西门之北	隋开皇十年（590年）	荆州总管杨纪以宅立	
45	兴圣尼寺	通义坊西南隅	唐贞观元年（627年）	太宗立	本高祖旧宅
46	空观寺	兴化坊西南隅	隋开皇七年（587年）	右卫大将军元孝矩舍宅立	本周时村佛堂
47	崇圣寺	崇德坊西南隅	唐仪凤二年（677年）	崇圣宫与灵宝寺合并为之	本隋济度尼寺之地
48	证果尼寺	崇德坊东北隅	唐贞观九年（635年）	徙丰乐坊证果寺于此	本隋月爱寺
49	兴福寺	修德坊西北隅	唐贞观八年（634年）	太宗为穆皇后追福立	本彭国公王君廓宅
50	龙兴寺	颁政坊南门之东	唐贞观五年（631年）	太子承乾立	西北隅本隋惠云寺
51	建法尼寺	颁政坊十字街东之北	隋开皇三年（583年）	坊人田通舍宅立	
52	证空尼寺	颁政坊十字街北之东	唐贞观十七年（643年）	原名真空寺，武后时改	本工部尚书段纶之祖庙
53	法海寺	布政坊西门之南	隋开皇七年（587年）	江陵总管贺拔华为沙门法海舍宅立	
54	济法寺	布政坊北门之东	隋开皇二年（582年）	沙门法藏立	本梁村佛堂之地
55	明觉尼寺	布政坊十字街东之北	隋开皇中（581~600年）	太保河间王弘立	本御史大夫裴蕴宅
56	懿德寺	延寿坊南门之西	隋开皇六年（586年）	刑部尚书李圆通立、唐神龙二年为懿德太子祈福改名	
57	胜光寺	光德坊西南隅	隋大业元年（605年）	自丰乐坊徙于此	本幽州总管燕荣宅
58	慈悲寺	光德坊十字街东之北	唐武德元年（618年）	高宗为沙门县献立	
59	西明寺	延康坊西南隅	唐显庆元年（656年）	高宗为孝敬太子立	本隋尚书令杨素宅
60	静法寺	延康坊东南隅	隋开皇十年（590年）	陈国公窦抗舍宅立	
61	海觉寺	崇贤坊南门之西	隋开皇四年（584年）	淮南公元伟为沙门法聪舍宅立	
62	大觉寺	崇贤坊十字街北之西	隋开皇二年（582年）	文帝为医人周子臻立	本臻宅佛堂之地
63	法明尼寺	崇贤坊南门之南	隋开皇八年（588年）	富商王道宾舍宅立	
64	崇业尼寺	崇贤坊十字街东之南	隋大业三年（607年）	合州刺史崔凤舍宅，徙丰乐坊宏业寺于此	
65	纪国寺	延福坊西南隅	隋开皇六年（586年）	文献独孤皇后为母立	
66	新都寺	延福坊东南隅		唐新都公主舍宅立	寺废，天宝二年立玉芝观
67	福田寺	敦义坊东北隅	隋开皇六年（586年）	亲王杨雄立	
68	千福寺	安定坊东南隅	唐咸亨四年（673年）	舍章怀太子宅立	
69	福林寺	安定坊西南隅	唐武德元年（618年）	置太原寺于永兴坊，后移于此	本隋律藏寺地
70	崇福寺	休祥坊东北隅	唐咸亨元年（670年）	以武后外氏故宅立为太原寺	
71	万善尼寺	休祥坊东南隅	周大象二年（580年）	隋开皇三年自故城移此	
72	昭成尼寺	万善寺西	隋大业元年（605年）	元德太子立，唐先天二年为昭成皇后追福改名	

续表

序号	唐代寺名	立寺位置	始建年代	立寺缘起	备注
73	开善尼寺	金城坊东南隅	隋开皇中（581～600年）	宫人立	
74	乐善尼寺	金城坊十字街南之东	隋开皇六年（586年）	尉迟迥孙为其祖立	本名舍卫寺
75	会昌寺	金城坊西南隅	唐武德元年（618年）	以太宗屯兵于此立寺	本隋海陵公贺若谊宅
76	醴泉寺	醴泉坊十字街北之西	隋开皇十二年（592年）	废醴泉监立寺	
77	大云经寺	怀远坊东南隅	隋开皇四年（584年）	文帝为沙门法经立	
78	永泰寺	长寿坊南门之东	隋开皇四年（584年）	文帝为沙门县延立延兴寺，唐神龙中为永泰公主追福改名	
79	大法寺	长寿坊北门之东	唐武德中（618～625年）	光禄大夫李远立	
80	崇义寺	长寿坊十字街西之北	唐武德二年（619年）	桂阳公主为驸马立	本隋延陵公于铨宅
81	褒义寺	嘉会坊西南隅	隋初	隋太保尉迟刚舍宅立	
82	灵安寺	嘉会坊十字街西之北	唐武德二年（620年）	高祖为卫怀王玄霸立	
83	宣化尼寺	永平坊东门之北	隋开皇五年（585年）	周昌乐公主舍宅立	
84	灵化寺	普宁坊十字街西之北	隋开皇二年（582年）	沙门善吉舍宅立	
85	化度寺	义宁坊南门之东	隋开皇三年（583年）	左仆射高颎舍宅立	
86	积善尼寺	义宁坊西北隅	隋开皇十一年（591年）	左仆射高颎妻舍宅立	
87	先天寺	居德坊东南隅	隋开皇三年（583年）	敕建	其地本汉之圜丘
88	普集寺	居德坊西北隅	隋开皇七年（587年）	突厥开府仪同三司鲜于道义舍宅立	
89	奉恩寺	居德坊南门之西	唐神龙二年（706年）	沙门智严舍宅立	
90	直心尼寺	群贤坊东门之南	隋开皇八年（588年）	宦者仪同三司宋祥舍宅立	
91	真化尼寺	群贤坊十字街东之北	隋开皇十年（590年）	冀州刺史冯腊舍宅立	
92	罗汉寺	怀德坊西南隅	隋开皇六年（586年）	雍州牧豆卢勣立	
93	辨才寺	怀德坊十字街西之北	隋开皇十年（590年）	司空淮南王神通为沙门智凝舍宅立，原在群贤坊，后移此	
94	慧日寺	怀德坊东门之北	隋开皇六年（586年）	富商张通舍宅立	
95	大庄严寺	和平永阳二坊半以东	隋仁寿三年（603年）	文帝为文献独孤皇后立	原均名大禅定寺
96	大总持寺	和平永阳二坊半以西	隋大业元年（605年）	炀帝为文帝立	唐武德元年改名

高宗死后，武则天自号神皇。载初元年（690年），"有沙门十人伪撰《大云经》，表上之，盛言神皇受命之事。制颁于天下，令诸州各置大云寺，总度僧千人"[15]。这时佛教不仅成为武周转移政权的工具，自身也遭到变革：一方面开沙门封侯赐紫、赐腊之先，僧徒人格渐卑，戒律松弛；另一方面，佛寺成为政治招幌，寺额随朝代更替而改换。如武则天时所置大云寺，至玄宗开元二十六年又一并改成了开元寺[16]，并且寺内开始供奉皇帝圣容。

中宗信佛，造寺无度。嗣圣元年（684年）即位，敕为高宗立献福寺（后改称荐福寺），神龙元年（705年）武后卒，又于东都造圣善寺追福。太平公主也同时在长安立罔极寺（后称兴唐寺）。景龙元年（707年）令诸州各立寺观，以龙兴为名。二年，因沙门法藏之请，于两都、吴、越、清凉山五处起寺，榜华严之号。四年，制洛阳圣善寺外拓五十余步，毁破民房，以广僧舍[17]。此时，佛寺营造已至百姓劳弊、帑藏空竭的地步。朝中反佛之议不断，左拾遗辛替否上疏云："今天下之寺盖无其数，一寺当陛下一宫，壮丽之甚矣！用度过之矣！是十分天下之财而佛有七八，陛下何有之矣！百姓何食之矣！"[18]

睿宗在藩时为武后追福，于洛阳立慈泽寺（后称荷泽寺），并于长安立荷恩寺。以旧邸造崇恩寺，景云元年（710年）即位后改称安国寺，盛加营饰[19]。

玄宗初好道术，曾有抑佛之举。因中宗时造寺无度，于开元二年（714年）沙汰僧尼一万二千余人，并禁止创建佛寺，禁士女向佛寺施钱[20]。不久，天竺密教僧人善无畏与金刚智相继入唐，沿途建立大曼荼罗灌顶道场，延度僧众，译经传教。到长安后，又通过祷雨禳灾、与道士斗法等手段，得到玄宗倚重。长安大寺，如大荐福寺、大兴善寺、慧日寺、青龙寺等，皆兴立灌顶道场。天宝五年（746年），金刚智弟子不空自狮子国取经返国，诏入内宫建立曼荼罗道场，为玄宗灌顶，并立坛祈雨。但这时玄宗致力道教更甚，密宗的发展仍停留在靠法术博取皇帝信任的阶段。因此，不空一度离京，往陇西武威并南海一带活动，至肃宗时才重返长安，振兴密教。

代宗朝是密教发展的鼎盛时期。大历三年（768年），于大兴善寺立道场，敕近侍大臣并入灌顶。四年，应不空奏请，制许天下诸寺食堂中置文殊菩萨为上座，并敕天下佛寺置文殊院，凭借行政手段确立了密宗地位。九年，由国家资助造兴善寺翻经院文殊阁成，同时加不空为开府仪同三司，封肃国公，至僧人名位之极。密宗的盛行，对佛寺建筑的发展有相当影响，文殊、普贤、天王诸阁的建立，从此视为常制。

自代宗以后，德宗、宪宗、穆宗等俱作佛事，其中以迎奉并供养佛骨、佛牙等尤为隆重。当时长安城中有四所寺院内建有佛牙楼（荐福寺、兴福寺、崇圣寺及庄严寺），往往大行法会，聚敛财物，佛教迷信，已至猥滥。这时由于佛寺兴造无度，百姓竞相出家，寺院经济无限制增长，对国家经济发展造成了极大损害。

文宗在位期间（827～840年），已有毁法之议。太和九年（835年），诏禁置寺及私度僧尼。至武宗会昌三年（843年），敕焚宫内佛经，埋佛菩萨天王等像，开始逐步采取灭除佛教的行动。四年三月，禁供养佛牙佛骨，五台山、终南山、泗州普光王寺、凤翔法门寺这四处盛极一时的佛指供养地，竟至无人往来。又令佛寺中毁去佛像，以老君像代之。七月，下令拆毁天下山房兰若、普通佛堂、义井村邑斋堂，以及尊胜陀罗尼石幢和僧人墓塔；十月，令毁天下小寺。长安城中毁佛堂300余所，小寺33处。五年三月，下令不许佛寺置庄园，又令勘检寺中奴婢及财物。四、五月间，令僧尼尽皆还俗，甚至旅居中土的外国沙门也不得例外。七月令废寺，长安、洛阳两都仅许各留寺4所（长安左街留慈恩寺、荐福寺，右街留西明寺、庄严寺。洛阳留寺不详）。其余各州佛寺，仅上州允许留"舍宇精华者"一所。八月制云："其天下所拆寺四千六百余所，……拆招提兰若四万余所"[21]。这次灭佛运动，自会昌三年至五年，历时两年余，除河北四镇管辖区域（今山西、河北一带）之外，全国各地均行毁寺，是中国历史上延时最久、范围最广、措施最为严厉的一次灭佛运动。但是灭佛者往往崇道，武宗在完成灭佛大举之后，即因服食道士所制药物致死。因此，自会昌六年起，一切禁令便自解除，随之而来的，是佛教的再次复兴与自上而下的佛寺重建。

宣宗早年曾为避武宗忌害，髡发为僧，及武宗崩，被迎回宫。大中元年（847年）即位，敕修复、利用废寺[22]，又敕长安、洛阳并益、荆、扬、润、汴、并、蒲、襄八道、诸道节度刺史州、管内州以及五台山等处，各添置佛寺1至10所不等。五年，诏京畿、郡县任意建寺、度僧[23]。七年，幸庄严寺，礼佛牙，登大塔。见废弃的大总持寺基址尚存，下敕重建[24]。又诏重建庐山东林寺，凡役工合六十五万。经大中复法后，佛寺修复，如火如荼，但佛寺建筑本身，已无新的进展。

僖宗在位时，战乱四起。广明元年（880年），黄巢入长安，僖宗出奔成都。自此长安无宁日，至唐亡 20 余年间，五次焚于兵乱。宫室、府寺、民居，毁坏殆尽，佛寺也不能幸免。从隋文帝立都，经三百年兴衰，长安终又失去了作为政治中心及佛教中心的地位。

五代十国时，诸国统治者亦多信佛。中原及江浙闽一带，佛寺发展很快，高僧云集。据《元河南志》记载，洛阳城内起建于五代时期的禅宗寺院有 30 多所，大都建于后唐、后梁、后晋三代。

至后周统一之初（显德二年，955 年），世宗下诏废除天下寺院中无赐额者，佛像、僧尼并入合留寺中，不得再造寺院安置。王公戚里、诸道节制以下今后不得奏请造寺及开戒坛。天下惟两京（开封、洛阳）、大名府、京兆府、青州各处置坛。据当时统计，后周境内所存寺院凡 2694 所，废寺 33036 所，较之会昌灭法时全国检括寺数（寺 4600 所，兰若 40000 所），亦不在少数。

吴越王钱镠、钱俶及闽王王审知、王延钧皆奉佛，立寺度僧，年逾万人。境内佛寺，规制宏丽，塔幢高显。钱俶仿传说中阿育王造塔之举，造八万四千金涂小塔，以护法明主自居。并遣使往高丽、日本求取教典，以充会昌灭法后天台教籍之不足。南唐主李璟、李煜也同样酷好释教，境内每建兰若，必均其土田，谓之常住产，使寺院经济势力的增长，甚至超过地方豪富。因此，若以东南地区佛寺数，加上后周境内寺数，恐已在唐代佛寺之上。其时荆蜀佛寺的造立也与东南地区大致相仿。

（3）佛寺的等级

唐代以前的佛寺，是否已形成严格的等级、性质区别，史料中未见明确记载。但唐代佛寺已不仅有与社会层次相对应的等级差别，同时在寺院性质上也有官、庶之分。前述会昌灭法废寺，即自下而上，先从最基层的村野山房、招提兰若开始，逐渐上及两京各州佛寺。大中复法，又自上而下，先敕于京城、八道及各州立寺，然后京畿、郡县听建寺宇兰若。其中两京各州佛寺，是获官方颁赐寺额、在政府主管部门（祠部）登记入册的正式寺院；而山房、兰若等，则是未获赐额、不入正册的非正式寺院。

正式寺院中，又有皇帝敕建与奏请赐额两种。唐代的敕建佛寺，只限于州郡以上，如武后制两京诸州置大云寺，中宗令诸州立龙兴寺等。都城内的敕建佛寺，多是为先皇帝后、诸王公主及名僧大德所建。敕建佛寺，经济上均有保障。其中国家大寺，如长安西明寺、慈恩寺等，除口分地外，别有敕赐山庄，所有供给并是国家所出。天宝年间，玄宗入蜀，在成都敕建大圣慈寺，赐田一千亩；奏请赐额的佛寺多由王公贵戚、各级官富或高僧名士主持建造，然后上报批准并获赐寺额，同时也往往获赐田产、财物等。

非正式寺院多是郡县内的地方私营佛寺。其中僧人所建的多称"兰若"，其意为"远离"、"清静处"，指佛教僧人远离城市、结庐说法或入山修行的行为方式，故僧传中常见有关某僧"好行兰若"或"以兰若为业"的记载；同时亦指由此而形成的佛教组织形式。隋唐时期，兰若既是僧人传播教义的方式，也是福业之一种。另外，兰若中也有经奏请赐额而成为正式寺院者[25]。

山房、招提等盖指地方上受大富长者供养的私立佛寺。穆宗长庆年间（832 年前后），浙西观察使李德裕罢四郡之内私邑、山房一千四百六十所[26]，当即此类。其实质是借佛寺之名义以逃避租税徭役，故往往在首先灭除之列。

佛堂一般设于里坊、村落之中，是受底层社会供养的佛教基层组织形式，也是民间佛教活动的主要场所，故有"邑里佛堂院"与"村佛堂"之称。唐长安佛寺中，崇仁坊宝刹寺本即北魏时的邑里佛堂院，隋开皇中始立为寺；布政坊济法寺与兴化坊空观寺，也都是在北周时村佛堂的基础上扩建而成。郡县一级的佛堂院也有获赐寺额者[27]。据唐元和年间（818 年）经幢题铭，户坊佛堂院的院主由沙门及比丘尼共任，院内亦有僧人。一所佛堂院所对应的居民组织可达 500 户[28]，其建筑亦当具一定规模。

(4) 佛寺与宗派

自南北朝后期开始，由于从印度、西域传入的佛教经典有先后、出处及诠释的不同，中土出现了不同佛教学派之间的论争，到隋唐逐渐发展成为互争道统的教派，亦称宗派。但宗派是佛教僧人之间的事，帝王百姓建寺造像，目的在于祈福，并不专注于某宗某派，对各派也都不偏废。因此，往往出现一寺之中各派共处、诸佛同奉的现象。寺院中为安置各派僧人和供养各种佛像而设立众多别院，也成为唐代佛寺的一个显著特点。

地方佛寺由于与宗派的流传地域相关，有些具有比较明确的归属性。如江浙一带多为天台宗寺院，五台山则为华严宗领地。京城佛寺，特别是一些大寺，却通常不具有这种归属性，而是先后或同时有不同派别的高僧住寺，寺院建筑也随之出现阶段性或局部的变化。

长安大荐福寺在中宗、睿宗年间是律宗大寺，神龙二年（706 年），中宗为律宗大师义净在寺内立翻经院，寺内又有思恒等律师所住的别院。玄宗开元年间，密宗僧人金刚智入京，"敕迎就慈恩寺，寻徙荐福寺"[29]，立大曼荼罗灌顶道场，度于四众。时荐福寺虽以密宗著名，但寺内别院中，仍有律院、净土院等[30]，并有栖白、道光等禅师所住院。

长安大兴善寺原亦为律宗大寺，自代宗时不空住寺，成为著名密宗寺院。内有敕置灌顶道场及（密教）翻经院。大历七年（772 年），不空请于寺内造文殊阁，敕许。贵戚同助，舍库内钱约三千万计。寺内天王阁，亦建于不空时。宪宗元和五年（810 年），有禅宗大师惟宽住寺，于寺后不空三藏池处建传法堂（即僧舍）。十二年（817 年）于法堂说法后坐化[31]。寺内别院，有律师院、禅师院等。又有一素和尚院，僧人守素，无宗无派，长住此寺二十余年。

长安青龙寺（本隋灵感寺），高宗乾封二年（667 年），南山律宗大师道宣曾于此寺立坛，是依《戒坛图经》之法创立的律宗戒坛之一。开元中，律宗道氤法师住寺，以撰金刚经疏、并法华、唯识诸疏见重于玄宗。直到代宗大历八年（773 年），密宗大师惠果住寺，青龙寺才成为密宗寺院。敕赐东塔院一所，置毗卢舍那（即大日如来）灌顶道场。大中复法时，又将玄法寺并入寺内，于西南角净土院之地起密宗传法院。

三阶教创自隋代。开皇中，长安曾有三阶寺五所（化度、光明、慈门、慧日、弘善）[32]，洛阳亦有福先寺。后三阶教被视为异端，敕令禁断（开皇二十年，600 年）。但初唐长安佛寺中，仍多有三阶院之设。如西明寺、净域寺、大云经寺、赵景公寺等。玄宗开元年间，再次下令废除三阶教，毁化度寺"无尽藏"院，又敕诸寺三阶院除去隔障，使与大院相通，众僧错居，不得别住（开元十三年，725 年）。说明当时诸寺中的三阶院，是设于大院（中院）旁侧、相对独立的一所别院。

唐代禅宗僧人，早期常于受记后隶于某寺。故佛寺中多设别院处之[33]。肃宗时曾为神会大师造禅宇于东都荷泽寺中[34]。至宪宗元和年间（806～819 年），才由百丈山怀海禅师创立禅居规式（详后文）。前述元和五年（810 年），惟宽禅师于长安大兴善寺所立传法堂，当依此式建立。自后禅门独行，禅宗寺院开始大批兴建。及至五代，全国各地所建佛寺中，禅院已占十之八九。《元河南志》中所记洛阳佛寺，除十数所为隋唐旧寺外，其余均为五代起造的禅院。

(5) 行香院、圣容院及影堂

南北朝至初唐，帝后皆有逢忌日诣寺行香、为先人祈福的做法。但将"国忌日于佛寺中设斋行香"立为全国实行的制度，恐自盛唐始。玄宗开元廿七年（739 年），敕天下僧道遇国忌日就龙兴寺观行道散斋[35]。代宗大历五年（770年），不空奏请于高祖、太宗等七圣忌日设斋行香。不空所住长安大兴善寺中有行香院，即应为国忌日行香而设，这是以往佛寺中所没有的。

佛寺中供养帝王像的做法在唐代颇为流行。长安中（703年），曾将武则天玉像送至太原崇福寺供养。睿宗于乾封二年（667年）舍宅为招福寺，即位后，于景龙二年（708年）诏寺中别建圣容院，并赐真容坐像一幅，开佛寺中设立圣容院的先例。玄宗即位后（713年），又"敕出内库钱二千万，巧匠一千人，重修之"[36]，知圣容院规制非一般别院可比。玄宗开元廿九年（741年），令于各州开元寺观安置真容，并铸等身佛及天尊（像）各一躯[37]。五代前蜀永平年间（911～915年）"废（成都）兴圣观为军营，其观有五金铸天尊形明皇御容一躯。移在大圣慈寺御容院供养"[38]。依此，当时所铸佛形御容，亦当置于各州佛寺的御容院中。会昌五年灭法，中书门下奏，上州以上"各留寺一所，充国忌日行香。列圣真容，便移入合留寺中"[39]。知寺内圣容，确为国忌日行香而置，并成为保留佛寺的一个重要借口。宣宗复法后，专为供奉先皇御容于京城兴宁坊建大中报圣寺，设宪宗御容于介福殿，其北又建虔思殿为休憩之所，并设复道，以供往来[40]。

另外，在佛寺中为寂灭的名僧设立影堂，供养其真容影像，也是隋唐以来出现的做法。凡天台宗僧人所住寺，皆供养智者大师影像[41]。泗州普光王寺僧伽大师示灭后，也受到天下诸寺的供奉。另如洛阳荷泽寺之慧能影堂、长安西明寺之道宣影堂、光宅寺惠中禅师影堂、大安国寺法空禅师影堂等，都是宗师寂灭之后由弟子所立。安国寺中有西域僧人利涉塑堂，肃宗时设（760年前后）。元和中（806～819年），取其处为圣容院，迁像庑下[42]。知影（塑）堂设施大致与圣容院相仿。

佛寺中设立行香院、圣容院及僧人影堂等一系列做法，反映出唐代佛寺功能日益与社会传统习俗相结合的世俗化倾向，同时也表明一些敕建佛寺具有帝王家寺的性质。

注释

[1]《金石萃编》卷38〈诏立僧尼二寺记〉。北京市中国书店版，①。《续高僧传》卷26〈释道密传〉："（仁寿年间）送舍利于同州大兴国寺。寺即文帝所生之地，其处本基般若尼寺也。……其龙潜所经四十五州，皆同时为大兴国寺，因改般若为其一焉"。《大正大藏经》NO. 2060，P. 667

[2]见《法苑珠林》卷40〈舍利篇·感应缘〉。其中元年立塔30州，统一于十月十五日午时舍利入函；二年又于53州立塔，四月八日午时入函；四年，又送舍利往30余州。上海古籍出版社版，P. 310～312。另见《续高僧传》卷21〈释洪遵传〉。《大正大藏经》NO. 2060，P. 611

[3]《两京新记》卷3："文帝初移都，便出寺额一百枚于朝堂下。制云，有能修造，便任取之"。日本金泽文库旧藏古写本残卷。

[4]同上。另见《长安志》卷9、10。中华书局影印《宋元方志丛刊》，①。

[5]《长安志》卷8："宝刹寺，本邑里佛堂院，隋开皇中立为寺。"中华书局影印《宋元方志丛刊》①，P. 114。《长安志》卷10："济法寺，隋开皇二年，沙门法藏所立。地本梁邸之佛堂。"同上，P. 125。《两京新记》卷3："大觉寺，开皇三年，文帝为医人周子粲所立。……其地本粲之佛堂也。"日本金泽文库旧藏古写本残卷（《长安志》卷10"粲"作"臻"）。

[6]《续高僧传》卷12〈释慧觉传〉。《大正大藏经》NO. 2060，P. 516

[7]《隋书》卷28〈百官志〉。中华书局标点本③P. 802

[8]《续高僧传》卷19〈释灌顶传〉。《大正大藏经》NO. 2060，P. 584

[9]《资治通鉴》卷189〈唐纪·高祖武德四年（621年）〉。中华书局标点本⑬P. 5918

[10]《法苑珠林》卷100。上海古籍出版社版，P. 696

[11]《资治通鉴》卷191。中华书局标点本⑬P. 6002。另见《旧唐书》卷1〈高祖纪〉。

[12]太宗曾"为太武皇帝于终南山造龙田寺，并送帝等身像六躯，永充供养；又为穆太后造弘福寺。"《法苑珠林》卷100，上海古籍出版社版，P. 697。又于各州战场立寺，为阵亡将士设斋行道，如在幽州立悯忠寺。《广弘明集》

卷28〈唐太宗于行阵所立七寺诏〉,上海古籍出版社版,P.339。但这些举措多出于敷衍民心之目的。

[13]《大慈恩寺三藏法师传》。中华书局排印本,P.153
[14] 同上。P.214
[15]《旧唐书》卷6〈则天皇后纪〉。中华书局标点本①P.121
[16]《唐会要》卷48 议释教下。丛书集成本⑧P.850
[17]《唐会要》卷48 议释教下。丛书集成本⑧P.848
[18]《旧唐书》卷101〈辛替否传〉。中华书局标点本⑩P.3158
[19]《唐会要》卷48 议释教下。丛书集成本⑧P.848~49
[20]《资治通鉴》卷211〈玄宗开元二年纪〉。中华书局标点本⑭P.6695、6696、6703
[21]《唐会要》卷47 议释教上。丛书集成本⑧P.841
[22]《旧唐书》卷18下〈宣宗纪〉。中华书局标点本②P.617
[23]《唐会要》卷48 议释教下。丛书集成本⑧P.854
[24]《宋高僧传》卷16〈慧灵传〉。中华书局排印本,P.392
[25]《宋高僧传》卷11〈无等传〉记太和元年(827年),相国牛僧儒出镇三江,为武昌黄鹄山无等禅师所立兰若奏请寺额曰"大寂寺"。中华书局排印本,P.392。又太和二年,准河中观察使薛苹奏,赐额中条山兰若为太和寺。见《唐会要》卷48 议释教下。丛书集成本⑧P.853
[26]《旧唐书》卷174〈李德裕传〉。中华书局标点本⑭P.4511
[27] 大历七年(772年),不空为汾州西河县佛堂院请寺额,许之。见《不空表制集》卷2。
[28]《金石萃编》卷66〈元惟清书佛顶尊胜陀罗尼经幢〉。北京市中国书店版②。
[29]《宋高僧传》卷1,〈金刚智传〉。中华书局排印本,P.4
[30]《历代名画记》卷3 荐福寺条:"净土院门外两边,吴画神鬼。……律院北廊,张璪、毕宏画。"人民美术出版社版,P.49
[31]《全唐文》卷678,白居易〈西京兴善寺传法堂碑铭〉。上海古籍出版社版③P.3069
[32]《续高僧传》卷16〈释信行传〉。《大正大藏经》NO.2060,P.560
[33]《景德传灯录》卷6〈禅门规式〉记:"禅宗肇自少室,至曹谿以来,多居律寺。虽别院,然于说法、住持,未合规度"。四部丛刊本。
[34]《宋高僧传》卷8〈神会传〉。中华书局排印本,P.180
[35]《唐会要》卷50。丛书集成本⑧P.879
[36]《长安志》卷7。中华书局影印《宋元方志丛刊》①,P.111
[37]《唐会要》卷50。丛书集成本⑧P.880
[38]《益州名画录》卷下陈若愚条。人民美术出版社版,P.51
[39]《唐会要》卷48。丛书集成本⑧P.853
[40]《长安志》卷9记为"奉献皇后容"。中华书局影印《宋元方志丛刊》①P.120。按《唐语林》卷1记作"宪宗御像在焉",上海古籍出版社影印《四库笔记小说丛书》版,P.7。今从之。
[41][日]圆仁:《入唐求法巡礼行记》卷2,记其至五台山大华严寺,"入般若院礼拜文鉴座主。天台宗,曾讲〈止观〉数遍,兼画天台大师影,长供养。"上海古籍出版社标点本,P.108
[42]《寺塔记》卷上,长乐坊安国寺条。人民美术出版社版,P.6

2. 佛寺的总体布局

自东晋时起,佛寺布局开始由单一的立塔为寺转向佛塔与讲堂、佛殿的组合,同时在主体群的四周增设寺门、僧房等附属建筑,形成一个完整的院落。北朝佛寺仍有不少是依照这种布局方式建造,如洛阳永宁寺。但从南北朝后期开始,佛寺布局中出现一种新的变化趋势,即由单组建筑群向多群组合的形式发展,在中心院落的周围,设立众多的别院,并有各自的主体建筑。这种情形在南朝佛寺中尤为多见,特别是山林佛寺中,别院的分布往往依寺院的地形条件,或集中,或分散。另外一方面，由于佛寺功能的日渐复杂，寺内职能机构增多，以及僧众等级、宗派的形成，也使佛寺的总体布局及规划思想向一个新的高度跃升。隋唐佛寺布局便是在这种变化趋势中，不断加以合理化、规制化的发展结果。

（1）新的规划思想与规制

自齐隋至初唐，中国的佛教僧人，不仅在佛教经典的诠释、同时在生活起居以及佛寺经营等方面，都表现出一种追求完美、追求正统的倾向。在佛寺布局上，对印度早期佛寺予以更多的关注，并假托传说中释迦牟尼曾居住过25年的祇洹寺的名义，提出自己关于佛寺规划的构想。北齐高僧灵裕（517～605年，后期入隋）所撰的《圣迹记》、《佛法东行记》以及《寺诰》、《僧制》等，便是这方面较早的著述。其中《寺诰》是我国最早的关于佛寺布局的著作，对后世有相当大的影响，可惜已经失传，只能从初唐僧人的有关著作中看出它的权威性与影响力。

唐高宗乾封二年（667年），终南山律宗大师道宣撰写《关中创立戒坛图经》（下称《戒坛经》）及《中天竺舍卫国祇洹寺图经》（下称《寺经》）。这两部有关佛寺布局的著作都采用"图经"的形式，以附图与文字相对应，但现存版本中，《戒坛经》所保留的南宋绍兴二十二年（1152年）刻本附图（图3-7-2），与文字叙述出入很大，就图中建筑形象推测，应为绍兴年间刻版时重新补刻，很可能当时原图已经遗失；《寺经》在国内数度失传，两次从海外得回重印，附图早佚。所幸书中对佛寺布局述之甚详，寺内各所建筑物之间的关系、方位、院门朝向以及僧人活动走向等，均如图叙述，有条不紊[1]。依照《寺经》中所述的佛寺布局及各院名称，可绘出佛寺平面示意图（图3-7-3）。《戒坛经》中以设坛部分居主要篇幅，关于佛寺布局的描述较《寺经》粗略[2]，据其所述，也可大致绘出佛寺平面示意图（图3-7-4）。

比较两图，可以看出《寺经》与《戒坛经》关于佛寺布局的构想，有以下共同点：

a. 布局中有明确的南北向中轴线，寺内主要建筑物均依此轴线布列。

b. 以中院为核心，周围设立大量别院。整体布局主次分明，院落布列整齐有序。

c. 中院之南，有贯穿全寺的东西大道。大道以南的寺区，被三条南北向道路均分成四块。这三条道路分别通向佛寺南端的三座大门，与东西大道共同构成全寺的主要交通脉络。

d. 布局中有明确的功能分区。以东西大道作为划分内外功能区域的界限：道南为对外接待或接受外部供养的区域；道北则是寺院内部活动区域，其中又分为中心佛院与外周僧院两大部分。

除上述共同点之外，两者之间又有一些不同之处：

a.《寺经》中将佛寺总体分为东、西两座大院。西院是僧佛所居的寺院主体，东院则是寺院的后勤服务区。两院之间以南北向大路相隔。这在《戒坛经》中未见述及，但南宋刻本附图中却有所表现，当是参照它著所绘。

b.《寺经》中佛院的东、西、北三面设有明僧院，又称绕佛房，为《戒坛经》所无。

c. 中院建筑物的配置有所不同。《寺经》中，佛塔在中门内、前殿前，而《戒坛经》中，佛塔在前殿后、说法大殿前。

总体看来，两部图经所表述的佛寺布局构想大同小异。究其原因，在于同出一源，都是在北齐灵裕《寺诰》的基础上进一步加以完善[3]。它们之间不一致的地方，或即属创造发挥的结果。另外也可能由于道宣写书时间都在乾封二年，故著述时有意识地各有侧重，避免重复，因而对寺院布局的描述详简有别[4]。

《寺经》与《戒坛经》中，作者都一致强调书中所述是印度祇洹寺的原始形象。但是将其与目前所知魏晋南北朝以至隋唐时期的城市平面，如曹魏邺城、北魏洛阳、隋唐长安等相比较，不难

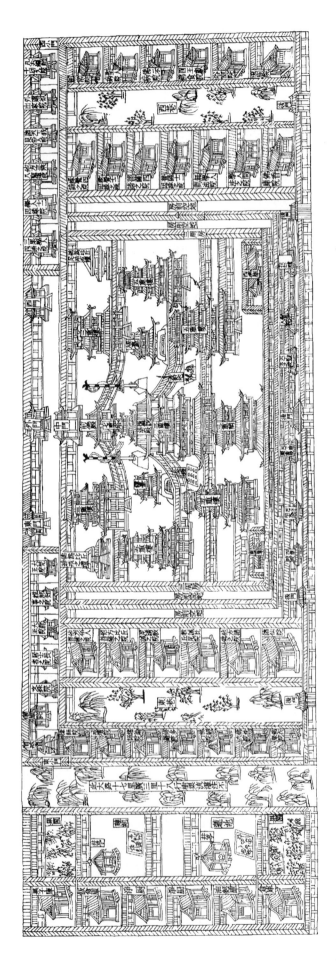

图 3-7-2 《戒坛图经》南宋刻本附图

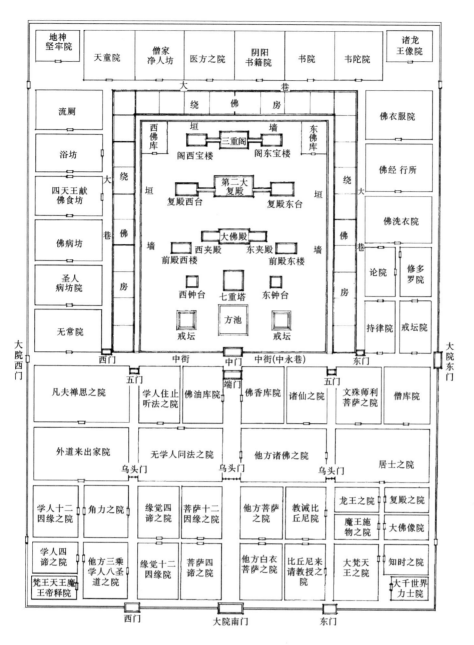

图 3-7-3 据《祇园寺图经》所绘佛院平面示意图

看出,它们实际上是脱胎于中国传统的城市规划布局。贯穿东西的御道(通衢大巷)、道北宫城(中院)、道南里坊(别院)以及南城墙开三门的布局方式,是这一历史时期城市规划中最基本的特点,由魏晋至隋唐,已成为一种传统模式。同时,图经中有关建筑物的描述,也与文献中对于城门、宫殿的描述十分相近。这说明书中的标榜不过是一种幌子,自灵裕而至道宣,他们所向往并提倡的,是纯粹的中国式佛寺布局,是充分体现传统规划思想、展现汉地建筑特点的寺院形象。

《寺经》与《戒坛经》所述,虽然只是一种构想,与初唐佛寺的实际情形有一定的差距。但南山律宗,特别是道宣本人在当时佛教界及社会上的地位很高,他写作此书,正为"开张视听"、"致诸教中,树立祇洹"之目的,因此当时的佛寺建造,必然会在一定程度上受其影响,对于唐代佛寺规制的形成,也会起到相当大的作用。由于我国现已没有唐代佛寺的整体遗存,考古发掘中也未见完整的寺院遗址,史料中又缺乏这方面的具体记载,因此,对于这个问题,还有待进一步的发现和研究。

隋唐佛寺的规制,史料中虽未见明确记载,但从初唐时起,有关新建佛寺的记述,除了说明

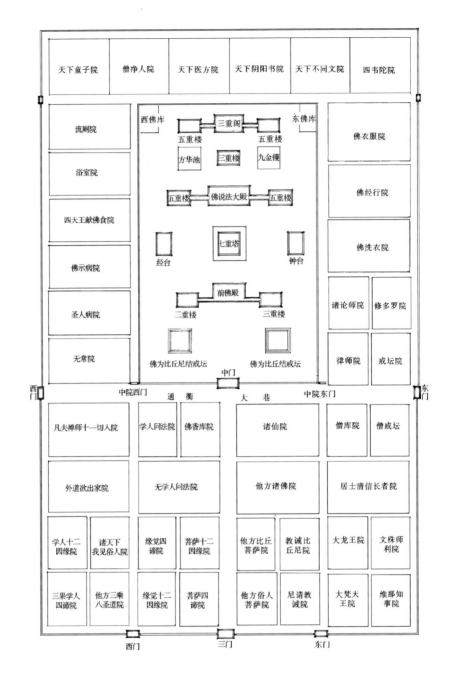

图 3-7-4 据《戒坛图经》所绘佛院平面示意图

用地范围之外，往往同时说明院落与房屋的数量，以表示寺院的规模。长安大慈恩寺"凡十余院，总一千八百九十七间"，西明寺"凡有十院，屋四千余间"[5]。初唐以后，寺内别院的数量似乎已成为用以设定寺院规模的一种方法。玄宗天宝十五年（756年），敕建成都大圣慈寺，"并为立规制，凡九十六院八千五百区"[6]，代宗大历二年（767年），内侍鱼朝恩以长安城东御赐庄园立章敬寺，"总四千一百三十余间，四十八院"[7]，也是依预定规制而建。《元河南志》记载，洛阳唐代佛寺中，卫国寺建于神龙二年（706年），会昌中废，"光化中（898～900年）复建，有小院十一"；景福寺建于初唐，武后时改名天女尼寺，会昌中废，"后唐同光二年（924年）重建，今有小院二十九"[8]。若将中院计入，则二寺的院数分别为"十二"和"三十"。联系前述成都大圣慈寺与长安章敬寺的院数，推测"六（院）"可能是唐代预定寺院规制时常用的基本模数之一。《戒坛经》中所述寺内别院的设置，凡见4组"六院"和3组"七院"，《寺经》中也大致相同（见[1]、[2]）。可见佛寺规划发展到唐代，已进入成熟阶段，呈现出规制化的趋势。

(2) 中院布局

中院又称"佛地"。院内集中设置佛塔、佛殿、讲堂、佛阁等建筑物，是寺院中最主要的部分。

在历史悠久的佛寺中，中院通常是最先起建的部分，是寺院扩展的核心，亦即最初的"佛寺"。故以隋唐佛寺中院布局与东晋南北朝佛寺相比较，可以看出其间的沿袭与发展。

隋唐佛寺中院布局，一般仍采取于中轴线上依次布列主体建筑物的传统方式。所不同的，是建筑物的类型、数量、相对位置及组合关系，较以往有明显的变化。如佛塔位置的改变、附属建筑物（如钟楼、经藏）的增加、台阁与佛殿体量加大、数量增多。院内沿中轴线列置门、塔、殿、阁等主体建筑，同时在两侧对称布置殿阁亭台，形成廊庑环绕、阊桥跨空的丰富空间，并将中院析分为前后数进院落，等等。

1）佛塔位置的变化

隋代佛寺中，佛塔仍然保持着至尊的地位，特别是皇家所建的一些大型佛寺。仁寿三年（603年），隋文帝为皇后立禅定寺，由工部尚书宇文恺督建。"宇文恺以京城西有昆明池，地势微下，乃奏于此建木浮图，高三百三十尺，周匝百二十步。寺内复殿重廊，天下伽蓝之盛，莫与之比。"[9] 大业元年（605年），炀帝在禅定寺西侧为文帝立寺，亦名禅定，制度相同，浮图高下亦同。这种做法，与北魏洛阳秦太上公二寺相似，都是二寺东西并列、寺内以相同形式的高大佛塔作为中心主体。开皇年间，文帝与皇后于京师法界尼寺造连基双浮图，高一百三十尺，也是寺内的主体建筑物[10]。僧人昙崇毕十年之功，于长安清禅寺内立砖浮图一区，"举高一十一级，竦耀太虚，京邑称最"，晋王杨广捐造塔上露盘并诸种装饰。之后又于寺内造佛堂僧院，可知也是以佛塔为主体的寺院[11]。

但有些隋代佛寺中，出现了佛塔体量相对减小或位置不居中的现象。

从1973年起，中国社会科学院考古研究所对唐长安青龙寺遗址进行了多次勘查与发掘。在寺址所在的新昌坊西部，探明了一组早期院落遗址，平面布局为由南向北在中轴线上依次设立中门、佛塔及佛殿，回廊自中门两侧向北环绕塔、殿，构成南北长135米、东西宽98米的长方形院落。据史料记载，青龙寺本隋灵感寺，开皇二年（582年）立。经考察，此院落遗址的基础夯筑与砖壁砌法，与隋仁寿宫遗址相同，因此推测这组院落即隋灵感寺遗址[12]。院内殿址面阔十三间，进深五间，长宽为57.2×26.2米，尺度相当于唐代宫中主殿。而塔基面方仅15米，为殿基面阔的1/3左右。此寺平面虽保持了南北朝佛寺前塔后殿的传统格局，但佛塔的体量已明显小于佛殿（图3-7-5）。

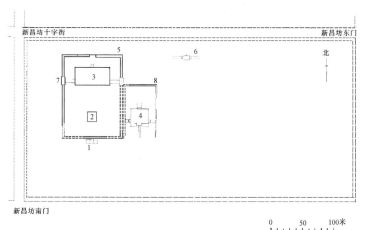

1. 中三门遗址
2. 塔基遗址
3. 殿堂遗址
4. 东院殿址
5. 回廊遗址
6. 北门遗址
7. 配房遗址
8. 围墙遗址

图 3-7-5 陕西西安唐长安青龙寺遗址勘测平面图

唐长安光明寺，隋开皇四年（584年）立，唐代改名为大云经寺。"寺内有二浮图，东西相值，隋文帝立"[13]。东浮图之北还有隋文帝所造一塔，名三绝塔，塔内画迹、塑像皆精。而寺内正中立宝阁，崇百尺，时人谓之七宝台[14]。则此寺总体布局中，佛塔位于两侧，未居于中心主体地位。

隋仁寿年间，敕天下各州大寺置舍利塔，由护送舍利的僧人择地起塔。据史料记载，建塔的位置并无一定，或在寺外，或在寺内边隅之地，有的甚至破坏了寺内原有的建筑布局[15]。这些做法，也对佛塔在佛寺中的地位有所影响。

初唐时期，在佛教僧人的著述，如前述《寺经》和《戒坛经》关于佛寺的总体构想中，仍将佛塔作为中院内的主要建筑物之一，置于主佛殿之前。但当时的一些官方大寺，如慈恩寺、西明寺、荐福寺等，在初建时，都未将佛塔列入规划。与隋代建寺相比，已有明显的改变。

慈恩寺建成于太宗贞观二十二年（648年），至高宗永徽三年（652年），才由玄奘法师提出建塔之事："欲于寺端门之阳造石浮图，安置西域所将经像，其意恐人代不常，经本流失，兼防火难。浮图量高三十丈，拟显大国之崇基，为释迦之故迹"[16]。端门的位置，当在中院（或寺院）南门之外。依玄奘的计划，佛塔虽置于中院之外，但仍在中轴线上。最后由于高宗的干涉，未能实现，而是"改就西院"，立于中院之外并偏离中轴线的地方。

荐福寺立于高宗崩后百日（文明元年，684年），原名大献福寺。中宗即位后大加营饰，但未见有关寺内建塔的记录。《长安志》记载："荐福寺浮图院，院门北开，正与寺门隔街相对。景龙中（707~709年），宫人率钱所立"[17]。此塔位置已出寺外。

西明寺建成于高宗显庆三年（658年），《大慈恩寺三藏法师传》中记："都邑仁祠此为最也。而廊殿楼台，飞惊接汉，金铺藻栋，眩日晖霞。凡有十院，屋四千余间"[18]，并未提到佛塔。据苏颋（669~727年）《唐长安西明寺塔碑》，寺内有塔，但碑文中也不见有关佛塔位置、规模及形式的记述，仍是着重于殿堂、观阁的描写[19]。可见这时佛塔在寺内的地位，已不能与佛殿比肩。这种情况，抑或是由于李氏灭隋之后，隋代崇佛的种种做法遭致摒弃，故舍利崇拜、建塔祈福等，在初唐时期并不时兴。

除上述三所皇家营造的大寺外，据史料记载，长安佛寺中凡建于唐代并具有一定规模者，多于寺内别院中立塔：

大安国寺，景云元年（710年）立，寺内"东禅院，亦曰木塔院"[20]。

兴福寺，贞观八年（634年）立，原名弘福寺。据圭峰禅师宗密于会昌元年（841年）"坐灭于兴福塔院"[21]，知寺内有塔院，但方位不详。

千福寺，咸亨四年（673年）立。"东塔院额，高力士书。……西塔院，玄宗皇帝题额"[22]。知寺内有东西塔院，且都建于玄宗开天年间，其中西塔即沙门楚金于天宝元年（742年）所构多宝塔[23]。

资圣寺，龙朔三年（663年）立，寺内有"团塔院"，又称"北圆塔"[24]。当立于寺院北部。

兴唐寺，神龙元年（705年）立，寺内有"东塔院"[25]。

另外，《宋高僧传·无极高传》记其永徽三年"于慧日寺浮图院建陀罗尼普集会坛"，知慧日寺佛塔也建于别院[26]。

地方佛寺中也有同样情形，如扬州开元寺、龙兴寺中皆有东塔院[27]，汴州相国寺内，于肃宗至德二年（757年）造东塔。泗州普光王寺，佛殿东立九重塔（详后文）。

寺内不立佛塔的情况，在晚唐佛寺中多见。五台诸寺，别院众多，却罕见塔院[28]。敦煌莫高窟五代第61窟壁画《五台山图》中，诸寺皆以高阁为主体，而塔形建筑多位于寺外，其中榜题塔名的，多是单、双层砖石小塔。似乎表明中晚唐以后，佛寺中已主要以殿、阁为主体建筑。尽管仍有不少佛寺、特别是前代旧寺中，继续保持着中院立塔的格局，并且这种做法直到唐代以后也还在采用，但总的来看，居中立塔以及中院立塔的做法，在唐代佛寺中已非主流。

长安西明寺沙门释道世于高宗年间（658～668年）著《法苑珠林》一书，其中〈敬塔篇·兴造部〉记："又〈僧祇律〉云，初起僧伽蓝时，先规度好地。将作塔处，不得在南，不得在西，应在东，应在北，不侵佛地"[29]，将佛塔排除在佛地之外。上述唐代佛寺中院不立塔而多设东塔院的做法，恰与之相符合。按《摩诃僧祇律》（40卷）为东晋法显共佛驮跋陀于义熙十二年（416年）译出，而佛塔的位置至唐代方始发生较大的改变，说明中国佛寺的形态是依照自己的规律演变发展，外来经典只是作为一种参考而已。

2）重阁的出现及其地位

佛寺内建立重阁的做法，始于南北朝后期。一方面由于佛寺形式趋同于帝王宫殿，以及王公府邸大量舍为佛寺，故寺内"楼阁台殿，拟则宸宫"；另一方面，是与佛像的设置有关。唐长安宝刹寺"佛殿，后魏时造。四面立柱，当中虚构，起两层阁"[30]，即是一座上下层贯通以设置佛像的佛阁。北周大象二年（580年），释慧海于江都创修安乐寺，"庄严佛事，建造重阁"[31]，目的也是为了安置佛像。

隋代佛寺中建阁之风大盛。隋开皇年间，江都（唐扬州）长乐寺僧人释住力于寺内造立高阁，并二挟楼。"至大业十年（614年），自竭身资，以栴檀香木摹写瑞像并二菩萨，不久寻成，同安阁内"[32]。天台瀑布寺僧人释慧达在庐山建造西林寺重阁，面阔七间，栾栌重叠，宏冠前构[33]，年代也在仁寿、大业之间。隋代还出现专为设立弥勒大像而建造的高阁。长安曲池坊建福寺，本隋天宝寺，寺内隋弥勒阁，崇一百五十尺[34]。这种做法到唐代也很盛行。长安曲江南北佛寺中，多建有弥勒阁[35]。五台山佛光寺中，原亦建有"三层七间弥勒大阁，高九十五尺"[36]，日僧圆仁入唐求法，至太原开元寺，"上阁观望。阁内有弥勒佛像，以铁铸造，上金色。佛身三丈余，坐宝座上"[37]，这种尺度在唐代应属普通。唐代佛寺中体量最大的佛阁，恐属洛阳圣善寺报慈阁。初武后于洛阳造天堂以安大像，后天堂焚，像亦受损。中宗神龙元年（705年）立洛阳圣善寺，并造佛阁，将天堂大像锯短，移入阁中。[38]

隋唐佛寺中的这种大型佛阁，往往是位于寺（中院）内中轴线上的主体建筑物。《寺经》与《戒坛经》中所述的佛阁位置，是在中院后部，阁前有佛塔、佛殿及讲堂，反映为初唐时期的布局观念。到盛唐时，出现殿、阁前后排列的中院布局。汴州相国寺，三门之内为前殿，殿后即是佛阁。阁建于天宝四年（745年），号排云[39]。泗州普光王寺，也是佛殿后有四重大阁[40]。

除了位居中轴线上的佛阁之外，唐代佛寺中的次要建筑物也多采用重阁的形式。如经藏、钟楼、文殊阁、普贤阁、天王阁、观音（大悲）阁、弥勒（慈氏）阁以及佛牙阁等。敦煌莫高窟唐代壁画中，有大量通过经变题材表现出来的佛寺形象，其中佛殿以外的建筑物，大都以重阁或台观的形式出现。可知重阁是唐代佛寺中最常用的建筑形式之一，特别是中晚唐时期，重阁在佛寺中所居的位置表明它的地位已在佛塔之上。

佛阁与佛塔，同为多层建筑，从结构角度分析，其彼此兴衰之间有一定的关联。由于早期木塔多采用中心刹柱或方柱，故底层只能绕柱设像，佛像的体量、数量都受到限制。南北朝后期至隋唐，逐渐盛行起造大像的做法，多层中空、内置大像的高阁成为佛寺中体量最大的建筑物。随着佛阁的发展，木塔的结构方式也开始有所改变，逐渐吸收重阁的结构特点，甚至外观上也与重阁相近。北宋熙宁五年（1072年），日僧成寻参五台山途中见"寺塔十五重如阁"[41]，说明此塔外观与以往传入日本者已有所不同。由于结构问题得到解决，五代至辽宋时，又一度出现了高层木塔的建造盛期。像应县佛宫寺释迦塔那样采用殿阁结构方式的高层木塔，在当时不会是一种偶然现象，应与唐代佛阁的发展有直接的关联。从塔内各层置像的方式，也可知是与早期佛塔完全不同，而与五台山金阁寺三层金阁内分层设置密宗组像的做法相类似。

3）钟楼与经藏的设立

佛寺中钟楼、经藏的设立始于何时不详。北魏洛阳龙华寺内有钟[42]，但是否有钟楼，未见记载。据有关文献以及石窟壁画，可知在唐代佛寺中，钟楼和经藏已作为一组对称设置的建筑物，出现在中院的两侧。前述《戒坛经》中所描述的中院布局，即有"塔东钟台，塔西经台"。盛唐佛寺中，已有于寺院东侧设置钟楼的规制[43]。经藏与钟楼往往对称设置在佛殿的两侧。长安中（701~704年），长安资圣寺灾，"佛殿、钟楼、经藏三所，悉成灰烬"[44]，当由于三者相距过近之故。泗州普光王寺，佛殿前东立钟楼、西设经藏，皆为四重阁[45]。但敦煌唐代壁画中所见，佛寺内钟楼、经藏的位置却无定制。不仅可以左右互置，且有的设于殿侧，有的骑跨于前、后廊之上，或以角楼的形式出现。现实中是否有这些做法，尚无法确定。

唐代城内佛寺中一般不设鼓，但山林佛寺中确有置鼓的做法[46]。大约由于山寺附近不似城内设有街鼓，故晨钟暮鼓，自鸣司时。但寺内是否有鼓楼，未见记述。

(3) 别院的设立与布局

据初唐文献中的记载，南北朝佛寺中，已有在中院之外设立别院的做法。但值得注意的，一是别院之称不见于现存南北朝史籍，而始见于唐高宗年间成书的佛教史传，如《续高僧传》、《法苑珠林》、《大慈恩寺三藏法师传》等。这些史传多是初唐僧人根据齐隋、梁陈所留下的史籍编撰而成，故很可能直到齐隋之际，人们才开始对佛寺中的别院予以关注，并作为寺院的重要组成部分加以记述；二是这些记载中的别院位置往往分散，并主要见于城外和山林佛寺中，实际上是在中院之外独立构筑的大型僧院，即后世所谓的"下院"，其本身也可能包含几组院落，并立有佛殿、讲堂等建筑物，其概念与初唐以后城市佛寺中的别院有所不同。

《续高僧传·释昙荣传》记其于隋末在上党一带山中"每年春夏立'方等'、'般舟'，秋冬各兴'坐禅'、'念诵'，僧尼别院，故处有四焉。致使五众烟随，百供鳞集"[47]。可知隋代后期仍沿袭南北朝时设立僧尼别院的做法。但这种别院的设立似乎不需隶属于某所佛寺，而只是一种与季节相关的临时设施，其功能主要是为僧尼集体坐夏、禅修提供场所，并非寺院布局中的固定成分。

别院的概念到初唐时进一步明确。在《寺经》和《戒坛经》对佛寺布局的构想中，别院已成为构成佛寺整体的基本规划单元，有如城市中的里坊。在现实中，别院的数量及布列虽与图经所述有相当差距，但通过对有关史料的分析，可以大致了解它们的使用性质及其在形成寺院总体面貌中所起的作用。

唐代史籍中，有不少关于城市佛寺特别是长安佛寺中设立别院的记载。这些别院依使用性质，可分为以下几种：

a. 佛殿（堂、阁）院。是为供养诸佛、菩萨、天王等设。如毗卢遮那院、文殊院、观音院、药师院、弥勒院等。此外，塔院与供养佛牙的阁院亦属此类。又观念净土是唐代十分流行的一种信仰方式，特别是唐代的士大夫中，不少人专言冥报净土，而不谈玄理佛义。故长安佛寺中多置净土院（极乐院），以宣传净土信仰[48]。

b. 为供养帝王圣像及高僧影像而设的圣容院、影堂院、六祖院等。

c. 僧房院。其中又分作两类：一是高僧大德独居的院落，多以所居僧人的名号如不空三藏院、英律师院、僧道省院等称之。禅宗称西域高僧为菩提，故菩提院也可能是高僧居所。另一类是一般僧人的居处，多以方位如西院、南院、西南院等名之。

d. 宗派院。因佛寺中往往有数派共处的情形，故别院中有些是为各派僧人活动与居处而设，如三阶院（三阶教）、灌顶院（密宗）以及为禅宗僧人单设的院落等。

e. 其他。如专为译经而设的翻经院，为保藏佛典而立的经藏院，各种职能院如库院、行香院，提供后勤服务的浴堂院、僧厨院，以及供游览观赏的山庭院、观戏场等。

以上诸种寺内别院，已明显不同于前述南北朝与隋代那种主要为僧人集体修行所设的别院。可见佛寺发展到唐代，由于内部功能的不断丰富、组织管理的不断完善，使寺院中出现了许多新的成分，因而使佛寺形态有了较大的变化。

由于城市佛寺的用地，往往依里坊内外的道路为界，故寺院轮廓及内部规划，相对方整、紧凑，与山林寺院的自由布局有所不同。据长安佛寺史料分析，寺内别院的分布，大致有两种情况：

a. 独立设置的院落。临靠寺内道路、小巷，其位置可以在中院以外任意处，如东、西塔院、西、南僧院、西南角净土院等。慈恩寺翻经院，便设于寺院西北部[49]。前述荐福寺浮图院，则在寺外隔坊而置，院门与寺南门相对。

b. 廊院。据张彦远《历代名画记》和段成式《寺塔记》这两部唐人著作，可知长安佛寺别院中，有相当一部分是紧挨中院东西廊外侧、沿南北向顺序布列，并从廊上辟门通行，故称之为廊院。《历代名画记》中所记有：

"东廊从南第三院小殿"（兴善寺条）

"大殿东廊从北第一院"（慈恩寺条）

"西廊菩提院"（荐福寺条）

"东廊大法师院"（安国寺条）

"西廊北院"（云花寺条）

"东廊南院"（空观寺条）

《寺塔记》中所记有：

"东廊之南素和尚院"（兴善寺条）

"西廊万寿菩萨院"（净域寺条）

"东廊南观音院"（玄法寺条）

"东廊从南第二院，有宣律师制袈裟堂"（崇济寺条）

据以上记载，各寺廊院的数量应与中院规模大小有关。兴善寺东廊别院数当在三所以上；而空观寺、云花寺东西廊别院的数量较少，仅有南北二院。若中院本身以东西横廊分割成前后院，则廊院亦随之分段相称。如慈恩寺有"大殿东轩廊北壁"，即中院大殿两侧有东西向横廊，且廊北以实壁与殿后大院相隔，故其"大殿东廊从北第一院"，应指自大殿东轩廊与东廊交接处起向南数的第一座廊院。

在中院东西廊外侧设置廊院，是唐代佛寺布局中的一个突出特点，这种布局方式未见于有关唐以前佛寺的史料记载中。但如前所述，长安佛寺，多半始建于隋开皇、仁寿年间，且当时正是全国各地高僧大德云集长安的时代。由上述廊院多为僧人居所，并联系《寺经》中于中院东西北三面设置绕佛屋的构想，推测这种布局方式有可能出自灵裕的《寺诰》。而这实际上是源于传统的宅邸布局，与舍宅为寺的做法有关。

唐代佛寺中，也有在中院建成之后，又陆续在其旁侧起建廊院的情况。《益州名画录》中记载，唐肃宗至德二年（757年）起成都大圣慈寺。乾元初（758年），卢楞伽"于殿东西廊下，画行道高僧数堵，颜真卿题，时称二绝。至乾宁元年（894年），王蜀先主于东廊起三学院，不敢损其名画，移一堵于院门南，移一堵于门北，一堵于观音堂后"[50]。因建廊院，开廊壁三间以设门通行，故移壁画三堵。由此推测玄宗时敕建大圣慈寺，并为立规制为九十六院的计划，有可能是逐步实施的。

（4）西明寺别院遗址

1985年，中国科学院考古研究所对唐长安延康坊西南隅的西明寺遗址进行部分发掘，揭露出寺院东端的一处院落基址。虽然发掘面积仅为全寺的1/15，但对于了解初唐佛寺的别院布局以及寺院建筑规制，有很大的帮助。

发掘部分的遗址平面，包括一座主要院落的大部，其中有中心殿址和东、西、南三面回廊址（北部未掘），院落南面的中央夹道、两侧墙址及东西两处房址（局部），院东的一段寺院围墙基址和院西另一所别院的部分东廊址（图3-7-6）[51]。

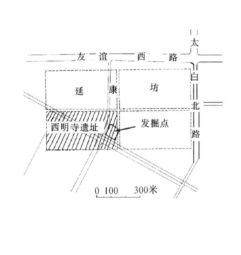
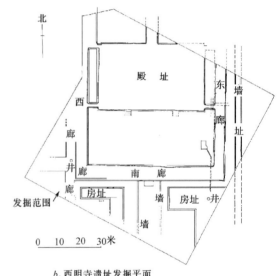

a. 西明寺遗址及发掘点位置　　　　　b. 西明寺遗址发掘平面

图 3-7-6　陕西西安唐长安西明寺位置与别院遗址平面图

主要院落的东西宽度为72米左右。中心殿址的夯土台基东西长50.34米、南北宽32.15米。台基以南26.5米为南廊基址，基宽6米，两者相加为32.5米，与殿基宽度大致相等。东、西回廊基址的宽度也同样是6米，其中西廊与西侧院落东廊的基址连为一体，当中有隔墙，说明这两组相邻的院落是统一规划并同时起造的。西回廊的北段，即中心殿址以北的部分，向院内加宽了4.65米，另外，殿址北侧正中有一道与殿基垂直相连的南北向廊基，宽度也是6米。表明这组院落以中心殿堂为界，又分为前后两个不同布局的院落。

主院南廊外侧，正中为9.4米宽的夹道，两侧夯土墙基厚1.3米，已发掘长度为20.07米（西墙），这应是出入主院的通道。夹道两侧夯土墙以外，分别是两座小院，院内有曲尺形房址，朝向为西向，即中院的方向。东小院房址内有井，并出土刻有"西明寺""石茶碾"铭记的残石碾。这两所小院应是北面主院的附属部分，用作后勤服务及一般僧人的居处。

主院东回廊以东 4.4 米处，是寺院的东围墙。根部宽 2.4 米，西侧（即寺内一侧）包有长砖。墙东为延康坊十字街的南街。

另外，主院两侧院落的东廊，除与主院西廊连基的部分外，又继续向南延伸到西小院的西侧。这表明寺内别院可能是采用了南北竖向分割的规划方式，院落平面皆南北狭长、东西比联，南侧入口，但各院建筑布局不尽相同。

前述《大慈恩寺三藏法师传》中记西明寺"凡有十院，屋四千余间"，另《唐长安西明寺塔碑》记寺内"丛倚观阁，层立殿堂，……凡十有二所"[52]。当是以别院十所，院内各置一殿，并中院前、后佛殿二所合计之数。

西明寺占地为延康坊的 1/4。据图，为东西长 480 米（合 163 丈），南北宽 255 米（合 82 丈）。与记载中的"寺面三百五十步（合 175 丈），周围数里"基本相合[53]。已发掘院落的东西宽度为 72 米，中院规模应当更大，则东西 480 米内最多只能置纳中院及 6 所别院。据此，已发掘院落应是别院中面积较大且地位重要的一所。在它的北面，还可以设置一排横长平面的大型院落，而南面除去一条东西向巷道外，沿寺院的南墙，最多只能列置一些小院和普通建筑物了。

西明寺所在，原为隋越国公杨素宅，后相继为唐万春公主与濮王李泰的宅邸。在发掘中，发现殿堂夯土台基南侧 5.6 米处的下部地层中，有两排早期殿堂的散水砖，其北并为夯土。依地层关系判断，应是建寺之前的建筑遗存。上层殿堂台基边缘与之平行，只是向北移了数米。史料记载建寺时曾对地面高程作过统一调整[54]，这一点得到了证明。同时说明西明寺是依宅立寺，总体布局有可能受到原有建筑布局的影响。

西明寺这所别院的建筑规模，反映出唐初敕建佛寺的规制，与宫廷建筑不相上下，院内殿堂基址为 50.34 米×32.15 米，依基址前东西两阶的位置判断，殿堂面阔九间，当中五间的间广为一丈九尺（5.5 米），超过了大明宫含元殿的当心间广一丈八尺（5.29 米）。而这只不过是别院殿堂的尺度，中院主殿的规模想必更大。

别院中以殿堂为建筑主体，并分为前后两重院落，前院廊庑环绕，南门外有夹道及两侧小院，这种平面布局表明这所别院并非普通僧人居处。据僧传记载，西明寺建成之后，多延请高僧住寺。如玄奘（敕给上房一口，弟子十人）、道宣（敕充上座）。又有禅师入居，别立禅府[55]，寺内还曾设有三阶院。为满足佛教及日常活动之需，这些别院中很可能会包含佛殿、讲堂、上房及弟子居所等部分。别院遗址所反映的，似乎正是这类性质的高僧院或宗派院。

(5) 禅、密二宗寺院布局

自唐玄宗开元年间起（约 720 年前后），中国佛教逐渐形成两个极端的宗派。一是禅宗，二是密宗。两者从对立的角度，对魏晋以来的佛学进行了改造。禅宗提倡指心见性，扫相弃法，一念成佛，以高度的思辨性（禅机）与极端的浅易性（空无）迎合社会大众尤其是士夫文人的口味；密宗则以种种咒语、图像、仪式来迎合人们崇教心理中的另外一面。于是，佛寺布局及建筑形式，也随之受到两种不同的影响，出现两种相反的变化趋势。这种影响，一直留存至唐代以后的佛寺形态之中。

1) 禅宗寺院规式

唐代初期，禅宗势力尚弱，故禅僧多寄居于律寺别院中。武后、中宗时，以神秀为首的禅宗北宗渐修一派受到皇室的重视，长安大安国寺有石楞迦经院，为禅宗北宗住地[56]。玄宗天宝年间（约 742 年前后），慧能所创南宗顿门一派，由于弟子神会的极力宣扬而一举兴盛，占据了禅宗的正统地位，并成为佛教各派中影响最大的一派。肃宗、代宗时，南宗势力不断壮大，依地域而派生为五个分支，显然，那种寄居于他寺别院的方式这时已无法与禅宗的发展形势相适应了。

另一方面，禅宗以"空无"为最上乘境界。认为一切有相之物皆是虚妄。要想成佛，必须离相、扫相，包括言谈、文字、思想，都不能着相。因此，佛像、戒律、经文等均在必须抛弃之列。这一点在慧能之后的南宗僧人中，表现得尤为突出，甚至到了呵佛骂祖的地步。从实质上讲，禅宗发展到唐代中后期，不仅站在了佛教其他各派的对立面，而且与佛教的传统信仰方式相违背。因此，佛寺中普遍奉行的供养佛像、禅观净土以及译经习典的做法，是与禅宗这种无佛无法的学说格格不入的。

正是在这种形势下，慧能的第三代弟子、洪州宗怀海禅师，创立了一套禅宗独行的寺院规式，在当时产生了很大的影响，因其居于新吴百丈山，故称之为"百丈禅门规式"。这套规式有三个主要特点：

其一，"不立佛殿，唯树法堂"。依照扫相弃法、净心自悟的宗旨，一反以往佛寺中以佛殿为主体建筑的做法，仅设法堂作为长老升堂主事、徒众听法受教的场所。依此，寺内建筑布局应以法堂为中心。

其二，除长老居方丈外，其余僧人"不论高下，尽入僧堂"。按慧能的学说要点即在于顿悟。一旦觉悟，众生是佛。故寺内僧人居处，不分年龄大小，依资历（夏次）深浅，同室安置。室内设长连床。这种僧堂建筑，应是采用纵长排房而不是小型院落的布局方式。

其三，机构缜密，律令森严[57]。

这一新规式的创立，既是为了使禅宗寺院能够有别于一般佛寺而独行当世，同时也有针对禅宗发展中出现的弊病，意欲加以消除的目的。此制一出，"天下禅宗如风偃草。禅门独行，由海之始也"[58]。

但是，这种不立佛像、不分等级的规式毕竟与现实环境及社会上礼拜佛像的需求不相符合。禅宗为求生存发展，便不得不让步于传统的信仰方式，寺院布局终究还是摆脱不了以往佛殿（阁）、讲堂同设的格局，只是佛殿规模相对缩小。现存五代禅宗寺院建筑如福州华林寺（964年建，原名越山吉祥禅院），主殿面阔三间，平面近方形，而殿后法堂的规模为面阔五间。洛阳福胜禅院，后唐清泰中（934~936年）建，"殿东有经藏，板廊周匝"[59]。说明寺内已有佛殿、经藏。又天福宝地禅院，"后唐天成二年（927年）建，有慈氏阁"。可见到五代时，禅宗寺院的建造，已不再严格依循百丈规式了。

另外，唐末五代的禅宗寺院中，开始设立罗汉殿。怀海弟子普岸于太和七年（833年）创立天台山平田禅院，寺内置五百罗汉殿[60]。洛阳福胜禅院"（殿）西有罗汉殿"，据上文，是与殿东经藏作对称配置。北宋以后，佛寺中设置罗汉院成为相当普遍的做法。

2）密宗寺院建筑

开元初（716~719年），密宗正式传入中国，大历间（766~778年），因不空得代宗隆厚礼遇而大弘于世。

密宗金刚界、胎藏界两部法门，均以大曼荼罗（又称坛）为礼拜对象，并作为修法时必设之场合。曼荼罗通常以平面图像的形式出现：以大日如来（又称毗卢遮那）为中心，四周环绕众多菩萨、神王。胎藏界曼荼罗又有中台八叶院及周围内外十二大院之分，俨然是佛神统治和居住的世界图像。

密宗寺院中首先需要建立的，便是曼荼罗道场（即灌顶道场、灌顶坛）。唐代长安著名的密宗寺院，先是不空所住的大兴善寺，后有青龙寺与玄法寺。这几座佛寺在密宗传入之前均已建立。寺内曼荼罗道场的设立，或在原有建筑物中，或设于别院，有的则是非永久性的临时设施[61]，并不破坏和改动原有建筑布局。

鉴于目前国内密宗寺院实例与史料的缺乏，日本平安时期的密宗寺院遗存及有关文献记载，便成为研究唐代密宗寺院建筑不可多得的珍贵资料。

唐贞元二十年（804年），日僧最澄、空海入唐求法，并于贞元二十一年及元和元年（806年）相继回国。其中空海于长安青龙寺得不空弟子惠果亲授金刚界、胎藏界两部大法，归国后于弘仁三年（812年）在高雄山寺（后称神护寺）建曼荼罗道场，行两界灌顶。日本平安前期的《神护寺实录帐写》记其为"六间桧皮葺根本真言堂一宇，在（疑当作有）二面庇，户二具，在额，胎藏界曼荼罗一铺，……金刚界曼荼罗一铺"，据日本学者推测其平面及内部设置如图3-7-7。弘仁十四年（823年），空海开始在京都东寺（今教王护国寺）继续弘法并建立灌顶道场。东寺总体布局现状为佛殿前东有佛塔、西有灌顶堂（现存建筑为1634年依原式重建）。灌顶堂面阔、进深均为七间，分为前后两部分。进深的前二间为礼堂，室内通透，无隔无柱；后四间为曼荼罗灌顶道场，其设置与高雄山寺根本真言堂基本相同，内槽（内阵）的两端相对悬挂两界曼荼罗图像，其下分设两座方坛，为置法器之用。在礼堂与灌顶坛之间，是进深一间的东西走廊，两端开门，为灌顶堂的出入口（图3-7-8）。前后分为两部空间是密宗灌顶堂平面的主要特点。按照密宗的修行法则，在举行灌顶仪式之前，须先授三昧耶戒，这便是前部礼堂的功用[62]。

由于师承关系，空海所建灌顶堂的形式，应与长安青龙寺惠果所置灌顶道场有直接联系。依《大唐青龙寺三朝供奉大德（惠果）行状》，惠果于大历八年（773年）住寺，十年，"别敕赐东塔院一所，置毗卢遮那灌顶道场。……大历年中，所有恩赐钱物，一千余贯，尽修塔下功德"[63]。依文知灌顶道场设于寺内东塔院佛塔底层。会昌灭法之前，这里一直是密宗坛所。日僧圆仁入唐求法，会昌元年"往青龙寺，入东塔院，委细访见诸曼荼罗"[64]可证。南朝时已有塔下设戒坛的做法，如《戒坛经》记"今荆州四层、长沙二寺刹基下、人明寺前湖中，并是戒坛。……即佛塔也"[65]。密宗灌顶与显教受戒性质相同，故敕赐东塔院作为置坛所在。已知唐代佛塔多作方形平面，而殿堂平面中方形较少见。因此，空海于京都东寺所建灌顶堂，方形平面、面阔七间，很可能是写仿了长安青龙寺东塔院佛塔底层的平面形式[66]。

除了建立曼荼罗道场外，密宗寺院中还往往起造各种堂阁，这也

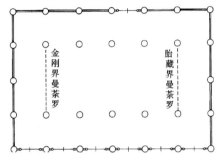

图 3-7-7　日本京都神护寺根本真言堂平面示意图

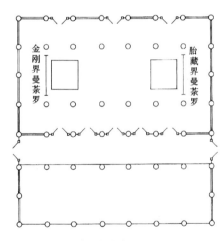

图 3-7-8　日本京都东寺灌顶堂平面示意图

是密宗对佛寺建筑影响最大之处。由于在曼荼罗中，显教的菩萨，如文殊、普贤、弥勒、观音，都被赋予了新的地位与职能，甚至新的形象。因此自唐代中期开始，随着密宗地位的逐渐提高，不仅密宗寺院，就连一般佛寺中，也多起造堂、阁、院以供养佛、菩萨、天王诸像。如长安光宅寺，"于建中中（780~783年）造曼殊（即文殊）堂，模拟五台之圣相"，寺内又有"普贤堂，本天后梳洗堂"[67]。成都大圣慈寺文殊阁、药师院、大悲（即观音）院、普贤阁等，建于大历至开成年间（766~840年）。会昌灭法之后，密宗的发展受到很大打击，寺院多被破坏，但密宗信仰在社会上依然流行。同时佛寺中仍不断起造上述各类堂阁，特别是观音阁，至辽宋时仍盛行，现存河北蓟县辽代独乐寺观音阁即是一例。另外，山西应县辽代佛宫寺释迦塔的各层像设，明显带有密宗曼荼罗（坛城）的特点，由此也可见密宗对佛寺建筑影响之深。

（6）日本早期佛寺布局与隋唐佛寺的关系

日本佛教及寺院的发展与中国有着密切的联系。日本境内至今仍完好保存了不少早期佛教建筑实例，发掘了大量佛寺和建筑遗址，并对之进行了认真的考察研究，积累了丰富的资料。因此，东顾日本早期佛寺实例及有关研究成果，是今天研究隋唐佛寺不可忽略的一个重要方面。

公元538年（中国南北朝后期，梁大同四年，西魏大统四年，东魏元象元年），佛教传入日本。594年（中国隋开皇十四年），圣德太子执政，下诏兴佛。这段时间内，日本通过百济、新罗，间接吸收中国南北朝后期至隋初的佛教文化，百济工匠在日本相继建造了飞鸟寺（588年）、四天王寺（593年）、若草伽蓝（7世纪初）、中宫寺（7世纪初）等寺院。这些寺院的中院布局特点为：依中轴线顺序布列大门、佛塔、金堂（佛殿）和讲堂，四周以回廊围合成一个矩形院落。据目前所知，这是北朝佛寺布局的基本模式，鉴于百济与南朝之间的密切关系，这种布局形式也应同样反映出南朝佛寺布局的特点。在这之后，又建造了法隆寺、法起寺、法轮寺、野中寺等，这些寺院的中院布局特点是金堂与佛塔分列于中轴线的两侧，这种布局形式在中国迄今尚未发现线索，故它是传自中国，抑或是百济流行的样式，目前还无法确定（见图3-14-6）。

从7世纪开始，日本不断向中国派出遣唐使，入唐求法的佛教僧人也逐渐增多，开始和百济、新罗一样，直接从中国吸取他们所需要的各种文化。在此后将近300年的时间内，日本佛寺的面貌，相应地反映出唐代不同时期的佛寺布局特点。

7世纪后半，日本建立的药师寺（680~698年）、当麻寺（681~685年）、上野废寺（7世纪末）以及朝鲜半岛统一新罗时代所建的感恩寺（682年）、千军里废寺、望德寺等，都出现了金堂居中、双塔分列于金堂前方两侧的中院布局形式。年代相当于初唐后期（见图3-14-8）。

8世纪中，日本圣武天皇于天平十三年（741年，唐玄宗开元二十九年）下诏建立国分寺与国分尼寺，十五年诏造奈良东大寺卢舍那大佛。这种做法当与武则天和唐玄宗诏立大云寺、开元寺并热衷于造铸大像有直接的联系。此期前后日本建造的兴福寺（730年前后）、元兴寺及国分寺中，出现了佛殿东侧单立佛塔的布局，与唐代扬州开元寺、泗州普光王寺、汴州大相国寺以及长安一些寺院中设立东塔院的布局方式是一致的。

另外，日本奈良东大寺于中门外两侧建塔（见图3-14-8），大安寺于南大门外两侧建塔，据史料记载也是以唐代佛寺为蓝本。日僧道慈入唐求法，在长安仿写西明寺诸堂之规，回国后于圣武天皇天平九年（727年）进西明寺图，并依图立寺，历十四年而成，赐额大安。前述史料中知有西明寺塔但未见详细记载，据大安寺布局推测，唐长安西明寺塔的位置也应是在寺南门外两侧。另外，唐太宗时期所建的幽州悯忠寺也是这种布局。

注释

[1]《中天竺舍卫国祇园寺图经》中有关佛寺总体布局的描述，依项如下：

"(此寺)大院有二。

西方大院，僧佛所居，各曰道场。

南面三门。中央大门有五间三重，……东西二门，三重同上，俱有三间。

入大中门，左右院巷，门户相对。

大院东门，对于中道（后文亦称中街、中永巷、大巷），东西通彻。此门高大，出诸院表，……大院西门，其状未闻。

大门（中门）之东，自分七院，（中略）上七院者，并在大门之东，东门之西。

东门之东，自分九院。

大门之西，又有七院。

西门之西，自分六院。

上诸院内，各一大堂。……自上已来，总有二十九院，在中永巷之南。

中院端门，在大巷之南，有七重楼，楼有九间五门，高广可二丈许。……向南不远，有乌头门，亦开五道。……又南即至寺大南门。

中院南门，面对端门，亦有七重，横列七门。……此中院唯佛独居，不与僧共。入门不远，有大方池。方池正北，有大佛塔。

塔傍左右，立二钟台。

次北有大佛殿。……飞廊两注，厦宇凭空，东西夹殿（后文又称东西楼，各有三层）。

第二大复殿，高广殊状，倍加前殿。……旁有飞廊，两接楼观（后文又称东西楼台，各有五层）。

极北重阁三重，又高前殿。……重阁东西有大宝楼。

大院南门内，东畔有坛，西对方池，名曰戒坛。……门西内有坛，亦等东方。佛院之东西北三边，永巷长列，了无门户。南从大墙，依方开户，通于大巷。明僧院，三方绕佛（院），重屋上下，前开后开。（中略）北则绕佛房都尽。僧房院外，三周大巷，通彻无碍。两边开门，南边通中街。三门广阔，两渠双列，二门东西，各有院巷，四面围墙，各旋步檐，两不相及。

中院东门之左，自分五院。

佛院之东（依文当为北），自分六所，下之诸院，南门向巷。……东头第一名曰韦陀院，(下略)。

大院西巷门西，自分六院。

寺大院东大路之左，名供僧院。路阔三里，中有林树。"金陵刻经处印本。

[2]《关中创立戒坛图经》中关于佛寺布局的表述如下：

"今约祇树园中总有六十四院。

通衢大巷南有二十六院，三门之左右。大院西门之右六院（院名略）。东门之左七院（略）。中门之右七院（略）。中门之左六院（略）。

绕佛院外有十九院。中院东门之左七院（略）。中院北有六院（略）。中院西有六院（略）。

正中佛院之内有十九所（建筑物名称略）。"金陵刻经处1962年补刻本。

[3]《戒坛经》中记道："案北齐灵裕法师《寺诰》，述祇洹图经，具明诸院，大有准的。"《寺经》亦记："又案《寺诰》云，祇洹一所，四门通彻，十字交过。据今上图，北方无门。"在描述中院西侧别院时又记："裕师又说，次小巷北第二院，名圣人病坊院"，可知灵裕《寺诰》有附图，而《寺经》的撰写直接参照了《寺诰》的图文。

[4]《戒坛经》记："余以恒俗所闻，唯存声说。……故示现图，开张视听。更有广相，如别所存。今略显之，且救恒要"。似乎便包含了这种意图在内。

[5]《大慈恩寺三藏法师传》。中华书局排印本，P. 149、214

[6]《佛祖统记》卷40。

[7]《长安志》卷10。中华书局影印《宋元方志丛刊》①P. 130

[8]《河南志》卷1,殖业坊、毓材坊条下。同上⑧P.8350

[9]《两京新记》卷3。日本金泽文库旧藏古写本残卷。

[10]《长安志》卷9,丰乐坊条下。中华书局影印《宋元方志丛刊》①P.122

[11]《续高僧传》卷17〈释昙崇传〉。《大正大藏经》NO.2060,P.568

[12] 中国社会科学院考古研究所西安唐城队:《唐长安青龙寺遗址》,《考古学报》1989年第2期。

[13]《两京新记》卷3。日本金泽文库旧藏古写本残卷。

[14]《长安志》卷10,怀远坊条下。中华书局影印《宋元方志丛刊》①P.128。按隋代光明寺是三阶教道场,此阁也有可能建于隋代。

[15]《续高僧传》卷10〈释慧最传〉。记荆州大兴国寺于寺前步廊处毁廊立塔。《大正大藏经》NO.2060,P.568。同卷〈释僧朗传〉记番州果实寺于寺西荒榛处立塔。同上 P.508。同书卷11〈释明舜〉记蕲州福田寺于山顶别院中立塔。同上 P.511

[16]《大慈恩寺三藏法师传》。中华书局排印本 P.160

[17]《长安志》卷7,开化坊条下。中华书局影印《宋元方志丛刊》①P.110

[18]《大慈恩寺三藏法师传》。中华书局排印本,P.214

[19]《全唐文》卷257。上海古籍出版社版②P.1147

[20]《寺塔记》卷上,长乐坊安国寺条下。人民美术出版社版,P.5

[21]《宋高僧传》卷6〈宗密传〉。中华书局排印本,P.125

[22]《历代名画记》卷3,千福寺条下。人民美术出版社版,P.58

[23]《宋高僧传》卷24〈楚金传〉。中华书局排印本,P.618

[24]《寺塔记》卷下,崇仁坊资圣寺条下记为"团塔院"。人民美术出版社版,P.29。《历代名画记》卷3,资圣寺条下记为"北圆塔"。人民美术出版社版,P.52

[25]《历代名画记》卷3,兴唐寺条下。原文标点误,应为"院内次北廊,向东塔院内西壁"。人民美术出版社版,P.53

[26]《宋高僧传》卷2〈无极高传〉。中华书局排印本,P.30

[27] [日] 圆仁:《入唐求法巡礼行记》卷1记圆仁于开成三年(838年)八月到扬州,"诣开元寺。既到寺里,从东塔北越二壁,于第三廊中间房住。"则东塔院当位于南头第一院。后文又记扬州龙兴寺亦有东塔院,内置鉴真和尚素影。上海古籍出版社标点本,P.11、25

[28] 同上卷2、3中,记五台山诸寺,别院甚多,却未记塔院。如"竹林寺有六院:律院、库院、花岩(华严)院、法华院、阁院、佛殿院"。P.105～206

[29]《法苑珠林》卷37。上海古籍出版社,P.290

[30]《长安志》卷8,崇仁坊条下。中华书局影印《宋元方志丛刊》①P.114

[31]《续高僧传》卷12〈释慧海传〉。《大正大藏经》NO.2060,P.515

[32]《法苑珠林》卷33。上海古籍出版社,P.259

[33] 同上,P.258～259

[34]《长安志》卷8,曲池坊条下。中华书局影印《宋元方志丛刊》①P.119

[35]《八琼室金石补正》卷47〈唐故龙花寺内外临坛大德比邱尼尊胜陀罗尼等幢记〉,记长安曲江北龙华尼寺中有"当寺弥勒阁并阁下大像"。文物出版社,P.321《唐会要》卷48记"贞元十三年四月敕,曲江南弥勒阁,宜赐名贞元普济寺"。丛书集成本⑧P.852

[36]《宋高僧传》卷27〈法兴传〉。中华书局排印本,P.690

[37]《入唐求法巡礼行记》卷3。上海古籍出版社标点本,P.134

[38]《隋唐嘉话》:"武后为天堂以安大像,铸大仪以配之。天堂既焚,钟复鼻绝。至中宗,欲成武后志,乃斯像令短,建圣善寺阁以居之。"中华书局排印本,P.38《南部新书》丙:"圣善寺报慈阁佛像,自顶至颐八十三尺(按:此处疑记载有误),额中受八石。"中华书局排印本,P.25

[39]《旧唐书》卷37〈五行志〉记:"大顺二年(891年)七月,汴州相国寺佛阁灾。是日晚,微雨,震电,寺僧见

赤块在三门楼藤网中，周绕一匝而火作。良久，赤块北飞，越前殿飞入佛阁网中，如三门周绕转而火作。如是三日不息，讫为灰烬。"中华书局标点本，④P. 1367　《宋高僧传》卷26〈慧云传〉记汴州相国寺"天宝四载（745年）造大阁，号排云。肃宗至德年中造东塔，号普满者，至代宗大历十年毕工。"中华书局排印本，P. 660

[40] [日] 成寻：《参天台五台山记》卷3。日本佛教全书游方传丛书本，P. 55
[41] 同上。
[42] 《洛阳伽蓝记》卷2龙华寺条。中华书局版《洛阳伽蓝记校释》，P. 72
[43] 《寺塔记》卷上。人民美术出版社版，P. 16
[44] 《宋高僧传》卷19〈惠秀传〉。中华书局排印本，P. 497
[45] 《参天台五台山记》卷3。日本佛教全书游方传丛书本，P. 57
[46] 唐永昌元年（689年）《栖霞寺讲堂佛钟经碑》记："洪钟晓韵，风传浮磬之滨；法鼓宵惊，声扬孤桐之岭"。
[47] 《续高僧传》卷20〈释昙荣传〉。《大正大藏经》NO. 2060，P. 589
[48] 《两京新记》卷3太平坊温国寺下记"寺内净土院为京城之最妙"。日本金泽文库旧藏古写本残卷。
[49] 《续高僧传》卷4〈释玄奘传〉记："初于曲池为文德皇后造慈恩寺，追奘令住，度三百人。有令，寺西北造翻经院，给新度弟子十五人。"《大正大藏经》NO. 2060，P. 457。《长安志》卷8大慈恩寺条下则记寺西院浮图"东有翻经院"。
[50] 《益州名画录》卷上，卢楞伽条。人民美术出版社版，P. 8
[51] 中国社会科学院考古研究所西安唐城工作队：《唐长安西明寺遗址发掘简报》，《考古》1990年第1期。
[52] 《全唐文》卷257。上海古籍出版社版②P. 1147
[53] 《大慈恩寺三藏法师传》卷10。中华书局排印本，P. 214
[54] 《唐长安西明寺塔碑》记："首命视延袤，财广轮。往以绳度，还而墨顺。次命少监吴兴沈谦，倾水衡之藏，彻阿宗之府，制而缩版，参以悬絭。"《全唐文》卷257。上海古籍出版社版②P. 1147
[55] 《续高僧传》卷25〈释静之传〉记："显庆三年，召入西明，别立禅府"。《大正大藏经》NO. 2060，P. 602
[56] 《宋高僧传》卷9〈灵著传〉记其"以天宝五载四月十日申时，示灭于安国寺石楞伽经院"。灵著是普寂弟子，普寂则是神秀弟子。知此石楞伽经院为禅宗北宗僧人住地。中华书局排印本，P. 201
[57] 《景德传灯录》卷6〈禅门规式〉记："百丈大智禅师以禅宗肇自少室（达摩），至曹溪（慧能）以来，多居律寺。虽别院，然于说法住持，未合规度。故常尔介怀。……于是创意，别立禅居。凡具道眼，有可尊之德者，号曰长老。……既为化主，即处于方丈。……不立佛殿，唯树法堂者，表佛祖亲嘱受让，代为尊也。所裒学众，无多少，无高下，尽入僧堂中，依夏次安排，设长连床，施木椸架，挂搭道具。卧必斜枕床唇，右胁吉祥睡，……置十务，谓之寮舍，每用首领一人，……或有假窃窃形，混于清众并别致喧挠之事，即堂维那检举，抽下本住挂搭，摈令出院。……或彼有所犯，即以拄杖杖之，集众烧衣钵道具，遣逐从偏门而出"。四部丛刊本。
[58] 《宋高僧传》卷10〈怀海传〉。中华书局排印本，P. 236
[59] 《河南志》卷1。中华书局影印《宋元方志丛刊》⑧P. 8349
[60] 《宋高僧传》卷27〈普岸传〉。中华书局排印本，P. 681
[61] 《入唐求法巡礼行记》卷3记："（会昌元年）四月一日，大兴善寺翻经院为国开灌顶道场，直到廿三日罢。"是临时性质的设施。上海古籍出版社标点本，P. 149。又《不空表制集》卷4有〈请于兴善寺当院两道场各置持诵僧制〉，也应是临时设置的灌顶道场。
[62] [日] 藤井惠介：〈密教の空间〉。日本美术全集第5卷《密教寺院と仏像》，讲谈社。
[63] 转引自[日] 小野胜年：《中国隋唐长安寺院史料集成·史料篇》新昌坊青龙寺条下。法藏馆，P. 165
[64] 《入唐求法巡礼行记》卷3。上海古籍出版社标点本，P. 149
[65] 《关中创立戒坛图经》。金陵刻经处1962年补刻本。
[66] 据青龙寺遗址发掘简报，在前述院落的东侧50余米，有一处夯筑质量较差的殿址，经钻探，发现其下有一座28

米见方的较大基址，夯土质量较高，砖壁慢道的砌筑十分工整。推测上层殿堂是大中复法后所建，下层基址则是会昌灭法以前的遗存。据青龙寺遗址勘测图，上述方形基址所在，是一所与西院相邻的长方形院落，总体尺寸为宽50米，长82米。院内除了这座方形基址外，未见其他建筑物基址。院北墙位置与西院殿址前沿大致齐平，中心方形基址的位置则与西院塔基对齐。从两所院落的相对关系来看，东侧院落有可能即是大历年中敕赐惠果置坛的东塔院，而这座方28米的基址所在，就是用来设坛的佛塔。依基址尺度，塔的底层也应是面阔七间，间广在一丈二尺（合3.53米）左右。这一推测尚有待进一步证实。

[67]《寺塔记》卷下，光宅坊光宅寺条。人民美术出版社版，P. 19

3. 佛寺建筑实例

我国公元9世纪以前的地面建筑，几乎未能免于历史上的种种劫难，而极少数留存至今的，都是宗教建筑。唐、五代实例中，有佛殿4座，均为木构。令人遗憾的是，这4座佛殿，都只是中晚唐时期地方佛寺中的单体建筑，与文献描述以及考古发现的初盛唐时期都城佛寺（尤其是敕建佛寺）的建筑规模相去甚远，从中难以对唐代木构建筑的发展过程以及等级制度作系统完整的了解。但是，这些实例仍具有非常重要的意义。首先，中国古代木构建筑的发展，到隋唐已趋成熟，并在统一的局面下，将南北朝时期南北方地区的建筑做法和特点融为一体，开始形成一套带有礼制特性的营造制度。这套制度除应用于建筑物的构成，即规定结构做法与构件尺寸外，还贯彻了严格的等级观念，通过限定建筑物的规格，使之符合于封建社会的礼制。因此，处于特定社会地位的建筑实例，无论规模大小，都是具体了解和研究这套制度的重要实物资料。同时，这些实例对于古代建筑结构形式演变与技术进步等方面的研究，也具有同样的意义。

另外一方面，与日本现存为数众多的古代建筑实例相比，中国早期木构实例数量虽少，但它们是上述营造制度下的产物，因而确切地表现了我国木构建筑的外观形式和结构做法，反映出内在的结构程式与等级制度。日本的佛教建筑文化虽然从中国舶来，但未能整体接受中国的营造制度。正是由于这种内在的差别，日本平安时期以前的建筑从总体外观到细部处理，实际上都与中国唐代建筑有着一定的区别，并不能完全反映唐代木构建筑的形式与发展规律。假如没有中国自己的唐代实例，只凭绘画、雕刻等形象资料，是很难将这个问题说清楚的。

（1）山西五台南禅寺大殿

南禅寺位于山西五台李家庄。寺内大殿的梁架上有重要题记两处：

"因旧名时大唐建中三年岁次壬戌，月居戊申，丙寅朔，庚午日，癸未时，重修殿。法显等谨志"（位于明间西平梁底）。

"维岁次丙寅元祐元年三月十一日竖柱檩枋……"（位于明间东大梁底）。

据此可知，南禅寺大殿至少在唐建中三年（782年）与北宋元祐元年（1086年）经过两次重修，时隔三百年，元祐重修时曾更动过柱子等构件。史料中未发现有关此寺的记载，故其创建年代无法确知。题记中的"重修殿"，也可能是在原有殿堂的基址上重新造立佛殿。如果是这样的话，则现存大殿的始建年代即为建中三年。

1974年前后，文物部门曾对此殿进行全面修复加固。除构架部分基本保持原状外，檐椽与屋顶均因历代修葺中改动较大而重新作了复原设计[1]。

大殿南向，面阔三间（11.75米）；进深四椽（10米），匀分为三间；总高约9米。单檐歇山顶，殿内彻上明造。南面明间设双扇板门，两侧间设直棂窗，东、西、北三面为土坯墙。殿身用柱唯外檐一周12柱，侧脚7厘米，角柱生起6厘米。除前檐4柱与后檐2角柱外，其余檐柱都砌入墙内，其中有些柱子断面作方形，表现出较为古老的风格（图3-7-9）。明间前后檐柱之间用通梁，梁上立驼峰、斗栱并用托脚，以支承平梁与平槫。平梁上以叉手、令栱支托脊槫。按宋《营造法式》中的构架形式分类，属厅堂构架中"四架椽屋通檐用二柱"。外檐周圈只用柱头（含转角）铺作，不用补间。明间柱头铺作中，栌斗内外各出一跳华栱承梁，梁头向外伸出部分，做成铺作中的第二跳外跳华栱，栱头上横置令栱、替木，上托撩风槫。梁背上有通长复梁，称缴背，伸至令栱外砍作耍头状。山面柱头铺作内外各出两跳华栱，内跳华栱上承丁栿，与通梁上的复梁交于同一水平。丁栿向外伸至令栱外，也同样作耍头状。转角铺作除正侧面出华栱外，角缝内外出两跳45°华栱：内跳上托45°角乳栿，栿尾搭在通梁缴背之上，用以承托山面出厦的平梁；外跳与其余柱头铺作形式相同，上承大角梁。檐柱柱头之间用单层阑额联系，柱头铺作之间用双层柱头枋周圈相连，上层枋与复梁为同一水平，枋上在柱头处设驼峰、斗子承压槽枋；下层枋下有自栌斗横出的泥道栱，枋身隐出慢栱（图3-7-10～3-7-12）。另外值得注意的构件细部做法有两点：一是方形断面的檐柱（30厘米×36厘米），现仅存西檐3根，据考察，是未经更换的原始构件；二是栱头卷杀作5瓣内颇。类似做法见于北齐石窟窟檐及墓室木椁（见图2-11-30、2-11-33），或属山西、河北一带长期流行的构件细部处理方式。

南禅寺大殿的建筑规模虽然不大，但构架做法非常简洁，显示出娴熟的技艺，并具有一种雄健的气势。通梁净跨达8米余，进深10米只用四椽，椽架水平长度近2.5米，这都是现存古代木构建筑实例中罕见的。

1974年重修时，发现大殿原坐落在一个长约19米、宽约15米的长方形砖砌基台上，台高1.1米。围绕殿身四周的台明石外缘距檐柱中约2米，而当时大殿的出檐长度仅1.66米，显然是在后代修葺时将朽坏的檐椽头部截短了（现已复原）。殿前有进深5米的月台。台基用砖尺寸为33×16.5×5.5（厘米）。

目前南禅寺内只有大殿和台基保留了原构遗存，其余建筑物都是明清时期所建。寺院布局形式已不可知。据殿身规模、构架形式及梁架墨书题记推测，南禅寺有可能是一所由僧人兰若发展起来的小型地方寺院。

在对南禅寺大殿构架尺寸比例进行分析时，发现此殿营造所用尺度可能是27.5厘米/尺。表3-7-2是大殿主要实测数据与推测尺及公认唐尺（29.4厘米/尺）的换算比较。考虑到构架变形和实际操作的可能性，表中换算值尽量取整数。

从表中可以看出，换算数据与实测数据完全相符的情况，在推测尺一栏中有5例，而唐尺一栏仅1例。并且，采用推测尺，构架尺寸均为完整尺数，而采用唐尺则多带零数。更为重要的是，推测

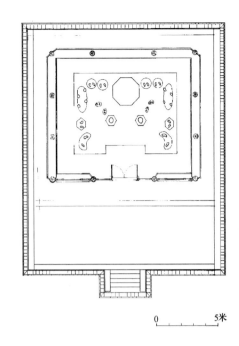

图3-7-9 山西五台唐南禅寺大殿平面图

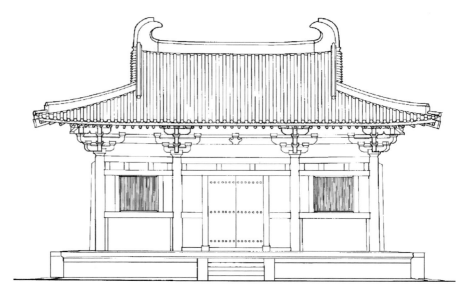

图 3-7-10　山西五台唐南禅寺大殿立面图（1974 年重修后形象）

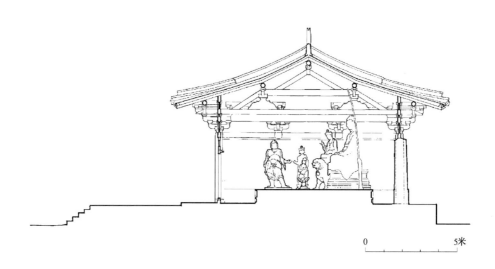

图 3-7-11　山西五台唐南禅寺大殿横剖面图

图 3-7-12　山西五台唐南禅寺大殿纵剖面图

南禅寺大殿所用营造尺度的推测比较　　单位：厘米　　表 3-7-2

推测尺＝27.5 厘米/尺　　唐　尺＝29.4 厘米/尺

	实测数据	推测尺换算	唐尺换算
明间间广	499	18 尺（495）	17 尺（499.8）
其余间广	330（柱头）	12 尺（330）□	11.2 尺（329.3）
椽　　长	247.5	9 尺（2475）□	8.4 尺（247）
平柱高	384	14 尺（385）	13 尺（382.2）
铺作高	162	6 尺（165）	5.5 尺（161.7）
举　　高	220.5	8 尺（220）	7.5 尺（220.5）□
材　　高*	24.75	0.9 尺（24.75）□	0.84 尺（24.69）
材　　宽**	16.5	0.6 尺（16.5）□	0.56 尺（16.46）
栔　　高	11	0.4 尺（11）□	0.4 尺（11.76）
台明高	110	4 尺（110）□	3.8 尺（111.7）
条砖尺寸	33×16.5×5.5	1.2×0.6×0.2 尺□（33×16.5×5.5）	1.1×0.55×0.2 尺（32.3×16.2×5.88）

带□者表示与实测数据完全相符。

*　**实测大殿材高在 24～27 厘米不等，材宽在 14～19 厘米不等。

现表中材高、材宽是依明间广 300 分、次间广 200 分推定分值为 1.65 厘米之后推算出来的。

尺所表示的构架尺寸之间有合理的比例关系。如明间间广 18 尺，恰为次间间广 12 尺的一倍半；平柱高 14 尺，恰为铺作高 6 尺与举高 8 尺之和；椽长 9 尺，是明间间广的二分之一。另外，条砖的尺寸，用推测尺换算十分规整，而用唐尺则不行。

现存传世唐尺的长度，多在 29.5～29.9 厘米之间，惟有一石尺长 28 厘米。而隋尺中有长 27.3 厘米的。因此，结合殿内旧柱为方形的情况，南禅寺大殿颇有可能是创建于北朝末期或隋代，故所用营造尺度接近于隋尺。现存构架是唐代重建又经北宋重修，当时可能沿用了原来所用的尺度，并保留了一些齐隋时期的细部特点，如栱头内颇卷杀等。

现殿内中心设曲尺形佛坛，上置像一铺。这是比较典型的唐代佛殿设像方式，在敦煌莫高窟晚唐窟中也可见到。

由于南禅寺大殿的题记年代（782 年）是现存实例中最早的一例，且殿身规模（三间）、构架形式（通梁二柱）及用材规格（相当于宋《营造法式》中的三等材）相互符合，加之构架尺度、比例和细部做法上的特点，确立了它在建筑史中的重要地位。

（2）山西五台佛光寺

1）现状、沿革与布局

佛光寺位于山西五台豆村，建在五台山西麓，故寺的中轴线取向东西，是由环境所造成的。寺内地势东高西低，相差 10 余米。现状分为上中下三层台地，台前砌挡土墙，在中轴线位置设台阶上下。

寺内现有建筑物中，大殿为唐大中十一年（857 年）建立，位于中轴线东端、上层台地正中，坐东面西，殿后即是陡坡，殿前有 10 米宽的平台，台面与中层台地高差近 10 米。中下层台地上，沿中轴线两侧分列次要建筑物，其中除金天会十五年（1137 年）所建的文殊殿外，皆为晚期建筑。文殊殿在北，它的对面原有与之对称的普贤殿，已毁。中轴线西端原有山门，据传毁于清末，现状是一所近代增建的小殿。自大殿至山门，全寺东西水平长度约为 120 米，合唐尺 40 丈左右。

除木构建筑外，寺内还有一座墓塔和两座经幢。墓塔现名祖师塔，位于大殿东南侧。从塔的位置判断，其建造在佛殿前，因此是寺内现存年代最早的建筑物。大殿前平台正中有一座与佛殿同时建立的大中十一年幢，下层台地正中，又有一座乾符四年（877 年）幢（图 3-7-13、3-7-14）。

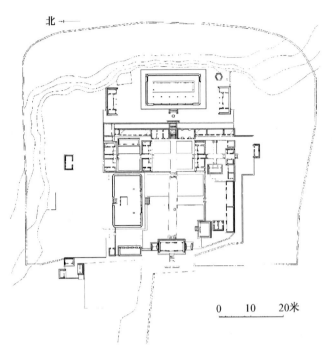

图 3-7-13　山西五台唐佛光寺平面图

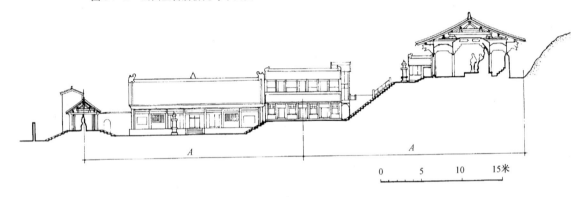

图 3-7-14　山西五台唐佛光寺剖面图

自北魏时起，五台山开始成为佛教圣地。唐高宗龙朔二年（662年），曾遣沙门往修故寺，并命画师绘山寺诸图（见前文），说明初唐时五台佛寺已具规模。敦煌莫高窟第61窟（五代）中的壁画《五台山图》，应据晚唐粉本所绘，其中便有大佛光寺，是五台诸寺中规模较大者之一。

佛光寺创建年代不可考。据史料记载，至迟隋末唐初，此寺已是五台名刹。《续高僧传·释解脱传》记其"隐五台南佛光山寺四十余年，今犹故堂十余见在。……在山学者来往七、八百人，四远钦风，资给弘护。……永徽中（650～655年）卒，今灵躯尚在，巍然坐定在山窟中"[2]，依此佛光寺在7世纪初已相当兴盛。

关于寺院建筑布局，史料中缺乏详细记载，仅在有关寺宇兴废的记叙中涉及寺内建筑物的建造。《宋高僧传·法兴传》记其曾隶名佛光寺，"即修功德，建三层七间弥勒大阁，高九十五尺"[3]。按法兴逝于太和二年（828年），建阁的年代，约在元和、长庆间（806～824年）。同书〈愿诚传〉记会昌灭法之后，"及大中再崇释氏，……诚遂乃重寻佛光寺，已从荒顿。发心次第新成。美声洋洋，闻于帝听，飚驰圣旨，云降紫衣"[4]。说明会昌灭法之前，寺内曾建三层阁，灭法后，寺宇荒废，重又兴建，并得到朝廷的表彰。《敦煌遗书》中有〈五台山行记残卷〉，据考为五代时人所作。文中记载佛光寺"有大佛殿七间，中间三尊，两面文殊普贤菩萨。弥勒阁三层，七十二贤，万菩萨，十六罗汉。解脱和尚真身塔，琐子骨和尚塔，……"[5]，知当时寺内殿阁并存，应即大中年间所"次第新成"者。

大阁三层七间，必然是位于寺内中轴线上的主体建筑物，就寺内地形判断，其位置很可能是在中层台地的中央，阁的背后即是上层台地的挡土墙。

据上述记载，可知法兴建阁之后，寺内即形成了前阁后殿的平面布局。会昌灭法后，又经大中年间重建（图3-7-15）。金代在阁前两侧建文殊、普贤二殿，遂改变了原有布局。金代以后，寺内建筑物渐次颓坏，再也没有经过大的整修。

2) 大殿

前述大中复法时，僧人愿诚重建佛光之举，曾"美声洋洋，闻于帝听"，并受到皇帝的奖赐。据殿内梁架底部的墨书题记，又可知出资建殿的施主是一位名叫宁公遇的长安贵妇，其目的是为曾居高位的"故右军中尉王（守澄）"祈福，同时得到"河东节度使"、"代州都督供军使"等地方官吏的支持[6]。从这些出资建殿的施主身份推测，这座大殿的设计与建造，应按照当时官方建寺的建筑规制。

大殿面阔七间，当中五间的间广为5.04米，梢间间广4.4米，通面阔34米，进深四间八椽，通深17.66米。正面当中五间设板门，两山及后壁为厚墙。正面尽间与山面后部一间设板棂窗。殿内顶用平闇，屋顶作单檐庑殿顶。殿内中心偏后处设通长五间的佛坛，其上依开间置三尊主像及文殊、普贤、胁侍等，坛侧后有背屏，是晚唐像设的特点（图3-7-16～3-7-21）。殿身构架自下而上由柱网、铺作、梁架三部分组成。这种水平分层、上下叠合的构架形式，是唐代殿堂建筑的主要特征（详本章第十二节）。

大殿构架各部分之间，有明显的比例关系。如面阔为进深的2倍，明间间广等于平柱高，平柱高则是中平槫距地高度的二分之一。表明构架设计中已形成一套既定的程式与手法，来控制建筑物的总体比例。在设计中，并以柱网平面以及铺作层形式的变化作为内部空间构成的主要手段，体现了结构与艺术的完美统一。

唐代官寺有官、庶之别，官寺中又有都城与地方、敕建与报请赐额之分，佛寺建筑也相应地会有等级规格的差别。关于居处制度，《营缮令》云："王公已下舍屋不得施重栱、藻井；三品已上堂舍不得过五间九架，厅厦两头，门屋不得过五间五架；五品已上堂舍不得过五间七架，厅厦两头，门屋不得过三间两架；……"[7]，另外唐令中又有"宫殿皆四阿施鸱尾"的规定[8]。表明当时主要是通过限定建筑规模（面阔、进深）和铺作、天花的形式，以及屋顶的形式与装饰，来区分建筑物的等级。史料中尚未发现有关佛寺营造的制度规定，但参照居处制度，可以对现存佛寺建筑实例及遗址作一些分析比较。

以佛光寺大殿和南禅寺大殿相比较，可以明显看出两者在上述各方面的差别。佛光寺大殿为四阿顶，用鸱尾，符合唐令中关于宫

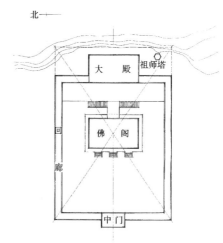

图3-7-15 山西五台唐佛光寺中院平面复原示意图

图 3-7-16　山西五台唐佛光寺大殿外景

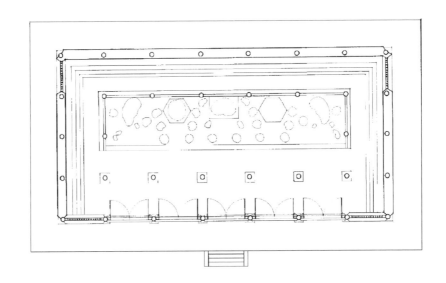

图 3-7-17　山西五台唐佛光寺大殿平面图

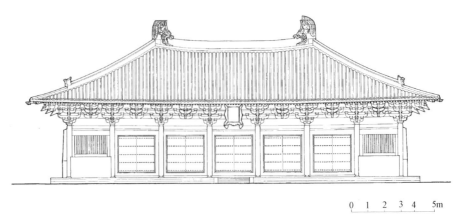

图 3-7-18　山西五台唐佛光寺大殿正立面图

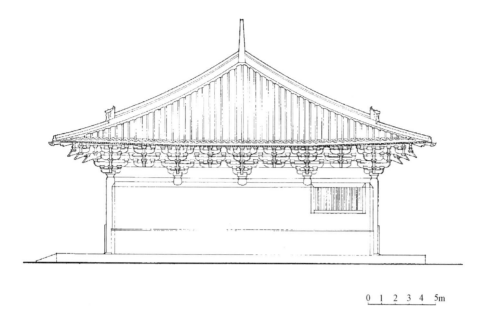

图 3-7-19　山西五台唐佛光寺大殿侧立面图

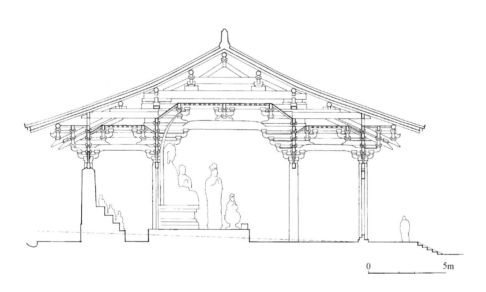

图 3-7-20　山西五台唐佛光寺大殿横剖面图

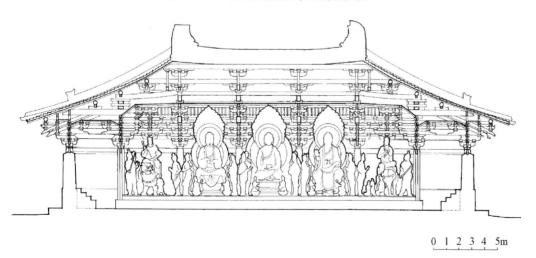

图 3-7-21　山西五台唐佛光寺大殿纵剖面图

殿的规定，面阔七间也超过唐令所规定王公以下堂五间的标准，明显属于宫殿体制；南禅寺大殿为歇山顶，唐代称"厦两头"，面阔只有三间，比唐令所说五品以上堂五间、厅厦两头的标准还要低些，明显属厅堂等级。这就表现出同为佛寺，佛光寺的等级远高于南禅寺。另外，佛光寺大殿外檐铺作形式为七铺作双抄双昂，室内用平闇及月梁；南禅寺大殿则仅为五铺作双抄，室内彻上明造。说明唐代建筑从整体构架到局部做法，其间确有一种内在的联系，符合于特定的规格。

而以佛光寺大殿与唐长安西明寺别院殿址及青龙寺遗址中的佛殿基址相比较，也可看出它们的规格是大不相同的。佛光寺大殿构架平面尺寸为34米×17米，面阔七间，进深八架椽；西明寺别院殿址与青龙寺殿址的夯土台规模，均在50米×30米左右，应是两座同一规格的建筑物，估计为面阔九间、进深十二架椽的大殿，规格又远远高出佛光寺大殿，应属都城中敕建佛寺主殿的规格。

据史料记载，唐代地方佛寺中，也有规格甚高的殿阁建筑，但多具有特殊背景。如五台山金阁寺不空所造九间三层大阁，应与不空在当时的地位有关。而法兴造佛光寺七间三层阁，是符合于一般佛寺规制的做法。

(3) 山西平顺天台庵大殿

天台庵位于山西平顺县城东北25公里。寺内仅存大殿并唐碑一座，碑文湮蚀，寺及大殿的创建年代不可考，只能大致定在唐代。据考查时发现的屋面筒瓦题记，大殿曾于金大定二年（1162年）重修，又于清康熙九年（1670年）由泥匠再度修造，估计只是翻修屋面而已[9]。依此，现状殿身构架基本为金代重修后的情况。

大殿南向，面阔三间，明间广3.14米，梢间广1.88米。通阔6.9米；进深四椽三间，尺寸与面阔相同，故大殿平面为规整的正方形。殿身用檐柱12根，无内柱，构架形式为"四架椽屋通檐用二柱"，与南禅寺大殿同。檐柱有侧脚、生起，全部砌入墙内。柱头铺作为单跳华栱承替木撩风槫（俗称"斗口跳"），柱头枋上隐出慢栱；无实质性补间铺作，惟各面心间柱头枋上隐出补间令栱。殿内彻上明造。屋顶形式为单檐歇山顶，也与南禅寺大殿相同（图3-7-22～3-7-25）。

在现存唐、五代木构建筑实例中，天台庵大殿用材最小（标准材为18厘米×12厘米），尺度最小（明间广3.14米），柱头铺作形式最简单（斗口跳）。建筑规格也相应为最低。其性质或相当于村佛堂。大殿的构架形式与细部做法与南禅寺大殿比较相近，特别是栱头作四瓣内颤卷杀，表现出地区性做法的特点。

图 3-7-22 山西平顺唐天台庵大殿外景

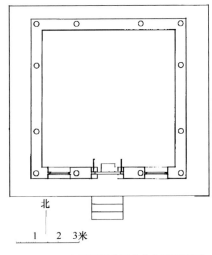

图 3-7-23 山西平顺唐天台庵大殿平面图

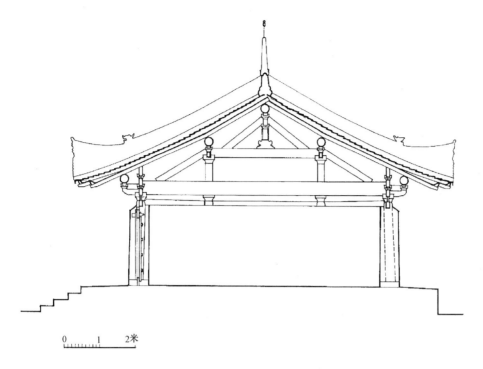

图 3-7-24　山西平顺唐天台庵大殿横剖面图

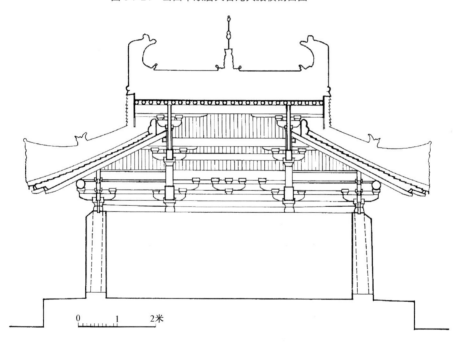

图 3-7-25　山西平顺唐天台庵大殿纵剖面图

在大殿构架的材分比例方面，有值得注意的一点：如将大殿明间间广按 250 分计算，分值为 314/250＝1.256 厘米，与殿身用材推得的分值相符（材宽 12 厘米，分值 1.2 厘米），以此推算梢间间广分数，为 188/1.256＝149.7≈150 分。由此可知，大殿的平面设计是以材分为模数，同时明间与梢间的间广之间存在着 5∶3 的比例关系。其中明间广 250 分，与佛光寺大殿是一致的，但与南禅寺大殿有较大不同。按照前文所述南禅寺大殿所用材及间广比例，明间广为 499/1.65＝302 分，梢间广为 330/1.65＝200 分，比例为 3∶2。间广分数的减少，相对来说意味着用材的加大。其间异同究竟是反映为建筑物的时代早晚，还是规格高低，抑或仅是设计手法的变通，由于缺少实物资料加以进一步的验证，目前尚无法确定。

除此之外，殿身构架中未发现更多的比例关系。有可能在金代重修时，因构件朽坏，有的被截短，致使构件尺寸改动较大，如柱高、举高、出檐等，直接影响了天台庵大殿作为唐代实例的研究价值。

(4) 山西平遥镇国寺大殿

镇国寺位于山西平遥县城北15公里，始建于五代北汉天会七年（963年）。五代立寺以禅宗寺院为主，推测镇国寺当时很可能也是一座禅宗寺院。今寺内惟大殿为创建时原构，虽然曾于清嘉庆二十一年（1816年）重修，但构架与构件形式大都保持原状。脊槫下仍见天会七年墨书题记，说明主要构件未经更换[10]。

大殿面阔三间，明间广4.55米，梢间广3.51米，通阔11.57米；进深六椽三间，心间广3.73米，梢间广3.52米，通深10.77米。平面近方形。殿身除正背面明间辟门、正面梢间开窗外，余皆围以实壁，上覆单檐歇山顶。殿内彻上明造。殿身构架形式为六架椽屋通檐用二柱。檐柱有生起、侧脚，梁栿上用叉手、托脚，做法与南禅寺、天台庵大殿基本相同，只是梁栿跨度较大、层数较多（图3-7-26、3-7-27）。据已知实例，在面阔三间的殿堂中采用通檐用二柱（亦即通栿），是北方地区唐宋建筑中常见的做法，通栿跨度可达10米以上[11]。大殿外檐铺作为七铺作双抄双昂，补间铺作为各间一朵。除里转多一抄外，与佛光寺大殿外檐铺作形式相同。按唐代制度，面阔三间的殿堂属规格较低的建筑物，一般不允许使用形式复杂的外檐铺作。而镇国寺大殿与晚其一年建造的华林寺大殿（964年），均为三间殿外檐用七铺作，这一点或反映为五代禅宗寺院佛殿建筑的某种特性（见后文）。

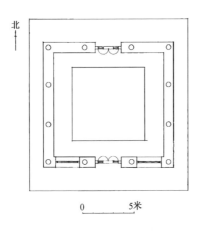
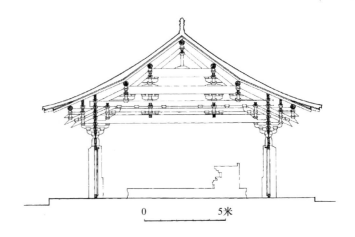

图3-7-26 山西平遥五代镇国寺大殿平面图　　图3-7-27 山西平遥五代镇国寺大殿剖面图

(5) 福建福州华林寺大殿

华林寺位于福州城南北中轴线北端的越王山南麓，建于五代吴越钱弘俶十八年（964年，北宋乾德二年），为钱氏守臣鲍修让所建。当时吴越尚未纳土，故仍可视为五代时期建筑。寺原名越山吉祥禅院[12]。寺内原有山门、大殿、讲堂、回廊、经藏等建筑。至20世纪70年代，寺内建筑大部被毁，仅余大殿一座，80年代，大殿落架，迁移到原址前方重建，五代越山吉祥禅院的原址从此不存。

迁址重建之前的华林寺大殿，虽经明清两代重修扩建，但殿身构架仍为五代原构，仅附加了一圈下檐。作为我国南方地区现知年代最早的木构架建筑实例，具有很高的历史价值，惟近年遭到破坏性的重建而大损其历史价值和风貌。

大殿原构部分面阔三间，明间广6.48米，梢间广4.58米，通阔15.64米；进深四间八椽，心间广 3.44 米，梢间广 3.85 米，通深 14.58 米。平面近方形。构架形式为八架椽屋前后乳栿对四椽栿用四柱。外檐柱头铺作为七铺作双抄双昂，又将耍头也做成下昂状，乍视颇像三下昂。大殿惟正面用补间铺作，心间两朵，梢间各一朵，余三面不用。据构架局部做法及构件上所留痕迹推测，大殿空间分前廊与殿内两部分[13]，前廊顶部作平棊（阁），殿内彻上明造（图 3-7-28、3-7-29）。

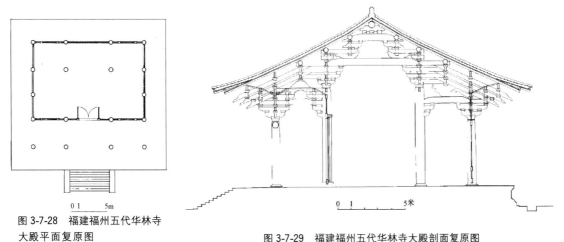

图 3-7-28 福建福州五代华林寺大殿平面复原图

图 3-7-29 福建福州五代华林寺大殿剖面复原图

现存唐、五代佛殿实例中，共有四座方形三间殿。除华林寺大殿外，其余都在山西省境内。这四座佛殿虽然面阔都是三间，但建筑规格有所不同。南禅寺大殿和天台庵大殿的构架及铺作做法比较简单，规格相对较低；镇国寺大殿与华林寺大殿的规格相对较高，尤其是华林寺大殿，从表 3-7-3 中可以看出，它的建筑尺度和用材，都与佛光寺大殿相等同。之所以出现这样的情形，主要与唐代后期禅宗寺院的发展及规式的流行有关。前述禅宗寺院规式（百丈禅规）中规定，寺内不立佛殿，惟设法堂。但实际上，佛殿并非从此不立，只是规模相对缩小而已。又唐代佛寺有等级之分，因此，佛殿无论规模大小，均须体现相应的建筑规格。华林寺的建造者是当地最高行政官，选址位置在城中正北的越王山南麓，或有为吴越王祈福之意图，寺院的规格是较高的。故佛殿虽面阔三间，但材分、尺度均依照七间殿堂的规格。这样看来，佛殿作三间方形平面，同时按寺院等级采用不同规格的建筑做法，是晚唐五代时期禅宗寺院中出现的一种特殊情况。

华林寺大殿与佛光寺大殿的数据比较　　表 3-7-3

	华林寺大殿	佛光寺大殿
面　阔	三　间	七　间
分　值	2 厘米	2 厘米
明间间广	648 厘米/324 分	504 厘米/252 分
进　深	八椽/663 分 829 分/椽	八椽/883 分 1104 分/椽
材　高*	30 厘米/15 分	30 厘米/15 分
平柱高	478 厘米/239 分	499 厘米/250 分
柱　径	64 厘米/32 分	54 厘米/27 分
柱头铺作	七铺作	七铺作
铺作总高**	265 厘米/132.5 分	249 厘米/124.5 分
殿身总高***	1194 厘米/597 分	1189 厘米/595 分

* 30 厘米是华林寺大殿的标准材高，实际栱身高度在 30～37 厘米不等。

** 指栌斗底到撩檐枋上皮的高度。

*** 指脊榑上皮距地高度。

华林寺大殿的构架做法与构件形式具有明显的地方特点：

a. 构架中不用叉手、托脚等斜向受力构件，同时檐柱无侧脚，与现存北方唐宋实例明显不同。

b. 檐柱泥道缝上作单栱素枋，即泥道单栱与柱头枋层层相间。这种做法多见于初唐壁画与石刻，在日本也见于反映初唐风格的奈良药师寺东塔中，但现存北方唐宋实例中已不见这一做法，而多采用实拍柱头枋、枋上隐出泥道栱的做法。相反南方浙闽地区现存实例中，除华林寺大殿外，还有宋代的莆田玄妙观三清殿、宁波保国寺大殿等，仍都保持了这种较古老的做法。另外，华林寺大殿外檐铺作中昂长两架并承栿，起斜梁作用，特别是山面中柱铺作中，真昂长三架，是比佛光寺大殿更为古老的做法。

c. 构件形式仍保留了南北朝时期的某些特征。皿斗和梭柱的形式与北齐义慈惠石柱上方亭尤为相似。皿斗的形象普遍见于北朝石窟及南朝墓门石刻，在现有北方地区实例和形象资料中，入唐之后已不再出现，而在南方闽粤一带，则一直下沿到南宋，是这一地区建筑发展中出现的特有现象，或与地理位置偏远、文化发展既滞后又相对独立的环境有关[14]。

d. 栱枋断面比例为近于2∶1的狭长矩形，月梁作圆形断面，昂嘴采用枭混曲线的轮廓造型，构架中多用柱身插栱。这些特点在福建（广东）地区早期实例中常见。12世纪左右，日本出现天竺样（又称大佛样）建筑，构件中大量使用皿斗、圆梁及曲线梁头的造型，构架中亦大量使用插栱。通过与华林寺大殿的比较，可以确认是自福建地区传入日本的建筑样式[15]。

另外，大殿前廊部分的重点处理（补间、平棊、月梁造阑额）、殿内构架上使用云形驼峰、梁枋上雕刻团窠等做法，也反映出五代吴越、闽地一带的建筑风格与装饰特点。

注释

[1] 祁英涛、柴泽俊：〈南禅寺大殿修复〉，《文物》1980年第11期。
[2] 《续高僧传》卷20〈释解脱传〉，《大正大藏经》NO. 2060，P. 603
[3] 《宋高僧传》卷27〈法兴传〉，中华书局排印本，P. 690
[4] 《宋高僧传》卷27〈愿诚传〉，中华书局排印本，P. 691
[5] 刘铭恕：《考古随笔二则》，《考古》1964年第6期。
[6] 梁思成：《记五台山佛光寺的建筑》，《梁思成文集》二，P. 184～185
[7] 《唐会要》卷31〈舆服上·杂录〉，丛书集成本⑥P. 575
[8] [日]源顺：《倭名类聚钞·居所》。日本古活字印本。
[9] 山西省古代建筑保护研究所王春波：《山西平顺晚唐建筑天台庵》，《文物》1993年第6期。
[10] 祁英涛等：《两年来山西省发现的古建筑》，《文物参考资料》1954年第11期。
[11] 南禅寺大殿通栿长9.67米，镇国寺大殿和晚其两年建造的河北涞源阁院寺文殊殿，通栿长度都超过10米（前者10.77米，后者10.82米）。这一点或与结构中叉手、托脚等斜向受力构件的应用有直接关系。在使用了这类构件的情况下，屋面荷载可大部传递至檐柱柱头，由檐柱承受，梁栿则受到张拉应力的作用，故跨度允许有较大的增加。这也应是檐柱出现侧脚的主要原因。虽然这种做法多见于北方地区实例，但它有可能源自南方。据史料记载，南朝长沙河东寺大殿便采用通檐用二柱的构架形式，通梁长达五十五尺。即使按27厘米/尺计，也将近15米。估计结构中必然使用了叉手、托脚等构件，否则很难确保坚固。见《法苑珠林》卷39〈伽蓝篇·感应缘〉，记南朝荆州河东寺"大殿一十三间，惟两行柱，通梁长五十五尺。栾栌重叠，国中京冠"。上海古籍出版社版，P. 307
[12] 《淳熙三山志》卷33〈僧寺〉。中华书局影印《宋元方志丛刊》⑧P. 8154
[13] 大殿前檐柱与前内柱之间，顶部有算程枋一周，说明原状置有平棊（阑），前内柱至后檐柱之间则为彻上明造，说明大殿空间以前内柱为界分为前廊与殿内两部分，并作不同的顶部处理；又柱身用柱除前檐柱和后内柱外，各柱柱身皆留有相邻二柱两两相对的卯口，据卯口距地高度及大小判断，应是地栿、腰串与柱身相接的卯口，可知殿内空间的四周均有装修。
[14] 今日本飞鸟式建筑，如奈良法隆寺中门、金堂、五重塔以及法起寺塔等，皆用皿斗、梭柱。现建筑史界公认其是间接由百济传入日本的中国南朝地区建筑样式。
[15] 傅熹年：《福建的几座宋代建筑及其与日本镰仓"大佛样"建筑的关系》，《建筑学报》1981年第4期。

4. 佛塔与墓塔

隋唐时期，祈福建塔仍是社会上主要的佛教建筑活动之一。塔的结构也仍然承袭南北朝时期的木构与砖石两种主要方式，西北地区则仍有用土坯建塔的传统做法。据文献记载以及辽宋木塔的发展情形，推测木构佛塔在隋唐依然占有较大的比例，但由于木塔易于拆毁和朽坏，故隋唐实例未见留存，只有个别经考古发掘的基址。现存隋唐佛塔实例均为砖石塔，外观上可分为楼阁式与密檐式两种，平面形式以方形为主。盛唐时期流行建造小型密檐石塔，性质与北朝的造像塔相接近。五代吴越地区仿木构砖石塔的平面均为八角形，反映出唐代后期佛塔平面的变化趋势。僧人墓塔的建造在隋唐时期十分普遍，多采用砖石结构，平面与外观形式丰富多样，功能上则有烧身塔与真身塔之区别。

(1) 佛塔

1) 木塔

见于记载的隋代多层木塔，有长安东、西禅定寺七层木浮图（大业七年，611年建成）、长安静法寺木浮图（开皇十年，590年）、扬州白塔寺七层木浮图（仁寿中，601~604年）以及隋初所建的相州大慈寺塔等[1]。其中长安禅定寺七层木浮图是主持营建都城大兴的著名匠师宇文恺所建。"高三百卅尺，周匝百廿步"。如按方形平面测算，每面基广计三十步，十五丈，合今尺40余米，与北魏洛阳永宁寺塔规模相当（基广十四丈，38米余），但高度不及后者（九层，四百九十尺）。文化大革命期间，塔基遭到破坏，出土石础全部被挖出运往别处。础方1.4米左右，一辆卡车只能载运石础两枚。佛塔的平面形式从此无法考订，惟其规模之大可以想见。

隋文帝仁寿年间，于境内各州依照统一样式普建舍利塔，由"所司造样，送往本州"[2]。从有关记载可知，建塔的步骤是首先掘地开基，基槽内置石函，中心立刹柱。然后在统一规定的时日，举行舍利入函仪式，随后陆续完成塔基与塔身的建造[3]。说明是立有中心刹柱的木塔。关于塔的规模与形式，史料中缺乏记载，估计应是各地工匠所熟悉的样式，亦即南北朝旧式。从分批先后，可知是先于大州大寺立塔，而后遍及小州与边远地区。则分批建造的舍利塔在规模上可能有一定差别。

见于记载的隋代木塔以五、七层者为多，但也有层数多达十一层的。如名僧彦琮立岷城法定寺浮屠，"心柱上出，与金轮相依，……十一其级，千楹万栱"[4]。一般说来，楼阁式木塔的层数很少超过九层。但自南北朝后期出现砖石结构的密檐塔之后，木塔中似乎也开始出现吸收密檐塔形式特点、以至层数多达十数层的做法。史载梁武帝本欲在建康同泰寺建十二层木塔，逢侯景之乱未成。唐长安香积寺的十一层楼阁式砖塔，或即是这类木塔形式的反映（见下文）。

唐代木塔明确见于史料记载的甚少。如长安佛寺中，慧日寺"有九层浮图，一百五十尺，贞观三年（629年）沙门道说所立"（《两京新记》卷3）、保寿寺双塔"二塔火珠，受十余斛"（《寺塔记》卷下）、赵景公寺"塔下有舍利三斗四升"（《寺塔记》卷上）等，均未说明是木塔还是砖石塔。以长安静法寺木浮图高一百五十尺，推测慧日寺浮图有可能是同等规模的木塔。关于赵景公寺塔，下文中有"移塔之时，僧守行建道场，出舍利"的记载。塔既可移，也应是木构。另外，日本同期所建的奈良药师寺双塔（680~730年）、兴福寺塔（730年）等均为多层木塔，说明木构仍是唐代佛塔的主要结构方式之一。其实例虽未能保留下来，但通过法门寺塔基的发掘，可以对唐代木塔的平面形式及规制有所了解；杭州闸口白塔与灵隐寺双石塔，也提供了晚唐五代木塔的具体形象资料（见后文）。

a. 法门寺塔基

法门寺位于陕西扶风县北10公里的法门镇，原名阿育王寺，北周灭法，寺宇破坏。唐初贞观五年（631年），敕于故基上重行建造[5]。唐末天复年间（901~904年）曾修葺塔顶及塔下副阶。

明代隆庆年间（1567～1572 年）木塔倒坍。万历七年（1579 年）在原基址上建造砖塔。1981 年，明代砖塔又告坍毁[6]。

1987 年，陕西省考古队对法门寺唐代塔基进行了发掘。由于明代曾在其上重建砖塔，故塔基中心部分遭到破坏，仅存四周石条台明、外圈柱础及内圈四角部分。据发掘简报，塔基平面为正方形，四面台明边长 26 米，应即唐代塔基面宽。台明之内为一圈夯土柱础，每面 6 个（南面缺 1），四面共应有 20 个。柱础方形，宽度在 1.5～1.8 米左右。外圈柱础之内存有四角夯土，简报中认为是内圈角柱柱础，但据夯土外缘包有唐砖，推测可能是满堂夯土。塔基中部为一夯土方座，边长 10.5 米。方座之下建有贮放佛骨及各种皇室供物的地宫，方座的中部和南部均被纵长的地宫基槽所打破，说明地宫的建造晚于塔基（图 3-7-30）。据史料记载，高宗龙朔二年（662 年）第一次将舍利送还法门寺塔时，塔内已筑有地宫[7]，而地宫内出土物的年代表明，地宫的最后一次封闭是在咸通十五年（874 年）。鉴于高宗之后未见建塔记录，可以认为现状塔基是初唐所立木塔的基座。按简报提供的数据及发掘平面图，法门寺塔的平面尺寸可大致确定如下：

塔基宽度 26 米（88 唐尺），塔身面阔五间，当心间广 5.6 米（19 唐尺），次梢间广 3.8 米（13 唐尺），通阔 20.8 米（71 唐尺），檐柱中距台基边缘 2.5 米（8.5 唐尺）。

由于塔基中部被破坏，故这一部分的平面形式难以确定。从遗址中四角残留的外皮包砖做法推测，塔身中部应为夯土实墙或砖墙围筑的方形塔心室。据《法苑珠林》记载，高宗显庆四年（659 年），有僧人在塔内施咒术，"塔内三像足下，各放光明，赤白绿色，旋绕而上，至于衡角，合成帐盖"[8]。表明塔内是一完整的礼佛空间，很可能是正面辟门，三壁三龛的设置。按遗址残留四角位置推算，塔心室外包尺寸为宽 16.58 米（56 唐尺）、深 17.16 米（58 唐尺），到外圈柱中距离为 7.5～8.5 唐尺，与柱中至台基边的距离大致相等。至于塔心室是采用砖（土坯）结构，还是木构加围护墙，是否有中心刹柱，这些问题都还有待进一步考证。

在上述法门寺塔平面尺寸中，明间广 19 唐尺，相当于唐代面阔九间以上殿堂的间广，联系前述长安禅定寺七层木塔的情况，可见在隋唐木塔中出现了一种降低塔身高度而加大底层面阔的变化。敦煌莫高窟隋代第 301 窟的人字披顶上，绘有两座小塔，一为四层，一为二层，各层皆有木构出檐。塔身外观上的突出特点，便是底层的体量（面阔、层高、出檐）比上层高大许多（图 3-7-31）。这种变化的实质，是从佛塔的实际功用出发，更加强调并完善塔身底层作为礼佛场所的功能，而将上部塔身的层高压缩，使塔身整体造型中带有密檐式塔的特点。

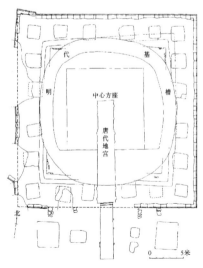

图 3-7-30　陕西扶风唐代法门寺塔遗址发掘平面

图 3-7-31　甘肃敦煌莫高窟第 302 窟隋代壁画中的佛塔

b. 法门寺塔地宫出土铜浮图

唐代单层木构佛塔的形象在壁画中多见，但实例不存，惟法门寺塔地宫前室出土汉白玉阿育王塔中用以置放佛骨的铜浮图，是一座十分精致的单层木塔模型。按汉白玉阿育王塔的形式风格与地宫中室出土的唐中宗景龙二年（708年）所造汉白玉灵帐相近，推测它与铜浮图的制作年代也应在此前后。

铜浮图作方形平面，自下而上分别为塔基、塔身、塔顶三部分，通高53.5厘米[9]（图3-7-32）。依图中估测，塔身高度（檐口距塔基上皮）大致与三重塔基总高相等，而塔顶部分的高度占总体高度的1/2强。

塔基三重均设勾栏，上层作须弥座形式，束腰部分壸门处透空。各层塔基上下于各面正中设圜桥子（一种拱桥形阶梯），桥头立望柱，柱顶蹲兽。勾栏在转角处断开，或许是出于方便制作的原因。

塔身面阔三间，开间比例狭高。各面心间设双扇板门，梢间设直棂窗。柱头之间设重楣，其上又以小斗托阑额一道。柱头上置栌斗承泥道拱，阑额上用人字补间。塔顶为单檐攒尖顶，表现出筒板瓦屋面及屋脊端头三叠翘头筒瓦的形式。塔顶中心置覆莲、宝匣、覆钵、相轮及刹顶宝珠等。证之以敦煌莫高窟盛唐壁画中的单层木构佛塔形象，可知这种面阔三间的方形单层木塔是盛唐时期流行的佛塔形式之一。在莫高窟晚唐壁画中，还出现了以三间方形木塔作为中心主体建筑物的建筑群形象（图3-7-33）。但当时佛寺中是否确曾有过这种布局形式，尚有待确证。

2）砖石塔

砖石塔始终是汉地佛塔中与木塔并行发展的构筑类型之一。隋唐五代的砖石佛塔，在以往的基础上又有所发展。其中多层佛塔除了密檐式和楼阁式的造型特点都各自更为突出之外，还出现了融汇两种式样的做法。塔身平面至中唐以后逐渐改变以方形为主的做法，开始较多采用八角形，并出现圆形、六角形平面。

a. 密檐式塔

继北魏出现密檐式佛塔之后，这种形式便一直相当流行。如前章提到的隋代营州梵幢寺内，"旧有十七级浮图"，益州净惠寺中，也有"十七级浮图，高数十丈"，都是密檐式塔。但有些记载中层数在十一级左右的砖塔，其形式难以遽定。如隋开皇初，僧人昙崇为隋文帝造长安清禅寺浮图，"举高一十一级，竦耀太虚，京邑称最"，费用"料钱三千余贯计，砖八十万"[10]。这可能是一座密檐式砖塔，也可能是具有密檐特点的楼阁式砖塔，一如长安香积寺塔。

现存唐代密檐式砖塔实例，有长安荐福寺塔（小雁塔）、大理崇圣寺塔（千寻塔）、登封永泰寺塔与法王寺塔等（图3-7-34）。这几座佛塔虽地处各方，但外形比例大致相同。其中所反映的唐代密

图3-7-32 陕西扶风唐代法门寺塔地宫出土铜浮图

图 3-7-33 甘肃敦煌莫高窟第 360 窟中唐壁画中的佛寺

a. 长安荐福寺塔　　　　　　　　b. 登封法王寺塔　　　　　　　　c. 大理崇圣寺塔

图 3-7-34 唐代密檐砖塔实例

檐砖塔主要特点为：方形平面，底层高度大于塔身面宽，塔檐采用叠涩挑出的做法，层数在 11 至 16 层不等。塔身比例纤细，轮廓卷杀曲线柔和，中部略向外凸，以第 5 层檐左右为塔身最粗处。与北魏嵩岳寺塔相比，唐代密檐塔的外观形态简朴，甚少装饰，各层塔身上均不见倚柱、贴砌等做法。塔身卷杀曲线由向上收杀变为上下收杀，这些变化反映出不同时期所受外来佛教艺术形式影响的差异。但唐代密檐塔的造型与塔身卷杀方式究竟源自何处，目前还没有公认的结论。

荐福寺塔是这些实例中年代最早的一例，建于睿宗景云二年（711年）。塔身为方形平面，底层面宽10米余。塔身残高43米，原为十五层，现只存十三层檐。底层前后正中开券门，塔身内部中空，以木楼板分层，靠内壁有砖砌蹬道以供上下。塔外四周原有数层台基，台边有青石台帮石，外缘磨损，但面上如新，可知原来沿边砌有墙体。据宋代碑文记载，塔下原有"周回副屋"。宋人张礼《游城南记》荐福寺条下有金元时注："贞祐乙亥（1215年），塔之缠腰尚存。辛卯（1231年）迁徙，废荡殆尽，惟砖塔在焉"。1960年此塔整修，发现塔底层外壁遗留有梁头卯孔，证明塔底层原来确实建有周圈木构副阶，即史料中所谓的副屋、缠腰[11]。河南登封法王寺塔的形式与荐福寺塔十分相近，塔底层外壁的四面也同样留有木构榫卯的痕迹，原来也应有周匝副阶。推测这是唐代密檐砖塔底层所采用的普遍做法，也是它之所以呈现狭高比例的原因所在。这样一来，砖塔底层在塔内空间的作用实际上相当于南北朝佛塔、石窟内的中心方柱。

除砖塔外，现存实例中还有为数众多的唐代小型密檐石塔。这种小塔多为祈福而建，不具有供人活动的内部空间，其位置有的在佛殿前两侧，作成对设置；有的立于大塔周围；也有独立建造的情况。

河南地区现存这类石塔实例较多。据塔身铭文所记，建造年代多在盛唐开元、天宝年间（713～755年）[12]。其造型特点为方形平面，塔身比例纤细。底层有塔心室，正面开券门并雕刻天王、力士、飞天等像。其上出檐七至九层，大多用石板雕成正反叠涩，不雕椽头瓦垄，檐间塔身各面正中雕有小佛龛。除石塔本身基座外，塔下往往又有须弥坐台基。安阳灵泉寺双石塔是其中体量较大且保存完好的一例。双塔通高逾5米，方形平面。塔下须弥坐台基的高度约为总高的1/5，宽度为塔身的3倍，束腰部分雕刻伎乐。台基之上又有低矮的底座。底层塔身的高度为面宽的1.4倍左右，正面开券门（但底座四面正中，均雕有阶梯），门外两侧雕力士、上部雕兽面及飞天等。塔心室内雕佛像一铺。上部塔身作九层叠涩出檐，用石板雕成。每层檐的底部作叠涩，上部雕成下凹的屋面曲线，但不雕瓦垄。塔身卷杀曲线无外凸现象，接近北魏嵩岳寺塔，与荐福寺塔有所不同[13]（图3-7-35）。

北京房山云居寺北塔下方形基台的四角，也各立有一座密檐石塔。这四座小塔的形式基本相同，均为方形平面，七层，高3米余，外观造型简洁，比例精致。其中年代最早的建于景云二年（711年），最晚的是开元十五年（727年）。这种由中心大塔与四隅小塔组合而成的佛塔群形式出现较早（见前章），但采用密檐式塔造型，似应自盛唐始。

立面

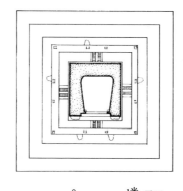

北

0　　　　1米　平面

图3-7-35 河南安阳灵泉寺唐代双石塔西塔平、立面图

南京栖霞寺舍利塔建于南唐时期（937～975 年），是已知密檐石塔中体量最大的一座。塔高18 米，五层，八角形平面。下为须弥座基台，上置仰莲座承托塔身。底层各面比例狭长，雕出转角倚柱与阑额、地栿等木构件形象。其上四层塔身低矮。各层塔檐皆作斜坡瓦顶形象，雕出瓦垄、瓦当、角脊并脊兽。檐下雕檐椽、飞椬。塔身造型带有仿木构特点（图 3-7-36～3-7-38）。与前述盛唐时期流行的密檐石塔相比，栖霞寺舍利塔的形式已有较大变化：平面作八角形而不是方形，底层雕出板门而不设塔心室，层檐作仿木构瓦顶而不是叠涩顶。但这三点却与吴越闸口白塔相同。另外，不用写实的塔基形式而用仰莲座，上部各层塔身下置覆莲座，较多采用石幢、石灯的细部处理手法，也是五代时期石塔的特点之一。

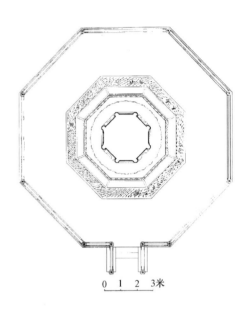

图 3-7-36　江苏南京五代栖霞寺舍利塔外景　　　　图 3-7-37　江苏南京五代栖霞寺舍利塔平面图

b. 楼阁式塔

唐代楼阁式塔与密檐式塔在外观形式上有一些共同点，如方形平面、各层用叠涩出檐等。但两者有以下几点主要区别：

一是楼阁式塔的层数大都不超过七层，而密檐塔的层数往往在七层以上；

二是楼阁式塔的各层层高一般为自下而上依次递减，而密檐塔则是底层特高，上部各层层高骤降；

三是楼阁式塔的塔身表面通常隐出柱、枋、斗栱等木构件形象，而密檐塔上多无此类表现；

四是楼阁式塔的塔身为从下向上斜直收分，各层出檐的外缘连线是一条直线，与木构佛塔相同，而密檐塔的塔身则采用曲线卷杀。

现存唐代楼阁式塔，基本上都是方形平面，而五代、辽宋的楼阁式塔，却几乎都是八角形平面。这种变化应主要与木塔结构做法的改变有关。平面由方形转变为八角形，显然可以消除结构中最为薄弱的转角部分，从而达到更为均匀的应力分布。推测这一变化有可能自唐代中后期开始，到五代时期，八角形已成为十分流行的佛塔平面形式。

现存最著名的唐代楼阁式佛塔是长安慈恩寺大雁塔（图 3-7-39），但唐代塔身在明代重修时被包砌在内，现状仅大致保持了原来的外形轮廓。此塔最初建于唐高宗永徽三年（652 年），为玄奘法师亲自设计并参与建造。"塔基面各一百四十尺,仿西域制度,不循此旧式也。塔有五级,并相轮露盘,凡高一百八十尺"[14]。建塔的目的原为贮藏自西域携回的经像,但由于采用的是砖表土心的材料做法,不久塔内便"卉木钻出,渐以颓毁"。长安中(702年左右),拆除旧塔,更造新塔,"依东夏刹表旧式,特崇于前"[15]。此言东夏旧式,应即指仿木构楼阁式塔的样式。现状塔高64米(合218唐尺)七层。底层、二层面阔九间,三、四层为七间,五层以上为五间,各层四面当心间开券门,塔身外壁隐出倚柱、阑额。各层塔檐采用正反叠涩砌成。塔顶相轮露盘不存。塔内中空,各层架以木楼板。与建造年代相近的长安香积寺塔相对照,可知塔身外观基本保持了原有做法特点。

图 3-7-38 江苏南京五代栖霞寺舍利塔立面图

图 3-7-39 陕西西安唐大慈恩寺塔

香积寺建于永隆二年(681年),高僧怀恽于四年造大塔,"塔周二百步(当为二百尺之误),直上一十三级"[16]。现状砖塔平面方形,底层面宽9.5米(合28唐尺)。塔下基台尺寸不明,依塔身面宽推测,基方50尺是有可能的。塔身残存十层,高33米余[17],各层砌出柱、枋、斗栱,叠涩出檐的下部有两道斜角砖牙装饰线(图3-7-40)。香积寺塔的外观形式似乎融汇有密檐式塔的特点:底层较高,二层以上层高骤减,不足底层高度的1/3。但塔身作直线收分,各层隐出仿木构件,与典型的密檐式塔有所不同,故仍属楼阁式塔。塔身层数过多,应是它降低上部各层层高的主要原因。前述隋文帝时昙崇所建的十一级砖塔,也有可能是这种情况。

隋唐时期的楼阁式石塔未见遗存。实例中惟见五代吴越时所建的三座小型石塔,都在杭州。石塔的仿木构表现力远比砖塔要高,特别是出挑部分,如平坐、斗栱、出檐等,皆可按木构尺寸、做法雕刻而成。虽然大型石塔的建造费工耗时,不如木塔或砖塔易于成就,但从史料记载中北魏平城所建的三级仿木构石浮图(高十丈,约合27米),以及福建地区现存的宋代仿木构石塔实例,如长乐三峰寺塔(1117年)、莆田广化寺塔(1165年)、泉州开元寺双塔(1228~1238年)的体量

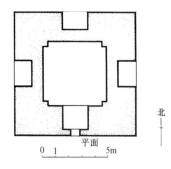

图 3-7-40　陕西西安唐香积寺塔

和所具有的艺术、技术水平来看，唐代楼阁式石塔的发展是不曾间断过的。

杭州闸口白塔以位于钱塘江北岸闸口处而得名。它和灵隐寺双石塔，是三座形式相近的仿木构石塔。梁思成先生考订该塔的建造年代约在公元960年左右，为五代吴越王末期[18]，已属公认。三塔之中，以闸口白塔的制作最为精致。塔的底部是须弥坐台基，形式与经幢底座相类似。塔身为八角形平面，面各一间。塔身九层，除底层无平坐外，各层皆由平坐、勾栏、塔身、铺作、出檐、瓦顶各部分组成。各层塔身的四正面当中镌刻双扇直棂板门，四斜面为实壁。塔顶出刹（图3-7-41）。全塔上下，除塔基部分外，无不体现为木塔的外观形式特点。因此，这座石塔很可能是按照实际木塔的尺寸缩制而成，或者说，是采用了木塔的设计方法。

依石塔的间广、柱高尺寸推测，大约相当于实际木塔体量的五分之一。表3-7-4中所示，是石塔尺寸和将其放大五倍后的尺寸。从中可以看出，石塔各部分尺寸之间存在的比例关系，以及放大后的构架与构件尺寸，都与唐宋木构实例比较接近：

以单材宽度的十分之一为分值，石塔底层各面间广为272分。这一分数及放大的间广尺寸（4.35米/272分）。与辽代应县佛宫寺释迦塔底层明间广（4.47米/263分）是相当接近的。

石塔底层柱高（0.61米）与层高（1.233米）之比约为1：2，这是唐宋木构实例中反映出来的构架比例特点之一，最典型的例子是辽代蓟县独乐寺观音阁，该建筑被学术界公认包含有大量唐代特点。

放大后的间广、柱高、柱径、檐出等尺寸均在唐宋实例常用尺寸范围之内。只是柱高相对柱径和间广来说偏矮（柱径/柱高＝1：6，柱高/间广＝1：1426）。不过这或许正反映了多层木塔的构架比例特点。已知应县木塔二层平柱的细长比为1：689（一般殿阁用柱在1：8以上），而苏州云岩寺仿木构砖塔（五代末）的柱高与间广之比已在1：2左右。

由于石塔本身是建筑小品，不存在结构问题，因此可以接近甚至夸大实际木塔的比例关系。如现状塔身高（不含刹高）为底层柱高的15倍、第5层塔身直径的6倍，各面面阔仅一间等，这些都是与实际木塔有一定差距之处。同时，石塔只表现了木塔的外观，其内部构架形式如何，仍

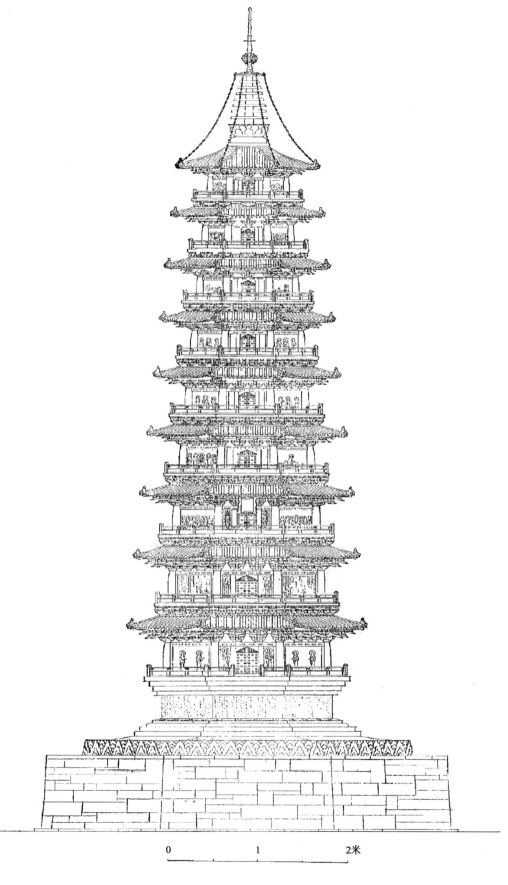

图 3-7-41 浙江杭州五代闸口白塔实测图

是个有待解决的问题。另外，石塔中所表现的一些细部做法，如塔门做欢门，门扇上有直棂窗，平坐下栱眼壁为编木（竹）菱格网形式等，应属地方性做法的反映，与北方同期木构佛塔会有所不同。

闸口白塔实际尺寸及放大尺寸　　　　　　　　　　表3-7-4

	实际尺寸	放大尺寸/唐尺
塔身总高	11.47米	57.35米/19.5丈
塔身高（不含塔刹）	9.1米	45.5米/15.5丈
底层面阔	0.87米	4.35米/1.5丈
底层柱高	0.61米	3.05米/1.03丈
底层柱径	0.11米	0.55米/1.875尺
底层檐出	0.44米	2.2米/7.5尺
单　　材	4.1×3.2厘米	20.5×16厘米/7×5.5寸
足　　材	6×3.2厘米	30×16厘米/10×5.5寸
底层塔径	1.96米	9.8米/335丈
第五层塔径	1.5米	7.5米/2.55丈

表中数据依梁思成：〈浙江杭县闸口白塔及灵隐寺双石塔〉一文及附图转引或测算。《梁思成文集》二，中国建筑工业出版社。

c. 单层塔

隋唐单层砖石佛塔最著名的实例，一是山东历城神通寺四门塔，另一是河南安阳修定寺塔。

神通寺四门塔建于隋大业七年（611年），通体石构。方形平面，面宽7.38米。四面正中开券门，以此得名。塔内有中心方柱，方2.3米。佛像靠柱身四面设置，内顶绕中心柱一周做人字披顶。塔高约13米，塔身立面亦基本见方，出檐做四层叠涩，塔顶四坡，顶中立刹(图3-7-42)。塔身整体轮廓方直有力，比例成熟，风格简洁。

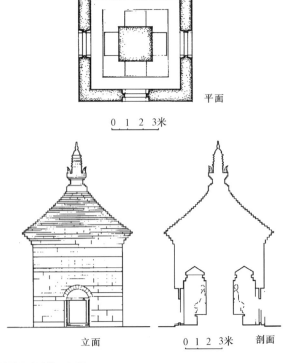

图3-7-42　山东历城神通寺隋代四门塔

修定寺塔创建于北齐天保年间（551～559年），隋唐重修，是一座通体以模压花纹砖饰面的砖塔。方形平面，面宽8.3米。南面正中开券门，以整块青石雕出门框、楣、槛各部。塔高近20米，下为须弥座塔基。塔身部分高9.3米，塔顶残，现状复原为四坡顶，恐非原状。参照北齐石窟中的石刻单层佛塔形象以及窟檐外观，塔顶应作覆钵顶，四周有蕉叶或卷云纹装饰，当中立刹。塔心室方形平面，尺寸恰为塔身面宽的1/2。室内原置佛像，今不存。此塔最突出的特点，是塔身外壁满饰模压花纹砖。现状纹样为唐代风格，是重修所致（图3-7-43）。塔基下曾发掘出大量北齐风格的花砖与型砖残块，其中有双抄斗栱型砖及陶范（见图2-10-15、2-10-44）。从中可知此塔初建时具有仿木构的外观特点，同时塔身模砖纹样风格瑰丽，带有浓郁的异域色彩。这些特点与北齐石窟、特别是响堂山石窟是一致的。

神通寺四门塔在寺院总体布局中的位置不可考，修定寺塔则位于佛殿前的中轴线位置上，是寺内主要建筑物之一。

这两座佛塔虽然外观相似，同为方形平面，塔身立面也都近于方形。但塔内平面与空间形式不同。在北齐响堂山石窟中，窟檐立面皆作塔状，但窟室平面分中心方柱与方形中空两种形式，与神通寺四门塔和修定寺塔的平面形式相对照，其间应存在某种联系。

唐代后期，佛塔的平面较以往更多采用方形以外的形式。塔身局部如檐口、顶部较多采用曲线和曲面，并出现一些奇特的顶部造型。山东历城九顶塔即是其中一例。此塔建造年代不详，是一座八角形单层砖塔，高13米余。塔身分上下两部分：下部各面为内颇的实壁，用条砖粗砌；上部各面平直，采用磨砖对缝的做法。正面开券门，塔内置像。出檐以叠涩方式做出上下凹曲面。檐口线水平，但有明显的生出，似与下部塔身平面相对应。塔顶中部平，正中立三层小塔一座，高5米余，周围立外形相同、体量较小的三层塔八座，面向八方，正对下部塔檐的转折处（图3-7-44）。此塔塔身分上下层区别处理的做法与北魏嵩岳寺塔底层相仿。从现状塔门位置推测，塔身下部的粗砌部分四周似乎还应有阶基等，但已无从查考。

图3-7-43　河南安阳唐代修定寺塔（1961年状）　　图3-7-44　山东历城唐代九顶塔

（2）墓塔

隋唐时期，墓塔的建造已属寺院制度之一，凡寺内住持、大德及道高腊长者入灭，皆为之立塔，以表敬仰并供后人礼拜。

山林佛寺，一般于寺内外选择适当位置建塔。据史料记载，中晚唐时，多采用于寺外一里之内设立墓塔区的做法。如现存河南登封少林寺塔林、山东济南灵岩寺塔林，都是自唐代开始形成规制。河南安阳宝山灵泉寺，则采取在崖壁上集中开凿塔形龛的做法。

城市佛寺，一般不在寺内立塔，而是将墓塔区设在城外僻静处或寺庄（常住庄）内。如唐代洛阳高僧善无畏、金刚智、义净等人的墓塔，都建在龙门山一带[19]；长安大安国寺僧人端甫，开成元年（836年）灭，"迁于长乐之南原"[20]，起塔，即是以碑文书法闻名的玄秘塔；但也有例外，如被代宗尊为"我之宗师，人之舟楫"的密宗大师不空，死后得以于其旧住长安大兴善寺本院中起舍利塔[21]，这显然是一种殊荣。

立塔之所，也有随佛寺扩建或布局改变而更换的情况。五台山佛光寺现存三座墓塔，均位于大殿侧后方，其中年代最晚的建于贞元十一年（795年）[22]。而据僧传记载，曾在寺内建阁的僧人法兴（太和二年卒，828年）与造立佛殿的僧人愿诚（光启三年卒，887年），其墓塔都建在寺西北一里处。据此推测，原来佛光寺是以东部高台之上作为墓塔区，自法兴建立三层大阁之后，全寺布局重心后移，于是墓塔区便移往寺外了。

隋唐僧人墓塔的建立，有两种方式。一是焚身（又称荼毗、阇维），取舍利或骨灰起塔，称烧身塔；另一是将僧人尸身完整保存在塔内供人礼拜，称真身塔（或龛塔）。烧身起塔的方式自西晋末年传入中土，至隋唐时已相当普及；建立真身塔的做法，据目前所知，是从隋末唐初开始出现的。当时有道高僧多行坐化，死后跏坐如生，故采用"坐殡"之法，将其置于塔内。如江都安乐寺僧人释慧海，隋大业五年（609年）卒，"依常面西，礼竟跏坐，……（弟子）以全身处，乃架塔筑基，增其华丽"[23]。泗州普光王寺僧伽大师死后，于景龙四年（710年）"塑身建塔"。也有先置于石窟，后移入塔内的做法[24]。密宗高僧善无畏于开元二十三年（735年）卒，葬于龙门西山广化寺之庭，"定慧所重，全身不坏。……每一出龛，置于低榻，香汁浴之"[25]，如浴佛之礼。可知真身塔的建造，基于一种将真身视同佛身的崇拜意识。这一做法自中唐起渐趋普遍，至今仍保留在藏传佛教的礼仪之中。真身塔既有安置僧人真身坐像的功能，塔内必有空间适当的龛室，塔身上亦需开启适当尺度的门洞。现存唐代墓塔实例中，河南登封会善寺净藏禅师塔便是一座真身塔[26]，山西运城报国寺泛舟禅师塔以及五台山佛光寺大殿旁侧的祖师塔，也都有可能是真身墓塔。

隋唐僧人墓塔的结构方式，主要为砖石结构，史料记载也有采用木构的例子[27]。墓塔的形式繁复多样。平面除方形外，又有八角、六角形及圆形；塔身有单层与多层之分，其中有不少墓塔的外观作仿木构形式。

1）单层墓塔

唐代单层仿木构砖石墓塔中，河南登封会善寺净藏禅师塔、山西运城报国寺泛舟禅师塔以及平顺海会院明惠禅师塔是三座颇具代表性的实例。

净藏禅师塔建于天宝五年（746年），砖构，八角形平面，残高9米余（塔铭记为"举高四丈，给砌一层"，合今尺11.67米）。基座与塔顶皆残损，但大致可看出基座、塔身与塔顶三部分的高度比例关系约为1:1:2。塔身外壁表现出木构柱、枋、斗栱的形式，除正面开券门外，其余各面均为实墙隐出木构板门或直棂窗。塔心室也同样作八角形平面，内径约2.3米。塔顶叠涩出檐，上部有圆形平面的仰莲二周，其上又置仰莲火珠。此塔仿木构做法精细，塔身部分基本完好，并且是现存年代最早的八角形塔实例（图3-7-45）。

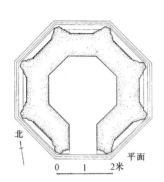

图 3-7-45　河南登封会善寺唐代净藏禅师墓塔

泛舟禅师塔建于贞元九年（793年），砖构，圆形平面，塔高10米左右。基座、塔身、塔顶的比例与净藏禅师略同。素平基座，塔身下部有周圈壶门与覆莲各一道，上部仿木构做法的规格较低，无斗栱，仅表现各间立柱与重楣。叠涩出檐表现出檐椽和檐口瓦当。塔刹部分为两层受花承托仰覆莲及火焰宝珠（图3-7-46）。类似的圆形平面墓塔又见于运城招福寺禅和尚塔（咸通七年，866年，见图3-12-43），故有可能是当地流行的墓塔平面形式。

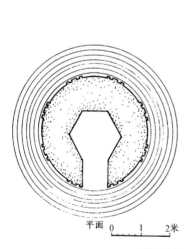

图 3-7-46　山西运城唐代泛舟禅师墓塔

明惠禅师塔建于乾符四年（877年），石构，方形平面，塔高近9米。下为方形台基，台上为一完整的小塔形象，由基座、塔身、塔檐、塔刹各部组成。其中塔刹的高度，几乎与其他三部分的总高相等。塔身正面辟门，两侧实壁上隐出直棂窗。塔檐下表现出雀眼网的形式。此塔的塔身部分处理简洁，而塔顶的仿木构做法，如檐椽形式与布列方式、檐口曲线及屋面瓦件的样式等却刻画精细。塔刹部分的造型极为优美（图3-7-47）。

单层砖石墓塔中又有不少是实心小塔。塔身外观隐出门窗，通常没有或只有很浅的塔心室。塔的体量较小，高度在4～5米左右。这类小塔的形式灵活多样，据僧传记载，长沙僧人庆诸，卒

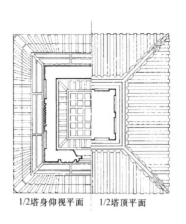

1/2塔身仰视平面　1/2塔顶平面

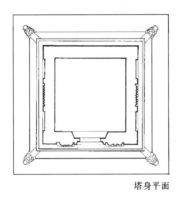

塔身平面

立面

0　0.5　1米

图 3-7-47　山西平顺海会院唐代明惠禅师墓塔实测图

于光启四年（888年），"门弟子等结坟塔作螺髻形"[28]，便是甚为奇特的一例。

2）多层墓塔

见于史料记载的多层僧人墓塔，大都建造于初盛唐时期[29]。现存实例中最著名的是长安兴教寺玄奘墓塔及其两侧的（弟子）窥基、圆测塔。玄奘卒于麟德元年（664年），原葬京郊白鹿原，总章二年（669年），"有敕徙葬法师于樊川北原，营建塔宇"[30]，即为现存的玄奘墓塔。肃宗时（756～762年）赐寺额为兴教。塔身砖砌，方形平面，高约21米，五层。外观为仿木构楼阁式。塔身各层四面隐出倚柱阑额，作面阔三间状。柱头上砌出泥道栱，栌斗处伸出梁头。除底层阑额以下因后世整修包砌改变了原貌之外，塔身各部分造型比例及细部做法均规整精细。如刘敦桢先生所说："这座塔是中国现存楼阁式砖塔中年代最早和形制简练的代表作品"（图3-7-48）。窥基、圆测是玄奘弟子中的佼佼者，故墓塔得以侍立于玄奘塔的两侧。其中窥基塔初建于永淳元年（682年），至太和二年（828年），旧塔摧圮，弟子"启其故塔，得全躯，依西国法焚而瘗之，其上起塔"[31]。现状窥基、圆测塔均为三层方形小塔，体量与玄奘塔十分悬殊，表明僧人也和世俗帝王公侯一样，死后按地位高下享受不同的礼遇。

五台山佛光寺祖师塔，是一座双层砖塔，形式很独特。建造年代无文献可考。塔的平面为六角形，底层内径2.5米，外径4.5米，面西开门；上层实心，外径约2.2米。塔高约11米。底层塔身外壁素平，仅门上饰火焰形券面，但檐部造型复杂：在每面九枚砖斗之上，叠出三层仰莲，上面又出六层砖叠涩，屋面做反叠涩。上层塔身底部设平坐，坐上也叠出三层仰莲。塔身转角处

图 3-7-48　陕西西安唐兴教寺玄奘法师墓塔

皆出倚柱，柱身上、中、下部饰仰莲。塔身西面隐出板门，西南、西北两面隐出直棂窗，窗上绘重楣及人字栱。上层檐部亦用三层仰莲叠出。塔刹下部，又用二层形体硕大的仰莲（图 3-7-49）。北朝时期流行的莲瓣装饰以覆莲与束莲为主，而此塔独用仰莲，是十分特殊的做法。另外，此塔上下层塔身比例悬殊，处理手法不同，与隋代壁画中的佛塔特征略相符合（见前文），推测其年代可能在隋至初唐之间。

山东长清灵岩寺慧崇塔也是一座年代不详但造型颇具特色的唐代僧人墓塔。塔身石构，方形平面，高 5 米余。塔下有须弥座基台，各面均不设台阶，正面对门处向外凸出。底层塔身正面开门，侧面雕假门。出檐用石板叠涩，呈凹曲面向上向外伸出，顶面则作反叠涩的平直坡顶，不雕瓦垅，檐口线挺括有力，从中部向两端翼角作极细微的上翘。底层塔顶之上有一层低矮的塔身，四面实壁，上部出檐做法与底层相同，只是出挑长度缩短。其上又有一层更为瘦狭低矮的塔身，也作叠涩出檐，檐部四周上置山花蕉叶，中立仰莲、宝珠（图 3-7-50）。此塔外观简洁、比例优美、制作精良。塔门雕刻的风格与盛唐时期石塔实例相近，推测其年代在公元 710 年前后。

图 3-7-49　山西五台唐代佛光寺祖师塔

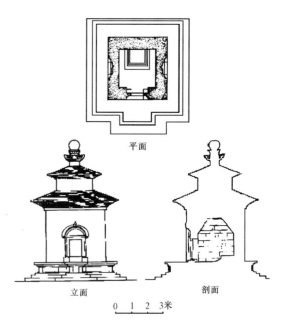

图 3-7-50　山东长清灵岩寺唐代慧崇塔

注释

[1]《两京新记》卷 3，大庄严寺条："隋初置。仁寿三年，为献后立为禅定寺。宇文恺以京城西有昆明池，地势微下，乃奏于此建木浮图，高三百卅尺，周匝百廿步"。日本金泽文库旧藏古写本残卷。又《长安志》卷 10 中记此塔"大业七年成"。中华书局影印《宋元方志丛刊》①P.129《两京新记》卷 3，静法寺条："隋开皇十年，左武侯大将军、陈国公窦抗立。西院中有木浮图，抗弟瓛为母成安公主立。高一百五十尺，皆伐抗园梨木充用焉"。《续高僧传》卷 29〈释慧达传〉，记其"仁寿年中，于扬州白塔寺建七层木浮图"。同卷〈释住力传〉，记其"行至江都，

乃于长乐寺而止心焉。隋开皇十三年，建塔五层"。《大正大藏经》NO. 2060, P. 694、695。《法苑珠林》卷67〈怨苦篇·感应缘〉："唐初相州大慈寺塔被焚，……此塔即隋高祖受敕所置"。上海古籍出版社，P. 491

[2]《法苑珠林》卷40〈舍利篇·感应缘〉。上海古籍出版社，P. 310

[3]《广弘明集》卷17〈佛德篇·庆舍利感应表〉中记恒州龙藏寺建塔，"至四月八日，临向午时，欲下舍利，……空里即雨宝屑天花，……先降塔基石函上，遍坠寺内，……又刹柱东西二处，忽有异气，……回屈直上，周旋塔顶。……至二十日巳时，筑塔基恰成，复雨宝屑天花"。上海古籍出版社，P. 224

[4]《全唐文》卷247，阎邱均〈浮屠颂〉。上海古籍出版社②P. 1329

[5]《法苑珠林》卷38〈敬塔篇·感应缘〉："（岐州岐山南塔）至贞观五年，岐州刺史张亮，素有信向，来寺礼拜，但见故塔基，曾无上覆，奏敕请望云宫殿，以盖塔基，下诏许之。"上海古籍出版社，P. 296

[6] 陕西省法门寺考古队：《扶风法门寺塔唐代地宫发掘简报》，《文物》1988年第四期。

[7]《法苑珠林》卷38〈敬塔篇·感应缘〉："显庆五年春三月，下敕请舍利往东都入内供养。……皇后舍所寝衣帐准价千疋绢，为舍利造金棺银椁，雕镂穷奇，以龙朔二年，送还本塔，至二月十五日，京师诸僧与塔寺僧及官人等无数千人，共下舍利于石室掩之。"此石室当即塔下地宫。上海古籍出版社，P. 296

[8] 同上。

[9] 陕西省法门寺考古队：《扶风法门寺塔唐代地宫发掘简报》，《文物》1988年第4期。

[10]《续高僧传》卷17〈释昙崇传〉《大正大藏经》NO. 2060, P. 568

[11] 北宋政和六年《大荐福寺重修塔记碑》记："自景龙至本朝政和丙申（1116年）三百九十二年（实为409年），风雨摧剥，檐角垫毁，……洎以（周）回副屋，堕砖所击，上漏下湿，损弊尤甚"。保全：《从几通碑石看荐福寺、小雁塔的变迁和整修》，《考古》1985年第1期。杨鸿勋：《唐长安荐福寺塔复原探讨》，《文物》1990年第1期。

[12] 杨焕成：《豫北石塔记略》，《文物》1983年第5期。

[13] 河南省古代建筑保护研究所：《河南安阳灵泉寺唐代双石塔》，《文物》1986年第3期。

[14]《大慈恩寺三藏法师传》卷10，中华书局排印本 P. 160

[15]《长安志》卷8，进昌坊。中华书局影印《宋元方志丛刊》①P. 117 又《游城南记》："（慈恩寺塔）长安中摧倒，天后及王公施钱重加营建，至十层。……塔自兵火之余，止存七层。"

[16]《大唐实际寺故寺主怀恽奉敕赠隆阐大法师碑铭》，记其为尊师善导"于凤城南神和原，崇灵塔也。……仍于塔侧，广构伽蓝，莫不堂殿峥嵘，远模切利，楼台岌嶪，直写祇园，……又于寺院造大窣堵波，塔周二百步，直上一十三级。"《金石萃编》卷86，北京市中国书店版②。

[17] 袁万里，笑山：《西安香积寺与善导塔》，《文物》1980年第7期。

[18] 梁思成：《浙江杭县闸口白塔及灵隐寺双石塔》。《梁思成文集》二，中国建筑工业出版社。

[19] [20] [21] 均见《宋高僧传》本传。中华书局排印本。

[22] 梁思成：《记五台山佛光寺的建筑》，《梁思成文集》二，中国建筑工业出版社。

[23]《续高僧传》卷12〈释慧海传〉。《大正大藏经》NO. 2060, P. 515~516

[24] 天台国清寺智者大师卒于开皇十七年（597年），"枯骸特立，端坐如生。瘗以石门，关以金钥"。后人为之建塔，"塔内有龛，龛内坐大师真身"。《续高僧传》卷17〈释智颉传〉。《大正大藏经》NO. 2060, P. 567。《参天台五台山记》卷一。日本佛教全书游方传丛书本，P. 15。又五台山佛光寺僧人解脱，唐永徽中卒，龙朔年间（661年前后）"灵躯尚在，巍然坐定在山窟中"。《续高僧传》卷20〈释解脱传〉。《大正大藏经》NO. 2060, P. 603 前述《五台山行记》残卷记寺内有"解脱和尚真身塔"，当为后人所立。

[25]《宋高僧传》卷2〈善无畏传〉中华书局排印本 P. 22

[26]《嵩山会善寺故大德净藏禅师身塔铭》："……（禅师）憩息禅堂，端坐往生，归乎寂灭，即以其岁天宝五载……（门人慧云、智祥、法俗弟子等）敬重师恩，勒铭建塔。举高四丈，给砌一层，念多宝之全身，想释迦之半座，……"《金石萃编》卷87。北京市中国书店版②。

[27] 长安弘法寺释静琳，卒于贞观十四年（640年），弟子等四十余人"并造千粒舍利木塔，举高五丈"。《续高僧传》卷20〈释静琳传〉。《大正大藏经》NO. 2060, P. 591

[28]《宋高僧传》卷12〈庆诸传〉。记其卒后，葬于寺西北隅二百许步。寺在长沙石霜山。中华书局排印本 P.283

[29] 越州嘉祥寺释智凯，贞观二十年（646年）卒，"乃跏坐送大禹山，七日供养。……（州宰）乃起塔七层，以旌厥德"。《续高僧传》卷15〈释智凯传〉。此或为真身塔。《大正大藏经》NO.2060，P.538。又洛阳大遍空寺实叉难陀，景云元年（710年）卒，于开远门外古燃灯台焚之，……后人复于荼毗之所起七层塔。《宋高僧传》卷2〈实叉难陀传〉中华书局排印本 P.32

[30]《大慈恩寺三藏法师传》卷10 中华书局排印本 P.227

[31]《金石萃编》卷113〈基公塔铭〉北京市中国书店版③。

5. 石幢与石灯

自初唐时起，社会上开始流行造立石幢、石灯并在其上镌刻佛教经咒的做法。建立在佛寺中的灯、幢，不仅是重要的佛教法物，也是构成寺内庭院空间的重要组成部分。

据已知遗迹和实物，石幢与石灯上所刻的经咒，年代最早的是北齐天保九年（558年）译出的《施灯功德经》和《大悲经》，最常见的是唐高宗年间（679～683年）译出的《佛顶尊胜陀罗尼经》。依经文所述，若将其安于高幢，则幢影映身、或幢上灰尘落身，均可避除恶道罪垢。出于这种迷信，初唐以后陀罗尼经幢遍及两京诸道。这也说明采用石材造幢（灯）的目的是为了便于刻经并长久保存。

以木杆和织物构成的幢幡，历来是举行佛教仪式时所用的仪仗物，用金铜制作的灯明也始终是佛殿中的供具之一。造立石幢（灯），并不是用来作为幢幡与灯明的替代物（事实上也是无法替代的），而是和造塔一样，是信徒们兴修福业、祈福消灾的一种方式。已知最早的陀罗尼刻经，见于龙门摩崖如意元年（692年）史延福刻《尊胜陀罗尼经》[1]，并且，直到晚唐也还有将此经刻在碑石上的做法[2]。说明造幢刻经实质上是在秦汉以来刻石立碑传统上生发出来的一种形式。

（1）石幢

记载中年代最早的石幢是武周时所建的陀罗尼幢（690～704年）[3]，现存最早的经幢遗迹为景龙三年（709年）《中州宁陵县令贾思玄造尊胜陀罗尼幢》拓本[4]，有确切纪年的经幢实例中，年代最早的则是建于宝历二年（826年）的广州光孝寺大悲经幢。

石幢通常以幢座、刻有经咒的幢身和幢顶三个基本部分构成。据现存经文拓本及经幢实例，石幢中部刻有经咒的幢身部分始终作八棱柱状，这是石幢造型的一个基本特点。而石幢造型的演变，主要在于下部幢座与上部幢顶形式的变化。

初唐时期的石幢，未见实物留存，形式不详。据陕西所存唐开元年间石幢实例，盛唐时期的石幢在造型上与当时陵墓神道旁的望柱十分相似：低矮的覆莲幢座，上立八棱柱形幢身，柱顶八面刻有佛像[5]，应是初始阶段的石幢形式。中唐以后，石幢造型开始吸收织物幢幡的形式特点，在八棱柱形的幢身上部，出现多层伞盖、屋盖状石盘，上下石盘之间有短短的立柱，上面饰以各种题材的雕刻，石幢顶部置仰莲、宝珠等（图3-7-51、3-7-52）。与此同时，幢座的造型也趋向复杂，往往采用莲座、须弥座及平坐勾栏等层叠构成，高度也相应增高。另外，还出现密檐塔状的幢身造型。

随着总体造型的演变，石幢的高度和体量也逐渐增高加大。上述开元年幢的高度只在2米左右，而已知晚唐大中年间（847～859年）江浙一带的石幢高度，皆在5米左右，其中松江幢高9.3米[6]（见图3-10-20），五代末期所建的杭州梵天寺幢，甚至高达15米。

石幢在佛寺内的置立方式似有两种：一是立于殿庭（或门庭）的两侧，与敦煌莫高窟窟初盛唐壁画中所表现的幢幡位置相同（图3-7-53）。河南登封永泰寺内的东、西幢[7]，以及五代杭州灵隐

a. 陕西陇县
开元十六年幢
（公元728年，顶部残）

b. 山西潞城原起寺
天宝六年幢
（公元747年）

图 3-7-51　唐代开元、天宝年间经幢

图 3-7-52　山西五台佛光寺唐大中十一年（857年）经幢

寺和梵天寺的双石幢，都是采用这种方式；另一为单幢，通常立于殿庭正中，如五台山佛光寺大殿前的大中十一年幢。除佛寺外，唐代也流行于墓所造立石幢、为亡者祈福的做法[8]。另外，宋代史料中有于市中刑人处立幢的记载[9]，唐代是否已有这种做法，待考。但松江唐幢位于县衙南，说明当时已有在城内公共场所立幢的做法。

a. 立幢于殿庭两侧（盛唐第45窟观无量寿经变）

图 3-7-53　甘肃敦煌莫高窟唐代壁画中的幢幡形象与设置方式（一）

b. 立幢于殿侧（晚唐第85窟报恩经变）

图 3-7-53　甘肃敦煌莫高窟唐代壁画中的幢幡形象与设置方式（二）

（2）石灯

石灯又称灯台，由于灯柱上镌有经咒，故而也被称作炬幢[10]。

我国现存石灯实例4座：1座现藏西安碑林，另3座分别位于山西太原龙山童子寺、山西长子法兴寺和黑龙江宁安兴隆寺内。其中惟法兴寺石灯有确切纪年（大历八年，773年）。兴隆寺石灯的年代应在渤海国时期（698～926年），童子寺石灯由于风化严重，年代莫辨（图 3-7-54）。

就上述实例及其他石灯遗迹，可知石灯通常由底座、柱身与燃灯室三个基本部分组成，其造型变化趋势不如石幢那样明显。底座一般采用莲座、须弥座或两者结合的形式。柱身断面可以是八角形或圆形。长安青龙寺遗址出土的太和五年（831年）石灯残柱[11]，以及《金石萃编》中收录的乾元二年（759年）〈石灯台经咒幢〉拓本[12]，都表明其柱身形式与石幢相同，作八棱柱状，并且前刻《施灯功德经》，后刻《佛顶尊胜陀罗尼经》，兼有灯与幢的功能。但现存实例中，碑林

a. 山西太原童子寺石灯

b. 陕西博物馆藏石灯

c. 黑龙江宁安渤海国隆兴寺石灯

图 3-7-54　现存石灯实例

藏石灯与童子寺石灯均作须弥山形座与盘龙柱，兴隆寺石灯用梭柱形柱身，上面都不刻经咒。燃灯室平面多作方形、六角形或八角形，外观类似单层中空的小室或小塔。上述实例中，燃灯室均不同程度地作仿木构形式处理，雕出立柱、阑额、斗栱及瓦顶各部。这4座石灯的高度差别相当大：法兴寺石灯现状高2.4米，童子寺石灯高约4.2米，兴隆寺石灯残高6米。由于实例甚少，其间规律不详，估计应与所在院庭中建筑物的规模相适应。

石灯一般于寺内佛殿或经堂前居中设置。如法兴寺石灯便置于寺内主殿圆觉殿前。又长安西明寺别院遗址的殿基南侧正中、距夯土台基约3米处，堆积有石灯残块，位置恰在殿基左右阶之间[13]。

除了石幢、石灯以及前述的小型石塔之外，佛寺殿庭中有时还建造一些特殊的建筑小品。如高宗显庆元年（656年），御书大慈恩寺碑送至寺内，"有司于佛殿前东南角别造碑屋安之。其舍复栱重栌，云楣绮栋，金华下照，宝铎上晖，仙掌露盘，一同灵塔"[14]。是一座当中置碑的仿木构塔状建筑。

注释

[1] 宿白：〈敦煌莫高窟密教遗迹札记（上）〉，〈盛唐以前的密教遗迹〉注文16。《文物》1989年第9期。
[2] 据《金石萃编》卷66、67中所录，有3座碑形陀罗尼幢。一是位于登封永泰寺殿庭西的高岑书经幢，年代不详；二是元和八年（813年）所立的那罗延经幢，据拓本，石广二尺五寸，高一尺三寸五分（合80×43厘米），幢身具体形式不详；三是咸通七年（866年）的李君佐经幢，石高广均为二尺二寸（合70厘米）。另外又有一石鼓形经幢，周刻尊胜经咒，鼓下作石山。北京市中国书店版②。
[3] 《金石萃编》卷66首录〈陀罗尼经幢〉，年代无考，经文书体中有武则天所造字，应为武周时所立。同上。
[4] 此拓本现存北京大学图书馆。
[5] 陕西省文物管理委员会：〈陕西所见的唐代经幢〉，《文物》1959年第8期。
[6] 陈从周：〈浙江古建筑调查记略〉，《文物》1963年第7期。安奇：〈上海松江唐陀罗尼经幢〉，《文物》1987年第1期。
[7] 《金石萃编》卷66〈杨慎行书幢〉，北京市中国书店版②。《八琼室金石补正》卷47〈永泰寺西幢记〉，文物出版社版，P.320
[8] 见《金石萃编》卷66〈僧惟新等经幢〉、〈康玢书经幢〉条，卷67〈双赞经幢〉条。北京市中国书店版②。又陕西省文物管理委员会院中的咸通九年幢，亦为亡故僧人所立。见⑤。
[9] 北宋苏轼与人戏言，中有"就市刑人经幢避之，所谓石幢子者"语，知当时有于市中刑人处立幢的做法。见《宋人轶事汇编》卷9〈二刘〉。中华书局版P.438
[10] 《金石萃编》卷66〈石灯台经咒幢〉条。发愿文中有"帝德无垠，包含万有，……可建以炬幢"之句。北京市中国书店版②。
[11] 马得志：〈唐长安青龙寺建筑规模及对外影响〉，《中国考古学研究》第1辑，文物出版社。
[12] 同[10]。
[13] 中国社会科学院考古研究所西安唐城工作队：〈唐长安西明寺遗址发掘简报〉，《考古》1990年第1期。
[14] 《大慈恩寺三藏法师传》卷9。中华书局排印本 P.191

6. 石窟寺

北朝末年，北周武帝下敕灭佛，境内寺塔，悉遭破坏，石窟寺也不例外。不少窟室，工程未竟，便陷于停顿。至隋文帝重兴佛教，石窟开凿方得以继续。北朝各窟群所在地，除云冈、巩县、响堂山等处仅止造像、未开新窟之外，都或多或少增开了新的洞窟。特别是敦煌莫高窟、龙门石窟以及四川各地石窟，在隋唐时期有很大的发展。其中莫高窟的开凿一直延续到宋元时期；龙门造窟多在初唐，中唐以后逐渐减少；而四川石窟的开凿则自中唐时起格外频繁，开窟地点与数量超过国内其他地区，这与唐代政治局势不无关系。

隋唐石窟的洞窟类型与北朝石窟相比，主要有以下一些变化：中心柱式塔庙窟渐至消失，佛殿窟成为窟群中的主要窟型；雕凿摩崖大像，并在窟龛外架立木构，呈现为大型佛阁的形象，是隋唐造窟的一个突出特点；另外，大型涅槃窟以及为亡故僧人开凿的影窟，也是唐代石窟中颇具特色的窟型。这些变化与隋唐佛教和佛寺布局的发展演变有直接关联。

隋唐石窟中各类洞窟的窟室形式，包括窟内空间和外部窟檐的形式与做法，都和北朝石窟有较大的不同。北朝石窟中刻意写仿现实寺院建筑形式的做法，至隋唐时期已不再时兴，像麦积山、响堂山等处那种精美的仿木构石雕窟檐，在隋唐石窟中已见不到了，通常采用的是在洞窟外壁加筑木构窟檐的做法。窟室内部的空间形式，在一定程度上反映了佛殿中的像设方式，但较少表现建筑构件的形式和做法。

净土变相题材的雕刻或壁画在窟内壁面中占有较大比例，相应地减少了窟内开龛的数量，也是唐代石窟的一个特点。这类经变作品中有不少是以建筑群作为总体背景来表现佛国净土，颇为详尽地展示出建筑物的整体面貌、单体形象以至于细部做法。其蓝本无疑是当时的宫殿与佛寺建筑，故而为后人留下了极为可贵的唐代建筑资料，弥补了窟室本身对建筑形式表现的不足。

（1）中心柱式塔庙窟

开凿于隋唐时期的中心柱窟数量很少，年代也大都在唐代中期以前。已知主要实例有：天龙山第8窟（隋）、须弥山第70窟（隋）、105窟（唐代前期）、敦煌莫高窟第302、303、292、427窟（隋）、332窟（初唐）、39、44窟（盛唐）。其中莫高窟的7例，仅占莫高窟隋至盛唐窟室总数的35％。而莫高窟北朝窟室中这种窟型的比例约为43％，从中可见北朝以后中心柱窟的衰减趋势。

中心柱窟作为北朝石窟中的一种主要窟型，与北朝佛寺中以佛塔为主体建筑的情形相一致，直接表现了北朝佛塔的内部空间形式（见前章）。窟内中心柱的典型样式，一是多层塔柱，另一是四面开龛的方柱，都是独立的礼拜对象。隋唐以后，佛塔逐渐失去其在佛寺中的中心主体地位（见前文），这一变化也相应地表现在上述隋唐中心柱窟实例中。天龙山与须弥山的3例仍较多保持北朝特点，方柱四面开龛，窟顶做坡顶或人字顶，四隅表现出角梁形象，示意为建筑内部空间。而莫高窟的7例，在中心柱和窟顶形式的处理上，都出现较大变化。

莫高窟第302、303窟是一对位置相邻、形式相近的双窟。第302窟中心柱北面有隋开皇四年（584年）题记，按历史分期尚可划归北朝。这两座窟室均为纵向长方形平面，中部略靠后处立有中心柱。窟顶前部做人字披顶，后部做平顶，窟室空间形式仍与北朝中心柱窟相近。但中心柱造型为下部方座，中部方台四面开龛，上部七层圆形倒塔并四龙环绕，据认为是表现了须弥山的形式（图3-7-55、3-7-56）。第302窟后部平顶留有彩绘平棊残迹，说明仍沿袭北朝的传统做法；第303窟沿圆形塔顶四周画做垂幔纹饰，仅窟顶周边绘出表示平棊枋的忍冬纹带，显然已不循旧式。

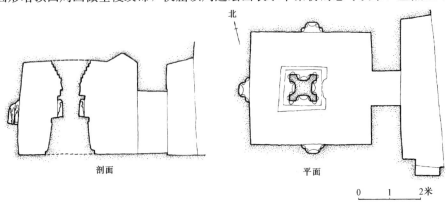

图 3-7-55　甘肃敦煌莫高窟隋代第 302 窟实测图

图 3-7-56 甘肃敦煌莫高窟隋代第 303 窟内景

第 427、292 窟是开凿于隋代后期的大型中心柱窟，窟室面阔 7 米，进深 10 米。进深的 1/2 处为中心方柱的前沿，窟顶也以此为界分为前后两部分，前部人字披顶，后部平顶。顶面满绘千佛（427 窟），不用平棊画法。中心方柱的侧后壁各开一龛，正壁与窟室侧壁均不开龛，而是各设立像一铺，形成一个完整的上覆人字披顶、三壁设像的空间格局。这样一来，中心柱不再被作为独立的礼拜对象，而只是前室的后壁或前后室之间的隔墙（图 3-7-57）。

第 332 窟内存有武周圣历元年（698 年）李克让《重修莫高窟佛龛碑》。一般认为此窟系李克让所建。窟内空间格局与第 427 窟相仿，只是窟室后壁置涅槃像龛，中心柱的侧后三面均不设龛，与前章所述克孜尔佛殿窟前殿后室、两侧甬道的空间构成方式甚为接近（图 3-7-58），其性质应属佛殿窟。

从上述情形可以看出，隋唐时期不仅中心柱窟在窟室中的比例大大减少，同时由于中心柱以及窟内各部分处理方式的改变，使窟室的空间性质逐步由塔庙窟转变成为佛殿窟。另外，莫高窟隋代窟室中有一种佛殿窟，窟顶前部人字披顶，后部平顶，后壁开一大龛。现存实例十余座，超过这一时期的中心柱窟。从窟顶形式可知，这类洞窟实际是由中心柱窟演变而来：既然中心柱不再具有独立意义，不如将它去掉。但这样一来，窟顶形式又与窟内像设及壁画构图不相协调，于是这种窟室形式不久便被淘汰了。

（2）佛殿窟

佛殿窟是隋唐石窟中最主要的洞窟类型，以平面方整、正壁设置整铺佛像为典型特征。其中具有代表性的，是敦煌莫高窟的覆斗顶式佛殿窟，这也是天龙山与须弥山唐窟的主要形式。

莫高窟自西魏时开始出现覆斗顶窟，其后数量渐多。唐代以前规模较大的覆斗顶窟，多采用三壁三龛的像设方式。如隋代第 401、420 窟（图 3-7-59）。一般则是正壁开龛、侧壁正中绘佛说法图及千佛，窟顶四披与四壁相接处绘有一圈天宫栏墙，仍是北朝传统手法。

初盛唐时期覆斗顶窟的典型形式，是正壁开一大龛，南北侧壁皆用来绘制大幅经变。窟顶天井四周绘垂幔，四披画千佛，其下不再画天宫栏墙（图3-7-60）。据史料记载，长安佛寺殿内也多于东西侧壁绘制各种经变，因此，石窟中的这种布局方式是与当时的佛殿相一致的。

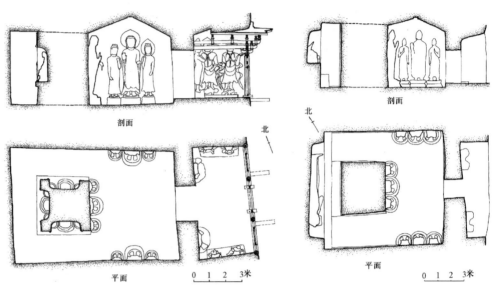

图3-7-57 甘肃敦煌莫高窟隋代第427窟实测图　　图3-7-58 甘肃敦煌莫高窟初唐第332窟实测图

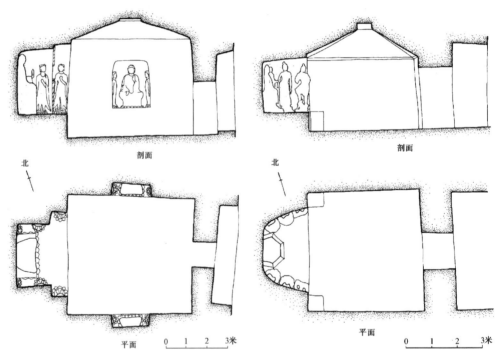

图3-7-59 甘肃敦煌莫高窟隋代第420窟实测图　　图3-7-60 甘肃敦煌莫高窟盛唐第45窟实测图

窟内正壁佛龛的形式，从隋代时起，逐渐由北朝以来带有火焰形券面的圆券龛变成平直龛口的深龛，初唐时进而发展为仿帐构的盝顶龛，龛内顶部绘出平棊格条及峻脚椽，侧后壁绘出屏风形象。对照盛唐第103窟维摩诘经变中的帐式，不难看出其间的相像（图3-7-61）。

隋唐覆斗顶窟中，又有窟室正中设方形佛坛的做法。如隋代第305窟、初唐第205窟、中唐第234窟等，这种做法到晚唐五代逐渐演变成为背屏式中心佛坛，即佛坛后部当中，立有一堵直通到顶的实墙，作为坛上主像的背屏，上绘宝盖与胁侍菩萨（图3-7-62、3-7-63）。现存唐代佛殿实例

a. 第113窟帐形龛

b. 第103窟壁画维摩诘坐帐

图 3-7-61　甘肃敦煌莫高窟第113窟初唐帐形龛及第103窟盛唐壁画中的坐帐

图 3-7-62　甘肃敦煌莫高窟晚唐第 361 窟内景

图 3-7-63　甘肃敦煌莫高窟五代第 61 窟内景

中，山西五台南禅寺大殿（中唐重修，782年）内便立有中心佛坛，四周留有回形通道；佛光寺大殿（晚唐重建，857年）内，则是内槽设坛置像，佛坛侧后围以屏墙，外槽作为回绕礼佛的通道。与之相对照，可知莫高窟唐代各期佛殿窟中出现的种种像设方式，如后壁设帐、中心佛坛、背屏式佛坛等，都是与当时佛寺中流行的像设方式有关。另如武周时期开凿的龙门惠简洞和擂鼓台中洞，以及四川巴中唐窟中出现的将主像背光雕成椅背形式的做法，无疑也是对当时佛殿与宫殿中宝座形象的摹写。

(3) 平顶敞口窟（龛）

平顶敞口窟（龛）是四川地区唐代石窟中最常见的洞窟形式。其中表现建筑形象或殿内空间的实例甚多[1]。石窟年代除少量在初盛唐外（主要见于广元、巴中），大部分属中晚唐至五代。这与中唐时起，四川地区局面稳定、经济文化发展较快有很大关系。

上述各处窟龛基本上都开凿在江流两岸的山崖峭壁上，多数为扁方形平面，窟顶平，窟口开敞，外观呈现为方形摩崖大龛的形式。这种窟龛形式在地近四川的麦积山石窟中，于北朝早期即已出现，应是这一地区流行的开窟做法，只是唐代窟龛内造像数量增多，往往雕凿包括菩萨、弟子、天王诸像在内的整铺佛像。窟顶饰莲花、飞天，以及卷草、流云等纹样，形式上受到中原唐代石窟的影响。

这些摩崖造像窟龛中，有为数众多的净土变相龛。以浮雕形式在龛内正侧壁面上表现经变题材。一般是在正壁当中雕刻主像（三世佛或西方三圣等），主像上方是象征佛国净土的建筑群体。其中的主体部分雕刻在正壁上，分前后两个层次：前为大殿与朵殿，后为高阁与两侧重楼；侧壁上则雕刻位于大殿前方的左右重阁，并以飞桥与正壁上的殿后高阁及重楼相连。主像下方雕出层台勾栏与功德池水。若是《观无量寿经》变相，则于龛外两侧雕十六观与未生怨（图3-7-64），从

图 3-7-64 四川大足北山唐代净土变相龛

整体构图到内容都与敦煌莫高窟唐代佛殿窟中的经变画基本一致。这种利用龛内正侧三壁的围合空间来表现建筑群体布局的方式，使人如置身殿庭之中，观览四周殿阁，较之壁画中采用的平面透视手法，更为直观地表现了总体布局中各部分之间的关系以及建筑群的立体形象。

（4）窟檐形式与做法

窟檐通常指窟门外部用以避雨遮阳的部分。建造窟檐的基本方式有两种：一是使用木构件向外搭出，构件的尾部以榫卯方式与窟室外壁拉结；二是直接从崖壁向内凿入，形成檐廊或敞口浅龛。实例中也往往见到两者结合的做法。

从北魏中期开始，石窟窟檐出现石雕仿木构的做法，使窟室外观呈现为殿堂建筑的形象，如云冈第9、10、12窟。按《水经注》中对云冈石窟有"山堂水殿，烟寺相望"的描写，当时很可能在其他窟前也同时采用木构窟檐的做法，使整片窟群外观统一表现为佛寺建筑群的形象。

据已知实例，石雕仿木构窟檐的做法集中在云冈、麦积山、响堂山、天龙山等地，从年代上看，是在北魏太和初年到隋开皇初年（约484～585年之间），就历史分期而言，正值北朝中晚期。建造仿木构窟檐，一方面要求具备良好的石质条件，过于坚硬或疏松都不适宜，这可能是龙门与敦煌等地较少采用这一做法的主要原因；另外则要求具有高超的雕凿技艺，并需耗费大量时日功力，因此一般只在皇家或权贵经营的石窟中才有可能做到。云冈、响堂山、麦积山等处精美的仿木构窟檐实例，都是在这种背景条件下产生的。但是到隋唐时期，这几处都不再成为造窟的重点，仿木构窟檐的做法也随着消失了。现存麦积山第5窟（隋初）与天龙山第8窟（隋开皇四年，584年）窟檐，是其中最后的两例。这两座仿木构窟檐都是面阔三间四柱带前廊的平面形式，外观只雕出檐椽以下的柱额斗栱部分，未表现屋顶形式。廊内顶部雕出平棊形象（麦积山第5窟），柱额等也都真实地表现出木构件的形式与做法（图3-7-65），特别是阑额的位置已在柱头栌斗之下，反映出北朝末年木构建筑结构做法上的变化（详第二章第十节）。

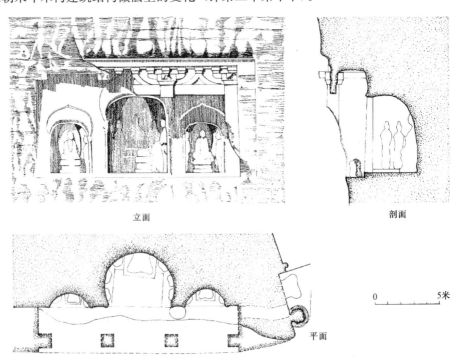

图 3-7-65　甘肃天水麦积山隋代第5窟实测图

龙门、天龙山、须弥山等处，除大量采用凿入敞口浅龛的方式外，也有不少窟室的外壁上留有排列对称的孔洞，似为木构窟檐的遗迹（有些也可能是上层栈道遗迹）。

敦煌莫高窟至迟自北朝末年起，已有外设木构窟檐的做法[2]。据唐碑记载，初唐时窟前已形成层台宫阙的景象："升其栏槛，疑绝累于人间；窥其宫阙，似神游乎天上"[3]。盛唐以后，整座窟群外观皆"构以飞阁，南北霞连"，"雕檐化出，巍峨不让于龙宫；悬阁重轩，饶万层于日际"[4]。似乎当时不仅窟门外建有窟檐，同时各窟窟檐之间也以木构檐廊相连。莫高窟现存唐宋木构窟檐5座，其中有1座建于晚唐（第196窟，何法师洞），但顶部残损；另外4座建于北宋初年（第427、431、437、444窟），基本保存完好。窟檐均面阔三间四柱，不带前廊，窟檐内即为洞窟前室，是前述两种方式相结合的做法。除窟檐规模有所差异（第169窟规模最大，通阔9米，进深4米余）及细部做法略有不同之外，窟檐的总体结构方式基本上是一致的（图3-7-66、3-7-67）。第427窟开凿于隋代（610年前后），但现状窟檐为北宋乾德八年（970年）所建。窟檐内前室侧壁各有隋塑天王像二身（图3-7-68），正壁上部有隋画涅槃佛像。据此，隋代建窟时很可能已有木构窟檐。就像设来看，此窟前后室格局，或为佛寺中山门与大殿布局关系的缩影。上述唐宋窟檐的立面均作三间，当心间设板门，两侧梢间设直棂窗，与南禅寺大殿的立面形式相仿。据第365窟（太和八年，834年）佛坛坛沿题记："圣神赞普可黎可足在位之时，……复于阳水鼠年（夏令）建此佛殿"[5]，可知造窟即同于建造佛殿。

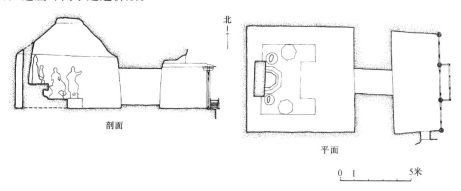

图 3-7-66　甘肃敦煌莫高窟晚唐第196窟实测图

图 3-7-67　甘肃敦煌莫高窟第444窟北宋木构窟檐外观

图 3-7-68　甘肃敦煌莫高窟隋代第 427 窟北宋窟檐内景

四川各地的敞口摩崖像龛，唐宋时也流行外设木构窟檐的做法，但仅存遗迹，未见实例。以地理、气候条件推测，蜀地的窟檐形式，应比敦煌莫高窟开敞、通透，近于麦积山窟檐所反映的佛殿形式。

(5) 大像龛

从东晋末年起，无量寿佛与弥勒佛崇拜逐渐盛行。南朝境内已有依崖凿龛、雕造大像的做法。现存早期实例有二：一是南京栖霞山无量寿佛大像龛，建于南齐永明至建武年间（约 485～495 年），像高约 6 米；二是浙江新昌宝相寺弥勒像龛，建成于梁天监十五年（516 年），现高 15 米余。据文献记载，这两座大像龛前，原来都建有木构台阁。北齐时也曾大造摩崖巨像，如晋阳西山大佛[6]，现已残毁。另外，河南浚县大伾山高约 27 米的弥勒大像，据认为也建于北齐[7]。

隋唐时期，建造大像的做法似乎更加流行。不仅佛寺中多建弥勒像阁（见前文），各地石窟寺中也广立大像。隋唐佛阁今已无存，但依崖造就的大像却至今仍是各处窟群中的显著标志。其中多数是善跏趺坐（又称倚坐）的弥勒像。龛前往往建有覆护大像的层阁（表 3-7-5）。这与佛寺内起造的弥勒像阁实属同一类型的建筑物，佛像的体量也可能很相近。前述长安曲池坊建福寺，其地本隋天宝寺，寺内隋弥勒阁，崇一百五十尺，则阁内像高，可达百尺以上，与表中所列莫高窟第 130 窟及炳灵寺第 171 窟的弥勒像高度近似。推测当时龛前重阁，如炳灵寺"附山七重"的灵岩大阁，其外观形式也应是仿照了佛寺中重阁的形象（图 3-7-69）。

除上述大像龛外，现存实例中，还有几处开凿于初唐以后的大型涅槃像窟（龛）。其中敦煌莫高窟第 148 窟（大历十一年，776 年），进深约 7 米，阔约 17 米，高约 6 米，像长 16 米。第 158 窟（吐蕃时期，约 790～840 年），规模亦相近，像长 15 米；四川安岳卧佛院中主像（开元年间，约 715～725 年），长达 23 米，体量十分可观。《历代名画记》中记载，唐长安佛寺中，多于佛殿内壁画涅槃变相，如宝刹寺佛殿南（壁）、安国寺大佛殿东北（壁）、褒义寺佛殿西（壁）等，据石窟中出现大型涅槃窟推测，当时佛殿中可能已有以涅槃像为主像的做法。

图 3-7-69　甘肃永靖炳灵寺唐代第 171 窟外观

隋唐大像龛主要实例简况　　　　　表 3-7-5

地 点	窟号	年 代	像 容	像高（记载数字）	龛前层阁	造像人
陕西邠县大佛寺		贞观二年（628年）	倚坐阿弥陀佛	18.5米（八丈）	有。现状为清代所建	
洛阳龙门奉先寺		咸亨三年（672年）	卢舍那佛	17.14米（八十五尺）		敕建
甘肃敦煌莫高窟	96	延载二年（695年）	倚坐弥勒佛	33米（一百四十尺）	有。现状为清代所建*	禅师灵隐等
甘肃敦煌莫高窟	130	开元九年（721年）	倚坐弥勒佛	26米（一百二十尺）		沙州僧处谚等
四川乐山凌云寺		开元十八年（730年）	倚坐弥勒佛	58.7米（三百六十尺）	原有九层大阁**	沙门海通
甘肃永靖炳灵寺	171	贞元十九年（803年）	倚坐弥勒佛	27米（百余尺）	原建灵岩寺大阁七层***	凉州观察使薄承祧
甘肃天水麦积山	98	隋？	倚坐阿弥陀佛	16米	有木构遗迹	
宁夏须弥山	5	唐	倚坐弥勒佛	20.6米	有木构遗迹	

*《张氏勋德记残卷》中记"（唐咸通年间）乃见宕泉北大像建立多年，栋梁摧毁，……退故朽之摧残，茸吟晓之新样"，知此像前原建木构，晚唐时又重建。

**《佛祖统记》卷40记"沙门海通于嘉州大江之滨，凿石为弥勒像，高三百六十尺，覆以九层之阁，匾其寺曰'凌云'"。

***宋李远《青塘录》记"凉州观察使薄承祧建灵岩寺大阁，附山七重，中刻山石为像，百余尺"。《中国石窟·永靖炳灵寺》图版说明 193。文物出版社版。

注释

[1] 辜其一：〈四川唐代摩崖中反映的建筑形式〉，《文物》1961年第11期。《佛教石窟考古概要》中〈四川各地石窟〉一章，文物出版社。王熙祥、曾德仁：〈四川资中重龙山摩崖造像〉，《文物》1988年第8期。

[2] 敦煌文物研究所：〈敦煌莫高窟窟前建筑遗址发掘简记〉。《文物》1978年第12期。文中记新发现南区中段底层洞窟3座，其中第487窟外壁及窟前地面上留有梁孔及地栿槽，为木构窟檐遗迹。又据窟顶人字披处做法与现存北魏洞窟相同，推断此窟的开凿"应与251、254、257、259等窟时代接近，甚至可能还稍早"。按此窟窟顶形式作前部人字披、后部平顶，窟内中部设方形低坛。在莫高窟中，这种窟顶形式共见12例，除一例为北周窟（第439窟）外，其余均为隋窟。中心设坛的例子最早也只见于隋第305窟。因此，很难断定第487窟为北魏时开，疑为北朝晚期窟。

[3] 唐武周圣历元年（698年）〈（李克让）重修莫高窟佛龛碑〉。原存初唐第332窟。

[4] 唐大历十一年（776年）〈大唐陇西李府君修功德碑〉。立于盛唐第148窟前室。唐乾宁元年（894年）〈唐宗子陇西李氏再修功德碑〉。

[5] 史苇湘：〈敦煌莫高窟大事年表（四）〉注文⑥。原题记为藏文。《中国石窟·敦煌莫高窟》四，文物出版社版。

[6] 《北史》卷8〈齐本纪下〉，记后主高纬时（565～576年），"造晋阳西山为大佛像，一夜燃油万盆，光照宫内"。中华书局标点本，①P. 301。据考察，此像现残存于蒙山北峰开化寺附近，即初唐时高宗与武后巡幸的并州童子寺、开化寺二大像之一。《法苑珠林》卷14〈敬佛篇·观佛部·感应缘〉记此像高200尺。上海古籍出版社版，P. 117

[7] 温玉成：《中国石窟与文化艺术》。P. 336

二、道教建筑

唐帝室与老子同姓，尊老子为远祖。因老子为道家学派创始人，东汉时张陵利用其名，创立道教，并尊为道教始祖，唐代遂推崇道教。早在立国之初的武德三年（620年）即为老子立庙。高宗乾封元年（666年）尊老子为"太上玄元皇帝"。玄宗开元二十九年，下诏两京及诸州各置玄元皇帝庙。又因有人伪造老子灵符而改元为天宝，其尊信程度实非一般。天宝二年，诏长安老子庙称太清宫，洛阳老子庙称太微宫，天下诸州之庙称紫微宫[1]，道教宫观遂遍于天下。《唐六典·祠部》载，开元末年"凡天下观总一千六百八十七所"[2]，虽比佛寺之五千三百五十八所为少，也可谓仅次于佛教的第二大宗教了。

唐中宗韦后欲效武后称帝，讽臣下尊其为翊圣皇后，并宣称其衣箱有五色云之异。遂于景龙二年敕"宜于两京及荆、扬、益、蒲等州各置景云翊圣等观，图样内出"[3]。据此可以推知景云翊圣观及以后的开元观——紫极宫都是按照国家颁布的统一图样新建或改建的。

由于皇帝尊信，历朝帝、后及大贵族也多建道观，甚至出家为道士。如高宗即位后，以占保宁坊全坊的旧宅为昊天观，玄宗于开元十八年建兴唐观于长乐坊。高宗长子李弘立为太子后，在普宁坊立东明观。高宗又一子李贤立为太子后，于永隆元年以其占修仁坊全坊之旧宅立宏道观。高宗女太平公主为避吐蕃请婚，在大业坊东南隅建太平观为女道士。睿宗二女金仙、玉真公主于景云二年为女道士，在辅兴坊东南隅、西南隅各建一观。玉真公主又以东都政平坊太平公主旧宅为安国观[4]。这些都是极大的道观。其中那些公主入道而建的观实际上是变相的公主府，如玉真、金仙二公主府在皇城西面。韦述《两京新记》说："此二观南街东当皇城之安福门，西出京城之开远门，车马往来，实为繁会，而二观门楼绮树，耸对通衢，西土夷夏，自远而至者，入城遥望，窅若天中"[5]。据此知二观建筑奢丽高大，几乎成为长安西部的重要景观之一。

诸道观中，以两京老子庙规模最大。杜甫有《冬日北谒玄元皇帝庙》诗，咏洛阳太微宫，其中有"配极玄都閟，凭虚禁御长。守祧严具礼，掌节镇非常"。可知太微宫具有太庙的规格。诗中还有"碧瓦初寒外，金茎一气旁。山河扶绣户，日月近雕梁。……翠柏深留景，红梨回得霜"之句[6]，说明建筑是用琉璃瓦，绣户雕梁，十分豪华。宫中绿化植柏，间以果树。长安太清宫在《长安志》中有较多记载，说"初建庙，取太白山白石为真像，衮冕之服，当扆南向。玄宗、肃宗、德宗侍立于左右，皆朱衣朝服。宫垣之内，连接松竹，以像仙居。殿十二间，四柱，前后各两阶，东西各侧阶一。其宫正门曰琼华，东门曰九灵，西门曰三清。御斋院在宫之东，公卿斋院在宫之西，道士杂居其间"[7]。据此可知太清宫和宫殿相似，是由中轴线上主院落和四周若干小院组成的院落群，共在宫垣之内。正殿前后各两阶和宫之南、东、西三面开门也属宫殿体制。在〔唐〕常衮〈贺连理木表〉中提到"圣祖殿院东廊九灵门北"等语[8]，可知太清宫主院落称圣祖殿院，主殿称圣祖殿。《长安志》载此殿面阔十二间，恐为十一间之误，因前文明言老子像"衮冕之服，当扆南向"，故间数当为奇数。宫东另设御斋院，则祭前皇帝要斋宿于此，礼仪也和太庙同一规格。

当时道观的规模、殿宇形制，史不详载。《唐会要》载长安兴唐观在长乐坊，"本司农园地，开元十八年造观。其时有敕令速成之，遂拆兴庆宫通乾殿造天尊殿，取大明宫乘云阁造门屋楼，白莲花殿造精思堂屋，拆甘泉殿造老君殿"[9]。《唐语林》载，东都政平坊有安国观，"明皇时玉真公主所建。门楼高九十尺，而柱端无斗栱。殿南有精思院，琢玉为天尊、老君之像。叶法善、罗公远、张果先生并图形于壁。院南池引御渠水注之，叠石像蓬莱、方丈、瀛洲三山。女冠多上阳宫人"[10]。据此二则，可知当时大的道观正门多为门楼，临街高耸。其内正殿为天尊殿、老君殿。又有精思堂，自为一院。《唐六典》记道士称号，除法师、威仪师、律师外，又说"其德高思精谓之练师"[11]，是道士最高称号。精思堂当即是道观中相当于佛寺方丈院之类建筑。长安太清宫圣祖殿除前后各二阶外，还有侧阶二，很可能殿前有月台。《唐六典》载道教有金箓大斋等七种斋，又有三种禳谢，都是多人参与的宗教仪式，故需在殿前建较大的月台。宋元以后的道观仍保持这一传统。

唐代这些国家和权贵建的道观久已毁灭，但骊山华清宫后玄宗时所建朝元阁内的老君像近已发现，藏于陕西省博物馆。其下之宝装莲花须弥座花纹饱满富丽，极为精美，据此可以推知当时道观建筑之华丽（见图3-2-37）。

现存4座唐代建筑中，只山西芮城五龙庙为道教建筑。殿面阔五间，进深四椽，上覆单檐歇山屋顶，属厅堂构架，彻上明造。内用四椽通栿上承平梁、叉手。梁为月梁，平梁下用驼峰、托脚。屋身用直柱，柱间架阑额，斗栱柱头铺作出两跳华栱，第一跳里跳承四椽栿，栿端外伸为第二跳华栱，栱头横施替木，承撩风榑。无补间铺作。此殿面阔虽五间六柱，但二梢间只宽半间，相当进深上一椽，应称为三间厦两头。山面用四柱，二心柱各距角柱一椽，与正面梢间同宽。山面心柱柱头铺作外跳与正面相同，后尾比正面多出一跳，为二跳，把丁栿抬高一足材，使其后尾搭在四椽栿上与驼峰相交。在角柱上，转角铺作后尾角缝出二跳角华栱，其上再垫高一足材，上承角剳牵，与驼峰相交，搭在丁栿之上。整个构架简洁明晰，实即在三间之堂两边各出一椽宽的最简单的歇山做法。殿身四壁及装修已非原物。此殿本身无题记，殿外壁嵌有唐太和间石刻，又传说建于会昌三年（843年），均无确证，但以构架及斗栱做法看，应是晚唐建筑。不过殿内像设不存，原布局也不可考，已反映不出道观建筑的特点了（图3-7-70～3-7-73）。

图 3-7-70　山西芮城唐代五龙庙外景

图 3-7-71　山西芮城唐代五龙庙翼角斗栱

图 3-7-72　山西芮城唐代五龙庙内景

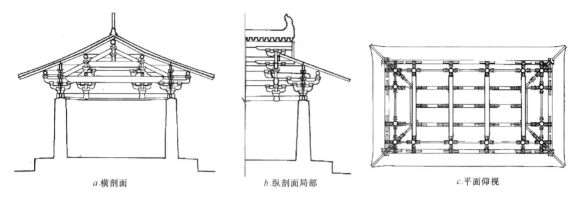

图 3-7-73 山西芮城唐代五龙庙平、剖面示意图

注释

[1]《唐会要》卷50〈尊崇道教〉。丛书集成本⑨P.865～866
[2]《唐六典》卷4〈尚书礼部·祠部〉。中华书局标点本P.125
[3][4]《唐会要》卷50〈观〉,景云观条。丛书集成本⑨P.870
[5]《两京新记》卷3,辅兴坊条,日本金泽文库旧藏古写本残卷。
[6]《钱注杜诗》卷9。上海古籍出版社标点本P.276
[7]《长安志》卷8,大宁坊条。中华书局影印《宋元方志丛刊》①P.117
[8]《唐两京城坊考》卷3,大宁坊太清宫条原注引文。中华书局标点本P.71
[9]《唐会要》卷50〈观〉,兴唐观条。丛书集成本,⑨P.877
[10]《唐语林校证》卷7,政平坊安国观条。中华书局标点本下P.661
[11] 同[2]。

三、其他宗教建筑

唐代国际交往密切,长安、洛阳、扬州以及西部诸州外国商人颇多,外来宗教也相继传入,较著名的有祆教、景教、摩尼教、伊斯兰教等,都被允许在唐立寺。

祆教 又译为拜火教,约前六七世纪创于中亚,传入中国的时间说法不一,但北魏、北齐、北周帝后崇信则见于史册,称"胡天"或"胡天神"[1]。至唐代,两京及西部诸州多建有寺,称祆祠。《长安志》引韦述《两京新记》说长安有"胡天祠四"[2]。张鷟《朝野佥载》说洛阳"立德坊及南市西坊皆有胡祆神庙"。又说:"凉州祆神祠,至祈祷日,……即出门,……须臾数百里,至西祆神前舞一曲即却"[3]。长安四个祆祠分别在靖恭、布政、醴泉、普宁四坊[4],其中靖恭坊西北接东市,布政、醴泉二坊南临西市,普宁坊在西城开远门内道北。洛阳立德坊南临新潭,为江淮水运集中之地,南市西坊应为惠和、思顺二坊之一,东接洛阳最大的市南市。这些市都是胡商聚集之地,开远门为西域胡商入长安必经之路。所以从祆祠的位置分析,是为胡商而设的。《新唐书·百官志·祠部》云:"两京及碛西诸州火祆,岁再祀而禁民祈祭"。可知唐之百姓是不能祀祆祠的。

祆祠的形制史不详载,仅唐人笔记中偶有记述。段成式《酉阳杂俎·物异》说:俱德健国有火祆祠,"相传祆神本自波斯国,乘神通来此,常见灵异,因立祆祠。内无像,于大屋下置大小炉,舍檐向西,人向东礼"[5]。张鷟《朝野佥载》说东都洛阳胡祆神庙"每岁商胡祈福,烹猪羊,琵琶鼓笛,酣歌醉舞"[3]。据此,则胡祆祠大殿向西,殿内设炉当是供拜火之用,祭时享以猪羊,乐舞酬神。在敦煌发现的唐写本《沙州志》残卷中也记有"祆神",下注云:"右在州东一里,立舍,画神主,总有二十龛,其院周回一百步"[6]。据此,则祆祠也是院落式庙宇,舍即殿,殿内有二十龛,"画神主"不知是何种图像,但据《酉阳杂俎》"内无像"之记载,恐非人形偶像。综合诸书所载,目前对祆祠的情况所知仅此。

景教 为基督教的一支,唐贞观五年(631年)传教至中国,十二年(638年)获准在长安义宁坊建寺一所,度僧二十一人[7]。因至唐传教之阿罗本来自波斯,遂称为波斯寺。高宗仪凤二年(677年),波斯王卑路斯又请求立寺,遂在醴泉坊建寺,景龙中移至布政坊[8]。在东都洛阳的修善坊也建有波斯胡寺[9]。在两京这三所寺中,长安醴泉、布政二坊南接西市,洛阳修善坊东北接南市,都是为集中于市内的胡商中信徒设立的。天宝四载(745年),为免与祆教寺庙相混,改称大秦寺。诏书说:"其两京波斯寺宜改为大秦寺,天下诸府郡置者亦准此"[10]。据此,除长安、洛阳外,其他府郡也还有置大秦寺的。现存有唐建中二年(781年)所立《景教流行中国碑》,记景教在唐代传教及受玄宗、肃宗父子尊重之事,但对寺之规制特点全未言及。限于资料,目前尚无法考知唐代景教寺庙的建筑情况。

摩尼教 公元3世纪时波斯人摩尼所创宗教,又称明教。武后延载元年(694年)传入中国,开元二十年(732年)遭到禁止,只许胡人自习,不准中国人信奉。安史之乱后,因回纥尊信该教,而唐又乞兵回纥平乱,遂不得不于大历三年(768年)允许回纥人之信摩尼教者在长安建大云光明寺。大历六年(771年)又允在荆、扬、洪、越等州各置大云光明寺一所。元和二年(807年)回纥又要求在东都洛阳、北都太原建寺,唐廷也只能同意,摩尼教遂在唐境流布。唐文宗末年,回纥为坚昆所破,唐廷遂封禁其江淮诸寺,摩尼教遂在南方转为秘密组织[11]。摩尼光明寺之规制诸书均不载,已不可考。其教源于波斯,最初流行于中亚各国,又借回纥势力强行在中国立寺,则其立寺之初未必如佛教之力求华化,恐将会保持较多的中亚情调。据敦煌遗书摩尼教中文残卷《摩尼光佛教法仪略》,典型的摩尼教寺院应由五座殿堂组成,即经图堂、斋讲堂、礼忏堂、教授堂和病僧堂。河西走廊以东的摩尼教寺院布局今已不可考。近年来有考古学者从新疆吐鲁番地区的佛教石窟中甄别出了一些摩尼教石窟,其中伯兹克里克石窟第38窟壁画中见有摩尼教寺宇图[12](图3-7-74)。

伊斯兰教 唐永徽二年(651年)大食遣使至唐[13]。据陈垣先生考证,自永徽二年至贞元十四年(798年)正式遣使见于记载的有37次[14],《唐会要》亦载,肃宗时亦曾借大食兵攻安史军,收复长安洛阳两京[15],可知唐与大食交往密切。《旧唐书·邓景山传》说田神功讨刘展至扬州,"大掠居人资产,鞭笞发掘略尽,商胡大食波斯等商旅死者数千人"[16],事在761年,则当时大食商人在中国者已经很多,援祆教、摩尼教之例在唐建寺应是意中之事。但现存诸古代伊斯兰教遗迹中还没有找到公认为唐代者。从宋元时东南沿海地区清真寺如泉州清净寺、杭州真教寺、广州怀圣寺都还保留很强的阿拉伯建筑特点来看,唐代所建之寺更应是这样。

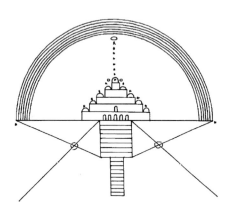

图3-7-74 新疆吐鲁番伯兹克里克石窟第38窟中的摩尼教寺宇图

注释

[1] 陈垣：〈火祆教入中国考〉。中华书局版《陈垣学术论文集》第1集，P. 303。岑仲勉：《隋唐史》《唐史》第34节〈西方宗教之输入〉。中华书局版上 P. 316

[2] 《长安志》卷7〈唐京城〉条原注引韦述《两京新记》。中华书局影印《宋元方志丛刊》①P. 109

[3] 张鷟：《朝野佥载》卷3。中华书局标点本 P. 64

[4] 《长安志》卷9靖恭坊，卷10布政坊、醴泉坊、普宁坊条。中华书局影印《宋元方志丛刊》①P 121、125、127、129

[5] 《酉阳杂俎》前集卷10。中华书局标点本 P. 98

[6] 转引自陈垣〈火祆教入中国考〉第8章〈唐代火祆之尊崇〉。中华书局版《陈垣学术论文集》第1集 P. 317

[7] 《唐会要》卷49〈大秦寺〉条。贞观十二年七月诏。丛书集成本⑧P. 864

[8] 《长安志》卷10，醴泉坊，"街南之东旧波斯胡寺"。原注："仪凤二年波斯王卑路斯奏请于此置波斯寺。景龙中，幸臣宗楚客筑此寺地入其宅，遂移寺于布政坊之西南隅，祆祠之西。"中华书局影印《宋元方志丛刊》①P. 127

[9] 《元河南志》卷1，修善坊条，原注："唐有波斯胡寺"。《藕香零拾》本卷1，P. 8a

[10] 《唐会要》卷49〈大秦寺〉条，天宝四载九月诏。丛书集成本⑧P. 864

[11] 陈垣：〈摩尼教入中国考〉第2~6章。中华书局版《陈垣学术论文集》第1集 P. 332

[12] 晁华山：〈寻觅湮没千年的东方摩尼寺〉，《中国文化》1993年第8期。

[13] 《唐会要》卷100，〈大食国〉。丛书集成本⑧P. 1789~1790

[14] 陈垣：〈回回教入中国史略〉。中华书局版《陈垣学术论文集》第1集 P. 548

[15] 同[13]。

[16] 《旧唐书》卷110，〈列传〉60，邓景山传。中华书局标点本⑩P. 3313

第八节 重大土木工程

一、大运河

我国很早即有开凿运河的记载。公元前486年，春秋时的吴国开凿邗沟，从江苏淮安至扬州，沟通长江淮河二大水系，是我国历史上最早开凿的运河。公元前214年建成的灵渠也具有运河的性质。史籍中也有两汉、南北朝开运河的记载。

隋代开运河自文帝时开始，炀帝即位后大举开凿，形成南至杭州，北至通县，西至西安全长二千余公里的完整水运系统，是中国古代的伟大工程之一。

1. 隋文帝时开凿的运河

（1）广通渠 隋开皇四年（584年）命宇文恺开渠，引渭水自大兴城东至潼关，通入黄河，全长三百余里，以漕运河南、山东、山西等地的粮食至京师大兴，大约当年即完工，命名为广通渠[1]。建此渠是因为渭河枯水期及夏季均不宜运输，借其水量注入运河每年可有一段时间保证漕运。

（2）山阳渎 山阳渎即吴之邗沟，以后历代沿用。开皇七年（587年），隋为平陈做准备，加以疏浚拓宽，使能自山阳（今淮安）至扬子南（今扬州南）入长江，以通军需漕运。《通鉴》卷176纪此事，胡三省注云："按春秋，吴城邗，沟通江淮，山阳渎通于广陵尚矣，隋特开而深广之，将以伐陈也[2]"。

2. 隋炀帝时开凿的运河

主要有两部分，四条。向南的部分为通济渠、邗沟和江南河，可自西安、洛阳直抵杭州；向北部分为永济渠，引沁水南至黄河，北至涿郡（今北京西南），可自杭州北抵北京。

（1）通济渠 隋大业元年（605年）开凿，全程为自洛阳以东黄河南岸的板渚（今荥阳北）至盱眙处入淮河。其走向是自板渚开渠，引黄河水东行，经今郑州北至开封通入汴河；引汴河东南行，经今杞县、夏邑、永城至宿州，再东行至夏丘，转南入淮河；利用淮河东下至山阳（今淮安）与邗沟相接[3]。通济渠大约自板渚至开封一段是以新开凿为主，自开封至淮河一带自汉以来已有水道相通，应是以连缀疏通故道为主。史载通济渠始工于大业元年三月，八月炀帝即乘龙舟至江都[4]，如全段为新开凿，在短短一百七十日中是不可能完成的。自洛阳至通济渠北端板渚一段是在洛阳引榖水入洛水至洛口入黄河，再沿河而下至板渚。修通济渠前后发河南、淮南民工百余万人[3]。

（2）邗沟　即吴时故道。开皇七年（587年）平陈时曾加修浚。大业元年又发淮南民十余万加以拓展。

通济渠及邗沟完成后，自长安、洛阳乘船可直达江都。史称渠广二十丈，合59米左右，渠旁筑有御道，植杨柳[3]。《炀帝开河记》载，渠成后制铁脚木鹅，长12尺，自上流放下，以检验河之深度[5]，则河深可能在12尺以上。渠成后，自长安至江都修离宫四十余所。

（3）永济渠　大业四年（608年）正月，下令发河北诸郡民百余万，开永济渠[6]。渠水自沁水南折入黄河处引水，沿黄河北岸东北向行，经今新乡、汲县、浚县、内黄、大名、临清、武城、德州、东光、沧州、静海、天津、武清以至北京西南隋时的涿郡，全长二千余里[7]。永济渠的毕工时间及宽深，史无明文。炀帝是为了征高丽才于大业七年二月十九日自扬州经通济渠，转永济渠乘舟赴涿郡的，四月十五日抵涿郡之临朔宫，舟行共56日，可知这时南北大运河已经通航了。由于连年炀帝征发民工服役，死亡相继，特别是大业三年（607年）七月发丁男百余万筑长城，死者十之五六，大多是河北、山西、陕西民夫，所以大业四年开永济渠发河北诸郡百余万众时，"丁男不供，始以妇女从役[6]"。

（4）江南河　大业六年（610年），炀帝下令开江南河，自镇江至杭州，全长八百余里。其走向为自镇江东南行经今常州、无锡、苏州、嘉兴，转向西南至杭州，绕过太湖，是一弧线。史载江南河广十余丈，可通龙舟，但比起通济渠宽二十丈要稍窄一些。修江南河的同时又修行宫等，目的是东巡会稽[8]。

炀帝开运河，始于605年，终于610年。历时六年，形成南到杭州，北到北京的南北贯通的大运河。再加利用文帝时开的广通渠，还可以西至长安，这对以后中国经济的发展，南北的交流，起很大作用。隋虽然在运河开成不久即亡，但唐代的漕运，以扬州为中心，西输长安，实际上成为维持唐政权生存的经济命脉。元明时，把运河北段局部改道，不经开封、板渚，由山东直趋通县、北京，也成为元明清三代经济和交运要道。自610年建成，迄于清后期，在一千多年中，发挥过重要作用（图3-8-1）。

关于隋修运河，历代有不同说法，但大多认为是隋代创修的。但如从运河的工程量，开凿时间和动员的人力看，如果全是新开，即令以炀帝之残暴动员与威逼，恐也难如期完成。因为从工程上看，运河之定线，涉及水之流向，水源补偿，不经精细测量，定难恰当处置。此外，除开河外，还需建大量配套的闸坝陂塘，水量丰沛时，以陂塘蓄水，水枯时启闸放水入运河以便通航。隋代运河运行情况史无明文，但唐宋以后，偶然尚有记载，知保持运河通航，陂塘颇为关键。江南河局部地段，由于水位差过大，只能分段，以堰分隔，堰做成缓坡，船到时，以泥浆湿润堰表面，用牛转绞盘的方式拖船过堰，进入上或下段河道，有的段落还有船闸[9]。这些工程量，比起开河来，也不是少数。史载通济渠一百七十日完工，虽动员民工百万，恐难完成这样巨大的测量定线和开河凿陂塘修坝闸的工程。

岑仲勉《隋唐史》曾论及隋之通济渠、永济渠，认为不仅邗沟，通济渠的大部分也是连缀并拓宽东汉、南朝以来的旧水道而成的，只局部把汴河改道，并引《太平寰宇记》及苏轼、程大昌之说为证，其说应是符合实际情况的[10]。这就是说，隋开大运河是一项伟大的工程，但它是在前

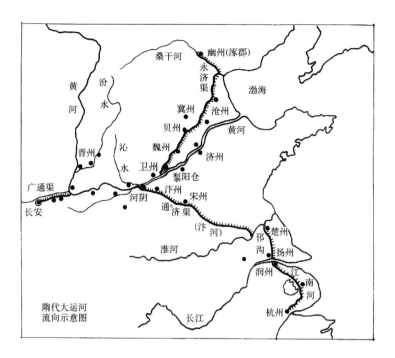

图 3-8-1 隋代大运河图

人已有的基础上连通拓展而成的。隋以后的唐宋元明清各代又续有开凿，使之改进完善，并不是隋朝一代之功。

如果把隋炀帝即位之初建东都、开通济渠和建江都宫看作一项统一的决策，在开始时，未必没有加强对江南的控制，巩固统一，并以南方发达的经济、文化充实和带动北方之意。但这些举措很快被他的好大喜功、夸诞虚矫、穷奢极侈，游幸无节搞得面目全非，成为一连串害民的恶政，搞得广大民众流离失所，死亡于道，终致铤而走险，纷纷起义，使隋很快覆亡。

注释

[1]《隋书》卷 24，〈志〉19，〈食货〉，引开皇四年六月〈开凿广通渠诏〉。中华书局标点本③P.683

[2]《资治通鉴》卷 176，陈纪 10，长城公祯明元年（587 年）夏四月条正文及胡三省注。中华书局标点本⑫P.5489

[3]《资治通鉴》卷 180，〈隋纪〉4，炀帝大业元年（605 年）三月，开通济渠条。中华书局标点本⑫P.5618

[4] 同书，卷 180，〈隋纪〉4，炀帝大业元年，八月壬寅，行幸江都条。中华书局标点本⑫P.5620

[5]《炀帝开河记》："时有虎贲郎将鲜于俱为护缆使，上言水浅河窄，行舟甚难。上以问虞世基，曰：请为铁脚木鹅，长一丈二尺，上流放下，如木鹅住，即是浅。"商务印书馆影印《元明善本丛书》本《历代小史》卷 7

按：此文起首即言"睢阳有王气出"，可知是宋人著作。虽是小说，所言验河深之法或有本源，姑从其说。

[6]《隋书》卷 24，〈志〉19，〈食货〉："（大业）四年，发河北诸郡百余万众，引沁水，南达于河，北通涿郡。自是以丁男不供，始以妇人从役。"中华书局标点本③P.687

[7]《大业杂记》："敕开永济渠，引沁水入河，又自沁水东北开渠，合渠水，至于涿郡，二千余里，通龙舟。"商务印书馆《元明善本丛书》本《历代小史》卷之又五。

按：通济渠、永济渠之走向从《中国历史地图集》第五册，图 5-6，15-16 所示。地图出版社版。

[8]《资治通鉴》卷 181，〈隋纪〉5，炀帝大业六年，(610 年)"敕穿江南河"条。中华书局标点本⑫P.5652

[9]（日）成寻：《参天台五台山记》卷 3，记熙宁五年（1072 年）乘船自杭州至汴梁事，言盐官县长安堰上下河水位差五尺，有船闸，次第开三闸门过堰。需船支达一百艘始开闸注水，以节约陂塘水量。又记常州奔牛堰及扬州南派州堰都是泥闸，以牛曳辘轳拖船越堰入上河。这些设备都是保持航运畅通所必需，其建设工程量也相当可观，非仓促间可以完成，可知隋炀帝开通济渠必因借前时已有之渠道陂塘。《大日本佛教全书》本。

[10] 岑仲勉：《隋唐史》，〈隋史〉，第九节，隋代三大工程——建筑与水利。中华书局 1980 年版㊤P.33

二、桥梁

隋唐时，全国统一，经济有巨大的发展，全国的水陆交通远较南北朝时发达。一些传统交通要道处的重要桥梁得到维修或改建，在都城和新辟交通线上新建了若干桥梁。隋唐是我国古代桥梁建设兴盛时期。综合史料和现有遗物，隋唐在梁式桥、拱桥、浮桥、索桥建设上都取得新的成就。

唐代大河上的重要桥梁由国家管理。《唐六典》说："凡天下所造舟之梁四，石柱之梁四，木柱之梁三，巨梁十有一，皆国工修之。其余皆所管州县随时营葺[1]"。这十一桥中，浮桥为黄河上的蒲津桥、太阳桥、盟津桥及洛水上的孝义桥；石桥为洛阳洛水上的天津桥、中桥和寿安县洛水上的永济桥以及长安灞水上的灞桥；木柱木梁桥为长安渭水上的便桥、中渭桥、东渭桥[1]。其中便桥、中渭桥、东渭桥、灞桥、蒲津桥、盟津桥都是前代已有，隋唐时沿用或重建的，只太阳桥、天津桥、中桥、永济桥、孝义桥是隋唐时创建的。

隋唐时由地方建设和管理的桥中，最著名的是隋大业间创建的河北赵县安济桥，代表着隋代建桥技术的最新成就。

1. 浮桥

隋唐时浮桥有隋时洛阳天津桥和唐代黄河上的蒲津、太阳、盟津三桥及洛河上的孝义桥。

洛阳天津桥：在隋洛阳皇城南洛河上。洛河至此分三支，有三桥，南、北支各建星津桥和黄道桥，中支为洛水主流，上建浮桥[2]。《元和郡县图志》说："隋炀帝大业元年（650年）初造此桥，以架洛水，用大缆维舟，皆以铁索勾连之。南北夹路，对起四楼，其楼为日月表胜之象。然洛水溢，浮桥辄坏[3]"。《大业杂记》说得更具体些，称"过（黄道）渠二百步至洛水，有天津浮桥跨水，长一百三十步，桥南北有重楼四所，各高百余尺[2]"。一百三十步合六十五丈，即191米，是较短的浮桥，不能和黄河上诸浮桥相比。炀帝建东都多取法南朝建康，天津桥建为浮桥，实即模仿建康之一端。《景定建康志》卷16，镇淮桥条引《晋起居注》说建康朱雀航"白舟为航，都水使者王逊立之，谢安于桥上起重楼，上置二铜雀，又以朱雀观名之"。

从洛水实际宽度和当时造桥技术水平看，此桥完全可以建为梁式桥，35年后的贞观十四年改建为木梁石脚桥就是明证[3]。隋炀帝时把它建成浮桥是为了要模拟南朝建康的规制，以天津桥象征建康的朱雀航，而且规模还要比朱雀航更宏伟壮丽。朱雀航上南北只各有一楼，而天津桥却把它增加为南北各二楼，且高度达百余尺，就是出于这个目的。

陕县太阳桥：在陕县东北三里黄河上。唐贞观十一年（637年）太宗东巡，命武侯将军丘行恭营造。桥长76丈，约223米，宽2丈，合5.9米[4]。《唐六典》说："凡天下造舟为梁四"，注中说"（黄）河则蒲津、太阳、盟津，一名河阳。洛（水）则孝义也"[1]，可知太阳桥是浮桥。史书无更具体的记载。

河阳盟津桥：始建于西晋杜预，历朝修缮沿用。北魏时出现沙洲，称中潬，东魏元象元年（538年）筑中潬城，置河阳关，分桥为二段。《元和郡县图志》说此桥"架黄河为之，以船为脚，竹篾亘之。……船、篾出洪州（今南昌）。"[5]

河南寿安永济桥：《唐六典》列永济桥于"石柱之梁"中[1]，属石墩木桥或石拱桥，但《元和郡县图志》说它是浮桥。《元和郡县图志》成书晚于《唐六典》，故应从其说。该书说："永济桥在县西南十七里，炀帝大业三年（607年）置，架洛水。隋乱毁废。贞观八年（634年）修，造舟为梁，长四十丈三尺，广二丈六尺[6]"，折合今制，桥长118.5米，宽7.65米。它应是唐代浮桥中最短的一座。

河东蒲津桥：在唐河东郡蒲州，今山西省永济县西二十公里，为西跨黄河至陕西朝邑的浮桥。

在这里造浮桥有悠久的历史。正式见于史籍的是秦昭襄王在前257年建浮桥[7]，以后的西魏、北周、隋都曾在此建浮桥[8]，成为山西陕西间交通要津，至唐遂定为由国家管理的重要桥梁。

桥原用竹索连数百支船而成，但每年冬春时多遭冰凌破坏，修理耗资，且严重影响交通[9]。唐开元十二年（724年），改建浮桥，易竹索为铁索，又在桥两端各铸四铁牛、二铁山，为铁索的锚固点。当时的工部尚书张说特撰〈蒲津桥赞〉以记其事，这篇赞对了解蒲津桥的构造特点极有帮助。

在〈蒲津桥赞〉中记载了改建的内容，说"结（锻铁）而为连锁，熔（铸铁）而为伏牛，偶立于两岸，襟束于中潬。锁以持航，牛以系缆。……又疏其舟间，画其鹢首。必使奔湍不突，积凌不隘。新法既成，永代作则[10]"。

另在《通典》中也记此次改建，说"大唐开元十二年，河两岸开东西门，各造铁牛四，其牛下并铁柱连腹，入地丈余，并前后铁柱十六[8]"。

《新唐书地理志》载"开元十二年铸八牛，牛有一人策之，牛下有山，皆铁也。夹岸以维浮梁[11]"。

此桥经改建后，五代、宋、金时沿用，金末为蒙古军所毁。蒲津桥的长度史无明文，张说〈赞〉说"旧制横亘百丈。"日僧圆仁《入唐求法巡礼行记》说蒲津关"浮船造桥，阔二百步许，黄河西流，造桥两处[12]"。按唐制以五尺为步，阔二百步许，即是一百丈许，二说相合。可知蒲津桥之长在300米左右，在当时是很巨大的浮桥。

1988年对蒲津桥东端遗址进行了发掘，证明张说〈赞〉及《通典》所载是真实的。

遗址在永济县古蒲州城西门外河滩上，距西城墙约60米。其处有四尊铁牛，牛首向西，分前后两排，两两相重。铁牛长3米，高1.8米，每尊重在50至70余吨之间。牛后尾有绾，腹下有山，并有六根直径40厘米、长3米的大铁柱斜埋入地下，以为锚固。牛旁各有一牵牛的铁人，四牛中间南北并列着二座铁山。在牛、人、山周围用大卵石铺成方形台面。另有三个上下十字穿孔的大圆墩散置台面上。是固定铁索的构件。另在铁牛之后，同一层位上有七根高约3米，粗约40厘米的七根铁柱，功用不明。在铁牛与铁柱之间有卵石铺的大道。这四尊铁牛就是蒲津浮桥东端的锚固点，铸这四尊铁牛在当时是很大的工程，据考古发掘材料，它是在牛的范腔内叠放很多铸铁块，再用熔汁浇灌，使熔为一体的[13]。

在张嘉贞〈赞〉中有"偶立于两岸，襟束于中潬"之句，潬即水中沙洲。圆仁记中也说"造桥两处"，可知蒲津桥除两岸各有四铁牛外，在黄河中沙洲上还有锚固点，把浮桥分为两段。浮桥本身是用铁索系船，船上铺板为桥面的。〈赞〉中说"又疏其舟间，画其鹢首，必使奔湍不突，积凌不隘[10]"。"疏"指分疏，即加大浮船的间距，"鹢"为水鸟，传统画于船首，大约有厌胜之意，故称鹢首。从这句看，改建蒲津桥除铸铁牛以系铁索外，对浮船布置也有所改进，以防止洪峰（奔湍）和冰凌（积凌）的破坏。

建蒲津桥有大量的铸铁、锻铁作业，耗资巨大。张说〈赞〉中说改竹索为铁索是唐玄宗决策的，可知是当时的国家兴建的大工程，唐代也只有在开元全盛时期才有这个能力进行，这在中国古代桥梁工程中也是应该载入史册的。

2. 石墩木梁桥

《唐六典》所载国家管理的十一座桥中，有石柱之梁四，指洛阳的天津桥、永济桥、中桥和长安灞桥。灞桥创建于汉，隋开皇三年（583年）重建，唐唐隆元年（710年）在原地改建为南北二桥[14]，是以石轴柱为脚的木构梁式桥。其余在洛阳的三桥都是唐代所建。

天津桥：在隋唐洛阳皇城正门端门之南，横跨洛河上。洛河横过皇城前时分为南北三路，隋代建有三桥。北路为黄道桥，其构造史无明文，大约是梁式木桥。中路天津桥和南路星津桥都是浮桥[15]，且可以开合通船。每年洛水泛滥，多冲毁浮桥。唐贞观十四年（640年），命石工累方石为脚[3]，即改为石砌桥墩，其上应仍是梁式木桥。开元二十年（732年）又改造天津桥，把它和南面的星津桥连为一体[16]，即把星津桥也改为石脚，与天津桥合成一座桥。

中桥：始建于隋，原在洛阳皇城东南侧洛河上，北对北城上徽安门内南北街。后因不便于南北交通，唐上元二年（675年）司农卿韦机把它东移至安众坊西侧，南对洛阳南城上长夏门内的南北街。始建时仍为木柱木桥，每年洛水泛滥都有破坏。武周长寿中（692～693年）内史李昭德命"改用石脚，锐其前以分水势，自是无漂损之患[17]"，据此，则中桥也改为石脚木桥。其石砌桥墩比天津桥又前进了一步，把迎水面砌成锐脚，以减弱洪水的冲击，即后世所称之尖墩。

综观上述，天津桥和中桥此时为木梁石墩桥。白居易有〈早春晚归〉诗，云"晚归骑马过天津，沙白桥红反照新"，咏洛阳天津桥夕照之景。从"桥红"句看，可知天津桥的木构桥身及栏杆为红色。他又有〈洛桥寒食日作〉诗，首二句为"上苑风烟好，中桥道路平"，可知中桥是平桥。《唐会要·桥梁》中载有唐先天二年（713年）八月敕，云"'天津桥'除命妇以外，他车不得令过。"[18]可知天津桥也是可以行车的平桥。

3. 石拱桥

隋代桥梁保存至今的有赵县安济桥，另在《全隋文》中还载有二篇隋代的造石桥碑，可知隋代在造石拱桥技术上有巨大的进步，其中安济桥为敞肩石拱桥，是我国古代工匠在造桥技术上的卓越创造。

赵县安济桥：

在今河北赵县南，横跨洨河上，建于隋代，为单拱敞肩石拱桥。桥净跨37.02米，矢高7.23米，由28道厚1.03米的石拱并列组成。拱石长近1米，肋宽25～40厘米不等。拱上加一层块石铺成的"伏"[19]。此桥的最大特点是在拱两端上部一般填实为桥肩处，又各砌二小拱，跨度分别为3.8米（外侧）和2.85米（内侧），也由28道石拱并列组成。在这大小五拱之上，再用块石填砌，构成很平缓的桥面，上铺石板为路面。桥两侧立石望柱和栏板，望柱上雕狮子，栏板上雕龙，可视为隋代石雕艺术的代表作(图3-8-2)。

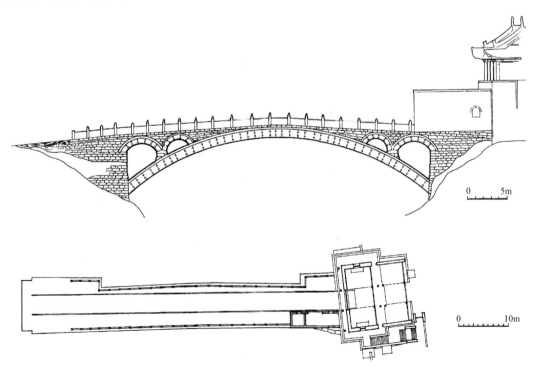

图3-8-2 河北赵县隋代安济桥平、立面图

安济桥在唐宋时已是名桥。唐开元中宰相张嘉贞和建中三年李晟的幕僚张彧都撰有〈赵郡南石桥铭〉，唐宋以来行人在桥上也有大量题记石刻。对了解桥的历史及构造、成就极有帮助。

张嘉贞〈铭〉前有序，说"赵郡洨河石桥，隋匠李春之迹也。……用石之妙，楞平碪斗，方版促郁。缄穹隆崇，豁然无楹。……磨砻致密，甓百象一。仍㕇灰墨，腰铁栓蹙。两涯嵌四穴，盖以杀怒水之荡突。……其栏槛楯柱，锤斲龙兽之状，蟠绕拏踞，睢盱禽欤，若飞若动……[20]"。序中形容它是无柱的石拱桥，桥上又有四小拱，以减少洪水之冲击。又说桥拱斗合精密，以米浆调灰填缝（"仍㕇灰墨"），并用腰铁联结各道拱券；桥上望柱栏板凿雕龙兽，形象生动，都与现状符合。序的起首即指明它是隋匠李春所造，是关于建造者的最可信记载。

张彧的〈铭〉中有"穷琛莫算，盈纪方就"二句[20]，"琛"指珍宝，这里借指钱物，"纪"指十二年，意即建此桥用了十二年，所用钱财不可数计。

《朝野佥载》卷五载："赵州石桥甚工，磨砻密致如削焉。望之如初日出云，长虹饮涧。上有勾栏，皆石也。勾栏并有石狮子。龙朔年中（661～663年），高丽谍者盗二狮子去，后复募匠修之，莫能相类者[21]。可知赵州桥栏杆石雕在初唐即极为人所珍视。

安济桥这种在桥肩上再砌小拱的做法称为敞肩拱桥。是为了解决安济桥的特殊需要而创造的。第一，洨河水量不稳定，常年枯水而夏季洪水暴涨。在桥主拱上两端再各加二小拱，是为了在雨季河水暴涨时，增大桥洞的过水量，避免洪水冲毁桥梁。第二是此桥为南北交通要道，为便于行人，桥面需尽量平缓。这就使得桥肩部分加厚，增加桥之自重和对拱的压力，做成敞肩拱就解决了这个问题。据桥梁专家研究，敞肩拱桥西方在19世纪才由法国工程师保尔（M·Paul S'ejourne）用于阿道尔夫桥（Pont Adolphe）上[19]，此桥建于605～618年间，比西方早一千二百年，无疑是我国古代匠师在石拱桥技术上的一大创造。

近年对赵州桥进行过修理，发现券石相抵之面加工极为精细，使二者密接，拱石之间，在侧面用腰铁（银锭形铸铁连接件）连接，使每一道拱本身连接牢固。由于桥由28道拱并列组成，保持这28道拱紧密连为一体最为重要。为此，采取了四种措施：一、使每道拱的拱脚石微宽于拱顶石，28道拱并列后，拱脚比拱顶宽出60厘米，外侧诸道拱微向内挤，以防止它外倾。二、在各道拱之间，于顶上也凿卯口下腰铁联结，使连为一体。三、在28道拱背上匀布五根铁拉杆，外端卡在最外二道券之外，将诸拱拉紧。四在拱顶伏处，两侧各用六块勾头石，勾住最外二道拱券。由于采取了这些办法，使此桥迄立一千三百年而不毁（图3-8-3、3-8-4）。

图 3-8-3 河北赵县隋代安济桥桥身并列拱

图 3-8-4 河北赵县隋代安济桥桥身小拱

安济桥不论从敞肩拱的创造，保持拱券整体性的周密措施，还是从桥身优美造型和栏板望柱的雕刻艺术上来说，都是前无古人的，反映出隋代在石造建筑及桥梁上的高度成就（图3-8-5～3-8-8）。

图3-8-5　河北赵县隋代安济桥上石雕望柱

图3-8-6　河北赵县隋代安济桥上石雕栏板—龙首

图3-8-7　河北赵县隋代安济桥上石雕栏板—交龙

图3-8-8　河北赵县隋代安济桥上石雕栏板

除安济桥外，传世还有两篇隋代建桥碑文，分别记隋开皇六年（586年）兖州高平县石里村建石桥和开皇十一年（591年）洛州南和县在澧水上建石桥之事。文中有"似应龙之导盟津"和"洛阳路首，尚传超石之书"等句，可知也是石桥[22]，说明建石拱桥在隋代已不是个别事例。

4. 索桥　悬索为桥，在我国有很悠久的历史。秦蜀守李冰在成都造七桥，其一为笮桥，即竹索桥。笮桥之名见于《华阳国志》及晋书，可知东晋时仍在沿用。

南北朝时，一些去西域、天竺的求法僧曾记载在今克什米尔附近有铁索桥。《洛阳伽蓝记》卷5记宋云西使事，说"从钵卢勒国向乌场国，铁锁为桥，悬虚而度[23]"。但当时在中国本土有无铁索桥，史无明文。

唐代的索桥又称绳桥，大都建在四川地区山陡江深之处。唐杜甫诗中多次诵及绳桥。如"雪岭防秋急，绳桥战胜迟[24]"，"运粮绳桥壮士喜[25]"，"下临千雪岭，却背五绳桥[26]"等句，都是居成都时所作诗。在《元和郡县图志》中也载有绳桥。如茂川汶川县有"绳桥，在县西北三里。架大江水（岷江），篾笮四条，以葛藤纬络，布板其上，虽从风摇动，而牢固有余。夷人驱牛马去来无惧。今案，其桥以竹为索，阔六尺，长□十步[27]"。同书又载翼州卫山县有"笮桥，在县北三十七里，以竹篾为索，架北江水[28]"。《舆地纪胜》亦载"绳桥在维州保宁县东十五里，辫竹为绳，其上施木板，长三十丈，通番汉路[29]"。这三桥都在成都以北岷江上游，据描写都是并列多索桥。汶川县绳桥并列四索，杜甫所诵的"五绳桥"应是并列五索，在索间用葛藤连系，使成一体，然后铺木板为桥面。这些桥久已不存，但在今四川地区有很多竹索桥，和唐代文献中描述的特点相似，可以作为我们了解其构造的参考。

注释

[1]《唐六典》卷7，尚书工部，水部郎中、员外郎条，正文及原注。 中华书局标点本 P.226

[2]《大业杂记》："出端门百步有黄道渠，阔二十步，上有黄道桥，三道。过渠二百步至洛水，有天津浮桥跨水，长一百三十步，桥南北有重楼四所，各高百余丈（尺?），过洛二百步，又流洛水为重（星）津渠，阔四十步，上有浮桥。津有时开阖，以通楼船入苑。"商务印书馆印《元明善本丛书·历代小史》本卷之又五。

[3] 中华书局标点本⑭P.132

[4]《元和郡县图志》卷6，〈河南道〉2，陕县太阳桥。中华书局标点本⑭P.157

[5]《元和郡县图志》卷5，〈河南道〉1，河阳县中潬城条。中华书局标点本⑭P.144

[6]《元和郡县图志》卷5，〈河南道〉1，寿安县永济桥条。中华书局标点本⑭P.140

[7]《玉海》卷172，〈宫室·桥梁〉："《春秋后传》：赧王五十八年，秦始作浮桥于河。《史记》：秦昭襄王五十年十二月，初作河桥。"台湾华文书局影印元刊本 P.3252

[8]《通典》卷179，〈州郡〉9，河东郡，蒲州，河东县，原注云："有蒲津关，后魏大统四年造浮桥，九年造城为防。大唐开元十二年，河两岸东西门，各造铁牛四。其牛下并铁柱连腹，入地丈余。并前后铁柱十六。"中华书局影印《十通》本 P.951

[9]（唐）张说：〈蒲津桥赞〉："域中有四渎，黄河居其长。河上有三桥，蒲津是其一。隔秦称塞，临晋名关，关西之要冲，河东之辐凑，必由是也。其旧制，横絚百丈，连舰千艘，辫修筭以维之，系围木以距之，亦云固矣。然每冬冰未合，春泮初解，流澌峥嵘，塞川而下，……绠断航破，无岁不有。虽残渭南之竹，仆陇坻之松，败辄更之，罄不供费。"中华书局影印《古今图书集成·经济汇编·考工典》卷32〈桥梁部·艺文一〉引文。[783] P.45a

[10] 同[9]引文。

[11]《新唐书》卷39，〈志〉29，〈地理〉3，河东道，河中府，河东郡，河西县。中华书局标点本④P.1000

[12]（日）圆仁：《入唐求法巡礼记》卷3。上海古籍出版社标点本 P.139

[13]〈山西永济蒲津渡遗址的考古发掘与重要收获〉1990年〈山西省文物展览〉陈列说明文件。

[14]《元和郡县图志》卷1，〈关内道〉1，万年县，霸水条："霸桥，隋开皇三年造，唐隆二年，仍在旧所创制为南北二桥。"中华书局标点本⑭P.4

[15] 按：端门前三桥中南面一桥《大业杂记》作"重"津，《唐会要》作"皇"津，〈元河南志·唐城阙古迹〉作"星"津。三书不同。《元和郡县志》记天津桥得名之由，说"《尔雅》：箕斗之间为天汉之津，故取名焉。天津北之桥名黄道桥，亦天文词"，可知此三桥均以天文词命名。星津指星次，亦天文名词，可知此桥之名应从《元河南志》所记，作星津桥。

[16]《唐会要》卷86，〈桥梁〉："（开元）二十年四月二十一日，改造天津桥，毁皇(星)津桥，合为一桥。丛书集成本⑮P.1577

[17]《唐会要》卷86，〈桥梁〉："上元二年，司农卿韦机始移中桥，自立德坊西南置于安众坊之左，南当长夏门街，都人甚以为便。……然每年洛水泛溢，必漂损桥梁，倦于缮葺。内史李昭德始创意，令所司改用石脚，锐其前，以分水势，自是无漂损之患。《丛书集成》本⑮P.1577

[18]《唐会要》卷86，〈桥梁〉《丛书集成》本⑮P.1577

[19] 茅以升主编：《中国古桥技术史》第三章拱桥，第三节敞肩圆弧拱，一安济桥。北京出版社，P.77

[20] 梁思成：《梁思成文集》卷1，〈赵县大石桥即安济桥〉，附录二。中国建筑工业出版社，P.260

[21]《朝野佥载》卷5。中华书局标点本 P.119

[22]《全隋文》卷29，阙名：〈石里村造桥铭〉，〈洛州南和县澧水石桥碑〉。中华书局影印本④P.4194、4195

[23] 中华书局版周祖谟校释本《洛阳伽蓝记》P.198

[24]《钱注杜诗》卷12，〈对雨〉。上海古籍出版社标点本㊦P.428

[25] 同上书，卷4，〈入奏行〉。上海古籍出版社标点本㊦P.126

[26] 同上书，卷13，〈寄董卿嘉荣十韵〉。上海古籍出版社标点本㊦P.456

[27]《元和郡县图志》卷32，〈剑南道〉中，茂州，汶川县，绳桥。中华书局标点本下P.812

[28] 同上书，卷32，〈剑南道〉中，翼州，卫山县，笮桥。中华书局标点本下P.814

[29]《钱注杜诗》卷4，〈入奏行〉绳桥句下钱谦益注引〈舆地纪胜〉绳桥。上海古籍出版社标点本上P.126

第九节 地方少数民族建筑

一、渤海国上京龙泉府

渤海国是武后时靺鞨首领大祚荣在我国今东北地区建立的地方政权，先称振国王，唐玄宗先天元年（712年）封大祚荣为渤海郡王，勿汗州都督，遂改称渤海国。唐天宝末年（约755年左右），大祚荣之孙钦茂徙都上京。唐代宗宝应元年（762年）令其以渤海为国，以钦茂为王，进封检校太尉。渤海除始建国时与唐有小规模战争，受封后，一直和唐保持良好的关系，到唐末还有朝献来往[1]。926年，辽太祖阿保机灭渤海，建东丹国，以上京为首府。927年东丹国南迁，上京遂被毁。

渤海国盛时国内有五京，十五府，六十二州，以上京为首都[1]。上京遗址在今黑龙江省农安县东京镇西约3公里处，1933～1934年日本人原田淑人等做过发掘[2]，建国后又经多次勘探和重点发掘，已基本了解其城市和宫殿的面貌。

上京城外为外郭，郭内中轴线北端为皇城、宫城，共有二重城。外郭平面为横长矩形，东西4586米，南北3358.5米，面积约15.4平方公里（图3-9-1）。外郭的周长为16296.5米，折合唐代36里286步，属唐代大型州府城规模。城墙用石块砌成，厚约2.4米，残高2～3米。城外有壕。外郭南北墙上各开三门，东西墙上各开二门，共有十门，均两两相对，其间连以干道，形成三条

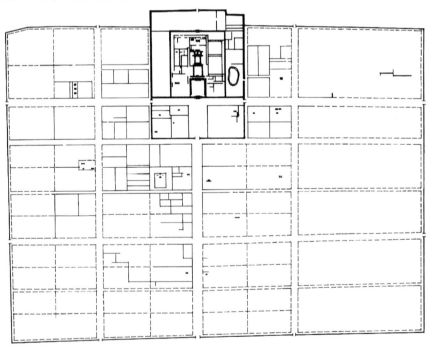

图3-9-1 黑龙江宁安唐渤海国上京龙泉府遗址平面图

南北大道，二条东西大道，以中间一条南北大道为城市中轴线。十座门中除南面正门可能不止一个门道外，其余九门均一个门道，宽约5.5米，约合唐代18.5尺[3]。

外郭内除三纵二横五条通城门的大道外，还有三条抵顺城街而止的东西大道，全城共计有三条南北大道，五条东西大道，另加东、西、南、北四条顺城街，构成方格形道路网。各大道中，以南北中轴线上的大道最宽，为110米，其次为横过宫城皇城之间通东西墙上北侧二门的大道，宽92米。其余宽78、65、28米不等。道路间的方格内布置居住的坊。坊四周有石块砌的围墙，厚约1.1米。和长安、洛阳每一方格建一坊不同，上京每一方格多布置四坊，也有二坊的，呈田字形或日字形，只极个别情况下布置一坊。这样，每坊一般只有二面临大街可以开坊门。四面临街的坊，坊内仍为大小十字街，二面临街的坊则往往是丁字街。全城约有八十余坊。坊之东西宽在465～530米之间，相差不大，坊之南北深却颇为悬殊，大坊在350～370米之间，小坊在235～265米之间。进深大的坊在宫城皇城东西侧，是迁就皇城、宫城进深所致，和长安的情况相同，皇城之南各坊则进深基本一致，当是标准尺度。以外郭西南角四坊计，每坊为480米×245米，坊之周长为1450米合唐代493丈，即3里86步，比洛阳的标准坊周长四里者稍小。坊形横长，近于长安，和洛阳的方形坊不同。

在郭内中轴线北端，前为皇城，后为宫城，共用东西城墙，中部隔以横街，形成郭内的子城。皇城东西宽1045米，北至宫城南墙454米，以唐尺计，宽2里110步，深1里10步。皇城南、东、西三面各开一门，北面即宫城南面的三门。皇城及宫城之墙厚约3.5米，残高最高处5米，地面以下有深2米的基墙。城外有宽2.5米、深2米的壕。皇城的南门已发掘，面阔七间，进深二间，下开三门，当为上建平坐及楼的楼阁式门，和一般下有墩台的城门不同[4]。门左右侧接皇城南墙。南门内至宫城正门之间有宽220米左右的宫前广场，和宽92米的宫前横街丁字形相交。广场东西侧各用围墙围成二区，布置官署，和长安皇城的情况相似而规模较小。

宫城东西1045米，南北约970米，突出外郭约170米，城内大致可分中、东、西、北四部分，都用石墙分隔开。中部东西620米，南北720米，是宫的主体；东、西二部南北深亦720米，东西宽分别为220、230米；北部在中西二部之北，为横长矩形、大部分凸出外郭之外；东部为内苑，西、北二部用途尚待探明（图3-9-2）。

宫城的中部又可分为中、东、西三区。中区宽180米左右，在中轴线上自南而北建正门及五座宫殿，是最重要建筑。东、西区宽约157米，其内以纵横墙分隔为若干院落，都有建筑遗址，当是仓库、服务用房和妃嫔眷属住所。

宫城南面正门由主体和两挟三座墩台组成，城门开在两挟墩台上。主墩台东西42米，南北27米，高5.2米，用砂卵石夯筑而成。据台上所存柱础，可知台上建有面阔七间、进深四间外有一圈副阶为下檐的重檐门楼。二挟墩东西约18.5米，南北12米，残高5米，下有宽5米的门道，两壁有排叉柱，支承梯形城门道构架。墩顶各建一进深二间面阔三间的挟楼[5]。这座正门中央墩台上无门道，只在左右挟墩上各开一门，形成双门，在唐代属州府级制度而不是宫殿的制度。

在正门之北约210米处中轴线上有第一宫殿址[6]，下为高3.1米的台基，东西宽56米，南北深27米，四面砌石，用石螭首。台基南面有二阶，北面正中一阶，从出土石螭首看，台基及踏步边缘都应有石栏杆之类。据台基上残存柱础，可知此殿为一面阔11间、进深4间的单檐建筑，每间宽、深折合唐尺均为15.5尺。殿的东西侧有斜坡道，上各建面阔三间的斜廊，接外侧的东西廊和侧门，侧门面阔3间，进深2间。斜廊、侧门及东西廊共11间，每间间广15尺。其尽端分别接南北向横廊各32间[7]。横廊每间间广15.5尺，进深三间，中央深20.5尺，两侧深13.5尺，总深

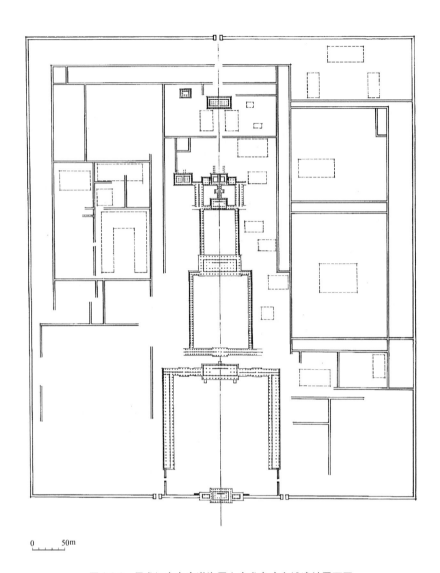

图 3-9-2 黑龙江宁安唐渤海国上京龙泉府宫城遗址平面图

47.5尺。东西横廊的后檐柱处有墙痕,表明廊后侧用墙封闭。在东西横廊的南端各有长60米左右的土墙,南抵宫城南墙,形成封闭的殿庭[8]。以横廊檐柱计,殿庭东西宽153米,南北深196米,面积约30000平方米。

在第一宫殿址之北约14米为第二宫殿殿门址,面阔五间,进深二间,间广13尺。门左右有东西廊各十二间。廊进深二间,为重廊。两廊尽端北折,围成第二宫殿的殿庭,南北约120米,东西约98米,面积约11760平方米[9]。第二宫殿址在殿庭北端,台基东西80米,南北30米,残高2米[10]。基顶已遭破坏,从面积推测,殿的尺度和唐长安大明宫含元殿近似,应是面阔11间,进深4间,四周再加副阶为下檐的重檐大殿,是全宫中的最大殿宇。

第一、二宫殿从遗址规模和出土物看,是宫中最重要建筑。台基边缘砌石,用石螭首;殿内地面铺模印宝相花的方砖;柱子用素平石础,但在柱根四周包砌绿琉璃预制的莲瓣,做成覆莲柱础的形式;屋顶用青掍瓦,绿釉琉璃鸱尾及兽头,间有少量绿琉璃瓦[10],可能用为檐口"剪边"或脊顶覆瓦;它也是宫中最豪华壮丽的建筑物。

第二宫殿址之北约77米为第三宫殿址。自第二宫殿址东西部相距约57米有二道廊子北延,长约77米,共18间,再向内矩折通到第三宫殿址,与其外槽前廊相接,形成南北73.5米,东西59.8米的殿庭,面积约为4395平方米。第三宫殿址和其后的第四宫殿址相距只23米,其间连以七间柱廊，是一组工字殿的前后殿。第三宫殿址台基高约 2 米，上建一面阔七间进深四间的殿宇，柱网为金厢斗底槽式，东西约 28.3 米，南北约 16.6 米，每间间广约合唐尺 13.75 尺。第三宫殿的东西廊各为五间，北折后各长十间，通到第四宫殿的东西朵殿之侧，围成东西 60 米，南北 39.6 米的内庭[11]。

第四宫殿址以柱网计，东西 25.2 米，南北 14.9 米，分为东西九间，南北五间。四面各以一间之深为回廊，沿檐柱上用木装修加以封闭。中间深三间宽七间部分在明间东西两柱缝处加隔断，分为三部分，以东西两侧各宽三间深三间部分为居室，室内东西尽端设火炕，烟道自北面伸出殿外。

第四宫殿址的东西侧各有一座朵殿，三者一字形并列。朵殿面阔进深各三间，面阔 13 尺，进深 11 尺。外檐有木装修，自第四宫殿前廊东西端通入朵殿[11]。

在第四宫殿址西面横廊之外，又有一殿址，也是面阔九间，四周为封闭的回廊，内部分隔为东西居室。其东西居室靠北墙和东墙均设火炕，烟道由北面通至室外，平面和第四宫殿基本相同[12]。

第四宫殿址之北有东西墙，墙北为一东西横长的大院落，东西宽约 180 米。院内中轴线上偏北有第五宫殿址，南距第四宫殿址近百米。此殿台基高约 1 米，东西 37 米，南北 20 米，其上建面阔十一间进深五间的殿宇，用满堂柱础，应是楼阁。从柱间按装修用的小柱础看，它的外槽深一间部分是回廊，沿内外二环柱上都装有木骨墙[13]。

以上为宫城中部中区轴线上殿宇的情况。

中部东西区也用墙分隔为若干大小院落，具体布置特点尚有待发掘始能明了。

宫城东部的禁苑东西宽 210 米，北部是院落，南部是山池亭殿。池东西约 120 米，南北约 170 米，其北、东、西三面筑有土山[14]。池北土山上中间为一面阔七间进深四间的大殿，柱网布置属金厢斗底槽。殿东侧有行廊五间，接一三间方亭、殿西也有行廊五间，又南折为横廊五间，廊端也接一三间方亭。殿、廊、亭三者形成池北的主建筑群[15]。池中偏北东西并列有二小岛，西岛上有一八角亭址，柱网外围八柱，内有四柱，和唐洛阳宫九洲池附近发现的八角亭相同[16]。东岛上建筑似是一面阔五间进深四架的轩[17]（图 3-9-3）。

综观渤海国上京的规模和宫室建设，明显地是模仿唐代的长安和洛阳而建的。它的城市平面作横长矩形，城内采用方格网道路，居住区为里坊，皇城、宫城前后相重，建在中轴线北端等特点，明显是模仿唐长安城。它的宫城分左、中、右、后四部，从左、右、后三个方向拱卫中部的

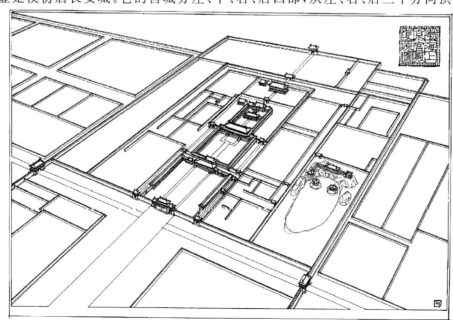

图 3-9-3　黑龙江宁安唐渤海国上京龙泉府宫城复原鸟瞰图

宫殿，也和唐长安太极宫东有东宫，西有掖庭，北有内苑的情况全同。

从宫室布置上看，它的主体实际为三组殿宇，第一、二宫殿各为一组，相当于大明宫的含元、宣政二殿，是象征"国"的礼仪部分；第三、第四宫殿为一组工字殿，第三宫殿相当于紫宸殿，第四宫殿为主要寝殿，二者象征"家"，为渤海王家宅中的前堂后寝。所以宫中的主要建筑也是摹仿长安唐大明宫的。宫城东部的禁苑以池为主，池中有岛，也是源于唐长安大明宫太液池。

但进一步分析，它和唐长安又有些不同之处。首先，从城门、街道布置看，上京通城门的大街南北有三条，与长安同，而东西只二条，比长安少一条，即长安有六街，上京只有五街。长安六街源于周礼王城十二门和汉长安洛阳传统，是帝都体制，上京只建五街十门，在都城规划上就比长安有所减损，明确表示出是王都而不是帝都。

上京城门除南面正门尚待查明外，其余各门都只开一个门道，与长安六街十二门均开三门者不同，也避开了帝都体制。在宫城皇城中，只皇城南面正门开有三门，但它是一般楼阁式门，为面阔七间，下开三门，而不做一般下有门墩的城门形式，虽在事实上开了三个门，却又避开了属于帝都规格的三个门道的城楼形式。

宫城正门的形式尤值得注意。此门作一个主城楼左右有挟楼的形式，其体形轮廓与敦煌壁画中宫门[18]和宋代长安城图中的唐大明宫丹凤门基本相同。但大明宫丹凤门是在主城楼下墩台上开五个门洞，属帝王宫殿规格，而上京宫城正门的主墩台上不开门却把门开在左右挟楼下的墩台上，形成双门。双门在唐宋时是州府级城市子城正门的法定形式[19]。这样，此门虽具有帝王宫殿城门的形体，而门数又属州府城的规格，门外也不建宫殿必须有的阙，很巧妙地既表现出它基本属于州郡级城市，与唐代封他的勿汗州都督的官职相应，又显示出他不同于一般州郡督府的王国地位。

在宫内各殿布置上，也颇费匠心。第一宫殿址相当于唐大明宫含元殿，应是最大殿宇，却建为十一间单檐大殿；第二宫殿址相当于唐大明宫宣政殿，至多应和第一殿规模相同，却建为十三间重檐建筑，属最高规格，大于第一宫殿。推测其用心，大约是因为第一宫殿是大朝会的正殿，要接待唐及其他各小国或地方政权使臣，建得稍有节制，以免招人非议，而第二宫殿是正衙殿，是在国内南面称尊之处，故建得和唐宫最重要建筑同一规格。

宫城正门及第一、二宫殿，从宫殿体制上反映出渤海政权受封于唐后，不得不多少受一些约束而又不甘心于受此约束的情况。

渤海上京宫殿是现有唐代宫殿建筑遗址中保存最完整的一个，其中可以反映出一些设计特点，颇为重要。如果在宫城内中部宽620米，深720米矩形城内画一对角线，就可以发现，第二宫殿正位于其交叉点上，占据了几何中心（图3-9-4）。如果再把中部的后

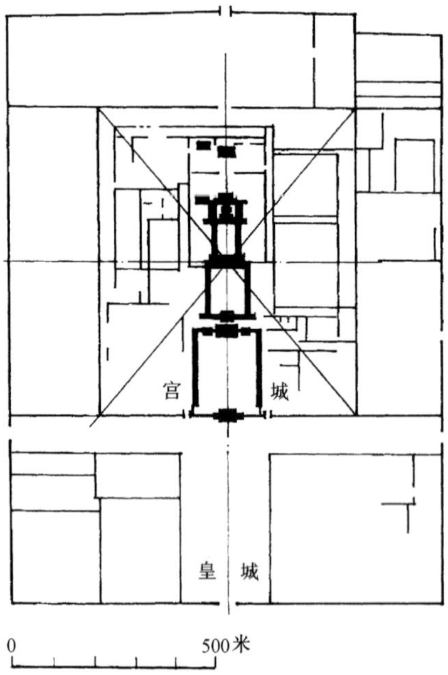

图3-9-4　黑龙江宁安唐渤海国上京龙泉府宫城平面布置分析图

半等分为四份，又可发现第三宫殿正在第二宫殿之北一份之处。这二殿一个是正衙殿，一个是内廷正殿，恰放在这位置上，说明是经过设计的。唐长安太极宫迄今无法勘探，具体布置不详。唐长安大明宫建在高地上，限于地形，内廷重要建筑紫宸殿定在南北轴线的中点上，但东西不居中。洛阳隋唐宫城，基本建在平地上，左右对称，如果把宫城南墙外突部分北延到北墙，视为一矩形，画对角线，则可发现在传为明堂址的八角形遗址后一座矩形殿址恰在这交叉点上，和上京宫殿的情况全同。有此三例，可证把主殿放在宫城正中是隋唐时规划宫殿的主要手法之一。从时代上说，洛阳宫建于隋大业二年，则渤海上京明显是效法洛阳的了。

把主建筑置于规划的几何中心的手法我们首先在明清建筑群中发现。如明清紫禁城太和殿、乾清宫、太庙前殿等都位于各自殿庭的中心；一些古代建的寺庙，如北京明代建智化寺、妙应寺，应县辽代建佛宫寺，正定宋代建隆兴寺，其主殿塔、阁也都位于全寺几何中心。隋唐洛阳宫和渤海国上京宫殿的情况证明，在早期，主殿居于全宫而不仅是主院落的中心。除隋唐二例外，更早的汉未央宫也是这样，可知这种布置手法有悠久的传统。

渤海上京位于北方严寒地区，其建筑技术除一般唐代特点外，还有地区特点。其城墙的地下部分有石砌基础，深达2米以下，是为了深入到冰冻线以下。城墙不用夯土而用块石垒砌可能有两方面原因：一方面是渤海受到一些高丽文化影响，而高丽建城有用石砌的传统；另一方面也可能是严寒气候对夯土破坏较大，故不用来筑城。宫中第四宫殿及其西一殿都是寝殿，沿外檐柱及内槽柱间有二圈墙，使内室之外有一圈封闭的回廊，明显也出于冬季防寒需要。室内用火炕是北方传统。《水经注》卷14鲍丘水条载有观鸡寺，寺内有大堂，结石为地，上加涂墍，下为火道[20]，即清人所称之地炕。渤海宫殿所用为高出地面的火炕。这做法在华北、东北一直沿用到近代。这些都反映出渤海上京的地区特点。

从《东京城》实测图中，可以换算出各殿的间广折合唐尺的尺寸，宫门明间16尺，次梢间15尺。第一宫殿15.5尺，第三、四宫殿13.5尺，第五宫殿11.5尺，禁苑中央殿址14尺，其间广依次为16、15.5、15、14、13.5、11.5六等。这数字和长安洛阳一些殿址的尺寸结合起来，对了解唐代建筑等级也有助益，将在另节探讨。

注释

[1]《新唐书》卷219，〈列传〉144，〈北狄·渤海〉。中华书局标点本⑳P. 6179

[2]（日）原田淑人《东京城》，东亚考古学会，1939

[3] 有关渤海上京城及宫殿的情况，迄今我国无较完整的勘探发掘报告发表，综合介绍的有以下三篇。〈渤海上京龙泉府遗址的调查与发掘〉，段鹏琦执笔。载《新中国的考古发现和研究》第六章。P. 622～625。文物出版社，1984
〈渤海上京龙泉府遗址〉，王仲殊执笔。载《中国大百科全书·考古学》卷，P. 54 中国大百科全书出版社，1986
〈渤海上京龙泉府遗址〉朱国忱执笔。载《中国大百科全书·文物博物馆》卷，中国大百科全书出版社，1993
本段关于城市方面的情况及数据据以上三篇归纳综合而成。

[4]（日）原田淑人：《东京城》，三、遗迹，插图五，内城南门址实测图。东亚考古学会，1939

[5] 黑龙江省文物考古工作队：〈渤海上京宫城第2、3、4号门址发掘简报〉，《文物》1985年11期。

[6] 渤海国上京宫殿址，在原田淑人《东京城》中，以宫城正门址为第一宫殿址，依次推至北端为第六宫殿址。我国《大百科全书》〈考古卷〉及〈文物·博物馆卷〉条目均除去俗称"五凤楼"的宫城正门址，以〈东京城〉之第二宫殿址为第一宫殿址，依次推至北端为第五殿址。本文从《大百科全书》的说法。以下各殿址同。

[7] 上京宫殿平面图已发表的只有《东京城》一书，本文即用其实测图。先据图上比例尺量出米数（其比例尺上尺数是日本尺，不可为据），再按考古所测量唐长安时所得1唐尺＝0.294米之数，折合成唐尺数。一至五号殿址均同。

[8]黑龙江省文物考古工作队：〈渤海上京宫城第一宫殿东西廊庑遗址发掘清理简报〉，《文物》1985年11期。
[9]《东京城》插图九，〈第二宫殿址及回廊址实测图〉。东亚考古学会，1939
[10]朱国忱：〈渤海上京龙泉府遗址〉。载《中国大百科全书·文物、博物馆》P.54~55
[11]《东京城》插图一三，〈第四宫殿址竝其回廊址之础石配列〉。插图一五，〈第五宫殿址实测图〉
[12]《东京城》，插图二二，〈第五宫殿西殿址实测图〉
[13]《东京城》，插图二四，〈第六宫殿址实测图〉
[14]《东京城》，插图二五，〈禁苑址实测图〉
[15]《东京城》，插图二六，〈禁苑中央殿址实测图〉
[16]《东京城》，插图二七，〈禁苑西筑山亭址实测图〉
[17]《东京城》，插图二九，〈禁苑东筑山亭址实测图〉
[18]萧默：《敦煌建筑研究》图六六，〈盛唐第172窟南壁壁画未生怨的宫门〉。文物出版社，1989，P.110
[19]参阅本书隋唐地方城市部分。
[20]《水经注》卷14，〈鲍丘水〉。《水经注校》，上海古籍出版社，P.467

二、南诏时期的城邑及佛塔

隋唐之间，今云南省洱海一带分布着六个较大的部落，他们分别是蒙舍诏、蒙嶲诏、施浪诏、邆赕诏、越析诏等六诏[1]。后来地处最南端的蒙舍诏兼并了其他各诏和河蛮地区[2]，建立了南诏少数民族地方政权，隶属于唐朝[3]。

云南自古就和中原有着密切的联系，汉代在这里设有行政机构，隋唐时虽建立南诏地方政权，但在经济、文化上的交往从未间断过。特别是在建筑方面，他们掳掠中原匠人，按中国教令为之经画、营建都城及宫室[4]，因而自唐以后所传文献中，如南诏之城邑、宫室、民居以及遗存之实物如塔幢等形制、结构与汉族式样相同。据《蛮书》记载，南诏白崖城内有"阁罗凤所造大厅，修廊曲庑"，南诏的房屋"上栋下宇，悉与汉同[5]"。更为形象的资料是在传世佛教画《南诏图传》第一段中画有一座曲廊，屋顶覆瓦，廊檐翘起，前有台阶，山墙处有画栏，完全是一座内地风格的园林建筑（图3-9-5）。建筑材料方面，在南诏古城出土的字瓦，除制作技术一如内地外，在形式上有莲花纹、云纹等瓦当与唐式相同[6]（图3-9-6）。

图3-9-5　《南诏图传》中的曲廊

| 莲花纹瓦当（南诏） | 云纹瓦当（南诏） |

图 3-9-6 南诏城址内发现的建筑构件

1. 南诏城邑

公元 8 世纪，南诏在征服、统一河蛮地区各部落之后，特别是云南王阁罗凤统治时期（748～779 年）大规模建城。南诏古城比较重要的有：位于今大理地区的太和城、阳苴咩城、龙口城、龙尾城、大厘城；邓川东面的邓川城；今弥渡红崖的百崖城以及今昆明的拓东城等[7]。这些城址大多分布在山坡上，面积不大，从军事目的出发，城墙巧妙地利用山势地形修筑，有些城邑的城墙沿外侧削山坡呈直壁，平地处则沿溪流而建，以利防守。南诏城邑以其性质不同，分别为：（1）王室居住的都城，如太和城、阳苴咩城；（2）近于行都的大厘城；（3）陪都，如拓东城；（4）南诏王室、清平官、大将军等居住的城堡，如百崖城；（5）拱卫都城的要塞和堡垒，如龙口城、龙尾城及邓川城等。

（1）太和城

位于今大理县城和下关市之间的太和村西，距大理县城 7.5 公里，是云南王皮逻阁于唐开元二十六年（738 年）在"河蛮"原有城邑基础上建造的南诏第一座都城，著名的南诏德化碑即在城内[8]。

太和城建造在山坡上，西负点苍山，东临洱海，利用山海屏障，只筑南北城墙。据元初郭松年《大理行记》记载：城"周回十余里"，东宽西窄。现存遗址仅南北两道城墙，南墙东起洱边村，西至五指山峰北麓，残长 1.2 公里；北墙东起洱海，西至佛顶峰，长约 2 公里，残存城墙最高处达 3 米，厚约 2 米，全部用土夯筑而成。两道城墙间，相距约 1.2 公里。这座城"西倚苍山之险，东夹洱水之泥[9]"，不筑东西城墙。南北城墙在修筑时充分利用山势，在陡坡处将墙外山坡削成垂直，增加了城墙的高度，以利防守。

古城遗址内建筑今已无存，当时城内的宫室、巷陌布局，据《南诏野史》记载："南诏德化碑……大理府城南，太和村古城，阁逻凤叛唐归吐蕃，立碑国门外"，即宫室位置在德化碑之西。《蛮书》描写为："巷陌皆垒石为之，高丈余，连延数里不断[10]"。城内房屋及道路皆用石块建造和铺砌。

在城内佛顶峰上与北城墙相连处建有南诏避暑宫，称为"金刚城"，是一座周约 1 公里，用夯土筑成的不规则圆形小城。小城遗址内仅存 3600 平方米大的土台，可能是原有建筑的台基遗迹，小城是太和城的一部分。

（2）阳苴咩城

位于今大理县城附近，唐代宗广德二年（764 年），为南诏王阁逻凤建。大历十四年（779 年）异牟寻迁都于此，至公元 902 年南诏灭亡之前，一直是南诏的首府。同建太和城一样只筑南北城墙，利用点苍山，洱海天险，不建东西城墙，并用梅溪作天然的护城河。

据《蛮书》卷五记载，阳苴咩城为南诏大衙，建南北二门。自南往北，沿中轴线布置第一重城门，门上有重楼，高约二丈多，左右两侧砌青石台阶，可由此登楼。楼下有街道相通，门前有广场，经三百余步后至第二重门，为五间门屋。再往北约二百余步，为第三重门，"门列戟，上有重楼"是采用汉地府县衙署前建谯楼的形制建造。在三重门之间，沿轴线两侧建造南诏清平官、大将军及六曹长官府第。进第三重门后建屏墙。再往北约一百步，正中建大厅，为南诏宫中的主要建筑。大厅"阶高丈余，重屋制如蛛网，架空无柱"，可能是采用了西南地区少数民族建筑中常用的"抬"、"挑"、"吊"等木结构形式，减去柱子，扩大了楼内的使用空间。

大厅两侧有门楼，通向后院，院内建有小厅，"即南诏宅也"，是南诏王室居住的"后宫"。整座宫城作庭院式布置，与汉地衙署相仿。

在城北门外，建有客馆，"馆前有亭，亭前临方池，周回七里，深数丈，鱼鳖悉有[11]"。为园林式建筑。

（3）拓东城

城址在今昆明城南，北靠五华山、大德山麓，跨盘龙江东西两岸，西面和南面临滇池，为南诏第六代王凤伽异于唐代宗永泰元年（765年，赞普钟十四年）建。唐建中二年（782年）改称鄯阐，是南诏的陪都。唐元和四年（809年）称"东京"[12]。由于古城压在今市区下面，城市历经元、明、清几代的改建和扩建，城墙遗迹早已湮没。建于唐文宗太和二年（828年）南诏时期的东寺塔和西寺塔，虽经后代重修，其位置在今昆明西城，滇池岸边未变，南诏时是拓东城内。拓东城"山河可以藩屏，川陆可以养人民"[13]，地处联系滇东、滇西、滇南的中心和便利的水上交通条件，发展成为南诏后期及以后各朝在云南的政治、文化中心（图3-9-7）。

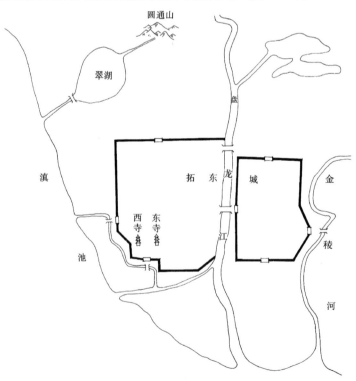

图 3-9-7　南诏拓东城位置图

2. 南诏的佛塔

南诏的四邻，东北接四川、贵州，南连印度、缅甸，西北毗邻西藏，都是当时佛教比较发达的地区。长期以来，佛教经由这些地区传入南诏。

唐开元间（713～741年），佛教经中原传入南诏地区后，首先以都城阳苴咩为中心的大理地区及以拓东城为中心的昆明滇池地区传播，并在这两个地区建造寺院和佛塔，至南诏王蒙世隆时（859～877年），王室笃信佛教"建大寺八百，谓之兰若，小寺三千，谓之迦蓝，遍于云南境中。"当时修建的寺院有大理的崇圣寺、佛图寺、宏圣寺，鹤庆的元化寺，昆明的慧光寺等。然而经历代兵燹，地震的破坏，这些早期建造的寺院已荡然无存，只有全部用砖石建造的塔尚保留了一些。

（1）密檐塔

遗存至今南诏时期砖塔有：大理崇圣寺千寻塔，佛图寺塔、宏圣寺塔，昆明的慧光寺塔等，其中最著名的是千寻塔。

1）千寻塔 在大理县城西北约2.5公里处，点苍山脚下的崇圣寺前，为一座砖砌密檐空筒方塔，共16层檐，高66.13米，建于唐敬宗宝历元年（825年），是现存唐代砖塔中最高的一座（图3-9-8）。

图 3-9-8　云南大理崇圣寺三塔

台基为方形，上下共两层，下层东西宽33.35米，南北宽33.50米，高约1米，四壁用卵石砌筑，沿边铺阶条石。上层台基为正方形，边长21米，高约1.9米，周边用青砖砌造须弥座，青砖墁地。基础从塔心室地平算起深3米，以下为基土，接近台基高度，因此塔为平地而起。

塔全部用条砖、红泥砌成。第一层塔身很高，约占总高的五分之一，底层东面辟门，用木过梁，面阔各为9.85米，向上各层逐渐收缩，至第9层起收缩明显。密檐部分，各檐之间仅高1.35米。塔檐做法为第一层挑砖，第二层砌出菱角牙子，以上各层砖挑出约5～7厘米，高12～15层，檐角略有翘起。整座塔身下部平直，中部稍稍膨出，顶部则收杀较急骤，外轮廓呈优美的卷杀弧线。塔的高宽比约为7∶1，比同期内地的密檐塔更加秀美、挺拔。在每层檐间短短的塔身壁面中央各有一个券洞或佛龛，由下往上作交替布置。在佛龛或券洞两侧隐砌亭式单层小塔各一座。塔身内部呈上下截面基本相同的空筒状，四壁基本垂直，底层壁厚为3.3米，以上逐层减薄。四壁间搭井字形木梁，架木楼板，木楼梯，盘旋而上，塔顶为砖砌穹隆顶。

塔顶出檐叠涩与下面各阶相同，顶部砖砌方形须弥座，高1.2米，上、下宽2.9米，束腰宽2.3米。须弥座上面扣直径2.28米，高1.08米的铜制覆钵。钵内中心放置一个每边宽37厘米的铜制方筒，内藏木经幢、经卷、佛像、塔模、金刚杵等物[14]。其上是金属塔刹，由中心柱、仰莲、相轮、宝瓶、宝盖、宝珠等几部分组成。

2）佛图寺塔 俗称蛇骨塔或灵塔。在下关北2.5公里的阳平村佛图寺前，高29.12米，为一座砖砌密檐空筒式方塔，共13层檐，建于唐宪宗元和十五年（820年），是与崇圣寺千寻塔同一时期建造之佛塔，式样和做法与千寻塔基本相同（图3-9-9）。基座为方形，上下两层。下层边长19.7米，高1.2米，四壁用毛石砌筑；上层边长10米，高1.8米，四壁青砖砌须弥座。

图3-9-9　云南大理阳平村佛图寺塔

整座塔用条砖、红泥砌筑，第一层较高，其比例同千寻塔相似，面阔4.5米。各层出檐做法也与千寻塔相近，在第一层挑砖上砌菱角牙子，以上砌7～9层砖叠涩，檐角略有翘起。塔身轮廓呈弧形，各级檐下壁面中央交替开券洞和佛龛。塔身内部为直壁筒状，壁厚约1.5米，塔门东向，门洞方形，用木过梁，塔顶用金属塔刹，同千寻塔。

南诏时期遗留下来的砖塔多作密檐式，与内地唐代遗物西安荐福寺塔极为相似。其主要特征是：①方形平面；②塔体都是用条砖顺砌，为上下贯通的空筒，层间做木楼板；③塔身装饰简洁朴实无华，中段以上逐层内收，呈卷杀曲线，塔形高耸挺拔。差异之处为南诏砖塔外形更加秀丽纤细；崇圣寺塔密檐作16层，为偶数，是内地二层以上之砖塔所未见。千寻塔建在高耸的砖台基上，塔底基础面积逐层放大，是砖塔能够经住千余年来频繁的地震破坏及山坡雨水冲蚀而依然完好的原因之一。

（2）亭阁式塔

南诏时期，除了留存至今的一些规模较大的密檐塔外，在文献记载、出土文物及塔身装饰上还出现有亭阁式塔。

据《太平广记》记载，唐乾符二年告宣律师称：在南诏西洱河洲岛上有佛寺，寺中"古塔基如戒坛，二重塔上有覆釜，彼土诸人见塔每放光明，即以素食祭之，求其福祚也。"所祭之塔，即为二层亭阁式塔。

大理崇圣寺千寻塔及昆明西寺塔，在密檐间券龛两侧出现亭式单层小塔，形同隋大业七年建山东神通寺四门塔，不同之处为小塔坐在莲花台基上（图3-9-10）。

图3-9-10　云南昆明西寺塔

（3）窣堵坡式塔

在南诏中心西洱河地区，是汉唐以来中原通天竺的重要通道之一，印度佛教南传亦应以此地区为最早。一种具有印度色彩的塔身作半球形的窣堵坡式墓塔，在敦煌石窟中随处可见，在中原大多将其与重楼组合成汉式佛塔。在南诏，根据其地理位置和王室崇佛，"岁岁建寺，铸佛万尊"的情况，出现窣堵坡式墓塔是可能的。在崇圣寺千寻塔塔基出土的塔模中数量最多的是窣堵坡式泥塔[15]。大致有三种形式：①塔身覆钵呈钟形，基台为八角形须弥座，座上置仰覆莲；②在钟形覆钵下有二层基台；③在覆钵下，只作一层基台（图3-9-11）。因此，在南诏建造密檐塔的同时也出现过亭阁式和窣堵坡式塔。

a.覆钵式塔，须弥座　　　　　　b.覆钵式塔，基座作二线　　　　　c.覆钵式塔，基座作一线

0　1　2　3厘米

图3-9-11　云南大理崇圣寺千寻塔塔身出土陶制塔模

三、吐蕃王国时期的建筑

早在公元7世纪以前，在今西藏自治区就有一些部落存在，以后在各部落之间经战争兼并，形成了一些邦国。公元7世纪初，生活在亚隆河谷（今西藏山南穷结县）的亚隆部落崛起，逐渐征服了邻近各邦国，建立了吐蕃王国。

吐蕃王国之前，西藏地区与中原在经济上、文化上就有着千丝万缕的联系，在与汉族及其周边民族之间长期文化交流的同时，还吸收了尼泊尔和西域文化影响，这就在本土传统文化的基础上融汇吸收，发展成为具有鲜明风格的民族文化。在建筑艺术和技术方面则逐渐形成了藏族建筑体系和形式。

1. 居住建筑

当时居住在藏南谷地、拉萨河中下游沿岸以及澜沧江河谷地区的吐蕃先民过着半牧半农的生活。"其人或随畜牧而不常厥居，然颇有城廓""屋皆平头，高至数十尺，贵人处于大毡帐，名为拂庐"[16]。虽然已有些人开始定居，营建房屋，但大多数人仍过着游牧生活，住在用牦牛毛编织的帐房里。西藏各地区因地理、气候条件等不同，所采取的居住方式和居住建筑的形式也各有不同。根据文献记载、考古发掘、历史遗存以及目前仍在采用的形式，可以归纳为帐房、穴居和碉房等几种类型。

（1）帐房

《隋书·西域传》说："……织牦牛尾及羖羝毛以为屋"。《新唐书·吐蕃传》说："赞普居大拂庐"，"部人处小拂庐"。这些大小拂庐就是今天在西藏广大牧区仍可见到的牦牛帐房。帐房平面方形（也有作六角形），其结构方法是用2根约2米长的木柱撑着帐顶，四角各支一根矮木柱，用牦牛绳拉紧四角后并用木桩固定在地上。帐顶用两块牦牛氆氇（宽约25厘米），拼接成。中间留有空隙作为通风和采光口。帐房内部沿四周用草泥、卵石筑成高约50厘米的围墙，并在上面堆放青稞包、酥油袋等，既作储存又能御寒。

（2）穴居

西藏西部地区，在一些砂岩的山壁上，至今还可见到古代藏民居住的洞穴[16]。他们在山壁上挖横穴，洞口很小，朝向东南，有些洞口遗存有木门框。平面方形，一般为4米×4米，高约2米，顶部前高后低，在后壁常常挖有横向小穴，是贮存粮食和杂物的地方。洞顶沿纵向中线凿深和宽各为20厘米的凹槽，直通室外，用作通风和排烟。洞口不开窗户，洞内采光方式为：①通过洞口；②在洞口上方山壁挖横穴，再在穴底挖洞，间接采光；③在门洞上方直接挖洞。

（3）碉房

《后汉书·西羌传》："冉駹者武帝所开，元鼎六年以为汉山郡……其邑众皆依山居止，累石为室"，这些用乱石砌筑而成的石室以后被称为"碉房"，与吐蕃毗邻的羌人也采用这种居住建筑形式，故以前曾一度认为碉房源于羌人，以后才传入藏地。近年，在西藏自治区昌都市东南的卡若村发掘出约四千余年以前，西藏新石器时代人类遗址，在28座建筑遗址中，有多座方形平面的石墙半地穴房屋，说明在吐蕃之前，西藏地区就已存在碉房。碉房遗址平面方形或长方形，每座面积约25.5~32平方米，室内地平低于室外，为半地穴式房屋，周围有许多柱洞，室内柱洞按纵向结构布置，前后柱并不对齐。依穴壁用砾石砌墙，大石在下，以上渐小，互相错缝，用草泥和黄沙填缝。根据室内堆积物、草泥及炭化木等，说明是一座用木柱、石墙混合承重的居住建筑[17]。

2. 佛教建筑

吐蕃地处中国西南，邻近尼泊尔、印度等佛教发达的国家，但由于社会发展、自然环境及西藏原始宗教苯教势力的影响[18],佛教传入晚于中国的西部及中原地区。公元5世纪时,通过与四周信奉佛教的国家和地区的民间交往,佛教传入西藏[19]。松赞干布时期,吐蕃建立了奴隶制王国,创制了文字,与唐朝及其周围地区在政治、经济、文化上的联系迅速发展,为佛教的传播提供了条件。松赞干布先娶了尼泊尔公主尺尊,以后又与唐朝通好,迎娶文成公主。两位公主笃信佛教,都带去了佛像、经书以及工巧匠师。文成公主不仅在西藏传播了唐时内地的种植、碾磨、酿酒、纺织、造纸、制陶、冶金、农具制造等工艺和技术,而且由于汉族工匠直接参与建造了宫殿、寺庙,也带去了内地的建筑艺术和技术。随着藏汉间的文化技术交流,藏族建筑,尤其是佛教建筑逐渐形成并发展起来了。

两位公主入藏前后,吐蕃开始兴建佛寺。据《西藏王统记》记载,最初以拉萨为中心,在周围建"全厌胜"四寺,"再厌胜"四寺,"分厌胜"四寺,共十二座寺庙,都是为了"制服藏地鬼怪,镇伏四方而兴建的小庙。"传说在填平了拉萨中央的大湖后,由尼泊尔尺尊公主及唐文成公主分别建造了大昭、小昭二寺,是为当时王室供奉两位公主带去的佛像和经书建造的,作为宫廷祈拜的场所,规模不大。

(1)大昭寺

大昭寺古称惹娑下殿,又称神变寺,在今西藏自治区首府拉萨市旧城八廓街的中心,坐东朝西,是吐蕃历代赞普弘扬佛法的主要场所,始建于公元7世纪,841年遭藏王朗达玛"灭佛"破坏,现有建筑群大多为公元11世纪以后陆续修整、扩建的(图3-9-12),只有寺中心的主殿是原有建筑,但在历次修缮中也有部分改动。主殿初建时为一座内院式两层平顶碉房,平面为42.2米见方,围绕内院上下布置门楼和佛殿。据《西藏王臣记》和《西藏王统记》等书记载,四周佛殿为:东面佛殿左、中、右三间,分别供奉阿弥陀佛、不动佛和弥勒佛;南、北两边分别建佛殿供奉不动金刚和观音等主尊;西边门殿两侧也建有佛殿,门楼上为七世佛殿。在二楼廊庑也建有佛殿。

主殿在后世修建时将中间不动佛殿向东推移2米,扩建成释迦牟尼殿,并增建了第三层[20]。

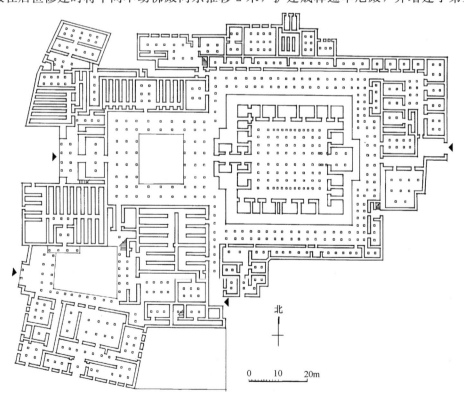

图3-9-12 西藏拉萨大昭寺平面图

尽管如此，在主殿内某些部分仍保留了原来的做法和式样：①主殿除墙基部分用条石外，其一、二层墙体都用砖砌，为砖墙、木梁架共同承重的砖木混合结构。②释迦牟尼佛殿正中木梁架上有一组很大的人字叉手，在中央蜀柱上作一斗三升斗栱承托藏式替木，人字叉手的做法虽在后世修建时，有些改动，但仍具有明显的唐朝风格（图3-9-13）。③在主殿前两排檐柱、廊柱及檐部的伏兽和人面狮身木雕等具有当时西域、波斯的风格（图3-9-14）。④在主殿二楼东北角遗存有尼泊尔

图3-9-13　西藏拉萨大昭寺释迦牟尼殿前人字叉手

图3-9-14　西藏拉萨大昭寺主殿内景

风格木刻门楣,虽因年代久远,已被烟火熏燎成黑赭色,但从凹凸起伏的刀痕中仍可看出原来是一组反映藏族起源的神话故事等苯教题材的彩色木浮雕。⑤门两侧墙上是迄今见到最古老的吐蕃时期壁画,除阿弥陀佛、长寿佛、菩萨之外,龙女、火渡度母、供养菩萨等大多穿短裙,具有弯曲的腰身,隆起的胸部等造型特征,与门楣浮雕极相似。

在《西藏王统记》描写建成后的惹萨下殿时说:"复于四门画曼荼罗,以娱上师。于柱画之棱杆,以娱真言师,于四角画卐字,以娱黑教徒,画方格,以娱藏民。画一切之形,以娱护法、龙王、夜叉、罗刹等"。反映了大昭寺是在藏、汉、尼泊尔等地工匠参与下建造的一座融当地苯教、内地及尼泊尔、西域等地佛教艺术为一体的佛教建筑。

(2) 桑耶寺

桑耶寺在拉萨市东南,雅鲁藏布江北岸扎囊县境内,面对哈布山,后临巴斯山,是由印度僧人寂护(705~761年)、莲花生(752~804年住藏)于公元8世纪中至世纪末,仿照印度欧丹布日寺建造的西藏第一座正规佛教寺院[21],即第一座建立僧伽制度的佛寺,也是最早传授宁玛派密法的寺院。以后曾几次遭火灾焚毁。至公元11世纪,由萨迦派修复,成为萨迦派寺院,其中只有护法神殿仍为旧宁玛派僧人掌管。

根据布顿佛教史记载,寺院设计是按照佛教对世界的设想布置:主殿三层代表了须弥山;四方建四座殿代表四大部洲;周围建八座小殿代表八小部洲;左右二殿为日月双星;建多角外围墙,表示铁围山等(图3-9-15)。

至今,寺院建筑群除中央乌策大殿和西面的兜率弥勒洲(强巴林),南面的降魔真言洲和赤枕德赞王妃蔡那萨、美多卓玛所建之三界铜殿尚保留较早的遗制外,其余各殿堂及圆形外围墙,皆为后世改建。

正殿多吉德典,又称乌策大殿、大首顶寺,始建于唐德宗贞元十五年(799年),占地约一公顷。在正殿开始建造时,虽说所仿照的印度阿丹布寺已不存在,但是印度寺院的平面布置被反映在早期桑耶寺正殿的设计中。正殿坐西朝东,平面按曼荼罗(又称坛城)布置,内外设三圈转经绕道,外圈为石砌坚实的高墙,被称为"阇城",沿墙内壁建高二层的廊厦,南、西、北三面各将廊厦向外推出一间,成为面阔7间的突出部分,除西面封闭外,南北两面开门,同正门一起,形同阇城的四门。廊厦的第二层用作僧房,底层空廊内墙上为明代时所画壁画,两排廊柱下的石

图 3-9-15 西藏山南扎囊县桑耶寺鸟瞰图

刻柱础也为明代物[23]。

廊院正中为佛殿，高三层，底层分前后两部分，前面经堂，面阔7间，进深4间，为后世扩建。后面佛殿面阔3间，进深4间，柱网间距较经堂大。佛殿左右后三面筑厚墙与外墙之间为转经绕廊，成为正殿的内圈。在佛殿外墙四周建有一圈转经绕廊，并将南、西、北三面中间各向外突出三间小殿。东面因后世扩建，绕廊在此与经堂相连，成为内外圈之间的中圈（图3-9-16）。

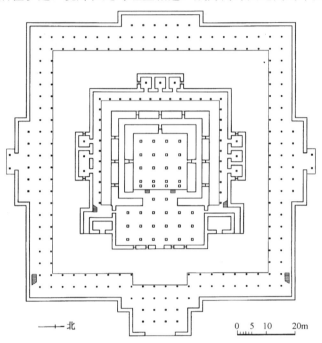

图3-9-16 西藏山南札囊县桑耶寺乌策大殿首层平面图

佛殿二层中心为5×5间，四周有进深2间的回廊。四面开门，门前铺绿琉璃砖地。回廊前檐开敞，檐下有斗栱，后三面为实墙。佛殿第三层为中央大殿，四角各建一亭状小殿，以后改建为五座汉式攒尖金顶，整座佛殿是按立体曼荼罗建造，象征须弥山。

三界铜殿在桑耶寺西南约三里，坐西朝东。《西藏王统记》中记有三位王妃在桑耶寺建造三座神洲。其中"蔡邦萨、美多卓玛仿效王父大首顶寺之三种模式，建三界铜殿洲神殿"。殿高三层，平面布置同乌策大殿，但规模较小。第三层梵式殿堂，其结构为中央四柱和四壁土坯墙中挑出三层栱木，分别承接屋顶和藻井。藻井为常见于新疆石窟中的斗四藻井的形式，藻井彩画色彩以红、黄、白、绿分别四方，是按佛教对四界设想来布置的（图3-9-17）。

桑耶寺在西藏几次灭佛中被毁，遗存下来的文物，仅是原来悬于正殿的六角铜钟，钟上刻有古藏文，记载为藏王赤松德赞之妃甲茂赞供奉。在殿外南侧的藏文碑和莲花碑座也是赤松德赞时的原物（图3-9-18）。

3. 宫堡建筑

吐蕃王朝前后，各赞普居住在防御性极强的城堡内或可以迁移的"牙帐"内。最早见于《敦煌古藏文历史文书》，说："在各个小邦境内，遍布一个个堡寨"，"秦瓦达孜城堡，王达布聂色居焉。年克尔旧堡，森波杰达甲吾在；悉补瓦之宇那有森波杰墀邦松在焉。"在松赞干布迁都拉萨之前就建有秦瓦达孜城堡、雍布拉冈等宫堡。同时，在吐蕃发祥地山南各处建有冬、夏季的"牙帐"十余处之多[24]。《旧唐书·吐蕃传》云：唐穆宗长庆二年（822年）命大理卿兼御史大夫刘元鼎为特使赴吐蕃会盟。使回，奏云："去年四月二十四日到吐蕃牙帐，以五月六日会盟讫"。可知当时与吐蕃会盟就在牙帐举行。

图 3-9-17　西藏山南札囊县桑耶寺三界铜殿第三层梵式殿堂内景

图 3-9-18　西藏山南札囊县桑耶寺赤德松赞时期藏文碑

（1）雍布拉冈

《西藏王统记》载："聂色赞干为西藏最早之王，彼建雍布拉冈"，自此西藏有了宫堡建筑。雍布拉冈遗址在今山南乃东县东南约5公里处，穷结和译当两县之间，亚隆河谷的中心。宫堡建在高100余米的山头上，占据了河谷平原的制高点，地势十分险要。宫堡的东南面是陡峭的山壁，北面有马道通向山底。虽遗存至今只有一座5米×5米的小堡，其余建筑是后来所建，已非吐蕃时期原物，但其布局和形式却延续下来。现有西藏各宗县所建碉堡式建筑和防御性很强的宗山建筑都建在山顶或制高点处，全部用片石和块石砌筑，就是从宫堡建筑发展来的。

（2）布达拉宫

在拉萨古城八廓街西面2公里处，拉萨河北的红山顶上。现有建筑是第五世达赖喇嘛重建，及以后历世喇嘛修建和扩建的，是一座巍峨壮丽的藏式宫堡建筑群。它的南面与药王山相对，北面是巍巍丛山。建于公元7世纪，著名的大昭寺在它的东面，第七世达赖喇嘛以后各世达赖居住的夏宫在它的西南，位置适中，一直是新旧拉萨城的中心。

布达拉宫始建于公元7世纪吐蕃王朝时期。据《旧唐书·吐蕃传》记载，在松赞干布迎娶唐文成公主入藏后，曾"为（文成）公主筑一城，以夸后代"，"遂筑城邑，立栋宇以居处焉"，即在红山顶营建的布达拉宫。当时宫城的规模和形象没有记载，因为那时在西藏尚无文字。在后来的藏文著作中追述说："红山以三道城墙围绕，中心筑九层宫室"，"共为一千间，宫顶竖立长矛和旗帜"，"王宫南面为文成公主建九层宫室，两宫之间，架铜、银装饰的铁桥以通往来"。宫殿"一切宫檐，以宝为饰。走廊台阁，铃铎泠然"等，像帝释宫一样壮丽辉煌[25]。公元762年毁于雷电[26]，幸存部分以后又遇灭佛等多次社会动乱，遭到破坏。公元10世纪以后由于各地奴隶主之间的纷战，各教派的争斗，使拉萨开始冷落，布达拉宫遗址一直被作为佛教道场使用。

1645年，第五世达赖喇嘛在西藏建立了政教合一的地方政权后，在布达拉宫遗址上按照西藏各宗县政府建的宗山建筑形式，重新建造。先建白宫，后建红宫，成为布达拉宫的主体建筑。建筑用块石依山势建造，占据了整座山头。在宫堡群中外墙涂白的为白宫，是达赖喇嘛起居生活和办公的部分，外墙涂红色称为红宫，是布达拉宫堡中的寺庙部分。在红宫至今还保留有初建时松赞干布用作修行的"法王洞"，是宫中现存最早的一座佛殿。

法王洞藏语称"却杰竹普"，原来是建在红山顶上的一座小殿，坐北朝南，为东面略宽的方形平面，面积约27平方米。殿内共有三柱，北面为2柱，南面1柱，呈三角形布置。殿门偏侧一傍，减去一柱是为加大门口空间，西藏建筑结构按纵向布置，故柱网能较自由的安排。佛殿内主要供奉松赞干布和文成、尺尊二妃像，在一侧还奉有吐蕃大伦禄东赞和大臣吞米桑布札像。佛殿的左、右、后三面有宽1.3米～1.5米的转经廊，廊内尚有突出之山石，位居山顶，是确定早期布达拉宫位置的依据。

4. 吐蕃王陵

据《西藏王统记》记载，在吐蕃王朝前，各王死后"逝归天界，如虹消散矣"，没有墓葬。直到吐蕃最初之王聂色赞普死后，其子才为父王建造陵墓。但是聂色及以后各王陵没有具体位置，对各陵的记载只有葬于石岩、草坪、河中央、雪山岭等，说明当时的葬制是"不树不封"[27]，地面不留痕迹。至吐蕃王朝成立以后，才建有王陵。《旧唐书·吐蕃传》记载："其赞普死，以人殉葬，衣服珍玩及尝所乘马弓剑之类，皆悉埋之。仍于墓上起大室，立土堆，插杂木为祠祭之所。"明确指出吐蕃王朝时期的王陵：①有人殉及随葬品；②在墓上建有祠庙；③墓上立木柱，墓前有土堆或平台，为举行祭祀仪式的地方。近年在西藏自治区洛扎县境内所发掘的吉堆墓地和这些记载很相像[28]。

公元7～9世纪，吐蕃王朝在今西藏自治区穷结县雅龙河支流，天河的南岸建造王陵。墓群现存王墓共8座，坐南向北，南依班士诸山，北面朝向天河。

在班士诸山的主峰下一墓高踞，为八墓中最大的一座，面北向，其余各墓分列两侧：西侧4墓，东侧3墓，中央大墓沿山麓建造，封土高约10米，东西宽100余米，方形平顶，顶部平坦，周围有后来夯筑的方形土垒。土垒每面都排列有小壁龛，龛内放置陶制佛塔和佛像。在方形土垒下，北侧夯筑有一座宽大的矩形土台，在土台前沿左右两侧各置一座带有西域风格的石狮，面向冢墓（图3-9-19）。

其余各王墓均为夯土筑成覆斗状封土，高约5～10米不等，夯土每层厚约20厘米。在大墓的西北，有一坟丘高10余米，顶部有一座后建的小庙，正殿供奉松赞干布，文成、尺尊二妃像，是松赞干布陵。在陵区内按《西藏王统记》所载位置[29]，在大墓的东北是赤德松赞墓，在墓的东南树有一座石碑，碑身面北，正面有古藏文25行，是吐蕃王赤德松赞记功碑。碑身向上有收分，两侧浮雕云龙纹，碑顶有明显翘角的攒尖盖顶，正中置石雕宝珠。在盖顶下雕刻流云、飞天等花纹，近似唐代内地式样（图3-9-20）。

图3-9-19 西藏穷结县藏王墓石狮

图3-9-20 西藏穷结县藏王赤德松赞墓碑

穷结藏王墓无论是在地形选择、总平面布局，还是上起覆斗状封土、墓碑的形制和纹饰等皆具唐代形制和风格。在中央大墓前用来举行杀牲祭祀的夯土平台也可能反映吐蕃时代仍在采用的当地原始宗教苯教的丧葬仪轨。

注释

[1] 蒙舍诏在今巍山彝族、回族自治县的南部；蒙嶲诏在巍山彝族回族自治县的北部，今漾濞县一带；浪穹诏在今洱源县；施浪诏在今洱源县与邓川县之间；邆赕诏在今邓川县；越析诏在今丽江纳西族自治县及宾川县一带。

[2] 河蛮为唐朝时对居住在洱海周围及祥云、凤仪、永仁、姚安、大姚、永胜一带白族的称呼，当时在那里有上百个小部落存在。

[3] 南诏少数民族地方政权前后存在了近300年，据乾隆40年胡蔚增订本《南诏野史》载：1）南诏大蒙国自细奴罗禅立，即唐太宗己酉贞观二十三年(649年)传13世，至昭宗壬戌天复二年(902年)共255年；2）大长和国，自郑买嗣篡立，即天复三年(903年)，传三世至明宗戊子天成三年(928年)共25年；3）大义宁国，起于唐天成四年(929年)至后晋高祖丁酉天福二年(937年)共8年。

[4] (明)杨慎《滇载记》卷一。

[5] (唐)樊绰《蛮书》卷八。赵吕甫《云南志校释》，中国社会科学出版社，1985

[6] 云南省文物管理委员会《南诏大理文物》，文物出版社，1992

[7] (唐)樊绰《蛮书》卷六。赵吕甫《云南志校释》，中国社会科学出版社，1985

[8] (元)郭松年《大理行记》。

[9] 《南诏野史》。清乾隆40年胡蔚增订本。

[10] 李昆声〈太和城遗址〉，《文物》1982年第2期。

[11] (唐)樊绰《蛮书》卷五。赵吕甫《云南志校释》，中国社会科学出版社，1985

[12] 《南诏野史》。清乾隆40年胡蔚增订本。

[13] 《南诏德化碑》。云南省文物管理委员会《南诏大理文物》，文物出版社，1992

[14] 云南省文物工作队〈大理崇圣寺三塔主塔的实测和清理〉，《考古学报》1981年第2期。

[15] 《旧唐书》卷196上。中华书局标点本。

[16] 西藏自治区文物管理委员会《古格王国遗址》。文物出版社，1993

[17] 西藏自治区文物管理委员会，四川大学历史系：《昌都卡诺》。文物出版社，1985

[18] 段克兴〈西藏原始宗教——本教简述〉："本教，亦作"钵教""苯教"，俗称"黑教"。汉语因语言关系，称之为崩崩教，它是藏族古代盛行的一种巫教，崇拜鬼神和自然物。"《西藏研究》1983年第1期。

[19] 王沂暖译《西藏王统记》。商务印书馆，1955

[20] 拉萨市政协文史资料组〈大昭寺史事述略〉，《西藏研究》1981年第1期。

[21] 刘立千译《西藏王统记》。西藏人民出版社，1985

[22] 郭和卿译，布顿著《佛教史大宝藏论》。民族出版社，1986

[23] 在乌策大殿廊院大门南侧墙壁上有两篇藏文修缮纪实，其中一篇记壁画的创作年代为藏历火虎年三月(1506年)即明武宗正德元年。

[24] 王尧辑《敦煌古藏文历史文书》。青海民族学院1979年印本。

[25] 王沂暖译《西藏王统记》。商务印书馆，1955

[26] 嘉措顿珠〈布达拉宫志〉。《西藏研究》1991年第3期。

[27] 王沂暖译《西藏王统记》。商务印书馆，1955

[28] 何强〈西藏吉堆吐蕃墓地的调查分析〉，《文物》1993年第2期。

[29] 王毅〈藏王墓——西藏文物见闻记〉，《文物》1961年第1期。

第十节　建筑艺术

隋唐是中国古代经魏晋南北朝三百余年动荡分裂后建立起的统一而强盛的王朝。在经济、文化空前发达和立国之初受统一鼓舞而形成的开朗、进取、向上的时代气氛作用下,进行了大量建筑活动,形成了继汉以后中国封建社会第二个建筑发展高峰。隋唐建造了规模空前巨大、规整而有特色的都城和众多的地方城市,宏伟壮丽的宫殿、寺庙,豪华的第宅、园林。自南北朝末年酝酿趋于成熟的建筑新风在隋唐时期得到充分的发展。在单体建筑、建筑群体、院落的建筑艺术处理方面和城市风貌的形成上,都有巨大成就,形成独树一帜具有高度艺术水平的"唐风"。

一、单体建筑

隋唐时,建筑外观不仅屋顶呈凹曲面,屋角起翘,都为曲线外,在屋身部分也出现了柱头向内倾斜、柱脚外撇的"侧脚"做法和角柱比平柱增高的"生起"做法,使屋身轮廓呈上小下大的正梯形,除心间为矩形外,次、梢、尽各间都为斜度各有微小不同的四边形,而梯形的上底也微呈两端上翘之势。这样,建筑外观上就完成了自南北朝后期开始的变革,即由直柱、水平阑额、直坡屋顶、直檐口构成的汉式,变为全部由曲线和微斜的横竖线组成的唐式了。这种变化,表示在建筑艺术处理上更加细腻,建筑风格也由横平竖直的三维直线构成的端严雄强,变为由曲线和斜度微有变化的直线组成的端庄与流丽结合、雄健与遒劲结合的新风。如果说汉式以刚为主,则唐式是刚柔相济,富于韵律。

唐代建筑的台基主要有素平的砖石基和须弥坐二种。宫殿的台基至少有二层,下层为陛,上层为阶。一般下层为须弥坐,用石栏杆,上层为素平阶,用木栏杆。用重重台基和栏杆以衬托殿之弘伟,是当时的习用手法。唐代宫殿多沿用传统的东西两阶之制,但已不是原来"左城右平"的做法,都做成踏步,其形象可以在大雁塔门楣石刻佛殿中看到。当装栏杆时,在两阶之间、殿宇的中线处把栏杆的寻杖断开一段,称"折槛",传说起源于纪念汉代直臣朱云折槛[1],实际上是利用建筑手法突出殿宇的中心点,因为这里是皇帝"临轩"站立的地方。折槛前方台基下的地面称"龙墀",是大臣露天叩见皇帝之处。折槛的形象在唐代壁画、石刻中未见,但在宋画及《营造法式》中有明确的表现和记述。

唐代建筑所用柱子有方、圆、八角等形式。唐建五台县南禅寺大殿的外檐柱原是方柱,后补者改为圆柱。唐建五台佛光寺大殿用圆柱,敦煌第 196 窟晚唐建木窟檐用八角柱。圆柱是较通用的形式。汉、南北朝以来的束竹柱和凹棱柱在唐代实物及图像中都尚未发现;但在北宋初所建宁波保国寺大殿中有束竹柱,宋代文献中称之为八混柱或八觚柱;在山东长清县灵岩寺千佛殿中有宋代所雕凹棱柱,则在唐代不应中断,只是遗物不存而已。

柱身一般为直柱,或就木材原状微有上小下大之势。柱顶部分不论方、圆、八角,大都加工为曲面,使柱顶缩小,和栌斗底相应,侧视曲线如覆盆,故称"覆盆"。南北朝后期出现的梭柱在唐代遗物和图像中也未发现,但从(宋)《营造法式》详载梭柱做法的情况看[2],在唐代也应没有中断。

唐代建筑的柱脚都微微向外撇出,(宋)《营造法式》中称之为"侧脚",并记载了柱脚向外撇出的比例[3],可知当时计算建筑面阔是以柱头间距为准的。在现存四座唐代建筑中,只有南禅寺大殿和天台庵大殿的测量数据中有侧脚的记载。南禅寺大殿正面、背面当心间的柱子上下间距基本相同,可视为无侧脚。次间角柱高 3900 毫米,柱脚撇出 70 毫米,侧脚为 1.8%。南禅寺大殿侧面当中一间柱距亦上下等宽,无侧脚,次间角柱柱脚撇出 50 毫米,侧脚为 1.3%,天台庵大殿正面角柱高 2440 毫米,柱脚撇出 90 毫米,侧脚为 3.7%,侧面与正面同。和《营造法式》中所载宋代建筑正面侧脚 1%,侧面侧脚 0.8% 相比,唐代建筑侧脚都大大超过宋代。上举二唐代建筑中,天台庵经后代多次修缮，比例已有改变，可置不论。南禅寺大殿基本上保持原有比例，但它的侧脚不仅大于宋式，而且和宋式建筑向前后侧脚大、向左右侧脚小的规定相反，是向左右侧脚大，向前后侧脚小（参阅图3-7-10南禅寺大殿立面图）。

柱列有侧脚，在结构稳定和建筑艺术上都很有作用。当柱列各柱都垂直植立而且高度相同时，无抵抗侧向力的能力，极易同时都向一个方向倾侧或扭转。加了侧脚后，建筑屋身立面呈梯形，各柱互不平行，两侧柱都向中间倾斜，受荷载后柱脚外撑，柱头内聚，互相抵紧，可以防止倾侧和扭动，有利于柱网的稳定。从建筑艺术上看，加侧脚后，屋身呈上小下大的梯形，增加了建筑的稳定感。且诸间均上窄下宽，自中心至角逐间加大斜度，可造成近于三点透视中垂直透视线的错觉，也可以增加建筑的高度感，这在高大的大型建筑和多层的塔上效果尤为明显。

除柱身有侧脚外，唐代建筑柱列中各柱的高度也有变化。正面如以当心间左右二柱为房屋之计算柱高，则其次、梢、尽间各柱还要依次多增高少许。这在（宋）《营造法式》中称为"生起"，并规定生起高度随间数而增加。如把宋代增加之数折成材分数，则可列为下表[4]：

建筑间数	13	11	9	7	5	3
生高尺寸	12	10	8	6	4	2
折合"分"数	24	20	16	12	8	4

现存唐代建筑中，南禅寺大殿面阔三间，角柱增高6.4厘米，约合4"分"[5]。佛光寺大殿面阔七间，角柱增高24厘米，合12"分"，都和《营造法式》相合，可知宋式的角柱生起比例基本上沿用唐代。《营造法式》只记了角柱生高之值，从佛光寺及以后辽宋诸建看，各柱都递增，至角最高，这样，屋身部分的阑额实际上也连成一条两端上翘的折线，当阑额承受补间铺作荷载微微下垂后，实际感觉是一条平缓的曲线（参阅图3-7-18）。

从构造上看，建筑外檐各柱至角升高，和柱子的侧脚结合起来，加强了柱网受荷载后的稳定性。在外观上，房屋每面柱子都中低边高，阑额连成微上翘的曲线，和檐口曲线相谐调，使屋顶和屋身的结合自然而不生硬（参阅图3-12-14）。角柱生起对檐口线的影响尤大。隋唐时角梁的后尾也搭在枋之交点上，不像明清时托在枋下，故屋角起翘实际只相当于角梁和檐椽间的高差，弧度很小；而且如只从梢间中线起翘，中间各间檐口平直，与起翘的屋角衔接也不自然。采用角柱生起做法后，整个阑额形成上翘曲线，其上的檐枋、橑檐枋也随之形成曲线，因之整个檐口线自心间起形成完整的曲线；角柱比其内各柱都要高些，这高差最后也反映在屋角起翘上，使它翘得更高。所以采用角柱升起手法后，不仅屋身与屋顶结合自然，整个屋檐形成完整曲线，屋角也翘得更高（参阅图3-9-14）。

柱的侧脚和生起既是加强柱网整体性、稳定性的结构措施，也是增加外观美感，使整个建筑更为谐调一致的艺术手法。中国古代建筑的一个很大特点是把结构或构造上的实际需要和建筑艺术处理有机地结合起来，一举两得，柱子的侧脚、生起就是很典型的例子。

宫殿、官署、寺观、贵邸的重要建筑在柱上用斗栱。斗栱的结构作用详本章第十二节木结构部分，但它同时在外观上也起装饰作用。在隋及初唐，外檐斗栱只有柱头铺作出跳，有结构作用，柱间阑额上的补间铺作不出跳，除起连系作用外，主要起装饰作用。隋唐补间铺作大都用叉手[6]，有的在叉手上承一层横栱，栱在汉代有把简单横木端部微抹斜的，也有砍作曲线的，到南北朝已都改为两端下棱抹作曲线了。叉手在汉及南北朝前期是二根直柱斜抵作人字形，南北朝后期发展为两根下凹的杆件相抵。从受力情况看，叉手作直柱相抵有利，改为下凹曲线只能认为是从装饰需要引起的。柱头上横栱的栱头下部为外凸弧线，叉手为下凹弧线，二者间隔使用，图形互补，可以在屋檐下起装饰带的作用。这又是使结构构件同时起装饰作用之例（参阅图2-11-32）。

唐代建筑的屋顶形式仍然是四阿（庑殿）、厦两头（歇山）、两下（悬山）、攒尖几种，和前代相同。从出土明器陶屋看，攒尖顶有八角、六角、四角和圆锥等不同形式。各种屋顶的组合，又出现一些新的形式，将在建筑群组部分加以探讨。

目前已发现的唐代殿址中，如唐大明宫麟德殿前殿和渤海国上京第一宫殿，虽前后檐分内外槽各有二排柱，两山面却各加一排，成为三排柱，如自四角画45°线，则正交于第三排之中柱上，可知其上之四阿顶角脊交于此点，鸱尾也位于此，由下面的中柱承担。这现象表明唐代四阿顶还没有宋以后的"推山"做法（参阅图 3-12-15）。五台佛光寺大殿在次间缝外侧加一道太平梁以承鸱尾，但自四角向太平梁中点连线，其水平投影也是45°，仍然不用"推山"做法。这是唐代四阿顶与宋以后不同之处。唐代厦两头屋顶（歇山）实例目前所见都是进深只有四椽的小殿，在山面上用角梁转过一椽，如南禅寺、天台庵二座大殿。进深六至八椽的厦两头无实物，从与唐相近的辽代独乐寺观音阁的情况看，大约也应是山面用角梁转过两椽的做法。厦两头屋顶的山面不封墙，垂脊外用排山勾滴，下遮搏风版，加悬鱼、惹草为装饰，和两下（悬山顶）做法相同。悬鱼、惹草原是脊桁和上、中平桁外端的挡板，防止桁端淋雨朽败，以后遂发展成装饰。山面的屋脊两端承搏风板下脚，然后随山面屋顶向内上方延长，再横行相交，附在梁栿外侧，称曲脊。山面用曲脊的形象在敦煌唐代壁画中有很多表现。

唐代建筑的屋顶仍用板瓦或筒板瓦二种。筒板瓦屋顶规格高于纯用板瓦。瓦的质料除一般陶瓦外，宫殿寺观多用青掍瓦，即瓦坯表面磨光加滑石粉使之光滑细密，烧制时再经渗碳处理，使表面黝黑泛乌光的精制瓦。在西安唐代遗址中出土了较多的青掍瓦。此外还有青掍砖，多用为建筑的散水砖。唐代宫殿、寺庙已开始用琉璃瓦，发现有黄、绿、蓝等色。早期遗址出土琉璃瓦较少，当是局部使用。晚期遗址出土量增多。西安唐大明宫三清殿址除出土大量黄、绿、蓝单色琉璃外，还有一些集黄、绿、蓝三色于一身的三彩瓦，可知其屋顶之华丽。屋顶上的脊饰仍主要用鸱尾和兽面瓦。陕西唐宫殿、陵墓址中出土了大量陶制鸱尾，兽面瓦极少。仅在渤海国上京寺庙址中出土过绿色琉璃鸱尾[7]。从出土瓦件情况看，唐代宫殿、寺庙等建筑仍主要使用青掍瓦，重要建筑的鸱尾，兽面瓦和脊瓦、瓦当用琉璃瓦，即后世所称的"剪边"做法，很少有全部用琉璃瓦的。

唐代建筑装修仍主要用版门、直棂窗。在石椁上还有雕作版门上部有直棂的。直棂窗有版棂和破子棂二种。除石椁外，在砖石墓塔上也有表现。

唐代建筑木构部分一般刷土朱色，墙壁刷白色，配以青灰色或黝黑色瓦顶，鲜明雅洁兼而有之。有的把木构栱、枋的侧棱涂上黄色，增加木构件部分的立体感。在敦煌壁画中也表现有木构部分大量绘彩画者，颇为富丽。彩画部分将在装饰一节中加以探讨。

前已述及自南北朝后期到盛唐间，建筑外观及构件上使用曲线、弧线的情况大为增加。引起建筑风格的改变。为使外观谐调一致，弧线必须有某些共同规律，这样就逐渐创造出"卷杀"和"举折"两种用简单作图求得弧度有规律变化的方法。

"卷杀"是用作简单折线求得近似抛物线的方法，主要用来保持外观及构件上的弧线有共同变化规律。它的作图方法是：把欲制弧线部分在纵、横坐标上的高度、长度都均分为相同分数，并把诸段自外至内、自下至上编为1至n号；自横坐标之1、2……至n-1诸点分别向纵坐标上的2、3……至n点连直线；诸线相交后连成几段的折线，即为所需弧线之近似线[8]。这方法可用来制作栱头、梭柱、月梁、柱顶及柱础覆盆、飞椽头[9]等，立面上当心间以外各柱之生起、檐口曲线等也应用此法求得。此外唐代大量砖砌的密檐塔，塔身外轮廓都作抛物线形上收，目前只云南大理崇圣寺千寻塔有立面实测图，从中可以看到利用卷杀控制其轮廓曲线的手法（图 3-10-1）。

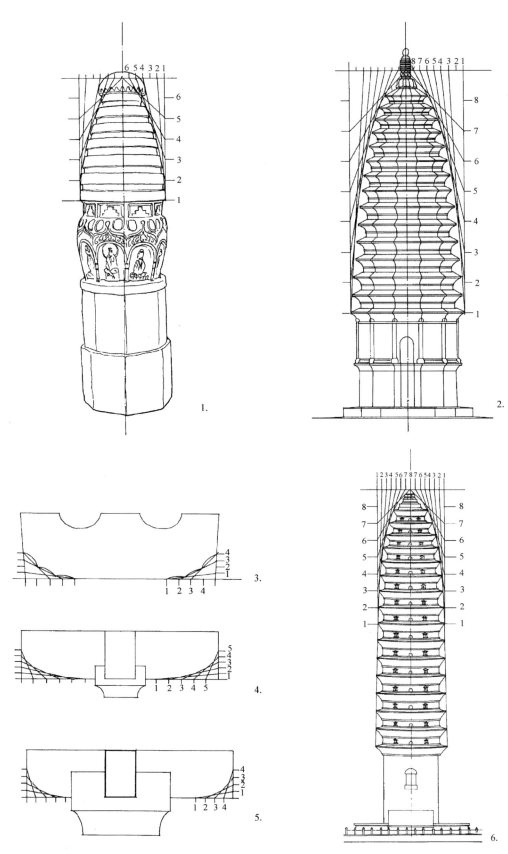

图 3-10-1 卷杀图

1. 北魏太延二年（436年）北凉造石塔；
2. 北魏正光四年（523年）嵩岳寺砖塔；
3. 北齐河清元年（562年）库狄回洛墓木椁横栱；
4. 唐大中十一年（857年）佛光寺大殿令栱；
5. 佛光寺大殿大栱；
6. 云南大理崇圣寺千寻塔

栱头折线或弧线是使用"卷杀"最明显的例子。宋以前的栱头曲线都由三至五段折线组成，每段称一"瓣"。栱头分瓣始见于汉代，只一瓣或二瓣，如一些东汉明器陶屋和四川渠县汉冯焕阙所示。到北朝末期的北齐时，栱头分瓣又明显出现，在天龙山石窟第十六窟，南响堂山第十二窟和山西寿阳厍狄迴洛墓木椁上都有栱头分三或四瓣的斗栱。这时斗栱的瓣还有一个特点即每瓣都向内凹，宋式称之为"䫜"（参阅图3-11-34）。这种做法源于何时，限于资料，尚不能确定。它的出现很可能是由施工工具决定的。古代木工加工多用锛为平木工具，栱头弧线用锛锛成，故很自然地分为若干段，即形成"瓣"。用锛加工挥动时呈圆弧运动，故加工之面如不加平整则为微凹之弧面。就其势加以强调，使之起装饰作用，遂出现了内凹的"䫜"。栱瓣内凹的做法沿用到唐，五台南禅寺大殿的华栱、令栱头都是有内䫜的五瓣卷杀，平顺天台庵的华栱头做有内䫜的四瓣卷杀。唐代也有不内䫜的栱头卷杀，如五台县佛光寺大殿华栱分四瓣，西安大雁塔门楣石刻佛殿之栱刻作分三瓣，形成优美的曲线。栱头卷杀分瓣明显，弧度大，故很可能卷杀的方法是受用锛加工栱头形成折面的启发，加以整理而形成的。它形成以后，再推广于梁、柱和柱之生起曲线和檐口。

檐口部分的做法实际上是在钉好平椽、架设定角梁后，把平椽至角梁间一段连檐木沿水平方向剖为数片，使之柔软可弯成曲线。把它的尽端搭到角梁头后，这部分剖开的连檐自然会形成自平椽起开始上抬弧度愈来愈大的反置的抛物线，再用卷杀方法求得的折线加以校核后固定，即在连檐上得到所需檐口曲线，在连檐下钉角椽即构成反翘的翼角和完整的檐口曲线。

栱头、檐口、柱列顶所形成的曲线虽然长短不一，弧度大小亦异，但都是弧度向两端递增的抛物线，变化规律有一致处，故外观上能产生谐调和有韵律之感。

"举折"是确定屋顶曲线的方法。"举"指屋顶的高跨比，以脊榑（檩，下同）至外檐斗栱上橑檐方（如无出跳栱则以檐榑计）的高差与前后檐橑檐方心距（无出跳栱则为檐榑心）之比表之。（宋）《营造法式》规定殿阁楼台举高为跨距的1/3，其余建筑为1/4或1/4强。"折"指屋顶脊榑以下各架榑比直坡时下降的高度。（宋）《营造法式》规定脊榑下第一榑下折1/10举高。自第一榑至橑檐方再连直线，第二榑自此直线上高度下折1/20举高，以下各榑依此法，下折数递降为1/40、1/80、1/160……举高不等[10]。用此法可绘出一自脊榑向下逐段斜度减小的折线，在此折线上架榑、钉椽、铺望板、加苫背后，即形成完整的屋顶曲线（图3-10-2）。

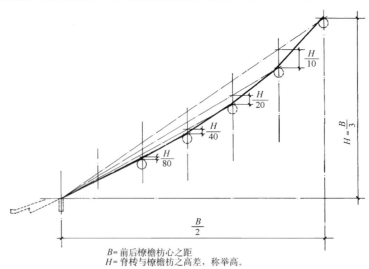

$B=$ 前后橑檐枋心之距
$H=$ 脊榑与橑檐枋之高差，称举高。

图3-10-2　宋式屋顶举折图

山西现存四座唐代建筑中，只有佛光寺大殿的屋顶构架未见落架重修的迹象，有可能还保持着原来的举折，南禅寺经北宋重修，就难保其没有改动了。就已发表的二殿之断面图看，南禅寺大殿举高为前后橑檐枋心之距的 1/5.6。它进深四架，只有一折，折下约为举高的 1/10 强，近于《营造法式》，可能是北宋重修的结果。佛光寺大殿举高为前后橑檐枋之距的 1/4.9。它进深八架，如按（宋）《营造法式》计算下折，则第一、二两折各折下举高的 1/20 左右，第三折下折举高的 1/50 左右。如同时按宋式下折法作图，可以看到唐式很平缓，下折远小于宋式（图 3-10-3）。

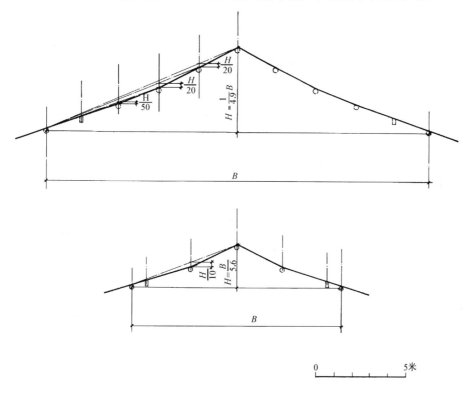

图 3-10-3　佛光寺大殿（上）和南禅寺大殿（下）屋顶举折图

从这二例可知，唐代殿宇举高约在跨距的 1/5 左右，这比宋代的 1/3 或 1/4 为低。各折折下的高度的差别也较小，还不是宋式下折比上折减半的做法，故各折间的坡度变化也不如宋式大。整个屋顶显得平缓、舒展，和宋式屋顶脊部陡峻而屋面弧度变化大的特点有很大的不同。由于唐代举折实际上只有佛光寺大殿一个弧例，它的具体折屋方法和规律目前尚不能掌握。

唐代单体建筑的比例主要表现在开间及建筑总高与檐柱高的关系上。开间比例一般是当心间间广等于檐柱之高，呈正方形，如佛光寺大殿，也有大于檐柱高，呈横长矩形，如南禅寺大殿。建筑的梢间因为需与侧面梢间同宽，以便使角梁之平面投影为 45°，有时随侧面梢间之宽，稍窄于明间间广，南禅寺、佛光寺二大殿都是这样。在已发掘出的唐代建筑址如大明宫含元殿、西安青龙寺遗址 4、扶风法门寺塔址、临潼华清宫汤池 T_2 址也都是这样。立面上当心间宽，梢间窄，与柱的侧脚、生起结合，能增加外观上的稳定感并突出建筑的中心部分。在建筑高度上，以檐柱柱高为基准，把中平榑的标高控制为檐柱高之二倍，是唐代建筑又一规律，其详见本章十二节模数部分（参阅图 3-12-28）。中平榑位置在进深一间之处，若建筑进深为二间四椽，则其脊榑标高为檐柱之二倍，如南禅寺大殿；若建筑进深为三、四间或更多时，则中平榑正在内槽柱之上，如佛光寺大殿。确定这一比例，实际上就是控制了建筑外围深一间部分柱与屋顶的关系。这部分以上的屋顶则随举折而定了。

唐代木构的多层楼阁和塔都没有保存下来，目前只能据参考和旁证略加推测。

可供参考的材料是日本古代受唐影响时所建的塔和公认保留唐风较多的辽前中期建筑。在第二章第十一节南朝结构部分已述及日本飞鸟建筑的一层柱高为高度上的扩大模数。此法沿用到受唐影响的日本奈良时代建筑，典型例子是奈良药师寺东塔，三层塔高（至博脊）恰为一层柱高的五倍。其详见本章节十四节。国内现存辽代建筑中，应县佛宫寺释迦塔为五层木塔，有六重檐，塔身总高（至塔顶博脊）恰为一层下檐柱之高的12倍，（图3-10-4）与日本飞鸟、奈良时代诸塔同一规律。蓟县独乐寺观音阁高二层，也以底层内柱之高为高度模数，其上的平坐柱顶、上层檐柱柱顶和上层屋顶中平榑之标高分别为一层柱高的2、3、4倍（图3-10-5）。既然通过日本飞鸟建筑推知唐以前的南北朝后期多层建筑和保存唐代影响较多的辽代多层建筑在高度上都以一层柱高为模数，表现为一贯的传统，则介于南北朝与辽之间的唐代也应是这样。

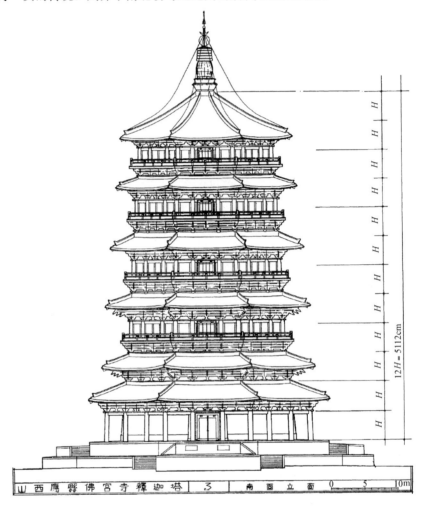

图3-10-4　山西应县辽佛宫寺释迦塔断面以柱高为模数示意图

二、群体组合

唐代有很多建筑物是由若干座建筑连接聚合而成的，也有些用短廊连接成群组，或近距布置形成固定搭配关系，其建筑表现力又比单体建筑丰富。这种组合关系唐以前已有，限于文献和图像资料缺乏，尚不能多作探索，只能从目前已有一些材料的隋唐时期开始。

在唐以前的文献和遗址中，记载或表现建筑组合体的很少，只知自三国以来，宫中主殿左右建有东西堂，呈三殿并列的形式，一直沿用到南北朝末期的北齐。北齐邢劭咏邺南城新宫说"法三山而起翼室"[11]，即形容这种三殿并列、中高边低如山字形，像蓬莱三山。这种在主体左右近距内独立的较小建筑称"朵殿"。古人称以手提物或引儿童学步谓之"朵"，小殿在正殿两旁，如成人左右引二儿童，故谓之朵殿[12]。

唐代文献中记宫室的材料虽比前代丰富，但具体说明形制和组合的并不多，只知宫中有"三殿"、"五殿"等，而敦煌莫高窟唐代壁画中却表现有很多壮丽的建筑组合体，把文献与壁画中图像结合，可以有更多的了解。

综合各种材料，隋唐的建筑组合体大致有左右并列，前后相重、聚合和左右环抱几种形式。

左右并列指在主体左右一字形并列建较小的辅助建筑，或独立，或以短廊与主体相连，即前述之"朵殿"。如果是楼，则称"朵楼"。在敦煌423窟窟顶隋绘弥勒经变中即画有在佛殿两侧建二楼的形象（图3-10-6）。也有主体、两翼都是楼的，可自朵楼上层以飞桥和主体上层连通，非常壮美。敦煌148窟东壁南侧观无量寿经变中主体后部就是这种组合形式（图3-10-7）。唐大明宫麟德殿在主殿两侧对称建东亭、西亭和郁仪楼、结邻楼也属这种布置。

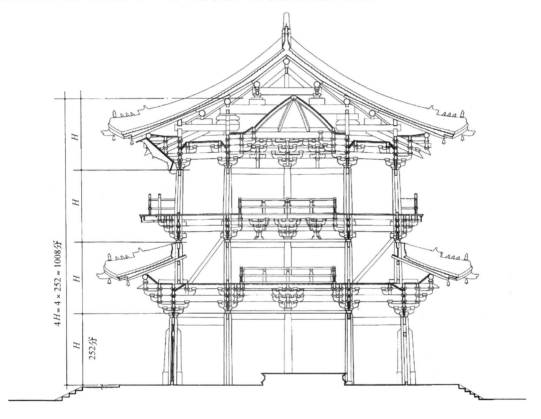

图3-10-5 河北蓟县辽独乐寺观音阁断面以柱高为模数示意图

图3-10-6 甘肃敦煌莫高窟第423窟隋绘弥勒经变中的佛殿及朵楼

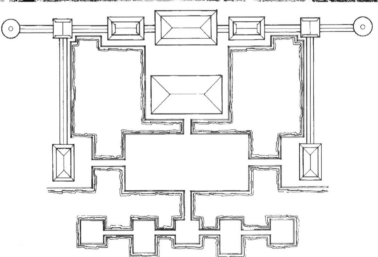

图 3-10-7 甘肃敦煌莫高窟第 148 窟东壁南侧盛唐绘观无量寿经变中的佛寺殿宇院落及平面示意图

前后相重指数座建筑在一院中前后相重,前后两重之例见于敦煌 148 窟东壁两幅壁画,所画都是前殿后楼(图 3-10-8)。也有前后三重的,如在敦煌 172 窟北壁观无量寿经变中,中轴线上有前、中、后三座单层殿宇相重,虽共在一院,台基却是分开的(图 3-10-9)。

聚合是在主体的四周或几面附建较小的建筑,形成大的组合体。在敦煌 420 窟隋代壁画中已画有前后两座建筑密接的图像,即古代"对霤"之制(图 3-10-10)。霤指屋檐上的雨水流,檐口处承雨水的水槽子称"承霤"。二建筑屋檐相对,共用一个水槽子,称"对霤"。大明宫麟德殿为前、中、后三殿聚合而成,故唐代俗称"三殿"。其前殿和中殿即"对霤"。史载唐洛阳宫有"五殿",

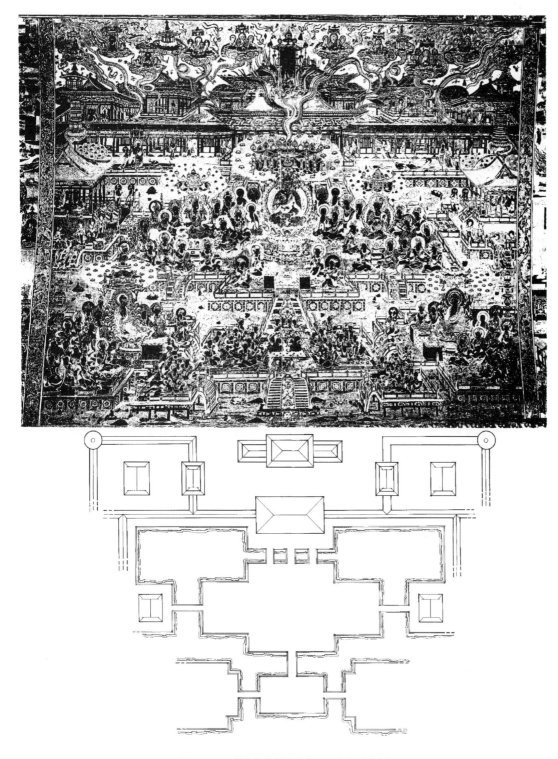

图 3-10-8 甘肃敦煌莫高窟第 148 窟东壁北侧
盛唐绘药师经变中的佛寺殿宇院落及平面示意图

称"下有五殿，上合为一"，[13] 其形式应是主体为二层楼，四面各附建一单层殿，外形大约和汉之明堂近似。五殿、三殿是由五或三座殿宇聚合成的巨大组合体。一般在殿宇或楼屋一侧或两侧附建与之平行相接的较小建筑称"挟屋"。"挟"有扶持之义，因附建者外观似扶持主体之象，因而得名。若建于楼两侧之小楼，则称"挟楼"。敦煌 148 窟东壁北侧主体建筑后楼的左右即画有挟楼之形象。若在殿宇或楼屋正面垂直接建外突的附属建筑，使山面向外，则此附加之突出部称"龟首",俗称"龟头屋",大约也因其在平面上肖形而得名。"龟首"之名至迟中唐时已出现[14],其形象可在四川大足北山第245窟晚唐雕观无量寿经变中看到(图3-10-11)。若二座建筑作曲尺形连接,屋顶同高时,可用45°角梁转过,也可做成两面出歇山,转角处出十字脊。聚合的建筑大多是主体高大,附建部分相对低小,处于主体屋檐覆盖之下,如唐懿德太子墓阙楼三个屋顶的关系(参阅图3-2-14),也可以是小屋顶插入大屋顶下部,脊及檐口层层叠下。

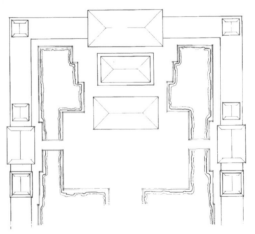

图3-10-9 甘肃敦煌莫高窟第172窟北壁盛唐绘观无量寿经变中的佛寺殿宇院落及平面示意图

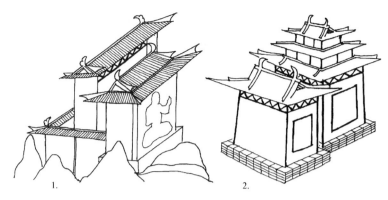

图 3-10-10　甘肃敦煌莫高窟壁画中的对阙建筑
1. 296 窟北周；2. 420 窟隋

图 3-10-11　四川大足北山第 245 龛晚唐雕观无量寿经变中的龟首屋

左右环抱是指在主建筑的前方左右对称或不对称建次要建筑，以曲尺廊和主体相连，组成凹形平面。它和封闭庭院的东西厢不同，前面无廊，是隋唐时常见的布置形式。对称例子中最大的当属唐大明宫含元殿。唐太极宫、洛阳宫正门承天门、应天门也都属此式，为宫城正门定式。在寺庙中也有此布置，敦煌 217 窟北壁观无量寿经变中主体建筑即是其例（图 3-10-12）。此式在隋唐多用于园林中。敦煌 338 窟西壁龛顶所绘园林建筑正殿居中，殿前左右相对建歇山顶敞厅，每殿以廊相连，其前花树繁茂，也正是此式（参阅图 3-6-5）。殿前左右二建筑也可以不对称，渤海国上京禁苑池北一组建筑即为左侧并列一亭，右侧前出一亭，以廊相连（参阅图 3-6-4）。一殿二亭或二轩，以廊相连几乎成为园林建筑组群的惯用形式。

图 3-10-12　甘肃敦煌莫高窟第 217 窟北壁盛唐绘观无量寿经变中的佛寺殿宇院落

以上四种只是基本形式。如考虑建筑的层数，如单层组合，多层组合，单层与多层组合，组合方式就增加了几倍，而且在实际建筑中，还往往同时运用几种组合形式。例如唐大明宫麟德殿，它的前中后三殿相连，属聚合形式；而前殿一层，中殿二层，又属一、二层建筑的聚合形式；殿之东西侧对称建有东亭、西亭和郁仪楼、结邻楼，和中、后殿又是并列的形式。又如敦煌 148 窟东壁南北两幅观无量寿经变壁画，它们的主体建筑都是前殿后楼，为前后相重形式；但北侧一幅后楼左右有挟楼，为聚合形式，而南侧一幅后楼左右有朵楼，为并列形式，也都是各自同时用了两种形式。就两幅壁画整体而言，主殿左右又各有曲尺形回廊，向前方转折，通到殿前方左右的二楼，又属左右环抱的形式。从这几例可以看出，这四种组合方式的混合运用，加上单层多层的变化，可以组织出多种不同面貌，大大地增强了建筑的艺术表现力。中国古代建筑，就单体而言，形式不多，屋顶也只有四五种基本样式，但一旦形成群组，就会出现极多样的变化，既满足不同的使用要求，也创造出瑰丽多样的艺术面貌。

群组在外观最突出之处就是各种屋宇组合在一起，或互相叠压，高下错落，或势合形离，翼角交叉。杜牧〈阿房宫赋〉说"五步一楼，十步一阁。廊腰缦回，檐牙高啄。各抱地势，钩心斗角"[15]，很生动地描写了密集的建筑群组的特色。

三、院落布置

中国古代建筑的一个最突出特点是采取院落式布局，建筑群组以院落为单位。在主体建筑的前面有门，左右有庑或配房，用回廊或墙连接，围成矩形院落，把主体建筑封闭在院中，需经门和庭院始能进入。大的宫殿官署、寺庙都由若干院落组成，院落的组合及其变化遂成为古代建筑艺术的一个重要方面。

中国古代采用院落式布局有悠久传统。在陕西扶风凤雏早周遗址中已出现两进的院落。在台榭建筑盛行的春秋至汉朝之间，也仍然如此。近年发掘出的西安王莽九庙遗址都是正方形院落，杜陵西汉寝园为矩形院落。

台榭是由大小和性质都不同的多种建筑聚合而成的。台榭之风衰歇后，宫殿变为建在高基上的单栋建筑，并有辅助房屋，殿宇的尺度变小而数量增多，形成向纵横两向发展的并列的多进院落群。各殿宇的大小、高低变化和院落的阔狭不同，可使不同院落形成不同的空间形式和艺术面貌。自南北朝以来，院落的布局和院落群的组织日益成熟。

隋唐时，全国统一，国力强盛，都城、宫室、寺观、贵邸的豪华侈大都远远超过南北朝时。在宫殿、寺庙中出现了很多气势开阔、宏伟壮丽的巨大院落，而同时在第宅园林中又出现花木扶疏，回廊屈曲的幽静小院，院落式布局的种种特点和优点得以充分表现出来。

（唐）杜宝《大业杂记》记洛阳隋东都宫殿，说主殿乾阳殿殿庭四面有殿门，"四面周以轩廊，坐宿卫兵。"主殿东西外侧的文成殿、武安殿和内廷的玄靖殿也都"周以轩廊"。《元河南志》记隋五王宅也说"皆轩廊坐宿卫"，（唐）李善注左思〈魏都赋〉，说："轩，长廊之有窗也"，日本奈良法隆寺西院的飞鸟建筑回廊正是外侧装有直棂窗的长廊，即上文所说的"轩廊"（图3-10-13）。据此推知，殿四周建廊围成院落是隋唐时通行的做法。

在已发现的唐代建筑遗址中，西安唐青龙寺主院及西院，唐西明寺东院，黑龙江宁安县唐渤海国上京宫城中第一、二、三殿址都是由回廊围成的矩形院落，也说明它应用之广泛。

综合已发现的遗址、文献记载和敦煌壁画所绘，唐代单座院落的大小规模主要表现在尺度和所用门殿数目上。最简单的为一门一厅，用回廊围成矩形院落。稍大者可有前后两厅，即在前述院落中再建一厅，形成前后二厅相重的布置。再大者在前厅左右也建廊，院落遂呈日字形平面。规模再大者，可在门、前厅（殿）、后厅（殿）左右建挟屋或朵殿。最高规格的则在加挟屋、朵殿基础上于东西廊上开东西门，并在回廊转角处建角亭（图3-10-14）。在这几种布置的基础上，再加上建筑层数的变化，如门、后殿、东西门或角亭建为二层，又可出现更多的院落形式。

图 3-10-13　日本奈良法隆寺飞鸟时代回廊——轩廊

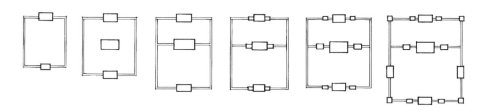

图 3-10-14　唐代院落形式示意图

据考古探查和文献记载所知，一些宫殿的院落面积很大。即以已探明的唐代殿与门间庭院而言，唐长安西明寺东院最小，宽深为 210 尺×88 尺。其次的长安青龙寺西院为 300 尺×310 尺。唐内朝正殿大明宫紫宸殿前为 300 尺×360 尺。唐中朝正殿宣政殿前约为 650 尺×650 尺。此外，唐渤海国上京宫殿中，以第三宫殿前最小。为 200 尺×250 尺。第二宫殿前为 300 尺×400 尺。第一宫殿前为 500 尺×600 尺。隋东都洛阳宫中主殿乾阳殿其前殿庭东西之宽未探得，南北之深为 750 尺。文献记载唐总章明堂方案规定明堂院方 1800 尺，自各门至殿前均为 760 尺[16]。

上举诸实例中，以隋东都乾阳殿前之 750 尺为最大，其次即唐长安大明宫宣政殿前之 650 尺。这二殿都是隋、唐宫中主殿，当属最大规模之宫院。总章明堂方案所定虽稍大于此二者，但并未实现。渤海国上京宫城第一宫殿是宫中主殿，故殿前庭院最大，它比宣政殿前稍小，可能是因其为地方政权，有意稍加减损。

唐代院落形象我们只能从敦煌唐代壁画中看到，以所绘大型经变表现最明晰。观无量寿经变中所绘佛殿前为莲池，故只表现了院落的中后部，一般在中轴线上建二或三殿前后相重，后殿往往为楼阁，左右配殿或单层、或二层，左、右、后三面周以回廊。廊转角处有角楼，如 172、148 两窟壁画所示（见图 3-10-9、3-10-8、3-10-7），弥勒经变及药师经变所绘多是完整的院落，前有门，庭中建主殿及配殿（图 3-10-15）。大型宫院东西廊上也有门（图 3-10-16）。

据文献记载，唐代院落布置还有在大院两侧附建若干小院的，即廊院式布置，其详见于本章第五节住宅部分。唐代廊院布置的实物及图像均不存，我们只能据继承唐的宋代廊院图结合唐代有关记载，推知其布置概况（图 3-10-17）。

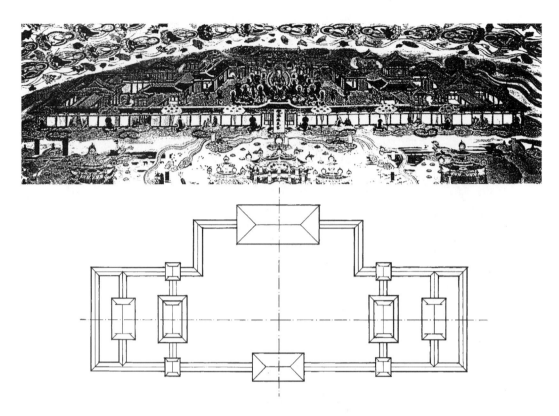

图 3-10-15　甘肃敦煌莫高窟第 148 窟南壁盛唐绘弥勒经变中的佛寺院落及平面示意图

图 3-10-16　甘肃敦煌莫高窟第 237 窟中唐绘天请问经变中的佛寺院落及平面示意图

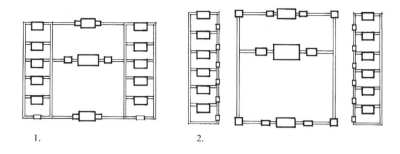

图 3-10-17　唐代廊院式布局平面示意图
1. 廊外即小院；2. 廊外隔巷道建小院

巨大的宫殿、官署、第宅、寺观是由多个院落组织起来的。若干院前后串联形成一条纵轴线，称为"路"，而称每重院落为"进"[17]。若干路东西并列，以其中一路为主轴线，组成整个宫殿或寺观。

在已发掘或经勘探的唐代遗址中，唐大明宫、隋唐洛阳宫的院落关系尚未查明，只有渤海国上京宫殿已了解其主要布局。从图中可以看到，它分左、中、右三路。中轴线上的中路为主，前后相重建有五座殿宇，形成四进院落，其中第一进以宫城正门为门，第二进有殿门，第三进紧接第二宫殿之后，无专用之门，且主殿为工字殿，又分全院为前后部。前三进都用回廊围成院落，只第四进四周为围墙。东西路也用围墙围成若干进大院落，其内再用墙分割为小院。

对渤海国上京宫殿址的实测平面图进行分析，发现它是在方 500 尺（100 步）的方格网上进行布置的。参阅图 3-9-4 可以看到，如自第一宫殿前东西侧横廊南端山面柱起向北画方 500 尺的网格，则第一宫殿东西侧行廊的后檐柱列和第二宫殿台基前沿、第四宫殿台基后沿都恰在网格线上，而第一宫殿前东西侧横廊台基前沿间之距也是 500 尺。宫中东、西路围墙总宽也均为 500 尺。

渤海国上京宫殿是迄今我们惟一能看到的柱网和围墙基本完整、院落关系清楚的唐代大型宫殿总平面图。它表现出的以 500 尺为网格的规划布置框架极值得我们注意。与它相似的还有唐长安大明宫，据其三道横墙的间距也可推知它以 500 尺为网格，计东西七格，（以北墙为准）南北十四格（参见图 3-2-8）。隋唐东都洛阳宫的中心部分为正方形，以城身中线计约方 1030～1050 米，合 3500 尺，也恰可分为 500 尺的网格横竖各七格（图 3-10-18）。据此三例，可以推测，大约以 500 尺为网格是隋唐宫殿等特大规模建筑群组控制规划布局的通用手法。

中国古代形成封闭式院落布置，有其礼仪上和生活习惯上的原因，但这样布置，在建筑艺术上也有其特殊效果和优点。

其一是把主要建筑都布置得面向庭院，可造成不受外界干扰、不能一览无遗的特定环境。

其二是可以按建筑的性质、功能和艺术要求设计院落，以横宽、纵长、曲折、多层次等不同空间形式的院落衬托主体，造成开敞、幽邃、壮丽、小巧、严肃、活泼等不同的环境效果，增强建筑群的艺术表现力。

其三是通过院落的门和道路，组织建筑的最佳观赏点和观赏路线。院落的门是使人最先看到主体全貌的观赏点。唐代门、殿俱存的建筑群已无存者，但主要继承了唐代建筑传统的河北蓟县独乐寺观音阁和山门还保存完好，站在山门心间可以发现它的后檐柱及阑额恰好是可以嵌入阁之全景的景框，这显然是经过精心设计的结果（图 3-10-19）。由此也可以推知，唐代设计院落时应已考虑使用这类手法。

其四是可以通过回廊、行廊、穿廊，丰富院落空间，衬托主体建筑群。隋及初唐大宫院都"周以轩廊"，其作用虽是"坐宿卫兵"，即起防卫作用。但回廊尺度接近一般房屋，穿过回廊看主体建筑，并以对面的回廊为背景，就为体量巨大的主体建筑提供了一个了解其尺度的比例尺。当主体为前后二殿或工字殿时，前殿两山有行廊通东西廊。因主殿台基远远高于回廊基，行廊台基

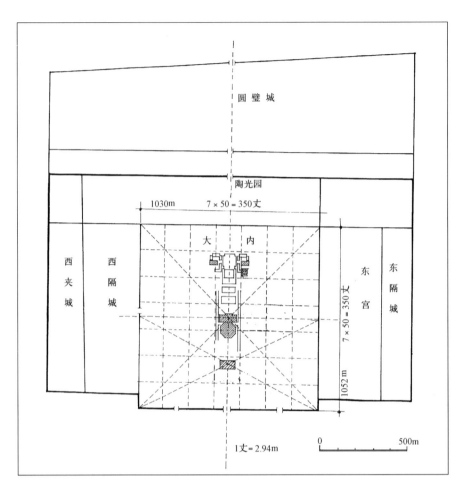

图 3-10-18　唐洛阳宫按 500 尺方格网布置示意图

图 3-10-19　河北蓟县辽独乐寺自山门北望观音阁

要逐渐升高以接殿基，廊遂成为自两侧向中间升高的斜廊，接于主殿两山檐下。斜廊的升高向上趋势，大大加强了前殿的弘伟高大感。斜廊和前后殿间的穿廊，又把庭院后部分割成两部，增加了庭院的深远通透效果。回廊在院落中虽非有效使用面积，但在构成庭院空间和组织行进路线上有重要作用，并有很强的艺术表现力，是中国式院落布局中最具特色、不可缺少的部分。

其五是由多所院落串联或并列组成的大型建筑群，通过不同院落在体量、空间形式上的变化、对比，取得突出主院落和主体建筑的效果，并使得整个建筑群（宫城、寺观）主次分明，丰富多彩。隋、唐长安、洛阳主要宫殿目前尚未完全探明（本书所附均属复原图性质），只有渤海上京宫殿的中部已经查明，从前后三所宫院中可以看到这种串联的情况和尺度及空间形式上的变化（参阅图3-9-3）。

四、城市面貌

城市布局属于规划问题，决定于政治、经济、军事、文化诸因素，基本不是建筑艺术问题。但在规划中，巧妙地利用地形，在顺应规划需要的同时，恰当地布置街道网，组织城内重要建筑，使之互相呼应，构成壮观的街景和优美的城市立体轮廓线，仍然可以形成城市的独特风貌和美感。

两汉长安、洛阳都使宫殿居都城之中心，其他建筑及里坊环绕在四周，但未能形成轴线，不能起拱卫、衬托、突出宫殿的作用。到三国曹魏时，在邺城、洛阳二处把宫建在都城北部，宫前建直对宫正门的南北大道和横过宫门的东西大道，形成丁字街，在街两侧建官署、庙社，形成城市的南北和东西轴线。南北大道以宫门为对景，夹道整齐高大的官署鳞次栉比，既增加城市的纵深感，也衬托出路北端宫殿的巍峨壮丽。在利用城市布局以突出宫殿、官署等代表国家政权的建筑方面，显然超过两汉。魏晋、南北朝的都城大都沿用这种布置。一些有子城的州郡城对子城的处理也大体如此。

隋唐时，这种布局又有发展。隋文帝建大兴城时，增设皇城于宫城之前，把中央官署集中于皇城内，使城市分区更为明确，但在宫前辟南北、东西大道的格局仍然保持着。汉唐以来，城市的居住区为封闭的里坊，实际是矩形或方形小城。隋唐城市的里坊比前代整齐，尤以按规划新建的大兴——长安和东都洛阳为突出，街坊规整、道路横平竖直，宛如棋盘。故李白《君子有所思行》说："万井惊画出，九衢如弦直。"白居易《登观音台望城》诗说："百千家似围棋局，十二街如种菜畦"[18]，赞诵城市布局规整有序。规整有序是形成中国中古城市风貌和美感的重要因素之一。

里坊大的四面各开一门，小的只东西开门，一般建筑都封闭在坊内，只有国家建的寺观和三品以上贵官邸宅可在坊墙上临街开门。长安中轴线上主街朱雀街自皇城向南有九坊东西相对，宫前东西横街在宫城皇城外的东西段各有三坊南北相对。在长街上如只相隔一、二里开一坊门，街景实过于单调。唐以前都城多沿街建官署，隋唐集中官署于皇城后，尽量把重要寺观、贵邸建在坊中临大道的一面。长安中轴线上主街朱雀街，东侧自北而南迤逦布置有至德观、太平公主宅、荐福寺及塔院、外戚王昕宅、大兴善寺、光明寺、昊天观等，街西侧有大开业寺、济度尼寺、玄都观、武氏崇恩庙、鱼朝恩宅等，一般临街开门的贵邸尚未计入，其中大兴善寺、玄都观在高地上，夹街对峙，尤为壮丽。宫前东西横街西段自开远门至皇城安福门间，街北自西而东为李勣宅、东明观、延唐观、武三思宅、昭成尼寺、万善尼寺、玉真观、金仙观。其中李勣宅、武三思宅、玉真观、金仙观是最重要的贵邸，二尼寺为隋、唐皇室所建，都是巨大的建筑群。玉真、金仙二观"门楼绮树，耸对通衢，……入城遥望，窅若天中"，为重要街景。[19]

长安洛阳主街都设"御道"，又称驰道，两侧是臣下及百姓道路，三道并行，路旁植槐为行道树，树排列整齐，当时人称之为"槐衙"。路外为排水明沟。岑参诗："青槐夹驰道，宫馆何玲珑"[20]，白居易诗："下视十二街，绿树间红尘"，"长安多大宅，列在街西东"，"谁家起甲第，朱门大道旁"[21]，所咏就是长安的街景。夹道所建这些大型寺观和贵邸朱门洞开，楼阁相望，大大地美化了街景，它的特色是高贵、豪华、开敞、整齐，和宋以后商业街的繁华、热闹、喧闹、拥塞迥然异趣。

作为都城，宫殿是最重要的标志，长安的主宫太极宫在中轴线北端，从朱雀街北行，要经过皇城正门朱雀门，方可望见宫城正门承天门，承天门外有双阙，是皇宫最重要的标志，王维诗：

"云里帝城双凤阙，雨中春树万人家"[22]，描写在烟雨中只有两阙高耸，可以在远方望见。唐之大明宫在城外东北方高地上，长安地势东南方有乐游园、曲江等高地，可以北望大明宫。安史乱时，杜甫不忘唐廷，至城南曲江高地北望大明宫，故其《哀江头》诗末有"欲往城南望城北"之句，点明用意[23]。据此可知宫阙是城中重要景观。

城市中往往建一些高大建筑为标志。隋建大兴时，因西南方低下，遂在西南角永阳坊建禅定寺，寺内建高三百三十尺的木塔[24]，高耸天际，实际上起了大兴西南角的界标作用。在长安主街朱雀街上，除兴善寺、玄都观夹街对峙外，在安仁、丰乐二坊也有荐福寺小雁塔与法界尼寺之双塔隔街相对。唐建大明宫后，城市重心东移，除宫中前殿含元殿与南面进昌坊之慈恩寺大雁塔遥遥相对外，在正门丹凤门外翊善、光宅二坊中又有保寿寺双塔与光宅寺七宝台夹街相对。另在宫前远方的崇仁坊、新昌坊、曲池坊还有资圣寺塔、青龙寺塔和建福寺高150尺的弥勒阁等高大建筑。这些塔和高大的楼阁，或夹中轴线对峙，或在宫前起伏，遥相呼应，构成城市立体轮廓，并起着标志城市范围的作用。

除楼阁塔殿外，城楼对造成城市景观也极有作用，在一般州府城中尤其是这样。州府城子城的正门谯门又称谯楼，一般在城市中轴线上，前临丁字形纵横主街，最为壮丽，唐人诗文中多有咏谯楼或双门的记载，即是明证[25]。子城往往也建楼亭于城上，苏州子城北面正中有齐云楼，西有西楼，可以俯瞰城中街巷景物，屡见于白居易的诗篇，也是城中重要景观。这些楼观的起源可能兼有防守、瞭望之用，以后遂发展成宴会瞻眺建筑，至唐代称为"郡楼"，也是州郡中重要景观建筑。有些城临形胜之地，则其城楼、角楼也成为重要景观。杜甫诗有"昔闻洞庭水，今上岳阳楼"等名句[26]，岳阳楼即岳阳城西临洞庭湖的城楼，遂成为千百年来岳阳的标志。南昌的滕王阁、武昌的黄鹤楼其前身都是临江的城墙角楼，增建后也成为二城的重要标志。唐代各州、郡、县还普遍立有官寺。武则天天授元年（690年）令两京及天下诸州各置大云寺一所，开元二十六年（738年）又都改称开元寺。天宝元年（742年）两京及诸州又各立紫极宫以崇奉老子。这些寺观实际是历朝皇帝生日、忌日行香、设斋之处，为州郡城中的重要公共建筑，也成为重要城市景观。

一些山区水乡有强烈地方特点的大小城市，往往也有意突出其特点，形成特殊风貌。在唐代最突出的例子就是苏州。白居易为苏州刺史时，有《九日宴集，醉题郡楼》诗，咏在苏州子城楼上凭栏下望所见，诗云："……半酣凭栏起四顾，七堰八门六十坊。远近高低寺间出，东西南北桥相望。水道脉分棹鳞次，里闾棋布城册方。人烟树色无隙罅，十里一片青茫茫"[27]。又有《齐云楼晚望，偶题十韵》诗云："复叠江山壮，平铺井邑宽，人稠过扬府，坊闹半长安。"[28]。二诗把苏州里闾方正规整和水道纵横、桥梁错出的特点极准确地描绘出来。他还有专门描写苏州水乡特色的诗，其名句有："黄鹂巷口莺欲语，乌鹊河头冰欲销。绿浪东西南北水，红栏三百六十桥"[29]，和"深坊静岸游应遍，浅水低桥去尽通"[30]，"风月万家河两岸，笙歌一曲郡西楼"[31]，"处处楼前飘管吹，家家门外泊舟航"[32]等句，说明苏州的城市景观的特色是在坊巷中穿行的水道，高低错落、红栏映水的桥梁和楼屋临河、门前泊舟的住宅。

对于山城，杜甫《夔州歌十绝句》咏夔州的形势是："赤甲白盐俱刺天，闾阎缭绕接山颠。枫林橘树丹青合，复道重楼锦绣悬"[33]。又咏白帝城有"城峻随天壁，楼高更女墙"[34]和"江山城宛转"[35]之句。白居易咏忠州山城云："一支兰船当驿路，百层石磴上州门"[36]，把山城凭高据险，居宅随山势盘旋而上，高低错落，楼宇掩映于丛树间的特色生动地表达出来。虽然限于资料，我们目前尚无法对唐代水乡、山区城市的景观之美作具体探索，但从上引诸诗看，当时肯定已很注意发挥其景观特色了。

从唐代开始，城中出现建在街心的纪念柱式建筑。最著名的是洛阳天枢和长安石台，此外，在州县城子城谯门外建经幢也开始形成风气。

武后延载元年（694年）八月"武三思帅四夷酋长请铸铜铁为天枢，立于端门之外，铭纪功德，黜唐颂周，以姚璹为督作使。诸胡聚钱百万亿，买铜铁不能足，赋民间农器以足之"[37]。天册万岁元年（695年）夏四月，天枢成，高一百五尺，径十二尺，八面，各径五尺。下为铁山，周百七十尺，以铜为蟠龙麒麟萦绕之。上为腾云承露盘，径三丈，四龙人立捧火珠，高一丈。工人毛婆罗造模，武三思为文，刻百官及四夷酋长名。太后自书其榜，曰'大周万国颂德天枢'"[38]。唐玄宗开元二年（714年）三月"毁天枢，发匠镕其铜铁，历月不尽"[39]。

天枢是为颂武则天代李氏为帝的，故玄宗毁之。它自695年建成，至714年毁去，存在了二十年。建铜铁柱勒铭纪功，大约始于马援所立交趾铜柱。柱上有盘的形式则始见于汉武帝所造"建章宫承露盘，高二十丈，大七围，以铜为之"[40]。天枢下铁山四周的蟠龙、麒麟、八角柱身和火珠也都是汉、南北朝以来传统形式，可知天枢的形制基本上是传统形式上的创新。但建在皇城正门前通衢中心，却是前所未有的。隋唐时和西方交流颇为频繁，新旧两唐书及《通典》于拂菻、大秦有颇多记载，二国均为东罗马之异名。罗马建筑特点，包括建纪念柱之事，未必不会传至中国，再加上天枢为"四夷酋长"请建的情况，它立于通衢的布局是否可能受到东罗马的影响，是颇值得进一步探讨的问题。天枢建在洛阳皇城正门端门之外，前临洛河上主桥天津桥，隔桥向南遥对洛阳主街定鼎门街和正门定鼎门，位于全城主轴线上，成为都城和宫殿的重要标志。尽管出于妇女不能做皇帝的偏见，和武、李两姓间政权的转移，它很快被毁，后世史书中也多以讽讥之语记述它，但在城市中轴线上建纪念柱，在中国城市史上却是个创举。这样巨大的天枢，仅八个月就竖立于通衢，在铸造史上也堪称伟大成就。它下面的基础也属重大工程。唐宋二代都有铸铁塔和佛像下再用铸铁桩基的记载，估计天枢下的基础也可能是这样的。

石台为唐中宗景龙二年（708年）韦皇后所建，在长安朱雀街上。《长安志》记此事云："景龙中，韦庶人置石台于此街，在开化一坊之间，雕刻缋楼，上建颂台，蛟龙蟠遶，下有石马、石狮子、侍卫之像。初，韦氏矫称衣箱有五色云气，使画工图像，以示于朝。及节愍太子遇害，韦氏又上中宗《圣威神武颂》，刊石以纪其事，谓之颂台，上官昭容之文也，并勒公卿姓名于上。谄词伪事，有乖典实，景云元年毁之"[41]。据此，则石台下为缋楼，上为颂台，高数丈[39]，为纪念韦后衣箱有五色云之瑞和唐中宗杀其太子而建，也是在街道中央建的纪念碑。它始建于景龙二年（708年），毁于景云元

图3-10-20 上海松江唐大中十三年（859年）经幢

年（710年），存在了二年左右。这种建于街中的布置明显源于洛阳天枢。这样，在洛阳和长安，就先后各有一座建于街心的纪念性建筑。这本是城市建设中的新生事物，不幸它们先后建于武后、韦后两个名声不好的皇后之手，韦后且以弑夫之罪被杀，建天枢、石台遂成为她们的恶政和笑柄，使得以后无人敢于效法，在街心建纪念建筑遂成为中国城市史上昙花一现的绝响。

经幢是刻有佛经的石柱，原建于寺中，其详见本章佛教建筑节。经幢建于通衢，至迟在唐后期已出现。现存最早的例子是松江唐石幢。幢建于唐大中十三年（859年），位于原华亭县衙前十字街心。20世纪70年代时，县衙谯门门道木构排叉柱痕尚存，近年始毁去。幢现残存21层，高9.3米，虽局部有错位倒装处，仍可见其秀美挺拔的轮廓（图3-10-20）。经幢建于十字街或通衢，虽唐代只遗此孤例，宋代却有较多记载，说它建在行刑杀人之处。北宋陈师道《后山谈丛》记苏轼编造寓言嘲戏刘攽，说颜回、子路路遇孔子，颜渊"就市刑人经幢避之，所谓石幢子者"[42]。南宋陆游《老学庵笔记》也说一人以陷他人于死得升迁，行至市中刑人经幢处，遂大呼发狂。据二书所记，至少北宋、南宋时街头所建经幢处是法场，以幢上所刊陀罗尼经为受刑者解冤除罪。松江石幢建于衙前十字路口，当也是这种性质。街心建石幢因为有实际用途，得以延续下来，成为唐以来城市中的纪念、标志性建筑物。

注释

[1]《营造法式》卷2，〈总释〉下，〈钩栏〉条原注："今殿钩栏当中两栱不施寻杖，谓之折槛，亦谓之龙池。" 1954年商务印书馆印本①P. 37

[2]《营造法式》卷5，〈大木作制度〉二，〈柱〉，"凡杀梭柱之法"条。1954年商务印书馆印本①P. 102

[3]《营造法式》卷5，〈大木作制度〉二，〈柱〉，"侧脚"条。1954年商务印书馆印本①P. 103

[4]《营造法式》卷5，〈大木作制度〉二，〈柱〉，"至角则随间数生起角柱"条。1954年商务印书馆印本①P. 102

[5] 据山西省古建所柴泽俊1975年提供之实测数据及图纸。

[6] 这种栱近年习惯称之为人字栱。但日本汉字名其为"割束"，读音近于"叉手"，故知唐代时仍名之为叉手。

[7] 今藏中国社会科学院考古研究所陈列室。

[8]《营造法式》卷④，〈大木作制度〉一，〈栱〉，"栱头上留六分，下杀九分"条。1954年商务印书馆印本①P. 78

[9]《营造法式》卷4、5，〈大木作制度〉一、二〈栱〉、〈梁〉、〈阑额〉、〈柱〉、〈檐〉各条云："一曰华栱，……每头以四瓣卷杀。""造月梁之制，……梁首……其上以六瓣卷杀。""造阑额之制，……两肩各以四瓣卷杀。""凡杀梭柱之法，……如栱卷杀。""凡飞子，……皆以三瓣卷杀。" 1954年商务印书馆印本①P. 76~112

[10]《营造法式》卷5，〈大木作制度〉二，〈举折〉条。1954年商务印书馆印本①P. 112

[11]《全上古三代秦汉三国六朝文·全北齐文》卷3，邢劭：〈新宫赋〉中华书局影印本④P. 3839

[12] (宋) 庄绰《鸡肋编》卷下："《易·正义》释朵颐，云朵是动义，如手之捉物，谓之朵也。今世俗以手引小儿学行谓之，多莫知其义。以此观之，乃用手捉，则当为朵也。"中华书局标点本 P. 126

[13]《元河南志》卷4，〈唐城阙古蹟〉，〈五殿〉条。《藕香零拾》本卷4，P. 6a

[14] 韦悫〈重修滕王阁记〉："旧正阁通龟首东西六间，长七丈五尺"。《全唐文》卷747 上海古籍出版社影印殿本④P. 3430

[15]《全唐文》卷748 上海古籍出版社影印殿本④P. 3432

[16] 均据各发掘报告附图按1唐尺＝0.294米，1步＝5唐尺折合而成。

[17] "路"、"进"均明清建筑术语，唐代名称不详，故借用之。唐代大约称一个大的廊院群组为一"区"，但纵横关系如何表达不详。

[18]《白居易集》卷25，〈律诗〉。中华书局标点本②P. 560

《李太白全集》卷5，〈乐府〉中华书局标点本①P. 273

[19] 均据《长安志》卷7~10。中华书局影印《宋元方志丛刊》本①P. 109~130

[20]《参嘉州诗》卷1，〈与高适薛据同登慈恩寺〉。四部丛刊本卷1P. 15a

[21] 《白居易集》卷1，〈登乐游园望〉；卷1，〈凶宅〉；卷2，〈伤宅〉。中华书局标点本①P.12、P.3、P31

[22] 《王右丞集》卷2，〈奉和圣制从蓬莱向兴庆阁道中留春雨中春望之作应制〉。四部丛刊本卷2.P.2a

[23] 《杜工部集》卷1，〈哀江头〉。上海古籍出版社标点本①P.42

[24] 《长安志》卷10，〈永阳坊〉条原注。中华书局影印《宋元方志丛刊》本①P.129

[25] 参阅本章第一节城市，二，隋唐时期的地方城市条。

[26] 《杜工部集》卷18，〈登岳阳楼〉上海古籍出版社标点本②P.613

[27] 《白居易集》卷21。中华书局标点本②P.456

[28] 《白居易集》卷24。中华书局标点本②P.550

[29] 《白居易集》卷24，〈律诗〉，〈正月三日闲行〉中华书局标点本②P.540

[30] 《白居易集》卷24，〈律诗〉，〈小舫〉中华书局标点本②P.541

[31] 《白居易集》卷24，〈律诗〉，〈城上夜宴〉中华书局标点本②P.544

[32] 《白居易集》卷24，〈律诗〉，〈登阊门闲望〉中华书局标点本②P.533

[33] 《杜工部集》卷14，〈近体诗〉，〈夔州歌十绝句〉之四。上海古籍出版社标点本②P.502

　　按：赤甲、白盐均山名。

[34] 《杜工部集》卷14，〈近体诗〉，〈上白帝城〉。上海古籍出版社标点本②P.494

[35] 《杜工部集》卷14，〈近体诗〉，〈上白帝城二首〉之二。上海古籍出版社标点本②P.495

[36] 《白居易集》卷18，〈律诗〉，〈初到忠州，赠李六〉。中华书局标点本②P.378

[37] 《资治通鉴》卷205，〈唐纪〉21，则天后延载元年（694年）八月。中华书局标点本⑭P.6496

[38] 《资治通鉴》卷205，〈唐纪〉21，则天后天册万岁元年（695年）四月。中华书局标点本⑭P.6502

[39] 《资治通鉴》卷211，〈唐纪〉27，玄宗开元二年（714年）三月。中华书局标点本⑭P.6699

[40] 《三辅故事》，张澍辑本，《丛书集成》本，P.6

[41] 《长安志》卷7，〈唐京城〉，朱雀门街条原注。中华书局影印《宋元方志丛刊》本①P.109

[42] 转引自《宋人轶事汇编》卷9，〈二刘〉条。中华书局标点本⊕P.438

第十一节　建筑装饰

隋唐时期的建筑装饰，在做法与规制上，仍沿袭南北朝甚至汉晋的传统，只是装饰题材、造型纹样及艺术风格有较大的改变。

隋与唐代前期，属统一后的开创阶段。宫室营造中追求规模，尚不过分注重细节。建造大明宫含元殿时，"去雕玞与金玉，绌汉京之文饰"[1]，有鄙视装饰、以示简朴的意思。含元、麟德两殿遗址中，均出土有不加雕饰的大型素面覆盆式柱础（方1.2～1.4米，应为殿内所用）[2]，也证实此点。在这之后，侈靡风气渐长。据史料记载，武则天时期至玄宗开元天宝年间，贵戚、官僚以及豪富的宅邸，多大事铺张、争奇斗富。宫殿和佛寺的内外装饰也渐趋华丽。这种风气至晚唐时愈甚，不仅宫中装饰金碧辉煌，社会上也普遍盛行各种装饰做法。文宗太和六年（832年）敕中引《营缮令》之文，有如下规定："王公已下舍屋不得施重栱、藻井。……非常参官不得造轴心舍及施悬鱼、对凤、瓦兽、通栿乳梁装饰。……（庶人所造堂舍）仍不得辄施装饰"[3]。反映出当时建筑营造中不依礼制、滥用装饰的风气已经到了必须严加禁止的地步。尽极装饰的风气到五代时期随着国家分裂、政权更替频繁、经济实力不足而有所衰退。但在局势相对稳定的时期和地区，唐代的建筑装饰做法依旧得以延续发展并下传至宋代。

北朝后期，波斯、西域诸国与汉地之间交通频繁，隋炀帝时更意图向西域地区扩张统治，不仅通过暴力手段获取大量财富与珍奇物品，同时采用遣使、通商等和平手段，沟通与西方各国的联系，艺术文化方面的交流也进入了空前繁荣的阶段。自南北朝晚期至唐代早期这段时间内，陆续出现了汉地仿制的粟特、波斯甚至拜占庭样式的各类工艺品，如织锦、金银器等[4]，其中的各种装饰纹样，如联珠、团窠、卷草等，受到社会各阶层的喜爱，开始广泛用于建筑装饰和墓室石刻之中。尽管在这些外来纹样的使用中逐渐融入了汉地传统与民间的艺术成分，但它们无疑为隋唐时期建筑装饰新风格的形成提供了丰富的营养。

隋唐时期的建筑装饰艺术，在从西域、中亚引进各种装饰纹样的同时，又向东方的日本、朝鲜等国家大量输出。在保留至今的日本奈良、平安及镰仓初期的建筑实例中，仍可见到隋唐风格的装饰纹样与做法。朝鲜地区的古代遗址中，也出土有精美的唐代纹样花砖与瓦件。这一进一出，反映了隋唐帝国在文化艺术上包容兼收的强盛活力，以及在东西方交通中所起到的中心枢纽作用。

一、木构件表面装饰

彩绘是隋唐建筑木构件表面最普遍、最常用的一种装饰做法。唐代石窟与墓室壁画中，有不少风格写实的建筑形象，其中对建筑外观各部分构件的色彩，有相当细致的描绘，如敦煌莫高窟盛唐第148、172窟经变画所表现的建筑群中，殿阁的檐柱、枋楣、椽、栱等，表面一般作赭色或红色，廊柱有的用黑色。构件的端面，如椽头、枋头、栱头、昂面等，用白色或黑色（正与《魏都赋》中的"榱题黮黤"同）。栌斗与小斗多用绿色。构件之间的壁（板）面，如重楣之间，椽间、枋间、窗侧余塞板、窗下墙等，一般作白色，也有作黑色或青绿相间的。白色的栱眼壁中央，绘有青绿杂色的忍冬纹驼峰（在墓室壁画中，则多作红色的人字栱）。门扇的颜色与柱身相同，为红色，窗棂则多作绿色。敦煌初唐壁画中的楼阁平坐下，开始出现装饰性的雁翅板，其形式为通长水平立板上，饰有连续的开口向下的半圆弧或三角纹，将板面分为上下两部分，敷色方式为上黑（红）下白。这种形式唐人称之为"雁齿"，白居易诗"雁齿小桥红"即指此，后世讹转为"雁翅"（图3-11-1）。

壁画中所表现的，只是建筑物外观上各种构件的立面色彩，至于具体纹样以及建筑物内部的情形，只能根据现有实例及文物资料加以了解。敦煌宋初窟檐内部的构件表面，保留了大量彩绘原作。从纹样来看，仍具有晚唐五代时期的特点。柱身绘联珠束莲纹，是早在北朝石窟中即已出现的装饰样式；梁枋表面满绘联珠纹带饰与团花、龟纹、菱格等纹饰，都是唐代流行的纹样；栱身侧面绘团花，栱底作白色朱绘燕尾纹（图3-11-2、3-11-3）。山西五台南禅寺和佛光寺大殿的内外檐斗栱及枋额上，也都残留有彩绘的痕迹。佛光寺大殿栱底所绘，有紫地白燕尾与白地紫燕尾两种，从它们的分布情形推测，白地紫燕尾可能是早期做法[5]（图3-11-4）。南禅寺大殿的阑额与柱头枋内面，绘有直径约10厘米的白色圆点，沿枋额均匀分布（图3-11-5）。根据后代在白点上压绘木纹推测，可能是年代较早的彩绘遗迹。已知唐代彩绘颜料，均为水粉，不调油漆，难以耐久，故大都只保存了室内部分。据史料记载，唐代佛寺殿阁，也多采用内外遍饰的做法。如五台山金阁寺中的金阁，"壁檐椽柱，无处不画"[6]。敦煌中唐第158、237诸窟壁画中，也有檐柱上绘有团花、束带的建筑形象。五代南唐二陵墓室中，砖构仿木的斗栱、楣、柱皆施彩绘（图3-11-6），也说明唐、五代时期木构件表面彩绘做法之流行。

彩绘同样用于室内的木质平棊、平闇以及室外的木质勾栏。平棊（闇）的格条一般饰红色，格内白地，上绘花饰，峻脚椽及椽间板做法亦同。敦煌唐代窟饰内的龛顶，也见有绿色格条、格内青绿相间绘饰团花的平棊形象（见图3-11-29）。勾栏的望柱、寻杖、唇木、地栿等多作红色，栏板用青绿间色。间色是唐代彩绘中流行的艺术手法，即色彩呈现有规律地间隔相跳。一般以青绿二色相间，也有用多色相间的。甚至壁画中的城墙与建筑物基座的表面，也表现为条砖平缝间色的形象。

等级较高的建筑物中，梁柱等主要构件表面又用包镶（古称"帖"）木皮的装饰做法，材料

a. 初唐第 217 窟观无量寿变中的建筑群

b. 盛唐第 445 窟阿弥陀经变中的乐舞楼台

图 3-11-1　甘肃敦煌莫高窟唐代壁画中的木构建筑

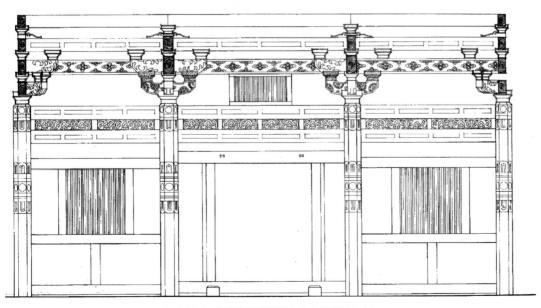

图 3-11-2　甘肃敦煌莫高窟北宋木构窟檐内立面

图3-11-3 甘肃敦煌莫高窟第444窟北宋木构窟檐斗栱

a.唐代南禅寺大殿燕尾　　b.唐代佛光寺大殿燕尾一　　c.唐代佛光寺大殿燕尾二　　d.莫高窟第444窟宋初窟檐

图3-11-4 唐宋栱头彩画形式

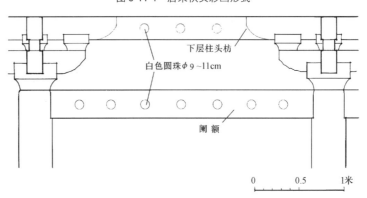

图3-11-5 山西五台唐代南禅寺大殿枋额彩画

一般用沉香、檀香等具有特异香气的木料，或是纹理优美的柏木等。这种做法可能源自南朝。隋开皇年间造荆州长沙寺大殿，"以沉香帖遍"，寺内东西二殿，"并用檀帖"[7]。唐武则天时，恩幸张易之造宅内大堂，即以"文柏帖柱"[8]。由此也演变出在木构表面彩绘木纹的做法，宋《营造法式》彩画作制度中称之为"松文装"和"卓柏装"[9]。

另外，木构件表面又有包裹锦绮类织物的做法。前述彩绘纹样中，有不少是织物纹样，即可视为一种替代性的表现方式。《西京赋》记汉长安北阙甲第"木衣绨锦"[10]。据史料分析，这种做法到唐代依然存在[11]，并至今保留在藏式古建筑中。

建于五代后期的福州华林寺大殿，阑额、柱头枋及橑檐枋的外表面，分别镌刻均匀分布的海棠瓣形、菱花形与圆形纹饰（图3-11-7）。前两种在宋《营造法式》中称"四入瓣科（窠）"与"四出尖科"，属团窠类[12]。并且，在团窠之间的枋额表面及窠内，还应施以彩绘。这种做法，当时流行于吴越、南唐等地区。

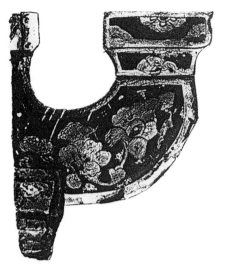
a. 墓门西侧转角铺作

b. 墓门东侧转角铺作

c. 前室南壁倚柱

d. 前室东壁八角形倚柱

e. 前室东北角八角形倚柱

图 3-11-6　江苏南京五代南唐李昇陵墓室仿木构件上的彩绘

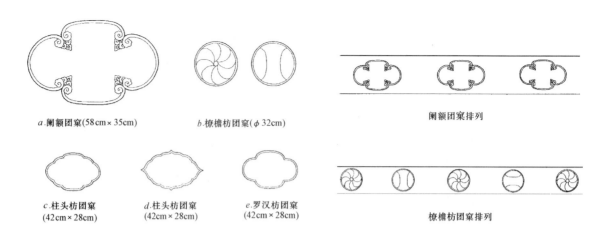

图 3-11-7　福建福州五代华林寺大殿枋额上的团窠纹样

据文献记载和考古发掘，并参照日本平安、镰仓早期的建筑装饰实例，推测唐代宫殿与佛寺中，最为豪华讲究的装饰，是在木构件表面贴敷黄白金箔、镶嵌螺钿与铜件，以取得辉煌效果的做法[13]。

二、地面与墙面

唐代宫殿建筑的地面色彩，据《含元殿赋》记载，仍和南北朝时一样，依循汉代礼制。大明宫中，前殿为"彤墀"（红色），后宫为"玄墀"（黑色）[14]。具体材料做法未见详述。据考古发掘，大明宫遗址中的室内地面，有铺石与铺砖两种做法。如麟德殿的前、中、后三殿中，前殿、中殿与通道的地面，大部分采用表面磨光的石材铺砌，应属比较讲究的做法；中殿西梢间以50厘米见方的黑色素面大方砖铺地，后殿与回廊则用35厘米见方的灰色素面砖[15]。铺地材料及尺寸的不同，显然与建筑物各部分使用性质相关联。敦煌唐代壁画中可见到回廊内以花砖墁地（图3-11-8），这种做法

图 3-11-8　甘肃敦煌莫高窟第 148 窟盛唐壁画中的廊内花砖铺地

在敦煌一些窟室内也可见到，但时代或稍晚（图3-11-9）。文献记载又有殿内铺地中镶嵌花砖以标示人员站位的做法[16]。壁画中出现的另一种室内地面疑为彩色石子铺地。西汉司马相如《长门赋》中有"致错石之瓴甓兮，象瑊瑉之文章"[17]，所指的大约即是这类做法（图3-11-10），但实际情形尚有待考古发现。另外，在宫殿、佛寺中某些重要或特殊的场所，又有在地面上满铺地毯的做法[18]。

a. 第45窟花砖铺地

b. 敦煌文化馆藏花砖

图3-11-9　甘肃敦煌莫高窟晚唐五代窟室中的花砖铺地

室外地面的铺装，多用花砖，特别是台阶、慢道等处。长安大明宫三清殿基台高10余米，西侧慢道长40余米，坡度约为1∶3，上面满铺海兽葡萄纹砖[19]；骊山华清宫汤池大殿北面慢道，坡度亦近1∶3，用莲花砖铺装[20]；洛阳东都城遗址中，殿（F2）外残存踏道，表面铺吉字凤鸟砖[21]（图3-11-11）。推测当时宫中路面，平直处用素面砖，斜坡、踏道、阶级处便用花砖以防滑。另外，敦煌壁画中所绘歌舞平台也采用花砖墁地（图3-11-12）。据史料记载，唐玄宗年间，长安巨富"以铜线穿钱甃于后园花径中，贵其泥雨不滑"[22]，当然是极为奢侈的特例。唐代殿宇四周则一般用黑色青掍方砖为散水。

图 3-11-10 甘肃敦煌莫高窟第 148 窟盛唐壁画中的彩色石子地面

图 3-11-11 河南洛阳唐东都殿亭遗址（F2）花砖铺阶

据壁画复原的地面纹饰

图 3-11-12　甘肃敦煌莫高窟第 71 窟初唐壁画中的地面纹砖

隋唐建筑的墙面色彩,仍大抵与南北朝时期相同。外墙多作白色。敦煌隋窟壁画中的讲堂,白色外壁之上镶嵌红色门窗框[23]。《含元殿赋》中的"炯素壁以留日",也说明外墙为白色,亦即汉魏之"缥壁"。考诸日本现存飞鸟、奈良、平安时期的建筑实例,以及敦煌五代第 61 窟五台山图中的佛寺建筑,均为白色外壁。但今天所见的五台山佛光寺与南禅寺大殿,以及其他辽金时期的建筑实例,均为红色外墙。其中究竟,还有待进一步的研究。按南北朝时,确有赭色及红色外墙的做法,如北齐高欢庙,"内外门墙,并用赭垩"[24]。到隋唐时,或许成为地区性和特定性的做法。

建筑物的内壁,通常也作白色。大明宫含元殿遗址残存夯土墙以及重玄门附近殿庑残墙的内壁均为白色粉刷,靠近地面处绘有紫红色饰带[25],应为大明宫前期建筑中的普遍做法。但豪门贵邸中,仍有两晋南北朝时流行的"红壁"做法,以朱砂、香料和红粉泥壁,以示豪侈[26]。唐代佛寺的壁面,多用来绘制壁画[27],有的还加以琉璃、砖木雕刻等贴饰[28]。另外,自汉代以降,建筑物中还一直存在以织物张挂于墙面、称之为"壁衣"的做法。

三、台基与勾栏

唐代建筑物的台基形式,仍以轮廓方直的砖石基座为主。另外,自隋唐时起,须弥座不仅用于佛塔，也同样用于佛殿的基座[29]。在一些规格较高的建筑物中，则使用木构平坐与砖石须弥座、大台基相层叠的复杂台基形式。

城楼与阙楼的台基，因体量高大，侧壁与城墙一样采用向内收分的做法。据唐代壁画所绘，阙台表面通常贴砌条砖或方砖，比较讲究的做法是在四角与上沿包砌台帮、台沿石，表面雕刻卷草等带状纹饰；普通建筑物的台基表面及散水，用方砖或花砖铺砌（图3-11-13），殿堂、佛塔的基座，一般以石质的角柱、隔间版柱及阶条组成基本框架。版柱之间的凹入部分，或用砖贴砌（其中有的采用磨砖对缝做法），或用雕花石板。须弥坐台基以上下叠涩、当中束腰为基本特征。束腰部分的隔间版柱之间，饰以团花或中心点缀花形饰件（图3-11-14）。又有雕饰壸门或团窠的做法，

a. 陕西西安唐懿德太子墓墓道壁画中的阙楼　　b. 甘肃敦煌中唐第468窟壁画中的建筑物

图3-11-13　唐代壁画中的建筑物台基形式

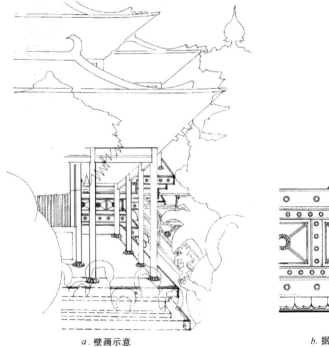
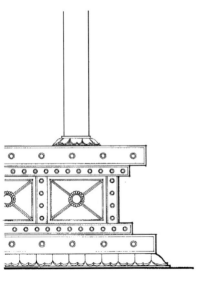

a. 壁画示意　　b. 据壁画复原的殿基须弥座

图3-11-14　甘肃敦煌莫高窟第172窟盛唐壁画中的殿基须弥座

在隋唐五代时期甚为流行，壸门中或雕狮兽，或雕伎乐人象。陕西扶风法门寺塔唐代地宫出土的汉白玉小塔，须弥座束腰部分四面，各雕有三个人面造型的团窠，属隋代装饰风格[30]（图3-11-15）。

敦煌唐代壁画中所见，殿阁楼台等建筑物的木平坐与砖石基座的边缘上，均立有通长的木勾栏。勾栏以望柱、寻杖、盆唇、地栿与斗子蜀柱结构而成。盆唇、地栿及蜀柱之间设长方形栏板，形式通常作镂空勾片或平板雕绘。勾栏转角处或立望柱，或采用构件相交出头的做法。在望柱头以及木构件的交接部分，用铜皮包饰，其上錾花镏金，成为木勾栏上的显著装饰品（图3-11-16）。

图3-11-15　陕西扶风唐代法门寺塔地宫出土汉白玉阿育王小塔

图3-11-16　甘肃敦煌莫高窟第158窟中唐壁画中的勾栏

石勾栏的形象未见于唐代各种形象资料中。其现存最早实例，恐属五代南唐所建的南京栖霞寺舍利塔（见图3-7-37）。但唐代建筑遗址，如长安大明宫、兴庆宫、临潼庆山寺及渤海国遗址的考古发掘中，皆有石螭首、石栏板等构件出土[31]（图3-11-17）。宋《营造法式》中除木勾栏外，在石作制度下又有石勾栏的规制与图样。据此可知，石勾栏应用于石台基之上，也和木勾栏一样，是唐代宫殿、佛寺建筑中常用的栏杆做法。

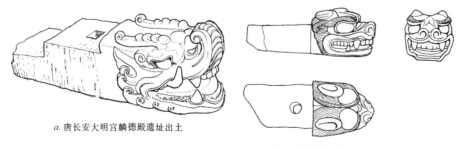

a. 唐长安大明宫麟德殿遗址出土

b. 唐代渤海国遗址出土

图3-11-17　唐代石螭首

石勾栏的造型与木勾栏大致相同。只是由于材料性质的不同，不可能像木勾栏那样采用横竖构件穿插结构，只能在整块石板上雕出各部分构件的形象；也不可能采用通长的水平构件，只能通过单元组合的方式获得连续的整体形象。因此，石勾栏的做法，是在每块栏板的两端、或者说每两块栏板之间设立望柱，栏板侧端上下以榫头与望柱上的卯口固定，望柱的下脚则插入石螭首后尾的预留卯口中。从历代石螭首的形式来看，这种石勾栏的做法，可能从汉魏一直下延至明清。唐长安麟德殿出土石螭首上有颜色的残迹，可知当时石勾栏上可能有敷色的做法，这在宋以后就不再出现了。

四、门窗

自南北朝至唐，建筑物的门窗形式没有太大的变化。北魏时期即已流行的版门与直棂窗，仍是唐代最基本的门窗样式。

版门一般用作门屋、殿堂、佛塔等建筑物的入口大门，其形制在南北朝时已经成熟。版门的主要构件有门扇、门额、立颊、地栿、鸡栖木及门砧等。另外又有门簪、门钉、角页、铺首等装饰构件。

隋唐石刻中所见的版门，楣额、立颊、地栿上均雕刻纹饰（图3-11-18、3-11-19），反映出当时宫殿、佛寺、贵邸等较高规格建筑物中的入口装饰做法。另外，长安明德门遗址正中门道内出土一段制作精美的石门槛，表面满布以减地手法雕刻的卷草纹样[32]（图3-11-20）。在木构件表面，这种雕刻手法会与彩绘相结合。

图3-11-18　陕西西安出土隋李静训墓石椁

南北朝时期的对凤门饰，同样用于唐代建筑。在墓门等栱券形门洞中，门额上方通常有半圆形门楣，上雕"对凤"（图3-11-21）；长安慈恩寺塔门楣石刻和隋代李静训墓石椁上，"对凤"则见于建筑物明间阑额甚至各间门窗上部的人字栱两侧（见图3-11-18）。虽然形式有所变化，但仍属沿袭汉晋南北朝建筑礼制的做法之一。

门砧石实物，隋代多见蹲兽或兽头，仍是北朝风格（图3-11-22）；唐代又见有方形抹棱、上雕植物花纹的样式（图3-11-23）。

铜质的角页与门钉，在北魏平城时期的宫殿遗址中已有发现，表面錾刻花纹并鎏金，极为精致华美（见图2-10-28）。隋唐实物所见不多，据石刻、壁画中的有关形象推测，仍是沿用了前代的

图 3-11-19　陕西乾县唐懿德太子墓石椁正面刻纹拓片

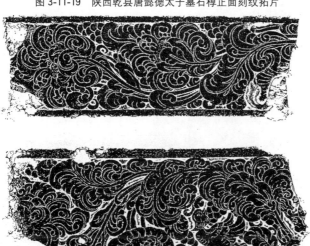

图 3-11-20　陕西西安唐长安明德门遗址出土石门槛刻纹拓片

图 3-11-21　唐杨执一墓石门楣刻纹拓片

a. 安徽合肥隋墓

b. 河南安阳灵泉寺

图 3-11-22 隋代石门砧

a. 唐章怀太子墓石门（依拓片复原）

b. 河南登封嵩岳寺塔地宫石门砧刻纹拓片

图 3-11-23 唐代石门砧

做法。《洛阳伽蓝记》中记北魏洛阳永宁寺塔门扇上门钉五行、行各五枚。隋唐墓室石门及石刻中所见，多为三或五行，各行钉数也多为五枚。门钉的数量，当与礼制有关，等级最高者，应用"九五"之数。唐代铺首的形象与南北朝时相比，最明显的变化在于由鼻下勾环演变为口中衔环（图 3-11-24、3-11-25）。在一些建筑物形象中，则不用兽面而用花叶柿蒂形门钉与门环。

五代时期的南唐、吴越一带，流行门扇上部带有直棂窗的版门形式[33]，门外或罩有花头版，门的比例较普通版门瘦高，似是由版门与上部横窗结合而成的样式（图 3-11-26）。这种版门未见于北方实例，敦煌莫高窟宋初窟檐中，仍于版门上部开一小横窗，而没有将其合而为一（见图 3-11-2）。

图 3-11-24 河南安阳隋张盛墓出土青瓷贴花兽环壶局部（隋开皇十五年，595 年）

图 3-11-25 湖南益阳唐墓出土铜铺首

唐代壁画建筑群中，主要建筑物多绘版门、直棂窗，次要建筑往往在檐柱之间绘出可上下卷落的帘架作为内外隔断，南唐栖霞寺舍利塔须弥座壶门雕刻中也有极为精致的檐额与卷帘形象（图 3-11-27），并未见槅扇门的形象。但山西运城唐代寿圣寺小塔上已见格子门，北宋绘画及《营造法式》小木作制度中也有形式多样的格子门，估计槅扇门的做法至迟在唐代晚期已然出现，并主要用于居住建筑之中。

图 3-11-26 江苏镇江甘露寺铁塔塔基出土唐代禅众寺舍利银椁

图 3-11-27 江苏南京栖霞寺南唐舍利塔基座壶门雕刻

隋唐木构建筑中窗的形式，以直棂窗与闪电窗为主。直棂窗中又分破子棂、板棂二种，均为竖向立棂、棂间留空的做法，只是棂条的形式有所不同。窗棂间的空隙与棂宽相同，双层板棂窗，内外棂条相重则开、相错则闭，单层的则在内侧糊纸；破子棂窗的棂条是用方木沿对角线锯开，并因此形成可以推拉开合的内外两层，其形象在北魏固原出土的房屋模型中已可见到，唐代实例如净藏、明惠禅师墓塔中,也都有这种窗式(见图3-7-45、3-7-46);闪电窗虽实例不存,但史载隋炀帝所建观文殿中已在使用。建筑物正面次梢间,通常用破子棂或板棂窗,窗口宽广与版门相适配;山墙、后壁以及正面门窗之上,通常开扁长的横窗和高窗。另外,汉魏赋文中所谓的"绮寮",即菱格纹小窗,也在隋唐时期继续使用,并出现了龟纹等其他花饰纹样。

五、天花与藻井

唐代建筑中的天花形式,主要为平闇与平棊两种。平闇方一尺左右,方椽细格,椽距与旁侧的峻脚椽相同,上覆板,实例见于山西五台唐佛光寺大殿,椽条搭接处绘白色交叉纹(图3-11-28);另外,敦煌唐窟中佛龛顶部以及西安唐永泰公主、懿德太子墓墓道的过洞顶部,都绘有平闇,板上以间色绘团花,周边的峻脚椽板上则绘折枝花草或佛、菩萨立像(图3-11-29、3-11-30)。平棊分格较宽大,平板上贴花或彩绘。

图3-11-28　山西五台唐代佛光寺大殿平闇

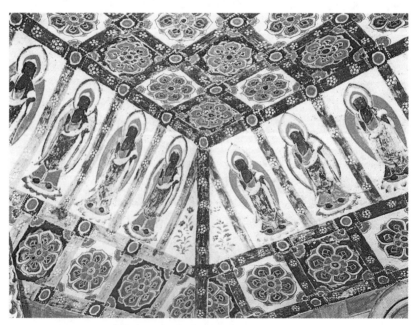

图3-11-29　甘肃敦煌莫高窟第197窟西壁龛顶中唐彩绘平闇

天花的使用，与建筑物的使用性质及结构方式有直接的关联。一般说来，只有采用殿堂结构的建筑中才可设置天花，而厅堂结构的建筑，即使是宫中便殿，也不用天花，而用彻上明造的做法[34]。另外，在一些建筑物中，也出现依不同空间采用不同做法的情况。如五代福州华林寺大殿，前廊顶部作平闇（綦），而殿内为彻上明造。这种情形在浙闽一带的宋代建筑中也比较常见。

唐代藻井实物不存，据石窟中叠涩天井的形式推测，仍以斗四或斗八的传统形式为主。藻井一般设置于殿内明间顶中，依间广作方井。其余部分及次梢间，皆应作平棊（闇）。佛殿中也有依主像数量及位置设置多个藻井的做法。宋《营造法式》中有大、小藻井之分，大藻井用于殿内，小藻井用于副阶。这种做法是否始于宋代以前，尚有待发现与探究。

六、脊饰与瓦件

隋唐时期，鸱尾仍是建筑物正脊两端最常用的饰物。不仅宫殿、佛寺、衙署，王公贵戚的宅邸之中也可使用鸱尾。唐长安宫殿遗址出土的鸱尾实物，造型比例基本统一，但规格大小有很大差别，大者高逾1米，小者仅高30厘米左右，分别用于不同规模的建筑物（图3-11-31）。隋代鸱尾未见实物，在石窟壁画和墓室石椁上则可见到瘦直或扁平等不同形式（图3-11-32、3-11-33）。以龙或兽口衔正脊的鸱尾称作鸱吻，实物虽见于北魏遗址，但为孤例（见图2-10-23）。已掘隋唐遗址中，也不曾发现鸱吻。石窟壁画及雕刻中，至中唐以后才有鸱吻形象出现。《旧唐书·五行志》多处记有长安建筑物上鸱吻毁落[35]，说明至迟在盛唐时已用鸱吻。成书于中唐时期的《建康实录》中已出现将鸱吻与鸱尾相混同的现象[36]，依此则鸱吻的广泛使用有一个时间过程，大约到中唐以后逐渐取代鸱尾。

隋与初唐时期，佛殿的屋脊（垂脊）中央，已不见北朝时的立鸟，而代之以宝珠或火珠（图3-11-34，另见图3-11-18），这种做法一直延续到五代以后，北宋时甚至成为定制[37]。

隋唐瓦当纹样，与南北朝相沿，以莲花与兽面纹为主，另外，在出土实物中，又见一种花头板瓦，上饰飞天、朱雀等（图3-11-35～3-11-38）。同一类瓦当的纹样往往大同小异，并无统一模式。如长安西明寺遗址出土的莲花瓦当，多达40余种[38]；又大明宫含元、麟德两殿，建造年代相去不远，但遗址所出瓦当中，不见相同的样式。初唐瓦当的纹样和制作，均不及隋代精美，而当径却有增大的趋势。已知唐代瓦当直径，为10～21厘米不等，以15厘米左右者居多，适用于不同规模的建筑物。重唇板瓦的形式自魏至唐没有大的改变，只是唇厚加大，且层数增多。

图 3-11-30　陕西乾县唐懿德太子墓前室甬道顶部彩绘平闇

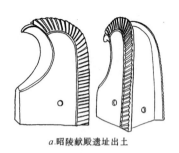 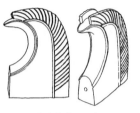  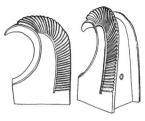

a．昭陵献殿遗址出土　　　b．九成宫遗址出土　　　c．大明宫麟德殿遗址出土　　　d．大明宫延英殿遗址出土

图 3-11-31　陕西西安唐代宫殿遗址出土鸱尾

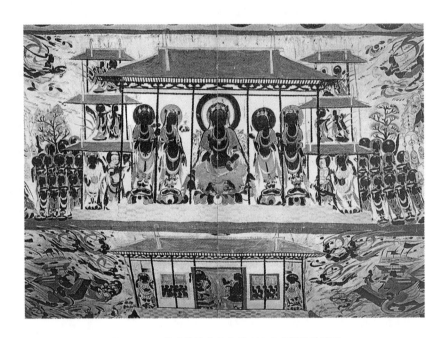

图 3-11-32　甘肃敦煌莫高窟第 423 窟顶部隋代壁画

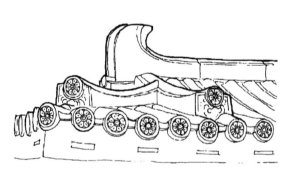

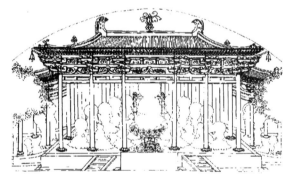

图 3-11-33　陕西西安出土隋李静训墓石椁脊饰　　　图 3-11-34　陕西西安唐大慈恩寺塔门楣线刻佛殿

角脊端头饰脊头瓦，其前又顺列翘头或折腰筒瓦，是唐代建筑中常用的做法。脊头瓦除用于角脊外，也用于正脊两端外侧鸱尾座下和垂脊下端。脊头瓦正面与屋脊断面相同，作上大下小的竖向梯形，表面一般装饰兽面（见图 3-11-36），也见有宝相花纹。唐代后期的兽头状脊端饰件与折腰筒瓦实物，均见于渤海国遗址，后者出土位置在建筑物的四角，其中东北角出土 5 枚之多，应是屋顶角脊瓦件的遗存[39]（见图 3-11-37）。另外，陕西铜川唐代三彩作坊遗址中出土有三彩龙头形建筑构件，长 24、宽 13.5、高 17.5 厘米，背部有 V 形卯口，后部开口，中空（图 3-11-39），推测是用于子角梁端头的套兽[40]。

a. 花砖　　　　　　b. 莲花瓦当一　　　　　　c. 莲花瓦当二

图 3-11-35　陕西西安唐长安大明宫遗址出土花砖、瓦当

图 3-11-36　陕西西安唐长安西明寺遗址出土饰面瓦

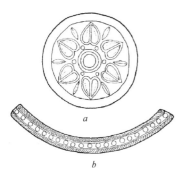 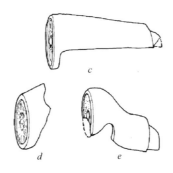 

a. 瓦当　　b. 重唇板瓦　　c. 直头筒瓦　　d. 斜头筒瓦　　e. 折腰筒瓦　　f. 兽头脊头瓦

图 3-11-37　黑龙江宁安唐渤海国遗址出土瓦件

a. 莲花瓦当　　　　　　b. 兽面瓦当　　　　　　c. 飞天瓦当

图 3-11-38　河南登封嵩岳寺遗址出土唐代瓦件

图 3-11-39　陕西铜川黄堡耀州窑遗址出土唐代三彩套兽

据已知实物，北魏时已出现黑瓦，瓦上刻有磨昆人姓名[41]。初唐时，宫殿中大量使用黑色的青掍瓦[42]；盛唐时期的宫殿中，流行单色及三彩的琉璃瓦[43]。又据文献记载，武则天立东都明堂，"以木为瓦，夹纻漆之"[44]，是十分考究的做法。青掍瓦是唐代建筑中颇有特色的瓦件，但考古发现所见，这种瓦件只限于筒板瓦。敦煌莫高窟初唐壁画中所示，建筑物屋面覆以黑瓦，而屋脊、鸱尾都用绿色的琉璃瓦，屋顶轮廓鲜明，具有强烈的色彩反差，与暖色的木构殿身及浅色的石构基台相配，呈现为典型的唐代建筑外观。

七、装饰纹样

北朝石窟中的纹饰，以用于佛像、龛帐之上者最为华美，窟室本身的装饰纹样相对比较单一，以忍冬、莲花两类为主。这种情形自北齐时起有所改变。河南安阳修定寺塔基出土的陶片中，便有大量新奇的呈现西域、中亚风格的装饰纹样，均为塔身外观所用（见图 2-10-44）。只是未及流行，便被扫荡殆尽了。隋代时起，又重新进入装饰艺术的繁荣期。装饰纹样在南北朝的基础上，向种类丰富、形态繁复、风格瑰丽的方向迅速发展。特别是通过西域地区的中介作用，引进了大批外来纹样。在使用过程中，一方面逐渐融入传统的、民间的成分，另一方面又在形式上极力追求完美。敦煌莫高窟壁画中，尤以隋与初唐时期不厌精细的特点最为突出。中唐以后，便出现形式渐趋简化、色彩流于艳俗的倾向。

唐代用于建筑装饰的纹样，主要有联珠、卷草、团花、莲瓣等，其中团花为唐代始兴，其他三种纹样形式则在南北朝基础上有所变化。

1. 联珠纹

用作构件或器物边饰的联珠纹带饰在隋、初唐时期仍然十分流行。敦煌莫高窟隋窟中，往往用来装饰龛口及窟内四隅、四脊和天井四周，直至盛唐以后，这种做法才逐渐被卷草和团花带饰所取代；已知隋唐时期的瓦当、地砖、脊头（饰面）瓦等，绝大多数饰有联珠纹边饰。然而最具有隋唐时期特点的联珠纹装饰，是以圆形联珠圈为独立单元的图案。这种图案形式自中亚一带传入[45]，多见于织锦及石刻、彩画纹样中。珠圈之内，饰鸟兽、花叶，据隋代实物所见，尤其喜用人面、兽头等，又有对鸟、对兽的形象[46]（图 3-11-40～3-11-42）。

图 3-11-40　陕西三原隋李和墓石棺盖线刻纹饰拓片

图 3-11-41 甘肃敦煌莫高窟第 402 窟人字披隋代彩绘

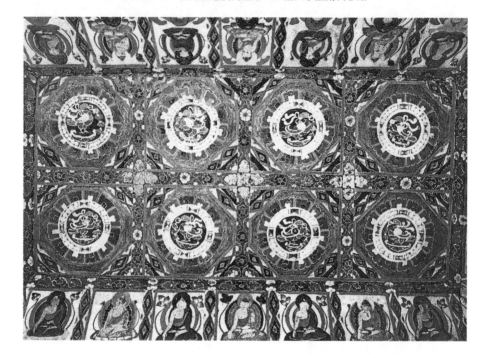

图 3-11-42 甘肃敦煌莫高窟第 361 窟龛顶中唐彩绘

2. 卷草纹

隋唐卷草的纹样题材较之南北朝时期有很大变化。北朝卷草以忍冬纹为主，而隋唐壁画石刻中，更多地使用云气纹与花叶纹。北朝云气纹在做法上未出汉代窠臼，隋代以后，形式上有所变化（图 3-11-43）；北朝后期流行的大叶忍冬纹卷草，隋代尚有所见，但在唐代实物中已经见不到了。继之而大量流行的是种类繁多的葡萄、海石榴、西番莲、牡丹花等风格写实的花叶纹卷草。图案特点是花叶肥大、形态繁复，枝茎细长或隐而不见，有的还在其中杂以鸟兽、人物等（图 3-11-44）。

就构图形式而言，唐代卷草纹可分作两类：一为单枝曲折，另一为双枝相并或交缠，形成中轴对称的构图，与前者相比，称之为"缠枝"似更为贴切（见图 3-11-43）。

花叶纹卷草是隋唐时期建筑物中最常用的装饰纹样。石构件如台基、台帮、柱础等，雕刻手法多采用线刻，以及线刻与减地相结合（宋代称作减地平钑）的方式。敦煌唐代石窟中，往往沿

a. 道因法师碑（龙朔三年，663年）　　*b*. 述圣颂碑（开元十二年，724年）　　*c*. 隆禅法师碑（天宝二年，743年）

图 3-11-43　唐代碑刻纹饰拓片

四壁的顶部一周及四隅装饰卷草纹带。壁面中部也有水平的带饰。结合唐代石椁柱子、阑额、腰串上雕卷草的情况，建筑物室内外的梁枋、壁带彩画都有可能采用类似的形式。除带形纹样之外，又有中心构图的卷草纹，如敦煌莫高窟初唐第209窟的叠涩天井中心，绘四出葡萄卷草纹，带有明显的东罗马艺术风格，是一个较特殊的例子（图3-11-45）。

3. 团花

团花是一种圆形构图的花状纹饰，唐代称作"（团）窠"，用于服饰者，有大小之分，用以标识织物的等级[47]。按花瓣的形状，团窠又可分为宝相花与普通团花两类。宝相花一般被认为是源自西域的装饰纹样。它的图案做法似乎与卷草中的缠枝纹有相因关系，特别是与金银器外壁缠枝纹样的底视效果颇相类似，其突出特点是花瓣的轮廓由两片相向卷曲的忍冬纹合抱而成，故作桃形。据实物所见，宝相花多作八瓣，中心圈内或饰鸟兽，或作小团花（图3-11-46）。唐代石窟天井所饰宝相花图案，多在外来图形的基础上，又融入中国民间的花朵形象，只是外圈花瓣仍保留着合抱忍冬纹的形状（图3-11-47）；普通团花是以传统花形依照宝相花的构图蔟合而成，多数作六瓣。花瓣作花蕾、如意云头或卷叶状（图3-11-48）。

团花在唐代流行的程度，几乎相当于南北朝时期的莲花。在敦煌莫高窟中，作为北朝时平棊天井中心纹样的莲花，自初唐时起，便彻底地让位于宝相团花了。盛唐第148、172窟的观无量寿

a. 隋王君墓志盖

b. 敦煌莫高窟盛唐第148窟南壁龛顶

c. 敦煌莫高窟盛唐第148窟东壁

d. 敦煌莫高窟中唐第158窟东壁

e. 敦煌莫高窟晚唐第196窟佛像背光

图 3-11-44　隋唐时期的卷草纹样

图 3-11-45　甘肃敦煌莫高窟第209窟天井初唐绘四出葡萄纹

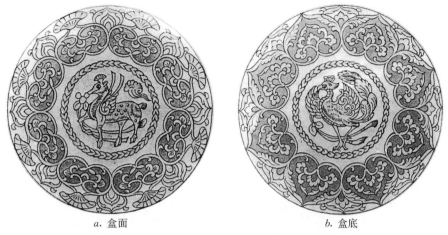

a. 盒面　　　　　　　　　　　　　　*b*. 盒底

图 3-11-46　陕西西安唐长安兴化坊遗址出土镀金翼鹿纹银盒表面纹样

a. 初唐第 334 窟窟顶　　　　　　　　*b*. 初唐第 372 窟窟顶

图 3-11-47　甘肃敦煌莫高窟唐代壁画中的宝相花纹样

图 3-11-48　甘肃敦煌莫高窟第 159 窟西壁龛顶中唐团花纹样

经变中，团花被大量用作建筑物台基侧壁、廊内地面及屏风隔断上的装饰。宝相花纹还用于唐代地砖、脊头瓦以及门砧石表面的雕刻纹饰[48]。

盛唐时期的宝装莲瓣造型，也明显具有宝相花的纹样特征（见图3-11-51）。

图3-11-49 甘肃敦煌莫高窟中唐第159窟菩萨服饰

图3-11-50 甘肃敦煌莫高窟隋窟天井中的莲花纹

a. 陕西临潼朝元阁出土老君像座

b. 唐龙朔二年佛座（662年）

图3-11-51 唐代宝装莲瓣台座

除了以单朵花形用作装饰之外，唐代还流行团花带饰，就已知实例看，其数量与卷草带饰几乎不相上下。构图多作"一整二破"或"双破"，恰与卷草带饰中的两种构图形式相对应。其中"双破"的构图方式似来自将团花织物裹于物体之上的立面效果（图 3-11-49）。敦煌宋初木构窟檐中的窗框、梁身与栱身上绘有"双破"团花，纹样、色彩均与晚唐窟室中的团花相近，无疑是沿自晚唐五代时期的做法。

4. 莲花与莲瓣

南北朝时期曾广为流行的莲花纹，至隋代已呈衰落的趋势，敦煌隋窟天井纹饰中出现的变形莲花，已开始接近团花的形式（图 3-11-50）。入唐之后，莲花纹在建筑中的应用大抵只限于地砖与瓦当的纹样，从出土实物看，纹样和制作似乎均不及南北朝时期精美。

莲瓣纹却是建筑中应用年代最久的一种纹样。自南北朝以降，仍一直用作台基须弥座及柱础的装饰。唐代早期的莲瓣造型，与北朝后期基本相同。盛唐以后流行宽阔扁平的莲瓣样式，晚唐五代时，莲瓣样式纷呈。如前蜀王建墓棺座上，便同时使用了三种不同的莲瓣纹。

宝装莲瓣是莲瓣纹中最华贵的样式，至迟在盛唐时已经出现。莲瓣尖端翻卷作如意头状；或采用宝相花的纹样特点，叶瓣边缘作忍冬合抱（图 3-11-51）。除台座外，宝装莲瓣也大量用于柱础（图 3-11-52）。

图 3-11-52　山西五台唐代佛光寺大殿柱础

5. 其他

自汉以降，龙纹作为四神之一多用于墓室壁画及棺椁墓志碑刻中。北朝石窟的窟门上方，也往往雕饰交龙以示护卫佛法之意。从北朝后期开始，不论是浮雕还是线刻，龙纹的形式都开始变得繁复而立体。南响堂山第 1、2 窟的窟门两侧，雕龙体盘柱而上、至窟门上方交颈回首；建于隋代的赵州安济桥，栏板雕刻龙纹，形象灵活生动，具有极高的技艺水平（见图 3-8-5～3-8-8）。推测这种做法也可能用于建筑物。

另外，菱格、龟甲等也是唐代流行的装饰纹样，被用作石窟壁画及窟檐梁枋彩画纹饰。其中菱格纹带饰在新疆克孜尔石窟 4～5 世纪的窟室中很常见，敦煌莫高窟隋代窟室中开始出现这种纹样，用作叠涩天井及龛口的边饰，但形式上已有所变化。同时，文化艺术的交流从来都不是单向的，汉地的装饰纹样，也同样流传到西域一带。克孜尔石窟的叠涩天井中，便绘有四叶毬文、穿璧纹等汉地风格的纹样，其年代也大约在隋唐之际。

注释

[1]见〈含元殿赋〉。《唐文粹》卷一，四部丛刊本。

[2]有关两殿的遗址发掘，详见《唐长安大明宫》，科学出版社版。另《新中国的考古发现和研究》，文物出版社，P.580

[3]《唐会要》卷31〈杂录〉，太和六年六月敕条。丛书集成本，P.575

[4]《隋书》卷68〈何稠传〉："（开皇年间）波斯尝献金缕锦袍，组织殊丽，上命稠为之。稠锦既成，逾所献者"，中华书局标点本，⑥P.1596。汉地仿制西亚纹样特点的联珠纹锦，自南北朝晚期始，见薄小莹：〈吐鲁番地区发现的联珠纹织物〉；《纪念北京大学考古专业三十周年论文集》，文物出版社，P.333。对粟特、萨珊、拜占庭系统金银器的仿制，在唐代特别流行，但年代更早的仿制品，出现在隋以前的南方地区，见齐东方、张静：〈唐代金银器皿与西方文化的关系〉，《考古学报》1994年第2期。

[5]佛光寺大殿栱头燕尾的分布情况是：外檐后部及殿内外槽后部等较少受到光线照射的部位为白地紫燕尾；外檐及殿内外槽的其余部分以及殿内内槽等部位为紫地白燕尾，故推测前者为早期遗存，后者是后期重修时所绘。

[6]《入唐求法巡礼行记》卷3，上海古籍出版社，P.126

[7]《法苑珠林》卷13〈敬佛篇·观佛部·感应缘〉："开皇十五年，黔州刺史田宗显至（长沙）寺礼拜，像即放光。公发心造正北大殿一十三间，东西夹殿九间。……大殿以沉香帖遍，……乃至椽桁藻井，无非宝花间列。其东西二殿，瑞像所居，并用檀帖，……穷极宏丽，天下第一。"上海古籍出版社，P.111

[8]《朝野佥载》卷6："张易之初造一大堂，甚壮丽，计用数百万。红粉泥壁，文柏帖柱，琉璃沉香为饰。"中华书局版，P.146

[9]《营造法式》卷14〈彩画作制度〉杂间装条下。商务印书馆版，③P.92

[10]《西京赋》："北阙甲第，当道直启，……木衣绨锦，土被朱紫。"《文选》卷2，中华书局版，P.42

[11]《朝野佥载》卷3，记安乐公主造庄园，其中"飞阁步檐，斜桥蹬道，衣以锦绣，画以丹青，饰以金银，莹以珠玉"，中华书局版，P.70。文中"衣以锦绣"与"画以丹青"相提，当指壁衣。

[12]《营造法式》卷14〈彩画作制度〉五彩遍装条下，柱身纹饰"或间四入瓣科，或四出尖科（科内间以化生或龙凤之类）"，商务印书馆版，③P.82

[13]《旧唐书》卷153〈薛存诚传附子廷老传〉："敬宗荒姿，宫中造清思院新殿，用铜镜三千片，黄白金薄十万番。"中华书局标点本，⑫P.4090。据西安大明宫清思殿遗址发掘，出土铜镜残片17片，镏金铜装饰残片多片。见马得志：《唐长安城发掘新收获》，《考古》1987年第4期。日本岩手县中尊寺金色堂，建于1124年，为平安晚期作品，堂内木构表面，镶嵌金铜、螺钿，纹样以大小团窠与团花、联珠带饰为主，均为唐代流行样式，虽年代较晚，仍在一定程度上反映了唐代建筑装饰的面貌。

[14]《含元殿赋》中记前殿为"彤墀夜明"，后宫深闺秘殿则"玄墀砥平"。《唐文粹》卷1，四部丛刊本。

[15]《唐长安大明宫》，科学出版社版，P.34

[16]《唐国史补》卷下："御史故事，大朝会则监察押班，常参则殿中知班，……殿中得立五花砖"。《西京杂记》，上海古籍出版社版，P.441～442

[17]《文选》卷16，中华书局版，P.228下

[18]《入唐求法巡礼行记》卷3，记五台山竹林寺阁院铺严道场"杂色氍毹，敷遍地上"，上海古籍出版社版，P.105

[19]马得志：《唐长安城发掘新收获》，《考古》1987年第4期。

[20]唐华清宫考古队：《唐华清宫汤池遗址第一期发掘简报》，《文物》1990年第5期。

[21]中国社会科学院考古研究所洛阳唐城队：《洛阳隋唐东都城1982年至1986年考古工作纪要》，《考古》1989年第3期。

[22]《开元天宝遗事》卷下，上海古籍出版社，P.85

[23]《中国石窟·敦煌莫高窟（二）》，文物出版社版，图版34。

[24]〈齐献武王庙制议〉。《全上古三代秦汉三国六朝文·全北齐文》，中华书局版，④P.3862

[25]《唐长安大明宫》，科学出版社，P. 34、28

[26]《朝野佥载》卷3："宗楚客造一新宅成，皆是文柏为梁，沉香和红粉以泥壁，开门则香气蓬勃。"中华书局版，P. 70。另见[8]。

[27] 参见《历代名画记》卷3〈记两京外州寺观画壁〉，人民美术出版社。

[28] 北魏洛阳永宁寺塔基中出土不少影塑小像，当为墙面饰物；麦积山北周窟中也有壁面贴塑的做法；日本京都平等院凤凰堂（平安时期，1035年建）的内壁，以木雕供养天小像为缀饰。据这些资料分析，唐代佛寺中也应有类似做法。

[29] 佛殿采用须弥座式基座的形象，最早见于敦煌莫高窟盛唐第148、172窟壁画，其后便屡见于中、晚唐各窟壁画，说明这一做法大约出现于盛唐时期。见《中国石窟·敦煌莫高窟（四）》，图版13、36、82、147、152等。

[30] 陕西省法门寺考古队：《扶风法门寺塔唐代地宫发掘简报》，《文物》1988年第10期文，并彩色插页一。

[31] 出土石勾栏构件中，螭首占多数，栏板、望柱较少见。今陕西省博物馆中，藏有一块兴庆宫遗址出土的石栏板残块。大明宫遗址管理处展室内藏有数段石望柱，作八棱形断面，上有寻杖卯口。庆山寺出土石螭首藏于陕西临潼县博物馆。其余可参见《唐长安大明宫》，科学出版社。

[32] 中国科学院考古研究所西安工作队：《唐代长安城明德门遗址发掘简报》，《考古》1974年第1期。

[33] 南唐禅众寺及长干寺舍利棺椁上所刻，既有上带直棂窗的版门，也有门上横窗的形式，或能反映出这种直棂版门演变之由来。江苏省文物工作队镇江分队、镇江市博物馆：《江苏镇江甘露寺铁塔塔基发掘记》，《考古》1961年第6期。

[34]《朝野佥载》卷4，记武则天时，内宴甚乐，河内王懿宗忽然起奏，"则天大怒，仰观屋椽良久，曰：'朕诸亲饮正乐，汝是亲王，为三二百户封，几惊杀我，不堪作王。'令曳下。"是宫中宴乐之所为彻上明造无疑。

[35]《旧唐书》卷37〈五行志〉："（开元）十四年（726年）六月戊午，大风拔木发屋，端门鸱吻尽落，都城内及寺观落者约半。"中华书局标点本，④P.1357。"开元十五年七月四日，雷震兴教门两鸱吻，栏槛及柱灾。"同上，P.1361。"（大历）十年（775年）四月甲申夜，大雨雹，暴风拔树，飘屋瓦，宫寺鸱吻飘失者十五六"。同上。"（太和）九年（835年）四月二十六日夜，大风，含元殿四鸱吻皆落"。同上，P.1362。惟有一处记述鸱尾："（元和）八年（813年），大风拔崇陵上宫衙殿西鸱尾"。同上。

[36][梁]沈约《宋书·五行志》记："（东晋）义熙五年（409年）六月丙寅，震太庙，破东鸱尾，彻壁柱"，中华书局标点本，③P.968。[唐]许嵩《建康实录·安帝纪》记："义熙六年六月）丙寅，震太庙鸱吻"，中华书局标点本，P.333。注者以纪年前后相差一年，疑为一事之误重。而将"鸱尾"改称"鸱吻"，说明后者已为中唐时人所习用，并不在意二者之区别。

[37]《营造法式》卷13："佛道寺观等殿阁正脊当中用火珠等数，殿阁三间，或珠径一尺五寸，……"商务印书馆本。

[38] 中国社会科学院考古研究所西安唐城工作队：〈唐长安西明寺遗址发掘简报〉，《考古》1990年第1期。

[39] 吉林市博物馆：〈吉林省蛟河市七道河村渤海建筑遗址清理简报〉，《考古》1993年第2期。

[40] 陕西省考古研究所铜川工作站：〈铜川黄堡发现唐三彩作坊和窑炉〉，《文物》1987年第3期文并彩色插页二。

[41] 中国科学院研究所洛阳工作队：〈汉魏洛阳城一号房址和出土的瓦文〉，《考古》1973年第4期。

[42] 据考古工作者研究，唐代青掍瓦系采用表面磨光、油雾渗碳技术制成，这也应即是北朝黑瓦的制作方式。"青掍"一名见于宋代《营造法式》，其做法当早已有之。

[43] 唐长安大明宫三清殿遗址出土的琉璃瓦件中，除黄、绿、兰等单色瓦外，还有三彩瓦。见马得志：〈唐长安城发掘新收获〉，《考古》1987年第4期。另见[40]。

[44]《旧唐书》卷22〈礼仪二〉：（武则天明堂）"刻木为瓦，夹纻绰漆之"。中华书局标点本，③P.862

按：明堂之所以用木瓦，恐有其客观原因。由于明堂上层为圆形平面，顶做攒尖顶，故瓦垄不能平行，瓦件宽窄不能统一。在这种情况下，采用刻木为瓦、即直接将望板面刻成瓦垄形状的做法，可以避免烧制陶瓦之不便。其上再覆盖纻麻织物，并用胶漆粘固以防雨。

[45] 从已知实物及形象资料中看，初唐以后珠圈团窠即已有被团花团窠所取代的趋势，敦煌初唐壁画中，已不见隋窟中龛口、天井常用的珠圈团窠图案。但至吐蕃统治时期（781～848年）所开的洞窟中，又出现了中亚、波斯样式的珠圈团窠，说明这种纹样在吐蕃等少数民族统治地区一直流行到唐代后期。

[46] 见孙机：〈中国古舆服论丛·两唐书舆（车）服志校释稿〉，文物出版社，P.341～342。另见薄小莹：〈吐鲁番发现的联珠纹织物〉，《北京大学考古三十周年纪念文集》，文物出版社，P.331～332

[47]《旧唐书·舆服志》:"(武德)四年八月敕:'三品以上,大科(通窠)绅绫及罗,其色紫,饰用玉。五品以上,小科绅绫及罗,其色朱,饰用金"。中华书局标点本,⑥P.1952。据孙机:《两唐书舆(车)服志校释稿》,"绅绫"当作"细绫",并引清·王琦《李长吉歌诗汇解·梁公子》注:"所以窠者,即团花也。"文物出版社,P.331、343

[48] 宝相花纹砖见于唐长安九成宫遗址,又见于韩国庆州雁鸭池遗址,年代在初唐(680年);宝相花纹脊头瓦见于唐长安西明寺遗址,中国社会科学院考古研究所西安唐城工作队:〈唐长安西明寺遗址发掘简报〉,《考古》1990年第1期,P.52

第十二节 建筑技术

隋、唐三百二十余年间是中国木结构建筑迅速发展取得巨大成就的时期。隋、唐统一了分裂动荡达三百年之久的中国,国势空前强盛,经济、文化、科学技术都有很大的进步。在建筑方面,统一后南北建筑技术的交流,也取得新的成就,并通过隋和初唐的都城宫室建设表现出来。从地方传统来看,在北方,汉以来沿用的土木混合结构的影响保持较多,而南方则自梁陈以来,在木构架方面取得成就更为突出。但这是指大规模建设的主流而言。实际上北朝和隋初也能建造很大的木构建筑。《长安志》载,崇仁坊有宝刹寺,为北魏时所建,其佛殿"四面立柱,当中构虚起二层楼阁,榱栋屈曲,为京城之奇妙。"据描写,此殿构造近于日本法隆寺金堂或蓟县独乐寺观音阁,是全木构架建筑。《长安志》又载,永阳坊有大庄严寺,宇文恺"建木浮图,崇三百三十尺,周回一百二十步(即方三十步,合十五丈),大业七年(661年)成"。都是北魏和隋所建著名的木构建筑。但从近年发掘得知,唐高宗龙朔二年(662年)所建长安大明宫主殿含元殿,其殿身北、东、西三面用厚土墙,说明直到唐初,在长安地区,传统的土木混合结构还有很大的影响。隋大兴宫室没有流传下来,但从比它晚约80年的唐大明宫还在使用土木混合结构的事实,也可大体推知那时土木混合结构的影响在北方可能还要大些。

隋统一全国后,最重要的南北建筑技术交流当推隋大业二年(606年)炀帝营东都之举。《隋书》说他"初造东都,穷诸巨丽。帝昔居藩翰,亲平江左,兼以梁陈曲折,以就规模。"可知是吸收了大量江南的规划和建筑经验的。在洛阳所建正殿乾阳殿面阔十三间,进深二十九架,柱径二十围,是当时最大的全木构架建筑,当是吸收江南的木构架建筑技术的成果,洛阳也成为隋时北方受南方建筑影响最大的地区,宫室城市都比首都大兴华美精巧。

唐立国后,虽以炀帝"逞侈心,穷人欲"的罪名焚毁东都主要宫殿。但洛阳宫室的华美始终吸引着唐帝,贞观十一年(637年)太宗住洛阳近一年。至显庆二年(657年),高宗遂下令修复洛阳宫,隋建洛阳宫时发展了的融南北之长的木构建筑技术又得到恢复和发展。自韦机建上阳宫至武则天建明堂,逐渐达到高峰。木构建筑的发展,对长安也有影响。662年,高宗在长安创建大明宫。宫之外朝正殿含元殿的殿身外檐东、北、西三面用夯土厚墙而无柱,属传统的土木混合结构的影响。但在次年建麟德殿时,已是全木构建筑,仅把两端各宽一间处,由南至北全部用土夯实。这是混合结构的残余表现,也说明当时对用全木构架所建大型宫室的稳定性颇无把握。不过,这先后只差一年建造的两座大殿,一为混合结构,一为全木构架,也表明全木构架建筑自洛阳而西,在关中地区的宫殿建设中迅速推广。

经高宗、武后时期近五十年的大规模宫室建设,特别是洛阳的宫室、明堂建设,木构架已成为大型宫室建筑的通用结构形式,土木混合结构逐步被淘汰。这一阶段可以视为在隋代融南北建筑于一炉建设洛阳以后的又一次更大的建筑技术交流。自高、武以后,唐代木构建筑基本定型,殿堂、厅堂两种不同木构架已经形成，斗栱已和梁及柱头枋结合成为铺作层，以材分为模数的木构架设计方法也已基本定型。以后的盛唐、中唐主要是踵事增华，向更加完善、精密并使构架设计与艺术处理结合为一的方向发展。

但唐代的木构架主要用在宫殿、坛庙、官署、大宅邸的建筑上。近年对长安西市的发掘表明，市内大部分建筑都是用承重山墙，上架檩椽，即所谓"硬山搁檩"做法，极少是全木构架房屋。大约终唐之世，北方城市中一般建筑都是这样，到宋以后木构架房屋才逐渐增多。但土墙或砖墙承重的房屋因材料比木材易得，直至清末，在北方城乡中小住宅中仍然用得很多。

唐代砖石结构也有较大的发展，但主要表现在砖石塔和砖砌墓室方面，没有在居住建筑和宫殿、官署、寺观等地上建筑中使用。

一、木结构

对于隋唐时期木构架建筑的特点和成就，只能通过对现存极少数遗物和遗址考察，结合史料文献的分析进行分析探讨。

1. 唐代木构建筑实物的构架特点

唐代木构建筑留存至今的只有四座，即建于唐建中三年（782年）的山西五台南禅寺正殿，传建于唐会昌间的山西芮城五龙庙，建于唐大中十一年（857年）的山西五台佛光寺大殿和可能建于晚唐的山西平顺天台庵大殿。它们都属于前章所述五种构架中的第Ⅴ型，即全木构框架，阑额架于柱头之间，柱顶置栌斗承铺作。其中五龙庙经不适当的修缮，已基本丧失其特点；天台庵经金代大修，截短柱高，改变比例，又大量换易构件，也仅有一定参考价值，不能再据以推求唐代建筑设计规律。只有南禅寺大殿和佛光寺大殿保存完好，南禅寺虽经北宋时重修，但基本构架未变，佛光寺大殿则未经大修，唐代原构完整保存至今，对我们研究唐代木构建筑的设计、施工均有极大的作用。

但这两座都是中唐晚期建筑，只能据以了解中、晚唐的情况，其规模也和初唐、盛唐时那些体量巨大的建筑相去甚远。近年对长安、洛阳唐代遗址的发掘，发现了一些不同规模的宫殿、寺庙遗址，其平面柱网和建筑的面阔、进深尺寸，可供我们探讨。此外，现存的敦煌唐代壁画和一些唐代石刻也为我们提供了形象资料。把这些和仅存建筑实物结合起来，可以使我们对唐代木构建筑发展有更进一步的了解。

但唐代并没有技术专书流传下来，仅凭上述材料难于归纳出对唐代木构架的系统知识。宋代建筑上承唐代，并有所发展，宋代的建筑专著《营造法式》记录了宋代前期的建筑做法。我们目前只能通过用宋式与现存唐代建筑进行比较的方法了解唐代木构建筑发展的脉络。

从《营造法式》中我们知道，宋代木构架建筑中最重要的是殿堂和厅堂两种形式。简单说来，殿堂是由内柱、外柱同高的柱子和柱顶间阑额组成的闭合的矩形柱网，以斗栱、柱头枋、承天花的明栿等纵横构件组成的铺作层，天花以上由若干层梁叠成的三角形屋架，并在其间架檩、椽组成的屋顶构架这三层依次叠加而形成的房屋构架（图3-12-1）。厅堂是由若干道跨度、檩数相同而下部所用内柱之数目、位置都可以不同的若干道横向梁架并列，在柱、梁间分别用阑额、枋（襻间）连系，梁端架檩，檩上架椽形成的房屋构架。

殿堂型构架的柱网布置有固定格式，柱列之间架设阑额，不仅四周外檐柱连成一圈，内柱也自成一圈或与外檐柱相连，形成封闭的矩形框。宋《营造法式》中，对不同柱网各有专名，如日字形称单槽，目字形称双槽，回字形称斗底槽，并联田字形称分心斗底槽（图3-12-2）。殿堂构架室内装天花，天花以上梁架被封闭在内，称草栿，承天花的梁称明栿，即有上下二重梁架。

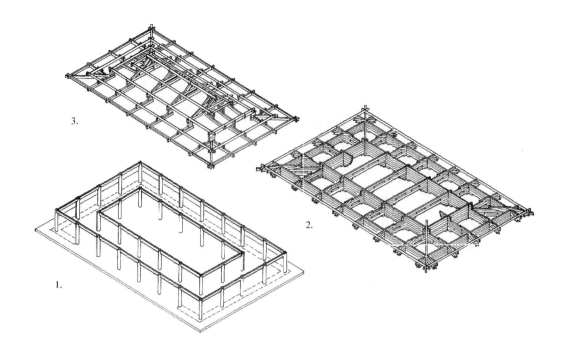

图 3-12-1　山西五台唐代佛光寺大殿木构架分解示意图
1. 柱网；2. 铺作层；3. 屋顶构架

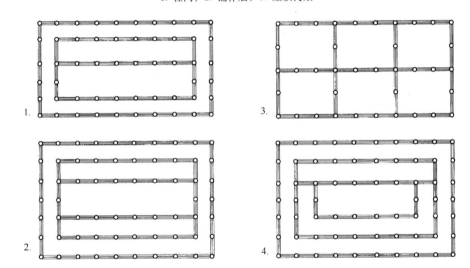

图 3-12-2　宋《营造法式》所载〈殿阁地盘分槽图〉
1. 殿身七间副阶周匝各两架椽身内单槽地盘图；　　3. 殿阁九间身内分心斗底槽地盘图；
2. 殿身七间副阶周匝各两架椽身内双槽地盘图；　　4. 殿身七间副阶周匝各两架椽身内金箱斗底槽地盘图

厅堂构架房屋柱网布置有较大的自由，可以通过选择通檐用二柱、檐柱加中柱、檐柱加前金或后金柱、檐柱加前后金柱等不同形式的梁架加以组合，把内柱布置在所需的位置上。它的内柱随屋顶坡度而升高，比檐柱为高。柱间阑额只外檐（悬山时只前后檐）连成闭合矩形框，内柱间可以断开。室内无天花，只有一套梁承屋顶，称为明栿，其构架称"彻上明造"（图 3-12-3）。

殿堂构架是木构架中最高等级的做法，只用于宫殿和佛寺、道观的主要殿宇中。

厅堂构架的等级和构架的复杂程度低于殿堂构架，用于官署的厅和第宅的堂。佛寺道观中的次要建筑等也用厅堂构架。

以现存四座唐代建筑的构架特点和《营造法式》中所述相比较，唐代的佛光寺大殿属于殿堂构架，南禅寺、五龙庙、天台庵均为厅堂构架。其特点分述如下：

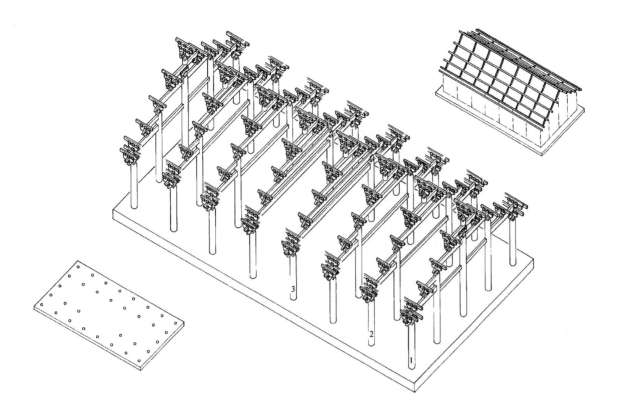

图 3-12-3　宋式厅堂型构架分解示意图
1. 八架椽屋分心乳栿用五柱；2. 八架椽屋前后乳栿用四柱；3. 八架椽屋乳栿对六椽栿用三柱

佛光寺大殿：面阔七间，长 34 米，进深四间，深 17.66 米。其构架由柱网、铺作层、屋顶草架依次叠加而成，属于殿堂型。

柱网由内外两圈高度相同的柱子组成，内外圈柱间分别架阑额，形成内外相套的回字形方框，正侧面各柱都把柱脚微向前撇出，称"侧脚"。柱列中，明间柱两侧各柱又依次升高，至角柱为最高，称为"生起"。由内外圈柱和阑额组成的柱网构成屋身（图 3-12-1-3）。

铺作层以在内外两圈柱网上架设若干层柱头枋组成的两圈井干状框子为主体，内外圈框子之间，在各柱上架与之垂直相交后向内外方挑出的栱（华栱）和承天花的梁（明栿），把内外框联系起来，并把其间分割成若干小的矩形井；在角部还在内外角柱之间架 45°的角华栱和梁，分此部为两个三角井。这就形成了沿建筑周边一圈深一间的口字形井干网架，即铺作层。它的作用近于现代建筑的圈梁，保持柱网稳定，并把屋顶重量均匀传递到柱上。铺作层中，向外挑的斗栱可增大屋檐挑出的深度，向内挑出的斗栱承托室内天花板，二者大体取得平衡。佛光寺大殿由于有挑出四层、长达 1.98 米的斗栱，出檐达 3.36 米（图 3-12-1-2）。

屋顶草架在天花之上，每间缝上用一道三角形梁架，两端架在铺作层柱头方上，梁架间架檩椽，构成屋顶构架。因为在天花板上，室内看不到，梁架加工可稍潦草，故称草架。（图 3-12-1-1）

《营造法式》中，这种回字形柱网布置称"金厢斗底槽"，称回字形外圈柱网及其上铺作层为外槽，内圈柱网及其上铺作层为内槽。就室内空间而言，也可称内外柱之间的一环为外槽，内柱之间的矩形部分为内槽。在宋式中，不仅内外柱同高，内外槽的天花板也同高。但在佛光寺大殿中，内槽天花高出外槽天花很多，形成不同的空间感觉，属早期做法。（图 3-12-4）宋式则是发展一段时间后加以整齐化、规格化后的做法。但三层叠加的结构原则唐宋是一致的（图 3-12-5）。

南禅寺大殿：面阔进深各三间，进深四架椽。在明间左右檐柱上各用两道深四椽的通梁横跨前后檐，梁上架平梁、叉手，构成两道三角形构架。又在两山面二中柱上各架一道与通梁呈丁字

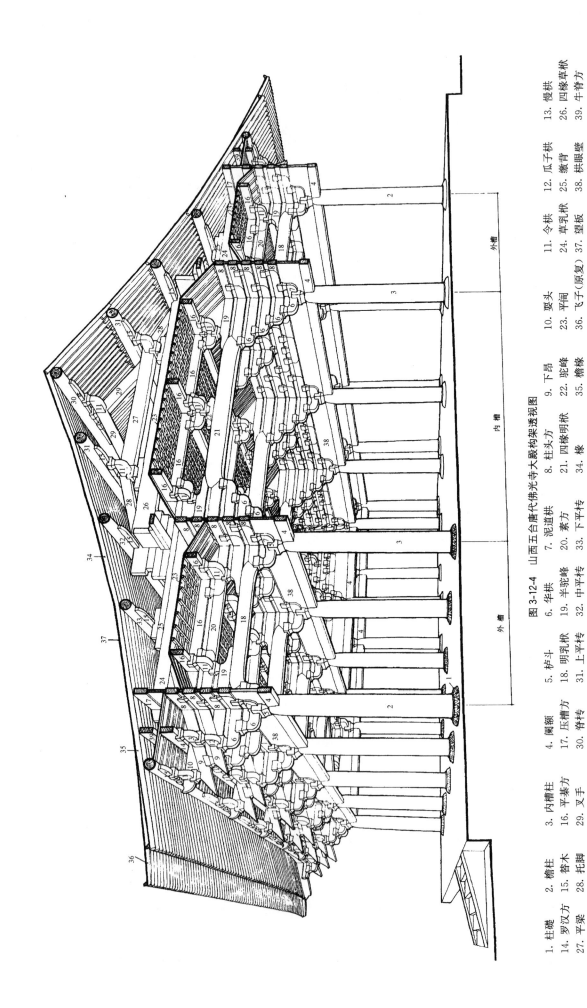

图 3-12-4 山西五台唐代佛光寺大殿构架透视图

1. 柱础　2. 檐柱　3. 内槽柱　4. 阑额　5. 栌斗　6. 华栱　7. 泥道栱　8. 柱头方　9. 下昂　10. 耍头　11. 令栱　12. 瓜子栱　13. 慢栱　14. 罗汉方　15. 替木　16. 平棊方　17. 压槽方　18. 明乳栿　19. 半驼峰　20. 素方　21. 四椽明栿　22. 驼峰　23. 平闇　24. 草乳栿　25. 敦背　26. 四椽草栿　27. 平梁　28. 托脚　29. 叉手　30. 脊槫　31. 上平槫　32. 中平槫　33. 下平槫　34. 椽　35. 檐椽　36. 飞子（原复）37. 望板　38. 栱眼壁　39. 牛脊方

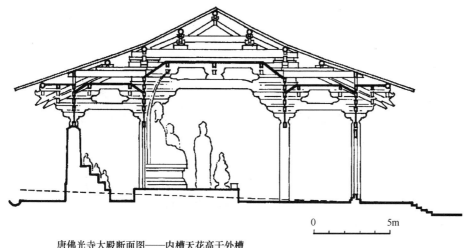

唐佛光寺大殿断面图——内槽天花高于外槽

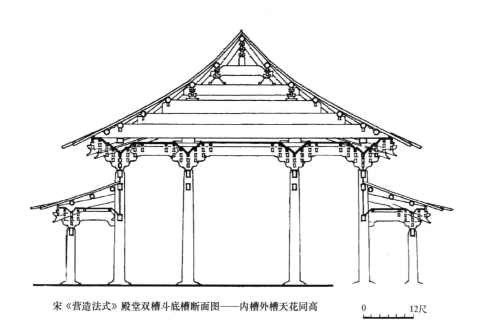

宋《营造法式》殿堂双槽斗底槽断面图——内槽外槽天花同高

图 3-12-5　山西五台唐代佛光寺大殿与宋《营造法式》殿堂斗底槽构架剖面比较图

形相交的跨度二椽的梁，称丁栿。丁栿上再架小梁，构成歇山构架。此殿无内柱，但梁架不分明栿草栿，不用天花，屋顶构架全部露在明处，属厅堂构架。由于它面阔三间，只用二道梁架并列，故厅堂构架特点表露不明显。如果为五间或七间，则次梢间梁架可以为中间有柱的其他形式，依实际需要设置柱，就可更清楚地表现用多道垂直梁架并列拼成的厅堂构架的特点了（图 3-12-6）。

唐代厅堂构架除南禅寺外，前述之平顺天台庵正殿也是面阔进深各三间，明间柱上用两道通檐的梁架，构架和南禅寺大殿基本相同。芮城五龙庙面阔五间，但二梢间宽只半间，实为四间，进深四椽，山面用四柱，二梢间各宽半间一椽，心间一间二椽。它在明次间四柱上用了四道通檐无内柱的梁架（图 3-12-7）。

除了国内现存这四座建筑外，日本飞鸟奈良时代建筑遗物也可供我们参考。

日本飞鸟遗构中，法隆寺金堂面阔五间，进深四间，平面有内外二圈柱，内外槽柱间用斗栱和梁连通。上加天花，和殿堂构架相同，只是内槽部分抬高为二层而已（图 3-12-8）。日本唐招提

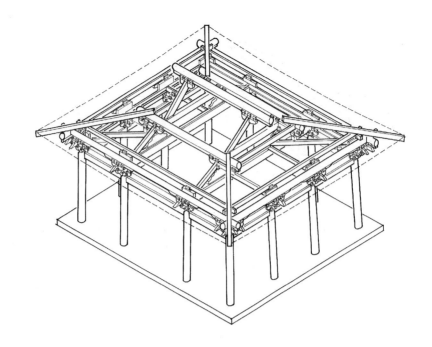

图 3-12-6　山西五台唐代南禅寺大殿构架透视图

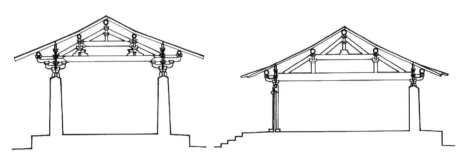

图 3-12-7　山西芮城唐代五龙庙（左）及平顺唐代天台庵大殿（右）剖面示意图

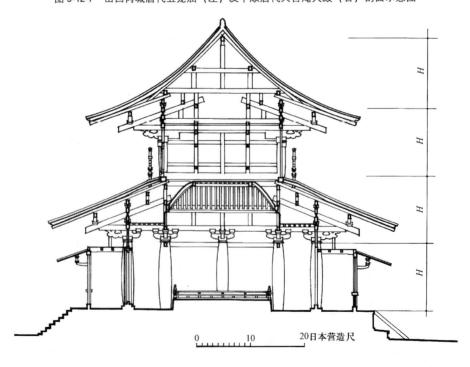

图 3-12-8　日本奈良法隆寺金堂剖面图

寺讲堂为平城宫朝集殿移建（763年），法隆寺传法堂为桔夫人堂移建（建于739年），都是典型的厅堂构架（图3-12-9）。日本建筑唐时模仿中国，风格比唐总要滞后一些。据此，至迟在隋及初唐时，殿堂、厅堂二种构架的区别已经形成了。

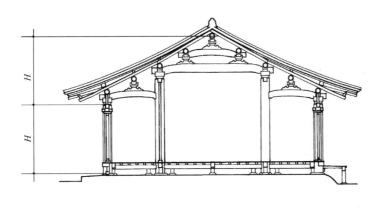

图3-12-9　日本奈良法隆寺传法堂剖面图

2. 唐代木构建筑各部分的特点

（1）柱及柱网

唐代木柱大都是圆形直柱，柱顶抹圆，称为"覆盆"，佛光寺大殿是其例。敦煌壁画及西安唐墓壁画、大雁塔门楣石刻也都是这样（图3-12-10）。南北朝时的梭柱在唐代实物及图像中都没有见到，但从宋《营造法式》中载有梭柱做法看，唐代不应中断，只是未流传下遗物及图像而已。汉至南北朝流行的八角柱唐代仍在使用，敦煌196窟晚唐窟檐是其例，但已从南北朝时上小下大改为上下一律的直柱（图3-12-11）。唐代也有用方柱的，如南禅寺大殿。此殿是利用旧柱建的，故该方柱的时间应早于建殿的中唐时期（782年）。

自V型构架在南北朝末流行已来，阑额（古称楣）由柱上降到柱顶两侧，在柱侧开卯口，置入阑额。唐前期壁画、石刻上所表现的阑额都是上下二层，中间连以若干短柱（蜀柱），在〈明堂

图3-12-10　陕西西安唐代大慈恩寺塔门楣石刻拓片

图 3-12-11　甘肃敦煌莫高窟第 196 窟晚唐窟檐上的八角柱及重楣

规制诏〉中称之为"重楣"。但在现存四座唐代建筑中都只用一重阑额，只在敦煌第 196、427、431、437 窟晚唐及北宋木构窟檐中见到实物，证明它确实存在，大约是敦煌远在西陲，保存古制独多的缘故（图 3-12-12、3-12-13）。在北朝至初唐间，建筑上的补间铺作不出跳，挑出的屋檐由柱头铺作承担，传至柱上，阑额所承荷载不大，主要作用是作为柱列间的连系构件。中加蜀柱的重楣也近于桁架，上下层楣都插入柱身，其连系支撑作用远比用一重阑额要大，对保持柱列稳定

图 3-12-12　甘肃敦煌莫高窟第 431 窟北宋窟檐外景

图 3-12-13　甘肃敦煌莫高窟第 431 窟北宋窟檐内景

有更大的作用。大约在中晚唐时，由于铺作层发展得更为完善，重楣逐渐简化为单层阑额，但直至宋代，很多单层阑额仍用彩画画作重楣形，即"七朱八白"彩画，表明它是由重楣演进而来的。

采用殿堂和厅堂构架的房屋，其柱网布置是不同的。殿堂柱网作口、日、目、回、田等字形，内外柱同高，柱上的阑额也作上述诸字形，为封闭的矩形框。为防止因柱子同高发生柱列向一侧倾倒或扭转，除用重楣支撑外，还结合外观艺术处理采取了两种措施。其一是使各柱列自平柱（明间二柱）起两侧各柱逐渐升高，至角柱为最高点，柱列顶呈一两端微上翘的曲线，称为"生起"。其二是使正侧面外檐各柱的柱脚微向外撇，使柱身微向内倾侧，称为"侧脚"。用侧脚及生起后，建筑各柱向内倾侧，柱列中低边高，避免了同高直柱的生硬，使外观生动。同时，每二柱间不再形成平行四边形，不能倾侧、扭动；柱头内聚，柱脚外撇的柱网，受屋顶荷载后即互相撑紧；这些措施增加了柱网的整体稳定（图3-12-14）。佛光寺大殿就是很典型的例证。

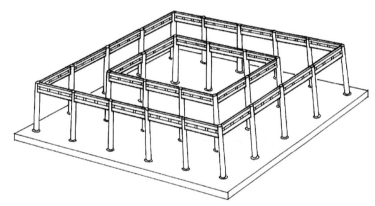

图 3-12-14　隋唐时柱与阑额结合的情况

在已发掘出的唐代遗址和现存实物中，大明宫含元殿柱网作目字形，为双槽，西安青龙寺3号和4号遗址、大明宫麟德殿前殿、渤海国上京第一宫殿址和佛光寺大殿是回字形柱网，为金厢斗底槽。大明宫玄武门内重门为田字形柱网，属分心斗底槽（图3-12-15）。

同为金厢斗底槽，佛光寺大殿四面外槽各深一间，和宋《营造法式》所载殿堂平面相同。但麟德殿前殿和渤海国上京一号宫殿虽前后面外槽深一间，两侧外槽却都深二间，即两侧二间三缝用了满堂柱，比佛光寺各多用了一根中柱。从平面上分析，这增加的一根中柱正在自两角柱向内做45°角梁时的交点处，其上应为庑殿顶正脊角脊交会用鸱尾之处。这说明当时梁架还不甚成熟，需要下面加一柱来支承鸱尾处的集中荷载。佛光寺之所以不用此柱，是因为在其上加了一道太平梁，与相邻梁架的平梁相并，共同承鸱尾和三向屋脊之重。柱网上的这一变化，说明到晚唐建佛光寺时，比初唐建麟德殿时，构架又成熟了很多。

和殿堂构架不同，厅堂构架是由一道道柱梁组成的三角形屋架并列拼合而成的。它的檐柱同高，也上加阑额，用"侧脚"、"生起"等手法，保持柱列稳定。但它的内柱随屋顶坡度升高，梁的外端压在檐柱上，后尾插入内柱柱身，内外柱间檩上搭椽，在柱上部形成三角形构架，保持该道梁架的横向稳定。各道梁架之间，如有同高的相邻内柱，柱顶也用阑额连系，否则只能在梁架间用枋（襻间）连系。

现存唐代建筑中，佛光寺大殿柱高250"分"，柱径28.5"分"，角柱生起12分，南禅寺大殿柱高230"分"，柱径25.2"分"，角柱生起4.8"分"，即柱之径高比都大于1∶10，在1∶8.8～1∶9.2之间。

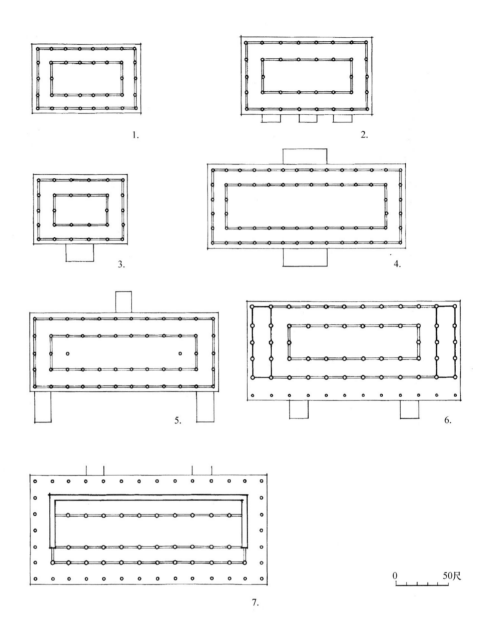

图 3-12-15 唐代殿堂型构架柱网布置图

1. 渤海国上京第三宫殿址　　2. 山西五台县佛光寺东大殿　　3. 唐长安青龙寺东院殿址
4. 唐长安青龙寺塔院殿址　　5. 渤海国上京第一宫殿址　　6. 唐长安大明宫麟德殿前殿址（以上均斗底槽）
7. 唐长安大明宫含元殿址（双槽）

　　唐代除用单柱外，还有用双柱及四柱之例。用双柱的图像见于山西太原金胜村附近一座唐墓。在方形墓室四壁画柱及斗栱，其东西侧壁均为四间五柱，每柱上画阑额承一斗三升柱头铺作或人字叉手补间铺作。其中相邻二中柱都画为双柱并立，中留缝隙（图3-12-16）。四柱之例见于洛阳唐宫正门应天门之东南侧隋唐遗址。遗址正中为一石块砌圆池，池中心一素平方础。池外四周有两圈柱网，每圈八组柱础，作八角形布置，每组四个素平础作田字形相聚，每组础间亦有十字形空隙，并不密接。此遗址深入地下，上部无遗迹可寻，构造不明，但四柱攒聚则是极清楚的（图3-12-17）。用四柱相攒聚之例最早见于四川绵阳汉平阳府君阙，其阙身中柱为二柱并列，角柱每面见二柱、则至少有三柱，也可能是四柱。因阙身表示为土筑做法，也可理解为是并列的壁柱。洛阳北魏永宁寺塔中心也用四柱攒聚的四组。洛阳应天门外遗址明显是四柱并列的木框架结构。它当是一种目前我们尚不知道的做法，现附记于此，俟以后发现更多类似资料时再进行探讨。

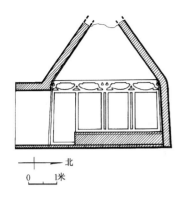

图 3-12-16　山西太原金胜村
唐墓壁画所绘双柱形象

图 3-12-17　河南洛阳唐宫应天门外遗址用四柱之例

(2) 斗栱和铺作层

斗栱在中国古代建筑中有重要作用和悠久的历史。在近三千年前的西周铜器上已出现栌斗的形象。在战国中山国铜器上出现了栱的形象。当然斗栱在实际建筑的使用应该要远早于在铜器上出现。

从遗物和文献资料看，斗栱在汉代已成为重要建筑中不可缺少的部分。在出土的陶屋和现存汉石阙中表现出多种不同形式的斗栱。南北朝时，在石窟和壁画中所表现的建筑也大都有斗栱，除在柱列以上（正心缝）和阑额、檐枋（檩）组成平行弦桁架式的纵架外，也开始有出跳的斗栱。

在汉代及南北朝早期，斗栱形式多种多样，使用灵活，很不一致。这从一个方面也反映出这时斗栱尚不够规范化。综合所见，其作用不过二点：一，用在阑额以上正心缝的，形成井干或纵架。把屋顶之重均匀传至柱列或承重墙上，并保持该柱列或墙的稳定性。二，出挑的以承托檐枋（挑檐檩）为主，有的出跳栱直接插在柱上，并不与横栱交叉。出跳栱与纵架各司其职，其间没有密切连系，更没有和梁连系起来（图 3-12-18）。

在南北朝后期，随着木构架的发展，出现了在柱头间架设阑额，柱顶上施栌斗和斗栱的稳定性更强的全木构框架结构，即上章的V型。这时斗栱的顺身栱和柱头枋、阑额结合，出跳栱和梁栿结合，十字交叉，置于栌斗口内，形成逐渐规格化的斗栱组——铺作，其作用已不仅限于挑檐，而成为构架中纵横构件的结合点。在前章南北朝木构架技术部分，我们已根据北齐开凿的南响堂山石窟第一二窟窟檐上斗栱和公认受中国南北朝、且更可能是南朝影响的日本飞鸟式建筑推知，南北朝后期已出现下为柱网、中为铺作层、上为屋架三层叠加的木构架体系，其中由斗栱和阑额、柱头枋组成的铺作层对保持构架整体性和稳定有重要作用。在唐代，由于斗栱发展得愈来愈复杂，在出跳多时，梁枋重叠层数也加多，使得铺作层增高，形成一连串矩形和三角形井干状框，能对构架的稳定起更大的作用。斗栱由早期单纯的承传重量挑出屋檐，发展到和纵架、横梁穿插交织，成为构架的有机部分，始于南北朝后期，成熟于唐，高度规范化于宋，元以后又开始蜕化，到明清时，变成梁柱间的垫托构件和装饰，不再具有结构作用（图 3-12-19）。

在唐代石刻、壁画中画有一些有斗栱的建筑图像，与实物结合，可以看到唐代斗栱的变化。

唐代最简单的斗栱形象是在柱上用栌斗，栌斗口内承梁，如唐韦泂墓壁画城楼中所示（图 3-12-20-2）。实物则可在河南登封会善寺唐净藏禅师墓塔上看到，它的梁头伸出栌斗之外，砍作斜面，如"劈竹昂"之式。这类简单的斗栱多用于厅堂或廊庑上（参阅图 3-12-43）。

出一跳的斗栱见于敦煌 329 窟，在跳头施令栱承橑檐枋，梁应即置于第一跳栱之上（参阅图 3-12-23-2）。

图 3-12-18　汉代明器陶楼上的正心栱及出跳栱

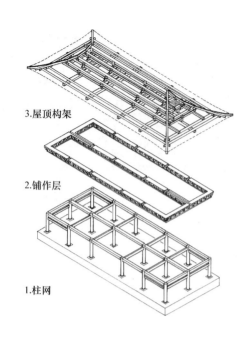

图 3-12-19　明代铺作层的作用和蜕化情况

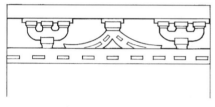

1. 唐懿德太子墓天井

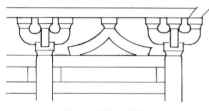

2. 唐韦泂墓壁画城楼

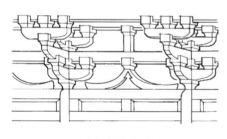

3. 西安大雁塔门楣石刻

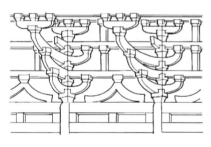

4. 懿德太子墓壁画城楼

图 3-12-20　唐代斗栱（出一至三跳）

出二跳的斗栱以西安大雁塔门楣石刻佛殿及乾县唐懿德太子墓壁画三重阙上表现得最清楚（图 3-12-20-3，参阅图 3-2-14）。它的柱头和转角铺作都自栌斗口内挑出二跳华栱，第二跳跳头横施令栱，承托橑檐方。它的纵架为在阑额之上以一泥道栱上承一柱头方为一组，重叠数组，上承檐枋（檩）。在第二跳华栱之上，令栱之内，又出一垂直的枋头，和第二重泥道栱相交，它应是内部梁或枋的端头。它的补间铺作在阑额上用叉手（人字栱）承第一重柱头方，其上再用斗子蜀柱（短柱承斗）托上层柱头方。它们的转角铺作除正、侧面各挑出二重华栱外，在 45°角缝也出二层角华栱。

出三跳的斗栱见于懿德太子墓壁画城楼，其柱头及转角铺作都自栌斗口内挑出三层华栱。第三层华栱跳头横施令栱。华栱之上又露出一垂直枋头，与柱头枋相交。补间铺作下为人字栱，上用两层斗子蜀柱，都上承柱头枋，其形式和出二跳的斗栱几乎全同，只是多出了一跳华栱（图 3-

12-20-4)。

此外，在日本奈良时期建筑中，还有出三跳，下二跳华栱，上一跳为昂的，如奈良药师寺东塔（730年）和唐招提寺金堂（八世纪下半），虽在国内尚未见唐代的图像或实例，但从盛唐壁画中已有出二跳华栱二跳昂之例看，盛唐时肯定有此做法。

出四跳斗栱的例子是唐高宗总章三年（670年）《明堂规制诏》中所定的明堂。诏书说，明堂方九间，周回三十六柱，用"下昂七十二枚"，即每柱头铺作上用二下昂，用二昂则其下必有二跳华栱，这就证明在初唐时，建筑上已使用了挑出四跳的斗栱。

出四跳之形象最早见于敦煌172窟北壁盛唐所绘观无量寿经变壁画。所画佛殿的前殿的柱头及转角铺作都挑出四跳，下二跳为华栱，上二跳为下昂，每跳外端都用横栱，其二三跳上用了二重栱，即宋式所称的"瓜子栱"和"慢栱"，栱上承素枋，宋式称"罗汉枋"。转角铺作上加45°斜出的角华栱、角昂。它的补间铺作下层用驼峰代替叉手，其上挑出两跳华栱，跳头加横栱，承罗汉枋。这幅画所绘斗栱除补间铺作用驼峰外，与佛光寺大殿全同（图3-12-21）。可证佛光寺所用的斗栱梁架在盛唐已出现，而据总章三年《明堂规制诏》的记载又可以把它出现的时间提到7世纪中期的初唐。

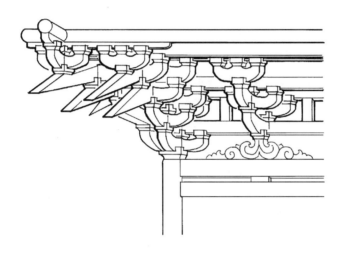

图 3-12-21　唐代斗栱（出四跳）敦煌172窟北壁佛殿上所示

这幅壁画中画有二重下昂，是迄今所见最早的唐代昂的形象，昂咀抹出斜尖，称批竹昂。昂在汉代称"樴"，说文说"樴，楔也"。它的形象曾见于东汉明器，用在转角45°缝上。现存南北朝石刻、壁画中未见其形象。但日本现存飞鸟建筑遗物中，除法隆寺回廊外，余四座铺作上都用了下昂，其昂后尾都伸到内槽柱缝，和柱头枋相交，中间承下平槫。据此可知南北朝末期之昂近于斜梁，外端挑檐，后尾中段承下平槫，长达一间二椽。传建于8世纪下半叶的日本奈良唐招提寺金堂的昂尾也长一间，伸到内槽缝上，说明盛唐时仍延续以前的做法。唐代下昂实例见于佛光寺大殿，在柱头铺作第二跳华栱上用二重下昂，外端挑檐，后尾长只一椽，托在草乳栿中部，下平槫中线之下。但964年所建福州华林寺大殿之昂身仍长一间二椽。这说明南北朝末至初盛唐时下昂长一间二椽，至中晚唐时缩短为半间一椽。华林寺因位于边远地带，建筑发展滞后，故仍保留着早期的做法（图3-12-22-2）。

铺作用下昂有两种作用，早期长一间两架时，实是斜梁，既联结内外槽为一体，外端又可挑檐。在《营造法式》大木作图样殿堂侧样图中，八铺作、七铺作二图，其副阶都画有斜梁，即是由下昂蜕变演进痕迹（图3-12-22-1）。中晚唐时，昂身缩短为长椽之后，其作用不是再斜梁而是杠杆，两端分别承橑檐枋和下平槫传下的重量，取得平衡。这时它还有另一作用，即减少屋檐高度，

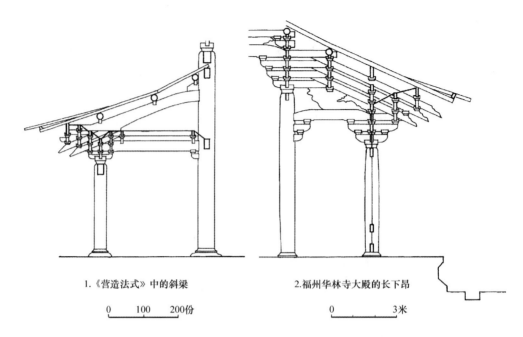

图 3-12-22　宋《营造法式》中的斜梁与福州五代华林寺大殿的下昂

并已成为主要功能。一般用斗栱挑檐时，每出一跳斗栱，橑檐枋就要抬高一足材；但下昂由于向下斜出，每出二跳只抬高一足材，比用栱时减少一半，这样，当需要出跳多而又不希望屋檐抬得太高时，即可用下昂来解决，这一作用在佛光寺大殿柱头铺作上表现得很清楚。

据此，我们可以说，早在初唐的高宗、武后时期，斗栱已发展得相当成熟，可以向外挑出四层之多。这时铺作和构架已融为一体：顺屋身的泥道栱、柱头枋组织入纵架中，梁枋则往往外延为出跳华栱，纵架和横梁、出跳栱互相垂直穿插交织，形成井干状的铺作层。随着出跳栱层数增加，铺作层的高度也在增高，加强了刚度，可以更好地起稳定构架作用。大型建筑所用斗栱出跳层数多于中小型，除增大出檐外，增加铺作层的高度和互相穿插的纵横构件的层数，使之能起更大的稳定构架作用，也是重要原因之一。

虽然上面我们论证了佛光寺这种斗栱和构架在初唐已经存在，但从现有唐代斗栱形象看在唐代二百多年中，还是处在变化成熟的过程。

柱头铺作：在大雁塔门楣石刻、懿德太子墓壁画上，出跳的华栱只最上一层外端用令栱，下面各层都不在跳头用栱，在宋式中称为"偷心"；但在敦煌172窟盛唐壁画上，所出四跳每跳跳头都有栱，即宋式所称的"计心"；另在第二、三跳上还用了瓜子栱，慢栱两重栱，宋式称为"重栱"。这表明斗栱向繁复方向发展。当然每跳横栱上承罗汉枋，也对增加铺作层的稳定和各组铺作间的连系起一定作用。

转角铺作：前举北朝陶屋只有45°角栱，无正侧面华栱。现存日本飞鸟时代建筑也是这样。唐总章三年《明堂规制诏》中说明堂四周三十六柱，用72枚下昂，则其角柱上也只有二昂，即45°角昂，无正侧面下昂。此外，在敦煌329窟初唐壁画上还画有只有正侧面华栱而没有45°角华栱的形象。据此可知，在初唐前期，转角铺作上没有同时用正侧缝及角缝斗栱之例。这现象似乎表明，这时还没有解决好三向同时挑出斗栱的卯口问题。但在8世纪初建的大雁塔的门楣石刻和懿德太子墓壁画上，却都画有正侧缝及角缝三向挑出的华栱。可知这时已解决了卯口构造，使转角铺作可以三向出挑。这大约发生在颁布《明堂规制诏》的670年以后，建大雁塔的701年以前的三十年间。这现象间接表明，在武则天即位后大兴土木时，木构建筑技术有了发展（图3-12-23）。

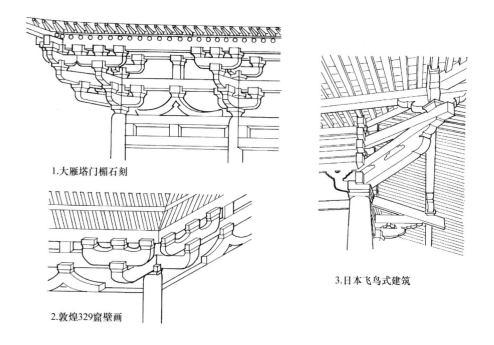

图 3-12-23　唐代转角铺作

补间铺作：在南北朝至初唐时，或不用补间铺作，或只用一人字栱（叉手），或在叉手上再立蜀柱和斗（斗子蜀柱），但未见出跳之例。从北朝陶屋、供参考的日本飞鸟遗构到初唐的大雁塔石刻、懿德太子墓壁画都是这样。迄今所见最早的补间铺作出跳之例即敦煌172窟壁画，可知补间铺作出跳大约是盛唐发展出来的。补间铺作出跳，在唐代是少于柱头铺作的，它的跳头承罗汉枋，通过罗汉枋与柱头铺作联结，增强了铺作层的整体性和出跳栱的稳定性（图3-12-24）。

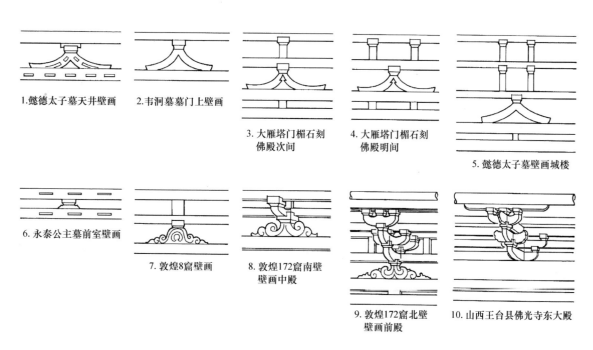

图 3-12-24　唐代补间铺作

下昂：如前文所述，下昂后尾由初期长一间二椽缩短到中晚唐时的长半间一椽，也属于唐代早晚期的变化。敦煌壁画及佛光寺大殿中的下昂，昂首都斜削向下，称"批竹昂"，迄今未发现日本飞鸟式建筑中垂直斫割昂首的形象。

(3) 梁架

唐代木构建筑的梁，以形式分有直梁、月梁二种，以用途分有明栿、草栿二种。

直梁断面矩形，月梁作拱背凹腹的弧线，又称虹梁。在殿堂构架中，梁有上下二层，下层和铺作结合，位于铺作层中，上承天花。因其暴露在室内，故名明栿；在天花板上，又架设承檩、椽、屋面构成屋顶的梁，因其藏在天花板以上，不为人见，构件加工可稍草率，故称草栿。殿堂构架的明栿多为月梁，草栿均为直梁。厅堂构架梁暴露在外，均为明栿，可以为月梁，也可以为直梁。

唐代兼用明栿月梁及草栿直梁之例即佛光寺大殿。殿的外槽前后左右四面各深一间两椽，内外柱柱头铺作间架跨度二椽的梁，宋式称"乳栿"。梁两端置于第一跳华栱上，穿出为檐柱外跳和内柱里跳的第二跳华栱。殿内槽深二间四椽，上架之梁称"四椽栿"，梁两端伸出后，压在外槽梁架上。此乳栿、四椽栿都是月梁，把净跨部分上部两端卷杀成弧线，下部凹入少许，使梁外观上拱。因明栿只承天花板之重，净跨又因下有出跳斗栱而减去很多（佛光寺内槽深441"分"，被出四跳斗栱减去188"分"，梁净跨只253"分"，减少1/3强；外槽深220"分"，被出一跳的斗栱减去50"分"，梁净跨170"分"，也减去1/4弱），故可以做成月梁形，显得轻劲有力，举重若轻，在殿内起很好的装饰效果。天花以上的草栿承屋顶之重，则为直梁，四椽栿断面比其下面相应的明栿为大（图3-12-25）。

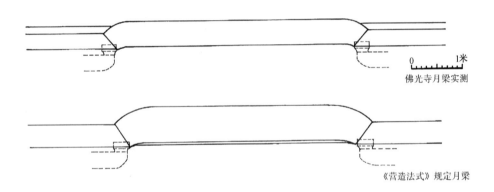

佛光寺月梁实测

《营造法式》规定月梁

图 3-12-25　山西五台唐代佛光寺大殿月梁图

唐代厅堂构架用明栿之例为南禅寺大殿。

二殿梁栿尺寸及高与净跨之比见表3-12-1。

表 3-12-1

		明　栿							平　梁			
		乳栿 *				四椽栿 *						
		跨度	净跨	断面	高：净跨	跨度	净跨	断面	高：净跨	跨度	净跨	断面	高：净跨
佛光寺大殿	厘米	440	340	43×28	1/8.1	882	506	54×43	1/9.4	/	/	/	/
	"分"	220	170	21.5×14		441	253	27×22		/	/	/	/
南禅寺大殿	厘米	331	252	28×17	1/9	990	894	42×32 + 26×17	1/13	497	480	35×25	1/13.7
	"分"	199	151	17×10		594	537	25×19 + 16×10		298	288	21×15	

续表

		草栿										
		乳栿				四椽栿				平梁		
		跨度	净跨	断面	高:净跨	跨度	净跨	断面	高:净跨	跨度	净跨	断面	高:净跨
佛光寺大殿	厘米	440	120	40×?	1/3	882	702	60×?	1/12	437	437	45×33	1/10
	"分"	220	60	20×?		441	351	30×?		219	219	23×17	
		*南禅寺大殿为丁栿											

唐代梁架上垫托构件明栿上用叉手和驼峰，草栿上用木块，宋式称"敦桥"，也有用矮柱的。叉手为两木相抵，置于梁上，形成三角形构架。汉代称为"梧"或"梧"，其形象始见于江苏江都凤凰河西汉墓椁板雕刻建筑中，南北朝至隋唐都在使用。唐宋时因其形似礼仪中叉手而立时手臂的形象，称之为"叉手"。在佛光寺大殿、南禅寺大殿中，其平梁上都用叉手承脊槫，到五代宋初才开始在槫下加侏儒柱，逐渐代替了叉手。平梁及其下各层梁的两端，当为明栿时，用驼峰垫托。驼峰实物最早见于北齐河清元年（562 年）库狄回洛墓木椁上，唐南禅寺、佛光寺二大殿上都有实物，而形式不同，说明出于装饰要求，这时已出现多种形式。初唐以前，补间铺作下层多用叉手，出于美观要求，做成外撇曲线，形如人字，俗称人字栱，日本古建筑中也有此构件，称蟇股，读音近于"叉手"，可知古代仍称之为叉手，至盛唐时遂改用驼峰，从敦煌唐代壁画中可以看到，用在补间铺作下的驼峰也有多种形式。

唐代常用屋顶形式主要有四阿（庑殿）、厦两头（歇山）、两下（悬山）和攒尖等，没有硬山屋顶。

四阿顶的实例即佛光寺大殿。它是殿堂构架，故明栿部分正面侧面相同，外槽成一围回廊。为构成四坡顶，其山面部分之槫应和正面者同高，交于 45°分角线处。为此，在天花以上，于山面设垂直于主要梁架的草栿，称"丁栿"。丁栿上架设山面各架槫，与正面槫相交，在交点上架角梁，逐段接续，在次间缝中点处和脊槫相交，形成四坡顶的骨架。在脊槫和角梁相交处上面要安施鸱尾，是较大的集中荷载，故在次间缝草栿平梁之外加设一道与之同高的平梁叉手，承托脊槫外端，称"太平梁"。太平梁与平梁相并，共同承担鸱尾之重。这太平梁也由丁栿承托（参阅图 3-12-4）。

厦两头的实例有南禅寺大殿、五龙庙正殿和天台庵大殿，南禅寺大殿较典型。它是厅堂型构架，只明栿。在山面上，从二中柱上架两道丁栿，外端搭在柱头铺作上，但比前后檐梁垫高一足材，以使其后尾能搭在正面明间二道四椽栿的背上。在二丁栿背上距檐柱一椽处架山面承椽枋，和前后檐下平槫相交；其交点下用木块垫托，压在角乳栿上。自角柱沿 45°分角线向此交点架角梁，即构成厦两头屋顶构架。据《营造法式》，宋式厅堂山面都深二椽，即丁栿上要架二根槫，上一根和前后檐中平槫平，只有小亭榭才只架一根槫，故南禅寺属于小亭榭的厦两头做法（参阅图 3-12-6）。

两下是最普通的屋顶形式，但国内无实物遗存。从出土的唐代明器看，屋顶两端外挑（出际）颇多。日本现存飞鸟、奈良时期建筑中，法隆寺回廊、传法堂和海龙王寺西金堂都是两下建筑，可供参考。

攒尖顶建筑在隋唐时最大的当推武则天明堂上部，是圆形攒尖顶。唐塔多为方形，故方形木塔之顶也应是方形攒尖顶。近年出土的唐墓明器中，有方形、圆形、六角、八角亭等不同形式。因实物不存，其具体做法尚待研究（图 3-12-26）。

近年在洛阳唐东都宫九洲池东南发现一唐代正八角形亭址。亭每面一间，共八根檐柱；中心部分为四柱，和外檐四个正面同宽，约 4.3~4.5 米左右（参阅图 3-2-6）。此亭上部不存，构造不明。但日本奈良时代所建荣山寺八角堂平面与此全同，可供参考。八角堂在四内柱上架梁，形成方框；然后在每根梁上选二点，安设栌斗，八斗间架枋，使其形成正八角井；自外檐八柱向这八角井相应各角架设角梁；再自八角井各角架设角梁，向中心斗尖，形成攒尖顶。这种中心设四柱的布置是求得正八角形最简便的方法：以拟建八角形一边之宽为间距，立中心四柱，以这四柱对角线长度之半为内柱与檐柱之距，定外檐四正面之位置，即可得正八角形。这当是初期建八角亭的方法（图3-12-27）。

3. 唐代木构建筑设计中使用材分为模数的情况

通过对现存唐代木构建筑中使用材分情况的研究，结合近年发掘出的唐代殿宇遗址，我们可以对唐代在木构建筑中使用材分为模数的情况和材分等级产生的过程进行探索。

在前章对北齐河清元年（562年）库狄回洛墓中屋形木椁的探讨中，已知其所用材（以真泥道栱为准）的高宽比为15∶9.5，栔为材高的5.9/15，考虑千年水浸引起的变形，可以视为材之高宽比为15∶10，以其1/15为1"分"，栔高6"分"，和（宋）《营造法式》中的规定一致。但此木椁近于模型，不是实际建筑，高度因柱子朽断也无从考察，故仅据此木椁，尚难以了解这时实际建筑在设计中以材为模数发展到什么程度。

在现存的五台县南禅寺大殿、佛光寺大殿和平顺县天台庵三座唐代木构建筑上，其用材尺寸都已测得，南禅寺大殿为25厘米×16.66厘米，佛光寺大殿为30厘米×20.5厘米，天台庵大殿为18厘米×12厘米，比例都近于15∶10，和北齐所用材的断面比例基本一致。

从（宋）《营造法式》中我们知道，宋式木构建筑的设计，以枋或栱之断面为基本模数，称为"材"。材之高宽比为3∶2，以材高的1/15为分模数，称"分"（读如份），则材之宽为10"分"。上下材之间的空当有时要用木条填上，称为栔，栔高6"分"。斗栱出跳时所用材高一材一栔，即21"分"，称为"足材"。建筑物的尺寸，大至面阔、进深、柱高，小至斗栱梁檩的断面和长度都以"分"为单位。据近年建筑史家的研究，宋式殿堂型建筑，当用一朵补间斗栱时，每间间广以250"分"为基准，可以加或减50"分"，进深方向椽水平长度自100至150"分"。厅堂构架在较大的建筑中，间广为200至300"分"，小三间以下为200至250"分"。单层建筑的柱高不超过明间间宽[1]。其他各构件尺寸，则大都有明确的规定。我们可以用它们来检验佛光寺和南禅寺，以探究唐代以材为模数进行设计的情况。

佛光寺大殿：据实测，材高宽为30×20.5厘米；正面面阔七间，中央五间宽504厘米，二梢间宽440厘米；进深四间，二梢间

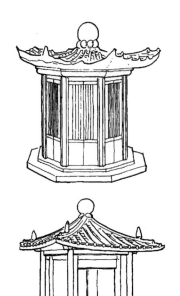

图3-12-26 陕西西安中堡唐墓出土的方形与八角形屋顶

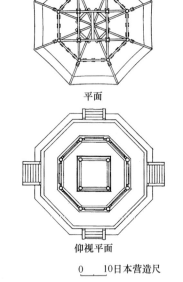

平面

仰视平面

0　　10日本营造尺

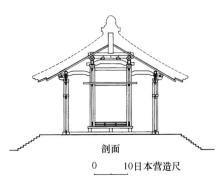

剖面

0　　10日本营造尺

图3-12-27 日本奈良荣山寺八角堂实测图

也宽440厘米，二心间宽443厘米；明间檐柱高499厘米。若以材高30厘米为15"分"，则每"分"长2厘米。以此计算，正面中央五间宽252分，正侧面梢间均宽220"分"，侧面心间宽222"分"，柱高250"分"。这些数据和宋《营造法式》中殿堂标准间广250"分"和柱高不越间之广等规定基本一致。

南禅寺大殿：据实测，材高25厘米，宽16厘米。正面面阔三间，以柱顶计，明间499厘米，二次间331厘米；侧面进深三间，均为330厘米。明间柱高382厘米。若以材高25厘米为15"分"，则1"分"为1.666厘米，以此折算，正面明间宽299.5，即300"分"，二梢间宽199"分"，即200"分"；侧面每间为198"分"，亦可视为200"分"（误差仅3厘米）。柱高合230"分"。这些数据也和《营造法式》中所载厅堂间广的最大值300"分"一致。

平顺天台庵：据实测，材高18厘米，材宽11.5至12厘米。面阔进深各三间，以柱头计，正面明间3.14米，二梢间1.88米，侧面与正面相同。其明间与梢间面阔比例，恰为250∶150之比，这样整数比例，决非偶然巧合，当是其最初所用材应高18.8厘米，折成"分"后，明间间广250"分"，梢间间广150"分"，后屡经修缮。大量抽换构件，才形成现状材高18厘米的。（也有可能设计时的18.8厘米为材高，确定"分"值，以之为设计模数。施工时将就用现有木料，改用18厘米为材高）。

从这三例中可以看到，唐代建筑间广多用250"分"或300"分"。间广之"分"值愈大，相对的所用之材较小，故殿为250"分"，而次一等的厅堂为300"分"或250"分"。以上是平面设计上以材"分"为模数的情况。

从南禅寺、佛光寺中还可以看到立面、断面上以材、"分"为模数的情况。

前文已述及，佛光寺大殿的柱高为250"分"，比间广252"分"只小2"分"，二者基本相同，可证《营造法式》中所说"若副阶、廊舍、下檐柱，虽长，不越间之广"的规定也是延续自唐制。在佛光寺大殿的断面图上分析，还可看到，自檐柱顶向上至中平槫（槫即檩，檐槫以内第一槫为下平槫，第二槫为中平槫，即相隔二椽跨之槫）之高恰等于檐柱之高。在南禅寺中也有此现象。南禅寺的柱高为384厘米，自柱头至脊槫（殿深只四椽，脊槫即相当于更大进深之殿的中平槫）为385.5厘米，可视为相等。由此可知，在房屋断面设计上，以一层柱高为扩大模数，房屋中平槫（四椽进深之屋为脊槫）的标高恰为檐柱高的二倍。柱高是以"分"计的，故断面高度实际也是以"分"为模数的。

中平槫标高为檐柱标高的二倍不仅见于上述二唐代建筑，大量的宋、辽、金建筑，如984年建的蓟县独乐寺山门、观音阁顶层，1008年建的榆次雨花宫，1013年建的宁波保国寺大殿，11世纪中期建的大同下华严寺海会殿、大同善化寺大殿，1125年建的登封初祖庵等也都如此，说明它也是宋、辽、金时建筑断面设计的普遍规律。从南禅寺的例子看，至迟在8世纪中期此规律已经形成了（图3-12-28）。

此外，以一层柱高为扩大模数的做法又见于日本飞鸟、奈良、平安建筑[2]，据此，又可上推到北朝末年至初唐了（参阅第二章第十一节）。

南禅寺、佛光寺二座唐代建筑的构件也可以折成"分"值列表如下，并与《营造法式》中所规定的各构件之"分"值进行比较（表3-12-2）。

从表3-12-2中可以看到，唐代斗栱构件的"分"值和宋《营造法式》所载相差不多，表明其间的继承关系。但在大木构件的断面上，宋式的"分"数一般要比唐代为大。这是因为唐代建筑只用一朵补间铺作，标准间广250"分"，并在200～300"分"间变动，而宋式建筑从《营造法式》所绘〈殿阁地盘分槽图〉看，都用两朵补间铺作，标准间广375"分"，并可在300～450"分"间变

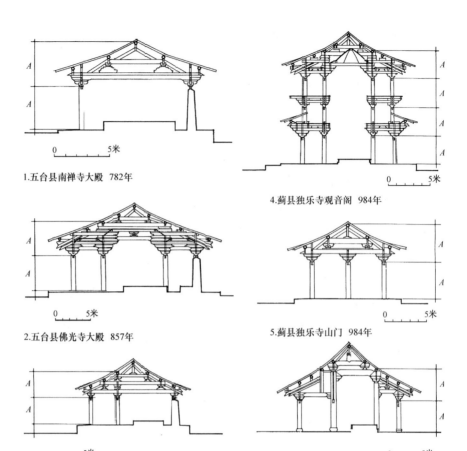

图 3-12-28 唐、宋、辽代建筑断面比例图（柱高为中平槫高之半）

唐宋建筑构件"分"数比较表 单位："分" 表 3-12-2

	檐柱		内柱		阑额		明乳栿*		草乳栿		四椽明栿		四椽草栿	
	径	高	径	高	高	厚	高	厚	高	厚	高	厚	高	厚
佛光寺	27	250	28.5	250	18	12.5	21.5		20		27	22	30	
南禅寺	25.2	230			17.4	9.6	17	10			25.2	19.2		
营造法式	42~45 36	250	42~45 36	250	30	20	36~42	2/3高	30	20	42	28	45	30

	平梁		叉手		托脚		老角梁		子角梁		槫		椽	
	高	厚	高	厚	高	厚	高	厚	高	厚	径	长	径	长
佛光寺	23	17	15								17	252	7	
南禅寺	21	15	13.8	7.8	14.1	8.4	15	10.8			15		6	
营造法式	30	20	21	7	15	5	28~30	18~20	18~20	15~17	21~30 18~21			

	泥道栱	慢栱	瓜子栱	令栱	第一跳华栱	替木	
	长	长	长	长	长	长	高
佛光寺	64.6	110	60	64.6	74	127	
南禅寺	68.4	111		71	72	119	6.6
营造法式	62	92	62	72	72	96~126	12

	栌斗					交互斗				
	宽	深	高	耳	平 欹	宽	深	高	耳	平 欹
佛光寺										
南禅寺	28.8	26.4	18	6.9	3.6 7.5	17.4	16.8	10.2	3.6	2.1 4.2
营造法式	32	32	20	8	4 8	18	16	10	4	2 4

动。相同间广的建筑，以250"分"或375"分"计，其"分"值相差1/2，但宋式所规定的大木构件断面的"分"数并没有比唐代多出1/2，所以宋式用材实际上比唐代小很多。这表明宋代木构建筑比唐代有所进步。

从唐代文献中，我们知道当时的建筑间广多是以整数尺寸计的，如《通典》说总章明堂方案为间广19尺，武则天所造明堂方300尺，以十三间计、每间间广为23尺。在已发掘出的唐代殿宇中，大明宫含元殿，麟德殿间广18尺，青龙寺东院殿间广17尺。佛光寺大殿及南禅寺大殿明间均为17尺，佛光寺梢间为15尺，平顺天台庵通面阔及进深均为24尺。由此可知当时建筑间广特别是明间间广多习惯于用整尺数。现将已知唐代建筑及已发掘的遗址间广尺寸列表如下（表3-12-3）：

从表3-12-3中，可以看到，有确切依据的间广数字为19、18、17、16.5、15.5、15、14、13.5、13、11.5、11、10.5、7、6尺不等。复原各项中，16尺的大明宫朝堂有踏步为据，也可以确认。由此可知大约在唐代，间广17尺以上的级差为1尺，间广17尺以下的级差为半尺，这应是出于当时建筑的实际需要而确定的。

唐代木构建筑面阔进深简表　　　　　　　　　表3-12-3

明间面阔（唐尺）	名称	建造年代	轴线总尺寸（米）总面阔/间数　总进深/间数	各间尺寸（唐尺）面阔	各间尺寸（唐尺）进深	明间宽之分数	资料来源
19	总章明堂设计方案	669		9×19尺	9×19尺		《通典》
19	▲西明寺东殿		51.54(台基边)/9　33.06(台基边)/6	2×17.5尺+5×19尺+2×17.5尺	2×17.5尺+2×16.2尺+2×17.5尺		
19	法门寺塔址		/5　/5	13+13+19+13+13	13+13+19+13+13		
18	大明宫含元殿（有副阶）址	662	67.33/13　29.2/6	16.5+9×18+16.5（殿身）	16.5+16.5+16.5+16.5（殿身）		《文物》73年7期
18	大明宫麟德殿址前殿	663	58.3/11　18.5/4	11×18尺	17+14.5+14.5+17尺		《唐长安大明宫》
18	▲大明宫三清殿址		47(台基)/7　73(台基)/7	7×18尺			《考古》87年4期
18	大明宫玄武门内重门址		13.82/3　8.60/2	14.5+18+14.5尺	15+15尺		《唐长安大明宫》
17	青龙寺东院殿（遗址4）		24/5　17.5/4	16+17+17+17+16	16+14+14+16		《考古学报》89年2期
17	南禅寺大殿	782	11.61/3　9.90/3	11.3+17+11.3尺（200+300+200分）	11.2+11.2+11.2尺（200+200+200分）	300	《营造法式大木作制度研究》
17	佛光寺大殿	857	34.0/7　17.66/4	15+17+17+17+17+15尺（220+250+250+250+250+220分）	15+15+15+15尺（220+220+220+220分）	250	《营造法式大木作制度研究》
16.5	兴庆宫"勤政楼址"	720	23.1/5　14.95/3	15.5+15.5+16.5+15.5+15.5尺	18+20+13尺		《考古》59年10期

续表

明间面阔(唐尺)	名称	建造年代	轴线总尺寸(米) 总面阔/间数	轴线总尺寸(米) 总进深/间数	各间尺寸(唐尺) 面阔	各间尺寸(唐尺) 进深	明间宽之分数	资料来源
16	▲大明宫清思殿址	825	30.6/7	26.5/5	14+15+15+<u>16</u>+15+15+14 尺	14+15+<u>16</u>+16+15+14 尺		《考古》87年4期
	▲大明宫朝堂(早期)址		73(台基)/15	12.45(台基)/3	15×<u>16</u> 尺	8+<u>16</u>+16 尺		《考古》87年4期
15.5	渤海上京宫门址		/9	/6	13+13.5+15+15+<u>15.5</u>+15+13.5+13	13+13.5+13.5+<u>15.5</u>+13.5+13		《东京城》
	渤海上京第一宫殿址		/11	/4	11×<u>15.5</u> 尺	4×15.5 尺		《东京城》
15	▲大明宫翰林院前厅址		23.8(台基)/5	20.3(台基)/4	14.5+15+<u>15</u>+15+14.5	14.5+16.5+<u>16.5</u>+14.5		《考古》87年4期
	▲大明宫翰林院后厅址		23.3/5	15/3	14+14.5+<u>15</u>+14.5+14	14+<u>16</u>+14		《考古》87年4期
	▲华清宫汤池T₂遗址		18.75(台基)/5	14.75(台基)/4	10+14+<u>15</u>+14+10	10+<u>15</u>+10		《文物》91年9期
14	兴庆宫"勤政楼"前群房址		/9		9×<u>14</u> 尺			《考古》59年10期
	渤海上京禁苑中央殿址		/7	/4	11+14+14+<u>14</u>+14+14+11 尺	11+11.5+<u>11.5</u>+11 尺		《东京城》
13.5	渤海上京第三宫殿址		/7	/4	7×<u>13.5</u> 尺	4×13.5 尺		《东京城》
	渤海上京第四宫殿址		/9	/5	11+3×8.3+<u>13.5</u>+3×8.3+11 尺	11+3×9.5+11 尺		《东京城》
	青龙寺西院大殿		/13	/5	13×<u>13.5</u> 尺	5×13.5 尺		《考古学报》89年2期
13	洛阳宫九洲池畔廊庑(F2)				10×<u>13</u> 尺	14.5 尺		《考古》89年5期
11.5	渤海上京第五宫殿址		/11	/5	11×<u>11.5</u> 尺	5×11.5 尺		《东京城》
11	渤海上京禁苑回廊				5×<u>11</u> 尺			《东京城》
10.5	平顺天台庵大殿		6.9/3	/3	6.5+<u>10.5</u>+6.5			《文物》
7	洛阳宫九洲池2号亭台址		9.6/5	6.7/4	6+<u>7</u>+7+<u>7</u>+6	6+6+6+6		《考古》89年3期
6	洛阳宫九洲池3号亭台址		/5	/3	5+<u>6</u>+<u>6</u>+6+5	5+8+5		《考古》89年3期

表中前端加▲者为复原推出，余为实测。

如果我们把宋代所规定的八个材等各按用一朵补间铺作，以250"分"为标准间广，则可得表3-12-4。

从下表中可以看出，当面阔为250"分"时，一、四、五、六四材等之间广都是整尺数，三等材为半尺，只第二等材之尾数为0.75尺，即与上下等材间级差为1.25尺。当间广为300"分"时，一、三、五、六等材为整尺数，二、四等材为半尺数。这就表明宋式和唐代实是一脉相承，其房屋间广的级差也是以一尺、半尺为单位的(七、八等材用于小殿、小亭榭等园林小建筑，可不计入)。

宋式八等材面阔用三种不同"分"值时折合成的具体尺寸表　　　　表 3-12-4

尺寸＼材等	一	二	三	四	五	六	七	八	
材高/寸	9	8.2	7.5	7.2	6.6	6	5.2	4.5	
"分"长/寸	0.6	0.55	0.5	0.48	0.44	0.4	0.35	0.30	
250"分"间广/尺	15	13.75	12.5	12	11	10	8.75	7.5	殿堂单补间
300"分"间广/尺	18	16.5	15	14.5（302"分"）	13（295"分"）	12	/	/	厅堂
375"分"间广/尺	22.5	20.625	18.75	18	16.5	15	/	/	殿堂双补间

加□者为整尺数。

据此，可以看到一种迹象，即很可能最初设计建筑时，尚无固定的材等，先以建筑的等级、规模定间广，再以明间间广的 1/250（当为殿堂时）或 1/300（当为厅堂时）为 1"分"，以 10"分"×15"分"为材，以 21"分"为足材，以此进行设计。佛光寺大殿的 250"分"和南禅寺大殿的 300"分"即是其例。由于建筑中习惯以尺或半尺为间广的级差，所用材的级差较小，而种类颇多，很不利于制材备料，必然要逐渐加以归并，使间广相差不大者共用同一材等，以减少材等，到宋代遂发展为六等（宋式八等材中，七、八两等只用于小型园林建筑）。这六等材用于房屋上，如以 250"分"为一间计，各有其标准间广，级差为 1.25 尺及 1 尺。间广介于标准间广之间的房屋，则使用与其差距最小的间广所属材等。这大约即"材分八等"产生的过程。从面阔仅七间的佛光寺大殿所用材要比宋代用在九至十一间殿身的重檐大殿上用的一等材还要大，可知唐代建筑用材远比宋代大。较大的用材，使唐代建筑外观显得雄健浑厚，但宋代能用小材建和唐代同样大的建筑，又说明宋代木构建筑技术的进步。

唐代二百余年间建造了大量宫殿、官署、寺观、第宅，有一套工程管理机构，制定了建筑等级制度，建设速度也很快，所以在采用以材为祖的模数制设计的同时，必然会规定相应的用材等级。由于史籍不载，又只有数座木建筑留传下来，目前尚无法考知其材等的具体情况。

对建筑中各木构件分数的确定，有些是出于构造或美观要求，如阑额和除了出跳栱以外的横栱长度等，可置不论。但那些受力构件，如柱、梁、栿等，为它所规定的分值必须使它能承担所受荷载，并有一定安全度。在当时还没有科学的实验手段，只能靠经验加以设定。可能最初规定的尺寸大而保守，随着经验积累，逐步减小到适当的范围。唐太宗曾抱怨说，隋朝所建宫室用料大，历数十年不损动，现在建筑用料小，但建成不久即需修理[3]。这虽是反面例证，但说明入唐以后，建筑用料有逐渐变小的趋势，亦即据经验不断缩小过大的用料。

从对南禅寺、佛光寺的分析中，可以看到，在中晚唐时，已把梁之高跨比控制在一个合理的范围之内。

佛光寺大殿柱之细长比为 1∶8.8≈1∶9（高 250，径 28.5，以"分"为单位，下同）。明栿中，乳栿之高跨比为（指扣除斗栱出跳所承担部分的净跨，下同）1∶8（高 21.5，净跨 170），四椽栿为 1∶9.4（高 27，净跨 254）。草栿中，四椽栿之高跨比为 1∶11.6≈1∶12（高 30，净跨 350）。栿之径跨比为 1∶15（径 17，面阔 252）。

南禅寺大殿柱之细长比为 1∶9.6≈1∶10（径 24，高 230）四椽栿之高跨比为 1∶20.7≈1∶21（高 25.2，净跨 522），若连其上高 16"分"之缴背通计，高跨比为 1∶12.7≈1∶13（高 41.2，净跨 252），丁栿之高跨比为 1∶8.9≈1∶9（高 17，净跨 151）。枓之径跨比为 1∶15（径 14.4，净跨 224）。

据此可知，至迟在中唐时，已经根据经验，不断改进，把殿堂梁之高跨比明栿定在 1∶10 之内，草栿为 1∶12 之内，厅堂构架梁在 1∶13 左右。枓之径高比在 1∶16 之内，并把它以分数的形式表达出来，据此做出的构件，可以承受一般常用屋面的荷重。殿堂构架比厅堂复杂，荷重稍大，故其梁之高跨比大于厅堂构架之梁。

就这两座建筑现状而言，佛光寺大殿建成后未经大修，构架无走动，构件无受压变形，坚挺屹立，历时一千一百余年而完好如初，证明其构架合理，所用构件强度敷用，并有一定安全度。南禅寺大殿在北宋元祐元年（1086 年）曾落架大修。到建国后重新发现时，已柱列倾侧，殿内四椽栿不堪负荷，严重下弯变形，遂不得于 1974 年再次落架重修。殿之柱列倾侧是因厅堂构架用通栿、无内柱、构架上有缺陷造成的，可另作别论，但四椽栿下垂，则是梁高过小所致。估计是建殿时无大材，遂在高 42 厘米之梁上加高 26 厘米之缴背拼帮成总高 68 厘米之梁。但梁与缴背间仅用四个木梢，结合不佳，不能协同受力，实际梁之高跨比仍为 1∶21，终致受压下弯。如果使用高跨比为 1∶13 之整梁，参照佛光寺大殿草栿的情况，是绝对可以承受的。故此殿虽大梁下沉，但从用缴背把梁拼帮成 1∶13 的高跨比看，当时工匠还是知道这个高跨比控制数字的。

如果和《营造法式》的规定进行比较，殿堂以双槽进深十椽为例，其五椽明栿之高跨比为 1∶15（栿长 750，扣除两端各二跳华栱之长 120，净跨为 630，栿高 42。以"分"为单位，下同）。五椽草栿之高跨比为 1∶16.7≈1∶17（净跨 750，梁高 45），枓之径跨比为 1∶12.5（径 30，最大面阔 375）。厅堂构架当用直梁时，四椽栿为 1∶16.7≈1∶17（净跨 600，梁高 36），用月梁时，四椽栿高跨比为 1∶12（净跨 600，梁高 50），六椽栿高跨比为 1∶15（净跨 900，梁高 60）。枓之径跨比在 1∶14.5 左右，近于 1∶15（径 21，最大面阔 300）。从这些数字可以看出，宋代梁之高跨比都比唐代为小，但枓则比唐代为大。梁之高跨比减小，能以较小之材承担相同的建筑，说明宋代木构架技术比唐代又有改进。用材自隋至唐，自唐而宋逐渐变小，说明通过大量经验积累，木构架技术在不断改进，这当中也包括材分制的改进。但由于唐代只存在极少实物，我们目前尚不能了解其材分的更多情况，也不能与宋代进行更全面的比较。

在木构建筑设计和施工中，以材为基本模数，以"分"为分模数，是中国古建筑的一大特点，也是古代匠师的一大创造，它既简化了建筑与结构设计，也极有利于预制构件和现场拼装施工。

从设计方面看，中国古代是把木建筑的结构、构造需要和艺术处理融为一体，以材分的形式规定下来。它把材规定为若干级差相同的等，用各等材所建的标准间广（如 250"分"/间），进深（如 125"分"/椽）的房屋，其真实尺寸也会按其材的级差比例而涨缩。与之相应，用不同材等所建房屋中，按相同分数所制的构件，其真正尺寸也以这级差比例来涨缩。这样，在相同单位面积荷载作用下，不同材等房屋中的同一构件，产生的应力是相等的，即它们都是等应力构件。因此，只要能正确定出用某一材等按标准面阔、进深建造的房屋中的某一构件的合理尺寸，当把它折合成"分"数时，这"分"数也适用于其他各材等按标准间广、进深所建房屋中的同一构件。这就是说，按"分数"规定的构件尺寸，对各材等建筑同等适用。除各种构件、构件的卷杀、内颇的做法外，影响整体造型方面的，如柱子的侧脚、生起，由生起和角梁共同决定的檐口曲线等，也都以"分"数表达，因此不同材等的建筑的侧脚、生起、檐口曲线也按材等级差涨缩，形成平行线或相似形，故在外观上也是谐调一致的。

以材分为单位也大大简化了设计过程。设计中，除地盘尺寸因要和其他建筑衔接需用真实丈尺外，地面以上构件都可用"分"数表达。制作一个所用材的"分"数比例尺，用来制图或推算，既易于比较各构件之间的尺度关系，也免去计算大量零星尺寸之劳。出现误差也易于校核，因为所规定的分数是以口诀形式为设计人所熟记的。

以材分为单位也极便于施工。古代工匠施工，除地盘图外，基本不用图纸，由匠师发给工匠丈杆，其上画按所用材为单位的格，并标出所拟制作的构件的分数和真长，工匠即据以制作。由于工匠也熟记背诵材分口诀，易于核查，梁、柱、斗、栱等构件的分数、卷杀和开榫卯又都是固定做法，完全可以制作无误，省去了使用真正尺寸数字琐细易错，且不易校核之弊。在建屋时，最烦难部分是斗栱梁架，由于铺作层的槽和梁多是以材栔的单位向上叠加的，以材分为单位表达和制作的构件，在拼装时也不易发生误差，这是使用材分制进行设计有利于施工的情况。

注释

[1] 陈明达：《营造法式大木作制度研究》，文物出版社，1981
[2] 傅熹年：〈日本飞鸟奈良时期建筑中所反映出的中国南北朝、隋唐建筑特点〉，文物 1992 年 10 期。
[3] （元）翟思忠辑：《魏郑公谏续录》，影印《四库全书》本。

二、土木混合结构

土木混合结构在中国古代有悠久的历史，是汉以前大型建筑的主要形式，即台榭，近年又称之为高台建筑。南北朝以后，已很少建大型夯土台榭，但在殿宇中，用夯土墙或墩台承重或维持木构架稳定的情况还时有所见，并延续至隋唐。在城乡一般建筑中，用土墙承重，上架木梁架的"硬山搁檩"式房屋更是始终存在着，直至近现代。

隋唐建筑中，沿用传统土木混合结构最明显的例子是城门道。近年对唐长安、洛阳城和宫城的发掘中，多次清理出城门遗址[1],[2],[3],[4]，都是两旁用夯土筑城门墩或门间隔墙（当为多个门道时），中间架设木构的城门道构架，上建城楼。虽然门墩门道上部不存，但可从敦煌壁画中知道它的构造和形象（图 3-12-29）。此外，从宋代绘画和近代始被毁去的金代建泰安岱庙南门我们知道宋金时的城门道构造和唐代基本相同[5]（图 3-12-30），而（宋）《营造法式》中又载有这种城门的做法[6]（图 3-12-31），所以，根据唐代遗址，参考《营造法式》，我们可以推知唐代城门道的做法[7]。

综合已发掘的唐代诸城门遗址，可知唐代建城门墩及门道的过程是在筑好城门的基础后，在要设门道处左右各埋设若干方形柱础，连成两列，础上立方形木柱，宋称"排叉柱"，柱方 50 厘米，柱间距约 1.2 米，合唐代四尺；每列排叉柱上各施一巨大木枋，宋称"涎衣木"；在二条涎衣木间架梁架，构成门道顶部；梁架下层梁称"洪门栿"，横跨门道上，梁上立蜀柱，承长为洪门栿一半的平梁，平梁两端有斜撑，即托脚木，四者共同构成梯形城门道梁架，若干道梁架间架檩、椽、铺板，把门道顶部封闭。门道木构架竖立后，即以之为夯筑墩台时之挡土支架，开始夯筑城门墩台[1]。门墩三面外壁虽有约 1：4 的收坡，但为防敌人攻城时挖掘、砲击或自然崩塌，在夯时每隔 1.3 米左右高度处垂直于墩台表面铺一层木椽，椽长 2 至 3 米，径 10～20 厘米，间距约 1.2 米，宋代称"纴木"；门墩及门道壁面都包砖。

门墩和门道的做法可以说是土木混合结构的孑遗。从门道两侧以排叉柱加固墩台，上加涎衣木、洪门栿等构成屋顶的做法，可以推知，在土木混合结构房屋中，用壁柱加固承重墙、墙顶铺木枋承梁，把由屋架传来的集中荷载通过木枋分散到承重墙上的情况。

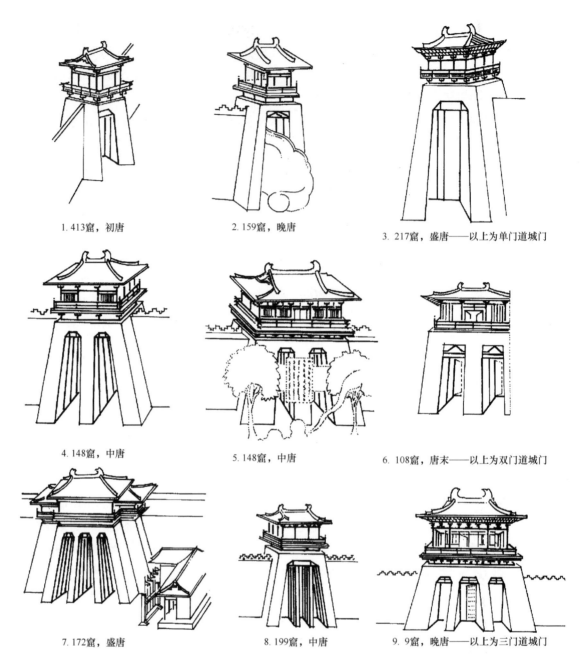

1. 413窟，初唐
2. 159窟，晚唐
3. 217窟，盛唐——以上为单门道城门
4. 148窟，中唐
5. 148窟，中唐
6. 108窟，唐末——以上为双门道城门
7. 172窟，盛唐
8. 199窟，中唐
9. 9窟，晚唐——以上为三门道城门

图 3-12-29　甘肃敦煌莫高窟唐代壁画中不同规制的城门

图 3-12-30　山东泰安岱庙金代城门道

目前已发现在大型宫殿中用夯土墙承重的是唐大明宫含元殿[8]。殿为重檐建筑，其殿身外檐的北、东、西三面没有檐柱，只有厚1.2米和1.5米的夯土墙。该殿殿身内部有二行内柱，如外檐有柱，则属双槽柱网，但遗址确实只有夯土墙，墙内无柱。从构造上看，殿上檐北、东、西三面挑檐及下平槫以外部分屋顶之重只能由土墙承担。这是迄今所见的孤例。我们还无法确知墙身在受荷载后如何保持稳定，特别是北墙长近60米、厚仅1.2米，又建在地震频发区。这问题恐还需要有更多的实例来比较研究。现在惟一与之近似的例子在日本奈良平城宫遗址内里部分。在东南角有一面阔五间厦两头的建筑址，背倚内里南宫墙，无后檐柱，以宫墙为承重墙。但此段宫墙内外侧都加了方形壁柱，以加固墙身防止失稳或崩塌，其情形和城门道侧壁相同，和含元殿之素夯土墙还有差别[9]。另在东墙中段也于宫墙内外加壁柱，用为内廊的承重后壁（图 3-12-32）。

唐代还有些建在夯土高台上的建筑。如大明宫内的三清殿，建在南北长73米，东西宽47米，高14米的夯土墩台上[10]（参阅图 3-2-25），麟德殿的郁仪、结邻二楼建在高7米以上的夯土台上。此类建筑中高度更大的还有唐高宗乾陵神道入口处二小山上的一对阙（参阅图 3-4-7），近年勘探，

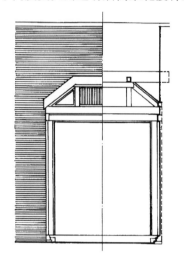
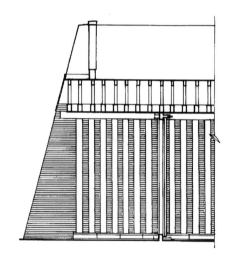

图 3-12-31　据宋《营造法式》所绘城门道图

图 3-12-32　日本奈良平城宫内里东部使用夯土承重墙情况

发现阙身为三重子母阙，下以条石为台基，阙表面包砖，最下层以条石垫底。现西阙阙身残高15米[11]。据唐懿德太子墓壁画所示，阙身之上应建有木构阙楼。其做法是先在阙顶上建木构平坐，平坐上建单层阙楼。平坐的柱子宋代称永定柱，阙下平坐的永定柱应向下插入阙身夯土之内，以加强上部木构阙楼和下部夯土阙身的结合[12]。从这角度看，这类建筑也保存一些土木混合结构的残余。

唐、五代码头、泊岸、海塘等多在夯土岸壁包砖，砖外加木壁柱或木桩，也属于土木混合结构之属。

此外，从现存隋唐石刻看，隋唐时有一种方形小塔，塔身只一层，为砖或夯土筑成，墙壁甚厚，正面开一门，墙顶以上纵横平铺数重木椽，椽上铺土坯或覆土后抹泥为屋顶，四角加仰阳蕉叶并在中部用土坯垒成覆钵式窣堵坡加刹杆。河南安阳灵泉寺隋唐石刻中有大量此种塔之浮雕形象，自题为枝提（支提）[13]。其下部厚墙和密椽屋顶的形象非常清晰，所表现的也应是一种土或砖墙木椽平屋顶的混合结构建筑（图3-12-33）。据此也可以推知一些土墙平顶居室，其构造也应基本如此，仅不设窣堵坡及仰阳蕉叶而已。

图3-12-33 河南安阳岚峰山第38号唐贞观二十二年（648年）浮雕塔立面图

注释

[1] 马得志等：《唐长安大明宫》，（三）城门，3 玄武门，6，重玄门。科学出版社，1959，P.16～21

[2] 中国科学院考古研究所西安工作队：〈唐代长安城明德门遗址发掘简报〉，《考古》1974年1期。

[3] 中国社会科学院考古研究所西安唐城工作队：〈唐长安皇城含光门遗址发掘简报〉，《考古》1987年5期。

[4] 中国科学院考古研究所洛阳发掘队：〈隋唐东都城址的勘查和发掘〉。二，右掖门的发掘。《考古》1961年3期。

[5] (德) Ernst Boerschmann：《Baukunst und Landschaft in China》，Berlin：1923，P.56

[6] (宋) 李诫：《营造法式》卷19，大木作功限三，城门道功限。商务印书馆缩印本②P.196

[7] 傅熹年：〈唐长安大明宫玄武门及重玄门复原研究〉，城墩，三城门道做法。《考古学报》1977年2期。

[8] 马得志：〈1959～1960年唐大明宫发掘简报〉，《考古》1961年7期。

[9] 1990年10月参观遗址所见。

[10] 马得志：〈唐长安城发掘新收获〉，《考古》1987年4期。

[11] 陕西省文物管理委员会：〈唐乾陵勘查记〉，《文物》1960年4期。

[12] (宋) 李诫：《营造法式》卷4，平坐："凡平坐，先自地立柱，谓之永定柱"。永定柱入地的早期实例尚未见，但"文革"中拆毁北京东直门时，发现有柱自城墩顶下至地面，柱四周围以砖，砖外夯城墩。拆除时，柱已朽，只在砖穴中发现朽木灰。此做法与《营造法式》的记载相合。《营造法式》中土工部分多沿唐旧制，因可推知唐代也应如此。

[13] 河南省古代建筑保护研究所：《宝山灵泉寺》，图100，唐贞观二十二年（648年）建岚峰山38号塔。河南人民出版社，P.215、332

三、砖石结构

隋、唐、五代用砖石所建建筑及构筑物主要是桥梁、墓室和佛塔。此外还有些大型砖石砌体。

桥均为石桥，史载隋唐时建有很多巨大的石桥，但遗物只有河北赵县隋建安济桥，其详已见本章第八节。当时似只能建并列石拱桥[1]。

砖砌墓室主要是四面攒尖穹隆顶，在构造、砌法上与南北朝时无大差异，仅规制、尺度上有些变化。石砌墓室中，以四川成都五代时前蜀永陵的有肋石筒壳墓室较特殊。虽有肋筒壳在东晋南朝时已出现，但只是砖砌小室，远不能和永陵相比，故仍可视为较重要的进展。这些砖石墓室的情况也已见于本章第四节。

隋、唐、五代砖石结构上的成就和特点主要表现在佛塔上。就外形而言，此期佛塔主要分单层、多层二类。多层塔中，又可分密檐塔和楼阁型塔二大类。现就石塔、砖塔二大类进行探讨。

1. 石塔

有用块石砌成和用石板拼叠成两种。前者以山东济南神通寺四门塔（参见图3-7-42）及长清灵岩寺慧崇塔（参见图3-7-50）为代表，后者以北京房山云居寺北塔下四小塔、山东济南神通寺龙虎塔和唐开元五年小塔为代表。

济南神通寺四门塔　建于隋大业七年（611年）为单层攒尖顶方塔，用矩形块石、条石砌成。塔身面阔7.38米，高15.04米，外壁厚0.8米，四面各开一券门。塔内中心有方约2.3米的塔心柱，与外壁间形成宽约1.7米的回廊。塔身外部在墙顶上用石板挑出五层叠涩，最上一层即代檐口，檐口以上为石板砌的二十二层反叠涩，逐层内收，形成略具下凹曲线的四角攒尖塔顶。顶上砌石须弥坐，四角装蕉叶，中心立石雕有五层相轮的塔刹。塔内自塔壁及塔心柱上部相对各挑出二层叠涩，其上架三角形石梁。每面三梁，加45°角梁，共十六道梁，自内外壁叠涩上斜架石板，构成回廊上部的两坡屋顶。叠涩和石梁表面都粗凿人字纹为饰，尚有汉代石刻遗意（图3-12-34）。

石板拼合叠砌而成的塔颇多，分单层和密檐二种。二种塔的下部都用数重石板加雕刻后叠砌成须弥座，座上为用石板竖立拼合成的塔身。塔身正、背二面板宽为通面阔，侧面板卡在正背面板之间。塔身以上置石雕的屋顶，简单的只雕作正反叠涩状，精工的则底面雕檐椽，顶面雕作微斜的瓦陇和角脊。单层塔在屋顶上置有蕉叶的须弥座，上置石雕塔刹；多层的则重叠所需层数的石雕屋檐，层层内收，中间垫石块雕成的上层塔身，形成梭形轮廓的密檐塔。现存单层塔中济南神通寺龙虎塔较大，塔身雕工精美，但塔檐、塔刹已佚，现状为宋代补建（图3-12-35）。北京房山云居寺山顶方塔较完整（图3-12-36）。多层塔中，以房山云居寺北塔下四座小唐塔

图3-12-34　山东济南神通寺隋代四门塔内部

图3-12-35　山东济南神通寺唐代龙虎塔

图3-12-36　北京房山云居寺山顶唐代方塔

（图3-12-37）及济南神通寺唐开元五年（717年）小塔（图3-12-38）较有代表性。这类塔因其塔身为竖立石板围合成小室，故尚具有一定石结构性质，塔下须弥坐及塔顶则只是石雕。

此外，还有一类石塔，由多层块石叠砌而成，表面雕成塔基、塔身、塔檐、塔顶的形式，则更近于石雕，如南京栖霞寺南唐所建舍利塔（图3-12-39、3-12-40）。此塔为八角形五层密檐塔形式，下层须弥座用块石雕后拼合而成。因巨大石材难得，施工不易，故塔身下之仰莲座及一层以

图3-12-37　北京房山云居寺北塔下唐太极元年(712年)小塔

图3-12-38　山东济南神通寺唐开元五年（717年）小塔

图3-12-39　江苏南京栖霞寺南唐舍利塔基座

图3-12-40　江苏南京栖霞寺南唐舍利塔塔身及塔檐

上各塔檐、塔身都用两块大石相并拼成，上下层间石缝十字交叉压缝，以求加强整体牢固。这是此类塔之通用做法。比此稍晚建于北宋初的杭州闸口白塔各层也是由两块拼成上下层十字压缝的。

总的说来，隋唐石塔未见北朝时那种雕出柱梁斗栱全仿木构塔的做法，构造上较简单，主要成就在塔之造型比例和雕琢装饰方面，在石结构上没有明显发展。

2. 砖塔

隋唐砖塔就形式论有单层多层二类，多层中又分密檐塔和楼阁型塔二种。但如就结构构造而言，目前所见隋唐塔不论单层多层，都是只有一圈塔身外壁的空腔式塔。到五代时，才出现内有塔心和回廊、用砖砌各层楼面的楼阁型砖塔。

单层砖塔：多为方、圆、六角、八角形小塔，一般有一塔心室，也有为实心砌体，门内只开一小龛的。这类塔表面用预制型砖或砍砖、磨砖砌出须弥座、仰莲、柱、阑额、斗栱、门窗，秀美精致，表现出很高的砖饰面工艺技术，如河南登封会善寺唐天宝五年（746年）建净藏禅师墓塔（图3-12-41）、河南安阳修定寺塔、山西运城唐泛舟禅师塔（图3-12-42）和招福寺塔（图3-12-43）等。但它们在砖结构技术上没有明显发展。

图3-12-41 河南登封会善寺唐代净藏禅师墓塔塔身

图3-12-42 山西运城唐代泛舟禅师墓塔塔身

多层砖塔：隋砖塔已无存者[2]，唐代密檐塔存者尚多，以西安荐福寺小雁塔最著名。塔建于唐中宗景龙间（约708年），为方形十五层密檐塔，高43米。它仍是空腔型塔，塔四壁向外挑出叠涩塔檐，向内挑出叠涩承木楼板，较特异处是又自内壁挑出斜行向上的叠涩，作为绕内壁螺旋形上升的梯道，以登上各层楼面。中国古代台榭有建绕台外壁的梯道登台的，外形如螺壳，称为"蠡台"，在内部挑出的，目前仅见此例，其余唐代砖塔是否如此尚俟考。此塔近年曾修缮，发现地基夯土中有朽败的纵横木梁，当是为增强基础的整体性而设。每层塔檐角上，在砌砖中都埋设有木角梁，以加强转角处挑檐的稳固，也是为加固砖塔所采取的辅助措施[3]。小雁塔下层塔身为素壁，但砖色与上层不同，明显比上层突出，也应是明代包砌所致，故原来砖的砌法在外观上已不可见。修缮时发现，塔是用泥浆砌成的。

唐代楼阁型砖塔有西安慈恩寺塔，兴教寺玄奘塔、香积寺塔等，以西安慈恩寺大雁塔最著名。塔平面方形，每面各开一门，高七层，通高64.1米，用条砖砌成，建成于武周长安中（约701~704年）。塔外面各层用砖砌出柱、额、栌斗，加二重花牙砖线后叠涩挑出塔檐；塔内部各层也挑出砖叠涩，承木制楼板，构造基本上和嵩岳寺塔相近。塔的外部经明后期包砌，内部也为抹灰掩盖，并新建楼层、楼梯，故砖的砌法目前尚无法查知。

西安香积寺塔下层特高，以上九层均低矮，外轮廓近于密檐塔，而二层以上塔身都用砖砌出

图 3-12-43　山西运城招福寺唐代墓塔

柱、额、栌斗、门、窗，又似楼阁式塔。从构造上看，它仍是空腔型木楼板砖塔。

小雁塔及香积寺塔都每层四面或二面相对开券门，造成塔身结构上的弱点，故在明成化间西安地区大地震中，都沿塔门一线垂直劈裂为二。大约在宋、辽时已发现上下一线逐层辟门之弊，故所建砖塔多上下层错开辟门，而在外观上以假券门代之。

在五代时，江南出现一种内有回廊、塔内壁和塔心室，用砖砌楼层的新型楼阁式砖塔，最著名的例子是苏州虎丘塔和杭州雷峰塔。

苏州虎丘塔为平面八角形高七层的楼阁式砖塔，高 47.5 米，始建于五代后周显德六年（959年），苏州在当时属吴越国。塔平面正八边形，每层每面各开一券门。外观二层以上塔身上下各有平坐和塔檐，都用砖砌叠涩挑出，并用砖砌出出一跳或二跳的斗栱为饰。塔檐上部砌反叠涩，收至上层平坐而止。和唐代空腔塔只有一圈外壁不同，塔内还有砖砌的巨大的塔心，也作八边形，与外壁间形成回廊。塔心的四个正面上又各开券门，内建巷道，南北、东西巷道在塔心内十字相交，交会处略加拓大，成为塔心室。从平面上看，此塔可视为有内外两圈塔壁，中夹回廊，内壁之内为塔心室。但由于巷道和心室矮而且小，也可视为在巨大的八角形塔心砌体上穿十字巷道和心室。在塔外壁内侧及塔心（内壁）外侧上部相对各挑出砖叠涩，相交后，构成回廊的顶部，其上再平砌砖，形成楼层。楼层厚度自一层回廊顶至二层地面厚达 1.6 米，以上递减，至七层地面以下楼层厚约 0.8 米。这样厚的楼层，用条砖错缝平砌，对塔内外壁间的连系应起一定作用。登塔的楼梯为木制，设在回廊上，在回廊顶上砖砌体中留空井而上。各层空井的布置都尽量使上下层处于相对两面，防止构造弱点集中。塔之刹柱自塔顶向下，穿过七、六两层楼面，立于砌在塔心内的横梁上（图 3-12-44～3-12-46）。

这种塔内有巨大的塔心（或内壁及塔心室），塔心与外壁用叠涩斗合，上砌地面，形成楼层，使各层塔心与外壁，成连为一体的多层楼阁式砖塔，在稳定性、整体性上都比唐代的空腔木楼板砖塔要强，说明在砌造砖塔技术上已有较大的进步。但塔外壁与塔心之间只靠楼层的平砌砖拉结，

图 3-12-44 江苏苏州虎丘五代云岩寺塔

图 3-12-45 江苏苏州虎丘五代云岩寺塔各层平面图

抵御不均匀沉降和歪闪的能力较差，故宋代在沿用这种做法时，又在外壁与塔心之间架设木梁，一般每间一梁，以资拉结内外，可在一定程度上弥补这个弱点。

杭州雷峰塔在西湖南屏山下，为北宋开宝八年（975年）吴越王钱俶时宫监所建[4]，当时南唐、吴越尚存，故可视为五代余波。塔原拟建十三层，限于财力，至七层而止。以后又削至五层。坍毁前状况为平面八角形，底层每面宽约40尺，残高五层。每层八面均宽三间，明间各开一门。二层以上，下为平坐，上为塔檐，用砖砌出柱、额、腰串和扶壁栱、柱头枋。在柱头和补间斗栱处，自砖壁内挑出一至三层华栱承木构平坐地面及塔檐瓦顶。一层塔身四周立木构回廊，形成塔下缠腰。它的内部也有砖砌塔心，估计构造和苏州虎丘云岩寺塔基本相同（图3-12-47）。

此二塔都是吴越国末年所建，都是有塔心柱、砖砌楼层的多层楼阁式塔，是当时的新创造。所不同处是虎丘塔外檐包括平坐、塔檐在内全为砖造，而雷峰塔的外檐则在塔壁内埋设木构件，挑出一至三层木华栱，承木平坐、木塔檐，是木檐砖塔。这两类塔在宋以后的江南地区都得到较大的发展。

3. 砖砌护墙

唐代的城门、城墙、建筑墩台等，大多用砖包砌。

唐长安城墙、城门墩都是夯土筑成，即令大明宫，也只是城门墩、城门附近一小段和城角角墩用砖包砌，厚度约70厘米，即二砖之长。但洛阳的宫城和皇城却内外全部包砖，且所用砖中有特制的砌城用砖，分长边抹斜和短边抹斜二种规格，分别用为顺砖和丁砖，其坡度与城身一致。城墙都仅存残基，砖的具体砌法尚未能查清。由于城身倾斜，包砌之砖也需层层内收，与夯土墙间作齿形咬合，有利于墙体和砖外皮间的结合。

一些巨大建筑下的墩台，如含元殿前墩台、麟德殿侧郁仪，结邻二楼下的墩台等都用砖包砌。

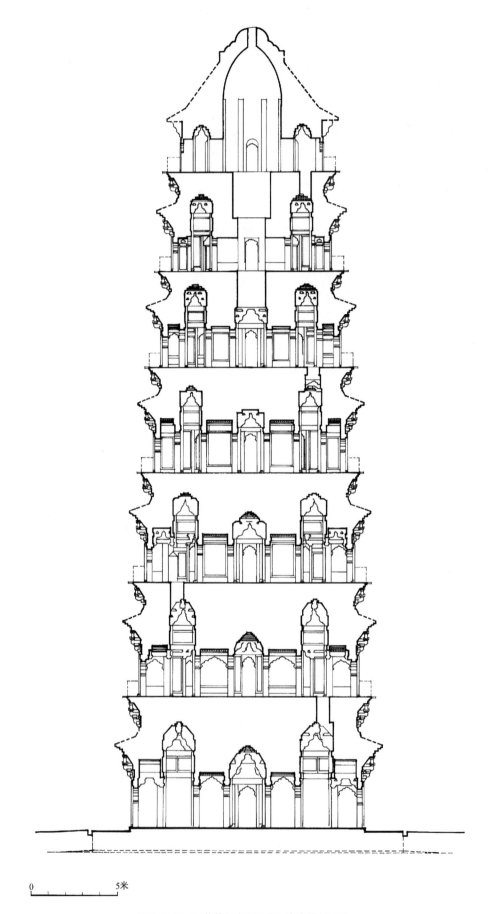

图 3-12-46 江苏苏州虎丘五代云岩寺塔剖面图

图 3-12-47 浙江杭州南屏五代雷峰塔

磨砖对缝（清代称"乾摆"）的外墙包砖做法就目前所知，最早见于西汉未央宫遗址。南北朝时的遗例尚未发现。在大明宫中，三清殿下高14米的墩台用夯土筑成，四周包磨砖对缝砖壁，最下用二层磨光表面的条石为基，是迄今所见最豪华考究的护壁做法。在壁画中，多把砖包的台基、墩台画为上下直缝，但迄今所见遗例却都是上下错缝的。唐长安龙首渠两壁及底也都包砖，除美化外，也明显有护坡作用。

但迄今尚未发现用砖砌墙之例，包括最重要的宫殿，如含元殿、麟德殿，都只用夯土墙，内外壁面加抹灰、粉刷。连用于墙下半部的"隔减"做法也没有出现。用砖在土墙下部做隔减的做法在宋、辽、金建筑中很普遍，但在唐代遗址和现存唐代建筑中都未见到。

注释

[1] 现存赵县安济桥用并列拱建成。现存江南诸古桥也以用并列拱为多。宋元古书中所绘古桥也多作并列拱，拱石弯曲作弧线。

[2] 在有关名胜古迹记载中，尚有隋砖塔，但多未经专门鉴定，暂置不论。

[3] 1972年西安市文管会何质夫曾以修缮小雁塔情况油印稿见示，择要录于札册中。

[4] 在雷峰塔砖内藏有吴越王钱俶刻《宝箧陀罗尼经》，后有发愿文云"天下兵马大元帅吴越国王钱俶造此经八万四千卷，舍入西关砖塔，永充供养。乙亥八月□日记"，按乙亥为北宋开宝八年，即公元975年，当时南唐尚未亡，距吴越纳土之978年尚有三载，故可视为五代十国之余波。《咸淳临安志》中又载有钱俶修塔记，称塔为宫监尊礼佛螺髻发而建，"计砖灰土木油钱瓦石与夫工艺像设金碧之严，通缗钱六百万"，是记载当时工料价的珍贵史料。

四、基础工程

目前对隋唐建筑的基础做法了解甚少，只能从发掘的遗址和少量经过修缮的建筑中略窥一斑。

隋唐建筑基础一般用夯土筑成。重要部分用纯净素土密夯，次要处稍松，重建的则多杂有砖瓦碎片等。

已发掘的唐宫诸殿大多用满堂夯土为基，而且有一定厚度。如大明宫含元殿地面以下有厚3米余以夯土基，加上地面以上的台基，共厚近7米[1]。大明宫麟德殿下有厚3米的夯土基，加上地面以上的台基，共厚5米余。玄武门门墩下夯土基厚2米余。大明宫宫城的夯土基厚1.1米[2]，左右出城身各宽1.5米。这些基础都是密实的素夯土，工程量都很大。

唐洛阳武则天明堂的遗址基址主体为宽54.7米的八角形，合唐尺186尺。和长安宫殿不同处是它虽也是满堂基础，但各部分厚度却有很大差别。基础自内而外可分五部分。中心部分直径约26米，夯土坚实，厚达10米；在正中有一上径9.8米，底径6.16米，深4.06米的柱坑，四壁包砖，坑底用四块方约2.4米的石块拼成一大柱础，它应即是明堂中上下贯通的巨大中柱之础。此部之外，夯土基可分四圈：自内向外，第一圈宽6.5米，厚仅1.6米，夯土较疏松；第二圈宽8米，厚4.8~8米，夯土坚实；第三圈宽4米，厚1.4米，夯土较松；第四圈宽11.6米，厚1.5~4.2米，夯土中含杂质[3]。据此可明显看出，第二圈是明堂二三层部分的外檐柱所在处，因荷重大，故基础厚而夯土密实，第四圈为明堂一层外檐部分，故基础亦较厚，但荷重不甚大，故夯筑无中心及第二圈密实。一、三两圈是室内不承很大重量处，故夯土薄而疏松。随着建筑荷载的变化而改变基础的厚度，比起满堂夯筑来，是一进步。

唐代塔基比一般殿基又多采取了一些措施。建于707年的西安荐福寺小雁塔为砖砌密檐方塔，高43米，建于夯土高台上，环台四周建有廊庑及墙，大约即《游城南记》所说的缠腰之类，近年已发现其墙下之石条。在近年修缮时，曾探查其基础，发现在方形的夯土基内纵横交叠两层人木梁，夯筑于基中，目的当是要加强基础之整体性。塔下之基墙以砂石条石铺底，然后砌砖为塔身。为防止沉陷，在塔下大方台基四面各三十米范围内，均为夯土层[4]。西安属湿陷性黄土地区，地基经水浸即失去承载能力，故采取这种防范措施。《法苑珠林》说郑州超化寺塔建于隋代。"塔基在淖泥之上，西面有五、六泉，南面亦有，皆孔方三尺，腾涌沸出，流溢成川。泉上皆下安柏柱，铺在泥水上，以炭沙石灰次而重填，最上以大方石可如八尺床编次铺之，四面细腰长一尺五寸，深五寸，生铁固之"[5]。据此，这时在水中或水边建屋应是下为桩基，上铺石板，石板间用铁锔（细腰）拉结，用生铁汁浇铸铁锔缝。这种做法始于何时不可知，但一直使用至宋元。元大都崇仁门北穿城水闸的基础，仍然是这种做法。

但唐代有些建筑之基础处理亦不尽严密。例如最著名的佛光寺大殿，其基础就山坡垫高凿低而成。殿内地面前低后高，高差在50厘米以上，故其前后檐柱之高差亦在50厘米左右。最可异处是殿内佛坛有一部分是就原土石削凿而成，其东北角自岩石凿出，内槽角柱即立其上。自此以南各内槽后柱均立在佛坛上。此部佛坛为就原土削成，开一槽嵌入石础，础上立柱。实际上后槽各柱均不至地，而是立在生土削成的佛坛边缘，比后檐柱又短60厘米左右。但如此构造，竟历时千年，迭经地震而未崩塌损动，实是奇迹。也可能是因其铺作层之整体性强，可以转移分配一部分负荷的结果[6]。

已发掘之唐宫各主要殿宇，即在夯土殿基上挖坑，嵌入石柱楯和柱础，并无其他措施。筑墙亦迳在殿基上起筑，不再另做墙基。但近年发掘的唐青龙寺遗址，其西侧大殿早期面阔十三间，进深五间，以夯土为基，残厚约1.3米左右。和唐宫做法不同，其柱础在基上挖方形柱坑，深度到夯土基基底之下，深入生土少许，然后在坑内铺一层瓦筑一层土，直至柱础底面上，形成方形的掺瓦渣夯土磉墩。此殿之磉墩方2.6米×2.2米，深1.4米，尺寸甚大[7]。这种做法实际上是改满堂基础为独立的柱基础，台基夯土近于填土性质，不需夯得过深过坚，减少了夯土工程量。加瓦渣的夯土，不仅承载能力大增，抗湿陷性的能力也大为加强，没有柱基沉陷之虞。据史书记载，唐之含元殿、太庙等重要建筑都曾因大雨而发生柱陷事故，证明素夯土不能完全避免湿陷，故发展出这种做法。青龙寺创建于隋，唐景云二年（711年）改称青龙寺，遂为名刹。这种基础做法应在此时采用的，上距建大明宫已50年。这也表明，在高宗武后近半个世纪大兴宫室建筑之后，在基础工程上也有发展，和在木构架方面的进展是同步的。

注释

[1] 马得志：〈1959～1960年唐大明宫发掘简报〉，《考古》1961年7期。又据1972年马得志同志提供的含元殿遗址纵横剖面图量出。
[2] 马得志等：《唐长安大明宫》，科学出版社版图二二、图八、图四。
[3] 中国科会科学院考古研究所洛阳唐城队：〈唐东都武则天明堂遗址发掘简报〉，《考古》1988年3期。
[4] 西安市文物局在修缮小雁塔后曾有油印介绍情况材料，作者曾作摘记。
[5] 《法苑珠林》卷38，〈敬塔篇·感应缘〉郑州超化寺塔条。上海古籍出版社，P.297
[6] 作者1975年调查所见，据调查笔记综合。
[7] 中国社会科学院考古所西安唐城队：〈唐长安青龙寺遗址〉，《考古学报》1989年2期。

第十三节　工程管理机构和工官、工匠

一、建筑工程的管理及实施机构

隋唐二代，进行了很多宏大的工程，在古代工程技术史和城建史上创纪录的大运河，隋大兴城都始建于隋代而发展完善于唐代。这都是设计施工任务巨大、动员人力空前的巨大工程，由国家主持兴修。当时国家有很强大的规划设计和组织施工能力，其机构就是尚书省工部和将作监。

中国自古就设有工程管理的专门机构，战国以前的已难详考，大约自汉以来就有尚书民曹、尚书工部系统和将作系统并存，相辅相成。

将作的设立始于秦，秦代大建都城宫室，特设将作少府，"掌治宫室"，其长官称丞。汉代仍设将作，长官改称将作大匠。东汉仍设将作大监，"掌修作宗庙、路寝、宫室、陵园土木之功，并树桐樟之类，列于道侧"。东晋南朝时有事则设，无事则省。北齐设将作寺，长官称将作大匠。北周仿周官，设匠师中大夫，掌宫室城郭之制；又设司木中大夫，掌木工之政令。隋沿北齐制度，

先设将作寺，后改称监，长官称将作大监。唐基本沿用隋制，设将作监，长官称将作大匠[1]。

汉朝在尚书省中设有五曹，其中有民曹，于后汉时"兼主缮修、功作、盐池、园苑之事"，为行政机构设工官之始。两晋南朝时，如营宗庙、宫室，则临时设起部尚书管理其事，事毕即撤去。北齐时也设起部，主管工程，北周称冬官大司空卿。隋代于开皇二年设尚书工部，掌管工部和屯田二曹[2]。唐沿隋制，仍设尚书工部，下设工部、屯田、虞部、水部四曹，分管建筑工程、屯田、山泽、江河水利之事[3]。

这样，在隋唐时，就基本上形成了尚书工部和将作监两个主管工程的部门。从《唐六典》的记载看，两个部门的性质、任务不同。

《唐六典》卷7，尚书工部载，"工部尚书、侍郎（长官、副长官）之职，掌天下百工、屯田，山泽之政令。其属有四：一曰工部、二曰屯田、三曰虞部、四曰水部。"四曹中的工部主管官为"郎中、员外郎，掌经营兴造之众务，凡城池之修浚，土木之缮葺，工匠之程式，咸经度之"[3]。尚书省是最高行政部门，据上面所说，工部主要是全国工程建设的计划管理部门，据"工匠之程式"句，它还要制定工程规范和定额等。

《唐六典》卷23，将作监条说："将作大匠之职，掌供邦国修建土木工匠之政令，总四署、三监、百工之官属，以供其职事。少匠贰焉。凡西京之大内、大明、兴庆宫，东都之大内、上阳宫，其内外郭台、殿、楼、阁并仗舍等，苑内宫、亭，中书、门下、左右羽林军、左右万骑仗、十二闲厩屋宇等谓之内作。凡山陵及京都之太庙、郊社诸坛庙，京都诸城门，尚书、殿中、秘书、内侍省、御史台、九寺、三监、十六卫、诸街使、弩坊、温汤、东宫诸司、王府官舍屋宇、诸街桥道等并谓之外作。凡有建造营葺，分功、度用，皆以委焉"[4]。

据上文，所谓"内作"指宫城禁苑范围内的营造，"外作"指京、都郭内的官署、庙社、王府，郊外的坛庙，附近的皇陵的营建和京、都城门和有御道的街和桥的维修。这些是将作监负责建造维修的工程。据"分功度用"句，将作监还需负责设计、估算工料，制定预算等。这就是说，将作监主管皇家，中央国家机关和首都的城门，街道的营建和维修，包括规划、设计、预算、施工诸方面。

将作监下设的官署中，左校署、右校署、甄官署和百工监等都具体主持营建工程中的某一部门。左校署长官为令，"掌供营构梓匠之事，致其杂材，差其曲直，制其器用，程其工巧"[5]。即负责木工部分。大型宫殿建筑大都是木构架房屋，故木工是最重要的工种，房屋的设计首先表现为木构架的设计。在《唐六典》的左校署部分还记载了"宫室之制"，（详建筑等级制度部分）也说明建筑的等级区分也主要表现在木构架设计上。故将作监中负责建筑设计和施工的是左校署。

右校署"掌供版筑、涂泥、丹蒦之事；……凡料物支供皆有由属，审其制度而经度之"[6]。它主管的是土工、圬工和彩画工程。版筑夯土，在中国古代建筑中占极重要地位，基础、台基、墙壁城墙及河渠、堤坎等，都属土方或夯土版筑工程，所占用劳动力也最多，大工程动辄动员数十万民夫，主要就从事这种工作。宋代称土方、夯土工程为壕寨，主管称壕寨官，唐代尚无此名称。

甄官署"掌供琢石、陶土之事。……凡石作之类有石磬、石人、石兽、石柱、碑碣、碾硙，出有方土，用有物宜。凡砖瓦之作，瓶缶之器，大小高下，各有程准"。此外还负责明器制作[7]。它主管的是石工和制砖瓦陶器。石工用于建筑中主要是台基、栏杆、柱础之类。但用于陵墓的碑碣、石兽、石柱等却是巨大而有很高艺术水平的石雕，在采料、雕琢、运输、安装上都耗费巨大人力，并有很严格的要求。自北魏以来，皇家开凿佛教石窟是最大的石雕工程。《隋书·百官志》中记北齐官制，其太府寺"掌金帛府库，营造器物"，内设有"甄官署，又别领石窟丞"[8]。可知在北齐时，皇家所开石窟，如北响堂、天龙山等，由甄官署负责。同书称"后齐制官，多循后魏，"故北魏石窟恐也由甄官署负责。隋代甄官署仍属太府寺，至唐始并入将作监。《通典》说它"掌营砖、石、瓷、瓦"[1]，与《唐六典》所载基本相同。唐代最大的石窟工程是武后所开龙门奉先寺卢舍那大佛一组，是否由甄官署负责，史无明文。

此外，将作监中还设有百工、就谷、库谷、斜谷、太阴、伊阳等监，《唐六典》说："百工等监，掌采伐材木之事，辨其名物而为之主守。凡修造所须材干之具，皆取之有时，用之有节"[9]。据此，则百工等监主管采伐木材，分类管理，为工程供应木料和夯土用的桢干等工具。

将作监还直接掌握工匠。《唐六典·工部》说："凡兴建修筑，材木、工匠则下少府、将作，以供其事。"其下原注云："少府监匠一万九千八百五十人，将作监匠一万五千人，散出诸州，皆取材力强壮、伎能工巧者"[10]。

通过上述，可知将作监的职能是具体承担"内作"和"外作"的规划设计，材料制备和施工，是皇帝和中央政权直接掌握的集规划、设计、制材和施工于一体的营建实体，而工部则是对全国的工程进行计划、管理并制定统一的规范和定额等，是行政管理单位；二者职能不同，相辅相成。在隋唐以前，这二单位有时不同时设置，同时设置时，职能有时也混淆不清，或有交叉。同时设置并有合理分工是始于隋而完善于唐的。

隋唐两代每有重大工程，多由工部与将作监共同主持。《隋书》载开皇二年（582年）营新都大兴，命宰相高颎领衔，任营新都大监，实际由营都副监宇文恺代他主持，参加者还有工部尚书贺娄子干，将作大匠刘龙，太府少卿高龙义等。隋甄官署属太府寺，故太府寺少卿参与。工部尚书和将作大匠则在高颎领导下参加主持。隋炀帝大业元年营东京，命宰相杨素、杨达为营东京大监、营东京副监，实际上仍由将作大匠宇文恺代主持其事。大业四年发丁男二十余万筑长城，又发河北诸郡男女百余万人开永济渠，都由阎毗主持，以功领将作少监。唐代，在太宗贞观九年、十年营昭陵、献陵，十四年营汝州襄城宫，二十年营长安宫城北阙，二十一年营翠微、玉华二宫，都由将作大匠阎立德主持，以功迁工部尚书。从这些例子可知，有重大工程时，两个机构合作，具体由将作大匠主持，大匠有功可升为工部尚书。

《隋书》载，隋文帝决策建新都大兴在开皇二年六月丙申，事先曾与高颎、苏威等重臣讨论酝酿，大约在这时规划已经形成轮廓，下诏之后，只九个月时间，文帝即迁入新宫，其规划和组织施工的能力是很惊人的。炀帝决策建东京在仁寿四年十一月，下诏兴建在大业元年三月，即规划设计时间不超过四个月。建成在大业二年正月，建造时间不超过十个月。其速度与营大兴城相似。史载营东京时，月役二百万人，以七十万人筑宫城，其工程组织和技术指导、检查任务之繁重可以想见。《隋书·炀帝纪》载东京建成时，"赐监督者各有差"[11]，可知组织了一批监督的官员。《隋书·裴矩传》说："炀帝即位，营建东都，（裴）矩职修府省，九旬而就"[12]。府省即皇城中的官署，皇城面积约1.3平方公里，扣除街道，官署占地也近于1平方公里，九旬建成，速度也实惊人。这一方面是监督者裴矩的个人才干，但大量的工程计划、材料供应、工种衔接等具体问题，还得出之于在工部和将作监领导下的管理官吏和匠师。隋大兴和东京两座都城宫殿的营建，充分反映了隋代国家所掌握的规划、设计、材料制备和施工的组织与实施能力。

二、工官

隋唐两代工官即尚书工部和将作监的长官工部尚书、将作大匠和他们的主要僚属。工部尚书是尚书省六部首长之一，可以是行政官，但在有重大工程时，也往往任用在工程上有经验或熟悉建筑的人。将作监的将作大匠则是具体管规划、设计、施工的，其下还有左校署、右校署、甄官署的令、丞、监作，手下辖有匠人，即熟悉技术的匠师。他们属技术官。平日将作监无重大工程，大匠多任命贵族子弟，武则天时任命其堂姊之子宗晋卿为将作大匠，中宗时任杨务廉为将作大匠[13]，都是些赃污狼藉，声名很坏的人。一些从事营建的官，也不受人尊重。睿宗时，窦怀贞为尚书左仆射（副宰相），亲自为建金仙、玉真二道观监役。其弟讽刺说，"兄位极台衮，当思献替可否，以辅明主。奈何校量瓦木，厕迹工匠之间，欲令海内何所瞻仰也。"唐玄宗认为决无可能为宰相之人是他的将作大匠康誓素[14]。可知平时任将作大匠的人是不受皇帝重视，也为时人所看不起的。

但在有大的建设时，将作大匠却要任命一些真正懂工程的人，这些人，凭借时机，能作出重大贡献，成为卓越的规划家和建筑家，推动一个时代城市规划和建筑的发展，使得带有偏见的封建史官也不得不予以肯定，并载入正史。《隋书·宇文恺传》后的史臣评语，尽管批评他迎合了隋帝求侈丽之心，但也说他"学艺兼该，思理通赡，规矩之妙，参踪班尔，当时制度，咸取则焉"[15]。承认他是开一代制度的大建筑家、规划家。

隋唐两代取得重要成就的卓越工官有宇文恺、何稠、阎毗、阎立德、阎立本、韦机等人，分述如下：

宇文恺，鲜卑族人，祖籍昌黎大棘，后徙夏州（今陕西靖边）。他生于西魏恭帝二年（555年），死于隋大业八年（612年），享年五十八岁。

他的父亲宇文贵是北魏旧臣，随魏孝武帝西奔关中，后为北周功臣。其兄宇文忻又是隋开国功臣。史称他自幼"好学，博览书记，解属文，多伎艺，号为名父公子。"和父兄以军功起家不同，他青少年时所熟悉的是北魏、北齐、北周以来的北方文化传统和典章制度，文物羽仪。北周大象二年（580年）杨坚为丞相，任宇文恺为匠师中大夫。《唐六典》称，北周此职"掌城郭、宫室之制及诸器物度量"，是主持城郭、宫室规划、规制之官，时年仅26岁。

入隋后，他很快担任重要的规划设计任务，如：

开皇元年（581年）为营宗庙副监，年27岁

开皇二年（582年）领营新都副监，年28岁

开皇四年（584年）督开广通渠，年30岁

开皇十三年（593年）检校将作大匠，营仁寿宫，年39岁

仁寿二年（602年）营泰陵，年48岁

大业元年（605年）为营东都副监，年51年

大业四年（608年）为工部尚书，年54岁

约大业五至六年（609～610年）撰明堂议及木样，年55或56岁

大业八年（612年）十月死，年58岁

综观他一生经历，隋代重大城市规划和宫室官署建设几乎都是在他主持下完成的。《隋书·宇文恺传》说建大兴时，"高颎虽总大纲，凡所规画，皆出于恺"，则宇文恺是实际规划建大兴城的人。大兴城是人类在进入资本主义社会之前所建最巨大的都城，竟由一位二十八岁的青年完成其规划，不可不说是奇迹，而宇文恺的天才和卓越的水平也可以想见。

在隋平陈以前，宇文恺的文化背景属北魏、北周、北齐的北方文化圈，所以他所规划的大兴城基本上是综合北魏洛阳、北齐邺南城和北周所崇尚的周礼王城制度而成，是它们的综合和条理化。589年隋平陈，拆毁建康城宫室，这期间宇文恺曾往建康，亲自观察已烧毁的明堂基址等，对

南朝建筑有所了解。在此之后，他所规划设计的城市、宫殿，即开始吸收了南朝的一些特点。大业元年（605年），他主持规划和兴建东都洛阳，就迎合炀帝倾慕江南文化的心理，"兼以梁陈曲折，以就规模"。由此反推，在开皇十三年（593年）营仁寿宫时，宇文恺已调查过江南宫室，所建仁寿宫史称"崇台累榭，宛转相属"，"颇伤绮丽"，很可能也吸收了江南宫室的特点。从这些情况看，宇文恺实是在隋统一全国之初能适应形势变化，在规划设计中兼采南北方之长而集其大成的第一个人。这是他在规划设计上取得卓越成就超越同辈的原因。宇文恺曾以其兄宇文忻被杀而闲置于家，但文帝、炀帝父子终不得不相继委以重任，使他主持当时最重大的工程，其原因也在此。

在当时，要做皇家和政府的工程最高负责人只精于技术远远不够，还需熟悉典章制度、经学礼法，并能把它和实际需要巧妙结合起来。宇文恺在这方面也有特长，优于同辈。他所主持规划的大兴城，是把实际政治、经济、军事、城市生活需要与北魏以来的都城传统、《周礼·考工记》中的原则记载结合起来的杰出范例。他所撰〈明堂议〉把历代明堂制度的沿革，得失、优劣逐一排比，最后提出自己的意见，并制作了1/100的木模型，可以看做一份古代的设计说明书和有关明堂建筑的考证文字，表现了他渊博的学识和联系实际的能力[16]。

由宇文恺规划设计的大兴、东都二城，其平面已基本探明；他规划设计的太极宫、仁寿宫和东都宫三宫中，只有东都宫的平面已大体探明。这些都已在本章都城、宫殿部分中加以探讨。探讨中发现，宇文恺在规划大兴城时，以子城之长宽为模数，分全城为若干区块，在区块中布置里坊，形成全城的居住里坊区和方格状街道网。二十三年以后，他在规划东京洛阳时，改以"大内"之长宽为模数，分洛水以南居住区为若干区块，区块中布置里坊，形成整齐排列的里坊和方格网街道；他又使"大内"面积的四倍为子城。在两城规划中都定一标准面积为模数，说明当时在城市规划上已有一套先进的方法，而在规划东京时，改以"大内"为模数，使坊、大内、子城各以四倍面积递增，说明这套方法仍在发展改进之中。在洛阳"大内"还发现其主殿位于"大内"的几何中心，而"大内"的面积，又可划分为方50丈的网格纵横各七格，在其上布置宫殿。这些特点中，除主殿居全宫几何中心的布置已于西汉未央宫出现外，其余大多是始见。其中以50丈网格为控制线布置大建筑群的手法以后又在唐大明宫及渤海国上京宫殿中出现，已成为唐的通用手法。这些很可能是宇文恺的首创或是在前人基础上的发展。证明他在做规划、设计时有一套原则和处理手法，代表了那时在规划和建筑设计上的最高成就，极值得我们深入地发掘阐扬。

何稠，原是南朝人，其父善琢工。十余岁时北周攻克江陵，遂随其兄至长安。隋文帝时任御府监、太府丞等职。他用思精巧，多识旧物，博览古图，精通工艺制作，以仿制波斯锦及琉璃瓦为当时人所重。仁寿二年与宇文恺共同参加规划兴建太陵工程，为隋文帝所亲。炀帝即位后，于大业元年任太府少卿，设计制作仪仗车辂。后又为炀帝制做观风行殿和六合城。隋亡入唐，任将作少匠。死于唐初。以554年北周入江陵时十余岁计，死时已年近80岁[17]。

何稠是隋代重要工官中惟一出身于南朝的人。北朝时，北魏、周、齐都倾慕江南文化和典章制度、文物仪卫，认为是中原传统文化所在。隋文帝命他参与建太陵工程，当有利用他的文化背景，想集南北之长定一代制度之意。太陵制度虽已不可考。但晚于它31年的唐高祖献陵应和太陵有一定继承关系。献陵平地起陵，陵垣四面开门源于汉陵，但门外立石兽华表，虽兽种与南朝不同，其间也应有一定关系。故隋唐陵制中如含有少许南朝影响，当有何稠的作用。隋炀帝即位后，命他"讨阅图籍，营造舆服羽仪"，以补"服章文物"之"阙略"，也有使他综合南北之长创立一代制度之意。何稠也"参会今古，多所改创"。但炀帝追求奢丽，过度劳民，也办成隋的恶政之一。

据《大业杂记》载，观风行殿"三间两厦，丹柱素壁，雕梁绮栋，一日之内巍然屹立"，应是活动房屋。当时皇帝出行都带帐幕，有大小数种，改之为宫殿式活动房屋，自然为好虚夸奢丽的炀帝所喜。六合城据《隋书·礼仪志》所载，"方一百二十步，高四丈二尺。六合，以木为之，方六尺，外面一方有板，离合为之，涂以青色，垒六板为城，高三丈六尺，上加女墙板，高六尺。开南北门。又于城四角起楼敌二，门观、门楼、槛皆丹青绮画。又造六合殿、千人帐。载以枪车，车载六合三板。"从这描写看，是用木板拼合成的城。六合城原是为炀帝北巡出塞时制作的。大业八年炀帝侵高丽，又设更大的六合城，同书称其"周回八里，城及女垣合高十仞（八丈），上布甲士，立仗建旗。又四隅有阙，面别一观，观下开三门。其中施行殿，殿上容侍臣及三卫仗，合六百人。一宿而毕"[18]。说城周回八里高八丈似不合情理，很可能有夸大，但《隋书·何稠传》所载也是八里，只能存疑。战争是很严酷的，劳民伤财造这种形如儿戏，毫无防守作用的木城以夸耀于敌，适足以启敌的轻笑。史书所说"高丽望见，谓若神功"，当是掩饰之词，炀帝二次侵高丽都失败而归，促进了隋的覆亡。何稠竭自己的才思为炀帝造这种装门面而无实用之物，也在历史上留下不好的名声。

阎毗，榆林盛乐人，后迁居关中。北周保定四年（564年）生，隋大业九年（613年）死，享年50岁。阎毗好经史，能作草隶，善画，以技艺知名于时，他娶北周清都公主，成为贵戚。入隋后，先为太子杨勇僚属。杨勇被废后，连累得罪为奴，两年后放免为民。炀帝即位后，好奢侈，命他修订军器和车辂制度。以后又命他陆续主持重大工程，如大业三年（607年）七月发部男百余万筑长城；大业四年（608年）正月，发河北诸郡百余万男女开永济渠；同年七月又发丁男二十余万北筑长城；同年八月，炀帝祠恒山，修筑坛场；这四项工程都由阎毗总领其事。大业五年（609年）又奉命修建临朔宫于涿郡。大业八年从炀帝侵高丽，以功领将作少监事[19]。这些工程中，修永济渠和长城动员民工都在百万以上，是炀帝中后期最大的工程，他实是隋代仅次于宇文恺的主持过大工程的第二人。这既说明炀帝对他的亲任，也反映了他的才能。恒山坛场和临朔宫的情况已不可考，永济渠和长城主要是土方工程，故他的实际业绩、技术水平已难详考。

史载修长城的百万民工"死者太半"，修永济渠时"丁男不供，始以妇人从役"，在当时都是隋代致亡的弊政。唐初修《隋书》时，阎毗二子立德、立本都已贵显，故其传中只叙功而不及其过。阎毗在隋时虽不及宇文恺，但隋亡后，宇文恺之学失传，而阎毗二子在唐初相继为工官，形成一个营建世家，对隋唐二代建筑上的继承和发展颇为重要。

阎立德、阎立本为阎毗之子，少年承家学，熟悉工艺，"皆机巧有思"。唐武德初阎立德入太宗秦王府，后为尚衣奉御，为皇帝设计制作服装仪仗。太宗贞观初为将作少匠。贞观九年（635年）唐高祖死，奉命修献陵，以功升为将作大匠。贞观十年（636年），太宗长孙皇后死，又奉命营修昭陵，因小过免职。贞观十三年（639年）再任将作大匠，十四年奉命修汝州襄城宫供避暑之用，因选地不当免职。不久复职，随太宗征高丽，修桥、道有功。贞观二十年（646年）营太极宫北阙，二十一年（647年）受命先后主持改造翠微宫，创修玉华宫。高宗即位后，仍为将作大匠，永徽三年（652年）创建九成宫新殿，升工部尚书。永徽三年六月，高宗欲建明堂，命群臣讨论明堂制度，阎立德先就高宗提出的九室方案引经据典、结合实际使用提出改进意见，后又在讨论五室、九室两个方案时，从实际使用效果出发，劝高宗采纳内部比较明亮的五室方案。永徽五年（654年）主持修长安外郭工程，并在九门（通六街的城东、南、西三面各三门）各建城楼，基本上完善了长安外郭的建设。显庆元年（656年）卒[20]。

阎立德死后，其弟立本在显庆中（656～660年）继为将作大匠，后升工部尚书。总章元年（668年）又升为右相。咸亨四年（673年）卒。[20]

阎氏父子兄弟为隋、唐时营建和工艺世家。阎毗在隋是仅次于宇文恺的工官。阎立德、立本兄弟先后任初唐主持营建的最高官员约四十年。从他们的经历看，除营洛阳宫一役外，阎立德几乎主持了太宗和高宗初期绝大部分重大工程。贞观八年营永安宫（即后来的大明宫）之事，虽史无明文，但他当时已是将作少匠，应是也参与其事的。阎立本以善画名世，但（唐）张彦远《历代名画记》说："国初二阎，擅美匠学"[21]，可知阎立本与其兄立德都通晓建筑。虽然唐书本传不载其营建方面事迹，然从龙朔二至三年（662～663年）修大明宫时他正任将作大匠或工部尚书的情况看，他应当是参与了大明宫的规划和建设。

从二阎的生平事迹看，他们首先是官，是主管建筑的官员，且十分通晓建筑和其他文物典章制度，但和精通建筑术的匠师仍不同。估计是自隋代宇文恺掌管将作监以来，已聚集了一批匠师，有很强的工作能力和很高的技术水平。这一点从宇文恺于20年中先后建大兴和东京，包括设计、施工在内，都于一年多时间内即完工这一事实即可得到证明。宇文恺死于大业八年十月，阎毗死于大业九年十月，相差一年。当宇文恺死时，阎毗已官将作少监，估计在此后将作监的技术工匠班子已转归阎毗。阎立德、立本在唐任工官时，应是把隋将作监的工作班子以其父旧属的关系，重新聚集起来，建立唐的将作监。正是因为这样，二阎才能历任唐代最高工官前后四十年。在隋及唐初，不仅工匠父子相承，连工官也有这个趋势。除阎毗、阎立德、立本父子兄弟相承外，还有窦璡继其从祖窦炽先后修洛阳宫之事。

窦璡，扶风平陵人（今西安市西）。为唐高祖窦皇后从兄，隋末为扶风太守。入唐后为尚书，秘书监。太宗贞观五年（631年），任为将作大匠，命修洛阳宫。"璡于宫中凿池起山，崇饰雕丽，虚费功力。太宗怒，遽令毁之，坐事免。"贞观七年（633年）卒[22]。唐太宗命窦璡修洛阳宫是有原因的。窦璡的从祖窦炽为隋代太傅，仕北周时，曾于大象元年（579年）奉命修洛阳宫，发山东兵，常役四万人。"宫苑制度皆取决焉"[23]。580年，周宣帝死，始停洛阳宫修建。《周书》说洛阳宫"虽未成毕，其规模壮丽，踰于汉魏远矣"[24]。正是出于这个原因，唐太宗才命窦璡主持修建。窦氏是隋、唐两代姻亲贵戚，祖孙二代相继主持修洛阳宫，虽未必如宇文恺、阎氏父子精于营建术，但必然会掌握一部分匠师，特别是曾修过洛阳宫殿的匠师，较熟悉洛阳的情况，也算是周、隋、唐之际和营建有关的世家了。

唐高宗中期以后，在宫室建设上出现一个特殊情况，即显庆元年（656年）命田仁汪修复洛阳宫乾元殿，龙朔二年（662年）命梁孝仁监造大明宫，上元二年（675年）命韦机建洛阳宿羽宫、高山宫、上阳宫[25]。这三人的职衔都是司农少卿，而不是工部或将作监的官员。据《唐六典》，少卿是司农寺的副长官。司农卿之职为"掌邦国仓储委积之政令，总上林、太仓、钩盾、导官四署与诸监之官属。""四署"分别掌管苑囿垦殖、粮食贮存、薪草和猪禽养殖、宫廷粮食供应，"诸监"掌京、都苑、九成宫苑和屯所的农业蔬果生产等，都是生产和物资供应部门，国家的朝会、祭祀等大典及百官俸禄都由它供应。命司农少卿监造诸宫可能有主要由司农寺以其节余支付，不列入国家经常开支之意。史载龙朔三年"税雍、同、岐、邠、华、宁、鄜、坊、泾、虢、绛、晋、蒲、庆等州率口钱修蓬莱宫（大明宫），又减京官一月俸，助修蓬莱宫"[25]。可知是临时筹款兴建的。《唐会要》载唐高宗上元二年（675年）欲修洛阳宫而无钱，司农少卿韦机建议，以东都园苑历年所积四十万贯修筑，高宗大悦，乃命韦机摄东都将作、少府两司事，从事营造[25]，也是利用司农寺及东都园苑余款修筑的。以此推之，命田仁汪修乾元殿也是这个原因，故高宗时，三次任命司农寺少卿修宫殿是因为要利用司农寺及所属机构提供经费物资，并非营造机构的职能有所转移。在田仁汪、梁孝仁、韦机三人中，前二人事迹失载，只韦机确有建树。

韦机，长安人，青年时曾出使西突厥，撰《西征记》记所经诸国风俗、物产。高宗初年任檀州刺使，檀州即今密云县，唐时为边州，在任时建儒学，提倡读书，又能及时供应军需，为高宗所赏识，升为司农少卿，主管东都营田苑。在东都时主要做了三件与建筑有关之事。其一是建高山、宿羽、上阳等宫。其中上阳宫正殿左右配殿为楼阁，又临洛水建长廊，为前此宫殿所无，在规划布局上有所创新。其二是把洛河上的中桥由北对徽安门向东移一坊，改为南对长夏门，大大便利了洛南各坊与洛北的联系，改善了洛阳原规划中的缺憾。其三是上元二年高宗长子李弘死，建陵于偃师，由于把玄宫设计得过小，不容葬具，准备改作，引起服役民夫哗变。高宗命韦机续建，他在隧道左右开挖四个便房，以储明器，不改建玄宫，使葬礼能如期举行，表现出颇有应变能力[26]。

上述这些人，或官工部尚书，或官将作大匠，是国家负责工程建筑的最高官员，而且都通晓规划和建筑。国家重大工程其总体规划、建筑设计都由他们确定后，由将作监具体实施。他们中一些卓越者如隋之宇文恺、唐之阎立德，本人是规划、建筑专家，会直接进行更具体的规划和设计。但一般情况下，实际是将作监的职能部门分工负责，由左校署、右校署、甄官署的属官令、丞、监作等中下级官吏具体进行。古代木工为众工之首，掌管木工的左校署实是将作监的主要设计部门，它的职能包括制定建筑等级制度。从规定王公以下舍宅"若官修者，左校为之"看，它要按规定好的建筑等级制度设计和施工。在将作监各署的令、丞、监作中，应有技术人员，至少也是对工程有更多了解的官吏。将作监中的二百六十名明资匠应按工种分属各署，进行更为具体的工作。由于史籍中对这些将作监内的中下级官吏的情况全无记载，目前无法对其作更进一步探讨。但在国家进行重大工程时，它是一个不可缺少的环节，则是无疑的。

三、匠师

隋唐时建筑工程中的基层技术人员是匠师。《唐六典·工部》说："凡兴建修筑，材木、工匠则下少府、将作，以供其事。"原注："少府监匠一万九千八百五十人，将作监匠一万五千人，散出诸州，皆取材力强壮、伎能工巧者。……一入工匠，不得别入诸色"[10]。这是《唐六典》成书的开元二十七年（739年）以前的情况。《新唐书·百官志·将作监》说："天宝十一载改大匠曰大监，少匠曰少监。有府十四人，史二十八人，计史三人，亭长四人，掌固六人，短蕃匠一万二千七百四十四人，明资匠二百六十人"[27]。这是天宝十一载（752年）以后的情况。"蕃"即番，指轮番服役。唐制每一年役二十日，称庸，加役至五十日则租、庸、调全免。短期服役二十至五十日的工匠即短蕃匠。另有技术高超全年服役的称长上匠。这些人服役超过五十日的部分官家要付钱，故又称"明资匠"。将作监这二百六十个明资匠是各工种的匠师，亦即国家所掌握建筑工程队伍中最基本技术力量。关于这些工匠的情况，史籍极少记载，柳宗元有《梓人传》一篇，记载了木工匠师工作的情况。〈传〉说柳氏姊丈裴封叔住长安光德坊，有一杨姓梓人租住其屋，自称"吾善度材，视栋宇之制，高深圆方短长之宜，吾指使而群工役焉。舍我众莫能就一宇，故食于官府，吾受禄三倍；作于私家，吾收其直太半。"后京兆尹将饰官署，"委群材，会众工，或执斧斤，或执刀锯，皆环立，向之梓人左持引，右执杖而中处焉。量栋宇之任，视木之能，举挥其杖曰：斧彼！执斧者奔而右；顾而指曰，锯彼！执锯者趋而左。俄而，斤者斫，刀者削，皆视其色，俟其言，莫敢自断者。其不胜任者，怒而退之，亦莫敢愠焉。画宫于堵，盈尺而曲尽其制，计其毫厘而构大厦，无进退焉。既成，书于上栋，曰某年某月某日某建，则其姓字也，凡执用之工不在列。余圜视大骇，然后知其术之工大矣。……梓人盖古之审曲面势者，今谓之都料匠云。余所遇者杨氏，潜其名"[28]。

这里描写的是一木工匠师，从"食于官府，吾受禄三倍"句看，应即是"明资匠"。"画宫于堵"一段说明他建屋时先要画建筑物的断面图，进行设计，确定房屋各部分的大轮廓尺寸，并按材分推算出各建筑构件的尺寸，然后指挥工匠施工。文中说他指挥时手持"引"和"杖"。引在〈传〉中又作"寻引"，注云"寻八尺，引十丈"，这里代表尺。"杖"疑指"杖杆"，匠师在素的长木尺上标出要加工的各种构件的三维尺寸，交给工人照之制作。至今传统木工匠人仍在使用，据此则唐代已是在用了。到唐代，中国大木作中以"材"为模数，以"分"为分模数的"材分制"设计方法已经成熟，建筑物面阔柱高的比例和构件的三维尺寸都已规定出相应的"分"数，故一旦房屋的地盘图确定后，所用材等即已确定。画出房屋侧样（断面图）后，即可根据材等和"分"值推定构件的三维尺寸，构件不需制大样图即可制作无误。清代大木实行以斗口为模数的"口分制"，是从"材分制"演变来的，它除官定《工部工程做法》外，在工匠间以歌诀师徒相传。施工时，工匠根据匠师给的杖杆结合歌诀即可制作，一般不需图纸。从〈梓人传〉所说持杖命工匠制作的情况看，早在唐代已经是这样了。

在〈梓人传〉中还说，他曾至梓人室中，见其床缺足而不能自己修理，要求助于他工。这情况说明这位梓人自己已不参加劳动，而是进行设计并指挥别的工人施工，其情况近似于清代的样房师父和现代的设计人员。这种能进行房屋设计并指挥施工的高级木工匠师，在唐代称都料匠。因为他是全面主持房屋的设计和施工，所以房屋建成后在脊檩上要写上他的名字，算是他建造的。

《册府元龟》卷14，内载敬宗宝历二年（826年）正月"敕东都已来旧行宫，宜令度支郎官一人，领都料匠，缘路简计及雒城宫阙，与东都留守商议计料分析闻奏"。可知"都料匠"是官匠中木工首领的职称。

隋唐时代也有很多巨大的石工工程，如隋代开天龙山石窟，建赵州安济桥，唐代开龙门奉先寺石窟，修洛阳天津桥、中桥等。隋唐还建了很多石塔，有的比例秀美，有的纹饰精工，都有很高的艺术价值，可惜石工的名字大部分没有流传下来。少数留下名字的石工中最重要的是修建赵县安济桥的隋匠李春。唐宰相张嘉贞撰有《赵郡南石桥铭》，序中说："赵郡洨河石桥，隋匠李春之迹也。"但没有更多的记载。稍晚些时的张彧也撰有《赵郡南石桥铭》，说"穷琛莫算，盈纪方就"。"琛"指珍宝，12年为一纪，意指用了很多金钱，建了12年才完成。明人孙大学〈重修大石桥记〉说李春为隋大业间石匠，隋大业只有13年，而八年以后各地起义，已无条件修建，估计是在隋文帝末期开始，完成于炀帝前期。安济桥净跨37.02米，是世界上最早的敞肩石拱桥。李春应是其设计者而不是一般施工的工匠。

在北京房山云居寺唐开元九年（721年）建九级石塔上镌有石匠姓名，称"垒浮图大匠张策，次匠程仁，次匠张惠文，次匠阳敬忠。"此塔在唐塔中属一般水平，其工匠也不会是当时著名工匠，但从题名中可知，当时主要主持人称"大匠"，其助手称"次匠"。

四、建筑的等级制度

至迟自汉代以来，在建筑上已有了一套等级制度，这制度首先划定皇帝宫室和王公大臣居宅的差别，逾越者叫僭上，有很严厉的处罚。其次又划定各级官员在住宅上的差别，再其次要划定官员和庶人住宅的差别。可惜汉魏南北朝和隋代这方面制度的史料已佚，只能从片断材料中知道确有这些制度而已。唐代制定有《营缮令》，为二十七种《令》之一[29]，规定了上自皇帝，下及庶人的宫室第宅制度、各级官署制度以及若干有关工程的规定。《营缮令》全文不传，只可从零星史料中知其片段情况。日本学者仁井田升撰有《唐令拾遗》，收集了现存各条，可作参考。

在封建社会中，不仅建筑有等级制度，其他衣、食、行各方面也都有制度限制，制定这套制度有两方面的意义：其一是确立统治阶级内部的相互关系；其二是确立统治阶级和被统治阶级之间的关系，前者是尊卑关系，后者是贵贱关系，其根本目的是稳定这种关系，以巩固其统治。

（汉）贾谊在〈陈政事疏〉中说："人主之尊譬如堂，群臣如陛，众庶如地。故陛九级上，廉远地，则堂高；陛亡级，廉近地，则堂卑。高者难攀，卑者易陵，理势然也。故古者圣王制为等列，内有公卿大夫士，外有公侯伯子男，然后有官师小吏，延及庶人，等级分明，而天子加焉，故其尊不可及也"[30]。这里讲的是确立统治阶级内部的尊卑关系，以达到尊天子即维护封建秩序的目的。他在《新书》中又说："奇服文章以等上下而差贵贱，……贵贱有级，服位有等，是以天下见其服而知贵贱，望其章而知其势，……卑尊已著，上下已分，则人伦法矣。……下不凌等则上位尊，臣不逾级则主位安。谨守伦纪，则乱无由生"[31]。在他看来，在人的行为仪节、衣食住行上明确区别，以表明其身份地位，使人一望而知，是维护封建国家长治久安的大事。

在历史上有很多根据各种制度规定限制服饰、车马、居第奢侈逾制的记载。这情况大多发生在前朝因奢侈滥用民力致亡后，新朝建立之初。如梁武帝代齐后，焚东昏侯奢异服饰六十二种于都街；唐平东都后拆毁洛阳宫端门楼、则天门、阙并焚乾元殿，其政治目的是表示和前朝划清界限，争取民心以稳定新政权。有的则发生在政权腐败，奢侈之风大盛，破坏经济，甚至影响政权稳定之时。如唐德宗、文宗时两次禁奢华和第舍逾制。其政治目的是挽救危亡。这些措施有调整统治阶级与民众关系，以防止过度剥削使民众流离失所，引起农民起义的作用。

自汉以来，这套等级制度愈来愈严密，尤着重在服饰、居宅、车马、墓葬等方面。唐代把这种等级禁制以〈令〉的形式颁布。在唐代二十七种〈令〉中，专有〈衣服令〉、〈营缮令〉、〈丧葬令〉。唐代在服饰上有公服、常服之分。公服依品级在颜色、质地、图案和佩戴物上有明显的差别。常服的级差主要表现在衣服的质料和颜色上的不同。庶民一般只能穿白色或黑色布衣，故官员有过革职后继续工作叫"以白衣效力"。唐代墓葬上的等级已在本章陵墓节中加以论述。唐代建筑上的〈营缮令〉应是由工部和将作监共同制定以〈令〉的形式发布的规定。将作监主持的内工、外工和私人自建房都要照此执行。唐代〈营缮令〉尚有少量条文流传下来，最重要的是《唐会要·舆服·杂录》中的文宗太和六年六月敕书，全文为：

"准〈营缮令〉：王公已下舍屋不得施重栱藻井。三品以上堂舍不得过五间九架，仍听厦两头；门屋不得过三间五架。五品以上堂舍不得过五间七架，亦听厦两头；门屋不得过三间两架。仍通作乌头大门。勋官各依本品。六品、七品以下堂舍不得过三间五架，门屋不得过一间两架。非常参官不得造轴心舍，及不得施悬鱼、对凤、瓦兽、通栿、乳梁装饰。……其士庶公私第宅皆不得造楼阁临视人家。……庶人所造堂舍不得过三间四架，门屋不得过一间两架，仍不得辄施装饰"[32]。

这里所说的"重栱"应指出二跳以上之栱。在已发现的唐墓中，墓室内壁多画一斗三升斗栱，有的上承替木，因所画是正投影，既可理解为不出跳的"把头绞项"，也可理解为出一跳承替木的"斗口跳"。个别有画两层斗栱的，如虢王李凤墓[33]。这可以理解为出一跳华栱，上承令栱替木，可知王公以下至多可出一跳华栱。"架"指椽数，七架即深七椽，和宋式之"架"同义，而不是清式七架梁之架，清式是以"架"表檩数的。唐德宗时住宅增税，称"税间架"，几乎引起社会动乱。其法规定"凡屋两架为一间"，结合〈营缮令〉中庶人堂舍四架的规定，可知此法是把庶人房租增加一倍。这条文可证〈令〉中的"架"指一椽的进深。"厦"指坡屋顶,《令》中"门屋一间两架"句,《册府元龟》中"架"作"厦"。"两厦"指两坡屋顶。"厦两头"指堂两头也为坡屋顶,即歇山顶在唐宋时的名称。"常参官"据《唐六典》解释,"谓五品以上职事官、八品以上供奉官、员外郎、监察御史、太常博士"[34]。职事官指授实职者,供奉官指中书门下二省和御史台官员。五品以上职事官和八品以上供奉官大都是参加常朝的官员,常在皇帝左右。"轴心舍"一词不见他书,(清)陈元龙《格致镜原》释为工字厅。工字厅目前所见最早之例为渤海国宫殿,可知唐代确有此式;但也可能指把宅门也设在中轴线上,与厅堂南北相重,近于官署体制,以区别于大门设在左侧的一般民宅。装饰中对凤屡见于唐墓中,刻于石墓门上方,因无实物可考,在第宅中用于何处不明。通栿指横跨前后檐之梁,乳栿指长二架之梁,这里或以其概括各种跨度之梁,指梁上不得加彩画雕刻之类装饰。

此外,在《唐六典·工部》中也简略记有宫室制度。文云:"凡宫室之制,自天子至于士庶,各有等差。"其下原注云:"天子之宫殿皆施重栱、藻井。王公诸臣三品已上九架,五品以上七架,并厅厦两头;六品以下五架。其门舍三品已上五架三间,五品已上三间两厦,六品已下及庶人一间两厦。五品已上得制乌头门"[3]。这里所记和前引〈营缮令〉内容相同而稍简略。《六典》成书于开元二十七年(739年),所引应即开元四年宋璟刊定的〈令〉文。可知前引太和六年敕中所引〈营缮令〉仍是〈开元令〉中的内容。

据〈营缮令〉可知:(1)除皇宫外,王公以下官员宅舍都不准用重栱、藻井。(2)三品以上官之堂可以建成五间九架歇山建筑,门为三间五架悬山建筑。(3)五品以上官之堂可以建成五间七架歇山顶建筑,门为三间两架(厦)悬山建筑。(4)五品以上官在宅前可另建乌头大门。(5)六品、七品以下官之堂为三间五架悬山建筑,门屋为一间两架(厦)悬山建筑。(6)只有常参官才可建工字厅(或把大门建在中轴线上),可用悬鱼、对凤、瓦兽并在梁上加装饰。(7)庶人之堂只能建三间四架悬山顶建筑,门屋为一间两架的悬山建筑。(8)士庶公私第宅都不准建可以俯瞰别人住宅的楼阁。

这八条中,前六条是有关官员贵族第宅的,第七条是限制一般民庶的,第八条是为保护住宅之私密性限制一切人的。

此外,《资治通鉴》记德宗即位之初毁元载、马璘,刘忠翼宅时说:"初,天宝中,贵戚第舍虽极奢丽,而垣屋高下,犹存制度"[35]。则在〈营缮令〉中,对"垣屋高下"也有禁限。由此可推知,在〈令〉中有关宅舍等级限制的条款尚多,可惜已遗佚不传,无从考定了。

《唐律》中还规定:"诸营造舍宅,于令有违者,仗一百。虽会赦令,皆令改正。"可知对〈令〉是强制执行,违令要处罚的。但实际上对〈营缮令〉的执行不可能坚决彻底,自初唐以来,第宅奢侈违禁之事,史不绝书。安史乱后,中央政权衰微,功臣、宿将、宦官竞造第宅,奢靡成风,无法禁止。上举太和六年敕书是唐文宗欲加以整顿,命宰臣等重申禁令和实施办法。《册府元龟》记此事后云:"帝(文宗)自御极,躬自俭约,将革奢侈之弊,遂命有司示以制度。敕下之后,浮议嚣腾。京兆尹杜惊于敕内条件易施行者奏请,仍宽其限,事竟不行,公私惜之。"可知还是无法实行。但这些法规虽在皇帝和中央政权力量削弱时对功臣贵戚、拥兵悍将无效,在中央政权强大有力、政治较清明时,还是有一定约束力的。

建筑中的等级制度表明,建什么形式和规模的房屋并不仅视其人之财力与爱好,而主要受其人的社会地位的限制。这样,等级制度对建筑发展就有两方面的影响。其一是在一定程度上对建筑艺术、建筑技术的发展起障碍作用。凡突破法令或为法令所不载的新事物在等级制度约束下产生和流行都很不容易,何况与之相辅,在社会上还有一种力戒淫巧的传统,有时不分良莠,把新生事物也和过度奢靡的淫巧等同起来。其二是这种等级限制又能使城市中的建筑保持某种秩序。在居住里坊中,庶民居宅低于官员第宅,官员第宅又视其品级分为若干等,差别判然,衙署、寺观又高于邸宅,最高的等级为皇宫。这样就使里坊内、街道上的建筑明显有尊卑之分,又共同臣服于皇宫之下,成为封建秩序在建筑上的体现。这又在某种程度上形成中国古代城市内建筑物统一谐调、重点突出的鲜明特点,尽管这谐调是在严格等级制度下产生而重点突出的是皇权和封建国家。

注释

[1]《通典》卷 27,〈职官〉9,〈将作监〉条。中华书局影印〈十通〉本 P. 160

[2]《通典》卷 23,〈职官〉5,〈工部尚书〉条。中华书局影印〈十通〉本 P. 138

[3]《唐六典》卷 7,〈尚书工部〉。中华书局标点本 P. 215

[4]《唐六典》卷 23,〈将作监〉,将作大匠、少匠条。中华书局标点本 P. 593

[5]《唐六典》卷 23,〈将作监〉,〈右校署〉条。中华书局标点本 P. 595

[6]《唐六典》卷 23,〈将作监〉,〈右校署〉条。中华书局标点本 P. 596

[7]《唐六典》卷 23,〈将作监〉,〈甄官署〉条。中华书局标点本 P. 597

[8]《隋书》卷 27,〈志〉22,〈百官〉中,〈太府寺〉条。中华书局标点本③P. 757

[9]《唐六典》卷 23,〈将作监〉,百工等监条。中华书局标点本 P. 598

[10]《唐六典》卷 7,〈工部〉。中华书局标点本 P. 222

[11]《隋书》卷 3,〈帝纪〉3,炀帝上,大业二年正月条。中华书局标点本①P. 65

[12]《隋书》卷 67,〈列传〉32,裴矩。中华书局标点本⑥P. 1578

[13]《朝野佥载》卷 2:"杨务廉,孝和(唐中宗)时造长宁、安乐宅仓库成,特授将作大匠,坐赃数千万免官"。中华书局标点本 P. 36

[14]《明皇杂录》补遗:"唐玄宗既用牛仙客为相,……(高)力士曰:仙客出于胥吏,非宰相器。上大怒曰:即当用康䣭(素)。盖上一时恚怒之词,举其极不可者。"上海古籍出版社标点本 P. 34

[15]《隋书》卷 68,〈列传〉33,卷末"史臣曰……"评语。中华书局标点本⑥P. 1599

[16]《隋书》卷 68,〈列传〉33,宇文恺。中华书局标点本⑥P. 1587

[17]《隋书》卷 68,〈列传〉33,何稠。中华书局标点本⑥P. 1596

[18]《隋书》卷 12,〈志 7〉,〈礼仪〉七,六合城条。中华书局标点本①P. 283

[19]《隋书》卷 68,〈列传〉33,阎毗。中华书局标点本⑥P. 1594

[20]《新唐书》卷 100,〈列传〉25,阎立德、阎立本。中华书局标点本⑬P. 3941

[21]张彦远:《历代名画记》卷 1,〈论画山水树石〉。人民美术出版社标点本 P. 16

[22]《旧唐书》卷 61,〈列传〉11,窦威传附窦璡传。中华书局标点本⑦P. 2371

[23]《北史》卷 61,〈列传〉49,窦炽。中华书局标点本⑦P. 2176

[24]《周书》卷 7,〈帝纪〉7,宣帝:"(大象元年)二月癸亥:诏曰:……昨驻跸金墉,备尝游览,百王制度,基址尚存。今若因修,为功易立。宣命邦事,修复归都。……于是发山东诸州兵,增一月功为四十五日役,起洛阳宫。常役四万人,以迄于宴驾。""虽未成毕,其规模壮丽,逾于汉魏远矣。"中华书局标点本①P. 118

[25]《唐会要》卷 30,〈洛阳宫〉、〈大明宫〉条。丛书集成本⑥P. 551、553

[26]《新唐书》卷 100,〈列传〉25,韦弘机。中华书局标点本⑬P. 3944

[27]《新唐书》卷 48,〈志〉38,〈百官〉3。中华书局标点本④P. 1273

[28]《河东先生集》卷 17,〈梓人传〉。蟫隐庐影印宋廖莹中世采堂刊本。

[29]《唐六典》卷 6,〈尚书刑部〉:"凡令二十有七,……而大凡一千五百四十有六条焉。"中华书局标点本 P. 183

[30]《汉书》卷 48,〈贾谊传〉第 18。中华书局标点本⑧P. 2254

[31]《贾谊新书》卷 1,〈服疑〉。上海古籍出版社影印〈二十二字〉本 P. 735

[32]《唐会要》卷31,〈舆服〉上,〈杂录〉,太和六年六月敕。《丛书集成》本⑥P. 573
[33] 富平县文化馆等:〈唐李凤墓发掘简报〉,《考古》1977年5期。
[34]《唐六典》卷2,〈尚书吏部〉,"凡京师有常参官、供奉官、清望官,……"句下原注。中华书局标点本 P. 33
[35]《资治通鉴》卷225,〈唐纪〉41,代宗大历十四年(779年)七月壬申条。中华书局标点本⑮P. 7264

第十四节　隋唐建筑对外的影响

隋唐是中国古代国家统一、强大繁荣的历史时期之一,政治、经济、军事、文艺、科技在当时世界上都居前列,和四周邻国交往频繁。对于西域、西亚、中东诸国,以商贸关系为主,经昭武九姓诸国为中介,甚至远达东罗马。与中国输出丝织品的同时,大量西亚、中东乃至罗马风格的器物输入,对唐代生活器用的形制、装饰图案,甚至生活习俗、艺术好尚都颇有影响。但在建筑上,因为中国自己的以木构架为主实行庭院式布置的建筑体系已经定型,完全可以满足当时的需要,并与礼仪制度相结合,故外来的建筑只能作为营养被消化吸收,而未能产生冲击或较大影响。唐玄宗造凉殿,王铁建自雨亭,史称仿自拂菻国,但只出于猎奇,对宫室、邸宅体制并无重大影响。与之相应,西亚、中东诸国也自有其发达的文化传统,迄今尚未发现在建筑上受唐影响的迹象。

但隋唐二代,特别是唐,对东方诸邻国如朝鲜半岛三国和日本却有着巨大的影响。

朝鲜半岛上的高丽、新罗、百济三国,在南北朝时即分别与南朝和北朝有较密切联系。北魏太武帝太延三年(437年),高丽即曾遣使远至平城,而与南朝的来往更早到宋少帝景平元年(423年)[1]。随着经济文化交流和佛教的传入,南北朝对朝鲜半岛三国的建筑也有重大影响(图3-14-1)。隋唐二代都曾短暂侵略过高丽,但更长的时期是和平交往。676年以后,新罗统一朝鲜半岛,与唐一直保持友好关系,交往更加密切。新罗的都城庆州在规划上受唐长安影响,也是方格网街道的布局。现存的庆州佛国寺在布局和建筑做法上也有明显唐风。近年在韩国庆州仁旺洞雁鸭池出土一些7世纪的鸱尾和模压凤纹、宝相花纹的方砖,其花纹之精美、细腻,超过迄今已发现的唐代花纹砖(图3-14-2)。可知其建筑之精美和受唐文化影响之大。但目前已发表材料很少,关于庆州大体仍在探查研究过程中,我们尚无条件作更具体的探讨。但朝鲜半岛汉唐以来受中国影响,建筑以木构为主,重要建筑群采取封闭式院落布局的特点,则是确切无疑的。

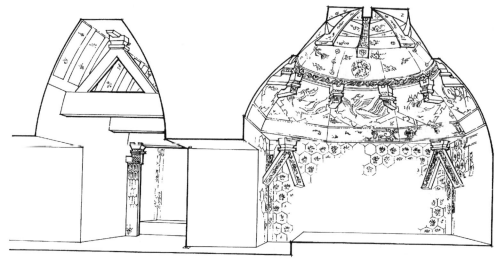

图 3-14-1　韩鲜高句丽时代天王地神冢内景

图 3-14-2 韩国庆州仁旺洞雁鸭池出土模压花纹砖

日本和中国交往有悠久的历史，出诸传说的暂置不论，仅从日本近年发现的"汉委奴国王印"金印，可知至迟在汉代已有正式关系。南北朝以后，中国多故，日本较多地以朝鲜半岛三国为中介和中国联系。577年（陈宣帝太建九年，北周武帝建德六年）百济的造佛像、佛寺工匠东渡日本，588年（隋文帝开皇八年）日本建法兴寺（飞鸟寺）。随着佛教的传入和兴盛，中国的建筑体系也随佛寺建设而输入日本。593年（开皇十三年）建的四天王寺和607年（隋炀帝大业三年）建的法隆寺[2]，据日本学者研究，都是经朝鲜半岛转介的中国南北朝样式。虽这时隋已统一南北，但辗转向海外传播，建筑风格滞后也是可以理解的。

日本推古天皇时，于607年派小野妹子使隋，次年隋遣裴世清回报[2]，时在炀帝大业三至四年，是隋国势极盛时期。唐建立后，日本自630年（唐太宗贞观四年）派第一次遣唐使起，至894年（宇多天皇宽平六年，唐昭宗乾宁元年）共派了十八次遣唐使[3]，几乎和唐王朝相始终。在这期间，日本吸收了唐代文化，在政治、经济、文化、技术诸方面都发生了巨大变化，并结合日本情况，很快地发展出自己的文化。日本在710年（元明天皇和铜三年，唐睿宗景云元年）至784年（桓武天皇延历三年，唐德宗兴元元年）建都于奈良，史称"奈良时代"，是吸收初唐、盛唐文化最多的时期。在建筑方面，于都城、宫室、寺庙和建筑艺术、建筑结构诸方面都有明显的反映。在奈良时代后期，日本已开始发展自己的文化，在传为鉴真东渡后所居的唐招提寺中，在其主建筑金堂上已可看到以后属于日本和样建筑的萌芽。到794年，（桓武天皇延历十三年，唐德宗贞元十年）迁都平安京，史称"平安时期"[4]。此时虽唐文化仍在继续传入，由于日本建筑已走上自己发展的道路，故对唐代的经验、做法虽仍有所吸收，但建筑在布局、外观、做法上都出现明显的不同。

下面就都城、宫室、寺院、建筑遗物诸方面加以探讨。

一、城市

平城京：在奈良盆地北部，东、西侧都有山或丘陵。日本元明天皇于和铜三年（710年，唐睿宗景云元年）迁都于此。到桓武天皇延历三年（784年，唐德宗兴元元年）迁都长冈京止，作为日本首都，存在了75年[5]，这时期史称"奈良时期"，是日本和唐交往最密切，全面吸收唐文化，结合日本实际情况建立国家并创造出灿烂的奈良文化的时代。平城京是首都，也是唐文化和日本实际结合后创建出的伟大都城（图3-14-3）。

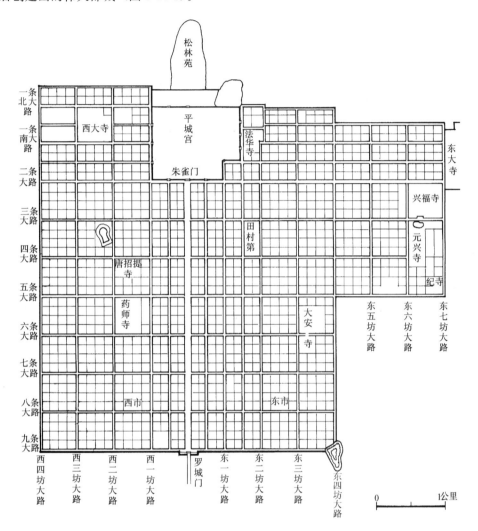

图3-14-3　日本奈良平城京遗址平面复原图

经日本考古学家数十年努力，平城京的情况已基本查明。其平面受地形限制，作南北长的矩形，东西约4.2公里，南北约4.8公里。城之南界局部有城，正中建城门，名"罗城门"，比城之南界略宽出少许。城门台基东西38米，南北20米，是很巨大的建筑。城外有城壕，在罗城门前建有三条跨壕的桥，东西并列，称"三杖桥"。城内街道为方格网布置。在全城南北中轴线上辟主街，称朱雀大路，长约3.8公里，宽72米，南抵罗城门，北至宫城正门朱雀门。在朱雀街两侧又辟东西向街，称"条"，南北向街，称"坊"，故称为条坊制城市。"条"共有十道，自北向南，编为"一条大路"至"九条大路"。"坊"共有八道，自朱雀大路起，向东西，分别编为"东一坊大路"至"东四坊大路"和"西一坊大路"至"西四坊大路"。路宽约24米，路之外侧有宽2米左右的街渠。全城被"条"和"坊"划分为七十二个方格，以朱雀大路为界，路东三十六格为"左京"，路西三十六格为"右京"。城之东、北、西三面，即以最外侧之条或坊为界限，相应于唐代城市之顺城街，没有城墙[5]。建成后，又在一至五条大路之间部分，在东四坊大路以东增辟东五至七坊大路，增拓出15个方格，称为"外京"。外京北部三格受地形限制，只能拓出半格之宽，实有13.5格。所欠1.5格移到城之西北角，各深半格，称"北边坊"。这样，全城实际上划分成左京37坊、右京34坊、外京12坊，共83坊。增加外京后，东西之宽拓展至5.9公里。

这些方格大小相等，均为540米见方，相当中国城市之坊[5]。其中中轴线北端四坊为宫城所占，后又向东拓展3/4坊面积，共占$4\frac{3}{4}$坊，其余布置居住区、寺庙、市等。每一坊内又用小街分为十六小格，称"坪"，每坪约120米见方。坪间道路宽4米，有路旁水沟[5]。"坪"内建住宅。一般庶民住宅约占一坪的1/16左右，大者可为其二至三倍，约900、1800、2700平方米左右。贵族邸宅则占地甚大，有达4坪即1/4坊的。有些邸宅建有园林，穿池架桥，池中有岛或滩，以卵石遍铺池底及岸边滩头，宛然唐洛阳园池之风貌[5]。

平城京内设东西两市，东市在左京八条三坊，西市在右京八条二坊，东西相对。市并不占全坊，而只占用各坊南半中间四坪之地[6]。

城内陆续建了若干大小寺院。首先在迁都之初，自藤原京迁来药师寺、元兴寺、大安寺等，其中药师寺在右京六条二坊，占12坪之地，元兴寺在外京四条、五条七坊，占15坪，大安寺在左京六条、七条四坊，占15坪，都是很巨大的寺院[7]，创立时间都在714年至718年移都之初。同时，又于718年建兴福寺，位于外京三条七坊，占12坪。745年左右由皇家建东大寺，寺在外京之东，东倚若草山，东西约700米，南北约900米，是平城京第一大寺。766年，又在右京一条三坊由皇家建西大寺，占地12坪，与东大寺东西相对。为平城京二座最巨大的皇家所建寺院[7]。其中东大寺南北长近1公里，东西宽约0.8公里，如置之于唐长安城中，也属于一级大寺的规模。

平安京：在今京都市，日本桓武天皇延历十三年（794年，唐德宗贞元十年）由长冈京迁都于此。城市轮廓与平城京初建时相同，呈南北长之矩形，无外京及北边坊两个突出部[8]（图3-14-4）。平安京的规模在延长五年（927年）编定的《延喜式》中有记载：东西1508丈，南北1753丈；东西排列八坊，坊间有九条大路，另在朱雀大路两侧距半坊处各增加一条；南北排列九坊，北端又增半坊，有十一条东西大路，另在宫城东西侧增加两条。诸路中，以中轴线上的朱雀大路为南北主街，宽28丈，其次为宫前东西横街，宽17丈，其余各路视其重要性依次为宽12、10、8丈三级，其中南顺城街宽12丈，东西顺城街宽10丈。全城以朱雀大路为界分为左京、右京[9]。

和平城京相同，平安京被道路分为72个整坊和8个半坊。宫城在最北端，北临北顺城街，占地4坊另2个半坊。东、西市在左、右京八条二坊，夹朱雀大路东西遥遥相对。又建有东寺、西寺，各占左右京九条一坊之东、西半坊。

每坊之内，仍用小街划分为十六格，与平城京之16坪相同。坊内建宅。《延喜式》中规定，"凡三位以上，听建门屋于大路，四位参议准此。其听建之人，虽身薨卒，子孙居住之间亦听。自余除非门屋不在制限，其坊城垣不听开[10]"。即除三位、四位以上高官，不得在坊墙上开门临大路。这和《唐会要》所载唐长安各坊"非三品以上及坊内三绝，不合辄向街开门"的规定相同，证明平安京从城市布局到管理制度，都参考了唐长安的经验。

《延喜式》中也记载了平安京两市的情况，说东市有五十一廊，西市有三十三廊，并规定每廊要立牓题号，只准经营所标行当。又说"凡京中卫士、仕丁等坊，不得商贾，但酒食不在此例[9]"。则和唐长安相同，平安京商业也只限在市内活动，坊中除酒食外，不许进行商业活动。

综观平城京、平安京二京规划，从其在中轴线上辟主街；宫城在主街北端，北临城之北界；全城被方格网道路划分为若干方形坊，坊内分十六小格；夹主街对称设东西市等情况看，明显是吸收了唐长安的特点；而诸坊平面方形而不作矩形，又表现出吸收了洛阳的特点。但为适应日本的具体情况，二京也作了一些重大改变。最主要的有：1. 都不筑城墙，以顺城街为界限；只南面辟一罗城门，附有小段城墙及濠，余各面不设门。2. 平城京创建时，受地形限制，不能向东西发

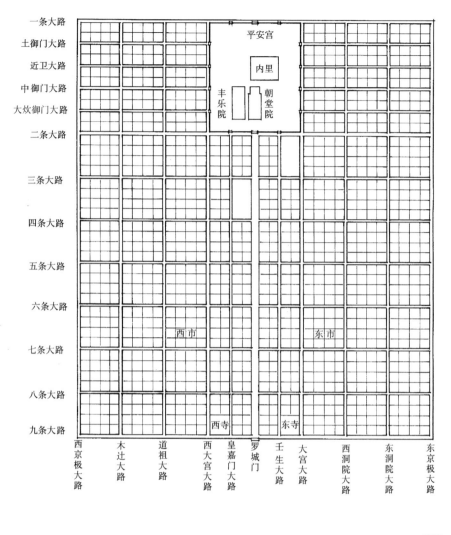

图 3-14-4　日本京都平安京遗址平面复原图

展，作南北长的矩形，和唐长安轮廓作东西横长矩形者不同；但以后向东发展外京，说明仍有效法唐长安之意。建平安京时，则专法平城京，并加以整齐划一，遂为纵长矩形。3. 二京都只有宫城，中央官署即设在宫内，其南不设皇城，和长安宫城前设皇城前后相重者不同，避免了唐宫内、宫外两套机构重叠之弊。

平城京面积约为唐长安的 1/4 强。平安京东西约 4.5 公里，南北约 5 公里，面积约 22.5 平方公里，为唐长安的 27%，周长为 43 唐里，比周长 40 里的唐扬州和周长 37 里的渤海上京稍大，是仅小于唐长安、洛阳两都的巨大城市。

二、宫殿

日本此期最重要的宫殿为创建于和铜三年（710 年，唐睿宗景云元年）的平城宫和创建于延历十三年（794 年，唐德宗贞元十年）的平安宫，时代分别相当于盛唐和中唐。其中平城宫进行了重点发掘。

平城宫：在平城京中轴线北端，南北、东西均各宽约 1 公里，是正方形。以后又向东拓展出宽约 260 米深约 750 米一区，称东院（图 3-14-5）。

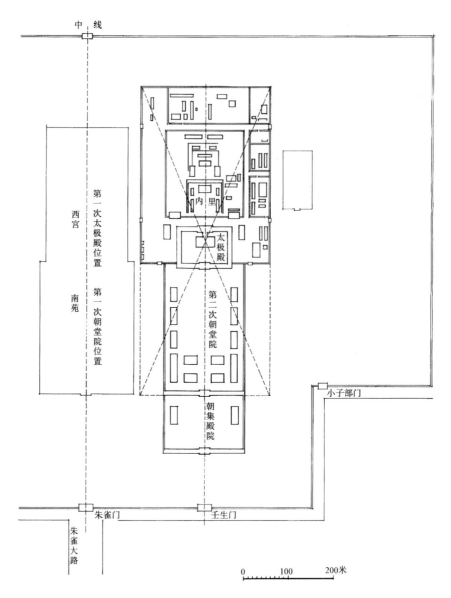

图 3-14-5 日本奈良平城宫发掘平面图

宫四周为高约 5 米的覆瓦土墙，而非城墙。南、西、北三面各三门，其中南、北城各门遥遥相对；东院东面二门，南面一门；共有十二宫门。诸门都不是下有门墩的城门。正门朱雀门面阔七间，宽 25 米，深 10 米，为二层歇山顶的楼屋，其余次要门多为悬山屋顶。宫内在朱雀门内中轴线上建朝堂院及太极殿，为前后相重的二进院落。太极殿一组东西 180 米，南北 290 米，周以回廊，南面正中辟门，门左右建楼，殿庭后部地势高起，用砖包砌前沿，形成高台基，台上正中建面阔九间进深四间的全宫主殿太极殿[11]。天平十二年（740 年，唐开元二十八年）迁都恭仁京时，移建于新宫。天平十七年（745 年，唐天宝四年）迁回平城京时，遂在宫南面东侧壬生门内新建一组宫院，形成宫东侧又一条南北轴线[12]。因其前部也有朝堂院及太极殿，史称"第二次朝堂院"、"第二次太极殿"，而称中轴上始建时的为第一次朝堂院、第一次太极殿。第二次朝堂院一组大体上可分为前、中、后三重大的宫院。最前一重为朝集殿院，第二重为朝堂院，二者东西同宽，都为 180 米左右。朝集殿院在前，深约 135 米，南北墙上正中各建面阔五间之门屋，两侧各建一东西向的朝集殿。第二院为朝堂院，南北深约 285 米，庭中左右对称各建六栋悬山顶建筑，中央留出广场。第三重院最大，东西宽约 280 米，南北深约 380 米，南面辟三门，东西各开二门，是宫殿的主体。它的前部为太极殿区，由太极殿门及回廊围成东西约 110 米、南北约 80 米的院落[13]。主殿太极殿建在庭中偏北，为前后二殿。前殿面阔九间，进深四间；后殿面阔七间，进深二间。太极殿门面阔五间，进深二间，门外即朝堂院[14]。在第三院的中央，太极殿区之后，又有由回廊围成的约东西 185 米，南北 190 米的大院落，即寝宫所在，称"内里"。内里即帝后住所，相当于中国宫殿的寝区。内里在中轴线上建有前后二殿，各有配殿，围成庭院，是内里的主殿。内里的四周都有巷道，南巷道之南即太极殿后殿及北廊，东、北、西三面巷道之外建有若干封闭院落，为内里之辅助建筑。除第一、第二朝堂院形成的两道轴线外，宫内的东西部布置宫内官署和马寮、造酒司等宫中仓储库厩等服务性机构，各为封闭的院落。后拓展的宫东部、南半称"东院"，为太子所居。东院的东南角发现园林遗迹，为用卵石铺底的屈曲池塘，临池有轩馆遗址。另在宫之西南角及西北部都有更大的湖泊，西北部的称"西池宫"，当也属宫中苑囿部分[13]。

从平城京的布局看，始建时在中轴线上建相当于朝区的朝堂及太极殿，但其后已无建寝区之余地，其寝区位置俟考。第二次朝堂院一组以朝集殿院、朝堂院及太极殿为朝区，但太极殿又在相当于寝区的第三重院的前部，如以唐宫类比，它近似于太极宫中的两仪殿和大明宫中的紫宸殿。所以平城宫的布局也只是参考了唐宫，又视实际需要加以改变的。

但分析其实测图，可以看到，如以第二次朝堂院之南墙为南界，以第三重院之北墙为北界，则太极殿正处在中心点上。从已发表的第一次、第二次朝堂院在宫中位置图看，第一次朝堂院前没有朝集殿院，是到第二次时才增加的，而第一、二两次朝堂院的南墙同在一条东西线上，可知设计时是把朝堂院与第三重院统一考虑，使太极殿居于中心位置的。把宫中主殿置于中心位置是汉以来传统，如前节所述，唐之洛阳宫、大明宫、渤海上京宫都是这样，但手法略有变化。平城宫第二次朝堂院一组把太极殿置于外朝内廷总长之中点上，当是参考了唐代经验而加以变通的。

三、寺庙

日本自 588 年（隋文帝开皇八年）佛教传入始建法兴寺（飞鸟寺）后，佛教日盛。初期的佛寺多由朝鲜半岛间接传入，史称"飞鸟式"，以四天王寺、法隆寺为代表。中国隋唐时期，日本直接和唐交往，留学生、求法僧不绝于途，唐代佛教文化又大量传入日本。日本在建都奈良的 75 年中接受唐文化最多，故奈良时期寺庙较多反映出唐代的影响。

飞鸟时代二寺平面颇不同（图 3-14-6）。四天王寺建于 593 年，其主体部分为纵长方形，周以回廊，围成院落，在中轴线上，南端建中门，为单檐歇山建筑，面阔三间，左右接回廊。中门内为五重塔，方形，一至四层每面三间，第五层每面二间。塔北为金堂，即正殿，面阔五间，进深四间，为造成重檐，在腰檐以上立上层柱，面阔三间，进深二间，上复单檐歇山屋顶。上层无楼板，不能登上，纯为造成重檐外形而设。金堂后的讲堂，为单檐歇山顶建筑。另在东西面回廊中部设东西门，为面阔三间悬山建筑[15]。

四天王寺这种在中轴线上前塔后殿的布置，日本学者认为是朝鲜半岛三国时期百济流行式样[16]，但它和史载的洛阳北魏建永宁寺有相同之处。近年发掘西安唐青龙寺址，发现其西部一院也是中轴线上前为中门，门内庭中前塔后殿，惟无讲堂。就塔、殿关系看，和四天王寺相同。可知这种布置中国自北朝至唐都在沿用。故四天王寺之平面源于中国南北朝是无疑的。

法隆寺西院重建于 680 年（唐高宗永隆元年），为横长方形院落，由回廊围成。南面正中建中门，为面阔四间进深三间的二重檐门屋，构造与四天王寺金堂同。中门左右接回廊。院内东为金

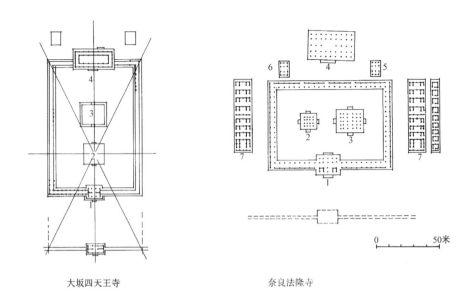

大坂四天王寺　　　　　　　　　奈良法隆寺

图 3-14-6　日本飞鸟时代寺院平面图
1. 中门　2. 塔　3. 金堂　4. 讲堂　5. 钟楼　6. 经藏　7. 僧房

堂，西为五重塔，东西并列。现状其后还有讲堂，东西后侧有钟楼、经藏，是以后拓展增入的，不是原状（图 3-14-7）。这种金堂与塔东西并列的布局，在日本还有法起寺和观世音寺，但在中国尚未发现遗迹，史料中也未见线索，其渊源尚有待进一步考定。

图 3-14-7　日本奈良法隆寺金堂及五重塔

日本和隋唐直接往来之后，在藤原京、平城京所建佛寺受唐代影响很大。原建于藤原京（694～710年、武周延载元年至唐睿宗景云元年）的药师寺、大官大寺等，均受初唐影响。710 年迁都平城京后，除迁建藤原京诸大寺外，又先后创建东大寺（745 年左右，唐玄宗天宝四载）西大寺（766 年，唐代宗大历元年）等国家级大寺，受盛唐影响较大。

平城京内诸大寺之建在坊内者，多以坪为单位占地，已见前文，故其布局往往也受分割坪之小街影响，有的以一坪为一院。如药师寺、大安寺、元兴寺、西大寺等。诸寺的主体部分都是前为南大门，门内为由中门、回廊围成的主院，院内中轴线上建正殿，称金堂，和飞鸟时代寺院主院落内塔堂前后相重或东西并列的布置形式完全不同，当是自唐传来的新布局。寺内中轴线上重要建筑还有讲堂。除药师寺、元兴寺讲堂置于金堂之后与之同在主院落中外，其余都布置在主院之后，左、右、后三面围以僧房，东大寺、兴福寺、唐招提寺、大安寺、法华寺等都是这样。奈良时代寺院中，塔已改为对称的双塔，布置在金堂前方。除药师寺东西塔建在主院落内，其余都在主院落外前方东西侧，塔外有围墙或回廊，形成塔院[7]（图3-14-8）。塔在佛寺中的位置，由居中轴线上或塔殿并列，演变为佛殿（金堂）居中，塔在殿前分列（药师寺型），再变为迁出主院落之外，在前方对称而建（东大寺型），是此期佛寺布局的重要变化，这在唐段成式《酉阳杂俎·寺塔记》和张彦远《历代名画记》记两京寺观壁画中都可看到迹象，日本这些寺院遗址充实了我们对这方面的认识。西大寺、元兴寺等在佛寺主院落周围布置各院的布置，也为我们认识唐代设有若干大院的大寺提供了资料，但日本寺内各院以坪为单位，则恐是结合日本实际的结果。至于僧房成排建在讲堂之左、右后三方的布局，则在中国尚未发现类似唐代遗址，仅在《关中戒坛图经》、《舍卫国祇园寺图经》中作为想象中的佛寺提到过，此二经中国传本是宋代自日本再反传回中国的，可知在唐代已传入日本。日本佛寺中僧房的这种布局是否渊源于此二经，尚有待进一步研究。

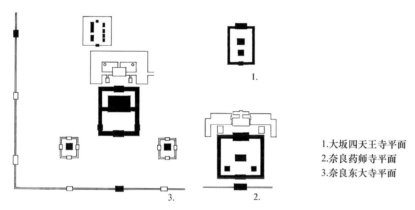

1. 大坂四天王寺平面
2. 奈良药师寺平面
3. 奈良东大寺平面

图3-14-8　日本奈良飞鸟、奈良时期佛寺中塔的位置变化图

四、建筑实物

1. 飞鸟时代建筑

日本现存飞鸟时代建筑都在奈良，即法隆寺的中门、金堂、五重塔、回廊和法起寺的三重塔，共五项。近代毁去，留有精密实测图且已复建的还有大阪的四天王寺和奈良法轮寺的三重塔。

四天王寺为日本圣德太子于593年（隋开皇13年）所建，主体为中门、五重塔、金堂、讲堂，都建在中轴线上，周以回廊。其建筑特点是柱为梭柱，栌斗、散斗下均有皿板，补间铺作用叉手，叉手直而不弯，其中门、金堂、讲堂之歇山屋顶均作上下二段，状如在悬山屋顶四周加披檐[15]。这些做法，斗下加皿板见于四川汉墓石刻，歇山顶分二段见于汉末高颐墓阙，梭柱见于北齐义慈惠石柱，直脚叉手见于汉朱鲔石祠及云冈北魏石窟，所表现的都是中国汉、南北朝以来的古老做法（图3-14-9）。

法隆寺及法起寺的建筑在南朝建筑结构部分已加以介绍，可以参阅。其最大特点是平面尺寸以材高为模数，断面高度以一层柱高为模数（图3-14-10、3-14-11）。

图 3-14-9 毁后重建的日本大阪四天王寺

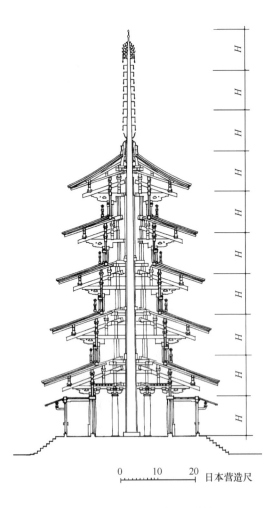

图 3-14-10 日本奈良法隆寺五重塔剖面图

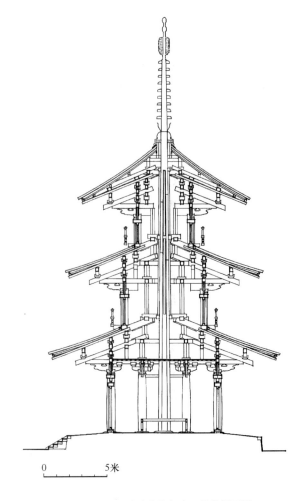

图 3-14-11 日本奈良法起寺三重塔剖面图

2. 奈良时代建筑

日本现存奈良时期建筑遗构中，最重要而反映唐风较多的有药师寺东塔、唐招提寺金堂、法隆寺传法堂、荣山寺八角堂。

药师寺东塔：在药师寺金堂之东南方，与西塔相对，共在由中门、回廊围成的寺院主院落中。塔建于天平二年（730年，唐玄宗开元十八年），为方形三层木塔，逐层又加副阶、缠腰，共六层屋檐，外观玲珑秀美（图3-14-12、3-14-13）。塔身一二层每面三间，见四柱，三层每面二间，见三柱。一层副阶面阔五间，见六柱，二、三层缠腰每面三间，见四柱。各间间广相等，每层柱高（自地或平坐地面至柱顶）为间广的二倍。一、二层为满堂柱。三层外檐柱头及转角铺作相同，均为六铺作出二抄一昂，转角铺作除正侧面出跳外，加45°角缝出跳栱昂。塔身补间铺作只一层用斗子蜀柱，二、三层无。三层副阶的柱头铺作都只用一斗三升斗栱，与乳栿出头相交，即宋式"把头绞项"做法；补间铺作均为斗子蜀柱。塔身三层之扶壁栱均重叠二重令栱、素方，上承遮椽板，和敦煌初唐壁画所绘相同。上二层塔身的檐柱位置都比下层内收，柱底立在木枋上，木枋卧置于下层屋顶的椽及角梁上，与法隆寺塔的做法相同。一层塔身内有四根内柱，围在贯通上下的刹柱之外。柱上施出一跳华栱的柱头铺作，承受由外檐平柱、角柱上伸过来的木枋，在内柱之上形成一个井干构造的方井。井上再加抹角梁，类似斗四藻井的构造。二层的四根中柱，就立在方井的四个角上。二层柱的上端又施栌斗，承受二层中柱、角柱上内伸的枋，构成二层的方井。一二层自角柱内伸的枋与方井相交后向内出头，至距刹柱很近处垂直斫割，和方井内的抹角井共同起护持刹柱防其倾侧的作用[17]。中国南北朝以来，特别是南朝，史载建了很多有刹柱贯通上下的木塔，

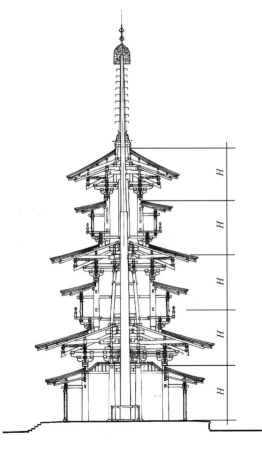

图3-14-12 日本奈良药师寺东塔剖面图

图3-14-13 日本奈良药师寺东塔外观

但实物图像均不存。日本飞鸟时代的法隆寺五重塔及奈良时代的此塔，虽已不免包含有日本自己的创造在内，仍可为我们了解南北朝后期及初唐这类木塔的形式、构造提供极重要的参考材料。

经验算，此塔设计时已经使用材和"分"为模数，而以一层柱高为扩大模数。它的栱（即材）宽为10"分"，栱（材）高为13"分"，两栱间之空挡（栔）为8"分"，足材（一材一栔之和）为21"分"。其材宽和足材之高和唐宋建筑一致。它的一层塔身每间面阔为125"分"，恰为唐宋用一朵铺作之标准宽数。一层柱高为252"分"，可视为间宽的一倍。一层副阶总宽为副阶柱之四倍。面阔与柱高（地或平坐平面到柱顶）之比一、二层塔身为3：2，三层塔身为1：1。塔身总高以一层柱高为模数，自一层地坪至三层屋顶博脊恰为一层柱高的五倍。据此可知，此塔之设计颇为精密，唐代之模数制设计方法确曾传入日本[18]。

唐招提寺金堂：是惟一保存下来的奈良时代佛殿。唐招提寺为天平宝字三年（759年）鉴真和尚创建，金堂为其主殿，具体建年不详，近年日本学术界倾向于认为建于奈良时代末的宝龟年间（770～780年，唐代宗大历五年至德宗建中元年）[19]。它是一座面阔七间，进深四间，单檐庑殿顶的大殿，属殿堂型金厢斗底槽构架。金堂面阔七间，进深四间。以日本天平尺计，正面明、次、梢、尽间面阔分别为16、15、13、11尺；进深分别为13.5、11尺，面积为94尺×49尺[19]。它的前檐外槽部分为敞廊，其余装版门、直棂窗和墙壁，南面开五门二窗，殿内紧靠内槽北端设佛坛，长五间，信徒可以绕佛坛诵经、行香。金堂檐柱柱高和明间面阔相同，柱端之间施阑额。外檐柱头及转角铺作为六铺作二抄一昂，第一跳偷心，第二跳华栱为乳栿之外端，跳头施瓜子栱承罗汉枋，昂下端微上翘，上承令栱、替木、橑风榑，后尾随屋顶坡度向内上方斜伸，置于内槽枋上；铺作里转出一跳华栱，上承乳栿；转角铺作除正侧缝外，加45°角缝栱昂；扶壁栱重叠二重令栱素方。内槽柱比檐柱高出二足材，故外槽乳栿后尾只能插入内槽柱头，与阑额平。内槽柱头及转角铺作向外只挑出一抄，承外槽平棊方，向内出两抄，跳头横施令栱承四椽明栿及平棊方。内外槽补间铺作均用斗子蜀柱，外槽重叠二重，内槽三重。明栿之四椽栿、乳栿均为月梁，上施驼峰、大斗，承平棊方。平棊方上架设平闇。内槽自跳头平棊方向四椽栿上平棊方架设弧形峻脚椽。平闇以上部分经后代改建，原有草栿不存，现做法已非原貌（图3-14-14、3-14-15）。

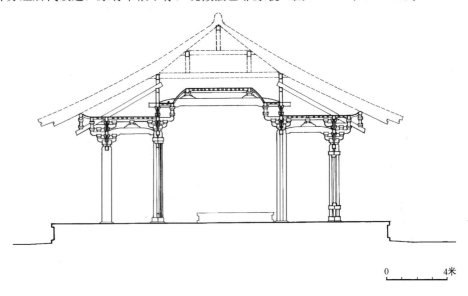

图3-14-14　日本奈良唐招提寺金堂剖面图

唐招提寺金堂的规模、构架和五台佛光寺大殿颇为相似。其内槽柱高于檐柱的做法虽不见于中国现存唐构，但在公认保留唐代做法较多的应县佛宫寺释迦塔中，其一、二、三、五各层却都是这样[20]，故可信唐招提寺这种做法仍是唐制。其外檐柱头铺作下昂的后尾上延，直插到内槽，与法隆寺、药师寺二塔相同。它虽与佛光寺大殿不同，却与地属当时中国边远地区，公认保留较多古制的五代末北宋初建福州华林寺大殿相同，可知也属中国古制。但在金堂中也有一些既与唐式不合，也与药师寺东塔不同之处。其一是柱头铺作第二跳华栱除跳头交互斗外，在其内又加一散斗，与下面第一跳跳头之斗上下相重。其二是下昂的下端微上翘。其三是转角铺作角缝承正侧面瓜子栱令栱处，不用平盘斗而用耳平与欹扭转45°的"鬼斗"。其四是内槽平阇四周之峻脚椽为弧线而非直线。这四点又分别见于与金堂大致同期的日本海龙王寺小塔、当麻寺东塔、室生寺五重塔，并在以后的和样建筑中大大发展。可知这部分是日本先民接受唐文化后所作的发展和创新，而为中国唐及唐以后建筑所无。

法隆寺传法堂：在法隆寺东院，面阔七间，进深八椽，单檐悬山屋顶，属厅堂型构架，用八道"八架椽屋前后乳栿用四柱"构架，惟于山面二缝在四椽栿下增一中柱。它原是圣武天皇时桔夫人（桔古那加智）宅堂，面阔五间，舍入法隆寺后增为七间，时间约在739年左右[21]。它的柱高与面阔相同，柱上施阑额，柱头铺作只在栌斗上横施替木，承乳栿及檐桁，即宋式所谓"单斗支替"。乳栿后尾插入内柱柱身。二内柱随屋顶坡度升高，柱头铺作仍为单斗支替，承四椽明栿，四椽栿上置平梁，上承脊桁。梁间垫托及乳栿、平梁中心承桁处，都用驼峰、大斗、替木。梁均为月梁。殿身正面装三版门二直棂窗，背面装一版门二直棂窗，其余各间及山面均用墙壁封闭。山面出际长近半间之宽，外观舒展庄重，但现存搏风、垂鱼等是后代配补，已非原式。此殿内部在地栿上架地面枋铺木地板。它的比例关系大体是柱高与面阔相等，自柱础表面至脊桁之高为檐柱高的二倍。如檐柱之高自地板面计，则中平桁之高约为檐柱高之二倍，屋顶举高略大于前后檐桁之距的1/4。中国唐代遗构中已没有厅堂构架中的五间之堂，遗物最早者为大同华严寺辽建海会殿，与此堂构架方式相同，但年代晚280年左右。此堂可视为日本贵族邸宅堂之标准，也可作为了解唐代居宅五间堂的参考（参阅图3-12-9、3-14-16）。

图 3-14-15 日本奈良唐招提寺金堂全景　　图 3-14-16 日本奈良法隆寺传法堂外景

荣山寺八角堂：为正八角形单檐亭子。除八根檐柱外，尚有四根内柱。其构架方法是在内四柱间架月梁，每梁上各置二大斗，在八斗上两两架设抹角梁，形成八角井。再在八角井上堂之南北轴线位置架一大梁，梁上立枨柱。自外檐八柱上各出一跳斗栱，里跳承乳栿，栿后尾插入内柱；外跳承角梁，角梁后尾搭在内柱八角井之角上，自此再架续角梁，梁尾插入枨柱，构成八角亭之骨架[22]（参阅图3-12-27）。

此亭之平面和隋唐洛阳宫九洲池南发现的唐代亭址全同，可知源于唐式，而其构架则可为我们了解唐代八角亭构造提供参考。

通过对诸建筑实物的探索，我们可以看到，在受中国南北朝影响的日本飞鸟建筑中，设计已采用模数，以材高为平面尺寸的模数，以一层柱高（它是材高的整倍数）为扩大模数。在受初唐影响的药师寺东塔中，已开始以材宽的1/10即"分"为模数，材宽10"分"，足材（即一材一栔）高21"分"，一层面阔每间125"分"，一层柱高250"分"，塔身总高为一层柱高的五倍，即1250"分"。在奈良时代末期的室生寺塔中，逐层面阔基本是整"分"数，且有规律性的级差[18]。从这些现象看，日本古代确实接受了中国古代的模数制的设计方法，这就表明它不是形式的模仿，而是吸收了其建筑体系的基本特点。

由于中国中唐以前的木建筑已无存者，我们可以从日本飞鸟建筑中推知至迟在中国南北朝后期，木建筑已以材高为平面设计模数而以一层柱高为多层建筑高度设计模数；也可以从日本奈良前期建筑中推知至迟在初唐，材宽10"分"，足材高21"分"，平面、柱高以"分"为模数的设计方法已经成熟，把我们对中国建筑中材分制设计方法产生时间的认识提早了一百多年[18]。

在我们探讨中国古代对日本建筑的影响时，也应当考虑到以下几点：在最早传入日本的中国建筑体系所形成的飞鸟式中，因为以朝鲜半岛为中介，不可避免会含有朝鲜三国自己的发展在内；法隆寺中飞鸟建筑都是和铜时期（相当中国唐玄宗初期）建的，也有可能搀入较晚的做法；在和唐直接交往后传入日本所形成的奈良文化的建筑中，飞鸟式的传统也不可避免地会保存在其中；在奈良文化后期，建筑中又开始出现日本自己的发展和创新；进入平安时期，日本已进入全面发展自己建筑的成熟时期，发展出"和样"，和唐风分道扬镳。

例如，早在南北朝时期，中国木构建筑的阑额，不论北朝的石窟还是南朝的墓室，大都作上下二层，唐称"重楣"，仍然沿用，但在日本的飞鸟、奈良、平安时代建筑中都没有出现过。又如中国建筑在阑额上使用普拍方始于北宋，但日本在飞鸟式的法起寺三重塔和奈良初期的药师寺东塔上已在使用。中国自唐以来，出跳斗栱用足材，但日本古建筑中，除法隆寺中门、唐招提寺金堂角缝第一跳为足材栱外，均为单材栱。在楼阁建筑中，上下层间数不同，上下柱不对位，不设平坐，上层栏杆装在下层屋顶上的做法，见于云冈石窟，是中国南北朝做法；唐代一般都增加了平坐层，其形象见于懿德太子墓和敦煌石窟壁画上，但日本自飞鸟式采用南北朝做法后，一直沿用到奈良时代。外观有平坐的药师寺东塔其塔身仍沿飞鸟式做法，上层柱立在压于下层椽上的地梁上，只在缠腰下仿唐式做出平坐形式，实是在形式上模仿初唐。至于前述奈良后期下昂首上翘和二跳华栱加心斗的做法更明显是日本的发展。

据此，对不同时期的日本古建筑，我们只能考虑其中哪些反映了中国的影响，影响多少，绝不能认为是全盘照搬中国的。以唐代建筑和日本奈良建筑比较，在风格气质上也有明显不同。唐代建筑气局开朗，风格豪放，曲线劲健而有弹性；日本建筑在同样形式下，显得线条较柔和秀美，细部处理得更加细腻精致，细心体认，自能区分。

中国南北朝时木构建筑久已无存，唐代也只残存四座，群体布局都不可考。日本现存飞鸟奈良建筑有26座之多，绝对年代且大都比中国现存唐构为早，它们不仅是世界历史文化瑰宝，还可为我们了解南北朝及唐代建筑提供重要参考，对中国有特殊意义。但它毕竟是日本先民所造的日本建筑。古代和现代历史都表明日本是极善于很快地从学习引进转入自己创新的。所以我们在研究时必须细心比较，找出其中受中国影响的部分，而不要把日本的发展创新也误认为是中国的南北朝、隋唐文化。

注释

[1]《册府元龟》卷 968、969,〈外臣部·朝贡〉中华书局影宋本④P. 3833、3837

[2]（日）坂本赏三等监修:《新选日本史图表》附〈年表〉1990 年第一学习社改订第 13 版 P. 179

[3] 同上书,〈奈良时代〉,〈奈良时代の社会と外交〉, 10, 遣唐使一览。1990 年第一学习社改订第 13 版 P. 29

[4] 同上书,〈奈良时代〉,〈奈良时代の社会と外交〉, 6. 古代帝都之变迁。1990 年第一学习社修订第 13 版 P. 29

[5] 奈良国立文化财研究所纂修:《よみかえる奈良——平城京》1. 平城京 2. 平城京への道筋, 3. 罗城门 4. 都の街路, 5. 庶民の住宅, 8、9 贵族の邸宅。1978 年版 P. 2~22

[6]《古代宫都の世界》,〈图版·日本编〉, 图 3, 平城京复原平面图 1982 年 5 月版 P. 28

[7] 奈良国立文化财研究所纂修:《よみかえる奈良——平城京》29. 东大寺, 30. 兴福寺, 31. 药师寺, 32. 唐招提寺, 33. 大安寺, 34. 元兴寺, 35. 西大寺, 37. 法华寺。1978 年版 P64~84

[8]《古代宫都の世界》,〈图版·日本编〉, 图 7, 平安京复原平面图。1982 年版 P. 29

[9]《校定延喜式》卷 42, 左右京, 东西市。1929 年校定延喜式出版部排印本。

[10]《校定延喜式》卷 41, 又见同书卷 42, 文字略有异。1929 年校定延喜式出版部排印本。

[11] 奈良国立文化财研究所纂修:《よみかえる奈良——平城京》16. 平城宫 17. 太极殿ら朝堂, 18 内里, 19 中宫院大殿及附图。1978 年版 P. 36~44

[12]（日）冈田英男:〈奈良时代の建筑とその构造技法〉附注〈平城京〉、〈平城宫太极殿院〉二条。讲谈社 1990 年版《日本美术全集Ⅳ》P. 162

[13] 据《よみかえる奈良——平城京》16, 平城宫附图, 数字据图上量出。1978 年版 P. 36

[14] 各殿间数据新版《日本建筑史图集》中平城宫太极殿图。转引自郭湖生:〈魏晋南北朝隋唐宫室制度沿革兼论日本平城京的宫室制度〉图 18c, 日本京都大学人文科学研究所研究报告《中国古代科学史论续篇》, 1991

[15] 据实地考察记录。

[16]（日）宫本长二郎:〈飞鸟时代の建筑み佛教伽蓝〉文中〈古代寺院の伽蓝配置之变迁〉、〈法隆寺の传统与伽蓝配置〉二则。讲谈社 1990 年版《日本美术全集Ⅱ》P. 158~162

[17]《药师寺东塔に关する调查报告书》, 日本药师寺, 1981

[18] 傅熹年:〈日本飞鸟、奈良时期建筑中所反映出的中国南北朝、隋唐建筑特点〉,《文物》1992 年 10 期。

[19]（日）冈田英男:〈奈良时代の建筑とその构造技法〉,〈唐招提寺ら天平后期の寺院〉。《日本美术全集Ⅳ》, 讲谈社, 1990 P. 164

[20] 陈明达:《应县木塔》图版 16、17, 断面图。文物出版社, 1966

[21]（日）浅野清:《奈良时代建筑の研究》,〈传法堂の创立·沿革ぁよび后世修理の状况〉。日本中央公论美术出版社, 1969

[22]（日）浅野清:《奈良时代建筑の研究》, 附平立剖面图。日本中央公论美术出版社, 1969

附录　三国、两晋、南北朝、隋唐、五代建筑大事记

- 公元67～75年（东汉明帝永平十年——十八年）

  东汉洛阳建白马寺。

- 公元190年（东汉献帝初平元年）

  董卓烧毁东汉洛阳，迁汉朝廷于长安。

- 公元190～193年（东汉初平元年至四年）

  丹阳人笮融起浮屠祠。

- 公元195年（东汉献帝兴平二年）

  长安毁于李傕、郭汜之乱。

- 公元196年（东汉献帝建安元年）

  曹操迎汉献帝定都许昌。在许昌建宫殿、宗庙、社稷。

- 公元204年（东汉建安九年）

  曹操破袁绍，得邺城。

- 公元205年（东汉建安十年）

  曹操下令禁厚葬及立碑。　四川芦山樊敏墓阙建立。

- 公元208年（东汉建安十三年）

  曹操在邺建玄武池。　孙权进驻京（镇江）。是年十月发生赤壁之战。

- 公元209年（东汉建安十四年）

  四川雅安高颐墓前建阙。

- 公元210年（东汉建安十五年）

  曹操在邺建铜爵台。　孙权自京迁至秣陵，改称建业。建石头城。

- 公元213年（东汉建安十八年）

  曹操为魏公，以邺为魏都，建魏宗庙社稷。作金虎台。

- 公元214年（东汉建安十九年）

  刘备占领四川。

- 公元215年（东汉建安二十年）

  曹操破张鲁，迁汉中民八万口以实洛阳、邺。

- 公元216年（东汉建安二十一年）

  曹操为魏王。

- 公元219年（东汉建安二十四年）

  曹操居洛阳。修洛阳宫殿。

- 公元220年（东汉献帝延康元年、曹魏文帝黄初元年）

  曹操死。曹丕代汉，建立魏，是为魏文帝，定都洛阳。是年为三国之始。　刘备称帝，定都成都，是

为蜀汉先主。建宫室宗社。

- 公元221年（魏黄初二年）

  魏在洛阳宫内筑陵云台以贮甲仗。　孙权迁鄂，改称武昌。兴筑武昌城池。

- 公元222年（魏黄初三年）

  曹丕预为〈终制〉，命薄葬。

- 公元223年（魏黄初四年、吴黄武二年）

  刘备死。　孙权筑武昌宫城。

- 公元224年（魏黄初五年）

  魏在洛阳宫后园凿天渊池。

- 公元226年（魏黄初七年）

  魏文帝曹丕死。洛阳宫殿、宗庙、府库基本建成。筑九华台。

- 公元227年（魏明帝太和元年）

  魏修洛阳宫殿，建太庙。

- 公元229年（魏太和三年、吴黄龙元年）

  魏洛阳太庙建成。　孙权自武昌迁都建业，城太初宫居之。

- 公元230年（魏太和四年）

  魏作合肥新城。

- 公元232年（魏太和六年）

  魏修许昌宫，建景福殿。

- 公元234（魏明帝青龙二年）

  蜀诸葛亮死。

- 公元235年（魏青龙三年）

  魏大修洛阳宫殿，起昭阳、太极诸殿，筑总章观。

- 公元237年（魏明帝景初六年）

  魏在洛阳建太庙、太社，定城南委粟山为南郊，建芳林园（后改华林园，以避曹芳之讳）。

- 公元238年（魏景初二年。蜀后主延熙元年）

  蜀李福死，葬绵阳，起墓阙，即现存之平阳府君阙。

- 公元240年（魏齐王芳正始元年、吴孙权赤乌三年）

  吴在建业开运渎。　吴命诸郡县治城郭、起楼、穿堑、发渠，以备非常。

- 公元241年（魏正始二年、吴赤乌四年）

  吴在建业开青溪，通城北湮潮沟。

- 公元247年（魏正始八年、吴赤乌十年）

  吴改建建业太初宫。立建初寺。　陆逊城邾。

- 公元248年（魏正始九年、吴赤乌十一年）

  吴朱然城江陵。

- 公元252年（魏齐王芳嘉平四年、吴孙权神凤元年）

  吴大帝孙权死。　诸葛恪更起武昌宫，有迁都之意。

- 公元255年（魏高贵乡公曹髦正元二年，吴孙亮五凤二年）

  吴在建业建太庙。

- 公元263年（魏曹奂景元四年、蜀炎兴元年）

  魏灭蜀。

- 公元265年（魏曹奂咸熙二年、西晋武帝泰始元年、吴孙晧甘露元年）

司马炎代魏，建立西晋，是为晋武帝。 吴自建业徙都武昌，次年还都建业。

- 公元267年（西晋泰始三年、吴宝鼎二年）

    吴在建业建昭明宫。

- 公元274年（西晋泰始十年）

    晋在洛阳东七里涧建石拱桥，用工七万五千人。 杜预建富平津黄河浮桥（即孟津浮桥）。

- 公元278年（西晋咸宁四年、吴天纪二年）

    晋武帝下诏禁墓前立石兽、碑、表、祠堂。 吴修建业官署。

- 公元280年（西晋太康元年）

    晋灭吴，统一全国。废建业为秣陵。自281年起为西晋。

- 公元284年（西晋太康五年）

    洛阳晋宣帝庙地陷，梁折。

- 公元285年（西晋太康六年）

    王濬建洛阳太康寺砖塔。

- 公元287年（西晋太康八年）

    洛阳晋太庙殿又陷。改营太庙，作者六万人。

- 公元289年（西晋太康十年）

    洛阳晋太庙四月建城，十一月梁又折。

- 公元292年（西晋惠帝元康二年）

    在洛阳千金渠上建石梁，称皋门桥。

- 公元294年（西晋元康四年）

    洛阳武库灾。同年重建。

- 公元300年左右（西晋永康元年前后）

    河内僧人帛法祖于长安造筑精舍，以讲习为业。

- 公元303年（西晋太安二年）

    李特、李雄先后入成都，建立成汉。 石冰反，修建业宫居之。

- 公元307年（西晋永嘉元年）

    汲桑之乱邺城宫殿被毁。 陈敏之乱建业宫毁。 琅玡王司马睿镇建业，修吴旧都，以太初宫为府舍。

- 公元308年（西晋永嘉二年，刘渊汉永凤元年）

    刘渊定都平阳，国号汉，建宫室。

- 公元311年（西晋永嘉五年）

    刘曜、王弥攻陷洛阳，俘晋怀帝，焚宫室、官署、民居，西晋洛阳毁。

- 公元313年（西晋愍帝建兴元年）

    西晋愍帝司马邺即位，改建业为建康以避其讳。

- 公元316年（西晋建兴四年）

    刘曜攻陷长安，晋愍帝出降，西晋亡。

- 公元317年（东晋元帝司马睿建武元年）

    司马睿即晋王位，在建康建宗庙社稷。是年为东晋之始。

- 公元318年（东晋太兴元年）

    司马睿即帝位，是为晋元帝，定都建康。 晋弛墓前树碑之禁。 石勒攻克平阳，毁平阳城市及宫殿。

- 公元319年（东晋太兴二年）

东晋在建康建南郊　石勒称赵王，在襄国建东西宫及庙社。　刘曜称帝，改国号赵，史称前赵，定都长安，建宫室、宗庙、社稷、南北郊。

- 公元323年（东晋明帝太宁元年）

  晋元帝葬于建康鸡笼山，不起坟，称建平陵。　张茂城姑臧。

- 公元329年（东晋成帝咸和四年、石勒后赵太和二年）

  石勒破前赵，取长安。

- 公元330年（东晋咸和五年、石勒后赵建平元年）

  东晋遭苏峻之乱，宫室焚毁。在建康建新宫，始缮苑城，王彬为大匠。又修建康六门。

  石勒称帝，定都襄国，史称后赵。

- 公元331年（东晋咸和六年，后赵建平二年）

  东晋建康新宫成，署曰建康宫，即台城。　后赵石勒建明堂、辟雍、灵台于襄国。

- 公元333年（东晋咸和八年）

  东晋建太仓于建康宫城内。建北郊于覆舟山之阳。

- 公元335年（东晋咸康元年、后赵建武元年）

  张骏扩建姑臧城及宫室。　后赵石虎都邺。

- 公元336年（东晋咸康二年、后赵建武二年）

  东晋改作建康朱雀门。新作秦淮河上朱雀浮桁。　后赵石虎建邺城宫殿，起太武殿。

- 公元337年（东晋咸康三年）

  东晋立太学于建康淮水南。　鲜卑什翼犍筑盛乐新城。（一说筑于341年）

- 公元339年（东晋咸康五年）

  东晋以砖包砌建康宫城，建城楼。

- 公元342年（东晋咸康八年、后赵建武八年）

  后赵石虎于邺起台观四十余所。发雍、梁十六万人城长安未央宫。又发司、豫、荆、兖诸州二十六万人城洛阳宫。　前燕慕容皝建都龙城，号新宫曰和龙。

- 公元349年（东晋穆帝永和五年、后赵太宁元年）

  后赵石虎死，石氏内乱，邺城宫室残毁。

- 公元352年（东晋永和八年、前燕慕容儁元玺元年）

  苻健即帝位，都长安，史称前秦。建宫室。

  冉闵攻破襄国、毁城市、宫室。　慕容儁破冉闵，得邺城，称帝，史称前燕，都蓟，建留台于龙城。

  修复邺城宫殿。

- 公元353年（东晋永和九年）

  张祚为凉公。　敦煌莫高窟始开凿于是年。

- 公元356年（东晋永和十二年）

  晋桓温破姚襄，入洛阳，修诸陵。

- 公元361年（东晋升平五年）

  东晋穆帝死，葬建康幕府山，号永平陵（其陵近年已发掘）。

- 公元364年（东晋哀帝兴宁二年）

  东晋于建康淮水南岸旧陶官地立寺，号瓦官寺，寺内"止堂塔而已"。顾恺之在北殿画维摩像。

- 公元366年（东晋废帝太和元年、前秦建元二年）

  沙门乐僔于敦煌莫高窟造窟一龛。

- 公元369年（东晋太和四年）

  东晋桓温筑广陵城。

- 公元371年（东晋简文帝咸安元年）

  简文帝在建康建波提寺。 释道安弟子竺法汰拓建建康瓦官寺。

- 公元376年（东晋孝武帝太元元年、前秦建元十二年）

  前秦破凉州，前凉亡。

- 公元378年（东晋太元三年）

  晋建康宫室朽败，谢安规画营新宫，毛安之为匠，日役六千人，建内外殿宇三千五百间。太极殿高八丈，长二十七丈。

- 公元381年（东晋太元六年）

  晋孝武帝奉佛法，立精舍于殿内。

- 公元385年（东晋太元十年、西秦建义元年）

  西秦时甘肃天水麦积山始开凿石窟。

- 公元386年（东晋太元十一年、后秦建初元年）

  姚苌称帝，定都长安，国号秦，史称后秦。 吕光据姑臧，改元大安，史称后凉。

- 公元391年（东晋太元十六年）

  东晋在建康新作朱雀门。 改作太庙十六间。

- 公元392年（东晋太元十七年）

  东晋在建康新作东宫。 涛水入石头，毁朱雀航。

- 公元395年（东晋太元二十年）

  东晋会稽王司马道子在建康东南建府，筑山穿池，用功巨万。

- 公元396年（东晋太元二十一年）

  东晋于建康宫城修华林园，建清暑殿。

- 公元398年（东晋安帝隆安二年、北魏道武帝天兴元年）

  北魏道武帝拓跋珪迁都平城，始营宫室、宗庙、社稷，起天文殿。

- 公元399年（东晋隆安三年、北魏天兴二年）

  北魏在平城北建鹿苑，起天华殿。增辟平城城门为十二。始作五级佛图、耆阇崛山及须弥山殿。别构讲堂、禅堂及沙门座。

- 公元400年（东晋隆安四年、北魏天兴三年）

  北魏平城宫中起中天殿、云母堂、金华堂。

- 公元401年（东晋隆安五年、后燕光始元年）

  后燕慕容熙筑龙腾苑于龙城，广袤十余里，役徒两万人。

- 公元404年（东晋元兴三年、北魏天赐元年）

  桓玄称帝于建康，筑别苑于冶城。 北魏改筑平城西宫。

- 公元405年（东晋义熙元年、北魏天赐二年）

  北魏在平城西郊按鲜卑旧俗设坛祭天。

- 公元406年（东晋义熙二年、北魏天赐三年）

  北魏发八部五百里内男丁修宫殿，慕邺、洛阳、长安之制拓展平城，方二十里。

- 公元412年（东晋义熙八年、北魏明元帝永兴四年）

  北魏在平城东白登山为道武帝立庙，号东庙。

- 公元413年（东晋义熙九年、夏赫连勃勃凤翔元年）

  夏赫连勃勃发胡、夏十万人筑统万城都之，修城池宫殿，叱干阿利为匠，杀人无算。

- 公元414年（东晋义熙十年）

  晋刘裕城司马道子建业城东故第，起府舍，称东府。 释法显自印度锡兰求法归国，返抵建康，历时十六年。撰《佛国记》。

- 公元415年（东晋义熙十一年）

    大水，毁建康太庙。

- 公元417年（东晋义熙十三年）

    晋军破长安，后秦亡。

- 公元418年（东晋义熙十四年、夏赫连勃勃昌武元年）

    夏赫连勃勃攻长安，晋守将朱龄石焚长安宫殿东逃。赫连勃勃入长安，即皇帝位于灞上，改元昌武。

    北魏筑宫于西苑。

- 公元420年（刘宋永初元年、西秦建弘元年）

    刘裕代晋，即帝位于建康，国号宋，改元永初。是年为南北朝之始。　建康立北市、东市、苑市等。

    甘肃永靖炳灵寺石窟第169窟有建弘元年题名，至迟此时石窟已开凿。

- 公元421年（刘宋永初二年、北魏明元帝泰常六年）

    宋刘裕杀晋恭帝，葬于建康蒋山，号冲平陵（近年已发掘）。　北魏在平城发六千人筑苑。

- 公元422年（刘宋永初三年、北魏泰常七年）

    北魏筑平城外郭，周回三十二里。

- 公元423年（刘宋少帝景平元年、北魏泰常八年）

    北魏平城广西宫，起外垣墙，周回二十里。在平城北筑长城以备柔然。

- 公元425年（刘宋文帝元嘉二年、北魏太武帝始光二年）

    北魏在平城建大道坛庙。营故东宫为万寿宫，起永安、安乐二殿，同年建成。

- 公元427年（刘宋元嘉四年、北魏始光四年）

    北魏攻克统万，改名夏州，以其地牧马。

- 公元431年（刘宋元嘉八年）

    建康火，延烧太社北垣。

- 公元432年（刘宋元嘉九年、北魏太武帝延和元年）

    北魏平城筑东宫。

- 公元434年（刘宋元嘉十一年、北魏延和三年）

    刘宋在建康城北建乐游苑。　北魏平城东宫成。

- 公元435年（刘宋元嘉十二年）

    建康寺塔日盛，丹阳尹萧摹之奏请限制建塔寺、精舍。

- 公元438年（刘宋元嘉十五年）

    建康新作东宫。

- 公元439年（刘宋元嘉十六年、北魏太武帝太延五年）

    北魏军克姑臧，北凉亡。迁凉州民三万余家至平城，僧徒偕行，为北魏佛法兴盛之基。

- 公元442年（刘宋元嘉十九年、北魏太武帝太平真君三年）

    北魏在阴山北起广德殿，又号广德宫。

- 公元445年（刘宋元嘉二十二年）

    宋修建康宫华林园，筑景阳山，凿天渊池。

- 公元446年（刘宋元嘉二十三年、北魏太平真君七年）

    刘宋堰建康玄武湖。造景阳楼于华林园。　北魏发十万人筑畿上塞围，广袤皆千里。徙长安工巧二千家于平城。北魏灭佛，境内佛寺多毁。

- 公元448年（刘宋元嘉二十五年）

    建康新作阊阖、广莫二门，改原广莫、承明二门之名。建宣武场。

- 公元450年（刘宋元嘉二十七年、北魏太平真君十一年）

  北魏平城大修宫室。

- 公元452年（刘宋元嘉二十九年、北魏文成帝兴安元年）

  北魏文成帝下诏复法，佛教重兴。又诏有司为石像，令如帝身。

- 公元453年（刘宋元嘉三十年、北魏兴安二年）

  北魏发平城五千人穿天渊池。

- 公元454年（刘宋孝武帝孝建元年、北魏兴光元年）

  北魏文成帝敕于平城五级大寺内为太祖以下五帝铸释迦立像五。

- 公元458年（刘宋孝武帝大明二年、北魏文成帝太安四年）

  刘宋竟陵王刘诞筑广陵外城。　北魏平城宫建太华殿，郭善明主持兴造，同年落成。

- 公元459年（刘宋大明三年）

  刘宋筑上林苑于建康玄武湖北。

- 公元460年（刘宋大明四年、北魏文成帝和平元年）

  北魏于平城武州塞凿石窟五所（即昙曜五窟）。

- 公元461年（刘宋大明五年）

  建康修二驰道，一自阊阖门至朱雀门，一自承明门至玄武湖。464年罢，465年复立。　新作明堂于丙巳之地。

- 公元462年（刘宋大明六年）

  新作建康大航门。　置凌室于覆舟山。

- 公元463年（刘宋大明七年）

  于博望梁山立双阙。

- 公元466年（刘宋明帝泰始二年、北魏献文帝天安元年）

  北魏曹天度造石塔。

- 公元467年（刘宋泰始三年、北魏献文帝皇兴元年）

  北魏平城永宁寺造七级浮图。又造三级石浮图，高十丈，仿木构。

- 公元471年（刘宋泰始七年、北魏孝文帝延兴元年）

  宋明帝舍建康旧宅建湘宫寺，造五层浮图二。

  北魏献文帝传位太子，徙居崇光宫，采椽不斲，土阶而已。又开鹿野苑石窟。

- 公元477年（刘宋顺帝升明元年、北魏孝文帝太和元年）

  魏平城宫起太和、安昌二殿，同年成。

- 公元479年（南齐高帝建元元年、北魏太和三年）

  北魏平城开灵泉池，建灵泉殿。建方山文石室及思远灵图，王遇监造。又建坤德六合殿。

- 公元480年（南齐建元二年、北魏太和四年）

  齐改建康城竹篱为土筑城墙。　北魏平城建乾象六合殿、思义殿、东明观。

- 公元481年（南齐建元三年、北魏太和五年）

  北魏于平城北方山建永固陵。

- 公元483年（南齐武帝永明元年、北魏太和七年）

  齐武帝筑青溪旧宫。　北魏平城皇信堂建成。

- 公元484年（南齐永明二年、北魏太和八年）

  山西大同云冈石窟第九窟开凿。　生禅师在河南嵩山建嵩阳寺，筑立塔殿，布置僧坊，构千善灵塔十五层，至七层而止。

- 公元485年（南齐永明三年、北魏太和九年）

北魏平城新作诸门。

- 公元486年（南齐永明四年、北魏太和十年）

  北魏平城起明堂、辟雍。

- 公元488年（南齐永明六年、北魏太和十二年）

  北魏在平城南郊建圜丘，改用汉仪祭天。起宣文堂、经武殿。

- 公元490年（南齐永明八年、北魏太和十四年）

  北魏文明太后死，葬方山永固陵。孝文帝亲政。

- 公元491年（南齐永明九年、北魏太和十五年）

  北魏明堂、太庙建成，迁社于内城之西，形成左祖右社布局。 孝文帝在方山自建陵，后改称万年堂。

- 公元492年（南齐永明十年、北魏太和十六年）

  北魏依汉制改建宫室，拆主殿太华殿，建太极殿及东西堂，李冲为将作大匠，蒋少游至洛阳测量魏晋宫殿基址。

- 公元493年（南齐永明十一年、北魏太和十七年）

  南齐武帝死，遗诏命勿毁所建凤华、寿昌、耀灵三殿。禁起立塔寺及以宅为精舍。 北魏孝文帝决策自平城迁都洛阳，命李冲等规划主持重建洛阳。

- 公元495年（南齐明帝建武二年、北魏太和十九年）

  北魏重建洛阳金墉宫成，九月，六宫及文武尽迁入洛阳。建太庙、社稷，定城南委粟山为南郊。 龙门石窟约始凿于此年前后。

- 公元496年（南齐建武三年、北魏太和二十年）

  北魏在河阴建方泽。引洛水入穀水为城壕及穿城渠道。

- 公元500年（南齐东昏侯永元二年、北魏宣武帝景明元年）

  八月，建康后宫火，烧西斋等屋三千间。其后更起仙华、神仙、玉寿诸殿，穷极绮丽。 北魏于景明间始凿巩县石窟寺。

- 公元501年（南齐和帝中兴元年、北魏景明二年）

  萧衍攻建康，大航以西，新亭以北荡然。 北魏发畿内夫五万五千人筑京师三百二十三坊，各周一千二百步，四旬而罢。

  景明初命大长秋卿白整于伊阙山开石窟，为高祖、文昭后造二窟，后又为世宗造一窟，二十四年中用功八十万有奇。 改筑圆丘于伊水之阳。蒋少游卒。

- 公元502年（梁武帝天监元年、北魏景明三年）

  梁武帝建建康长干寺

  北魏洛阳宫成，魏主徙御新宫。

- 公元504年（梁天监三年、北魏宣武帝正始元年）

  北魏于恒、代诸镇筑九城以备柔然。

- 公元507年（梁天监六年）

  梁武帝下诏申明葬制，不得造石人、兽、碑。 以旧宅立光宅寺。

- 公元508年（梁天监七年）

  梁在建康宫城正门大司马门外夹御道建神龙、仁虎二阙。作国门于越城南。

- 公元509年（梁天监八年、北魏宣武帝永平二年）

  北魏定洛阳诸门名。 在嵩山建闲居寺年（后改嵩岳寺）。

- 公元510年（梁天监九年、北魏永平三年）

  梁建康新作缘淮塘，北岸起石头，迄东冶，南岸起后渚篱门，迄三桥，沿秦淮河两岸树栅，为防御设施。

北魏在洛阳建医馆。

- 公元511年（梁天监十年、北魏永平四年）

  梁建宫城门为三重楼并开二道。

  北魏修华林园，迁平城铜龙置于园中天渊池畔。

- 公元513年（梁天监十二年、北魏宣武帝延昌二年）

  梁新作太极殿，由原十二间增为十三间。新作太庙，增基九尺。以原太极殿退材建明堂。

- 公元514年（梁天监十三年）

  梁发扬、徐民作浮山堰。

- 公元516年（梁天监十五年、北魏孝明帝熙平元年）

  梁浮山堰四月筑成，九月崩溃。　北魏胡太后建洛阳永宁寺，张熠规划，郭安兴为匠。寺内九级浮图表基立刹。

- 公元518年（梁天监十七年、北魏孝明帝神龟元年）

  北魏元澄奏请抑制夺民居建寺。

- 公元519年（梁天监十八年、北魏神龟二年）

  北魏洛阳永宁寺塔毕功，高四十九丈。

- 公元520年（梁武帝普通元年、北魏孝明帝正光元年）

  梁武帝在建康建大爱敬寺。　北魏于洛阳洛水南夹道建东西各四馆，称四方馆。　北魏胡太后被幽于永巷。

- 公元521年（梁普通二年）

  梁建康宫火，烧后宫屋三千间。改作南北郊。

- 公元522年（梁普通三年）

  梁建康大爱敬寺建七层灵塔。

- 公元523年（梁普通四年、北魏正光四年）

  北魏扩建嵩山闲居寺，建十五层砖塔。

- 公元527年（梁武帝大通元年）

  梁武帝于宫后建同泰寺，宫北开大通门以对之。寺内有大殿六所，浮图九层。

- 公元528年（梁大通二年、北魏孝庄帝建义元年）

  孝昌元年（525）胡太后反政，528年杀孝明帝，尔朱荣统兵入洛阳，杀胡太后，北魏内乱。

- 公元534年（梁武帝中大通六年、北魏孝武帝永熙三年。东魏孝静帝天平元年）

  北魏洛阳永宁寺塔毁。　高欢迁北魏都于邺，建立东魏，改元天平。　北魏孝武帝西奔长安，建立西魏。

- 公元535年（梁武帝大同元年、东魏天平二年。西魏文帝大统元年）

  东魏高隆之发十万夫拆洛阳宫殿，运其材至邺。又发七万六千人建邺南城之宫殿，李兴邺主持规划，高隆之为营构大将，李仲璇为营构将作。

- 公元537年（梁大同三年、东魏天平四年）

  梁建康朱雀门灾。　邵陵王肖纶造一乘寺于邸东，寺门用天竺法画凹凸花。　邺南城太庙建成。

- 公元538年（梁大同四年、东魏孝静帝元象元年、西魏文帝大统四年）

  高欢军与西魏战于洛阳，悉烧洛阳内外官寺民居，存者十二三，毁金墉城。　东魏禁在邺官民舍北城旧宅为寺。　西魏长安宫宣光、清徽二殿成。敦煌莫高窟第285窟成。　佛教传入日本国。

- 公元539年（梁大同五年、东魏孝静帝兴和元年）

  东魏发畿内十万人城邺，四十日罢。邺南城新宫成。

- **公元 540 年（梁大同六年、西魏大统六年）**

  西魏杀文帝乙弗后，凿麦积崖葬之（即今麦积山石窟 43 窟）。

- **公元 541 年（梁大同七年、东魏兴和三年）**

  建康立士林馆于宫城西，延集学者。　东魏在邺筑漳滨堰。

- **公元 543 年（梁大同九年、东魏孝静帝武定元年）**

  东魏于肆州筑长城，四十日罢。

- **公元 545 年（梁大同十一年、东魏武定三年）**

  东魏高欢于并州置晋阳宫。　始凿河北邯郸北响堂山石窟。　山西太原天龙山石窟始凿于东魏末。

- **公元 546 年（梁武帝中大同元年）**

  梁建康同泰寺火，焚烧略尽。重建未就，即逢侯景之乱。

- **公元 547 年（梁武帝太清元年、东魏武定五年）**

  梁纳东魏叛将侯景。　东魏高欢死，虚葬漳水之西，号义平陵，凿鼓山石窟佛寺之旁为穴以葬之。又为高欢建庙。

- **公元 548 年（梁太清二年、西魏大统十四年）**

  梁侯景叛，围建康，毁建康府寺营卫市肆，灌台城，郭区内外，居人略尽。　西魏初行周礼，建六官。

- **公元 549 年（梁太清三年、东魏武定七年）**

  侯景攻克建康台城，梁武帝死，建康残毁。　东魏高澄死，葬于邺，北齐时称峻平陵（近年已发现并发掘）。

- **公元 552 年（梁元帝承圣元年、北齐文宣帝天保三年）**

  梁军讨侯景，克建康，建康宫太极殿被焚。　北齐在晋北离石起长城，四百余里，置三十六戍。

- **公元 555 年（梁敬帝绍泰元年、北齐天保六年）**

  北齐发民夫一百八十万筑长城，自幽州至恒州，九百余里。　邺南城宫城甃砖。　建筑家宇文恺生。

- **公元 556 年（梁敬帝太平元年、北齐天保七年）**

  北齐发丁匠三十余万修邺北宫及三台，刘龙主持其事。又建游豫园。

- **公元 557 年（陈武帝永定元年、北齐天保八年）**

  北齐筑内重长城，凡四百余里。

- **公元 558 年（陈永定二年、北齐天保九年、北周明帝二年）**

  陈重建康宫太极殿，蔡俦为将作大匠。　北齐邺城三台成。　北周太庙成。

- **公元 562 年（陈文帝天嘉三年、北齐武成帝河清元年）**

  北齐厍狄回洛死，葬山西寿阳，用屋形木椁（近已发掘）。

- **公元 563 年（陈天嘉四年，北齐河清二年　北周武帝保定三年）**

  北齐以三台为大兴圣寺。造大总持寺。　建安阳灵泉寺道凭法师双石塔。　北周改作路寝。

- **公元 565 年（陈天嘉六年、北齐后主天统元年、北周保定五年）**

  北齐毁邺城东宫，造修文、偃武等殿。又于游豫园穿池，周以列馆，中起三山，并大修佛寺，劳役巨万计。　始凿河北邯郸南响堂山石窟。天统间于晋阳西山开凿大像。　北周作长春宫于同州，后改天成宫。

- **公元 568 年（陈废帝光大二年、北齐天统四年）**

  北齐邺宫昭阳殿灾，延及宣光、瑶华等殿。

- **公元 570 年（陈宣帝太建二年、北齐后主武平元年）**

  北齐建定兴义慈惠石柱。

- **公元572年（陈太建四年、北周武帝建德元年）**

  陈于建康筑东宫。 北周武帝幸道会苑，以上善殿壮丽，焚之。

- **公元574年（陈太建六年、北周建德三年）**

  北周武帝下诏灭佛，毁破佛塔经像及四万佛寺，屋赐王公，充为第宅。

- **公元577年（陈太建九年、北周建德六年）**

  北周武帝下诏卑宫室、昭俭约，宫中露寝及会义、崇信、含仁、云和、思齐诸殿壮丽，悉皆撤毁，改为土阶数尺，不施栌栱。又撤毁并州、邺之宫殿，毁邺城东山、南园及三台。 是年一月，北周灭北齐。

- **公元578年（陈太建十年）**

  陈建建康大皇寺，起七级浮图，未毕，为雷火焚毁。

- **公元579年（陈太建十一年、北周宣帝大成元年）**

  陈宣帝下诏禁宅舍奢华 北周宣帝下诏修洛阳宫，常役四万人。以洛阳为东京。 发山东诸民修长城以备突厥。 弛灭佛之禁。

- **公元580年（陈太建十二年、北周静帝大象二年）**

  北周宣帝死，尉迟迥起兵邺城讨杨坚，杨坚军攻邺，杀尉迟迥，毁邺城。

- **公元581年（陈太建十三年、隋文帝开皇元年）**

  杨坚代北周，国号隋。将修宗庙，命宇文恺为营宗庙副监。 发稽胡修筑长城，二旬而罢。

- **公元582年（陈太建十四年、隋开皇二年）**

  陈宣帝死，葬建康，号显宁陵（近已发掘）。 隋建新都大兴城及宫殿，宰相高颎主其事，宇文恺规划建造。建大兴善寺及玄都观。

- **公元583年（陈后主至德元年、隋开皇三年）**

  隋新都大兴及宫殿建成，自汉长安故城迁都大兴。 开龙首、清明、永安三渠入城。

- **公元584年（陈至德二年、隋开皇四年）**

  陈于建康宫光昭殿前起临春、结绮、望仙等三阁。 隋文帝在长安建光明寺（武周时改称大云经寺）。 开广通渠，引渭水自大兴至潼关三百里，以通漕运，宇文恺主其事。 开凿太原天龙山石窟第八窟。

- **公元586年（陈至德四年、隋开皇六年）**

  隋发丁男十一万修筑长城，二旬而罢。

- **公元587年（陈后主祯明元年、隋开皇七年）**

  隋浚山阳渎，为平陈准备。 发丁男十万余修筑长城，二旬而罢。

- **公元589年（隋开皇九年）**

  隋平陈，统一全国。建康城及宫城毁为耕地，于石头城置蒋州。南北朝终于此。

- **公元590年（隋开皇十年）**

  窦抗在大兴延康坊建静法寺，西院有木浮图，崇一百五十尺。 江南高智慧等起兵反隋，命杨素讨平之，江南佛寺颇遭兵燹。 释智𫖮致书扬州总管晋王杨广，请保全寺院。

- **公元593年（隋开皇十三年）**

  在麟游建离宫仁寿宫，宇文恺规划设计，杨素督造，民工死者甚众。 议建明堂，牛弘上明堂议，宇文恺献明堂木样。 扬州建长乐寺五层塔。

- **公元598年（隋开皇十八年）**

  自京师至仁寿宫置行宫十二所。

- **公元601年（隋仁寿元年）**

  诏各州建立舍利灵塔，限同时下舍利石函。自仁寿元年至四年，分三批建一百一十所。

- **公元602年（隋仁寿二年）**

  隋文帝独孤后死，葬泰陵。杨素、宇文恺为择地、规划、兴造。

- 公元603年（隋仁寿三年）

  隋文帝在大兴永阳坊为独孤后造禅定寺，宇文恺造木浮图，崇三百三十尺，周回一百二十步，611年建成，历时八年。

- 公元605年（隋炀帝大业元年）

  营显仁宫于皂涧。营东京于汉魏洛阳之西，宇文恺主持规划兴造，用民夫二百万人。督役严急，死者十之四五。开通济渠、汴河、邗沟，以抵江都，建江都宫。 大业间建赵县安济桥，李春为匠，历时十二年建成。

- 公元606年（隋大业二年）

  东京成。 又修漕渠，以通漕运。 建洛口仓。

- 公元607年（隋大业三年）

  炀帝为文帝在大兴永阳坊立西禅定寺。 在河南寿安建浮桥永济桥。营晋阳宫。 发丁男百余万筑长城，西逾榆林，东至紫河，一旬而罢，死者十之五六，阎毗主持其事。 发河北十余郡丁男凿太行山，达于并州，以通驰道。 日本国创建法隆寺，670年毁。

- 公元608年（隋大业四年）

  建汾阳宫，张衡具图上奏。 开永济渠至涿郡，阎毗主其事。发丁男二十余万筑长城，自榆谷而东，亦阎毗主其事。 宇文恺撰明堂议并上明堂木样。

- 公元609年（隋大业五年）

  改东京为东都

- 公元610年（隋大业六年）

  在涿州建临朔宫。 开江南河，自京口至余杭，八百余里。 盛饰东都市，以夸富于诸国。

- 公元611年（隋大业七年）

  准备征高丽，举国骚然。 建山东历城神通寺四门塔。

- 公元612年（隋大业八年）

  征高丽。三月，命宇文恺造浮桥三道于辽水，不成，少府监何稠续造，二日而成。七月，隋军败归。 十月，宇文恺卒。

- 公元613年（隋大业九年）

  发丁男十万城大兴。四月，再征高丽。 六月，杨玄感叛，攻东都，东都增筑东城。 阎毗死。

- 公元616年（隋大业十二年）

  建毗陵苑。

- 公元618年（唐高祖武德元年、隋恭帝义宁二年、皇泰元年）

  李渊代隋，建国号唐，改大兴为长安，改宫城大兴殿为太极殿，昭阳门为顺天门。 以武功旧宅为武功宫，后改庆善宫。

- 公元621年（唐武德四年）

  唐平王世充，克东都，以端门、应天门、乾元殿奢丽，毁之。罢东都为洛州。 长安建胡祆祠于布政坊西南隅。

- 公元622年（唐武德五年）

  为秦王世民营弘义宫于长安。

- 公元625年（唐武德八年）

  建离宫太和宫于终南山。

- 公元629年（唐太宗贞观三年）

  改弘义宫为太安宫以居太上皇李渊。 拟修洛阳宫，为人谏止。 长安怀德坊慧日寺建九层浮图，高一百五十尺。

- 公元630年（唐贞观四年）

    又发卒修洛阳宫，为张玄素谏止。
- 公元631年（唐贞观五年）

    修隋仁寿宫，改称九成宫。 重建扶风法门寺木塔。
- 公元634年（唐贞观八年）

    为太上皇营永安宫，改名大明宫。
- 公元635年（唐贞观九年）

    高祖李渊死，葬三原，号献陵。诏诸臣议山陵制度。
- 公元636年（唐贞观十年）

    太宗长孙后死，始建昭陵于九嵕山，因山为陵。 长安六街设鼓，以司启闭城门、坊门，取代传呼旧制。
- 公元637年（唐贞观十一年）

    在陕县黄河上修浮桥，名太阳桥。 新作飞山宫。 定官员墓田制度及勋戚陪陵制度。 穀水溢，入洛阳宫，坏左掖门。
- 公元638年（唐贞观十二年）

    太宗为大秦国胡僧阿罗斯立波斯胡寺于长安义宁坊。
- 公元640年（唐贞观十四年）

    命阎立德营襄城宫于汝州，役工一百九十万。宫成，烦热不可居，罢其宫分赐百姓，免阎立德官。
- 公元641年（唐贞观十五年）

    文成公主入藏。 稍后，7世纪中叶，吐蕃建大昭寺。
- 公元643年（唐贞观十七年）

    拟建明堂，颜师古等议明堂制度。
- 公元644年（唐贞观十八年）

    在临潼骊山建汤泉宫。
- 公元645年（唐贞观十九年）

    玄奘返国。
- 公元646年（唐贞观二十年）

    阎立德营北阙，制显道门及观并成。
- 公元647年（唐贞观二十一年）

    重修太和宫，改称翠微宫。 又置玉华宫于坊州，均阎立德主持其事。
- 公元648年（唐贞观二十二年）

    宫城显道门内起紫微殿十三间，文甓重基，高敞宏壮。 太子李治为其母长孙后在长安进昌坊建慈恩寺。
- 公元651年（唐高宗永徽二年）

    改九成宫为万年宫。废玉华宫。
- 公元652年（唐永徽三年）

    阎立德建万年宫新殿成。 应玄奘之请，始建慈恩寺砖塔，高五层，共一百八十尺，仿西域制度。 议立明堂，内出九室样，命诸臣讨论，阎立德主张五室。
- 公元654年（唐永徽五年）

    闰五月，山水大至，冲万年宫，入寝殿。 十月，和雇丁夫四万一千人筑长安罗郭，九门各施观。明德观五门。以阎立德为使。
- 公元656年（唐高宗显庆元年）

以长安保宁坊一坊之地建昊天观，为太宗追福。以延康坊濮王故宅为太子造西明寺。　修洛阳乾元殿。重修洛阳应天门。　阎立德死。

- 公元657年（唐显庆二年）

  立洛州为东都。　以东都修文坊一坊之地建雍王宅。　改置兰昌、连昌诸行宫。

- 公元660年（唐显庆五年）

  东都苑内造八关凉宫，后改称合璧宫。

- 公元662年（唐高宗龙朔二年）

  重修大明宫，改称蓬莱宫。

- 公元663年（唐龙朔三年）

  税雍、同等十四州率口钱，减京官一月俸，助修蓬莱宫。　含元、紫宸等殿成，高宗迁入大明宫。

- 公元664年（唐高宗麟德元年）

  大明宫于麟德间（664～665年）建成麟德殿。　玄奘去世。

- 公元665年（唐麟德二年）

  重修洛阳乾元殿成，东西345尺，南北176尺，高120尺。　重修应天门亦成，改称则天门。

- 公元667年（唐高宗乾封二年）

  相王李旦以长安崇义坊半坊之地建招福寺。　释道宣撰《关中创立戒坛图经》。　释感灵撰《中天竺舍卫国祇洹寺图经》。

- 公元669年（唐高宗总章二年）

  议建明堂，下明堂规制诏。诸儒聚讼，不得起造。　在樊川北原建寺，为玄奘起灵塔，即今之兴教寺塔。　长安大兴善寺毁，重建又广于前。

- 公元670年（唐高宗咸亨元年）

  在咸阳为武则天母杨氏建墓，后号顺陵。

- 公元673年（唐高宗咸亨四年）

  雍王李贤舍长安安定坊宅建千福寺。

- 公元674年（唐高宗上元元年）

  东都置上阳宫，韦机主持修造。

- 公元675年（唐高宗上元二年）

  武则天毒杀其子太子李弘，在偃师为其建恭陵，韦机主持修建。　移东都中桥向东，南对长夏门，以利南北交通。

- 公元677年（唐高宗仪凤二年）

  武后在光宅坊立光宅寺，置七宝台。　波斯王俾路斯奏请于长安醴泉坊建波斯胡寺，许之。

- 公元679年（唐高宗调露元年）

  安西都护王方翼筑碎叶城，四面十二门，作屈曲隐伏出没之状，五旬而毕。

- 公元680年（唐高宗永隆元年）

  日本重建奈良法隆寺。

- 公元682年（唐高宗永淳元年）

  造奉天宫于嵩山之阳。　洛水溢，坏东都天津桥及中桥，损立德、弘敬、景行等坊居人千余家。　西京平地水深四尺。

- 公元684年（唐中宗嗣圣元年、睿宗文明元年、武则天光宅元年）

  去岁十二月高宗死，八月葬于乾陵。　长安建大献福寺，为高宗追福，690年改名荐福寺。　改东都为神都，宫名太初宫。

- 公元685年（武则天垂拱元年）

武则天修东都白马寺，以僧怀义为寺主。　日本国建法起寺塔，706年成。

- **公元688年（天垂拱四年）**

  毁东都乾元殿，建明堂，役数万人，僧怀义为使，二月始功，十二月毕，高二百九十四尺，方三百尺，三层。明堂北又建天堂五级。

- **公元690年（武则天天授元年）**

  武则天称帝，改唐为周，改元天授。　敕两京、诸州各置大云寺一区，藏大云经。经中有女主等语。

- **公元692年（武则天长寿元年）**

  修东都外郭及定鼎、上东诸门，李昭德主其事。　改建文昌台（尚书省）。　洛水溢，损东都居人五千余家。

- **公元694年（武则天延载元年）**

  东都端门外铸铜铁为天枢，姚璹督作，历时八月而成。

- **公元695年（武则天天册万岁元年）**

  东都天堂灾，延烧明堂。命更造，仍以僧怀义为使，次年成。

- **公元698年（武则天圣历元年）**

  靺鞨首领大祚荣称振国王。

- **公元700年（圣历三年）**

  造三阳宫于嵩阳石淙。

- **公元701年（武则天长安元年）**

  东都于漕渠西端开新潭，以聚诸州租船。　长安中重建慈恩寺塔。

- **公元704年（长安四年）**

  毁三阳宫，以其材木于万安山造兴泰宫。

- **公元705年（唐中宗神龙元年）**

  中宗复位，迁武则天于上阳宫，复国号为唐。　洛水溢，坏东都百姓庐舍二千余家，死数百人。　帝女长宁公主在长安崇仁坊建第及山池，盛加雕饰，一时胜绝。　太平公主在大宁坊为母武后立罔极寺，738年改兴唐寺。

- **公元706年（唐神龙二年）**

  武则天死。五月，合葬于乾陵。　洛水溢，坏东都天津桥，损居人庐舍，死数千人。　改长安宫城正门顺天门为承天门。　长安南置香积寺，建十三级砖塔。

- **公元707年（唐中宗景龙元年）**

  令诸州立龙兴寺、龙兴观各一所。　景龙间（707～709年）长安荐福寺立浮图院，建塔。

- **公元708年（唐景龙二年）**

  在长安朱雀街为皇后韦氏立石台。　朔方道大总管张仁亶筑三受降城于黄河上，以阻突厥南侵。

- **公元710年（唐睿宗景云元年）**

  以长安大内为太极宫。

- **公元711年（唐景云二年）**

  睿宗二女金仙公主、玉真公主造金仙观、玉真观于长安辅兴坊，华丽特甚，门楼高耸。　长安新昌坊观音寺易名青龙寺。　长安荐福寺小雁塔成。　房山云居寺造密檐小石塔（在今北塔下）。

- **公元712年（唐玄宗先天元年）**

  房山云居寺造密檐小石塔。　封大祚荣为渤海郡王，为渤海建国号之始。

- **公元713年（唐玄宗开元元年）**

  修长安大明宫。　毁东都天枢。

- **公元714年（唐开元二年）**

以玄宗旧居所在兴庆坊为兴庆宫。 下制禁厚葬，令所司据品位高下，明为节制。

- 公元716年（唐开元四年）

  命宋璟等刊定令，凡二十七令，内第二十五为〈营缮令〉。

- 公元717年（唐开元五年）

  正月，长安太庙坍毁，同年十月重建成。 以并州为北都。

- 公元720年（唐开元八年）

  于长安兴庆宫建花萼相辉楼，勤政务本楼。 东都谷、洛、瀍三水溢，死八百余人。

- 公元722年（唐开元十年）

  增置太庙为九室。 复以东都乾元殿为明堂。 伊水涨，毁东都南龙门天竺奉先寺，坏罗郭东南角，平地水深六尺，入漕渠，水次屋舍树木荡尽。

- 公元723年（唐开元十一年）

  拓建骊山汤泉宫，易名温泉宫。

- 公元724年（唐开元十二年）

  修蒲津黄河浮桥，改竹索为铁索，铸铁牛八以维舟。 定百官士庶家庙制度，著于令。

- 公元726年（唐开元十四年）

  展兴庆宫，拓地占永嘉、胜嘉二坊之半，并筑夹城，自大明宫潜通兴庆宫。 瀍水涨，入洛、漕，损诸州租船数百艘。 大风拔木发屋，端门鸱吻尽落。

- 公元730年（唐开元十八年）

  筑长安外郭，九十日毕。 长安长乐坊立兴唐观，拆兴庆宫、大明宫殿阁，以助其速成。 东都洛水溢，坏天津、永济二桥及漕渠斗门，损居人庐舍千余家。 日本国建奈良药师寺东塔。

- 公元731年（唐开元十九年）

  勅两京城内诸桥及当城门街者，并将作修营，余州县料理。

- 公元732年（唐开元二十年）

  改建东都天津桥，与星津桥合而为一桥，以石为脚。

- 公元734年（唐开元二十二年）

  秦州地震，压死百人。 置河阴仓、河西栢崖仓、三门东集津仓、三门西盐仓，转运租米，以避三门水运之险。

- 公元736年（唐开元二十四年）

  毁长安东市东北角、道政坊西北角，以广兴庆宫花萼楼前。筑夹城自兴庆宫至芙蓉苑。

- 公元738年（唐开元二十六年）

  东西京往来路上造行宫千余间。 命诸州所置大云寺改为开元寺。 云南王皮逻阁建太和城。

- 公元739年（唐开元二十七年）

  拆东都明堂上层，复称乾元殿。

- 公元740年（唐开元二十八年）

  敕两京路及城中苑内种果树。

- 公元741年（唐开元二十九年）

  陕郡太守李齐物凿三门以通漕运。 伊洛水涨，损居人庐舍，坏东都天津桥及东、西漕桥。

- 公元742年（唐玄宗天宝元年）

  诈称玄元皇帝见及得伪天书，改元天宝，在长安大宁坊建玄元庙，次年改称太清宫，规制近太庙。骊山建长生殿，名集灵台。 修东都天津桥石脚。

- 公元743年（唐天宝二年）

  长安东开广运潭以聚江淮租船。 开漕渠引渭水东入长安城，至西市。 筑洛阳罗城，称金城。 东都应天门观灾，延至左右延福门。 改天下诸州开元观为紫极宫。

- **公元746年（唐天宝五载）**

  河南登封会善寺建净藏禅师墓塔。

- **公元747年（唐天宝六载）**

  改骊山温泉宫为华清宫，修罗城及百司廨舍，王公各置第舍，土地亩值千金。

- **公元748年（唐天宝七载）**

  南诏阁逻凤建国。

- **公元749年（唐天宝八载）**

  骊山华清宫造观风楼。 东都商人李秀升于南市北跨洛水造石桥，南北二百步，天宝五年始工，至是年成。

- **公元750年（唐天宝九年）**

  宦官高力士舍长安翊善坊宅建保寿寺。 玄宗在长安亲仁坊为安禄山造新宅，堂皇三重，皆像宫中小殿。

- **公元751年（唐天宝十载）**

  长安武库灾，烧二十八间，十九架，毁兵器四十七万件。

- **公元754年（唐天宝十三载）**

  和雇人夫一万三千五百人，筑兴庆宫城并起楼。 京城连月雨，坊市墙宇崩坏向尽。 洛水溢，冲坏东都十九坊。

- **公元755年（唐天宝十四载）**

  天宝末，渤海徙都上京。 是年十一月，安史之乱起，十二月陷东都。

- **公元756年（唐肃宗至德元载）**

  六月，安禄山军陷长安，玄宗奔成都。

- **公元757年（唐至德二载）**

  九月，唐得回纥之助，收复长安。长安太庙焚于安史之乱。 十月，唐军收复东都，以成都为南京，凤翔为西京，长安为中京。 玄宗在成都建大圣慈寺。

- **公元758年（唐肃宗乾元元年）**

  大食、波斯围广州，掠仓库、焚庐舍而去。

- **公元759年（唐乾元二年）**

  九月，唐再失东都。

- **公元761年（唐肃宗上元二年）**

  成都罢南京称号。 洛阳地区久战，数百里内州县皆丘墟。

- **公元762年（唐肃宗宝应元年）**

  以长安为上都，洛阳为东都，凤翔为西都，江陵为南都，太原为北都，立五都之号。 唐借回纥兵收东都。回纥军大掠，士女避兵圣善寺及白马寺二阁，回纥焚二阁，死伤万计。唐军亦大掠，比屋荡尽，人以纸为衣。

- **公元763年（唐代宗广德元年）**

  鄂州火，烧二千家，死四千人。

- **公元764年（唐广德二年）**

  南诏王阁逻凤建阳苴咩城。

- **公元765年（唐代宗永泰元年）**

  减诸道军资四十万贯，修东都宫殿。 南诏凤伽异建拓东城。

- **公元766年（唐代宗大历元年）**

禁京师内坊市侵街筑墙造舍，旧者并毁之。城内六街种树。　开漕渠，自南山谷口入京城。　国子监毁于安史之乱，命有司修复，拆曲江亭瓦木助修，用钞四万贯。

- 公元767年（唐大历二年）

  鱼朝恩以为代宗母吴后追福为名，在长安通化门外建章敬寺，总四千三百余间，穷极壮丽，拆曲江亭馆及华清宫楼观、百司行舍、将相没官宅以助成之，费逾万亿。　代宗崇佛，造金阁寺于五台山，铸铜涂金为瓦，所费巨亿。

- 公元770年（唐大历五年）

  以张延赏为东都留守，数年间疏河渠，筑宫庙，流庸归附，都阙完雄。

- 公元771年（唐大历六年）

  敕天下寺院内置文殊殿。

- 公元773年（唐大历八年）

  山西长子县法兴寺石灯建立。

- 公元779年（唐大历十四年）

  以奢侈逾制，毁元载、马璘，刘忠翼宅。　南诏异牟寻迁都阳苴咩城。

- 公元782年（唐德宗建中三年）

  建山西五台山南禅寺大殿

- 公元783年（唐建中四年）

  六月，下令税间架，每屋两架为间，上屋税钞二千，愁怨之声，闻于远近。　十月，朱泚叛乱。

- 公元787年（唐德宗贞元三年）

  初作玄英观于大明宫北垣。　十一月，京师地震

- 公元788年（唐贞元四年）

  元旦，大明宫含元殿前阶槛三十余间崩，死伤甲士十余人。是夜地震。　筑延喜门北复道，属永春门。

- 公元791年（唐贞元七年）

  苏州大火。

- 公元792年（唐贞元八年）

  新作玄武门及庑、会毬场。

- 公元793年（唐贞元九年）

  复筑盐州城以御吐蕃。　京师地震。河中地震尤甚，坏城垒庐舍。　山西运城建泛舟禅师墓塔。

- 公元796年（唐贞元十二年）

  修大明宫望仙楼，广夹城及十五宅。

- 公元797年（唐贞元十三年）

  大明宫麟德殿前建会庆亭，次年成。

- 公元798年（唐贞元十四年）

  重修昭陵旧寝宫，移在山下。献、昭、乾、定、泰五陵各造屋三百七十八间。

- 公元799年（唐贞元十五年）

  吐蕃建桑耶寺。

- 公元803年（唐贞元十九年）

  修大明宫含元殿。　白居易僦居长安常乐里。

- 公元804年（唐贞元二十年）

  日僧最澄、空海入唐求法，于贞元二十一、二十二年相继返国。

- 公元806年（唐宪宗元和元年）

渤海国于元和后效唐制，亦置五京，以龙泉府为上京。境内有十五府，二十六州。

- **公元807年（唐元和二年）**

  在长安芳林门至景耀门间筑夹城，建玄化门、晨耀楼，以通修德坊之兴福寺。

- **公元808年（唐元和三年）**

  大风，毁大明宫含元殿西阙栏杆十四间。　修南内及勤政务本楼、明光楼。　修临泾城以扼犬戎之冲。

- **公元812年（唐元和七年）**

  黄河溢，毁东受降城。　八月，京师地震。

- **公元813年（唐元和八年）**

  河南尹进东都图。　修京师长乐坊兴唐观，开复道以通行车。　京师大水，城南水深数丈。

- **公元815年（唐元和十年）**

  白居易僦居长安昭国里。

- **公元817年（唐元和十二年）**

  大明宫太液池西侧建长廊四百间。　筑夹城自云韶门过芳林门至修德里，以通兴福寺。　又置新市于芳林门南。　京师大水，街市水深三尺，大明宫含元殿一柱陷。
  白居易建成庐山草堂。

- **公元818年（唐元和十三年）**

  浚大明宫龙首池，起承晖殿。　六军修麟德殿右廊。

- **公元819年（唐元和十四年）**

  左右军以官徒两千人修勤政务本楼。

- **公元820年（唐元和十五年）**

  发神策军三千人浚鱼藻池。　南诏建佛图寺塔。

- **公元821年（唐穆宗长庆元年）**

  白居易买宅新昌里。

- **公元822年（唐长庆二年）**

  大风震电，坠长安太庙鸱尾。

- **公元824年（唐长庆四年）**

  大风，坏长安延喜、景风二门。　波斯大贾李苏沙进沉香亭子材。　塞外筑乌延、宥州、临塞、阴河、陶子等五城以备吐蕃入寇。　白居易买宅东都履道里。

- **公元825年（唐敬宗宝历元年）**

  建大明宫清思院新殿，用镜铜三千斤，金箔十万翻。　牛僧孺镇武昌，以砖包砌城垣，五年而成。
  南诏在大理建千寻塔。

- **公元826年（唐宝历二年）**

  扬州开运河新河于城东，以利漕运，旧河穿城，发展成商业性水道。　广州光孝寺大悲经幢建立。
  命神策军修汉未央宫。

- **公元827年（唐文宗太和元年）**

  大明宫内昭德寺火，延烧至宣政殿东垣及门下省。

- **公元831年（唐太和五年）**

  山西芮城五龙庙建立。

- **公元834年（唐太和八年）**

  暴风雨坏长安县廨及崇化坊经行寺塔。

- **公元835年（唐太和九年）**

浚曲江池，修芙蓉苑，新造紫云楼，彩霞亭。 填大明宫龙首池以造毬场。 大风，大明宫含元殿四鸱尾皆落。 裴度在东都定鼎门南建午桥庄。 十一月，发生甘露之变，长安坊市恶少杀人摽掠。

- 公元836年（唐文宗开成元年）

  长安地震，户牖间有声，屋瓦皆落。 暴风，坏九成宫正殿。

- 公元838年（唐开成三年）

  造内山亭院。 日本求法僧圆仁入唐。

- 公元839年（唐开成四年）

  乾陵火。 苏、湖二州水，坏六堤，水入郡郭，溺庐舍。

- 公元841年（唐武宗会昌元年）

  诏修禁苑内汉未央宫，做正殿通光殿，左右各有亭。 藏王朗达玛"灭佛"，大召寺受到破坏。

- 公元843年（唐会昌三年）

  武宗崇道教，筑望仙观于禁中。 长安东市火。

- 公元845年（唐会昌五年）

  七月，下诏灭佛。天下拆寺四千六百余所，还俗僧尼二十六万五百人。拆招提、兰若四万余所。 修东都太庙，次年毕工。

- 公元847年（唐宣宗大中元年）

  敕修复旧寺，佛法重兴。 敕修百福院八十间。亲亲楼别造屋宇廊舍七百间。 日求法僧圆仁返国，撰《入唐求法巡礼行记》，记唐都城寺庙事其详。

- 公元848年（唐大中二年）

  修大明宫右银台门楼屋宇

- 公元857年（唐大中十一年）

  山西五台山重修佛光寺，建东大殿。

- 公元859年（唐大中十三年）

  松江建陀罗尼经幢于县衙谯门前。

- 公元866年（唐懿宗咸通七年）

  山西运城招福寺禅和尚墓塔建立。

- 公元877年（唐僖宗乾符四年）

  山西平顺明惠大师塔建立。

- 公元880年（唐僖宗广明元年）

  黄巢军攻入长安。

- 公元883年（唐僖宗中和三年）

  黄巢兵败，退出长安，焚宫室。唐军暴掠，焚长安府寺民居什六七。

- 公元884年（唐中和四年）

  大明宫留守王徽知京兆尹，缮治宫室、百司、粗有绪。

- 公元885年（唐僖宗光启元年）

  孙儒据东都月余，烧宫室、官寺、民居、大掠，席卷而去，城中寂无鸡犬。 李克用军攻入长安，王徽累年补葺宫室、百司又为乱军焚掠无遗。

- 公元895年（唐昭宗乾宁二年）

  山西晋城青莲寺慧峰塔建立。

- 公元896年（唐乾宁三年）

  李茂贞军攻入长安，又焚宫室民居。

- 公元898年（唐昭宗光化元年）

韩建修长安宫室。

- 公元901年（唐昭宗天复元年）

  韩全海再毁长安宫城。

- 公元904年（唐昭宗天祐元年）

  朱温迁唐都于洛阳，毁长安城及宫室官廨、百姓居室。 朱温建洛阳宫室。

- 公元907年（后梁太祖开平元年）

  朱温易名全忠，灭唐，建立梁朝，以汴梁为都，号东都。

- 公元914年（梁太祖乾化四年）

  杨吴始城升州。

- 公元923年（后唐庄宗同光元年、吴顺义三年）

  李存勖灭梁，建立后唐，都洛阳。许人在洛阳空闲地建宅舍，逐步恢复洛阳。

- 公元925年（后唐庄宗同光三年）

  规划重建洛阳街巷坊市。

- 公元926年（后唐明宗天成元年、契丹天显元年）

  契丹灭渤海国，建立东丹国。

- 公元927年（后唐天成二年、契丹天显二年）

  契丹废东丹国，毁上京龙泉府。

- 公元937年（后晋高祖天福元年、南唐升元元年）

  石敬瑭灭后唐，建立后晋，都汴梁。 李昪建立南唐，以建康为西都，以府治为宫，徙都统府于古台城。

- 公元938年（后晋高祖天福三年）

  以汴州为东京开封府，洛阳改为西京。 山西平顺建大云寺大殿。

- 公元941年（后晋天福六年、闽永隆三年）

  闽王王延曦建福州乌石山崇妙保圣坚牢塔（即乌塔）。

- 公元952年（后周太祖广顺二年）

  发丁夫五万五千人修汴京罗城，疏浚城壕，旬日罢。

- 公元953年（后周广顺三年）

  东京开封府筑圜丘，社稷坛，建太庙。

- 公元955年（后周世宗显德二年）

  广汴京街衢，筑新罗城。

- 公元956年（后周显德三年）

  发民十余万筑汴京外城。许京城街道两侧取阔三至五步之地种树、掘井、修盖凉棚。

- 公元959年（后周显德六年）

  吴越建苏州虎丘云岩寺砖塔，961年建成。

- 公元960年（后周显德七年）

  吴越末期建杭州闸口白塔。

- 公元963年（北宋太祖乾德元年、北汉天会七年）

  北汉建山西平遥镇国寺大殿。

- 公元964年（北宋乾德二年）

  吴越建福州越王山吉祥禅院大殿，即今福州华林寺大殿。

- 公元975年（北宋开宝八年）

  吴越国宫监建西关砖塔于杭州南屏山下，即后世所称之雷峰塔。

插 图 目 录

插图编号原则： 图（章）—（节）—（图号）

第一章 三国建筑

第一节 城市
图 1-1-1 曹魏邺城平面复原图
图 1-1-2 魏晋洛阳平面复原图
图 1-1-3 湖北鄂城吴国孙将军墓出土明器住宅

第二节 宫殿
图 1-2-1 曹魏洛阳宫殿平面示意图

第三节 宗庙、陵墓
图 1-3-1 吴国四隅券进式墓室构造示意图

第四节 建筑技术
图 1-4-1 湖北黄陂吴末晋初墓出土青瓷院落住宅

第五节 建筑实例
图 1-5-1 四川三国时期石阙实测图
（据《四川汉代石阙》图二、九、十、十四改绘）
图 1-5-2 四川雅安高颐阙
图 1-5-3 四川绵阳平杨府君阙
图 1-5-4 四川夹江二杨阙
图 1-5-5 四川平杨府君阙（左）、高颐阙（右）子母阙间比例关系图

第二章 两晋南北朝建筑

第一节 城市
图 2-1-1 十六国后赵石虎邺城平面复原示意图
图 2-1-2 陕西靖边十六国夏统万城遗址平面图（据《考古》1981 年 3 期 P.226 图 2 改绘）
图 2-1-3 东晋、南朝建康城平面复原示意图
图 2-1-4 北魏洛阳城平面复原图
图 2-1-5 东魏、北齐邺城南城平面复原图

第二节 宫殿
图 2-2-1 东晋、南朝建康宫城平面复原示意图
图 2-2-2 北魏洛阳宫城平面复原示意图
图 2-2-3 东魏、北齐邺城南城宫城平面复原示意图
图 2-2-4 东魏、北齐邺城南城宫殿殿宇柱网布置复原示意图
图 2-2-5 甘肃天水麦积山石窟第 127 窟西魏壁画中的宫殿

图 2-2-6　甘肃天水麦积山石窟第 27 窟北周壁画中的宫殿

第三节　礼制建筑

图 2-3-1　东魏末高欢庙复原示意图

第四节　陵墓

图 2-4-1　四川渠县晋代墓阙平、立面图（据《四川汉代石阙》图二二、二三、二四改绘）

图 2-4-2　江苏丹阳南齐帝陵墓室平面实测图（《文物》1974 年 2 期 P.45 图 2、1980 年 2 期 P.2 图 2）

图 2-4-3　江苏南京陈宣帝显宁陵实测图（《考古》1963 年 6 期 P.293、294，图 5、图 7）

图 2-4-4　江苏丹阳梁萧绩墓神道

图 2-4-5　江苏丹阳梁萧绩墓石辟邪

图 2-4-6　江苏南京陈文帝永宁陵石麒麟

图 2-4-7　江苏南京梁萧景墓表立面图

图 2-4-8　江苏南京梁萧秀墓表柱础

图 2-4-9　江苏南京梁萧景墓表上部版上铭文

图 2-4-10　江苏南京南朝墓碑龟座

图 2-4-11　江苏南京南朝墓碑碑头

图 2-4-12　山西大同北魏永固陵墓室图（据《文物》1978 年 7 期 P.30 图重绘）

图 2-4-13　甘肃天水麦积山石窟第 43 窟西魏乙弗后墓实测图

图 2-4-14　甘肃天水麦积山石窟第 43 窟西魏乙弗后墓外观

图 2-4-15　东魏、北齐、北周墓平、剖面图

图 2-4-16　河北邯郸北齐北响堂山石窟北洞内景

图 2-4-17　河北定兴北齐义慈惠石柱实测图（据《中国古代建筑史》图 70）

图 2-4-18　河北定兴北齐义慈惠石柱方亭

图 2-4-19　河北定兴北齐义慈惠石柱方亭翼角

第五节　住宅

图 2-5-1　北魏石刻中的住宅

图 2-5-2　甘肃天水麦积山石窟第 140 窟北魏壁画中的住宅

图 2-5-3　甘肃天水麦积山石窟第 4 窟北周壁画中的住宅

图 2-5-4　甘肃敦煌莫高窟北朝壁画中的住宅

图 2-5-5　东晋顾恺之女史箴图中的床（引自《中国古代建筑史》图 58）

第六节　园林

图 2-6-1　北魏石刻中的园林

图 2-6-2　北朝孝子石棺雕刻中的园林

第七节　佛教建筑

图 2-7-1　北魏洛阳主要佛寺分布示意图

图 2-7-2　立塔为寺的佛寺平面模式图

图 2-7-3　堂塔并立的佛寺平面模式图

图 2-7-4　山西大同北魏云冈石窟第 13 窟壁面雕刻中的七佛（引自《中国石窟·云冈石窟》）

图 2-7-5　河南洛阳北魏永宁寺遗址平面图（据《考古》1973 年 4 期 P.205 图 3）

图 2-7-6　印度早期佛塔形式

图 2-7-7　新疆库车苏巴什佛寺遗址（引自《新疆丝路古迹》）
图 2-7-8　新疆若羌磨朗佛寺遗址（引自斯坦因《西域考古记》）
图 2-7-9　四川什邡东汉画像砖中的佛塔形象（引自《佛教初传南方之路文物图录》）
图 2-7-10　山西大同北魏云冈石窟中的多层佛塔形象
图 2-7-11　北朝后期石窟中的单层佛塔形象
图 2-7-12　新疆拜城克孜尔石窟壁画中的佛塔形象
图 2-7-13　新疆吐鲁番交河故城遗址中的佛塔
图 2-7-14　甘肃敦煌莫高窟北周第 428 窟壁画佛塔
图 2-7-15　新疆吐鲁番 SIRKIP 大塔（引自斯坦因《西域考古记》）
图 2-7-16　甘肃酒泉出土北凉石造像塔（引自《中国美术全集·魏晋南北朝雕塑》）
图 2-7-17　山西大同出土北魏曹天度造像塔
图 2-7-18　甘肃酒泉出土北魏曹天护造像塔　引自《文物》1988 年 3 期 P.85 图 3
图 2-7-19　河南安阳灵泉寺北齐道凭法师烧身塔　引自《宝山灵泉寺》
图 2-7-20　河南安阳宝山寺初唐僧人烧身塔　同上
图 2-7-21　河南洛阳北魏永宁寺塔遗址（引自《考古》1981 年 3 期图版柒）
图 2-7-22　北魏洛阳永宁寺塔底层平面复原图
图 2-7-23　北魏洛阳永宁寺塔立面复原图
图 2-7-24　北魏洛阳永宁寺塔剖面复原图
图 2-7-25　河南登封北魏嵩岳寺塔平面图
图 2-7-26　河南登封北魏嵩岳寺塔立面图
图 2-7-27　甘肃敦煌莫高窟第 267～271 窟平面示意图
图 2-7-28　新疆拜城克孜尔石窟第 96～105 窟平面示意图
图 2-7-29　新疆拜城克孜尔石窟佛殿窟典型平面图
图 2-7-30　新疆拜城克孜尔石窟僧房窟典型平面示意图
图 2-7-31　新疆拜城克孜尔石窟第 38 窟主室侧壁天宫伎乐图
图 2-7-32　新疆拜城克孜尔石窟第 8 窟主室侧壁天宫遗迹
图 2-7-33　按克孜尔第 38 窟推测的龟兹佛殿局部做法示意图
图 2-7-34　凉州石窟典型实例
图 2-7-35　甘肃敦煌莫高窟北朝一、二期窟平面示意图
图 2-7-36　甘肃敦煌莫高窟北魏第 254 窟实测图
图 2-7-37　甘肃敦煌莫高窟西魏第 285 窟实测图
图 2-7-38　甘肃敦煌莫高窟北朝壁画中的汉地建筑形象
图 2-7-39　甘肃天水麦积山东崖立面图
图 2-7-40　甘肃天水麦积山石窟北魏第 30 窟实测图
图 2-7-41　甘肃天水麦积山石窟西魏第 27 窟内景
图 2-7-42　甘肃天水麦积山石窟北周第 4 窟平面图
图 2-7-43　甘肃天水麦积山石窟北周第 4 窟剖面图
图 2-7-44　甘肃天水麦积山石窟北周第 4 窟现状立面图
图 2-7-45　按麦积山第 4 窟推测的佛殿剖面示意图

图 2-7-46　山西大同北魏云冈石窟平面示意图
图 2-7-47　山西大同北魏云冈石窟第 20 窟
图 2-7-48　山西大同北魏鹿野苑石窟主佛龛（引自《中国石窟·云冈石窟》）
图 2-7-49　山西大同北魏云冈石窟第 7 窟主室内顶平面图
图 2-7-50　山西大同北魏云冈石窟第 9、10 窟平、剖面图
图 2-7-51　山西大同北魏云冈石窟第 9、10 窟现状外观
图 2-7-52　山西大同北魏云冈石窟第 10 窟前廊屋形龛
图 2-7-53　山西大同北魏云冈石窟第 9 窟窟门外观
图 2-7-54　山西大同北魏云冈石窟第 9 窟主室内顶平面图
图 2-7-55　山西大同北魏云冈石窟第 12 窟外观与前廊屋形龛
图 2-7-56　山西大同北魏云冈石窟第 38 窟内顶所表现的室内顶棚做法
图 2-7-57　山西大同北魏云冈石窟第 1 窟中心塔柱
图 2-7-58　山西大同北魏云冈石窟第 2 窟中心塔柱
图 2-7-59　山西大同北魏云冈石窟第 39 窟中心塔柱
图 2-7-60　山西大同北魏云冈石窟第 6 窟平面图
图 2-7-61　山西大同北魏云冈石窟第 6 窟剖面图
图 2-7-62　山西大同北魏云冈石窟第 6 窟内顶平面图
图 2-7-63　山西大同北魏云冈石窟第 3 窟平面图
图 2-7-64　河南洛阳龙门石窟西山窟群平面示意图
图 2-7-65　河南洛阳龙门石窟北魏窟室典型平面图
图 2-7-66　河南洛阳龙门石窟北魏宾阳中洞内顶展开图
图 2-7-67　河南巩县北魏石窟寺平面图（据《中国石窟·巩县石窟寺》）
图 2-7-68　河南巩县北魏石窟寺第 1 窟平、剖面图
图 2-7-69　河南巩县北魏石窟寺第 1 窟内顶平面图
图 2-7-70　河北邯郸北齐北响堂山石窟窟室平面图
图 2-7-71　河北邯郸北齐北响堂山石窟南洞外观
图 2-7-72　河北邯郸北齐北响堂山石窟南洞顶外观与细部
图 2-7-73　河北邯郸北齐南响堂山石窟平面图
图 2-7-74　河北邯郸北齐南响堂山石窟第 1 窟窟檐残部
图 2-7-75　河北邯郸北齐南响堂山石窟第 1 窟窟檐复原示意图
图 2-7-76　河北邯郸北齐南响堂山石窟第 7 窟窟檐
图 2-7-77　按响堂山石窟形式推测的建筑示意图
图 2-7-78　河北邯郸北齐响堂山石窟窟檐中的檐柱内倾现象
图 2-7-79　河北邯郸北齐南响堂山石窟第 2 窟门洞雕饰
图 2-7-80　甘肃敦煌莫高窟西魏第 285 窟壁画中的禅窟
图 2-7-81　山西太原天龙山石窟北齐第 16 窟外观
图 2-7-82　山西太原天龙山石窟隋代第 8 窟平、剖面图（据《文物》1991 年 1 期 P.40 图 19）
图 2-7-83　山西大同北魏云冈石窟一期洞窟外观
图 2-7-84　山西大同北魏云冈石窟二期洞窟外观

图 2-7-85　甘肃敦煌莫高窟北朝洞窟分布示意图

图 2-7-86　河南洛阳龙门石窟北魏古阳洞侧壁列龛形式

图 2-7-87　山西大同北魏云冈石窟第 3 窟地面的网状凿沟

第八节　桥梁

图 2-8-1　四川西部某悬臂桥

第九节　建筑艺术

图 2-9-1　汉代明器所表现的汉代建筑风貌

图 2-9-2　甘肃天水麦积山石窟西魏第 49 窟窟檐及束竹柱

图 2-9-3　甘肃天水麦积山石窟北魏第 28 窟实测图

图 2-9-4　山西大同北魏云冈石窟第 39 窟中心塔柱立面图

图 2-9-5　甘肃天水麦积山石窟北周第 4 窟立面复原图

图 2-9-6　河南洛阳出土北魏末石刻线画中屋角起翘的阙

图 2-9-7　四川芦山樊敏阙及渠县冯焕阙上的上翘屋脊

图 2-9-8　汉代柱梁式屋架及穿斗式屋架

图 2-9-9　山西大同北魏云冈石窟第 2 窟中心塔柱所雕用辐射椽之例

图 2-9-10　山西大同北魏云冈石窟第 1 窟中心塔柱所雕用平行椽之例

图 2-9-11　平行椽屋角起翘示意图

图 2-9-12　日本奈良法起寺三重塔翼角做法图（据（日）《国宝法起寺三重塔修理工事报告书》）

图 2-9-13　日本奈良法隆寺飞鸟式建筑屋角起翘情况

图 2-9-14　山西五台南禅寺大殿屋角起翘实测图（据山西古建所：《南禅寺大殿各种构件实测尺寸及结构卯榫草图》）

图 2-9-15　山西五台佛光寺大殿翼角

第十节　建筑装饰

图 2-10-1　甘肃敦煌莫高窟北朝窟室人字披装饰纹样

图 2-10-2　山西大同北魏云冈石窟第 6 窟中心柱下层椽头雕饰

图 2-10-3　河北临漳邺北城遗址出土三国——北齐瓦当（据《考古》1990 年 7 期图版伍）

图 2-10-4　内蒙古石子湾北魏古城遗址出土瓦件

图 2-10-5　山西大同出土北魏平城时期瓦件

图 2-10-6　河南洛阳出土北魏洛阳时期瓦件

图 2-10-7　江西九江六朝寻阳城址出土东晋瓦当（据《考古》1987 年 7 期 P.621 图 3）

图 2-10-8　江苏南京出土南朝莲花瓦当复原图

图 2-10-9　江苏南京中山门外东晋墓墓砖纹样（据《考古通讯》1958 年 4 期）

图 2-10-10　南朝墓砖中的莲化纹样（据《考古》1963 年 6 期 P.298 图 17、1984 年 3 期 P.246 图 5）

图 2-10-11　福建闽侯南朝墓墓砖纹样（据《考古》1980 年 1 期 P.60～62 图 2、3、4）

图 2-10-12　河南巩县石窟第 4 窟平棊格内纹样

图 2-10-13　山西大同北魏司马金龙墓出土帐柱石跋

图 2-10-14　北朝皿斗及斗拱卷杀形式

图 2-10-15　河南安阳修定寺塔塔基出土斗拱模砖及陶范（引自《安阳修定寺塔》）

图 2-10-16　山西大同北魏云冈石窟二期洞窟中的栌斗装饰纹样

图 2-10-17　甘肃敦煌莫高窟北魏第 251 窟木制斗栱及壁画立柱（据《敦煌建筑研究》图 159）
图 2-10-18　北朝末年石阙
图 2-10-19　甘肃敦煌莫高窟北朝窟室中的斗四天花形象
图 2-10-20　山西大同北魏云冈石窟第 9、10 窟窟前地面雕刻纹样
图 2-10-21　河南洛阳龙门石窟北魏宾阳中洞地面雕刻纹样复原
图 2-10-22　河北临漳东魏茹茹公主墓墓道地面彩绘纹样
图 2-10-23　内蒙白灵淖北魏城址出土装饰构件
图 2-10-24　山西大同北魏云冈石窟二期洞窟中的栏槛形象
图 2-10-25　河北临漳邺城北城铜雀台遗址出土石螭首（据《考古》1963 年 1 期 P.19 图 6、1990 年 7 期图版肆—2）
图 2-10-26　宁夏彭阳新集北魏墓出土房屋模型
图 2-10-27　河北临漳邺北城出土石门砧
图 2-10-28　山西大同南郊北魏建筑遗址出土铜饰件
图 2-10-29　甘肃敦煌莫高窟第 303 窟隋代壁画中的窗口装饰
图 2-10-30　江苏南京西善桥南朝墓墓室侧壁的砖砌直棂窗及烛台
图 2-10-31　汉代云纹与北魏云纹的比较
图 2-10-32　宁夏固原出土的北魏铜铺首（引自《中国美术全集·魏晋南北朝雕塑》）
图 2-10-33　北魏侯刚墓志雕刻中的四神纹
图 2-10-34　十六国与北魏时期的佛座
图 2-10-35　山西大同北魏云冈石窟中的立佛莲座
图 2-10-36　河南洛阳龙门石窟北魏古阳洞中的束莲龛柱
图 2-10-37　山西大同北魏云冈石窟二期窟中的横向装饰纹带
图 2-10-38　山西大同北魏云冈石窟第 9 窟中的竖向装饰纹带
图 2-10-39　江苏常州戚家村南朝墓墓砖中的忍冬纹
图 2-10-40　甘肃敦煌莫高窟北朝窟室中的忍冬纹与藻纹装饰纹带
图 2-10-41　河北邯郸北齐北响堂石窟南洞窟门上的忍冬纹饰带
图 2-10-42　河南洛阳龙门石窟北魏古阳洞中的装饰纹样
图 2-10-43　河南洛阳龙门石窟北魏地花洞中的忍冬纹
图 2-10-44　河南安阳修定寺塔塔基出土的北齐模制饰面砖
图 2-10-45　山西大同北魏司马金龙墓出土石砚
图 2-10-46　东魏、北齐石棺床雕刻纹样（现藏美国克利夫兰美术馆、弗利尔美术馆）

第十一节　建筑技术

图 2-11-1　陕西咸阳秦咸阳宫一号遗址台榭建筑平面图（据《文物》1976 年 11 期 P.14、图 3）
图 2-11-2　汉画像石中的阁道图
图 2-11-3　广州出土东汉陶屋
图 2-11-4　云南昭通后海子东晋霍承嗣墓壁画中的建筑（据《文物》1963 年 12 期）
图 2-11-5　甘肃敦煌莫高窟第 275 窟北凉壁画太子游四门图中阙门上的壁带
图 2-11-6　甘肃敦煌莫高窟第 257 窟北魏壁画建筑上的壁带
图 2-11-7　甘肃敦煌莫高窟第 296 窟北周壁画建筑上的承重山墙

图 2-11-8　山西大同北魏云冈石窟第 9、10 窟窟廊

图 2-11-9　山西大同北魏云冈石窟第 9 窟前廊内立面图

图 2-11-10　山西大同北魏云冈石窟第 9 窟前廊东壁浮雕三间殿

图 2-11-11　山西大同北魏云冈石窟第 9 窟前廊北壁入口

图 2-11-12　山西大同北魏云冈石窟第 9 窟前廊北、东、西三壁立面展开图

图 2-11-13　山西大同北魏云冈石窟第 12 窟前廊东壁浮雕三间殿

图 2-11-14　山西大同北魏云冈石窟第 5 窟主室南壁浮雕五重塔

图 2-11-15　山西大同北魏云冈石窟第 6 窟主室中心柱立面图

图 2-11-16　山西大同北魏云冈石窟第 6 窟主室东西壁下层浮雕回廊及太子游四门故事

图 2-11-17　河南洛阳龙门石窟北魏古阳洞浮雕屋形龛之一

图 2-11-18　河南洛阳龙门石窟北魏古阳洞浮雕屋形龛之二

图 2-11-19　河南洛阳龙门石窟北魏路洞浮雕建筑

图 2-11-20　北朝五种构架形式

图 2-11-21　北朝Ⅰ型建筑构架——四周墙承重，木屋架

图 2-11-22　北朝Ⅱ型建筑构架——前檐木构架，山墙及后墙承重，木屋架

图 2-11-23　北朝Ⅲ型建筑构架——外檐廊木构，屋身墙承重，木屋架

图 2-11-24　北朝Ⅳ型建筑构架——全木构架，柱头承传，阑额与传构成纵架

图 2-11-25　北朝Ⅴ型建筑构架——全木构架，柱上承铺作及梁，阑额在柱顶之间

图 2-11-26　南朝陵墓墓门上雕刻斗栱

图 2-11-27　日本奈良法隆寺金堂平面以材高为模数（（日）浅野清《奈良时代建筑の研究》P.32）

图 2-11-28　日本奈良法隆寺五重塔各层面阔以材高为模数（（日）浅野清《奈良时代建筑の研究》P.32）

图 2-11-29　北朝后期陶屋

图 2-11-30　河北邯郸北齐南响堂山石窟第 2 窟窟檐斗栱

图 2-11-31　山西寿阳北齐库狄回洛墓木椁复原立面图

图 2-11-32　山西寿阳北齐库狄回洛墓木椁复原透视图

图 2-11-33　山西寿阳北齐库狄回洛墓木椁构件实测图（据《考古学报》1979 年 3 期发掘报告附图）

图 2-11-34　汉代砖砌拱壳示意图

图 2-11-35　东晋南朝筒壳墓室

图 2-11-36　河南洛阳西晋元康九年（299 年）徐美人墓的双曲扁壳顶

图 2-11-37　江苏宜兴西晋永宁二年（302 年）周处家族墓中用"四隅券进式"穹隆顶之例

图 2-11-38　河南洛阳北郊西晋墓用叠涩顶之例

图 2-11-39　河北磁县湾漳北朝墓用四面攒尖穹隆顶之例

图 2-11-40　河南登封北魏嵩岳寺塔下层细部

图 2-11-41　河南登封北魏嵩岳寺塔内部仰视

第三章　隋唐五代建筑

第一节　城市

图 3-1-1　隋大兴——唐长安平面图

图 3-1-2　陕西西安唐长安明德门遗址实测图（据《考古》1974 年 1 期 P.34 图 3）
图 3-1-3　陕西西安唐长安明德门剖面复原图
图 3-1-4　陕西西安唐长安明德门立面复原图
图 3-1-5　陕西西安唐长安明德门外观复原图
图 3-1-6　陕西西安唐长安春明门、延兴门平面图（据《考古学报》1958 年 3 期 P.81 图 1）
图 3-1-7　陕西西安唐长安皇城平面图
图 3-1-8　陕西西安唐长安坊内十字街示意图
图 3-1-9　陕西西安唐长安西市实测平面图（据《考古》1963 年 11 期 P.605 图 4）
图 3-1-10　唐长安规划中以皇城、宫城的长宽为模数示意图
图 3-1-11　河南洛阳隋唐东都平面复原图
图 3-1-12　河南洛阳唐东都含嘉仓平面图（据《文物》1972 年 3 期 P.50 图 1）
图 3-1-13　隋唐东都规划中以宫城为模数示意图（底图据《考古》1978 年 6 期）
图 3-1-14　江苏扬州隋江都城平面复原图（据中国社会科学院考古研究所蒋忠义先生提供之实测图）
图 3-1-15　江苏扬州唐扬州城平面复原图（据蒋忠义：〈唐代扬州河道与二十四桥考〉图 1）
图 3-1-16　甘肃敦煌莫高窟唐代壁画中三个门道的城门
图 3-1-17　甘肃敦煌莫高窟唐代壁画中二个门道的城门
图 3-1-18　唐代边城平面图（据《文物》1961 年 9 期，1962 年 7、8 期，1976 年 2 期；《考古》1982 年 2 期实测图）
图 3-1-19　陕西乾县唐懿德太子墓第一过洞前壁上方壁画城楼

第二节　宫殿

图 3-2-1　宋吕大防唐长安城图中的皇城宫城
图 3-2-2　唐长安太极宫平面复原示意图
图 3-2-3　河南洛阳唐洛阳宫实测平面图（底图据《考古》1988 年 3 期 P.228 图及《考古》1989 年 3 期 P.247 图）
图 3-2-4　隋东都宫城平面复原示意图
图 3-2-5　唐洛阳宫城平面复原示意图
图 3-2-6　河南洛阳唐洛阳宫九洲池附近八角亭平面图（据《考古》1978 年 6 期．P.361 图 1）
图 3-2-7　陕西西安唐长安大明宫平面实测图（据《考古》1988 年 11 期 P.999 图 1 改绘）
图 3-2-8　陕西西安唐长安大明宫平面复原图
图 3-2-9　陕西西安唐长安大明宫含元殿遗址图
图 3-2-10　陕西西安唐长安大明宫含元殿平面复原图
图 3-2-11　陕西西安唐长安大明宫含元殿剖面复原图
图 3-2-12　陕西西安唐长安大明宫含元殿立面复原图
图 3-2-13　陕西西安唐长安大明宫含元殿全景复原图
图 3-2-14　陕西乾县唐懿德太子墓壁画中的三重阙
图 3-2-15　陕西西安唐长安大明宫朝堂平面实测图（据《考古》1987 年 4 期 P.331 图 3）
图 3-2-16　陕西西安唐长安大明宫麟德殿遗址平面图（据《唐长安大明宫》图 21）
图 3-2-17　陕西西安唐长安大明宫麟德殿一层平面复原图
图 3-2-18　陕西西安唐长安大明宫麟德殿二层平面复原图

图 3-2-19　陕西西安唐长安大明宫麟德殿剖面复原图
图 3-2-20　陕西西安唐长安大明宫麟德殿正立面复原图
图 3-2-21　陕西西安唐长安大明宫麟德殿侧立面复原图
图 3-2-22　陕西西安唐长安大明宫麟德殿全景复原图
图 3-2-23　陕西西安唐长安大明宫翰林院平面实测图（据《考古》1987 年 4 期 P.333 图 6）
图 3-2-24　陕西西安唐长安大明宫清思殿平面实测图及柱网复原图（据《考古》1987 年 4 期 P.329 图 1）
图 3-2-25　陕西西安唐长安大明宫三清殿平面实测图（据《考古》1987 年 4 期 P.330 图 2）
图 3-2-26　陕西西安唐长安大明宫含耀门遗址平面图（据《考古》1988 年 11 期 P.1000 图 2）
图 3-2-27　陕西西安唐长安大明宫重玄门遗址平、剖面图（据《唐长安大明宫》图 16）
图 3-2-28　陕西西安唐长安大明宫重玄门平面复原图
图 3-2-29　陕西西安唐长安大明宫重玄门剖面复原图
图 3-2-30　陕西西安唐长安大明宫重玄门立面复原图
图 3-2-31　陕西西安唐长安大明宫玄武门、重玄门及内重门全景复原图
图 3-2-32　陕西西安唐长安兴庆宫发掘平面图（据《考古学报》1958 年 3 期〈唐长安地基初步探测〉图 5）
图 3-2-33　宋代石刻兴庆宫图
图 3-2-34　唐长安兴庆宫平面复原示意图
图 3-2-35　陕西西安唐长安兴庆宫西南角门址实测图（据《考古》1959 年 10 期 P.551 图 3）
图 3-2-36　陕西临潼唐代华清宫平面示意图
图 3-2-37　陕西临潼唐代朝元阁老君像及须弥座
图 3-2-38　陕西临潼唐代华清宫 T2 遗址（莲花汤）实测及平面复原图
图 3-2-39　陕西临潼唐代华清宫 T4 遗址（贵妃汤）实测及平面复原图

第三节　礼制建筑

图 3-3-1　隋牛弘明堂方案平面示意图
图 3-3-2　唐永徽明堂方案平面示意图
图 3-3-3　唐总章明堂方案总平面示意图
图 3-3-4　唐总章明堂方案平面示意图
图 3-3-5　唐洛阳宫武则天明堂平面复原示意图
图 3-3-6　唐洛阳宫武则天明堂立面复原示意图
图 3-3-7　唐洛阳宫由武则天明堂改建成的乾元殿立面复原示意图

第四节　陵墓

图 3-4-1　隋隧道天井式墓半、剖面图
图 3-4-2　陕西西安出土隋李静训墓石椁
图 3-4-3　陕西礼泉唐昭陵献殿址出土鸱尾
图 3-4-4　陕西乾县唐乾陵内陵垣南门土阙及陵山
图 3-4-5　陕西乾县唐乾陵内陵垣南门外石狮
图 3-4-6　陕西乾县唐乾陵内陵垣南门外石人
图 3-4-7　陕西乾县唐乾陵入口处山顶双阙

图 3-4-8　陕西乾县唐乾陵神道飞马
图 3-4-9　陕西乾县唐乾陵神道（南向北）
图 3-4-10　陕西乾县唐乾陵神道（北向南）
图 3-4-11　陕西乾县唐乾陵总平面示意图（《中国古代建筑史》图 98-1）
图 3-4-12　陕西礼泉县唐昭陵远景
图 3-4-13　河南偃师唐恭陵平面图（据《考古》1986 年 5 期 P.458 图 1）
图 3-4-14　陕西咸阳唐武士彟妻杨氏顺陵前石獬豸
图 3-4-15　陕西咸阳唐武士彟妻杨氏顺陵总平面图（据《文物》1964 年 1 期 P.35 图 2）
图 3-4-16　陕西乾县唐永泰公主李仙蕙墓平面图（《中国古代建筑史》图 99-2）
图 3-4-17　陕西礼泉县唐韦珪墓墓门上方壁画门楼
图 3-4-18　陕西乾县唐永泰公主李仙蕙墓过洞上所绘平阁及峻脚椽
图 3-4-19　陕西乾县唐永泰公主李仙蕙墓后室石椁及壁画斗栱
图 3-4-20　陕西乾县唐懿德太子墓剖视图
图 3-4-21　陕西三原唐李寿墓壁画二重子母阙及城楼
图 3-4-22　陕西乾县唐永泰公主李仙蕙墓壁画单阙
图 3-4-23　江苏南京南唐李昪钦陵平面及内景（《中国古代建筑史》图 100）
图 3-4-24　四川成都前蜀王建永陵平面及内景
图 3-4-25　四川成都后蜀孟知祥墓平面图（据《文物》1982 年 3 期 P.15 图 1）

第五节　住宅

图 3-5-1　甘肃敦煌莫高窟第 156 窟唐代壁画出行图
图 3-5-2　陕西乾县唐章怀太子李贤墓壁画阍人之室图
图 3-5-3　陕西三原唐李寿墓壁画中的列戟图（据《文物》1974 年 9 期 P.83 图 25）
图 3-5-4　甘肃敦煌莫高窟第 23 窟盛唐法华经变壁画中所绘外有土墙的大邸宅
图 3-5-5　甘肃敦煌莫高窟唐代壁画中的第宅
图 3-5-6　甘肃天水唐墓出土唐代石榻及屏风
图 3-5-7　甘肃敦煌莫高窟第 45 窟唐代壁画中的住宅
图 3-5-8　陕西西安中堡唐墓出土明器住宅
图 3-5-9　山西长治唐王休泰墓出土明器住宅
图 3-5-10　陕西乾县唐永泰公主李仙蕙墓墓室壁画柱额斗栱
图 3-5-11　陕西西安唐虢王李凤墓墓室壁画柱额斗栱
图 3-5-12　山东肥城汉郭巨石祠结构示意图

第六节　园林

图 3-6-1　《元河南志》所附〈隋上林西苑图〉
图 3-6-2　《元河南志》所附〈唐东都苑图〉
图 3-6-3　《长安志图》中的唐禁苑图
图 3-6-4　黑龙江宁安唐渤海国上京禁苑建筑遗址图（据［日］原田淑人：《东京城》）
图 3-6-5　甘肃敦煌莫高窟第 338 窟初唐壁画中的园林
图 3-6-6　日本奈良平城京左京三条三坊贵邸园池遗址
图 3-6-7　甘肃敦煌莫高窟唐壁画中的池塘

第七节　宗教建筑

图 3-7-1　隋唐长安主要佛寺分布示意图
图 3-7-2　《戒坛图经》南宋刻本附图
图 3-7-3　据《祇园寺图经》所绘佛院平面示意图
图 3-7-4　据《戒坛图经》所绘佛院平面示意图
图 3-7-5　陕西西安唐长安青龙寺遗址勘测平面图（据《考古学报》1989 年 2 期 P. 232 图 1）
图 3-7-6　陕西西安唐长安西明寺位置与别院遗址平面图（据《考古》1990 年 1 期 P. 46、47 图 1、2）
图 3-7-7　日本京都神护寺根本真言堂平面示意图（据讲谈社版《日本美术全集 5》附藤井惠介论文 P. 165 图 48）
图 3-7-8　日本京都东寺灌顶堂平面示意图（同上，图 51）
图 3-7-9　山西五台唐南禅寺大殿平面图
图 3-7-10　山西五台唐南禅寺大殿立面图
图 3-7-11　山西五台唐南禅寺大殿横剖面图
图 3-7-12　山西五台唐南禅寺大殿纵剖面图
图 3-7-13　山西五台唐佛光寺平面图
图 3-7-14　山西五台唐佛光寺剖面图
图 3-7-15　山西五台唐佛光寺中院平面复原示意图
图 3-7-16　山西五台唐佛光寺大殿外景
图 3-7-17　山西五台唐佛光寺大殿平面图
图 3-7-18　山西五台唐佛光寺大殿正立面图
图 3-7-19　山西五台唐佛光寺大殿侧立面图
图 3-7-20　山西五台唐佛光寺大殿横剖面图
图 3-7-21　山西五台唐佛光寺大殿纵剖面图
图 3-7-22　山西平顺唐天台庵大殿外景
图 3-7-23　山西平顺唐天台庵大殿平面图
图 3-7-24　山西平顺唐天台庵大殿横剖面图
图 3-7-25　山西平顺唐天台庵大殿纵剖面图
图 3-7-26　山西平遥五代镇国寺大殿平面图
图 3-7-27　山西平遥五代镇国寺大殿剖面图
图 3-7-28　福建福州五代华林寺大殿平面复原图
图 3-7-29　福建福州五代华林寺大殿剖面复原图
图 3-7-30　陕西扶风唐代法门寺塔遗址发掘平面（据《文物》1988 年 10 期 P. 2 图 2）
图 3-7-31　甘肃敦煌莫高窟第 302 窟隋代壁画中的佛塔（引自《文物》1988 年 10 期图版伍）
图 3-7-32　陕西扶风唐代法门寺塔地宫出土铜浮图
图 3-7-33　甘肃敦煌莫高窟第 360 窟中唐壁画中的佛寺
图 3-7-34　唐代密檐砖塔实例
图 3-7-35　河南安阳灵泉寺唐代双石塔西塔平、立面图（据《宝山灵泉寺》附图重绘）
图 3-7-36　江苏南京五代栖霞寺舍利塔外景
图 3-7-37　江苏南京五代栖霞寺舍利塔平面图

图 3-7-38　江苏南京五代栖霞寺舍利塔立面图
图 3-7-39　陕西西安唐大慈恩寺塔
图 3-7-40　陕西西安唐香积寺塔
图 3-7-41　浙江杭州五代闸口白塔实测图
图 3-7-42　山东历城神通寺隋代四门塔
图 3-7-43　河南安阳唐代修定寺塔（1961 年状）（引自《安阳修定寺塔》）
图 3-7-44　山东历城唐代九顶塔
图 3-7-45　河南登封会善寺唐代净藏禅师墓塔
图 3-7-46　山西运城唐代泛舟禅师墓塔
图 3-7-47　山西平顺海会院唐代明惠禅师墓塔实测图
图 3-7-48　陕西西安唐兴教寺玄奘法师墓塔
图 3-7-49　山西五台唐代佛光寺祖师塔
图 3-7-50　山东长清灵岩寺唐代慧崇塔
图 3-7-51　唐代开元、天宝年间经幢
图 3-7-52　山西五台佛光寺唐大中十一年（857 年）经幢
图 3-7-53　甘肃敦煌莫高窟唐代壁画中的幢幡形象与设置方式
图 3-7-54　现存石灯实例
图 3-7-55　甘肃敦煌莫高窟隋代第 302 窟实测图
图 3-7-56　甘肃敦煌莫高窟隋代第 303 窟内景
图 3-7-57　甘肃敦煌莫高窟隋代第 427 窟实测图
图 3-7-58　甘肃敦煌莫高窟初唐第 332 窟实测图
图 3-7-59　甘肃敦煌莫高窟隋代第 420 窟实测图
图 3-7-60　甘肃敦煌莫高窟盛唐第 45 窟实测图
图 3-7-61　甘肃敦煌莫高窟第 113 窟初唐帐形龛及第 103 窟盛唐壁画中的坐帐
图 3-7-62　甘肃敦煌莫高窟晚唐第 361 窟内景
图 3-7-63　甘肃敦煌莫高窟五代第 61 窟内景
图 3-7-64　四川大足北山唐代净土变相龛
图 3-7-65　甘肃天水麦积山隋代第 5 窟实测图
图 3-7-66　甘肃敦煌莫高窟晚唐第 196 窟实测图
图 3-7-67　甘肃敦煌莫高窟第 444 窟北宋木构窟檐外观
图 3-7-68　甘肃敦煌莫高窟隋代第 427 窟北宋窟檐内景
图 3-7-69　甘肃永靖炳灵寺唐代第 171 窟外观
图 3-7-70　山西芮城唐代五龙庙外景
图 3-7-71　山西芮城唐代五龙庙翼角斗栱
图 3-7-72　山西芮城唐代五龙庙内景
图 3-7-73　山西芮城唐代五龙庙平、剖面示意图
图 3-7-74　新疆吐鲁番伯孜克里克石窟第 38 窟中的摩尼教寺宇图（据《中国文化》1993 年 8 期晁华山文附图）

第八节　重大土木工程

图 3-8-1　隋代大运河图
图 3-8-2　河北赵县隋代安济桥平、立面图（据梁思成《图像中国建筑史》P.177 图 6）
图 3-8-3　河北赵县隋代安济桥桥身并列栱
图 3-8-4　河北赵县隋代安济桥桥身小栱
图 3-8-5　河北赵县隋代安济桥上石雕望柱
图 3-8-6　河北赵县隋代安济桥上石雕栏板—龙首
图 3-8-7　河北赵县隋代安济桥上石雕栏板—交龙
图 3-8-8　河北赵县隋代安济桥上石雕栏板

第九节　地方少数民族建筑
图 3-9-1　黑龙江宁安唐渤海国上京龙泉府遗址平面图（据《中国大百科全书·文物博物馆》卷）
图 3-9-2　黑龙江宁安唐渤海国上京龙泉府宫城遗址平面图
图 3-9-3　黑龙江宁安唐渤海国上京龙泉府宫城复原鸟瞰图
图 3-9-4　黑龙江宁安唐渤海国上京龙泉府宫城平面布置分析图
图 3-9-5　《南诏图传》中的曲廊
图 3-9-6　南诏城址内发现的建筑构件
图 3-9-7　南诏拓东城位置图
图 3-9-8　云南大理崇圣寺三塔
图 3-9-9　云南大理阳平村佛图寺塔
图 3-9-10　云南昆明西寺塔
图 3-9-11　云南大理崇圣寺千寻塔塔身出土陶制塔模
图 3-9-12　西藏拉萨大昭寺平面图
图 3-9-13　西藏拉萨大昭寺释迦牟尼殿前人字叉手
图 3-9-14　西藏拉萨大昭寺主殿内景
图 3-9-15　西藏山南札囊县桑耶寺鸟瞰图
图 3-9-16　西藏山南札囊县桑耶寺乌策大殿首层平面图
图 3-9-17　西藏山南札囊县桑耶寺三界铜殿第三层梵式殿堂内景
图 3-9-18　西藏山南札囊县桑耶寺赤德松赞时期藏文碑
图 3-9-19　西藏穷结县藏王墓石狮
图 3-9-20　西藏穷结县藏王赤德松赞墓碑

第十节　建筑艺术
图 3-10-1　卷杀图
图 3-10-2　宋式屋顶举折图
图 3-10-3　佛光寺大殿和南禅寺大殿屋顶举折图
图 3-10-4　山西应县辽佛宫寺释迦塔断面以柱高为模数示意图
图 3-10-5　河北蓟县辽独乐寺观音阁断面以柱高为模数示意图
图 3-10-6　甘肃敦煌莫高窟第 423 窟隋绘弥勒经变中的佛殿及朵楼
图 3-10-7　甘肃敦煌莫高窟第 148 窟东壁南侧盛唐绘观无量寿经变中的佛寺殿宇院落及平面示意图
图 3-10-8　甘肃敦煌莫高窟第 148 窟东壁北侧盛唐绘药师经变中的佛寺殿宇院落及平面示意图
图 3-10-9　甘肃敦煌莫高窟第 172 窟北壁盛唐绘观无量寿经变中的佛寺殿宇院落及平面示意图

图 3-10-10　甘肃敦煌莫高窟壁画中的对阙建筑
图 3-10-11　四川大足北山第 245 龛晚唐雕观无量寿经变中的龟首屋
图 3-10-12　甘肃敦煌莫高窟第 217 窟北壁盛唐绘观无量寿经变中的佛寺殿宇院落
图 3-10-13　日本奈良法隆寺飞鸟时代回廊——轩廊
图 3-10-14　唐代院落形式示意图
图 3-10-15　甘肃敦煌莫高窟第 148 窟南壁盛唐绘弥勒经变中的佛寺院落及平面示意图
图 3-10-16　甘肃敦煌莫高窟第 237 窟中唐绘天请问经变中的佛寺院落及平面示意图
图 3-10-17　唐代廊院式布局平面示意图
图 3-10-18　唐洛阳宫按 500 尺方格网布置示意图
图 3-10-19　河北蓟县辽独乐寺自山门北望观音阁
图 3-10-20　上海松江唐大中十三年（859 年）经幢

第十一节　建筑装饰

图 3-11-1　甘肃敦煌莫高窟唐代壁画中的木构建筑
图 3-11-2　甘肃敦煌莫高窟北宋木构窟檐内立面
图 3-11-3　甘肃敦煌莫高窟第 444 窟北宋木构窟檐斗栱
图 3-11-4　唐宋栱头彩画形式
图 3-11-5　山西五台唐代南禅寺大殿枋额彩画
图 3-11-6　江苏南京五代南唐李昪陵墓室仿木构件上的彩绘（据《南唐二陵》）
图 3-11-7　福建福州五代华林寺大殿枋额上的团窠纹样
图 3-11-8　甘肃敦煌莫高窟第 148 窟盛唐壁画中的廊内花砖铺地
图 3-11-9　甘肃敦煌莫高窟晚唐五代窟室中的花砖铺地
图 3-11-10　甘肃敦煌莫高窟第 148 窟盛唐壁画中的彩色石子地面
图 3-11-11　河南洛阳唐东都殿亭遗址（F2）花砖铺阶
图 3-11-12　甘肃敦煌莫高窟第 71 窟初唐壁画中的地面纹砖
图 3-11-13　唐代壁画中的建筑物台基形式
图 3-11-14　甘肃敦煌莫高窟第 172 窟盛唐壁画中的殿基须弥座
图 3-11-15　陕西扶风唐代法门寺塔地宫出土汉白玉阿育王小塔（引自《文物》1988 年 10 期插页壹）
图 3-11-16　甘肃敦煌莫高窟第 158 窟中唐壁画中的勾栏
图 3-11-17　唐代石螭首
图 3-11-18　陕西西安出土隋李静训墓石椁
图 3-11-19　陕西乾县唐懿德太子墓石椁正面刻纹拓片
图 3-11-20　陕西西安唐长安明德门遗址出土石门槛刻纹拓片（据《考古》1974 年 1 期 P.35 图 4）
图 3-11-21　唐杨执一墓石门楣刻纹拓片
图 3-11-22　隋代石门砧（引自《考古》1976 年 2 期图版拾，《宝山灵泉寺》）
图 3-11-23　唐代石门砧（据《文物》1992 年 1 期 P.18 图 8，《中华人民共和国出土文物展》图录）
图 3-11-24　河南安阳隋张盛墓出土青瓷贴花兽环壶局部（据 1973 年赴日《中华人民共和国出土文物录》图录）
图 3-11-25　湖南益阳唐墓出土铜铺首（据《考古》1981 年 4 期 P.316 图 3）

图 3-11-26　江苏镇江甘露寺铁塔塔基出土唐代禅众寺舍利银椁（引自《江苏省出土文物选集》图 164）
图 3-11-27　江苏南京栖霞寺南唐舍利塔基座壸门雕刻
图 3-11-28　山西五台唐代佛光寺大殿平闇
图 3-11-29　甘肃敦煌莫高窟第 197 窟西壁龛顶中唐彩绘平闇
图 3-11-30　陕西乾县唐懿德太子墓前室甬道顶部彩绘平闇
图 3-11-31　陕西西安唐代宫殿遗址出土鸱尾
图 3-11-32　甘肃敦煌莫高窟第 423 窟顶部隋代壁画
图 3-11-33　陕西西安出土隋李静训墓石椁脊饰
图 3-11-34　陕西西安唐大慈恩寺塔门楣线刻佛殿
图 3-11-35　陕西西安唐长安大明宫遗址出土花砖、瓦当
图 3-11-36　陕西西安唐长安西明寺遗址出土饰面瓦
图 3-11-37　黑龙江宁安唐渤海国遗址出土瓦件
图 3-11-38　河南登封嵩岳寺遗址出土唐代瓦件
图 3-11-39　陕西铜川黄堡耀州窑遗址出土唐代三彩套兽（引自《文物》1987 年 3 期插页贰）
图 3-11-40　陕西三原隋李和墓石棺盖线刻纹饰拓片（据《文物》1966 年 1 期 P.37 图 39）
图 3-11-41　甘肃敦煌莫高窟第 402 窟人字披隋代彩绘
图 3-11-42　甘肃敦煌莫高窟第 361 窟龛顶中唐彩绘
图 3-11-43　唐代碑刻纹饰拓片
图 3-11-44　隋唐时期的卷草纹样
图 3-11-45　甘肃敦煌莫高窟第 209 窟天井初唐绘四出葡萄纹
图 3-11-46　陕西西安唐长安兴化坊遗址出土镀金翼鹿纹银盒表面纹样（据 1973 年赴日《中华人民共和国出土文物展》图录）
图 3-11-47　甘肃敦煌莫高窟唐代壁画中的宝相花纹样
图 3-11-48　甘肃敦煌莫高窟第 159 窟西壁龛顶中唐团花纹样
图 3-11-49　甘肃敦煌莫高窟中唐第 159 窟菩萨服饰
图 3-11-50　甘肃敦煌莫高窟隋窟天井中的莲花纹
图 3-11-51　唐代宝装莲瓣台座
图 3-11-52　山西五台唐代佛光寺大殿柱础

第十二节　建筑技术

图 3-12-1　山西五台唐代佛光寺大殿木构架分解示意图
图 3-12-2　宋《营造法式》所载〈殿阁地盘分槽图〉
图 3-12-3　宋式厅堂型构架分解示意图
图 3-12-4　山西五台唐代佛光寺大殿构架透视图
图 3-12-5　山西五台唐代佛光寺大殿与宋《营造法式》殿堂斗底槽构架剖面比较图
图 3-12-6　山西五台唐代南禅寺大殿构架透视图
图 3-12-7　山西芮城唐代五龙庙及平顺唐代天台庵大殿剖面示意图
图 3-12-8　日本奈良法隆寺金堂剖面图（据讲谈社版《日本美术全集Ⅱ》附宫本长二郎论文图 5）
图 3-12-9　日本奈良法隆寺传法堂剖面图（据（日）浅野清《奈良时代建筑の研究》）
图 3-12-10　陕西西安唐代大慈恩寺塔门楣石刻拓片

图 3-12-11　甘肃敦煌莫高窟第196窟晚唐窟檐上的八角柱及重楣
图 3-12-12　甘肃敦煌莫高窟第431窟北宋窟檐外景
图 3-12-13　甘肃敦煌莫高窟第431窟北宋窟檐内景
图 3-12-14　隋唐时柱与阑额结合的情况
图 3-12-15　唐代殿堂型构架柱网布置图
图 3-12-16　山西太原金胜村唐墓壁画所绘双柱形象（据《文物》1988年12期P.51图2）
图 3-12-17　河南洛阳唐宫应天门外遗址用四柱之例
图 3-12-18　汉代明器陶楼上的正心栱及出跳栱
图 3-12-19　明代铺作层的作用和蜕化情况
图 3-12-20　唐代斗栱（出一至三跳）
图 3-12-21　唐代斗栱（出四跳）敦煌172窟北壁佛殿上所示
图 3-12-22　宋《营造法式》中的斜梁与福州五代华林寺大殿的下昂
图 3-12-23　唐代转角铺作
图 3-12-24　唐代补间铺作
图 3-12-25　山西五台唐代佛光寺大殿月梁图
图 3-12-26　陕西西安中堡唐墓出土的方形与八角形屋顶
图 3-12-27　日本奈良荣山寺八角堂实测图（据（日）浅野清《奈良时代建筑の研究》附图）
图 3-12-28　唐、宋、辽代建筑断面比例图（柱高为中平槫高之半）
图 3-12-29　甘肃敦煌莫高窟唐代壁画中不同规制的城门
图 3-12-30　山东泰安岱庙金代城门道
图 3-12-31　据宋《营造法式》所绘城门道图
图 3-12-32　日本奈良平城宫内里东部使用夯土承重墙情况
图 3-12-33　河南安阳岚峰山第38号唐贞观二十二年（648年）浮雕塔立面图（据《宝山灵泉寺》图125）
图 3-12-34　山东济南神通寺隋代四门塔内部
图 3-12-35　山东济南神通寺唐代龙虎塔
图 3-12-36　北京房山云居寺山顶唐代方塔
图 3-12-37　北京房山云居寺北塔下唐太极元年（712年）小塔
图 3-12-38　山东济南神通寺唐开元五年（717年）小塔
图 3-12-39　江苏南京栖霞寺南唐舍利塔基座
图 3-12-40　江苏南京栖霞寺南唐舍利塔塔身及塔檐
图 3-12-41　河南登封会善寺唐代净藏禅师墓塔塔身
图 3-12-42　山西运城唐代泛舟禅师墓塔塔身
图 3-12-43　山西运城招福寺唐代墓塔
图 3-12-44　江苏苏州虎丘五代云岩寺塔
图 3-12-45　江苏苏州虎丘五代云岩寺塔各层平面图
图 3-12-46　江苏苏州虎丘五代云岩寺塔剖面图
图 3-12-47　浙江杭州南屏五代雷峰塔
第十四节　隋唐建筑对外的影响

图 3-14-1　朝鲜高句丽时代天王地神冢内景（摹自《高句丽时代之遗迹》下册）
图 3-14-2　韩国庆州仁旺洞雁鸭池出土模压花纹砖
图 3-14-3　日本奈良平城京遗址平面复原图（据日本奈良国立文化财研究所平城宫迹资料馆展览）
图 3-14-4　日本京都平安京遗址平面复原图（《古代宫都の世界·日本编图7》，1982年）
图 3-14-5　日本奈良平城宫发掘平面图（据日本《奈良国立文化财研究所》第23次调查实测图）
图 3-14-6　日本飞鸟时代寺院平面图（讲谈社版《日本美术全集Ⅱ》（日）宫本长二郎论文 P.157 附图）
图 3-14-7　日本奈良法隆寺金堂及五重塔
图 3-14-8　日本奈良飞鸟、奈良时期佛寺中塔的位置变化图
图 3-14-9　毁后重建的日本大阪四天王寺
图 3-14-10　日本奈良法隆寺五重塔剖面图（底图据（日）《国宝法隆寺五重塔修理工事报告书》）
图 3-14-11　日本奈良法起寺三重塔剖面图（底图据（日）《国宝法起寺三重塔修理工事报告书》）
图 3-14-12　日本奈良药师寺东塔剖面图（底图据（日）《药师寺东塔に関する调查报告书》）
图 3-14-13　日本奈良药师寺东塔外观
图 3-14-14　日本奈良唐招提寺金堂剖面图（据（日）浅野清《奈良时代建筑の研究》附图）
图 3-14-15　日本奈良唐招提寺金堂全景
图 3-14-16　日本奈良法隆寺传法堂外景